VOB

Verdingungsordnung für Bauleistungen

VOB

Verdingungsordnung für Bauleistungen

Ausgabe 1992

Im Auftrage des Deutschen Verdingungsausschusses für Bauleistungen herausgegeben vom DIN Deutsches Institut für Normung e.V.

Beuth Verlag GmbH · Berlin · Köln

Die Deutsche Bibliothek — CIP-Titelaufnahme

Verdingungsordnung für Bauleistungen: VOB/
im Auftr. d. Dt. Verdingungsausschusses für
Bauleistungen hrsg. vom DIN, Dt. Inst. für
Normung e.V. — Ausg. 1992. — Berlin, Köln:
Beuth, 1992

ISBN 3-410-61067-7

NE: Deutsches Institut für Normung

Titelaufnahme nach RAK entspricht DIN 1505.
ISBN nach DIN 1462. Schriftspiegel nach DIN 1504.

Übernahme der CIP-Titelaufnahme auf Schrifttumskarten durch Kopieren oder Nachdrucken frei.

DK 69(083.78)

736 S., A5, Leineneinband

© DIN Deutsches Institut für Normung e.V.
   1992

Das Werk einschließlich aller seiner Teile ist urheberrechtlich geschützt.
Jede Verwertung außerhalb der engen Grenzen des Urheberrechtsgesetzes ist ohne Zustimmung des Verlages unzulässig und strafbar. Das gilt insbesondere für Vervielfältigungen, Übersetzungen, Mikroverfilmungen und die Einspeicherung und Verarbeitung in elektronischen Systemen.

Printed in Germany. Druck: Clausen & Bosse, Leck

Vorwort zur VOB, Ausgabe 1992

Bereits im Jahre 1926 ist die VOB von den Spitzenorganisationen aus Wirtschaft und Verwaltung gemeinsam verabschiedet worden. Damals verzichtete der öffentliche Auftraggeber auf sein Privileg, eigene Vertragsbedingungen vorzuschreiben. Heute kommt es entscheidend darauf an, daß öffentliche Investitionsmittel unbürokratisch, wirksam und wirtschaftlich eingesetzt werden. Dafür brauchen wir ein Werkzeug, das sich in Jahrzehnten bewährt hat und in Fachkreisen anerkannt ist. Die VOB stellt dieses notwendige Rüstzeug zur Verfügung.

Im Rahmen der Wiedervereinigung ist schon frühzeitig auf die Einführung der VOB in den neuen Bundesländern hingewirkt worden. Die Entwicklung ist positiv: die VOB hat sich bei den Kolleginnen und Kollegen in den neuen Bundesländern inzwischen als hilfreiches Instrument für die praktische Arbeit durchgesetzt. Durch die Übernahme der VOB ist hier der Aufbau einer marktwirtschaftlich ausgerichteten Bauwirtschaft ganz wesentlich gefördert worden.

Der Ausgewogenheit der Rechte und Pflichten von Auftraggebern und Auftragnehmern ist es zuzuschreiben, daß die VOB über den öffentlichen Bereich des Bauens hinaus Anerkennung erfahren hat und vielfach auch privaten Auftraggebern als Grundlage für die rechtliche Ausgestaltung ihrer Bauverträge dient. Bei der Fortentwicklung des Regelwerkes stellt die Vertretung beider Vertragsseiten im DVA die notwendige Kontinuität und Ausgewogenheit her und führt zu einer gerechten Abwägung der Interessen.

Die vorliegende Ausgabe der VOB mußte in Teil A umfassend neu gegliedert werden. Im Interesse eines Gemeinsamen Binnenmarktes sind für alle Mitgliedstaaten der Europäischen Gemeinschaften geltende Verfahrensregelungen durch den Ministerrat beschlossen worden. Das Instrument, mit dem die EG-Bestimmungen für den Baubereich in der Bundesrepublik Deutschland umgesetzt werden, ist die VOB. Die Bestimmungen der EG-Baukoordinierungsrichtlinie wurden bereits mit dem Ergänzungsband 1990 II durch Aufnahme von a-Paragraphen zu den Basis- Paragraphen in Teil A der VOB umgesetzt. Die Bestimmungen der sogenannten EG-Sektorenrichtlinie, die die Auftragsvergabe durch Auftraggeber in den Bereichen der Wasser-, Energie- und Verkehrsversorgung sowie im Sektor Telekommunikation betrifft, werden mit dieser Ausgabe der VOB national umgesetzt. Die Integration der EG-Sektorenrichtlinie in Teil A der VOB macht eine Gliederung des Teils A in vier Abschnitte erforderlich, damit die Übersichtlichkeit der von den unterschiedlichen Anwendergruppen zu beachtenden Regelungen gewahrt wird. Die entsprechenden Hinweise zu Teil A empfehle ich deshalb Ihrer besonderen Aufmerksamkeit.

In Teil C der VOB sind für zwei wichtige Gebiete des Bauwesens die Allgemeinen Technischen Vertragsbedingungen (ATV) DIN 18 319 Rohrvortriebsarbeiten und die ATV DIN 18 349 Betonerhaltungsarbeiten neu aufgenommen worden; alle anderen ATV wurden fachtechnisch bzw. redaktionell überarbeitet.

Die Teile B und C ergänzen das Werkvertragsrecht des Bürgerlichen Gesetzbuches (BGB) durch spezielle, auf die besonderen Bedingungen des Bauens abgestellte, Vertragsbedingungen. Um wirksam zu werden, bedürfen die Regelungen der VOB der Vereinbarung im Vertrag. Dabei können Streitigkeiten vermieden werden, wenn das Datum der Ausgabe, die für den Vertrag gelten soll, festgelegt wird. Dies kann dadurch geschehen, daß das Ausgabedatum der VOB im Vertrag aufgeführt oder allgemein auf die Veröffentlichung im Bundesanzeiger Bezug genommen wird, z. B. durch folgende Formulierung:

> „Die Allgemeinen Vertragsbedingungen für die Ausführung von Bauleistungen (VOB/B) und die Allgemeinen Technischen Vertragsbedingungen – ATV – (VOB/C) gelten in der jeweils letzten Fassung, die spätestens drei Monate vor dem Eröffnungs-/Einreichungstermin im Bundesanzeiger bekanntgemacht worden ist."

Zu Rechtsstreitigkeiten und Auslegungsdifferenzen bei der Anwendung der VOB kann der DVA nicht Stellung nehmen. In derartigen Fällen sollten die zuständigen Fachverbände bzw. die vorgesetzten Behörden eingeschaltet werden. Soweit es sich um Fragen von grundsätzlicher Bedeutung für die VOB handelt, werden diese von den vorgenannten Stellen an die jeweils zuständige Institution im DVA herangetragen.

Das vorliegende Gesamtwerk der VOB 1992 umfaßt alle bei seinem Erscheinen gültigen Regelungen und soll eine Hilfe sein für die Vergabe von Bauleistungen und die Ausgestaltung und Abwicklung der Bauverträge.

Ich wünsche allen Kolleginnen und Kollegen für ihre praktische Arbeit viel Erfolg.

Bonn-Bad Godesberg, im Dezember 1992

Der Vorstand des
Deutschen Verdingungsausschusses
für Bauleistungen (DVA)

(Schäffel)
Vorsitzender

INHALT

	Seite
Übersicht der Änderungen	XVII
Hinweise zu den Allgemeinen Bestimmungen für die Vergabe von Bauleistungen	0.1

VOB Teil A:
Allgemeine Bestimmungen für die Vergabe von Bauleistungen
Abschnitt 1: Basisparagraphen

		Seite
§ 1	Bauleistungen	1
§ 2	Grundsätze der Vergabe	1
§ 3	Arten der Vergabe	1
§ 4	Einheitliche Vergabe, Vergabe nach Losen	2
§ 5	Leistungsvertrag, Stundenlohnvertrag, Selbstkostenerstattungsvertrag	2
§ 6	Angebotsverfahren	3
§ 7	Mitwirkung von Sachverständigen	3
§ 8	Teilnehmer am Wettbewerb	3
§ 9	Beschreibung der Leistung	5
§ 10	Vergabeunterlagen	7
§ 11	Ausführungsfristen	10
§ 12	Vertragsstrafen und Beschleunigungsvergütungen	10
§ 13	Gewährleistung	10
§ 14	Sicherheitsleistung	11
§ 15	Änderung der Vergütung	11
§ 16	Grundsätze der Ausschreibung	11
§ 17	Bekanntmachung, Versand der Vergabeunterlagen	11
§ 18	Angebotsfrist, Bewerbungsfrist	13
§ 19	Zuschlags- und Bindefrist	14
§ 20	Kosten	14
§ 21	Inhalt der Angebote	15
§ 22	Eröffnungstermin	15
§ 23	Prüfung der Angebote	16
§ 24	Aufklärung des Angebotsinhalts	17
§ 25	Wertung der Angebote	17
§ 26	Aufhebung der Ausschreibung	18

		Seite
§ 27	Nicht berücksichtigte Bewerbungen und Angebote	19
§ 28	Zuschlag	19
§ 29	Vertragsurkunde	19
§ 30	Vergabevermerk	19
§ 31	Vergabeprüfstelle	20
§ 32	Baukonzessionen	20

Anhang TS
Technische Spezifikationen ... 21

Abschnitt 2: Basisparagraphen mit zusätzlichen Bestimmungen nach der EG-Baukoordinierungsrichtlinie

Seite

§ 1	Bauleistungen	23
§ 1a	Verpflichtung zur Anwendung der a-Paragraphen	23
§ 2	Grundsätze der Vergabe	24
§ 3	Arten der Vergabe	24
§ 3a	Arten der Vergabe	25
§ 4	Einheitliche Vergabe, Vergabe nach Losen	27
§ 5	Leistungsvertrag, Stundenlohnvertrag, Selbstkostenerstattungsvertrag	27
§ 6	Angebotsverfahren	27
§ 7	Mitwirkung von Sachverständigen	28
§ 8	Teilnehmer am Wettbewerb	28
§ 8a	Teilnehmer am Wettbewerb	30
§ 9	Beschreibung der Leistung	30
§ 9a	Beschreibung der Leistung	32
§ 10	Vergabeunterlagen	32
§ 10a	Vergabeunterlagen	35
§ 11	Ausführungsfristen	35
§ 12	Vertragsstrafen und Beschleunigungsvergütungen	36
§ 13	Gewährleistung	36
§ 14	Sicherheitsleistung	36
§ 15	Änderung der Vergütung	36
§ 16	Grundsätze der Ausschreibung	37
§ 17	Bekanntmachung, Versand der Vergabeunterlagen	37
§ 17a	Vorinformation, Bekanntmachung, Versand der Vergabeunterlagen	39
§ 18	Angebotsfrist, Bewerbungsfrist	41
§ 18a	Angebotsfrist, Bewerbungsfrist	41
§ 19	Zuschlags- und Bindefrist	42
§ 20	Kosten	42
§ 21	Inhalt der Angebote	42
§ 22	Eröffnungstermin	43
§ 23	Prüfung der Angebote	44
§ 24	Aufklärung des Angebotsinhalts	45
§ 25	Wertung der Angebote	45
§ 25a	Wertung der Angebote	46

		Seite
§ 26	Aufhebung der Ausschreibung	46
§ 26a	Aufhebung der Ausschreibung, Einstellung des Verhandlungsverfahrens	46
§ 27	Nicht berücksichtigte Bewerbungen und Angebote	47
§ 27a	Nicht berücksichtigte Bewerbungen	47
§ 28	Zuschlag	47
§ 28a	Bekanntmachung der Auftragserteilung	47
§ 29	Vertragsurkunde	48
§ 30	Vergabevermerk	48
§ 30a	Melde- und Berichtspflichten	48
§ 31	Vergabeprüfstelle	49
§ 32	Baukonzessionen	49
§ 32a	Baukonzessionen	49
Anhang TS	Technische Spezifikationen	50
Anhang A	Vorinformationsverfahren	52
Anhang B	Offenes Verfahren	53
Anhang C	Nichtoffenes Verfahren	56
Anhang D	Verhandlungsverfahren	59
Anhang E	Vergebene Aufträge	62
Anhang F	Auftragsmeldung nach § 30a Nr. 2	64
Anhang G	Öffentliche Baukonzessionen	65
Anhang H	Bauaufträge, die vom Konzessionär vergeben werden	67

Abschnitt 3: Basisparagraphen mit zusätzlichen Bestimmungen nach der EG-Sektorenrichtlinie

Seite

§ 1	Bauleistungen	68
§ 1b	Verpflichtung zur Anwendung der b-Paragraphen	68
§ 2	Grundsätze der Vergabe	69
§ 2b	Schutz der Vertraulichkeit	69
§ 3	Arten der Vergabe	69
§ 3b	Arten der Vergabe	70
§ 4	Einheitliche Vergabe, Vergabe nach Losen	71
§ 5	Leistungsvertrag, Stundenlohnvertrag, Selbstkostenerstattungsvertrag	71
§ 5b	Rahmenvereinbarung	72
§ 6	Angebotsverfahren	73
§ 7	Mitwirkung von Sachverständigen	73
§ 8	Teilnehmer am Wettbewerb	73
§ 8b	Teilnehmer am Wettbewerb	75
§ 9	Beschreibung der Leistung	76
§ 9b	Beschreibung der Leistung	78
§ 10	Vergabeunterlagen	79
§ 10b	Vergabeunterlagen	82
§ 11	Ausführungsfristen	82
§ 12	Vertragsstrafen und Beschleunigungsvergütungen	83
§ 13	Gewährleistung	83
§ 14	Sicherheitsleistung	83
§ 15	Änderung der Vergütung	83
§ 16	Grundsätze der Ausschreibung	84
§ 17	Bekanntmachung, Versand der Vergabeunterlagen	84
§ 17b	Aufruf zum Wettbewerb	86
§ 18	Angebotsfrist, Bewerbungsfrist	87
§ 18b	Angebotsfrist, Bewerbungsfrist	88
§ 19	Zuschlags- und Bindefrist	88
§ 20	Kosten	89
§ 21	Inhalt der Angebote	89
§ 22	Eröffnungstermin	90
§ 23	Prüfung der Angebote	91
§ 24	Aufklärung des Angebotsinhalts	91

		Seite
§ 25	Wertung der Angebote	92
§ 25b	Wertung der Angebote	93
§ 26	Aufhebung der Ausschreibung	93
§ 27	Nicht berücksichtigte Bewerbungen und Angebote	93
§ 28	Zuschlag	94
§ 28b	Bekanntmachung der Auftragserteilung	94
§ 29	Vertragsurkunde	94
§ 30	Vergabevermerk	95
§ 30b	Aufbewahrungs- und Berichtspflichten	95
§ 31	Vergabeprüfstelle	95
§ 32	Baukonzessionen	95
Anhang TS	Technische Spezifikationen	96
Anhang A/SKR	Offenes Verfahren	98
Anhang B/SKR	Nichtoffenes Verfahren	101
Anhang C/SKR	Verhandlungsverfahren	104
Anhang D/SKR	Anwendung eines Prüfsystems	107
Anhang E/SKR	Regelmäßige Bekanntmachung	108
Anhang F/SKR	Vergebene Aufträge	109

Abschnitt 4: Vergabebestimmungen nach der EG-Sektorenrichtlinie (VOB/A-SKR)

Seite

§ 1 SKR	Bauleistungen, Geltungsbereich	112
§ 2 SKR	Diskriminierungsverbot, Schutz der Vertraulichkeit	112
§ 3 SKR	Arten der Vergabe	113
§ 4 SKR	Rahmenvereinbarung	114
§ 5 SKR	Teilnehmer am Wettbewerb	114
§ 6 SKR	Beschreibung der Leistung	116
§ 7 SKR	Vergabeunterlagen	118
§ 8 SKR	Aufruf zum Wettbewerb	119
§ 9 SKR	Angebotsfrist, Bewerbungsfrist	120
§ 10 SKR	Wertung der Angebote	121
§ 11 SKR	Bekanntmachung der Auftragserteilung	122
§ 12 SKR	Aufbewahrungs- und Berichtspflichten	122
§ 13 SKR	Vergabeprüfstelle	122
Anhang TS	Technische Spezifikationen	123
Anhang A/SKR	Offenes Verfahren	125
Anhang B/SKR	Nichtoffenes Verfahren	128
Anhang C/SKR	Verhandlungsverfahren	131
Anhang D/SKR	Anwendung eines Prüfsystems	134
Anhang E/SKR	Regelmäßige Bekanntmachung	135
Anhang F/SKR	Vergebene Aufträge	136

VOB Teil B:
Allgemeine Vertragsbedingungen für die Ausführung von Bauleistungen

Seite

§ 1	Art und Umfang der Leistung		139
§ 2	Vergütung		139
§ 3	Ausführungsunterlagen		141
§ 4	Ausführung		141
§ 5	Ausführungsfristen		143
§ 6	Behinderung und Unterbrechung der Ausführung		144
§ 7	Verteilung der Gefahr		145
§ 8	Kündigung durch den Auftraggeber		145
§ 9	Kündigung durch den Auftragnehmer		146
§ 10	Haftung der Vertragsparteien		146
§ 11	Vertragsstrafe		147
§ 12	Abnahme		147
§ 13	Gewährleistung		148
§ 14	Abrechnung		150
§ 15	Stundenlohnarbeiten		150
§ 16	Zahlung		151
§ 17	Sicherheitsleistung		153
§ 18	Streitigkeiten		154

Hinweise zur ATV „Allgemeine Regelungen für Bauarbeiten jeder Art" — DIN 18 299

VOB Teil C:

Allgemeine Technische Vertragsbedingungen für Bauleistungen
(Zur Bedeutung der vorangestellten Kennbuchstaben siehe Seite XVII)

Seite

(F)	DIN 18 299	Allgemeine Regelungen für Bauarbeiten jeder Art	155
(R)	DIN 18 300	Erdarbeiten	161
(R)	DIN 18 301	Bohrarbeiten	173
(R)	DIN 18 302	Brunnenbauarbeiten	179
(U)	DIN 18 303	Verbauarbeiten	187
(R)	DIN 18 304	Rammarbeiten	191
(U)	DIN 18 305	Wasserhaltungsarbeiten	197
(R)	DIN 18 306	Entwässerungskanalarbeiten	202
(F)	DIN 18 307	Druckrohrleitungsarbeiten im Erdreich	207
(R)	DIN 18 308	Dränarbeiten	213
(R)	DIN 18 309	Einpreßarbeiten	218
(U)	DIN 18 310	Sicherungsarbeiten an Gewässern, Deichen und Küstendünen	226
(R)	DIN 18 311	Naßbaggerarbeiten	230
(R)	DIN 18 312	Untertagebauarbeiten	239
(R)	DIN 18 313	Schlitzwandarbeiten mit stützenden Flüssigkeiten	249
(R)	DIN 18 314	Spritzbetonarbeiten	256
(F)	DIN 18 315	Verkehrswegebauarbeiten, Oberbauschichten ohne Bindemittel	261
(F)	DIN 18 316	Verkehrswegebauarbeiten, Oberbauschichten mit hydraulischen Bindemitteln	269
(R)	DIN 18 317	Verkehrswegebauarbeiten, Oberbauschichten aus Asphalt	279
(R)	DIN 18 318	Verkehrswegebauarbeiten, Pflasterdecken, Plattenbeläge, Einfassungen	287
(N)	DIN 18 319	Rohrvortriebsarbeiten	298
(R)	DIN 18 320	Landschaftsbauarbeiten	306
(R)	DIN 18 325	Gleisbauarbeiten	313
(R)	DIN 18 330	Mauerarbeiten	320
(F)	DIN 18 331	Beton- und Stahlbetonarbeiten	330
(F)	DIN 18 332	Naturwerksteinarbeiten	340
(R)	DIN 18 333	Betonwerksteinarbeiten	353
(R)	DIN 18 334	Zimmer- und Holzbauarbeiten	361

			Seite
(U)	DIN 18 335	Stahlbauarbeiten	377
(R)	DIN 18 336	Abdichtungsarbeiten	384
(R)	DIN 18 338	Dachdeckungs- und Dachabdichtungsarbeiten	392
(R)	DIN 18 339	Klempnerarbeiten	404
(N)	DIN 18 349	Betonerhaltungsarbeiten	418
(R)	DIN 18 350	Putz- und Stuckarbeiten	430
(R)	DIN 18 352	Fliesen- und Plattenarbeiten	442
(R)	DIN 18 353	Estricharbeiten	453
(F)	DIN 18 354	Gußasphaltarbeiten	462
(R)	DIN 18 355	Tischlerarbeiten	471
(R)	DIN 18 356	Parkettarbeiten	486
(R)	DIN 18 357	Beschlagarbeiten	494
(U)	DIN 18 358	Rolladenarbeiten	503
(R)	DIN 18 360	Metallbauarbeiten, Schlosserarbeiten	507
(F)	DIN 18 361	Verglasungsarbeiten	526
(R)	DIN 18 363	Maler- und Lackierarbeiten	534
(U)	DIN 18 364	Korrosionsschutzarbeiten an Stahl- und Aluminiumbauten	564
(R)	DIN 18 365	Bodenbelagarbeiten	570
(F)	DIN 18 366	Tapezierarbeiten	578
(R)	DIN 18 367	Holzpflasterarbeiten	590
(R)	DIN 18 379	Raumlufttechnische Anlagen	595
(R)	DIN 18 380	Heizanlagen und zentrale Wassererwärmungsanlagen	616
(U)	DIN 18 381	Gas-, Wasser- und Abwasser-Installationsarbeiten innerhalb von Gebäuden	633
(R)	DIN 18 382	Elektrische Kabel- und Leitungsanlagen in Gebäuden	644
(R)	DIN 18 384	Blitzschutzanlagen	648
(R)	DIN 18 421	Dämmarbeiten an technischen Anlagen	652
(R)	DIN 18 451	Gerüstarbeiten	663

Alphabetisches Sachverzeichnis ... 669

Übersicht der Änderungen

gegenüber der VOB, Ausgabe 1988, einschließlich Ergänzungsbände 1990 I und II

1. **VOB Teil A:**

   (siehe auch „Hinweise zu den Allgemeinen Bestimmungen für die Vergabe von Bauleistungen")

   Der Teil A ist neu gegliedert worden, er enthält folgende Abschnitte:

   Abschnitt 1: Basisparagraphen
   Abschnitt 2: Basisparagraphen mit zusätzlichen Bestimmungen nach der EG-Baukoordinierungsrichtlinie
   Abschnitt 3: Basisparagraphen mit zusätzlichen Bestimmungen nach der EG-Sektorenrichtlinie
   Abschnitt 4: Vergabebestimmungen nach der EG-Sektorenrichtlinie (VOB/A-SKR)

2. **VOB Teil B:**

   § 3 Nr. 6 Satz 1 alt ist Abs. (1) neu
   Satz 2 alt entfallen
   Abs, (2) und (3) neu aufgenommen

   § 7 alt ist Nr. 1 neu
   Nr. 2. und 3. neu aufgenommen

3. **VOB Teil C:**

   Allgemeine Technische Vertragsbedingungen für Bauleistungen (ATV)

   Der Status der Allgemeinen Technischen Vertragsbedingungen für Bauleistungen ist im Inhaltsverzeichnis für den Teil C durch Kennbuchstaben angegeben.

   Dabei bedeuten:

   (U) = Unverändert
   Diese ATV wurden ohne Änderungen aus der VOB, Ausgabe 1988, bzw. den Ergänzungsbänden I und II, 1990, übernommen.

   (R) = Redaktionell überarbeitet
   Diese ATV wurden unter Berücksichtigung der Änderungen im DIN-Normenwerk und den damit zusammenhängenden Festlegungen redaktionell geändert.

   (F) = Fachtechnisch überarbeitet
   Diese ATV wurden zur Anpassung an die Entwicklung des Baugeschehens fachtechnisch überarbeitet.

   (N) = Neu aufgestellt
   Diese ATV wurden neu aufgestellt und erstmalig in die VOB aufgenommen.

Hinweise zu den Allgemeinen Bestimmungen für die Vergabe von Bauleistungen
— VOB/A, DIN 1960, Ausgabe 1992 —

Anwendungsbereich

Abschnitt 1: Basisparagraphen

Die Regelungen gelten für die Vergabe von Bauaufträgen unterhalb des Schwellenwertes der EG-Baukoordinierungsrichtlinie (§ 1a) und der EG-Sektorenrichtlinie (§ 1b) durch Auftraggeber, die durch die Bundeshaushaltsordnung, die Landeshaushaltsordnungen und die Gemeindehaushaltsverordnungen zur Anwendung der VOB/A verpflichtet sind.

Abschnitt 2: Basisparagraphen mit zusätzlichen Bestimmungen nach der EG-Baukoordinierungsrichtlinie

1. Die Regelungen gelten für die Vergabe von Bauaufträgen, die den Schwellenwert der EG-Baukoordinierungsrichtlinie erreichen oder übersteigen (§ 1a) durch Auftraggeber, die zur Anwendung der EG-Baukoordinierungsrichtlinie verpflichtet sind.
2. Die Bestimmungen der a-Paragraphen finden keine Anwendung, wenn die unter Nr. 1 genannten Auftraggeber Bauaufträge auf dem Gebiet der Trinkwasser- oder Energieversorgung sowie des Verkehrs- oder Fernmeldewesens vergeben (vgl. Hinweise zu den Anwendungsbereichen der Abschnitte 3 und 4).

Abschnitt 3: Basisparagraphen mit zusätzlichen Bestimmungen nach der EG-Sektorenrichtlinie

Die Regelungen gelten für die Vergabe von Bauaufträgen durch Auftraggeber, die zur Anwendung der Vergabebestimmungen nach der EG-Sektorenrichtlinie (VOB/A – SKR) verpflichtet sind und daneben die Basisparagraphen anwenden.

Abschnitt 4: Vergabebestimmungen nach der EG-Sektorenrichtlinie (VOB/A – SKR)

Die Regelungen gelten für die Vergabe von Bauaufträgen, die den Schwellenwert der EG-Sektorenrichlinie erreichen oder übersteigen (§ 1 SKR), durch Auftraggeber, die auf dem Gebiet der Trinkwasser- oder Energieversorgung sowie des Verkehrs- oder Fernmeldewesens tätig sind.

Zu § 1 Abgrenzung der Bauleistungen

Unter § 1 fallen alle zur Herstellung, Instandhaltung oder Änderung einer baulichen Anlage zu montierenden Bauteile, insbesondere die Lieferung und Montage maschineller und elektrotechnischer Einrichtungen.

Nicht unter § 1 fallen Einrichtungen, die von der baulichen Anlage ohne Beeinträchtigung der Vollständigkeit oder Benutzbarkeit abgetrennt werden können und einem selbständigen Nutzungszweck dienen,

z. B.: — maschinelle und elektrotechnische Anlagen, soweit sie nicht zur Funktion einer baulichen Anlage erforderlich sind, z. B. Einrichtungen für Heizkraftwerke, für Energieerzeugung und -verteilung,

- öffentliche Vermittlungs- und Übertragungseinrichtungen,
- Kommunikationsanlagen (Sprach-, Text-, Bild- und Datenkommunikation), soweit sie nicht zur Funktion einer baulichen Anlage erforderlich sind,
- EDV-Anlagen und Geräte, soweit sie nicht zur Funktion einer baulichen Anlage erforderlich sind,
- selbständige medizintechnische Anlagen.

Zu § 3b Wahl der Vergabeart
Der nicht zur Anwendung verpflichtete Auftraggeber entscheidet, ob er bei der Wahl der Vergabearten nach § 3 vorgeht.

Zu § 8 Nr. 3 Buchst. f, § 5 SKR Nr. 2 Buchst. f
Angabe des Berufsregisters
Von den Bewerbern oder Bietern dürfen zum Nachweis ihrer Eignung auch der Nachweis ihrer Eintragung in das Berufsregister ihres Sitzes oder Wohnsitzes verlangt werden. Die Berufsregister der EG-Mitgliedstaaten sind:
- für Belgien das „Registre du Commerce" – „Handelsregister";
- für Dänemark das „Handelsregister", „Aktieselskabsregistret" und „Erhvervsregistret";
- für Deutschland das „Handelsregister", die „Handwerksrolle" und das „Mitgliederverzeichnis der Industrie- und Handelskammer";
- für Griechenland kann eine vor dem Notar abgegebene eidesstattliche Erklärung über die Ausübung des Berufs eines Bauunternehmers verlangt werden;
- für Spanien der „registro Oficial de Contratistat del Ministerio de Industria y Energia";
- für Frankreich das „Registre du commerce" und das „Répertoire des métiers";
- für Italien das „Registro della Camera di commercio, undustria, agricoltura e artigianato";
- für Luxemburg das „Registre aux firmes" und die „Rôle de la Chambre des métiers";
- für die Niederlande das „Handelsregister";
- für Portugal der „Commissao de Alvarás de Empresas de Obras Públicas e Particulares (CAEOPP)";
- im Falle des Vereinigten Königreichs und Irlands kann der Unternehmer aufgefordert werden, eine Bescheinigung der „Registrar of Companies" oder des „Registrat of Friendly Societies" vorzulegen oder andernfalls eine Bescheinigung über die von den Betreffenden abgegebene eidesstattliche Erklärung, daß er den betreffenden Beruf in dem Lande, in dem er niedergelassen ist, an einem bestimmten Ort unter einer bestimmten Firmenbezeichnung ausübt.

Zu § 9 Nr. 4 Abs. 2, § 6 SKR Bezugnahme auf technische Spezifikationen
Die technischen Anforderungen an eine Bauleistung müssen unter Bezugnahme auf gemeinschaftsrechtliche technische Spezifikationen, insbesondere durch Bezugnahme auf eine als innerstaatliche Norm übernommene Europäische Norm

(DIN-EN) festgelegt werden, soweit für die Leistung eine solche Norm vorliegt und kein Ausnahmetatbestand (§ 9 Nr. 4 Abs. 3, § 6 SKR Nr. 2 Abs. 1) gegeben ist. Im Teil C der VOB, den Allgemeinen Technischen Vertragsbedingungen, werden die jeweils zu beachtenden bzw. anzuwendenden DIN-EN aufgenommen. Die Aufsteller von standardisierten Texten einer Leistungsbeschreibung (z. B. Texte des Standardleistungsbuchs) werden in den Texten die anzuwendenden DIN-EN zitieren. Der Aufsteller einer Leistungsbeschreibung, der keine standardisierten Texte verwendet, hat im Einzelfall zu prüfen, ob für die zu beschreibenden technischen Anforderungen auf eine DIN-EN Bezug zu nehmen ist.

Das DIN gibt eine Liste mit den geltenden DIN-EN heraus.

Zu § 10 Nr. 4 Abs. 1

1. **Wartungsvertrag für maschinelle und elektrotechnische Einrichtungen**

    Ist Gegenstand der Leistung eine maschinelle oder elektrotechnische Anlage, bei der eine ordnungsgemäße Pflege und Wartung einen erheblichen Einfluß auf Funktionsfähigkeit und Zuverlässigkeit der Anlage haben, z. b. bei Aufzugsanlagen, Meß-, Steuer- und Regelungseinrichtungen, Anlagen der Gebäudeleittechnik, Gefahrenmeldeanlagen, ist dem Auftragnehmer während der Dauer der Verjährungsfrist für die Gewährleistungsansprüche die Pflege und Wartung der Anlage zu übertragen (0. 2. 19 ATV DIN 18 299). Es empfiehlt sich, hierfür das Vertragsmuster „Wartung 85" für technische Anlagen und Einrichtungen, herausgegeben vom Arbeitskreis Maschinen- und Elektrotechnik staatlicher und kommunaler Verwaltungen (AMEV-Veröffentlichung 1985 Wartung 85, Stand 20.06.1991) zugrunde zu legen.

2. **Vorauszahlungen (Absatz 1 Buchstabe k)**

    Im Gegensatz zu Abschlagszahlungen müssen Vorauszahlungen jeweils besonders vereinbart werden. Sie können vorgesehen werden, wenn dies allgemein üblich oder durch besondere Umstände gerechtfertigt ist. Als allgemein üblich sind Vorauszahlungen anzusehen, wenn in einem Wirtschaftszweig regelmäßig Vorauszahlungen vereinbart werden. Vorauszahlungen sind z. B. im Bereich der elektrotechnischen Industrie sowie im Maschinen- und Anlagenbau allgemein üblich.

Zu § 11 Nr. 4   Pauschalierung des Verzugsschadens

Die Pauschalierung des Verzugsschadens soll in den Fällen vereinbart werden, in denen die branchenüblichen Allgemeinen Geschäftsbedingungen des jeweiligen Fachbereichs eine Begrenzung des Verzugsschadens der Höhe nach vorsehen. Derartige Allgemeine Geschäftsbedingungen gibt es z. B. in der elektrotechnischen Industrie und im Bereich des Maschinen- und Anlagenbaus.

Zu § 17a Nr. 1, § 17b Nr. 2, § 8 SKR Nr. 2   Verpflichtung zur Vorinformation

Die Auftraggeber sind zur Bekanntmachung der Vorinformation verpflichtet. Die Nichtbeachtung dieser Verpflichtung stellt einen Verstoß gegen die VOB/A und gegen das EG-Recht dar.

Zu § 21 Nr. 2, § 6 SKR Nr. 7 Leistungen mit abweichenden technischen Spezifikationen

Ein Angebot mit einer Leistung, die von den vorgesehenen technischen Spezifikationen abweicht, gilt nicht als Änderungsvorschlag oder Nebenangebot, es kann in der Bekanntmachung oder in der Aufforderung zur Angebotsabgabe nicht ausgeschlossen werden. Das Angebot muß gewertet werden, wenn die Voraussetzungen von § 21 Nr. 2 bzw. § 6 SKR Nr. 7 erfüllt sind.

Zu § 31, § 13 SKR Vergabeprüfstelle

Die Vergabeprüfstellen für Vergabeverfahren nach Abschnitt 1 ist die Behörde, die die Fach- oder Rechtsaufsicht über die Vergabestelle ausübt.

Die Vergabeprüfstelle für Vergabeverfahren nach Abschnitt 2 bis Abschnitt 4 werden mit der Umsetzung der EG-Überwachungsrichtlinie festgelegt.

Zu den Mustern:
1. **Anhang B Nr. 15, C Nr. 13, D Nr. 13**

   In den Anhängen nicht vorgesehene Angaben:

   Die Anhänge enthalten für nachfolgende Angaben keine Textvorgabe:
   - Gründe für die Ausnahme von der Anwendung gemeinschaftsrechtlicher technischer Spezifikationen (§ 9 Nr. 4 Abs. 3).
   - Angabe, daß Anträge auf Teilnahme auch durch Telegramm, Fernschreiben, Fernkopierer, Telefon oder in sonstiger Weise elektronisch übermittelt werden dürfen (§ 17 Nr. 3).
   - Angabe der Möglichkeit der Anwendung des Verfahrens nach § 3a Nr. 5 Buchstabe f bei der Ausschreibung des ersten Bauabschnitts (Wiederholung gleichartiger Bauleistungen durch denselben Auftraggeber).

   Diese Angaben sind unter den Nummern 15 bzw. 13 „Sonstige Angaben" aufzunehmen.

2. **Anhang A/SKR Nr. 15, B/SKR Nr. 13, C/SKR Nr. 13**

   In den Anhängen nicht vorgesehene Angaben:

   Die Anhänge enthalten für nachfolgende Angaben keine Textvorgabe:
   - Angabe, daß Anträge auf Teilnahme auch durch Telegramme, Fernschreiben, Fernkopierer, Telefon oder in sonstiger Weise elektronisch übermittelt werden dürfen (§ 17 Nr. 3 bzw. § 8 SKR Nr. 9).
   - Angabe der Möglichkeit der Anwendung des Verfahrens nach § 3b Nr. 2 Buchstabe f bzw. § 3 SKR Nr. 3 Buchstabe f bei der Ausschreibung des ersten Bauabschnitts (Wiederholung gleichartiger Bauleistungen durch denselben Auftraggeber).

   Diese Angaben sind unter den Nummern 15 bzw. 13 „Sonstige Angaben" aufzunehmen.

VOB Teil A:
Allgemeine Bestimmungen für die Vergabe von Bauleistungen
DIN 1960 – Ausgabe Dezember 1992

Abschnitt 1
Basisparagraphen

§ 1
Bauleistungen

1. Bauleistungen sind Arbeiten jeder Art, durch die eine bauliche Anlage hergestellt, instandgehalten, geändert oder beseitigt wird.

§ 2
Grundsätze der Vergabe

1. Bauleistungen sind an fachkundige, leistungsfähige und zuverlässige Unternehmer zu angemessenen Preisen zu vergeben. Der Wettbewerb soll die Regel sein. Ungesunde Begleiterscheinungen, wie z. B. wettbewerbsbeschränkende Verhaltensweisen, sind zu bekämpfen.
2. Bei der Vergabe von Bauleistungen darf kein Unternehmer diskriminiert werden.
3. Es ist anzustreben, die Aufträge so zu erteilen, daß die ganzjährige Bautätigkeit gefördert wird.

§ 3
Arten der Vergabe

1. (1) Bei Öffentlicher Ausschreibung werden Bauleistungen im vorgeschriebenen Verfahren nach öffentlicher Aufforderung einer unbeschränkten Zahl von Unternehmern zur Einreichung von Angeboten vergeben.

    (2) Bei Beschränkter Ausschreibung werden Bauleistungen im vorgeschriebenen Verfahren nach Aufforderung einer beschränkten Zahl von Unternehmern zur Einreichung von Angeboten vergeben, ggf. nach öffentlicher Aufforderung, Teilnahmeanträge zu stellen (Beschränkte Ausschreibung nach Öffentlichem Teilnahmewettbewerb).

    (3) Bei Freihändiger Vergabe werden Bauleistungen ohne ein förmliches Verfahren vergeben.

2. Öffentliche Ausschreibung muß stattfinden, wenn nicht die Eigenart der Leistung oder besondere Umstände eine Abweichung rechtfertigen.

3. (1) Beschränkte Ausschreibung ist zulässig,

    a) wenn die Öffentliche Ausschreibung für den Auftraggeber oder die Bewerber einen Aufwand verursachen würde, der zu dem erreichbaren Vorteil oder dem Wert der Leistung im Mißverhältnis stehen würde,

    b) wenn eine Öffentliche Ausschreibung kein annehmbares Ergebnis gehabt hat,

    c) wenn die Öffentliche Ausschreibung aus anderen Gründen (z. B. Dringlichkeit, Geheimhaltung) unzweckmäßig ist.

    (2) Beschränkte Ausschreibung nach Öffentlichem Teilnahmewettbewerb ist zulässig,

a) wenn die Leistung nach ihrer Eigenart nur von einem beschränkten Kreis von Unternehmern in geeigneter Weise ausgeführt werden kann, besonders wenn außergewöhnliche Zuverlässigkeit oder Leistungsfähigkeit (z. B. Erfahrung, technische Einrichtungen oder fachkundige Arbeitskräfte) erforderlich ist,

b) wenn die Bearbeitung des Angebots wegen der Eigenart der Leistung einen außergewöhnlich hohen Aufwand erfordert.

4. Freihändige Vergabe ist zulässig, wenn die Öffentliche Ausschreibung oder Beschränkte Ausschreibung unzweckmäßig ist, besonders

a) weil für die Leistung aus besonderen Gründen (z. B. Patentschutz, besondere Erfahrung oder Geräte) nur ein bestimmter Unternehmer in Betracht kommt,

b) weil die Leistung nach Art und Umfang vor der Vergabe nicht eindeutig und erschöpfend festgelegt werden kann,

c) weil sich eine kleine Leistung von einer vergebenen größeren Leistung nicht ohne Nachteil trennen läßt,

d) weil die Leistung besonders dringlich ist,

e) weil nach Aufhebung einer Öffentlichen Ausschreibung oder Beschränkten Ausschreibung eine erneute Ausschreibung kein annehmbares Ergebnis verspricht,

f) weil die auszuführende Leistung Geheimhaltungsvorschriften unterworfen ist.

§ 4
Einheitliche Vergabe, Vergabe nach Losen

1. Bauleistungen sollen so vergeben werden, daß eine einheitliche Ausführung und zweifelsfreie umfassende Gewährleistung erreicht wird; sie sollen daher i.d.R. mit den zur Leistung gehörigen Lieferungen vergeben werden.

2. Umfangreiche Bauleistungen sollen möglichst in Lose geteilt und nach Losen vergeben werden (Teillose).

3. Bauleistungen verschiedener Handwerks- oder Gewerbezweige sind i.d.R. nach Fachgebieten oder Gewerbezweigen getrennt zu vergeben (Fachlose). Aus wirtschaftlichen oder technischen Gründen dürfen mehrere Fachlose zusammen vergeben werden.

§ 5
Leistungsvertrag, Stundenlohnvertrag, Selbstkostenerstattungsvertrag

1. Bauleistungen sollen so vergeben werden, daß die Vergütung nach Leistung bemessen wird (Leistungsvertrag), und zwar:

a) i.d.R. zu Einheitspreisen für technisch und wirtschaftlich einheitliche Teilleistungen, deren Menge nach Maß, Gewicht oder Stückzahl vom Auftraggeber in den Verdingungsunterlagen anzugeben ist (Einheitspreisvertrag),

b) in geeigneten Fällen für eine Pauschalsumme, wenn die Leistung nach Ausführungsart und Umfang genau bestimmt ist und mit einer Änderung bei der Ausführung nicht zu rechnen ist (Pauschalvertrag).

2. Bauleistungen geringeren Umfangs, die überwiegend Lohnkosten verursachen, dürfen im Stundenlohn vergeben werden (Stundenlohnvertrag).

3. (1) Bauleistungen größeren Umfangs dürfen ausnahmsweise nach Selbstkosten vergeben werden, wenn sie vor der Vergabe nicht eindeutig und so erschöpfend bestimmt werden können, daß eine einwandfreie Preisermittlung möglich ist (Selbstkostenerstattungsvertrag).

(2) Bei der Vergabe ist festzulegen, wie Löhne, Stoffe, Gerätevorhaltung und andere Kosten einschließlich der Gemeinkosten zu vergüten sind und der Gewinn zu bemessen ist.

(3) Wird während der Bauausführung eine einwandfreie Preisermittlung möglich, so soll ein Leistungsvertrag abgeschlossen werden. Wird das bereits Geleistete nicht in den Leistungsvertrag einbezogen, so ist auf klare Leistungsabgrenzung zu achten.

§ 6
Angebotsverfahren

1. Das Angebotsverfahren ist darauf abzustellen, daß der Bewerber die Preise, die er für seine Leistungen fordert, in die Leistungsbeschreibung einzusetzen oder in anderer Weise im Angebot anzugeben hat.
2. Das Auf- und Abgebotsverfahren, bei dem vom Auftraggeber angegebene Preise dem Auf- und Abgebot der Bieter unterstellt werden, soll nur ausnahmsweise bei regelmäßig wiederkehrenden Unterhaltungsarbeiten, deren Umfang möglichst zu umgrenzen ist, angewandt werden.

§ 7
Mitwirkung von Sachverständigen

1. Ist die Mitwirkung von besonderen Sachverständigen zweckmäßig, um
   a) die Vergabe, insbesondere die Verdingungsunterlagen, vorzubereiten oder
   b) die geforderten Preise einschließlich der Vergütungen für Stundenlohnarbeiten (Stundenlohnzuschläge, Verrechnungssätze) zu beurteilen oder
   c) die vertragsgemäße Ausführung der Leistung zu begutachten,

   so sollen die Sachverständigen von den Berufsvertretungen vorgeschlagen werden; diese Sachverständigen dürfen weder unmittelbar noch mittelbar an der betreffenden Vergabe beteiligt sein.
2. Sachverständige i.S. von Nr. 1 sollen in geeigneten Fällen auf Antrag der Berufsvertretungen gehört werden, wenn dem Auftraggeber dadurch keine Kosten entstehen.

§ 8
Teilnehmer am Wettbewerb

1. Alle Bewerber oder Bieter sind gleichzubehandeln. Der Wettbewerb darf insbesondere nicht auf Bewerber beschränkt werden, die in bestimmten Regionen oder Orten ansässig sind.
2. (1) Bei Öffentlicher Ausschreibung sind die Unterlagen an alle Bewerber abzugeben, die sich gewerbsmäßig mit der Ausführung von Leistungen der ausgeschriebenen Art befassen.

   (2) Bei Beschränkter Ausschreibung sollen im allgemeinen nur 3 bis 8 geeignete Bewerber aufgefordert werden.

Werden von den Bewerbern umfangreiche Vorarbeiten verlangt, die einen besonderen Aufwand erfordern, so soll die Zahl der Bewerber möglichst eingeschränkt werden.

(3) Bei Beschränkter Ausschreibung und Freihändiger Vergabe soll unter den Bewerbern möglichst gewechselt werden.

3. (1) Von den Bewerbern oder Bietern dürfen zum Nachweis ihrer Eignung (Fachkunde, Leistungsfähigkeit und Zuverlässigkeit) Angaben verlangt werden über:

a) den Umsatz des Unternehmers in den letzten 3 abgeschlossenen Geschäftsjahren, soweit er Bauleistungen und andere Leistungen betrifft, die mit der zu vergebenden Leistung vergleichbar sind, unter Einschluß des Anteils bei gemeinsam mit anderen Unternehmern ausgeführten Aufträgen,

b) die Ausführung von Leistungen in den letzten 3 abgeschlossenen Geschäftsjahren, die mit der zu vergebenden Leistung vergleichbar sind,

c) die Zahl der in den letzten 3 abgeschlossenen Geschäftsjahren jahresdurchschnittlich beschäftigten Arbeitskräfte, gegliedert nach Berufsgruppen,

d) die dem Unternehmer für die Ausführung der zu vergebenden Leistung zur Verfügung stehende technische Ausrüstung,

e) das für die Leitung und Aufsicht vorgesehene technische Personal,

f) die Eintragung in das Berufsregister ihres Sitzes oder Wohnsitzes,

g) andere, insbesondere für die Prüfung der Fachkunde geeignete Nachweise.

Als Nachweise nach Buchstaben a), c) und f) sind auch von der zuständigen Stelle ausgestellte Bescheinigungen zulässig, aus denen hervorgeht, daß der Unternehmer in einer amtlichen Liste in einer Gruppe geführt wird, die den genannten Leistungsmerkmalen entspricht.

(2) Der Auftraggeber wird andere ihm geeignet erscheinende Nachweise der wirtschaftlichen und finanziellen Leistungsfähigkeit zulassen, wenn er feststellt, daß stichhaltige Gründe dafür bestehen.

(3) Bei Öffentlicher Ausschreibung sind in der Aufforderung zur Angebotsabgabe die Nachweise zu bezeichnen, deren Vorlage mit dem Angebot verlangt oder deren spätere Anforderung vorbehalten wird. Bei Beschränkter Ausschreibung nach Öffentlichem Teilnahmewettbewerb ist zu verlangen, daß die Nachweise bereits mit dem Teilnahmeantrag vorgelegt werden.

4. Bei Beschränkter Ausschreibung und Freihändiger Vergabe ist vor der Aufforderung zur Angebotsabgabe die Eignung der Bewerber zu prüfen. Dabei sind die Bewerber auszuwählen, deren Eignung die für die Erfüllung der vertraglichen Verpflichtungen notwendige Sicherheit bietet; dies bedeutet, daß sie die erforderliche Fachkunde, Leistungsfähigkeit und Zuverlässigkeit besitzen und über ausreichende technische und wirtschaftliche Mittel verfügen.

5. (1) Von der Teilnahme am Wettbewerb dürfen Unternehmer ausgeschlossen werden,

a) über deren Vermögen das Konkursverfahren oder das Vergleichsverfahren eröffnet oder die Eröffnung beantragt worden ist,

b) deren Unternehmen sich in Liquidation befinden,

c) die nachweislich eine schwere Verfehlung begangen haben, die ihre Zuverlässigkeit als Bewerber in Frage stellt,

d) die ihre Verpflichtung zur Zahlung von Steuern und Abgaben sowie der Beiträge zur gesetzlichen Sozialversicherung nicht ordnungsgemäß erfüllt haben,
e) die im Vergabeverfahren vorsätzlich unzutreffende Erklärungen in bezug auf ihre Fachkunde, Leistungsfähigkeit und Zuverlässigkeit abgegeben haben,
f) die sich nicht bei der Berufsgenossenschaft angemeldet haben.

(2) Der Auftraggeber darf von den Bewerbern oder Bietern entsprechende Bescheinigungen der zuständigen Stellen oder Erklärungen verlangen.

(3) Der Nachweis, daß Ausschlußgründe i.S. von Absatz 1 nicht vorliegen, kann auch durch eine Bescheinigung nach Nr. 3 Abs. 2 geführt werden, es sei denn, daß dies widerlegt wird.

6. Justizvollzugsanstalten, Einrichtungen der Jugendhilfe, Aus- und Fortbildungsstätten und ähnliche Einrichtungen sowie Betriebe der öffentlichen Hand und Verwaltungen sind zum Wettbewerb mit gewerblichen Unternehmern nicht zuzulassen.

§ 9
Beschreibung der Leistung
Allgemeines

1. Die Leistung ist eindeutig und so erschöpfend zu beschreiben, daß alle Bewerber die Beschreibung im gleichen Sinne verstehen müssen und ihre Preise sicher und ohne umfangreiche Vorarbeiten berechnen können.

2. Dem Auftragnehmer darf kein ungewöhnliches Wagnis aufgebürdet werden für Umstände und Ereignisse, auf die er keinen Einfluß hat und deren Einwirkung auf die Preise und Fristen er nicht im voraus schätzen kann.

3. (1) Um eine einwandfreie Preisermittlung zu ermöglichen, sind alle sie beeinflussenden Umstände festzustellen und in den Verdingungsunterlagen anzugeben.

   (2) Erforderlichenfalls sind auch der Zweck und die vorgesehene Beanspruchung der fertigen Leistung anzugeben.

   (3) Die für die Ausführung der Leistung wesentlichen Verhältnisse der Baustelle, z. B. Boden- und Wasserverhältnisse, sind so zu beschreiben, daß der Bewerber ihre Auswirkungen auf die bauliche Anlage und die Bauausführung hinreichend beurteilen kann.

   (4) Die „Hinweise für das Aufstellen der Leistungsbeschreibung" in Abschnitt 0 der Allgemeinen Technischen Vertragsbedingungen für Bauleistungen, DIN 18 299 ff., sind zu beachten.

4. (1) Bei der Beschreibung der Leistung sind die verkehrsüblichen Bezeichnungen zu beachten.

   (2) Die technischen Anforderungen (siehe Anhang TS Nr. 1) sind in den Verdingungsunterlagen unter Bezugnahme auf gemeinschaftsrechtliche technische Spezifikationen festzulegen; das sind
   – in innerstaatliche Normen übernommene europäische Normen (siehe Anhang TS Nr. 1.3),
   – europäische technische Zulassungen (siehe Anhang TS Nr. 1.4),
   – gemeinsame technische Spezifikationen (siehe Anhang TS Nr. 1.5).

(3) Von der Bezugnahme auf eine gemeinschaftsrechtliche technische Spezifikation kann abgesehen werden, wenn

– die gemeinschaftsrechtliche technische Spezifikation keine Regelungen zur Feststellung der Übereinstimmung der technischen Anforderungen an die Bauleistung, das Material oder das Bauteil enthält, z. B. weil keine geeignete Prüfnorm vorliegt oder der Nachweis nicht mit angemessenen Mitteln auf andere Weise erbracht werden kann,

– der Auftraggeber zur Verwendung von Stoffen und Bauteilen gezwungen würde, die mit von ihm bereits benutzten Anlagen inkompatibel sind oder deren Kompatibilität nur mit unverhältnismäßig hohen Kosten oder technischen Schwierigkeiten hergestellt werden könnte. Diese Abweichungsmöglichkeit darf nur im Rahmen einer klar definierten und schriftlich festgelegten Strategie mit der Verpflichtung zur Übernahme gemeinschaftsrechtlicher Spezifikationen innerhalb einer bestimmten Frist in Anspruch genommen werden.

– das betreffende Vorhaben von wirklich innovativer Art ist und die Anwendung der gemeinschaftsrechtlichen technischen Spezifikationen nicht angemessen wäre.

(4) Falls keine gemeinschaftsrechtliche Spezifikation vorliegt, gilt Anhang TS Nr. 2.

5. (1) Bestimmte Erzeugnisse oder Verfahren sowie bestimmte Ursprungsorte und Bezugsquellen dürfen nur dann ausdrücklich vorgeschrieben werden, wenn dies durch die Art der geforderten Leistung gerechtfertigt ist.

(2) Bezeichnungen für bestimmte Erzeugnisse oder Verfahren (z. B. Markennamen, Warenzeichen, Patente) dürfen ausnahmsweise, jedoch nur mit dem Zusatz „oder gleichwertiger Art", verwendet werden, wenn eine Beschreibung durch hinreichend genaue, allgemeinverständliche Bezeichnungen nicht möglich ist.

Leistungsbeschreibung mit Leistungsverzeichnis

6. Die Leistung soll i.d.R. durch eine allgemeine Darstellung der Bauaufgabe (Baubeschreibung) und ein in Teilleistungen gegliedertes Leistungsverzeichnis beschrieben werden.

7. Erforderlichenfalls ist die Leistung auch zeichnerisch oder durch Probestücke darzustellen oder anders zu erklären, z. B. durch Hinweise auf ähnliche Leistungen, durch Mengen- oder statische Berechnungen. Zeichnungen und Proben, die für die Ausführung maßgebend sein sollen, sind eindeutig zu bezeichnen.

8. Leistungen, die nach den Vertragsbedingungen, den Technischen Vertragsbedingungen oder der gewerblichen Verkehrssitte zu der geforderten Leistung gehören (B § 2 Nr. 1), brauchen nicht besonders aufgeführt zu werden.

9. Im Leistungsverzeichnis ist die Leistung derart aufzugliedern, daß unter einer Ordnungszahl (Position) nur solche Leistungen aufgenommen werden, die nach ihrer technischen Beschaffenheit und für die Preisbildung als in sich gleichartig anzusehen sind. Ungleichartige Leistungen sollen unter einer Ordnungszahl (Sammelposition) nur zusammengefaßt werden, wenn eine Teilleistung gegenüber einer anderen für die Bildung eines Durchschnittspreises ohne nennenswerten Einfluß ist.

Leistungsbeschreibung mit Leistungsprogramm

10. Wenn es nach Abwägen aller Umstände zweckmäßig ist, abweichend von Nr. 6 zusammen mit der Bauausführung auch den Entwurf für die Leistung dem Wettbewerb zu unterstellen, um die technisch, wirtschaftlich und gestalterisch beste sowie funktionsgerechte Lösung der Bauaufgabe zu ermitteln, kann die Leistung durch ein Leistungsprogramm dargestellt werden.

11. (1) Das Leistungsprogramm umfaßt eine Beschreibung der Bauaufgabe, aus der die Bewerber alle für die Entwurfsbearbeitung und ihr Angebot maßgebenden Bedingungen und Umstände erkennen können und in der sowohl der Zweck der fertigen Leistung als auch die an sie gestellten technischen, wirtschaftlichen, gestalterischen und funktionsbedingten Anforderungen angegeben sind, sowie ggf. ein Musterleistungsverzeichnis, in dem die Mengenangaben ganz oder teilweise offengelassen sind.

    (2) Nrn. 7 bis 9 gelten sinngemäß.

12. Von dem Bieter ist ein Angebot zu verlangen, das außer der Ausführung der Leistung den Entwurf nebst eingehender Erläuterung und eine Darstellung der Bauausführung sowie eine eingehende und zweckmäßig gegliederte Beschreibung der Leistung — ggf. mit Mengen- und Preisangaben für Teile der Leistung — umfaßt. Bei Beschreibung der Leistung mit Mengen- und Preisangaben ist vom Bieter zu verlangen, daß er

    a) die Vollständigkeit seiner Angaben, insbesondere die von ihm selbst ermittelten Mengen, entweder ohne Einschränkung oder im Rahmen einer in den Verdingungsunterlagen anzugebenden Mengentoleranz vertritt, und daß er

    b) etwaige Annahmen, zu denen er in besonderen Fällen gezwungen ist, weil zum Zeitpunkt der Angebotsabgabe einzelne Teilleistungen nach Art und Menge noch nicht bestimmt werden können (z. B. Aushub-, Abbruch- oder Wasserhaltungsarbeiten) — erforderlichenfalls anhand von Plänen und Mengenermittlungen — begründet.

§ 10
Vergabeunterlagen

1. (1) Die Vergabeunterlagen bestehen aus

    a) dem Anschreiben (Aufforderung zur Angebotsabgabe), ggf. Bewerbungsbedingungen (§ 10 Nr. 5) und

    b) den Verdingungsunterlagen (§ 9, § 10 Nr. 1 Abs. 2 und Nrn. 2 bis 4).

    (2) In den Verdingungsunterlagen ist vorzuschreiben, daß die Allgemeinen Vertragsbedingungen für die Ausführung von Bauleistungen (VOB/B) und die Allgemeinen Technischen Vertragsbedingungen für Bauleistungen (VOB/C) Bestandteile des Vertrags werden. Das gilt auch für etwaige Zusätzliche Vertragsbedingungen und etwaige Zusätzliche Technische Vertragsbedingungen, soweit sie Bestandteile des Vertrags werden sollen.

2. (1) Die Allgemeinen Vertragsbedingungen bleiben grundsätzlich unverändert. Sie dürfen von Auftraggebern, die ständig Bauleistungen vergeben, für die bei ihnen allgemein gegebenen Verhältnisse durch Zusätzliche Vertragsbedingungen ergänzt werden. Diese dürfen den Allgemeinen Vertragsbedingungen nicht widersprechen.

(2) Für die Erfordernisse des Einzelfalles sind die Allgemeinen Vertragsbedingungen und etwaige Zusätzliche Vertragsbedingungen durch Besondere Vertragsbedingungen zu ergänzen. In diesen sollen sich Abweichungen von den Allgemeinen Vertragsbedingungen auf die Fälle beschränken, in denen dort besondere Vereinbarungen ausdrücklich vorgesehen sind und auch nur soweit es die Eigenart der Leistung und ihre Ausführung erfordern.

3. Die Allgemeinen Technischen Vertragsbedingungen bleiben grundsätzlich unverändert. Sie dürfen von Auftraggebern, die ständig Bauleistungen vergeben, für die bei ihnen allgemein gegebenen Verhältnisse durch Zusätzliche Technische Vertragsbedingungen ergänzt werden. Für die Erfordernisse des Einzelfalles sind Ergänzungen und Änderungen in der Leistungsbeschreibung festzulegen.

4. (1) In den Zusätzlichen Vertragsbedingungen oder in den Besonderen Vertragsbedingungen sollen, soweit erforderlich, folgende Punkte geregelt werden:
   a) Unterlagen (§ 20 Nr. 3, B § 3 Nrn. 5 und 6),
   b) Benutzung von Lager- und Arbeitsplätzen, Zufahrtswegen, Anschlußgleisen, Wasser- und Energieanschlüssen (B § 4 Nr. 4),
   c) Weitervergabe an Nachunternehmer (B § 4 Nr. 8),
   d) Ausführungsfristen (§ 11, B § 5),
   e) Haftung (B § 10 Nr. 2),
   f) Vertragsstrafen und Beschleunigungsvergütungen (§ 12, B § 11),
   g) Abnahme (B § 12),
   h) Vertragsart (§ 5), Abrechnung (B § 14),
   i) Stundenlohnarbeiten (B § 15),
   k) Zahlungen, Vorauszahlungen (B § 16),
   l) Sicherheitsleistung (§ 14, B § 17),
   m) Gerichtsstand (B § 18 Nr. 1),
   n) Lohn- und Gehaltsnebenkosten,
   o) Änderung der Vertragspreise (§ 15).

   (2) Im Einzelfall erforderliche besondere Vereinbarungen über die Gewährleistung (§ 13 Nr. 2, B § 13 Nrn. 1, 4, 7) und über die Verteilung der Gefahr bei Schäden, die durch Hochwasser, Sturmfluten, Grundwasser, Wind, Schnee, Eis u. dgl. entstehen können (B § 7), sind in den Besonderen Vertragsbedingungen zu treffen. Sind für bestimmte Bauleistungen gleichgelagerte Voraussetzungen i.S. von § 13 Nr. 2 gegeben, so dürfen die besonderen Vereinbarungen auch in Zusätzlichen Technischen Vertragsbedingungen vorgesehen werden.

5. (1) Für die Versendung der Verdingungsunterlagen (§ 17 Nr. 3) ist ein Anschreiben (Aufforderung zur Angebotsabgabe) zu verfassen, das alle Angaben enthält, die außer den Verdingungsunterlagen für den Entschluß zur Abgabe eines Angebots notwendig sind.

   (2) In dem Anschreiben sind insbesondere anzugeben:
   a) Art und Umfang der Leistung sowie der Ausführungsort,
   b) etwaige Bestimmungen über die Ausführungszeit,

Allgemeine Vergabebestimmungen DIN 1960

c) Bezeichnung (Anschrift) der zur Angebotsabgabe auffordernden Stelle und der den Zuschlag erteilenden Stelle,

d) Name und Anschrift der Dienststelle, bei der die Verdingungsunterlagen und zusätzlichen Unterlagen angefordert und eingesehen werden können, sowie Termin, bis zu dem diese Unterlagen spätestens angefordert werden können,

e) ggf. Höhe und Einzelheiten der Zahlung der Entschädigung für die Übersendung dieser Unterlagen,

f) Art der Vergabe (§ 3),

g) etwaige Ortsbesichtigungen,

h) genaue Aufschrift der Angebote,

i) Ort und Zeit des Eröffnungstermins (Ablauf der Angebotsfrist, § 18 Nr. 2) sowie Angabe, welche Personen zum Eröffnungstermin zugelassen sind (§ 22 Nr. 1 Satz 1),

j) etwa vom Auftraggeber zur Vorlage für die Beurteilung der Eignung des Bieters verlangte Unterlagen (§ 8 Nrn. 3 und 4),

k) die Höhe etwa geforderter Sicherheitsleistungen,

l) Änderungsvorschläge und Nebenangebote (vgl. Abs. 4),

m) etwaige Vorbehalte wegen der Teilung in Lose und Vergabe der Lose an verschiedene Bieter,

n) Zuschlags- und Bindefrist (§ 19),

o) sonstige Erfordernisse, die die Bewerber bei der Bearbeitung ihrer Angebote beachten müssen,

p) die wesentlichen Zahlungsbedingungen oder Angabe der Unterlagen, in denen sie enthalten sind (z. B. B § 16),

q) die Stelle, an die sich der Bewerber oder Bieter zur Nachprüfung behaupteter Verstöße gegen die Vergabebestimmungen wenden kann.

(3) Der Auftraggeber kann die Bieter auffordern, in ihrem Angebot die Leistungen anzugeben, die sie an Nachunternehmer zu vergeben beabsichtigen.

(4) Wenn der Auftraggeber Änderungsvorschläge oder Nebenangebote wünscht oder nicht zulassen will, so ist dies anzugeben; ebenso ist anzugeben, wenn Nebenangebote ohne gleichzeitige Abgabe eines Hauptangebots ausnahmsweise ausgeschlossen werden. Von Bietern, die eine Leistung anbieten, deren Ausführung nicht in Allgemeinen Technischen Vertragsbedingungen oder in den Verdingungsunterlagen geregelt ist, sind im Angebot entsprechende Angaben über Ausführung und Beschaffenheit dieser Leistung zu verlangen.

(5) Auftraggeber, die ständig Bauleistungen vergeben, sollen die Erfordernisse, die die Bewerber bei der Bearbeitung ihrer Angebote beachten müssen, in den Bewerbungsbedingungen zusammenfassen und dem Anschreiben beifügen.

6. Sollen Streitigkeiten aus dem Vertrag unter Ausschluß des ordentlichen Rechtswegs im schiedsrichterlichen Verfahren ausgetragen werden, so ist es in besonderer, nur das Schiedsverfahren betreffender Urkunde zu vereinbaren, soweit nicht § 1027 Absatz 2 der Zivilprozeßordnung auch eine andere Form der Vereinbarung zuläßt.

§ 11
Ausführungsfristen

1. (1) Die Ausführungsfristen sind ausreichend zu bemessen; Jahreszeit, Arbeitsbedingungen und etwaige besondere Schwierigkeiten sind zu berücksichtigen. Für die Bauvorbereitung ist dem Auftragnehmer genügend Zeit zu gewähren.

   (2) Außergewöhnlich kurze Fristen sind nur bei besonderer Dringlichkeit vorzusehen.

   (3) Soll vereinbart werden, daß mit der Ausführung erst nach Aufforderung zu beginnen ist (B § 5 Nr. 2), so muß die Frist, innerhalb derer die Aufforderung ausgesprochen werden kann, unter billiger Berücksichtigung der für die Ausführung maßgebenden Verhältnisse zumutbar sein; sie ist in den Verdingungsunterlagen festzulegen.

2. (1) Wenn es ein erhebliches Interesse des Auftraggebers erfordert, sind Einzelfristen für in sich abgeschlossene Teile der Leistung zu bestimmen.

   (2) Wird ein Bauzeitenplan aufgestellt, damit die Leistungen aller Unternehmer sicher ineinandergreifen, so sollen nur die für den Fortgang der Gesamtarbeit besonders wichtigen Einzelfristen als vertraglich verbindliche Fristen (Vertragsfristen) bezeichnet werden.

3. Ist für die Einhaltung von Ausführungsfristen die Übergabe von Zeichnungen oder anderen Unterlagen wichtig, so soll hierfür ebenfalls eine Frist festgelegt werden.

4. Der Auftraggeber darf in den Verdingungsunterlagen eine Pauschalierung des Verzugsschadens (B § 5 Nr. 4) vorsehen; sie soll 5 v. H. der Auftragssumme nicht überschreiten. Der Nachweis eines geringeren Schadens ist zuzulassen.

§ 12
Vertragsstrafen und Beschleunigungsvergütungen

1. Vertragsstrafen für die Überschreitung von Vertragsfristen sind nur auszubedingen, wenn die Überschreitung erhebliche Nachteile verursachen kann. Die Strafe ist in angemessenen Grenzen zu halten.

2. Beschleunigungsvergütungen (Prämien) sind nur vorzusehen, wenn die Fertigstellung vor Ablauf der Vertragsfristen erhebliche Vorteile bringt.

§ 13
Gewährleistung

1. Auf Gewährleistung über die Abnahme hinaus soll verzichtet werden bei Bauleistungen, deren einwandfreie, vertragsgemäße Beschaffenheit sich bei der Abnahme unzweifelhaft feststellen läßt und bei denen auch später keine Mängel zu erwarten sind.

2. Andere Verjährungsfristen als nach B § 13 Nr. 4 der Allgemeinen Vertragsbedingungen sollen nur vorgesehen werden, wenn dies wegen der Eigenart der Leistung erforderlich ist. In solchen Fällen sind alle Umstände gegeneinander abzuwägen, insbesondere, wann etwaige Mängel wahrscheinlich erkennbar werden und wieweit die Mängelursachen noch nachgewiesen werden können, aber auch die Wirkung auf die Preise und die Notwendigkeit einer billigen Bemessung der Verjährungsfristen für Gewährleistungsansprüche.

§ 14
Sicherheitsleistung

1. Auf Sicherheitsleistung soll ganz oder teilweise verzichtet werden, wenn Mängel der Leistung voraussichtlich nicht eintreten oder wenn der Auftragnehmer hinreichend bekannt ist und genügende Gewähr für die vertragsgemäße Leistung und die Beseitigung etwa auftretender Mängel bietet.
2. Die Sicherheit soll nicht höher bemessen und ihre Rückgabe nicht für einen späteren Zeitpunkt vorgesehen werden, als nötig ist, um den Auftraggeber vor Schaden zu bewahren. Die Sicherheit für die Erfüllung sämtlicher Verpflichtungen aus dem Vertrag soll 5 v. H. der Auftragssumme nicht überschreiten. Die Sicherheit für die Gewährleistung soll 3 v. H. der Abrechnungssumme nicht überschreiten.

§ 15
Änderung der Vergütung

Sind wesentliche Änderungen der Preisermittlungsgrundlagen zu erwarten, deren Eintritt oder Ausmaß ungewiß ist, so kann eine angemessene Änderung der Vergütung in den Verdingungsunterlagen vorgesehen werden. Die Einzelheiten der Preisänderungen sind festzulegen.

§ 16
Grundsätze der Ausschreibung

1. Der Auftraggeber soll erst dann ausschreiben, wenn alle Verdingungsunterlagen fertiggestellt sind und wenn innerhalb der angegebenen Fristen mit der Ausführung begonnen werden kann.
2. Ausschreibungen für vergabefremde Zwecke (z. B. Ertragsberechnungen) sind unzulässig.

§ 17
Bekanntmachung, Versand der Vergabeunterlagen

1. (1) Öffentliche Ausschreibungen sind bekanntzumachen, z. B. in Tageszeitungen, amtlichen Veröffentlichungsblättern oder Fachzeitschriften.
   (2) Diese Bekanntmachungen sollen folgende Angaben enthalten:
   a) Name, Anschrift, Telefon-, Telegrafen-, Fernschreib- und Fernkopiernummer des Auftraggebers (Vergabestelle),
   b) gewähltes Vergabeverfahren,
   c) Art des Auftrags, der Gegenstand der Ausschreibung ist,
   d) Ort der Ausführung,
   e) Art und Umfang der Leistung, allgemeine Merkmale der baulichen Anlage,
   f) falls die bauliche Anlage oder der Auftrag in mehrere Lose aufgeteilt ist, Art und Umfang der einzelnen Lose und Möglichkeit, Angebote für eines, mehrere oder alle Lose einzureichen,
   g) Angaben über den Zweck der baulichen Anlage oder des Auftrags, wenn auch Planungsleistungen gefordert werden,
   h) etwaige Frist für die Ausführung,

i) Name und Anschrift der Dienststelle, bei der die Verdingungsunterlagen und zusätzlichen Unterlagen angefordert und eingesehen werden können, sowie Termin, bis zu dem diese Unterlagen spätestens angefordert werden können,

j) ggf. Höhe und Einzelheiten der Zahlung der Entschädigung für die Übersendung dieser Unterlagen,

k) Ablauf der Frist für die Einreichung der Angebote,

l) Anschrift, an die die Angebote zu richten sind,

m) Sprache, in der die Angebote abgefaßt sein müssen,

n) Personen, die bei der Eröffnung der Angebote anwesend sein dürfen,

o) Datum, Uhrzeit und Ort der Eröffnung der Angebote,

p) ggf. geforderte Sicherheiten,

q) wesentliche Zahlungsbedingungen und/oder Verweisung auf die Vorschriften, in denen sie enthalten sind,

r) gegebenenfalls Rechtsform, die die Bietergemeinschaft, an die der Auftrag vergeben wird, haben muß,

s) verlangte Nachweise für die Beurteilung der Eignung des Bieters,

t) Ablauf der Zuschlags- und Bindefrist,

u) ggf. Nichtzulassung von Änderungsvorschlägen oder Nebenangeboten,

v) sonstige Angaben, insbesondere die Stelle, an die sich der Bewerber oder Bieter zur Nachprüfung behaupteter Verstöße gegen Vergabebestimmungen wenden kann.

2. (1) Bei Beschränkten Ausschreibungen nach Öffentlichem Teilnahmewettbewerb sind die Unternehmer durch Bekanntmachungen, z. B. in Tageszeitungen, amtlichen Veröffentlichungsblättern oder Fachzeitschriften aufzufordern, ihre Teilnahme am Wettbewerb zu beantragen.

(2) Diese Bekanntmachungen sollen folgende Angaben enthalten:

a) Name, Anschrift, Telefon-, Telegrafen-, Fernschreib- und Fernkopiernummer des Auftraggebers (Vergabestelle),

b) gewähltes Vergabeverfahren,

c) Art des Auftrags, der Gegenstand der Ausschreibung ist,

d) Ort der Ausführung,

e) Art und Umfang der Leistung, allgemeine Merkmale der baulichen Anlage,

f) falls die bauliche Anlage oder der Auftrag in mehrere Lose aufgeteilt ist, Art und Umfang der einzelnen Lose und Möglichkeit, Angebote für eines, mehrere oder alle Lose einzureichen,

g) Angaben über den Zweck der baulichen Anlage oder des Auftrags, wenn auch Planungsleistungen gefordert werden,

h) etwaige Frist für die Ausführung,

i) ggf. Rechtsform, die die Bietergemeinschaft, an die der Auftrag vergeben wird, haben muß,

j) Ablauf der Einsendefrist für die Anträge auf Teilnahme,

Allgemeine Vergabebestimmungen DIN 1960

k) Anschrift, an die diese Anträge zu richten sind,
l) Sprache, in der diese Anträge abgefaßt sein müssen,
m) Tag, an dem die Aufforderungen zur Angebotsabgabe spätestens abgesandt werden,
n) ggf. geforderte Sicherheiten,
o) wesentliche Zahlungsbedingungen und/oder Verweis auf die Vorschriften, in denen sie enthalten sind,
p) mit dem Teilnahmeantrag verlangte Nachweise für die Beurteilung der Eignung (Fachkunde, Leistungsfähigkeit, Zuverlässigkeit) des Bewerbers,
q) ggf. Nichtzulassung von Änderungsvorschlägen oder Nebenangeboten,
r) sonstige Angaben, insbesondere die Stelle, an die sich der Bewerber oder Bieter zur Nachprüfung behaupteter Verstöße gegen Vergabebestimmungen wenden kann.

3. Anträge auf Teilnahme sind auch dann zu berücksichtigen, wenn sie durch Telegramm, Fernschreiben, Fernkopierer, Telefon oder in sonstiger Weise elektronisch übermittelt werden, sofern die sonstigen Teilnahmebedingungen erfüllt sind.

4. (1) Die Vergabeunterlagen sind den Bewerbern in kürzestmöglicher Frist und in geeigneter Weise zu übermitteln.

 (2) Die Vergabeunterlagen sind bei Beschränkter Ausschreibung nach Öffentlichem Teilnahmewettbewerb an alle ausgewählten Bewerber am selben Tag abzusenden.

5. Jeder Bewerber soll die Leistungsbeschreibung doppelt und alle anderen für die Preisermittlung wesentlichen Unterlagen einfach erhalten. Wenn von den Unterlagen (außer der Leistungsbeschreibung) keine Vervielfältigungen abgegeben werden können, sind sie in ausreichender Weise zur Einsicht auszulegen, wenn nötig, nicht nur am Geschäftssitz des Auftraggebers, sondern auch am Ausführungsort oder an einem Nachbarort.

6. Die Namen der Bewerber, die Vergabeunterlagen erhalten oder eingesehen haben, sind geheimzuhalten.

7. (1) Erbitten Bewerber zusätzliche sachdienliche Auskünfte über die Vergabeunterlagen, so sind die Auskünfte unverzüglich zu erteilen.

 (2) Werden einem Bewerber wichtige Aufklärungen über die geforderte Leistung oder die Grundlagen der Preisermittlung gegeben, so sind sie auch den anderen Bewerbern unverzüglich mitzuteilen, soweit diese bekannt sind.

§ 18
Angebotsfrist, Bewerbungsfrist

1. Für die Bearbeitung und Einreichung der Angebote ist eine ausreichende Angebotsfrist vorzusehen, auch bei Dringlichkeit nicht unter 10 Kalendertagen. Dabei ist insbesondere der zusätzliche Aufwand für die Besichtigung von Baustellen oder die Beschaffung von Unterlagen für die Angebotsbearbeitung zu berücksichtigen.

2. Die Angebotsfrist läuft ab, sobald im Eröffnungstermin der Verhandlungsleiter mit der Öffnung der Angebote beginnt.
3. Bis zum Ablauf der Angebotsfrist können Angebote schriftlich, fernschriftlich oder telegrafisch zurückgezogen werden.
4. Für die Einreichung von Teilnahmeanträgen bei Beschränkter Ausschreibung nach Öffentlichem Teilnahmewettbewerb ist eine ausreichende Bewerbungsfrist vorzusehen.

§ 19
Zuschlags- und Bindefrist

1. Die Zuschlagsfrist beginnt mit dem Eröffnungstermin.
2. Die Zuschlagsfrist soll so kurz wie möglich und nicht länger bemessen werden, als der Auftraggeber für eine zügige Prüfung und Wertung der Angebote (§§ 23 bis 25) benötigt. Sie soll nicht mehr als 30 Kalendertage betragen; eine längere Zuschlagsfrist soll nur in begründeten Fällen festgelegt werden. Das Ende der Zuschlagsfrist ist durch Angabe des Kalendertages zu bezeichnen.
3. Es ist vorzusehen, daß der Bieter bis zum Ablauf der Zuschlagsfrist an sein Angebot gebunden ist (Bindefrist).
4. Die Nrn. 1 bis 3 gelten bei Freihändiger Vergabe entsprechend.

§ 20
Kosten

1. (1) Bei Öffentlicher Ausschreibung darf für die Leistungsbeschreibung und die anderen Unterlagen eine Entschädigung gefordert werden; sie darf die Selbstkosten der Vervielfältigung nicht überschreiten. In der Bekanntmachung (§ 17 Nr. 1) ist anzugeben, wie hoch sie ist und daß sie nicht erstattet wird.
   (2) Bei Beschränkter Ausschreibung und Freihändiger Vergabe sind alle Unterlagen unentgeltlich abzugeben.
2. (1) Für die Bearbeitung des Angebots wird keine Entschädigung gewährt. Verlangt jedoch der Auftraggeber, daß der Bewerber Entwürfe, Pläne, Zeichnungen, statische Berechnungen, Mengenberechnungen oder andere Unterlagen ausarbeitet, insbesondere in den Fällen des § 9 Nrn. 10 bis 12, so ist einheitlich für alle Bieter in der Ausschreibung eine angemessene Entschädigung festzusetzen. Ist eine Entschädigung festgesetzt, so steht sie jedem Bieter zu, der ein der Ausschreibung entsprechendes Angebot mit den geforderten Unterlagen rechtzeitig eingereicht hat.
   (2) Diese Grundsätze gelten für die Freihändige Vergabe entsprechend.
3. Der Auftraggeber darf Angebotsunterlagen und die in den Angeboten enthaltenen eigenen Vorschläge eines Bieters nur für die Prüfung und Wertung der Angebote (§§ 23 und 25) verwenden. Eine darüber hinausgehende Verwendung bedarf der vorherigen schriftlichen Vereinbarung.

Allgemeine Vergabebestimmungen　　　　　　　　　　　　　　DIN 1960

§ 21
Inhalt der Angebote

1. (1) Die Angebote sollen nur die Preise und die geforderten Erklärungen enthalten. Sie müssen mit rechtsverbindlicher Unterschrift versehen sein. Änderungen des Bieters an seinen Eintragungen müssen zweifelsfrei sein.

   (2) Änderungen an den Verdingungsunterlagen sind unzulässig.

   (3) Der Auftraggeber soll allgemein oder im Einzelfall zulassen, daß Bieter für die Angebotsabgabe eine selbstgefertigte Abschrift oder statt dessen eine selbstgefertigte Kurzfassung des Leistungsverzeichnisses benutzen, wenn sie den vom Auftraggeber verfaßten Wortlaut der Urschrift des Leistungsverzeichnisses als allein verbindlich schriftlich anerkennen; Kurzfassungen müssen jedoch die Ordnungszahlen (Positionen) vollzählig, in der gleichen Reihenfolge und mit den gleichen Nummern wie in der Urschrift, wiedergeben.

   (4) Muster und Proben der Bieter müssen als zum Angebot gehörig gekennzeichnet sein.

2. Eine Leistung, die von den vorgesehenen technischen Spezifikationen abweicht, darf angeboten werden, wenn sie mit dem geforderten Schutzniveau in bezug auf Sicherheit, Gesundheit und Gebrauchstauglichkeit gleichwertig ist. Die Abweichung muß im Angebot eindeutig bezeichnet sein. Die Gleichwertigkeit ist mit dem Angebot nachzuweisen.

3. Etwaige Änderungsvorschläge oder Nebenangebote müssen auf besonderer Anlage gemacht und als solche deutlich gekennzeichnet werden.

4. (1) Bietergemeinschaften haben eines ihrer Mitglieder als bevollmächtigten Vertreter für den Abschluß und die Durchführung des Vertrags zu bezeichnen.

   (2) Fehlt die Bezeichnung im Angebot, so ist sie vor der Zuschlagserteilung beizubringen.

5. Der Auftraggeber hat die Anforderungen an den Inhalt der Angebote nach den Nrn. 1–4 in die Vergabeunterlagen aufzunehmen.

§ 22
Eröffnungstermin

1. Bei Ausschreibungen ist für die Öffnung und Verlesung (Eröffnung) der Angebote ein Eröffnungstermin abzuhalten, in dem nur die Bieter und ihre Bevollmächtigten zugegen sein dürfen. Bis zu diesem Termin sind die Angebote, die beim Eingang auf dem ungeöffneten Umschlag zu kennzeichnen sind, unter Verschluß zu halten.

2. Zur Eröffnung zuzulassen sind nur Angebote, die dem Verhandlungsleiter bei Öffnung des ersten Angebots vorliegen.

3. (1) Der Verhandlungsleiter stellt fest, ob der Verschluß der Angebote unversehrt ist.

   (2) Die Angebote werden geöffnet und in allen wesentlichen Teilen gekennzeichnet. Name und Wohnort der Bieter und die Endbeträge der Angebote oder ihrer einzelnen Abschnitte, ferner andere den Preis betreffende Angaben werden verlesen. Es wird bekanntgegeben, ob und von wem Änderungsvorschläge oder

Nebenangebote eingereicht sind. Weiteres aus dem Inhalt der Angebote soll nicht mitgeteilt werden.

(3) Muster und Proben der Bieter müssen im Termin zur Stelle sein.

4. (1) Über den Eröffnungstermin ist eine Niederschrift zu fertigen. Sie ist zu verlesen; in ihr ist zu vermerken, daß sie verlesen und als richtig anerkannt worden ist oder welche Einwendungen erhoben worden sind.

(2) Sie ist vom Verhandlungsleiter zu unterschreiben; die anwesenden Bieter und Bevollmächtigten sind berechtigt, mitzuunterzeichnen.

5. Angebote, die bei der Öffnung des ersten Angebots nicht vorgelegen haben (Nr. 2), sind in der Niederschrift oder in einem Nachtrag besonders aufzuführen. Die Eingangszeiten und die etwa bekannten Gründe, aus denen die Angebote nicht vorgelegen haben, sind zu vermerken. Der Umschlag und andere Beweismittel sind aufzubewahren.

6. (1) Ein Angebot, das nachweislich vor Ablauf der Angebotsfrist dem Auftraggeber zugegangen war, aber bei Öffnung des ersten Angebots aus vom Bieter nicht zu vertretenden Gründen dem Verhandlungsleiter nicht vorgelegen hat, ist wie ein rechtzeitig vorliegendes Angebot zu behandeln.

(2) Den Bietern ist dieser Sachverhalt unverzüglich schriftlich mitzuteilen. In die Mitteilung sind die Feststellung, daß der Verschluß unversehrt war und die Angaben nach Nr. 3 Abs. 2 aufzunehmen.

(3) Dieses Angebot ist mit allen Angaben in die Niederschrift oder in einen Nachtrag aufzunehmen. Im übrigen gilt Nr. 5 Satz 2 und 3.

7. Den Bietern und ihren Bevollmächtigten ist die Einsicht in die Niederschrift und ihre Nachträge (Nrn. 5 und 6 sowie § 23 Nr. 4) zu gestatten; den Bietern können die Namen der Bieter und die Endbeträge der Angebote sowie die Zahl ihrer Änderungsvorschläge und Nebenangebote mitgeteilt werden. Die Niederschrift darf nicht veröffentlicht werden.

8. Die Angebote und ihre Anlagen sind sorgfältig zu verwahren und geheimzuhalten; dies gilt auch bei Freihändiger Vergabe.

§ 23
Prüfung der Angebote

1. Angebote, die im Eröffnungstermin dem Verhandlungsleiter bei Öffnung des ersten Angebotes nicht vorgelegen haben, und Angebote, die den Bestimmungen des § 21 Nr. 1 Abs. 1 und 2 nicht entsprechen, brauchen nicht geprüft zu werden.

2. Die übrigen Angebote sind rechnerisch, technisch und wirtschaftlich zu prüfen, ggf. mit Hilfe von Sachverständigen (§ 7).

3. (1) Entspricht der Gesamtbetrag einer Ordnungszahl (Position) nicht dem Ergebnis der Multiplikation von Mengenansatz und Einheitspreis, so ist der Einheitspreis maßgebend. Ist der Einheitspreis in Ziffern und in Worten angegeben und stimmen diese Angaben nicht überein, so gilt der dem Gesamtbetrag der Ordnungszahl entsprechende Einheitspreis. Entspricht weder der in Worten noch der in Ziffern angegebene Einheitspreis dem Gesamtbetrag der Ordnungszahl, so gilt der in Worten angegebene Einheitspreis.

Allgemeine Vergabebestimmungen   DIN 1960

(2) Bei Vergabe für eine Pauschalsumme gilt diese ohne Rücksicht auf etwa angegebene Einzelpreise.

(3) Absätze 1 und 2 gelten auch bei Freihändiger Vergabe.

4. Die auf Grund der Prüfung festgestellten Angebotssummen sind in der Niederschrift über den Eröffnungstermin zu vermerken.

§ 24
Aufklärung des Angebotsinhalts

1. (1) Bei Ausschreibungen darf der Auftraggeber nach Öffnung der Angebote bis zur Zuschlagserteilung mit einem Bieter nur verhandeln, um sich über seine Eignung, insbesondere seine technische und wirtschaftliche Leistungsfähigkeit, das Angebot selbst, etwaige Änderungsvorschläge und Nebenangebote, die geplante Art der Durchführung, etwaige Ursprungsorte oder Bezugsquellen von Stoffen oder Bauteilen und um sich über die Angemessenheit der Preise, wenn nötig durch Einsicht in die vorzulegenden Preisermittlungen (Kalkulationen), zu unterrichten.

(2) Die Ergebnisse solcher Verhandlungen sind geheimzuhalten. Sie sollen schriftlich niedergelegt werden.

2. Verweigert ein Bieter die geforderten Aufklärungen und Angaben, so kann sein Angebot unberücksichtigt bleiben.

3. Andere Verhandlungen, besonders über Änderung der Angebote oder Preise, sind unstatthaft, außer wenn sie bei Nebenangeboten, Änderungsvorschlägen oder Angeboten auf Grund eines Leistungsprogramms nötig sind, um unumgängliche technische Änderungen geringen Umfangs und daraus sich ergebende Änderungen der Preise zu vereinbaren.

§ 25
Wertung der Angebote

1. (1) Ausgeschlossen werden:

   a) Angebote, die im Eröffnungstermin dem Verhandlungsleiter bei Öffnung des ersten Angebots nicht vorgelegen haben, ausgenommen Angebote nach § 22 Nr. 6,

   b) Angebote, die dem § 21 Nr. 1 Abs. 1 und 2 nicht entsprechen,

   c) Angebote von Bietern, die in bezug auf die Ausschreibung eine Abrede getroffen haben, die eine unzulässige Wettbewerbsbeschränkung darstellt,

   d) Änderungsvorschläge und Nebenangebote, wenn der Auftraggeber in der Bekanntmachung oder in den Vergabeunterlagen erklärt hat, daß er diese nicht zuläßt.

(2) Außerdem können Angebote von Bietern nach § 8 Nr. 5 ausgeschlossen werden.

2. (1) Bei Öffentlicher Ausschreibung ist zunächst die Eignung der Bieter zu prüfen. Dabei sind anhand der vorgelegten Nachweise die Angebote der Bieter auszuwählen, deren Eignung die für die Erfüllung der vertraglichen Verpflichtungen notwendigen Sicherheiten bietet; dies bedeutet, daß sie die erforderliche

Fachkunde, Leistungsfähigkeit und Zuverlässigkeit besitzen und über ausreichende technische und wirtschaftliche Mittel verfügen.

(2) Bei Beschränkter Ausschreibung und Freihändiger Vergabe sind nur Umstände zu berücksichtigen, die nach Aufforderung zur Angebotsabgabe Zweifel an der Eignung des Bieters begründen (vgl. § 8 Nr. 4).

3. (1) Auf ein Angebot mit einem unangemessen hohen oder niedrigen Preis darf der Zuschlag nicht erteilt werden.

(2) Erscheint ein Angebotspreis unangemessen niedrig und ist anhand vorliegender Unterlagen über die Preisermittlung die Angemessenheit nicht zu beurteilen, ist vom Bieter schriftlich Aufklärung über die Ermittlung der Preise für die Gesamtleistung oder für Teilleistungen zu verlangen, ggf. unter Festlegung einer zumutbaren Antwortfrist. Bei der Beurteilung der Angemessenheit sind die Wirtschaftlichkeit des Bauverfahrens, die gewählten technischen Lösungen oder sonstige günstige Ausführungsbedingungen zu berücksichtigen.

(3) In die engere Wahl kommen nur solche Angebote, die unter Berücksichtigung rationellen Baubetriebs und sparsamer Wirtschaftsführung eine einwandfreie Ausführung einschließlich Gewährleistung erwarten lassen. Unter diesen Angeboten soll der Zuschlag auf das Angebot erteilt werden, das unter Berücksichtigung aller technischen und wirtschaftlichen, ggf. auch gestalterischen und funktionsbedingten Gesichtspunkte als das annehmbarste erscheint. Der niedrigste Angebotspreis allein ist nicht entscheidend.

4. Ein Angebot nach § 21 Nr. 2 ist wie ein Hauptangebot zu werten.

5. Änderungsvorschläge und Nebenangebote sind zu werten, es sei denn, der Auftraggeber hat sie in der Bekanntmachung oder in den Vergabeunterlagen nicht zugelassen.

6. Bietergemeinschaften sind Einzelbietern gleichzusetzen, wenn sie die Arbeiten im eigenen Betrieb oder in den Betrieben der Mitglieder ausführen.

7. Die Bestimmungen der Nrn. 2 und 3 gelten auch bei Freihändiger Vergabe. Die Nrn. 1, 4, 5 und 6 sind entsprechend auch bei Freihändiger Vergabe anzuwenden.

§ 26
Aufhebung der Ausschreibung

1. Die Ausschreibung kann aufgehoben werden:

    a) wenn kein Angebot eingegangen ist, das den Ausschreibungsbedingungen entspricht,

    b) wenn die Verdingungsunterlagen grundlegend geändert werden müssen,

    c) wenn andere schwerwiegende Gründe bestehen.

2. Die Bieter, auf Verlangen auch die Bewerber, sind von der Aufhebung der Ausschreibung unter Angabe der Gründe, ggf. über die Absicht, ein neues Vergabeverfahren einzuleiten, unverzüglich zu unterrichten.

§ 27
Nicht berücksichtigte Bewerbungen und Angebote

1. Bieter, deren Angebote ausgeschlossen worden sind (§ 25 Nr. 1) und solche, deren Angebote nicht in die engere Wahl kommen, sollen sobald wie möglich verständigt werden. Die übrigen Bieter sind zu verständigen, sobald der Zuschlag erteilt worden ist.
2. Auf Verlangen sind den nicht berücksichtigten Bewerbern oder Bietern innerhalb einer Frist von 15 Kalendertagen nach Eingang ihres Antrags die Gründe für die Nichtberücksichtigung ihrer Bewerbung oder ihres Angebots mitzuteilen, den Bietern auch der Name des Auftragnehmers.
3. Nicht berücksichtigte Angebote und Ausarbeitungen der Bieter dürfen nicht für eine neue Vergabe oder für andere Zwecke benutzt werden.
4. Entwürfe, Ausarbeitungen, Muster und Proben zu nicht berücksichtigten Angeboten sind zurückzugeben, wenn dies im Angebot oder innerhalb von 30 Kalendertagen nach Ablehnung des Angebots verlangt wird.

§ 28
Zuschlag

1. Der Zuschlag ist möglichst bald, mindestens aber so rechtzeitig zu erteilen, daß dem Bieter die Erklärung noch vor Ablauf der Zuschlagsfrist (§ 19) zugeht.
2. (1) Wird auf ein Angebot rechtzeitig und ohne Abänderungen der Zuschlag erteilt, so ist damit nach allgemeinen Rechtsgrundsätzen der Vertrag abgeschlossen, auch wenn spätere urkundliche Festlegung vorgesehen ist.

   (2) Werden dagegen Erweiterungen, Einschränkungen oder Änderungen vorgenommen oder wird der Zuschlag verspätet erteilt, so ist der Bieter bei Erteilung des Zuschlags aufzufordern, sich unverzüglich über die Annahme zu erklären.

§ 29
Vertragsurkunde

1. Eine besondere Urkunde braucht über den Vertrag nur dann gefertigt zu werden, wenn der Vertragsinhalt nicht schon durch das Angebot mit den zugehörigen Unterlagen, das Zuschlagsschreiben und andere Schriftstücke eindeutig und erschöpfend festgelegt ist.
2. Die Urkunde ist doppelt auszufertigen und von den beiden Vertragsparteien zu unterzeichnen. Die Beglaubigung einer Unterschrift kann in besonderen Fällen verlangt werden.

§ 30
Vergabevermerk

1. Über die Vergabe ist ein Vermerk zu fertigen, der die einzelnen Stufen des Verfahrens, die maßgebenden Feststellungen sowie die Begründung der einzelnen Entscheidungen enthält.
2. Wird auf die Vorlage zusätzlich zum Angebot verlangter Unterlagen und Nachweise verzichtet, ist dies im Vergabevermerk zu begründen.

§ 31
Vergabeprüfstelle

In der Bekanntmachung und den Vergabeunterlagen ist die Stelle anzugeben, an die sich der Bewerber oder Bieter zur Nachprüfung behaupteter Verstöße gegen die Vergabebestimmungen wenden kann.

§ 32
Baukonzessionen

1. Baukonzessionen sind Bauaufträge zwischen einem Auftraggeber und einem Unternehmer (Baukonzessionär), bei denen die Gegenleistung für die Bauarbeiten statt in einer Vergütung in dem Recht auf Nutzung der baulichen Anlage, ggf. zuzüglich in der Zahlung eines Preises, besteht.
2. Für die Vergabe von Baukonzessionen sind die §§ 1 bis 31 sinngemäß anzuwenden.

Allgemeine Vergabebestimmungen DIN 1960

Anhang TS
Technische Spezifikationen

1. Begriffsbestimmungen

1.1 „Technische Spezifikationen" sind sämtliche, insbesondere in den Verdingungsunterlagen enthaltenen, technischen Anforderungen an eine Bauleistung, ein Material, ein Erzeugnis oder eine Lieferung, mit deren Hilfe die Bauleistung, das Material, das Erzeugnis oder die Lieferung so bezeichnet werden können, daß sie ihren durch den öffentlichen Auftraggeber festgelegten Verwendungszweck erfüllen. Zu diesen technischen Anforderungen gehören Qualitätsstufen, Gebrauchstauglichkeit, Sicherheit und Abmessungen, ebenso die Vorschriften für Materialien, Erzeugnisse oder Lieferungen hinsichtlich Qualitätssicherung, Terminologie, Bildzeichen, Prüfungen und Prüfverfahren, Verpackung, Kennzeichnung und Beschriftung. Außerdem gehören dazu auch die Vorschriften für die Planung und die Berechnung von baulichen Anlagen, die Bedingungen für die Prüfung, Inspektion und Abnahme von baulichen Anlagen, die Konstruktionsmethoden oder -verfahren und alle anderen technischen Anforderungen, die der öffentliche Auftraggeber bezüglich fertiger baulicher Anlagen oder der dazu notwendigen Materialien oder Teile durch allgemeine oder spezielle Vorschriften anzugeben in der Lage ist.

1.2 „Norm": technische Spezifikation, die von einer anerkannten Normenorganisation zur wiederholten oder ständigen Anwendung angenommen wurde, deren Einhaltung grundsätzlich nicht zwingend vorgeschrieben ist.

1.3 „Europäische Norm": die von dem Europäischen Komitee für Normung (CEN) oder dem Europäischen Komitee für Elektrotechnische Normung (CENELEC) gemäß deren gemeinsamen Regeln als Europäische Normen (EN) oder Harmonisierungsdokumente (HD) angenommenen Normen.

1.4 „Europäische technische Zulassung": eine positive technische Beurteilung der Brauchbarkeit eines Produktes hinsichtlich der Erfüllung der wesentlichen Anforderungen an bauliche Anlagen; sie erfolgt aufgrund der spezifischen Merkmale des Produkts und der festgelegten Anwendungs- und Verwendungsbedingungen. Die europäische technische Zulassung wird von einer zu diesem Zweck vom Mitgliedstaat zugelassenen Organisation ausgestellt.

1.5 „Gemeinsame technische Spezifikation": technische Spezifikation, die nach einem von den Mitgliedstaaten anerkannten Verfahren erarbeitet wurde, um die einheitliche Anwendung in allen Mitgliedstaaten sicherzustellen, und die im Amtsblatt der Europäischen Gemeinschaften veröffentlicht wurde.

1.6 „Wesentliche Anforderungen": Anforderungen betreffend die Sicherheit, die Gesundheit und andere für die Allgemeinheit wichtige Aspekte, denen die baulichen Anlagen genügen müssen.

2. Mangels europäischer Normen, europäischer technischer Zulassungen oder gemeinsamer technischer Spezifikationen

2.1 werden die technischen Spezifikationen unter Bezugnahme auf die einzelstaatlichen technischen Spezifikationen festgelegt, die anerkanntermaßen den wesentlichen Anforderungen der Gemeinschaftsrichtlinien zur technischen Harmonisierung entsprechen, wobei die Anerkennung der Entsprechung nach den Verfahren dieser Richtlinien und insbesondere nach den in der Richtlinie des

Rates 89/106/EWG vom 21. Dez. 1988 über Bauprodukte vorgesehenen Verfahren erfolgt;

2.2 können die technischen Spezifikationen unter Bezugnahme auf die einzelstaatlichen technischen Spezifikationen betreffend die Planung, Berechnung und Verwirklichung von Bauvorhaben und den Einsatz von Produkten festgelegt werden;

2.3 können die technischen Spezifikationen unter Bezugnahme auf sonstige Dokumente festgelegt werden.

In einem solchen Fall ist unter Beachtung der nachstehenden Normenrangfolge zurückzugreifen auf
- die innerstaatlichen Normen, mit denen vom Land des Auftraggebers akzeptierte internationale Normen umgesetzt werden;
- sonstige innerstaatliche Normen und innerstaatliche technische Zulassungen des Landes des Auftraggebers;
- alle weiteren Normen.

Allgemeine Vergabebestimmungen DIN 1960

Abschnitt 2
Basisparagraphen mit zusätzlichen Bestimmungen nach der EG-Baukoordinierungsrichtlinie *)

§ 1
Bauleistungen

1. Bauleistungen sind Arbeiten jeder Art, durch die eine bauliche Anlage hergestellt, instandgehalten, geändert oder beseitigt wird.

§ 1a
Verpflichtung zur Anwendung der a-Paragraphen

1. (1) Die Bestimmungen der a-Paragraphen sind zusätzlich zu den Basisparagraphen für Bauaufträge anzuwenden, bei denen der geschätzte Gesamtauftragswert der Baumaßnahme bzw. des Bauwerks (alle Bauaufträge für eine bauliche Anlage) ohne Umsatzsteuer 5 Millionen Europäische Währungseinheiten (ECU) oder mehr beträgt. Der Gesamtauftragswert umfaßt auch den geschätzten Wert der vom Auftraggeber beigestellten Stoffe, Bauteile und Leistungen.

    (2) Werden die Bauaufträge für eine bauliche Anlage mit einem geschätzten Gesamtauftragswert von mindestens 5 Mio. ECU in Losen vergeben, sind die Bestimmungen der a-Paragraphen anzuwenden
    - bei jedem Los mit einem geschätzten Auftragswert von 1 Mio. ECU und mehr,
    - unabhängig davon für alle Bauaufträge, bis mindestens 80 % des geschätzten Gesamtauftragswerts aller Bauaufträge für die bauliche Anlage erreicht sind.

2. Die Bestimmungen der a-Paragraphen sind auch anzuwenden, wenn eine Baumaßnahme aus nur einem Bauauftrag mit einem Auftragswert von mindestens 200 000 ECU ohne Umsatzsteuer besteht, bei dem die Lieferung so überwiegt, daß das Verlegen und Anbringen lediglich eine Nebenarbeit darstellt.

3. Maßgebender Zeitpunkt für die Schätzung des Gesamtauftragswerts ist die Einleitung des ersten Vergabeverfahrens für die bauliche Anlage.

4. Eine bauliche Anlage darf für die Schwellenwertermittlung nicht in der Absicht aufgeteilt werden, sie der Anwendung der a-Paragraphen zu entziehen.

5. Der Gegenwert der Europäischen Währungseinheit (ECU) in Deutscher Mark wird jeweils im Bundesanzeiger bekanntgegeben.

6. Die Bestimmungen der a-Paragraphen finden auch Anwendung auf einen Vertrag über die Erbringung einer Bauleistung durch Dritte, gleichgültig mit welchen Mitteln, gemäß den vom Auftraggeber genannten Erfordernissen (z. B. Bauträgervertrag, Mietkauf- oder Leasing-Vertrag).

---

*) Richtlinie des Rates vom 26. Juli 1971 über die Koordinierung der Verfahren zur Vergabe öffentlicher Bauaufträge (71/305/EWG), geändert durch die Richtlinie des Rates vom 18. Juli 1989 zur Änderung der Richtlinie 71/305/EWG über die Koordination der Verfahren zur Vergabe öffentlicher Bauaufträge (89/440/EWG)

§ 2
Grundsätze der Vergabe

1. Bauleistungen sind an fachkundige, leistungsfähige und zuverlässige Unternehmer zu angemessenen Preisen zu vergeben. Der Wettbewerb soll die Regel sein. Ungesunde Begleiterscheinungen, wie z. B. wettbewerbsbeschränkende Verhaltensweisen, sind zu bekämpfen.
2. Bei der Vergabe von Bauleistungen darf kein Unternehmer diskriminiert werden.
3. Es ist anzustreben, die Aufträge so zu erteilen, daß die ganzjährige Bautätigkeit gefördert wird.

§ 3
Arten der Vergabe

1. (1) Bei Öffentlicher Ausschreibung werden Bauleistungen im vorgeschriebenen Verfahren nach öffentlicher Aufforderung einer unbeschränkten Zahl von Unternehmern zur Einreichung von Angeboten vergeben.

    (2) Bei Beschränkter Ausschreibung werden Bauleistungen im vorgeschriebenen Verfahren nach Aufforderung einer beschränkten Zahl von Unternehmern zur Einreichung von Angeboten vergeben, ggf. nach öffentlicher Aufforderung, Teilnahmeanträge zu stellen (Beschränkte Ausschreibung nach Öffentlichem Teilnahmewettbewerb).

    (3) Bei Freihändiger Vergabe werden Bauleistungen ohne ein förmliches Verfahren vergeben.

2. Öffentliche Ausschreibung muß stattfinden, wenn nicht die Eigenart der Leistung oder besondere Umstände eine Abweichung rechtfertigen.
3. (1) Beschränkte Ausschreibung ist zulässig,
    a) wenn die Öffentliche Ausschreibung für den Auftraggeber oder die Bewerber einen Aufwand verursachen würde, der zu dem erreichbaren Vorteil oder dem Wert der Leistung im Mißverhältnis stehen würde,
    b) wenn eine Öffentliche Ausschreibung kein annehmbares Ergebnis gehabt hat,
    c) wenn die Öffentliche Ausschreibung aus anderen Gründen (z. B. Dringlichkeit, Geheimhaltung) unzweckmäßig ist.

    (2) Beschränkte Ausschreibung nach Öffentlichem Teilnahmewettbewerb ist zulässig,
    a) wenn die Leistung nach ihrer Eigenart nur von einem beschränkten Kreis von Unternehmern in geeigneter Weise ausgeführt werden kann, besonders wenn außergewöhnliche Zuverlässigkeit oder Leistungsfähigkeit (z. B. Erfahrung, technische Einrichtungen oder fachkundige Arbeitskräfte) erforderlich ist,
    b) wenn die Bearbeitung des Angebots wegen der Eigenart der Leistung einen außergewöhnlich hohen Aufwand erfordert.

4. Freihändige Vergabe ist zulässig, wenn die Öffentliche Ausschreibung oder Beschränkte Ausschreibung unzweckmäßig ist, besonders
    a) weil für die Leistung aus besonderen Gründen (z. B. Patentschutz, besondere Erfahrung oder Geräte) nur ein bestimmter Unternehmer in Betracht kommt,

Allgemeine Vergabebestimmungen DIN 1960

b) weil die Leistung nach Art und Umfang vor der Vergabe nicht eindeutig und erschöpfend festgelegt werden kann,
c) weil sich eine kleine Leistung von einer vergebenen größeren Leistung nicht ohne Nachteil trennen läßt,
d) weil die Leistung besonders dringlich ist,
e) weil nach Aufhebung einer Öffentlichen Ausschreibung oder Beschränkten Ausschreibung eine erneute Ausschreibung kein annehmbares Ergebnis verspricht,
f) weil die auszuführende Leistung Geheimhaltungsvorschriften unterworfen ist.

§ 3a
Arten der Vergabe

1. Bauaufträge i.S. von § 1a werden vergeben:
    a) im Offenen Verfahren,
    das der Öffentlichen Ausschreibung (§ 3 Nr. 1 Abs. 1) entspricht,
    b) im Nichtoffenen Verfahren,
    das der Beschränkten Ausschreibung nach Öffentlichem Teilnahmewettbewerb (§ 3 Nr. 1 Abs. 2) entspricht,
    c) im Verhandlungsverfahren,
    das an die Stelle der Freihändigen Vergabe (§ 3 Nr. 1 Abs. 3) tritt.
    Beim Verhandlungsverfahren wendet sich der Auftraggeber an ausgewählte Unternehmer und verhandelt mit einem oder mehreren dieser Unternehmer über den Auftragsinhalt, ggf. nach Öffentlicher Vergabebekanntmachung.
2. Das Offene Verfahren muß angewendet werden, wenn die Voraussetzungen des § 3 Nr. 2 vorliegen.
3. Das Nichtoffene Verfahren ist zulässig, wenn die Voraussetzungen des § 3 Nr. 3 vorliegen sowie nach Aufhebung eines Offenen Verfahrens oder Nichtoffenen Verfahrens, sofern nicht das Verhandlungsverfahren zulässig ist.
4. Das Verhandlungsverfahren ist zulässig nach Öffentlicher Vergabebekanntmachung,
    a) wenn bei einem Offenen Verfahren oder Nichtoffenen Verfahren keine annehmbaren Angebote abgegeben worden sind, sofern die ursprünglichen Verdingungsunterlagen nicht grundlegend geändert werden,
    b) wenn die betroffenen Bauvorhaben nur zu Forschungs-, Versuchs- oder Entwicklungszwecken und nicht mit dem Ziel der Rentabilität oder der Deckung der Entwicklungskosten durchgeführt werden,
    c) wenn im Ausnahmefall die Leistung nach Art und Umfang oder wegen der damit verbundenen Wagnisse nicht eindeutig und so erschöpfend beschrieben werden kann, daß eine einwandfreie Preisermittlung zwecks Vereinbarung einer festen Vergütung möglich ist.
5. Das Verhandlungsverfahren ist zulässig ohne Öffentliche Vergabebekanntmachung,
    a) wenn bei einem Offenen Verfahren oder Nichtoffenen Verfahren keine annehmbaren Angebote abgegeben worden sind, sofern die ursprünglichen Verdingungsunterlagen nicht grundlegend geändert werden und in das

Verhandlungverfahren alle Bieter aus dem vorausgegangenen Verfahren einbezogen werden, die fachkundig, zuverlässig und leistungsfähig sind,

b) wenn bei einem Offenen Verfahren oder Nichtoffenen Verfahren keine oder nur nach § 25 Nr. 1 auszuschließende Angebote abgegeben worden sind, sofern die ursprünglichen Verdingungsunterlagen nicht grundlegend geändert werden (wegen der Berichtspflicht siehe § 30a),

c) wenn die Arbeiten aus technischen oder künstlerischen Gründen oder aufgrund des Schutzes von Ausschließlichkeitsrechten nur von einem bestimmten Unternehmer ausgeführt werden können,

d) weil wegen der Dringlichkeit der Leistung aus zwingenden Gründen infolge von Ereignissen, die der Auftraggeber nicht verursacht hat und nicht voraussehen konnte, die in § 18a Nrn. 1, 2 und 3 vorgeschriebenen Fristen nicht eingehalten werden können,

e) wenn an einen Auftragnehmer zusätzliche Leistungen vergeben werden sollen, die weder in seinem Vertrag noch in dem ihm zugrundeliegenden Entwurf enthalten sind, jedoch wegen eines unvorhergesehenen Ereignisses zur Ausführung der im Hauptauftrag beschriebenen Leistung erforderlich sind, sofern diese Leistungen

– sich entweder aus technischen oder wirtschaftlichen Gründen nicht ohne wesentliche Nachteile für den Auftraggeber vom Hauptauftrag trennen lassen oder

– für die Verbesserung der im Hauptauftrag beschriebenen Leistung unbedingt erforderlich sind, auch wenn sie getrennt vergeben werden könnten,

vorausgesetzt, daß die geschätzte Vergütung für alle solche zusätzlichen Leistungen die Hälfte der Vergütung der Leistung nach dem Hauptauftrag nicht überschreitet,

f) wenn gleichartige Bauleistungen wiederholt werden, die durch denselben Auftraggeber an den Auftragnehmer vergeben werden, der den ersten Auftrag erhalten hat, sofern sie einem Grundentwurf entsprechen und dieser Entwurf Gegenstand des ersten Auftrags war, der nach den in § 3a genannten Verfahren vergeben wurde.

Die Möglichkeit der Anwendung dieses Verfahrens muß bereits bei der Ausschreibung des ersten Bauabschnitts angegeben werden; der für die Fortsetzung der Bauarbeiten in Aussicht genommene Gesamtauftragswert wird vom öffentlichen Auftraggeber bei der Anwendung von § 1a berücksichtigt. Dieses Verfahren darf jedoch nur binnen drei Jahren nach Abschluß des ersten Auftrags angewandt werden.

g) bei zusätzlichen Leistungen des ursprünglichen Auftragnehmers, die zur teilweisen Erneuerung von gelieferten Waren oder Einrichtungen zur laufenden Benutzung oder zur Erweiterung von Lieferungen oder bestehenden Einrichtungen bestimmt sind, wenn ein Wechsel des Unternehmers dazu führen würde, daß der Auftraggeber Waren mit unterschiedlichen technischen Merkmalen kaufen müßte, und dies eine technische Unvereinbarkeit oder unverhältnismäßige technische Schwierigkeiten bei Gebrauch, Betrieb oder Wartung mit sich bringen würde. Die Laufzeit dieser Aufträge darf i.d.R. 3 Jahre nicht überschreiten.

Allgemeine Vergabebestimmungen DIN 1960

Die Fälle e) und f) finden nur Anwendung bei der Vergabe von Aufträgen mit einem Schwellenwert nach § 1 a Nr. 1 Abs. 2. Der Fall g) findet nur Anwendung bei der Vergabe von Aufträgen mit einem Schwellenwert nach § 1 a Nr. 2.

§ 4
Einheitliche Vergabe, Vergabe nach Losen

1. Bauleistungen sollen so vergeben werden, daß eine einheitliche Ausführung und zweifelsfreie umfassende Gewährleistung erreicht wird; sie sollen daher i.d.R. mit den zur Leistung gehörigen Lieferungen vergeben werden.
2. Umfangreiche Bauleistungen sollen möglichst in Lose geteilt und nach Losen vergeben werden (Teillose).
3. Bauleistungen verschiedener Handwerks- oder Gewerbezweige sind i.d.R. nach Fachgebieten oder Gewerbezweigen getrennt zu vergeben (Fachlose). Aus wirtschaftlichen oder technischen Gründen dürfen mehrere Fachlose zusammen vergeben werden.

§ 5
Leistungsvertrag, Stundenlohnvertrag, Selbstkostenerstattungsvertrag

1. Bauleistungen sollen so vergeben werden, daß die Vergütung nach Leistung bemessen wird (Leistungsvertrag), und zwar:
   a) i.d.R. zu Einheitspreisen für technisch und wirtschaftlich einheitliche Teilleistungen, deren Menge nach Maß, Gewicht oder Stückzahl vom Auftraggeber in den Verdingungsunterlagen anzugeben ist (Einheitspreisvertrag),
   b) in geeigneten Fällen für eine Pauschalsumme, wenn die Leistung nach Ausführungsart und Umfang genau bestimmt ist und mit einer Änderung bei der Ausführung nicht zu rechnen ist (Pauschalvertrag).
2. Bauleistungen geringeren Umfangs, die überwiegend Lohnkosten verursachen, dürfen im Stundenlohn vergeben werden (Stundenlohnvertrag).
3. (1) Bauleistungen größeren Umfangs dürfen ausnahmsweise nach Selbstkosten vergeben werden, wenn sie vor der Vergabe nicht eindeutig und so erschöpfend bestimmt werden können, daß eine einwandfreie Preisermittlung möglich ist (Selbstkostenerstattungsvertrag).
   (2) Bei der Vergabe ist festzulegen, wie Löhne, Stoffe, Gerätevorhaltung und andere Kosten einschließlich der Gemeinkosten zu vergüten sind und der Gewinn zu bemessen ist.
   (3) Wird während der Bauausführung eine einwandfreie Preisermittlung möglich, so soll ein Leistungsvertrag abgeschlossen werden. Wird das bereits Geleistete nicht in den Leistungsvertrag einbezogen, so ist auf klare Leistungsabgrenzung zu achten.

§ 6
Angebotsverfahren

1. Das Angebotsverfahren ist darauf abzustellen, daß der Bewerber die Preise, die er für seine Leistungen fordert, in die Leistungsbeschreibung einzusetzen oder in anderer Weise im Angebot anzugeben hat.

2. Das Auf- und Abgebotsverfahren, bei dem vom Auftraggeber angegebene Preise dem Auf- und Abgebot der Bieter unterstellt werden, soll nur ausnahmsweise bei regelmäßig wiederkehrenden Unterhaltungsarbeiten, deren Umfang möglichst zu umgrenzen ist, angewandt werden.

§ 7
Mitwirkung von Sachverständigen

1. Ist die Mitwirkung von besonderen Sachverständigen zweckmäßig, um

    a) die Vergabe, insbesondere die Verdingungsunterlagen, vorzubereiten oder

    b) die geforderten Preise einschließlich der Vergütungen für Stundenlohnarbeiten (Stundenlohnzuschläge, Verrechnungssätze) zu beurteilen oder

    c) die vertragsgemäße Ausführung der Leistung zu begutachten,

    so sollen die Sachverständigen von den Berufsvertretungen vorgeschlagen werden; diese Sachverständigen dürfen weder unmittelbar noch mittelbar an der betreffenden Vergabe beteiligt sein.

2. Sachverständige i.S. von Nr. 1 sollen in geeigneten Fällen auf Antrag der Berufsvertretungen gehört werden, wenn dem Auftraggeber dadurch keine Kosten entstehen.

§ 8
Teilnehmer am Wettbewerb

1. Alle Bewerber oder Bieter sind gleichzubehandeln. Der Wettbewerb darf insbesondere nicht auf Bewerber beschränkt werden, die in bestimmten Regionen oder Orten ansässig sind.

2. (1) Bei Öffentlicher Ausschreibung sind die Unterlagen an alle Bewerber abzugeben, die sich gewerbsmäßig mit der Ausführung von Leistungen der ausgeschriebenen Art befassen.

    (2) Bei Beschränkter Ausschreibung sollen im allgemeinen nur 3 bis 8 geeignete Bewerber aufgefordert werden.

    Werden von den Bewerbern umfangreiche Vorarbeiten verlangt, die einen besonderen Aufwand erfordern, so soll die Zahl der Bewerber möglichst eingeschränkt werden.

    (3) Bei Beschränkter Ausschreibung und Freihändiger Vergabe soll unter den Bewerbern möglichst gewechselt werden.

3. (1) Von den Bewerbern oder Bietern dürfen zum Nachweis ihrer Eignung (Fachkunde, Leistungsfähigkeit und Zuverlässigkeit) Angaben verlangt werden über:

    a) den Umsatz des Unternehmers in den letzten 3 abgeschlossenen Geschäftsjahren, soweit er Bauleistungen und andere Leistungen betrifft, die mit der zu vergebenden Leistung vergleichbar sind, unter Einschluß des Anteils bei gemeinsam mit anderen Unternehmern ausgeführten Aufträgen,

    b) die Ausführung von Leistungen in den letzten 3 abgeschlossenen Geschäftsjahren, die mit der zu vergebenden Leistung vergleichbar sind,

    c) die Zahl der in den letzten 3 abgeschlossenen Geschäftsjahren jahresdurchschnittlich beschäftigten Arbeitskräfte, gegliedert nach Berufsgruppen,

Allgemeine Vergabebestimmungen DIN 1960

d) die dem Unternehmer für die Ausführung der zu vergebenden Leistung zur Verfügung stehende technische Ausrüstung,
e) das für die Leitung und Aufsicht vorgesehene technische Personal,
f) die Eintragung in das Berufsregister ihres Sitzes oder Wohnsitzes,
g) andere, insbesondere für die Prüfung der Fachkunde geeignete Nachweise.

Als Nachweise nach Buchstaben a), c) und f) sind auch von der zuständigen Stelle ausgestellte Bescheinigungen zulässig, aus denen hervorgeht, daß der Unternehmer in einer amtlichen Liste in einer Gruppe geführt wird, die den genannten Leistungsmerkmalen entspricht.

(2) Der Auftraggeber wird andere ihm geeignet erscheinende Nachweise der wirtschaftlichen und finanziellen Leistungsfähigkeit zulassen, wenn er feststellt, daß stichhaltige Gründe dafür bestehen.

(3) Bei Öffentlicher Ausschreibung sind in der Aufforderung zur Angebotsabgabe die Nachweise zu bezeichnen, deren Vorlage mit dem Angebot verlangt oder deren spätere Anforderung vorbehalten wird. Bei Beschränkter Ausschreibung nach Öffentlichem Teilnahmewettbewerb ist zu verlangen, daß die Nachweise bereits mit dem Teilnahmeantrag vorgelegt werden.

4. Bei Beschränkter Ausschreibung und Freihändiger Vergabe ist vor der Aufforderung zur Angebotsabgabe die Eignung der Bewerber zu prüfen. Dabei sind die Bewerber auszuwählen, deren Eignung die für die Erfüllung der vertraglichen Verpflichtungen notwendige Sicherheit bietet; dies bedeutet, daß sie die erforderliche Fachkunde, Leistungsfähigkeit und Zuverlässigkeit besitzen und über ausreichende technische und wirtschaftliche Mittel verfügen.

5. (1) Von der Teilnahme am Wettbewerb dürfen Unternehmer ausgeschlossen werden,
a) über deren Vermögen das Konkursverfahren oder das Vergleichsverfahren eröffnet oder die Eröffnung beantragt worden ist,
b) deren Unternehmen sich in Liquidation befinden,
c) die nachweislich eine schwere Verfehlung begangen haben, die ihre Zuverlässigkeit als Bewerber in Frage stellt,
d) die ihre Verpflichtung zur Zahlung von Steuern und Abgaben sowie der Beiträge zur gesetzlichen Sozialversicherung nicht ordnungsgemäß erfüllt haben,
e) die im Vergabeverfahren vorsätzlich unzutreffende Erklärungen in bezug auf ihre Fachkunde, Leistungsfähigkeit und Zuverlässigkeit abgegeben haben,
f) die sich nicht bei der Berufsgenossenschaft angemeldet haben.

(2) Der Auftraggeber darf von den Bewerbern oder Bietern entsprechende Bescheinigungen der zuständigen Stellen oder Erklärungen verlangen.

(3) Der Nachweis, daß Ausschlußgründe i.S. von Absatz 1 nicht vorliegen, kann auch durch eine Bescheinigung nach Nr. 3 Abs. 2 geführt werden, es sei denn, daß dies widerlegt wird.

6. Justizvollzugsanstalten, Einrichtungen der Jugendhilfe, Aus- und Fortbildungsstätten und ähnliche Einrichtungen sowie Betriebe der öffentlichen Hand und Verwaltungen sind zum Wettbewerb mit gewerblichen Unternehmern nicht zuzulassen.

§ 8a
Teilnehmer am Wettbewerb

1. Beim Offenen Verfahren gilt § 8 Nr. 2 Abs. 1.
2. Beim Nichtoffenen Verfahren müssen mindestens 5 geeignete Bewerber aufgefordert werden. § 8 Nr. 2 Abs. 2 Satz 1 gilt nicht. Auf jeden Fall muß die Zahl der aufgeforderten Bewerber einen echten Wettbewerb sicherstellen. Die Eignung ist anhand der mit dem Teilnahmeantrag vorgelegten Nachweise zu prüfen.
3. Beim Verhandlungsverfahren mit Vergabebekanntmachung darf bei einer hinreichenden Anzahl geeigneter Bewerber die Zahl der zu Verhandlungen aufzufordernden Bewerber nicht unter 3 liegen.
4. Beim Verhandlungsverfahren gilt § 8 Nrn. 3 bis 5.

§ 9
Beschreibung der Leistung
Allgemeines

1. Die Leistung ist eindeutig und so erschöpfend zu beschreiben, daß alle Bewerber die Beschreibung im gleichen Sinne verstehen müssen und ihre Preise sicher und ohne umfangreiche Vorarbeiten berechnen können.
2. Dem Auftragnehmer darf kein ungewöhnliches Wagnis aufgebürdet werden für Umstände und Ereignisse, auf die er keinen Einfluß hat und deren Einwirkung auf die Preise und Fristen er nicht im voraus schätzen kann.
3. (1) Um eine einwandfreie Preisermittlung zu ermöglichen, sind alle sie beeinflussenden Umstände festzustellen und in den Verdingungsunterlagen anzugeben.

    (2) Erforderlichenfalls sind auch der Zweck und die vorgesehene Beanspruchung der fertigen Leistung anzugeben.

    (3) Die für die Ausführung der Leistung wesentlichen Verhältnisse der Baustelle, z. B. Boden- und Wasserverhältnisse, sind so zu beschreiben, daß der Bewerber ihre Auswirkungen auf die bauliche Anlage und die Bauausführung hinreichend beurteilen kann.

    (4) Die „Hinweise für das Aufstellen der Leistungsbeschreibung" in Abschnitt 0 der Allgemeinen Technischen Vertragsbedingungen für Bauleistungen, DIN 18 299 ff., sind zu beachten.
4. (1) Bei der Beschreibung der Leistung sind die verkehrsüblichen Bezeichnungen zu beachten.

    (2) Die technischen Anforderungen (siehe Anhang TS Nr. 1) sind in den Verdingungsunterlagen unter Bezugnahme auf gemeinschaftsrechtliche technische Spezifikationen festzulegen; das sind

    — in innerstaatliche Normen übernommene europäische Normen (siehe Anhang TS Nr. 1.3),

    — europäische technische Zulassungen (siehe Anhang TS Nr. 1.4),

    — gemeinsame technische Spezifikationen (siehe Anhang TS Nr. 1.5).

    (3) Von der Bezugnahme auf eine gemeinschaftsrechtliche technische Spezifikation kann abgesehen werden, wenn

Allgemeine Vergabebestimmungen DIN 1960

- die gemeinschaftsrechtliche technische Spezifikation keine Regelungen zur Feststellung der Übereinstimmung der technischen Anforderungen an die Bauleistung, das Material oder das Bauteil enthält, z.B. weil keine geeignete Prüfnorm vorliegt oder der Nachweis nicht mit angemessenen Mitteln auf andere Weise erbracht werden kann,
- der Auftraggeber zur Verwendung von Stoffen und Bauteilen gezwungen würde, die mit von ihm bereits benutzten Anlagen inkompatibel sind oder deren Kompatibilität nur mit unverhältnismäßig hohen Kosten oder technischen Schwierigkeiten hergestellt werden könnte. Diese Abweichungsmöglichkeit darf nur im Rahmen einer klar definierten und schriftlich festgelegten Strategie, mit der Verpflichtung zur Übernahme gemeinschaftsrechtlicher Spezifikationen innerhalb einer bestimmten Frist in Anspruch genommen werden.
- das betreffende Vorhaben von wirklich innovativer Art ist und die Anwendung der gemeinschaftsrechtlichen technischen Spezifikationen nicht angemessen wäre.

(4) Falls keine gemeinschaftsrechtliche Spezifikation vorliegt, gilt Anhang TS Nr. 2.

5. (1) Bestimmte Erzeugnisse oder Verfahren sowie bestimmte Ursprungsorte und Bezugsquellen dürfen nur dann ausdrücklich vorgeschrieben werden, wenn dies durch die Art der geforderten Leistung gerechtfertigt ist.

(2) Bezeichnungen für bestimmte Erzeugnisse oder Verfahren (z.B. Markennamen, Warenzeichen, Patente) dürfen ausnahmsweise, jedoch nur mit dem Zusatz „oder gleichwertiger Art", verwendet werden, wenn eine Beschreibung durch hinreichend genaue, allgemeinverständliche Bezeichnungen nicht möglich ist.

Leistungsbeschreibung mit Leistungsverzeichnis

6. Die Leistung soll i.d.R. durch eine allgemeine Darstellung der Bauaufgabe (Baubeschreibung) und ein in Teilleistungen gegliedertes Leistungsverzeichnis beschrieben werden.

7. Erforderlichenfalls ist die Leistung auch zeichnerisch oder durch Probestücke darzustellen oder anders zu erklären, z.B. durch Hinweise auf ähnliche Leistungen, durch Mengen- oder statische Berechnungen. Zeichnungen und Proben, die für die Ausführung maßgebend sein sollen, sind eindeutig zu bezeichnen.

8. Leistungen, die nach den Vertragsbedingungen, den Technischen Vertragsbedingungen oder der gewerblichen Verkehrssitte zu der geforderten Leistung gehören (B § 2 Nr. 1), brauchen nicht besonders aufgeführt zu werden.

9. Im Leistungsverzeichnis ist die Leistung derart aufzugliedern, daß unter einer Ordnungszahl (Position) nur solche Leistungen aufgenommen werden, die nach ihrer technischen Beschaffenheit und für die Preisbildung als in sich gleichartig anzusehen sind. Ungleichartige Leistungen sollen unter einer Ordnungszahl (Sammelposition) nur zusammengefaßt werden, wenn eine Teilleistung gegenüber einer anderen für die Bildung eines Durchschnittspreises ohne nennenswerten Einfluß ist.

Leistungsbeschreibung mit Leistungsprogramm

10. Wenn es nach Abwägen aller Umstände zweckmäßig ist, abweichend von Nr. 6 zusammen mit der Bauausführung auch den Entwurf für die Leistung dem Wett-

DIN 1960 VOB Teil A

bewerb zu unterstellen, um die technisch, wirtschaftlich und gestalterisch beste sowie funktionsgerechte Lösung der Bauaufgabe zu ermitteln, kann die Leistung durch ein Leistungsprogramm dargestellt werden.

11. (1) Das Leistungsprogramm umfaßt eine Beschreibung der Bauaufgabe, aus der die Bewerber alle für die Entwurfsbearbeitung und ihr Angebot maßgebenden Bedingungen und Umstände erkennen können und in der sowohl der Zweck der fertigen Leistung als auch die an sie gestellten technischen, wirtschaftlichen, gestalterischen und funktionsbedingten Anforderungen angegeben sind, sowie ggf. ein Musterleistungsverzeichnis, in dem die Mengenangaben ganz oder teilweise offengelassen sind.

(2) Nrn. 7 bis 9 gelten sinngemäß.

12. Von dem Bieter ist ein Angebot zu verlangen, das außer der Ausführung der Leistung den Entwurf nebst eingehender Erläuterung und eine Darstellung der Bauausführung sowie eine eingehende und zweckmäßig gegliederte Beschreibung der Leistung – ggf. mit Mengen- und Preisangaben für Teile der Leistung – umfaßt. Bei Beschreibung der Leistung mit Mengen- und Preisangaben ist vom Bieter zu verlangen, daß er

a) die Vollständigkeit seiner Angaben, insbesondere die von ihm selbst ermittelten Mengen, entweder ohne Einschränkung oder im Rahmen einer in den Verdingungsunterlagen anzugebenden Mengentoleranz vertritt, und daß er

b) etwaige Annahmen, zu denen er in besonderen Fällen gezwungen ist, weil zum Zeitpunkt der Angebotsabgabe einzelne Teilleistungen nach Art und Menge noch nicht bestimmt werden können (z.B. Aushub-, Abbruch- oder Wasserhaltungsarbeiten), – erforderlichenfalls anhand von Plänen und Mengenermittlungen – begründet.

§ 9a
Beschreibung der Leistung

Die Gründe für die Ausnahme von der Anwendung gemeinschaftsrechtlicher technischer Spezifikationen (§ 9 Nr. 4 Abs. 3) sollen soweit als möglich in den Bekanntmachungen nach § 17a Nr. 2 oder in den Vergabeunterlagen angegeben werden. Sie sind im Vergabevermerk festzuhalten (§ 30) und den Mitgliedstaaten und der EG- Kommission auf Anfrage zu übermitteln.

§ 10
Vergabeunterlagen

1. (1) Die Vergabeunterlagen bestehen aus

a) dem Anschreiben (Aufforderung zur Angebotsabgabe), ggf. Bewerbungsbedingungen (§ 10 Nr. 5) und

b) den Verdingungsunterlagen (§ 9, § 10 Nr. 1 Abs. 2 und Nrn. 2 bis 4).

(2) In den Verdingungsunterlagen ist vorzuschreiben, daß die Allgemeinen Vertragsbedingungen für die Ausführung von Bauleistungen (VOB/B) und die Allgemeinen Technischen Vertragsbedingungen für Bauleistungen (VOB/C) Bestandteile des Vertrags werden. Das gilt auch für etwaige Zusätzliche Vertragsbedingungen und etwaige Zusätzliche Technische Vertragsbedingungen, soweit sie Bestandteile des Vertrags werden sollen.

Allgemeine Vergabebestimmungen DIN 1960

2. (1) Die Allgemeinen Vertragsbedingungen bleiben grundsätzlich unverändert. Sie dürfen von Auftraggebern, die ständig Bauleistungen vergeben, für die bei ihnen allgemein gegebenen Verhältnisse durch Zusätzliche Vertragsbedingungen ergänzt werden. Diese dürfen den Allgemeinen Vertragsbedingungen nicht widersprechen.

(2) Für die Erfordernisse des Einzelfalles sind die Allgemeinen Vertragsbedingungen und etwaige Zusätzliche Vertragsbedingungen durch Besondere Vertragsbedingungen zu ergänzen. In diesen sollen sich Abweichungen von den Allgemeinen Vertragsbedingungen auf die Fälle beschränken, in denen dort besondere Vereinbarungen ausdrücklich vorgesehen sind und auch nur soweit es die Eigenart der Leistung und ihre Ausführung erfordern.

3. Die Allgemeinen Technischen Vertragsbedingungen bleiben grundsätzlich unverändert. Sie dürfen von Auftraggebern, die ständig Bauleistungen vergeben, für die bei ihnen allgemein gegebenen Verhältnisse durch Zusätzliche Technische Vertragsbedingungen ergänzt werden. Für die Erfordernisse des Einzelfalles sind Ergänzungen und Änderungen in der Leistungsbeschreibung festzulegen.

4. (1) In den Zusätzlichen Vertragsbedingungen oder in den Besonderen Vertragsbedingungen sollen, soweit erforderlich, folgende Punkte geregelt werden:
a) Unterlagen (§ 20 Nr. 3, B § 3 Nrn. 5 und 6),
b) Benutzung von Lager- und Arbeitsplätzen, Zufahrtswegen, Anschlußgleisen, Wasser- und Energieanschlüssen (B § 4 Nr. 4),
c) Weitervergabe an Nachunternehmer (B § 4 Nr. 8),
d) Ausführungsfristen (§ 11, B § 5),
e) Haftung (B § 10 Nr. 2),
f) Vertragsstrafen und Beschleunigungsvergütungen (§ 12, B § 11),
g) Abnahme (B § 12),
h) Vertragsart (§ 5), Abrechnung (B § 14),
i) Stundenlohnarbeiten (B § 15),
k) Zahlungen, Vorauszahlungen (B § 16),
l) Sicherheitsleistung (§ 14, B § 17),
m) Gerichtsstand (B § 18 Nr. 1),
n) Lohn- und Gehaltsnebenkosten,
o) Änderung der Vertragspreise (§ 15).

(2) Im Einzelfall erforderliche besondere Vereinbarungen über die Gewährleistung (§ 13 Nr. 2, B § 13 Nrn. 1, 4 u. 7) und über die Verteilung der Gefahr bei Schäden, die durch Hochwasser, Sturmfluten, Grundwasser, Wind, Schnee, Eis u. dgl. entstehen können (B § 7), sind in den Besonderen Vertragsbedingungen zu treffen. Sind für bestimmte Bauleistungen gleichgelagerte Voraussetzungen i.S. von § 13 Nr. 2 gegeben, so dürfen die besonderen Vereinbarungen auch in Zusätzlichen Technischen Vertragsbedingungen vorgesehen werden.

5. (1) Für die Versendung der Verdingungsunterlagen (§ 17 Nr. 3) ist ein Anschreiben (Aufforderung zur Angebotsabgabe) zu verfassen, das alle Angaben enthält, die außer den Verdingungsunterlagen für den Entschluß zur Abgabe eines Angebots notwendig sind.

(2) In dem Anschreiben sind insbesondere anzugeben:
a) Art und Umfang der Leistung sowie der Ausführungsort,
b) etwaige Bestimmungen über die Ausführungszeit,
c) Bezeichnung (Anschrift) der zur Angebotsabgabe auffordernden Stelle und der den Zuschlag erteilenden Stelle,
d) Name und Anschrift der Dienststelle, bei der die Verdingungsunterlagen und zusätzlichen Unterlagen angefordert und eingesehen werden können, sowie Termin, bis zu dem diese Unterlagen spätestens angefordert werden können,
e) ggf. Höhe und Einzelheiten der Zahlung der Entschädigung für die Übersendung dieser Unterlagen,
f) Art der Vergabe (§ 3),
g) etwaige Ortsbesichtigungen,
h) genaue Aufschrift der Angebote,
i) Ort und Zeit des Eröffnungstermins (Ablauf der Angebotsfrist, § 18 Nr. 2) sowie Angabe, welche Personen zum Eröffnungstermin zugelassen sind (§ 22 Nr. 1 Satz 1),
j) etwa vom Auftraggeber zur Vorlage für die Beurteilung der Eignung des Bieters verlangte Unterlagen (§ 8 Nrn. 3 und 4),
k) die Höhe etwa geforderter Sicherheitsleistungen,
l) Änderungsvorschläge und Nebenangebote (vgl. Absatz 4),
m) etwaige Vorbehalte wegen der Teilung in Lose und Vergabe der Lose an verschiedene Bieter,
n) Zuschlags- und Bindefrist (§ 19),
o) sonstige Erfordernisse, die die Bewerber bei der Bearbeitung ihrer Angebote beachten müssen,
p) die wesentlichen Zahlungsbedingungen oder Angabe der Unterlagen, in denen sie enthalten sind (z. B. B § 16),
q) die Stelle, an die sich der Bewerber oder Bieter zur Nachprüfung behaupteter Verstöße gegen die Vergabebestimmungen wenden kann.

(3) Der Auftraggeber kann die Bieter auffordern, in ihrem Angebot die Leistungen anzugeben, die sie an Nachunternehmer zu vergeben beabsichtigen.

(4) Wenn der Auftraggeber Änderungsvorschläge oder Nebenangebote wünscht oder nicht zulassen will, so ist dies anzugeben; ebenso ist anzugeben, wenn Nebenangebote ohne gleichzeitige Abgabe eines Hauptangebots ausnahmsweise ausgeschlossen werden. Von Bietern, die eine Leistung anbieten, deren Ausführung nicht in Allgemeinen Technischen Vertragsbedingungen oder in den Verdingungsunterlagen geregelt ist, sind im Angebot entsprechende Angaben über Ausführung und Beschaffenheit dieser Leistung zu verlangen.

(5) Auftraggeber, die ständig Bauleistungen vergeben, sollen die Erfordernisse, die die Bewerber bei der Bearbeitung ihrer Angebote beachten müssen, in den Bewerbungsbedingungen zusammenfassen und dem Anschreiben beifügen.

6. Sollen Streitigkeiten aus dem Vertrag unter Ausschluß des ordentlichen Rechtswegs im schiedsrichterlichen Verfahren ausgetragen werden, so ist es in be-

Allgemeine Vergabebestimmungen   DIN 1960

sonderer, nur das Schiedsverfahren betreffender Urkunde zu vereinbaren, soweit nicht § 1027 Absatz 2 der Zivilprozeßordnung auch eine andere Form der Vereinbarung zuläßt.

§ 10a
Vergabeunterlagen

Bei Bauaufträgen i. S. von § 1a muß das Anschreiben (Aufforderung zur Angebotsabgabe) außer den Angaben nach § 10 Nr. 5 Abs. 2 folgendes enthalten:
- Sofern nicht in der Bekanntmachung angegeben (§ 17a Nrn. 2 bis 4), die maßgebenden Wertungskriterien i. S. von § 25 Nr. 3, d. h. neben technischem Wert und Wirtschaftlichkeit (Angebotspreis, Unterhaltungs- und Betriebskosten) besonderen Kriterien, auf die der Auftraggeber im Einzelfall Wert legt, z. B. gestalterische und funktionsbedingte Gesichtspunkte, Nutzungsdauer und Ausführungsfrist, diese Angaben möglichst in der Reihenfolge der ihnen zuerkannten Bedeutung.
- Die Angabe, daß die Angebote in deutscher Sprache abzufassen sind.
- Einen Hinweis auf die Bekanntmachung nach § 17a Nr. 3 beim Nichtoffenen Verfahren und beim Verhandlungsverfahren.

§ 11
Ausführungsfristen

1. (1) Die Ausführungsfristen sind ausreichend zu bemessen; Jahreszeit, Arbeitsbedingungen und etwaige besondere Schwierigkeiten sind zu berücksichtigen. Für die Bauvorbereitung ist dem Auftragnehmer genügend Zeit zu gewähren.

   (2) Außergewöhnlich kurze Fristen sind nur bei besonderer Dringlichkeit vorzusehen.

   (3) Soll vereinbart werden, daß mit der Ausführung erst nach Aufforderung zu beginnen ist (B § 5 Nr. 2), so muß die Frist, innerhalb derer die Aufforderung ausgesprochen werden kann, unter billiger Berücksichtigung der für die Ausführung maßgebenden Verhältnisse zumutbar sein; sie ist in den Verdingungsunterlagen festzulegen.

2. (1) Wenn es ein erhebliches Interesse des Auftraggebers erfordert, sind Einzelfristen für in sich abgeschlossene Teile der Leistung zu bestimmen.

   (2) Wird ein Bauzeitenplan aufgestellt, damit die Leistungen aller Unternehmer sicher ineinandergreifen, so sollen nur die für den Fortgang der Gesamtarbeit besonders wichtigen Einzelfristen als vertraglich verbindliche Fristen (Vertragsfristen) bezeichnet werden.

3. Ist für die Einhaltung von Ausführungsfristen die Übergabe von Zeichnungen oder anderen Unterlagen wichtig, so soll hierfür ebenfalls eine Frist festgelegt werden.

4. Der Auftraggeber darf in den Verdingungsunterlagen eine Pauschalierung des Verzugsschadens (B § 5 Nr. 4) vorsehen; sie soll 5 v. H. der Auftragssumme nicht überschreiten. Der Nachweis eines geringeren Schadens ist zuzulassen.

§ 12
Vertragsstrafen und Beschleunigungsverfahren

1. Vertragsstrafen für die Überschreitung von Vertragsfristen sind nur auszubedingen, wenn die Überschreitung erhebliche Nachteile verursachen kann. Die Strafe ist in angemessenen Grenzen zu halten.
2. Beschleunigungsvergütungen (Prämien) sind nur vorzusehen, wenn die Fertigstellung vor Ablauf der Vertragsfristen erhebliche Vorteile bringt.

§ 13
Gewährleistung

1. Auf Gewährleistung über die Abnahme hinaus soll verzichtet werden bei Bauleistungen, deren einwandfreie, vertragsgemäße Beschaffenheit sich bei der Abnahme unzweifelhaft feststellen läßt und bei denen auch später keine Mängel zu erwarten sind.
2. Andere Verjährungsfristen als nach B § 13 Nr. 4 der Allgemeinen Vertragsbedingungen sollen nur vorgesehen werden, wenn dies wegen der Eigenart der Leistung erforderlich ist. In solchen Fällen sind alle Umstände gegeneinander abzuwägen, insbesondere, wann etwaige Mängel wahrscheinlich erkennbar werden und wieweit die Mängelursachen noch nachgewiesen werden können, aber auch die Wirkung auf die Preise und die Notwendigkeit einer billigen Bemessung der Verjährungsfristen für Gewährleistungsansprüche.

§ 14
Sicherheitsleistung

1. Auf Sicherheitsleistung soll ganz oder teilweise verzichtet werden, wenn Mängel der Leistung voraussichtlich nicht eintreten oder wenn der Auftragnehmer hinreichend bekannt ist und genügende Gewähr für die vertragsgemäße Leistung und die Beseitigung etwa auftretender Mängel bietet.
2. Die Sicherheit soll nicht höher bemessen und ihre Rückgabe nicht für einen späteren Zeitpunkt vorgesehen werden, als nötig ist, um den Auftraggeber vor Schaden zu bewahren. Die Sicherheit für die Erfüllung sämtlicher Verpflichtungen aus dem Vertrag soll 5 v. H. der Auftragssumme nicht überschreiten. Die Sicherheit für die Gewährleistung soll 3 v. H. der Abrechnungssumme nicht überschreiten.

§ 15
Änderung der Vergütung

Sind wesentliche Änderungen der Preisermittlungsgrundlagen zu erwarten, deren Eintritt oder Ausmaß ungewiß ist, so kann eine angemessene Änderung der Vergütung in den Verdingungsunterlagen vorgesehen werden. Die Einzelheiten der Preisänderungen sind festzulegen.

Allgemeine Vergabebestimmungen DIN 1960

§ 16
Grundsätze der Ausschreibung

1. Der Auftraggeber soll erst dann ausschreiben, wenn alle Verdingungsunterlagen fertiggestellt sind und wenn innerhalb der angegebenen Fristen mit der Ausführung begonnen werden kann.
2. Ausschreibungen für vergabefremde Zwecke (z. B. Ertragsberechnungen) sind unzulässig.

§ 17
Bekanntmachung, Versand der Vergabeunterlagen

1. (1) Öffentliche Ausschreibungen sind bekanntzumachen, z. B. in Tageszeitungen, amtlichen Veröffentlichungsblättern oder Fachzeitschriften.

   (2) Diese Bekanntmachungen sollen folgende Angaben enthalten:
   a) Name, Anschrift, Telefon-, Telegrafen-, Fernschreib- und Fernkopiernummer des Auftraggebers (Vergabestelle),
   b) gewähltes Vergabeverfahren,
   c) Art des Auftrags, der Gegenstand der Ausschreibung ist,
   d) Ort der Ausführung,
   e) Art und Umfang der Leistung, allgemeine Merkmale der baulichen Anlage,
   f) falls die bauliche Anlage oder der Auftrag in mehrere Lose aufgeteilt ist, Art und Umfang der einzelnen Lose und Möglichkeit, Angebote für eines, mehrere oder alle Lose einzureichen,
   g) Angaben über den Zweck der baulichen Anlage oder des Auftrags, wenn auch Planungsleistungen gefordert werden,
   h) etwaige Frist für die Ausführung,
   i) Name und Anschrift der Dienststelle, bei der die Verdingungsunterlagen und zusätzlichen Unterlagen angefordert und eingesehen werden können, sowie Termin, bis zu dem diese Unterlagen spätestens angefordert werden können,
   j) ggf. Höhe und Einzelheiten der Zahlung der Entschädigung für die Übersendung dieser Unterlagen,
   k) Ablauf der Frist für die Einreichung der Angebote,
   l) Anschrift, an die die Angebote zu richten sind,
   m) Sprache, in der die Angebote abgefaßt sein müssen,
   n) Personen, die bei der Eröffnung der Angebote anwesend sein dürfen,
   o) Datum, Uhrzeit und Ort der Eröffnung der Angebote,
   p) ggf. geforderte Sicherheiten,
   q) wesentliche Zahlungsbedingungen und/oder Verweisung auf die Vorschriften, in denen sie enthalten sind,
   r) ggf. Rechtsform, die die Bietergemeinschaft, an die der Auftrag vergeben wird, haben muß,
   s) verlangte Nachweise für die Beurteilung der Eignung des Bieters,
   t) Ablauf der Zuschlags- und Bindefrist.

u) ggf. Nichtzulassung von Änderungsvorschlägen oder Nebenangeboten,

v) sonstige Angaben, insbesondere die Stelle, an die sich der Bewerber oder Bieter zur Nachprüfung behaupteter Verstöße gegen Vergabebestimmungen wenden kann.

2. (1) Bei Beschränkten Ausschreibungen nach Öffentlichem Teilnahmewettbewerb sind die Unternehmer durch Bekanntmachungen, z. B. in Tageszeitungen, amtlichen Veröffentlichungsblättern oder Fachzeitschriften aufzufordern, ihre Teilnahme am Wettbewerb zu beantragen.

(2) Diese Bekanntmachungen sollen folgende Angaben enthalten:

a) Name, Anschrift, Telefon-, Telegrafen-, Fernschreib- und Fernkopiernummer des Auftraggebers (Vergabestelle),

b) gewähltes Vergabeverfahren,

c) Art des Auftrags, der Gegenstand der Ausschreibung ist,

d) Ort der Ausführung,

e) Art und Umfang der Leistung, allgemeine Merkmale der baulichen Anlage,

f) falls die bauliche Anlage oder der Auftrag in mehrere Lose aufgeteilt ist, Art und Umfang der einzelnen Lose und Möglichkeit, Angebote für eines, mehrere oder alle Lose einzureichen,

g) Angaben über den Zweck der baulichen Anlage oder des Auftrags, wenn auch Planungsleistungen gefordert werden,

h) etwaige Frist für die Ausführung,

i) ggf. Rechtsform, die die Bietergemeinschaft, an die der Auftrag vergeben wird, haben muß,

j) Ablauf der Einsendefrist für die Anträge auf Teilnahme,

k) Anschrift, an die diese Anträge zu richten sind,

l) Sprache, in der diese Anträge abgefaßt sein müssen,

m) Tag, an dem die Aufforderungen zur Angebotsabgabe spätestens abgesandt werden,

n) ggf. geforderte Sicherheiten,

o) wesentliche Zahlungsbedingungen und/oder Verweis auf die Vorschriften, in denen sie enthalten sind,

p) mit dem Teilnahmeantrag verlangte Nachweise für die Beurteilung der Eignung (Fachkunde, Leistungsfähigkeit, Zuverlässigkeit) des Bewerbers,

q) ggf. Nichtzulassung von Änderungsvorschlägen oder Nebenangeboten,

r) sonstige Angaben, insbesondere die Stelle, an die sich der Bewerber oder Bieter zur Nachprüfung behaupteter Verstöße gegen Vergabebestimmungen wenden kann.

3. Anträge auf Teilnahme sind auch dann zu berücksichtigen, wenn sie durch Telegramm, Fernschreiben, Fernkopierer, Telefon oder in sonstiger Weise elektronisch übermittelt werden, sofern die sonstigen Teilnahmebedingungen erfüllt sind.

Allgemeine Vergabebestimmungen DIN 1960

4. (1) Die Vergabeunterlagen sind den Bewerbern in kürzestmöglicher Frist und in geeigneter Weise zu übermitteln.

   (2) Die Vergabeunterlagen sind bei Beschränkter Ausschreibung nach Öffentlichem Teilnahmewettbewerb an alle ausgewählten Bewerber am selben Tag abzusenden.

5. Jeder Bewerber soll die Leistungsbeschreibung doppelt und alle anderen für die Preisermittlung wesentlichen Unterlagen einfach erhalten. Wenn von den Unterlagen (außer der Leistungsbeschreibung) keine Vervielfältigungen abgegeben werden können, sind sie in ausreichender Weise zur Einsicht auszulegen, wenn nötig, nicht nur am Geschäftssitz des Auftraggebers, sondern auch am Ausführungsort oder an einem Nachbarort.

6. Die Namen der Bewerber, die Vergabeunterlagen erhalten oder eingesehen haben, sind geheimzuhalten.

7. (1) Erbitten Bewerber zusätzliche sachdienliche Auskünfte über die Vergabeunterlagen, so sind die Auskünfte unverzüglich zu erteilen.

   (2) Werden einem Bewerber wichtige Aufklärungen über die geforderte Leistung oder die Grundlagen der Preisermittlung gegeben, so sind sie auch den anderen Bewerbern unverzüglich mitzuteilen, soweit diese bekannt sind.

§ 17a
Vorinformation, Bekanntmachung, Versand der Vergabeunterlagen

1. (1) Die wesentlichen Merkmale für
   - eine beabsichtigte bauliche Anlage mit einem geschätzten Gesamtauftragswert von mindestens 5 Mio. ECU,
   - einen beabsichtigten Bauauftrag, bei dem der Wert der zu liefernden Stoffe und Bauteile weit überwiegt, mit einem geschätzten Auftragswert von mindestens 750 000 ECU,

   sind als Vorinformation bekanntzumachen.

   (2) Diese Bekanntmachungen sind nach dem in Anhang A enthaltenen Muster zu erstellen.

   (3) Sie sind sobald wie möglich nach Genehmigung der Planung dem Amt für amtliche Veröffentlichungen der Europäischen Gemeinschaften*) zu übermitteln; sie können außerdem in Tageszeitungen, amtlichen Veröffentlichungsblättern oder Fachzeitschriften veröffentlicht werden.

2. (1) Werden Bauaufträge im Sinne von § 1a im Wege eines Offenen Verfahrens, eines Nichtoffenen Verfahrens oder eines Verhandlungsverfahrens mit Vergabebekanntmachung vergeben, sind die Unternehmer durch Bekanntmachungen aufzufordern, ihre Teilnahme am Wettbewerb zu beantragen.

---

*) Amt für amtliche Veröffentlichungen der Europäischen Gemeinschaften, 2, Rue mercier, L-2985 Luxemburg 1

(2) Die Bekanntmachungen sind im Amtsblatt der Europäischen Gemeinschaften zu veröffentlichen. Sie sind dem Amt für amtliche Veröffentlichungen der Europäischen Gemeinschaften unverzüglich, in Fällen des Beschleunigten Verfahrens per Fernschreiben, Telegramm oder Telekopierer zu übermitteln. Die Bekanntmachung darf 650 Wörter nicht überschreiten.

(3) Der Tag der Absendung an das Amt für amtliche Veröffentlichungen der Europäischen Gemeinschaften muß nachgewiesen werden können.

(4) Die Bekanntmachung wird unentgeltlich, spätestens 12 Tage nach der Absendung im Supplement zum Amtsblatt der Europäischen Gemeinschaften in der Originalsprache veröffentlicht. Eine Zusammenfassung der wichtigsten Angaben wird in den übrigen Amtssprachen der Gemeinschaften veröffentlicht; der Wortlaut in der Originalsprache ist verbindlich.

(5) Die Bekanntmachungen sind auch inländisch zu veröffentlichen, z.B. in Tageszeitungen, amtlichen Veröffentlichungsblättern oder Fachzeitschriften. Sie dürfen nur die dem Amt für amtliche Veröffentlichungen der Europäischen Gemeinschaften übermittelten Angaben enthalten und dürfen nicht vor Absendung an dieses Amt veröffentlicht werden.

3. (1) Die Bekanntmachung eines Offenen Verfahrens oder Nichtoffenen Verfahrens muß außer den Angaben nach § 17 Nr. 1 Abs. 2 bzw. § 17 Nr. 2 Abs. 2 folgende Angaben enthalten:

– gegebenenfalls Hinweis auf beschleunigtes Verfahren wegen Dringlichkeit,

– Kriterien für die Auftragserteilung, wenn diese nicht im Anschreiben (Aufforderung zur Angebotsabgabe) genannt werden (siehe § 10 a),

– Tag der Veröffentlichung der Vorinformation im Amtsblatt der Europäischen Gemeinschaften oder Hinweis auf ihre Nichtveröffentlichung,

– Tag der Absendung der Bekanntmachung,

– Gründe für die Ausnahme von der Anwendung gemeinschaftsrechtlicher technischer Spezifikationen (§ 9 Nr. 4 Abs. 3).

(2) Die Bekanntmachung eines Verhandlungsverfahrens muß die Angaben des Musters D enthalten.

4. (1) Die Bekanntmachung ist

– beim Offenen Verfahren nach dem im Anhang B,

– beim Nichtoffenen Verfahren nach dem im Anhang C,

– beim Verhandlungsverfahren nach dem im Anhang D

enthaltenen Muster zu erstellen.

(2) Dabei sind zu allen Nummern Angaben zu machen; die Texte des Musters sind nicht zu wiederholen.

5. Sind im Offenen Verfahren die Vergabeunterlagen und zusätzlichen Unterlagen rechtzeitig angefordert worden, müssen sie den Bewerbern innerhalb von 6 Kalendertagen nach Eingang des Antrags zugesandt werden.

6. Rechtzeitig beantragte Auskünfte über die Vergabeunterlagen sind spätestens 6 Kalendertage – in Fällen der Dringlichkeit (§ 18a Nr. 2 Abs. 1 Satz 2 und Nr. 2 Abs. 2 Satz 3) 4 Kalendertage – vor Ablauf der Angebotsfrist zu erteilen.

Allgemeine Vergabebestimmungen DIN 1960

§ 18
Angebotsfrist, Bewerbungsfrist

1. Für die Bearbeitung und Einreichung der Angebote ist eine ausreichende Angebotsfrist vorzusehen, auch bei Dringlichkeit nicht unter 10 Kalendertagen. Dabei ist insbesondere der zusätzliche Aufwand für die Besichtigung von Baustellen oder die Beschaffung von Unterlagen für die Angebotsbearbeitung zu berücksichtigen.
2. Die Angebotsfrist läuft ab, sobald im Eröffnungstermin der Verhandlungsleiter mit der Öffnung der Angebote beginnt.
3. Bis zum Ablauf der Angebotsfrist können Angebote schriftlich, fernschriftlich oder telegrafisch zurückgezogen werden.
4. Für die Einreichung von Teilnahmeanträgen bei Beschränkter Ausschreibung nach Öffentlichem Teilnahmewettbewerb ist eine ausreichende Bewerbungsfrist vorzusehen.

§ 18a
Angebotsfrist, Bewerbungsfrist

1. (1) Beim Offenen Verfahren beträgt die Frist für den Eingang der Angebote (Angebotsfrist) mindestens 52 Kalendertage, gerechnet vom Tag nach Absendung der Bekanntmachung.

   (2) Die Frist kann auf 36 Kalendertage verkürzt werden, wenn eine Vorinformation nach § 17a Nr. 1 erfolgt ist.

   (3) Können die Verdingungsunterlagen, die zusätzlichen Unterlagen oder die geforderten Auskünfte wegen ihres großen Umfangs nicht innerhalb der in § 17a Nrn. 5 und 6 genannten Fristen zugesandt bzw. erteilt werden, sind die in den Absätzen 1 und 2 vorgesehenen Fristen angemessen zu verlängern.

2. (1) Beim Nichtoffenen Verfahren beträgt die Frist für den Eingang der Anträge auf Teilnahme (Bewerbungsfrist) mindestens 37 Kalendertage, gerechnet vom Tage nach Absendung der Bekanntmachung. Aus Gründen der Dringlichkeit kann die Bewerbungsfrist auf 15 Kalendertage verkürzt werden.

   (2) Beim Nichtoffenen Verfahren beträgt die Angebotsfrist mindestens 40 Kalendertage, gerechnet vom Tag nach Absendung der Aufforderung zur Angebotsabgabe. Die Angebotsfrist kann auf 26 Kalendertage verkürzt werden, wenn eine Vorinformation nach § 17a Nr. 1 erfolgt ist. Aus Gründen der Dringlichkeit kann die Angebotsfrist von 40 bzw. 26 Kalendertagen bis auf 10 Kalendertage verkürzt werden.

3. Beim Verhandlungsverfahren mit Vergabebekanntmachung gelten ebenfalls die in Nr. 2 Abs. 1 genannten Fristen.

4. Können die Angebote nur nach einer Ortsbesichtigung oder Einsichtnahme in nicht übersandte Unterlagen erstellt werden, so sind die in Nrn. 1 und 2 Abs. 2 Satz 1 und 2 vorgesehenen Fristen angemessen zu verlängern.

§ 19
Zuschlags- und Bindefrist

1. Die Zuschlagsfrist beginnt mit dem Eröffnungstermin.
2. Die Zuschlagsfrist soll so kurz wie möglich und nicht länger bemessen werden, als der Auftraggeber für eine zügige Prüfung und Wertung der Angebote (§§ 23 bis 25) benötigt. Sie soll nicht mehr als 30 Kalendertage betragen; eine längere Zuschlagsfrist soll nur in begründeten Fällen festgelegt werden. Das Ende der Zuschlagsfrist ist durch Angabe des Kalendertages zu bezeichnen.
3. Es ist vorzusehen, daß der Bieter bis zum Ablauf der Zuschlagsfrist an sein Angebot gebunden ist (Bindefrist).
4. Die Nrn. 1 bis 3 gelten bei Freihändiger Vergabe entsprechend.

§ 20
Kosten

1. (1) Bei Öffentlicher Ausschreibung darf für die Leistungsbeschreibung und die anderen Unterlagen eine Entschädigung gefordert werden; sie darf die Selbstkosten der Vervielfältigung nicht überschreiten. In der Bekanntmachung (§ 17 Nr. 1) ist anzugeben, wie hoch sie ist und daß sie nicht erstattet wird.

   (2) Bei Beschränkter Ausschreibung und Freihändiger Vergabe sind alle Unterlagen unentgeltlich abzugeben.

2. (1) Für die Bearbeitung des Angebots wird keine Entschädigung gewährt. Verlangt jedoch der Auftraggeber, daß der Bewerber Entwürfe, Pläne, Zeichnungen, statische Berechnungen, Mengenberechnungen oder andere Unterlagen ausarbeitet, insbesondere in den Fällen des § 9 Nrn. 10 bis 12, so ist einheitlich für alle Bieter in der Ausschreibung eine angemessene Entschädigung festzusetzen. Ist eine Entschädigung festgesetzt, so steht sie jedem Bieter zu, der ein der Ausschreibung entsprechendes Angebot mit den geforderten Unterlagen rechtzeitig eingereicht hat.

   (2) Diese Grundsätze gelten für die Freihändige Vergabe entsprechend.

3. Der Auftraggeber darf Angebotsunterlagen und die in den Angeboten enthaltenen eigenen Vorschläge eines Bieters nur für die Prüfung und Wertung der Angebote (§§ 23 und 25) verwenden. Eine darüber hinausgehende Verwendung bedarf der vorherigen schriftlichen Vereinbarung.

§ 21
Inhalt der Angebote

1. (1) Die Angebote sollen nur die Preise und die geforderten Erklärungen enthalten. Sie müssen mit rechtsverbindlicher Unterschrift versehen sein. Änderungen des Bieters an seinen Eintragungen müssen zweifelsfrei sein.

   (2) Änderungen an den Verdingungsunterlagen sind unzulässig.

   (3) Der Auftraggeber soll allgemein oder im Einzelfall zulassen, daß Bieter für die Angebotsabgabe eine selbstgefertigte Abschrift oder statt dessen eine selbstgefertigte Kurzfassung des Leistungsverzeichnisses benutzen, wenn sie den vom Auftraggeber verfaßten Wortlaut der Urschrift des Leistungsverzeich-

nisses als allein verbindlich schriftlich anerkennen; Kurzfassungen müssen jedoch die Ordnungszahlen (Positionen) vollzählig, in der gleichen Reihenfolge und mit den gleichen Nummern wie in der Urschrift, wiedergeben.

(4) Muster und Proben der Bieter müssen als zum Angebot gehörig gekennzeichnet sein.

2. Eine Leistung, die von den vorgesehenen technischen Spezifikationen abweicht, darf angeboten werden, wenn sie mit dem geforderten Schutzniveau in bezug auf Sicherheit, Gesundheit und Gebrauchstauglichkeit gleichwertig ist. Die Abweichung muß im Angebot eindeutig bezeichnet sein. Die Gleichwertigkeit ist mit dem Angebot nachzuweisen.

3. Etwaige Änderungsvorschläge oder Nebenangebote müssen auf besonderer Anlage gemacht und als solche deutlich gekennzeichnet werden.

4. (1) Bietergemeinschaften haben eines ihrer Mitglieder als bevollmächtigten Vertreter für den Abschluß und die Durchführung des Vertrags zu bezeichnen.

(2) Fehlt die Bezeichnung im Angebot, so ist sie vor der Zuschlagserteilung beizubringen.

5. Der Auftraggeber hat die Anforderungen an den Inhalt der Angebote nach den Nrn. 1–4 in die Vergabeunterlagen aufzunehmen.

§ 22
Eröffnungstermin

1. Bei Ausschreibungen ist für die Öffnung und Verlesung (Eröffnung) der Angebote ein Eröffnungstermin abzuhalten, in dem nur die Bieter und ihre Bevollmächtigten zugegen sein dürfen. Bis zu diesem Termin sind die Angebote, die beim Eingang auf dem ungeöffneten Umschlag zu kennzeichnen sind, unter Verschluß zu halten.

2. Zur Eröffnung zuzulassen sind nur Angebote, die dem Verhandlungsleiter bei Öffnung des ersten Angebots vorliegen.

3. (1) Der Verhandlungleiter stellt fest, ob der Verschluß der Angebote unversehrt ist.

(2) Die Angebote werden geöffnet und in allen wesentlichen Teilen gekennzeichnet. Name und Wohnort der Bieter und die Endbeträge der Angebote oder ihrer einzelnen Abschnitte, ferner andere den Preis betreffende Angaben werden verlesen. Es wird bekanntgegeben, ob und von wem Änderungsvorschläge oder Nebenangebote eingereicht sind. Weiteres aus dem Inhalt der Angebote soll nicht mitgeteilt werden.

(3) Muster und Proben der Bieter müssen im Termin zur Stelle sein.

4. (1) Über den Eröffnungstermin ist eine Niederschrift zu fertigen. Sie ist zu verlesen; in ihr ist zu vermerken, daß sie verlesen und als richtig anerkannt worden ist oder welche Einwendungen erhoben worden sind.

(2) Sie ist vom Verhandlungsleiter zu unterschreiben; die anwesenden Bieter und Bevollmächtigten sind berechtigt, mit zu unterzeichnen.

5. Angebote, die bei der Öffnung des ersten Angebots nicht vorgelegen haben (Nr. 2), sind in der Niederschrift oder in einem Nachtrag besonders aufzuführen.

Die Eingangszeiten und die etwa bekannten Gründe, aus denen die Angebote nicht vorgelegen haben, sind zu vermerken. Der Umschlag und andere Beweismittel sind aufzubewahren.

6. (1) Ein Angebot, das nachweislich vor Ablauf der Angebotsfrist dem Auftraggeber zugegangen war, aber bei Öffnung des ersten Angebots aus vom Bieter nicht zu vertretenden Gründen dem Verhandlungsleiter nicht vorgelegen hat, ist wie ein rechtzeitig vorliegendes Angebot zu behandeln.

    (2) Den Bietern ist dieser Sachverhalt unverzüglich schriftlich mitzuteilen. In die Mitteilung sind die Feststellung, daß der Verschluß unversehrt war und die Angaben nach Nr. 3 Abs. 2 aufzunehmen.

    (3) Dieses Angebot ist mit allen Angaben in die Niederschrift oder in einen Nachtrag aufzunehmen. Im übrigen gilt Nr. 5 Satz 2 und 3.

7. Den Bietern und ihren Bevollmächtigten ist die Einsicht in die Niederschrift und ihre Nachträge (Nrn. 5 und 6 sowie § 23 Nr. 4) zu gestatten; den Bietern können die Namen der Bieter und die Endbeträge der Angebote sowie die Zahl ihrer Änderungsvorschläge und Nebenangebote mitgeteilt werden. Die Niederschrift darf nicht veröffentlicht werden.

8. Die Angebote und ihre Anlagen sind sorgfältig zu verwahren und geheimzuhalten; dies gilt auch bei Freihändiger Vergabe.

§ 23
Prüfung der Angebote

1. Angebote, die im Eröffnungstermin dem Verhandlungsleiter bei Öffnung des ersten Angebots nicht vorgelegen haben, und Angebote, die den Bestimmungen des § 21 Nr. 1 Abs. 1 und 2 nicht entsprechen, brauchen nicht geprüft zu werden.

2. Die übrigen Angebote sind rechnerisch, technisch und wirtschaftlich zu prüfen, ggf. mit Hilfe von Sachverständigen (§ 7).

3. (1) Entspricht der Gesamtbetrag einer Ordnungszahl (Position) nicht dem Ergebnis der Multiplikation von Mengenansatz und Einheitspreis, so ist der Einheitspreis maßgebend. Ist der Einheitspreis in Ziffern und in Worten angegeben und stimmen diese Angaben nicht überein, so gilt der dem Gesamtbetrag der Ordnungszahl entsprechende Einheitspreis. Entspricht weder der in Worten noch der in Ziffern angegebene Einheitspreis dem Gesamtbetrag der Ordnungszahl, so gilt der in Worten angegebene Einheitspreis.

    (2) Bei Vergabe für eine Pauschalsumme gilt diese ohne Rücksicht auf etwa angegebene Einzelpreise.

    (3) Absätze 1 und 2 gelten auch bei Freihändiger Vergabe.

4. Die auf Grund der Prüfung festgestellten Angebotsendsummen sind in der Niederschrift über den Eröffnungstermin zu vermerken.

§ 24
Aufklärung des Angebotsinhalts

1. (1) Bei Ausschreibungen darf der Auftraggeber nach Öffnung der Angebote bis zur Zuschlagserteilung mit einem Bieter nur verhandeln, um sich über seine Eignung, insbesondere seine technische und wirtschaftliche Leistungsfähigkeit, das Angebot selbst, etwaige Änderungsvorschläge und Nebenangebote, die geplante Art der Durchführung, etwaige Ursprungsorte oder Bezugsquellen von Stoffen oder Bauteilen und um sich über die Angemessenheit der Preise, wenn nötig durch Einsicht in die vorzulegenden Preisermittlungen (Kalkulationen), zu unterrichten.

    (2) Die Ergebnisse solcher Verhandlungen sind geheimzuhalten. Sie sollen schriftlich niedergelegt werden.

2. Verweigert ein Bieter die geforderten Aufklärungen und Angaben, so kann sein Angebot unberücksichtigt bleiben.

3. Andere Verhandlungen, besonders über Änderung der Angebote oder Preise, sind unstatthaft, außer wenn sie bei Nebenangeboten, Änderungsvorschlägen oder Angeboten auf Grund eines Leistungsprogramms nötig sind, um unumgängliche technische Änderungen geringen Umfangs und daraus sich ergebende Änderungen der Preise zu vereinbaren.

§ 25
Wertung der Angebote

1. (1) Ausgeschlossen werden:

    a) Angebote, die im Eröffnungstermin dem Verhandlungsleiter bei Öffnung des ersten Angebots nicht vorgelegen haben, ausgenommen Angebote nach § 22 Nr. 6,

    b) Angebote, die dem § 21 Nr. 1 Abs. 1 und 2 nicht entsprechen,

    c) Angebote von Bietern, die in bezug auf die Ausschreibung eine Abrede getroffen haben, die eine unzulässige Wettbewerbsbeschränkung darstellt,

    d) Änderungsvorschläge und Nebenangebote, wenn der Auftraggeber in der Bekanntmachung oder in den Vergabeunterlagen erklärt hat, daß er diese nicht zuläßt.

    (2) Außerdem können Angebote von Bietern nach § 8 Nr. 5 ausgeschlossen werden.

2. (1) Bei Öffentlicher Ausschreibung ist zunächst die Eignung der Bieter zu prüfen. Dabei sind anhand der vorgelegten Nachweise die Angebote der Bieter auszuwählen, deren Eignung die für die Erfüllung der vertraglichen Verpflichtungen notwendigen Sicherheiten bietet; dies bedeutet, daß sie die erforderliche Fachkunde, Leistungsfähigkeit und Zuverlässigkeit besitzen und über ausreichende technische und wirtschaftliche Mittel verfügen.

    (2) Bei Beschränkter Ausschreibung und Freihändiger Vergabe sind nur Umstände zu berücksichtigen, die nach Aufforderung zur Angebotsabgabe Zweifel an der Eignung des Bieters begründen (vgl. § 8 Nr. 4).

3. (1) Auf ein Angebot mit einem unangemessen hohen oder niedrigen Preis darf der Zuschlag nicht erteilt werden.

(2) Erscheint ein Angebotspreis unangemessen niedrig und ist anhand vorliegender Unterlagen über die Preisermittlung die Angemessenheit nicht zu beurteilen, ist vom Bieter schriftlich Aufklärung über die Ermittlung der Preise für die Gesamtleistung oder für Teilleistungen zu verlangen, ggf. unter Festlegung einer zumutbaren Antwortfrist. Bei der Beurteilung der Angemessenheit sind die Wirtschaftlichkeit des Bauverfahrens, die gewählten technischen Lösungen oder sonstige günstige Ausführungsbedingungen zu berücksichtigen.

(3) In die engere Wahl kommen nur solche Angebote, die unter Berücksichtigung rationellen Baubetriebs und sparsamer Wirtschaftsführung eine einwandfreie Ausführung einschließlich Gewährleistung erwarten lassen. Unter diesen Angeboten soll der Zuschlag auf das Angebot erteilt werden, das unter Berücksichtigung aller technischen und wirtschaftlichen, ggf. auch gestalterischen und funktionsbedingten Gesichtspunkte als das annehmbarste erscheint. Der niedrigste Angebotspreis allein ist nicht entscheidend.

4. Ein Angebot nach § 21 Nr. 2 ist wie ein Hauptangebot zu werten.
5. Änderungsvorschläge und Nebenangebote sind zu werten, es sei denn, der Auftraggeber hat sie in der Bekanntmachung oder in den Vergabeunterlagen nicht zugelassen.
6. Bietergemeinschaften sind Einzelbietern gleichzusetzen, wenn sie die Arbeiten im eigenen Betrieb oder in den Betrieben der Mitglieder ausführen.
7. Die Bestimmungen der Nrn. 2 und 3 gelten auch bei Freihändiger Vergabe. Die Nrn. 1, 4, 5 und 6 sind entsprechend auch bei Freihändiger Vergabe anzuwenden.

§ 25 a
Wertung der Angebote

Bei der Wertung der Angebote dürfen nur Kriterien berücksichtigt werden, die in der Bekanntmachung oder in den Vergabeunterlagen genannt sind.

§ 26
Aufhebung der Ausschreibung

1. Die Ausschreibung kann aufgehoben werden:
   a) wenn kein Angebot eingegangen ist, das den Ausschreibungsbedingungen entspricht,
   b) wenn die Verdingungsunterlagen grundlegend geändert werden müssen,
   c) wenn andere schwerwiegende Gründe bestehen.
2. Die Bieter, auf Verlangen auch die Bewerber, sind von der Aufhebung der Ausschreibung unter Angabe der Gründe, ggf. über die Absicht, ein neues Vergabeverfahren einzuleiten, unverzüglich zu unterrichten.

§ 26 a
Aufhebung der Ausschreibung, Einstellung des Verhandlungsverfahrens

1. Für die Aufhebung eines Offenen Verfahrens oder Nichtoffenen Verfahrens findet § 26 Anwendung.

Allgemeine Vergabebestimmungen DIN 1960

2. Wird ein Verhandlungsverfahren, dem eine Vergabebekanntmachung vorausgegangen ist, eingestellt, findet § 26 Nr. 2 entsprechende Anwendung.

3. Die Aufhebung eines Offenen Verfahrens, eines Nichtoffenen Verfahrens oder die Einstellung eines Verhandlungsverfahrens mit vorangegangener Vergabebekanntmachung ist dem Amt für amtliche Veröffentlichungen der Europäischen Gemeinschaften mitzuteilen.

§ 27
Nicht berücksichtigte Bewerbungen und Angebote

1. Bieter, deren Angebote ausgeschlossen worden sind (§ 25 Nr. 1) und solche, deren Angebote nicht in die engere Wahl kommen, sollen sobald wie möglich verständigt werden. Die übrigen Bieter sind zu verständigen, sobald der Zuschlag erteilt worden ist.

2. Auf Verlangen sind den nicht berücksichtigten Bewerbern oder Bietern innerhalb einer Frist von 15 Kalendertagen nach Eingang ihres Antrags die Gründe für die Nichtberücksichtigung ihrer Bewerbung oder ihres Angebots mitzuteilen, den Bietern auch der Name des Auftragnehmers.

3. Nicht berücksichtigte Angebote und Ausarbeitungen der Bieter dürfen nicht für eine neue Vergabe oder für andere Zwecke benutzt werden.

4. Entwürfe, Ausarbeitungen, Muster und Proben zu nicht berücksichtigten Angeboten sind zurückzugeben, wenn dies im Angebot oder innerhalb von 30 Kalendertagen nach Ablehnung des Angebots verlangt wird.

§ 27a
Nicht berücksichtigte Bewerbungen

Bei einem Verhandlungsverfahren, dem eine Vergabebekanntmachung vorausgegangen ist, findet § 27 Nr. 2 entsprechende Anwendung.

§ 28
Zuschlag

1. Der Zuschlag ist möglichst bald, mindestens aber so rechtzeitig zu erteilen, daß dem Bieter die Erklärung noch vor Ablauf der Zuschlagsfrist (§ 19) zugeht.

2. (1) Wird auf ein Angebot rechtzeitig und ohne Abänderungen der Zuschlag erteilt, so ist damit nach allgemeinen Rechtsgrundsätzen der Vertrag abgeschlossen, auch wenn spätere urkundliche Festlegung vorgesehen ist.

   (2) Werden dagegen Erweiterungen, Einschränkungen oder Änderungen vorgenommen oder wird der Zuschlag verspätet erteilt, so ist der Bieter bei Erteilung des Zuschlags aufzufordern, sich unverzüglich über die Annahme zu erklären.

§ 28a
Bekanntmachung der Auftragserteilung

1. (1) In den Fällen, in denen eine Bekanntmachung nach § 17a Nr. 2 veröffentlicht wurde, ist die Erteilung des Auftrags bekanntzumachen.

   (2) Die Bekanntmachung ist nach dem in Anhang E enthaltenen Muster zu erstellen.

(3) Angaben, deren Veröffentlichung
- den Gesetzesvollzug behindern,
- dem öffentlichen Interesse zuwiderlaufen,
- die berechtigten geschäftlichen Interessen öffentlicher oder privater Unternehmer berühren oder
- den fairen Wettbewerb zwischen Unternehmern beeinträchtigen würden,

sind nicht in die Bekanntmachung aufzunehmen.
2. Die Bekanntmachung ist dem Amt für amtliche Veröffentlichungen der Europäischen Gemeinschaften in kürzester Frist — spätestens 48 Kalendertage nach Auftragserteilung — zu übermitteln.

§ 29
Vertragsurkunde

1. Eine besondere Urkunde braucht über den Vertrag nur dann gefertigt zu werden, wenn der Vertragsinhalt nicht schon durch das Angebot mit den zugehörigen Unterlagen, das Zuschlagsschreiben und andere Schriftstücke eindeutig und erschöpfend festgelegt ist.
2. Die Urkunde ist doppelt auszufertigen und von den beiden Vertragsparteien zu unterzeichnen. Die Beglaubigung einer Unterschrift kann in besonderen Fällen verlangt werden.

§ 30
Vergabevermerk

1. Über die Vergabe ist ein Vermerk zu fertigen, der die einzelnen Stufen des Verfahrens, die maßgebenden Feststellungen sowie die Begründung der einzelnen Entscheidungen enthält.
2. Wird auf die Vorlage zusätzlich zum Angebot verlangter Unterlagen und Nachweise verzichtet, ist dies im Vergabevermerk zu begründen.

§ 30 a
Melde- und Berichtspflichten

1. Auf Verlangen der EG-Kommission sind dieser aus dem Vergabevermerk folgende Angaben zu übermitteln:
   a) Name und Anschrift des Auftraggebers,
   b) Art und Umfang der Leistung,
   c) Wert des Auftrags,
   d) Namen der berücksichtigten Bewerber oder Bieter und Gründe für ihre Auswahl,
   e) Namen der ausgeschlossenen Bewerber oder Bieter und die Gründe für die Ablehnung,
   f) Name des Auftragnehmers und Gründe für die Erteilung des Zuschlags auf sein Angebot,
   g) Anteil der beabsichtigten Nachunternehmerleistungen, soweit bekannt,

Allgemeine Vergabebestimmungen DIN 1960

h) beim Verhandlungsverfahren Gründe für die Wahl dieses Verfahrens (§ 3a Nrn. 4 und 5),
i) Gründe für die Ausnahme von der Anwendung gemeinschaftsrechtlicher technischer Spezifikationen (§ 9 Nr. 4 Abs. 3).
2. Für die alle 2 Jahre fällige EG-Statistik ist der zuständigen Stelle eine Meldung nach Anhang F vorzulegen.

§ 31
Vergabeprüfstelle

In der Bekanntmachung und den Vergabeunterlagen ist die Stelle anzugeben, an die sich der Bewerber oder Bieter zur Nachprüfung behaupteter Verstöße gegen die Vergabebestimmungen wenden kann.

§ 32
Baukonzessionen

1. Baukonzessionen sind Bauaufträge zwischen einem Auftraggeber und einem Unternehmer (Baukonzessionär), bei denen die Gegenleistung für die Bauarbeiten statt in einer Vergütung in dem Recht auf Nutzung der baulichen Anlage, ggf. zuzüglich in der Zahlung eines Preises, besteht.
2. Für die Vergabe von Baukonzessionen sind die §§ 1 bis 31 sinngemäß anzuwenden.

§ 32a
Baukonzessionen

1. (1) Für die Vergabe von Baukonzessionen sind die a-Paragraphen nicht anzuwenden, ausgenommen die Regelungen nach Absatz 2 bis 4.
(2) Die Absicht eines öffentlichen Auftraggebers, eine Baukonzession zu vergeben, ist bekanntzumachen. Die Bekanntmachung hat nach Anhang G zu erfolgen. Sie ist im Amtsblatt für amtliche Veröffentlichungen der Europäischen Gemeinschaften unverzüglich zu veröffentlichen.
(3) § 17a Nr. 2 gilt entsprechend.
(4) Die Frist für den Eingang von Bewerbungen für die Konzession beträgt mindestens 52 Kalendertage, gerechnet vom Tag nach Absendung der Bekanntmachung.
2. (1) Die Absicht eines Baukonzessionärs, Bauaufträge an Dritte zu vergeben, ist bekanntzumachen. Die Bekanntmachung hat nach Anhang H zu erfolgen. Sie ist im Amtsblatt der EG unverzüglich zu veröffentlichen.
(2) § 17a Nr. 2 gilt entsprechend.
(3) Die Frist für den Eingang der Anträge auf Teilnahme beträgt mindestens 37 Kalendertage, gerechnet vom Tag nach Absendung der Bekanntmachung. Die Frist für den Eingang der Angebote beträgt mindestens 40 Kalendertage, gerechnet vom Tag der Absendung der Aufforderung zur Angebotsabgabe.
3. Baukonzessionäre, die öffentliche Auftraggeber sind, müssen bei der Vergabe von Bauaufträgen an Dritte die Basisparagraphen mit a-Paragraphen anwenden.

Anhang TS
Technische Spezifikationen

1. Begriffsbestimmungen

1.1 „Technische Spezifikationen" sind sämtliche, insbesondere in den Verdingungsunterlagen enthaltenen, technischen Anforderungen an eine Bauleistung, ein Material, ein Erzeugnis oder eine Lieferung, mit deren Hilfe die Bauleistung, das Material, das Erzeugnis oder die Lieferung so bezeichnet werden können, daß sie ihren durch den öffentlichen Auftraggeber festgelegten Verwendungszweck erfüllen. Zu diesen technischen Anforderungen gehören Qualitätsstufen, Gebrauchstauglichkeit, Sicherheit und Abmessungen, ebenso die Vorschriften für Materialien, Erzeugnisse oder Lieferungen hinsichtlich Qualitätssicherung, Terminologie, Bildzeichen, Prüfungen und Prüfverfahren, Verpackung, Kennzeichnung und Beschriftung. Außerdem gehören dazu auch die Vorschriften für die Planung und die Berechnung von baulichen Anlagen, die Bedingungen für die Prüfung, Inspektion und Abnahme von baulichen Anlagen, die Konstruktionsmethoden oder -verfahren und alle anderen technischen Anforderungen, die der öffentliche Auftraggeber bezüglich fertiger baulicher Anlagen oder der dazu notwendigen Materialien oder Teile durch allgemeine oder spezielle Vorschriften anzugeben in der Lage ist.

1.2 „Norm": Technische Spezifikation, die von einer anerkannten Normenorganisation zur wiederholten oder ständigen Anwendung angenommen wurde, deren Einhaltung grundsätzlich nicht zwingend vorgeschrieben ist.

1.3 „Europäische Norm": die von dem Europäischen Komitee für Normung (CEN) oder dem Europäischen Komitee für Elektrotechnische Normung (CENELEC) gemäß deren gemeinsame Regeln als Europäische Normen (EN) oder Harmonisierungsdokumente (HD) angenommenen Normen.

1.4 „Europäische technische Zulassung": eine positive technische Beurteilung der Brauchbarkeit eines Produkts hinsichtlich der Erfüllung der wesentlichen Anforderungen an bauliche Anlagen; sie erfolgt aufgrund der spezifischen Merkmale des Produktes und der festgelegten Anwendungs- und Verwendungsbedingungen. Die europäische technische Zulassung wird von einer zu diesem Zweck vom Mitgliedstaat zugelassenen Organisation ausgestellt.

1.5 „Gemeinsame technische Spezifikation": technische Spezifikation, die nach einem von den Mitgliedstaaten anerkannten Verfahren erarbeitet wurde, um die einheitliche Anwendung in allen MItgliedstaaten sicherzustellen, und die im Amtsblatt der Europäischen Gemeinschaften veröffentlicht wurde.

1.6 „Wesentliche Anforderungen": Anforderungen betreffend die Sicherheit, die Gesundheit und andere für die Allgemeinheit wichtige Aspekte, denen die baulichen Anlagen genügen müssen.

2. Mangels europäischer Normen, europäischer technischer Zulassungen oder gemeinsamer technischer Spezifikationen

2.1 werden die technischen Spezifikationen unter Bezugnahme auf die einzelstaatlichen technischen Spezifikationen festgelegt, die anerkanntermaßen den wesentlichen Anforderungen der Gemeinschaftsrichtlinien zur technischen Harmonisierung entsprechen, wobei die Anerkennung der Entsprechung nach den Verfahren dieser Richtlinien und insbesondere nach den in der Richtlinie des

Rates 89/106/EWG vom 21. Dez. 1988 über Bauprodukte vorgesehenen Verfahren erfolgt;

2.2 können die technischen Spezifikationen unter Bezugnahme auf die einzelstaatlichen technischen Spezifikationen betreffend die Planung, Berechnung und Verwirklichung von Bauvorhaben und den Einsatz von Produkten festgelegt werden;

2.3 können die technischen Spezifikationen unter Bezugnahme auf sonstige Dokumente festgelegt werden.

In einem solchen Fall ist unter Beachtung der nachstehenden Normenrangfolge zurückzugreifen auf

— die innerstaatlichen Normen, mit denen vom Land des Auftraggebers akzeptierte internationale Normen umgesetzt werden;

— sonstige innerstaatliche Normen und innerstaatliche technische Zulassungen des Landes des Auftraggebers;

— alle weiteren Normen.

DIN 1960 VOB Teil A

Anhang A
Vorinformationsverfahren

1. Name, Anschrift, Telefon-, Telegrafen-, Fernschreib- und Fernkopiernummer des Auftraggebers (Vergabestelle):

___

2. a) Ort der Ausführung:

___

b) Art und Umfang der Leistung und bei Aufteilung der baulichen Anlage in mehrere Lose wesentliche Merkmale der einzelnen Lose im Verhältnis zur baulichen Anlage:

___

___

c) Falls verfügbar, geschätzte Kostenspanne für die geplanten Leistungen:

___

3. a) Vorläufiger Zeitpunkt der Einleitung der (des) Vergabeverfahren(s):

___

b) Falls bekannt, vorläufiger Zeitpunkt des Beginns der Arbeiten:

___

c) Falls bekannt, vorläufiger Zeitraum für die Durchführung der Arbeiten:

___

4. Ggf. Finanzierungsbedingungen:

___

___

5. Sonstige Angaben, insbesondere die Stelle, an die sich der Bewerber oder Bieter zur Nachprüfung behaupteter Verstöße gegen Vergabebestimmungen wenden kann:

___

___

6. Tag der Absendung der Bekanntmachung:

___

Allgemeine Vergabebestimmungen DIN 1960

Anhang B
Offenes Verfahren

1. Name, Anschrift, Telefon-, Telegrafen-, Fernschreib- und Fernkopiernummer des Auftraggebers (Vergabestelle):

2. a) Gewähltes Vergabeverfahren:

   b) Art des Auftrags, der Gegenstand der Vergabe ist (z. B. Bauvertrag):

3. a) Ort der Ausführung:

   b) Art und Umfang der Leistung, allgemeine Merkmale der baulichen Anlage:

   c) Falls die bauliche Anlage oder der Auftrag in mehrere Lose aufgeteilt wird, Art und Umfang der einzelnen Lose und Möglichkeit, für eines, mehrere oder alle Lose Angebote einzureichen:

   d) Angaben über den Zweck der baulichen Anlage oder des Auftrags, wenn auch Planungsleistungen gefordert werden:

4. Etwaige Frist für die Ausführung:

5. a) Name und Anschrift der Dienststelle, bei der die Vergabeunterlagen und zusätzlichen Unterlagen angefordert und eingesehen werden können sowie Termin, bis zu dem diese Unterlagen spätestens angefordert werden können:

53

b) Ggf. Höhe und Einzelheiten der Zahlung des Entgelts für Übersendung dieser Unterlagen:

6. a) Ablauf der Frist für die Einreichung der Angebote:

b) Anschrift, an die die Angebote zu richten sind:

c) Sprache, in der die Angebote abgefaßt sein müssen:

7. a) Personen, die bei der Eröffnung der Angebote anwesend sein dürfen:

b) Datum, Uhrzeit und Ort der Eröffnung der Angebote:

8. Ggf. geforderte Sicherheiten:

9. Wesentliche Zahlungsbedingungen und/oder Verweisung auf die Vorschriften, in denen sie enthalten sind:

10. Ggf. Rechtsform, die die Bietergemeinschaft, an die der Auftrag vergeben wird, haben muß:

11. Mit dem Angebot verlangte Nachweise für die Beurteilung der Eignung (Fachkunde, Leistungsfähigkeit, Zuverlässigkeit) des Bieters:

Allgemeine Vergabebestimmungen DIN 1960

12. Ablauf der Zuschlags- und Bindefrist:
_____

13. Kriterien für die Auftragserteilung, wenn diese nicht in den Vergabeunterlagen genannt sind:
_____
_____
_____

14. Ggf. Ausschluß von Änderungsvorschlägen oder Nebenangeboten:
_____
_____
_____

15. Sonstige Angaben, insbesondere die Stelle, an die sich der Bewerber oder Bieter zur Nachprüfung behaupteter Verstöße gegen Vergabebestimmungen wenden kann:
_____
_____
_____

16. Tag der Veröffentlichung der Vorinformation im Amtsblatt der Europäischen Gemeinschaft oder Hinweis auf ihre Nichtveröffentlichung:
_____

17. Tag der Absendung der Bekanntmachung:
_____

DIN 1960 VOB Teil A

Anhang C
Nichtoffenes Verfahren

1. Name, Anschrift, Telefon-, Telegrafen-, Fernschreib- und Fernkopiernummer des Auftraggebers (Vergabestelle):

   _____

   _____

2. a) Gewähltes Vergabeverfahren:

   _____

   _____

   b) Ggf. Hinweis auf beschleunigtes Verfahren wegen Dringlichkeit:

   _____

   c) Art des Auftrags, der Gegenstand der Vergabe ist (z. B. Bauvertrag):

   _____

3. a) Ort der Ausführung:

   _____

   b) Art und Umfang der Leistung, allgemeine Merkmale der baulichen Anlage:

   _____

   _____

   c) Falls die bauliche Anlage oder der Auftrag in mehrere Lose aufgeteilt wird, Art und Umfang der einzelnen Lose und Möglichkeit, Angebote für eines, mehrere oder alle Lose einzureichen:

   _____

   _____

   _____

   d) Angaben über den Zweck der baulichen Anlage oder des Auftrags, wenn auch Planungsleistungen gefordert werden:

   _____

   _____

4. Etwaige Frist für die Ausführung:

   _____

Allgemeine Vergabebestimmungen   DIN 1960

5. Ggf. Rechtsform, die die Bietergemeinschaft, an die der Auftrag vergeben wird, haben muß:

6. a) Ablauf der Bewerbungsfrist für die Anträge auf Teilnahme:

b) Anschrift, an die diese Anträge zu richten sind:

c) Sprache, in der diese Anträge abgefaßt sein müssen:

7. Tag, an dem die Aufforderungen zur Angebotsabgabe spätestens abgesandt werden:

8. Ggf. geforderte Sicherheiten:

9. Wesentliche Zahlungsbedingungen und/oder Verweis auf die Vorschriften, in denen sie enthalten sind:

10. Mit dem Teilnahmeantrag verlangte Nachweise für die Beurteilung der Eignung (Fachkunde, Leistungsfähigkeit, Zuverlässigkeit) des Bieters:

11. Kriterien für die Auftragserteilung, wenn diese nicht in den Vergabeunterlagen genannt sind:

12. Ggf. Ausschluß von Änderungsvorschlägen oder Nebenangeboten:

DIN 1960   **VOB Teil A**

13. Sonstige Angaben, insbesondere die Stelle, an die sich der Bewerber oder Bieter zur Nachprüfung behaupteter Vergabebestimmungen wenden kann:

_____

_____

_____

14. Tag der Veröffentlichung der Vorinformation im Amtsblatt der Europäischen Gemeinschaften oder Hinweis auf ihre Nichtveröffentlichung:

_____

_____

15. Tag der Absendung der Bekanntmachung:

_____

Allgemeine Vergabebestimmungen DIN 1960

Anhang D
Verhandlungsverfahren

1. Name, Anschrift, Telefon-, Telegrafen-, Fernschreib- und Fernkopiernummer des Auftraggebers (Vergabestelle):

   _____

   _____

2. a) Gewähltes Vergabeverfahren:

   _____

   b) Ggf. Hinweis auf beschleunigtes Verfahren wegen Dringlichkeit:

   _____

   _____

   c) Art des Auftrags, der Gegenstand der Vergabe ist (z. B. Bauvertrag):

   _____

3. a) Ort der Ausführung:

   b) Art und Umfang der Leistung, allgemeine Merkmale der baulichen Anlage:

   _____

   _____

   c) Falls die bauliche Anlage oder der Auftrag in mehrere Lose aufgeteilt wird, Art und Umfang der einzelnen Lose und Möglichkeit, Angebote für eines, mehrere oder alle Lose abzugeben:

   _____

   _____

   d) Angaben über den Zweck der baulichen Anlage oder des Auftrags, falls auch Planungsleistungen gefordert werden:

   _____

   _____

4. Etwaige Frist für die Ausführung:

   _____

59

DIN 1960 VOB Teil A

5. Ggf. Rechtsform, die die Bietergemeinschaft, an die der Auftrag vergeben wird, haben muß:

_____

_____

6. a) Ablauf der Frist für die Anträge auf Teilnahme:

_____

b) Anschrift, an die die Anträge zu richten sind:

_____

c) Sprache, in der diese Anträge abgefaßt sein müssen:

_____

7. Ggf. geforderte Sicherheiten:

_____

_____

8. Wesentliche Zahlungsbedingungen und/oder Verweis auf die Vorschriften, in denen sie enthalten sind:

_____

_____

9. Mit dem Teilnahmeantrag verlangte Nachweise für die Beurteilung der Eignung (Fachkunde, Leistungsfähigkeit, Zuverlässigkeit) des Bieters:

_____

_____

_____

10. Ggf. Ausschluß von Änderungsvorschlägen oder Nebenangeboten:

_____

_____

11. Ggf. Name und Anschrift der vom öffentlichen Auftraggeber bereits ausgewählten Unternehmer:

_____

_____

Allgemeine Vergabebestimmungen DIN 1960

12. Ggf. Datum vorhergehender Veröffentlichungen im Amtsblatt der Europäischen Gemeinschaften:

___

13. Sonstige Angaben, insbesondere die Stelle, an die sich der Bewerber oder Bieter zur Nachprüfung behaupteter Verstöße gegen Vergabebestimmungen wenden kann:

___

___

___

14. Tag der Veröffentlichung der Vorinformation im Amtsblatt der Europäischen Gemeinschaften:

___

15. Tag der Absendung der Bekanntmachung:

___

DIN 1960 VOB Teil A

Anhang E
Vergebene Aufträge

1. Name und Anschrift des Auftraggebers (Vergabestelle):

   _____

2. Gewähltes Vergabeverfahren:

   _____

   _____

3. Tag der Auftragserteilung:

   _____

4. Kriterien für die Auftragsvergabe:

   _____

   _____

   _____

5. Anzahl der eingegangenen Angebote:

   _____

6. Name(n) und Anschrift(en) der (des) Auftragnehmer(s):

   _____

   _____

7. Art und Umfang der vertraglichen Leistung, allgemeine Merkmale der zu errichtenden baulichen Anlage:

   _____

   _____

   _____

8. Auftragssumme oder Spanne der Angebotssummen:

   _____

9. Anteil der beabsichtigten Nachunternehmerleistungen, soweit bekannt:

   _____

10. Sonstige Angaben:

    _____

    _____

11. Tag der Veröffentlichung der Bekanntmachung im Amtsblatt der Europäischen Gemeinschaften:

12. Tag der Absendung der Bekanntmachung:

Anhang F
Auftragsmeldung nach § 30 a Nr. 2

Vergabestelle:

a) Vergabeverfahren:

[ ] Offenes Verfahren

[ ] Nichtoffenes Verfahren

[ ] Verhandlungsverfahren mit Vergabebekanntmachung

[ ] Verhandlungsverfahren ohne Vergabebekanntmachung

b) Berichtszeitraum:

c) Auftragssumme:

d) Art der Leistungen:

e) Nationalität des Auftragnehmers:

Allgemeine Vergabebestimmungen DIN 1960

Anhang G
Öffentliche Baukonzessionen

1. Name, Anschrift, Telefon-, Telegrafen-, Fernschreib- und Fernkopiernummer des Auftraggebers (Vergabestelle):

   _____

   _____

2. a) Ort der Ausführung:

   _____

   b) Gegenstand der Konzession; Art und Umfang der Leistung:

   _____

   _____

   _____

3. a) Frist für die Einreichung der Bewerbungen:

   _____

   b) Anschrift, an die die Bewerbungen zu richten sind:

   _____

   _____

   c) Sprache, in der die Bewerbungen abgefaßt sein müssen:

   _____

4. Mit der Bewerbung verlangte Nachweise für die Beurteilung der Eignung (Fachkunde, Leistungsfähigkeit, Zuverlässigkeit) des Bewerbers:

   _____

   _____

   _____

5. Kriterien für die Konzession:

   _____

   _____

   _____

6. Mindestanteil der an Dritte zu vergebenden Leistungen:

   _____

DIN 1960 VOB Teil A

7. Sonstige Angaben, insbesondere die Stelle, an die sich der Bewerber oder Bieter zur Nachprüfung behaupteter Verstöße gegen Vergabebestimmungen wenden kann:

_____

_____

_____

_____

8. Tag der Absendung der Bekanntmachung:

_____

Allgemeine Vergabebestimmungen DIN 1960

Anhang H
Bauaufträge, die vom Konzessionär vergeben werden

1. a) Ort der Ausführung:

   b) Art und Umfang der Leistung, allgemeine Merkmale der baulichen Anlage:

2. Etwaige Frist für die Ausführung:

3. Name und Anschrift der Stelle, bei der die Verdingungsunterlagen und zusätzlichen Unterlagen angefordert und eingesehen werden können sowie Termin, bis zu dem diese Unterlagen spätestens angefordert werden können:

4. a) Frist für die Anträge und/oder für die Angebote:

   b) Anschrift, an die die Anträge und/oder die Angebote zu richten sind:

   c) Sprache, in der diese Anträge und/oder Angebote abgefaßt sein müssen:

5. Ggf. geforderte Sicherheiten:

6. Mit dem Antrag und/oder dem Angebot verlangte Nachweise für die Beurteilung der Eignung (Fachkunde, Leistungsfähigkeit, Zuverlässigkeit) des Bewerbers/Bieters:

7. Kriterien für die Auftragserteilung, wenn diese nicht in der Aufforderung zur Angebotsabgabe oder in den Verdingungsunterlagen genannt sind:

8. Sonstige Angaben, insbesondere die Stelle, an die sich der Bewerber oder Bieter zur Nachprüfung behaupteter Verstöße gegen die Vergabebestimmungen wenden kann:

9. Tag der Absendung der Bekanntmachung:

Abschnitt 3
Basisparagraphen mit zusätzlichen Bestimmungen nach der EG-Sektorenrichtlinie *)

§ 1
Bauleistungen

1. Bauleistungen sind Arbeiten jeder Art, durch die eine bauliche Anlage hergestellt, instandgehalten, geändert oder beseitigt wird.

§ 1 b
Verpflichtung zur Anwendung der b-Paragraphen

1. (1) Die Bestimmungen der b-Paragraphen sind zusätzlich zu den Basisparagraphen für Bauaufträge anzuwenden, bei denen der geschätzte Gesamtauftragswert der Baumaßnahme bzw. des Bauwerks (alle Bauaufträge für eine bauliche Anlage) ohne Umsatzsteuer 5 Millionen Europäische Währungseinheiten (ECU) oder mehr beträgt. Der Gesamtauftragswert umfaßt auch den geschätzten Wert der vom Auftraggeber beigestellten Stoffe, Bauteile und Leistungen.

    (2) Werden die Bauaufträge für eine bauliche Anlage mit einem geschätzten Gesamtauftragswert von mindestens 5 Mio. ECU in Losen vergeben, sind die Bestimmungen der b-Paragraphen anzuwenden
    - bei jedem Los mit einem geschätzten Auftragswert von 1 Mio. ECU und mehr,
    - unabhängig davon für alle Bauaufträge, bis mindestens 80% des geschätzten Gesamtauftragswertes aller Bauaufträge für die bauliche Anlage erreicht sind.

2. Eine bauliche Anlage darf für die Schwellenwertermittlung nicht in der Absicht aufgeteilt werden, sie der Anwendung der b-Paragraphen zu entziehen.

3. Lieferungen, die nicht zur Ausführung der baulichen Anlage erforderlich sind, dürfen dann nicht mit einem Bauauftrag vergeben werden, wenn dadurch für sie die Anwendung der für Lieferleistungen geltenden EG-Vergabebestimmungen umgangen wird.

4. Der Wert einer Rahmenvereinbarung (§ 5b) wird auf der Grundlage des geschätzten Höchstwertes aller für den Mindestzeitraum ihrer Geltung geplanten Aufträge berechnet.

5. Maßgebender Zeitpunkt für die Schätzung des Gesamtauftragswertes ist die Einleitung des ersten Vergabeverfahrens für die bauliche Anlage.

6. Der Gegenwert der Europäischen Währungseinheit (ECU) in Deutscher Mark wird jeweils im Bundesanzeiger bekanntgegeben.

---

*) Richtlinie des Rates vom 17. Sept. 1990 betreffend die Auftragsvergabe durch Auftraggeber im Bereich Wasser-, Energie- und Verkehrsversorgung sowie im Telekommunikationssektor (90/531/EWG)

§ 2
Grundsätze der Vergabe

1. Bauleistungen sind an fachkundige, leistungsfähige und zuverlässige Unternehmer zu angemessenen Preisen zu vergeben. Der Wettbewerb soll die Regel sein. Ungesunde Begleiterscheinungen, wie z.B. wettbewerbsbeschränkende Verhaltensweisen, sind zu bekämpfen.
2. Bei der Vergabe von Bauleistungen darf kein Unternehmer diskriminiert werden.
3. Es ist anzustreben, die Aufträge so zu erteilen, daß die ganzjährige Bautätigkeit gefördert wird.

§ 2 b
Schutz der Vertraulichkeit

1. Die Übermittlung technischer Spezifikationen für interessierte Unternehmen, die Prüfung und die Auswahl von Unternehmen und die Auftragsvergabe können die Auftraggeber mit Auflagen zum Schutz der Vertraulichkeit verbinden.
2. Das Recht der Unternehmer, von einem Auftraggeber in Übereinstimmung mit innerstaatlichen Rechtsvorschriften die Vertraulichkeit der von ihnen zur Verfügung gestellten Informationen zu verlangen, wird nicht eingeschränkt.

§ 3
Arten der Vergabe

1. (1) Bei Öffentlicher Ausschreibung werden Bauleistungen im vorgeschriebenen Verfahren nach öffentlicher Aufforderung einer unbeschränkten Zahl von Unternehmern zur Einreichung von Angeboten vergeben.

   (2) Bei Beschränkter Ausschreibung werden Bauleistungen im vorgeschriebenen Verfahren nach Aufforderung einer beschränkten Zahl von Unternehmern zur Einreichung von Angeboten vergeben, ggf. nach öffentlicher Aufforderung, Teilnahmeanträge zu stellen (Beschränkte Ausschreibung nach Öffentlichem Teilnahmewettbewerb).

   (3) Bei Freihändiger Vergabe werden Bauleistungen ohne ein förmliches Verfahren vergeben.

2. Öffentliche Ausschreibung muß stattfinden, wenn nicht die Eigenart der Leistung oder besondere Umstände eine Abweichung rechtfertigen.

3. (1) Beschränkte Ausschreibung ist zulässig,
   a) wenn die Öffentliche Ausschreibung für den Auftraggeber oder die Bewerber einen Aufwand verursachen würde, der zu dem erreichbaren Vorteil oder dem Wert der Leistung im Mißverhältnis stehen würde,
   b) wenn eine Öffentliche Ausschreibung kein annehmbares Ergebnis gehabt hat,
   c) wenn die Öffentliche Ausschreibung aus anderen Gründen (z.B. Dringlichkeit, Geheimhaltung) unzweckmäßig ist.

   (2) Beschränkte Ausschreibung nach Öffentlichem Teilnahmewettbewerb ist zulässig,
   a) wenn die Leistung nach ihrer Eigenart nur von einem beschränkten Kreis von Unternehmern in geeigneter Weise ausgeführt werden kann, besonders wenn

außergewöhnliche Zuverlässigkeit oder Leistungsfähigkeit (z.B. Erfahrung, technische Einrichtungen oder fachkundige Arbeitskräfte) erforderlich ist,
b) wenn die Bearbeitung des Angebots wegen der Eigenart der Leistung einen außergewöhnlich hohen Aufwand erfordert.

4. Freihändige Vergabe ist zulässig, wenn die Öffentliche Ausschreibung oder Beschränkte Ausschreibung unzweckmäßig ist, besonders
a) weil für die Leistung aus besonderen Gründen (z.B. Patentschutz, besondere Erfahrung oder Geräte) nur ein bestimmter Unternehmer in Betracht kommt,
b) weil die Leistung nach Art und Umfang vor der Vergabe nicht eindeutig und erschöpfend festgelegt werden kann,
c) weil sich eine kleine Leistung von einer vergebenen größeren Leistung nicht ohne Nachteil trennen läßt,
d) weil die Leistung besonders dringlich ist,
e) weil nach Aufhebung einer Öffentlichen Ausschreibung oder Beschränkten Ausschreibung eine erneute Ausschreibung kein annehmbares Ergebnis verspricht,
f) weil die auszuführende Leistung Geheimhaltungsvorschriften unterworfen ist.

§ 3 b
Arten der Vergabe

1. Bauaufträge im Sinne von § 1 b werden vergeben:
a) im Offenen Verfahren,
das der Öffentlichen Ausschreibung (§ 3 Nr. 1 Abs. 1) entspricht,
b) im Nichtoffenen Verfahren,
das der Beschränkten Ausschreibung nach Öffentlichem Teilnahmewettbewerb (§ 3 Nr. 1 Abs. 2) oder einem anderen Aufruf zum Wettbewerb (§ 17 b Nr. 1 Abs. 1 Buchstaben b) und c) entspricht,
c) im Verhandlungsverfahren,
das an die Stelle der Freihändigen Vergabe (§ 3 Nr. 1 Abs. 3) tritt.
Beim Verhandlungsverfahren wendet sich der Auftraggeber an ausgewählte Unternehmer und verhandelt mit einem oder mehreren dieser Unternehmer über den Auftragsinhalt, gegebenenfalls nach Aufruf zum Wettbewerb (§ 17 b Nr. 1 Abs. 1).

2. Ein Verfahren ohne vorherigen Aufruf zum Wettbewerb kann durchgeführt werden,
a) wenn im Rahmen eines Verfahrens mit vorherigem Aufruf zum Wettbewerb keine oder keine geeigneten Angebote abgegeben worden sind, sofern die ursprünglichen Bedingungen des Auftrags nicht grundlegend geändert werden,
b) wenn ein Auftrag nur zum Zweck von Forschungen, Versuchen, Untersuchungen oder Entwicklungen und nicht mit dem Ziel der Gewinnerzielung oder der Deckung der Forschungs- und Entwicklungskosten vergeben wird,
c) wenn der Auftrag wegen seiner technischen oder künstlerischen Besonderheiten oder aufgrund des Schutzes von Ausschließlichkeitsrechten nur von bestimmten Unternehmern durchgeführt werden kann,

Allgemeine Vergabebestimmungen DIN 1960

d) wenn dringliche Gründe im Zusammenhang mit Ereignissen, die der Auftraggeber nicht voraussehen konnte, es nicht zulassen, die in den Offenen Verfahren, Nichtoffenen Verfahren oder Verhandlungsverfahren vorgesehenen Fristen einzuhalten,

e) bei zusätzlichen Bauarbeiten, die weder in dem der Vergabe zugrundeliegenden Entwurf noch im zuerst vergebenen Auftrag vorgesehen sind, die aber wegen eines unvorhergesehenen Ereignisses zur Ausführung dieses Auftrags erforderlich sind, sofern der Auftrag an den Unternehmer vergeben wird, der den ersten Auftrag ausführt,
- wenn sich diese zusätzlichen Arbeiten in technischer oder wirtschaftlicher Hinsicht nicht ohne wesentlichen Nachteil für den Auftraggeber vom Hauptauftrag trennen lassen oder
- wenn diese zusätzlichen Arbeiten zwar von der Ausführung des ersten Auftrags getrennt werden können, aber für dessen Abrundung unbedingt erforderlich sind,

f) bei neuen Bauarbeiten, die in der Wiederholung gleichartiger Arbeiten bestehen, die vom selben Auftraggeber an den Unternehmer vergeben werden, der den ersten Auftrag erhalten hat, sofern sie einem Grundentwurf entsprechen und dieser Entwurf Gegenstand eines ersten Auftrags war, der nach einem Aufruf zum Wettbewerb vergeben wurde. Die Möglichkeit der Anwendung dieses Verfahrens muß bereits bei der Ausschreibung des ersten Bauabschnitts angegeben werden; der für die Fortsetzung der Bauarbeiten in Aussicht genommene Gesamtauftragswert wird vom Auftraggeber für die Anwendung von § 1b berücksichtigt,

g) bei Aufträgen, die aufgrund einer Rahmenvereinbarung vergeben werden sollen, sofern die in § 5b Nr. 2 genannte Bedingung erfüllt ist.

§ 4
Einheitliche Vergabe, Vergabe nach Losen

1. Bauleistungen sollen so vergeben werden, daß eine einheitliche Ausführung und zweifelsfreie umfassende Gewährleistung erreicht wird; sie sollen daher i.d.R. mit den zur Leistung gehörigen Lieferungen vergeben werden.
2. Umfangreiche Bauleistungen sollen möglichst in Lose geteilt und nach Losen vergeben werden (Teillose).
3. Bauleistungen verschiedener Handwerks- oder Gewerbezweige sind i.d.R. nach Fachgebieten oder Gewerbezweigen getrennt zu vergeben (Fachlose). Aus wirtschaftlichen oder technischen Gründen dürfen mehrere Fachlose zusammen vergeben werden.

§ 5
Leistungsvertrag, Stundenlohnvertrag, Selbstkostenerstattungsvertrag

1. Bauleistungen sollen so vergeben werden, daß die Vergütung nach Leistung bemessen wird (Leistungsvertrag), und zwar:

a) i.d.R. zu Einheitspreisen für technisch und wirtschaftlich einheitliche Teilleistungen, deren Menge nach Maß, Gewicht oder Stückzahl vom Auftraggeber in den Verdingungsunterlagen anzugeben ist (Einheitspreisvertrag),

b) in geeigneten Fällen für eine Pauschalsumme, wenn die Leistung nach Ausführungsart und Umfang genau bestimmt ist und mit einer Änderung bei der Ausführung nicht zu rechnen ist (Pauschalvertrag).

2. Bauleistungen geringeren Umfangs, die überwiegend Lohnkosten verursachen, dürfen im Stundenlohn vergeben werden (Stundenlohnvertrag).

3. (1) Bauleistungen größeren Umfangs dürfen ausnahmsweise nach Selbstkosten vergeben werden, wenn sie vor der Vergabe nicht eindeutig und so erschöpfend bestimmt werden können, daß eine einwandfreie Preisermittlung möglich ist (Selbstkostenerstattungsvertrag).

(2) Bei der Vergabe ist festzulegen, wie Löhne, Stoffe, Gerätevorhaltung und andere Kosten einschließlich der Gemeinkosten zu vergüten sind und der Gewinn zu bemessen ist.

(3) Wird während der Bauausführung eine einwandfreie Preisermittlung möglich, so soll ein Leistungsvertrag abgeschlossen werden. Wird das bereits Geleistete nicht in den Leistungsvertrag einbezogen, so ist auf klare Leistungsabgrenzung zu achten.

§ 5 b
Rahmenvereinbarung

1. Eine Rahmenvereinbarung ist eine Vereinbarung mit einem oder mehreren Unternehmern, in der die Bedingungen für die Aufträge festgelegt werden, die im Laufe eines bestimmten Zeitraums vergeben werden sollen, insbesondere über den in Aussicht genommenen Preis und ggf. die in Aussicht genommene Menge.

2. (1) Rahmenvereinbarungen können als Auftrag i.S. dieser Vergabebestimmungen angesehen werden und aufgrund eines Verfahrens nach § 3 b Nr. 1 abgeschlossen werden.

(2) Ist eine Rahmenvereinbarung in einem Verfahren nach § 3 b Nr. 1 abgeschlossen worden, so kann ein Einzelauftrag aufgrund dieser Rahmenvereinbarung nach § 3 b Nr. 2, Buchst. g) ohne vorherigen Aufruf zum Wettbewerb vergeben werden.

(3) Ist eine Rahmenvereinbarung nicht in einem Verfahren nach § 3 b Nr. 1 abgeschlossen worden, so muß der Vergabe des Einzelauftrags ein Aufruf zum Wettbewerb vorausgehen.

3. Rahmenvereinbarungen dürfen nicht dazu mißbraucht werden, den Wettbewerb zu verhindern, einzuschränken oder zu verfälschen.

Allgemeine Vergabebestimmungen   DIN 1960

§ 6
Angebotsverfahren

1. Das Angebotsverfahren ist darauf abzustellen, daß der Bewerber die Preise, die er für seine Leistungen fordert, in die Leistungsbeschreibung einzusetzen oder in anderer Weise im Angebot anzugeben hat.
2. Das Auf- und Abgebotsverfahren, bei dem vom Auftraggeber angegebene Preise dem Auf- und Abgebot der Bieter unterstellt werden, soll nur ausnahmsweise bei regelmäßig wiederkehrenden Unterhaltungsarbeiten, deren Umfang möglichst zu umgrenzen ist, angewandt werden.

§ 7
Mitwirkung von Sachverständigen

1. Ist die Mitwirkung von besonderen Sachverständigen zweckmäßig, um
   a) die Vergabe, insbesondere die Verdingungsunterlagen, vorzubereiten oder
   b) die geforderten Preise einschließlich der Vergütungen für Stundenlohnarbeiten (Stundenlohnzuschläge, Verrechnungssätze) zu beurteilen oder
   c) die vertragsgemäße Ausführung der Leistung zu begutachten,
   so sollen die Sachverständigen von den Berufsvertretungen vorgeschlagen werden; diese Sachverständigen dürfen weder unmittelbar noch mittelbar an der betreffenden Vergabe beteiligt sein.
2. Sachverständige i.S. von Nr. 1 sollen in geeigneten Fällen auf Antrag der Berufsvertretungen gehört werden, wenn dem Auftraggeber dadurch keine Kosten entstehen.

§ 8
Teilnehmer am Wettbewerb

1. Alle Bewerber oder Bieter sind gleich zu behandeln. Der Wettbewerb darf insbesondere nicht auf Bewerber beschränkt werden, die in bestimmten Regionen oder Orten ansässig sind.
2. (1) Bei Öffentlicher Ausschreibung sind die Unterlagen an alle Bewerber abzugeben, die sich gewerbsmäßig mit der Ausführung von Leistungen der ausgeschriebenen Art befassen.
   (2) Bei Beschränkter Ausschreibung sollen im allgemeinen nur 3 bis 8 geeignete Bewerber aufgefordert werden.
   Werden von den Bewerbern umfangreiche Vorarbeiten verlangt, die einen besonderen Aufwand erfordern, so soll die Zahl der Bewerber möglichst eingeschränkt werden.
   (3) Bei Beschränkter Ausschreibung und Freihändiger Vergabe soll unter den Bewerbern möglichst gewechselt werden.
3. (1) Von den Bewerbern oder Bietern dürfen zum Nachweis ihrer Eignung (Fachkunde, Leistungsfähigkeit und Zuverlässigkeit) Angaben verlangt werden über:
   a) den Umsatz des Unternehmers in den letzten 3 abgeschlossenen Geschäftsjahren, soweit er Bauleistungen und andere Leistungen betrifft, die mit der zu

vergebenden Leistung vergleichbar sind, unter Einschluß des Anteils bei gemeinsam mit anderen Unternehmern ausgeführten Aufträgen,

b) die Ausführung von Leistungen in den letzten 3 abgeschlossenen Geschäftsjahren, die mit der zu vergebenden Leistung vergleichbar sind,

c) die Zahl der in den letzten 3 abgeschlossenen Geschäftsjahren jahresdurchschnittlich beschäftigten Arbeitskräfte, gegliedert nach Berufsgruppen,

d) die dem Unternehmer für die Ausführung der zu vergebenden Leistung zur Verfügung stehende technische Ausrüstung,

e) das für die Leitung und Aufsicht vorgesehene technische Personal,

f) die Eintragung in das Berufsregister ihres Sitzes oder Wohnsitzes,

g) andere, insbesondere für die Prüfung der Fachkunde geeignete Nachweise.

Als Nachweise nach Buchstaben a), c) und f) sind auch von der zuständigen Stelle ausgestellte Bescheinigungen zulässig, aus denen hervorgeht, daß der Unternehmer in einer amtlichen Liste in einer Gruppe geführt wird, die den genannten Leistungsmerkmalen entspricht.

(2) Der Auftraggeber wird andere ihm geeignet erscheinende Nachweise der wirtschaftlichen und finanziellen Leistungsfähigkeit zulassen, wenn er feststellt, daß stichhaltige Gründe dafür bestehen.

(3) Bei Öffentlicher Ausschreibung sind in der Aufforderung zur Angebotsabgabe die Nachweise zu bezeichnen, deren Vorlage mit dem Angebot verlangt oder deren spätere Anforderung vorbehalten wird. Bei Beschränkter Ausschreibung nach Öffentlichem Teilnahmewettbewerb ist zu verlangen, daß die Nachweise bereits mit dem Teilnahmeantrag vorgelegt werden.

4. Bei Beschränkter Ausschreibung und Freihändiger Vergabe ist vor der Aufforderung zur Angebotsabgabe die Eignung der Bewerber zu prüfen. Dabei sind die Bewerber auszuwählen, deren Eignung die für die Erfüllung der vertraglichen Verpflichtungen notwendige Sicherheit bietet; dies bedeutet, daß sie die erforderliche Fachkunde, Leistungsfähigkeit und Zuverlässigkeit besitzen und über ausreichende technische und wirtschaftliche Mittel verfügen.

5. (1) Von der Teilnahme am Wettbewerb dürfen Unternehmer ausgeschlossen werden,

a) über deren Vermögen das Konkursverfahren oder das Vergleichsverfahren eröffnet oder die Eröffnung beantragt worden ist,

b) deren Unternehmen sich in Liquidation befinden,

c) die nachweislich eine schwere Verfehlung begangen haben, die ihre Zuverlässigkeit als Bewerber in Frage stellt,

d) die ihre Verpflichtung zur Zahlung von Steuern und Abgaben sowie der Beiträge zur gesetzlichen Sozialversicherung nicht ordnungsgemäß erfüllt haben,

e) die im Vergabeverfahren vorsätzlich unzutreffende Erklärungen in bezug auf ihre Fachkunde, Leistungsfähigkeit und Zuverlässigkeit abgegeben haben,

f) die sich nicht bei der Berufsgenossenschaft angemeldet haben.

(2) Der Auftraggeber darf von den Bewerbern oder Bietern entsprechende Bescheinigungen der zuständigen Stellen oder Erklärungen verlangen.

(3) Der Nachweis, daß Ausschlußgründe i.S. von Absatz 1 nicht vorliegen, kann auch durch eine Bescheinigung nach Nr. 3 Abs. 2 geführt werden, es sei denn, daß dies widerlegt wird.

6. Justizvollzugsanstalten, Einrichtungen der Jugendhilfe, Aus- und Fortbildungsstätten und ähnliche Einrichtungen sowie Betriebe der öffentlichen Hand und Verwaltungen sind zum Wettbewerb mit gewerblichen Unternehmern nicht zuzulassen.

§ 8 b
Teilnehmer am Wettbewerb

1. (1) Auftraggeber, die Bewerber für die Teilnahme an einem Nichtoffenen Verfahren oder an einem Verhandlungsverfahren auswählen, richten sich dabei nach objektiven Regeln und Kriterien. Diese Regeln und Kriterien legen sie schriftlich fest und stellen sie interessierten Unternehmern zur Verfügung.

   (2) Kriterien i.S. des Absatzes 1 sind insbesondere Fachkunde, Leistungsfähigkeit und Zuverlässigkeit. Zu deren Nachweis können Angaben nach § 8 Nr. 3 verlangt werden.

2. Kriterien nach Nr. 1 können auch Ausschließungsgründe nach § 8 Nr. 5, Abs. 1, sein.

3. Ein Kriterium kann auch die objektive Notwendigkeit sein, die Zahl der Bewerber soweit zu verringern, daß ein angemessenes Verhältnis zwischen den besonderen Merkmalen des Vergabeverfahrens und dem zur Durchführung notwendigen Aufwand sichergestellt ist. Es sind jedoch so viele Bewerber zu berücksichtigen, daß ein Wettbewerb gewährleistet ist.

4. Von Bietergemeinschaften kann nicht verlangt werden, daß sie zwecks Einreichung eines Angebots oder für das Verhandlungsverfahren eine bestimmte Rechtsform annehmen; von der den Zuschlag erhaltenden Gemeinschaft kann dies jedoch verlangt werden, sofern es für die ordnungsgemäße Durchführung des Auftrags notwendig ist.

5. (1) Auftraggeber können ein System zur Prüfung von Unternehmern (Präqualifikationsverfahren) einrichten und anwenden.

   (2) Das System kann mehrere Qualifikationsstufen umfassen. Es wird auf der Grundlage der vom Auftraggeber aufgestellten objektiven Regeln und Kriterien gehandhabt. Der Auftraggeber nimmt dabei auf geeignete europäische Normen über die Qualifizierung von Unternehmern Bezug. Diese Kriterien und Regeln können erforderlichenfalls auf den neuesten Stand gebracht werden.

   (3) Auf Verlangen werden diese Qualifizierungsregeln und -kriterien sowie deren Fortschreibung interessierten Unternehmern übermittelt. Bezieht sich der Auftraggeber auf das Qualifizierungssystem einer anderen Einrichtung, so teilt er deren Namen mit.

6. In ihrer Entscheidung über die Qualifikation sowie bei der Überarbeitung der Prüfungskriterien und -regeln dürfen die Auftraggeber nicht
   - bestimmten Unternehmern administrative, technische oder finanzielle Verpflichtungen auferlegen, die sie anderen Unternehmern nicht auferlegt hätten,
   - Prüfungen und Nachweise verlangen, die sich mit bereits vorliegenden objektiven Nachweisen überschneiden.

7. Die Auftraggeber unterrichten die Antragsteller innerhalb einer angemessenen Frist über die Entscheidung zu deren Qualifikation. Kann diese Entscheidung nicht innerhalb von sechs Monaten nach Eingang des Prüfungsantrags getroffen werden, hat der Auftraggeber dem Antragsteller spätestens zwei Monate nach Eingang des Antrags die Gründe für eine längere Bearbeitungszeit mitzuteilen und anzugeben, wann über die Annahme oder die Ablehnung seines Antrags entschieden wird.

8. Negative Entscheidungen über die Qualifikation werden den Antragstellern unter Angabe der Gründe mitgeteilt. Die Gründe müssen sich auf die in Nr. 5 erwähnten Prüfungskriterien beziehen.

9. Die als qualifiziert anerkannten Unternehmer sind in ein Verzeichnis aufzunehmen. Dabei ist eine Untergliederung nach Fachgebieten möglich.

10. Die Auftraggeber können einem Unternehmer die Qualifikation nur aus Gründen aberkennen, die auf den in Nr. 5 erwähnten Kriterien beruhen. Die beabsichtigte Aberkennung muß dem betroffenen Unternehmer im voraus schriftlich unter Angabe der Gründe mitgeteilt werden.

11. (1) Das Prüfsystem ist im Amtsblatt der Europäischen Gemeinschaften bekanntzumachen.

    (2) Die Bekanntmachung ist nach dem in Anhang D/SKR enthaltenen Muster zu erstellen. Wenn das System mehr als drei Jahre gilt, ist die Bekanntmachung jährlich zu veröffentlichen. Bei kürzerer Dauer genügt eine Bekanntmachung zu Beginn des Verfahrens.

§ 9
Beschreibung der Leistung
Allgemeines

1. Die Leistung ist eindeutig und so erschöpfend zu beschreiben, daß alle Bewerber die Beschreibung im gleichen Sinne verstehen müssen und ihre Preise sicher und ohne umfangreiche Vorarbeiten berechnen können.

2. Dem Auftragnehmer darf kein ungewöhnliches Wagnis aufgebürdet werden für Umstände und Ereignisse, auf die er keinen Einfluß hat und deren Einwirkung auf die Preise und Fristen er nicht im voraus schätzen kann.

3. (1) Um eine einwandfreie Preisermittlung zu ermöglichen, sind alle sie beeinflussenden Umstände festzustellen und in den Verdingungsunterlagen anzugeben.

   (2) Erforderlichenfalls sind auch der Zweck und die vorgesehene Beanspruchung der fertigen Leistung anzugeben.

   (3) Die für die Ausführung der Leistung wesentlichen Verhältnisse der Baustelle, z. B. Boden- und Wasserverhältnisse, sind so zu beschreiben, daß der Bewerber ihre Auswirkungen auf die bauliche Anlage und die Bauausführung hinreichend beurteilen kann.

   (4) Die „Hinweise für das Aufstellen der Leistungsbeschreibung" in Abschnitt 0 der Allgemeinen Technischen Vertragsbedingungen für Bauleistungen, DIN 18 299 ff., sind zu beachten.

4. (1) Bei der Beschreibung der Leistung sind die verkehrsüblichen Bezeichnungen zu beachten.

(2) Die technischen Anforderungen (siehe Anhang TS Nr. 1) sind in den Verdingungsunterlagen unter Bezugnahme auf gemeinschaftsrechtliche technische Spezifikationen festzulegen; das sind
- in innerstaatliche Normen übernommene europäische Normen (siehe Anhang TS Nr. 1.3),
- europäische technische Zulassungen (siehe Anhang TS Nr. 1.4),
- gemeinsame technische Spezifikationen (siehe Anhang TS Nr. 1.5).

(3) Von der Bezugnahme auf eine gemeinschaftsrechtliche technische Spezifikation kann abgesehen werden, wenn
- die gemeinschaftsrechtliche technische Spezifikation keine Regelungen zur Feststellung der Übereinstimmung der technischen Anforderungen an die Bauleistung, das Material oder das Bauteil enthält, z. B. weil keine geeignete Prüfnorm vorliegt oder der Nachweis nicht mit angemessenen Mitteln auf andere Weise erbracht werden kann;
- der Auftraggeber zur Verwendung von Stoffen und Bauteilen gezwungen würde, die mit von ihm bereits benutzten Anlagen inkompatibel sind oder deren Kompatibilität nur mit unverhältnismäßig hohen Kosten oder technischen Schwierigkeiten hergestellt werden könnte. Diese Abweichungsmöglichkeit darf nur im Rahmen einer klar definierten und schriftlich festgelegten Strategie mit der Verpflichtung zur Übernahme gemeinschaftsrechtlicher Spezifikationen innerhalb einer bestimmten Frist in Anspruch genommen werden.
- das betreffende Vorhaben von wirklich innovativer Art ist und die Anwendung der gemeinschaftsrechtlichen technischen Spezifikationen nicht angemessen wäre.

(4) Falls keine gemeinschaftsrechtliche Spezifikation vorliegt, gilt Anhang TS Nr. 2.

5. (1) Bestimmte Erzeugnisse oder Verfahren sowie bestimmte Ursprungsorte und Bezugsquellen dürfen nur dann ausdrücklich vorgeschrieben werden, wenn dies durch die Art der geforderten Leistung gerechtfertigt ist.

(2) Bezeichnungen für bestimmte Erzeugnisse oder Verfahren (z. B. Markennamen, Warenzeichen, Patente) dürfen ausnahmsweise, jedoch nur mit dem Zusatz „oder gleichwertiger Art", verwendet werden, wenn eine Beschreibung durch hinreichend genaue, allgemeinverständliche Bezeichnungen nicht möglich ist.

Leistungsbeschreibung mit Leistungsverzeichnis

6. Die Leistung soll i.d.R. durch eine allgemeine Darstellung der Bauaufgabe (Baubeschreibung) und ein in Teilleistungen gegliedertes Leistungsverzeichnis beschrieben werden.

7. Erforderlichenfalls ist die Leistung auch zeichnerisch oder durch Probestücke darzustellen oder anders zu erklären, z. B. durch Hinweise auf ähnliche Leistungen, durch Mengen- oder statische Berechnungen. Zeichnungen und Proben, die für die Ausführung maßgebend sein sollen, sind eindeutig zu bezeichnen.

8. Leistungen, die nach den Vertragsbedingungen, den Technischen Vertragsbedingungen oder der gewerblichen Verkehrssitte zu der geforderten Leistung gehören (B § 2 Nr. 1), brauchen nicht besonders aufgeführt zu werden.

9. Im Leistungsverzeichnis ist die Leistung derart aufzugliedern, daß unter einer Ordnungszahl (Position) nur solche Leistungen aufgenommen werden, die nach ihrer technischen Beschaffenheit und für die Preisbildung als in sich gleichartig anzusehen sind. Ungleichartige Leistungen sollen unter einer Ordnungszahl (Sammelposition) nur zusammengefaßt werden, wenn eine Teilleistung gegenüber einer anderen für die Bildung eines Durchschnittspreises ohne nennenswerten Einfluß ist.

Leistungsbeschreibung mit Leistungsprogramm

10. Wenn es nach Abwägen aller Umstände zweckmäßig ist, abweichend von Nr. 6 zusammen mit der Bauausführung auch den Entwurf für die Leistung dem Wettbewerb zu unterstellen, um die technisch, wirtschaftlich und gestalterisch beste sowie funktionsgerechte Lösung der Bauaufgabe zu ermitteln, kann die Leistung durch ein Leistungsprogramm dargestellt werden.

11. (1) Das Leistungsprogramm umfaßt eine Beschreibung der Bauaufgabe, aus der die Bewerber alle für die Entwurfsbearbeitung und ihr Angebot maßgebenden Bedingungen und Umstände erkennen können und in der sowohl der Zweck der fertigen Leistung als auch die an sie gestellten technischen, wirtschaftlichen, gestalterischen und funktionsbedingten Anforderungen angegeben sind, sowie ggf. ein Musterleistungsverzeichnis, in dem die Mengenangaben ganz oder teilweise offengelassen sind.

(2) Nrn. 7 bis 9 gelten sinngemäß.

12. Von dem Bieter ist ein Angebot zu verlangen, das außer der Ausführung der Leistung den Entwurf nebst eingehender Erläuterung und eine Darstellung der Bauausführung sowie eine eingehende und zweckmäßig gegliederte Beschreibung der Leistung – ggf. mit Mengen- und Preisangaben für Teile der Leistung – umfaßt. Bei Beschreibung der Leistung mit Mengen- und Preisangaben ist vom Bieter zu verlangen, daß er

a) die Vollständigkeit seiner Angaben, insbesondere die von ihm selbst ermittelten Mengen, entweder ohne Einschränkung oder im Rahmen einer in den Verdingungsunterlagen anzugebenden Mengentoleranz vertritt, und daß er

b) etwaige Annahmen, zu denen er in besonderen Fällen gezwungen ist, weil zum Zeitpunkt der Angebotsabgabe einzelne Teilleistungen nach Art und Menge noch nicht bestimmt werden können (z. B. Aushub-, Abbruch- oder Wasserhaltungsarbeiten), – erforderlichenfalls anhand von Plänen und Mengenermittlungen – begründet.

§ 9 b
Beschreibung der Leistung

1. Die Auftraggeber bestimmen die zusätzlichen Spezifikationen, die zur Ergänzung der gemeinschaftsrechtlichen Spezifikationen oder der anderen Normen erforderlich sind. Hierbei geben sie Spezifikationen, die eher Leistungsanforderungen als Auslegungsmerkmale oder Beschreibungen enthalten, den Vorrang, sofern

Allgemeine Vergabebestimmungen DIN 1960

sie nicht aus objektiven Gründen die Anwendung solcher Spezifikationen für die Ausführung des Auftrags für unzweckmäßig erachten.

2. Die Auftraggeber können von § 9 Nr. 4 Abs. 2 abweichen, wenn die betreffende gemeinschaftsrechtliche Spezifikation für die geplante spezielle Anwendung ungeeignet ist oder den seit ihrer Verabschiedung eingetretenen technischen Entwicklungen nicht Rechnung trägt. Die Auftraggeber, die diese Abweichungsmöglichkeit in Anspruch nehmen, teilen der zuständigen Normungsstelle oder jeder anderen zur Revision der gemeinschaftsrechtlichen Spezifikationen befugten Stelle mit, warum sie die gemeinschaftsrechtlichen Spezifikationen für ungeeignet halten und beantragen deren Revision.

3. Die Gründe für die Ausnahme von der Anwendung gemeinschaftsrechtlicher technischer Spezifikationen sollen soweit als möglich in der Bekanntmachung oder in den Vergabeunterlagen angegeben werden. Sie sind festzuhalten und den Mitgliedstaaten und der EG-Kommission auf Anfrage zu übermitteln.

4. Verbindliche technische Vorschriften bleiben unberührt, sofern sie mit dem Gemeinschaftsrecht vereinbar sind.

5. (1) Die Auftraggeber teilen dem an einem Auftrag interessierten Unternehmer auf Anfrage die technischen Spezifikationen mit, die regelmäßig in ihren Bauaufträgen genannt werden oder die sie bei Beschaffungen im Zusammenhang mit regelmäßigen Bekanntmachungen gemäß § 17b Nr. 2 benutzen.

(2) Soweit sich solche technischen Spezifikationen aus Unterlagen ergeben, die interessierten Unternehmern zur Verfügung stehen, genügt eine Bezugnahme auf diese Unterlagen.

§ 10
Vergabeunterlagen

1. (1) Die Vergabeunterlagen bestehen aus
    a) dem Anschreiben (Aufforderung zur Angebotsabgabe), ggf. Bewerbungsbedingungen (§ 10 Nr. 5) und
    b) den Verdingungsunterlagen (§ 9, § 10 Nr. 1 Abs. 2 und Nrn. 2 bis 4).

(2) In den Verdingungsunterlagen ist vorzuschreiben, daß die Allgemeinen Vertragsbedingungen für die Ausführung von Bauleistungen (VOB/B) und die Allgemeinen Technischen Vertragsbedingungen für Bauleistungen (VOB/C) Bestandteile des Vertrags werden. Das gilt auch für etwaige Zusätzliche Vertragsbedingungen und etwaige Zusätzliche Technische Vertragsbedingungen, soweit sie Bestandteile des Vertrags werden sollen.

2. (1) Die Allgemeinen Vertragsbedingungen bleiben grundsätzlich unverändert. Sie dürfen von Auftraggebern, die ständig Bauleistungen vergeben, für die bei ihnen allgemein gegebenen Verhältnisse durch Zusätzliche Vertragsbedingungen ergänzt werden. Diese dürfen den Allgemeinen Vertragsbedingungen nicht widersprechen.

(2) Für die Erfordernisse des Einzelfalles sind die Allgemeinen Vertragsbedingungen und etwaige Zusätzliche Vertragsbedingungen durch Besondere Vertragsbedingungen zu ergänzen. In diesen sollen sich Abweichungen von den Allgemeinen Vertragsbedingungen auf die Fälle beschränken, in denen dort

besondere Vereinbarungen ausdrücklich vorgesehen sind und auch nur soweit es die Eigenart der Leistung und ihre Ausführung erfordern.

3. Die Allgemeinen Technischen Vertragsbedingungen bleiben grundsätzlich unverändert. Sie dürfen von Auftraggebern, die ständig Bauleistungen vergeben, für die bei ihnen allgemein gegebenen Verhältnisse durch Zusätzliche Technische Vertragsbedingungen ergänzt werden. Für die Erfordernisse des Einzelfalles sind Ergänzungen und Änderungen in der Leistungsbeschreibung festzulegen.

4. (1) In den Zusätzlichen Vertragsbedingungen oder in den Besonderen Vertragsbedingungen sollen, soweit erforderlich, folgende Punkte geregelt werden:

a) Unterlagen (§ 20 Nr. 3, B § 3 Nrn. 5 und 6),

b) Benutzung von Lager- und Arbeitsplätzen, Zufahrtswegen, Anschlußgleisen, Wasser- und Energieanschlüssen (B § 4 Nr. 4),

c) Weitervergabe an Nachunternehmer (B § 4 Nr. 8),

d) Ausführungsfristen (§ 11, B § 5),

e) Haftung (B § 10 Nr. 2),

f) Vertragsstrafen und Beschleunigungsvergütungen (§ 12, B § 11),

g) Abnahme (B § 12),

h) Vertragsart (§ 5), Abrechnung (B § 14),

i) Stundenlohnarbeiten (B § 15),

k) Zahlungen, Vorauszahlungen (B § 16),

l) Sicherheitsleistung (§ 14, B § 17),

m) Gerichtsstand (B § 18 Nr. 1),

n) Lohn- und Gehaltsnebenkosten,

o) Änderung der Vertragspreise (§ 15).

(2) Im Einzelfall erforderliche besondere Vereinbarungen über die Gewährleistung (§ 13 Nr. 2, B § 13 Nrn. 1, 4 u. 7) und über die Verteilung der Gefahr bei Schäden, die durch Hochwasser, Sturmfluten, Grundwasser, Wind, Schnee, Eis u. dgl. entstehen können (B § 7), sind in den Besonderen Vertragsbedingungen zu treffen. Sind für bestimmte Bauleistungen gleichgelagerte Voraussetzungen i.S. von § 13 Nr. 2 gegeben, so dürfen die besonderen Vereinbarungen auch in Zusätzlichen Technischen Vertragsbedingungen vorgesehen werden.

5. (1) Für die Versendung der Verdingungsunterlagen (§ 17 Nr. 3) ist ein Anschreiben (Aufforderung zur Angebotsabgabe) zu verfassen, das alle Angaben enthält, die außer den Verdingungsunterlagen für den Entschluß zur Abgabe eines Angebots notwendig sind.

(2) In dem Anschreiben sind insbesondere anzugeben:

a) Art und Umfang der Leistung sowie der Ausführungsort,

b) etwaige Bestimmungen über die Ausführungszeit,

c) Bezeichnung (Anschrift) der zur Angebotsabgabe auffordernden Stelle und der den Zuschlag erteilenden Stelle,

d) Name und Anschrift der Dienststelle, bei der die Verdingungsunterlagen und zusätzlichen Unterlagen angefordert und eingesehen werden können, sowie Termin, bis zu dem diese Unterlagen spätestens angefordert werden können,

e) ggf. Höhe und Einzelheiten der Zahlung der Entschädigung für die Übersendung dieser Unterlagen,
f) Art der Vergabe (§ 3),
g) etwaige Ortsbesichtigungen,
h) genaue Aufschrift der Angebote,
i) Ort und Zeit des Eröffnungstermins (Ablauf der Angebotsfrist, § 18 Nr. 2) sowie Angabe, welche Personen zum Eröffnungstermin zugelassen sind (§ 22 Nr. 1 Satz 1),
j) etwa vom Auftraggeber zur Vorlage für die Beurteilung der Eignung des Bieters verlangte Unterlagen (§ 8 Nrn. 3 und 4),
k) die Höhe etwa geforderter Sicherheitsleistungen,
l) Änderungsvorschläge und Nebenangebote (vgl. Absatz 4),
m) etwaige Vorbehalte wegen der Teilung in Lose und Vergabe der Lose an verschiedene Bieter,
n) Zuschlags- und Bindefrist (§ 19),
o) sonstige Erfordernisse, die die Bewerber bei der Bearbeitung ihrer Angebote beachten müssen,
p) die wesentlichen Zahlungsbedingungen oder Angabe der Unterlagen, in denen sie enthalten sind (z. B. B § 16),
q) die Stelle, an die sich der Bewerber oder Bieter zur Nachprüfung behaupteter Verstöße gegen die Vergabebestimmungen wenden kann.

(3) Der Auftraggeber kann die Bieter auffordern, in ihrem Angebot die Leistungen anzugeben, die sie an Nachunternehmer zu vergeben beabsichtigen.

(4) Wenn der Auftraggeber Änderungsvorschläge oder Nebenangebote wünscht oder nicht zulassen will, so ist dies anzugeben; ebenso ist anzugeben, wenn Nebenangebote ohne gleichzeitige Abgabe eines Hauptangebots ausnahmsweise ausgeschlossen werden. Von Bietern, die eine Leistung anbieten, deren Ausführung nicht in Allgemeinen Technischen Vertragsbedingungen oder in den Verdingungsunterlagen geregelt ist, sind im Angebot entsprechende Angaben über Ausführung und Beschaffenheit dieser Leistung zu verlangen.

(5) Auftraggeber, die ständig Bauleistungen vergeben, sollen die Erfordernisse, die die Bewerber bei der Bearbeitung ihrer Angebote beachten müssen, in den Bewerbungsbedingungen zusammenfassen und dem Anschreiben beifügen.

6. Sollen Streitigkeiten aus dem Vertrag unter Ausschluß des ordentlichen Rechtswegs im schiedsrichterlichen Verfahren ausgetragen werden, so ist es in besonderen, nur das Schiedsverfahren betreffender Urkunde zu vereinbaren, soweit nicht § 1027 Absatz 2 der Zivilprozeßordnung auch eine andere Form der Vereinbarung zuläßt.

§ 10 b
Vergabeunterlagen

1. Bei Bauaufträgen i.S. von § 1 b muß das Anschreiben (Aufforderung zur Angebotsabgabe) außer den Angaben nach § 10 Nr. 5 Abs. 2 folgendes enthalten:
   a) sofern nicht in der Bekanntmachung angegeben (§ 17 b Nr. 1 Abs. 1 Buchstabe a), die maßgebenden Wertungskriterien i.S. von § 25 Nr. 3, d.h. neben technischem Wert und Wirtschaftlichkeit (Angebotspreis, Unterhaltungs- und Betriebskosten) besondere Kriterien, auf die der Auftraggeber im Einzelfall Wert legt, z.B. gestalterische und funktionsbedingte Gesichtspunkte, Nutzungsdauer und Ausführungsfrist, diese Angaben möglichst in der Reihenfolge der ihnen zuerkannten Bedeutung,
   b) Angabe, daß die Angebote in deutscher Sprache abzufassen sind,
   c) Hinweis auf die Veröffentlichung der Bekanntmachung,
   d) Angabe der Unterlagen, die ggf. beizufügen sind,

2. Wenn der Auftraggeber Änderungsvorschläge oder Nebenangebote nicht oder nur in Verbindung mit einem Hauptangebot zulassen will, so ist dies anzugeben. Ebenso sind ggf. die Mindestanforderungen an Änderungsvorschläge und Nebenangebote anzugeben und auf welche Weise sie einzureichen sind.

§ 11
Ausführungsfristen

1. (1) Die Ausführungsfristen sind ausreichend zu bemessen; Jahreszeit, Arbeitsbedingungen und etwaige besondere Schwierigkeiten sind zu berücksichtigen. Für die Bauvorbereitung ist dem Auftragnehmer genügend Zeit zu gewähren.

   (2) Außergewöhnlich kurze Fristen sind nur bei besonderer Dringlichkeit vorzusehen.

   (3) Soll vereinbart werden, daß mit der Ausführung erst nach Aufforderung zu beginnen ist (B § 5 Nr. 2), so muß die Frist, innerhalb derer die Aufforderung ausgesprochen werden kann, unter billiger Berücksichtigung der für die Ausführung maßgebenden Verhältnisse zumutbar sein; sie ist in den Verdingungsunterlagen festzulegen.

2. (1) Wenn es ein erhebliches Interesse des Auftraggebers erfordert, sind Einzelfristen für in sich abgeschlossene Teile der Leistung zu bestimmen.

   (2) Wird ein Bauzeitenplan aufgestellt, damit die Leistungen aller Unternehmer sicher ineinandergreifen, so sollen nur die für den Fortgang der Gesamtarbeit besonders wichtigen Einzelfristen als vertraglich verbindliche Fristen (Vertragsfristen) bezeichnet werden.

3. Ist für die Einhaltung von Ausführungsfristen die Übergabe von Zeichnungen oder anderen Unterlagen wichtig, so soll hierfür ebenfalls eine Frist festgelegt werden.

4. Der Auftraggeber darf in den Verdingungsunterlagen eine Pauschalierung des Verzugsschadens (B § 5 Nr. 4) vorsehen; sie soll 5 v.H. der Auftragssumme nicht überschreiten. Der Nachweis eines geringeren Schadens ist zuzulassen.

Allgemeine Vergabebestimmungen DIN 1960

§ 12
Vertragsstrafen und Beschleunigungsvergütungen

1. Vertragsstrafen für die Überschreitung von Vertragsfristen sind nur auszubedingen, wenn die Überschreitung erhebliche Nachteile verursachen kann. Die Strafe ist in angemessenen Grenzen zu halten.
2. Beschleunigungsvergütungen (Prämien) sind nur vorzusehen, wenn die Fertigstellung vor Ablauf der Vertragsfristen erhebliche Vorteile bringt.

§ 13
Gewährleistung

1. Auf Gewährleistung über die Abnahme hinaus soll verzichtet werden bei Bauleistungen, deren einwandfreie, vertragsgemäße Beschaffenheit sich bei der Abnahme unzweifelhaft feststellen läßt und bei denen auch später keine Mängel zu erwarten sind.
2. Andere Verjährungsfristen als nach B § 13 Nr. 4 der Allgemeinen Vertragsbedingungen sollen nur vorgesehen werden, wenn dies wegen der Eigenart der Leistung erforderlich ist. In solchen Fällen sind alle Umstände gegeneinander abzuwägen, insbesondere, wann etwaige Mängel wahrscheinlich erkennbar werden und wieweit die Mängelursachen noch nachgewiesen werden können, aber auch die Wirkung auf die Preise und die Notwendigkeit einer billigen Bemessung der Verjährungsfristen für Gewährleistungsansprüche.

§ 14
Sicherheitsleistung

1. Auf Sicherheitsleistung soll ganz oder teilweise verzichtet werden, wenn Mängel der Leistung voraussichtlich nicht eintreten oder wenn der Auftragnehmer hinreichend bekannt ist und genügende Gewähr für die vertragsgemäße Leistung und die Beseitigung etwa auftretender Mängel bietet.
2. Die Sicherheit soll nicht höher bemessen und ihre Rückgabe nicht für einen späteren Zeitpunkt vorgesehen werden, als nötig ist, um den Auftraggeber vor Schaden zu bewahren. Die Sicherheit für die Erfüllung sämtlicher Verpflichtungen aus dem Vertrag soll 5 v. H. der Auftragssumme nicht überschreiten. Die Sicherheit für die Gewährleistung soll 3 v. H. der Abrechnungssumme nicht überschreiten.

§ 15
Änderung der Vergütung

Sind wesentliche Änderungen der Preisermittlungsgrundlagen zu erwarten, deren Eintritt oder Ausmaß ungewiß ist, so kann eine angemessene Änderung der Vergütung in den Verdingungsunterlagen vorgesehen werden. Die Einzelheiten der Preisänderungen sind festzulegen.

§ 16
Grundsätze der Ausschreibung

1. Der Auftraggeber soll erst dann ausschreiben, wenn alle Verdingungsunterlagen fertiggestellt sind und wenn innerhalb der angegebenen Fristen mit der Ausführung begonnen werden kann.
2. Ausschreibungen für vergabefremde Zwecke (z. B. Ertragsberechnungen) sind unzulässig.

§ 17
Bekanntmachung, Versand der Vergabeunterlagen

1. (1) Öffentliche Ausschreibungen sind bekanntzumachen, z. B. in Tageszeitungen, amtlichen Veröffentlichungsblättern oder Fachzeitschriften.

(2) Diese Bekanntmachungen sollen folgende Angaben enthalten:

a) Name, Anschrift, Telefon-, Telegrafen-, Fernschreib- und Fernkopiernummer des Auftraggebers (Vergabestelle),

b) gewähltes Vergabeverfahren,

c) Art des Auftrags, der Gegenstand der Ausschreibung ist,

d) Ort der Ausführung,

e) Art und Umfang der Leistung, allgemeine Merkmale der baulichen Anlage,

f) falls die bauliche Anlage oder der Auftrag in mehrere Lose aufgeteilt ist, Art und Umfang der einzelnen Lose und Möglichkeit, Angebote für eines, mehrere oder alle Lose einzureichen,

g) Angaben über den Zweck der baulichen Anlage oder des Auftrags, wenn auch Planungsleistungen gefordert werden,

h) etwaige Frist für die Ausführung,

i) Name und Anschrift der Dienststelle, bei der die Verdingungsunterlagen und zusätzlichen Unterlagen angefordert und eingesehen werden können, sowie Termin, bis zu dem diese Unterlagen spätestens angefordert werden können,

j) ggf. Höhe und Einzelheiten der Zahlung der Entschädigung für die Übersendung dieser Unterlagen,

k) Ablauf der Frist für die Einreichung der Angebote,

l) Anschrift, an die die Angebote zu richten sind,

m) Sprache, in der die Angebote abgefaßt sein müssen,

n) Personen, die bei der Eröffnung der Angebote anwesend sein dürfen,

o) Datum, Uhrzeit und Ort der Eröffnung der Angebote,

p) ggf. geforderte Sicherheiten,

q) wesentliche Zahlungsbedingungen und/oder Verweisung auf die Vorschriften, in denen sie enthalten sind,

r) ggf. Rechtsform, die die Bietergemeinschaft, an die der Auftrag vergeben wird, haben muß,

s) verlangte Nachweise für die Beurteilung der Eignung des Bieters,

Allgemeine Vergabebestimmungen DIN 1960

t) Ablauf der Zuschlags- und Bindefrist,
u) ggf. Nichtzulassung von Änderungsvorschlägen oder Nebenangeboten,
v) sonstige Angaben, insbesondere die Stelle, an die sich der Bewerber oder Bieter zur Nachprüfung behaupteter Verstöße gegen Vergabebestimmungen wenden kann.

2. (1) Bei Beschränkten Ausschreibungen nach Öffentlichem Teilnahmewettbewerb sind die Unternehmer durch Bekanntmachungen, z. B. in Tageszeitungen, amtlichen Veröffentlichungsblättern oder Fachzeitschriften aufzufordern, ihre Teilnahme am Wettbewerb zu beantragen.

(2) Diese Bekanntmachungen sollen folgende Angaben enthalten:
a) Name, Anschrift, Telefon-, Telegrafen-, Fernschreib- und Fernkopiernummer des Auftraggebers (Vergabestelle),
b) gewähltes Vergabeverfahren,
c) Art des Auftrags, der Gegenstand der Ausschreibung ist,
d) Ort der Ausführung,
e) Art und Umfang der Leistung, allgemeine Merkmale der baulichen Anlage,
f) falls die bauliche Anlage oder der Auftrag in mehrere Lose aufgeteilt ist, Art und Umfang der einzelnen Lose und Möglichkeit, Angebote für eines, mehrere oder alle Lose einzureichen,
g) Angaben über den Zweck der baulichen Anlage oder des Auftrags, wenn auch Planungsleistungen gefordert werden,
h) etwaige Frist für die Ausführung,
i) ggf. Rechtsform, die die Bietergemeinschaft, an die der Auftrag vergeben wird, haben muß,
j) Ablauf der Einsendefrist für die Anträge auf Teilnahme,
k) Anschrift, an die diese Anträge zu richten sind,
l) Sprache, in der diese Anträge abgefaßt sein müssen,
m) Tag, an dem die Aufforderungen zur Angebotsabgabe spätestens abgesandt werden,
n) ggf. geforderte Sicherheiten,
o) wesentliche Zahlungsbedingungen und/oder Verweis auf die Vorschriften, in denen sie enthalten sind,
p) mit dem Teilnahmeantrag verlangte Nachweise für die Beurteilung der Eignung (Fachkunde, Leistungsfähigkeit, Zuverlässigkeit) des Bewerbers,
q) ggf. Nichtzulassung von Änderungsvorschlägen oder Nebenangeboten,
r) sonstige Angaben, insbesondere die Stelle, an die sich der Bewerber oder Bieter zur Nachprüfung behaupteter Verstöße gegen Vergabebestimmungen wenden kann.

3. Anträge auf Teilnahme sind auch dann zu berücksichtigen, wenn sie durch Telegramm, Fernschreiben, Fernkopierer, Telefon oder in sonstiger Weise elektronisch übermittelt werden, sofern die sonstigen Teilnahmebedingungen erfüllt sind.

4. (1) Die Vergabeunterlagen sind den Bewerbern in kürzestmöglicher Frist und in geeigneter Weise zu übermitteln.

(2) Die Vergabeunterlagen sind bei Beschränkter Ausschreibung nach Öffentlichem Teilnahmewettbewerb an alle ausgewählten Bewerber am selben Tag abzusenden.

5. Jeder Bewerber soll die Leistungsbeschreibung doppelt und alle anderen für die Preisermittlung wesentlichen Unterlagen einfach erhalten. Wenn von den Unterlagen (außer der Leistungsbeschreibung) keine Vervielfältigungen abgegeben werden können, sind sie in ausreichender Weise zur Einsicht auszulegen, wenn nötig, nicht nur am Geschäftssitz des Auftraggebers, sondern auch am Ausführungsort oder an einem Nachbarort.

6. Die Namen der Bewerber, die Vergabeunterlagen erhalten oder eingesehen haben, sind geheimzuhalten.

7. (1) Erbitten Bewerber zusätzliche sachdienliche Auskünfte über die Vergabeunterlagen, so sind die Auskünfte unverzüglich zu erteilen.

(2) Werden einem Bewerber wichtige Aufklärungen über die geforderte Leistung oder die Grundlagen der Preisermittlung gegeben, so sind sie auch den anderen Bewerbern unverzüglich mitzuteilen, soweit diese bekannt sind.

§ 17 b
Aufruf zum Wettbewerb

1. (1) Ein Aufruf zum Wettbewerb kann erfolgen,

a) durch Veröffentlichung einer Bekanntmachung nach den Anhängen A/SKR, B/SKR und C/SKR,

b) durch Veröffentlichung einer regelmäßigen Bekanntmachung nach Nr. 2,

c) durch Veröffentlichung einer Bekanntmachung über das Bestehen eines Prüfsystems nach § 8 b Nr. 5.

(2) Die Kosten der Veröffentlichung der Bekanntmachungen im Amtsblatt der Europäischen Gemeinschaften werden von den Gemeinschaften getragen.

2. (1) Die wesentlichen Merkmale für eine beabsichtigte bauliche Anlage mit einem geschätzten Gesamtauftragswert nach § 1 b Nr. 1 sind als regelmäßige Bekanntmachung mindestens einmal jährlich bekanntzumachen.

(2) Diese Bekanntmachungen sind nach dem in Anhang E/SKR enthaltenen Muster zu erstellen und dem Amt für amtliche Veröffentlichung der Europäischen Gemeinschaften zu übermitteln.*)

(3) Erfolgt der Aufruf zum Wettbewerb durch Veröffentlichungen einer regelmäßigen Bekanntmachung, so

a) müssen in der Bekanntmachung Bauarbeiten, die Gegenstand des zu vergebenden Auftrags sein werden, nach Art und Umfang genannt sein,

b) muß die Bekanntmachung den Hinweis, daß dieser Auftrag im Nichtoffenen Verfahren oder Verhandlungsverfahren ohne spätere Veröffentlichung eines

---

*) Amt für amtliche Veröffentlichungen der Europäischen Gemeinschaften, 2, Rue mercier, L-2985 Luxemburg 1

Allgemeine Vergabebestimmungen   DIN 1960

Aufrufs zur Angebotsabgabe vergeben wird, sowie die Aufforderung an die interessierten Unternehmer enthalten, ihr Interesse schriftlich mitzuteilen,

c) müssen die Auftraggeber später alle Bewerber auf der Grundlage von genaueren Angaben über den Auftrag auffordern, ihr Interesse zu bestätigen, bevor mit der Auswahl der Bieter oder der Teilnehmer an einer Verhandlung begonnen wird,

d) dürfen zwischen deren Veröffentlichung und dem Zeitpunkt der Zusendung der Aufforderung an die Bewerber gemäß Nr. 2 Abs. 3, Buchstabe c) höchstens zwölf Monate vergangen sein. Im übrigen gilt § 18 b Nr. 2.

3. Erfolgt ein Aufruf zum Wettbewerb durch Veröffentlichung einer Bekanntmachung über das Bestehen eines Prüfsystems, so werden die Bieter in einem Nichtoffenen Verfahren oder die Teilnehmer an einem Verhandlungsverfahren unter den Bewerbern ausgewählt, die sich im Rahmen eines solchen Systems qualifiziert haben.

4. (1) Der Tag der Absendung der Bekanntmachung muß nachgewiesen werden können. Vor dem Tag der Absendung darf die Bekanntmachung nicht veröffentlicht werden.

(2) Alle Veröffentlichungen dürfen nur die dem Amt für amtliche Veröffentlichungen der Europäischen Gemeinschaften übermittelten Angaben enthalten.

(3) Die Bekanntmachung wird unentgeltlich, spätestens 12 Kalendertage nach der Absendung im Supplement zum Amtsblatt der Europäischen Gemeinschaften in der Originalsprache veröffentlicht. Eine Zusammenfassung der wichtigsten Angaben wird in den übrigen Amtssprachen der Gemeinschaften veröffentlicht; der Wortlaut in der Originalsprache ist verbindlich. In Ausnahmefällen bemüht sich das Amt für amtliche Veröffentlichungen der Europäischen Gemeinschaften, die in Nr. 1 Abs. 1, Buchstabe a) genannte Bekanntmachung auf Antrag des Auftraggebers innerhalb von 5 Kalendertagen zu veröffentlichen, sofern die Bekanntmachung dem Amt durch elektronische Briefübermittlung, per Fernkopierer oder Fernschreiben zugestellt worden ist.

5. Sind im Offenen Verfahren die Vertragsunterlagen und zusätzlichen Unterlagen rechtzeitig angefordert worden, sind sie den Bewerbern in der Regel innerhalb von 6 Kalendertagen nach Eingang des Antrags zuzusenden.

6. Rechtzeitig beantragte Auskünfte über die Vergabeunterlagen sind spätestens 6 Kalendertage vor Ablauf der Angebotsfrist zu erteilen.

7. Die Vergabeunterlagen sind beim Nichtoffenen Verfahren und beim Verhandlungsverfahren mit vorherigem Aufruf zum Wettbewerb an alle ausgewählten Bewerber am selben Tag abzusenden.

§ 18
Angebotsfrist, Bewerbungsfrist

1. Für die Bearbeitung und Einreichung der Angebote ist eine ausreichende Angebotsfrist vorzusehen, auch bei Dringlichkeit nicht unter 10 Kalendertagen. Dabei ist insbesondere der zusätzliche Aufwand für die Besichtigung von Baustellen oder die Beschaffung von Unterlagen für die Angebotsbearbeitung zu berücksichtigen.

DIN 1960 VOB Teil A

2. Die Angebotsfrist läuft ab, sobald im Eröffnungstermin der Verhandlungsleiter mit der Öffnung der Angebote beginnt.
3. Bis zum Ablauf der Angebotsfrist können Angebote schriftlich, fernschriftlich oder telegrafisch zurückgezogen werden.
4. Für die Einreichung von Teilnahmeanträgen bei Beschränkter Ausschreibung nach Öffentlichem Teilnahmewettbewerb ist eine ausreichende Bewerbungsfrist vorzusehen.

§ 18 b
Angebotsfrist, Bewerbungsfrist

1. (1) Beim Offenen Verfahren beträgt die Frist für den Eingang der Angebote (Angebotsfrist) mindestens 52 Kalendertage, gerechnet vom Tag nach Absendung der Bekanntmachung.

   (2) Die Frist kann auf 36 Kalendertage verkürzt werden, wenn eine regelmäßige Bekanntmachung nach § 17 b Nr. 2 erfolgt ist.

2. Beim Nichtoffenen Verfahren und Verhandlungsverfahren mit vorherigem Aufruf zum Wettbewerb gilt:

   a) Die Frist für den Eingang von Teilnahmeanträgen (Bewerbungsfrist) aufgrund einer Bekanntmachung nach § 17 b Nr. 1 Abs. 1, Buchstabe a) oder der Aufforderung nach § 17 b Nr. 2 Abs. 3, Buchstabe c) beträgt grundsätzlich mindestens fünf Wochen vom Tag nach Absendung an. Auch in Ausnahmefällen darf sie auf keinen Fall kürzer sein als die in § 17 b Nr. 4 Abs. 3 vorgesehene Frist für die Veröffentlichung plus 10 Kalendertage.

   b) Die Angebotsfrist kann zwischen dem Auftraggeber und den ausgewählten Bewerbern einvernehmlich festgelegt werden, vorausgesetzt, daß allen Bewerbern dieselbe Frist für die Erstellung und Einreichung von Angeboten eingeräumt wird.

   c) Falls eine einvernehmliche Festlegung der Angebotsfrist nicht möglich ist, setzt der Auftraggeber im Regelfall eine Frist von mindestens drei Wochen fest. Sie darf jedoch keinesfalls kürzer als 10 Kalendertage, gerechnet vom Tag nach Absendung der Aufforderung zur Angebotsabgabe, sein. Bei der Festlegung der Frist werden nur die in Nr. 3 genannten Faktoren berücksichtigt.

3. Können die Angebote nur nach Prüfung von umfangreichen Unterlagen, z. B. ausführlichen technischen Spezifikationen, oder nur nach einer Ortsbesichtigung oder Einsichtnahme in ergänzende Unterlagen zu den Vergabeunterlagen erstellt werden, so muß dies beim Festsetzen angemessener Fristen berücksichtigt werden.

§ 19
Zuschlags- und Bindefrist

1. Die Zuschlagsfrist beginnt mit dem Eröffnungstermin.
2. Die Zuschlagsfrist soll so kurz wie möglich und nicht länger bemessen werden, als der Auftraggeber für eine zügige Prüfung und Wertung der Angebote (§§ 23 bis 25) benötigt. Sie soll nicht mehr als 30 Kalendertage betragen; eine längere Zuschlagsfrist soll nur in begründeten Fällen festgelegt werden. Das Ende der Zuschlagsfrist ist durch Angabe des Kalendertages zu bezeichnen.

Allgemeine Vergabebestimmungen DIN 1960

3. Es ist vorzusehen, daß der Bieter bis zum Ablauf der Zuschlagsfrist an sein Angebot gebunden ist (Bindefrist).
4. Die Nrn. 1 bis 3 gelten bei Freihändiger Vergabe entsprechend.

§ 20
Kosten

1. (1) Bei Öffentlicher Ausschreibung darf für die Leistungsbeschreibung und die anderen Unterlagen eine Entschädigung gefordert werden; sie darf die Selbstkosten der Vervielfältigung nicht überschreiten. In der Bekanntmachung (§ 17 Nr. 1) ist anzugeben, wie hoch sie ist und daß sie nicht erstattet wird.

    (2) Bei Beschränkter Ausschreibung und Freihändiger Vergabe sind alle Unterlagen unentgeltlich abzugeben.

2. (1) Für die Bearbeitung des Angebots wird keine Entschädigung gewährt. Verlangt jedoch der Auftraggeber, daß der Bewerber Entwürfe, Pläne, Zeichnungen, statische Berechnungen, Mengenberechnungen oder andere Unterlagen ausarbeitet, insbesondere in den Fällen des § 9 Nrn. 10 bis 12, so ist einheitlich für alle Bieter in der Ausschreibung eine angemessene Entschädigung festzusetzen. Ist eine Entschädigung festgesetzt, so steht sie jedem Bieter zu, der ein der Ausschreibung entsprechendes Angebot mit den geforderten Unterlagen rechtzeitig eingereicht hat.

    (2) Diese Grundsätze gelten für die Freihändige Vergabe entsprechend.

3. Der Auftraggeber darf Angebotsunterlagen und die in den Angeboten enthaltenen eigenen Vorschläge eines Bieters nur für die Prüfung und Wertung der Angebote (§§ 23 und 25) verwenden. Eine darüber hinausgehende Verwendung bedarf der vorherigen schriftlichen Vereinbarung.

§ 21
Inhalt der Angebote

1. (1) Die Angebote sollen nur die Preise und die geforderten Erklärungen enthalten. Sie müssen mit rechtsverbindlicher Unterschrift versehen sein. Änderungen des Bieters an seinen Eintragungen müssen zweifelsfrei sein.

    (2) Änderungen an den Verdingungsunterlagen sind unzulässig.

    (3) Der Auftraggeber soll allgemein oder im Einzelfall zulassen, daß Bieter für die Angebotsabgabe eine selbstgefertigte Abschrift oder statt dessen eine selbstgefertigte Kurzfassung des Leistungsverzeichnisses benutzen, wenn sie den vom Auftraggeber verfaßten Wortlaut der Urschrift des Leistungsverzeichnisses als allein verbindlich schriftlich anerkennen; Kurzfassungen müssen jedoch die Ordnungszahlen (Positionen) vollzählig, in der gleichen Reihenfolge und mit den gleichen Nummern wie in der Urschrift, wiedergeben.

    (4) Muster und Proben der Bieter müssen als zum Angebot gehörig gekennzeichnet sein.

2. Eine Leistung, die von den vorgesehenen technischen Spezifikationen abweicht, darf angeboten werden, wenn sie mit dem geforderten Schutzniveau in bezug auf Sicherheit, Gesundheit und Gebrauchstauglichkeit gleichwertig ist. Die Abwei-

chung muß im Angebot eindeutig bezeichnet sein. Die Gleichwertigkeit ist mit dem Angebot nachzuweisen.
3. Etwaige Änderungsvorschläge oder Nebenangebote müssen auf besonderer Anlage gemacht und als solche deutlich gekennzeichnet werden.
4. (1) Bietergemeinschaften haben eines ihrer Mitglieder als bevollmächtigten Vertreter für den Abschluß und die Durchführung des Vertrags zu bezeichnen.

   (2) Fehlt die Bezeichnung im Angebot, so ist sie vor der Zuschlagserteilung beizubringen.
5. Der Auftraggeber hat die Anforderungen an den Inhalt der Angebote nach den Nrn. 1 bis 4 in die Vergabeunterlagen aufzunehmen.

§ 22
Eröffnungstermin

1. Bei Ausschreibungen ist für die Öffnung und Verlesung (Eröffnung) der Angebote ein Eröffnungstermin abzuhalten, in dem nur die Bieter und ihre Bevollmächtigten zugegen sein dürfen. Bis zu diesem Termin sind die Angebote, die beim Eingang auf dem ungeöffneten Umschlag zu kennzeichnen sind, unter Verschluß zu halten.
2. Zur Eröffnung zuzulassen sind nur Angebote, die dem Verhandlungsleiter bei Öffnung des ersten Angebots vorliegen.
3. (1) Der Verhandlungleiter stellt fest, ob der Verschluß der Angebote unversehrt ist.

   (2) Die Angebote werden geöffnet und in allen wesentlichen Teilen gekennzeichnet. Name und Wohnort der Bieter und die Endbeträge der Angebote oder ihrer einzelnen Abschnitte, ferner andere den Preis betreffende Angaben werden verlesen. Es wird bekanntgegeben, ob und von wem Änderungsvorschläge oder Nebenangebote eingereicht sind. Weiteres aus dem Inhalt der Angebote soll nicht mitgeteilt werden.

   (3) Muster und Proben der Bieter müssen im Termin zur Stelle sein.
4. (1) Über den Eröffnungstermin ist eine Niederschrift zu fertigen. Sie ist zu verlesen; in ihr ist zu vermerken, daß sie verlesen und als richtig anerkannt worden ist oder welche Einwendungen erhoben worden sind.

   (2) Sie ist vom Verhandlungsleiter zu unterschreiben; die anwesenden Bieter und Bevollmächtigten sind berechtigt, mitzuunterzeichnen.
5. Angebote, die bei der Öffnung des ersten Angebots nicht vorgelegen haben (Nr. 2), sind in der Niederschrift oder in einem Nachtrag besonders aufzuführen. Die Eingangszeiten und die etwa bekannten Gründe, aus denen die Angebote nicht vorgelegen haben, sind zu vermerken. Der Umschlag und andere Beweismittel sind aufzubewahren.
6. (1) Ein Angebot, das nachweislich vor Ablauf der Angebotsfrist dem Auftraggeber zugegangen war, aber bei Öffnung des ersten Angebots aus vom Bieter nicht zu vertretenden Gründen dem Verhandlungsleiter nicht vorgelegen hat, ist wie ein rechtzeitig vorliegendes Angebot zu behandeln.

Allgemeine Vergabebestimmungen DIN 1960

(2) Den Bietern ist dieser Sachverhalt unverzüglich schriftlich mitzuteilen. In die Mitteilung sind die Feststellung, daß der Verschluß unversehrt war und die Angaben nach Nr. 3 Abs. 2 aufzunehmen.

(3) Dieses Angebot ist mit allen Angaben in die Niederschrift oder in einen Nachtrag aufzunehmen. Im übrigen gilt Nr. 5 Satz 2 und 3.

7. Den Bietern und ihren Bevollmächtigten ist die Einsicht in die Niederschrift und ihre Nachträge (Nrn. 5 und 6 sowie § 23 Nr. 4) zu gestatten; den Bietern können die Namen der Bieter und die Endbeträge der Angebote sowie die Zahl ihrer Änderungsvorschläge und Nebenangebote mitgeteilt werden. Die Niederschrift darf nicht veröffentlicht werden.

8. Die Angebote und ihre Anlagen sind sorgfältig zu verwahren und geheimzuhalten; dies gilt auch bei Freihändiger Vergabe.

§ 23
Prüfung der Angebote

1. Angebote, die im Eröffnungstermin dem Verhandlungsleiter bei Öffnung des ersten Angebots nicht vorgelegen haben, und Angebote, die den Bestimmungen des § 21 Nr. 1 Abs. 1 und 2 nicht entsprechen, brauchen nicht geprüft zu werden.

2. Die übrigen Angebote sind rechnerisch, technisch und wirtschaftlich zu prüfen, ggf. mit Hilfe von Sachverständigen (§ 7).

3. (1) Entspricht der Gesamtbetrag einer Ordnungszahl (Position) nicht dem Ergebnis der Multiplikation von Mengenansatz und Einheitspreis, so ist der Einheitspreis maßgebend. Ist der Einheitspreis in Ziffern und in Worten angegeben und stimmen diese Angaben nicht überein, so gilt der dem Gesamtbetrag der Ordnungszahl entsprechende Einheitspreis. Entspricht weder der in Worten noch der in Ziffern angegebene Einheitspreis dem Gesamtbetrag der Ordnungszahl, so gilt der in Worten angegebene Einheitspreis.

(2) Bei Vergabe für eine Pauschalsumme gilt diese ohne Rücksicht auf etwa angegebene Einzelpreise.

(3) Absätze 1 und 2 gelten auch bei Freihändiger Vergabe.

4. Die auf Grund der Prüfung festgestellten Angebotsendsummen sind in der Niederschrift über den Eröffnungstermin zu vermerken.

§ 24
Aufklärung des Angebotsinhalts

1. (1) Bei Ausschreibungen darf der Auftraggeber nach Öffnung der Angebote bis zur Zuschlagserteilung mit einem Bieter nur verhandeln, um sich über seine Eignung, insbesondere seine technische und wirtschaftliche Leistungsfähigkeit, das Angebot selbst, etwaige Änderungsvorschläge und Nebenangebote, die geplante Art der Durchführung, etwaige Ursprungsorte oder Bezugsquellen von Stoffen oder Bauteilen und um sich über die Angemessenheit der Preise, wenn nötig durch Einsicht in die vorzulegenden Preisermittlungen (Kalkulationen), zu unterrichten.

(2) Die Ergebnisse solcher Verhandlungen sind geheimzuhalten. Sie sollen schriftlich niedergelegt werden.

2. Verweigert ein Bieter die geforderten Aufklärungen und Angaben, so kann sein Angebot unberücksichtigt bleiben.

3. Andere Verhandlungen, besonders über Änderung der Angebote oder Preise, sind unstatthaft, außer wenn sie bei Nebenangeboten, Änderungsvorschlägen oder Angeboten auf Grund eines Leistungsprogramms nötig sind, um unumgängliche technische Änderungen geringen Umfangs und daraus sich ergebende Änderungen der Preise zu vereinbaren.

§ 25
Wertung der Angebote

1. (1) Ausgeschlossen werden:

   a) Angebote, die im Eröffnungstermin dem Verhandlungsleiter bei Öffnung des ersten Angebots nicht vorgelegen haben, ausgenommen Angebote nach § 22 Nr. 6,

   b) Angebote, die dem § 21 Nr. 1 Abs. 1 und 2 nicht entsprechen,

   c) Angebote von Bietern, die in bezug auf die Ausschreibung eine Abrede getroffen haben, die eine unzulässige Wettbewerbsbeschränkung darstellt,

   d) Änderungsvorschläge und Nebenangebote, wenn der Auftraggeber in der Bekanntmachung oder in den Vergabeunterlagen erklärt hat, daß er diese nicht zuläßt.

   (2) Außerdem können Angebote von Bietern nach § 8 Nr. 5 ausgeschlossen werden.

2. (1) Bei Öffentlicher Ausschreibung ist zunächst die Eignung der Bieter zu prüfen. Dabei sind anhand der vorgelegten Nachweise die Angebote der Bieter auszuwählen, deren Eignung die für die Erfüllung der vertraglichen Verpflichtungen notwendigen Sicherheiten bietet; dies bedeutet, daß sie die erforderliche Fachkunde, Leistungsfähigkeit und Zuverlässigkeit besitzen und über ausreichende technische und wirtschaftliche Mittel verfügen.

   (2) Bei Beschränkter Ausschreibung und Freihändiger Vergabe sind nur Umstände zu berücksichtigen, die nach Aufforderung zur Angebotsabgabe Zweifel an der Eignung des Bieters begründen (vgl. § 8 Nr. 4).

3. (1) Auf ein Angebot mit einem unangemessen hohen oder niedrigen Preis darf der Zuschlag nicht erteilt werden.

   (2) Erscheint ein Angebotspreis unangemessen niedrig, und ist anhand vorliegender Unterlagen über die Preisermittlung die Angemessenheit nicht zu beurteilen, ist vom Bieter schriftlich Aufklärung über die Ermittlung der Preise für die Gesamtleistung oder für Teilleistungen zu verlangen, ggf. unter Festlegung einer zumutbaren Antwortfrist. Bei der Beurteilung der Angemessenheit sind die Wirtschaftlichkeit des Bauverfahrens, die gewählten technischen Lösungen oder sonstige günstige Ausführungsbedingungen zu berücksichtigen.

   (3) In die engere Wahl kommen nur solche Angebote, die unter Berücksichtigung rationellen Baubetriebs und sparsamer Wirtschaftsführung eine einwandfreie Ausführung einschließlich Gewährleistung erwarten lassen. Unter diesen

Allgemeine Vergabebestimmungen DIN 1960

Angeboten soll der Zuschlag auf das Angebot erteilt werden, das unter Berücksichtigung aller technischen und wirtschaftlichen, ggf. auch gestalterischen und funktionsbedingten Gesichtspunkte als das annehmbarste erscheint. Der niedrigste Angebotspreis allein ist nicht entscheidend.

4. Ein Angebot nach § 21 Nr. 2 ist wie ein Hauptangebot zu werten.
5. Änderungsvorschläge und Nebenangebote sind zu werten, es sei denn, der Auftraggeber hat sie in der Bekanntmachung oder in den Vergabeunterlagen nicht zugelassen.
6. Bietergemeinschaften sind Einzelbietern gleichzusetzen, wenn sie die Arbeiten im eigenen Betrieb oder in den Betrieben der Mitglieder ausführen.
7. Die Bestimmungen der Nrn. 2 und 3 gelten auch bei Freihändiger Vergabe. Die Nrn. 1, 4, 5 und 6 sind entsprechend auch bei Freihändiger Vergabe anzuwenden.

§ 25 b
Wertung der Angebote

1. Bei der Wertung der Angebote dürfen nur Kriterien berücksichtigt werden, die in der Bekanntmachung oder in den Vergabeunterlagen genannt sind.
2. Angebote, die aufgrund einer staatlichen Beihilfe ungewöhnlich niedrig sind, dürfen von den Auftraggebern nur zurückgewiesen werden, wenn diese den Bieter darauf hingewiesen haben und dieser nicht den Nachweis liefern konnte, daß die Beihilfe der EG-Kommission gemeldet oder von ihr genehmigt wurde. Auftraggeber, die unter diesen Umständen ein Angebot zurückweisen, müssen die EG-Kommission darüber unterrichten.
3. Wenn der Auftraggeber an Änderungsvorschläge oder Nebenangebote Mindestanforderungen gestellt hat, darf der Zuschlag auf solche Angebote nur erteilt werden, wenn sie den Mindestanforderungen entsprechen.

§ 26
Aufhebung der Ausschreibung

1. Die Ausschreibung kann aufgehoben werden:
   a) wenn kein Angebot eingegangen ist, das den Ausschreibungsbedingungen entspricht,
   b) wenn die Verdingungsunterlagen grundlegend geändert werden müssen,
   c) wenn andere schwerwiegende Gründe bestehen.
2. Die Bieter, auf Verlangen auch die Bewerber, sind von der Aufhebung der Ausschreibung unter Angabe der Gründe, ggf. über die Absicht, ein neues Vergabeverfahren einzuleiten, unverzüglich zu unterrichten.

§ 27
Nicht berücksichtigte Bewerbungen und Angebote

1. Bieter, deren Angebote ausgeschlossen worden sind (§ 25 Nr. 1) und solche, deren Angebote nicht in die engere Wahl kommen, sollen sobald wie möglich verständigt werden. Die übrigen Bieter sind zu verständigen, sobald der Zuschlag erteilt worden ist.

2. Auf Verlangen sind den nicht berücksichtigten Bewerbern oder Bietern innerhalb einer Frist von 15 Kalendertagen nach Eingang ihres Antrags die Gründe für die Nichtberücksichtigung ihrer Bewerbung oder ihres Angebots mitzuteilen, den Bietern auch der Name des Auftragnehmers.
3. Nicht berücksichtigte Angebote und Ausarbeitungen der Bieter dürfen nicht für eine neue Vergabe oder für andere Zwecke benutzt werden.
4. Entwürfe, Ausarbeitungen, Muster und Proben zu nicht berücksichtigten Angeboten sind zurückzugeben, wenn dies im Angebot oder innerhalb von 30 Kalendertagen nach Ablehnung des Angebots verlangt wird.

§ 28
Zuschlag

1. Der Zuschlag ist möglichst bald, mindestens aber so rechtzeitig zu erteilen, daß dem Bieter die Erklärung noch vor Ablauf der Zuschlagsfrist (§ 19) zugeht.
2. (1) Wird auf ein Angebot rechtzeitig und ohne Abänderungen der Zuschlag erteilt, so ist damit nach allgemeinen Rechtsgrundsätzen der Vertrag abgeschlossen, auch wenn spätere urkundliche Festlegung vorgesehen ist.

(2) Werden dagegen Erweiterungen, Einschränkungen oder Änderungen vorgenommen oder wird der Zuschlag verspätet erteilt, so ist der Bieter bei Erteilung des Zuschlags aufzufordern, sich unverzüglich über die Annahme zu erklären.

§ 28 b
Bekanntmachung der Auftragserteilung

1. Der EG-Kommission sind für jeden vergebenen Auftrag binnen zwei Monaten nach der Vergabe dieses Auftrages die Ergebnisse des Vergabeverfahrens durch eine nach Anhang F/SKR abgefaßte Bekanntmachung mitzuteilen.
2. Die Angaben in Anhang F/SKR werden im Amtsblatt der Europäischen Gemeinschaft veröffentlicht. Dabei trägt die EG-Kommission der Tatsache Rechnung, daß es sich bei den Angaben im Falle von Anhang F/SKR Nummern 6 und 9 um in geschäftlicher Hinsicht empfindliche Angaben handelt, wenn der Auftraggeber dies bei der Übermittlung dieser Angaben geltend macht.
3. Die Angaben in Anhang F/SKR Nummern 12 bis 18 werden nicht oder nur in vereinfachter Form zu statistischen Zwecken veröffentlicht.

§ 29
Vertragsurkunde

1. Eine besondere Urkunde braucht über den Vertrag nur dann gefertigt zu werden, wenn der Vertragsinhalt nicht schon durch das Angebot mit den zugehörigen Unterlagen, das Zuschlagsschreiben und andere Schriftstücke eindeutig und erschöpfend festgelegt ist.
2. Die Urkunde ist doppelt auszufertigen und von den beiden Vertragsparteien zu unterzeichnen. Die Beglaubigung einer Unterschrift kann in besonderen Fällen verlangt werden.

§ 30
Vergabevermerk

1. Über die Vergabe ist ein Vermerk zu fertigen, der die einzelnen Stufen des Verfahrens, die maßgebenden Feststellungen sowie die Begründung der einzelnen Entscheidungen enthält.
2. Wird auf die Vorlage zusätzlich zum Angebot verlangter Unterlagen und Nachweise verzichtet, ist dies im Vergabevermerk zu begründen.

§ 30 b
Aufbewahrungs- und Berichtspflichten

1. (1) Sachdienliche Unterlagen über jede Auftragsvergabe sind aufzubewahren, die es zu einem späteren Zeitpunkt ermöglichen, die Entscheidungen zu begründen über:
   a) die Prüfung und Auswahl der Unternehmer und die Auftragsvergabe,
   b) die Inanspruchnahme der Abweichungsmöglichkeiten beim Gebrauch der gemeinschaftsrechtlichen Spezifikationen gemäß § 9 Nr. 4 Abs. 3 und § 9 b Nr. 2,
   c) den Rückgriff auf Verfahren ohne vorherigen Aufruf zum Wettbewerb gemäß § 3 b Nr. 2,
   d) die Inanspruchnahme vorgesehener Abweichungsmöglichkeiten von der Anwendungsverpflichtung.

   (2) Die Unterlagen müssen mindestens vier Jahre lang ab der Auftragsvergabe aufbewahrt werden, damit der Auftraggeber der EG-Kommission in dieser Zeit auf Anfrage die erforderlichen Auskünfte erteilen kann.
2. Der Auftraggeber teilt der Bundesregierung jährlich den Gesamtwert der Bauaufträge mit, die unterhalb der in § 1 b definierten Schwelle liegen.

§ 31
Vergabeprüfstelle

In der Bekanntmachung und den Vergabeunterlagen ist die Stelle anzugeben, an die sich der Bewerber oder Bieter zur Nachprüfung behaupteter Verstöße gegen die Vergabebestimmungen wenden kann.

§ 32
Baukonzessionen

1. Baukonzessionen sind Bauaufträge zwischen einem Auftraggeber und einem Unternehmer (Baukonzessionär), bei denen die Gegenleistung für die Bauarbeiten statt in einer Vergütung in dem Recht auf Nutzung der baulichen Anlage, ggf. zuzüglich in der Zahlung eines Preises, besteht.
2. Für die Vergabe von Baukonzessionen sind die §§ 1 bis 31 sinngemäß anzuwenden.

Anhang TS
Technische Spezifikationen

1. Begriffsbestimmungen

1.1 „Technische Spezifikationen" sind sämtliche, insbesondere in den Verdingungsunterlagen enthaltenen, technischen Anforderungen an eine Bauleistung, ein Material, ein Erzeugnis oder eine Lieferung, mit deren Hilfe die Bauleistung, das Material, das Erzeugnis oder die Lieferung so bezeichnet werden können, daß sie ihren durch den öffentlichen Auftraggeber festgelegten Verwendungszweck erfüllen. Zu diesen technischen Anforderungen gehören Qualitätsstufen, Gebrauchstauglichkeit, Sicherheit und Abmessungen, ebenso die Vorschriften für Materialien, Erzeugnisse oder Lieferungen hinsichtlich Qualitätssicherung, Terminologie, Bildzeichen, Prüfungen und Prüfverfahren, Verpackung, Kennzeichnung und Beschriftung. Außerdem gehören dazu auch die Vorschriften für die Planung und die Berechnung von baulichen Anlagen, die Bedingungen für die Prüfung, Inspektion und Abnahme von baulichen Anlagen, die Konstruktionsmethoden oder -verfahren und alle anderen technischen Anforderungen, die der öffentliche Auftraggeber bezüglich fertiger baulicher Anlagen oder der dazu notwendigen Materialien oder Teile durch allgemeine oder spezielle Vorschriften anzugeben in der Lage ist.

1.2 „Norm": technische Spezifikation, die von einer anerkannten Normenorganisation zur wiederholten oder ständigen Anwendung angenommen wurde, deren Einhaltung grundsätzlich nicht zwingend vorgeschrieben ist.

1.3 „Europäische Norm": die von dem Europäischen Komitee für Normung (CEN) oder dem Europäischen Komitee für Elektrotechnische Normung (CENELEC) gemäß deren gemeinsame Regeln als Europäische Normen (EN) oder Harmonisierungsdokumente (HD) angenommenen Normen.

1.4 „Europäische technische Zulassung": eine positive technische Beurteilung der Brauchbarkeit eines Produkts hinsichtlich der Erfüllung der wesentlichen Anforderungen an bauliche Anlagen; sie erfolgt aufgrund der spezifischen Merkmale des Produktes und der festgelegten Anwendungs- und Verwendungsbedingungen. Die europäische technische Zulassung wird von einer zu diesem Zweck vom Mitgliedstaat zugelassenen Organisation ausgestellt.

1.5 „Gemeinsame technische Spezifikation": technische Spezifikation, die nach einem von den Mitgliedstaaten anerkannten Verfahren erarbeitet wurde, um die einheitliche Anwendung in allen Mitgliedstaaten sicherzustellen, und die im Amtsblatt der Europäischen Gemeinschaften veröffentlicht wurde.

1.6 „Wesentliche Anforderungen": Anforderungen betreffend die Sicherheit, die Gesundheit und andere für die Allgemeinheit wichtige Aspekte, denen die baulichen Anlagen genügen müssen.

2. Mangels europäischer Normen, europäischer technischer Zulassungen oder gemeinsamer technischer Spezifikationen

2.1 werden die technischen Spezifikationen unter Bezugnahme auf die einzelstaatlichen technischen Spezifikationen festgelegt, die anerkanntermaßen den wesentlichen Anforderungen der Gemeinschaftsrichtlinien zur technischen Harmonisierung entsprechen, wobei die Anerkennung der Entsprechung nach den Verfahren dieser Richtlinien und insbesondere nach den in der Richtlinie des

Rates 89/106/EWG vom 21. Dez. 1988 über Bauprodukte vorgesehenen Verfahren erfolgt;

2.2 können die technischen Spezifikationen unter Bezugnahme auf die einzelstaatlichen technischen Spezifikationen betreffend die Planung, Berechnung und Verwirklichung von Bauvorhaben und den Einsatz von Produkten festgelegt werden;

2.3 können die technischen Spezifikationen unter Bezugnahme auf sonstige Dokumente festgelegt werden.

In einem solchen Fall ist unter Beachtung der nachstehenden Normenrangfolge zurückzugreifen auf

— die innerstaatlichen Normen, mit denen vom Land des Auftraggebers akzeptierte internationale Normen umgesetzt werden;

— sonstige innerstaatliche Normen und innerstaatliche technische Zulassungen des Landes des Auftraggebers;

— alle weiteren Normen.

DIN 1960 VOB Teil A

Anhang A/SKR
Offenes Verfahren

1. Name, Anschrift, Telefon-, Telegrafen-, Fernschreib- und Fernkopiernummer des Auftraggebers (Vergabestelle):

　
　

2. Art des Auftrags, der Gegenstand der Vergabe ist (z. B. Bauvertrag/Rahmenvertrag):

　

3. a) Ort der Ausführung:

　

   b) Art und Umfang der Leistung, allgemeine Merkmale der baulichen Anlage:

　
　

   c) Falls die bauliche Anlage oder der Auftrag in mehrere Lose aufgeteilt wird, Art und Umfang der einzelnen Lose und Möglichkeit, für eines, mehrere oder alle Lose Angebote einzureichen:

　
　

   d) Ggf. Ausschluß von Änderungsvorschlägen und Nebenangeboten:

　

   e) Angaben über den Zweck der baulichen Anlage oder des Auftrags, wenn auch Planungsleistungen gefordert werden:

　
　

4. Ausnahme von der Anwendung gemeinschaftsrechtlicher Spezifikationen gemäß § 6 SKR Nr. 2 Abs. 1 (§ 9 Nr. 4 Abs. 3 und § 9 b Nr. 2):

　

5. Etwaige Frist für die Ausführung:

Allgemeine Vergabebestimmungen　　　　　　　　　　　　　　　　**DIN 1960**

6. a) Name und Anschrift der Stelle, bei der die Verdingungsunterlagen und zusätzlichen Unterlagen angefordert werden können sowie Termin, bis zu dem diese Unterlagen spätestens angefordert werden können:

_____

_____

b) Ggf. Höhe und Einzelheiten der Zahlung des Entgelts für Übersendung dieser Unterlagen:

_____

_____

7. a) Tag, bis zu dem die Angebote eingehen müssen:

_____

b) Anschrift, an die die Angebote zu richten sind:

_____

c) Sprache, in der die Angebote abgefaßt sein müssen:

_____

8. a) Ggf. Personen, die bei der Öffnung der Angebote anwesend sein dürfen:

_____

_____

b) Datum, Uhrzeit und Ort der Öffnung der Angebote:

_____

9. Ggf. geforderte Sicherheiten:

_____

_____

10. Wesentliche Zahlungsbedingungen und/oder Verweisung auf die Vorschriften, in denen sie enthalten sind:

_____

_____

11. Ggf. Rechtsform, die die Bietergemeinschaft, an die der Auftrag vergeben wird, haben muß:

_____

_____

DIN 1960 VOB Teil A

12. Mit dem Angebot verlangte Nachweise für die Beurteilung der Eignung (Fachkunde, Leistungsfähigkeit, Zuverlässigkeit) des Bieters:

13. Frist, während der die Bieter an ihre Angebote gebunden sind:

14. Kriterien für die Auftragserteilung, wenn diese nicht in den Vergabeunterlagen genannt sind:

15. Sonstige Angaben, insbesondere die Stelle, an die sich der Bewerber oder Bieter zur Nachprüfung behaupteter Verstöße gegen Vergabebestimmungen wenden kann:

16. Ggf. Fundstelle der Veröffentlichung der regelmäßigen Bekanntmachungen, auf die dieser Auftrag sich bezieht, im Amtsblatt der Europäischen Gemeinschaften:

17. Tag der Absendung der Bekanntmachung:

Allgemeine Vergabebestimmungen DIN 1960

Anhang B/SKR
Nichtoffenes Verfahren

1. Name, Anschrift, Telefon-, Telegrafen-, Fernschreib- und Fernkopiernummer des Auftraggebers (Vergabestelle):

___

___

2. Art des Auftrags, der Gegenstand der Vergabe ist (z. B. Bauvertrag/Rahmenvertrag):

___

___

___

3. a) Ort der Ausführung:

___

b) Art und Umfang der Leistung, allgemeine Merkmale der baulichen Anlage:

___

___

c) Falls die bauliche Anlage oder der Auftrag in mehrere Lose aufgeteilt wird, Art und Umfang der einzelnen Lose und Möglichkeit, für eines, mehrere oder alle Lose Angebote einzureichen:

___

___

d) Ggf. Ausschluß von Änderungsvorschlägen und Nebenangeboten:

___

___

e) Angaben über den Zweck der baulichen Anlage oder des Auftrags, wenn auch Planungsleistungen gefordert werden:

___

___

___

4. Ausnahme von der Anwendung gemeinschaftsrechtlicher Spezifikationen gemäß § 6 SKR Nr. 2 Abs. 1 (§ 9 Nr. 4 Abs. 3 und § 9 b Nr. 2):

___

5. Etwaige Frist für die Ausführung:

6. Ggf. Rechtsform, die die Bietergemeinschaft, an die der Auftrag vergeben wird, haben muß:

7. a) Tag, bis zu dem die Anträge auf Teilnahme eingehen müssen:

   b) Anschrift, an die die Anträge zu richten sind:

   c) Sprache, in der die Anträge abgefaßt sein müssen:

8. Tag, an dem die Aufforderungen zur Angebotsabgabe spätestens abgesandt werden:

9. Ggf. geforderte Sicherheiten:

10. Wesentliche Zahlungsbedingungen und/oder Verweisung auf die Vorschriften, in denen sie enthalten sind:

11. Mit dem Teilnahmeantrag verlangte Nachweise für die Beurteilung der Eignung (Fachkunde, Leistungsfähigkeit, Zuverlässigkeit) des Bieters:

12. Kriterien für die Auftragserteilung, wenn diese nicht in den Vergabeunterlagen enthalten sind:

Allgemeine Vergabebestimmungen **DIN 1960**

13. Sonstige Angaben, insbesondere die Stelle, an die sich der Bewerber oder Bieter zur Nachprüfung behaupteter Verstöße gegen Vergabebestimmungen wenden kann:

_____
_____
_____

14. Ggf. Fundstelle der Veröffentlichung der regelmäßigen Bekanntmachungen, auf die dieser Auftrag sich bezieht, im Amtsblatt der Europäischen Gemeinschaften:

_____

15. Tag der Absendung der Bekanntmachung:

_____

Anhang C/SKR
Verhandlungsverfahren

1. Name, Anschrift, Telefon-, Telegrafen-, Fernschreib- und Fernkopiernummer des Auftraggebers (Vergabestelle):

   _____
   _____

2. Art des Auftrags, der Gegenstand der Vergabe ist (z. B. Bauvertrag/Rahmenvertrag):

   _____

3. a) Ort der Ausführung:

   _____
   _____

   b) Art und Umfang der Leistung, allgemeine Merkmale der baulichen Anlage:

   _____
   _____

   c) Falls die bauliche Anlage oder der Auftrag in mehrere Lose aufgeteilt wird, Art und Umfang der einzelnen Lose und Möglichkeit, Angebote für eines, mehrere oder alle Lose einzureichen:

   _____
   _____

   d) Angaben über den Zweck der baulichen Anlage oder des Auftrags, falls auch Planungsleistungen gefordert werden:

   _____
   _____

4. Ausnahme von der Anwendung gemeinschaftsrechtlicher Spezifikationen gemäß § 6 SKR Nr. 2 Abs. 1 (§ 9 Nr. 4 Abs. 2 und § 9 b Nr. 2):

   _____
   _____

5. Etwaige Frist für die Ausführung:

   _____

Allgemeine Vergabebestimmungen　　　　　　　　　　　　　　DIN 1960

6. Ggf. Rechtsform, die die Bietergemeinschaft, an die der Auftrag vergeben wird, haben muß:

_____

_____

7. a) Tag, bis zu dem die Anträge auf Teilnahme eingehen müssen:

_____

b) Anschrift, an die die Anträge zu richten sind:

_____

_____

c) Sprache, in der diese Anträge abgefaßt sein müssen:

_____

8. Ggf. geforderte Sicherheiten:

_____

_____

9. Wesentliche Zahlungsbedingungen und/oder Verweis auf die Vorschriften, in denen sie enthalten sind:

_____

_____

10. Mit dem Teilnahmeantrag verlangte Nachweise für die Beurteilung der Eignung (Fachkunde, Leistungsfähigkeit, Zuverlässigkeit) des Bieters:

_____

_____

11. Ggf. Namen und Anschriften der vom Auftraggeber bereits ausgewählten Unternehmer:

_____

_____

12. Ggf. Datum vorhergehender Veröffentlichungen im Amtsblatt der Europäischen Gemeinschaft:

_____

DIN 1960 VOB Teil A

13. Sonstige Angaben, insbesondere die Stelle, an die sich der Bewerber oder Bieter zur Nachprüfung behaupteter Verstöße gegen Vergabebestimmungen wenden kann:

14. Ggf. Fundstelle der Veröffentlichung der regelmäßigen Bekanntmachungen, auf die dieser Auftrag sich bezieht, im Amtsblatt der Europäischen Gemeinschaften:

15. Tag der Absendung der Bekanntmachung:

Anhang D/SKR
Anwendung eines Prüfsystems

1. Name, Anschrift, Telefon-, Telegrafen-, Fernschreib- und Fernkopiernummer des Auftraggebers (Vergabestelle):

    _____

    _____

    _____

2. Zweck des Prüfsystems:

    _____

    _____

    _____

    _____

    _____

    _____

    _____

3. Anschrift der Stelle, bei der die Regeln und Kriterien des Prüfsystems verfügbar sind:

    _____

    _____

    _____

4. Ggf. Geltungsdauer des Prüfsystems:

    _____

DIN 1960 VOB Teil A

Anhang E/SKR
Regelmäßige Bekanntmachung

1. Name, Anschrift, Telefon-, Telegrafen-, Fernschreib- und Fernkopiernummer des Auftraggebers (Vergabestelle):

2. a) Ort der Ausführung:

   b) Art und Umfang der Leistung, wesentliche Merkmale der baulichen Anlage oder der Baulose:

   c) Geschätzte Kosten der vorgeschlagenen Leistungen:

3. a) Art des vorgesehenen Vergabeverfahrens:

   b) Voraussichtlicher Tag der Einleitung der Vergabeverfahren für den Auftrag/die Aufträge:

   c) Voraussichtlicher Tag des Beginns der Bauarbeiten:

   d) Zeitplan für die Ausführung der Bauarbeiten:

4. Ggf. Finanzierungsbedingungen:

5. Sonstige Angaben, insbesondere die Stelle, an die sich der Bewerber oder Bieter zur Nachprüfung behaupteter Verstöße gegen Vergabebestimmungen wenden kann:

6. Tag der Absendung der Bekanntmachung:

Allgemeine Vergabebestimmungen DIN 1960

Anhang F/SKR
Vergebene Aufträge

I. Angaben für die Veröffentlichung im Amtsblatt der Europäischen Gemeinschaften

1. Name und Anschrift des Auftraggebers (Vergabestelle):

   _____

   _____

2. Art des Auftrags, der Gegenstand der Vergabe ist (z. B. Bauvertrag/Rahmenvertrag):

   _____

   _____

   _____

3. Art und Umfang der vertraglichen Leistung, allgemeine Merkmale der zu errichtenden baulichen Anlage:

   _____

   _____

   _____

4. a) Form des Aufrufs zum Wettbewerb (Bekanntmachung über das Prüfsystem; regelmäßige Bekanntmachung, Aufruf zur Angebotsabgabe):

   _____

   _____

   b) Fundstelle der Veröffentlichung der Bekanntmachung im Amtsblatt der Europäischen Gemeinschaften

   _____

   c) Im Falle von ohne Wettbewerb vergebenen Aufträgen, Angabe der betreffenden Bestimmung des § 3 SKR Nr. 3 (§ 3 b Nr. 2):

   _____

   _____

5. Gewähltes Vergabeverfahren:

   _____

6. Anzahl der eingegangenen Angebote:

   _____

DIN 1960 VOB Teil A

7. Tag der Auftragserteilung:

8. Entfällt

9. Name(n) und Anschrift(en) der (des) Auftragnehmer(s):

10. Entfällt

11. Fakultative Angaben:
    — Anteil der beabsichtigten Nachunternehmerleistungen, soweit bekannt:
    — Kriterien für die Auftragsvergabe:
    — Auftragssumme oder Spanne der Angebotssummen:

II. Nicht für die Veröffentlichung bestimmte Angaben

12. Anzahl der vergebenen Aufträge, wenn ein Auftrag zwischen mehreren Auftragnehmern aufgeteilt worden ist:

13. Wert jedes vergebenen Auftrags:

14. Entfällt

15. Wurden die in § 6 SKR Nr. 2 Abs. 1 (§ 9 Nr. 4 Abs. 3 und § 9 b Nr. 2) bei Verwendung der gemeinschaftsrechtlichen Spezifikationen vorgesehenen Ausnahmen in Anspruch genommen, wenn ja, welche:

16. Kriterium für die Auftragsvergabe („wirtschaftlichstes, günstigstes Angebot"):

17. Ist der Auftrag auf einen Änderungsvorschlag oder auf ein Nebenangebot erteilt worden:

18. Sind Angebote gemäß § 10/SKR Nr. 2 (§ 25 b Nr. 2) nicht gewählt worden, weil sie ungewöhnlich niedrig waren:

___

19. Tag der Absendung der Bekanntmachung:

___

Abschnitt 4
Vergabebestimmungen nach der EG-Sektorenrichtlinie (VOB/A-SKR)*)

§ 1 SKR
Bauleistungen, Geltungsbereich

1. Bauleistungen sind Arbeiten jeder Art, durch die eine bauliche Anlage hergestellt, instandgehalten, geändert oder beseitigt wird.
2. (1) Die Bestimmungen sind für Bauaufträge anzuwenden, bei denen der geschätzte Gesamtauftragswert der Baumaßnahme bzw. des Bauwerks (alle Bauaufträge für eine bauliche Anlage) ohne Umsatzsteuer 5 Millionen Europäische Währungseinheiten (ECU) oder mehr beträgt. Der Gesamtauftragswert umfaßt auch den geschätzten Wert der vom Auftraggeber beigestellten Stoffe, Bauteile und Leistungen.

    (2) Werden die Bauaufträge für eine bauliche Anlage mit einem geschätzten Gesamtauftragswert von mindestens 5 Mio. ECU in Losen vergeben, sind die Bestimmungen anzuwenden

    – bei jedem Los mit einem geschätzten Auftragswert von 1 Mio. ECU und mehr,

    – unabhängig davon für alle Bauaufträge, bis mindestens 80% des geschätzten Gesamtauftragswertes aller Bauaufträge für die bauliche Anlage erreicht sind.

3. Eine bauliche Anlage darf für die Schwellenwertermittlung nicht in der Absicht aufgeteilt werden, sie der Anwendung der Bestimmungen zu entziehen.
4. Lieferungen, die nicht zur Ausführung der baulichen Anlage erforderlich sind, dürfen dann nicht mit einem Bauauftrag vergeben werden, wenn dadurch für sie die Anwendung der für Lieferleistungen geltenden EG-Vergabebestimmungen umgangen wird.
5. Der Wert einer Rahmenvereinbarung (§ 4 SKR) wird auf der Grundlage des geschätzten Höchstwertes aller für den Mindestzeitraum ihrer Geltung geplanten Aufträge berechnet.
6. Maßgebender Zeitpunkt für die Schätzung des Gesamtauftragswertes ist die Einleitung des ersten Vergabeverfahrens für die bauliche Anlage.
7. Der Gegenwert der Europäischen Währungseinheit (ECU) in Deutscher Mark wird jeweils im Bundesanzeiger bekanntgegeben.

§ 2 SKR
Diskriminierungsverbot, Schutz der Vertraulichkeit

1. Bei der Vergabe von Bauleistungen darf kein Unternehmer diskriminiert werden.

---

*) Richtlinie des Rates vom 17. Sept. 1990 betreffend die Auftragsvergabe durch Auftraggeber im Bereich Wasser-, Energie- und Verkehrsversorgung sowie im Telekommunikationssektor (90/531/EWG)

Allgemeine Vergabebestimmungen DIN 1960

2. Die Übermittlung technischer Spezifikationen für interessierte Unternehmer, die Prüfung und die Auswahl von Unternehmern und die Auftragsvergabe können die Auftraggeber mit Auflagen zum Schutz der Vertraulichkeit verbinden.
3. Das Recht der Unternehmer, von einem Auftraggeber in Übereinstimmung mit innerstaatlichen Rechtsvorschriften die Vertraulichkeit der von ihnen zur Verfügung gestellten Informationen zu verlangen, wird nicht eingeschränkt.

§ 3 SKR
Arten der Vergabe

1. Die Auftraggeber können jedes der in Nr. 2 bezeichneten Verfahren wählen, vorausgesetzt, daß — vorbehaltlich der Nr. 3 — ein Aufruf zum Wettbewerb gemäß § 8 SKR Nr. 1 durchgeführt wird.
2. Bauaufträge im Sinne von § 1 SKR werden in folgenden Verfahren vergeben:
    a) Offenes Verfahren
    Im Offenen Verfahren werden Bauleistungen vergeben im vorgeschriebenen Verfahren nach öffentlicher Aufforderung einer unbeschränkten Zahl von Unternehmern zur Einreichung von Angeboten.
    b) Nichtoffenes Verfahren
    Im Nichtoffenen Verfahren werden Bauleistungen vergeben im vorgeschriebenen Verfahren nach öffentlicher Aufforderung einer beschränkten Zahl von Unternehmern zur Einreichung von Angeboten, ggf. nach Aufruf zum Wettbewerb.
    c) Verhandlungsverfahren
    Beim Verhandlungsverfahren wendet sich der Auftraggeber an ausgewählte Unternehmer und verhandelt mit einem oder mehreren dieser Unternehmer über den Auftragsinhalt, gegebenenfalls nach Aufruf zum Wettbewerb.
3. Ein Verfahren ohne vorherigen Aufruf zum Wettbewerb kann durchgeführt werden,
    a) wenn im Rahmen eines Verfahrens mit vorherigem Aufruf zum Wettbewerb keine oder keine geeigneten Angebote abgegeben worden sind, sofern die ursprünglichen Bedingungen des Auftrags nicht grundlegend geändert werden,
    b) wenn ein Auftrag nur zum Zweck von Forschungen, Versuchen, Untersuchungen oder Entwicklungen und nicht mit dem Ziel der Gewinnerzielung oder der Deckung der Forschungs- und Entwicklungskosten vergeben wird,
    c) wenn der Auftrag wegen seiner technischen oder künstlerischen Besonderheiten oder aufgrund des Schutzes von Ausschließlichkeitsrechten nur von bestimmten Unternehmern durchgeführt werden kann,
    d) wenn dringliche Gründe im Zusammenhang mit Ereignissen, die der Auftraggeber nicht voraussehen konnte, es nicht zulassen, die in den Offenen Verfahren, Nichtoffenen Verfahren oder Verhandlungsverfahren vorgesehenen Fristen einzuhalten,
    e) bei zusätzlichen Bauarbeiten, die weder in dem der Vergabe zugrundeliegenden Entwurf noch im zuerst vergebenen Auftrag vorgesehen sind, die aber wegen eines unvorhergesehenen Ereignisses zur Ausführung dieses Auftrags

erforderlich sind, sofern der Auftrag an den Unternehmer vergeben wird, der den ersten Auftrag ausführt,

- wenn sich diese zusätzlichen Arbeiten in technischer oder wirtschaftlicher Hinsicht nicht ohne wesentlichen Nachteil für den Auftraggeber vom Hauptauftrag trennen lassen oder
- wenn diese zuätzlichen Arbeiten zwar von der Ausführung des ersten Auftrags getrennt werden können, aber für dessen Abrundung unbedingt erforderlich sind,

f) bei neuen Bauarbeiten, die in der Wiederholung gleichartiger Arbeiten bestehen, die vom selben Auftraggeber an den Unternehmer vergeben werden, der den ersten Auftrag erhalten hat, sofern sie einem Grundentwurf entsprechen und dieser Entwurf Gegenstand eines ersten Auftrags war, der nach einem Aufruf zum Wettbewerb vergeben wurde. Die Möglichkeit der Anwendung dieses Verfahrens muß bereits bei der Ausschreibung des ersten Bauabschnitts angegeben werden; der für die Fortsetzung der Bauarbeiten in Aussicht genommene Gesamtauftragswert wird vom Auftraggeber für die Anwendung von § 1 SKR berücksichtigt,

g) bei Aufträgen, die aufgrund einer Rahmenvereinbarung vergeben werden sollen, sofern die in § 4 SKR Nr. 2 genannte Bedingung erfüllt ist.

§ 4 SKR
Rahmenvereinbarung

1. Eine Rahmenvereinbarung ist eine Vereinbarung mit einem oder mehreren Unternehmern, in der die Bedingungen für Einzelaufträge festgelegt werden, die im Laufe eines bestimmten Zeitraums vergeben werden sollen, insbesondere über den in Aussicht genommenen Preis und ggf. die in Aussicht genommene Menge.

2. (1) Rahmenvereinbarungen können als Auftrag i.S. dieser Vergabebestimmungen angesehen werden und aufgrund eines Verfahrens nach § 3 SKR Nr. 2 abgeschlossen werden.

   (2) Ist eine Rahmenvereinbarung in einem Verfahren nach § 3 SKR Nr. 2 abgeschlossen worden, so kann ein Einzelauftrag aufgrund dieser Rahmenvereinbarung nach § 3 SKR Nr. 3 Buchstabe g) ohne vorherigen Aufruf zum Wettbewerb vergeben werden.

   (3) Ist eine Rahmenvereinbarung nicht in einem Verfahren nach § 3 SKR Nr. 2 abgeschlossen worden, so muß der Vergabe des Einzelauftrags ein Aufruf zum Wettbewerb vorausgehen.

3. Rahmenvereinbarungen dürfen nicht dazu mißbraucht werden, den Wettbewerb zu verhindern, einzuschränken oder zu verfälschen.

§ 5 SKR
Teilnehmer am Wettbewerb

1. (1) Auftraggeber, die Bewerber für die Teilnahme an einem Nichtoffenen Verfahren oder an einem Verhandlungsverfahren auswählen, richten sich dabei nach objektiven Regeln und Kriterien. Diese Regeln und Kriterien legen sie schriftlich fest und stellen sie interessierten Unternehmern zur Verfügung.

Allgemeine Vergabebestimmungen DIN 1960

(2) Kriterien i.S. von Absatz 1 sind insbesondere Fachkunde, Leistungsfähigkeit und Zuverlässigkeit. Zu deren Nachweis können z. B. Angaben verlangt werden über:

a) den Umsatz des Unternehmers in den letzten 3 abgeschlossenen Geschäftsjahren, soweit er Bauleistungen und andere Leistungen betrifft, die mit der zu vergebenden Leistung vergleichbar sind, unter Einschluß des Anteils bei gemeinsam mit anderen Unternehmern ausgeführten Aufträgen,

b) die Ausführung von Leistungen in den letzten 3 abgeschlossenen Geschäftsjahren, die mit der zu vergebenden Leistung vergleichbar sind,

c) die Zahl der in den letzten 3 abgeschlossenen Geschäftsjahren jahresdurchschnittlich beschäftigten Arbeitskräfte, gegliedert nach Berufsgruppen,

d) die dem Unternehmer für die Ausführung der zu vergebenden Leistung zur Verfügung stehende technische Ausrüstung,

e) das für die Leitung und Aufsicht vorgesehene technische Personal,

f) die Eintragung in das Berufsregister des Sitzes oder Wohnsitzes des Unternehmers,

g) andere, insbesondere für die Prüfung der Fachkunde geeignete Nachweise.

2. Kriterien nach Nr. 1 können auch folgende Ausschließungsgründe sein:

a) Eröffnung oder beantragte Eröffnung des Konkurs- oder Vergleichsverfahrens über das Vermögen des Unternehmers,

b) eingeleitete Liquidation des Unternehmens,

c) nachweislich begangene schwere Verfehlung des Unternehmers, die seine Zuverlässigkeit als Bewerber in Frage stellt,

d) nicht ordnungsgemäße Erfüllung der Verpflichtung zur Zahlung von Steuern und Abgaben sowie der Beiträge zur gesetzlichen Sozialversicherung,

e) vorsätzliche Abgabe von unzutreffenden Erklärungen in bezug auf Fachkunde, Leistungsfähigkeit und Zuverlässigkeit im Vergabeverfahren,

f) fehlende Anmeldung bei der Berufsgenossenschaft oder zuständigen Organisation.

3. Ein Kriterium kann auch die objektive Notwendigkeit sein, die Zahl der Bewerber soweit zu verringern, daß ein angemessenes Verhältnis zwischen den besonderen Merkmalen des Vergabeverfahrens und dem zur Durchführung notwendigen Aufwand sichergestellt ist. Es sind jedoch so viele Bewerber zu berücksichtigen, daß ein Wettbewerb gewährleistet ist.

4. Bietergemeinschaften sind Einzelbietern gleichzusetzen, wenn sie die Arbeiten im eigenen Betrieb oder in den Betrieben der Mitglieder ausführen. Von solchen Gemeinschaften kann nicht verlangt werden, daß sie zwecks Einreichung eines Angebots oder für das Verhandlungsverfahren eine bestimmte Rechtsform annehmen; von der den Zuschlag erhaltenden Gemeinschaft kann dies jedoch verlangt werden, sofern es für die ordnungsgemäße Durchführung des Auftrags notwendig ist.

5. (1) Auftraggeber können ein System zur Prüfung von Unternehmern (Präqualifikationsverfahren) einrichten und anwenden.

(2) Das System kann mehrere Qualifikationsstufen umfassen. Es wird auf der Grundlage der vom Auftraggeber aufgestellten objektiven Regeln und Kriterien

gehandhabt. Der Auftraggeber nimmt dabei auf geeignete europäische Normen über die Qualifizierung von Unternehmern Bezug. Diese Kriterien und Regeln können erforderlichenfalls auf den neuesten Stand gebracht werden.

(3) Auf Verlangen werden diese Qualifizierungsregeln und -kriterien sowie deren Fortschreibung interessierten Unternehmern übermittelt.

Bezieht sich der Auftraggeber auf das Qualifizierungssystem einer anderen Einrichtung, so teilt er deren Namen mit.

6. In ihrer Entscheidung über die Qualifikation sowie bei der Überarbeitung der Prüfungskriterien und -regeln dürfen die Auftraggeber nicht
   - bestimmten Unternehmern administrative, technische oder finanzielle Verpflichtungen auferlegen, die sie anderen Unternehmern nicht auferlegt hätten,
   - Prüfungen und Nachweise verlangen, die sich mit bereits vorliegenden objektiven Nachweisen überschneiden.

7. Die Auftraggeber unterrichten die Antragsteller innerhalb einer angemessenen Frist über die Entscheidung zu deren Qualifikation. Kann diese Entscheidung nicht innerhalb von sechs Monaten nach Eingang des Prüfungsantrags getroffen werden, hat der Auftraggeber dem Antragsteller spätestens zwei Monate nach Eingang des Antrags die Gründe für eine längere Bearbeitungszeit mitzuteilen und anzugeben, wann über die Annahme oder die Ablehnung seines Antrags entschieden wird.

8. Negative Entscheidungen über die Qualifikation werden den Antragstellern unter Angabe der Gründe mitgeteilt. Die Gründe müssen sich auf die in Nr. 5 erwähnten Prüfungskriterien beziehen.

9. Die als qualifiziert anerkannten Unternehmer sind in ein Verzeichnis aufzunehmen. Dabei ist eine Untergliederung nach Fachgebieten möglich.

10. Die Auftraggeber können einem Unternehmer die Qualifikation nur aus Gründen aberkennen, die auf den in Nr. 5 erwähnten Kriterien beruhen. Die beabsichtigte Aberkennung muß dem betroffenen Unternehmer im voraus schriftlich unter Angabe der Gründe mitgeteilt werden.

11. (1) Das Prüfsystem ist im Amtsblatt der Europäischen Gemeinschaft bekanntzumachen.

    (2) Die Bekanntmachung ist nach dem in Anhang D/SKR enthaltenen Muster zu erstellen. Wenn das System mehr als drei Jahre gilt, ist die Bekanntmachung jährlich zu veröffentlichen. Bei kürzerer Dauer genügt eine Bekanntmachung zu Beginn des Verfahrens.

§ 6 SKR
Beschreibung der Leistung

1. Bei der Beschreibung der Leistung sind die technischen Anforderungen (siehe Anhang TS Nr. 1) in den Verdingungsunterlagen unter Bezugnahme auf gemeinschaftsrechtliche technische Spezifikationen festzulegen; das sind
   - in innerstaatliche Normen übernommene europäische Normen (siehe Anhang TS Nr. 1.3),

Allgemeine Vergabebestimmungen DIN 1960

- europäische technische Zulassungen (siehe Anhang TS Nr. 1.4),
- gemeinsame technische Spezifikationen (siehe Anhang TS Nr. 1.5).

2. (1) Von der Bezugnahme auf eine gemeinschaftsrechtliche technische Spezifikation kann abgesehen werden, wenn

a) die gemeinschaftsrechtliche technische Spezifikation keine Regelungen zur Feststellung der Übereinstimmung der technischen Anforderungen an die Bauleistung, das Material oder das Bauteil enthält, z.B. weil keine geeignete Prüfnorm vorliegt oder der Nachweis nicht mit angemessenen Mitteln auf andere Weise erbracht werden kann,

b) der Auftraggeber zur Verwendung von Stoffen und Bauteilen gezwungen würde, die mit von ihm bereits benutzten Anlagen inkompatibel sind oder deren Kompatibilität nur mit unverhältnismäßig hohen Kosten oder technischen Schwierigkeiten hergestellt werden könnte. Diese Abweichungsmöglichkeit darf nur im Rahmen einer klar definierten und schriftlich festgelegten Strategie, mit der Verpflichtung zur Übernahme gemeinschaftsrechtlicher Spezifikationen innerhalb einer bestimmten Frist in Anspruch genommen werden,

c) die betreffende gemeinschaftsrechtliche Spezifikation für die geplante spezielle Anwendung ungeeignet ist oder den seit ihrer Verabschiedung eingetretenen technischen Entwicklungen nicht Rechnung trägt. Die Auftraggeber, die diese Abweichungsmöglichkeit in Anspruch nehmen, teilen der zuständigen Normungsstelle oder jeder anderen zur Revision der gemeinschaftsrechtlichen Spezifikationen befugten Stelle mit, warum sie die gemeinschaftsrechtlichen Spezifikationen für ungeeignet halten und beantragen deren Revision,

d) das betreffende Vorhaben von wirklich innovativer Art ist und die Anwendung der gemeinschaftsrechtlichen technischen Spezifikationen nicht angemessen wäre.

(2) Die Gründe für die Ausnahme von der Anwendung gemeinschaftsrechtlicher technischer Spezifikationen sollen soweit als möglich in der Bekanntmachung oder in den Vergabeunterlagen angegeben werden. Sie sind festzuhalten und den Mitgliedstaaten und der EG-Kommission auf Anfrage zu übermitteln.

3. Falls keine gemeinschaftsrechtliche Spezifikation vorliegt, gilt Anhang TS Nr. 2.

4. Die Auftraggeber bestimmen die zusätzlichen Spezifikationen, die zur Ergänzung der gemeinschaftsrechtlichen Spezifikationen oder der anderen Normen erforderlich sind. Hierbei geben sie Spezifikationen, die eher Leistungsanforderungen als Auslegungsmerkmale oder Beschreibungen enthalten, den Vorrang, sofern sie nicht aus objektiven Gründen die Anwendung solcher Spezifikationen für die Ausführung des Auftrags für unzweckmäßig erachten.

5. (1) Bestimmte Erzeugnisse oder Verfahren sowie bestimmte Ursprungsorte und Bezugsquellen dürfen nur dann ausdrücklich vorgeschrieben werden, wenn dies durch die Art der geforderten Leistung gerechtfertigt ist.

(2) Bezeichnungen für bestimmte Erzeugnisse oder Verfahren (z.B. Markennamen, Warenzeichen, Patente) dürfen ausnahmsweise, jedoch nur mit dem Zusatz „oder gleichwertiger Art", verwendet werden, wenn eine Beschreibung durch hinreichend genaue, allgemeinverständliche Bezeichnungen nicht möglich ist.

6. Verbindliche technische Vorschriften bleiben unberührt, sofern sie mit dem Gemeinschaftsrecht vereinbar sind.
7. Eine Leistung, die von den vorgegebenen technischen Spezifikationen abweicht, darf angeboten werden, wenn sie mit dem geforderten Schutzniveau in bezug auf Sicherheit, Gesundheit und Gebrauchstauglichkeit gleichwertig ist. Die Abweichung muß im Angebot eindeutig bezeichnet sein. Die Gleichwertigkeit ist mit dem Angebot nachzuweisen.
8. (1) Die Auftraggeber teilen dem an einem Auftrag interessierten Unternehmer auf Anfrage die technischen Spezifikationen mit, die regelmäßig in ihren Bauaufträgen genannt werden oder die sie bei Beschaffungen im Zusammenhang mit regelmäßigen Bekanntmachungen gemäß § 8 SKR Nr. 2 benutzen.

(2) Soweit sich solche technischen Spezifikationen aus Unterlagen ergeben, die interessierten Unternehmern zur Verfügung stehen, genügt eine Bezugnahme auf diese Unterlagen.

§ 7 SKR
Vergabeunterlagen

1. Die Vergabeunterlagen bestehen aus dem Anschreiben (Aufforderung zur Angebotsabgabe) und den Verdingungsunterlagen.
2. (1) Für die Versendung der Verdingungsunterlagen (§ 8 SKR Nr. 8) ist ein Anschreiben (Aufforderung zur Angebotsabgabe) zu verfassen, das alle Angaben enthält, die außer den Verdingungsunterlagen für den Entschluß zur Abgabe eines Angebots notwendig sind.

(2) In dem Anschreiben sind insbesondere anzugeben:
a) Anschrift der Stelle, bei der zusätzliche Unterlagen angefordert werden können,
b) Tag, bis zu dem zusätzliche Unterlagen angefordert werden können,
c) ggf. Betrag und Zahlungsbedingungen für zusätzliche Unterlagen,
d) Anschrift der Stelle, bei der die Angebote einzureichen sind,
e) Angabe, daß die Angebote in deutscher Sprache abzufassen sind,
f) Tag, bis zu dem die Angebote eingehen müssen,
g) Hinweis auf die Veröffentlichung der Bekanntmachung,
h) Angabe der Unterlagen, die ggf. dem Angebot beizufügen sind,
i) sofern nicht in der Bekanntmachung angegeben (§ 8 SKR Nr. 1), die maßgebenden Wertungskriterien i. S. von § 10 SKR Nr. 1, d. h., neben technischem Wert und Wirtschaftlichkeit (Angebotspreis, Unterhaltungs- und Betriebskosten) besondere Kriterien, auf die der Auftraggeber im Einzelfall Wert legt, z. B. gestalterische und funktionsbedingte Gesichtspunkte, Lebensdauer und Ausführungsfrist, diese Angaben möglichst in der Reihenfolge der ihnen zuerkannten Bedeutung.

(3) Wenn der Auftraggeber Änderungsvorschläge oder Nebenangebote nicht oder nur in Verbindung mit einem Hauptangebot zulassen will, so ist dies anzugeben. Ebenso sind ggf. die Mindestanforderungen an Änderungsvorschläge und Nebenangebote anzugeben und auf welche Weise sie einzureichen sind.

Allgemeine Vergabebestimmungen DIN 1960

3. Der Auftraggeber kann die Bieter auffordern, in ihrem Angebot die Leistungen anzugeben, die sie an Nachunternehmer zu vergeben beabsichtigen.

§ 8 SKR
Aufruf zum Wettbewerb

1. (1) Ein Aufruf zum Wettbewerb kann erfolgen,
   a) durch Veröffentlichung einer Bekanntmachung nach den Anhängen A/SKR, B/SKR und C/SKR,
   b) durch Veröffentlichung einer regelmäßigen Bekanntmachung nach Nr. 2,
   c) durch Veröffentlichung einer Bekanntmachung über das Bestehen eines Prüfsystems nach § 5 SKR Nr. 5.

   (2) Die Kosten der Veröffentlichung der Bekanntmachungen im Amtsblatt der Europäischen Gemeinschaften werden von den Gemeinschaften getragen.

2. (1) Die wesentlichen Merkmale für eine beabsichtigte bauliche Anlage mit einem geschätzten Gesamtauftragswert nach § 1 SKR Nr. 2 sind als regelmäßige Bekanntmachung mindestens einmal jährlich bekanntzumachen.

   (2) Diese Bekanntmachungen sind nach dem in Anhang E/SKR enthaltenen Muster zu erstellen und dem Amt für amtliche Veröffentlichungen der Europäischen Gemeinschaften zu übermitteln.*)

   (3) Erfolgt der Aufruf zum Wettbewerb durch Veröffentlichung einer regelmäßigen Bekanntmachung, so
   a) müssen in der Bekanntmachung Bauarbeiten, die Gegenstand des zu vergebenden Auftrags sein werden, nach Art und Umfang genannt sein,
   b) muß die Bekanntmachung den Hinweis, daß dieser Auftrag im Nichtoffenen Verfahren oder Verhandlungsverfahren ohne spätere Veröffentlichung eines Aufrufs zur Angebotsabgabe vergeben wird, sowie die Aufforderung an die interessierten Unternehmer enthalten, ihr Interesse schriftlich mitzuteilen,
   c) müssen die Auftraggeber später alle Bewerber auf der Grundlage von genaueren Angaben über den Auftrag auffordern, ihr Interesse zu bestätigen, bevor mit der Auswahl der Bieter oder der Teilnehmer an einer Verhandlung begonnen wird,
   d) dürfen zwischen deren Veröffentlichung und dem Zeitpunkt der Zusendung der Aufforderung an die Bewerber gemäß Nr. 2 Abs. 3 Buchst. c) höchstens zwölf Monate vergangen sein. Im übrigen gilt § 9 SKR Nr. 2.

3. Erfolgt ein Aufruf zum Wettbewerb durch Veröffentlichung einer Bekanntmachung über das Bestehen eines Prüfsystems, so werden die Bieter in einem Nichtoffenen Verfahren oder die Teilnehmer an einem Verhandlungsverfahren unter den Bewerbern ausgewählt, die sich im Rahmen eines solchen Systems qualifiziert haben.

---

*) Amt für amtliche Veröffentlichungen der Europäischen Gemeinschaften, 2, rue mercier, L-2985 Luxemburg 1

4. (1) Der Tag der Absendung der Bekanntmachung muß nachgewiesen werden können. Vor dem Tag der Absendung darf die Bekanntmachung nicht veröffentlicht werden.

(2) Alle Veröffentlichungen dürfen nur die dem Amt für amtliche Veröffentlichungen der Europäischen Gemeinschaften übermittelten Angaben enthalten.

(3) Die Bekanntmachung wird unentgeltlich, spätestens 12 Kalendertage nach der Absendung im Supplement zum Amtsblatt der Europäischen Gemeinschaften in der Originalsprache veröffentlicht. Eine Zusammenfassung der wichtigsten Angaben wird in den übrigen Amtssprachen der Gemeinschaften veröffentlicht; der Wortlaut in der Originalsprache ist verbindlich. In Ausnahmefällen bemüht sich das Amt für amtliche Veröffentlichungen der Europäischen Gemeinschaften, die in Nr. 1 Abs. 1 Buchstabe a) genannten Bekanntmachungen auf Antrag des Auftraggebers innerhalb von 5 Kalendertagen zu veröffentlichen, sofern die Bekanntmachung dem Amt durch elektronische Briefübermittlung, per Fernkopierer oder Fernschreiben zugestellt worden ist.

5. Sind im Offenen Verfahren die Vergabeunterlagen und zusätzlichen Unterlagen rechtzeitig angefordert worden, sind sie den Bewerbern i. d. R. innerhalb von 6 Kalendertagen nach Eingang des Antrags zuzusenden.

6. Rechtzeitig beantragte Auskünfte über die Vergabeunterlagen sind spätestens 6 Kalendertage vor Ablauf der Angebotsfrist zu erteilen.

7. Die Vergabeunterlagen sind den Bewerbern in kürzestmöglicher Frist und in geeigneter Weise zu übermitteln.

8. Die Vergabeunterlagen sind beim Nichtoffenen Verfahren und beim Verhandlungsverfahren mit vorherigem Aufruf zum Wettbewerb an alle ausgewählten Bewerber am selben Tag abzusenden.

9. Anträge auf Teilnahme sind auch dann zu berücksichtigen, wenn sie durch Telegramme, Fernschreiben, Fernkopierer, Telefon oder in sonstiger Weise elektronisch übermittelt werden, sofern die sonstigen Teilnahmebedingungen erfüllt sind.

§ 9 SKR
Angebotsfrist, Bewerbungsfrist

1. (1) Beim Offenen Verfahren beträgt die Frist für den Eingang der Angebote (Angebotsfrist) mindestens 52 Kalendertage, gerechnet vom Tag nach Absendung der Bekanntmachung.

(2) Die Frist kann auf 36 Kalendertage verkürzt werden, wenn eine regelmäßige Bekanntmachung nach § 8 SKR Nr. 2 erfolgt ist.

2. Bei Nichtoffenen Verfahren und Verhandlungsverfahren mit vorherigem Aufruf zum Wettbewerb gilt:

a) Die Frist für den Eingang von Teilnahmeanträgen (Bewerbungsfrist) aufgrund der Bekanntmachung nach § 8 SKR Nr. 1 Abs. 1 Buchstabe a) oder der Aufforderung nach § 8 SKR Nr. 2 Abs. 3 Buchstabe c) beträgt grundsätzlich mindestens fünf Wochen vom Tag nach Absendung an. Auch in Ausnahmefällen darf sie auf keinen Fall kürzer sein als die in § 8 SKR Nr. 4 Abs. 3 vorgesehene Frist für die Veröffentlichung plus 10 Kalendertage.

Allgemeine Vergabebestimmungen   DIN 1960

b) Die Angebotsfrist kann zwischen dem Auftraggeber und den ausgewählten Bewerbern einvernehmlich festgelegt werden, vorausgesetzt, daß allen Bewerbern dieselbe Frist für die Erstellung und Einreichung von Angeboten eingeräumt wird.

c) Falls eine einvernehmliche Festlegung der Angebotsfrist nicht möglich ist, setzt der Auftraggeber im Regelfall eine Frist von mindestens drei Wochen fest. Sie darf jedoch keinesfalls kürzer als 10 Kalendertage, gerechnet vom Tag nach Absendung der Aufforderung zur Angebotsabgabe, sein. Bei der Festlegung der Frist werden nur die in Nr. 3 genannten Faktoren berücksichtigt.

3. Können die Angebote nur nach Prüfung von umfangreichen Unterlagen, z. B. ausführlichen technischen Spezifikationen, oder nur nach einer Ortsbesichtigung oder Einsichtnahme in ergänzende Unterlagen zu den Vergabeunterlagen erstellt werden, so muß dies beim Festsetzen angemessener Fristen berücksichtigt werden.

§ 10 SKR
Wertung der Angebote

1. (1) Der Auftrag ist auf das annehmbarste, wirtschaftlich günstigste Angebot unter Berücksichtigung der auftragsbezogenen Kriterien, wie etwa: Lieferfrist, Ausführungsdauer, Betriebskosten, Rentabilität, Qualität, Ästhetik und Zweckmäßigkeit, technischer Wert, Kundendienst und technische Hilfe, Verpflichtungen hinsichtlich der Ersatzteile, Versorgungssicherheit, Preis, zu erteilen.

(2) Bei der Wertung der Angebote dürfen nur Kriterien berücksichtigt werden, die in der Bekanntmachung oder in den Vergabeunterlagen genannt sind.

2. (1) Erscheinen im Falle eines bestimmten Auftrags Angebote im Verhältnis zur Leistung als ungewöhnlich niedrig, so muß der Auftraggeber vor deren Ablehnung schriftlich Aufklärung über die Einzelposten der Angebote verlangen, wo er dies für angezeigt hält; die anschließende Prüfung erfolgt unter Berücksichtigung der eingegangenen Begründungen. Er kann eine zumutbare Frist für die Antwort festlegen.

(2) Der Auftraggeber kann Begründungen berücksichtigen, die objektiv gerechtfertigt sind durch die Wirtschaftlichkeit des Bauverfahrens oder der Herstellungsmethode, die gewählten technischen Lösungen, außergewöhnlich günstige Bedingungen für den Bieter bei der Durchführung des Auftrags oder die Originalität der vom Bieter vorgeschlagenen Erzeugnisse oder Bauleistungen.

(3) Angebote, die aufgrund einer staatlichen Beihilfe ungewöhnlich niedrig sind, dürfen von den Auftraggebern nur zurückgewiesen werden, wenn diese den Bieter darauf hingewiesen haben und dieser nicht den Nachweis liefern konnte, daß die Beihilfe der EG-Kommission gemeldet oder von ihr genehmigt wurde. Auftraggeber, die unter diesen Umständen ein Angebot zurückweisen, müssen die EG-Kommission darüber unterrichten.

3. Ein Angebot nach § 6 SKR Nr. 7 ist wie ein Hauptangebot zu werten.

4. (1) Änderungsvorschläge und Nebenangebote sind zu werten, es sei denn, der Auftraggeber hat sie in der Bekanntmachung oder in den Vergabeunterlagen nicht zugelassen.

(2) Wenn der Auftraggeber an Änderungsvorschläge oder Nebenangebote Mindestanforderungen gestellt hat, darf der Zuschlag auf solche Angebote nur erteilt werden, wenn sie den Mindestanforderungen entsprechen.

§ 11 SKR
Bekanntmachung der Auftragserteilung

1. Der EG-Kommission sind für jeden vergebenen Auftrag binnen zwei Monaten nach der Vergabe dieses Auftrages die Ergebnisse des Vergabeverfahrens durch eine gemäß Anhang F/SKR abgefaßte Bekanntmachung mitzuteilen.
2. Die Angaben in Anhang F/SKR werden im Amtsblatt der Europäischen Gemeinschaften veröffentlicht. Dabei trägt die EG-Kommission der Tatsache Rechnung, daß es sich bei den Angaben im Falle von Anhang F/SKR Nummern 6 und 9 um in geschäftlicher Hinsicht empfindliche Angaben handelt, wenn der Auftraggeber dies bei der Übermittlung dieser Angaben geltend macht.
3. Die Angaben in Anhang F/SKR Nummern 12 bis 18 werden nicht oder nur in vereinfachter Form zu statistischen Zwecken veröffentlicht.

§ 12 SKR
Aufbewahrungs- und Berichtspflichten

1. (1) Sachdienliche Unterlagen über jede Auftragsvergabe sind aufzubewahren, die es zu einem späteren Zeitpunkt ermöglichen, die Entscheidungen zu begründen über:

   a) die Prüfung und Auswahl der Unternehmer und die Auftragsvergabe,

   b) die Inanspruchnahme der Abweichungsmöglichkeiten beim Gebrauch der gemeinschaftsrechtlichen Spezifikationen gemäß § 6 SKR Nr. 2, Abs. 1,

   c) den Rückgriff auf Verfahren ohne vorherigen Aufruf zum Wettbewerb gemäß § 3 SKR Nr. 3,

   d) die Inanspruchnahme vorgesehener Abweichungsmöglichkeiten von der Anwendungsverpflichtung.

   (2) Die Unterlagen müssen mindestens vier Jahre lang ab der Auftragsvergabe aufbewahrt werden, damit der Auftraggeber der Kommission in dieser Zeit auf Anfrage die erforderlichen Auskünfte erteilen kann.

2. Der Auftraggeber teilt der Bundesregierung jährlich den Gesamtwert der Aufträge mit, die unterhalb der in § 1 SKR definierten Schwelle liegen.

§ 13 SKR
Vergabeprüfstelle

In der Bekanntmachung und den Vergabeunterlagen ist die Stelle anzugeben, an die sich der Bewerber oder Bieter zur Nachprüfung behaupteter Verstöße gegen die Vergabebestimmungen wenden kann.

Allgemeine Vergabebestimmungen DIN 1960

Anhang TS
Technische Spezifikationen

1. Begriffsbestimmungen

1.1 „Technische Spezifikationen" sind sämtliche, insbesondere in den Verdingungsunterlagen enthaltenen, technischen Anforderungen an eine Bauleistung, ein Material, ein Erzeugnis oder eine Lieferung, mit deren Hilfe die Bauleistung, das Material, das Erzeugnis oder die Lieferung so bezeichnet werden können, daß sie ihren durch den öffentlichen Auftraggeber festgelegten Verwendungszweck erfüllen. Zu diesen technischen Anforderungen gehören Qualitätsstufen, Gebrauchstauglichkeit, Sicherheit und Abmessungen, ebenso die Vorschriften für Materialien, Erzeugnisse oder Lieferungen hinsichtlich Qualitätssicherung, Terminologie, Bildzeichen, Prüfungen und Prüfverfahren, Verpackung, Kennzeichnung und Beschriftung. Außerdem gehören dazu auch die Vorschriften für die Planung und die Berechnung von baulichen Anlagen, die Bedingungen für die Prüfung, Inspektion und Abnahme von baulichen Anlagen, die Konstruktionsmethoden oder -verfahren und alle anderen technischen Anforderungen, die der öffentliche Auftraggeber bezüglich baulicher Anlagen, Bauwerke oder der dazu notwendigen Materialien oder Teile durch allgemeine oder spezielle Vorschriften anzugeben in der Lage ist.

1.2 „Norm": technische Spezifikation, die von einer anerkannten Normenorganisation zur wiederholten oder ständigen Anwendung angenommen wurde, deren Einhaltung grundsätzlich nicht zwingend vorgeschrieben ist.

1.3 „Europäische Norm": die von dem Europäischen Komitee für Normung (CEN) oder dem Europäischen Komitee für Elektrotechnische Normung (CENELEC) gemäß deren gemeinsame Regeln als Europäische Normen (EN) oder Harmonisierungsdokumente (HD) angenommenen Normen.

1.4 „Europäische technische Zulassung": eine positive technische Beurteilung der Brauchbarkeit eines Produkts hinsichtlich der Erfüllung der wesentlichen Anforderungen an bauliche Anlagen; sie erfolgt aufgrund der spezifischen Merkmale des Produktes und der festgelegten Anwendungs- und Verwendungsbedingungen. Die europäische technische Zulassung wird von einer zu diesem Zweck vom Mitgliedstaat zugelassenen Organisation ausgestellt.

1.5 „Gemeinsame technische Spezifikation": technische Spezifikation, die nach einem von den Mitgliedstaaten anerkannten Verfahren erarbeitet wurde, um die einheitliche Anwendung in allen Mitgliedstaaten sicherzustellen, und die im Amtsblatt der Europäischen Gemeinschaften veröffentlicht wurde.

1.6 „Wesentliche Anforderungen": Anforderungen betreffend die Sicherheit, die Gesundheit und andere für die Allgemeinheit wichtige Aspekte, denen die baulichen Anlagen genügen müssen.

2. Mangels europäischer Normen, europäischer technischer Zulassungen oder gemeinsamer technischer Spezifikationen

2.1 werden die technischen Spezifikationen unter Bezugnahme auf die einzelstaatlichen technischen Spezifikationen festgelegt, die anerkanntermaßen den wesentlichen Anforderungen der Gemeinschaftsrichtlinien zur technischen Harmonisierung entsprechen, wobei die Anerkennung der Entsprechung nach den Verfahren dieser Richtlinien und insbesondere nach den in der Richtlinie des

Rates 89/106/EWG vom 21. Dez. 1988 über Bauprodukte vorgesehenen Verfahren erfolgt;

2.2 können die technischen Spezifikationen unter Bezugnahme auf die einzelstaatlichen technischen Spezifikationen betreffend die Planung, Berechnung und Verwirklichung von Bauvorhaben und den Einsatz von Produkten festgelegt werden;

2.3 können die technischen Spezifikationen unter Bezugnahme auf sonstige Dokumente festgelegt werden.

In einem solchen Fall ist unter Beachtung der nachstehenden Normenrangfolge zurückzugreifen auf

- die innerstaatlichen Normen, mit denen vom Land des Auftraggebers akzeptierte internationale Normen umgesetzt werden;
- sonstige innerstaatliche Normen und innerstaatliche technische Zulassungen des Landes des Auftraggebers;
- alle weiteren Normen.

Allgemeine Vergabebestimmungen DIN 1960

Anhang A/SKR
Offenes Verfahren

1. Name, Anschrift, Telefon-, Telegrafen-, Fernschreib- und Fernkopiernummer des Auftraggebers (Vergabestelle):

   _____
   _____

2. Art des Auftrags, der Gegenstand der Vergabe ist (z.B. Bauvertrag/Rahmenvertrag):

   _____

3. a) Ort der Ausführung:

   _____

   b) Art und Umfang der Leistung, allgemeine Merkmale der baulichen Anlage:

   _____
   _____

   c) Falls die bauliche Anlage oder der Auftrag in mehrere Lose aufgeteilt wird, Art und Umfang der einzelnen Lose und Möglichkeit, für eines, mehrere oder alle Lose Angebote einzureichen:

   _____
   _____
   _____

   d) Ggf. Ausschluß von Änderungsvorschlägen und Nebenangeboten:

   _____

   e) Angaben über den Zweck der baulichen Anlage oder des Auftrags, wenn auch Planungsleistungen gefordert werden:

   _____
   _____

4. Ausnahme von der Anwendung gemeinschaftsrechtlicher Spezifikationen gemäß § 6 SKR Nr. 2 Abs. 1 (§ 9 Nr. 4 Abs. 3 und § 9 b Nr. 2):

   _____

5. Etwaige Frist für die Ausführung:

   _____

6. a) Name und Anschrift der Stelle, bei der die Verdingungsunterlagen und zusätzlichen Unterlagen angefordert werden können sowie Termin, bis zu dem diese Unterlagen spätestens angefordert werden können:

_____

_____

b) Ggf. Höhe und Einzelheiten der Zahlung des Entgelts für Übersendung dieser Unterlagen:

_____

_____

7. a) Tag, bis zu dem die Angebote eingehen müssen:

_____

b) Anschrift, an die die Angebote zu richten sind:

_____

c) Sprache, in der die Angebote abgefaßt sein müssen:

_____

8. a) Ggf. Personen, die bei der Öffnung der Angebote anwesend sein dürfen:

_____

b) Datum, Uhrzeit und Ort der Öffnung der Angebote:

_____

9. Ggf. geforderte Sicherheiten:

_____

_____

10. Wesentliche Zahlungsbedingungen und/oder Verweisung auf die Vorschriften, in denen sie enthalten sind:

_____

_____

11. Ggf. Rechtsform, die die Bietergemeinschaft, an die der Auftrag vergeben wird, haben muß:

_____

Allgemeine Vergabebestimmungen DIN 1960

12. Mit dem Angebot verlangte Nachweise für die Beurteilung der Eignung (Fachkunde, Leistungsfähigkeit, Zuverlässigkeit) des Bieters:

_____

_____

_____

13. Frist, während der die Bieter an ihre Angebote gebunden sind:

_____

14. Kriterien für die Auftragserteilung, wenn diese nicht in den Vergabeunterlagen genannt sind:

_____

_____

15. Sonstige Angaben, insbesondere die Stelle, an die sich der Bewerber oder Bieter zur Nachprüfung behaupteter Verstöße gegen Vergabebestimmungen wenden kann:

_____

_____

_____

16. Ggf. Fundstelle der Veröffentlichung der regelmäßigen Bekanntmachung, auf die dieser Auftrag sich bezieht, im Amtsblatt der Europäischen Gemeinschaften:

_____

17. Tag der Absendung der Bekanntmachung:

_____

DIN 1960 VOB Teil A

Anhang B/SKR
Nichtoffenes Verfahren

1. Name, Anschrift, Telefon-, Telegrafen-, Fernschreib- und Fernkopiernummer des Auftraggebers (Vergabestelle):

_____

_____

2. Art des Auftrags, der Gegenstand der Vergabe ist (z. B. Bauvertrag/Rahmenvertrag):

_____

_____

3. a) Ort der Ausführung:

_____

b) Art und Umfang der Leistung, allgemeine Merkmale der baulichen Anlage:

_____

_____

c) Falls die bauliche Anlage oder der Auftrag in mehrere Lose aufgeteilt wird, Art und Umfang der einzelnen Lose und Möglichkeit, für eines, mehrere oder alle Lose Angebote einzureichen:

_____

_____

d) Gegebenenfalls Ausschluß von Änderungsvorschlägen und Nebenangeboten:

_____

e) Angaben über den Zweck der baulichen Anlage oder des Auftrags, wenn auch Planungsleistungen gefordert werden:

_____

_____

_____

4. Ausnahme von der Anwendung gemeinschaftsrechtlicher Spezifikationen gemäß § 6 SKR Nr. 2 Abs. 1 (§ 9 Nr. 4 Abs. 3 und § 9 b Nr. 2):

Allgemeine Vergabebestimmungen DIN 1960

5. Etwaige Frist für die Ausführung:

_____

6. Ggf. Rechtsform, die die Bietergemeinschaft, an die der Auftrag vergeben wird, haben muß:

_____

_____

7. a) Tag, bis zu dem die Anträge auf Teilnahme eingehen müssen:

_____

b) Anschrift, an die die Anträge zu richten sind:

_____

c) Sprache, in der die Anträge abgefaßt sein müssen:

_____

8. Tag, an dem die Aufforderungen zur Angebotsabgabe spätestens abgesandt werden:

_____

9. Ggf. geforderte Sicherheiten:

_____

_____

10. Wesentliche Zahlungsbedingungen und/oder Verweisung auf die Vorschriften, in denen sie enthalten sind:

_____

_____

11. Mit dem Teilnahmeantrag verlangte Nachweise für die Beurteilung der Eignung (Fachkunde, Leistungsfähigkeit, Zuverlässigkeit) des Bieters:

_____

_____

_____

12. Kriterien für die Auftragserteilung, wenn diese nicht in den Vergabeunterlagen enthalten sind:

_____

_____

_____

DIN 1960 VOB Teil A

13. Sonstige Angaben, insbesondere die Stelle, an die sich der Bewerber oder Bieter zur Nachprüfung behaupteter Verstöße gegen Vergabebestimmungen wenden kann:

_____

_____

_____

14. Ggf. Fundstelle der Veröffentlichung der regelmäßigen Bekanntmachungen, auf die dieser Auftrag sich bezieht, im Amtsblatt der Europäischen Gemeinschaften:

_____

15. Tag der Absendung der Bekanntmachung:

_____

Anhang C/SKR
Verhandlungsverfahren

1. Name, Anschrift, Telefon-, Telegrafen-, Fernschreib- und Fernkopiernummer des Auftraggebers (Vergabestelle):

_____

_____

2. Art des Auftrags, der Gegenstand der Vergabe ist (z. B. Bauvertrag/Rahmenvertrag):

_____

3. a) Ort der Ausführung:

_____

_____

b) Art und Umfang der Leistung, allgemeine Merkmale der baulichen Anlage:

_____

_____

_____

c) Falls die bauliche Anlage oder der Auftrag in mehrere Lose aufgeteilt wird, Art und Umfang der einzelnen Lose und Möglichkeit, Angebote für eines, mehrere oder alle Lose einzureichen:

_____

_____

_____

d) Angaben über den Zweck der baulichen Anlage oder des Auftrags, falls auch Planungsleistungen gefordert werden:

_____

_____

_____

4. Ausnahme von der Anwendung gemeinschaftsrechtlicher Spezifikationen gemäß § 6 SKR Nr. 2 Abs. 1 (§ 9 Nr. 4 Abs. 2 und § 9 b Nr. 2):

_____

_____

5. Etwaige Frist für die Ausführung:

_____

6. Ggf. Rechtsform, die die Bietergemeinschaft, an die der Auftrag vergeben wird, haben muß:

_____

_____

7. a) Tag, bis zu dem die Anträge auf Teilnahme eingehen müssen:

_____

b) Anschrift, an die die Anträge zu richten sind:

_____

c) Sprache, in der diese Anträge abgefaßt sein müssen:

_____

8. Ggf. geforderte Sicherheiten:

_____

_____

9. Wesentliche Zahlungsbedingungen und/oder Verweis auf die Vorschriften, in denen sie enthalten sind:

_____

_____

10. Mit dem Teilnahmeantrag verlangte Nachweise für die Beurteilung der Eignung (Fachkunde, Leistungsfähigkeit, Zuverlässigkeit) des Bieters:

_____

_____

_____

11. Ggf. Namen und Anschriften der vom Auftraggeber bereits ausgewählten Unternehmer:

_____

_____

12. Ggf. Datum vorhergehender Veröffentlichungen im Amtsblatt der Europäischen Gemeinschaften:

_____

13. Sonstige Angaben, insbesondere die Stelle, an die sich der Bewerber oder Bieter zur Nachprüfung behaupteter Verstöße gegen Vergabebestimmungen wenden kann:

_____

_____

_____

14. Ggf. Fundstelle der Veröffentlichung der regelmäßigen Bekanntmachungen, auf die dieser Auftrag sich bezieht, im Amtsblatt der Europäischen Gemeinschaften:

_____

_____

15. Tag der Absendung der Bekanntmachung:

_____

Anhang D/SKR
Anwendung eines Prüfsystems

1. Name, Anschrift, Telefon-, Telegrafen-, Fernschreib- und Fernkopiernummer des Auftraggebers (Vergabestelle):

   _____

   _____

   _____

2. Zweck des Prüfsystems:

   _____

   _____

   _____

   _____

   _____

   _____

3. Anschrift der Stelle, bei der die Regeln und Kriterien des Prüfsystems verfügbar sind:

   _____

   _____

   _____

4. Ggf. Geltungsdauer des Prüfsystems:

   _____

Allgemeine Vergabebestimmungen   DIN 1960

Anhang E/SKR
Regelmäßige Bekanntmachung

1. Name, Anschrift, Telefon-, Telegrafen-, Fernschreib- und Fernkopiernummer des Auftraggebers (Vergabestelle):

   _____

   _____

2. a) Ort der Ausführung:

   _____

   b) Art und Umfang der Leistung, wesentliche Merkmale der baulichen Anlage oder der Baulose:

   _____

   _____

   _____

   c) Geschätzte Kosten der vorgeschlagenen Leistungen:

   _____

3. a) Art des vorgesehenen Vergabeverfahrens:

   _____

   b) Voraussichtlicher Tag der Einleitung der Vergabeverfahren für den Auftrag/die Aufträge:

   _____

   c) Voraussichtlicher Tag des Beginns der Bauarbeiten:

   _____

   d) Zeitplan für die Ausführung der Bauarbeiten:

   _____

4. Ggf. Finanzierungsbedingungen:

   _____

5. Sonstige Angaben, insbesondere die Stelle, an die sich der Bewerber oder Bieter zur Nachprüfung behaupteter Verstöße gegen Vergabebestimmungen wenden kann:

   _____

   _____

6. Tag der Absendung der Bekanntmachung:

   _____

Anhang F/SKR
Vergebene Aufträge

I. **Angaben für die Veröffentlichung im Amtsblatt der Europäischen Gemeinschaften**

1. Name und Anschrift des Auftraggebers (Vergabestelle):

   _____

   _____

2. Art des Auftrags, der Gegenstand der Vergabe ist (z. B. Bauvertrag/Rahmenvertrag):

   _____

   _____

3. Art und Umfang der vertraglichen Leistung, allgemeine Merkmale der zu errichtenden baulichen Anlage:

   _____

   _____

4. a) Form des Aufrufs zum Wettbewerb (Bekanntmachung über das Prüfsystem; regelmäßige Bekanntmachung, Aufruf zur Angebotsabgabe):

   _____

   _____

   b) Fundstelle der Veröffentlichung der Bekanntmachung im Amtsblatt der Europäischen Gemeinschaft

   _____

   c) Im Falle von ohne Wettbewerb vergebenen Aufträgen, Angabe der betreffenden Bestimmung des § 3 SKR Nr. 3 (§ 3 b Nr. 2):

   _____

5. Gewähltes Vergabeverfahren:

   _____

6. Anzahl der eingegangenen Angebote:

   _____

Allgemeine Vergabebestimmungen DIN 1960

7. Tag der Auftragserteilung:

___

8. Entfällt

9. Name(n) und Anschrift(en) der (des) Auftragnehmer(s):

___

___

10. Entfällt

11. Fakultative Angaben:
    — Anteil der beabsichtigten Nachunternehmerleistungen, soweit bekannt:
    — Kriterien für die Auftragsvergabe:
    — Auftragssumme oder Spanne der Angebotssummen:

___

II. Nicht für die Veröffentlichung bestimmte Angaben

12. Anzahl der vergebenen Aufträge, wenn ein Auftrag zwischen mehreren Auftragnehmern aufgeteilt worden ist:

___

13. Wert jedes vergebenen Auftrags:

___

14. Entfällt

15. Wurden die in § 6 SKR Nr. 2 Abs. 1 (§ 9 Nr. 4 Abs. 3 und § 9 b Nr. 2) bei Verwendung der gemeinschaftsrechtlichen Spezifikationen vorgesehenen Ausnahmen in Anspruch genommen, wenn ja, welche:

___

16. Kriterium für die Auftragsvergabe („wirtschaftlichstes, günstigstes Angebot"):

___

___

17. Ist der Auftrag auf einen Änderungsvorschlag oder auf ein Nebenangebot erteilt worden:

___

18. Sind Angebote gemäß § 10/SKR Nr. 2 (§ 25 b Nr. 2) nicht gewählt worden, weil sie ungewöhnlich niedrig waren:

_____

_____

_____

19. Tag der Absendung der Bekanntmachung:

_____

VOB Teil B:
Allgemeine Vertragsbedingungen für die Ausführung von Bauleistungen
DIN 1961 – Ausgabe Dezember 1992

§ 1
Art und Umfang der Leistung

1. Die auszuführende Leistung wird nach Art und Umfang durch den Vertrag bestimmt. Als Bestandteil des Vertrages gelten auch die Allgemeinen Technischen Vertragsbedingungen für Bauleistungen.
2. Bei Widersprüchen im Vertrag gelten nacheinander:
   a) die Leistungsbeschreibung,
   b) die Besonderen Vertragsbedingungen,
   c) etwaige Zusätzliche Vertragsbedingungen,
   d) etwaige Zusätzliche Technische Vertragsbedingungen,
   e) die Allgemeinen Technischen Vertragsbedingungen für Bauleistungen,
   f) die Allgemeinen Vertragsbedingungen für die Ausführung von Bauleistungen.
3. Änderungen des Bauentwurfs anzuordnen, bleibt dem Auftraggeber vorbehalten.
4. Nicht vereinbarte Leistungen, die zur Ausführung der vertraglichen Leistung erforderlich werden, hat der Auftragnehmer auf Verlangen des Auftraggebers mit auszuführen, außer wenn sein Betrieb auf derartige Leistungen nicht eingerichtet ist. Andere Leistungen können dem Auftragnehmer nur mit seiner Zustimmung übertragen werden.

§ 2
Vergütung

1. Durch die vereinbarten Preise werden alle Leistungen abgegolten, die nach der Leistungsbeschreibung, den Besonderen Vertragsbedingungen, den Zusätzlichen Vertragsbedingungen, den Zusätzlichen Technischen Vertragsbedingungen, den Allgemeinen Technischen Vertragsbedingungen für Bauleistungen und der gewerblichen Verkehrssitte zur vertraglichen Leistung gehören.
2. Die Vergütung wird nach den vertraglichen Einheitspreisen und den tatsächlich ausgeführten Leistungen berechnet, wenn keine andere Berechnungsart (z. B. durch Pauschalsumme, nach Stundenlohnsätzen, nach Selbstkosten) vereinbart ist.
3. (1) Weicht die ausgeführte Menge der unter einem Einheitspreis erfaßten Leistung oder Teilleistung um nicht mehr als 10 v. H. von dem im Vertrag vorgesehenen Umfang ab, so gilt der vertragliche Einheitspreis.

   (2) Für die über 10 v. H. hinausgehende Überschreitung des Mengenansatzes ist auf Verlangen ein neuer Preis unter Berücksichtigung der Mehr- oder Minderkosten zu vereinbaren.

   (3) Bei einer über 10 v. H. hinausgehenden Unterschreitung des Mengenansatzes ist auf Verlangen der Einheitspreis für die tatsächlich ausgeführte Menge der Leistung oder Teilleistung zu erhöhen, soweit der Auftragnehmer nicht durch Erhöhung der Mengen bei anderen Ordnungszahlen (Positionen) oder in anderer Weise einen Ausgleich erhält. Die Erhöhung des Einheitspreises soll im wesent-

lichen dem Mehrbetrag entsprechen, der sich durch Verteilung der Baustelleneinrichtungs- und Baustellengemeinkosten und der Allgemeinen Geschäftskosten auf die verringerte Menge ergibt. Die Umsatzsteuer wird entsprechend dem neuen Preis vergütet.

(4) Sind von der unter einem Einheitspreis erfaßten Leistung oder Teilleistung andere Leistungen abhängig, für die eine Pauschalsumme vereinbart ist, so kann mit der Änderung des Einheitspreises auch eine angemessene Änderung der Pauschalsumme gefordert werden.

4. Werden im Vertrag ausbedungene Leistungen des Auftragnehmers vom Auftraggeber selbst übernommen (z. B. Lieferung von Bau-, Bauhilfs- und Betriebsstoffen), so gilt, wenn nichts anderes vereinbart wird, § 8 Nr. 1 Abs. 2 entsprechend.

5. Werden durch Änderung des Bauentwurfs oder andere Anordnungen des Auftraggebers die Grundlagen des Preises für eine im Vertrag vorgesehene Leistung geändert, so ist ein neuer Preis unter Berücksichtigung der Mehr- oder Minderkosten zu vereinbaren. Die Vereinbarung soll vor der Ausführung getroffen werden.

6. (1) Wird eine im Vertrag nicht vorgesehene Leistung gefordert, so hat der Auftragnehmer Anspruch auf besondere Vergütung. Er muß jedoch den Anspruch dem Auftraggeber ankündigen, bevor er mit der Ausführung der Leistung beginnt.

(2) Die Vergütung bestimmt sich nach den Grundlagen der Preisermittlung für die vertragliche Leistung und den besonderen Kosten der geforderten Leistung. Sie ist möglichst vor Beginn der Ausführung zu vereinbaren.

7. (1) Ist als Vergütung der Leistung eine Pauschalsumme vereinbart, so bleibt die Vergütung unverändert. Weicht jedoch die ausgeführte Leistung von der vertraglich vorgesehenen Leistung so erheblich ab, daß ein Festhalten an der Pauschalsumme nicht zumutbar ist (§ 242 BGB), so ist auf Verlangen ein Ausgleich unter Berücksichtigung der Mehr- oder Minderkosten zu gewähren. Für die Bemessung des Ausgleichs ist von den Grundlagen der Preisermittlung auszugehen. Nummern 4, 5 und 6 bleiben unberührt.

(2) Wenn nichts anderes vereinbart ist, gilt Absatz 1 auch für Pauschalsummen, die für Teile der Leistung vereinbart sind; Nummer 3 Absatz 4 bleibt unberührt.

8. (1) Leistungen, die der Auftragnehmer ohne Auftrag oder unter eigenmächtiger Abweichung vom Vertrag ausführt, werden nicht vergütet. Der Auftragnehmer hat sie auf Verlangen innerhalb einer angemessenen Frist zu beseitigen; sonst kann es auf seine Kosten geschehen. Er haftet außerdem für andere Schäden, die dem Auftraggeber hieraus entstehen, wenn die Vorschriften des BGB über die Geschäftsführung ohne Auftrag (§§ 677 ff.) nichts anderes ergeben.

(2) Eine Vergütung steht dem Auftragnehmer jedoch zu, wenn der Auftraggeber solche Leistungen nachträglich anerkennt. Eine Vergütung steht ihm auch zu, wenn die Leistungen für die Erfüllung des Vertrags notwendig waren, dem mutmaßlichen Willen des Auftraggebers entsprachen und ihm unverzüglich angezeigt wurden.

9. (1) Verlangt der Auftraggeber Zeichnungen, Berechnungen oder andere Unterlagen, die der Auftragnehmer nach dem Vertrag, besonders den Technischen Vertragsbedingungen oder der gewerblichen Verkehrssitte, nicht zu beschaffen hat, so hat er sie zu vergüten.

(2) Läßt er vom Auftragnehmer nicht aufgestellte technische Berechnungen durch den Auftragnehmer nachprüfen, so hat er die Kosten zu tragen.

10. Stundenlohnarbeiten werden nur vergütet, wenn sie als solche vor ihrem Beginn ausdrücklich vereinbart worden sind (§ 15).

§ 3
Ausführungsunterlagen

1. Die für die Ausführung nötigen Unterlagen sind dem Auftragnehmer unentgeltlich und rechtzeitig zu übergeben.
2. Das Abstecken der Hauptachsen der baulichen Anlagen, ebenso der Grenzen des Geländes, das dem Auftragnehmer zur Verfügung gestellt wird, und das Schaffen der notwendigen Höhenfestpunkte in unmittelbarer Nähe der baulichen Anlagen sind Sache des Auftraggebers.
3. Die vom Auftraggeber zur Verfügung gestellten Geländeaufnahmen und Absteckungen und die übrigen für die Ausführung übergebenen Unterlagen sind für den Auftragnehmer maßgebend. Jedoch hat er sie, soweit es zur ordnungsgemäßen Vertragserfüllung gehört, auf etwaige Unstimmigkeiten zu überprüfen und den Auftraggeber auf entdeckte oder vermutete Mängel hinzuweisen.
4. Vor Beginn der Arbeiten ist, soweit notwendig, der Zustand der Straßen und Geländeoberfläche, der Vorfluter und Vorflutleitungen, ferner der baulichen Anlagen im Baubereich in einer Niederschrift festzuhalten, die vom Auftraggeber und Auftragnehmer anzuerkennen ist.
5. Zeichnungen, Berechnungen, Nachprüfungen von Berechnungen oder andere Unterlagen, die der Auftragnehmer nach dem Vertrag, besonders den Technischen Vertragsbedingungen, oder der gewerblichen Verkehrssitte oder auf besonderes Verlangen des Auftraggebers (§ 2 Nr. 9) zu beschaffen hat, sind dem Auftraggeber nach Aufforderung rechtzeitig vorzulegen.
6. (1) Die in Nummer 5 genannten Unterlagen dürfen ohne Genehmigung ihres Urhebers nicht veröffentlicht, vervielfältigt, geändert oder für einen anderen als den vereinbarten Zweck benutzt werden.

(2) An DV-Programmen hat der Auftraggeber das Recht zur Nutzung mit den vereinbarten Leistungsmerkmalen in unveränderter Form auf den festgelegten Geräten. Der Auftraggeber darf zum Zwecke der Datensicherung zwei Kopien herstellen. Diese müssen alle Identifikationsmerkmale enthalten. Der Verbleib der Kopien ist auf Verlangen nachzuweisen.

(3) Der Auftragnehmer bleibt unbeschadet des Nutzungsrechts des Auftraggebers zur Nutzung der Unterlagen und der DV-Programme berechtigt.

§ 4
Ausführung

1. (1) Der Auftraggeber hat für die Aufrechterhaltung der allgemeinen Ordnung auf der Baustelle zu sorgen und das Zusammenwirken der verschiedenen Unternehmer zu regeln. Er hat die erforderlichen öffentlich-rechtlichen Genehmigungen und Erlaubnisse — z. B. nach dem Baurecht, dem Straßenverkehrsrecht, dem Wasserrecht, dem Gewerberecht — herbeizuführen.

(2) Der Auftraggeber hat das Recht, die vertragsgemäße Ausführung der Leistung zu überwachen. Hierzu hat er Zutritt zu den Arbeitsplätzen, Werkstätten und Lagerräumen, wo die vertragliche Leistung oder Teile von ihr hergestellt oder die hierfür bestimmten Stoffe und Bauteile gelagert werden. Auf Verlangen sind ihm die Werkzeichnungen oder andere Ausführungsunterlagen sowie die Ergebnisse von Güteprüfungen zur Einsicht vorzulegen und die erforderlichen Auskünfte zu erteilen, wenn hierdurch keine Geschäftsgeheimnisse preisgegeben werden. Als Geschäftsgeheimnis bezeichnete Auskünfte und Unterlagen hat er vertraulich zu behandeln.

(3) Der Auftraggeber ist befugt, unter Wahrung der dem Auftragnehmer zustehenden Leistung (Nummer 2) Anordnungen zu treffen, die zur vertragsgemäßen Ausführung der Leistung notwendig sind. Die Anordnungen sind grundsätzlich nur dem Auftragnehmer oder seinem für die Leitung der Ausführung bestellten Vertreter zu erteilen, außer wenn Gefahr im Verzug ist. Dem Auftraggeber ist mitzuteilen, wer jeweils als Vertreter des Auftragnehmers für die Leitung der Ausführung bestellt ist.

(4) Hält der Auftragnehmer die Anordnungen des Auftraggebers für unberechtigt oder unzweckmäßig, so hat er seine Bedenken geltend zu machen, die Anordnungen jedoch auf Verlangen auszuführen, wenn nicht gesetzliche oder behördliche Bestimmungen entgegenstehen. Wenn dadurch eine ungerechtfertigte Erschwerung verursacht wird, hat der Auftraggeber die Mehrkosten zu tragen.

2. (1) Der Auftragnehmer hat die Leistung unter eigener Verantwortung nach dem Vertrag auszuführen. Dabei hat er die anerkannten Regeln der Technik und die gesetzlichen und behördlichen Bestimmungen zu beachten. Es ist seine Sache, die Ausführung seiner vertraglichen Leistung zu leiten und für Ordnung auf seiner Arbeitsstelle zu sorgen.

(2) Er ist für die Erfüllung der gesetzlichen, behördlichen und berufsgenossenschaftlichen Verpflichtungen gegenüber seinen Arbeitnehmern allein verantwortlich. Es ist ausschließlich seine Aufgabe, die Vereinbarungen und Maßnahmen zu treffen, die sein Verhältnis zu den Arbeitnehmern regeln.

3. Hat der Auftragnehmer Bedenken gegen die vorgesehene Art der Ausführung (auch wegen der Sicherung gegen Unfallgefahren), gegen die Güte der vom Auftraggeber gelieferten Stoffe oder Bauteile oder gegen die Leistungen anderer Unternehmer, so hat er sie dem Auftraggeber unverzüglich — möglichst schon vor Beginn der Arbeiten — schriftlich mitzuteilen; der Auftraggeber bleibt jedoch für seine Angaben, Anordnungen oder Lieferungen verantwortlich.

4. Der Auftraggeber hat, wenn nichts anderes vereinbart ist, dem Auftragnehmer unentgeltlich zur Benutzung oder Mitbenutzung zu überlassen:

a) die notwendigen Lager- und Arbeitsplätze auf der Baustelle,

b) vorhandene Zufahrtswege und Anschlußgleise,

c) vorhandene Anschlüsse für Wasser und Energie. Die Kosten für den Verbrauch und den Messer oder Zähler trägt der Auftragnehmer, mehrere Auftragnehmer tragen sie anteilig.

5. Der Auftragnehmer hat die von ihm ausgeführten Leistungen und die ihm für die Ausführung übergebenen Gegenstände bis zur Abnahme vor Beschädigung und Diebstahl zu schützen. Auf Verlangen des Auftraggebers hat er sie vor Winter-

Allgemeine Vertragsbedingungen DIN 1961

schäden und Grundwasser zu schützen, ferner Schnee und Eis zu beseitigen. Obliegt ihm die Verpflichtung nach Satz 2 nicht schon nach dem Vertrag, so regelt sich die Vergütung nach § 2 Nr. 6.

6. Stoffe oder Bauteile, die dem Vertrag oder den Proben nicht entsprechen, sind auf Anordnung des Auftraggebers innerhalb einer von ihm bestimmten Frist von der Baustelle zu entfernen. Geschieht es nicht, so können sie auf Kosten des Auftragnehmers entfernt oder für seine Rechnung veräußert werden.

7. Leistungen, die schon während der Ausführung als mangelhaft oder vertragswidrig erkannt werden, hat der Auftragnehmer auf eigene Kosten durch mangelfreie zu ersetzen. Hat der Auftragnehmer den Mangel oder die Vertragswidrigkeit zu vertreten, so hat er auch den daraus entstehenden Schaden zu ersetzen. Kommt der Auftragnehmer der Pflicht zur Beseitigung des Mangels nicht nach, so kann ihm der Auftraggeber eine angemessene Frist zur Beseitigung des Mangels setzen und erklären, daß er ihm nach fruchtlosem Ablauf der Frist den Auftrag entziehe (§ 8 Nr. 3).

8. (1) Der Auftragnehmer hat die Leistung im eigenen Betrieb auszuführen. Mit schriftlicher Zustimmung des Auftraggebers darf er sie an Nachunternehmer übertragen. Die Zustimmung ist nicht notwendig bei Leistungen, auf die der Betrieb des Auftragnehmers nicht eingerichtet ist.

(2) Der Auftragnehmer hat bei der Weitervergabe von Bauleistungen an Nachunternehmer die Verdingungsordnung für Bauleistungen zugrunde zu legen.

(3) Der Auftragnehmer hat die Nachunternehmer dem Auftraggeber auf Verlangen bekanntzugeben.

9. Werden bei Ausführung der Leistung auf einem Grundstück Gegenstände von Altertums-, Kunst- oder wissenschaftlichem Wert entdeckt, so hat der Auftragnehmer vor jedem weiteren Aufdecken oder Ändern dem Auftraggeber den Fund anzuzeigen und ihm die Gegenstände nach näherer Weisung abzuliefern. Die Vergütung etwaiger Mehrkosten regelt sich nach § 2 Nr. 6. Die Rechte des Entdeckers (§ 984 BGB) hat der Auftraggeber.

§ 5
Ausführungsfristen

1. Die Ausführung ist nach den verbindlichen Fristen (Vertragsfristen) zu beginnen, angemessen zu fördern und zu vollenden. In einem Bauzeitenplan enthaltene Einzelfristen gelten nur dann als Vertragsfristen, wenn dies im Vertrag ausdrücklich vereinbart ist.

2. Ist für den Beginn der Ausführung keine Frist vereinbart, so hat der Auftraggeber dem Auftragnehmer auf Verlangen Auskunft über den voraussichtlichen Beginn zu erteilen. Der Auftragnehmer hat innerhalb von 12 Werktagen nach Aufforderung zu beginnen. Der Beginn der Ausführung ist dem Auftraggeber anzuzeigen.

3. Wenn Arbeitskräfte, Geräte, Gerüste, Stoffe oder Bauteile so unzureichend sind, daß die Ausführungsfristen offenbar nicht eingehalten werden können, muß der Auftragnehmer auf Verlangen unverzüglich Abhilfe schaffen.

4. Verzögert der Auftragnehmer den Beginn der Ausführung, gerät er mit der Vollendung in Verzug oder kommt er der in Nummer 3 erwähnten Verpflichtung nicht

nach, so kann der Auftraggeber bei Aufrechterhaltung des Vertrages Schadenersatz nach § 6 Nr. 6 verlangen oder dem Auftragnehmer eine angemessene Frist zur Vertragserfüllung setzen und erklären, daß er ihm nach fruchtlosem Ablauf der Frist den Auftrag entziehe (§ 8 Nr. 3).

§ 6
Behinderung und Unterbrechung der Ausführung

1. Glaubt sich der Auftragnehmer in der ordnungsgemäßen Ausführung der Leistung behindert, so hat er es dem Auftraggeber unverzüglich schriftlich anzuzeigen. Unterläßt er die Anzeige, so hat er nur dann Anspruch auf Berücksichtigung der hindernden Umstände, wenn dem Auftraggeber offenkundig die Tatsache und deren hindernde Wirkung bekannt waren.
2. (1) Ausführungsfristen werden verlängert, soweit die Behinderung verursacht ist:

    a) durch einen vom Auftraggeber zu vertretenden Umstand,

    b) durch Streik oder eine von der Berufsvertretung der Arbeitgeber angeordnete Aussperrung im Betrieb des Auftragnehmers oder in einem unmittelbar für ihn arbeitenden Betrieb,

    c) durch höhere Gewalt oder andere für den Auftragnehmer unabwendbare Umstände.

    (2) Witterungseinflüsse während der Ausführungszeit, mit denen bei Abgabe des Angebots normalerweise gerechnet werden mußte, gelten nicht als Behinderung.
3. Der Auftragnehmer hat alles zu tun, was ihm billigerweise zugemutet werden kann, um die Weiterführung der Arbeiten zu ermöglichen. Sobald die hindernden Umstände wegfallen, hat er ohne weiteres und unverzüglich die Arbeiten wiederaufzunehmen und den Auftraggeber davon zu benachrichtigen.
4. Die Fristverlängerung wird berechnet nach der Dauer der Behinderung mit einem Zuschlag für die Wiederaufnahme der Arbeiten und die etwaige Verschiebung in eine ungünstigere Jahreszeit.
5. Wird die Ausführung für voraussichtlich längere Dauer unterbrochen, ohne daß die Leistung dauernd unmöglich wird, so sind die ausgeführten Leistungen nach den Vertragspreisen abzurechnen und außerdem die Kosten zu vergüten, die dem Auftragnehmer bereits entstanden und in den Vertragspreisen des nicht ausgeführten Teils der Leistung enthalten sind.
6. Sind die hindernden Umstände von einem Vertragsteil zu vertreten, so hat der andere Teil Anspruch auf Ersatz des nachweislich entstandenen Schadens, des entgangenen Gewinns aber nur bei Vorsatz oder grober Fahrlässigkeit.
7. Dauert eine Unterbrechung länger als 3 Monate, so kann jeder Teil nach Ablauf dieser Zeit den Vertrag schriftlich kündigen. Die Abrechnung regelt sich nach Nummern 5 und 6; wenn der Auftragnehmer die Unterbrechung nicht zu vertreten hat, sind auch die Kosten der Baustellenräumung zu vergüten, soweit sie nicht in der Vergütung für die bereits ausgeführten Leistungen enthalten sind.

Allgemeine Vertragsbedingungen DIN 1961

§ 7
Verteilung der Gefahr

1. Wird die ganz oder teilweise ausgeführte Leistung vor der Abnahme durch höhere Gewalt, Krieg, Aufruhr oder andere unabwendbare vom Auftragnehmer nicht zu vertretende Umstände beschädigt oder zerstört, so hat dieser für die ausgeführten Teile der Leistung die Ansprüche nach § 6 Nr. 5; für andere Schäden besteht keine gegenseitige Ersatzpflicht.
2. Zu der ganz oder teilweise ausgeführten Leistung gehören alle mit der baulichen Anlage unmittelbar verbundenen, in ihre Substanz eingegangenen Leistungen, unabhängig von deren Fertigstellungsgrad.
3. Zu der ganz oder teilweise ausgeführten Leistung gehören nicht die noch nicht eingebauten Stoffe und Bauteile sowie die Baustelleneinrichtung und Absteckungen. Zu der ganz oder teilweise ausgeführten Leistung gehören ebenfalls nicht Baubehelfe, z. B. Gerüste, auch wenn diese als Besondere Leistung oder selbständig vergeben sind.

§ 8
Kündigung durch den Auftraggeber

1. (1) Der Auftraggeber kann bis zur Vollendung der Leistung jederzeit den Vertrag kündigen.
(2) Dem Auftragnehmer steht die vereinbarte Vergütung zu. Er muß sich jedoch anrechnen lassen, was er infolge der Aufhebung des Vertrags an Kosten erspart oder durch anderweitige Verwendung seiner Arbeitskraft und seines Betriebs erwirbt oder zu erwerben böswillig unterläßt (§ 649 BGB).
2. (1) Der Auftraggeber kann den Vertrag kündigen, wenn der Auftragnehmer seine Zahlungen einstellt, das Vergleichsverfahren beantragt oder in Konkurs gerät.
(2) Die ausgeführten Leistungen sind nach § 6 Nr. 5 abzurechnen. Der Auftraggeber kann Schadenersatz wegen Nichterfüllung des Restes verlangen.
3. (1) Der Auftraggeber kann den Vertrag kündigen, wenn in den Fällen des § 4 Nr. 7 und des § 5 Nr. 4 die gesetzte Frist fruchtlos abgelaufen ist (Entziehung des Auftrags). Die Entziehung des Auftrags kann auf einen in sich abgeschlossenen Teil der vertraglichen Leistung beschränkt werden.
(2) Nach der Entziehung des Auftrags ist der Auftraggeber berechtigt, den noch nicht vollendeten Teil der Leistung zu Lasten des Auftragnehmers durch einen Dritten ausführen zu lassen, doch bleiben seine Ansprüche auf Ersatz des etwa entstehenden weiteren Schadens bestehen. Er ist auch berechtigt, auf die weitere Ausführung zu verzichten und Schadenersatz wegen Nichterfüllung zu verlangen, wenn die Ausführung aus den Gründen, die zur Entziehung des Auftrags geführt haben, für ihn kein Interesse mehr hat.
(3) Für die Weiterführung der Arbeiten kann der Auftraggeber Geräte, Gerüste, auf der Baustelle vorhandene andere Einrichtungen und angelieferte Stoffe und Bauteile gegen angemessene Vergütung in Anspruch nehmen.

(4) Der Auftraggeber hat dem Auftragnehmer eine Aufstellung über die entstandenen Mehrkosten und über seine anderen Ansprüche spätestens binnen 12 Werktagen nach Abrechnung mit dem Dritten zuzusenden.

4. Der Auftraggeber kann den Auftrag entziehen, wenn der Auftragnehmer aus Anlaß der Vergabe eine Abrede getroffen hatte, die eine unzulässige Wettbewerbsbeschränkung darstellt. Die Kündigung ist innerhalb von 12 Werktagen nach Bekanntwerden des Kündigungsgrundes auszusprechen. Die Nummer 3 gilt entsprechend.

5. Die Kündigung ist schriftlich zu erklären.

6. Der Auftragnehmer kann Aufmaß und Abnahme der von ihm ausgeführten Leistungen alsbald nach der Kündigung verlangen; er hat unverzüglich eine prüfbare Rechnung über die ausgeführten Leistungen vorzulegen.

7. Eine wegen Verzugs verwirkte, nach Zeit bemessene Vertragsstrafe kann nur für die Zeit bis zum Tag der Kündigung des Vertrags gefordert werden.

§ 9
Kündigung durch den Auftragnehmer

1. Der Auftragnehmer kann den Vertrag kündigen:

   a) wenn der Auftraggeber eine ihm obliegende Handlung unterläßt und dadurch den Auftragnehmer außerstande setzt, die Leistung auszuführen (Annahmeverzug nach §§ 293 ff. BGB),

   b) wenn der Auftraggeber eine fällige Zahlung nicht leistet oder sonst in Schuldnerverzug gerät.

2. Die Kündigung ist schriftlich zu erklären. Sie ist erst zulässig, wenn der Auftragnehmer dem Auftraggeber ohne Erfolg eine angemessene Frist zur Vertragserfüllung gesetzt und erklärt hat, daß er nach fruchtlosem Ablauf der Frist den Vertrag kündigen werde.

3. Die bisherigen Leistungen sind nach den Vertragspreisen abzurechnen. Außerdem hat der Auftragnehmer Anspruch auf angemessene Entschädigung nach § 642 BGB; etwaige weitergehende Ansprüche des Auftragnehmers bleiben unberührt.

§ 10
Haftung der Vertragsparteien

1. Die Vertragsparteien haften einander für eigenes Verschulden sowie für das Verschulden ihrer gesetzlichen Vertreter und der Personen, deren sie sich zur Erfüllung ihrer Verbindlichkeiten bedienen (§§ 276, 278 BGB).

2. (1) Entsteht einem Dritten im Zusammenhang mit der Leistung ein Schaden, für den auf Grund gesetzlicher Haftpflichtbestimmungen beide Vertragsparteien haften, so gelten für den Ausgleich zwischen den Vertragsparteien die allgemeinen gesetzlichen Bestimmungen, soweit im Einzelfall nichts anderes vereinbart ist. Soweit der Schaden des Dritten nur die Folge einer Maßnahme ist, die der Auftraggeber in dieser Form angeordnet hat, trägt er den Schaden allein, wenn ihn der Auftragnehmer auf die mit der angeordneten Ausführung verbundene Gefahr nach § 4 Nr. 3 hingewiesen hat.

(2) Der Auftragnehmer trägt den Schaden allein, soweit er ihn durch Versicherung seiner gesetzlichen Haftpflicht gedeckt hat oder innerhalb der von der Versicherungsaufsichtsbehörde genehmigten Allgemeinen Versicherungsbedingungen zu tarifmäßigen, nicht auf außergewöhnliche Verhältnisse abgestellten Prämien und Prämienzuschlägen bei einem im Inland zum Geschäftsbetrieb zugelassenen Versicherer hätte decken können.

3. Ist der Auftragnehmer einem Dritten nach §§ 823 ff. BGB zu Schadenersatz verpflichtet wegen unbefugten Betretens oder Beschädigung angrenzender Grundstücke, wegen Entnahme oder Auflagerung von Boden oder anderen Gegenständen außerhalb der vom Auftraggeber dazu angewiesenen Flächen oder wegen der Folgen eigenmächtiger Versperrung von Wegen oder Wasserläufen, so trägt er im Verhältnis zum Auftraggeber den Schaden allein.

4. Für die Verletzung gewerblicher Schutzrechte haftet im Verhältnis der Vertragsparteien zueinander der Auftragnehmer allein, wenn er selbst das geschützte Verfahren oder die Verwendung geschützter Gegenstände angeboten oder wenn der Auftraggeber die Verwendung vorgeschrieben und auf das Schutzrecht hingewiesen hat.

5. Ist eine Vertragspartei gegenüber der anderen nach Nummern 2, 3 oder 4 von der Ausgleichspflicht befreit, so gilt diese Befreiung auch zugunsten ihrer gesetzlichen Vertreter und Erfüllungsgehilfen, wenn sie nicht vorsätzlich oder grob fahrlässig gehandelt haben.

6. Soweit eine Vertragspartei von dem Dritten für einen Schaden in Anspruch genommen wird, den nach Nummern 2, 3 oder 4 die andere Vertragspartei zu tragen hat, kann sie verlangen, daß ihre Vertragspartei sie von der Verbindlichkeit gegenüber dem Dritten befreit. Sie darf den Anspruch des Dritten nicht anerkennen oder befriedigen, ohne der anderen Vertragspartei vorher Gelegenheit zur Äußerung gegeben zu haben.

§ 11
Vertragsstrafe

1. Wenn Vertragsstrafen vereinbart sind, gelten die §§ 339 bis 345 BGB.
2. Ist die Vertragsstrafe für den Fall vereinbart, daß der Auftragnehmer nicht in der vorgesehenen Frist erfüllt, so wird sie fällig, wenn der Auftragnehmer in Verzug gerät.
3. Ist die Vertragsstrafe nach Tagen bemessen, so zählen nur Werktage; ist sie nach Wochen bemessen, so wird jeder Werktag angefangener Wochen als ⅙ Woche gerechnet.
4. Hat der Auftraggeber die Leistung abgenommen, so kann er die Strafe nur verlangen, wenn er dies bei der Abnahme vorbehalten hat.

§ 12
Abnahme

1. Verlangt der Auftragnehmer nach der Fertigstellung — gegebenenfalls auch vor Ablauf der vereinbarten Ausführungsfrist — die Abnahme der Leistung, so hat sie der Auftraggeber binnen 12 Werktagen durchzuführen; eine andere Frist kann vereinbart werden.

2. Besonders abzunehmen sind auf Verlangen:
   a) in sich abgeschlossene Teile der Leistung,
   b) andere Teile der Leistung, wenn sie durch die weitere Ausführung der Prüfung und Feststellung entzogen werden.
3. Wegen wesentlicher Mängel kann die Abnahme bis zur Beseitigung verweigert werden.
4. (1) Eine förmliche Abnahme hat stattzufinden, wenn eine Vertragspartei es verlangt. Jede Partei kann auf ihre Kosten einen Sachverständigen zuziehen. Der Befund ist in gemeinsamer Verhandlung schriftlich niederzulegen. In die Niederschrift sind etwaige Vorbehalte wegen bekannter Mängel und wegen Vertragsstrafen aufzunehmen, ebenso etwaige Einwendungen des Auftragnehmers. Jede Partei erhält eine Ausfertigung.

   (2) Die förmliche Abnahme kann in Abwesenheit des Auftragnehmers stattfinden, wenn der Termin vereinbart war oder der Auftraggeber mit genügender Frist dazu eingeladen hatte. Das Ergebnis der Abnahme ist dem Auftragnehmer alsbald mitzuteilen.
5. (1) Wird keine Abnahme verlangt, so gilt die Leistung als abgenommen mit Ablauf von 12 Werktagen nach schriftlicher Mitteilung über die Fertigstellung der Leistung.

   (2) Hat der Auftraggeber die Leistung oder einen Teil der Leistung in Benutzung genommen, so gilt die Abnahme nach Ablauf von 6 Werktagen nach Beginn der Benutzung als erfolgt, wenn nichts anderes vereinbart ist. Die Benutzung von Teilen einer baulichen Anlage zur Weiterführung der Arbeiten gilt nicht als Abnahme.

   (3) Vorbehalte wegen bekannter Mängel oder wegen Vertragsstrafen hat der Auftraggeber spätestens zu den in den Absätzen 1 und 2 bezeichneten Zeitpunkten geltend zu machen.
6. Mit der Abnahme geht die Gefahr auf den Auftraggeber über, soweit er sie nicht schon nach § 7 trägt.

§ 13
Gewährleistung

1. Der Auftragnehmer übernimmt die Gewähr, daß seine Leistung zur Zeit der Abnahme die vertraglich zugesicherten Eigenschaften hat, den anerkannten Regeln der Technik entspricht und nicht mit Fehlern behaftet ist, die den Wert oder die Tauglichkeit zu dem gewöhnlichen oder dem nach dem Vertrag vorausgesetzten Gebrauch aufheben oder mindern.
2. Bei Leistungen nach Probe gelten die Eigenschaften der Probe als zugesichert, soweit nicht Abweichungen nach der Verkehrssitte als bedeutungslos anzusehen sind. Dies gilt auch für Proben, die erst nach Vertragsabschluß als solche anerkannt sind.
3. Ist ein Mangel zurückzuführen auf die Leistungsbeschreibung oder auf Anordnungen des Auftraggebers, auf die von diesem gelieferten oder vorgeschriebenen Stoffe oder Bauteile oder die Beschaffenheit der Vorleistung eines anderen

Allgemeine Vertragsbedingungen — DIN 1961

Unternehmers, so ist der Auftragnehmer von der Gewährleistung für diese Mängel frei, außer wenn er die ihm nach § 4 Nr. 3 obliegende Mitteilung über die zu befürchtenden Mängel unterlassen hat.

4. Ist für die Gewährleistung keine Verjährungsfrist im Vertrag vereinbart, so beträgt sie für Bauwerke und für Holzerkrankungen 2 Jahre, für Arbeiten an einem Grundstück und für die vom Feuer berührten Teile von Feuerungsanlagen ein Jahr. Die Frist beginnt mit der Abnahme der gesamten Leistung; nur für in sich abgeschlossene Teile der Leistung beginnt sie mit der Teilabnahme (§ 12 Nr. 2 a).

5. (1) Der Auftragnehmer ist verpflichtet, alle während der Verjährungsfrist hervortretenden Mängel, die auf vertragswidrige Leistung zurückzuführen sind, auf seine Kosten zu beseitigen, wenn es der Auftraggeber vor Ablauf der Frist schriftlich verlangt. Der Anspruch auf Beseitigung der gerügten Mängel verjährt mit Ablauf der Regelfristen der Nummer 4, gerechnet vom Zugang des schriftlichen Verlangens an, jedoch nicht vor Ablauf der vereinbarten Frist. Nach Abnahme der Mängelbeseitigungsleistung beginnen für diese Leistung die Regelfristen der Nummer 4, wenn nichts anderes vereinbart ist.

(2) Kommt der Auftragnehmer der Aufforderung zur Mängelbeseitigung in einer vom Auftraggeber gesetzten angemessenen Frist nicht nach, so kann der Auftraggeber die Mängel auf Kosten des Auftragnehmers beseitigen lassen.

6. Ist die Beseitigung des Mangels unmöglich oder würde sie einen unverhältnismäßig hohen Aufwand erfordern und wird sie deshalb vom Auftragnehmer verweigert, so kann der Auftraggeber Minderung der Vergütung verlangen (§ 634 Abs. 4, § 472 BGB). Der Auftraggeber kann ausnahmsweise auch dann Minderung der Vergütung verlangen, wenn die Beseitigung des Mangels für ihn unzumutbar ist.

7. (1) Ist ein wesentlicher Mangel, der die Gebrauchsfähigkeit erheblich beeinträchtigt, auf ein Verschulden des Auftragnehmers oder seiner Erfüllungsgehilfen zurückzuführen, so ist der Auftragnehmer außerdem verpflichtet, dem Auftraggeber den Schaden an der baulichen Anlage zu ersetzen, zu deren Herstellung, Instandhaltung oder Änderung die Leistung dient.

(2) Den darüber hinausgehenden Schaden hat er nur dann zu ersetzen:

a) wenn der Mangel auf Vorsatz oder grober Fahrlässigkeit beruht,

b) wenn der Mangel auf einem Verstoß gegen die anerkannten Regeln der Technik beruht,

c) wenn der Mangel in dem Fehlen einer vertraglich zugesicherten Eigenschaft besteht oder

d) soweit der Auftragnehmer den Schaden durch Versicherung seiner gesetzlichen Haftpflicht gedeckt hat oder innerhalb der von der Versicherungsaufsichtsbehörde genehmigten Allgemeinen Versicherungsbedingungen zu tarifmäßigen, nicht auf außergewöhnliche Verhältnisse abgestellten Prämien und Prämienzuschlägen bei einem im Inland zum Geschäftsbetrieb zugelassenen Versicherer hätte decken können.

(3) Abweichend von Nummer 4 gelten die gesetzlichen Verjährungsfristen, soweit sich der Auftragnehmer nach Absatz 2 durch Versicherung geschützt hat oder hätte schützen können oder soweit ein besonderer Versicherungsschutz vereinbart ist.

(4) Eine Einschränkung oder Erweiterung der Haftung kann in begründeten Sonderfällen vereinbart werden.

§ 14
Abrechnung

1. Der Auftragnehmer hat seine Leistungen prüfbar abzurechnen. Er hat die Rechnungen übersichtlich aufzustellen und dabei die Reihenfolge der Posten einzuhalten und die in den Vertragsbestandteilen enthaltenen Bezeichnungen zu verwenden. Die zum Nachweis von Art und Umfang der Leistung erforderlichen Mengenberechnungen, Zeichnungen und andere Belege sind beizufügen. Änderungen und Ergänzungen des Vertrags sind in der Rechnung besonders kenntlich zu machen; sie sind auf Verlangen getrennt abzurechnen.

2. Die für die Abrechnung notwendigen Feststellungen sind dem Fortgang der Leistung entsprechend möglichst gemeinsam vorzunehmen. Die Abrechnungsbestimmungen in den Technischen Vertragsbedingungen und den anderen Vertragsunterlagen sind zu beachten. Für Leistungen, die bei Weiterführung der Arbeiten nur schwer feststellbar sind, hat der Auftragnehmer rechtzeitig gemeinsame Feststellungen zu beantragen.

3. Die Schlußrechnung muß bei Leistungen mit einer vertraglichen Ausführungsfrist von höchstens 3 Monaten spätestens 12 Werktage nach Fertigstellung eingereicht werden, wenn nichts anderes vereinbart ist; diese Frist wird um je 6 Werktage für je weitere 3 Monate Ausführungsfrist verlängert.

4. Reicht der Auftragnehmer eine prüfbare Rechnung nicht ein, obwohl ihm der Auftraggeber dafür eine angemessene Frist gesetzt hat, so kann sie der Auftraggeber selbst auf Kosten des Auftragnehmers aufstellen.

§ 15
Stundenlohnarbeiten

1. (1) Stundenlohnarbeiten werden nach den vertraglichen Vereinbarungen abgerechnet.

   (2) Soweit für die Vergütung keine Vereinbarungen getroffen worden sind, gilt die ortsübliche Vergütung. Ist diese nicht zu ermitteln, so werden die Aufwendungen des Auftragnehmers für

   Lohn- und Gehaltskosten der Baustelle, Lohn- und Gehaltsnebenkosten der Baustelle, Stoffkosten der Baustelle, Kosten der Einrichtungen, Geräte, Maschinen und maschinellen Anlagen der Baustelle, Fracht-, Fuhr- und Ladekosten, Sozialkassenbeiträge und Sonderkosten,

   die bei wirtschaftlicher Betriebsführung entstehen, mit angemessenen Zuschlägen für Gemeinkosten und Gewinn (einschließlich allgemeinem Unternehmerwagnis) zuzüglich Umsatzsteuer vergütet.

2. Verlangt der Auftraggeber, daß die Stundenlohnarbeiten durch einen Polier oder eine andere Aufsichtsperson beaufsichtigt werden, oder ist die Aufsicht nach den einschlägigen Unfallverhütungsvorschriften notwendig, so gilt Nummer 1 entsprechend.

Allgemeine Vertragsbedingungen DIN 1961

3. Dem Auftraggeber ist die Ausführung von Stundenlohnarbeiten vor Beginn anzuzeigen. Über die geleisteten Arbeitsstunden und den dabei erforderlichen, besonders zu vergütenden Aufwand für den Verbrauch von Stoffen, für Vorhaltung von Einrichtungen, Geräten, Maschinen und maschinellen Anlagen, für Frachten, Fuhr- und Ladeleistungen sowie etwaige Sonderkosten sind, wenn nichts anderes vereinbart ist, je nach der Verkehrssitte werktäglich oder wöchentlich Listen (Stundenlohnzettel) einzureichen. Der Auftraggeber hat die von ihm bescheinigten Stundenlohnzettel unverzüglich, spätestens jedoch innerhalb von 6 Werktagen nach Zugang, zurückzugeben. Dabei kann er Einwendungen auf den Stundenlohnzetteln oder gesondert schriftlich erheben. Nicht fristgemäß zurückgegebene Stundenlohnzettel gelten als anerkannt.

4. Stundenlohnrechnungen sind alsbald nach Abschluß der Stundenlohnarbeiten, längstens jedoch in Abständen von 4 Wochen, einzureichen. Für die Zahlung gilt § 16.

5. Wenn Stundenlohnarbeiten zwar vereinbart waren, über den Umfang der Stundenlohnleistungen aber mangels rechtzeitiger Vorlage der Stundenlohnzettel Zweifel bestehen, so kann der Auftraggeber verlangen, daß für die nachweisbar ausgeführten Leistungen eine Vergütung vereinbart wird, die nach Maßgabe von Nummer 1 Absatz 2 für einen wirtschaftlich vertretbaren Aufwand an Arbeitszeit und Verbrauch von Stoffen, für Vorhaltung von Einrichtungen, Geräten, Maschinen und maschinellen Anlagen, für Frachten, Fuhr- und Ladeleistungen sowie etwaige Sonderkosten ermittelt wird.

§ 16
Zahlung

1. (1) Abschlagszahlungen sind auf Antrag in Höhe des Wertes der jeweils nachgewiesenen vertragsgemäßen Leistungen einschließlich des ausgewiesenen, darauf entfallenden Umsatzsteuerbetrags in möglichst kurzen Zeitabständen zu gewähren. Die Leistungen sind durch eine prüfbare Aufstellung nachzuweisen, die eine rasche und sichere Beurteilung der Leistungen ermöglichen muß. Als Leistungen gelten hierbei auch die für die geforderte Leistung eigens angefertigten und bereitgestellten Bauteile sowie die auf der Baustelle angelieferten Stoffe und Bauteile, wenn dem Auftraggeber nach seiner Wahl das Eigentum an ihnen übertragen ist oder entsprechende Sicherheit gegeben wird.

(2) Gegenforderungen können einbehalten werden. Andere Einbehalte sind nur in den im Vertrag und in den gesetzlichen Bestimmungen vorgesehenen Fällen zulässig.

(3) Abschlagszahlungen sind binnen 18 Werktagen nach Zugang der Aufstellung zu leisten.

(4) Die Abschlagszahlungen sind ohne Einfluß auf die Haftung und Gewährleistung des Auftragnehmers; sie gelten nicht als Abnahme von Teilen der Leistung.

2. (1) Vorauszahlungen können auch nach Vertragsabschluß vereinbart werden; hierfür ist auf Verlangen des Auftraggebers ausreichende Sicherheit zu leisten. Diese Vorauszahlungen sind, sofern nichts anderes vereinbart wird, mit 1 v. H. über dem Lombardsatz der Deutschen Bundesbank zu verzinsen.

(2) Vorauszahlungen sind auf die nächstfälligen Zahlungen anzurechnen, soweit damit Leistungen abzugelten sind, für welche die Vorauszahlungen gewährt worden sind.

3. (1) Die Schlußzahlung ist alsbald nach Prüfung und Feststellung der vom Auftragnehmer vorgelegten Schlußrechnung zu leisten, spätestens innerhalb von 2 Monaten nach Zugang. Die Prüfung der Schlußrechnung ist nach Möglichkeit zu beschleunigen. Verzögert sie sich, so ist das unbestrittene Guthaben als Abschlagszahlung sofort zu zahlen.

(2) Die vorbehaltlose Annahme der Schlußzahlung schließt Nachforderungen aus, wenn der Auftragnehmer über die Schlußzahlung schriftlich unterrichtet und auf die Ausschlußwirkung hingewiesen wurde.

(3) Einer Schlußzahlung steht es gleich, wenn der Auftraggeber unter Hinweis auf geleistete Zahlungen weitere Zahlungen endgültig und schriftlich ablehnt.

(4) Auch früher gestellte, aber unerledigte Forderungen werden ausgeschlossen, wenn sie nicht nochmals vorbehalten werden.

(5) Ein Vorbehalt ist innerhalb von 24 Werktagen nach Zugang der Mitteilung nach Absätzen 2 und 3 über die Schlußzahlung zu erklären. Er wird hinfällig, wenn nicht innerhalb von weiteren 24 Werktagen eine prüfbare Rechnung über die vorbehaltenen Forderungen eingereicht oder, wenn das nicht möglich ist, der Vorbehalt eingehend begründet wird.

(6) Die Ausschlußfristen gelten nicht für ein Verlangen nach Richtigstellung der Schlußrechnung und -zahlung wegen Aufmaß-, Rechen- und Übertragungsfehlern.

4. In sich abgeschlossene Teile der Leistung können nach Teilabnahme ohne Rücksicht auf die Vollendung der übrigen Leistungen endgültig festgestellt und bezahlt werden.

5. (1) Alle Zahlungen sind aufs äußerste zu beschleunigen.

(2) Nicht vereinbarte Skontoabzüge sind unzulässig.

(3) Zahlt der Auftraggeber bei Fälligkeit nicht, so kann ihm der Auftragnehmer eine angemessene Nachfrist setzen. Zahlt er auch innerhalb der Nachfrist nicht, so hat der Auftragnehmer vom Ende der Nachfrist an Anspruch auf Zinsen in Höhe von 1 v. H. über dem Lombardsatz der Deutschen Bundesbank, wenn er nicht einen höheren Verzugsschaden nachweist. Außerdem darf er die Arbeiten bis zur Zahlung einstellen.

6. Der Auftraggeber ist berechtigt, zur Erfüllung seiner Verpflichtungen aus Nummern 1 bis 5 Zahlungen an Gläubiger des Auftragnehmers zu leisten, soweit sie an der Ausführung der vertraglichen Leistung des Auftragnehmers aufgrund eines mit diesem abgeschlossenen Dienst- oder Werkvertrags beteiligt sind und der Auftragnehmer in Zahlungsverzug gekommen ist. Der Auftragnehmer ist verpflichtet, sich auf Verlangen des Auftraggebers innerhalb einer von diesem gesetzten Frist darüber zu erklären, ob und inwieweit er die Forderungen seiner Gläubiger anerkennt; wird diese Erklärung nicht rechtzeitig abgegeben, so gelten die Forderungen als anerkannt und der Zahlungsverzug als bestätigt.

Allgemeine Vertragsbedingungen DIN 1961

§ 17
Sicherheitsleistung

1. (1) Wenn Sicherheitsleistung vereinbart ist, gelten die §§ 232 bis 240 BGB, soweit sich aus den nachstehenden Bestimmungen nichts anderes ergibt.

   (2) Die Sicherheit dient dazu, die vertragsgemäße Ausführung der Leistung und die Gewährleistung sicherzustellen.

2. Wenn im Vertrag nichts anderes vereinbart ist, kann Sicherheit durch Einbehalt oder Hinterlegung von Geld oder durch Bürgschaft eines in den Europäischen Gemeinschaften zugelassenen Kreditinstituts oder Kreditversicherers geleistet werden.

3. Der Auftragnehmer hat die Wahl unter den verschiedenen Arten der Sicherheit; er kann eine Sicherheit durch eine andere ersetzen.

4. Bei Sicherheitsleistung durch Bürgschaft ist Voraussetzung, daß der Auftraggeber den Bürgen als tauglich anerkannt hat. Die Bürgschaftserklärung ist schriftlich unter Verzicht auf die Einrede der Vorausklage abzugeben (§ 771 BGB); sie darf nicht auf bestimmte Zeit begrenzt und muß nach Vorschrift des Auftraggebers ausgestellt sein.

5. Wird Sicherheit durch Hinterlegung von Geld geleistet, so hat der Auftragnehmer den Betrag bei einem zu vereinbarenden Geldinstitut auf ein Sperrkonto einzuzahlen, über das beide Parteien nur gemeinsam verfügen können. Etwaige Zinsen stehen dem Auftragnehmer zu.

6. (1) Soll der Auftraggeber vereinbarungsgemäß die Sicherheit in Teilbeträgen von seinen Zahlungen einbehalten, so darf er jeweils die Zahlung um höchstens 10 v. H. kürzen, bis die vereinbarte Sicherheitssumme erreicht ist. Den jeweils einbehaltenen Betrag hat er dem Auftragnehmer mitzuteilen und binnen 18 Werktagen nach dieser Mitteilung auf Sperrkonto bei dem vereinbarten Geldinstitut einzuzahlen. Gleichzeitig muß er veranlassen, daß dieses Geldinstitut den Auftragnehmer von der Einzahlung des Sicherheitsbetrags benachrichtigt. Nr 5 gilt entsprechend.

   (2) Bei kleineren oder kurzfristigen Aufträgen ist es zulässig, daß der Auftraggeber den einbehaltenen Sicherheitsbetrag erst bei der Schlußzahlung auf Sperrkonto einzahlt.

   (3) Zahlt der Auftraggeber den einbehaltenen Betrag nicht rechtzeitig ein, so kann ihm der Auftragnehmer hierfür eine angemessene Nachfrist setzen. Läßt der Auftraggeber auch diese verstreichen, so kann der Auftragnehmer die sofortige Auszahlung des einbehaltenen Betrags verlangen und braucht dann keine Sicherheit mehr zu leisten.

   (4) Öffentliche Auftraggeber sind berechtigt, den als Sicherheit einbehaltenen Betrag auf eigenes Verwahrgeldkonto zu nehmen; der Betrag wird nicht verzinst.

7. Der Auftragnehmer hat die Sicherheit binnen 18 Werktagen nach Vertragsabschluß zu leisten, wenn nichts anderes vereinbart ist. Soweit er diese Verpflichtung nicht erfüllt hat, ist der Auftraggeber berechtigt, vom Guthaben des Auftragnehmers einen Betrag in Höhe der vereinbarten Sicherheit einzubehalten. Im übrigen gelten Nummern 5 und 6 außer Absatz 1 Satz 1 entsprechend.

8. Der Auftraggeber hat eine nicht verwertete Sicherheit zum vereinbarten Zeitpunkt, spätestens nach Ablauf der Verjährungsfrist für die Gewährleistung, zurückzugeben. Soweit jedoch zu dieser Zeit seine Ansprüche noch nicht erfüllt sind, darf er einen entsprechenden Teil der Sicherheit zurückhalten.

§ 18
Streitigkeiten

1. Liegen die Voraussetzungen für eine Gerichtsstandvereinbarung nach § 38 Zivilprozeßordnung vor, richtet sich der Gerichtsstand für Streitigkeiten aus dem Vertrag nach dem Sitz der für die Prozeßvertretung des Auftraggebers zuständigen Stelle, wenn nichts anderes vereinbart ist. Sie ist dem Auftragnehmer auf Verlangen mitzuteilen.
2. Entstehen bei Verträgen mit Behörden Meinungsverschiedenheiten, so soll der Auftragnehmer zunächst die der auftraggebenden Stelle unmittelbar vorgesetzte Stelle anrufen. Diese soll dem Auftragnehmer Gelegenheit zur mündlichen Aussprache geben und ihn möglichst innerhalb von 2 Monaten nach der Anrufung schriftlich bescheiden und dabei auf die Rechtsfolgen des Satzes 3 hinweisen. Die Entscheidung gilt als anerkannt, wenn der Auftragnehmer nicht innerhalb von 2 Monaten nach Eingang des Bescheides schriftlich Einspruch beim Auftraggeber erhebt und dieser ihn auf die Ausschlußfrist hingewiesen hat.
3. Bei Meinungsverschiedenheiten über die Eigenschaft von Stoffen und Bauteilen, für die allgemeingültige Prüfungsverfahren bestehen, und über die Zulässigkeit oder Zuverlässigkeit der bei der Prüfung verwendeten Maschinen oder angewendeten Prüfungsverfahren kann jede Vertragspartei nach vorheriger Benachrichtigung der anderen Vertragspartei die materialtechnische Untersuchung durch eine staatliche oder staatlich anerkannte Materialprüfungsstelle vornehmen lassen; deren Feststellungen sind verbindlich. Die Kosten trägt der unterliegende Teil.
4. Streitfälle berechtigen den Auftragnehmer nicht, die Arbeiten einzustellen.

Hinweise
zur ATV
„Allgemeine Regelungen für Bauarbeiten jeder Art"
— DIN 18 299 —
und zur ATV
„Gerüstarbeiten" — DIN 18 451
Ausgabe Dezember 1992

I ATV DIN 18 299
1 Allgemeines

1.0 Die ATV „Allgemeine Regelungen für Bauarbeiten jeder Art" — DIN 18 299 — wurde erstmals in die VOB-Ausgabe 1988 aufgenommen; sie ist für die VOB-Ausgabe 1992 überarbeitet worden. Dabei wurden insbesondere die Regelungen zur Entsorgung, zur Verwendung wiederaufbereiteter Stoffe, zu maschinellen und elektrotechnischen Anlagen und zur Abrechnung konkretisiert und ergänzt.*)

1.1 Zweck der ATV DIN 18 299

Die Notwendigkeit, die Allgemeinen Technischen Vertragsbedingungen für jeden einzelnen Leistungsbereich festzulegen und sie der technischen Entwicklung anzupassen, hatte zu einer erheblichen Ausweitung des Teils C der VOB geführt, da bei der einzelnen ATV jeweils auch diejenigen Regelungen angeführt worden sind, die für alle oder zumindest eine Vielzahl von Leistungsbereichen gelten. Dadurch wurde der Teil C der VOB unübersichtlich. Der Überblick, welche technischen Vertragsbedingungen allgemeine Bedeutung haben (sogenannte Standardsätze) und welche den speziellen Leistungsbereichen zuzuordnen sind, wurde unnötig erschwert.

Die ATV DIN 18 299 faßt deswegen diejenigen Regelungen des Abschnitts 0 sowie der Abschnitte 1 bis 5 zusammen, die bis zur VOB-Ausgabe 1988 in vielen oder allen ATV DIN 18 300 ff enthalten waren und einheitlich gelten.

Auf diese Weise
— wird die Anwendung des Teils C der VOB vereinfacht,
— wird die ordnungsgemäße Leistungsbeschreibung und Vertragsgestaltung erleichtert und dadurch den Grundsätzen des Teils A der VOB entsprochen,
— werden die allgemein geltenden Grundsätze für technische Vertragsbedingungen herausgestellt und ihre Übereinstimmung mit den Allgemeinen Vertragsbedingungen des Teils B verdeutlicht.

Die Zusammenfassung in der ATV DIN 18 299 führt nicht zu materiellen Änderungen der VOB und hat keine nachteiligen Auswirkungen auf diejenigen ATV DIN 18 300 ff, für die einzelne Regelungen der ATV DIN 18 299 keine Bedeutung haben.

---

*) Die gegenüber den Erläuterungen zur ATV DIN 18 299, VOB-Ausgabe 1988, geänderten und neu aufgenommenen Hinweise sind durch einen abweichenden Schrifttyp sowie durch Rasterung gekennzeichnet.

1.2 Geltungsbereich
Die ATV DIN 18 299 ist so gefaßt, daß sie für alle Bauarbeiten angewendet werden kann, auch für solche, für die keine ATV besteht. Sie wird – wie die anderen ATV DIN 18 300 ff – Bestandteil des Bauvertrags, wenn Teil B der VOB vereinbart wird (B § 1 Nr 1 Satz 2).

1.3 Aufbau der ATV
Für die ATV DIN 18 299 wurde die Gliederung der ATV DIN 18 300 ff weitgehend übernommen. Auf diese Weise können auch künftig alle ATV einheitlich aufgebaut werden.

1.4 Verhältnis der ATV DIN 18 299 zu den ATV DIN 18 300 ff
Die ATV DIN 18 299 faßt diejenigen technischen Vertragsbedingungen zusammen, die für alle oder den überwiegenden Teil der Leistungsbereiche gelten. Die ATV DIN 18 300 ff enthalten die leistungsspezifischen Regelungen für die einzelnen Leistungsbereiche entsprechend deren technischen Erfordernissen. Soweit die ATV DIN 18 300 ff abweichende Regelungen enthalten, gehen diese der ATV DIN 18 299 vor.

1.5 Verhältnis der ATV zur Leistungsbeschreibung
Die objektbezogene Leistungsbeschreibung geht den Regelungen der ATV vor. Sie ist deshalb bei Abweichungen maßgebend für den Vertragsinhalt (B § 1).

Nach A § 10 Nr 3 sollen die ATV grundsätzlich unverändert bleiben. Für die Erfordernisse des Einzelfalles sind jedoch Ergänzungen und Änderungen in der Leistungsbeschreibung möglich; dies ist sinnvoll, weil Alternativen zu den in den ATV beschriebenen Ausführungen im Einzelfall zweckmäßig sein können.

Der Aufsteller einer Leistungsbeschreibung muß deshalb jeweils entscheiden, welche von mehreren möglichen Lösungen gewollt ist, und diese eindeutig und im einzelnen beschreiben (vgl. Abschnitt 0.3.1 der ATV DIN 18 299).

Der bis zur VOB-Ausgabe 1988 in den ATV enthaltene Zusatz „wenn in der Leistungsbeschreibung nichts anderes vorgeschrieben ist" hat den Vorrang der Leistungsbeschreibung nicht ausreichend verdeutlicht. Er war als Vertragsbedingung ungeeignet, weil er nicht zu einer eindeutigen Beschreibung der Leistungspflicht führte; außerdem verleitete er zu der irrigen Annahme, abweichende Regelungen in der Leistungsbeschreibung seien nur zulässig, soweit ein entsprechender Zusatz in den ATV es gestatte. Auf den Zusatz in den Abschnitten 1 bis 5 wurde deshalb in der VOB-Ausgabe 1988 verzichtet. Statt dessen werden in Abschnitt 0.3 aller ATV diejenigen Regelungen erwähnt, für die insbesondere Abweichungen in der Leistungsbeschreibung in Betracht kommen können.

2 Erläuterungen zu einzelnen Abschnitten
2.1 Hinweise für das Aufstellen der Leistungsbeschreibung
(Abschnitt 0)

Die Bedeutung der Hinweise für eine ordnungsgemäße Leistungsbeschreibung ist klar herausgestellt. Die Zusammenfassung und systematische Gliederung allgemein erforderlicher Angaben erleichtert die ordnungsgemäße Aufstellung der Leistungsbeschreibung, weil der Bearbeiter der Aufzählung eindeutig entnehmen kann, welche Angaben im Einzelfall erforderlich sind.

2.2 Nebenleistungen, Besondere Leistungen (Abschnitte 0.4 und 4)

2.2.1 Nebenleistungen

Nebenleistungen im Sinne des Abschnitts 4.1 setzen voraus, daß sie für die vertragliche Leistung des Auftragnehmers erforderlich werden. Sie können in den ATV nicht abschließend aufgezählt werden, weil der Umfang der gewerblichen Verkehrssitte nicht für alle Einzelfälle umfassend und verbindlich bestimmt werden kann. Abschnitt 4.1 trägt dem durch die Verwendung des Begriffs „insbesondere" Rechnung. Damit wird zugleich verdeutlicht, daß die Aufzählung die wesentlichen Nebenleistungen umfaßt und Ergänzungen lediglich in Betracht kommen können, soweit sich dies für den Einzelfall aus der gewerblichen Verkehrssitte ergibt.

Eine Nebenleistung im Sinne des Abschnitts 0.4.1 bleibt auch dann Nebenleistung, wenn sie besonders umfangreich und kostenintensiv ist. So ist z. B. das Einrichten und Räumen der Baustelle, unabhängig von Umfang und Kosten, Nebenleistung, weil die für die Ausführung erforderlichen Geräte und Einrichtungen stets zur vertraglichen Leistung gehören. Sind allerdings die Kosten von Nebenleistungen erheblich, kann es zur Erleichterung einer ordnungsgemäßen Preisermittlung und -prüfung geboten sein, diese Kosten nicht in die Einheitspreise einrechnen zu lassen, sondern eine selbständige Vergütung zu vereinbaren.

Abschnitt 0.4.1 stellt deshalb den Grundgedanken der VOB heraus, daß Nebenleistungen grundsätzlich nicht erwähnt werden sollen, eine ausdrückliche Erwähnung aber geboten ist, wenn die Kosten der Nebenleistung die Preisbildung erheblich beeinflussen. Das Einrichten und Räumen der Baustelle – bis zur VOB-Ausgabe 1988 in Abschnitt 4.2 erfaßt – wird als Hauptfall in Abschnitt 0.4.1 ausdrücklich erwähnt. Die Fassung des Abschnitts 0.4.1 läßt aber auch zu, daß bei anderen Nebenleistungen, die die vorgenannten Kriterien erfüllen — beispielsweise bei besonders aufwendiger Entsorgung – entsprechend verfahren werden kann. Mit dem letzten Satz wird klargestellt, daß dann besondere Ordnungszahlen (Positionen) aufzunehmen sind.

Die Regelung in Abschnitt 4.2 der ATV in der VOB bis zur Ausgabe 1988 trug diesen Erwägungen nicht ausreichend Rechnung. Sie war rechtlich bedenklich, weil sie als Vertragsbedingung offen ließ, was vereinbart war. Wenn die Kosten der Baustelleneinrichtung nicht in die Einheitspreise eingerechnet werden sollten, mußten auch nach dieser Regelung Ordnungszahlen (Positionen) in die Leistungsbeschreibung aufgenommen werden. Auf den alten Abschnitt 4.2 wurde deshalb verzichtet. Statt dessen wird seit der VOB-Ausgabe 1988 in Abschnitt 0.4.1 ausdrücklich auf die Notwendigkeit einer Regelung in der Leistungsbeschreibung hingewiesen.

2.2.2 Besondere Leistungen

In den Abschnitten 0.4 für die Leistungsbeschreibung und 4.2 für den Vertragsinhalt wurden in der Ausgabe 1988 die bis dahin insbesondere im Abschnitt 4.3 der ATV und in A § 9 Nr 6 aufgeführten Besonderen Leistungen zusammengefaßt. Anders als die Nebenleistungen (vgl. 2.2.1) gehören Besondere Leistungen nur dann zum Vertragsinhalt, wenn sie ausdrücklich vereinbart, d. h. in der Leistungsbeschreibung aufgeführt sind. Erweisen sich im Vertrag nicht vorgesehene Besondere Leistungen nachträglich als erforderlich, so sind sie zusätzliche Leistungen; für die Leistungspflicht und die Vereinbarung der Vergütung gelten B § 1 Nr 4 Satz 1 und § 2 Nr 6.

Die Aufzählung enthält – anders als bei Nebenleistungen im Abschnitt 4.1 – nur einzelne Beispiele und kann entsprechend den Gegebenheiten des Einzelfalles ergänzt werden.

2.3 Entsorgung und Wiederverwertung

Die aus Gründen des Umweltschutzes ständig gestiegenen Anforderungen an die Wiederverwertung und an die Entsorgung, vor allem die Beseitigung schadstoffbehafteter Abfälle und Abwässer mit erheblichen Kostenfolgen, haben Ergänzungen und Erweiterungen der Regelungen in den ATV erforderlich gemacht.

Die Abschnitte 0.1 – Angaben zur Baustelle – und 0.2 – Angaben zur Ausführung – sind erheblich erweitert worden. Der Auftraggeber hat nach Lage des Einzelfalles Angaben zu machen über

- besondere Vorgaben für die Entsorgung, z. B. besondere Beschränkungen für die Beseitigung von Abwasser und Abfall (0.1.10),
- Art und Umfang von Schadstoffbelastungen, z. B. des Bodens, der Gewässer, der Luft, der Stoffe und Bauteile; vorliegende Fachgutachten o. ä. (0.1.16),
- besondere Anforderungen an die Baustelleneinrichtung und Entsorgungseinrichtungen, z. B. Behälter für die getrennte Erfassung (0.2.4),
- Verwendung oder Mitverwendung von wiederaufbereiteten (Recycling-) Stoffen und gegebenenfalls Anforderungen an diese Stoffe (0.2.9 u. 0.2.10),
- Bedingungen für die Verwendung auf der Baustelle gewonnener Stoffe oder deren anderweitige Verwertung (0.2.13),
- Art, Zusammensetzung und Menge der aus dem Bereich des Auftraggebers zu entsorgenden Böden, Stoffe und Bauteile; Art der Verwertung bzw. bei Abfall die Entsorgungsanlage; Anforderungen an die Nachweise über Transporte, Entsorgung und die vom Auftraggeber zu tragenden Entsorgungskosten (0.2.14).

In Abschnitt 2.3.1 ist klargestellt worden, daß wiederaufbereitete (Recycling-)Stoffe als ungebraucht gelten, wenn sie für den jeweiligen Verwendungszweck geeignet sind.

In Abschnitt 3.3 ist für den Auftragnehmer die Verpflichtung aufgenommen worden, daß er den Auftraggeber unverzüglich darüber zu unterrichten hat, wenn er z. B. in Böden, Gewässern oder Bauteilen Schadstoffe antrifft. Bei

Gefahr im Verzug muß der Auftragnehmer unverzüglich die notwendigen Sicherungsmaßnahmen treffen. Die darüber hinaus vorzunehmenden Maßnahmen sind von Auftraggeber und Auftragnehmer gemeinsam festzulegen. Es wird ausdrücklich festgestellt, daß alle Maßnahmen, die notwendig sind, wenn erst während der Ausführung Schadstoffe angetroffen werden, Besondere Leistungen sind.

In den Abschnitten 4.1.11, 4.1.12 und 4.2 11 wurde das Entsorgen von Abfall neu geregelt.

Bei der Entsorgung von Abfall wird unterschieden, ob dieser aus dem Bereich des Auftragnehmers oder Auftraggebers kommt.

Bisher – auch noch in der VOB-Ausgabe 1988 – war das Entsorgen von Abfall, der von den Arbeiten des Auftragnehmers herrührt, grundsätzlich Nebenleistung. Lediglich die Entsorgung von Sonderabfall aus dem Bereich des Auftraggebers war Besondere Leistung.

Nach der neuen Fassung von 4.1.11, 4.1.12 und 4.2.11 ist das Entsorgen von Abfall aus dem Bereich des Auftragnehmers sowie das Beseitigen von Verunreinigungen, die von den Arbeiten des Auftragnehmers herrühren und das Entsorgen von Abfall aus dem Bereich des Auftraggebers bis zu einer Menge von $1\,m^3$, soweit der Abfall nicht schadstoffbelastet ist, Nebenleistung. Das Entsorgen von schadstoffbelastetem Abfall und nicht schadstoffbelastetem Abfall über $1\,m^3$ aus dem Bereich des Auftraggebers ist Besondere Leistung.

Diese Regelungen folgen einerseits dem Prinzip der Trennung der Verantwortungsbereiche von Auftraggeber und Auftragnehmer, andererseits ist mit der „Bagatellregelung" von $1\,m^3$ Abfall den besonderen praktischen Erfordernissen Rechnung getragen. Die „Bagatellregelung" vermeidet für die Vielzahl kleinerer Baustellen, z. B. im Rahmen der Bauunterhaltung, daß nach Lage des Einzelfalls besondere Vereinbarungen getroffen werden müssen. Unter Abfall im Sinne von Abschnitt 4.1.12 ist insbesondere der unbelastete Bauschutt zu verstehen, der z. B. beim Stemmen von Schlitzen im Bauwerk oder ähnlichen Leistungen anfällt.

Sind größere Mengen nicht schadstoffbelasteten Abfalls als $1\,m^3$ zu erwarten, ist in der Leistungsbeschreibung eine selbständige Ordnungszahl (Position) vorzusehen. Wenn in der Leistungsbeschreibung keine selbständige Ordnungszahl (Position) vorgesehen ist und die Abfallmenge $1\,m^3$ überschreitet, ist zu berücksichtigen, daß die Abfallbeseitigung bis zu $1\,m^3$ Nebenleistung ist und mit den Einheitspreisen für die Hauptleistungen vergütet wird; nur die Entsorgung der darüber hinausgehenden Abfallmenge ist eine zusätzliche Leistung.

2.4 Pflege und Wartung maschineller und elektrotechnischer Anlagen (Abschnitt 0.2.19)

Mit dem Ergänzungsband II – 1990 zur VOB-Ausgabe 1988 wurden auch maschinelle und elektrotechnische Anlagen in die VOB aufgenommen. Allerdings war nach A § 10 Nr 1 Abs. 3 in Verträgen über derartige Leistungen die VOB/B nicht zu vereinbaren. In der VOB-Ausgabe 1992 ist diese Einschränkung entfallen, so daß nunmehr auch in einem Vertrag über maschinelle und elektrotechnische Anlagen die VOB/B und damit die zweijährige Verjährungsfrist als Regelfrist für Gewährleistungsansprüche gilt. Bei maschinellen und elektrotechnischen Anlagen, bei denen eine ordnungsgemäße Pflege und Wartung erheblichen Einfluß auf die Funktionsfähigkeit und Zuverlässigkeit der Anlage haben, ist es beim Auftreten eines Schadens häufig nicht oder nur schwer feststellbar, ob dessen Ursache auf einem Mangel bei der Herstellung oder der Wartung der Anlage beruht. Um Streitigkeiten auszuschließen, muß die Pflege und Wartung derartiger Anlagen für die Dauer der Verjährungsfrist für Gewährleistungsansprüche dem Auftragnehmer übertragen werden. Deshalb ist in Abschnitt 0.2.19 eine Regelung aufgenommen worden, nach der der Auftraggeber gehalten ist, bereits im Rahmen der Ausschreibung Angaben über die von ihm beabsichtigte Vergabe der Pflege- und Wartungsleistungen zu machen. Es empfiehlt sich, für die Vergabe dieser Leistungen geeignete Vertragsmuster zu verwenden und die Leistungen zusammen mit der Vergabe der Leistungen für die Anlage selbst dem Wettbewerb zu unterstellen.

2.5 Lieferung der Stoffe und Bauteile (Abschnitt 2.1.1)
Von der grundsätzlichen Regelung in Abschnitt 2.1.1, daß alle Leistungen auch die Lieferung der dazugehörigen Stoffe und Bauteile erfassen, sind wegen der Besonderheiten bei einzelnen Leistungsbereichen Abweichungen notwendig. Diese sind in den ATV DIN 18 300 ff ausdrücklich geregelt; sie gehen gemäß Abschnitt 1 als spezielle Regelungen vor. Dies gilt insbesondere für die ATV DIN 18 300, 18 311, 18 312, 18 325.

2.6 Technische Spezifikationen (Abschnitt 2.3.4)
Im Rahmen der Überarbeitung der VOB-Ausgabe 1992 sind die Regelungen zu technischen Spezifikationen den EG-Bestimmungen angepaßt worden.

Die Regelung in A § 21 Nr 2 bezieht sich auf die Fälle, in denen Bieter eine Leistung auf der Grundlage von den in der Leistungsbeschreibung vorgegebenen Technischen Spezifikationen abweichenden technischen Spezifikationen anbieten (siehe auch Hinweise zu VOB/A). In Abschnitt 2.3.4 wurde eine Bedingung aufgenommen, die für Stoffe und Bauteile gilt, für die in der Leistungsbeschreibung keine bestimmten technischen Spezifikationen genannt sind.

Die sogenannte Öffnungsklausel teilt sich – entsprechend dem öffentlichen Baurecht – in den ungeregelten und in den geregelten Bereich. Der Unterschied besteht in der Form des Nachweises. Während für den ungeregelten Bereich nur die Anforderungen zum geforderten Schutzniveau in Bezug auf Sicherheit, Gesundheit, Gebrauchstauglichkeit und Dauerhaftigkeit definiert sind, ist für den geregelten Bereich die Art des Nachweises, z. B. durch Überwachungs- oder Prüfzeichen vorgesehen. Diese Bedingung entspricht den Regelungen im öffentlichen Baurecht und sie trägt den Zielen der EG-Richtlinie über Bauprodukte Rechnung.

2.7 Abrechnung (Abschnitt 0.2.20)
Bei einigen Leistungen ist es üblich, nach bestimmten Zeichnungen oder Tabellen abzurechnen. Im Interesse der Vermeidung von Streitigkeiten bei der Abrechnung sollte bereits in der Leistungsbeschreibung durch den Auftragge-

ber angegeben werden, ob er der Abrechnung bestimmte Zeichnungen oder Tabellen zugrunde legen will. Ein entsprechender Hinweis wurde in Abschnitt 0.2.20 aufgenommen.

2.8 Abrechnungseinheiten (Abschnitt 0.5)

Die vor Einführung der ATV DIN 18 299 in der ATV DIN 18 300 ff im Abschnitt 5 getroffenen Regelungen über Abrechnungseinheiten waren als Vertragsbedingungen ungeeignet, weil

— die Abrechnungseinheiten ohnehin für jede Teilleistung in der Leistungsbeschreibung angegeben werden müssen und die in der Leistungsbeschreibung gemachten Angaben bei Abweichungen von der ATV nach B § 1 Nr 2 den Regelungen der ATV vorgehen,

— für Teilleistungen, für die in Abschnitt 5 mehrere mögliche Abrechnungseinheiten genannt waren — z. B. Abschnitt 5.4.2 der ATV DIN 18 331 — aus dieser Regelung allein keine Vereinbarung zustande kommen konnte.

Sie konnten also nur dazu dienen, auf die üblichen und zweckmäßigen Abrechnungseinheiten für die jeweiligen Teilleistungen hinzuweisen. Diesem Zweck entsprechend wurden sie in Abschnitt 0.5 der ATV DIN 18 300 ff übernommen, damit der Auftraggeber bei Aufstellung der Leistungsbeschreibung die zutreffende Abrechnungseinheit wählt.

Eine materielle Änderung der VOB — insbesondere eine Einschränkung von Vergütungsansprüchen — ist dadurch nicht eingetreten. Abschnitt 5 begründete schon in seiner Fassung bis zur VOB-Ausgabe 1988 keine Vergütungsansprüche. Dies auch dann nicht, wenn dort Leistungen erwähnt wurden, die für die Ausführung erforderlich, aber in der Leistungsbeschreibung nicht erfaßt waren. In diesen Fällen ist eine Vereinbarung über zusätzliche Leistungen und deren Vergütung gemäß B § 2 Nr 6 zu treffen.

3 Entfallene Regelungen in den ATV

Nachstehende Regelungen wurden nicht bzw. nicht mehr in die ATV DIN 18 299 ff aufgenommen:

Abschnitt 2

„Stoffe und Bauteile, für die weder DIN-Normen bestehen noch eine amtliche Zulassung vorgeschrieben ist, dürfen nur mit Zustimmung des Auftraggebers verwendet werden."

Der Auftragnehmer darf aufgrund des Vertrages nur geeignete Baustoffe verwenden. Diese Verpflichtung ist in Abschnitt 2.1.3 der ATV DIN 18 299 noch einmal ausdrücklich aufgeführt. Sie gilt für alle Stoffe und Bauteile, auch für solche, für die eine DIN-Norm nicht besteht. Nach B § 4 Nr 6 sind zudem Stoffe und Bauteile, die dem Vertrag oder den Proben nicht entsprechen, auf Anordnung des Auftraggebers zu entfernen.

Zu diesen aufeinander abgestimmten Regelungen paßt ein Zustimmungsvorbehalt des Auftraggebers nicht. Er würde zudem eine ordnungsgemäße Preisermittlung beeinträchtigen.

Abschnitt 3

„Stoffe und Bauteile, für die Verarbeitungsvorschriften des Herstellerwerkes bestehen, sind nach diesen Vorschriften zu verarbeiten."

Wegen der Verantwortung des Auftragnehmers für ein mangelfreies Werk ist diese Regelung überflüssig. Im übrigen würde der Anschein erweckt, es solle unnötig in die Dispositionsfreiheit des Auftragnehmers eingegriffen werden.

Abschnitt 4

„Schutz der ausgeführten Leistung und der für die Ausführung übergebenen Gegenstände vor Beschädigung und Diebstahl bis zur Abnahme."

Dies ist abschließend in B § 4 Nr 5 geregelt.

II ATV Gerüstarbeiten — DIN 18 451

Die bis zur VOB-Ausgabe 1988 als Anhang zur VOB enthaltene DIN 18 451 ist als ATV in Teil C aufgenommen worden.

Durch die ATV „Gerüstarbeiten" sollen auch für diese Leistungen einheitliche und verbindliche Regelungen durch die VOB vorgegeben werden, die eine sachgerechte Gestaltung und Abwicklung der Verträge ermöglichen.

Obwohl ein Vertrag über den Aufbau, die Vorhaltung und den Abbau von Gerüsten kein reiner Werkvertrag nach § 631 BGB ist — er enthält vielmehr wesentliche Elemente eines Mietvertrages —, ist die Vereinbarung der Teile B und C der VOB sinnvoll. Insbesondere die an den Auf- und Abbau der Gerüste zu stellenden Anforderungen entsprechen in wesentlichen Punkten den Anforderungen an eine Bauleistung.

Gerüstarbeiten sind in der Regel wesentliche Voraussetzung für die Ausführung von Bauleistungen. Sie bilden jedoch keinen eigenen Leistungsbereich; A § 4 kann demzufolge für Gerüstarbeiten nicht angewendet werden.

Die Regelungen gelten nicht, soweit Gerüstarbeiten Nebenleistungen sind. Sie gelten nur für die Fälle, in denen Gerüstarbeiten zusammen mit Bauleistungen als Besondere Leistungen oder selbständig vergeben werden.

VOB Teil C:
Allgemeine Technische Vertragsbedingungen für Bauleistungen (ATV)
Allgemeine Regelungen für Bauarbeiten jeder Art – DIN 18 299
Ausgabe Dezember 1992

Inhalt

0   Hinweise für das Aufstellen der Leistungsbeschreibung
1   Geltungsbereich
2   Stoffe, Bauteile
3   Ausführung
4   Nebenleistungen, Besondere Leistungen
5   Abrechnung

0 Hinweise für das Aufstellen der Leistungsbeschreibung

Diese Hinweise für das Aufstellen der Leistungsbeschreibung gelten für Bauarbeiten jeder Art; sie werden ergänzt durch die auf die einzelnen Leistungsbereiche bezogenen Hinweise in den Abschnitten 0 der ATV DIN 18 300 ff. Die Beachtung dieser Hinweise ist Voraussetzung für eine ordnungsgemäße Leistungsbeschreibung gemäß A § 9.

Die Hinweise werden nicht Vertragsbestandteil.

In der Leistungsbeschreibung sind nach den Erfordernissen des Einzelfalls insbesondere anzugeben:

0.1 Angaben zur Baustelle

0.1.1 Lage der Baustelle, Umgebungsbedingungen, Zufahrtsmöglichkeiten und Beschaffenheit der Zufahrt sowie etwaige Einschränkungen bei ihrer Benutzung.

0.1.2 Art und Lage der baulichen Anlagen, z. B. auch Anzahl und Höhe der Geschosse.

0.1.3 Verkehrsverhältnisse auf der Baustelle, insbesondere Verkehrsbeschränkungen.

0.1.4 Für den Verkehr freizuhaltende Flächen.

0.1.5 Lage, Art, Anschlußwert und Bedingungen für das Überlassen von Anschlüssen für Wasser, Energie und Abwasser.

0.1.6 Lage und Ausmaß der dem Auftragnehmer für die Ausführung seiner Leistungen zur Benutzung oder Mitbenutzung überlassenen Flächen, Räume.

0.1.7 Bodenverhältnisse, Baugrund und seine Tragfähigkeit. Ergebnisse von Bodenuntersuchungen.

0.1.8 Hydrologische Werte von Grundwasser und Gewässern. Art, Lage, Abfluß, Abflußvermögen und Hochwasserverhältnisse von Vorflutern. Ergebnisse von Wasseranalysen.

0.1.9 Besondere wasserrechtliche Vorschriften.

0.1.10 Besondere Vorgaben für die Entsorgung, z. B. besondere Beschränkungen für die Beseitigung von Abwasser und Abfall.

0.1.11 Schutzgebiete oder Schutzzeiten im Bereich der Baustelle, z. B. wegen Forderungen des Gewässer-, Boden-, Natur-, Landschafts- oder Immissionsschutzes; vorliegende Fachgutachten o. ä.

0.1.12 Art und Umfang des Schutzes von Bäumen, Pflanzenbeständen, Vegetationsflächen, Verkehrsflächen, Bauteilen, Bauwerken, Grenzsteinen u. ä. im Bereich der Baustelle.

0.1.13 Im Baugelände vorhandene Anlagen, insbesondere Abwasser- und Versorgungsleitungen.

0.1.14 Bekannte oder vermutete Hindernisse im Bereich der Baustelle, z. B. Leitungen, Kabel, Dräne, Kanäle, Bauwerksreste, und, soweit bekannt, deren Eigentümer.

0.1.15 Besondere Anordnungen, Vorschriften und Maßnahmen der Eigentümer (oder der anderen Weisungsberechtigten) von Leitungen, Kabeln, Dränen, Kanälen, Straßen, Wegen, Gewässern, Gleisen, Zäunen und dergleichen im Bereich der Baustelle.

0.1.16 Art und Umfang von Schadstoffbelastungen, z. B. des Bodens, der Gewässer, der Luft, der Stoffe und Bauteile; vorliegende Fachgutachten o. ä.

0.1.17 Art und Zeit der vom Auftraggeber veranlaßten Vorarbeiten.

0.1.18 Arbeiten anderer Unternehmer auf der Baustelle.

0.2 Angaben zur Ausführung

0.2.1 Vorgesehene Arbeitsabschnitte, Arbeitsunterbrechungen und -beschränkungen nach Art, Ort und Zeit.

0.2.2 Besondere Erschwernisse während der Ausführung, z. B. Arbeiten in Räumen, in denen der Betrieb weiterläuft, oder bei außergewöhnlichen äußeren Einflüssen.

0.2.3 Besondere Anforderungen für Arbeiten in kontaminierten Bereichen.

0.2.4 Besondere Anforderungen an die Baustelleneinrichtung und Entsorgungseinrichtungen, z. B. Behälter für die getrennte Erfassung.

0.2.5 Besonderheiten der Regelung und Sicherung des Verkehrs, gegebenenfalls auch, wieweit der Auftraggeber die Durchführung der erforderlichen Maßnahmen übernimmt.

0.2.6 Auf- und Abbauen sowie Vorhalten der Gerüste, die nicht Nebenleistung sind.

0.2.7 Mitbenutzung fremder Gerüste, Hebezeuge, Aufzüge, Aufenthalts- und Lagerräume, Einrichtungen und dergleichen durch den Auftragnehmer.

0.2.8 Wie lange, für welche Arbeiten und gegebenenfalls für welche Beanspruchung der Auftragnehmer seine Gerüste, Hebezeuge, Aufzüge, Aufenthalts- und Lagerräume, Einrichtungen und dergleichen für andere Unternehmer vorzuhalten hat.

0.2.9 Verwendung oder Mitverwendung von wiederaufbereiteten (Recycling-)Stoffen.

0.2.10 Anforderungen an wiederaufbereitete (Recycling-)Stoffe und an nicht genormte Stoffe und Bauteile.

0.2.11 Besondere Anforderungen an Art, Güte und Umweltverträglichkeit der Stoffe und Bauteile.

0.2.12 Art und Umfang der vom Auftraggeber verlangten Eignungs- und Gütenachweise.

0.2.13 Unter welchen Bedingungen auf der Baustelle gewonnene Stoffe verwendet werden dürfen bzw. müssen oder einer anderen Verwertung zuzuführen sind.

Allgemeine Regelungen für Bauarbeiten jeder Art DIN 18 299

0.2.14 Art, Zusammensetzung und Menge der aus dem Bereich des Auftraggebers zu entsorgenden Böden, Stoffe und Bauteile; Art der Verwertung bzw. bei Abfall die Entsorgungsanlage; Anforderungen an die Nachweise über Transporte, Entsorgung und die vom Auftraggeber zu tragenden Entsorgungskosten.

0.2.15 Art, Menge, Gewicht der Stoffe und Bauteile, die vom Auftraggeber beigestellt werden, sowie Art, Ort (genaue Bezeichnung) und Zeit ihrer Übergabe.

0.2.16 In welchem Umfang der Auftraggeber Abladen, Lagern und Transport von Stoffen und Bauteilen übernimmt oder dafür dem Auftragnehmer Geräte oder Arbeitskräfte zur Verfügung stellt.

0.2.17 Leistungen für andere Unternehmer.

0.2.18 Benutzung von Teilen der Leistung vor der Abnahme.

0.2.19 Übertragung der Pflege und Wartung während der Dauer der Verjährungsfrist für die Gewährleistungsansprüche für maschinelle und elektrotechnische Anlagen, bei denen eine ordnungsgemäße Pflege und Wartung einen erheblichen Einfluß auf Funktionsfähigkeit und Zuverlässigkeit der Anlage haben, z. B. Aufzugsanlagen, Fahrtreppen, Meß-, Steuer- und Regelungseinrichtungen, Anlagen der Gebäudeleittechnik, Gefahrenmeldeanlagen, Feuerungsanlagen.

0.2.20 Abrechnung nach bestimmten Zeichnungen oder Tabellen.

0.3 Einzelangaben bei Abweichungen von den ATV

0.3.1 Wenn andere als die in den ATV DIN 18 299 ff. vorgesehenen Regelungen getroffen werden sollen, sind diese in der Leistungsbeschreibung eindeutig und im einzelnen anzugeben.

0.3.2 Abweichende Regelungen von der ATV DIN 18 299 können insbesondere in Betracht kommen bei
Abschnitt 2.1.1, wenn die Lieferung von Stoffen und Bauteilen nicht zur Leistung gehören soll,
Abschnitt 2.2, wenn nur ungebrauchte Stoffe und Bauteile vorgehalten werden dürfen,
Abschnitt 2.3.1, wenn auch gebrauchte Stoffe und Bauteile geliefert werden dürfen.

0.4 Einzelangaben zu Nebenleistungen und Besonderen Leistungen

0.4.1 Nebenleistungen

Nebenleistungen (Abschnitt 4.1 aller ATV) sind in der Leistungsbeschreibung nur zu erwähnen, wenn sie ausnahmsweise selbständig vergütet werden sollen. Eine ausdrückliche Erwähnung ist geboten, wenn die Kosten der Nebenleistung von erheblicher Bedeutung für die Preisbildung sind; in diesen Fällen sind besondere Ordnungszahlen (Positionen) vorzusehen.

Dies kommt insbesondere in Betracht für
– das Einrichten und Räumen der Baustelle,
– Gerüste,
– besondere Anforderungen an Zufahrten, Lager- und Stellflächen.

0.4.2 Besondere Leistungen

Werden Besondere Leistungen (Abschnitt 4.2 aller ATV) verlangt, ist dies in der Leistungsbeschreibung anzugeben; gegebenenfalls sind hierfür besondere Ordnungszahlen (Positionen) vorzusehen.

0.5 Abrechnungseinheiten

Im Leistungsverzeichnis sind die Abrechnungseinheiten für die Teilleistungen (Positionen) gemäß Abschnitt 0.5 der jeweiligen ATV anzugeben.

1 Geltungsbereich

Die ATV „Allgemeine Regelungen für Bauarbeiten jeder Art" – DIN 18 299 – gilt für alle Bauarbeiten, auch für solche, für die keine ATV in C – DIN 18 300 ff. – bestehen. Abweichende Regelungen in den ATV DIN 18 300 ff. haben Vorrang.

2 Stoffe, Bauteile

2.1 Allgemeines

2.1.1 Die Leistungen umfassen auch die Lieferung der dazugehörigen Stoffe und Bauteile einschließlich Abladen und Lagern auf der Baustelle.

2.1.2 Stoffe und Bauteile, die vom Auftraggeber beigestellt werden, hat der Auftragnehmer rechtzeitig beim Auftraggeber anzufordern.

2.1.3 Stoffe und Bauteile müssen für den jeweiligen Verwendungszweck geeignet und aufeinander abgestimmt sein.

2.2 Vorhalten

Stoffe und Bauteile, die der Auftragnehmer nur vorzuhalten hat, die also nicht in das Bauwerk eingehen, dürfen nach Wahl des Auftragnehmers gebraucht oder ungebraucht sein.

2.3 Liefern

2.3.1 Stoffe und Bauteile, die der Auftragnehmer zu liefern und einzubauen hat, die also in das Bauwerk eingehen, müssen ungebraucht sein. Wiederaufbereitete (Recycling-)Stoffe gelten als ungebraucht, wenn sie Abschnitt 2.1.3 entsprechen.

2.3.2 Stoffe und Bauteile, für die DIN-Normen bestehen, müssen den DIN-Güte- und -Maßbestimmungen entsprechen.

2.3.3 Stoffe und Bauteile, die nach den deutschen behördlichen Vorschriften einer Zulassung bedürfen, müssen amtlich zugelassen sein und den Zulassungsbedingungen entsprechen.

2.3.4 Stoffe und Bauteile, für die bestimmte technische Spezifikationen in der Leistungsbeschreibung nicht genannt sind, dürfen auch verwendet werden, wenn sie Normen, technischen Vorschriften oder sonstigen Bestimmungen anderer Staaten entsprechen, sofern das geforderte Schutzniveau in bezug auf Sicherheit, Gesundheit und Gebrauchstauglichkeit gleichermaßen dauerhaft erreicht wird.
Sofern für Stoffe und Bauteile eine Überwachungs-, Prüfzeichenpflicht oder der Nachweis der Brauchbarkeit, z. B. durch allgemeine bauaufsichtliche Zulassung, allgemein vorgesehen ist, kann von einer Gleichwertigkeit nur ausgegangen werden, wenn die Stoffe und Bauteile ein Überwachungs- oder Prüfzeichen tragen oder für sie der genannte Brauchbarkeitsnachweis erbracht ist.

3 Ausführung

3.1 Wenn Verkehrs-, Versorgungs- und Entsorgungsanlagen im Bereich des Baugeländes liegen, sind die Vorschriften und Anordnungen der zuständigen Stellen zu beachten.

3.2 Die für die Aufrechterhaltung des Verkehrs bestimmten Flächen sind freizuhalten. Der Zugang zu Einrichtungen der Versorgungs- und Entsorgungsbetriebe, der Feuerwehr, der Post und Bahn, zu Vermessungspunkten und dergleichen darf nicht mehr als durch die Ausführung unvermeidlich behindert werden.

3.3 Werden Schadstoffe angetroffen, z. B. in Böden, Gewässern oder Bauteilen, ist der Auftraggeber unverzüglich zu unterrichten. Bei Gefahr im Verzug hat der Auftragnehmer unverzüglich die notwendigen Sicherungsmaßnahmen zu treffen. Die weiteren Maßnahmen sind gemeinsam festzulegen. Die getroffenen und die weiteren Maßnahmen sind Besondere Leistungen (siehe Abschnitt 4.2.1).

4 Nebenleistungen, Besondere Leistungen

4.1 Nebenleistungen

Nebenleistungen sind Leistungen, die auch ohne Erwähnung im Vertrag zur vertraglichen Leistung gehören (B § 2 Nr 1).

Nebenleistungen sind demnach insbesondere:

4.1.1 Einrichten und Räumen der Baustelle einschließlich der Geräte und dergleichen.

4.1.2 Vorhalten der Baustelleneinrichtung einschließlich der Geräte und dergleichen.

4.1.3 Messungen für das Ausführen und Abrechnen der Arbeiten einschließlich des Vorhaltens der Meßgeräte, Lehren, Absteckzeichen usw., des Erhaltens der Lehren und Absteckzeichen während der Bauausführung und des Stellens der Arbeitskräfte, jedoch nicht Leistungen nach B § 3 Nr 2.

4.1.4 Schutz- und Sicherheitsmaßnahmen nach den Unfallverhütungsvorschriften und den behördlichen Bestimmungen.

4.1.5 Beleuchten, Beheizen und Reinigen der Aufenthalts- und Sanitärräume für die Beschäftigten des Auftragnehmers.

4.1.6 Heranbringen von Wasser und Energie von den vom Auftraggeber auf der Baustelle zur Verfügung gestellten Anschlußstellen zu den Verwendungsstellen.

4.1.7 Liefern der Betriebsstoffe.

4.1.8 Vorhalten der Kleingeräte und Werkzeuge.

4.1.9 Befördern aller Stoffe und Bauteile, auch wenn sie vom Auftraggeber beigestellt sind, von den Lagerstellen auf der Baustelle bzw. von den in der Leistungsbeschreibung angegebenen Übergabestellen zu den Verwendungsstellen und etwaiges Rückbefördern.

4.1.10 Sichern der Arbeiten gegen Niederschlagswasser, mit dem normalerweise gerechnet werden muß, und seine etwa erforderliche Beseitigung.

4.1.11 Entsorgen von Abfall aus dem Bereich des Auftragnehmers sowie Beseitigen der Verunreinigungen, die von den Arbeiten des Auftragnehmers herrühren.

4.1.12 Entsorgen von Abfall aus dem Bereich des Auftraggebers bis zu einer Menge von 1 m^3, soweit der Abfall nicht schadstoffbelastet ist.

DIN 18 299   VOB Teil C

4.2 Besondere Leistungen

Besondere Leistungen sind Leistungen, die nicht Nebenleistungen gemäß Abschnitt 4.1 sind und nur dann zur vertraglichen Leistung gehören, wenn sie in der Leistungsbeschreibung besonders erwähnt sind.

Besondere Leistungen sind z. B.:

4.2.1 Maßnahmen nach Abschnitt 3.3

4.2.2 Beaufsichtigen der Leistungen anderer Unternehmer.

4.2.3 Sicherungsmaßnahmen zur Unfallverhütung für Leistungen anderer Unternehmer.

4.2.4 Besondere Schutzmaßnahmen gegen Witterungsschäden, Hochwasser und Grundwasser, ausgenommen Leistungen nach Abschnitt 4.1.10.

4.2.5 Versicherung der Leistung bis zur Abnahme zugunsten des Auftraggebers oder Versicherung eines außergewöhnlichen Haftpflichtwagnisses.

4.2.6 Besondere Prüfung von Stoffen und Bauteilen, die der Auftraggeber liefert.

4.2.7 Aufstellen, Vorhalten, Betreiben und Beseitigen von Einrichtungen zur Sicherung und Aufrechterhaltung des Verkehrs auf der Baustelle, z. B. Bauzäune, Schutzgerüste, Hilfsbauwerke, Beleuchtungen, Leiteinrichtungen.

4.2.8 Aufstellen, Vorhalten, Betreiben und Beseitigen von Einrichtungen außerhalb der Baustelle zur Umleitung und Regelung des öffentlichen und Anlieger-Verkehrs.

4.2.9 Bereitstellen von Teilen der Baustelleneinrichtung für andere Unternehmer oder den Auftraggeber.

4.2.10 Besondere Maßnahmen aus Gründen des Umweltschutzes, der Landes- und Denkmalpflege.

4.2.11 Entsorgen von Abfall über die Leistungen nach den Abschnitten 4.1.11 und 4.1.12 hinaus.

4.2.12 Besonderer Schutz der Leistung, der vom Auftraggeber für eine vorzeitige Benutzung verlangt wird, seine Unterhaltung und spätere Beseitigung.

4.2.13 Beseitigen von Hindernissen.

4.2.14 Zusätzliche Maßnahmen für die Weiterarbeit bei Frost und Schnee, soweit sie dem Auftragnehmer nicht ohnehin unterliegen.

4.2.15 Besondere Maßnahmen zum Schutz und zur Sicherung gefährdeter baulicher Anlagen und benachbarter Grundstücke.

4.2.16 Sichern von Leitungen, Kabeln, Dränen, Kanälen, Grenzsteinen, Bäumen, Pflanzen und dergleichen.

5 Abrechnung

Die Leistung ist aus Zeichnungen zu ermitteln, soweit die ausgeführte Leistung diesen Zeichnungen entspricht. Sind solche Zeichnungen nicht vorhanden, ist die Leistung aufzumessen.

VOB Teil C:
Allgemeine Technische Vertragsbedingungen für Bauleistungen (ATV)
Erdarbeiten — DIN 18 300
Ausgabe Dezember 1992

Inhalt

0 Hinweise für das Aufstellen der Leistungsbeschreibung
1 Geltungsbereich
2 Stoffe, Bauteile; Boden und Fels
3 Ausführung
4 Nebenleistungen, Besondere Leistungen
5 Abrechnung

0 Hinweise für das Aufstellen der Leistungsbeschreibung

Diese Hinweise ergänzen die ATV DIN 18 299 „Allgemeine Regelungen für Bauarbeiten jeder Art", Abschnitt 0. Die Beachtung dieser Hinweise ist Voraussetzung für eine ordnungsgemäße Leistungsbeschreibung gemäß A § 9.

Die Hinweise werden nicht Vertragsbestandteil.

In der Leistungsbeschreibung sind nach den Erfordernissen des Einzelfalls insbesondere anzugeben:

0.1 Angaben zur Baustelle

0.1.1 Art und Umfang des vorhandenen Aufwuchses auf den freizumachenden Flächen.

0.1.2 Art und Beschaffenheit der Unterlage (Untergrund, Unterbau, Tragschicht, Tragwerk).

0.1.3 Gründungstiefen, Gründungsarten und Lasten benachbarter Bauwerke.

0.1.4 Art und Beschaffenheit vorhandener Einfassungen.

0.2 Angaben zur Ausführung

0.2.1 Sachverständigengutachten und inwieweit sie bei der Ausführung zu beachten sind.

0.2.2 Boden und Fels hinsichtlich ihrer Eigenschaften und Zustände nach Abschnitt 2.2 sowie ihre Klassen nach Abschnitt 2.3.
Geschätzte Mengenanteile, wenn Boden und Fels verschiedener Klassen nach Abschnitt 2.3 zusammengefaßt werden, weil eine Trennung nur schwer möglich ist.

0.2.3 Art und Zustand der Förderwege, gegebenenfalls Einschränkungen.

0.2.4 Länge der Förderwege, über 50 m gegebenenfalls gestaffelt nach Länge oder nach Bodenverteilungsplan.

0.2.5 Wesentliche Änderungen der Eigenschaften und Zustände von Boden und Fels nach dem Lösen.

DIN 18 300 VOB Teil C

0.2.6 Verwendung von Boden für vegetationstechnische Zwecke nach den Grundsätzen des Landschaftsbaus.

0.2.7 Wiederverwendung von Oberboden, jedoch nicht nach den Grundsätzen des Landschaftsbaus (siehe Abschnitt 3.4.4).

0.2.8 Art und Möglichkeiten der Zwischenlagerung.

0.2.9 Verwendung des Bodens und Art des Einbaus.

0.2.10 Bei Verdichten von Boden und Fels der Verdichtungsgrad und dessen Nachweis; für die Leitungszone von Entwässerungskanälen und -leitungen siehe DIN 4033.

0.2.11 Maße von Baugruben und Gräben, gegebenenfalls die Tiefen gestaffelt.

0.2.12 Vorgesehener Verbau.

0.2.13 Belassen einer Schutzschicht über der Gründungssohle und deren Dicke.

0.2.14 Anforderungen an Arbeitspläne über den Abbau an Steilhängen (siehe Abschnitt 3.5.4).

0.2.15 Maßnahmen zur bleibenden Sicherung von Felsböschungen und Steilhängen.

0.2.16 Art und Anzahl der geforderten Proben.

0.2.17 Anzahl, Maße und Lage der Arbeitsräume für Rohrverbindungen.

0.2.18 Besondere Maßnahmen zum Schutz von benachbarten Grundstücken und Bauwerken.

0.2.19 Ausbildung der Anschlüsse an Bauwerke.

0.2.20 Maßnahmen für das Beseitigen von Grund-, Quell- und Sickerwasser o. ä. (siehe Abschnitte 3.3.1 und 3.7.5).

0.2.21 Bei Leitungsgräben Hinweise für den Bauablauf entsprechend der statischen Berechnung für die Rohrleitung.

0.3 Einzelangaben bei Abweichungen von den ATV

0.3.1 Wenn andere als die in dieser ATV vorgesehenen Regelungen getroffen werden sollen, sind diese in der Leistungsbeschreibung eindeutig und im einzelnen anzugeben.

0.3.2 Abweichende Regelungen können insbesondere in Betracht kommen bei

Abschnitt 2.1.1,	wenn gelöster Boden oder Fels in das Eigentum des Auftragnehmers übergehen soll,
Abschnitt 3.1.1,	wenn das Bauverfahren, der Bauablauf oder die Art und der Einsatz der Baugeräte dem Auftragnehmer vorgegeben werden sollen,
Abschnitt 3.4.1,	wenn Oberboden von Auftragsflächen nicht abzutragen ist,
Abschnitt 3.4.2,	wenn Abtrag und Einbau von Oberboden nicht getrennt von anderen Bodenbewegungen durchzuführen sind,
Abschnitt 3.4.3,	wenn Oberboden im Bereich der Fläche einer Baumkrone abgetragen werden darf,
Abschnitt 3.5.2,	wenn die Wahl der Abtragsquerschnitte dem Auftragnehmer nicht überlassen bleiben soll,
Abschnitt 3.5.6,	wenn gelockertes Gestein in Böschungen belassen werden kann,
Abschnitt 3.6.2,	wenn die Wahl der Förderwege dem Auftragnehmer nicht überlassen bleiben soll,
Abschnitt 3.7.1,	wenn Boden und Fels auch eingeebnet und verdichtet werden sollen,
Abschnitt 3.7.6,	wenn Schüttgut nicht lagenweise einzubauen und zu verdichten ist,

Erdarbeiten　　　　　　　　　　　　　　　　　　　　　　　　　　　　DIN 18 300

Abschnitt 3.10.2,	wenn die Leistung den Aushub von Baugruben auch über Tiefen von 1,75 m, von Gräben für Fundamente oder Leitungen auch über Tiefen von 1,25 m umfassen soll,
Abschnitt 3.11.2,	wenn die Wahl des Materials zum Hinterfüllen und Überschütten dem Auftragnehmer nicht überlassen bleiben soll,
Abschnitt 3.11.4,	wenn die Leistung das Hinterfüllen und Überschütten auch über Tiefen von 1,75 m bzw. 1,25 m (siehe Abschnitt 3.10.2) umfassen soll,
Abschnitt 3.11.7,	wenn die Leitungszone eine andere Höhe als 0,30 m über dem Scheitel der Leitung umfassen soll,
Abschnitt 5.1.1,	wenn für die Mengenermittlung die üblichen Näherungsverfahren nicht zulässig sein sollen bzw. ein bestimmtes Verfahren zu wählen ist,
Abschnitt 5.4,	wenn Abtrag und Aushub auf andere Weise zu ermitteln sind, z. B. nach loser oder nach fertig eingebauter Menge,
Abschnitt 5.5,	wenn die Mengen für den Einbau auf andere Weise zu ermitteln sind, z. B. an der Entnahmestelle im Abtrag oder nach loser Menge,
Abschnitt 5.6,	wenn das Verdichten von eingebautem Boden nicht nach Abschnitt 5.5 zu ermitteln ist.

0.4　Einzelangaben zu Nebenleistungen und Besonderen Leistungen

Keine ergänzende Regelung zur ATV DIN 18 299, Abschnitt 0.4.

0.5　Abrechnungseinheiten

Im Leistungsverzeichnis sind die Abrechnungseinheiten wie folgt vorzusehen:

- Abtrag, Aushub, Fördern, Einbau nach Raummaß (m^3) oder nach Flächenmaß (m^2), getrennt nach Bodenklassen sowie gestaffelt nach Längen der Förderwege, soweit 50 m Förderweg überschritten werden,
- Steinpackungen, Steinwürfe, Bodenlieferungen und dergleichen nach Raummaß (m^3), Flächenmaß (m^2) oder Gewicht (t),
- Verdichten nach Flächenmaß (m^2) oder Raummaß (m^3),
- Einbau und Verdichten des Bodens in der Leitungszone nach Raummaß (m^3) oder Längenmaß (m),
- Beseitigen von Hindernissen, z. B. Mauerresten, Baumstümpfen, nach Raummaß (m^3) oder nach Anzahl (Stück),
- Beseitigen einzelner Bäume, Steine und dergleichen nach Anzahl (Stück) oder Raummaß (m^3).

1　Geltungsbereich

1.1　Die ATV „Erdarbeiten" — DIN 18 300 — gilt für das Lösen, Laden, Fördern, Einbauen und Verdichten von Boden und Fels. Sie gilt auch für das Lösen von Boden und Fels im Grundwasser und im Uferbereich unter Wasser, wenn diese Arbeiten im Zusammenhang mit dem Lösen von Boden und Fels über Wasser an Land ausgeführt werden.

1.2　Die ATV DIN 18 300 gilt nicht für Erdarbeiten nach den
- ATV DIN 18 301 „Bohrarbeiten",
- ATV DIN 18 308 „Dränarbeiten",
- ATV DIN 18 311 „Naßbaggerarbeiten",
- ATV DIN 18 312 „Untertagebauarbeiten",

- ATV DIN 18 313 „Schlitzwandarbeiten mit stützenden Flüssigkeiten",
- ATV DIN 18 319 „Rohrvortriebsarbeiten",
- ATV DIN 18 320 „Landschaftsbauarbeiten".

1.3 Ergänzend gelten die Abschnitte 1 bis 5 der ATV DIN 18 299 „Allgemeine Regelungen für Bauarbeiten jeder Art". Bei Widersprüchen gehen die Regelungen der ATV DIN 18 300 vor.

2 Stoffe, Bauteile; Boden und Fels

Ergänzend zur ATV DIN 18 299, Abschnitt 2, gilt:

2.1 Allgemeines

2.1.1 Gelöster Boden und Fels gehen nicht in das Eigentum des Auftragnehmers über.

2.1.2 Zu den Leistungen gehört nicht die Lieferung von Boden und Fels.

2.1.3 Sind Boden und Fels vom Auftragnehmer zu liefern, so umfaßt die Lieferung auch das Abladen und Lagern auf der Baustelle.

2.2 Einstufung von Boden und Fels

Boden und Fels werden entsprechend ihrem Zustand beim Lösen in Klassen eingestuft (siehe Abschnitt 2.3).

Oberboden wird unabhängig von seinem Zustand beim Lösen im Hinblick auf eine besondere Behandlung als eigene Klasse aufgeführt (siehe Abschnitt 2.3).

Im übrigen gelten für das Benennen und Beschreiben von Boden und Fels

DIN 18 196   Erd- und Grundbau: Bodenklassifikation für bautechnische Zwecke,

DIN 4022 Teil 1 Baugrund und Grundwasser; Benennen und Beschreiben von Boden und Fels, Schichtenverzeichnis für Bohrungen ohne durchgehende Gewinnung von gekernten Proben im Boden und im Fels.

2.3 Boden- und Felsklassen

Klasse 1: **Oberboden**

Oberste Schicht des Bodens, die neben anorganischen Stoffen, z.B. Kies-, Sand-, Schluff- und Tongemischen, auch Humus und Bodenlebewesen enthält.

Klasse 2: **Fließende Bodenarten**

Bodenarten, die von flüssiger bis breiiger Beschaffenheit sind und die das Wasser schwer abgeben.

Klasse 3: **Leicht lösbare Bodenarten**

Nichtbindige bis schwachbindige Sande, Kiese und Sand-Kies-Gemische mit bis zu 15% Beimengungen an Schluff und Ton (Korngröße kleiner als 0,06 mm) und mit höchstens 30% Steinen von über 63 mm Korngröße bis zu 0,01 m^3 Rauminhalt*).

Organische Bodenarten mit geringem Wassergehalt (z.B. feste Torfe).

---

*) 0,01 m^3 Rauminhalt entspricht einer Kugel mit einem Durchmesser von ≈ 0,30 m.

Klasse 4: **Mittelschwer lösbare Bodenarten**
Gemische von Sand, Kies, Schluff und Ton mit mehr als 15% der Korngröße kleiner als 0,06 mm.
Bindige Bodenarten von leichter bis mittlerer Plastizität, die je nach Wassergehalt weich bis halbfest sind und die höchstens 30% Steine von über 63 mm Korngröße bis zu 0,01 m³ Rauminhalt*) enthalten.

Klasse 5: **Schwer lösbare Bodenarten**
Bodenarten nach den Klassen 3 und 4, jedoch mit mehr als 30% Steinen von über 63 mm Korngröße bis zu 0,01 m³ Rauminhalt*).
Nichtbindige und bindige Bodenarten mit höchstens 30% Steinen von über 0,01 m³ bis 0,1 m³ Rauminhalt*).
Ausgeprägt plastische Tone, die je nach Wassergehalt weich bis halbfest sind.

Klasse 6: **Leicht lösbarer Fels und vergleichbare Bodenarten**
Felsarten, die einen inneren, mineralisch gebundenen Zusammenhalt haben, jedoch stark klüftig, brüchig, bröckelig, schiefrig, weich oder verwittert sind, sowie vergleichbare feste oder verfestigte bindige oder nichtbindige Bodenarten (z.B. durch Austrocknung, Gefrieren, chemische Bindungen).
Nichtbindige und bindige Bodenarten mit mehr als 30% Steinen von über 0,01 m³ bis 0,1 m³ Rauminhalt*).

Klasse 7: **Schwer lösbarer Fels**
Felsarten, die einen inneren, mineralisch gebundenen Zusammenhalt und hohe Gefügefestigkeit haben und die nur wenig klüftig oder verwittert sind.
Festgelagerter, unverwitterter Tonschiefer, Nagelfluhschichten, Schlackenhalden der Hüttenwerke und dergleichen.
Steine von über 0,1 m³ Rauminhalt*).

3 Ausführung

Ergänzend zur ATV DIN 18 299, Abschnitt 3, gilt:

3.1 Allgemeines

3.1.1 Die Wahl des Bauverfahrens und -ablaufes sowie die Wahl und der Einsatz der Baugeräte sind Sache des Auftragnehmers.

3.1.2 In der Nähe von Bauwerken, Leitungen, Kabeln, Dränen und Kanälen müssen die Arbeiten mit der erforderlichen Vorsicht ausgeführt werden.

3.1.3 Gefährdete bauliche Anlagen sind zu sichern; DIN 4123 „Gebäudesicherung im Bereich von Ausschachtungen, Gründungen und Unterfangungen" ist zu beachten. Bei Schutz- und Sicherungsmaßnahmen sind die Vorschriften der Eigentümer oder anderer Weisungsberechtigter zu beachten. Solche Maßnahmen sind Besondere Leistungen (siehe Abschnitt 4.2.1).

3.1.4 Wenn die Lage vorhandener Leitungen, Kabel, Dräne, Kanäle, Vermarkungen, Hindernisse und sonstiger baulicher Anlagen vor Ausführung der Arbeiten nicht an-

---

*) 0,01 m³ Rauminhalt entspricht einer Kugel mit einem Durchmesser von ≈ 0,30 m.
  0,1 m³ Rauminhalt entspricht einer Kugel mit einem Durchmesser von ≈ 0,60 m.

gegeben werden kann, ist diese zu erkunden. Solche Maßnahmen sind Besondere Leistungen (siehe Abschnitt 4.2.1).

3.1.5 Werden unvermutete Hindernisse, z. B. nicht angegebene Leitungen, Kabel, Dräne, Kanäle, Vermarkungen, Bauwerksreste, angetroffen, ist der Auftraggeber unverzüglich darüber zu unterrichten. Die zu treffenden Maßnahmen sind Besondere Leistungen (siehe Abschnitt 4.2.1).

3.1.6 In unmittelbarer Nähe von zu erhaltenden Bäumen, Pflanzenbeständen und Vegetationsflächen müssen die Arbeiten mit besonderer Sorgfalt ausgeführt werden.

3.1.7 Gefährdete Bäume, Pflanzenbestände und Vegetationsflächen sind zu schützen; DIN 18 920 „Vegetationstechnik im Landschaftsbau; Schutz von Bäumen, Pflanzenbeständen und Vegetationsflächen bei Baumaßnahmen" ist zu beachten. Solche Schutzmaßnahmen sind Besondere Leistungen (siehe Abschnitt 4.2.1).

3.2 Vorbereiten des Baugeländes

3.2.1 Grenzsteine und amtliche Festpunkte dürfen nur mit Zustimmung des Auftraggebers beseitigt werden. Festpunkte des Auftraggebers für die Baumaßnahme hat der Auftragnehmer vor Beseitigung zu sichern.

3.2.2 Aufwuchs darf über den vereinbarten Umfang hinaus nur mit Zustimmung des Auftraggebers beseitigt werden.

3.3 Wasserabfluß

3.3.1 Der Auftragnehmer hat die erforderlichen Entwässerungsmaßnahmen rechtzeitig auszuführen.
Reichen die vereinbarten Maßnahmen für das Beseitigen von Grundwasser, Quellwasser, Sickerwasser u. ä. nicht aus, so sind die erforderlichen zusätzlichen Maßnahmen gemeinsam festzulegen; diese sind Besondere Leistungen (siehe Abschnitt 4.2.1).

3.3.2 Richtung, Höhenlage und Wassermenge von Gewässern, Sickerungen und Dränen dürfen während der Bauausführung nur mit Zustimmung des Auftraggebers verändert werden.

3.3.3 Der Auftragnehmer hat bei Maßnahmen nach den Abschnitten 3.3.1 und 3.3.2 dafür zu sorgen, daß das Wasser stets ungehindert abfließen kann und keine Schäden verursacht.

3.4 Oberbodenarbeiten

3.4.1 Oberboden muß von allen Auftragsflächen abgetragen werden.
Von Lagerplätzen, Verkehrsflächen u.ä. ist Oberboden nur in dem in der Leistungsbeschreibung vorgesehenen Umfang abzutragen.

3.4.2 Abtrag und Einbau von Oberboden sind gesondert von anderen Bodenbewegungen durchzuführen.

3.4.3 Sind Bäume zu erhalten, darf der Oberboden im Bereich der Fläche unter der Baumkrone nicht abgetragen werden.

3.4.4 Für Oberboden, der nicht nach den Grundsätzen des Landschaftsbaus, jedoch wieder als Oberboden verwendet wird, gelten nachstehende Festlegungen:

3.4.4.1 Oberboden darf nicht durch Beimengungen verschlechtert werden, z. B. durch Baurückstände, Metalle, Glas, Schlacken, Asche, Kunststoffe, Mineralöle, Chemikalien, schwer zersetzbare Pflanzenreste.

3.4.4.2 Bindige Oberböden dürfen nur bei weicher bis fester Konsistenz abgetragen und aufgetragen werden.

3.4.4.3 Wird Oberboden nicht sofort weiterverwendet, ist er getrennt von anderen Bodenarten und abseits vom Baubetrieb und möglichst zusammenhängend zu lagern. Dabei darf er nicht durch Befahren oder auf andere Weise verdichtet werden.

3.4.4.4 Leicht verrottbare Pflanzendecken, z. B. Grasnarbe, werden wie Oberboden behandelt.

3.5 Lösen und Laden

3.5.1 Von den in der Leistungsbeschreibung festgelegten Maßen der Abtragsquerschnitte darf nur mit Zustimmung des Auftraggebers abgewichen werden. Dies gilt auch, wenn nur auf Sachverständigengutachten Bezug genommen wird.

3.5.2 Sind Abtragsquerschnitte in der Leistungsbeschreibung nicht festgelegt, so bleibt deren Wahl, insbesondere die Böschungsneigung, dem Auftragnehmer überlassen; dabei ist DIN 4124 „Baugruben und Gräben; Böschungen, Arbeitsraumbreiten, Verbau" zu beachten.

3.5.3 Werden beim Abtrag von der Leistungsbeschreibung abweichende Bodenverhältnisse angetroffen oder treten Umstände ein, durch die die vereinbarten Abtragsquerschnitte nicht eingehalten werden können, so sind die erforderlichen Maßnahmen gemeinsam festzulegen; diese sind Besondere Leistungen (siehe Abschnitt 4.2.1).

3.5.4 Über den Abbau an Steilhängen hat der Auftragnehmer auf Verlangen einen Arbeitsplan vorzulegen.

3.5.5 Unvorhergesehene Ereignisse, z. B. Wasserandrang, Bodenauftrieb, Ausfließen von Schichten, Schäden an baulichen Anlagen, hat der Auftragnehmer dem Auftraggeber unverzüglich anzuzeigen. Die zu treffenden Maßnahmen sind Besondere Leistungen (siehe Abschnitt 4.2.1).

3.5.6 Das Lösen von Fels, z. B. durch Sprengen, ist so durchzuführen, daß das verbleibende Gestein möglichst nicht gelockert wird. Dennoch gelockertes Gestein in Böschungen ist zu entfernen.

3.6 Fördern

3.6.1 Das Fördern von Boden und Fels bis zu 50 m gehört zur Leistung.

3.6.2 Die Wahl der Förderwege bleibt dem Auftragnehmer überlassen.

3.7 Einbau und Verdichten

3.7.1 Boden und Fels sind ohne zusätzliche Maßnahmen abzukippen oder aufzutragen, ausgenommen bei Erdbauwerken.

3.7.2 Vor dem Einbau von Boden und Fels für Erdbauwerke ist die Gründungssohle auf Eignung für das Erdbauwerk zu prüfen (siehe B § 4 Nr 3). Ungeeignete Bodenarten (z. B. Schlamm, Torf) und Hindernisse (z. B. Baumstümpfe, Baumwurzeln, Bauwerksreste) sind dem Auftraggeber mitzuteilen. Die zu treffenden Maßnahmen sind Besondere Leistungen (siehe Abschnitt 4.2.1).

3.7.3 Vertiefungen in der Gründungssohle für Bauwerke sind aufzufüllen. Geeigneter Füllboden ist so zu verdichten, daß er möglichst so dicht liegt wie der anstehende Boden. Die hierfür erforderlichen Maßnahmen sind, soweit die Ursache nicht der Auftragnehmer zu vertreten hat, Besondere Leistungen (siehe Abschnitt 4.2.1).

3.7.4 Werden bei geneigten Grundflächen aus Gründen der Gleitsicherheit Abtreppungen oder andere sichernde Maßnahmen erforderlich, so sind sie gemeinsam festzulegen; diese sind Besondere Leistungen (siehe Abschnitt 4.2.1).

3.7.5 Sickerwasser, Quellwasser und Rinnsale müssen vor dem Überschütten gefaßt und abgeleitet werden (siehe Abschnitt 3.3.1).

3.7.6 Bei Erdbauwerken ist darauf zu achten, daß für den vorgesehenen Verwendungszweck geeigneter Boden und Fels eingebaut wird. Das Schüttgut ist von ungeeigneten Stoffen freizuhalten.

Das Schüttgut ist lagenweise einzubauen und zu verdichten.

Schütthöhe und Anzahl der Arbeitsgänge beim Verdichten sind nach Art und Größe der Verdichtungsgeräte und der Bodenart so festzulegen, daß der geforderte Verdichtungsgrad des Bodens erreicht wird. Auf Verlangen ist der Nachweis hierfür zu erbringen.

Dämme sind von außen nach der Mitte hin zu verdichten.

Befinden sich im Schüttgut größere Steine oder Bodenschollen, sind diese so zu verteilen, daß sie sich ohne Bildung von schädlichen Hohlräumen in die Schüttung einbetten.

Bindige Böden sind unmittelbar nach dem Schütten zu verdichten. Sie dürfen im aufgeweichten Zustand nicht überschüttet werden, wenn schädliche Auswirkungen für das Erdbauwerk zu erwarten sind.

3.7.7 Ist der vorgeschriebene Verdichtungsgrad durch Verdichten nicht zu erreichen, so sind geeignete Maßnahmen, z. B. Bodenverbesserung, Bodenaustausch, gemeinsam festzulegen; diese sind Besondere Leistungen (siehe Abschnitt 4.2.1).

3.7.8 Meßeinrichtungen, die zum Beobachten von Setzungen, Verschiebungen u. ä. in Erdbauwerke eingebaut werden, dürfen nicht beschädigt oder in ihrer Lage verändert werden.

3.8 Herstellen der Böschungen von Erdbauwerken

3.8.1 Hat der Auftragnehmer die Böschung endgültig zu befestigen, ist die Befestigung unmittelbar nach dem Herstellen der Böschung, gegebenenfalls in Teilabschnitten, auszuführen.

Ist dies nicht möglich, sind die Böschungen in der Zwischenzeit gegen Witterungseinflüsse behelfsmäßig zu schützen und zu unterhalten.

Erdarbeiten DIN 18 300

3.8.2 Ist dem Auftragnehmer die endgültige Befestigung nicht übertragen und bleiben die Böschungen aus Gründen, die der Auftragnehmer nicht zu vertreten hat, offen liegen, sind die gegebenenfalls erforderlichen Maßnahmen gemeinsam festzulegen; diese sind Besondere Leistungen (siehe Abschnitt 4.2.1).

3.8.3 Vor dem Aufbringen von Oberboden auf Böschungen ist ihre Oberfläche aufzurauhen und, falls erforderlich, mit Stufen zu versehen, z. B. bei steilen Böschungen.

3.8.4 Ergibt sich während der Ausführung von Böschungen die Gefahr von Rutschungen, hat der Auftragnehmer unverzüglich die notwendigen Maßnahmen zur Verhütung von Schäden zu treffen und den Auftraggeber zu verständigen. Die weiteren Maßnahmen zur Verhütung oder Beseitigung von Rutschungen sind gemeinsam festzulegen. Soweit die Ursache nicht der Auftragnehmer zu vertreten hat, sind die zur Verhütung von Schäden vom Auftragnehmer getroffenen sowie die weiteren Maßnahmen Besondere Leistungen (siehe Abschnitt 4.2.1).

3.8.5 Felsböschungen sind entsprechend den Eigenschaften des Gesteins und dem Gefüge des Gebirges herzustellen; witterungsbeständige Gesteinsbänke, Vorsprünge und dergleichen sind möglichst zu erhalten.

3.9 Herstellen von Dichtungskörpern

3.9.1 Dichtungskörper sind entsprechend ihrem Zweck mit besonderer Sorgfalt auszuführen.

Sie sind gegen Witterungseinflüsse, insbesondere gegen Austrocknen und sonstige Beschädigungen, zu schützen.

3.9.2 Der Auftragnehmer hat die Eignung des Bodens für Dichtungskörper durch Untersuchungen festzustellen, falls er den Dichtungsboden zu liefern hat.
Der Eignungsnachweis ist dem Auftraggeber mitzuteilen.

3.10 Herstellen von Baugruben und Gräben

3.10.1 Für die Ausbildung von Baugruben und Gräben sowie für die erforderlichen Arbeitsraumbreiten gilt DIN 4124.

3.10.2 Wenn in der Leistungsbeschreibung keine Tiefen für Baugruben und Gräben angegeben sind, umfaßt die Leistung den Aushub von Baugruben nur bis Tiefen von 1,75 m, von Gräben für Fundamente oder Leitungen nur bis Tiefen von 1,25 m.

3.10.3 Ist in der Leistungsbeschreibung festgelegt, daß zum Schutz der Gründungssohle eine Schutzschicht zu belassen ist, darf diese erst unmittelbar vor dem Herstellen des Grundwerks, z. B. Unterbeton, Fundament, oder der Leitung entfernt werden. Das Entfernen der Schutzschicht ist eine Besondere Leistung (siehe Abschnitt 4.2.1).

3.10.4 Im Bereich der Gründungsfläche für das Bauwerk darf die Sohle nicht aufgelockert werden.
Bei trotzdem aufgelockertem Boden muß entweder die ursprüngliche Lagerungsdichte durch Verdichten oder die ursprüngliche Tragfähigkeit in anderer geeigneter Weise wiederhergestellt werden.

3.11 Hinterfüllen und Überschütten von baulichen Anlagen

3.11.1 Vor dem Hinterfüllen oder Überschütten sind im Bereich der baulichen Anlagen Fremdkörper, die Schäden verursachen können, zu entfernen.

3.11.2 Die Wahl des Materials zum Hinterfüllen und Überschütten bleibt dem Auftragnehmer überlassen; für die Leitungszone von Entwässerungskanälen und -leitungen gilt insbesondere DIN 4033 „Entwässerungskanäle und -leitungen".

3.11.3 Hinterfüllen, Überschütten und Verdichten sind so auszuführen, daß an den baulichen Anlagen keine Schäden entstehen.

Bei Leitungen ist darauf zu achten, daß sie in ihrer Lage verbleiben.

3.11.4 Wenn in der Leistungsbeschreibung keine Tiefen angegeben sind, gilt Abschnitt 3.10.2 entsprechend.

3.11.5 Verdichtungsgeräte, Arbeitsverfahren und Schichtdicke sind auf die Eigenschaften und die erforderliche, gleichmäßige Verdichtung des Hinterfüll- bzw. Überschüttmaterials abzustimmen. Das Einschlämmen ist nur mit Zustimmung des Auftraggebers zulässig, jedoch in der Leitungszone von Entwässerungskanälen und -leitungen unzulässig.

3.11.6 Bei Leitungsgräben darf mit dem Verfüllen erst begonnen werden, wenn Leitungsverbindungen und -auflager durch Erddruck und andere beim Verfüllen auftretende Kräfte belastet werden können.

3.11.7 Material, das die Leitungen schädigen kann, z. B. Schlacke, steinige Böden, darf innerhalb der Leitungszone nicht verwendet werden.

Die Leitungszone umfaßt den Raum zwischen Grabensohle und Grabenwänden bis zu einer Höhe von 0,30 m über dem Scheitel der Leitung. In Dämmen beträgt die Breite der Leitungszone mindestens den dreifachen Außendurchmesser des Rohrschaftes gemäß DIN 4033.

3.11.8 In der Leitungszone ist der Boden beiderseitig der Leitung gleichzeitig lagenweise einzubauen und sorgfältig zu verdichten.

3.12 Arbeiten bei und nach Frostwetter

Gefrorene Böden dürfen in Erdbauwerke, in Hinterfüllungen und Überschüttungen von baulichen Anlagen nicht eingebaut oder verdichtet werden.

Gefrorene Schichten von Erdbauwerken, Hinterfüllungen und Überschüttungen dürfen nur überschüttet werden, wenn keine Schäden eintreten können.

4 Nebenleistungen, Besondere Leistungen

4.1 Nebenleistungen sind ergänzend zur ATV DIN 18 299, Abschnitt 4.1, insbesondere:

4.1.1 Feststellen des Zustands der Straßen, der Geländeoberfläche, der Vorfluter usw. nach B § 3 Nr 4.

4.1.2 Beseitigen einzelner Sträucher und einzelner Bäume bis zu 0,10 m Durchmesser, gemessen 1 m über dem Erdboden, der dazugehörigen Wurzeln und Baumstümpfe.

4.1.3 Beseitigen von einzelnen Steinen und Mauerresten bis zu 0,1 m³ Rauminhalt*), ausgenommen Hindernisse in Gräben bis zu 0,80 m Sohlenbreite (siehe Abschnitt 4.2.4).

4.1.4 Herstellen, Vorhalten und Beseitigen der zur Durchführung der Leistung erforderlichen Treppen oder Wege in den Böschungen.

4.2 Besondere Leistungen sind ergänzend zur ATV DIN 18 299, Abschnitt 4.2, z.B.:

4.2.1 Maßnahmen nach den Abschnitten 3.1.3, 3.1.4, 3.1.5, 3.1.7, 3.3.1, 3.5.3, 3.5.5, 3.7.2, 3.7.3, 3.7.4, 3.7.7, 3.8.2, 3.8.4 und 3.10.3.

4.2.2 Besondere Maßnahmen zum Feststellen des Zustands der baulichen Anlagen einschließlich Straßen, Versorgungs- und Entsorgungsanlagen vor Beginn der Erdarbeiten.

4.2.3 Beseitigen von Aufwuchs einschließlich Roden, ausgenommen Leistungen nach Abschnitt 4.1.2.

4.2.4 Beseitigen von einzelnen Steinen und Mauerresten über 0,01 m³ Rauminhalt*) in Gräben bis zu 0,80 m Sohlenbreite.

4.2.5 Maßnahmen zum Erhalten der vorhandenen Wasserläufe und Vorflut.

4.2.6 Aufbrechen und Wiederherstellen von befestigten Flächen.

4.2.7 Ausheben und Verfüllen von Arbeitsräumen für Rohrverbindungen.

4.2.8 Besondere Maßnahmen zur Behandlung von Böden der Klasse 2 — Fließende Bodenarten — , z.B. Sprengen, Spülen, Anlegen von Gräben, Einbauen von Spundwänden.

4.2.9 Boden-, Wasser- und bodenmechanische Untersuchungen, Wasserstandsmessungen, ausgenommen Untersuchungen nach Abschnitt 3.9.2.

4.2.10 Besondere Sicherungsmaßnahmen für Leitungsgräben in Steilstrecken und an Berghängen.

4.2.11 Liefern des Standsicherheitsnachweises der Böschungen von Baugruben und Gräben.

5 Abrechnung

Ergänzend zur ATV DIN 18 299, Abschnitt 5, gilt:

5.1 Allgemeines

5.1.1 Bei der Mengenermittlung sind die üblichen Näherungsverfahren zulässig.

5.1.2 Ist nach Gewicht abzurechnen, so ist es durch Wiegen, bei Schiffsladungen durch Schiffseiche festzustellen.

5.1.3 Als Länge des Förderweges gilt die kürzeste zumutbare Entfernung zwischen den Schwerpunkten der Auftrags- und Abtragskörper.

---

*) 0,01 m³ Rauminhalt entspricht einer Kugel mit einem Durchmesser von $\approx$ 0,30 m.
0,1 m³ Rauminhalt entspricht einer Kugel mit einem Durchmesser von $\approx$ 0,60 m.

Ist das Fördern innerhalb der Baustelle längs der Bauachse möglich, wird die Entfernung zwischen diesen Schwerpunkten unter Berücksichtigung der Neigungsverhältnisse in der Bauachse gemessen.

5.2 Baugruben und Gräben

5.2.1 Die Aushubtiefe wird von der Oberfläche der auszuhebenden Baugrube oder des auszuhebenden Grabens bis zur Sohle der Baugrube oder des Grabens gerechnet, bei einer zu belassenden Schutzschicht (siehe Abschnitt 3.10.3) bis zu deren Oberfläche.

5.2.2 Die Maße der Baugrubensohle ergeben sich aus den Außenmaßen des Baukörpers zuzüglich
— den Mindestbreiten betretbarer Arbeitsräume nach DIN 4124 und zuzüglich
— der erforderlichen Maße für Schalungs- und Verbaukonstruktionen.

Für die Breite der Grabensohle gilt die Mindestbreite nach DIN 4124 zuzüglich der erforderlichen Maße für Schalungs- und Verbaukonstruktionen.

5.2.3 Für abgeböschte Baugruben und Gräben gelten für die Ermittlung des Böschungsraumes die Böschungswinkel
— 40° für Bodenklassen 3 und 4,
— 60° für Bodenklasse 5,
— 80° für Bodenklassen 6 und 7,
wenn kein Standsicherheitsnachweis erforderlich ist.

Ist ein Standsicherheitsnachweis zu führen, wird der Böschungsraum nach den danach ausgeführten Böschungswinkeln ermittelt.

In Böschungen ausgeführte erforderliche Bermen werden bei der Ermittlung des Böschungsraumes berücksichtigt.

5.3 Hinterfüllen und Überschütten

Bei der Ermittlung des Raummaßes für Hinterfüllungen und Überschüttungen werden abgezogen
— das Raummaß der Baukörper,
— das Raummaß jeder Leitung mit einem äußeren Querschnitt von mehr als 0,1 m^2.

5.4 Abtrag und Aushub

Die Mengen sind an der Entnahmestelle im Abtrag zu ermitteln.

5.5 Einbau

Die Mengen sind im fertigen Zustand im Auftrag zu ermitteln. Dabei werden abgezogen
— das Raummaß von Baukörpern,
— das Raummaß jeder Leitung, von Sickerkörpern, Steinpackungen und dergleichen mit einem äußeren Querschnitt von mehr als 0,1 m^2.

Bei Abrechnung der Leitungszone nach Längenmaß wird die Leitungsachse zugrunde gelegt.

5.6 Verdichten

Verdichten von Boden in Gründungssohlen ist nach der Fläche der Gründungssohle zu ermitteln.

Verdichten von eingebautem Boden ist nach Abschnitt 5.5 zu ermitteln.

VOB Teil C:
Allgemeine Technische Vertragsbedingungen für Bauleistungen (ATV)
Bohrarbeiten — DIN 18 301
Ausgabe Dezember 1992

Inhalt

0 Hinweise für das Aufstellen der Leistungsbeschreibung
1 Geltungsbereich
2 Stoffe, Bauteile; Boden und Fels
3 Ausführung
4 Nebenleistungen, Besondere Leistungen
5 Abrechnung

0 Hinweise für das Aufstellen der Leistungsbeschreibung

Diese Hinweise ergänzen die ATV DIN 18 299 „Allgemeine Regelungen für Bauarbeiten jeder Art", Abschnitt 0. Die Beachtung dieser Hinweise ist Voraussetzung für eine ordnungsgemäße Leistungsbeschreibung gemäß A § 9.

Die Hinweise werden nicht Vertragsbestandteil.

In der Leistungsbeschreibung sind nach den Erfordernissen des Einzelfalls insbesondere anzugeben:

0.1 Angaben zur Baustelle

0.1.1 Statistische Angaben über ober- und unterirdische Gewässer, z. B. Strömungsgeschwindigkeiten, Wasserstände, artesisches Grundwasser, Abflüsse, Wellen, Tidebewegungen, Sturmfluten, sowie über Windverhältnisse.

0.1.2 Belastbarkeit der Vorfluter für Spülwässer; Auflagen und Gebühren für das Einleiten von Spülwässern in Vorfluter.

0.1.3 Bei Bohrungen für Bohrpfähle, Verpreßanker und Einpreßarbeiten: Boden- und Felsformationen, insbesondere Korngrößenverteilung, Lagerungsdichte, Konsistenz, Festigkeit, Scherparameter, Verwitterungsgrad, mineralische Zusammensetzung und Trennflächengefüge.

0.1.4 Art und Umfang des vorhandenen Aufwuchses auf den freizumachenden Flächen.

0.1.5 Lage künstlicher Hohlräume, früherer Bauhilfsmaßnahmen, Anker, Injektionen und, soweit bekannt, deren Eigentümer.

0.1.6 Gründungstiefen, Gründungsarten und Lasten benachbarter Bauwerke.

0.2 Angaben zur Ausführung

0.2.1 Art, Güteklasse, Anzahl, Aufbewahrungsart und Empfänger der geforderten Proben und ihre Entnahmetiefen.

0.2.2 Art und Anzahl von Sonderuntersuchungen im Bohrloch.
0.2.3 Für jede Bohrung der Soll-(End-)durchmesser und die Bohrlänge.
0.2.4 Richtung der Bohrachse und zulässige Abweichungen.
0.2.5 Richtungsorientiertes Kernbohren.
0.2.6 Sichern des Bohrlochs gegen Eindringen von Oberflächenwasser.
0.2.7 Maßnahmen beim Bohren in mineralwasser- oder gasführendem Untergrund.
0.2.8 Wesentliche Änderungen der Eigenschaften und Zustände von Boden und Fels nach dem Lösen.
0.2.9 Sachverständigengutachten und inwieweit sie bei der Ausführung zu beachten sind.
0.2.10 Besondere Anforderungen bei Bohrungen für Bohrpfähle nach DIN 4014.

0.3 Einzelangaben bei Abweichungen von den ATV

0.3.1 Wenn andere als die in dieser ATV vorgesehenen Regelungen getroffen werden sollen, sind diese in der Leistungsbeschreibung eindeutig und im einzelnen anzugeben.

0.3.2 Abweichende Regelungen können insbesondere in Betracht kommen bei

Abschnitt 2, wenn gelöster (ausgebohrter) Boden oder Fels in das Eigentum des Auftragnehmers übergehen soll,

Abschnitt 3.2.1, wenn bei Bohrungen zur Untersuchung des Baugrundes für das Bohrverfahren und die Entnahmegeräte etwas anderes festgelegt werden soll,

Abschnitt 3.2.2, wenn bei anderen Bohrungen als zur Baugrunduntersuchung das Bohrverfahren dem Auftragnehmer vorgegeben werden soll,

Abschnitt 3.3.1, wenn für Bohrproben nicht DIN 4021 gelten sollen,

Abschnitt 3.5.1, wenn Bohrrohre nicht gezogen oder die Bohrlöcher nicht mit dem Bohrgut gefüllt werden sollen.

0.4 Einzelangaben zu Nebenleistungen und Besonderen Leistungen

Als Nebenleistungen, für die unter den Voraussetzungen der ATV DIN 18 299, Abschnitt 0.4.1, besondere Ordnungszahlen (Positionen) vorzusehen sind, kommen insbesondere in Betracht: Umstellen der Bohreinrichtung von Bohrloch zu Bohrloch (siehe Abschnitt 4.1.4).

0.5 Abrechnungseinheiten

Im Leistungsverzeichnis sind die Abrechnungseinheiten wie folgt vorzusehen:

— Bohrungen nach Längenmaß (m),
  — gestaffelt nach Soll-(End-)durchmesser des Bohrlochs,
  — gestaffelt nach Tiefen,
  — getrennt nach Boden- und Felsarten bzw. nach anderen Stoffen, z. B. Beton, Mauerwerk,
  — bei Bauaufschlußbohrungen außerdem getrennt nach Bohrverfahren,
— Spülungszusätze nach Gewicht (kg),
— Umstellen der Bohreinrichtung nach Anzahl (Stück), getrennt nach Abständen der Bohrstellen,
— Entnahme von Bohrproben, Sonderproben, Gas- und Wasserproben nach Anzahl (Stück), getrennt nach Arten,
— im Boden verbleibende Rohre einschließlich Rohrverbindungen nach Längenmaß (m), getrennt nach Außendurchmesser und Baulängen,
— Ausschachten von Schutt nach Raummaß (m^3) oder nach Arbeitszeit (h),
— Aufbrechen und Wiederherstellen von befestigten Flächen nach Flächenmaß (m^2) oder nach Arbeitszeit (h), getrennt nach Arten und Dicken.

1 Geltungsbereich

1.1 Die ATV „Bohrarbeiten" – DIN 18 301 – gilt für Bohrungen jeder Neigung in Boden oder Fels
- zur Untersuchung des Baugrunds, zur Wassergewinnung und -einleitung, zur Grundwasserabsenkung,
- für Einpreßarbeiten, Bohr- und Verpreßpfähle,
- zum Einbau von Tragelementen und Ankern.

1.2 Die ATV DIN 18 301 gilt nicht für
- den Ausbau von Bohrungen,
- Rohrvortriebsarbeiten (siehe ATV DIN 18 319 „Rohrvortriebsarbeiten").

1.3 Ergänzend gelten die Abschnitte 1 bis 5 der ATV DIN 18 299 „Allgemeine Regelungen für Bauarbeiten jeder Art". Bei Widersprüchen gehen die Regelungen der ATV DIN 18 301 vor.

2 Stoffe, Bauteile; Boden und Fels

Ergänzend zur ATV DIN 18 299, Abschnitt 2, gilt:
Gelöster (ausgebohrter) Boden und Fels gehen nicht in das Eigentum des Auftragnehmers über.

3 Ausführung

Ergänzend zur ATV DIN 18 299, Abschnitt 3, gilt:

3.1 Lage der Bohrungen
Vor Beginn der Bohrarbeiten hat der Auftragnehmer Lage und Höhe der vom Auftraggeber angegebenen Ansatzpunkte zu übernehmen. Soweit es für das Einmessen der Bodenschichten, der Wasserspiegel und der Bohrtiefen erforderlich ist, hat der Auftragnehmer an den Bohrstellen Höhenpunkte herzustellen. Die Lage der Bohrlöcher und die Höhe ihrer Ansatzpunkte sind im Lageplan einzutragen.

3.2 Bohrverfahren, Bohrgeräte

3.2.1 Bei Bohrungen zur Untersuchung des Baugrundes müssen das Bohrverfahren und die Entnahmegeräte den Anforderungen der DIN 4021 „Baugrund; Aufschluß durch Schürfe und Bohrungen sowie Entnahme von Proben" entsprechen.

3.2.2 Bei allen anderen Bohrungen sind die Wahl des Bohrverfahrens und -ablaufs sowie die Wahl und der Einsatz der Bohrgeräte Sache des Auftragnehmers.

3.2.3 Wenn die Möglichkeit besteht, daß der Boden im Bohrloch auftreibt oder seitlich eintreibt (instabil wird), ist unter Wasserauflast zu bohren. Darüber hinaus erforderliche Maßnahmen, z. B. Spülungseinsätze, Verrohrungen, sind Besondere Leistungen (siehe Abschnitt 4.2.1).

3.2.4 Bei Absenkung des Wasserspiegels im Bohrrohr für das Herstellen von Ortbetonpfählen ist DIN 4014 „Bohrpfähle; Herstellung, Bemessung und Tragverhalten" zu beachten.

3.3 Feststellen der Bohrergebnisse

3.3.1 Bei Bohrungen zur Untersuchung des Baugrunds sind Bohrproben und, soweit vereinbart, Sonderproben nach DIN 4021 zu entnehmen, zu kennzeichnen, zu behandeln und zu verwahren sowie ein Schichtenverzeichnis nach DIN 4022 Teil 1, Teil 2 und Teil 3 „Baugrund und Grundwasser; Benennen und Beschreiben von Boden und Fels" zu führen.

Bei anderen Bohrungen sind Bohrproben und Schichtenverzeichnisse Besondere Leistungen (siehe Abschnitt 4.2.1).

3.3.2 Zeichnerische Darstellungen müssen DIN 4023 „Baugrund- und Wasserbohrungen; Zeichnerische Darstellung der Ergebnisse" entsprechen; die Lieferung ist eine Besondere Leistung (siehe Abschnitt 4.2.1).

3.3.3 Außergewöhnliche Erscheinungen, z. B. in der Beschaffenheit und Farbe des Bodens, im Geruch oder in der Färbung des Wassers, Wasser- oder Bodenauftrieb, Austreten des Wassers über Gelände, starkes Absinken des Wasserspiegels, Gasvorkommen, Hohlräume im Boden, sind genau zu beobachten, dem Auftraggeber unverzüglich anzuzeigen und, sofern ein Schichtenverzeichnis zu liefern ist, dort zu vermerken. Die sofort notwendigen Sicherungen hat der Auftragnehmer unverzüglich zu treffen; sie und weitere Maßnahmen sowie Untersuchungen sind Besondere Leistungen (siehe Abschnitt 4.2.1).

3.3.4 Die endgültige Tiefe von Bohrungen bestimmt der Auftraggeber im Benehmen mit dem Auftragnehmer.

3.4 Hindernisse

3.4.1 Wenn nach den örtlichen Verhältnissen im Boden mit Hindernissen, z. B. Leitungen, Kabeln, Dränen, Kanälen, Vermarkungen, Bauwerksresten, zu rechnen ist, muß durch Erkunden festgestellt werden, daß die späteren Bohrungen von ihnen freikommen. Die erforderlichen Maßnahmen, z. B. Schürflöcher, Schürfgruben, sind Besondere Leistungen (siehe Abschnitt 4.2.1).

3.4.2 Wenn im Boden unvermutete Hindernisse, z. B. Leitungen, Kabel, Dräne, Kanäle, Vermarkungen, Bauwerksreste, Schutt, größere Steine, angetroffen oder Bohrrohre oder Bohrwerkzeuge fest werden oder die Bohrachse von der vereinbarten Richtung abweicht, ist dies dem Auftraggeber unverzüglich mitzuteilen. Er bestimmt, ob und wie das Hindernis beseitigt oder gesichert oder ob die Bohrung aufgegeben oder versetzt werden soll. Sprengungen bedürfen der Zustimmung des Auftraggebers. Die zu treffenden Maßnahmen sind Besondere Leistungen (siehe Abschnitt 4.2.1).

3.4.3 In der Nähe von Bauwerken, Leitungen, Kabeln, Dränen und Kanälen müssen die Arbeiten mit der erforderlichen Vorsicht ausgeführt werden.

3.4.4 Gefährdete bauliche Anlagen sind zu sichern; DIN 4123 „Gebäudesicherung im Bereich von Ausschachtungen, Gründungen und Unterfangungen" ist zu beachten. Bei Schutz- und Sicherungsmaßnahmen sind die Vorschriften der Eigentümer oder anderer Weisungsberechtigter zu beachten. Solche Maßnahmen sind Besondere Leistungen (siehe Abschnitt 4.2.1).

3.4.5 Wenn im Boden erkennbare Schadstoffe angetroffen werden, so hat der Auftragnehmer die notwendigen Sicherungen unverzüglich zu treffen und dem Auftraggeber das Vorkommen sofort anzuzeigen.

Art und Umfang von Untersuchungen und weitere Maßnahmen sind Besondere Leistungen (siehe Abschnitt 4.2.1).

3.5 Ausbau der Rohre

3.5.1 Bohrrohre sind nach Erreichen des Bohrzwecks zu ziehen und die Bohrlöcher gleichzeitig, möglichst unter Verwendung des gewonnenen Bohrgutes, zu füllen. Darüber hinausgehende Maßnahmen sind Besondere Leistungen (siehe Abschnitt 4.2.1).

3.5.2 Lassen sich Bohrrohre nicht ziehen, so hat der Auftragnehmer dies dem Auftraggeber unverzüglich anzuzeigen. Die zu treffenden Maßnahmen sind Besondere Leistungen (siehe Abschnitt 4.2.1).

4 Nebenleistungen, Besondere Leistungen

4.1 Nebenleistungen sind ergänzend zur ATV DIN 18 299, Abschnitt 4.1, insbesondere:

4.1.1 Beseitigen einzelner Sträucher und einzelner Bäume bis zu 0,1 m Durchmesser, gemessen 1 m über dem Erdboden, der dazugehörigen Wurzeln und Baumstümpfe sowie von einzelnen Steinen und Mauerresten bis zu 0,03 m^3 Rauminhalt *) zum Herstellen des Bohrplanums, soweit hierfür keine weiteren Erdarbeiten auszuführen sind.

4.1.2 Vorhalten, Füllen und Beschriften der Behälter für Boden- und Wasserproben.

4.1.3 Feststellen des Zustands der Straßen, der Geländeoberfläche, der Vorfluter usw. nach B § 3 Nr 4.

4.1.4 Umstellen der Bohreinrichtung von Bohrloch zu Bohrloch, ausgenommen Leistungen nach Abschnitt 4.2.2.

4.1.5 Beseitigen der mit Spülungszusätzen versehenen Bohrspülung, soweit die Zusätze nicht vom Auftraggeber verlangt sind.

4.2 Besondere Leistungen sind ergänzend zur ATV DIN 18 299, Abschnitt 4.2, z. B.:

4.2.1 Maßnahmen nach den Abschnitten 3.2.3, 3.3.1, 3.3.2, 3.3.3, 3.4.1, 3.4.2, 3.4.4, 3.4.5, 3.5.1 und 3.5.2.

4.2.2 Umstellen der Bohreinrichtung von Bohrloch zu Bohrloch und Umrüsten der Bohreinrichtung aus Gründen, die nicht vom Auftragnehmer zu vertreten sind.

4.2.3 Besondere Maßnahmen wie das Aufstellen, Vorhalten und Beseitigen von Spritzschutz- bzw. Lärmschutzeinrichtungen.

4.2.4 Entnahme von Gasproben, Feststellen der Gasart, der Gasmenge und des Gasdrucks.

4.2.5 Liefern von Behältern für Boden-, Wasser- und Gasproben.

4.2.6 Verpacken und Versenden von Proben.

---

*) 0,03 m^3 Rauminhalt entspricht einer Kugel mit einem Durchmesser von ≈ 0,40 m.

4.2.7 Wasserstandsmessungen in benachbarten Brunnen und Gewässern sowie fortlaufende Messungen im Bohrloch.

4.2.8 Ausschachten von Schutt.

4.2.9 Aufbrechen und Wiederherstellen von befestigten Flächen.

4.2.10 Zeitweiliges oder dauerndes Belassen der Bohrrohre im Boden und Vorhalten besonderer Rohre und Filter für Beobachtungen.

4.2.11 Abfuhr des übriggebliebenen Bohrgutes, ausgenommen Leistungen nach Abschnitt 4.1.5.

5 Abrechnung

Ergänzend zur ATV DIN 18 299, Abschnitt 5, gilt:

Bohrungen, die aufgegeben werden müssen, und im Boden verbleibende Rohre einschließlich Rohrverbindungen, die nicht gezogen werden können, werden abgerechnet wie ausgeführte Leistungen, es sei denn, daß die Ursache der Auftragnehmer zu vertreten hat.

VOB Teil C:
Allgemeine Technische Vertragsbedingungen für Bauleistungen (ATV) Brunnenbauarbeiten — DIN 18 302
Ausgabe Dezember 1992

Inhalt

0 Hinweise für das Aufstellen der Leistungsbeschreibung
1 Geltungsbereich
2 Stoffe, Bauteile
3 Ausführung
4 Nebenleistungen, Besondere Leistungen
5 Abrechnung

0 Hinweise für das Aufstellen der Leistungsbeschreibung

Diese Hinweise ergänzen die ATV DIN 18 299 „Allgemeine Regelungen für Bauarbeiten jeder Art", Abschnitt 0. Die Beachtung dieser Hinweise ist Voraussetzung für eine ordnungsgemäße Leistungsbeschreibung gemäß A § 9.
Die Hinweise werden nicht Vertragsbestandteil.
In der Leistungsbeschreibung sind nach den Erfordernissen des Einzelfalls insbesondere anzugeben:

0.1 Angaben zur Baustelle
Keine ergänzende Regelung zur ATV DIN 18 299, Abschnitt 0.1.

0.2 Angaben zur Ausführung

0.2.1 Art und Anzahl der geforderten Proben.

0.2.2 Besondere Maßnahmen zum Schutz von benachbarten Grundstücken und Bauwerken.

0.2.3 Zu welchen Zwecken das Wasser benutzt werden soll.

0.2.4 Bauweise und Bauart von Brunnen.

0.2.5 Herstellen der Bohrbrunnen mit oder ohne Einsteigschacht, Bemessen und Ausbilden der Einsteigschächte.

0.2.6 Die Brunnenleistung (größte Brunnenergiebigkeit) in ./s und die vorgesehene Fördergruppe oder Fördereinrichtung nach Art, Förderleistung (Förderstrom) und Einbaustelle.

0.2.7 Art der Brunnenfilter (Filterrohre, Filtergewebe oder Filterkies).

0.2.8 Desinfizieren (chloren) von Filterkies vor dem Einbau.

0.2.9 Einbringen des Filterkieses mit Schüttrohren oder mit Schüttkörben.

0.2.10 Art der Sumpf- und Aufsatzrohre.
0.2.11 Abdichten der Brunnen gegen bestimmte wasserführende Schichten.
0.2.12 Bauart der Brunnenköpfe.
0.2.13 Bauart der Abdeckungen von Schachtbrunnen und Einsteigschächten.
0.2.14 Höhe der Wände von Schachtbrunnen und Einsteigschächten über Erdoberfläche.
0.2.15 Vorsehen von Peilvorrichtungen.
0.2.16 Art und Umfang der Abdichtung der Oberfläche in der Umgebung der Brunnen gegen Wasser.
0.2.17 Dauer und Staffelung der Förderleistung (Förderstrom) in m^3/h beim Leistungspumpen.

0.3 Einzelangaben bei Abweichungen von den ATV

0.3.1 Wenn andere als die in dieser ATV vorgesehenen Regelungen getroffen werden sollen, sind diese in der Leistungsbeschreibung eindeutig und im einzelnen anzugeben.

0.3.2 Abweichende Regelungen können insbesondere in Betracht kommen bei

Abschnitt 2.2, wenn der Korrosionsschutz anders als durch Anstrich, z. B. Kunststoffüberzug, aufgebracht werden soll,

Abschnitt 2.2.1, wenn Mantelrohre nicht nahtlose Stahlrohre nach DIN 2448 sein sollen,

Abschnitt 2.2.3, wenn Sumpfrohre eine bestimmte Länge oder keinen geschlossenen Boden haben sollen,

Abschnitt 2.2.4, wenn Saugrohre nicht nahtlose Stahlrohre nach DIN 2448 sein sollen,

Abschnitt 2.5, wenn andere Mauerziegel oder Mörtel verwendet werden sollen,

Abschnitt 2.7, wenn Schachtabdeckungen nicht DIN 1239 Teil 1 bis Teil 5 entsprechen sollen,

Abschnitt 3.1.5, wenn Brunnenteile anders als mechanisch gereinigt werden sollen, z. B. durch zusätzliches Chloren,

Abschnitt 3.1.7, wenn für Belüftung und Entlüftung nicht getrennte Rohre vorgesehen werden sollen,

Abschnitt 3.2.1, wenn für das von Brunnen zu liefernde Wasser andere Festlegungen gelten sollen,

Abschnitt 3.2.5, wenn die Ringe bei Einsteigschächten besonders, z. B. gegen drückendes Wasser, abgedichtet werden sollen,

Abschnitt 3.3.1, wenn das Abteufverfahren dem Auftragnehmer vorgegeben werden soll,

Abschnitt 3.3.2, wenn für Bodenproben oder Sonderproben die Art des Entnahmeverfahrens und der Entnahmegeräte festgelegt werden soll,

Abschnitt 3.3.4, wenn Schachtbrunnenwände anders als bis 3 m unter Erdoberfläche wasserdicht hergestellt werden sollen,

Abschnitt 3.3.6, wenn Stützschichten anders als mit mindestens 0,25 m Dicke eingebracht werden sollen.

0.4 Einzelangaben zu Nebenleistungen und Besonderen Leistungen

Als Nebenleistungen, für die unter den Voraussetzungen der ATV DIN 18 299, Abschnitt 0.4.1, besondere Ordnungszahlen (Positionen) vorzusehen sind, kommen insbesondere in Betracht:
Vorhalten der Gerüste (siehe Abschnitt 4.1.7).

0.5 Abrechnungseinheiten

Im Leistungsverzeichnis sind die Abrechnungseinheiten wie folgt vorzusehen:
— Rohre mit Verbindungen und Dichtungen nach Baulänge (m), getrent nach Arten, äußeren Durchmessern und Wanddicken,

Brunnenbauarbeiten DIN 18 302

- *Filterrohre nach Baulänge (m), getrennt nach Arten, inneren Durchmessern und Wanddicken,*
- *Filtersand, Filterkies und sonstige Schüttstoffe nach Schüttungshöhe (m), nach Raummaß (m^3) oder Gewicht (t), getrennt nach Güten und Korngrößen,*
- *Stoffe, die zum Dichten eingebracht werden, z. B. Ton oder Beton, nach Höhe der Dichtungsschichten (m), nach Raummaß (m^3) oder Gewicht (t),*
- *Kiesschüttungskörbe nach Baulänge (m), getrennt nach Durchmessern,*
- *Wandungen der Schachtbrunnen und Einsteigschächte nach Tiefe (m), getrennt nach lichten Durchmessern und Wanddicken,*
- *Senkkränze, Anker, Ankerringe, stählerne Träger, eingebrachte Brunnensohlen, Abdeckungen, Zwischenpodeste, Steig- und Belüftungsvorrichtungen und dergleichen nach Anzahl (Stück), getrennt nach Arten und Maßen,*
- *Brunnenköpfe, Ventile, Schieber, Wassermeßvorrichtungen einschließlich Dichtungen und Schrauben nach Anzahl (Stück), getrennt nach Arten und Maßen,*
- *Entsandungs-, Klar- und Leistungspumpen nach Stunden (h), gestaffelt nach Förderleistungen (Förderstrom),*
- *Entnahme von Bodenproben, Sonderproben, Gas- und Wasserproben nach Anzahl (Stück), getrennt nach Arten.*

1 Geltungsbereich

1.1 Die ATV „Brunnenbauarbeiten" – DIN 18 302 – gilt für den Ausbau von Bohrungen zu Brunnen (Bohrbrunnen) und für das Herstellen von Schachtbrunnen und Einsteigschächten.

1.2 Die ATV DIN 18 302 gilt nicht für das Herstellen von Brunnen bei Wasserhaltungsarbeiten (siehe ATV DIN 18 305 „Wasserhaltungsarbeiten"), von Sammelschächten und Schächten für Gründungen.

Sie gilt auch nicht für die bei Brunnenbauarbeiten auszuführenden Erdarbeiten (siehe ATV DIN 18 300 „Erdarbeiten") und Bohrarbeiten (siehe ATV DIN 18 301 „Bohrarbeiten").

1.3 Ergänzend gelten die Abschnitte 1 bis 5 der ATV DIN 18 299 „Allgemeine Regelungen für Bauarbeiten jeder Art". Bei Widersprüchen gehen die Regelungen der ATV DIN 18 302 vor.

2 Stoffe, Bauteile

Ergänzend zur ATV DIN 18 299, Abschnitt 2, gilt:

2.1 Allgemeines

Stoffe und Bauteile müssen einzeln und in ihrer Zusammenwirkung den jeweiligen chemischen und elektro-chemischen Anforderungen genügen.

Für die gebräuchlichsten genormten Stoffe und Bauteile sind die DIN-Normen nachstehend aufgeführt.

2.2 Rohre

DIN 1230   Teil 1 bis Teil 3 und Teil 6   Steinzeug für die Kanalisation
DIN 1754   Teil 1 bis Teil 3   Rohre aus Kupfer, nahtlosgezogen
DIN 2440   Stahlrohre; mittelschwere Gewinderohre

DIN 2448	Nahtlose Stahlrohre; Maße, längenbezogene Massen
DIN 2458	Geschweißte Stahlrohre; Maße, längenbezogene Massen
DIN 4032	Betonrohre und -formstücke; Maße, Technische Lieferbedingungen
DIN 4035	Stahlbetonrohre; Stahlbetondruckrohre und zugehörige Formstücke; Maße, Technische Lieferbedingungen
DIN 8061	Rohre aus weichmacherfreiem Polyvinylchlorid; Allgemeine Güteanforderung, Prüfung
DIN 8062	Rohre aus weichmacherfreiem Polyvinylchlorid (PVC-U, PVC-HI); Maße
DIN 8073	Rohre aus PE weich (Polyäthylen weich); Allgemeine Güteanforderungen, Prüfung
DIN 8075	Rohre aus Polyethylen hoher Dichte (PE-HD); Allgemeine Güteanforderungen, Prüfung
DIN 19 532	Rohrleitungen aus weichmacherfreiem Polyvinylchlorid (PVC hart, PVC-U) für die Trinkwasserversorgung; Rohre, Rohrverbindungen, Rohrleitungsteile, Technische Regel des DVGW
DIN 19 533	Rohrleitungen aus PE hart (Polyäthylen hart) und PE weich (Polyäthylen weich) für die Trinkwasserversorgung; Rohre, Rohrverbindungen, Rohrleitungsteile
DIN 19 800	Teil 1 bis Teil 3 Asbestzementrohre und -formstücke für Druckrohrleitungen
DIN 28 610	Teil 1 Druckrohre aus duktilem Gußeisen mit Muffe; mit Zementmörtelauskleidung, für Gas- und Wasserleitungen; Maße, Massen und Anwendungsbereiche

Rohre aus Stahl oder Gußeisen – außer Bohrrohren als Mantelrohre – müssen gegen Korrosion durch Anstriche geschützt sein. Stahlrohre müssen mindestens Handelsgüte, Steinzeugrohre die Güte von Standardsortierung (S) haben.

2.2.1 Mantelrohre
Für Mantelrohre, die nachträglich in die Bohrung eingebaut werden, sind nahtlose Stahlrohre nach DIN 2448 zu verwenden.

2.2.2 Aufsatzrohre
Für Aufsatzrohre sind nahtlose Stahlrohre nach DIN 2448 zu verwenden.

2.2.3 Filterrohre, Sumpfrohre
Filterrohre und Sumpfrohre müssen aus dem gleichen Stoff bestehen. Das Sumpfrohr muß eine Länge von mindestens 1 m und einen geschlossenen Boden haben.

2.2.4 Saugrohre
Für Saugrohre sind nahtlose Stahlrohre nach DIN 2448 zu verwenden.

2.2.5 Peilrohre
Peilrohre müssen eine lichte Weite von mindestens 25 mm haben.

2.3 Filtergewebe, Filtersande und Filterkiese
DIN 4923	Drahtgewebe im Brunnenbau
DIN 4924	Filtersande und Filterkiese für Brunnenfilter

2.4 Dichtstoffe

Dichtstoffe müssen dauerhaft und giftfrei sein. Bei Trinkwasserbrunnen dürfen sie außerdem Geschmack, Geruch und Zusammensetzung des Wassers nicht nachteilig beeinflussen.

2.5 Mauerziegel, Mörtel für gemauerte Schachtbrunnen und Einsteigschächte

Es sind zu verwenden:

- Vormauerziegel (VMz 20-NF Vollziegel) nach DIN 105 Teil 3 „Mauerziegel; Hochfeste Ziegel und hochfeste Klinker",
- Mörtel der Mörtelgruppe III nach DIN 1053 Teil 1 „Mauerwerk; Rezeptmauerwerk; Berechnung und Ausführung".

2.6 Schachtbrunnenringe aus Beton

DIN 4034 Teil 1 und Teil 2 Schächte aus Beton- und Stahlbetonfertigteilen

2.7 Schachtabdeckungen

DIN 1239 Teil 1 bis Teil 5 Schachtabdeckungen für Brunnenschächte und Quellfassungen

3 Ausführung

Ergänzend zur ATV DIN 18 299, Abschnitt 3, gilt:

3.1 Allgemeines

3.1.1 Der Auftragnehmer hat nicht einzustehen für eine bestimmte Ergiebigkeit der Brunnen, für eine bestimmte Absenkung des Wasserspiegels und für eine bestimmte chemische und bakteriologische Beschaffenheit des Wassers; unberührt bleiben seine Verpflichtungen nach B § 4 Nr 3 und seine Gewähr für die vertragsgemäße Ausführung der Brunnen.

3.1.2 Bei Bohrbrunnen und Schachtbrunnen sind die Bestimmungen der Bauaufsichts-, der Wasser- und Gesundheitsbehörde, außerdem bei Trinkwasserversorgungsanlagen DIN 2000 „Zentrale Trinkwasserversorgung; Leitsätze für Anforderungen an Trinkwasser; Planung, Bau und Betrieb der Anlagen" und DIN 2001 „Eigen- und Einzeltrinkwasserversorgung; Leitsätze für Anforderungen an Trinkwasser, Planung, Bau und Betrieb der Anlagen; Technische Regel des DVGW" zu beachten.

3.1.3 Die endgültige Ausbautiefe von Brunnen aufgrund der erschlossenen wasserführenden Schichten (Grundwasserleiter) bestimmt der Auftraggeber im Benehmen mit dem Auftragnehmer.

3.1.4 Brunnen müssen so hergestellt werden, daß das Innere des Brunnens von außen her nicht verunreinigt werden kann.

3.1.5 Brunnenteile, wie Sumpfrohre, Filterrohre, Aufsatzrohre, Saugrohre, Peilrohre, sind unmittelbar vor dem Einbau gründlich mechanisch zu reinigen.

3.1.6 Saugrohre sollen möglichst aus einem Stück bestehen. Bei Saugrohren aus mehreren Stücken müssen die Rohrverbindungen luftdicht sein.

3.1.7 Sind Schachtbrunnen und Einsteigschächte mit Lüftungsrohren auszustatten, so sind für Belüftung und Entlüftung getrennte Rohre vorzusehen. Lüftungsrohre müssen so beschaffen sein und so eingebaut werden, daß durch sie weder Fremdkörper noch Verunreinigungen in den Schacht gelangen können.

3.1.8 Werden Rohre durch Wände oder Decken von Schachtbrunnen oder Einsteigschächten geführt, so müssen die Anschlüsse der Rohre zu den Wänden oder Decken wasserdicht hergestellt werden; das gleiche gilt für Pumpenteile, die die Decken durchdringen.

3.1.9 Wände von Schachtbrunnen und Einsteigschächten aus Mauerwerk sind nach ATV DIN 18 330 „Mauerarbeiten", aus Beton oder Stahlbeton und Schachtbrunnenringe nach ATV DIN 18 331 „Beton- und Stahlbetonarbeiten" auszuführen (siehe jedoch Abschnitt 2.5).

3.2 Bohrbrunnen

3.2.1 Die Länge der Schlitzstrecke und die Schlitzweite der Filterrohre werden nach der Beschaffenheit und Mächtigkeit der wasserführenden Schichten (Grundwasserleiter) vom Auftragnehmer im Einvernehmen mit dem Auftraggeber festgelegt. Der Auftragnehmer hat — wenn erforderlich aufgrund einer Siebanalyse — die Maschenweite des Filtergewebes und bei gewebelosen Filtern die Kieskörnungen und die Dicke der Kiesummantelung so zu wählen, daß die Brunnen bei der vorgesehenen Leistung — auch beim Leistungspumpen — sandfreies Wasser frei von Körnungen größer als 0,06 mm liefert.

3.2.2 Der Durchmesser der Aufsatzrohre darf nicht kleiner sein als der Filterrohrdurchmesser. Die Verbindungen der Aufsatzrohre müssen sanddicht und wasserdicht sein. Wenn Aufsatzrohre als Saugrohre benutzt werden, müssen die Verbindungen auch luftdicht sein.

3.2.3 Wenn Aufsatzrohre nicht bis zur Brunnenoberkante geführt werden, sondern innerhalb der Mantelrohre enden, sind Maßnahmen zu treffen, durch die ein Eintreiben von Sand oder nicht gewünschtem Wasser zwischen Mantelrohr und Aufsatzrohr in den Brunnen verhindert wird.

3.2.4 Brunnenköpfe müssen Brunnen so verschließen, daß eine Verunreinigung des Wassers ausgeschlossen ist und, wenn Brunnen im Hochwassergebiet liegen, auch Hochwasser nicht eindringen kann.

3.2.5 Bei Einsteigschächten aus Betonringen sind die Ringe gegeneinander abzudichten. Die Abdeckung von Einsteigschächten muß so beschaffen sein, daß weder Wasser noch Verunreinigungen in die Einsteigschächte gelangen können.

3.3 Schachtbrunnen

3.3.1 Die Wahl des Abteufverfahrens ist Sache des Auftragnehmers. Schachtbrunnen sind nach Möglichkeit lotrecht abzuteufen. Von der Lotrechten darf höchstens so weit abgewichen werden, daß dadurch Verwendbarkeit und Standfestigkeit der Brunnen nicht beeinträchtigt werden.

3.3.2 Wenn Bodenproben oder Sonderproben nach DIN 4021 „Baugrund; Aufschluß durch Schürfe und Bohrungen sowie Entnahme von Proben" gefordert sind, bedarf die Wahl des Entnahmeverfahrens und der Entnahmegeräte der Verein-

Brunnenbauarbeiten DIN 18 302

barung. Für Entnahme, Behandlung, Kennzeichnung und Verwahrung der Proben gilt DIN 4021. Solche Maßnahmen sind Besondere Leistungen (siehe Abschnitt 4.2.1).

3.3.3 Wenn ein Schichtenverzeichnis zu liefern ist, hat der Auftragnehmer die Ergebnisse nach DIN 4022 Teil 1 „Baugrund und Grundwasser; Benennen und Beschreiben von Boden und Fels; Schichtenverzeichnis für Bohrungen ohne durchgehende Gewinnung von gekernten Proben im Boden und im Fels" laufend aufzuschreiben und eine zeichnerische Darstellung nach DIN 4023 „Baugrund- und Wasserbohrungen; Zeichnerische Darstellung der Ergebnisse" zu liefern. Solche Maßnahmen sind Besondere Leistungen (siehe Abschnitt 4.2.1).

3.3.4 Schachtbrunnenwände sind bis 3 m unter Erdoberfläche wasserdicht herzustellen.

3.3.5 Schachtbrunnenwände sind in Höhe der wasserführenden Schichten, aus denen das Wasser seitlich gewonnen werden soll, durchlässig herzustellen.

3.3.6 Die Brunnensohle ist von Verunreinigungen und Bauschutt zu räumen. Bei Schachtbrunnen, in die das Wasser (nur oder auch) von der Sohle her eintritt, sind Kies- oder Sand-Stützschichten von insgesamt mindestens 0,25 m Dicke einzubringen; die Körnungen des Kieses oder Sandes sind auf die Körnungen der wasserführenden Schichten abzustimmen.

3.3.7 Nach Fertigstellung der Schachtbrunnen sind die Wände gründlich zu reinigen.

3.3.8 Schachtbrunnenabdeckungen und Abdeckungen von Einsteigöffnungen müssen den Brunnen so verschließen, daß eine Verunreinigung des Wassers ausgeschlossen ist und, wenn Brunnen im Hochwassergebiet liegen, auch Hochwasser nicht eindringen kann. Holz darf nicht verwendet werden.

3.3.9 Bauschutt darf zum Verfüllen nicht verwendet werden.

3.3.10 Außergewöhnliche Erscheinungen, z. B. in der Beschaffenheit und Farbe des Bodens, im Geruch oder in der Färbung des Wassers, Wasser- oder Bodenauftrieb, Austreten des Wassers über Gelände, starkes Absinken des Wasserspiegels, Gasvorkommen, Hohlräume im Boden, sind genau zu beobachten, dem Auftraggeber unverzüglich anzuzeigen und, sofern ein Schichtenverzeichnis zu liefern ist, dort zu vermerken.

Die sofort notwendigen Sicherungen hat der Auftragnehmer unverzüglich zu treffen; sie und weitere Maßnahmen sowie Untersuchungen sind Besondere Leistungen (siehe Abschnitt 4.2.1).

4 Nebenleistungen, Besondere Leistungen

4.1 Nebenleistungen sind ergänzend zur ATV DIN 18 299, Abschnitt 4.1, insbesondere:

4.1.1 Beseitigen einzelner Sträucher und einzelner Bäume bis zu 0,10 m Durchmesser, gemessen 1 m über dem Erdboden, der dazugehörigen Wurzeln und Baumstümpfe.

4.1.2 Beseitigen von einzelnen Steinen und Mauerresten bis zu je 0,03 m³ Rauminhalt*).

---
*) 0,03 m³ Rauminhalt entspricht einer Kugel mit einem Durchmesser von ≈ 0,40 m.

4.1.3 Liefern der für Brunnenbauarbeiten notwendigen Zeichnungen.

4.1.4 Vorhalten, Füllen und Beschriften der Behälter für Boden- und Wasserproben.

4.1.5 Beseitigen des Bohrschlamms beim Ausbau von Bohrungen zu Brunnen.

4.1.6 Messen der Wasserstände während der Bauarbeiten.

4.1.7 Vorhalten der Gerüste.

4.2 Besondere Leistungen sind ergänzend zur ATV DIN 18 299, Abschnitt 4.2, z. B.:

4.2.1 Maßnahmen nach den Abschnitten 3.3.2, 3.3.3 und 3.3.10.

4.2.2 Entnahme von Wasserproben.

4.2.3 Entnahme von Gasproben, Feststellen der Gasart, der Gasmenge und des Gasdrucks.

4.2.4 Liefern von Behältern für Boden-, Wasser- und Gasproben.

4.2.5 Wasserstandsmessungen in benachbarten Brunnen oder Gewässern.

4.2.6 Maßnahmen zur Abdichtung der Oberfläche in der Umgebung der Brunnen.

4.2.7 Liefern und Einbau von Kiesschüttungskörben.

4.2.8 Entsandungs-, Klar- und Leistungspumpen.

4.2.9 Ausstattung mit Lüftungsrohren.

4.2.10 Abfuhr des übriggebliebenen Aushubs.

4.2.11 Desinfektion von Brunnen.

4.2.12 Liefern von Bestandsplänen.

5 Abrechnung

Ergänzend zur ATV DIN 18 299, Abschnitt 5, gilt:

5.1 Baulängen von Rohren mit Verbindungen und Dichtungen werden in der Achse gemessen.

5.2 Bei Filtersand, Filterkies und sonstigen Schüttstoffen werden
— die Schüttungshöhe im eingebauten Zustand,
— das Raummaß oder Gewicht nach der nachgewiesenen eingebauten Menge
abgerechnet.

5.3 Bei Stoffen, die zum Dichten eingebracht werden, z. B. Ton oder Beton, werden
— die Höhe der Dichtungsschicht im eingebauten Zustand,
— das Raummaß oder Gewicht nach der nachgewiesenen eingebauten Menge
abgerechnet.

5.4 Bei Schachtbrunnen und Einsteigschächten wird die Tiefe von Oberkante bis Unterkante Schachtwand gemessen. Der lichte Durchmesser kegeliger Schachtbrunnen oder -teile wird in mittlerer Tiefe des kegeligen Teils gemessen.

VOB Teil C:
Allgemeine Technische Vertragsbedingungen für Bauleistungen (ATV)
Verbauarbeiten — DIN 18 303
Ausgabe September 1988

Inhalt

0 Hinweise für das Aufstellen der Leistungsbeschreibung
1 Geltungsbereich
2 Stoffe, Bauteile
3 Ausführung
4 Nebenleistungen, Besondere Leistungen
5 Abrechnung

0 Hinweise für das Aufstellen der Leistungsbeschreibung

Diese Hinweise ergänzen die ATV DIN 18 299 „Allgemeine Regelungen für Bauarbeiten jeder Art", Abschnitt 0. Die Beachtung dieser Hinweise ist Voraussetzung für eine ordnungsgemäße Leistungsbeschreibung gemäß A § 9.

Die Hinweise werden nicht Vertragsbestandteil.

In der Leistungsbeschreibung sind nach den Erfordernissen des Einzelfalls insbesondere anzugeben:

0.1 Angaben zur Baustelle

0.1.1 Gründungstiefen, Gründungsarten und Lasten benachbarter Bauwerke.

0.1.2 Zusätzliche Belastungen des Verbaus.

0.2 Angaben zur Ausführung

0.2.1 Abmessungen der zu verbauenden Baugrube, des zu verbauenden Grabens oder Fangedammes, Höhenlage der Oberkante des Verbaus.

0.2.2 Besondere Anforderungen an die Dichtheit des Verbaus.

0.2.3 Verbot von Absteifungen des Verbaus gegen ein Bauwerk, z. B. wegen Abdichtungsarbeiten.

0.2.4 Ausbildung der Anschlüsse an Bauwerke.

0.2.5 Vorhalten oder Liefern von Stoffen und Bauteilen des Verbaus.

0.2.6 Lage und Art der für den Verkehr vorzusehenden Überfahrten und Übergänge.

0.3 Einzelangaben bei Abweichungen von den ATV

0.3.1 Wenn andere als die in dieser ATV vorgesehenen Regelungen getroffen werden sollen, sind diese in der Leistungsbeschreibung eindeutig und im einzelnen anzugeben.

0.3.2 Abweichende Regelungen können insbesondere in Betracht kommen bei
Abschnitt 2.2, wenn bei wieder zu entfernendem Verbau eine andere Regelung über Stoffe und Bauteile getroffen werden soll,
Abschnitt 3.2.1, wenn für die Ausführung nicht DIN 4124 gelten oder die Verbauart dem Auftragnehmer nicht überlassen bleiben soll,
Abschnitt 3.2.2, wenn bei zu entfernendem Verbau auch Anker und zugehörige Betonteile entfernt werden sollen.

0.4 Einzelangaben zu Nebenleistungen und Besonderen Leistungen
Als Nebenleistungen, für die unter den Voraussetzungen der ATV DIN 18 299, Abschnitt 0.4.1, besondere Ordnungszahlen (Positionen) vorzusehen sind, kommen insbesondere in Betracht:
Liefern von statischen Berechnungen und Ausführungszeichnungen (siehe Abschnitt 4.1.8).

0.5 Abrechnungseinheiten
Im Leistungsverzeichnis sind die Abrechnungseinheiten wie folgt vorzusehen:
0.5.1 Bei einfachem Verbau, z. B. bei Baugruben und Gräben bis 4 m Breite oder außerhalb von Bebauung, sowie bei Fangedämmen:
Einbauen, Vorhalten und Beseitigen des gesamten Verbaus (Verkleidung, Absteifung, Verbände, Verbindungen und dergleichen) nach Flächenmaß (m^2).
0.5.2 Bei schwierigem Verbau, z. B. bei Baugruben und Gräben mit mehr als 4 m Breite:
- *Einbauen, Vorhalten und Beseitigen der Verkleidung (Bohlen, Spundwände, Pfahlwände und dergleichen) nach Flächenmaß (m^2),*
- *Einbauen, Vorhalten und Beseitigen der übrigen Teile des Verbaus (Träger, Steifen, Anker, Brusthölzer, Gurtungen, Holme, Zangen, Rahmen, Verbände und dergleichen) einschließlich Zubehör nach Längenmaß (m) oder Anzahl (Stück).*

1 Geltungsbereich

1.1 Die ATV „Verbauarbeiten"—DIN 18 303—gilt für die Verkleidung der Wände und Sicherung der Standfestigkeit von Baugruben, Gräben, Fangedämmen, Geländesprüngen u. ä. durch Verbau.

1.2 Die ATV DIN 18 303 gilt nicht für Verbauarbeiten an unterirdischen Hohlräumen und nicht für den Lebendverbau.

1.3 Die ATV DIN 18 303 gilt nicht für die bei Verbauarbeiten auszuführenden Erdarbeiten (siehe ATV DIN 18 300 „Erdarbeiten") und Bohrarbeiten (siehe ATV DIN 18 301 „Bohrarbeiten").

Sie gilt auch nicht für die Ausführung von Rammarbeiten zum Herstellen und Beseitigen des Verbaus (siehe Abschnitt 3 „Ausführung" der ATV DIN 18 304 „Rammarbeiten").

1.4 Ergänzend gelten die Abschnitte 1 bis 5 der ATV DIN 18 299 „Allgemeine Regelungen für Bauarbeiten jeder Art". Bei Widersprüchen gehen die Regelungen der ATV DIN 18 303 vor.

2 Stoffe, Bauteile

Ergänzend zur ATV DIN 18 299, Abschnitt 2, gilt:

Verbauarbeiten DIN 18 303

2.1 Stoffe und Bauteile müssen den Anforderungen der DIN 4124 „Baugruben und Gräben; Böschungen, Arbeitsraumbreiten, Verbau" entsprechen.

2.2 Soll der Verbau später wieder entfernt werden, so umfassen die Leistungen nicht die Lieferung, sondern nur das Vorhalten der dazugehörigen Stoffe und Bauteile einschließlich Abladen, Lagern auf der Baustelle und Wiederaufladen.

3 Ausführung
Ergänzend zur ATV DIN 18 299, Abschnitt 3, gilt:

3.1 Allgemeines
3.1.1 Wenn vorhandene Anlagen unvorhergesehen den Bestand des Verbaus gefährden können, sind besondere Sicherungsmaßnahmen vorzusehen, sofern diese Anlagen nicht außer Betrieb gesetzt oder aus dem Bereich der Baustelle entfernt werden. Solche Maßnahmen sind Besondere Leistungen (siehe Abschnitt 4.2.1).

3.1.2 In der Nähe von Bauwerken, Leitungen, Kabeln, Dränen oder Kanälen müssen die Arbeiten mit der erforderlichen Vorsicht ausgeführt werden. Aufgehängte oder abgestützte Leitungen, Kabel, Dräne oder Kanäle dürfen nicht betreten oder belastet werden.

3.2 Herstellen und Beseitigen des Verbaues
3.2.1 Für die Ausführung des Verbaus gilt DIN 4124. Die Wahl der Verbauart bleibt dem Auftragnehmer überlassen.

3.2.2 Wenn der Verbau wieder zu entfernen ist, müssen alle Teile, ausgenommen Anker und zugehörige Betonteile, beseitigt werden.

4 Nebenleistungen, Besondere Leistungen
4.1 Nebenleistungen sind ergänzend zur ATV DIN 18 299, Abschnitt 4.1, insbesondere:

4.1.1 Feststellen des Zustands der Straßen, der Geländeoberfläche, der Vorfluter usw. nach B § 3 Nr 4.

4.1.2 Herstellen, Vorhalten, Umstellen und Beseitigen von Leitern oder Treppen für den Zugang zu den Arbeitsstellen des Auftragnehmers.

4.1.3 Überwachen und Instandhalten des Verbaus bis zur Abnahme.

4.1.4 Umsteifen für die eigenen Arbeiten des Auftragnehmers.

4.1.5 Erhalten der Dichtheit des Verbaus, wenn sie vorgesehen ist.

4.1.6 Verfüllen und Verdichten von Hohlräumen beim Entfernen des Verbaus einschließlich der an der Oberfläche entstandenen Vertiefungen.

4.1.7 Vorhalten der Gerüste.

4.1.8 Liefern der statischen Berechnungen und Ausführungszeichnungen für den Verbau, soweit nach DIN 4124 erforderlich.

4.2 Besondere Leistungen sind ergänzend zur ATV DIN 18 299, Abschnitt 4.2, z. B.:

4.2.1 Maßnahmen nach Abschnitt 3.1.1.

4.2.2 Besondere Maßnahmen zum Feststellen des Zustands der baulichen Anlagen einschließlich Versorgungs- und Entsorgungsanlagen.

4.2.3 Maßnahmen zur Feststellung der Lage von Hindernissen, Leitungen, Kanälen, Dränen, Kabeln, Grenzsteinen und dergleichen.

4.2.4 Boden-, Wasser- und bodenmechanische Untersuchungen.

4.2.5 Umsteifen, ausgenommen Umsteifen für die eigenen Arbeiten des Auftragnehmers (siehe Abschnitt 4.1.4).

4.2.6 Überwachen und Instandhalten des Verbaus über den Zeitpunkt der Abnahme hinaus.

4.2.7 Liefern von Teilen des Verbaus, die auf Verlangen des Auftraggebers oder aus Gründen, die vom Auftraggeber zu vertreten sind, im Boden oder Bauwerk verbleiben.

5 Abrechnung

Ergänzend zur ATV DIN 18 299, Abschnitt 5, gilt:

5.1 Bei Abrechnung nach Flächenmaß wird die Fläche aus der Länge und den Tiefen des Verbaus ermittelt.

Die Länge wird in der Achse des Verbaus gemessen, wobei Träger u. ä. übermessen werden.

Die Tiefen werden gemessen von 5 cm über Gelände oder Schutzstreifen oder von der vorgeschriebenen Oberkante des Verbaus
- bei Bohlwänden aus Holz, Stahl, Beton und dergleichen bis zur Baugrubensohle,
- bei Spund-, Pfahl- oder Schlitzwänden bis zur Unterkante der Wand.

5.2 Bei Abrechnung nach Längenmaß gilt
- für Gurtungen die in der Achse des Verbaus gemessene Länge,
- für Anker das Maß zwischen erdseitigem Ankerende und Unterfläche der Ankerplatte.

VOB Teil C:
Allgemeine Technische Vertragsbedingungen für Bauleistungen (ATV)
Rammarbeiten — DIN 18 304
Ausgabe Dezember 1992

Inhalt

0 Hinweise für das Aufstellen der Leistungsbeschreibung
1 Geltungsbereich
2 Stoffe, Bauteile
3 Ausführung
4 Nebenleistungen, Besondere Leistungen
5 Abrechnung

0 Hinweise für das Aufstellen der Leistungsbeschreibung

Diese Hinweise ergänzen die ATV DIN 18 299 „Allgemeine Regelungen für Bauarbeiten jeder Art", Abschnitt 0. Die Beachtung dieser Hinweise ist Voraussetzung für eine ordnungsgemäße Leistungsbeschreibung gemäß A § 9.

Die Hinweise werden nicht Vertragsbestandteil.

In der Leistungsbeschreibung sind nach den Erfordernissen des Einzelfalls insbesondere anzugeben:

0.1 Angaben zur Baustelle
Gründungstiefen, Gründungsarten und Lasten benachbarter Bauwerke.

0.2 Angaben zur Ausführung

0.2.1 Herstellen eines Rammplanums.

0.2.2 Liefern statischer Berechnungen und Ausführungszeichnungen für Arbeitsgerüste.

0.2.3 Ausbildung der Anschlüsse an Bauwerke.

0.2.4 Art und Anzahl der geforderten Proberammungen und Probebelastungen.

0.2.5 Besondere Maßnahmen zum Schutz von benachbarten Grundstücken und Bauwerken.

0.2.6 Besondere Umstände, die auf die Durchführung der Bauarbeiten und den Bestand der Pfähle, Träger und Bohlen von Einfluß sein können, z. B. schädliche Wässer und Böden, Fäulnisgrenzen, Sandschliff, erhöhte Korrosion, Holzschädlinge.

0.2.7 Längen, Querschnittsmaße bzw. Profile und Materialgüten der Pfähle, Träger und Bohlen.

0.2.8 Neigung der Rammachse bei schrägen Rammungen.

0.2.9 Geforderte Rammgenauigkeit.

0.2.10 Anforderungen an die Dichtheit von Spundwänden.

0.2.11 Führen von Aufzeichnungen beim Rammen (siehe Abschnitt 3.3).

0.2.12 Umfang und Zeitpunkt des Ziehens bzw. Entfernens von Pfählen, Trägern und Bohlen (siehe Abschnitt 3.6).

0.2.13 Verfüllen von Hohlräumen.

0.3 Einzelangaben bei Abweichungen von den ATV

0.3.1 *Wenn andere als die in dieser ATV vorgesehenen Regelungen getroffen werden sollen, sind diese in der Leistungsbeschreibung eindeutig und im einzelnen anzugeben.*

0.3.2 *Abweichende Regelungen können insbesondere in Betracht kommen bei*

Abschnitt 1.1, wenn die ATV DIN 18 304 auch für andere Verfahren, z. B. Spülen oder Pressen, gelten soll,

Abschnitt 2.2, wenn eine andere Holzart als Nadelholz verwendet werden soll,

Abschnitt 3.1.2, wenn das Rammverfahren dem Auftragnehmer vorgegeben werden soll,

Abschnitt 3.3, wenn in anderen Fällen Berichte beim Rammen geführt werden sollen,

Abschnitt 5.1, wenn maßgebend nicht das errechnete Gewicht, sondern Wiegekarten sein sollen.

0.4 Einzelangaben zu Nebenleistungen und Besonderen Leistungen

Als Nebenleistungen, für die unter den Voraussetzungen der ATV DIN 18 299, Abschnitt 0.4.1, besondere Ordnungszahlen (Positionen) vorzusehen sind, kommen insbesondere in Betracht: Vorhalten der Gerüste (siehe Abschnitt 4.1.4).

0.5 Abrechnungseinheiten

Im Leistungsverzeichnis sind die Abrechnungseinheiten wie folgt vorzusehen:

0.5.1 Liefern der Pfähle oder Träger
- aus Holz oder Stahlbeton nach Anzahl (Stück), getrennt nach Querschnittsmaßen und Längen,
- aus Stahl nach Gewicht (t) oder nach Anzahl (Stück), getrennt nach Profilen, Längen und Stahlgüten.

0.5.2 Liefern der Bohlen
- aus Holz oder Stahlbeton nach Flächenmaß ohne Feder (m^2), getrennt nach Dicken,
- aus Stahl nach Gewicht (t) oder nach Anzahl (Stück), getrennt nach Profilen, Längen und Stahlgüten.

0.5.3 Rammen
- der Pfähle oder Träger nach Anzahl (Stück), getrennt nach Querschnittsmaßen oder Profilen,
- der Bohlen nach Flächenmaß (m^2) der Wand, getrennt nach Querschnittsmaßen oder Profilen.

0.5.4 Liefern und Rammen
- der Pfähle oder Träger nach Anzahl (Stück),
- der Bohlen nach Flächenmaß (m^2) entsprechend Abschnitt 0.5.3.

0.5.5 Vorhalten der Pfähle, Träger und Bohlen aus Stahl nach Gewicht (t).

0.5.6 Ziehen (Herausziehen) der Pfähle, Träger und Bohlen entsprechend Abschnitt 0.5.3.

0.5.7 Stoßverbindungen für Pfähle, Träger und Bohlen nach Anzahl (Stück).

Rammarbeiten   DIN 18 304

1 Geltungsbereich

1.1 Die ATV „Rammarbeiten" – DIN 18 304 – gilt für das Rammen und Ziehen von Pfählen, Trägern und Bohlen. Für das Rütteln gilt sie entsprechend.

1.2 Die ATV DIN 18 304 gilt nicht für Ortbetonpfähle.

1.3 Ergänzend gelten die Abschnitte 1 bis 5 der ATV DIN 18 299 „Allgemeine Regelungen für Bauarbeiten jeder Art". Bei Widersprüchen gehen die Regelungen der ATV DIN 18 304 vor.

2 Stoffe, Bauteile

Ergänzend zur ATV DIN 18 299, Abschnitt 2, gilt:

2.1 Die DIN-Normen für die gebräuchlichsten genormten Stoffe und Bauteile sind die in

- DIN 4026 „Rammpfähle; Herstellung, Bemessung und zulässige Belastung" genannten sowie
- DIN 4074 Teil 1 Sortierung von Nadelholz nach der Tragfähigkeit; Nadelschnittholz
- DIN 4074 Teil 2 Bauholz für Holzbauteile; Gütebedingungen für Baurundholz (Nadelholz).

2.2 Rammpfähle aus Holz dürfen nicht mehr als 3%, höchstens jedoch 30 cm von der Soll-Länge abweichen; im Durchschnitt muß die Soll-Länge erreicht werden. Bohlen aus Holz müssen geradlinig und mit gleichlaufenden Seiten geschnitten sein. Sie sollen, bei Spundbohlen ohne Feder gemessen, mindestens 16 cm breit sein. Tiefe und Breite der Nuten bei Spundbohlen sollen je ungefähr ein Drittel, jedoch nicht weniger als ein Viertel der Bohlendicke betragen.
Es ist Nadelholz zu verwenden.

3 Ausführung

Ergänzend zur ATV DIN 18 299, Abschnitt 3, gilt:

3.1 Rammen

3.1.1 Bei der Ausführung der Rammarbeiten ist DIN 4026 zu beachten.

3.1.2 Die Wahl des Rammverfahrens ist Sache des Auftragnehmers.

3.1.3 Stellt sich während der Ausführung heraus, daß die vorgesehenen Längen der Pfähle, Träger oder Bohlen zu kurz oder zu lang sind, hat der Auftragnehmer dies dem Auftraggeber unverzüglich anzuzeigen. Die zu treffenden Maßnahmen sind Besondere Leistungen (siehe Abschnitt 4.2.1).

3.1.4 Wenn durch übermäßiges Abweichen von der Soll-Lage oder von der angegebenen Rammtiefe oder wenn bei Undichtheiten der Spundwände oder bei Beschädigung der Pfähle oder gerammten Wände die vertragliche Leistung beeinträchtigt wird, sind die zu treffenden Maßnahmen gemeinsam festzulegen.

3.1.5 Wenn im Bereich der Rammwirkung vor Beginn des Rammens besondere Maßnahmen zum Feststellen des Zustands der baulichen Anlagen, Versorgungs- und Entsorgungsanlagen erforderlich sind, sind sie gemeinsam festzulegen. Diese Maßnahmen sind Besondere Leistungen (siehe Abschnitt 4.2.1).

3.1.6 Die Wirkung des Rammens ist zu beobachten. Schäden, die Folgen des Rammens sein können, sind dem Auftraggeber sofort mitzuteilen. Erforderliche Maßnahmen sind Besondere Leistungen (siehe Abschnitt 4.2.1).

3.1.7 Ist das Rammen der Pfähle, Träger oder Bohlen auf die vorgesehene Rammtiefe wider Erwarten nur mit außergewöhnlichem Rammaufwand oder beträchtlicher Beschädigung der Rammelemente möglich, ist der Auftraggeber unverzüglich zu unterrichten. Die zu treffenden Maßnahmen, z. B. Festlegen einer neuen Rammtiefe, Kürzen der Pfähle, Träger oder Bohlen, Spülhilfe, sind Besondere Leistungen (siehe Abschnitt 4.2.1).

3.2 Rammen mit Spülhilfe

3.2.1 Wenn die erforderliche Tiefe durch Rammen nur unter Gefährdung der Pfähle, Träger oder Bohlen erreicht werden kann, dürfen sie mit Zustimmung des Auftraggebers mit Spülhilfe eingebracht werden. Wenn Spülhilfe vereinbart ist, dürfen benachbarte Bauteile und bereits eingebrachte Pfähle, Träger oder Bohlen nicht gefährdet werden.

3.2.2 Das letzte Meter ist ohne Spülung zu rammen. Wenn Pfähle, Träger oder Bohlen auch dann noch durch das Rammen beschädigt werden, ist dieses Maß zu verringern. Jedoch sind mindestens die letzten drei Hitzen von je zehn Schlägen ohne Spülhilfe zu rammen.

3.2.3 Die Spüllanze ist so zu führen, daß sie dicht an dem Pfahl, dem Träger oder der Bohle bleibt.

3.3 Aufzeichnungen während des Rammens

Beim Rammen von Pfählen, Trägern oder Bohlen, die vorwiegend in ihrer Längsachse belastet werden, sind Berichte nach DIN 4026 zu führen.

3.4 Neuherrichten der Köpfe von Pfählen, Trägern und Bohlen

3.4.1 Pfähle, Träger oder Bohlen, deren Köpfe beim Rammen zerschlagen werden, dürfen mit Zustimmung des Auftraggebers nach Neuherrichten der Köpfe weitergerammt werden.

3.4.2 Beim Neuherrichten der Köpfe von Pfählen oder Bohlen aus Stahlbeton ist der beschädigte Beton vor dem notwendigen Richten der Stahleinlagen mindestens so weit zu entfernen, wie er vom Rammen herrührende Risse zeigt, die nach DIN 4026 unzulässig sind. Dabei sind die Stahleinlagen vor Erschütterungen möglichst so zu schützen, daß der Beton nicht weiterreißt.

3.5 Hindernisse

3.5.1 Wenn nach den örtlichen Verhältnissen im Boden mit Hindernissen, z. B. Leitungen, Kabeln, Dränen, Kanälen, Vermarkungen, Bauwerksresten, zu rechnen ist, muß durch Erkunden festgestellt werden, daß die späteren Rammungen von ihnen freikommen. Die erforderlichen Maßnahmen, z.B. Schürflöcher, Schürfgruben, sind Besondere Leistungen (siehe Abschnitt 4.2.1).

3.5.2 Wenn im Boden unvermutete Hindernisse, z.B. Leitungen, Kabel, Dräne, Kanäle, Vermarkungen, Bauwerksreste, größere Steine, angetroffen werden oder wenn der Pfahl, der Träger oder die Bohle auszuweichen beginnt, ist dies dem Auftraggeber unverzüglich mitzuteilen. Er bestimmt, ob und wie das Hindernis beseitigt oder gesichert, ob weitergerammt oder der Rammplan geändert werden soll oder welche anderen Maßnahmen zu treffen sind. Die zu treffenden Maßnahmen sind Besondere Leistungen (siehe Abschnitt 4.2.1).

3.5.3 Bei allen Maßnahmen zum Schutz der Bauwerke, Leitungen, Kabel, Kanäle sind die Vorschriften der Eigentümer oder der anderen Weisungsberechtigten zu beachten. Aufgehängte oder abgestützte Leitungen, Kabel, Dräne oder Kanäle dürfen nicht betreten oder belastet werden.

3.6 Ziehen von Pfählen, Trägern oder Bohlen

3.6.1 Pfähle, Träger oder Bohlen, die zu entfernen sind, sind so herauszuziehen, daß dadurch das Bauwerk, benachbarte Gebäude, Leitungen oder andere Anlagen nicht gefährdet werden.

3.6.2 Können Pfähle, Träger oder Bohlen wegen Gefährdung des Bauwerks, benachbarter Gebäude, von Leitungen oder anderen Anlagen oder wegen zu großen Widerstands nicht gezogen werden, ist der Auftraggeber unverzüglich zu unterrichten. Die zu treffenden Maßnahmen sind Besondere Leistungen (siehe Abschnitt 4.2.1).

3.6.3 Die Lage der Pfähle, Träger oder Bohlen, die nicht oder nur teilweise beseitigt werden konnten, hat der Auftragnehmer dem Auftraggeber zeichnerisch und auf Verlangen auch durch örtliche Kennzeichnung anzugeben.

4 Nebenleistungen, Besondere Leistungen

4.1 Nebenleistungen sind ergänzend zur ATV DIN 18 299, Abschnitt 4.1, insbesondere:

4.1.1 Feststellen des Zustands der Straßen, der Geländeoberfläche, der Vorfluter usw. nach B § 3 Nr 4.

4.1.2 Beseitigen einzelner Sträucher und einzelner Bäume bis zu 0,10 m Durchmesser, gemessen 1 m über dem Erdboden, der dazugehörigen Wurzeln und Baumstümpfe sowie von einzelnen Steinen und Mauerresten bis zu $0,03 \text{ m}^3$ Rauminhalt*) zum Herstellen des Rammplanums, soweit hierfür keine weiteren Erdarbeiten auszuführen sind.

4.1.3 Vorhalten von Rammhauben für Pfähle, Träger und Bohlen.

4.1.4 Vorhalten der Gerüste.

---

*) $0,03 \text{ m}^3$ Rauminhalt entspricht einer Kugel mit einem Durchmesser von $\approx 0,40$ m.

4.2 Besondere Leistungen sind ergänzend zur ATV DIN 18 299, Abschnitt 4.2, z. B.:

4.2.1 Maßnahmen nach den Abschnitten 3.1.3, 3.1.5, 3.1.6, 3.1.7, 3.5.1, 3.5.2 und 3.6.2.

4.2.2 Aufbrechen und Wiederherstellen von befestigten Flächen.

4.2.3 Boden-, Wasser- und bodenmechanische Untersuchungen.

4.2.4 Liefern und Rammen von Paß- und Keilbohlen, soweit sie nicht infolge unsachgemäßen Rammens beschafft werden müssen.

4.2.5 Abschneiden, Kappen und Bearbeiten der Köpfe von Pfählen, Trägern und Bohlen nach dem Rammen.

4.2.6 Liefern und Anbringen von Pfahlschuhen für Pfähle, Träger und Bohlen.

4.2.7 Proberammungen.

4.2.8 Probebelastungen.

4.2.9 Neuherrichten der beim Rammen zerschlagenen Köpfe von Pfählen, Trägern und Bohlen für das Weiterrammen, wenn der Auftraggeber die Beschädigung zu vertreten hat.

4.2.10 Beseitigen von Schäden, die durch das Rammen an den Pfählen, Trägern oder Bohlen entstanden sind, wenn sie der Auftraggeber zu vertreten hat.

4.2.11 Maßnahmen zur Erzielung einer wasserundurchlässigen Spundwand.

4.2.12 Verschweißen von Schlössern.

5 Abrechnung

Ergänzend zur ATV DIN 18 299, Abschnitt 5, gilt:

5.1 Wird das Liefern oder Vorhalten der Pfähle, Träger oder Bohlen aus Stahl nach Gewicht abgerechnet, dann ist maßgebend das errechnete Gewicht, bei deutschen genormten Stählen nach den Gewichten der DIN-Norm (Nenngewichten), bei anderen Stählen nach den Gewichten des Profilbuchs des Erzeugerwerkes.

5.2 Das Rammen der Pfähle, Träger oder Bohlen wird nach den unter die Ramme genommenen Längen und durchrammten Tiefen abgerechnet.
Bei Bohlwänden gelten die Maße in der Wandachse.

VOB Teil C:
Allgemeine Technische Vertragsbedingungen für Bauleistungen (ATV)
Wasserhaltungsarbeiten — DIN 18 305
Ausgabe September 1988

Inhalt

0 Hinweise für das Aufstellen der Leistungsbeschreibung
1 Geltungsbereich
2 Stoffe, Bauteile
3 Ausführung
4 Nebenleistungen, Besondere Leistungen
5 Abrechnung

0 Hinweise für das Aufstellen der Leistungsbeschreibung

Diese Hinweise ergänzen die ATV DIN 18 299 „Allgemeine Regelungen für Bauarbeiten jeder Art", Abschnitt 0. Die Beachtung dieser Hinweise ist Voraussetzung für eine ordnungsgemäße Leistungsbeschreibung gemäß A § 9.

Die Hinweise werden nicht Vertragsbestandteil.

In der Leistungsbeschreibung sind nach den Erfordernissen des Einzelfalls insbesondere anzugeben:

0.1 Angaben zur Baustelle

0.1.1 Gründungstiefen, Gründungsarten und Lasten benachbarter Bauwerke.

0.1.2 Die geologischen und hydrologischen Verhältnisse und die besondere Beschaffenheit des Wassers.

0.2 Angaben zur Ausführung

0.2.1 Besondere Maßnahmen zum Schutz von benachbarten Grundstücken und Bauwerken.

0.2.2 Zweck, Umfang und Absenkungsziele der Wasserhaltung und ihre ungefähre Dauer.

0.2.3 Der unbeeinflußte Grundwasserstand, der Grundwasserstand, von dem abgesenkt werden soll, und die Absenkungstiefe.

0.2.4 Einbeziehen von Schichtenwasser, das über dem Grundwasserstand auftritt, von dem aus abgesenkt werden soll, in die Wasserhaltung oder andere Maßnahmen.

0.2.5 Einbeziehen von Oberflächen- oder Sickerwasser in die Wasserhaltung oder andere Maßnahmen.

0.2.6 Vorkehrungen für Erweiterungsmöglichkeiten der Wasserhaltungsanlage.

0.2.7 Art und Umfang vorzusehender Reserveanlagen.

0.2.8 Einbau der Anlagen innerhalb oder außerhalb des Bauwerks.

0.2.9 Umstellungen der Wasserhaltungsanlage beim Fortschreiten der Bauarbeiten.

0.2.10 Vorfluter für das geförderte Wasser, Ableitung in Gerinnen oder geschlossenen Leitungen, gegebenenfalls über besondere Bauwerke, z. B. Rohrbrücken.

0.2.11 Einbau von Wassermeßvorrichtungen.

0.2.12 Maßnahmen zum Schutz des Bauwerks gegen Aufschwimmen bei unbeabsichtigtem vorzeitigem Ansteigen des Wassers.

0.2.13 Feststellen des Zustands der von der Wasserhaltung betroffenen Baulichkeiten und anderer Anlagen vor Beginn der Wasserhaltung (siehe B § 3 Nr 4).

0.3 Einzelangaben bei Abweichungen von den ATV

0.3.1 Wenn andere als die in dieser ATV vorgesehenen Regelungen getroffen werden sollen, sind diese in der Leistungsbeschreibung eindeutig und im einzelnen anzugeben.

0.3.2 Abweichende Regelungen können insbesondere in Betracht kommen bei

Abschnitt 3.1.4, wenn der Beginn der Betriebsbereitschaft oder ihres Betriebes nicht der Vereinbarung bedürfen sollen,

Abschnitt 3.2.1, wenn die Wasserhaltungsanlage nicht vom Auftragnehmer bemessen werden soll,

Abschnitt 3.5.1, wenn für das Füllen von gezogenen Brunnen besonderes Füllgut oder ein besonderes Verfahren festgelegt werden soll.

0.4 Einzelangaben zu Nebenleistungen und Besonderen Leistungen

Als Nebenleistungen, für die unter den Voraussetzungen der ATV DIN 18 299, Abschnitt 0.4.1, besondere Ordnungszahlen (Positionen) vorzusehen sind, kommen insbesondere in Betracht:
- Vorhalten der Geräste (siehe Abschnitt 4.1.5),
- Füllen von Pumpensümpfen und von im Boden verbleibenden Brunnen (siehe Abschnitt 4.1.6).

0.5 Abrechnungseinheiten

Im Leistungsverzeichnis sind die Abrechnungseinheiten wie folgt vorzusehen:
- Einbau, Ausbau, Umbau von Absenkungsbrunnen, Pumpensümpfen, Quellfassungen, Beobachtungsrohren oder -brunnen, Pumpen, Antriebsmaschinen, Stromerzeugern und -verteilern, Meßvorrichtungen nach Anzahl (Stück),
- Einbau, Ausbau, Umbau von Rohrleitungen mit Zubehör, getrennt nach Nennweiten, und von Gerinnen mit Zubehör nach Längenmaß (m),
- Vorhalten von Absenkungsbrunnen, Pumpensümpfen, Quellfassungen, Beobachtungsrohren oder -brunnen, Pumpen, Antriebsmaschinen, Stromerzeugern und -verteilern, Meßvorrichtungen, getrennt nach Anzahl (Stück) und nach Kalendertagen,
- Vorhalten von Rohrleitungen mit Zubehör, getrennt nach Nennweiten, und von Gerinnen mit Zubehör nach Längenmaß (m) und nach Kalendertagen,
- Betrieb der Wasserhaltungsanlage oder von Teilen der Wasserhaltungsanlage nach Betriebstagen oder Betriebsstunden,
- Stellen der Bedienungsmannschaft bei Betriebsbereitschaft nach Tagen oder Stunden,
- Liefern von verbleibenden Rohren einschließlich Rohrverbindungen nach Längenmaß (m),
- Liefern von verbleibenden Einzelteilen nach Anzahl (Stück),
- Liefern und Einbauen von Sickerleitungen und Dränen nach Längenmaß (m),
- Liefern, Einbauen und Schließen von Brunnentöpfen nach Anzahl (Stück).

Wasserhaltungsarbeiten DIN 18 305

1 Geltungsbereich

1.1 Die ATV „Wasserhaltungsarbeiten" – DIN 18 305 – gilt für offene Wasserhaltung und für Grundwasserabsenkung mittels Brunnen.

1.2 Ergänzend gelten die Abschnitte 1 bis 5 der ATV DIN 18 299 „Allgemeine Regelungen für Bauarbeiten jeder Art". Bei Widersprüchen gehen die Regelungen der ATV DIN 18 305 vor.

2 Stoffe, Bauteile

Keine ergänzende Regelung zur ATV DIN 18 299, Abschnitt 2.

3 Ausführung

Ergänzend zur ATV DIN 18 299, Abschnitt 3, gilt:

3.1 Allgemeines

3.1.1 Der Auftragnehmer hat die technischen Unterlagen zu liefern, die zum Einholen der Genehmigungen für den Betrieb der Anlage und das Abführen des geförderten Wassers erforderlich sind.

3.1.2 Boden- oder Wasserverhältnisse, die von den Angaben in der Leistungsbeschreibung abweichen, sind dem Auftraggeber unverzüglich mitzuteilen. Die zu treffenden Maßnahmen sind Besondere Leistungen (siehe Abschnitt 4.2.1).

3.1.3 Ergibt sich die Gefahr des Grundbruchs oder Sohlenaufbruchs, hat der Auftragnehmer unverzüglich die notwendigen Maßnahmen zur Verhütung von Schäden zu treffen und den Auftraggeber zu verständigen. Die weiteren Maßnahmen zur Verhütung oder Beseitigung von Schäden sind gemeinsam festzulegen. Soweit die Ursache nicht der Auftragnehmer zu vertreten hat, sind die zur Verhütung von Schäden vom Auftragnehmer getroffenen sowie die weiteren Maßnahmen Besondere Leistungen (siehe Abschnitt 4.2.1).

3.1.4 Der Beginn der Betriebsbereitschaft der Wasserhaltungsanlage und der Beginn ihres Betriebes bedürfen der Vereinbarung.

3.1.5 Das Wasser muß so lange und so weit abgesenkt gehalten werden, wie es die Ausführung der Bauarbeiten und bei Bauwerken außerdem die Sicherheit – auch gegen Auftrieb – erfordern.

3.1.6 Schäden, die durch die Wasserhaltung entstanden sein können und die bekannt werden, sind dem Auftraggeber unverzüglich mitzuteilen.

3.2 Bemessung der Wasserhaltungsanlage

3.2.1 Der Auftragnehmer hat Umfang, Leistung, Wirkungsgrad und Sicherheit der Wasserhaltungsanlage dem vorgesehenen Zweck entsprechend zu bemessen. Er hat dabei den Nachweis zu führen, daß die vorgesehene Anlage geeignet und ausreichend ist. In diesem Fall sind die allgemeine Anordnung der Anlage, die Lage der Pumpensümpfe oder Brunnen nach Ort, Höhe und Tiefe, die Brunnenart, der Standort und die Leistung der Pumpen, die Antriebsmaschinen, die Kraftquelle und der Kraftbedarf, die Lage, Länge und Durchmesser der Rohrleitungen und andere Einzelheiten anzugeben. Grundlegende Abweichungen hiervon sind nur mit Zustimmung des Auftraggebers zulässig.

3.2.2 Wenn Reserveanlagen vereinbart sind, müssen sie so mit der Hauptanlage verbunden werden, daß die Wasserförderung ohne Unterbrechung von einer Anlage auf die andere übernommen werden kann.

3.3 Fördern und Ableiten des Wassers

3.3.1 Pumpensümpfe und Brunnen sind so anzulegen, daß die Förderung von Bodenteilchen
— bei offener Wasserhaltung soweit erforderlich,
— bei Grundwasserabsenkung mittels Brunnen völlig
vermieden wird.

3.3.2 Pumpensümpfe sind genügend groß und so tief anzulegen, daß ausreichendes Gefälle für den Wasserzufluß vorhanden ist.

3.3.3 Werden Quellen angetroffen, so ist gemeinsam festzulegen, wie sie zu fassen sind und wie das Wasser abzuleiten ist. Solche Maßnahmen sind Besondere Leistungen (siehe Abschnitt 4.2.1).

3.3.4 Das geförderte Wasser ist ständig auf seine Beschaffenheit zu prüfen, besonders darauf, ob die Bedingungen des Abschnitts 3.3.1 eingehalten werden.

3.3.5 Wenn keine Wassermeßvorrichtungen vereinbart sind, hat der Auftragnehmer zur Bestimmung der täglich geförderten Wassermengen die Dauer des Pumpens sowie die Anzahl und die Förderleistungen der betriebenen Pumpen und Brunnen aufzuschreiben.

3.4 Ansteigen des Wassers

3.4.1 Der Auftragnehmer darf den abgesenkten Wasserspiegel nur mit Zustimmung des Auftraggebers ansteigen lassen.

3.4.2 Vereinbarte Maßnahmen zum Schutz des Bauwerks, z.B. gegen unbeabsichtigtes vorzeitiges Ansteigen des Wassers, gegen Aufschwimmen, sind rechtzeitig auszuführen. Sie sind so vorzubereiten, daß sie im Bedarfsfall sofort ausgeführt werden können.

Wenn Umstände auftreten, die ein schädigendes Ansteigen des Wassers möglich erscheinen lassen, sind diese dem Auftraggeber unverzüglich mitzuteilen. Erforderliche Maßnahmen sind gemeinsam festzulegen. Soweit die Ursache nicht der Auftragnehmer zu vertreten hat, sind die Maßnahmen Besondere Leistungen (siehe Abschnitt 4.2.1).

3.5 Einzelteile der Wasserhaltungsanlage

3.5.1 Brunnen, die gezogen werden, müssen einen herausschlagbaren Boden haben. Sie sind fortlaufend beim Ziehen mit geeignetem Boden zu füllen.

3.5.2 Brunnen, die das Bauwerk durchdringen, sind mit besonderen Vorrichtungen, wenn nötig mit Brunnentöpfen, auszurüsten, die ein sicheres Abschließen der Brunnenlöcher und einen einwandfreien Anschluß an die Abdichtung des Bauwerks gewährleisten. Der Anschluß an die Bauwerksabdichtung sowie das Liefern, Einbauen und Schließen von Brunnentöpfen sind Besondere Leistungen (siehe Abschnitt 4.2.1).

4 Nebenleistungen, Besondere Leistungen

4.1 Nebenleistungen sind ergänzend zur ATV DIN 18 299, Abschnitt 4.1, insbesondere:

4.1.1 Feststellen des Zustands der Straßen, der Geländeoberfläche, der Vorfluter usw. nach B § 3 Nr 4.

4.1.2 Umbau von Teilen der Wasserhaltungsanlage für eigene Arbeiten des Auftragnehmers.

4.1.3 Beobachten und Aufschreiben des Grundwasserstands innerhalb der Baustelle.

4.1.4 Prüfen der Funktionsfähigkeit der Wasserhaltungsanlage, ausgenommen Leistungen nach Abschnitt 4.2.10.

4.1.5 Vorhalten der Gerüste.

4.1.6 Füllen von Pumpensümpfen und von im Boden verbleibenden Brunnen.

4.2 Besondere Leistungen sind ergänzend zur ATV DIN 18 299, Abschnitt 4.2, z. B.:

4.2.1 Maßnahmen nach den Abschnitten 3.1.2, 3.1.3, 3.3.3, 3.4.2 und 3.5.2.

4.2.2 Boden- und Wasseruntersuchungen, hydrologische Untersuchungen.

4.2.3 Einbau, Ausbau und Vorhalten von Wassermeßvorrichtungen.

4.2.4 Einbau, Ausbau und Vorhalten von Beobachtungsrohren oder -brunnen.

4.2.5 Beobachten und Aufschreiben des Grundwasserstands außerhalb der Baustelle.

4.2.6 Vorbereiten der Vorfluter und Wiederherstellen des früheren Zustands der Vorfluter.

4.2.7 Umbau von Teilen der Wasserhaltungsanlage, ausgenommen Umbau für eigene Arbeiten des Auftragnehmers (siehe Abschnitt 4.1.2).

4.2.8 Belassen von Brunnen und anderen Anlageteilen im Boden auf Verlangen des Auftraggebers.

4.2.9 Entgelt an Dritte für die Benutzung des Vorfluters und Inanspruchnahme fremden Geländes bei der Ableitung des Wassers.

4.2.10 Probebetrieb der gesamten Wasserhaltungsanlage.

5 Abrechnung

Ergänzend zur ATV DIN 18 299, Abschnitt 5, gilt:

5.1 Das Längenmaß von Rohrleitungen mit Zubehör wird in der Achse gemessen.

5.2 Für das Vorhalten der Wasserhaltungsanlage oder von Teilen werden die Kalendertage vom vereinbarten Betriebsbeginn bis zum letzten Betriebstag oder vom vereinbarten Beginn bis zum Ende der Betriebsbereitschaft, angefangene Tage als volle Tage, gerechnet.

5.3 Für den Betrieb der Wasserhaltungsanlage oder von Teilen bzw. für das Gestellen der Bedienungsmannschaft bei Betriebsbereitschaft werden angefangene Tage als volle Tage, angefangene Stunden als volle Stunden gerechnet.

VOB Teil C:
Allgemeine Technische Vertragsbedingungen für Bauleistungen (ATV)
Entwässerungskanalarbeiten – DIN 18 306
Ausgabe Dezember 1992

Inhalt

0 Hinweise für das Aufstellen der Leistungsbeschreibung
1 Geltungsbereich
2 Stoffe, Bauteile
3 Ausführung
4 Nebenleistungen, Besondere Leistungen
5 Abrechnung

0 Hinweise für das Aufstellen der Leistungsbeschreibung

Diese Hinweise ergänzen die ATV DIN 18 299 „Allgemeine Regelungen für Bauarbeiten jeder Art", Abschnitt 0. Die Beachtung dieser Hinweise ist Voraussetzung für eine ordnungsgemäße Leistungsbeschreibung gemäß A § 9.

Die Hinweise werden nicht Vertragsbestandteil.

In der Leistungsbeschreibung sind nach den Erfordernissen des Einzelfalls insbesondere anzugeben:

0.1 Angaben zur Baustelle

0.1.1 Gründungstiefen, Gründungsarten und Lasten benachbarter Bauwerke.

0.1.2 Art und Beschaffenheit des Bodens, der zur Auflagerausbildung und Einbettung zur Verfügung steht.

0.1.3 Beschaffenheit und Entwässerung der Baugrubensohle.

0.1.4 Art der Baugrubenverkleidung.

0.2 Angaben zur Ausführung

0.2.1 Belastungs- und Einbaubedingungen auch unter Berücksichtigung der Einbettung der Leitungen und des Rückbaus des Grabenverbaus.

0.2.2 Art und Ausführung von Rohrverbindungen, Dehnungsfugen, Schutz- und Dichtungsanstrichen oder -beschichtungen.

0.2.3 Art und Ausführung der Auflager.

0.2.4 Abstützen und Verankern von Kanälen, Leitungen, Krümmern usw.

0.2.5 Einmessen von Kanal- und Leitungsteilen, Anfertigen von Bestandsplänen, Liefern und Anbringen von Hinweisschildern, Kennzeichen der Kanal- bzw. Leitungstrasse.

Entwässerungskanalarbeiten DIN 18 306

0.2.6 *Anzuwendende Arbeitsblätter des Regelwerkes „Abwasser"*).*

0.2.7 *Zusatzmittel für Stoffe und Bauteile.*

0.2.8 *Ausbildung der Anschlüsse an Bauwerke.*

0.2.9 *Bauverfahren zum Kreuzen von Verkehrsflächen, Gewässern, Gleisanlagen, Dämmen, Kanälen, Leitungen usw.*

0.3 Einzelangaben bei Abweichungen von den ATV

0.3.1 *Wenn andere als die in dieser ATV vorgesehenen Regelungen getroffen werden sollen, sind diese in der Leistungsbeschreibung eindeutig und im einzelnen anzugeben.*

0.3.2 *Abweichende Regelungen können insbesondere in Betracht kommen bei*

Abschnitt 3.2.3, wenn für das Herstellen und Verfugen andere Regelungen festgelegt werden sollen,

Abschnitt 3.3, wenn für Prüfungen andere Regelungen festgelegt werden sollen.

0.4 Einzelangaben zu Nebenleistungen und Besonderen Leistungen

Als Nebenleistungen, für die unter den Voraussetzungen der ATV DIN 18 299, Abschnitt 0.4.1, besondere Ordnungszahlen (Positionen) vorzusehen sind, kommen insbesondere in Betracht: Herstellen von Rohrverbindungen (siehe Abschnitt 4.1.6).

0.5 Abrechnungseinheiten

Im Leistungsverzeichnis sind die Abrechnungseinheiten wie folgt vorzusehen:
- *Entwässerungskanäle und -leitungen nach Längenmaß (m),*
- *Schutz- und Dichtungsanstriche, Beschichtungen nach Flächenmaß (m^2),*
- *Formstücke, z. B. Abzweige, angeformte Schachtaufsätze, Krümmer, nach Anzahl (Stück),*
- *Fertigteile wie Schachtunterteile, Schachtringe, Übergangsringe und Platten, Schachthälse usw., Einzelteile wie Schachtabdeckungen, Schmutzfänger, Steighilfen, nach Anzahl (Stück),*
- *Schächte nach Raummaß der Wandungen (m^3), Längenmaß (m) oder Anzahl (Stück),*
- *Sohlschalen, Platten nach Längenmaß (m) oder Flächenmaß (m^2).*

1 Geltungsbereich

1.1 Die ATV „Entwässerungskanalarbeiten" – DIN 18 306 – gilt für das Herstellen von geschlossenen Entwässerungskanälen, von Grundleitungen der Grundstücksentwässerung im Erdreich, auch unter Gebäuden, einschließlich der dazugehörigen Schächte.

Sie gilt auch für das Herstellen von dichten Vorflutleitungen von Dränungen mit Rohren über Nennweite 200.

1.2 Die ATV DIN 18 306 gilt nicht für
- die bei der Herstellung der Kanäle, Leitungen und Schächte auszuführenden Erdarbeiten (siehe ATV DIN 18 300 „Erdarbeiten"),
- Verbauarbeiten (siehe ATV DIN 18 303 „Verbauarbeiten"),
- Rohrvortriebsarbeiten (siehe ATV DIN 18 319 „Rohrvortriebsarbeiten"),

---
*) Zu beziehen durch die Gesellschaft zur Förderung der Abwassertechnik e.V., Markt 71, 5205 St. Augustin 1

- das Herstellen von Entwässerungsleitungen innerhalb von Gebäuden (siehe ATV DIN 18 381 „Gas-, Wasser- und Abwasser-Installationsarbeiten innerhalb von Gebäuden"),
- Rohrleitungen in Schutzrohren und Rohrkanälen.

1.3 Ergänzend gelten die Abschnitte 1 bis 5 der ATV DIN 18 299 „Allgemeine Regelungen für Bauarbeiten jeder Art". Bei Widersprüchen gehen die Regelungen der ATV DIN 18 306 vor.

2 Stoffe, Bauteile

Ergänzend zur ATV DIN 18 299, Abschnitt 2, gilt:

Für die gebräuchlichsten genormten Stoffe und Bauteile sind die Anforderungen und die DIN-Normen in DIN 4033 „Entwässerungskanäle und -leitungen; Richtlinien für die Ausführung" aufgeführt.

3 Ausführung

Ergänzend zur ATV DIN 18 299, Abschnitt 3, gilt:

3.1 Allgemeines

3.1.1 Der Auftragnehmer hat bei seiner Prüfung des Rohrgrabens Bedenken (siehe B § 4 Nr 3) insbesondere geltend zu machen bei mangelnder Eignung zum Verlegen der Rohre, z. B. falscher Tiefe und Breite des Rohrgrabens, ungeeigneter Beschaffenheit der Grabensohle bzw. des Auflagers.

3.1.2 Aufgehängte oder abgestützte Leitungen, Kabel, Dräne oder Kanäle dürfen nicht betreten oder belastet werden. Schäden sind dem Auftraggeber und dem Eigentümer oder, wenn ein anderer weisungsberechtigt ist, diesem unverzüglich zu melden.

3.1.3 Bestehende Kanäle dürfen ohne Zustimmung des Auftraggebers nicht begangen werden.

3.2 Herstellen von Entwässerungskanälen, -leitungen und Schächten

3.2.1 Entwässerungskanäle, -leitungen und Schächte sind nach DIN 4033 auszuführen.

3.2.2 Stutzen für spätere Anschlüsse sind durch Verschlußdeckel wasserdicht zu verschließen. Verrottbares Material darf hierfür nicht verwendet werden. Die Verschlüsse müssen einer Prüfung auf Wasserdichtheit standhalten.

3.2.3 Entwässerungskanäle, -leitungen und Schächte aus Mauerwerk sind mit Kanalklinkern nach DIN 4051 „Kanalklinker; Anforderungen, Prüfung, Überwachung" an der Innenseite mit höchstens 8 mm dicken Fugen herzustellen und voll zu verfugen.

3.2.4 Entwässerungskanäle, -leitungen und Schächte aus Ortbeton sind mit glatter Innenfläche auszuführen.

3.3 Prüfungen

Für das Prüfen auf Wasserdichtheit gilt DIN 4033 in Verbindung mit Arbeitsblatt ATV A 139 des Regelwerkes „Abwasser"*).

4 Nebenleistungen, Besondere Leistungen

4.1 Nebenleistungen sind ergänzend zur ATV DIN 18 299, Abschnitt 4.1, insbesondere:

4.1.1 Feststellen des Zustands der Straßen, der Geländeoberfläche, der Vorfluter usw. nach B § 3 Nr 4.

4.1.2 Reinigen von Stoffen und Bauteilen vor dem Einbau, soweit sie vom Auftragnehmer geliefert werden.

4.1.3 Liefern von Steighilfen, sofern sie Bestandteil von Fertigteilen sind.

4.1.4 Herstellen von Muffenlöchern im Rohrauflager.

4.1.5 Reinigen der Anschlußstellen an vorhandenen Entwässerungskanälen, -leitungen und Schächten.

4.1.6 Herstellen von Rohrverbindungen.

4.2 Besondere Leistungen sind ergänzend zur ATV DIN 18 299, Abschnitt 4.2, z. B.:

4.2.1 Liefern von statischen Berechnungen für Entwässerungskanäle, -leitungen und -schächte einschließlich der Schal- und Bewehrungspläne für Sonderbauwerke, z. B. Regenüberläufe, Düker, Becken.

4.2.2 Besondere Maßnahmen zum Herstellen des Rohrauflagers, z. B. Verdichten der Grabensohle, Bodenaustausch, Einbau von Sand-, Kiessand- oder Betonauflager.

4.2.3 Reinigen von verschmutzten Stoffen und Bauteilen, die der Auftraggeber beistellt, soweit die Verschmutzung nicht durch den Auftragnehmer verursacht wurde.

4.2.4 Einbau von Formstücken, z. B. Abzweige, angeformte Schachtaufsätze, Krümmer für Entwässerungskanäle und -leitungen.

4.2.5 Einbauen von Schachtabdeckungen sowie Steighilfen, ausgenommen Leistungen nach Abschnitt 4.1.3.

4.2.6 Boden- und Wasseruntersuchungen.

4.2.7 Prüfen auf Wasserdichtheit.

4.2.8 Herstellen und Beseitigen der für die Prüfung auf Wasserdichtheit erforderlichen Verankerungen und Rohrverschlüsse.

4.2.9 Liefern und Ableiten des für die Prüfung auf Wasserdichtheit notwendigen Füllstoffs.

4.2.10 Herstellen von Kopflöchern für Schweißverbindungen.

---

*) Zu beziehen durch die Gesellschaft zur Förderung der Abwassertechnik e.V., Markt 71, 5205 St. Augustin 1

5 Abrechnung

Ergänzend zur ATV DIN 18 299, Abschnitt 5, gilt:

5.1 Bei Abrechnung nach Längenmaß werden die Achslängen zugrunde gelegt.

Bei Entwässerungskanälen und -leitungen aus vorgefertigten Rohren wird die lichte Weite von Schächten abgezogen, Formstücke werden übermessen.

Bei Entwässerungskanälen aus vorgefertigten Rohren mit Schachtaufsätzen und bei gemauerten sowie betonierten Entwässerungskanälen wird die lichte Weite der Schächte übermessen.

5.2 Die Schachttiefe wird von der Auflagerfläche der Schachtabdeckung bis zum tiefsten Punkt der Rinnensohle gerechnet.

VOB Teil C:
Allgemeine Technische Vertragsbedingungen für Bauleistungen (ATV) Druckrohrleitungsarbeiten im Erdreich – DIN 18 307
Ausgabe Dezember 1992

Inhalt

0 Hinweise für das Aufstellen der Leistungsbeschreibung
1 Geltungsbereich
2 Stoffe, Bauteile
3 Ausführung
4 Nebenleistungen, Besondere Leistungen
5 Abrechnung

0 Hinweise für das Aufstellen der Leistungsbeschreibung

Diese Hinweise ergänzen die ATV DIN 18 299 „Allgemeine Regelungen für Bauarbeiten jeder Art", Abschnitt 0. Die Beachtung dieser Hinweise ist Voraussetzung für eine ordnungsgemäße Leistungsbeschreibung gemäß A § 9.
Die Hinweise werden nicht Vertragsbestandteil.
In der Leistungsbeschreibung sind nach den Erfordernissen des Einzelfalls insbesondere anzugeben:

0.1 Angaben zur Baustelle

0.1.1 Gründungstiefen, Gründungsarten und Lasten benachbarter Bauwerke.

0.1.2 Art und Beschaffenheit des Bodens, der zur Auflagerausbildung und Einbettung zur Verfügung steht.

0.1.3 Beschaffenheit und Entwässerung der Baugrubensohle.

0.1.4 Art der Baugrubenverkleidung.

0.2 Angaben zur Ausführung

0.2.1 Bauverfahren zum Kreuzen von Verkehrsflächen, Gewässern, Gleisanlagen, Dämmen, Kanälen, Leitungen usw.

0.2.2 Art des Innen- und Außenschutzes der Rohre und Rohrverbindungen.

0.2.3 Art und Umfang von besonderen Maßnahmen bei aggressiven Böden zum Schutz der Rohrleitung.

0.2.4 Art und Umfang der Prüfung von Rohrverbindungen.

0.2.5 Art, Verfahren und Dauer von Innendruckprüfungen, Höhe des Prüfdrucks, Einteilung und Länge der Prüfabschnitte.

0.2.6 Art und Maße der Rohrgrabenvertiefungen (Kopflöcher und Muffenlöcher) an den Rohrverbindungsstellen.

0.2.7 Abstützen und Verankern von Kanälen, Leitungen, Krümmern usw.

0.2.8 Besondere Maßnahmen auf Steilstrecken, bei felsigem oder steinigem Untergrund, bei wenig tragfähiger oder stark wasserhaltiger Grabensohle.

0.2.9 Einmessen von Rohrleitungsteilen, Anfertigen von Bestandsplänen, Dokumentation, Liefern und Anbringen von Hinweisschildern und Kennzeichen der Rohrleitung.

0.2.10 Besondere Maßnahmen für das Entladen und Lagern von Rohren und Rohrleitungsteilen.

0.2.11 Ausbildung der Anschlüsse an Bauwerke.

0.2.12 Für beigestellte Stoffe und Bauteile: Art, Werkstoff, Nennweite (DN), Nenndruck (PN), Art der Rohrverbindungen und Zubehörteile, bei Rohren getrennt nach Rohrlängen.

0.2.13 Güteanforderungen an sondergefertigte Formstücke, Dichtmittel.

0.2.14 Besondere Genehmigungen und Abnahmen.

0.2.15 Art und Umfang der Provisorien.

0.2.16 Art, Verfahren und Umfang der Desinfektion und Spülung.

0.2.17 Zustandsprüfungen bei bestehenden Rohrleitungen.

0.3 Einzelangaben bei Abweichungen von den ATV

0.3.1 Wenn andere als die in dieser ATV vorgesehenen Regelungen getroffen werden sollen, sind diese in der Leistungsbeschreibung eindeutig und im einzelnen anzugeben.

0.3.2 Abweichende Regelungen können insbesondere in Betracht kommen bei

Abschnitt 2.2, wenn Wasserrohrleitungen für einen anderen Nenndruck als mindestens 10 bar (PN 10) bemessen sein sollen,

Abschnitt 3.2, wenn für die Prüfung andere als die angegebenen Verfahren vereinbart werden sollen.

0.4 Einzelangaben zu Nebenleistungen und Besonderen Leistungen

Als Nebenleistungen, für die unter den Voraussetzungen der ATV DIN 18 299, Abschnitt 0.4.1, besondere Ordnungszahlen (Positionen) vorzusehen sind, kommen insbesondere in Betracht:
- Herstellen von Rohrverbindungen, ausgenommen Schweißverbindungen (siehe Abschnitt 4.1.5).

0.5 Abrechnungseinheiten

Im Leistungsverzeichnis sind die Abrechnungseinheiten wie folgt vorzusehen:
- Rohrleitungen nach Längenmaß (m), getrennt nach Nennweiten, Nenndrücken und Rohrarten,
- Schweißverbindungen und Rohrschnitte nach Anzahl (Stück), getrennt nach Nennweiten und Wanddicken,
- Formstücke nach Anzahl (Stück), getrennt nach Nennweiten, Nenndrücken und Arten,
- Armaturen und Zubehörteile nach Anzahl (Stück), getrennt nach Nennweiten, Nenndrücken und Arten,
- Anbohrungen nach Anzahl (Stück), getrennt nach Arten und Nennweiten der anzubohrenden und der anzuschließenden Rohre,
- Einbindungen und Anschlüsse an Rohrleitungen nach Anzahl (Stück), getrennt nach Arten und Nennweiten der einzubauenden und der anzuschließenden Rohre,

Druckrohrleitungsarbeiten im Erdreich　　　　　　　　　　　DIN 18 307

- Prüfungen der Schweißnähte nach Anzahl (Stück), nach Arten, Nennweiten und Wanddicken der Rohre,
- Herstellen des Innenschutzes und Außenschutzes an Schweißverbindungen und anderen Rohrverbindungen nach Anzahl (Stück), getrennt nach Nennweiten und Arten.
- Kopflöcher für Schweißverbindungen nach Raummaß (m^3).

1 Geltungsbereich

1.1 Die ATV „Druckrohrleitungsarbeiten im Erdreich" – DIN 18 307 – gilt für das Herstellen von Druckrohrleitungen zum Transport von Gas, Wasser und anderen Stoffen im Erdreich, auch unter Gebäuden sowie in Schutzrohren und Rohrkanälen.

1.2 Die ATV DIN 18 307 gilt nicht für

- die bei der Herstellung von Druckrohrleitungen auszuführenden Erdarbeiten (siehe ATV DIN 18 300 „Erdarbeiten"),
- Verbauarbeiten (siehe ATV DIN 18 303 „Verbauarbeiten"),
- das Herstellen von Rohrleitungen innerhalb von Gebäuden (siehe ATV DIN 18 381 „Gas-, Wasser- und Abwasser-Installationsarbeiten innerhalb von Gebäuden").

1.3 Ergänzend gelten die Abschnitte 1 bis 5 der ATV DIN 18 299 „Allgemeine Regelungen für Bauarbeiten jeder Art". Bei Widersprüchen gehen die Regelungen der ATV DIN 18 307 vor.

2 Stoffe, Bauteile

Ergänzend zur ATV DIN 18 299, Abschnitt 2, gilt:

2.1 Allgemeines

Für die gebräuchlichsten Stoffe und Bauteile sind die Anforderungen in den nachstehend genannten Regelwerken aufgeführt.

Wasserrohrleitungen:
- DIN 19 630　　Richtlinien für den Bau von Wasserrohrleitungen; Technische Regeln des DVGW
- W 404　　Wasserhausanschlüsse; Planung und Errichtung [1])

Gasrohrleitungen der öffentlichen Versorgung:
- G 459　　Gashausanschlüsse für Betriebsdruck bis 4 bar; Errichtung [1])
- G 461 Teil 1　　Errichtung von Gasleitungen bis 4 bar Betriebsüberdruck aus Druckrohren und Formstücken aus duktilem Gußeisen [1])
- G 461 Teil 2　　Errichtung von Gasleitungen mit Betriebsüberdrücken von mehr als 4 bar bis 16 bar aus Druckrohren und Formstücken aus duktilem Gußeisen [1])
- G 462 Teil 1　　Errichtung von Gasleitungen bis 4 bar Betriebsüberdruck aus Stahlrohren [1])

---

[1]) DVGW Deutscher Verein des Gas- und Wasserfaches e.V.
Zu beziehen durch die Wirtschafts- und Verlagsgesellschaft Gas und Wasser mbH, Josef-Wirmer-Straße 1, 5300 Bonn 1

- G 462 Teil 2 Gasleitungen aus Stahlrohren von mehr als 4 bar bis 16 bar Betriebsdruck; Errichtung [1])
- G 463 Gasleitungen aus Stahlrohren von mehr als 16 bar Betriebsüberdruck; Errichtung [1])
- G 472 Gasleitungen bis 4 bar Betriebsdruck aus PE-HD und bis 1 bar Betriebsdruck aus PVC-U; Errichtung [1])

Gasrohrleitungen der nicht öffentlichen Versorgung:
- Technische Regeln für Gashochdruckleitungen (TRGL) [2])

Rohrleitungen für brennbare Flüssigkeiten:
- Technische Regeln für brennbare Flüssigkeiten (TRbF) [3])

Fernwärmeleitungen:
- AGFW-Merkblätter [4])

Acetylenleitungen:
- Technische Regeln für Acetylenanlagen und Calciumcarbidlager (TRAC) [5])

2.2 Nenndruck
Rohre und Rohrleitungsteile müssen für den vorgesehenen Betriebsdruck bemessen sein, bei Wasserleitungen mindestens für einen Nenndruck von 10 bar (PN 10).

3 Ausführung
Ergänzend zur ATV DIN 18 299, Abschnitt 3, gilt:

3.1 Allgemeines
3.1.1 Für die Ausführung gelten die in Abschnitt 2.1 aufgeführten Regelwerke.

3.1.2 Der Auftragnehmer hat bei seiner Prüfung des Rohrgrabens Bedenken (siehe B § 4 Nr 3) insbesondere geltend zu machen bei mangelnder Eignung zum Verlegen der Rohre, z. B. falscher Tiefe und Breite des Rohrgrabens, ungeeignetem Verbau, ungeeigneter Beschaffenheit der Grabensohle bzw. des Auflagers.

---

[1]) Siehe Seite 209

[2]) Ausschuß für Gashochdruckleitungen (AGL)
Zu beziehen durch die Carl Heymanns Verlag KG, Luxemburger Straße 449, 5000 Köln 41

[3]) Deutscher Ausschuß für brennbare Flüssigkeiten (DAbF)
Zu beziehen durch die Carl Heymanns Verlag KG, Luxemburger Straße 449, 5000 Köln 41

[4]) Arbeitsgemeinschaft Fernwärme e.V. bei der VDEW (AGFW)
Zu beziehen durch die Verlags- und Wirtschaftsgesellschaft der Elektrizitätswerke mbH, Vertriebsabteilung, Stresemannstraße 32, 6000 Fankfurt/Main 70

[5]) Deutscher Acetylenausschuß (DAcA)
Zu beziehen durch die Carl Heymanns Verlag KG, Luxemburger Straße 449, 5000 Köln 41

3.1.3 Aufgehängte oder abgestützte Rohrleitungen, Kabel, Dräne oder Kanäle dürfen nicht betreten oder belastet werden. Schäden sind dem Auftraggeber und dem Eigentümer oder, wenn ein anderer weisungsberechtigt ist, diesem unverzüglich mitzuteilen.

3.2 Prüfungen

3.2.1 Innendruckprüfungen

Die durchzuführenden Innendruckprüfungen bei

— Wasserrohrleitungen nach Normen der Reihe DIN 4279 „Innendruckprüfung von Druckrohrleitungen für Wasser"

— Gasrohrleitungen der öffentlichen Versorgung nach DVGW-Arbeitsblatt G 469 „Druckprüfverfahren für Leitungen und Anlagen der Gasversorgung"

— Gasrohrleitungen der nicht öffentlichen Versorgung nach TRGL 171 „Druckprüfung"

— Druckrohrleitungen für andere Stoffe entsprechend den einschlägigen Vorschriften und Technischen Regeln

sind Besondere Leistungen (siehe Abschnitt 4.2.1).

3.2.2 Weitere Prüfungen

Wenn zerstörungsfreie Prüfungen der Schweißverbindungen durchzuführen sind, gilt DIN 54111 Teil 1 „Zerstörungsfreie Prüfungen; Prüfung metallischer Werkstoffe mit Röntgen- und Gammastrahlen; Aufnahme von Durchstrahlungsbildern von Schmelzschweißverbindungen". Die Durchstrahlungsbilder sind nach DIN 8563 Teil 3 „Sicherung der Güte von Schweißarbeiten; Schmelzschweißverbindungen an Stahl (ausgenommen Strahlschweißen); Anforderungen, Bewertungsgruppen" zu beurteilen. Solche Maßnahmen sind Besondere Leistungen (siehe Abschnitt 4.2.1).

3.3 Spülen

Spülen und Desinfizieren von Wasserleitungen ist nach DIN 19630 auszuführen. Solche Maßnahmen sind Besondere Leistungen (siehe Abschnitt 4.2.1).

4 Nebenleistungen, Besondere Leistungen

4.1 Nebenleistungen sind ergänzend zur ATV DIN 18299, Abschnitt 4.1, insbesondere:

4.1.1 Feststellen des Zustands der Straßen, der Geländeoberfläche, der Vorfluter usw. nach B § 3 Nr 4.

4.1.2 Reinigen von Stoffen und Bauteilen vor dem Einbau, soweit sie vom Auftragnehmer geliefert werden.

4.1.3 Ausbessern des Innen- und Außenschutzes von Rohrleitungsteilen, ausgenommen Leistungen nach Abschnitt 4.2.3.

4.1.4 Herstellen von Muffenlöchern für nicht geschweißte Rohrverbindungen.

4.1.5 Herstellen von Rohrverbindungen, ausgenommen Schweißverbindungen (siehe Abschnitt 4.2.3).

4.2 Besondere Leistungen sind ergänzend zur ATV DIN 18 299, Abschnitt 4.2, z. B.:

4.2.1 Maßnahmen nach den Abschnitten 3.2.1, 3.2.2 und 3.3.

4.2.2 Einbau von Formstücken, Armaturen und Zubehörteilen.

4.2.3 Herstellen von Schweißverbindungen, Rohrschnitten, Anbohrungen, Einbindungen und Anschlüssen.

4.2.4 Herstellen des Innen- und Außenschutzes an Rohrverbindungen.

4.2.5 Boden- und Wasseruntersuchungen.

4.2.6 Reinigen von verschmutzten Stoffen und Bauteilen, die der Auftraggeber beistellt, soweit die Verschmutzung nicht durch den Auftragnehmer verursacht wurde.

4.2.7 Entrosten, Aufarbeiten und Ausbessern des Innen- und Außenschutzes von Stoffen und Bauteilen, soweit sie der Auftraggeber beigestellt hat und die Mängel nicht der Auftragnehmer zu vertreten hat.

4.2.8 Besondere Maßnahmen zum Herstellen des Rohrauflagers, z. B. Verdichten der Grabensohle, Bodenaustausch, Einbau von Sand-, Kiessand- oder Betonauflager.

4.2.9 Bauarbeiten zum Aufrechterhalten des Wasserabflusses und der Vorflut.

4.2.10 Besondere Maßnahmen gegen leitungsschädigende Einwirkungen.

4.2.11 Besondere Maßnahmen auf Steilstrecken, bei felsigem oder steinigem Untergrund, bei wenig tragfähiger oder stark wasserhaltiger Grabensohle, bei aggressiven Böden, bei wechselnder Tragfähigkeit der Grabensohle.

4.2.12 Herstellen und Beseitigen der nur für die Innendruckprüfung erforderlichen Verankerungen und Rohrverschlüsse.

4.2.13 Liefern und Ableiten des für die Innendruckprüfung notwendigen Füllstoffs einschließlich aller Maßnahmen zur Vermeidung von Schäden und Beeinträchtigungen.

4.2.14 Einbindungen und Anschlüsse an bestehende Rohrleitungen.

4.2.15 Herstellen von Kopflöchern für Schweißverbindungen.

4.2.16 Einmessen der Rohrleitungsteile, Anfertigen von Bestandszeichnungen, Liefern von Hinweisschildern und Kennzeichen der Rohrleitungen.

4.2.17 Nachträgliches Anpassen von Straßenkappen und Einbaugarnituren.

4.2.18 Gebühren für behördliche Genehmigungen und vorgeschriebene Abnahmeprüfungen.

5 Abrechnung

Ergänzend zur ATV DIN 18 299, Abschnitt 5, gilt:

Bei Abrechnung nach Längenmaß (m) werden Rohrleitungen einschließlich Bögen und Rohrleitungsteile in der Mittelachse gemessen.

Rohrverbindungen, Formstücke und Armaturen werden übermessen.

VOB Teil C:
Allgemeine Technische Vertragsbedingungen für Bauleistungen (ATV) Dränarbeiten — DIN 18 308
Ausgabe Dezember 1992

Inhalt

0 Hinweise für das Aufstellen der Leistungsbeschreibung
1 Geltungsbereich
2 Stoffe, Bauteile; Boden und Fels
3 Ausführung
4 Nebenleistungen, Besondere Leistungen
5 Abrechnung

0 Hinweise für das Aufstellen der Leistungsbeschreibung

Diese Hinweise ergänzen die ATV DIN 18 299 „Allgemeine Regelungen für Bauarbeiten jeder Art", Abschnitt 0. Die Beachtung dieser Hinweise ist Voraussetzung für eine ordnungsgemäße Leistungsbeschreibung gemäß A § 9.

Die Hinweise werden nicht Vertragsbestandteil.

In der Leistungsbeschreibung sind nach den Erfordernissen des Einzelfalls insbesondere anzugeben:

0.1 Angaben zur Baustelle

Art und Beschaffenheit des Untergrundes.

0.2 Angaben zur Ausführung

0.2.1 Bei Dränarbeiten für landwirtschaftlich genutzte Flächen die über DIN 1185 Teil 3 hinausgehenden Anforderungen an Maschinen und Geräte.

0.2.2 Dränverfahren, Rohrmaterial, Filter und Sicherungen der Rohrlage.

0.2.3 Art und Beschaffenheit der Dränrohre, Sickerrohre, insbesondere unter Berücksichtigung der Belastungen und hydraulischen Leistungen.

0.2.4 Maßnahmen bei Verockerungsgefahr.

0.2.5 Ausbildung der Anschlüsse an Bauwerke.

0.2.6 Zulässige Verlegetoleranzen, soweit sie nicht in Normen festgelegt sind.

0.2.7 Sachverständigengutachten und inwieweit sie bei der Ausführung zu beachten sind.

0.3 Einzelangaben bei Abweichungen von den ATV

0.3.1 Wenn andere als die in dieser ATV vorgesehenen Regelungen getroffen werden sollen, sind diese in der Leistungsbeschreibung eindeutig und im einzelnen anzugeben.

DIN 18 308 VOB Teil C

0.3.2 Abweichende Regelungen können insbesondere in Betracht kommen bei

Abschnitt 2.1.3, wenn gelöster Boden oder Fels in das Eigentum des Auftragnehmers übergehen soll,

Abschnitt 3.1.1, wenn das Bauverfahren, der Bauablauf oder die Art und der Einsatz der Baugeräte dem Auftragnehmer vorgegeben werden sollen.

0.4 Einzelangaben zu Nebenleistungen und Besonderen Leistungen
Keine ergänzende Regelung zur ATV DIN 18 299, Abschnitt 0.4.

0.5 Abrechnungseinheiten
Im Leistungsverzeichnis sind die Abrechnungseinheiten wie folgt vorzusehen:
- Rohrdräne nach Längenmaß (m), getrennt nach Tiefenlagen, Arten und Nennweiten der Rohre,
- Ummanteln der Dränrohre mit Filterstoffen nach Längenmaß (m), Raummaß (m^3) oder Gewicht (t),
- Dränschächte, Absturzschächte, Kontrollschächte, Spülschächte, Schlucker, Formstücke, Dränausmündungen nach Anzahl (Stück), getrennt nach Bauart und Maßen,
- Rohrlose Dräne nach Längenmaß (m),
- Unterbodenmelioration nach Flächenmaß (m^2).

1 Geltungsbereich

1.1 Die ATV „Dränarbeiten" — DIN 18 308 — gilt für
- Dränung mit Rohren bis einschließlich Nennweite 200,
- rohrlose Dränung und
- Unterbodenmeliorationen

bei landwirtschaftlich genutzten Flächen, im Landschaftsbau, bei Sportplätzen und zum Schutz von baulichen Anlagen. Sie gilt bei landwirtschaftlich genutzten Flächen und im Landschaftsbau auch für die dazugehörigen Erdarbeiten.

1.2 Die ATV DIN 18 308 gilt nicht für das Herstellen von geschlossenen Entwässerungskanälen (siehe ATV DIN 18 306 „Entwässerungskanalarbeiten") und nicht für die Entwässerung von Verkehrsflächen.

1.3 Ergänzend gelten die Abschnitte 1 bis 5 der ATV DIN 18 299 „Allgemeine Regelungen für Bauarbeiten jeder Art". Bei Widersprüchen gehen die Regelungen der ATV DIN 18 308 vor.

2 Stoffe, Bauteile; Boden und Fels

Ergänzend zur ATV DIN 18 299, Abschnitt 2, gilt:

2.1 Boden und Fels

2.1.1 Bei Dränarbeiten für landwirtschaftlich genutzte Flächen werden die Bodenarten nach DIN 4220 Teil 1 „Bodenkundliche Standortbeurteilung; Aufnahme und Kennzeichnung sowie Übersicht spezieller Untersuchungsverfahren" benannt.

2.1.2 Bei Dränarbeiten im Landschaftsbau werden die Bodengruppen der Vegetationstragschicht nach DIN 18 915 „Vegetationstechnik im Landschaftsbau; Boden-

Dränarbeiten   DIN 18 308

arbeiten" benannt und für den darunter liegenden Bereich Boden und Fels nach ATV DIN 18 300 eingestuft.

2.1.3 Gelöster Boden und Fels gehen nicht in das Eigentum des Auftragnehmers über.

2.2 Stoffe, Bauteile

Für die gebräuchlichsten genormten Stoffe und Bauteile sind die DIN-Normen nachstehend aufgeführt:

DIN 1180	Dränrohre aus Ton; Maße, Anforderungen, Prüfung
DIN 1187	Dränrohre aus weichmacherfreiem Polyvinylchlorid (PVC-hart); Maße, Anforderungen, Prüfungen
DIN 1230	Teil 1 und Teil 2 Steinzeug für die Kanalisation; Rohre und Formstücke mit Steckmuffe
DIN 4032	Betonrohre und Formstücke; Maße, Technische Lieferbedingungen
DIN 4034	Teil 1 und Teil 2 Schächte aus Beton- und Stahlbetonfertigteilen
DIN 19 534	Teil 1 und Teil 2 Rohre und Formstücke aus weichmacherfreiem Polyvinylchlorid (PVC-hart) mit Steckmuffe für Abwasserkanäle und -leitungen
DIN 19 537	Teil 1 und Teil 2 Rohre und Formstücke aus Polyethylen hoher Dichte
DIN 19 850	Teil 1 und Teil 2 Faserzement-Rohre und -Formstücke für Abwasserkanäle

3 Ausführung

Ergänzend zur ATV DIN 18 299, Abschnitt 3, gilt:

3.1 Allgemeines

3.1.1 Die Wahl des Bauverfahrens und -ablaufs sowie die Wahl und der Einsatz der Baugeräte sind Sache des Auftragnehmers.

3.1.2 In der Nähe von Bauwerken, Leitungen, Kabeln, Dränen und Kanälen müssen die Arbeiten mit der erforderlichen Vorsicht ausgeführt werden.

3.1.3 Gefährdete bauliche Anlagen sind zu sichern; DIN 4123 „Gebäudesicherung im Bereich von Ausschachtungen, Gründungen und Unterfangungen" ist zu beachten. Bei Schutz- und Sicherungsmaßnahmen sind die Vorschriften der Eigentümer oder anderer Weisungsberechtigter zu beachten. Solche Maßnahmen sind Besondere Leistungen (siehe Abschnitt 4.2.1).

3.1.4 Wenn die Lage vorhandener Leitungen, Kabel, Dräne, Kanäle, Vermarkungen, Hindernisse und sonstiger baulicher Anlagen vor Ausführung der Arbeiten nicht angegeben werden kann, ist diese zu erkunden. Solche Maßnahmen sind Besondere Leistungen (siehe Abschnitt 4.2.1).

3.1.5 Werden unvermutete Hindernisse, z. B. nicht angegebene Leitungen, Kabel, Dräne, Kanäle, Vermarkungen, Bauwerksreste, angetroffen, ist der Auftraggeber unverzüglich darüber zu unterrichten. Die zu treffenden Maßnahmen sind Besondere Leistungen (siehe Abschnitt 4.2.1).

3.1.6 In unmittelbarer Nähe von zu erhaltenden Bäumen, Pflanzenbeständen und Vegetationsflächen müssen die Arbeiten mit besonderer Sorgfalt ausgeführt werden.

3.1.7 Gefährdete Bäume, Pflanzenbestände und Vegetationsflächen sind zu schützen. DIN 18 920 „Vegetationstechnik im Landschaftsbau; Schutz von Bäumen, Pflanzenbeständen und Vegetationsflächen bei Baumaßnahmen" ist zu beachten. Solche Schutzmaßnahmen sind Besondere Leistungen (siehe Abschnitt 4.2.1).

3.1.8 Grenzsteine und amtliche Festpunkte dürfen nur mit Zustimmung des Auftraggebers beseitigt werden. Festpunkte des Auftraggebers für die Baumaßnahme hat der Auftragnehmer vor Beseitigung zu sichern.

3.1.9 Der Auftragnehmer hat bei seiner Prüfung Bedenken (siehe B § 4 Nr 3) insbesondere geltend zu machen bei

— abweichenden Bodenverhältnissen, z. B. Auftreten von Treibsand, ungünstiger Feuchtezustand des Bodens, Auftreten von Quellen, Antreffen von Wurzelbereichen von Bäumen und Sträuchern, Anschneiden vorhandener Dränstränge,

— abweichenden Verhältnissen bei Kreuzungen, z. B. mit offenen oder zugeschütteten Gräben, mit Kabeln und Leitungen, mit Gleisen und Wegen.

3.2 Ausführung der Dränarbeiten

Dränarbeiten sind auszuführen

— für landwirtschaftlich genutzte Flächen nach DIN 1185 Teil 3 „Dränung; Regelung des Bodenwasser-Haushaltes durch Rohrdränung, Rohrlose Dränung und Unterbodenmelioration, Ausführung",

— für Vegetationsflächen nach den Grundsätzen des Landschaftsbaues nach DIN 18 915 „Vegetationstechnik im Landschaftsbau; Bodenarbeiten für vegetationstechnische Zwecke; Bodenbearbeitungs-Verfahren",

— für Sportplätze nach DIN 18 035 Teil 3 „Sportplätze, Entwässerung",

— für den Schutz von baulichen Anlagen nach DIN 4095 „Baugrund; Dränung zum Schutz baulicher Anlagen; Planung, Bemessung und Ausführung".

4 Nebenleistungen, Besondere Leistungen

4.1 Nebenleistungen sind ergänzend zur ATV DIN 18 299, Abschnitt 4.1, insbesondere:

4.1.1 Feststellen des Zustands der Straßen, der Geländeoberfläche, der Vorfluter usw. nach B § 3 Nr 4.

4.1.2 Beseitigen einzelner Sträucher und einzelner Bäume bis zu 0,10 m Durchmesser, gemessen 1 m über dem Erdboden, der dazugehörigen Wurzeln und Baumstümpfe.

4.1.3 Beseitigen von einzelnen Steinen und Mauerresten bis zu je 0,03 m^3 Rauminhalt *).

---

*) 0,03 m^3 Rauminhalt entspricht einer Kugel mit einem Durchmesser von $\approx$ 0,40 m.

4.1.4 Feststellen des Feuchtezustands des Bodens während der Bauzeit nach DIN 1185 Teil 3.

4.2 Besondere Leistungen sind ergänzend zur ATV DIN 18 299, Abschnitt 4.2, z. B.:

4.2.1 Maßnahmen nach den Abschnitten 3.1.3, 3.1.4, 3.1.5 und 3.1.7.

4.2.2 Boden-, Wasser- und Wasserstandsuntersuchungen sowie besondere Prüfverfahren, ausgenommen die Feststellungen nach Abschnitt 4.1.4.

4.2.3 Bauarbeiten zur Aufrechterhaltung des Wasserabflusses und der Vorflut.

4.2.4 Aufbrechen und Wiederherstellen von befestigten Flächen.

4.2.5 Maßnahmen beim Anschneiden vorhandener Dräne.

4.2.6 Maßnahmen beim Antreffen von Quellen in Rohrgräben.

4.2.7 Maßnahmen bei Dränarbeiten im Wurzelbereich von Bäumen und Sträuchern.

4.2.8 Maßnahmen zum Schutz der Dräne gegen Einwachsen von Pflanzenwurzeln.

4.2.9 Abbauen und Wiederherstellen von Zäunen.

4.2.10 Anschlagen vorhandener Schächte zum Einführen von Dränen.

4.2.11 Einrichtungen zur Unterhaltung von Dränanlagen, z. B. Spülschächte, Spülanschlüsse.

4.2.12 Maßnahmen zur Verbesserung der Durchlässigkeit in Drängräben, z. B. durch Auffüllen mit Sickermaterial.

4.2.13 Liefern von Bestandsplänen.

5 Abrechnung

Ergänzend zur ATV DIN 18 299, Abschnitt 5, gilt:
Bei Dränungen für landwirtschaftlich genutzte Flächen und im Landschaftsbau umfassen die Dränarbeiten auch die dazugehörigen Erdarbeiten.

VOB Teil C:
Allgemeine Technische Vertragsbedingungen für Bauleistungen (ATV)
Einpreßarbeiten — DIN 18 309
Ausgabe Dezember 1992

Inhalt

0 Hinweise für das Aufstellen der Leistungsbeschreibung
1 Geltungsbereich
2 Stoffe, Bauteile
3 Ausführung
4 Nebenleistungen, Besondere Leistungen
5 Abrechnung

0 Hinweise für das Aufstellen der Leistungsbeschreibung

Diese Hinweise ergänzen die ATV DIN 18 299 „Allgemeine Regelungen für Bauarbeiten jeder Art", Abschnitt 0. Die Beachtung dieser Hinweise ist Voraussetzung für eine ordnungsgemäße Leistungsbeschreibung gemäß A § 9.
Die Hinweise werden nicht Vertragsbestandteil.
In der Leistungsbeschreibung sind nach den Erfordernissen des Einzelfalls insbesondere anzugeben:

0.1 Angaben zur Baustelle

0.1.1 Geologische Verhältnisse.

0.1.2 Gründungstiefen, Gründungsarten und Lasten benachbarter Bauwerke.

0.1.3 Zweck der Baumaßnahme, Ergebnisse der Vorarbeiten (siehe DIN 4093).

0.1.4 Bei den Einpreßarbeiten zur Verfügung stehender Arbeitsraum.

0.2 Angaben zur Ausführung

0.2.1 Art und Lage der Einpreßlöcher, Reihenfolge der Ausführung.

0.2.2 Art, Zuammensetzung, Eigenschaften und Mengenbegrenzung des Einpreßgutes; Änderung der Zusammensetzung des Einpreßgutes.

0.2.3 Beschränkungen für Zusätze bei Einpreßgut, z. B. Verflüssiger, Verzögerer, Beschleuniger, Tone.

0.2.4 Einpreßabschnitte und Einpreßdrücke; Widerstand gegen Einpreßdruck.

0.2.5 Art und Umfang von Wasserdurchlässigkeitsprüfungen (siehe Abschnitte 3.1.5.4 und 3.3).

0.2.6 Einpreßverfahren; Änderungen des Einpreßverfahrens.

Einpreßarbeiten DIN 18 309

0.2.7 Besondere Anforderungen an den Nachweis nach Abschnitten 2.1.2 und 3.1.1.

0.2.8 Art und Anzahl der geforderten Proben.

0.2.9 Die zu erreichende Güte der Dichtheit oder Verfestigung.

0.2.10 Besondere Anforderungen an die Klärung und Ableitung des Betriebswassers.

0.2.11 Besondere Erschwernisse bei Arbeiten unter Tage, Wasserandrang.

0.2.12 Besondere Maßnahmen zum Schutz von benachbarten Grundstücken und Bauwerken.

0.3 Einzelangaben bei Abweichungen von den ATV

0.3.1 Wenn andere als die in dieser ATV vorgesehenen Regelungen getroffen werden sollen, sind diese in der Leistungsbeschreibung eindeutig und im einzelnen anzugeben.

0.3.2 Abweichende Regelungen können insbesondere in Betracht kommen bei

Abschnitt 2.2.3.1, wenn für den Zement eine andere Mahlfeinheit, bzw. für Zementsuspensionen ein anderer Wasserfeststoffaktor vereinbart werden soll,

Abschnitt 2.2.3.2, wenn für den Tonsuspensionen zugesetzten Zement eine andere Mahlfeinheit vereinbart werden soll,

Abschnitt 3.1.6, wenn kein Plan über die Einpreßarbeiten geliefert werden soll,

Abschnitt 3.2.1.1, wenn Art und Einsatz der Geräte dem Auftragnehmer vorgegeben werden sollen,

Abschnitt 3.2.3, wenn das Reinigen der Einpreßlöcher nicht durch Druckwasser, sondern z. B. durch ein Gemisch von Druckwasser und Druckluft, durch Ausblasen oder durch Absaugen vorgenommen werden soll,

Abschnitt 3.2.4.1, wenn für das Füllen der Einpreßlöcher eine andere Folge vereinbart werden soll,

Abschnitt 3.2.4.2, wenn die Abschnitte des Einpreßloches nicht durch Packer abgeschlossen werden sollen,

Abschnitt 3.2.5, wenn der Einpreßverlauf anders aufgezeichnet werden soll,

Abschnitt 3.5, wenn das Prüfen der Verfestigung durch andere Verfahren als Bohrkerne, z. B. Sondierungen, Druckversuche, Schürfen, vorgenommen werden soll.

0.4 Einzelangaben zu Nebenleistungen und Besonderen Leistungen

Als Nebenleistungen, für die unter den Voraussetzungen der ATV DIN 18 299, Abschnitt 0.4.1, besondere Ordnungszahlen (Positionen) vorzusehen sind, kommen insbesondere in Betracht:
— Vorhalten der Gerüste (siehe Abschnitt 4.1.6),
— Umsetzen aller Einrichtungen zum Aufbereiten des Einpreßgutes und zum Einpressen (siehe Abschnitt 4.1.7).

0.5 Abrechnungseinheiten

Im Leistungsverzeichnis sind die Abrechnungseinheiten wie folgt vorzusehen:
— Einpressen nach Betriebsstunden (h) der Einpreßbetriebszeit, getrennt nach Arten des Einpreßgutes,
— Prüfen der Wasserdurchlässigkeit nach Anzahl (Stück) der Prüfungen,
— Setzen von Abschlüssen, die nur für das Prüfen nötig sind, nach Anzahl (Stück), getrennt nach Tiefenlage der Abschlüsse,
— Prüfen des Verlaufs der Einpreßlöcher der durchgeführten und ausgewerteten Messungen nach Anzahl (Stück),

- Prüfen der Verfestigung nach Anzahl (Stück) der Teilprüfungen, getrennt nach Prüfverfahren,
- Liefern von Feststoffen zur Herstellung von Einpreßgut nach Gewicht (kg) der im eingebrachten Einpreßgut enthaltenen Mengen, getrennt nach Arten,
- Liefern von Emulsionen, Lösungen und flüssigen Zusätzen nach Raummaß (l) der im eingebrachten Einpreßgut enthaltenen Mengen, getrennt nach Arten.

1 Geltungsbereich

1.1 Die ATV „Einpreßarbeiten" — DIN 18 309 — gilt für Einpreßarbeiten zum Dichten oder Verfestigen von Boden und Bauwerken (auch Erdbauwerken) und für das Füllen (Auspressen) von Hohlräumen für Verankerungen und dergleichen.

1.2 Die ATV DIN 18 309 gilt nicht für das Auspressen von Spannkanälen im konstruktiven Ingenieurbau (siehe ATV DIN 18 331 „Beton- und Stahlbetonarbeiten").

1.3 Ergänzend gelten die Abschnitte 1 bis 5 der ATV DIN 18 299 „Allgemeine Regelungen für Bauarbeiten jeder Art". Bei Widersprüchen gehen die Regelungen der ATV DIN 18 309 vor.

2 Stoffe, Bauteile

Ergänzend zur ATV DIN 18 299, Abschnitt 2, gilt:

2.1 Allgemeines

2.1.1 Stoffe, die Boden oder Wasser gefährden oder sich auf Bauwerke oder deren Aussehen nachteilig auswirken können, dürfen bei Einpreßarbeiten nicht verwendet werden.

2.1.2 Der Auftragnehmer hat sich zu vergewissern und dem Auftraggeber auf Verlangen nachzuweisen, daß das Einpreßgut den Anforderungen genügt.

2.2 Einpreßgut

2.2.1 Lösungen

Lösungen als Einpreßgut müssen so beschaffen sein, daß sie an den vorgesehenen Stellen des Einpreßbereiches Feststoffe oder Dichtstoffe bilden, die dort volumenbeständig, erosionsbeständig und widerstandsfähig gegen schädliche chemische Einwirkungen sind.

2.2.2 Emulsionen

Emulsionen als Einpreßgut müssen — wenn nötig nach Beigabe von Koagulationsmitteln — so beschaffen sein, daß sie an den vorgesehenen Stellen des Einpreßbereiches Dichtstoffe ausscheiden, die dort volumenbeständig, erosionsbeständig und widerstandsfähig gegen schädliche chemische Einwirkungen sind.

2.2.3 Suspensionen

Suspensionen als Einpreßgut müssen so beschaffen sein, daß sie an den vorgesehenen Stellen des Einpreßbereiches Feststoffe oder Dichtstoffe absetzen, die dort volumenbeständig, erosionsbeständig und widerstandsfähig gegen schädliche chemische Einwirkungen sind.

2.2.3.1 Zemente für Zementsuspensionen dürfen auf dem Analysensieb mit 0,08 mm Maschenweite nach DIN ISO 3310 Teil 1 „Analysensiebe; Anforderungen und Prüfung; Analysensiebe mit Metalldrahtgewebe" einen Rückstand von höchstens 2 Massenanteilen in % ergeben. Bei Zementsuspensionen darf der Wasserfeststofffaktor (Massenverhältnis Wasser zu Feststoff) 7 nicht überschreiten und 0,7 nicht unterschreiten.

2.2.3.2 Tone für Tonsuspensionen müssen ausreichend quellfähig sein. Die Tonsuspensionen sind durch Zusätze von Zement oder Chemikalien erosionsbeständig zu machen. Bei Zusatz von Zement sind Zemente zu verwenden, die auf dem Analysensieb mit 0,08 mm Maschenweite nach DIN ISO 3310 Teil 1 einen Rückstand von höchstens 2 Massenanteilen in % ergeben.

2.2.4 Pasten und Mörtel

2.2.4.1 Pasten und Mörtel als Einpreßgut müssen so beschaffen sein, daß sie in den Hohlräumen des Einpreßbereiches zu einer festen Masse werden. Die feste Masse muß volumenbeständig, erosionsbeständig und widerstandsfähig gegen schädliche chemische Einwirkungen sein.

2.2.4.2 Zuschläge dürfen keine organischen Bestandteile enthalten und müssen sich mit den Bindemitteln vertragen.

2.3 Wasser

Das zum Herstellen des Einpreßgutes verwendete Wasser muß frei von schädlichen Bestandteilen und Beimengungen sein.

3 Ausführung

Ergänzend zur ATV DIN 18 299, Abschnitt 3, gilt:

3.1 Allgemeines

3.1.1 Der Auftragnehmer hat sich zu vergewissern und dem Auftraggeber auf Verlangen nachzuweisen, daß das Einpreßverfahren und die Einpreßgeräte den Anforderungen genügen.

3.1.2 Der Auftragnehmer hat bei seiner Prüfung, ob die vorgesehene Art der Ausführung eine wirksame Einpressung ermöglicht, Bedenken (siehe B § 4 Nr 3) insbesondere geltend zu machen bei

- Beobachtungen, die mit dem Ergebnis der Vorarbeiten für das Einpressen (siehe DIN 4093 „Baugrund; Einpressen in den Untergrund; Planung, Ausführung, Prüfung") nicht in Einklang stehen,
- ungeeigneter Anordnung der Einpreßlöcher,
- ungeeigneter Einpreßfolge,
- ungeeignetem Einpreßgut,
- Fehlen eines ausreichenden Widerstands gegen den Einpreßdruck,
- ungenügendem Arbeitsraum,
- Behinderung durch Grund- oder Sickerwasser.

3.1.3 Der Auftragnehmer hat während der Ausführung seiner Arbeiten darauf zu achten, ob Verhältnisse vorliegen oder zu erwarten sind, die den Erfolg beeinträchtigen, der durch die Einpreßarbeiten erreicht werden soll. Solche Verhältnisse hat er dem Auftraggeber unverzüglich schriftlich mitzuteilen. Die zu treffenden Maßnahmen sind Besondere Leistungen (siehe Abschnitt 4.2.1).

3.1.4 Wenn Bauwerke, Verkehrs-, Versorgungs- oder Entsorgungsanlagen im Bereich der Einpreßwirkung liegen, ist ihr Zustand vor Beginn des Einpressens festzustellen (siehe B § 3 Nr 4). Sind durch die Einpreßarbeiten Schäden an diesen baulichen Anlagen zu erwarten, hat es der Auftragnehmer dem Auftraggeber unverzüglich schriftlich mitzuteilen.

Werden beim Einpressen Gefahren für bauliche Anlagen erkennbar, hat der Auftragnehmer die Arbeiten sofort einzustellen und die Anordnung des Auftraggebers einzuholen. Ordnet dieser das Fortsetzen des Einpressens an, so hat der Auftragnehmer die Wirkung des Einpressens zu beobachten. Schäden, die Folgen des Einpressens sein können, sind dem Auftraggeber unverzüglich mitzuteilen.

3.1.5 Der Auftragnehmer hat über die Einpreßarbeiten eine „Liste der Einpreßlöcher" zu führen und die Liste bei der Abnahme dem Auftraggeber zu übergeben. In die Liste sind — je nach Lage des Falls — folgende Angaben aufzunehmen:

3.1.5.1 Bezeichnung, vorgesehene und erreichte Neigung, Richtung und Endtiefe jedes Einpreßloches aufgrund der Aufzeichnungen bei den Bohrungen.

3.1.5.2 Bei jeder Prüfung von Einpreßlöchern
— Datum der Prüfung,
— Tiefe der Meßpunkte,
— Ergebnis der Prüfung.

3.1.5.3 Bei jedem Einpreßvorgang
— Datum und Uhrzeit des Beginns und des Endes,
— bei abschnittsweisem Einpressen Lage und Länge des verpreßten Lochabschnitts,
— vorgesehener und erreichter Einpreßdruck,
— Art und Zusammensetzung des Einpreßgutes,
— im Einpreßloch — gegebenenfalls in Einpreßabschnitten — eingebrachte Menge an Einpreßgut, bei Suspensionen zusätzlich die eingebrachte Feststoffmenge,
— besondere Vorkommnisse, z. B. Austritte von Einpreßgut, abgebrochene Einpressungen.

3.1.5.4 Bei jeder Wasserdurchlässigkeitsprüfung durch Wassereinpreß- oder Pumpversuch
— Datum und Uhrzeit des Beginns und des Endes,
— bei abschnittsweisem Prüfen Lage und Länge des Prüfabschnitts,
— Prüfdruck,
— Wasseraufnahme oder Wasserergiebigkeit in l/min je 1 m Prüfabschnitt,
— besondere Vorkommnisse.

3.1.5.5 Bei jeder Verfestigungsprüfung, z. B. durch Kernbohrungen oder Schürfungen,
- Datum,
- Lage der Bohrung oder Schürfung,
- Befund und Prüfergebnis,
- besondere Vorkommnisse.

3.1.6 Soweit sich die Angaben nach Abschnitt 3.1.5 für die Darstellung in einem Plan eignen, hat der Auftragnehmer einen Plan mit diesen Angaben jeweils auf dem neuesten Stand zu halten und ihn bei der Abnahme dem Auftraggeber zu übergeben.

3.1.7 Der Auftragnehmer hat dafür zu sorgen, daß aus dem anfallenden Wasser Spülschlamm und Rückstände von Einpreßgut zurückgehalten werden und daß das Wasser stets ungehindert abfließen kann und keine Schäden verursacht.

3.2 Einpressen
3.2.1 Geräte
3.2.1.1 Die Wahl der Geräte ist Sache des Auftragnehmers.

3.2.1.2 Die Mischanlage muß ein gründliches Durchmischen des Einpreßgutes gewährleisten. Die stetige Abgabe des Einpreßgutes an die Einpreßpumpe muß gesichert sein. Vorratsbehälter müssen mit Rührwerk ausgestattet sein.

3.2.1.3 Die Einpreßpumpe muß möglichst gleichmäßig ohne nachteilige Druckstöße pressen.

3.2.2 Messen von Einpreßdruck und Einpreßmenge
Einpreßdruck und Einpreßmenge sind hinreichend genau zu messen.

3.2.3 Reinigen der Einpreßlöcher
Das Einpreßloch oder der zu füllende Abschnitt ist unmittelbar vor dem Einpressen durch Druckwasser gründlich zu reinigen.

3.2.4 Durchführen des Einpressens
3.2.4.1 Das Einpreßloch ist von der Tiefe aufsteigend zu füllen. Sind Einpreßdrücke oder Einpreßabschnitte nicht vereinbart, so hat sie der Auftragnehmer im Einvernehmen mit dem Auftraggeber festzulegen.

3.2.4.2 Jeder Abschnitt des Einpreßloches ist durch Packer dicht abzuschließen.

3.2.4.3 Einpreßgut, das sich entmischen kann, muß bis zum Einpressen ununterbrochen umgerührt werden. Es darf nur Einpreßgut eingefüllt werden, das noch nicht begonnen hat, in den Endzustand überzugehen. Es ist so lange einzupressen, bis der Einpreßabschnitt kein Einpreßgut mehr aufnimmt und der vorgeschriebene Einpreßdruck erreicht ist.

Kann der Einpreßabschnitt nicht gesättigt und der Einpreßdruck nicht erreicht werden, so ist die Zusammensetzung des Einpreßgutes oder das Einpreßverfahren zu ändern; die Maßnahmen zur Änderung sind Besondere Leistungen (siehe Abschnitt 4.2.1).

Nach Erreichen des Einpreßdruckes ist die Einpressung noch so lange unter gleichbleibendem Druck zu halten, bis bei Wegnahme des Druckes kein Einpreßgut austritt.

3.2.5 Aufzeichnen des Einpreßverlaufs

Der Einpreßdruck ist für jeden Einpreßabschnitt am Mund des Einpreßloches mit Druckschreiber aufzuzeichnen, und die Aufnahme des Einpreßgutes ist in zeitlicher Zuordnung zum Druckverlauf zu messen und aufzuzeichnen. Die aufgezeichneten Angaben sind in die „Liste der Einpreßlöcher" nach Abschnitt 3.1.5 einzutragen. Alle wesentlichen Beobachtungen sind unter Angabe des Datums und der Uhrzeit zu vermerken und so zu erläutern, daß der Ablauf des Einpressens lückenlos dargestellt ist. Die Aufzeichnungen sind mit der Liste dem Auftraggeber zu übergeben.

3.3 Prüfen der Wasserdurchlässigkeit durch Wassereinpreßversuch

Wenn Prüfen der Wasserdurchlässigkeit durch Wassereinpreßversuch vereinbart ist, ist wie folgt zu verfahren:

Jeder Prüfabschnitt ist so abzuschließen, daß der Prüfdruck aufgenommen werden kann; dazu kann der für das Einpressen nach Abschnitt 3.2.4.2 hergestellte Abschluß verwendet werden. Der Prüfabschnitt ist mit Wasser zu füllen. Das Wasser ist mit dem vereinbarten Prüfdruck so lange einzupressen, bis mindestens 3 Minuten lang erhalten bleibt. Die während des gleichbleibenden Druckes vom Prüfabschnitt aufgenommene Wassermenge ist zu messen; das Schluckvermögen ist in l/min für 1 m Prüfabschnitt (WD-Wert) zu berechnen.

3.4 Prüfen des Verlaufs der Einpreßlöcher

Wenn Prüfen des Verlaufs der Einpreßlöcher vereinbart ist, sind Neigung und Richtung des Einpreßloches in den vereinbarten Tiefen festzustellen.

3.5 Prüfen der Verfestigung

Wenn Prüfen der Verfestigung vereinbart ist, ist der Bereich der Verfestigung durch Kernbohrungen und die Güte durch Prüfung der Bohrkerne festzustellen.

4 Nebenleistungen, Besondere Leistungen

4.1 Nebenleistungen sind ergänzend zur ATV DIN 18 299, Abschnitt 4.1, insbesondere:

4.1.1 Feststellen des Zustands der Straßen, der Geländeoberfläche, der Vorfluter usw. nach B § 3 Nr 4.

4.1.2 Beseitigen einzelner Sträucher und einzelner Bäume bis zu 0,10 m Durchmesser, gemessen 1 m über dem Erdboden, der dazugehörigen Wurzeln und Baumstümpfe.

4.1.3 Beseitigen von einzelnen Steinen und Mauerresten bis zu je 0,03 m^3 Rauminhalt *).

4.1.4 Aufbereiten des Einpreßgutes, auch wenn der Auftraggeber die Stoffe beistellt.

4.1.5 Nachweise nach den Abschnitten 2.1.2 und 3.1.1.

4.1.6 Vorhalten der Gerüste.

4.1.7 Umsetzen aller Einrichtungen zum Aufbereiten des Einpreßgutes und zum Einpressen.

---

*) 0,03 m^3 Rauminhalt ensspricht einer Kugel mit einem Durchmesser von ≈ 0,40 m.

4.2 Besondere Leistungen sind ergänzend zur ATV DIN 18 299, Abschnitt 4.2, z. B.:

4.2.1 Maßnahmen nach den Abschnitten 3.1.3 und 3.2.4.3.

4.2.2 Boden- und Wasseruntersuchungen.

5 Abrechnung

Ergänzend zur ATV DIN 18 299, Abschnitt 5, gilt:

Die Einpreßbetriebszeit beginnt, wenn der Druckschreiber einen Druckanstieg anzeigt; sie endet, nachdem der Druckschreiber den vereinbarten oder festgelegten Enddruck ausreichend lang (siehe Abschnitt 3.2.4.3) angezeigt hat. Unterbrechungen des Einpressens, die zum Beseitigen von Störungen oder Verstopfungen nötig waren, werden bis zur Dauer von jeweils 15 Minuten bei der Berechnung der Betriebsstunde nicht abgezogen.

VOB Teil C:
Allgemeine Technische Vertragsbedingungen für Bauleistungen (ATV)
Sicherungsarbeiten an Gewässern, Deichen und Küstendünen
DIN 18 310
Ausgabe September 1988

Inhalt

0 Hinweise für das Aufstellen der Leistungsbeschreibung
1 Geltungsbereich
2 Stoffe, Bauteile
3 Ausführung
4 Nebenleistungen, Besondere Leistungen
5 Abrechnung

0 Hinweise für das Aufstellen der Leistungsbeschreibung

Diese Hinweise ergänzen die ATV DIN 18 299 „Allgemeine Regelungen für Bauarbeiten jeder Art", Abschnitt 0. Die Beachtung dieser Hinweise ist Voraussetzung für eine ordnungsgemäße Leistungsbeschreibung gemäß A § 9.

Die Hinweise werden nicht Vertragsbestandteil.

In der Leistungsbeschreibung sind nach den Erfordernissen des Einzelfalls insbesondere anzugeben:

0.1 Angaben zur Baustelle

0.1.1 Die klimatischen, geographischen, geologischen, morphologischen und biologischen Verhältnisse, z. B. Temperaturen, Niederschläge, Wind (besonders an der Küste und bei stehenden Gewässern), vorhandene Vorländer oder Vorstrände, Gestalt des Gewässerbetts, Wasserbeschaffenheit, tierische und pflanzliche Schädlinge.

0.1.2 Die bekannten und die später zu erwartenden hydrologischen und hydraulischen Verhältnisse, z. B. Abflüsse, Wasserstände und deren Häufigkeit, Strömung nach Größe und Richtung, Tide, Wellenbewegung, Einflüsse aus Schiffsverkehr, Feststofführung und Eis, Grundwasserverhältnisse.

0.1.3 Wasserstände und Abflüsse, die der Auftragnehmer zu berücksichtigen hat.

0.1.4 Ergebnisse von Pflanzenbestandsuntersuchungen.

0.1.5 Art und Umfang des Schutzes zu erhaltender Pflanzen und Pflanzenbestände auf Entnahmeflächen außerhalb der Baustelle.

0.1.6 Vorhandene Abdichtungen.

0.1.7 Art und Beschaffenheit von Untergrund und Unterbau.

0.1.8 Gründungstiefen, Gründungsarten und Lasten benachbarter Bauwerke.

Sicherungsarbeiten an Gewässern, Deichen und Küstendünen DIN 18 310

0.2 Angaben zur Ausführung

0.2.1 *Zulässige Eingriffe in die Wasserstands- und Abflußverhältnisse während der Bauzeit.*

0.2.2 *Art, Maße, Herkunft und Güteanforderungen für Pflanzen und lebende Pflanzenteile aus Naturbeständen.*

0.2.3 *Art, Maße, Herkunft, Anzuchtweise und — bei fehlenden Normen — Güteanforderungen für Gehölzpflanzen aus Baumschulbeständen.*

0.2.4 *Keimfähigkeit und Reinheit des Saatgutes, erforderliche Saatgutmenge je Flächeneinheit, bei Saatgutmischungen auch Artenzusammensetzung als Massenanteil in %.*

0.2.5 *Bei kombinierten Bauweisen Anteile von Pflanzen, bewurzelungsfähigen Pflanzenteilen (außer Samen) und sonstigen Baustoffen.*

0.2.6 *Bei Pflanzenmischungen Artenzusammensetzung.*

0.2.7 *Art und Umfang der Standortvorbereitung (einschließlich Düngung) der Flächen für Lebendbau.*

0.2.8 *Besondere Maßnahmen bei der Ansaat von Gräsern und Kräutern.*

0.2.9 *Art, Umfang und Dauer der Pflege- und Schutzmaßnahmen (einschließlich Düngung) für Lebendbauten.*

0.3 Einzelangaben bei Abweichungen von den ATV

0.3.1 Wenn andere als die in dieser ATV vorgesehenen Regelungen getroffen werden sollen, sind diese in der Leistungsbeschreibung eindeutig und im einzelnen anzugeben.

0.3.2 *Abweichende Regelungen können insbesondere in Betracht kommen bei*

Abschnitt 2.1, wenn Pflanzen und Pflanzenteile nicht aus Anzuchtbeständen, sondern z. B. aus Wildbeständen stammen sollen,

Abschnitt 5, wenn das Gewicht nicht durch Wiegen oder Schiffseiche, sondern durch Berechnen nach bestimmten Verfahren ermittelt werden soll.

0.4 Einzelangaben zu Nebenleistungen und Besonderen Leistungen

Keine ergänzende Regelung zur ATV DIN 18 299, Abschnitt 0.4.

0.5 Abrechnungseinheiten

Im Leistungsverzeichnis sind die Abrechnungseinheiten wie folgt vorzusehen:

- Steinschüttung und Steinsatz nach Gewicht (t) oder Raummaß (m^3),
- Setzpack, Pflaster, Plattenbelag (Naturstein oder Beton) mit oder ohne Filterschicht, mit oder ohne Beton- oder Asphaltunterlage nach Flächenmaß (m^2), getrennt nach Dicken,
- Filterschichten oder Unterlagen nach Flächenmaß (m^2) oder nach Raummaß (m^3),
- Sohlschalen nach Längenmaß (m), getrennt nach Maßen und Ausführung mit oder ohne Filterschicht, mit oder ohne Beton- oder Asphaltunterlage,
- Beton- und Holzschwellen nach Längenmaß (m) oder Anzahl (Stück), getrennt nach Maßen,
- Betonformsteine nach Flächenmaß (m^2), Anzahl (Stück) oder Gewicht (t), getrennt nach Maßen,
- Verguß nach Gewicht (t) der Vergußmasse oder Flächenmaß (m^2) der gesicherten Flächen oder Längenmaß (m) der vergossenen Fugen,
- Drahtsenkwalzen nach Längenmaß (m) oder Anzahl (Stück), getrennt nach Maßen,
- Steinmatten nach Flächenmaß (m^2) oder Raummaß (m^3), getrennt nach Maßen,
- Drahtschotterkästen nach Raummaß (m^3), nach Längenmaß (m) oder Anzahl (Stück), getrennt nach Maßen,

227

- Kunststoffbauteile nach Flächenmaß (m²) oder Gewicht (kg), getrennt nach Maßen,
- Seile nach Längenmaß (m), getrennt nach Maßen,
- Säcke nach Anzahl (Stück), getrennt nach Maßen,
- Pfähle nach Längenmaß (m) oder Anzahl (Stück), getrennt nach Maßen,
- Pfahlwände nach Längenmaß (m) oder Flächenmaß (m²), getrennt nach Maßen,
- Stangen- und Bohlenbeschlag nach Längenmaß (m), getrennt nach Maßen,
- Stangen- und Bohlenbeschlag mit Bettung aus Fichten- oder Tannenreisig nach Flächenmaß (m²) oder Längenmaß (m), getrennt nach Maßen,
- Flechtwerk nach Flächenmaß (m²) oder Längenmaß (m), getrennt nach Maßen,
- Wippen und Faschinenwalzen nach Längenmaß (m) oder Anzahl (Stück), getrennt nach Maßen,
- Faschinensenkwalzen nach Längenmaß (m) oder Anzahl (Stück), getrennt nach Maßen,
- Buschmatten, Faschinenmatten, Rauhwehr nach Flächenmaß (m²), getrennt nach Maßen,
- Packfaschinat nach Raummaß (m³),
- Buschlahnungen und Buschzäune nach Längenmaß (m), getrennt nach Maßen,
- Rauhbäume nach Anzahl (Stück),
- Rasensoden und Fertigrasen nach Flächenmaß (m²),
- Ansaat nach Flächenmaß (m²),
- Röhrichtwalzen nach Längenmaß (m) oder Anzahl (Stück), getrennt nach Maßen,
- Ballen-, Rhizom- und Halmpflanzungen nach Flächenmaß (m²), Längenmaß (m) oder Anzahl (Stück),
- Setzstangen-, Setzholz- und Gehölzpflanzungen nach Anzahl (Stück), getrennt nach Maßen,
- Lebende Kämme und Spreitlagen nach Flächenmaß (m²) oder Längenmaß (m),
- Busch-, Hecken- und Heckenbuschlagen nach Längenmaß (m),
- Stoffe zur Bodenverbesserung und Dünger nach Raummaß (m³) oder Gewicht (t).

1 Geltungsbereich

1.1 Die ATV „Sicherungsarbeiten an Gewässern, Deichen und Küstendünen" — DIN 18 310 — gilt für bautechnische und ingenieurbiologische Sicherungen, die die Sohlen und Böschungen von Gewässern, die Deiche und die Küstendünen gegen Beschädigungen und Zerstörungen schützen. Hierzu gehört auch der Verbau von Wundhängen zum Schutz von Gewässern.

1.2 Die ATV DIN 18 310 gilt nicht für die beim Herstellen der Sicherungen auszuführenden Erdarbeiten (siehe ATV DIN 18 300 „Erdarbeiten").

1.3 Ergänzend gelten die Abschnitte 1 bis 5 der ATV DIN 18 299 „Allgemeine Regelungen für Bauarbeiten jeder Art". Bei Widersprüchen gehen die Regelungen der ATV DIN 18 310 vor.

2 Stoffe, Bauteile

Ergänzend zur ATV DIN 18 299, Abschnitt 2, gilt:

2.1 Pflanzen und Pflanzenteile müssen aus Anzuchtbeständen stammen.

2.2 Die DIN-Normen für die gebräuchlichsten Stoffe und Bauteile sind in DIN 19 657 „Sicherungen von Gewässern, Deichen und Küstendünen; Richtlinien" genannt.

3 Ausführung

Ergänzend zur ATV DIN 18 299, Abschnitt 3, gilt:

3.1 Allgemeines
Sicherungsarbeiten an Gewässern, Deichen und Küstendünen sind nach DIN 19 657 auszuführen.

3.2 Entwässerungsmaßnahmen
Der Auftragnehmer hat Entwässerungsmaßnahmen, die vereinbart sind, sowie etwa erforderliche Maßnahmen zur Sicherung gegen Niederschlagswasser und zum Beseitigen von Niederschlagswasser rechtzeitig auszuführen. Muß anderes Wasser, z. B. Quellwasser, Sickerwasser, abgeleitet werden und reichen hierzu die Maßnahmen, die dem Auftragnehmer obliegen (siehe Satz 1), nicht aus, so sind die darüber hinaus erforderlichen Maßnahmen Besondere Leistungen (siehe Abschnitt 4.2.1).

4 Nebenleistungen, Besondere Leistungen

4.1 Nebenleistungen sind ergänzend zur ATV DIN 18 299, Abschnitt 4.1, insbesondere:

4.1.1 Feststellen des Zustands der Straßen, der Geländeoberfläche, der Vorfluter usw. nach B § 3 Nr 4.

4.1.2 Beschaffen etwa notwendiger weiterer Arbeitsplätze, Lagerplätze, Pflanzeneinschlagplätze und Zufahrtwege über die vom Auftraggeber zur Verfügung gestellten hinaus.

4.1.3 Eignungs- und Gütenachweise nach DIN 19 657 für Stoffe nur, soweit sie vom Auftragnehmer geliefert werden.

4.1.4 Beseitigen einzelner Sträucher und einzelner Bäume bis zu 0,10 m Durchmesser, gemessen 1 m über dem Erdboden, der dazugehörigen Wurzeln und Baumstümpfe.

4.1.5 Beseitigen von einzelnen Steinen und Mauerresten bis zu $0,1\,m^3$ Rauminhalt*).

4.2 Besondere Leistungen sind ergänzend zur ATV DIN 18 299, Abschnitt 4.2, z. B.:

4.2.1 Maßnahmen nach Abschnitt 3.2.

4.2.2 Boden- und Wasseruntersuchungen.

5 Abrechnung

Ergänzend zur ATV DIN 18 299, Abschnitt 5, gilt:
Ist nach Gewicht abzurechnen, so ist es durch Wiegen, bei Schiffsladungen nach Schiffseiche festzustellen.

---

*) $0,1\,m^3$ Rauminhalt entspricht einer Kugel mit einem Durchmesser von $\approx 0,60$ m.

VOB Teil C:
Allgemeine Technische Vertragsbedingungen für Bauleistungen (ATV)
Naßbaggerarbeiten — DIN 18 311
Ausgabe Dezember 1992

Inhalt

0 Hinweise für das Aufstellen der Leistungsbeschreibung
1 Geltungsbereich
2 Stoffe, Bauteile; Boden und Fels
3 Ausführung
4 Nebenleistungen, Besondere Leistungen
5 Abrechnung

0 Hinweise für das Aufstellen der Leistungsbeschreibung

Diese Hinweise ergänzen die ATV DIN 18 299 „Allgemeine Regelungen für Bauarbeiten jeder Art", Abschnitt 0. Die Beachtung dieser Hinweise ist Voraussetzung für eine ordnungsgemäße Leistungsbeschreibung gemäß A § 9.
Die Hinweise werden nicht Vertragsbestandteil.
In der Leistungsbeschreibung sind nach den Erfordernissen des Einzelfalls insbesondere anzugeben:

0.1 Angaben zur Baustelle

0.1.1 Lage und Ausmaß der dem Auftragnehmer für die Ausführung seiner Leistung zur Benutzung oder Mitbenutzung überlassenen Kaianlagen, Umschlageinrichtungen, Liege- und Ankerplätze.

0.1.2 Statistische Angaben über ober- und unterirdische Gewässer, z. B. Strömungsgeschwindigkeiten, Wasserstände, Abflüsse, Wellen, Tidebewegungen, Sturmfluten, sowie über Windverhältnisse, Nebel- und Eisverhältnisse.

0.1.3 Maße von Durchfahrtsöffnungen, Nutzmaße von Schleusen, Fahrwasserverhältnisse, militärische und zivile Sperrgebiete.

0.1.4 Art und Beschaffenheit des Untergrundes von Ablagerungsflächen und gegebenenfalls deren Grundwasserverhältnisse.

0.1.5 Art, Abflußvermögen und Belastbarkeit der Vorflut für Spülfelder.

0.1.6 Art und Umfang des vorhandenen Aufwuchses auf den freizumachenden Flächen.

0.1.7 Besondere deichrechtliche Bestimmungen.

0.1.8 Gründungstiefen, Gründungsarten und Lasten benachbarter Bauwerke.

Naßbaggerarbeiten DIN 18 311

0.1.9 Art und Beschaffenheit vorhandener Einfassungen, z. B. Ufermauern, Deckwerke.

0.1.10 Bekannte oder vermutete Düker, Ein- und Auslaufbauwerke, Spundwände, Buhnen, Wrackteile im Bereich der Baustelle und, soweit bekannt, deren Eigentümer.

0.1.11 Bekannte oder vermutete Sprengkörper und behördliche Vorschriften für das Bergen und Sichern.

0.1.12 Vorgeschriebene Höchst- oder Mindestgeschwindigkeiten für Schiffe oder Schiffsverbände bestimmter Zusammensetzung. Vorschriften über das Verhalten der Fahrzeuge und Geräte bei bestimmten Sicht- oder Wetterverhältnissen, Tiefgangsbeschränkungen.

0.2 Angaben zur Ausführung

0.2.1 Boden- und Felsklassen mit Angaben über Schichtenaufbau, Korngrößenverteilung, Konsistenz und natürlichen Wassergehalt, Lagerungsdichte aus Sondierergebnissen, Gesteinsfestigkeit und mineralische Zusammensetzung sowie Anteil und Größe von Steinen (siehe Abschnitt 2.3).

0.2.2 Geschätzte Mengenanteile, wenn Boden und Fels verschiedener Klassen nach Abschnitt 2.3 zusammengefaßt werden, weil eine Trennung nur schwer möglich ist.

0.2.3 Ist- und Sollmaße, gegebenenfalls Tiefen- und Höhenpläne, Baggerschnitte, Baggertoleranzen, Auflockerungsfaktoren.

0.2.4 Entfernen von gelockertem Gestein, das beim Lösen von Fels über den Abtragsquerschnitt hinaus entsteht (siehe Abschnitt 3.2.4).

0.2.5 Verwendung des Bodens und Art der Ablagerung. Anlage und Maße von Ablagerungsflächen, gegebenenfalls in Abhängigkeit von den Bodenarten (siehe Abschnitte 3.4.1, 3.4.2 und 3.4.4).

0.2.6 Sachverständigengutachten und inwieweit sie bei der Ausführung zu beachten sind.

0.2.7 Bei Verdichten von Boden und Fels der Verdichtungsgrad und dessen Nachweis (siehe Abschnitte 3.4.1 und 4.2.6).

0.2.8 Art und Anzahl der geforderten Proben.

0.2.9 Maßnahmen zur bleibenden Sicherung von Böschungen und Spülfeldflächen.

0.2.10 Hochwasserfreie oder sturmflutsichere Anordnung der Baustelleneinrichtung.

0.2.11 Besondere Anforderungen an die Leistungsfähigkeit von Geräten und Fahrzeugen.

0.2.12 Abschluß von Versicherungen für eingesetzte Geräte u. ä.

0.2.13 Besonderheiten zur Regelung und Sicherung des Schiffsverkehrs, z. B. Wegerechtschiffe, Auslegen, Aufstellen oder Setzen von Schiffahrtszeichen und Schildern, Wahrschaudienste, soweit sie sich nicht aus den schiffahrtspolizeilichen Vorschriften ergeben, gegebenenfalls auch wieweit der Auftraggeber die Durchführung der erforderlichen Maßnahmen übernimmt.

0.2.14 Besondere Anforderungen an die nautische und funktechnische Ausrüstung der schwimmenden Fahrzeuge und Geräte sowie ihre Beleuchtung und Bewachung. Angabe über vorgeschriebene Schifferpatente.

0.2.15 Besondere Maßnahmen zum Schutz der Fischerei, der Jagd, der Land- und Forstwirtschaft und anderer Interessengebiete.

0.2.16 Freigabe einer Baggerstrecke für die Schiffahrt vor der Abnahme. Angaben über den zu erwartenden Unterhaltungsumfang bis zur Abnahme.

0.2.17 Ausbildung der Anschlüsse an Bauwerke.

0.2.18 Übernahme von Geräten, Fahrzeugen, Gerüsten oder Teilen der Baustelleneinrichtung durch den Auftraggeber nach Beendigung der Baumaßnahme.

0.2.19 Stellen von Arbeitskräften und Geräten durch den Auftraggeber für die Arbeiten des Auftragnehmers.

0.3 Einzelangaben bei Abweichungen von den ATV

0.3.1 Wenn andere als die in dieser ATV vorgesehenen Regelungen getroffen werden sollen, sind diese in der Leistungsbeschreibung eindeutig und Im einzelnen anzugeben.

0.3.2 Abweichende Regelungen können insbesondere in Betracht kommen bei

Abschnitt 2.1, wenn gelöster Boden oder Fels in das Eigentum des Auftragnehmers übergehen soll,

Abschnitt 3.1.1, wenn das Bauverfahren, der Bauablauf oder die Art und der Einsatz der Baugeräte dem Auftragnehmer vorgegeben werden sollen,

Abschnitt 3.2.2, wenn die Wahl der Abtragslängs- und -querschnitte dem Auftragnehmer nicht überlassen bleiben soll,

Abschnitt 3.3, wenn die Wahl der Förderwege und -verfahren dem Auftragnehmer nicht überlassen bleiben soll,

Abschnitt 3.4.1, wenn der Boden mit zusätzlichen Maßnahmen, z. B. Einebnen, Wiederaufnehmen vertriebenen Bodens, Einebnen und Verdichten an Land, abgelagert werden soll,

Abschnitt 3.4.5, wenn beim Verklappen und Verspülen von Boden bestimmte Böschungen eingehalten werden sollen,

Abschnitt 5.1, wenn das Aufmaß nicht im Abtrag, sondern im Laderaum oder auf der Ablagerungsfläche genommen werden soll,

Abschnitt 5.2, wenn die üblichen Näherungsverfahren bei der Mengenermittlung nicht zugelassen sind.

0.4 Einzelangaben zu Nebenleistungen und Besonderen Leistungen

Keine ergänzende Regelung zur ATV DIN 18 299, Abschnitt 0.4.

0.5 Abrechnungseinheiten

Im Leistungsverzeichnis sind die Abrechnungseinheiten wie folgt vorzusehen:
- *Abtrag, Ablagerung nach Raummaß (m^3), nach Flächenmaß (m^2) oder nach Gewicht (t),*
- *Fördern nach Raummaß (m^3) oder Gewicht (t),*
- *Beseitigen von Hindernissen nach Gewicht (t), nach Anzahl (Stück) oder Raummaß (m^3),*
- *Beseitigen einzelner Bäume, Steine und dergleichen nach Anzahl (Stück) oder Raummaß (m^3).*

1 Geltungsbereich

1.1 Die ATV „Naßbaggerarbeiten" – DIN 18 311 – gilt für das Lösen von Boden und Fels unter Wasser einschließlich Laden, Fördern und Ablagern des gelösten Bodens und Fels unter oder über Wasser.

Sie gilt auch für das Lösen von Boden und Fels über Wasser im Uferbereich, wenn diese Arbeiten im Zusammenhang mit dem Lösen von Boden und Fels unter Wasser ausgeführt werden.

1.2 Die ATV DIN 18 311 gilt nicht für
- Erdarbeiten (siehe ATV DIN 18 300 „Erdarbeiten"),
- Erdarbeiten zur Herstellung von Dränungen im Landeskulturbau (siehe ATV DIN 18 308 „Dränarbeiten"),

Naßbaggerarbeiten DIN 18 311

— Oberbodenarbeiten nach den Grundsätzen des Landschaftsbaus (siehe ATV DIN 18 320 „Landschaftsbauarbeiten").

1.3 Ergänzend gelten die Abschnitte 1 bis 5 der ATV DIN 18 299 „Allgemeine Regelungen für Bauarbeiten jeder Art". Bei Widersprüchen gehen die Regelungen der ATV DIN 18 311 vor.

2 Stoffe, Bauteile; Boden und Fels

Ergänzend zur ATV DIN 18 299, Abschnitt 2, gilt:

2.1 Allgemeines
Gelöster Boden und Fels gehen nicht in das Eigentum des Auftragnehmers über.

2.2 Einstufung von Boden und Fels
Boden und Fels werden entsprechend ihrem Zustand beim Bearbeiten in Klassen eingestuft (siehe Abschnitt 2.3).

Im übrigen gilt für das Benennen und Beschreiben von Boden (Lockergesteinen) DIN 18 196 „Erd- und Grundbau; Bodenklassifikation für bautechnische Zwecke".

2.3 Boden- und Felsklassen

Klasse A: Fließende Bodenarten
Bindige Bodenarten von flüssigbreiiger Beschaffenheit, die das Wasser schwer abgeben, sowie fließende, rollige Bodenarten,

mit Angabe von Schichtenaufbau, Korngrößenverteilung, Lagerungsdichte aus Sondierergebnissen bei rolligen Bodenarten, Anteil und Größe von Steinen.

Klasse B: Weiche bis steife bindige Bodenarten
Bindige Bodenarten von weichplastischer bis steifplastischer Konsistenz (Konsistenzzahl bis einschließlich 0,85),

mit Angabe von Schichtenaufbau, Korngrößenverteilung, Konsistenz und natürlichem Wassergehalt, Anteil und Größe von Steinen.

Klasse C: Steife bis feste bindige Bodenarten
Bindige Bodenarten von steifplastischer, halbfester und fester Konsistenz (Konsistenzzahl über 0,85),

mit Angabe von Schichtenaufbau, Korngrößenverteilung, Konsistenz und natürlichem Wassergehalt, Anteil und Größe von Steinen.

Klasse D: Rollig-bindige Bodenarten
Fein- und Mittelsande mit Schluff- und Tonbeimengungen mit folgenden Kornbereichen: Feinsand 15 bis 90 %, Mittelsand bis 45 %, Schluff und Ton 10 bis 40 %,

mit Angabe von Schichtenaufbau, Korngrößenverteilung, Konsistenz und natürlichem Wassergehalt, Lagerungsdichte aus Sondierergebnissen, Anteil und Größe von Steinen.

Klasse E: Gleichförmige, feinkörnige, rollige Bodenarten
Feinsande mit Beimengungen von Schluff und Ton sowie Mittelsand mit folgenden Kornbereichen: Feinsande über 60 %, Mittelsand bis 30 %, Schluff und Ton bis 10 %,

mit Angabe von Schichtenaufbau, Korngrößenverteilung, Lagerungsdichte aus Sondierergebnissen, Anteil und Größe von Steinen.

Klasse F: Feinkörnige rollige Bodenarten
Fein- und Mittelsande mit Beimengungen von Schluff, Ton und Grobsand mit folgenden Kornbereichen: Fein- und Mittelsand über 80 %, Grobsand bis 10 %, Schluff und Ton bis 10 %,
mit Angabe von Schichtenaufbau, Korngrößenverteilung, Lagerungsdichte aus Sondierergebnissen, Anteil und Größe von Steinen.

Klasse G: Mittelkörnige rollige Bodenarten
Fein- und Mittelsande mit Beimengungen von Schluff, Ton und Grobsand mit folgenden Kornbereichen: Fein- und Mittelsand 50 bis 90 %, Grobsand 10 bis 40 %, Schluff und Ton bis 10 %,
mit Angabe von Schichtenaufbau, Korngrößenverteilung, Lagerungsdichte aus Sondierergebnissen, Anteil und Größe von Steinen.

Klasse H: Gemischtkörnige rollige Bodenarten
Fein-, Mittel- und Grobsande mit Beimengungen aus Schluff, Ton und Kies mit folgenden Kornbereichen: Fein-, Mittel- und Grobsand über 80 %, Kies bis 10 %, Schluff und Ton bis 10 %,
mit Angabe von Schichtenaufbau, Korngrößenverteilung, Lagerungsdichte aus Sondierergebnissen, Anteil und Größe von Steinen.

Klasse I: Grob- und gemischtkörnige rollige Bodenarten
Sand und Kies und deren Gemische mit folgenden Kornbereichen: Sand 50 bis 90 %, Kies 10 bis 50 %,
mit Angabe von Schichtenaufbau, Korngrößenverteilung, Lagerungsdichte aus Sondierergebnissen, Anteil und Größe von Steinen.

Klasse K: Grobkörnige rollige Bodenarten
Kies, Sand und deren Gemische mit folgenden Kornbereichen: Kies über 50 %, Sand bis 50 %,
mit Angabe von Schichtenaufbau, Korngrößenverteilung, Lagerungsdichte aus Sondierergebnissen, Anteil und Größe von Steinen.

Klasse L: Lockerer Fels und vergleichbare Bodenarten
Felsarten mit einem inneren mineralisch gebundenen Zusammenhalt, die jedoch stark klüftig, brüchig, bröckelig, schiefrig, weich oder verwittert sind, sowie vergleichbare verfestigte nichtbindige und bindige Bodenarten,
mit Angabe von Schichtenaufbau, Gesteinsfestigkeit und mineralischer Zusammensetzung, bei verfestigten nichtbindigen und bindigen Bodenarten Korngrößenverteilung, Konsistenz und natürlichem Wassergehalt, Anteil und Größe von Steinen.

Klasse M: Fester Fels und vergleichbare Bodenarten
Felsarten mit einem inneren mineralisch gebundenen Zusammenhalt und mit hoher Gefügefestigkeit, die nicht oder nur wenig klüftig verwittert sind, sowie vergleichbare verfestigte nichtbindige und bindige Bodenarten,
mit Angabe von Schichtenaufbau, Gesteinsfestigkeit und mineralischer Zuammensetzung, bei verfestigten nichtbindigen und bindigen Bodenarten Korngrößenverteilung, Konsistenz und natürlichem Wassergehalt.

Naßbaggerarbeiten DIN 18 311

3 Ausführung

Ergänzend zur ATV DIN 18 299, Abschnitt 3, gilt:

3.1 Allgemeines

3.1.1 Die Wahl des Bauverfahrens und -ablaufs sowie die Wahl und der Einsatz der Baugeräte sind Sache des Auftragnehmers.

3.1.2 In der Nähe von Bauwerken, Leitungen, Kabeln, Dükern und Wracks müssen die Arbeiten mit der erforderlichen Vorsicht ausgeführt werden; z.B. dürfen Großgeräte nur soweit eingesetzt und Baggerschnitte sowie Sprengungen nur so durchgeführt werden, daß vorhandene Anlagen nicht gefährdet werden.

3.1.3 Bei Schutz- und Sicherungsmaßnahmen sind die Vorschriften der Eigentümer oder anderer Weisungsberechtigter zu beachten. Solche Maßnahmen sind Besondere Leistungen (siehe Abschnitt 4.2.1).

3.1.4 Wenn die Lage vorhandener Leitungen, Kabel, Düker und sonstiger baulicher Anlagen oder nicht aufbaggerbarer Hindernisse wie Wrackteile, Bauwerksreste und dergleichen vor Ausführung der Arbeiten nicht angegeben werden kann, ist diese zu erkunden. Solche Maßnahmen sind Besondere Leistungen (siehe Abschnitt 4.2.1).

3.1.5 Werden unvermutete Hindernisse, z.B. nicht angegebene Leitungen, Kabel, Düker, Bauwerksreste, Sprengkörper, Wrackteile, Holzstämme, Stubben, angetroffen, ist der Auftraggeber unverzüglich darüber zu unterrichten. Die zu treffenden Maßnahmen sind Besondere Leistungen (siehe Abschnitt 4.2.1).

3.1.6 Ergibt sich während der Ausführung die Gefahr von Rutschungen, Ausfließen von Boden, Gelände- oder Grundbrüchen, hat der Auftragnehmer unverzüglich die notwendigen Maßnahmen zur Verhütung von Schäden zu treffen und den Auftraggeber zu verständigen. Bereits eingetretene Schäden sind dem Auftraggeber unverzüglich anzuzeigen. Die weiteren Maßnahmen sind gemeinsam festzulegen. Soweit die Ursache nicht der Auftragnehmer zu vertreten hat, sind die zur Verhütung von Schäden vom Auftragnehmer getroffenen sowie die weiteren Maßnahmen Besondere Leistungen (siehe Abschnitt 4.2.1).

3.1.7 Pegel und amtliche Festpunkte, z.B. Grenzsteine, Höhenmarken, dürfen nur mit Zustimmung des Auftraggebers beseitigt werden. Festpunkte des Auftraggebers für die Baumaßnahme hat der Auftragnehmer zu sichern.

3.1.8 Aufwuchs darf über den vereinbarten Umfang hinaus nur mit Zustimmung des Auftraggebers beseitigt werden.

3.1.9 Bei Spülarbeiten ist dafür zu sorgen, daß das Spülwasser stets ungehindert abfließen kann und keine Schäden verursacht. Das Eintreiben von Spülgut in Vorfluter und vor Ausläufen soll vermieden werden.

3.1.10 Reichen die vereinbarten Maßnahmen für das Beseitigen von Sickerwasser, Grundwasser, Stauwasser u.ä. nicht aus, so sind die erforderlichen zusätzlichen Maßnahmen gemeinsam festzulegen; diese sind Besondere Leistungen (siehe Abschnitt 4.2.1).

3.1.11 Alle erforderlichen Entwässerungsmaßnahmen hat der Auftragnehmer rechtzeitig auszuführen.

3.2 Lösen und Laden

3.2.1 Von den vereinbarten Abtragsquerschnitten, Baggerschnitten und Baggertoleranzen darf nur mit Zustimmung des Auftraggebers abgewichen werden.

3.2.2 Sind Abtragsquer- und -längsschnitte nicht vereinbart, so bleibt die Wahl der Maße in der Abtragsstrecke dem Auftragnehmer überlassen.

3.2.3 Werden von der Leistungsbeschreibung abweichende Bodenverhältnisse angetroffen oder treten Umstände ein, durch die die vereinbarten Maße nicht eingehalten werden können, so sind die erforderlichen Maßnahmen gemeinsam festzulegen; diese sind Besondere Leistungen (siehe Abschnitt 4.2.1).

3.2.4 Das Lösen von Fels, z. B. durch Sprengen, ist so durchzuführen, daß das verbleibende Gestein möglichst nicht gelockert wird.

3.3 Fördern

Die Wahl der Förderwege und -verfahren bleibt dem Auftragnehmer überlassen.

3.4 Ablagern

3.4.1 Boden ist ohne zusätzliche Maßnahmen abzulagern, z. B. unter Wasser zu verklappen oder zu verspülen oder über Wasser aufzuspülen oder aufzutragen.

3.4.2 Beim Aufspülen an Land ist eine möglichst dichte Lagerung des Bodens durch geeignete Anordnung und Steuerung des Spülfeldauslaufs, z. B. Spülfeldüberlauf (Mönch), Spülfeldmaße, Nachklärbecken, sicherzustellen.

3.4.3 Vor dem Ablagern von Boden und Fels ist die Ablagerungsfläche auf Eignung zu prüfen (siehe B § 4 Nr 3).

3.4.4 Sind an das abzulagernde Baggergut bestimmte Anforderungen gestellt, z. B. zur Weiterverwendung für Kolkverbau, Deiche, Dämme, Bauflächen, so ist nur geeigneter Boden oder Fels abzulagern.

3.4.5 Beim Verklappen und Verspülen wird der Boden mit den sich einstellenden Böschungen eingebaut.

3.4.6 Meßeinrichtungen, die zum Beobachten von Setzungen u. ä. in Ablagerungsflächen eingebaut werden, dürfen nicht beschädigt oder in ihrer Lage verändert werden.

3.5 Herstellen von Böschungen und Spülfeldflächen

Hat der Auftragnehmer Böschungen und Spülfeldflächen zu sichern, so ist die Befestigung unmittelbar nach der Herstellung in Teilabschnitten oder in Verbindung mit dem Arbeitsfortschritt auszuführen.

3.6 Arbeiten bei und nach Frostwetter

Gefrorene Schichten von Erdbauwerken, Hinterfüllungen und Überschüttungen dürfen nur überspült oder in anderer Weise mit Boden überdeckt werden, wenn keine Schäden eintreten können.

4 Nebenleistungen, Besondere Leistungen

4.1 Nebenleistungen sind ergänzend zur ATV DIN 18 299, Abschnitt 4.1, insbesondere:

4.1.1 Feststellen des Zustands der Straßen, der Geländeoberfläche, der Vorfluter usw. nach B § 3 Nr 4.

4.1.2 Beseitigen einzelner Sträucher und einzelner Bäume bis zu 0,10 m Durchmesser, gemessen 1 m über dem Erdboden, der dazugehörigen Wurzeln und Baumstümpfe.

4.1.3 Beseitigen von Hindernissen auf Spülfeldern, soweit mit dem eingesetzten Gerät durchführbar.

4.1.4 Beseitigen von durch das eingesetzte Naßbaggergerät aufbaggerbaren Hindernissen.

4.1.5 Herstellen, Vorhalten und Beseitigen der zur Durchführung der Leistung erforderlichen Treppen oder Wege in den Böschungen.

4.1.6 Beseitigen von Schäden an schwimmenden und sonstigen Geräten, die durch Hindernisse entstanden sind, und daraus folgende Ausfall- und Liegezeiten der betroffenen Geräte des Auftragnehmers.

4.1.7 Sichern der Spülrohrleitungen, auch der vom Auftraggeber gestellten.

4.1.8 Wasserstandsmessungen für das Ausführen und Abrechnen der Arbeiten, Einmessen und laufende Kontrolle der Positionen der schwimmenden Geräte einschließlich Vorhalten der navigatorischen Ausrüstung und Stellen der Arbeitskräfte.

4.2 Besondere Leistungen sind ergänzend zur ATV DIN 18 299, Abschnitt 4.2, z. B.:

4.2.1 Maßnahmen nach den Abschnitten 3.1.3, 3.1.4, 3.1.5, 3.1.6, 3.1.10 und 3.2.3.

4.2.2 Aufstellen, Vorhalten und Beseitigen von Pegeln, Beobachtungsbrunnen und dergleichen.

4.2.3 Beseitigen von Aufwuchs einschließlich Roden, ausgenommen Leistungen nach Abschnitt 4.1.2.

4.2.4 Verlegen von Baggergeräten bei Antreffen nicht aufbaggerbarer Hindernisse wie Wracks oder Wrackteile, Bauwerksreste und dergleichen, die eine Fortführung der Baggerarbeiten an der Fundstelle verhindern.

4.2.5 Beseitigen von Hindernissen auf Spülfeldern, ausgenommen Leistungen nach Abschnitt 4.1.3.

4.2.6 Zusätzliche Maßnahmen zum Verdichten eingebauten Baggergutes.

4.2.7 Aufbrechen und Wiederherstellen von befestigten Flächen.

4.2.8 Zusätzliche Maßnahmen für Bodenverbesserung und Bodenaustausch.

4.2.9 Maßnahmen für das Fördern und Ablagern ungeeigneten Baggergutes (siehe Abschnitt 3.4.4).

4.2.10 Boden-, Wasser- und bodenmechanische Untersuchungen.

4.2.11 Besondere Maßnahmen zum Feststellen des Zustands der Gewässer und der baulichen Anlagen einschließlich Versorgungs- und Entsorgungsanlagen vor Beginn der Arbeiten.

5 Abrechnung

Ergänzend zur ATV DIN 18 299, Abschnitt 5, gilt:

5.1 Das Aufmaß ist im Abtrag zu nehmen.

5.2 Bei der Mengenermittlung sind die üblichen Näherungsverfahren zulässig.

5.3 Die Leistung ist getrennt nach Baggerabschnitten, Förderwegen und Ablagerungsstellen abzurechnen. Als Förderweg gilt die kürzeste zumutbare Strecke vom Mittelpunkt der Fläche eines Baggerabschnittes zum Mittelpunkt der Ablagerungsfläche.

5.4 Bei der Mengenermittlung auf der Ablagerungsfläche sind Setzungen des Untergrundes zu berücksichtigen; etwaige Spülverluste bleiben unberücksichtigt.

5.5 Ist nach Gewicht abzurechnen, so ist es durch Wiegen, bei Schiffsladungen durch Schiffseiche festzustellen.

5.6 Laderaumbagger und Schuten sowie deren Laderäume müssen amtlich vermessen sein.

5.7 Bei der Mengenermittlung nach Laderaummaß wird die gemittelte Füllhöhe des Laderaumes nach üblichen Verfahren bestimmt und die Laderaumfüllung aus der amtlich bescheinigten Füllskala errechnet. Sind auf Laderaumbaggern geeignete Beladungsanzeiger vorhanden, so können auch diese zur Leistungsermittlung verwendet werden.

Nach dem Entleeren von Schuten oder Laderaumbaggern im Schiffsgefäß verbleibende Reste von Baggergut werden aufgemessen und in Abzug gebracht.

5.8 Bei Abrechnung nach Gewicht wird die Abladung nach Schiffseiche vor und nach der Beladung ermittelt. Bei unten nicht geschlossenem Laderaum, z. B. Klappschuten, ist der Auftrieb, bei unten geschlossenen Laderäumen, z. B. Spülschuten, ist der Wasseranteil zu berücksichtigen.

VOB Teil C:
Allgemeine Technische Vertragsbedingungen für Bauleistungen (ATV)
Untertagebauarbeiten — DIN 18 312
Ausgabe Dezember 1992

Inhalt

0 Hinweise für das Aufstellen der Leistungsbeschreibung
1 Geltungsbereich
2 Stoffe, Bauteile; Boden und Fels
3 Ausführung
4 Nebenleistungen, Besondere Leistungen
5 Abrechnung

0 Hinweise für das Aufstellen der Leistungsbeschreibung

Diese Hinweise ergänzen die ATV DIN 18 299 „Allgemeine Regelungen für Bauarbeiten jeder Art", Abschnitt 0. Die Beachtung dieser Hinweise ist Voraussetzung für eine ordnungsgemäße Leistungsbeschreibung gemäß A § 9.

Die Hinweise werden nicht Vertragsbestandteil.

In der Leistungsbeschreibung sind nach den Erfordernissen des Einzelfalls insbesondere anzugeben:

0.1 Angaben zur Baustelle

0.1.1 Art und Umfang des vorhandenen Aufwuchses auf den freizumachenden Flächen.

0.1.2 Gründungstiefen, Gründungsarten und Lasten benachbarter und darüberliegender Bauwerke.

0.2 Angaben zur Ausführung

0.2.1 Einschränkungen des Schichtbetriebs.

0.2.2 Vorhalten und Betreiben der Einrichtungen zum Belüften und Entstauben auch für andere Leistungen des Auftragnehmers.

0.2.3 Ausbildung der Anschlüsse an Bauwerke.

0.2.4 Besondere Maßnahmen zum Schutz von darüberliegenden Grundstücken und Bauwerken.

0.2.5 Besondere Anforderungen oder Maßnahmen zum Schutz von Grundwasser und anderen Gewässern, Wassergewinnungs- und Abwasserbeseitigungsanlagen.

0.2.6 Art und Anzahl der geforderten Proben.

0.2.7 Sachverständigengutachten und inwieweit sie bei der Ausführung zu beachten sind.

0.2.8 Besondere Maßnahmen bei Durchführung der Untertagebauarbeiten, wie Hangsicherung, Sicherung gegen Steinschlag, Lawinensicherung u. ä.

0.2.9 Besondere Maßnahmen zum Schutz der Fischerei, der Jagd, der Land- und Forstwirtschaft und anderer Interessengebiete.

0.2.10 Form und Fläche des Hohlraumquerschnitts, soweit sie nicht dem Auftragnehmer überlassen bleiben.

0.2.11 Das Ausbruchsollprofil, soweit dies nicht dem Auftragnehmer überlassen bleibt, und die zulässigen Toleranzen nach innen (t_i) und nach außen (t_a) (siehe Abschnitte 3.3.2 und 3.3.3).

Die Toleranz t_a ist unter Berücksichtigung der geologischen Gegebenheiten für die jeweilige Ausbruchklasse gesondert anzugeben. Mit der Toleranz t_a ist der über das Ausbruchsollprofil hinausgehende, geologisch bedingte, nicht vermeidbare, jedoch vorhersehbare Ausbruch zu erfassen. Ist dies im Einzelfall nicht möglich, so ist dieser zusätzliche Ausbruch quantitativ in anderer Weise anzugeben.

0.2.12 Sonderverfahren zur Durchführung des Vortriebs, z. B. Druckluftbetrieb, Grundwasserabsenkung, Injektionen, Gefrierarbeiten mit eingehender Erläuterung.

0.2.13 Anzahl, Maße und Lage der Angriffstellen, der Anfahr- und Zielschächte und der Fensterstollen.

0.2.14 Die Eigenschaften und Zustände von Boden und Fels und deren wesentliche Änderung nach dem Lösen.

0.2.15 Der Ausbruch nach Ausbruchklassen gemäß Abschnitt 2.3. Dabei dürfen Ausbruchklassen zusammengefaßt oder untergliedert werden, z. B. nach Art und Umfang der Sicherungsmaßnahmen. Unterschiedliche Ausbruchklassen in einem Querschnitt sollen nur dann vorgesehen werden, wenn eine Unterteilung des Ausbruchquerschnitts aus baubetrieblichen Gründen notwendig ist.

0.2.16 Für die jeweilige Ausbruchklasse: Bauverfahren, Art des Ausbruchs (z. B. Voll- bzw. Teilausbruch bzw. Abschlagtiefe), Art und Umfang der Sicherung.

0.2.17 Beseitigen von Teilen der Sicherung.

0.2.18 Art und Umfang der Maßnahmen zum Fassen und Beseitigen des Bergwassers während der Bauausführung.

0.2.19 Die Grenzwassermenge für Bergwasser (siehe Abschnitt 4.1.4).

0.2.20 Erfordernis und Art der Verfüllung von Hohlräumen (siehe Abschnitt 3.6.2).

0.2.21 Die Verwendung des Ausbruchmaterials und Förderung über Tage.

0.2.22 Besondere Maßnahmen hinsichtlich der Belüftung, Staubabsaugung, Beleuchtung usw.

0.2.23 Benutzung von Grundstücken und Gebäuden Dritter zum Herstellen von Verankerungen, Injektionen, Grundwasserabsenkungen usw.

0.2.24 Art, Umfang und Zeit von Spannungs- und Verformungsmessungen.

0.2.25 Beschränkungen der Setzungen und Erschütterungen aus besonderen Gründen, z. B. Unterfahrung von Gleisen und Gebäuden.

0.2.26 Art und Umfang der Standsicherheitsnachweise für Bauzustände und Endzustand des Untertagebauwerks.

0.2.27 Art, Umfang und Zeit von Beweissicherungsmaßnahmen.

0.3 Einzelangaben bei Abweichungen von den ATV

0.3.1 Wenn andere als die in dieser ATV vorgesehenen Regelungen getroffen werden sollen, sind diese in der Leistungsbeschreibung eindeutig und im einzelnen anzugeben.

Untertagebauarbeiten **DIN 18 312**

0.3.2 *Abweichende Regelungen können insbesondere in Betracht kommen bei*
Abschnitt 2.1, wenn gelöster Boden oder Fels in das Eigentum des Auftragnehmers übergehen soll,
Abschnitt 3.1.1, wenn der Bauablauf oder die Art und der Einsatz der Baugeräte dem Auftragnehmer vorgegeben werden sollen,
Abschnitt 3.3.6, wenn loses Gestein belassen werden soll,
Abschnitt 3.5.1, wenn die Wahl der Förderwege und -verfahren dem Auftragnehmer nicht überlassen bleiben sollen,
Abschnitt 5.1.1, wenn die üblichen Näherungsverfahren bei der Mengenermittlung nicht zulässig sein sollen,
Abschnitt 5.1.2, wenn bei Abrechnung nach Gewicht die Ermittlung durch Wiegen festgelegt werden soll,
Abschnitt 5.3.1, wenn die Ermittlung der Ausbruchmengen nicht getrennt nach Ausbruchklassen, sondern unter Aufgliederung oder Zusammenfassung von Ausbruchklassen erfolgen soll,
Abschnitt 5.3.3, wenn bei Abzweigungen und Durchdringungen nicht bis zum theoretischen Schnittpunkt der Längsachsen durchgerechnet werden soll,
Abschnitt 5.3.4, wenn Hohlräume, z.B. vorhandener Probestollen, nicht übermessen werden sollen,
Abschnitt 5.5, wenn die Verfüllung von Hohlräumen nicht durch Aufmaß ermittelt werden soll, sondern z.B. nach Materialverbrauch.

0.4 Einzelangaben zu Nebenleistungen und Besonderen Leistungen

Als Nebenleistungen, für die unter den Voraussetzungen der ATV DIN 18 299, Abschnitt 0.4.1, besondere Ordnungszahlen (Positionen) vorzusehen sind, kommen insbesondere in Betracht:

— *Vorhalten der Gerüste (siehe Abschnitt 4.1.14),*

— *Aufstellen, Vorhalten, Betreiben und Beseitigen von Einrichtungen zum Belüften und Entstauben (siehe Abschnitt 4.1.15),*

— *Aufstellen, Vorhalten, Betreiben und Beseitigen von Notstromanlagen (siehe Abschnitt 4.1.16),*

— *Liefern statischer Berechnungen und Zeichnungen für Baubehelfe (siehe Abschnitt 4.1.17).*

0.5 Abrechnungseinheiten

Im Leistungsverzeichnis sind die Abrechnungseinheiten wie folgt vorzusehen:

— *Ausbruch nach Raummaß (m^3),*

— *Aufwendungen bei Ausbruch- und Sicherungsarbeiten durch Zutritt von Bergwasser über die Grenzwassermenge hinaus als Zulage zum Ausbruch nach Raummaß (m^3), gestaffelt nach Wassermengen,*

— *Beseitigen von Hindernissen nach Raummaß (m^3) oder Anzahl (Stück),*

— *Beseitigen von Wasser nach Raummaß (l, m^3),*

— *Sichern mit Beton nach Flächenmaß (m^2),*

— *Verfüllen von Hohlräumen nach Raummaß (l, m^3),*

— *Maschendraht, Betonstahlmatten, Verzugs- oder Getriebedielen nach Flächenmaß (m^2), nach Gewicht (kg, t) oder Anzahl (Stück),*

— *Gitterträger und Streckenbögen nach Gewicht (kg, t) oder Anzahl (Stück),*

— *Felsnägel und Anker nach Anzahl (Stück), getrennt nach Arten und Größen,*

— *Sicherung mit Tübbings nach Längenmaß (m) oder Anzahl (Stück).*

1 Geltungsbereich

1.1 Die ATV „Untertagebauarbeiten" – DIN 18 312 – gilt für das Herstellen unterirdischer Hohlräume in Boden und Fels in geschlossener Bauweise (Stollen, Tunnel, Kavernen, Schächte u. ä.), die nicht unmittelbar zur Gewinnung von Bodenschätzen dienen.

1.2 Das Herstellen unterirdischer Hohlräume umfaßt den Ausbruch (Lösen, Laden und Fördern von Boden und Fels unter Tage) und die Sicherung des Hohlraumes.

1.3 Die ATV DIN 18 312 gilt auch dann für Sicherungsarbeiten, wenn diese gleichzeitig der Auskleidung dienen.

1.4 Die ATV DIN 18 312 gilt nicht für

– Erd- und Verbauarbeiten außerhalb der unterirdischen Hohlräume (siehe ATV DIN 18 300 „Erdarbeiten" und ATV DIN 18 303 „Verbauarbeiten"),
– Brunnenbauarbeiten (siehe ATV DIN 18 302 „Brunnenbauarbeiten"),
– Rohrvortriebsarbeiten (siehe ATV DIN 18 319 „Rohrvortriebsarbeiten").

1.5 Die ATV DIN 18 312 gilt auch nicht für

– Wasserhaltungsarbeiten (siehe ATV DIN 18 305 „Wasserhaltungsarbeiten"),
– Einpreßarbeiten (siehe ATV DIN 18 309 „Einpreßarbeiten"),
– Spritzbetonarbeiten (siehe ATV DIN 18 314 „Spritzbetonarbeiten"),
– Beton- und Stahlbetonarbeiten (siehe ATV DIN 18 331 „Beton- und Stahlbetonarbeiten"),

soweit nicht in der ATV DIN 18 312 dafür Regelungen enthalten sind.

1.6 Ergänzend gelten die Abschnitte 1 bis 5 der ATV DIN 18 299 „Allgemeine Regelungen für Bauarbeiten jeder Art". Bei Widersprüchen gehen die Regelungen der ATV DIN 18 312 vor.

2 Stoffe, Bauteile; Boden und Fels

Ergänzend zur ATV DIN 18 299, Abschnitt 2, gilt:

2.1 Allgemeines
Gelöster Boden und Fels gehen nicht in das Eigentum des Auftragnehmers über.

2.2 Boden- und Felsklassifizierung
Boden und Fels werden aufgrund ihrer Eigenschaften nach den davon abhängigen Maßnahmen für den Ausbruch und die Sicherung des Hohlraums im Hinblick auf Form und Größe des Hohlraumquerschnitts sowie auf das vereinbarte Bauverfahren in Ausbruchklassen eingeteilt.

Im übrigen gelten für das einheitliche Benennen und Beschreiben von Boden und Fels

– DIN 4022 Teil 1, Teil 2 und Teil 3 „Baugrund und Grundwasser; Benennen und Beschreiben von Boden und Fels",
– DIN 18 196 „Erd- und Grundbau; Bodenklassifikation für bautechnische Zwecke".

2.3 Ausbruchklassen

2.3.1 Allgemeine Ausbruchklassen

Ausbruchklasse 1
Ausbruch, der keine Sicherung erfordert.

Ausbruchklasse 2
Ausbruch, der eine Sicherung erfordert, die in Abstimmung mit dem Bauverfahren so eingebaut werden kann, daß Lösen und Laden nicht behindert werden.

Ausbruchklasse 3
Ausbruch, der eine in geringem Abstand zur Ortsbrust (bei Vertikalschächten: Schachtsohle bzw. -firste) folgende Sicherung erfordert, für deren Einbau Lösen und Laden unterbrochen werden müssen.

Ausbruchklasse 4
Ausbruch, der eine unmittelbar folgende Sicherung erfordert.

Ausbruchklasse 4 A
Ausbruch nach Ausbruchklasse 4, der jedoch eine Unterteilung des Ausbruchquerschnitts ausschließlich aus Gründen der Standsicherheit erfordert.

Ausbruchklasse 5
Ausbruch, der eine unmittelbar folgende Sicherung und zusätzlich eine Sicherung der Ortsbrust erfordert.

Ausbruchklasse 5 A
Ausbruch nach Ausbruchklasse 5, der jedoch eine Unterteilung des Ausbruchquerschnitts ausschließlich aus Gründen der Standsicherheit erfordert.

Ausbruchklasse 6
Ausbruch, der eine voreilende Sicherung erfordert.

Ausbruchklasse 6 A
Ausbruch nach Ausbruchklasse 6, der jedoch eine Unterteilung des Ausbruchquerschnitts ausschließlich aus Gründen der Standsicherheit erfordert.

Ausbruchklasse 7
Ausbruch, der eine voreilende Sicherung und zusätzlich eine Sicherung der Ortsbrust erfordert.

Ausbruchklasse 7 A
Ausbruch nach Ausbruchklasse 7, der jedoch eine Unterteilung des Ausbruchquerschnitts ausschließlich aus Gründen der Standsicherheit erfordert.

2.3.2 Ausbruchklassen für den Vortrieb mit Vollschnittbohrmaschinen (V)

Ausbruchklasse V 1
Ausbruch, der keine Sicherung erfordert.

Ausbruchklasse V 2
Ausbruch, der eine Sicherung erfordert, deren Einbau das vollmechanische Lösen nicht behindert.

Ausbruchklasse V 3
Ausbruch, der eine Sicherung bereits im Maschinenbereich erfordert, deren Einbau das vollmechanische Lösen behindert.

Ausbruchklasse V 4
Ausbruch, der eine Sicherung bereits unmittelbar hinter dem Bohrkopf erfordert, für deren Einbau das vollmechanische Lösen unterbrochen werden muß.

Ausbruchklasse V 5
Ausbruch, der Maßnahmen besonderer Art zur Verspannung der Maschine, zur Beseitigung von Nachfall im Maschinenbereich oder zur Verfestigung von Boden oder Fels erfordert, für deren Durchführung das vollmechanische Lösen unterbrochen werden muß.

Ausbruchklasse V 6
Ausbruch vor dem Bohrkopf durch nichtvollmechanisches Lösen, für das die Maschine zum Durchfahren örtlich begrenzter Zonen stillgelegt werden muß.

3 Ausführung

Ergänzend zur ATV DIN 18 299, Abschnitt 3, gilt:

3.1 Allgemeines

3.1.1 Die Wahl des Bauablaufs sowie die Wahl und der Einsatz der Baugeräte sind Sache des Auftragnehmers.

3.1.2 In der Nähe von Bauwerken, Leitungen, Kabeln, Dränen und Kanälen müssen die Arbeiten mit der erforderlichen Vorsicht ausgeführt werden.

3.1.3 Gefährdete bauliche Anlagen sind zu sichern; DIN 4123 „Gebäudesicherung im Bereich von Ausschachtungen, Gründungen und Unterfangungen" ist zu beachten. Bei Schutz- und Sicherungsmaßnahmen sind die Vorschriften der Eigentümer oder anderer Weisungsberechtigter zu beachten. Solche Maßnahmen sind Besondere Leistungen (siehe Abschnitt 4.2.1).

3.1.4 Wenn die Lage vorhandener Leitungen, Kabel, Dräne, Kanäle und sonstiger baulicher Anlagen vor Ausführung der Arbeiten nicht angegeben werden kann, ist diese zu erkunden. Solche Maßnahmen sind Besondere Leistungen (siehe Abschnitt 4.2.1).

3.1.5 Werden unvermutete Hindernisse, z. B. nicht angegebene Leitungen, Kabel, Dräne, Kanäle, Vermarkungen, Bauwerksreste, sonstige bauliche Anlagen, Findlinge, angetroffen, ist der Auftraggeber unverzüglich darüber zu unterrichten. Die zu treffenden Maßnahmen sind Besondere Leistungen (siehe Abschnitt 4.2.1).

3.1.6 Ergibt sich während der Ausführung die Gefahr von Verbrüchen, Ausfließen von Boden, Sohlhebungen, Wassereinbrüchen, Schäden an baulichen Anlagen u.ä., hat der Auftragnehmer unverzüglich die notwendigen Maßnahmen zur Verhütung von Schäden zu treffen und den Auftraggeber zu verständigen. Bereits eingetretene Schäden sind dem Auftraggeber unverzüglich anzuzeigen. Die weiteren Maßnahmen sind gemeinsam festzulegen. Soweit die Ursache nicht der Auftragnehmer zu vertreten hat, sind die vom Auftragnehmer getroffenen sowie die weiteren Maßnahmen Besondere Leistungen (siehe Abschnitt 4.2.1).

3.2 Wasserbeseitigung

3.2.1 Alle Maßnahmen zum Beseitigen von Wasser sind rechtzeitig auszuführen, und zwar so, daß Schäden vermieden werden, z. B. schädliche Aufweichungen des Gebirges.

3.2.2 Reichen die vereinbarten Maßnahmen für das Beseitigen von Bergwasser nicht aus, ist der Auftraggeber unverzüglich darüber zu unterrichten. Die zu treffenden Maßnahmen sind Besondere Leistungen (siehe Abschnitt 4.2.1).

3.3 Ausbruch

3.3.1 Das festgelegte Ausbruchsollprofil darf nur mit Zustimmung des Auftraggebers abgeändert werden.

3.3.2 Das Überschreiten der vereinbarten Toleranz nach innen (t_i) ist nicht zulässig.

3.3.3 Das Überschreiten der vereinbarten Toleranz nach außen (t_a) durch die Arbeitsweise des Auftragnehmers (vermeidbarer Mehrausbruch) ist zu vermeiden.

3.3.4 Tritt durch die geologischen Verhältnisse ein nicht vermeidbarer Mehrausbruch auf, der die angegebene Toleranz t_a überschreitet, ist der Auftraggeber unverzüglich darüber zu unterrichten. Die zu treffenden Maßnahmen sind Besondere Leistungen (siehe Abschnitt 4.2.1).

3.3.5 Werden bei der Herstellung der Hohlräume von der Leistungsbeschreibung abweichende Gebirgsverhältnisse angetroffen und ist die Ausführung der Leistung in der vorgesehenen Weise nicht mehr möglich oder treten Umstände ein, durch die das vereinbarte Ausbruchsollprofil nicht eingehalten werden kann, ist der Auftraggeber unverzüglich darüber zu unterrichten. Die zu treffenden Maßnahmen sind Besondere Leistungen (siehe Abschnitt 4.2.1).

3.3.6 Das Lösen von Fels, z. B. durch Sprengen, ist so durchzuführen, daß das verbleibende Gestein möglichst wenig aufgelockert wird. Loses Gestein ist zu entfernen.

3.4 Sicherung

3.4.1 Art und Umfang der Sicherung sind entsprechend den Festlegungen nach den vereinbarten Ausbruchklassen auszuführen. Ansonsten ist deren Wahl dem Auftragnehmer überlassen.

Sicherungsmaßnahmen sind so auszuführen, daß ein Überschreiten der festgelegten Toleranz t_a (vermeidbarer Mehrausbruch) vermieden wird.

3.4.2 Wenn Umstände auftreten, die eine Änderung der vereinbarten Sicherung erfordern, hat der Auftragnehmer bei Gefahr im Verzug unverzüglich die notwendigen Maßnahmen zur Verhütung von Schäden zu treffen und den Auftraggeber zu unterrichten. Die weiteren Maßnahmen sind gemeinsam festzulegen. Soweit die Ursache nicht der Auftragnehmer zu vertreten hat, sind die zur Verhütung von Schäden vom Auftragnehmer getroffenen sowie die weiteren Maßnahmen Besondere Leistungen (siehe Abschnitt 4.2.1).

3.5 Fördern

3.5.1 Die Wahl der Förderwege und -verfahren bleibt dem Auftragnehmer überlassen.

3.5.2 Die Fördermittel sind so zu wählen, daß eine schädliche Veränderung des Gebirges nicht eintritt.

3.6 Verfüllen von Hohlräumen

3.6.1 Hohlräume zwischen dem Ausbruchsollprofil und der Toleranz t_a sowie durch vermeidbaren Mehrausbruch entstandene Hohlräume sind mit geeignetem Material zu verfüllen.

3.6.2 Beim Ausbruch angetroffene Hohlräume, z. B. Klüfte, Karsthöhlen, sowie die durch nicht vermeidbaren, die angegebene Toleranz t_a überschreitenden Mehrausbruch entstandenen Hohlräume, sind, soweit notwendig, zu verfüllen. Solche Maßnahmen sind Besondere Leistungen (siehe Abschnitt 4.2.1).

3.6.3 Hohlräume zwischen Gebirge und Sicherung bzw. Auskleidung sind kraftschlüssig und so rechtzeitig zu verfüllen, daß schädliche Auswirkungen vermieden werden.

4 Nebenleistungen, Besondere Leistungen

4.1 Nebenleistungen sind ergänzend zur ATV DIN 18 299, Abschnitt 4.1, insbesondere:

4.1.1 Feststellen des Zustands der Straßen, der Geländeoberfläche, der Vorfluter usw. nach B § 3 Nr 4.

4.1.2 Leistungen zum Nachweis der Eignung und Güte von Stoffen und Bauteilen, soweit sie vom Auftragnehmer geliefert werden.

4.1.3 Beseitigen des Brauchwassers.

4.1.4 Aufwendungen bei den Ausbruch- und Sicherungsarbeiten, die durch Zutritt von Bergwasser bis zur Grenzwassermenge entstehen. Für die Bestimmung der Grenzwassermenge wird nur das bis zu einer Entfernung von 50 m von der Ortsbrust zutretende Bergwasser berücksichtigt.

4.1.5 Beseitigen von Ortsbrustsicherungen.

4.1.6 Laden und Fördern über Tage des Mehrausbruchs zwischen der Toleranz t_a und dem Ausbruchsollprofil sowie des vermeidbaren Mehrausbruchs.

4.1.7 Anfertigen der Einpreß- und Spannprotokolle bei Ankerung.

4.1.8 Anfertigen von Meßprotokollen bei Verformungs- und Spannungsmessungen.

4.1.9 Entfernen des Transportkorrosionsschutzes bei Tübbings.

4.1.10 Liefern und Einbauen der Stirnschalung bei Ortbetonsicherung.

4.1.11 Liefern und Einbauen aller Verbindungs- und Dichtungsmittel für Tübbings.

4.1.12 Liefern und Einbauen aller Verbindungsmittel und Fußplatten für Streckenbögen.

Untertagebauarbeiten DIN 18 312

4.1.13 Beseitigen von einzelnen Steinen und Mauerresten bis zu 0,1 m³ Rauminhalt *), bzw. bei den Ausbruchklassen 6, 6 A, 7 und 7 A bis 0,01 m³ Rauminhalt *).

4.1.14 Vorhalten der Gerüste (auch Traggerüste).

4.1.15 Aufstellen, Vorhalten, Betreiben und Beseitigen von Einrichtungen zum Belüften und Entstauben.

4.1.16 Aufstellen, Vorhalten, Betreiben und Beseitigen von Notstromanlagen.

4.1.17 Liefern statischer Berechnungen und Zeichnungen, soweit sie für Baubehelfe nötig sind.

4.2 Besondere Leistungen sind ergänzend zur ATV DIN 18 299, Abschnitt 4.2, z. B.:

4.2.1 Maßnahmen nach den Abschnitten 3.1.3, 3.1.4, 3.1.5, 3.1.6, 3.2.2, 3.3.4, 3.3.5, 3.4.2 und 3.6.2.

4.2.2 Besondere Maßnahmen zum Feststellen des Zustands der baulichen Anlagen einschließlich Straßen, Versorgungs- und Entsorgungsanlagen, z. B. Beweissicherung.

4.2.3 Liefern der Ausführungsunterlagen, z. B. statische Berechnung, Zeichnungen, über die Leistungen nach Abschnitt 4.1.17 hinaus.

4.2.4 Messungen und Untersuchungen zur Kontrolle der Standsicherheit und des Verformungsverhaltens des Hohlraums sowie benachbarter Bauwerke, zur Dimensionierung und Überprüfung der Wirksamkeit der gewählten Sicherungs- und Auskleidungsmaßnahmen, während und nach der Bauausführung.

4.2.5 Aufwendungen bei den Ausbruch- und Sicherungsarbeiten, die durch Zutritt von Bergwasser über die Grenzwassermenge hinaus entstehen (siehe Abschnitt 4.1.4).

5 Abrechnung

Ergänzend zur ATV DIN 18 299, Abschnitt 5, gilt:

5.1 Allgemeines

5.1.1 Bei der Mengenermittlung sind die üblichen Näherungsverfahren zulässig.

5.1.2 Bei Abrechnung nach Gewicht wird das Gewicht durch Berechnen ermittelt. Bei der Berechnung des Gewichtes ist bei deutschen genormten Stählen das Gewicht nach DIN-Normen (Nenngewicht), bei anderen Stählen das Gewicht nach dem Profilbuch des Herstellerwerkes zugrunde zu legen.

5.2 Wasserbeseitigung

Die abzurechnende Wassermenge wird ermittelt aus der aus dem Hohlraum abgeführten Wassermenge abzüglich der zugeführten Brauchwassermenge.

5.3 Ausbruch

5.3.1 Die Ausbruchmengen sind nach theoretischem Ausbruchquerschnitt (Ausbruchsollprofil) und Achslänge, getrennt nach Ausbruchklassen, zu ermitteln.

---
*) 0,01 m³ entspricht einer Kugel mit einem Durchmesser von ≈ 0,30 m.
  0,1 m³ entspricht einer Kugel mit einem Durchmesser von ≈ 0,60 m.

Der Mehrausbruch zwischen dem Ausbruchsollprofil und der Toleranz t_a sowie vermeidbarer Mehrausbruch bleiben unberücksichtigt.

5.3.2 Mehrausbruch nach Abschnitt 3.3.4 wird durch Aufmaß des entstandenen Hohlraums ermittelt.

5.3.3 Bei Abzweigungen und Durchdringungen wird der abzweigende oder durchdringende Hohlraum mit vollem Profilquerschnitt bis zum theoretischen Schnittpunkt der Längsachsen durchgerechnet.

5.3.4 Hohlräume im Gebirge, die innerhalb des Ausbruchsollprofils liegen, werden bei der Ermittlung der Ausbruchmengen übermessen, z. B. bei vorhandenem Probestollen.

5.4 Sicherung

5.4.1 Die Fläche der Sicherung aus Beton ist über die Abwicklung der Innenfläche (Innenleibung), diese aus dem Ausbruchsollprofil unter Berücksichtigung der festgelegten, theoretischen Dicke der Sicherung zu ermitteln. Öffnungen, Nischen und Aussparungen bis zu 1 m² Einzelgröße werden übermessen.

5.4.2 Die Flächen von Maschendraht, Betonstahlmatten, Verzugs- und Getriebedielen werden nach den Sollmaßen der bedeckten Flächen ohne Berücksichtigung von Überlappungen, Sicken, Rippen, Aufbiegungen u. ä. ermittelt.

5.4.3 Bei der Ermittlung des Gewichts von Gitterträgern und Stahlbögen werden Verbindungselemente, Fußplatten, Längsaussteifungen und Überlappungen nicht berücksichtigt.

5.4.4 Die Länge der Sicherung mit Tübbings wird in Bauwerkslängsachse ermittelt.

5.5 Verfüllung

Die Verfüllung von beim Ausbruch angetroffenen Hohlräumen wird durch Aufmaß der Hohlräume ermittelt. Dabei anzulegende Öffnungen, Nischen und Aussparungen bis zu 0,25 m³ Einzelgröße werden übermessen.

VOB Teil C:
Allgemeine Technische Vertragsbedingungen für Bauleistungen (ATV) Schlitzwandarbeiten mit stützenden Flüssigkeiten — DIN 18 313
Ausgabe Dezember 1992

Inhalt

0 Hinweise für das Aufstellen der Leistungsbeschreibung
1 Geltungsbereich
2 Stoffe, Bauteile; Boden und Fels
3 Ausführung
4 Nebenleistungen, Besondere Leistungen
5 Abrechnung

0 Hinweise für das Aufstellen der Leistungsbeschreibung

Diese Hinweise ergänzen die ATV DIN 18 299 „Allgemeine Regelungen für Bauarbeiten jeder Art", Abschnitt 0. Die Beachtung dieser Hinweise ist Voraussetzung für eine ordnungsgemäße Leistungsbeschreibung gemäß A § 9.

Die Hinweise werden nicht Vertragsbestandteil.

In der Leistungsbeschreibung sind nach den Erfordernissen des Einzelfalls insbesondere anzugeben:

0.1 Angaben zur Baustelle

0.1.1 Art des Bodens und Fels, insbesondere Korngrößenverteilung, Dichte, Scherparameter.

0.1.2 Natürliche und künstliche Hohlräume, frühere Bauhilfsmaßnahmen, Anker, Injektionen im Boden.

0.1.3 Nachteilige Einwirkungen von Boden und Wasser auf Schlitzwandstoffe und stützende Flüssigkeit.

0.1.4 Gründungstiefen, Gründungsarten und Lasten benachbarter Bauwerke.

0.2 Angaben zur Ausführung

0.2.1 Boden- und Felsklassen nach der ATV DIN 18 311, die Klassen E bis H sowie I und K in der Regel zusammengefaßt.

0.2.2 Geschätzte Mengenanteile, wenn Boden und Fels verschiedener Klassen über Abschnitt 0.2.1 hinaus zusammengefaßt werden, weil eine Trennung nur schwer möglich ist.

0.2.3 Ausführung der Leitwände doppel- oder einseitig.

0.2.4 Grundrißform der Schlitzwand, z. B. Rechteck-, T-Querschnitt.

0.2.5 Ausbildung der Anschlüsse an Bauwerke.

0.2.6 Ausbildung der Schlitzwand für Anschlüsse und Abzweigungen.

0.2.7 Sachverständigengutachten und inwieweit sie bei der Ausführung zu beachten sind.

0.2.8 Maßnahmen für den im Eigentum des Auftraggebers verbleibenden Aushub.

0.2.9 Arten und Eigenschaften der Schlitzwandstoffe, bei Beton und Stahlbeton die geforderte Festigkeitsklasse, Betongruppe und Anforderungen an Beton mit besonderen Eigenschaften nach DIN 1045.

0.2.10 Verwendung von Beton-Zusatzmitteln.

0.2.11 Sorten, Mengen, Durchmesser und Längen-Gruppen des Betonstahls.

0.2.12 Vergrößerung der Betondeckung der Stahleinlagen.

0.2.13 Bestimmte Maße (horizontale Stöße) und Gewichte der Bewehrungskörbe, Einschränkungen für den Transport der Körbe.

0.2.14 Beschränkungen der Länge der Schlitze und der Schlitzwandelemente.

0.2.15 Besondere Toleranzen.

0.2.16 Besondere Anforderungen zur Verhinderung von Wasserdurchtritt, getrennt nach Wand und Fugen.

0.2.17 Möglichkeiten ober- und unterirdischer Anordnung von Vor- und Rücklaufleitungen für die stützende Flüssigkeit, insbesondere im Bereich von Verkehrsflächen.

0.3 Einzelangaben bei Abweichungen von den ATV

0.3.1 Wenn andere als die in dieser ATV vorgesehenen Regelungen getroffen werden sollen, sind diese in der Leistungsbeschreibung eindeutig und im einzelnen anzugeben.

0.3.2 Abweichende Regelungen können insbesondere in Betracht kommen bei

Abschnitt 2.1.2, wenn mit stützender Flüssigkeit vermengter Boden nicht in das Eigentum des Auftragnehmers übergehen soll,

Abschnitt 2.1.3, wenn nicht mit stützender Flüssigkeit vermengter Boden in das Eigentum des Auftragnehmers übergehen soll,

Abschnitt 3.1.2, wenn das Bauverfahren, der Bauablauf oder die Art und der Einsatz der Baugeräte dem Auftragnehmer vorgegeben werden sollen,

Abschnitt 3.3.1, wenn die Art und die Stoffe von Leitwänden festgelegt werden sollen,

Abschnitt 3.3.2, wenn das Beseitigen oder Belassen von Leitwänden der Wahl des Auftragnehmers nicht überlassen bleiben soll,

Abschnitt 3.4.1, wenn die Zusammensetzung, Verarbeitung und Wiederaufbereitung der stützenden Flüssigkeit festgelegt werden soll,

Abschnitt 3.5.1, wenn es dem Auftragnehmer nicht überlassen bleiben soll, wie er die geforderte Güte der Wand erreicht,

Abschnitt 3.5.2, wenn über die Gestaltung des Schlitzwandkopfes Festlegungen getroffen werden sollen,

Abschnitt 3.6, wenn an die Wasserundurchlässigkeit der Schlitzwände besondere Anforderungen gestellt werden sollen, z. B. für Dichtungswände.

0.4 Einzelangaben zu Nebenleistungen und Besonderen Leistungen

Als Nebenleistungen, für die unter den Voraussetzungen der ATV DIN 18 299, Abschnitt 0.4.1, besondere Ordnungszahlen (Positionen) vorzusehen sind, kommen insbesondere in Betracht:

Liefern der Standsicherheitsnachweise nach DIN 4126 und Ausführungszeichnungen für die mit stützender Flüssigkeit gefüllten Schlitze (siehe Abschnitt 4.1.5).

Schlitzwandarbeiten mit stützenden Flüssigkeiten   DIN 18 313

0.5 Abrechnungseinheiten
Im Leistungsverzeichnis sind die Abrechnungseinheiten wie folgt vorzusehen:

0.5.1 Herstellen und Beseitigen der Leitwände einschließlich dazugehörender Erdarbeiten nach Länge (m), getrennt nach doppelseitigen oder einseitigen Leitwänden, gegebenenfalls getrennt nach Herstellen und Beseitigen der Leitwände.

0.5.2 Schlitzwände, getrennt nach Grundrißformen, z. B. Rechteckquerschnitten, T-Querschnitten,

- *einschließlich Aushub, Beton (bzw. anderem Schlitzwandstoff) und Bewehrung nach Flächenmaß (m^2),*

- *getrennt nach Aushub und Beton (bzw. anderem Schlitzwandstoff) einschließlich Bewehrung*
  - *Schlitzwandaushub nach Raummaß (m^3) oder Flächenmaß (m^2),*
  - *Schlitzwand nach Flächenmaß (m^2),*

- *getrennt nach Aushub, Beton (bzw. anderem Schlitzwandstoff) und Bewehrung*
  - *Schlitzwandaushub nach Raummaß (m^3) oder Flächenmaß (m^2),*
  - *Schlitzwand nach Flächenmaß (m^2),*
  - *Bewehrung nach Abschnitt 0.5 der ATV DIN 18 331 „Beton- und Stahlbetonarbeiten".*

0.5.3 Ersatz des Verlustes an stützender Flüssigkeit nach Raummaß (m^3) oder nach Gewicht (kg) der für die Herstellung der Ersatzflüssigkeit verwendeten Stoffe.

1 Geltungsbereich

1.1 Die ATV „Schlitzwandarbeiten mit stützenden Flüssigkeiten" – DIN 18 313 – gilt für das Herstellen von Wänden und anderen Bauwerksteilen in flüssigkeitsgestützten Erdschlitzen und für das Ausheben dieser Schlitze unter stützender Flüssigkeit. Sie gilt auch für das Herstellen und Beseitigen von Leitwänden und für die dazugehörenden Erdarbeiten.

1.2 Die ATV DIN 18 313 gilt nicht für das Herstellen von Dichtungswänden in Schlitzen, die mit Hilfe von eingerammten, eingepreßten oder eingerüttelten Trägern oder Bohlen hergestellt werden (sogenannte Schmalwände).

1.3 Ergänzend gelten die Abschnitte 1 bis 5 der ATV DIN 18 299 „Allgemeine Regelungen für Bauarbeiten jeder Art". Bei Widersprüchen gehen die Regelungen der ATV DIN 18 313 vor.

2 Stoffe, Bauteile; Boden und Fels
Ergänzend zur ATV DIN 18 299, Abschnitt 2, gilt:

2.1 Allgemeines

2.1.1 Die Leistung umfaßt auch das Herstellen der stützenden Flüssigkeit, deren Einleiten in die Schlitze, Homogenisieren, Ausleiten aus den Schlitzen und Beseitigen.

2.1.2 Mit stützender Flüssigkeit vermengter Aushub (gelöster Boden und Fels) geht in das Eigentum des Auftragnehmers über.

2.1.3 Nicht mit stützender Flüssigkeit vermengter Aushub geht nicht in das Eigentum des Auftragnehmers über.

2.2 Boden- und Felsklassen

Für die Boden- und Felsklassen gilt die ATV DIN 18 311 „Naßbaggerarbeiten", Abschnitt 2.

2.3 Stoffe, Bauteile

Für die gebräuchlichsten genormten Stoffe und Bauteile sind die DIN-Normen nachstehend aufgeführt:

Normen der Reihe
DIN 488	Betonstahl
DIN 1045	Beton und Stahlbeton; Bemessung und Ausführung
DIN 1164 Teil 1	Portland-, Eisenportland-, Hochofen- und Traßzement; Begriffe, Bestandteile, Anforderungen, Lieferung
DIN 1164 Teil 2	Portland-, Eisenportland-, Hochofen- und Traßzement; Überwachung (Güteüberwachung)
DIN 1164 Teil 100	Zement; Portlandölschieferzement; Anforderungen, Prüfungen, Überwachung
DIN 4127	Erd- und Grundbau; Schlitzwandtone für stützende Flüssigkeiten; Anforderungen, Prüfverfahren, Lieferung, Güteüberwachung

Normen der Reihe
DIN 4226	Zuschlag für Beton

2.4 Zusatzmittel

Zusatzmittel, die der stützenden Flüssigkeit beigegeben werden, dürfen keine unzulässigen Auswirkungen auf Boden, Grundwasser und andere Gewässer haben.

3 Ausführung

Ergänzend zur ATV DIN 18 299, Abschnitt 3, gilt:

3.1 Allgemeines

3.1.1 Schlitzwandarbeiten mit stützenden Flüssigkeiten sind nach DIN 4126 „Ortbeton-Schlitzwände; Konstruktion und Ausführung" auszuführen.

3.1.2 Die Wahl des Bauverfahrens und -ablaufs sowie die Wahl und der Einsatz der Baugeräte sind Sache des Auftragnehmers.

3.1.3 In der Nähe von Bauwerken, Leitungen, Kabeln, Dränen und Kanälen müssen die Arbeiten mit der erforderlichen Vorsicht ausgeführt werden.

3.1.4 Gefährdete bauliche Anlagen sind zu sichern; DIN 4123 „Gebäudesicherung im Bereich von Ausschachtungen, Gründungen und Unterfangungen" ist zu beachten. Bei Schutz- und Sicherungsmaßnahmen sind die Vorschriften der Eigentümer oder anderer Weisungsberechtigter zu beachten. Solche Maßnahmen sind Besondere Leistungen (siehe Abschnitt 4.2.1).

3.1.5 Wenn die Lage vorhandener Leitungen, Kabel, Dräne, Kanäle, Vermarkungen, Hindernisse und sonstiger baulicher Anlagen vor Ausführung der Arbeiten nicht angegeben werden kann, ist diese zu erkunden. Solche Maßnahmen sind Besondere Leistungen (siehe Abschnitt 4.2.1).

3.1.6 Werden unvermutete Hindernisse, z. B. nicht angegebene Leitungen, Kabel, Dräne, Kanäle, Vermarkungen, Bauwerksreste, größere Steine, angetroffen, ist der Auftraggeber unverzüglich darüber zu unterrichten. Die zu treffenden Maßnahmen sind Besondere Leistungen (siehe Abschnitt 4.2.1).

3.1.7 Ergeben sich während der Ausführung Gefahren, z. B. durch Wasserandrang, Bodenauftrieb, Ausfließen von Boden, Rutschungen, plötzliches Absinken des Spiegels der stützenden Flüssigkeit, hat der Auftragnehmer unverzüglich die notwendigen Maßnahmen zur Verhütung von Schäden zu treffen und den Auftraggeber zu verständigen. Die weiteren Maßnahmen sind gemeinsam festzulegen. Soweit die Ursache nicht der Auftragnehmer zu vertreten hat, sind die zur Verhütung von Schäden vom Auftragnehmer getroffenen sowie die weiteren Maßnahmen Besondere Leistungen (siehe Abschnitt 4.2.1).

3.1.8 Werden von der Leistungsbeschreibung abweichende Bodenverhältnisse angetroffen, ist der Auftraggeber unverzüglich zu unterrichten. Die zu treffenden Maßnahmen, wie z. B. Ändern der Standsicherheitsnachweise, Ersetzen und Verändern der stützenden Flüssigkeit nach Qualität und Menge, Ändern der Aushub- und Betonmenge, sind gemeinsam festzulegen; diese sind Besondere Leistungen (siehe Abschnitt 4.2.1).

3.2 Vorbereiten des Baugeländes

3.2.1 Grenzsteine und amtliche Festpunkte dürfen nur mit Zustimmung des Auftraggebers beseitigt werden. Festpunkte des Auftraggebers für die Baumaßnahme hat der Auftragnehmer vor Beseitigung zu sichern.

3.2.2 Aufwuchs darf über den vereinbarten Umfang hinaus nur mit Zustimmung des Auftraggebers beseitigt werden.

3.3 Leitwände

3.3.1 Wenn das Herstellen von Leitwänden vereinbart ist, die Art und die Stoffe jedoch nicht bestimmt sind, bleibt deren Wahl dem Auftragnehmer überlassen.

3.3.2 Das Beseitigen oder Belassen von Leitwänden bleibt der Wahl des Auftragnehmers überlassen.

3.4 Herstellen der Schlitze

3.4.1 Es bleibt dem Auftragnehmer überlassen, wie er die stützende Flüssigkeit zum Erreichen der notwendigen Eigenschaften zusammensetzt, verarbeitet und wieder aufbereitet.

3.4.2 Stellt sich beim Abteufen der Schlitze heraus, daß die planmäßigen Tiefen zu gering oder zu groß sind, hat der Auftragnehmer dies dem Auftraggeber unverzüglich anzuzeigen. Die zu treffenden Maßnahmen sind Besondere Leistungen (siehe Abschnitt 4.2.1).

3.5 Herstellen der Wand

3.5.1 Es bleibt dem Auftragnehmer überlassen, wie er die geforderte Güte der Wand erreicht, z. B. Wahl der Baustoffe und Bauteile sowie deren Verarbeitung.

3.5.2 Der Auftragnehmer braucht den oberhalb der planmäßigen Schlitzwandoberkante entstandenen, zum Teil mit Boden und stützender Flüssigkeit vermischten Betonkörper nicht zu bearbeiten und nicht zu beseitigen.

3.6 Fugen

Fugen in Schlitzwänden müssen nur so wasserundurchlässig sein, wie es beim Herstellen der Wand ohne besondere Maßnahmen erreichbar ist.

4 Nebenleistungen, Besondere Leistungen

4.1 Nebenleistungen sind ergänzend zur ATV DIN 18 299, Abschnitt 4.1, insbesondere:

4.1.1 Feststellen des Zustands der Straßen, der Geländeoberfläche, der Vorfluter usw. nach B § 3 Nr 4.

4.1.2 Leistungen zum Nachweis der Güte der Stoffe und Bauteile nach den geltenden Normen.

4.1.3 Einrichten und Führen des Baustellenlabors.

4.1.4 Maßnahmen für das Beobachten der mit stützender Flüssigkeit gefüllten Schlitze.

4.1.5 Liefern der Standsicherheitsnachweise nach DIN 4126 und Ausführungszeichnungen für die mit stützender Flüssigkeit gefüllten Schlitze.

4.2 Besondere Leistungen sind ergänzend zur ATV DIN 18 299, Abschnitt 4.2, z. B.:

4.2.1 Maßnahmen nach den Abschnitten 3.1.4, 3.1.5, 3.1.6, 3.1.7, 3.1.8 und 3.4.2.

4.2.2 Besondere Maßnahmen zum Feststellen des Zustands der baulichen Anlagen einschließlich Versorgungs- und Entsorgungsanlagen.

4.2.3 Ersetzen des Verlustes an stützender Flüssigkeit infolge Ausfließen aus dem Schlitz in unterirdische Hohlräume (dazu gehört nicht der Porenraum des Bodens), soweit die Ursache dafür nicht vom Auftragnehmer zu vertreten ist.

4.2.4 Beseitigen von Aufwuchs einschließlich Roden.

4.2.5 Maßnahmen zum Erhalten der vorhandenen Wasserläufe und der Vorflut.

4.2.6 Aufbrechen und Wiederherstellen von befestigten Flächen.

4.2.7 Boden-, Wasser- und bodenmechanische Untersuchungen, Wasserstandsmessungen.

4.2.8 Liefern der statischen Berechnungen und Ausführungszeichnungen für die Schlitzwand.

4.2.9 Herstellen von Aussparungen.

4.2.10 Liefern und Einsetzen von Einbauteilen (Ankerschienen, Leitungen, Dübeln, Ankerhülsen, Verbauträgern u. ä.).

4.2.11 Herstellen von Dehnungsfugen und von Fugendichtungen.

4.2.12 Leistungen zum Nachweis der Güte der Stoffe, Bauteile und des Betons, soweit sie der Auftraggeber über Abschnitt 4.1.2 hinaus verlangt.

4.2.13 Zusätzliche Schutzmaßnahmen gegen betonschädigende Einwirkungen.

4.2.14 Behandeln von freigelegten Schlitzwandflächen.

4.2.15 Verfüllen von leeren Schlitzbereichen oberhalb der planmäßigen Wand.

5 Abrechnung

Ergänzend zur ATV DIN 18 299, Abschnitt 5, gilt:

5.1 Der Ermittlung der Leistung – gleichgültig ob sie nach Zeichnungen oder Aufmaß erfolgt – sind zugrunde zu legen
- für die Länge der Leitwände, des Schlitzwandaushubes und der Schlitzwände die Länge der Schlitzwandachse im Grundriß,
- für die Dicke des Schlitzwandaushubes und der Schlitzwände die vorgeschriebene Nenndicke nach DIN 4126,
- für die Tiefe des Schlitzwandaushubes das Maß von der vorgegebenen Bodenoberfläche bis zur vorgeschriebenen Schlitzwand-Unterkante,
- für die Tiefe der Schlitzwand das Maß von der vorgeschriebenen Schlitzwand-Oberkante bis zur vorgeschriebenen Schlitzwand-Unterkante.

5.2 Das Flächenmaß wird unabhängig von der Grundrißform der Schlitzwand aus der Länge und der Tiefe nach Abschnitt 5.1 ermittelt.

5.3 Aussparungen und Leitungen werden übermessen.

VOB Teil C:
Allgemeine Technische Vertragsbedingungen für Bauleistungen (ATV)
Spritzbetonarbeiten — DIN 18 314
Ausgabe Dezember 1992

Inhalt

0 Hinweise für das Aufstellen der Leistungsbeschreibung
1 Geltungsbereich
2 Stoffe, Bauteile
3 Ausführung
4 Nebenleistungen, Besondere Leistungen
5 Abrechnung

0 Hinweise für das Aufstellen der Leistungsbeschreibung

Diese Hinweise ergänzen die ATV DIN 18 299 „Allgemeine Regelungen für Bauarbeiten jeder Art", Abschnitt 0. Die Beachtung dieser Hinweise ist Voraussetzung für eine ordnungsgemäße Leistungsbeschreibung gemäß A § 9.

Die Hinweise werden nicht Vertragsbestandteil.

In der Leistungsbeschreibung sind nach den Erfordernissen des Einzelfalls insbesondere anzugeben:

0.1 Angaben zur Baustelle

0.1.1 Art und Beschaffenheit des Untergrundes bzw. der Auftragsflächen, insbesondere Wasserzutritte, Festigkeit, Witterungsbeständigkeit, Verschmutzung und Verölung.

0.1.2 Gründungstiefen, Gründungsarten und Lasten benachbarter Bauwerke.

0.1.3 Anlagen für Bewetterung und Staubabführung.

0.1.4 Angaben über die Wasserhaltung, Hoch- und Niedrigwasserstände.

0.2 Angaben zur Ausführung

0.2.1 Die geforderte Spritzbetongüte nach DIN 18 551 sowie die besonderen Eigenschaften, z. B. Wasserundurchlässigkeit, hoher Widerstand gegen chemische und mechanische Angriffe.

0.2.2 Ausführen des Spritzbetons mit oder ohne Schalung und mit oder ohne Bewehrung.

0.2.3 Vergrößerung der Betondeckung der Stahleinlagen, z. B. bei wechselnder Durchfeuchtung, bei chemischen Angriffen.

0.2.4 Einhalten von Maßtoleranzen.

0.2.5 Besondere Anforderungen an Maß, Lage und Anzahl der Befestigungen für die Bewehrung.

Spritzbetonarbeiten

0.2.6 Reinigung des Untergrundes bzw. der Auftragsfläche.

0.2.7 Verwendung des Rückprallgutes.

0.2.8 Art, Größe, Lage und Anzahl von Aussparungen und Einbauteilen.

0.2.9 Besondere Anforderungen an Fugen.

0.2.10 Ausbildung der Anschlüsse an Bauwerke.

0.3 Einzelangaben bei Abweichungen von den ATV

0.3.1 Wenn andere als die in dieser ATV vorgesehenen Regelungen getroffen werden sollen, sind diese in der Leistungsbeschreibung eindeutig und im einzelnen anzugeben.

0.3.2 Abweichende Regelungen können insbesondere in Betracht kommen bei

Abschnitt 3.1.3, wenn die vereinbarten Auftragsdicken nicht Mindestdicken sein sollen,

Abschnitt 3.2, wenn Einzelheiten zur Zusammensetzung, Mischweise, Verarbeitung und Nachbehandlung des Spritzbetons vorgeschrieben werden sollen,

Abschnitt 3.3, wenn die Betonoberfläche nicht spritzrauh belassen werden soll,

Abschnitt 3.4, wenn der Auftragnehmer den Rückprall nicht zu beseitigen hat,

Abschnitt 5.2, wenn die Verfüllung von Hohlräumen nicht durch Aufmaß, sondern z. B. nach Materialverbrauch ermittelt werden soll,

Abschnitt 5.6, wenn Bindedraht, Walztoleranz und Verschnitt bei der Ermittlung des Abrechnungsgewichts berücksichtigt werden sollen.

0.4 Einzelangaben zu Nebenleistungen und Besonderen Leistungen

Als Nebenleistungen, für die unter den Voraussetzungen der ATV DIN 18 299, Abschnitt 0.4.1, besondere Ordnungszahlen (Positionen) vorzusehen sind, kommen insbesondere in Betracht:

— Auf- und Abbauen sowie Vorhalten der Gerüste (siehe Abschnitt 4.1.3),

— Aufstellen, Vorhalten, Betreiben und Beseitigen von Einrichtungen zum Belüften und Entstauben (siehe Abschnitt 4.1.4).

0.5 Abrechnungseinheiten

Im Leistungsverzeichnis sind die Abrechnungseinheiten wie folgt vorzusehen:

0.5.1 Spritzbeton, getrennt nach Beton, Schalung und Bewehrung:
— Beton nach Flächenmaß (m^2) oder Raummaß (m^3),
— Schalung nach Flächenmaß (m^2),
— Kantenschalung an Unterzügen, Stützen usw. nach Längenmaß (m),
— Bewehrung (Liefern, Schneiden, Biegen, Verlegen) nach Gewicht (kg, t).

0.5.2 Spritzbeton, getrennt nach Beton (einschließlich Schalung) und Bewehrung:
— Beton (einschließlich Schalung) nach Flächenmaß (m^2) oder Raummaß (m^3),
— Bewehrung (Liefern, Schneiden, Biegen, Verlegen) nach Gewicht (kg, t).

0.5.3 Spritzbeton, Beton einschließlich Schalung und Bewehrung:
Beton nach Flächenmaß (m^2) oder Raummaß (m^3).

1 Geltungsbereich

1.1 Die ATV „Spritzbetonarbeiten" — DIN 18 314 — gilt für das Herstellen von Bauteilen aus bewehrtem oder unbewehrtem Beton mit geschlossenem Gefüge, der im Spritzverfahren aufgetragen und dabei verdichtet wird.

Sie gilt auch für das Ausbessern und Verstärken von Bauteilen.

1.2 Die ATV DIN 18 314 gilt nicht für Putzmörtel, der im Spritzverfahren aufgetragen wird.

1.3 Abschnitt 5 der ATV DIN 18 314 gilt nicht für Spritzbeton als Sicherung bei Untertagebauarbeiten, soweit dafür in der ATV DIN 18 312 „Untertagebauarbeiten" Regelungen enthalten sind.

1.4 Ergänzend gelten die Abschnitte 1 bis 5 der ATV DIN 18 299 „Allgemeine Regelungen für Bauarbeiten jeder Art". Bei Widersprüchen gehen die Regelungen der ATV DIN 18 314 vor.

2 Stoffe, Bauteile

Ergänzend zur ATV DIN 18 299, Abschnitt 2, gilt:

Für die gebräuchlichsten genormten Stoffe und Bauteile sind die DIN-Normen nachstehend aufgeführt:

DIN 1045	Beton und Stahlbeton; Bemessung und Ausführung
DIN 1164 Teil 1	Portland-, Eisenportland-, Hochofen- und Traßzement; Begriffe, Bestandteile, Anforderungen, Lieferung
DIN 1164 Teil 2	Portland-, Eisenportland-, Hochofen- und Traßzement; Überwachung (Güteüberwachung)
DIN 1164 Teil 100	Zement; Portlandölschieferzement; Anforderungen, Prüfung, Überwachung
DIN 4226 Teil 1	Zuschlag für Beton; Zuschlag mit dichtem Gefüge; Begriffe, Bezeichnung und Anforderungen
DIN 4226 Teil 4	Zuschlag für Beton; Überwachung (Güteüberwachung)
DIN 4227 Teil 1	Spannbeton; Bauteile aus Normalbeton, mit beschränkter oder voller Vorspannung

3 Ausführung

Ergänzend zur ATV DIN 18 299, Abschnitt 3, gilt:

3.1 Allgemeines

3.1.1 Für die Ausführung gilt DIN 18 551 „Spritzbeton; Herstellung und Prüfung".

3.1.2 Der Auftragnehmer hat bei seiner Prüfung Bedenken (siehe B § 4 Nr 3) insbesondere geltend zu machen bei Umständen, die die Haftung, die Erhärtung oder die Güte des Betons beeinträchtigen.

3.1.3 Vereinbarte Auftragsdicken sind Mindestdicken.

3.2 Herstellen des Betons

Es bleibt dem Auftragnehmer überlassen, wie er den Beton zur Erreichung der geforderten Güte zusammensetzt, mischt, verarbeitet und nachbehandelt.

3.3 Oberfläche
Die Oberfläche des Spritzbetons ist spritzrauh zu belassen.

3.4 Rückprall
Der Auftragnehmer hat den Rückprall zu beseitigen.

4 Nebenleistungen, Besondere Leistungen

4.1 Nebenleistungen sind ergänzend zur ATV DIN 18 299, Abschnitt 4.1, insbesondere:

4.1.1 Feststellen des Zustands der Straßen, der Geländeoberfläche, der Vorfluter usw. nach B § 3 Nr 4.

4.1.2 Leistungen zum Nachweis der Güte der Stoffe, Bauteile und des Betons nach DIN 18 551.

4.1.3 Auf- und Abbauen sowie Vorhalten der Gerüste, deren Arbeitsbühnen bis zu 2 m über Gelände oder Fußboden liegen, für Spritzbetonarbeiten bei Untertagebauarbeiten (siehe ATV DIN 18 312) alle Gerüste einschließlich Traggerüste.

4.1.4 Aufstellen, Vorhalten, Betreiben und Beseitigen von Einrichtungen zum Belüften und Entstauben.

4.2 Besondere Leistungen sind ergänzend zur ATV DIN 18 299, Abschnitt 4.2, z. B.:

4.2.1 Besondere Maßnahmen zum Schutz von Bauteilen, Sachen und Personen, z. B. durch Schutzwände, Absauganlagen.

4.2.2 Boden- und Wasseruntersuchungen.

4.2.3 Auf- und Abbauen sowie Vorhalten der Gerüste, Hebebühnen und dergleichen, deren Arbeitsbühnen mehr als 2 m über Gelände oder Fußboden liegen, ausgenommen bei Untertagebauarbeiten (siehe Abschnitt 4.1.3).

4.2.4 Vorsorge- und Schutzmaßnahmen für das Spritzbetonieren unter + 5 °C Lufttemperatur (siehe DIN 1045).

4.2.5 Liefern statischer Berechnungen für den Nachweis der Standsicherheit des Bauwerks und der für diesen Nachweis erforderlichen Zeichnungen.

4.2.6 Reinigen des Untergrundes von grober Verschmutzung durch Bauschutt, Gips, Mörtelreste, Farbreste u. ä., soweit sie nicht vom Auftragnehmer herrührt.

4.2.7 Maßnahmen zur Behandlung ungeeigneter Auftragsflächen, z. B. Sandstrahlen.

4.2.8 Zusätzliche Schutzmaßnahmen gegen betonschädigende Einwirkungen und gegen Fremderschütterungen.

4.2.9 Herstellen von Aussparungen und Schlitzen, die nach Art, Maßen und Anzahl in der Leistungsbeschreibung nicht angegeben sind.

4.2.10 Schließen von Löchern, Schlitzen, Durchbrüchen u. ä., die nach Art, Maßen und Anzahl in der Leistungsbeschreibung nicht angegeben sind.

4.2.11 Herstellen von Dehnungsfugen und Fugendichtungen.

4.2.12 Leistungen zum Nachweis der Güte der Stoffe, Bauteile und des Betons, soweit sie der Auftraggeber über Abschnitt 4.1.2 hinaus verlangt.

4.2.13 Besondere Maßnahmen zur Wasserableitung von den Auftragsflächen, z. B. Schlauchdränage.

5 Abrechnung

Ergänzend zur ATV DIN 18 299, Abschnitt 5, gilt:

5.1 Bei Abrechnung nach Flächenmaß oder Raummaß werden Öffnungen sowie durchbindende und einbindende Bauteile bis zu je 1 m^2 Spritzbetonoberfläche übermessen; dies gilt auch für Nischen, Schlitze, Kanäle u. ä., die nicht spritzbetoniert sind.

5.2 Die Verfüllung von Hohlräumen wird durch Aufmaß der Hohlräume ermittelt. Dabei anzulegende Öffnungen, Nischen und Aussparungen bis zu 0,25 m^3 Einzelgröße werden übermessen.

5.3 Durch die Bewehrung, z. B. Stabstähle, Profilstähle, Spannstähle mit Zubehör sowie Anker, verdrängte Spritzbetonmengen werden auch dann nicht abgezogen, wenn getrennt nach Beton und Bewehrung abgerechnet wird.

5.4 Bei Abrechnung nach Raummaß für unregelmäßige Auftragsflächen wird die Querschnittsfläche durch Profilvergleich vor und nach dem Spritzen ermittelt.

5.5 Bei getrennter Abrechnung der Schalung wird die Schalung zum Herstellen von Öffnungen nach Abschnitt 5.2 nicht mitgerechnet.

5.6 Bei getrennter Abrechnung der Bewehrung gilt:

Zur Bewehrung gehören auch die Unterstützungen, z. B. Stahlböcke, Spiralbewehrungen, Verspannungen, Auswechslungen, Montageeisen u. ä.

Maßgebend ist das errechnete Gewicht, bei deutschen genormten Stählen nach den Gewichten der DIN-Normen (Nenngewichten), bei anderen Stählen nach den Gewichten des Profilbuches des Erzeugerwerkes.

Bindedraht, Walztoleranz und Verschnitt bleiben bei der Ermittlung des Abrechnungsgewichtes unberücksichtigt.

VOB Teil C:
Allgemeine Technische Vertragsbedingungen für Bauleistungen (ATV)
Verkehrswegebauarbeiten; Oberbauschichten ohne Bindemittel
DIN 18 315
Ausgabe Dezember 1992

Inhalt

0 Hinweise für das Aufstellen der Leistungsbeschreibung
1 Geltungsbereich
2 Stoffe, Bauteile
3 Ausführung
4 Nebenleistungen, Besondere Leistungen
5 Abrechnung

0 Hinweise für das Aufstellen der Leistungsbeschreibung

Diese Hinweise ergänzen die ATV DIN 18 299 „Allgemeine Regelungen für Bauarbeiten jeder Art", Abschnitt 0. Die Beachtung dieser Hinweise ist Voraussetzung für eine ordnungsgemäße Leistungsbeschreibung gemäß A § 9.
Die Hinweise werden nicht Vertragsbestandteil.
In der Leistungsbeschreibung sind nach den Erfordernissen des Einzelfalls insbesondere anzugeben:

0.1 Angaben zur Baustelle

0.1.1 Art und Beschaffenheit der Unterlage.

0.1.2 Gründungstiefen und Gründungsarten benachbarter Bauwerke.

0.1.3 Art und Beschaffenheit vorhandener Einfassungen.

0.1.4 Gleisbelegung und Höchstgeschwindigkeiten im Nachbargleis.

0.2 Angaben zur Ausführung

0.2.1 Aufbau des Oberbaus entsprechend der Beanspruchung.

0.2.2 Ausbildung der Anschlüsse an Bauwerke, Bauteile und Oberbauschichten.

0.2.3 Art und Anzahl von Aussparungen und Einbauten.

0.2.4 Art und Umfang der Sicherungsmaßnahmen bei Arbeiten neben befahrenen Gleisanlagen.

0.2.5 Art und Umfang des Schutzes der Gleisbettung, von Schaltmitteln, Drahtzugleitungen, Kabelkanälen, Kabelverteilern usw.

0.3 Einzelangaben bei Abweichungen von den ATV

0.3.1 Wenn andere als die in dieser ATV vorgesehenen Regelungen getroffen werden sollen, sind diese in der Leistungsbeschreibung eindeutig und im einzelnen anzugeben.

0.3.2 Abweichende Regelungen können insbesondere in Betracht kommen bei

Abschnitt 2.1.2, wenn die Zusammensetzung der Mineralstoffe dem Auftragnehmer nicht überlassen bleiben soll,

Abschnitt 2.1.2.4, wenn das Mineralstoffgemisch nicht wasserundurchlässig sein soll,

Abschnitt 3.3.1, wenn bei Tragschichten für zulässige Abweichungen von der Sollhöhe, für die Ebenheit oder für die Dicke andere Werte festgelegt werden sollen,

Abschnitt 3.3.2, wenn bei Deckschichten für zulässige Abweichungen von der Sollhöhe, für die Ebenheit oder für die Dicke andere Werte festgelegt werden sollen,

Abschnitt 3.3.3, wenn Oberbauschichten aus unsortierten Mineralstoffen nicht einschichtig hergestellt werden sollen.

0.4 Einzelangaben zu Nebenleistungen und Besonderen Leistungen

Keine ergänzende Regelung zur ATV DIN 18 299, Abschnitt 0.4.

0.5 Abrechnungseinheiten

Im Leistungsverzeichnis sind die Abrechnungseinheiten wie folgt vorzusehen:
- Nachverdichten der Unterlage nach Flächenmaß (m^2),
- Herstellen der planmäßigen Höhenlage, Neigung und der festgelegten Ebenheit der Unterlagen nach Flächenmaß (m^2),
- Planumsschutzschichten für Gleisanlagen nach Flächenmaß (m^2), Raummaß (m^3) oder Gewicht (t),
- Tragschichten nach Flächenmaß (m^2), Raummaß (m^3) oder Gewicht (t),
- Deckschichten nach Flächenmaß (m^2),
- Oberbauschichten aus unsortierten Mineralstoffen nach Flächenmaß (m^2), Raummaß (m^3) oder Gewicht (t),
- Probenahmen für Kontrollprüfungen nach Anzahl (Stück).

1 Geltungsbereich

1.1 Die ATV „Verkehrswegebauarbeiten; Oberbauschichten ohne Bindemittel" — DIN 18 315 — gilt für das Befestigen von Straßen und Wegen aller Art, Plätzen, Höfen, Flugbetriebsflächen, Bahnsteigen und Gleisanlagen mit
- Trag- und Deckschichten im Straßenbau,
- Frostschutz- und Planumsschutzschichten für Gleisanlagen.

1.2 Die ATV DIN 18 315 gilt nicht
- für das Verbessern und Verfestigen des Unterbaus und des Untergrundes,
- für das Herstellen von Gleisbettungen (siehe ATV DIN 18 325 „Gleisbauarbeiten").

1.3 Ergänzend gelten die Abschnitte 1 bis 5 der ATV DIN 18 299 „Allgemeine Regelungen für Bauarbeiten jeder Art". Bei Widersprüchen gehen die Regelungen der ATV DIN 18 315 vor.

Verkehrswegebauarbeiten; Oberbauschichten ohne Bindemittel   DIN 18 315

2 Stoffe, Bauteile

Ergänzend zur ATV DIN 18 299, Abschnitt 2, gilt:
Für die gebräuchlichsten genormten Stoffe sind die DIN-Normen nachstehend aufgeführt.

2.1 Anforderungen

2.1.1 Mineralstoffe

DIN 4301 Eisenhüttenschlacke und Metallhüttenschlacke im Bauwesen.

Weiterhin gelten im Straßenbau:
— Technische Lieferbedingungen für Mineralstoffe im Straßenbau (TL Min-StB) *),
— Merkblatt über die Verwendung industrieller Nebenprodukte im Straßenbau*),
— Merkblatt über Hochofenschlacken im Straßenbau *),
— Richtlinien für die Güteüberwachung von Mineralstoffen im Straßenbau (RG Min-StB) *).

Einschlämmsand muß ausreichend bindige Bestandteile enthalten.
Ungebrochene Mineralstoffe sind Kies und Natursand.
Gebrochene Mineralstoffe können hergestellt werden aus
— Naturstein,
— Eisenhüttenschlacken,
— Metallhüttenschlacken,
— Recycling Baustoffen (RCL-Baustoffen),
— Müllverbrennungsasche (MV-Asche),
— Schmelzkammergranulat.

Es dürfen nur güteüberwachte Mineralstoffe verwendet werden.

2.1.2 Mineralstoffgemische

Die Zusammensetzung der Mineralstoffgemische bleibt dem Auftragnehmer überlassen. Er hat dabei die Angaben zu Verwendungszweck, Verkehrsmengen und -arten, klimatischen Einflüssen und örtlichen Verhältnissen zu berücksichtigen.
Die Gemische müssen gleichmäßig sein.

2.1.2.1 Mineralstoffgemische für Frostschutzschichten bestehen aus
— Kies-Sand-Gemischen, Sand-Kies-Gemischen, Kiesen oder Sanden, gegebenenfalls unter Zusatz von gebrochenen Mineralstoffen nach Abschnitt 2.1.1,
— Schotter-Splitt-Sand-Gemischen oder Splitt-Sand-Gemischen nach Abschnitt 2.1.1.

Das Gemisch muß soviel Feinkorn enthalten, daß frostempfindlicher Boden nicht eindringen kann.

---

*) Herausgegeben von der Forschungsgesellschaft für Straßen- und Verkehrswesen e.V., Alfred-Schütte-Allee 10, W-5000 Köln 21

2.1.2.2 Mineralstoffgemische für Kiestragschichten oder Schottertragschichten bestehen aus
— Kies-Sand-Gemischen, gegebenenfalls unter Zusatz von gebrochenen Mineralstoffen nach Abschnitt 2.1.1,
— Schotter-Splitt-Sand-Gemischen oder Splitt-Sand-Gemischen nach Abschnitt 2.1.1.

2.1.2.3 Mineralstoffgemische für Deckschichten bestehen aus
— Kies-Sand-Gemischen, gegebenenfalls unter Zusatz von gebrochenen Mineralstoffen nach Abschnitt 2.1.1,
— Schotter-Splitt-Sand-Gemischen oder Splitt-Sand-Gemischen nach Abschnitt 2.1.1.

2.1.2.4 Mineralstoffgemische für Planumsschutzschichten bestehen aus
— Kies-Sand-Gemischen oder Sand-Kies-Gemischen, gegebenenfalls unter Zusatz von gebrochenen Mineralstoffen nach Abschnitt 2.1.1,
— Schotter-Splitt-Sand-Gemischen oder Splitt-Sand-Gemischen nach Abschnitt 2.1.1.

Das Gemisch muß soviel Feinkorn enthalten, daß es frostsicher, filterstabil gegen die oben und unten angrenzenden Schichten und ausreichend dicht ist.

2.1.3 Unsortierte Mineralstoffe
Es können verwendet werden: Sand, Kies, Felsgestein, Schlacken sowie Mineralstoffe aus Vorsiebmaterial, Gesteinsabraum, Felsschutt, Betonbrocken, RCL-Baustoffe, MV-Aschen, Schmelzkammergranulat.

Das Material muß eine geeignete Kornabstufung aufweisen.

2.2 Prüfungen

2.2.1 Eignungsprüfung
Der Auftragnehmer hat sich vor Beginn der Ausführung zu vergewissern und dem Auftraggeber auf Verlangen nachzuweisen, daß die Stoffe für den vorgesehenen Verwendungszweck geeignet sind.

2.2.2 Eigenüberwachungsprüfung
Der Auftragnehmer hat sich während der Ausführung zu vergewissern und dem Auftraggeber auf Verlangen nachzuweisen, daß die verwendeten Stoffe den vertraglichen Anforderungen entsprechen.

2.2.3 Kontrollprüfung
Die Verpflichtung des Auftragnehmers nach den Abschnitten 2.2.1 und 2.2.2 wird durch die Kontrollprüfungen des Auftraggebers nicht eingeschränkt.

2.2.4 Durchführen der Prüfungen

DIN 4301	Eisenhüttenschlacke und Metallhüttenschlacke im Bauwesen
DIN 18 123	Baugrund; Untersuchung von Bodenproben; Bestimmung der Korngrößenverteilung
DIN 18 127	Baugrund; Versuche und Versuchsgeräte, Proctorversuch

Verkehrswegebauarbeiten; Oberbauschichten ohne Bindemittel   DIN 18 315

DIN 18 130 Teil 1	Baugrund; Versuche und Versuchsgeräte, Bestimmung des Wasserdurchlässigkeitsbeiwerts, Laborversuche
DIN 18 196	Erd- und Grundbau, Bodenklassifikation für bautechnische Zwecke
DIN 52 098	Prüfung von Gesteinskörnungen; Bestimmung der Korngrößenverteilung durch Siebanalyse
DIN 52 099	Prüfung von Gesteinskörnungen; Prüfung auf Reinheit
DIN 52 100	Prüfung von Naturstein; Richtlinien zur Prüfung und Auswahl von Naturstein
DIN 52 101	Prüfung von Naturstein und Gesteinskörnungen; Probenahme
DIN 52 102	Prüfung von Naturstein und Gesteinskörnungen; Bestimmung von Dichte, Trockenrohdichte, Dichtigkeitsgrad und Gesamtporosität
DIN 52 103	Prüfung von Naturstein und Gesteinskörnungen; Bestimmung von Wasseraufnahme und Sättigungswert
DIN 52 104 Teil 1 und Teil 2	Prüfung von Naturstein; Frost-Tau-Wechsel-Versuch
DIN 52 105	Prüfung von Naturstein; Druckversuch
DIN 52 106	Prüfung von Naturstein; Beurteilungsgrundlagen für die Verwitterungsbeständigkeit
DIN 52 110	Prüfung von Naturstein; Bestimmung der Schüttdichte von Gesteinskörnungen
DIN 52 111	Prüfung von Naturstein und Gesteinskörnungen; Kristallisationsversuch mit Natriumsulfat
DIN 52 114	Prüfung von Gesteinskörnungen; Bestimmung der Kornform mit dem Kornform-Meßschieber
DIN 52 115 Teil 1 bis Teil 3	Prüfung von Gesteinskörnungen; Schlagversuch
DIN 52 116	Prüfung von Gesteinskörnungen; Bestimmung der Bruchflächigkeit

Weiterhin gelten:
Technische Prüfvorschriften für Mineralstoffe im Straßenbau (TP Min-StB) *).

3 Ausführung
Ergänzend zur ATV DIN 18 299, Abschnitt 3, gilt:

3.1 Allgemeines
3.1.1 Oberbauschichten ohne Bindemittel dürfen bei Frost nur ausgeführt werden, wenn durch besondere Maßnahmen sichergestellt ist, daß die vereinbarte Güte der Leistung nicht beeinträchtigt wird.

3.1.2 Wenn die Lage vorhandener Leitungen, Kabel, Dräne, Kanäle, Vermarkungen, Hindernisse und sonstiger baulicher Anlagen vor Ausführung der Arbeiten nicht angegeben werden kann, ist diese zu erkunden. Solche Maßnahmen sind Besondere Leistungen (siehe Abschnitt 4.2.1).

---

*) Siehe Seite 263

3.2 Unterlage

Der Auftragnehmer hat bei seiner Prüfung der Unterlage Bedenken (siehe B § 4 Nr 3) insbesondere geltend zu machen bei

- offensichtlich unzureichender Tragfähigkeit,
- Abweichungen von der planmäßigen Höhenlage, Neigung oder Ebenheit,
- schädlichen Verschmutzungen,
- Fehlen notwendiger Entwässerungseinrichtungen.

3.3 Herstellen, Anforderungen

3.3.1 Tragschichten, Frostschutzschichten, Planumsschutzschichten

3.3.1.1 Einbauen

Das Mineralstoffgemisch ist gleichmäßig und so zu verteilen, daß es sich nicht entmischt.

3.3.1.2 Verdichten

Jede Schicht oder Lage muß auf der ganzen Fläche bei günstigem Wassergehalt gleichmäßig und dem Verwendungszweck entsprechend verdichtet werden.

3.3.1.3 Oberfläche

Die Oberfläche der einzelnen Schichten muß eine gleichmäßige Beschaffenheit aufweisen und ein für die Entwässerung ausreichendes Quergefälle haben. Wenn eine Schicht unmittelbar befahren wird oder über Winter liegen bleibt, so sind erforderlichenfalls zusätzliche Maßnahmen auszuführen. Solche Maßnahmen sind Besondere Leistungen (siehe Abschnitt 4.2.1).

3.3.1.4 Profilgerechte Lage

Die Schichten sind höhengerecht und im vereinbarten Längs- und Querprofil herzustellen. Abweichungen der Oberfläche von der Sollhöhe dürfen an keiner Stelle mehr als 4 cm betragen.

3.3.1.5 Ebenheit

Unebenheiten der Oberfläche einer Schicht innerhalb einer 4 m langen Meßstrecke dürfen nicht größer als 3 cm sein.

3.3.1.6 Dicke

Die Mindest-Einbaudicke jeder Schicht oder Lage muß im verdichteten Zustand in Abhängigkeit vom Größtkorn der Lieferkörnung bei Mineralstoffgemischen
- bis 32 mm   12 cm
- bis 45 mm   15 cm
- bis 56 mm   18 cm
- bis 63 mm   20 cm

betragen.

3.3.2 Deckschichten

3.3.2.1 Einbauen

Das Mineralstoffgemisch ist gleichmäßig und so zu verteilen, daß es sich nicht entmischt.

3.3.2.2 Verdichten

Die Deckschicht muß auf der ganzen Fläche bei günstigem Wassergehalt gleichmäßig und dem Verwendungszweck entsprechend verdichtet werden.

3.3.2.3 Oberfläche

Die Oberfläche der Deckschicht muß eine gleichmäßige Beschaffenheit aufweisen und ein für die Entwässerung ausreichendes Quergefälle haben. Sie ist mit bindigem Sand so einzuschlämmen und zu walzen, daß eine geschlossene Oberfläche entsteht.

3.3.2.4 Profilgerechte Lage

Deckschichten sind höhengerecht und im vereinbarten Längs- und Querprofil herzustellen. Abweichungen der Oberfläche von der Sollhöhe dürfen an keiner Stelle mehr als 3 cm betragen.

3.3.2.5 Ebenheit

Unebenheiten der Oberfläche der Deckschicht innerhalb einer 4 m langen Meßstrecke dürfen nicht größer als 2 cm sein.

3.3.2.6 Dicke

Die Mindest-Einbaudicke jeder Schicht oder Lage muß im verdichteten Zustand in Abhängigkeit vom Größtkorn der Lieferkörnung bei Mineralstoffgemischen
— bis 11 mm   3 cm
— bis 16 mm   5 cm
— bis 22 mm   7 cm
betragen.

3.3.3 Oberbauschichten aus unsortierten Mineralstoffen

Oberbauschichten aus unsortierten Mineralstoffen (Einfachbauweisen) nach Abschnitt 2.1.3 sind in der vereinbarten Dicke einschichtig herzustellen. Das Einbaumaterial ist bei günstigem Wassergehalt gleichmäßig einzubringen und dem Verwendungszweck entsprechend zu verdichten und gegebenenfalls einzuschlämmen.

4 Nebenleistungen, Besondere Leistungen

4.1 Nebenleistungen sind ergänzend zur ATV DIN 18 299, Abschnitt 4.1, insbesondere:

4.1.1 Feststellen des Zustands der Straßen, der Geländeoberfläche, der Vorfluter usw. nach B § 3 Nr 4.

4.1.2 Herstellen von behelfsmäßigen Zugängen, Zufahrten u. ä., ausgenommen Leistungen nach Abschnitt 4.2.4.

4.1.3 Prüfungen einschließlich Probenahme zum Nachweis der Eignung von Stoffen nach Abschnitt 2.2.1, soweit die Stoffe vom Auftragnehmer geliefert werden.

4.1.4 Prüfungen einschließlich Probenahme zum Nachweis der Güte von Stoffen nach Abschnitt 2.2.2, soweit die Stoffe vom Auftragnehmer geliefert oder hergestellt werden.

4.2 Besondere Leistungen sind ergänzend zur ATV DIN 18 299, Abschnitt 4.2, z. B.:

4.2.1 Maßnahmen nach den Abschnitten 3.1.2 und 3.3.1.3.

4.2.2 Boden- und Wasseruntersuchungen, ausgenommen die Leistungen nach den Abschnitten 4.1.3 und 4.1.4.

4.2.3 Vorbereiten der Unterlage, z. B. Nachverdichten, Herstellen der planmäßigen Höhenlage, Beseitigen von schädlichen Verschmutzungen, soweit die Notwendigkeit solcher Leistungen nicht vom Auftragnehmer verursacht ist.

4.2.4 Herstellen, Vorhalten und Beseitigen von Befestigungen zur Aufrechterhaltung des öffentlichen und Anlieger-Verkehrs.

4.2.5 Herstellen von Aussparungen, die nach Art, Größe und Anzahl nicht in der Leistungsbeschreibung angegeben sind.

4.2.6 Schließen von Aussparungen sowie Einsetzen von Fertigteilen.

4.2.7 Kontrollprüfungen einschließlich der Probenahmen.

4.2.8 Räumen von Schnee und Abstumpfen bei Glätte zur Aufrechterhaltung des Verkehrs.

5 Abrechnung

Ergänzend zur ATV DIN 18 299, Abschnitt 5, gilt:

5.1 Bei Abrechnung nach Flächenmaß werden Aussparungen oder Einbauten bis zu 1 m^2 Einzelgröße sowie Schienen übermessen.

5.2 Bei Abrechnung nach Raummaß werden nicht abgezogen der eingenommene Raum von
— Aussparungen oder Einbauten mit einer mittleren Durchdringungsfläche bis zu 1 m^2,
— Leitungen.

VOB Teil C:
Allgemeine Technische Vertragsbedingungen für Bauleistungen (ATV) Verkehrswegebauarbeiten; Oberbauschichten mit hydraulischen Bindemitteln – DIN 18 316
Ausgabe Dezember 1992

Inhalt

0 Hinweise für das Aufstellen der Leistungsbeschreibung
1 Geltungsbereich
2 Stoffe, Bauteile
3 Ausführung
4 Nebenleistungen, Besondere Leistungen
5 Abrechnung

0 Hinweise für das Aufstellen der Leistungsbeschreibung

Diese Hinweise ergänzen die ATV DIN 18 299 „Allgemeine Regelungen für Bauarbeiten jeder Art", Abschnitt 0. Die Beachtung dieser Hinweise ist Voraussetzung für eine ordnungsgemäße Leistungsbeschreibung gemäß A § 9.

Die Hinweise werden nicht Vertragsbestandteil.

In der Leistungsbeschreibung sind nach den Erfordernissen des Einzelfalls insbesondere anzugeben:

0.1 Angaben zur Baustelle

0.1.1 Art und Beschaffenheit der Unterlage.

0.1.2 Gründungstiefen und Gründungsarten benachbarter Bauwerke.

0.1.3 Art und Beschaffenheit vorhandener Einfassungen.

0.2 Angaben zur Ausführung

0.2.1 Aufbau des Oberbaus entsprechend der Beanspruchung.

0.2.2 Ausbildung der Anschlüsse an Bauwerke, Bauteile und Oberbauschichten.

0.2.3 Art und Anzahl von Aussparungen und Einbauten.

0.2.4 Besondere Anforderungen an den Frostwiderstand der Zuschläge.

0.2.5 Luftgehalt im Beton.

0.2.6 Einbau einer Bewehrung in Betondecken.

0.2.7 Lage, Art und Ausführung der Fugen.

0.2.8 Anzahl der Dübel und Anker.

DIN 18 316   VOB Teil C

0.3   Einzelangaben bei Abweichungen von den ATV

0.3.1   Wenn andere als die in dieser ATV vorgesehenen Regelungen getroffen werden sollen, sind diese in der Leistungsbeschreibung eindeutig und im einzelnen anzugeben.

0.3.2   Abweichende Regelungen können insbesondere in Betracht kommen bei

Abschnitt 2.1.2,	wenn anstelle von Zementen nach DIN 1164 andere bauaufsichtlich zugelassene und gleichwertige Zemente zugelassen werden sollen,
Abschnitt 2.1.3,	wenn bei Verfestigungen als Tragschichten und bei hydraulisch gebundenen Tragschichten die Wahl der Bindemittel dem Auftragnehmer nicht überlassen bleiben soll,
Abschnitt 3.3.1 und 3.3.2,	wenn bei Verfestigungen als Tragschichten und bei hydraulisch gebundenen Tragschichten für die Druckfestigkeit, für die Dicke, für die profilgerechte Lage und für die Ebenheit andere Werte festgelegt werden sollen,
Abschnitt 3.3.1.2,	wenn die Bindemittelmenge nicht aus der 7-Tage-Festigkeit gewählt werden soll,
Abschnitt 3.3.2.2,	wenn die Bindemittelmenge auch aus der 7-Tage-Festigkeit gewählt werden darf,
Abschnitt 3.3.3,	wenn bei Betontragschichten für die Betongüte, für die Dicke, für die profilgerechte Lage oder für die Ebenheit andere Werte bzw. für die Kerben ein bestimmtes Raster festgelegt werden sollen,
Abschnitt 3.3.4.1 und 3.3.4.3,	wenn bei Betondecken für die Betongüte, für die Betonstahlmenge oder -güte andere Werte festgelegt werden sollen,
Abschnitt 3.3.4.2 und 3.3.4.7,	wenn Betondecken nicht aus Schichten unterschiedlicher Zusammensetzung hergestellt werden dürfen oder wenn bei Betondecken die Art der Nachbehandlung dem Auftragnehmer nicht überlassen bleiben soll,
Abschnitt 3.3.4.5 und 3.3.4.6,	wenn bei Betondecken für Dübel und Anker andere Abmessungen festgelegt werden sollen,

Abschnitt 3.3.4.8, wenn bei Betondecken für die Dicke, für die profilgerechte Lage oder für 3.3.4.9 und 3.3.4.10, die Ebenheit andere Werte festgelegt werden sollen.

0.4   Einzelangaben zu Nebenleistungen und Besonderen Leistungen
Keine ergänzende Regelung zur ATV DIN 18 299, Abschnitt 0.4.

0.5   Abrechnungseinheiten

Im Leistungsverzeichnis sind die Abrechnungseinheiten wie folgt vorzusehen:
— Nachverdichten der Unterlage nach Flächenmaß (m^2),
— Herstellen der planmäßigen Höhenlage, Neigung und der festgelegten Ebenheit der Unterlage nach Flächenmaß (m^2),
— Reinigen nach Flächenmaß (m^2),
— Schichten zum Angleichen oder Ausgleichen der Höhenlage nach Gewicht (t) oder Raummaß (m^3),
— Tragschichten und Betondecken nach Flächenmaß (m^2),
— Bewehrung nach Flächenmaß (m^2) oder nach Gewicht (t) entsprechend den Bewehrungsplänen,
— Fugenherstellung und -verguß nach Längenmaß (m), getrennt nach den verschiedenen Arten der Fugenausbildung, einschließlich Verdübelung und Verankerung,
— Verdübelungen und Verankerungen, sofern sie gesondert abgerechnet werden sollen, nach Längenmaß (m) der verdübelten oder verankerten Fugen oder nach Anzahl (Stück),
— Nachbehandlung der Oberfläche von Betondecken nach Flächenmaß (m^2),
— Probenahmen für Kontrollprüfungen nach Anzahl (Stück).

1 Geltungsbereich

1.1 Die ATV „Verkehrswegebauarbeiten; Oberbauschichten mit hydraulischen Bindemitteln" – DIN 18 316 – gilt für das Befestigen von Straßen und Wegen aller Art, Plätzen, Höfen, Flugbetriebsflächen, Bahnsteigen und Gleisanlagen mit Tragschichten und Decken.

1.2 Die ATV DIN 18 316 gilt nicht für das Verbessern und Verfestigen des Unterbaus und des Untergrundes.

1.3 Ergänzend gelten die Abschnitte 1 bis 5 der ATV DIN 18 299 „Allgemeine Regelungen für Bauarbeiten jeder Art". Bei Widersprüchen gehen die Regelungen der ATV DIN 18 316 vor.

2 Stoffe, Bauteile

Ergänzend zur ATV DIN 18 299, Abschnitt 2, gilt:

Für die gebräuchlichsten genormten Stoffe sind die DIN-Normen nachstehend aufgeführt.

2.1 Anforderungen

2.1.1 Mineralstoffe, Betonzuschlag

DIN 1045	Beton und Stahlbeton; Bemessung und Ausführung
DIN 4226 Teil 1	Zuschlag für Beton; Zuschlag mit dichtem Gefüge; Begriffe, Bezeichnung und Anforderungen
DIN 4226 Teil 2	Zuschlag für Beton; Zuschlag mit porigem Gefüge (Leichtzuschlag); Begriffe, Bezeichnung und Anforderungen
DIN 4301	Eisenhüttenschlacke und Metallhüttenschlacke im Bauwesen

Weiterhin gelten:

Technische Lieferbedingungen für Mineralstoffe im Straßenbau (TL Min-StB) *).

Recycling-Baustoffe (RCL-Baustoffe) dürfen für Tragschichten verwendet werden, wenn sie den TL Min-StB *) entsprechen.

2.1.2 Bindemittel

DIN 1060 Teil 1	Baukalk; Begriffe, Anforderungen, Lieferung, Überwachung
DIN 1164 Teil 1	Portland-, Eisenportland-, Hochofen- und Traßzement; Begriffe, Bestandteile, Anforderungen, Lieferung
DIN 1164 Teil 100	Zement; Portlandölschieferzement; Anforderungen, Prüfungen, Überwachung
DIN 18 506	Hydraulische Bindemittel für Tragschichten, Bodenverfestigungen und Bodenverbesserungen; Hydraulische Tragschichtbinder

---

*) Herausgegeben von der Forschungsgesellschaft für Straßen- und Verkehrswesen e.V., Alfred-Schütte-Allee 10, W-5000 Köln 21

2.1.3 Baustoffgemische, Beton

Die Zusammensetzung der Baustoffgemische und des Betons bleibt dem Auftragnehmer überlassen. Er hat dabei die Angaben zu Verwendungszweck, Verkehrsmengen und -arten, klimatischen Einflüssen und örtlichen Verhältnissen zu berücksichtigen.

2.1.3.1 Verfestigungen als Tragschichten

Verfestigungen sind aus geeigneten Baustoffen durch Einmischen von hydraulischen Bindemitteln herzustellen.

2.1.3.2 Hydraulisch gebundene Tragschichten

Hydraulisch gebundene Tragschichten sind aus korngestuften Mineralstoffgemischen und hydraulischen Bindemitteln herzustellen.

2.1.3.3 Betontragschichten

Betontragschichten sind Tragschichten aus Beton nach DIN 1045. Betontragschichten sind aus korngestuften Mineralstoffgemischen und Zement herzustellen.

2.1.3.4 Betondecken

Beton ist nach DIN 1045 herzustellen.

2.1.4 Stahl

DIN 488 Teil 1   Betonstahl; Sorten, Eigenschaften, Kennzeichen

DIN 1013 Teil 1   Stabstahl; Warmgewalzter Rundstahl für allgemeine Verwendung; Maße, zulässige Maß- und Formabweichungen

2.1.5 Fugenfüllstoffe und Fugeneinlagen

2.1.5.1 Fugenfüllstoffe

Stoffe zum Abdichten des Fugenspalts müssen eine ausreichende Verformungs- und Haftfähigkeit aufweisen. Werden Abdichtungsprofile verwendet, muß der Anpreßdruck auch bei niedrigen Temperaturen das Eindringen von Feuchtigkeit verhindern.

2.1.5.2 Fugeneinlagen

Bleibende Fugeneinlagen in Raumfugen müssen die Ausdehnung der Betonplatten zulassen und so steif sein, daß sie bei der Betonverdichtung nicht verformt werden. Sie müssen wasser- und alkalibeständig sein und dürfen das Wasser aus dem frischen Beton nicht absaugen.

Bleibende Einlagen bei Scheinfugen dürfen im unteren Teil der Decke nicht zusammendrückbar sein.

2.2 Prüfungen

2.2.1 Eignungsprüfung

Der Auftragnehmer hat sich vor Beginn der Ausführung zu vergewissern und dem Auftraggeber auf Verlangen nachzuweisen, daß die Stoffe und Baustoffgemische für den vorgesehenen Verwendungszweck geeignet sind.

2.2.2 Eigenüberwachungsprüfung

Der Auftragnehmer hat sich während der Ausführung zu vergewissern und dem Auftraggeber auf Verlangen nachzuweisen, daß die verwendeten Stoffe und Baustoffgemische den vertraglichen Anforderungen entsprechen.

Verkehrswegebauarbeiten; Oberbauschichten mit hydraulischen Bindemitteln DIN 18 316

Wenn ein bestimmter Luftgehalt (LP-Gehalt) vorgeschrieben ist, muß während des Betonierens am Einbauort der LP-Gehalt des Frischbetons nachgeprüft werden.

2.2.3 Kontrollprüfung

Die Verpflichtung des Auftragnehmers nach den Abschnitten 2.2.1 und 2.2.2 wird durch die Kontrollprüfungen des Auftraggebers nicht eingeschränkt.

2.2.4 Durchführen der Prüfungen

2.2.4.1 Mineralstoffe, Betonzuschlag

DIN 4226 Teil 3	Zuschlag für Beton; Prüfung von Zuschlag mit dichtem oder porigem Gefüge
DIN 4301	Eisenhüttenschlacke und Metallhüttenschlacke im Bauwesen
DIN 52 100 bis DIN 52 106 DIN 52 110 und DIN 52 111 DIN 52 114	Prüfung von Naturstein und Gesteinskörnungen

Weiterhin gelten:
Technische Prüfvorschriften für Mineralstoffe im Straßenbau (TP Min-StB)*),
Technische Prüfvorschriften für Boden und Fels im Straßenbau (TP BF-StB)*).

2.2.4.2 Bindemittel

DIN 1164 Teil 2	Portland-, Eisenportland-, Hochofen- und Traßzement; Überwachung (Güteüberwachung)
DIN 1164 Teil 100	Zement; Portlandölschieferzement; Anforderungen, Prüfungen, Überwachung
DIN 18 506	Hydraulische Bindemittel für Tragschichten, Bodenverfestigungen und Bodenverbesserungen; Hydraulische Tragschichtbinder

2.2.4.3 Baustoffgemische, Beton

DIN 1048 Teil 1	Prüfverfahren für Beton; Frischbeton
DIN 1048 Teil 2	Prüfverfahren für Beton; Festbeton in Bauwerken und Bauteilen
DIN 1048 Teil 5	Prüfverfahren für Beton; Festbeton, gesondert hergestellte Probekörper

Weiterhin gelten:
Technische Prüfvorschriften für hydraulisch gebundene Tragschichten (TP HGT-StB)*).

2.2.4.4 Stahl

DIN 488 Teil 3	Betonstahl; Betonstabstahl, Prüfungen
DIN 488 Teil 5	Betonstahl; Betonstahlmatten und Bewehrungsdraht; Prüfungen
DIN 1013 Teil 1	Stabstahl; Warmgewalzter Rundstahl für allgemeine Verwendung; Maße, zulässige Maß- und Formabweichungen

---

*) Siehe Seite 271

3 Ausführung

Ergänzend zur ATV DIN 18 299, Abschnitt 3, gilt:

3.1 Allgemeines

Oberbauschichten mit hydraulischen Bindemitteln dürfen bei ungünstigen Witterungsverhältnissen nur hergestellt werden, wenn durch besondere Maßnahmen sichergestellt ist, daß die Güte der Leistung nicht beeinträchtigt wird.

3.2 Unterlage

Der Auftragnehmer hat bei seiner Prüfung der Unterlage Bedenken (siehe B § 4 Nr 3) insbesondere geltend zu machen bei
— offentsichtlich unzureichender Tragfähigkeit,
— offensichtlich schädlichen Rißbildungen,
— Abweichungen von der planmäßigen Höhenlage, Neigung oder Ebenheit,
— schädlichen Verschmutzungen,
— Fehlen notwendiger Entwässerungseinrichtungen.

3.3 Herstellen, Anforderungen

3.3.1 Verfestigungen als Tragschichten

3.3.1.1 Verarbeiten und Nachbehandeln

Die Baustoffe sind mit dem Bindemittel so zu mischen, daß das Bindemittel gleichmäßig verteilt ist. Das Baustoffgemisch ist profilgerecht zu verteilen und gleichmäßig zu verdichten.

Die Trockendichte der verdichteten Verfestigung darf 98% Proctordichte nicht unterschreiten.

Verfestigungen sind nach dem Herstellen mindestens 3 Tage feucht zu halten oder durch andere geeignete Maßnahmen gegen Austrocknen zu schützen.

3.3.1.2 Bindemittelmenge

Die Bindemittelmenge ist so zu wählen, daß die Druckfestigkeit nach 28 Tagen im Rahmen der Eignungsprüfung 5 N/mm^2 nicht unterschreitet.

Bei Verfestigungen mit Zement darf die 28-Tage-Festigkeit aus der 7-Tage-Festigkeit im Verhältnis der Normdruckfestigkeiten des Zementes nach 28 und 7 Tagen berechnet werden.

3.3.1.3 Dicke

Verfestigungen dürfen an keiner Stelle eine Dicke von 10 cm unterschreiten.

3.3.1.4 Profilgerechte Lage

Die Tragschichten sind höhengerecht und im vereinbarten Längs- und Querprofil herzustellen. Abweichungen der Oberfläche von der Sollhöhe dürfen an keiner Stelle mehr als 3 cm betragen.

3.3.1.5 Ebenheit

Unebenheiten der Oberfläche von Verfestigungen innerhalb einer 4 m langen Meßstrecke dürfen nicht größer als 3 cm sein.

3.3.2 Hydraulisch gebundene Tragschichten

3.3.2.1 Verarbeiten und Nachbehandeln

Das Mineralstoffgemisch ist mit dem Bindemittel und Wasser gründlich zu mischen. Die Baustoffgemische sind auf sauberer Unterlage gleichmäßig und so zu verteilen, daß sie sich nicht entmischen. Das Baustoffgemisch ist profilgerecht einzubauen und gleichmäßig zu verdichten.

Hydraulisch gebundene Tragschichten sind nach dem Herstellen mindestens 3 Tage feucht zu halten oder durch andere geeignete Maßnahmen gegen Austrocknen zu schützen.

3.3.2.2 Bindemittelmenge

Die Bindemittelmenge ist so zu wählen, daß die Druckfestigkeit nach 28 Tagen im Rahmen der Eignungsprüfung 7 N/mm^2 nicht unterschreitet.

3.3.2.3 Kerben

Hydraulisch gebundene Tragschichten sind mit Kerben herzustellen, wenn die Druckfestigkeit im Rahmen der Eignungsprüfung 12 N/mm^2 überschreitet oder die Einbaudicken über 20 cm liegen.

Unter Betondecken muß die Lage der Kerben der Lage der Fugen in der Betondecke entsprechen.

3.3.2.4 Dicke

Hydraulisch gebundene Tragschichten dürfen an keiner Stelle eine Dicke von 9 cm unterschreiten.

3.3.2.5 Profilgerechte Lage

Für die profilgerechte Lage gilt Abschnitt 3.3.1.4.

3.3.2.6 Ebenheit

Unebenheiten der Oberfläche dürfen innerhalb einer 4 m langen Meßstrecke nicht größer als 2 cm sein.

3.3.3 Betontragschichten

3.3.3.1 Verarbeiten und Nachbehandeln

Der Beton ist nach dem Einbau mindestens 3 Tage feucht zu halten oder durch andere geeignete Maßnahmen gegen Austrocknen zu schützen.

3.3.3.2 Betongüte

Die Betongüte muß mindestens B 10 nach DIN 1045 entsprechen.

3.3.3.3 Kerben

Betontragschichten sind mit Kerben herzustellen.

Unter Betondecken muß die Lage der Kerben der Lage der Fugen in der Betondecke entsprechen.

3.3.3.4 Dicke

Betontragschichten dürfen an keiner Stelle eine Dicke von 6 cm unterschreiten.

3.3.3.5 Profilgerechte Lage

Für die profilgerechte Lage gilt Abschnitt 3.3.1.4.

3.3.3.6 Ebenheit

Für die Ebenheit gilt Abschnitt 3.3.2.6.

3.3.4 Betondecken

3.3.4.1 Betongüte

Die Betongüte muß mindestens B 25 nach DIN 1045 entsprechen. Wenn im Beton ein Gehalt an Luftporen vereinbart ist, darf durch diesen die geforderte Betongüte nicht unterschritten werden.

3.3.4.2 Einbau des Betons

Der Beton ist in der vollen Breite der Decke oder in Streifen, die sich durch die Lage der Längsfugen ergeben, einzubauen. Arbeitsunterbrechungen sind nur an Querfugen zulässig. Die Betondecke muß senkrechte Seitenflächen aufweisen.

Die Betondecke darf unter Wahrung der vereinbarten Betongüte aus Schichten unterschiedlicher Zusammensetzung bestehen. Beton gleicher Zusammensetzung darf in einer Lage oder in mehreren Lagen eingebracht werden. Bei mehrschichtiger Betondecke muß die obere Schicht mindestens 5 cm dick ausgeführt werden.

3.3.4.3 Bewehrung

Ist eine Flächenbewehrung vereinbart, so muß sie mit mindestens 2 kg/m^2 Betonstahl IV eingebaut werden. Die Bewehrung darf die Wirksamkeit der Fugen nicht beeinträchtigen. Die Betondeckung muß mindestens 3 cm betragen.

3.3.4.4 Fugen

Betondecken sind mit Fugen herzustellen.

Fugen müssen im oberen Teil einen Fugenspalt erhalten, der in Breite und Tiefe auf den vorgesehenen Fugenfüllstoff abgestimmt ist. Durch das Herstellen der Fugen dürfen die Festigkeit des Betons und die Oberflächenbeschaffenheit der Betondecke nicht beeinträchtigt werden. Die Fugen sind so rechtzeitig herzustellen, daß keine Risse entstehen.

3.3.4.4.1 Scheinfugen

Scheinfugen sind durch Einschneiden eines Fugenspaltes mit einer Tiefe von mindestens 25 % der Deckendicke in den erhärteten Beton herzustellen.

Sind im unteren Teil der Betondecke Einlagen zur Schwächung des Betonquerschnitts vereinbart, sind sie gegen Verschieben zu sichern.

3.3.4.4.2 Raumfugen

Raumfugen sind so herzustellen, daß sie die Betonplatten in der ganzen Dicke voneinander trennen. Die Fugeneinlagen müssen die Ausdehnung der Platten ermöglichen und unverschieblich eingebaut sein. Die Raumfugen sind mindestens 12 mm breit herzustellen.

3.3.4.4.3 Preßfugen

Preßfugen sind ohne Trennmittel herzustellen.

3.3.4.4.4 Abdichten der Fugen

Der Fugenspalt ist mit geeigneten Fugenfüllstoffen abzudichten.

Vor dem Einbringen bitumenhaltiger Fugenvergußmassen muß der Fugenspalt trocken und sauber sein.

3.3.4.5 Dübel

Sind zur Querkraftübertragung und Sicherung der Höhenlage der Platten Dübel vereinbart, sind beschichtete Dübel aus glattem Rundstahl mit einem Durchmesser von 25 mm und einer Länge von 50 cm zu verwenden. Sie müssen in der Mitte der Plattendicke so verlegt werden, daß sie die Ausdehnung der Platten nicht behindern.

3.3.4.6 Anker

Sind Anker zur Verhinderung des Auseinanderwanderns von Betonplatten vereinbart, sind sie aus Betonstahl mit einem Durchmesser von mindestens 16 mm und einer Länge von mindestens 60 cm zu verwenden. Sie müssen im Fugenbereich beschichtet sein. Die Anker sind in der Mitte der Plattendicke zu verlegen.

3.3.4.7 Nachbehandlung

Die Betondecke ist mindestens 3 Tage ständig feucht zu halten oder durch andere geeignete Maßnahmen gegen Austrocknen zu schützen.

3.3.4.8 Dicke

Betondecken dürfen an keiner Stelle eine Dicke von 10 cm unterschreiten.

3.3.4.9 Profilgerechte Lage

Für die profilgerechte Lage von Betondecken gilt Abschnitt 3.3.1.4 entsprechend.

3.3.4.10 Ebenheit

Unebenheiten der Oberfläche von Betondecken dürfen innerhalb einer 4 m langen Meßstrecke nicht größer als 1 cm sein.

4 Nebenleistungen, Besondere Leistungen

4.1 Nebenleistungen sind ergänzend zur ATV DIN 18 299, Abschnitt 4.1, insbesondere:

4.1.1 Feststellen des Zustands der Straßen, der Geländeoberfläche, der Vorfluter usw. nach B § 3 Nr 4.

4.1.2 Herstellen von behelfsmäßigen Zugängen, Zufahrten u. ä. (ausgenommen Leistungen nach Abschnitt 4.2.4).

4.1.3 Prüfungen einschließlich Probenahme zum Nachweis der Eignung von Stoffen, Baustoffgemischen und Beton nach Abschnitt 2.2.1, soweit diese vom Auftragnehmer geliefert werden.

4.1.4 Prüfungen einschließlich Probenahme zum Nachweis der Güte von Stoffen, Baustoffgemischen und Beton nach Abschnitt 2.2.2, soweit diese vom Auftragnehmer geliefert oder hergestellt werden.

4.2 Besondere Leistungen sind ergänzend zur ATV DIN 18 299, Abschnitt 4.2, z. B.:

4.2.1 Boden- und Wasseruntersuchungen, ausgenommen die Leistungen nach den Abschnitten 4.1.3 und 4.1.4.

4.2.2 Schutzmaßnahmen für den Einbau von Baustoffgemischen und Beton, wenn bei ungünstigen Witterungsverhältnissen auf Anordnung des Auftraggebers gearbeitet werden soll.

4.2.3 Vorbereiten der Unterlage, z. B. Nachverdichten, Entspannen von Tragschichten, Herstellen der planmäßigen Höhenlage, Beseitigen von schädlichen Verschmutzungen, soweit die Notwendigkeit solcher Leistungen nicht vom Auftragnehmer verursacht ist.

4.2.4 Herstellen, Vorhalten und Beseitigen von Befestigungen zur Aufrechterhaltung des öffentlichen und des Anlieger-Verkehrs.

4.2.5 Herstellen von Fugen und Aussparungen, die nach Art, Größe und Anzahl nicht in der Leistungsbeschreibung angegeben sind.

4.2.6 Schließen von Aussparungen sowie Einsetzen von Fertigteilen.

4.2.7 Kontrollprüfungen einschließlich der Probenahmen.

4.2.8 Räumen von Schnee und Abstumpfen bei Glätte zur Aufrechterhaltung des Verkehrs.

5 Abrechnung

Ergänzend zur ATV DIN 18 299, Abschnitt 5, gilt:

5.1 Bei Abrechnung nach Flächenmaß werden Aussparungen oder Einbauten bis zu 1 m^2 Einzelgröße sowie Fugen und Schienen übermessen.

5.2 Bei Abrechnung von Bewehrung nach Flächenmaß werden Überdeckungen nicht berücksichtigt.

5.3 Bei Abrechnung von Fugen nach Längenmaß werden Druckdringungen der Fugen übermessen.

VOB Teil C:
Allgemeine Technische Vertragsbedingungen für Bauleistungen (ATV)
Verkehrswegebauarbeiten; Oberbauschichten aus Asphalt
DIN 18 317
Ausgabe Dezember 1992

Inhalt

0   Hinweise für das Aufstellen der Leistungsbeschreibung
1   Geltungsbereich
2   Stoffe, Bauteile
3   Ausführung
4   Nebenleistungen, Besondere Leistungen
5   Abrechnung

0 Hinweise für das Aufstellen der Leistungsbeschreibung

Diese Hinweise ergänzen die ATV DIN 18 299 „Allgemeine Regelungen für Bauarbeiten jeder Art", Abschnitt 0. Die Beachtung dieser Hinweise ist Voraussetzung für eine ordnungsgemäße Leistungsbeschreibung gemäß A § 9.
Die Hinweise werden nicht Vertragsbestandteil.
In der Leistungsbeschreibung sind nach den Erfordernissen des Einzelfalls insbesondere anzugeben:

0.1 Angaben zur Baustelle

0.1.1 Art und Beschaffenheit der Unterlage.

0.1.2 Gründungstiefen und Gründungsarten benachbarter Bauwerke.

0.1.3 Art und Beschaffenheit vorhandener Einfassungen.

0.2 Angaben zur Ausführung

0.2.1 Aufbau des Oberbaus entsprechend der Beanspruchung.

0.2.2 Ausbildung der Anschlüsse an Bauwerke, Bauteile und Oberbauschichten.

0.2.3 Art und Anzahl von Aussparungen und Einbauten.

0.3 Einzelangaben bei Abweichungen von den ATV

0.3.1 Wenn andere als die in dieser ATV vorgesehenen Regelungen getroffen werden sollen, sind diese in der Leistungsbeschreibung eindeutig und im einzelnen anzugeben.

0.3.2 *Abweichende Regelungen können insbesondere in Betracht kommen bei*

Abschnitt 2.1.3, wenn die Zusammensetzung des Mischgutes dem Auftragnehmer nicht überlassen bleiben oder wenn die Mitverwendung von ausgebautem Asphalt oder anderen Recycling-Baustoffen eingeschränkt werden soll,

Abschnitt 3.3.1, wenn bei Tragschichten, Tragdeckschichten, Binderschichten oder Deckschichten für die profilgerechte Lage, für die Ebenheit oder für die Dicke andere Werte festgelegt werden sollen,

Abschnitt 3.3.2, wenn bei Deckschichten aus Gußasphalt für die Ebenheit oder für die Dicke andere Werte festgelegt werden sollen,

Abschnitt 3.3.3.1, wenn bei Oberflächenbehandlungen für das Ausfüllen der Pflasterfugen eine andere Ausführung festgelegt werden soll,

Abschnitt 3.3.3.2, wenn bei bitumenhaltigen Schlämmen die Unterlage mit einem Bindemittel angespritzt werden soll oder für das Ausfüllen der Pflasterfugen eine andere Ausführung festgelegt werden soll,

Abschnitt 3.3.4, wenn bei dünnen Schichten ein anderes Einbaugewicht festgelegt werden soll,

Abschnitt 3.3.5, wenn bei mit bitumenhaltigen Bindemitteln verfestigten Tragschichten für die profilgerechte Lage, für die Ebenheit oder für die Dicke andere Werte festgelegt werden sollen.

0.4 Einzelangaben zu Nebenleistungen und Besonderen Leistungen
Keine ergänzende Regelung zur ATV DIN 18 299, Abschnitt 0.4.

0.5 Abrechnungseinheiten
Im Leistungsverzeichnis sind die Abrechnungseinheiten wie folgt vorzusehen:
- *Nachverdichten der Unterlage nach Flächenmaß (m^2),*
- *Herstellen der planmäßigen Höhenlage, Neigung und der festgelegten Ebenheit der Unterlage aus Asphalt nach Gewicht (t),*
- *Reinigen nach Flächenmaß (m^2),*
- *Einsprühen mit bitumenhaltigem Bindemittel nach Flächenmaß (m^2) oder Gewicht (t),*
- *Schichten zum Angleichen oder Ausgleichen der Höhenlage nach Gewicht (t),*
- *Tragschichten, Tragdeckschichten, Binderschichten, Deckschichten, Oberflächenschutzschichten nach Flächenmaß (m^2) oder nach Gewicht (t),*
- *Behandlung der Oberflächen von Deckschichten nach Flächenmaß (m^2),*
- *Fugenherstellung und -verguß nach Längenmaß (m),*
- *Probenahmen für Kontrollprüfungen nach Anzahl (Stück).*

1 Geltungsbereich

1.1 Die ATV „Verkehrswegebauarbeiten; Oberbauschichten aus Asphalt" —DIN 18 317— gilt für das Befestigen von Straßen und Wegen aller Art, Plätzen, Höfen, Flugbetriebsflächen, Bahnsteigen und Gleisanlagen mit
- Tragschichten,
- Tragdeckschichten,
- Binderschichten,
- Deckschichten oder Oberflächenschutzschichten

sowie für Deckschichten auf Brücken,

1.2 Die ATV DIN 18 317 gilt nicht
- für das Verbessern und Verfestigen des Unterbaus und des Untergrundes,
- für das Herstellen von Asphaltbelägen nach ATV DIN 18 354 „Gußasphaltarbeiten".

Verkehrswegebauarbeiten; Oberbauschichten aus Asphalt   DIN 18 317

1.3 Ergänzend gelten die Abschnitte 1 bis 5 der ATV DIN 18 299 „Allgemeine Regelungen für Bauarbeiten jeder Art". Bei Widersprüchen gehen die Regelungen der ATV DIN 18 317 vor.

2 Stoffe, Bauteile

Ergänzend zur ATV DIN 18 299, Abschnitt 2, gilt:
Für die gebräuchlichsten genormten Stoffe sind die DIN-Normen nachstehend aufgeführt.

2.1 Anforderungen
2.1.1 Mineralstoffe

DIN 4301   Eisenhüttenschlacke und Metallhüttenschlacke im Bauwesen

Weiterhin gelten:
Technische Lieferbedingungen für Mineralstoffe im Straßenbau (TL Min-StB) *).

2.1.2 Bindemittel

DIN 1995 Teil 1 bis Teil 4   Bitumen und Steinkohlenteerpech; Anforderungen an die Bindemittel

DIN 55 946 Teil 1   Bitumen und Steinkohlenteerpech; Begriffe für Bitumen und Zubereitungen aus Bitumen

Weiterhin gelten:
Technische Lieferbedingungen für Sonderbindemittel auf Bitumenbasis (TL-Sbit) *)

Technische Lieferbedingungen für polymermodifizierte Bitumen in Asphaltschichten im Straßenbau (TLPmb, Teil 1) *)

Technische Lieferbedingungen für Trinidad-Asphalt *)

Bindemitteln nach DIN 1995 dürfen geeignete Zusätze und Naturasphalt zugegeben werden.

2.1.3 Asphalt

Die Zusammensetzung des Mischgutes bleibt dem Auftragnehmer überlassen. Er hat dabei die Angaben zu Verwendungszweck, Verkehrsmengen und -arten, klimatischen Einflüssen und örtlichen Verhältnissen zu berücksichtigen.

Ausgebauter Asphalt und andere Recycling-Baustoffe (RCL-Baustoffe) dürfen mitverwendet werden, wenn die Mineralstoffe den Anforderungen des Abschnitts 2.1.1 entsprechen. Das Bindemittelgemisch des mit ausgebautem Asphalt hergestellten Mischgutes muß geeignet sein.

Im Asphalt muß das Bindemittel die Mineralstoffkörner vollständig umhüllen und dauerhaft haften.

Die Temperaturen der Mineralstoffe und der Bindemittel sind so zu wählen, daß die Mischgutqualität nicht schädlich beeinflußt wird und das Mischgut einwandfrei verarbeitet werden kann.

---

*) Herausgegeben von der Forschungsgesellschaft für Straßen- und Verkehrswesen e.V., Alfred-Schütte-Allee 10, W-5000 Köln 21.

Zur Verwendung kommen in Betracht für

2.1.3.1 Tragschichten aus Asphalt:
- Mineralstoffe: Füller, Natursand, Brechsand, Kies, Splitt.
- Bindemittel
  - im Heißeinbau: Straßenbaubitumen.
  - im Kalteinbau: Bitumenemulsion.

2.1.3.2 Tragdeckschichten aus Asphalt:
- Mineralstoffe: Füller, Natursand, Brechsand, Kies, Splitt.
- Bindemittel: Straßenbaubitumen.

2.1.3.3 Binderschichten aus Asphalt:
- Mineralstoffe: Füller, Natursand, Brechsand, Edelbrechsand, Splitt, Edelsplitt.
- Bindemittel: Straßenbaubitumen.

2.1.3.4 Asphaltbetonschichten:
- Mineralstoffe: Füller, Natursand, Brechsand, Edelbrechsand, Splitt, Edelsplitt.
- Bindemittel
  - im Heißeinbau: Straßenbaubitumen.
  - im Warmeinbau: Fluxbitumen.
  - im Kalteinbau: Bitumenemulsion, Zusätze.

2.1.3.5 Splittmastixasphaltschichten:
- Mineralstoffe: Füller, Natursand, Edelbrechsand, Edelsplitt.
- Bindemittel: Straßenbaubitumen.
- Stabilisierende Zusätze.

2.1.3.6 Gußasphalt- und Asphaltmastixschichten:
- Mineralstoffe: Füller, Natursand, Edelbrechsand, Edelsplitt.
- Bindemittel: Straßenbaubitumen, Gemisch aus Straßenbaubitumen und Naturasphalt.

2.1.3.7 Bitumenhaltige Schlämmen:
- Mineralstoffe: Füller, Natursand, Edelbrechsand.
- Bindemittel: Bitumenemulsion.

2.2 Prüfungen

2.2.1 Eignungsprüfung
Der Auftragnehmer hat sich vor Beginn der Ausführung zu vergewissern und dem Auftraggeber auf Verlangen nachzuweisen, daß die Stoffe und Baustoffgemische für den vorgesehenen Verwendungszweck geeignet sind.

2.2.2 Eigenüberwachungsprüfung
Der Auftragnehmer hat sich während der Ausführung zu vergewissern und dem Auftraggeber auf Verlangen nachzuweisen, daß die verwendeten Stoffe und Baustoffgemische den vertraglichen Anforderungen entsprechen.

2.2.3 Kontrollprüfung
Die Verpflichtung des Auftragnehmers nach den Abschnitten 2.2.1 und 2.2.2 wird durch die Kontrollprüfungen des Auftraggebers nicht eingeschränkt.

2.2.4 Durchführen der Prüfungen

2.2.4.1 Mineralstoffe
DIN 1996 Teil 1, Teil 2 und Teil 14 Prüfung von Asphalt
DIN 4301 Eisenhüttenschlacke und Metallhüttenschlacke im Bauwesen

Weiterhin gelten:
Technische Prüfvorschriften für Mineralstoffe im Straßenbau (TP Min-StB) *)

2.2.4.2 Bindemittel
DIN 52 000
DIN 52 002 bis DIN 52 007
DIN 52 010 bis DIN 52 016   } Prüfung von Bitumen
DIN 52 023 und DIN 52 024
DIN 52 040 bis DIN 52 048

2.2.4.3 Asphalt
DIN 1996 Prüfung von Asphalt

3 Ausführung
Ergänzend zur ATV DIN 18 299, Abschnitt 3, gilt:

3.1 Allgemeines
Oberbauschichten aus Asphalt und Oberflächenschutzschichten dürfen bei Nässe oder niedriger Lufttemperatur nur ausgeführt werden, wenn durch besondere Maßnahmen sichergestellt ist, daß die Güte der Leistung nicht beeinträchtigt wird.

3.2 Unterlage
Der Auftragnehmer hat bei seiner Prüfung der Unterlage Bedenken (siehe B § 4 Nr 3) insbesondere geltend zu machen bei
— offensichtlich unzureichender Tragfähigkeit,
— Abweichungen von der planmäßigen Höhenlage, Neigung oder Ebenheit,
— schädlichen Verschmutzungen,
— Fehlen notwendiger Entwässerungseinrichtungen.

3.3 Herstellen, Anforderungen
3.3.1 Tragschichten, Tragdeckschichten, Binderschichten, Deckschichten aus Asphaltbeton und Splittmastixasphalt

3.3.1.1 Einbauen
Der Asphalt ist auf der sauberen Unterlage gleichmäßig und so zu verteilen, daß er sich nicht entmischt.

---
*) Siehe Seite 281

Die Nähte der Schichten und Lagen sind gegeneinander ausreichend zu versetzen. Die Nähte der Deckschicht sind geradlinig, Längsnähte der Linienführung der Straßen angepaßt, auszuführen. Durch geeignete Maßnahmen sind gleichmäßige und dichte Anschlüsse sicherzustellen.

Zwischen den Schichten oder Lagen muß ausreichender Verbund erreicht werden.

Die einzelnen Schichten oder Lagen dürfen erst eingebaut werden, wenn die Unterlage ausreichend standfest und tragfähig ist.

3.3.1.2 Verdichten

Die Schichten oder Lagen müssen auf der ganzen Fläche gleichmäßig und ausreichend verdichtet werden.

3.3.1.3 Oberfläche

Die Oberfläche der einzelnen Schichten muß eine gleichmäßige Beschaffenheit aufweisen. Die Oberfläche der Tragdeckschicht und der Deckschichten muß gleichmäßig geschlossen sein und eine dem Verwendungszweck angemessene Rauheit aufweisen.

3.3.1.4 Profilgerechte Lage

Die Schichten sind höhengerecht und im vereinbarten Längs- und Querprofil herzustellen. Abweichungen der Oberfläche von der Sollhöhe dürfen an keiner Stelle mehr als 3 cm betragen.

3.3.1.5 Ebenheit

Unebenheiten der Oberfläche der Schichten innerhalb einer 4 m langen Meßstrecke dürfen bei Tragschichten nicht größer als 2 cm, bei Tragdeckschichten nicht größer als 1,5 cm und bei Binder- und Deckschichten nicht größer als 1 cm sein.

3.3.1.6 Dicke

Folgende Schichtdicken sind auszuführen:
- Tragschichten: im Mittel 6 cm, an keiner Stelle unter 4 cm.
- Tragdeckschichten: im Mittel 7 cm, an keiner Stelle unter 5 cm.
- Binderschichten: im Mittel 3,5 cm, an keiner Stelle unter 2,5 cm.
- Deckschichten: im Mittel 2,5 cm, an keiner Stelle unter 1,8 cm.

3.3.2 Deckschichten aus Gußasphalt

3.3.2.1 Einbauen

Abschnitt 3.3.1.1 gilt sinngemäß.

Die Anschlüsse an erkaltetem Gußasphalt sind als Fuge auszubilden.

3.3.2.2 Oberfläche

Die Oberfläche der Deckschicht muß eine gleichmäßige Beschaffenheit aufweisen. Sie ist beim Einbau aufzurauhen oder abzustumpfen.

3.3.2.3 Ebenheit

Unebenheiten der Oberfläche der Deckschicht innerhalb einer 4 m langen Meßstrecke dürfen nicht größer als 1 cm sein.

Verkehrswegebauarbeiten; Oberbauschichten aus Asphalt   DIN 18 317

3.3.2.4 Dicke

Deckschichten aus Gußasphalt sind im Mittel 2,5 cm dick, an keiner Stelle unter 1,8 cm dick auszuführen.

3.3.3 Oberflächenschutzschichten

Oberflächenschutzschichten sind so auszuführen, daß sie die saubere Unterlage vollflächig bedecken und eine gleichmäßige Beschaffenheit aufweisen.

Pflasterfugen sind vor dem Herstellen der Oberflächenschutzschicht bis zur Höhe der oberen Pflastersteinkanten mit Splitt oder Kies auszufüllen.

3.3.3.1 Oberflächenbehandlung

Unmittelbar nach dem Aufspritzen des Bindemittels ist der Edelsplitt gleichmäßig verteilt aufzustreuen und durch Walzen anzudrücken.

3.3.3.2 Bitumenhaltige Schlämme

Die Schlämme ist unmittelbar auf die Unterlage aufzubringen.

3.3.4 Dünne Schichten aus Asphaltbeton, Splittmastixasphalt, Gußasphalt und Asphaltmastix

Für Asphaltbeton und Splittmastixasphalt gelten sinngemäß die Abschnitte 3.3.1.1, 3.3.1.2 und 3.3.1.3 sowie für Gußasphalt und Asphaltmastix die Abschnitte 3.3.2.1 und 3.3.2.2.

Dünne Schichten sind im Mittel mit 30 kg/m^2 herzustellen, Schichten aus Asphaltmastix mit 15 kg/m^2 Mastix und 15 kg/m^2 Splitt auszuführen.

3.3.5 Mit bitumenhaltigen Bindemitteln verfestigte Tragschichten

3.3.5.1 Herstellen

3.3.5.1.1 Verfestigte Tragschichten sind aus frostsicherem Mineralstoffgemisch durch Einmischen von bitumenhaltigen Bindemitteln herzustellen.

3.3.5.1.2 Der Auftragnehmer hat sich vor dem Herstellen von verfestigten Tragschichten zu vergewissern und dem Auftraggeber auf Verlangen nachzuweisen, daß Bindemittelart und -menge für den vorgesehenen Verwendungszweck geeignet sind.

3.3.5.1.3 Das Mineralstoffgemisch ist mit dem Bindemittel so zu mischen, daß das Bindemittel gleichmäßig verteilt ist. Das Gemisch ist gleichmäßig zu verdichten.

3.3.5.2 Profilgerechte Lage

Die verfestigten Tragschichten sind höhengerecht und im vereinbarten Längs- und Querprofil herzustellen. Abweichungen der Oberfläche von der Sollhöhe dürfen an keiner Stelle mehr als 3 cm betragen.

3.3.5.3 Ebenheit

Unebenheiten der Oberfläche der verfestigten Tragschicht innerhalb einer 4 m langen Meßstrecke dürfen nicht größer als 3 cm sein.

3.3.5.4 Dicke

Die verfestigten Tragschichten sind im Mittel 15 cm dick, an keiner Stelle unter 12 cm dick auszuführen.

DIN 18 317 VOB Teil C

4 Nebenleistungen, Besondere Leistungen

4.1 Nebenleistungen sind ergänzend zur ATV DIN 18 299, Abschnitt 4.1, insbesondere:

4.1.1 Feststellen des Zustands der Straßen, der Geländeoberfläche, der Vorfluter usw. nach B § 3 Nr 4

4.1.2 Herstellen von behelfsmäßigen Zugängen, Zufahrten u. ä., ausgenommen Leistungen nach Abschnitt 4.2.3.

4.1.3 Prüfungen einschließlich Probenahme zum Nachweis der Eignung von Stoffen nach den Abschnitten 2.2.1 und 3.3.5.1.2, soweit die Stoffe vom Auftragnehmer geliefert werden.

4.1.4 Prüfungen einschließlich Probenahme zum Nachweis der Güte von Stoffen nach Abschnitt 2.2.2, soweit die Stoffe vom Auftragnehmer geliefert oder hergestellt werden.

4.2 Besondere Leistungen sind ergänzend zur ATV DIN 18 299, Abschnitt 4.2, z. B.:

4.2.1 Boden- und Wasseruntersuchungen, ausgenommen die Leistungen nach den Abschnitten 4.1.3 und 4.1.4.

4.2.2 Vorbereiten der Unterlage, z. B. Nachverdichten, Herstellen der planmäßigen Höhenlage, Beseitigen von schädlichen Verschmutzungen, Vorspritzen mit Bindemitteln, soweit die Notwendigkeit solcher Leistungen nicht vom Auftragnehmer verursacht ist.

4.2.3 Herstellen, Vorhalten und Beseitigen von Befestigungen zur Aufrechterhaltung des öffentlichen und Anlieger-Verkehrs.

4.2.4 Herstellen von Aussparungen, die nach Art, Größe und Anzahl nicht in der Leistungsbeschreibung angegeben sind.

4.2.5 Schließen von Aussparungen sowie Einsetzen von Einbauteilen.

4.2.6 Herstellen von Anschlüssen an bestehende Bauteile und Oberbauschichten durch Schneiden, Fräsen, durch Ausbilden von Fugen oder sonstige besondere Konstruktionen und Ausführungen.

4.2.7 Kontrollprüfungen einschließlich der Probenahmen.

4.2.8 Räumen von Schnee und Abstumpfen bei Glätte zur Aufrechterhaltung des Verkehrs.

5 Abrechnung

Ergänzend zur ATV DIN 18 299, Abschnitt 5, gilt:
Bei Abrechnung nach Flächenmaß werden Aussparungen oder Einbauten bis zu 1 m^2 Einzelgröße sowie Fugen und Schienen übermessen.

VOB Teil C:
Allgemeine Technische Vertragsbedingungen für Bauleistungen (ATV) Verkehrswegebauarbeiten; Pflasterdecken, Plattenbeläge, Einfassungen — DIN 18 318
Ausgabe Dezember 1992

Inhalt

0 Hinweise für das Aufstellen der Leistungsbeschreibung
1 Geltungsbereich
2 Stoffe, Bauteile
3 Ausführung
4 Nebenleistungen, Besondere Leistungen
5 Abrechnung

0 Hinweise für das Aufstellen der Leistungsbeschreibung

Diese Hinweise ergänzen die ATV DIN 18 299 „Allgemeine Regelungen für Bauarbeiten jeder Art", Abschnitt 0. Die Beachtung dieser Hinweise ist Voraussetzung für eine ordnungsgemäße Leistungsbeschreibung gemäß A § 9.
Die Hinweise werden nicht Vertragsbestandteil.
In der Leistungsbeschreibung sind nach den Erfordernissen des Einzelfalls insbesondere anzugeben:

0.1 Angaben zur Baustelle
Art und Beschaffenheit der Unterlage.

0.2 Angaben zur Ausführung

0.2.1 Besondere Anforderungen an Stoffe und Bauteile zur Hitzebeständigkeit, Abriebfestigkeit, Beschaffenheit der Oberfläche und Farbe.

0.2.2 Besondere Beanspruchungen und Belastungen, z. B. im Industriebau.

0.2.3 Ausbildung der Anschlüsse von Pflaster und Platten an vorhandene Befestigungen, Bögen, Einbauten, Einfassungen, Bauwerke und Aussparungen.

0.2.4 Güteklasse der Pflastersteine aus Naturstein.

0.3 Einzelangaben bei Abweichungen von den ATV

0.3.1 Wenn andere als die in dieser ATV vorgesehenen Regelungen getroffen werden sollen, sind diese in der Leistungsbeschreibung eindeutig und im einzelnen anzugeben.

0.3.2 Abweichende Regelungen können insbesondere in Betracht kommen bei

Abschnitt 2.1, wenn Pflastersteine oder Platten in unterschiedlicher Dicke verwendet werden sollen,

Abschnitt 2.6, wenn Bordrinnen- und Muldensteine aus Beton eine andere Biegezug- oder Druckfestigkeit aufweisen sollen,

Abschnitt 2.9, wenn der Gewichtsanteil an abschlämmbaren Bestandteilen 5 % überschreiten darf,

Abschnitt 3.1.1, wenn das Bauverfahren, der Bauablauf oder die Art und der Einsatz der Geräte dem Auftragnehmer vorgegeben werden sollen,

Abschnitt 3.3.1, wenn das Pflasterbett von Betonsteinpflaster anders ausgeführt werden soll, z. B. als starre Tragschicht bei vermörtelten Fugen,

Abschnitt 3.3.2, wenn in einem anderen Verband verlegt werden soll,

Abschnitt 3.4.1, wenn das Pflasterbett von Pflasterklinkern anders ausgeführt werden soll, z. B. als starre Tragschicht bei vermörtelten Fugen,

Abschnitt 3.4.2, wenn die Pflasterklinker hochkant als Rollschicht versetzt werden sollen,

Abschnitt 3.5.2, wenn Großpflaster nicht in Reihen bzw. Klein- und Mosaikpflaster nicht in Segmentbögen versetzt werden sollen, z. B. Diagonalpflaster, Fischgrätverband, Schuppenbogenpflaster, Netzpflaster, Passe, Wildpflaster,

Abschnitt 3.6.2, wenn ein anderes Verlegeschema festgelegt werden soll,

Abschnitt 3.7.1, wenn Bord- und Einfassungssteine nicht auf Fundament mit Rückenstütze bzw. nicht engfugig versetzt werden sollen,

Abschnitt 3.7.2, wenn Pflasterrinnen oder Randeinfassungen nicht auf einem 20 cm dicken Fundament aus Beton versetzt werden sollen.

0.4 Einzelangaben zu Nebenleistungen und Besonderen Leistungen

Keine ergänzende Regelung zur ATV DIN 18 299, Abschnitt 0.4.

0.5 Abrechnungseinheiten

Im Leistungsverzeichnis sind die Abrechnungseinheiten wie folgt vorzusehen:

0.5.1 Nachverdichten der Unterlage nach Flächenmaß (m^2).

0.5.2 Herstellen der planmäßigen Höhenlage, Neigung und der festgelegten Ebenheit der Unterlage nach Flächenmaß (m^2).

0.5.3 Pflasterdecken und Plattenbeläge

— Pflasterdecken und Plattenbeläge nach Flächenmaß (m^2), getrennt nach Ausführungsarten (z. B. im Bogen, nach Muster), nach Arten und Maßen der Pflastersteine oder der Platten,

— Abputzen aufgenommener Pflasterdecken und Plattenbeläge nach Flächenmaß (m^2), getrennt nach Arten der Fugenfüllung und der Unterlage, nach Arten und Maßen der Pflasterdecken und Plattenbeläge,

— Zuarbeiten oder Schneiden von Platten und Pflaster

— für Verlegen und Versetzen an Kanten und Einfassungen nach Längenmaß (m),

— für Verlegen und Versetzen an Einbauten und Aussparungen nach Anzahl (Stück),

— Zuarbeiten oder Schneiden von Platten aus Naturstein nach Anzahl (Stück).

0.5.4 Fugenverguß oder Fugenfüllung

— Fugenverguß und Fugenfüllung von Pflasterdecken und Plattenbelägen nach Flächenmaß (m^2), getrennt nach Befestigungsarten und Arten des Fugenvergusses oder der Fugenfüllung,

— Fugenverguß von Dehnungs- und Randfugen nach Längenmaß (m), getrennt nach Fugenmaßen und Arten des Fugenvergusses.

Verkehrswegebauarbeiten; Pflasterdecken, Plattenbeläge, Einfassungen   DIN 18 318

0.5.5 Einfassungen
- Bord- oder Einfassungssteine nach Längenmaß (m), getrennt nach Arten und Maßen,
- Fundamente mit oder ohne Rückenstütze von Einfassungen nach Raummaß (m^3) oder, getrennt nach Maßen, nach Längenmaß (m),
- Bearbeiten von Köpfen der Bord- und Einfassungssteine nach Anzahl (Stück), getrennt nach Arten und Maßen,
- Nacharbeiten der Schnurkante, Nacharbeiten oder Aufarbeiten eines vorhandenen Anlaufs (Fase) oder der Trittflächen an Bordsteinen nach Längenmaß (m), getrennt nach Arten und Maßen.

1 Geltungsbereich

1.1 Die ATV „Verkehrswegebauarbeiten; Pflasterdecken, Plattenbeläge, Einfassungen" — DIN 18 318 — gilt für das Befestigen von Straßen und Wegen aller Art, Plätzen, Höfen, Flugbetriebsflächen, Bahnsteigen und Gleisanlagen mit Pflaster und Platten sowie für das Herstellen von Einfassungen und Rinnen. Sie gilt auch für das Befestigen solcher Flächen mit Naturwerkstein, Betonwerkstein und Klinkerplatten.

1.2 Ergänzend gelten die Abschnitte 1 bis 5 der ATV DIN 18 299 „Allgemeine Regelungen für Bauarbeiten jeder Art". Bei Widersprüchen gehen die Regelungen der ATV DIN 18 318 vor.

2 Stoffe, Bauteile

Ergänzend zur ATV DIN 18 299, Abschnitt 2, gilt:

Für die gebräuchlichsten genormten Stoffe und Bauteile sind die DIN-Normen nachstehend aufgeführt.

2.1 Pflastersteine und Platten aus Beton
DIN 18 501   Pflastersteine; Beton
DIN 485   Gehwegplatten aus Beton

Für Pflasterplatten, die wegen ihrer Maße nicht als Pflastersteine im Sinne von DIN 18 501 angesehen werden können, gilt DIN 485.

Pflastersteine und Platten, die in einer Fläche verlegt werden, sollen die gleiche Dicke haben.

2.2 Pflasterklinker und Klinkerplatten
DIN 18 503   Pflasterklinker
DIN 18 158   Bodenklinkerplatten

2.3 Pflastersteine und Platten aus Naturstein
DIN 18 502   Pflastersteine; Naturstein

Druckfestigkeit und Widerstand gegen Verwitterung müssen den „Technischen Lieferbedingungen für Mineralstoffe im Straßenbau (TL Min-StB)"*) entsprechen.

---

*) Herausgegeben von der Forschungsgesellschaft für Straßen- und Verkehrswesen e.V., Alfred-Schütte-Allee 10, W-5000 Köln 21.

Als Grenzabmaße für Platten gelten bei
- einer Länge bzw. Breite bis 60 cm: ± 0,2 cm
- einer Länge bzw. Breite über 60 cm: ± 0,3 cm
- der Dicke: ± 0,3 cm.

Abweichungen von der Ebenheit der Oberfläche dürfen nicht mehr als 0,3 % der größten Plattenlänge betragen.

2.4 Bordsteine und Einfassungssteine aus Beton
DIN 483 Bordsteine aus Beton

Einfassungssteine mit einer Breite unter 8 cm müssen im Mittel mindestens eine Biegezugfestigkeit von 5 N/mm^2 aufweisen und im übrigen DIN 483 entsprechen.

2.5 Bordsteine aus Naturstein
DIN 482 Bordsteine; Naturstein

2.6 Bordrinnen- und Muldensteine aus Beton
DIN 483 Bordsteine aus Beton

Die Biegezugfestigkeit muß jedoch im Mittel mindestens 6 N/mm^2, die Druckfestigkeit am herausgesägten Würfel im Mittel mindestens 50 N/mm^2 betragen.

2.7 Sonstige Betonerzeugnisse für Flächenbefestigungen
Für Stahlbetonwinkelelemente:
DIN 1045 Beton und Stahlbeton, Bemessung und Ausführung
Für Stufen und Stufenbeläge:
DIN 18 500 Betonwerkstein; Begriffe, Anforderungen, Prüfung, Überwachung

Betonerzeugnisse, die unmittelbar dem Fahrzeugverkehr ausgesetzt sind, müssen eine Mindestdruckfestigkeit von im Mittel 50 N/mm^2 aufweisen (bei der Prüfung von 3 Proben kleinster Einzelwert 45 N/mm^2) oder:
Biegezugfestigkeit im Mittel 6 N/mm^2, kleinster Einzelwert 5 N/mm^2.
Prüfung nach DIN 1048 Teil 5 „Prüfverfahren für Beton; Festbeton, gesondert hergestellte Probekörper", soweit an gesondert hergestellten Probekörpern geprüft werden muß.

2.8 Entwässerungsrinnen
DIN 19 580 Entwässerungsrinnen für Niederschlagswasser zum Einbau in Verkehrsflächen

2.9 Bettungsmaterial
Sand, Kiessand, Brechsand und Splitt sollen den TL Min-StB bzw. DIN 4226 Teil 1 „Zuschlag für Beton; Zuschlag mit dichtem Gefüge; Begriffe, Bezeichnung und Anforderungen" entsprechen. Andere geeignete Sande, Kiessande, Brechsande und Splitte dürfen verwendet werden, wenn der Gewichtsanteil an abschlämmbaren Bestandteilen 5 % nicht überschreitet. Geeignete Körnungen sind Sand 0/2 mm oder 0/4 mm, Splitt 1/3 mm oder 2/5 mm oder ein kornabgestuftes Brechsand-Splitt-Gemisch 0/5 mm.

Bei einem wasserdurchlässigen Belag ist Splitt (z. B. 1/3 mm oder 2/5 mm) zu verwenden, der auf das Fugenmaterial nach Abschnitt 2.10 abgestimmt ist.

Zementmörtel müssen Mörtelgruppe III (Mischungsverhältnis 1:4) der DIN 1053 Teil 1 „Mauerwerk; Rezeptmauerwerk; Berechnung und Ausführung" entsprechen. Bei Verwendung auf ungebundener Tragschicht beträgt das Mischungsverhältnis 1:8. Kalkmörtel sind im Mischungsverhältnis 1:8 zu verwenden. Das Mischungsverhältnis wird in Raumteilen gemessen.

2.10 Fugenmaterial

Als ungebundenes Fugenmaterial sind Sand, Kiessand, Brechsand oder Splitt zu verwenden. Geeignete Körnungen sind Sand 0/2 mm oder 0/4 mm, Splitt 1/3 mm oder 2/5 mm oder ein kornabgestuftes Brechsand-Splitt-Gemisch 0/5 mm. Bei einem wasserdurchlässigen Belag ist Splitt (z. B. 1/3 mm oder 2/5 mm) zu verwenden, der auf die Fugenbreite und das Bettungsmaterial abgestimmt ist.

Schlämmbare und gießfähige Zementmörtel müssen mindestens 600 kg/m^3 Zement enthalten, andere Zementmörtel sind im Mischungsverhältnis 1:4 herzustellen. Kalkmörtel sind im Mischungsverhältnis 1:3 bis 1:4,5 herzustellen. Das Mischungsverhältnis wird in Raumteilen gemessen.

Fugenverguß aus Bitumen muß den „Technischen Lieferbedingungen für bituminöse Fugenvergußmassen (TLbit Fug)"*) entsprechen. Sonstiges elastisches, plastisches oder elasto-plastisches Fugenmaterial muß DIN 18 540 „Abdichtung von Außenwandfugen im Hochbau mit Fugendichtungsmassen" entsprechen.

2.11 Bindemittel

DIN 1060 Teil 1   Baukalk; Begriffe, Anforderungen, Lieferung, Überwachung

DIN 1164 Teil 1   Portland-, Eisenportland-, Hochofen- und Traßzement; Begriffe, Bestandteile, Anforderungen, Lieferung

DIN 1995   Bitumen und Steinkohlenteerpech

2.12 Beton

DIN 1045   Beton und Stahlbeton; Bemessung und Ausführung

3 Ausführung

Ergänzend zur ATV DIN 18 299, Abschnitt 3, gilt:

3.1 Allgemeines

3.1.1 Die Wahl des Bauverfahrens und -ablaufs sowie die Wahl und der Einsatz der Baugeräte sind Sache des Auftragnehmers.

3.1.2 In der Nähe von Bauwerken, Leitungen, Kabeln, Dränen und Kanälen müssen die Arbeiten mit der erforderlichen Vorsicht ausgeführt werden.

3.1.3 Gefährdete bauliche Anlagen sind zu sichern. Bei Schutz- und Sicherungsmaßnahmen sind die Vorschriften der Eigentümer oder anderer Weisungsberechtigter zu beachten. Solche Maßnahmen sind Besondere Leistungen (siehe Abschnitt 4.2.1).

3.1.4 Wenn die Lage vorhandener Leitungen, Kabel, Dräne, Kanäle, Vermarkungen, Hindernisse und sonstiger baulicher Anlagen vor Ausführung der Arbeiten nicht angegeben werden kann, ist diese zu erkunden. Solche Maßnahmen sind Besondere Leistungen (siehe Abschnitt 4.2.1).

---

*) Siehe Seite 289

3.1.5 Werden unvermutete Hindernisse, z. B. nicht angegebene Leitungen, Kabel, Dräne, Kanäle, Vermarkungen, Bauwerksreste, angetroffen, ist der Auftraggeber unverzüglich darüber zu unterrichten. Die zu treffenden Maßnahmen sind Besondere Leistungen (siehe Abschnitt 4.2.1).

3.1.6 In unmittelbarer Nähe von Bäumen, Pflanzenbeständen und Vegetationsflächen müssen die Arbeiten mit besonderer Sorgfalt ausgeführt werden.

3.1.7 Gefährdete Bäume, Pflanzenbestände und Vegetationsflächen sind zu schützen; DIN 18 920 „Vegetationstechnik im Landschaftsbau; Schutz von Bäumen, Pflanzenbeständen und Vegetationsflächen bei Baumaßnahmen" ist zu beachten. Solche Schutzmaßnahmen sind Besondere Leistungen (siehe Abschnitt 4.2.1).

3.1.8 Der Auftragnehmer hat bei seiner Prüfung der Unterlage Bedenken (siehe B § 4 Nr 3) insbesondere geltend zu machen bei
— offensichtlich unzureichender Tragfähigkeit,
— Abweichungen von der planmäßigen Höhenlage, Neigung oder Ebenheit,
— schädlichen Verschmutzungen,
— Fehlen notwendiger Entwässerungseinrichtungen.

3.2 Lage, Toleranzen, Dehnungsfugen

3.2.1 Pflasterdecken und Plattenbeläge sind höhengerecht und im vereinbarten Längs- und Querprofil herzustellen. Abweichungen der Oberfläche von der Sollhöhe dürfen an keiner Stelle mehr als 2 cm betragen.

Randeinfassungen mit Bordsteinen oder anderen Steinen sind höhen- und fluchtgerecht herzustellen. Abweichungen der Oberfläche von der Sollhöhe bzw. dem Sollabstand von der Bezugsachse sollen an keiner Stelle mehr als 2 cm betragen; größere Abweichungen sind nur zulässig, wenn sie zur Vermeidung erheblichen Verschnitts zweckmäßig sind und vor Beginn der Bauausführung mit dem Auftraggeber vereinbart wurden. Die zulässige Abweichung von der Flucht in den Auftritt- und Vorderflächen beträgt an den Stoßfugen bei Bordsteinen und anderen Steinen mit ebener Oberfläche 2 mm, bei Bordsteinen und anderen Steinen mit grobrauher Oberfläche 5 mm.

3.2.2 Unebenheiten der Oberfläche innerhalb einer 4 m langen Meßstrecke dürfen bei Pflaster aus künstlichen Steinen, Platten und Mosaikpflaster nicht größer als 1 cm, bei sonstigem Pflaster aus Naturstein nicht größer als 2 cm sein.

3.2.3 Pflasterdecken und Plattenbeläge sind an den Fugen höhengleich herzustellen. Die zulässige Abweichung bei höhengleichen Anschlüssen für Baustoffe mit ebener Oberfläche darf 2 mm, für Baustoffe mit grobrauher Oberfläche 5 mm nicht überschreiten.

Neben Randeinfassungen und Einbauten müssen die Anschlüsse 3 bis 5 mm über deren Oberfläche liegen, neben wasserführenden Rinnen 3 bis 10 mm über der Rinne.

3.2.4 Querneigungen sind wie folgt auszuführen:
— Bei Pflasterdecken aus Naturstein: 3,0 %
— Bei Pflasterdecken aus Betonstein, Schlackenstein und Straßenklinker: 2,5 %
— Bei Plattenbelägen: 2,0 %

Abweichungen dürfen nicht mehr als 0,4% betragen.
Rinnenbahnen sind im Längsgefälle von mindestens 0,5% auszuführen.

3.2.5 In Pflasterdecken und Plattenbelägen auf Mörtelbett mit vermörtelten Fugen sind Dehnungsfugen im Abstand von höchstens 8 m auszuführen. Weiterhin sind Dehnungsfugen über Fugen in Betontragschichten oder Bauwerken und beim Anschluß an Bauwerke herzustellen.
Bei Entwässerungsrinnen nach Abschnitt 3.7.2 oder 3.8 sind im Abstand von höchstens 15 m Dehnungsfugen anzuordnen.

3.3 Betonsteinpflaster

3.3.1 Bettung
Vor dem Verlegen der Pflastersteine ist ein Pflasterbett aus Bettungsmaterial nach Abschnitt 2.9 aufzubringen und profilgerecht abzuziehen. Die Dicke des Pflasterbettes muß im verdichteten Zustand 3 bis 5 cm betragen.

3.3.2 Verlegen und Versetzen
Die Pflastersteine sind von der verlegten Pflasterfläche aus in einem gleichmäßigen Verband in Reihen mit ausreichender Fugenbreite, je nach Rastermaß 3 bis 5 mm, auf das vorbereitete Pflasterbett zu verlegen. Werden die Pflasterfugen mit Vergußmassen vergossen, sind Fugenbreiten von mindestens 8 mm einzuhalten. Fugenachsen müssen einen gleichmäßigen Verlauf aufweisen.
Die Pflasterfläche ist nach dem Verfugen zu reinigen und anschließend gleichmäßig bis zur Standfestigkeit zu rütteln.

3.3.3 Verfugen
Die Pflasterfugen sind mit Fugenmaterial nach Abschnitt 2.10 zu schließen. Wird ungebundenes Fugenmaterial verwendet, ist dieses vollkommen einzufegen bzw. unter Wasserzugabe einzuschlämmen. Das Schließen der Fugen muß kontinuierlich mit dem Fortschreiten des Verlegens beigehalten werden. Nach dem Rütteln sind die Fugen erneut zu schließen.
Werden die Fugen vergossen, sind sie nach dem Rütteln bis zur Standfestigkeit mindestens 3 cm tief auszukratzen, auszublasen, gegebenenfalls zu trocknen und mit Vergußmassen bündig mit den Steinkanten zu vergießen und, soweit erforderlich, nachzuvergießen. Die Pflasterfläche ist bei Verguß mit Mörtel ausreichend lange feucht zu halten.

3.4 Klinkerpflaster

3.4.1 Bettung
Vor dem Verlegen der Pflasterklinker ist ein Pflasterbett aus Bettungsmaterial nach Abschnitt 2.9 aufzubringen und profilgerecht abzuziehen. Die Dicke des Pflasterbettes muß im verdichteten Zustand 3 bis 5 cm betragen.

3.4.2 Verlegen und Versetzen
Die Pflasterklinker sind von der verlegten Pflasterfläche aus auf das vorbereitete Pflasterbett flach zu verlegen. Fugenachsen müssen einen gleichmäßigen Verlauf aufweisen. Die Fugen müssen mindestens 3 mm breit sein, wenn sie vergossen werden, mindestens 8 mm.
Die Pflasterfläche ist nach dem Verfugen gleichmäßig bis zur Standfestigkeit zu rütteln.

DIN 18 318   VOB Teil C

3.4.3 Verfugen
Die Pflasterfugen sind mit Fugenmaterial nach Abschnitt 2.10 zu schließen. Wird ungebundenes Fugenmaterial verwendet, ist dieses vollkommen einzufegen bzw. unter Wasserzugabe einzuschlämmen. Das Schließen der Fugen muß kontinuierlich mit dem Fortschreiten des Verlegens beigehalten werden. Nach dem Rütteln sind die Fugen erneut zu schließen.

Werden die Fugen vergossen, sind sie nach dem Rütteln bis zur Standfestigkeit mindestens 3 cm tief auszukratzen, auszublasen, gegebenenfalls zu trocknen und mit Vergußmassen bündig mit den Steinkanten zu vergießen und, soweit erforderlich, nachzuvergießen. Die Pflasterfläche ist bei Verguß mit Mörtel ausreichend lange feucht zu halten.

3.5 Natursteinpflaster
3.5.1 Bettung
Vor dem Pflastern ist ein Pflasterbett aus Bettungsmaterial nach Abschnitt 2.9 aufzubringen. Die Dicke des Pflasterbettes muß nach dem Abrammen oder Abrütteln bei Großpflaster 4 bis 6 cm und bei Klein- und Mosaikpflaster 3 bis 4 cm betragen.

3.5.2 Versetzen
Die Pflastersteine sind in der Bettung hammerfest im Verband zu versetzen. Großpflaster ist in Reihen zu versetzen. Die Fugenbreite darf in Kopfhöhe der Steine höchstens 15 mm betragen, Preßfugen sind nicht erlaubt. In den einzelnen Reihen sind möglichst gleich breite Steine zu verwenden. Klein- und Mosaikpflaster sind in Segmentbögen engfugig zu versetzen. Die Fugenbreite darf in Kopfhöhe der Steine bei Kleinpflaster höchstens 10 mm, bei Mosaikpflaster höchstens 6 mm betragen; Preßfugen sind nicht erlaubt.

Wenn die Pflasterfugen vergossen werden, sind Fugenbreiten von mindestens 8 mm einzuhalten. Fugenachsen müssen einen gleichmäßigen Verlauf aufweisen. Die Pflasterfläche ist nach dem Verfugen gleichmäßig bis zu Standfestigkeit zu rammen oder zu rütteln.

3.5.3 Verfugen
Die Pflasterfugen sind mit Fugenmaterial nach Abschnitt 2.10 zu schließen. Wird ungebundenes Fugenmaterial verwendet, ist dieses vollkommen einzufegen bzw. unter Wasserzugabe einzuschlämmen. Das Schließen der Fugen muß kontinuierlich mit dem Fortschreiten des Versetzens beigehalten werden. Nach dem Rammen oder Rütteln sind die Fugen erneut zu schließen.

Werden die Fugen vergossen, sind sie nach dem Rütteln bis zur Standfestigkeit mindestens 3 cm tief auszukratzen, auszublasen, gegebenenfalls zu trocknen und mit Vergußmassen bündig mit den Steinkanten zu vergießen und, soweit erforderlich, nachzuvergießen. Die Pflasterfläche ist bei Verguß mit Mörtel ausreichend lange feucht zu halten.

3.6 Plattenbeläge
3.6.1 Bettung
Vor dem Verlegen der Platten ist ein Plattenbett aus Bettungsmaterial nach Abschnitt 2.9 aufzubringen. Die Dicke des Plattenbettes muß 3 bis 5 cm betragen.

3.6.2 Verlegen
Die Platten sind im Verband parallel zur Randeinfassung oder einer anderen festgelegten Achse mit versetzten Fugen fluchtgerecht und an den Fugen höhengleich

Verkehrswegebauarbeiten; Pflasterdecken, Plattenbeläge, Einfassungen DIN 18 318

mit 3 bis 5 mm Fugenbreite gemäß Rastermaß auf das vorbereitete Plattenbett zu verlegen. Sie müssen nach dem Verlegen vollflächig auf der gleichmäßig verdichteten Bettung aufliegen. Werden die Fugen vergossen oder von Hand verfugt, müssen sie mindestens 8 mm breit sein.

Fugenachsen müssen einen gleichmäßigen Verlauf aufweisen. Plattenzuschnitte dürfen nur dann erfolgen, wenn die auszufüllende Fläche geringfügig kleiner ist als die Platte.

3.6.3 Verfugen
Die Plattenfugen sind mit Fugenmaterial nach Abschnitt 2.10 zu schließen. Wird ungebundenes Fugenmaterial verwendet, ist dieses vollkommen einzufegen bzw. unter Wasserzugabe einzuschlämmen. Das Schließen der Fugen muß kontinuierlich mit dem Fortschreiten des Verlegens beigehalten werden. Die Plattenfläche ist beim Verguß oder Verfugen mit Mörtel ausreichend lange feucht zu halten.

3.7 Einfassungen
3.7.1 Bord- und Einfassungssteine
Bord- und Einfassungssteine nach den Abschnitten 2.4 und 2.5 sind auf ein 20 cm dickes Fundament mit Rückenstütze aus Beton B 15 nach Abschnitt 2.12 zu versetzen. Bordsteine und Rückenstütze sind auf dem noch nicht abgebundenen Fundamentbeton zu versetzen.

Die Rückenstütze ist in ganzer Höhe 10 cm dick auszuführen. Die Oberkante der Rückenstütze richtet sich nach der Dicke der angrenzenden Flächenbefestigung. Die Oberfläche der Rückenstütze soll nach außen leicht abgeschrägt werden.

Die Fundamentbreite ist abhängig von dem verwendeten Bord- oder Einfassungsstein zuzüglich der Rückenstütze und zuzüglich der Breite des gegebenenfalls verwendeten Rinnensteins.

Bord- und Einfassungssteine aus Beton sind mit etwa 5 mm breiten Stoßfugen zu versetzen, die nicht verfugt zu werden brauchen.

Bei Absenkung von Bordsteinen ist der Höhenunterschied im Bordsteinauftritt durch geeignete Formsteine auszugleichen. Bordsteinfluchten in Bögen mit einem Radius bis einschließlich 12 m sind mit Bogensteinen herzustellen. Bei Bögen mit einem Radius ab 12 m dürfen auch gerade Steine mit einer Länge von mindestens 50 cm verwendet werden.

3.7.2 Einfassungen mit anderen Steinen
Pflasterrinnen oder Randeinfassungen aus Pflastersteinen nach DIN 18 501 und DIN 18 502 sowie Muldensteine und Leitstreifen aus Beton nach Abschnitt 2.6 sind auf einem 20 cm dicken Fundament aus Beton B 15 nach Abschnitt 2.12 zu versetzen. Werden Pflasterrinnen, Randeinfassungen oder Leitstreifen mit Rückenstützen aus Beton B 15 nach Abschnitt 2.12 versetzt, sind diese in ganzer Höhe 10 cm dick auszuführen.

Die Oberkante der Rückenstütze richtet sich nach der Dicke der angrenzenden Flächenbefestigung und soll nach außen leicht abgeschrägt werden.

3.8 Entwässerungsrinnen
Formteile zur Entwässerung nach DIN 19 580 müssen als Bestandteil der Flächenbefestigung höhen- und fluchtgerecht vor der Pflasterung auf einem Fundament aus Beton B 15 nach Abschnitt 2.12 verlegt werden.

4 Nebenleistungen, Besondere Leistungen

4.1 Nebenleistungen sind ergänzend zur ATV DIN 18 299, Abschnitt 4.1, insbesondere:

4.1.1 Feststellen des Zustands der Straßen, der Geländeoberfläche, der Vorfluter usw. nach B § 3 Nr 4.

4.1.2 Herstellen von behelfsmäßigen Zugängen, Zufahrten u. ä. ausgenommen Hilfsbauwerke und die über die behelfsmäßige Herstellung hinausgehenden Leistungen, die vom Auftraggeber angeordnet werden.

4.2 Besondere Leistungen sind ergänzend zur ATV DIN 18 299, Abschnitt 4.2, z. B.:

4.2.1 Maßnahmen nach den Abschnitten 3.1.3, 3.1.4, 3.1.5 und 3.1.7.

4.2.2 Aufstellen, Vorhalten, Betreiben und Beseitigen von Verkehrssignalanlagen.

4.2.3 Vorbereiten der Unterlage, z. B. Nachverdichten, Herstellen der planmäßigen Höhenlage, Beseitigen von schädlichen Verschmutzungen, soweit die Notwendigkeit solcher Leistungen nicht vom Auftragnehmer verursacht ist.

4.2.4 Zuarbeiten oder Schneiden von Platten und Pflaster einschließlich Paßstükken, z. B. an Kanten und Anschlüssen, für die Verlegung an Einbauten und Aussparungen.

4.2.5 Aufladen, Abtransport und Abladen von ausgebauten Stoffen und Bauteilen sowie von den vom Auftragnehmer nicht zu vertretenden Resten und aussortierten unbrauchbaren Steinen und Platten, die vom Auftraggeber beigestellt wurden.

4.2.6 Erschwernisse bei der Herstellung von Plattenbelägen im Bogen oder Muster.

4.2.7 Erschwernisse bei der Herstellung von Pflasterdecken im Muster.

4.2.8 Räumen von Schnee und Abstumpfen bei Glätte zur Aufrechterhaltung des Verkehrs.

4.2.9 Herstellen von Musterflächen.

5 Abrechnung

Ergänzend zur ATV DIN 18 299, Abschnitt 5, gilt:

5.1 Einzelflächen unter 0,5 m^2 werden als 0,5 m^2 abgerechnet.

5.2 Für das Abputzen aufgenommener Pflasterdecken und Plattenbeläge wird das Maß der aufgenommenen Fläche abgerechnet.

5.3 Das Zuarbeiten oder Schneiden von Platten und Pflaster an Kanten und Einfassungen wird nach der Länge der Fuge zwischen Belag und Kante oder Einfassung abgerechnet.

5.4 Fugenverguß und Fugenfüllung von Pflasterdecken und Plattenbelägen werden nach der Fläche des Belags abgerechnet.

5.5 Die Länge der Einfassung wird an der Vorderseite der Bord- oder Einfassungssteine gemessen. Dies gilt auch bei der Abrechnung von Fundamenten mit und ohne Rückenstütze nach Längenmaß.

5.6 Nacharbeiten der Schnurkante, Nacharbeiten oder Aufarbeiten eines vorhandenen Anlaufs (Fase) oder der Trittflächen von Bordsteinen werden nach der Länge der bearbeiteten Bordsteine abgerechnet.

5.7 Bei der Abrechnung werden übermessen:
- Randfugen zwischen Pflasterdecke oder Plattenbelag und Einfassung, z. B. Bordstein, Schiene,
- Fugen innerhalb der Pflasterdecke oder des Plattenbelags und Stoßfugen zwischen den einzelnen Bordsteinen oder Einfassungssteinen,
- Schienen, wenn beidseitig die gleiche Befestigungsart an die Schienen herangeführt ist,
- in der befestigten Fläche liegende oder in sie hineinragende Aussparungen oder Einbauten bis einschließlich 1 m^2 Einzelgröße, z. B. Schächte, Schieber, Maste, Stufen.

5.8 Aussparungen oder Einbauten über 1 m^2 Einzelgröße werden abgezogen; wenn sie in verschiedenen Befestigungsarten liegen, werden sie anteilig abgezogen.

VOB Teil C:
Allgemeine Technische Vertragsbedingungen für Bauleistungen (ATV)
Rohrvortriebsarbeiten – DIN 18 319
Ausgabe Dezember 1992

Inhalt

0 Hinweise für das Aufstellen der Leistungsbeschreibung
1 Geltungsbereich
2 Stoffe, Bauteile
3 Ausführung
4 Nebenleistungen, Besondere Leistungen
5 Abrechnung

0 Hinweise für das Aufstellen der Leistungsbeschreibung

Diese Hinweise ergänzen die ATV DIN 18 299 „Allgemeine Regelungen für Bauarbeiten jeder Art", Abschnitt 0. Die Beachtung dieser Hinweise ist Voraussetzung für eine ordnungsgemäße Leistungsbeschreibung gemäß A § 9.

Die Hinweise werden nicht Vertragsbestandteil.

In der Leistungsbeschreibung sind nach den Erfordernissen des Einzelfalls insbesondere anzugeben:

0.1 Angaben zur Baustelle

0.1.1 Belastbarkeit der Vorfluter für Wasser; Auflagen und Gebühren für das Einleiten von Wasser in Vorfluter.

0.1.2 Beim Überfahren oder Verdrängen bestehender Leitungen deren Art und Maße, Werkstoffe, Verbindungen, Hausanschlüsse, Einbauten usw.

0.1.3 Beim Überfahren oder Verdrängen bestehender Rohrleitungen Art und Menge des Abflusses in der Rohrleitung und in den Anschlußleitungen.

0.1.4 Lage künstlicher Hohlräume, früherer Bauhilfsmaßnahmen, Anker, Injektionen und, soweit bekannt, deren Eigentümer.

0.1.5 Gründungstiefen, Gründungsarten und Lasten benachbarter Bauwerke.

0.2 Angaben zur Ausführung

0.2.1 Boden und Fels hinsichtlich ihrer Eigenschaften und Zustände nach Abschnitt 2.2 sowie ihre Klassen nach Abschnitt 2.3. Mengenanteile der einzelnen Klassen, wenn im Querschnitt verschiedene Klassen auftreten.

0.2.2 Boden- und Felsformationen im Bereich der Leitungen; Schichtenverzeichnis, Darstellung in Längsschnitt und Querschnitten.

Rohrvortriebsarbeiten DIN 18 319

Bei den Lockergesteinen zusätzlich zu jeder Klasse (siehe Abschnitt 2.3.1):
— *Ergebnisse von Sondierungen,*
— *Korngrößenverteilung,*
— *Kornform,*
— *Dichte,*
— *Lagerungsdichte,*
— *Konsistenz,*
— *Wassergehalt,*
— *Scherfestigkeit,*
— *Durchlässigkeitsbeiwert.*

Bei den Festgesteinen zusätzlich zu jeder Klasse (siehe Abschnitt 2.3.2):
— *Trennflächengefüge und räumliche Orientierung,*
— *Mineralbestand,*
— *mineralische Bindung,*
— *Verwitterungsgrad,*
— *Homogenität,*
— *Dichte,*
— *Druck- und Scherfestigkeit,*
— *Wasseranfall.*

0.2.3 Wesentliche Änderungen der Eigenschaften und Zustände von Boden und Fels nach dem Lösen und in Verbindung mit Wasser oder Stützflüssigkeiten.

0.2.4 Für die jeweilige Boden- und Felsklasse Art und Umfang der Sicherung im Bereich der Ortsbrust und der Sicherung für die Aufrechterhaltung des Vortriebs.

0.2.5 Maßnahmen für das Beseitigen von Steinen (siehe Abschnitt 3.2.2).

0.2.6 Nutzung der Leitungen und zu beachtendes Regelwerk.

0.2.7 Sachverständigengutachten und inwieweit sie bei der Ausführung zu beachten sind.

0.2.8 Anforderungen an Rohre, Rohrwerkstoffe und Rohrverbindungen (siehe Abschnitt 2.1.1).

0.2.9 Art und Umfang der Standsicherheitsnachweise für Bauzustände und Endzustand.

0.2.10 Anzahl, Maße und Lage der Start-, Zwischen- und Zielgruben bzw. -punkte.

0.2.11 Maßnahmen für das Beseitigen von Quell- und Sickerwasser o. ä. (siehe Abschnitt 3.3)

0.2.12 Art und Umfang von besonderen Maßnahmen bei agressiven Böden und Grundwasser zum Schutz der Rohrleitung.

0.2.13 Tiefenlage, Richtung und Neigung der Rohrachse und zulässige Abweichungen.

0.2.14 Art und Umfang der Verschmutzung der zu reinigenden Leitung.

0.2.15 Besondere Maßnahmen zum Schutz von benachbarten Grundstücken und Bauwerken, zulässige Setzungen, z. B. beim Unterfahren von Gleisen oder Gebäuden.

0.2.16 Sonderverfahren zur Durchführung des Vortriebs, z. B. Druckluftbetrieb, Grundwasserabsenkung, Injektionen, Gefrierarbeiten.

0.2.17 Besondere Maßnahmen hinsichtlich der Belüftung, Entstaubung, Beleuchtung usw.

0.2.18 Art, Umfang und Zeit von Beweissicherungsmaßnahmen.

0.2.19 Art, Verfahren und Umfang vorzunehmender Prüfungen.

0.2.20 *Art und Umfang von Meßeinrichtungen, von Messungen und deren Protokollierung im Rahmen der Bauausführung, z. B. der Pressenkräfte.*

0.2.21 *Ausbildung von Anschlüssen.*

0.3 Einzelangaben bei Abweichungen von den ATV

0.3.1 *Wenn andere als die in dieser ATV vorgesehenen Regelungen getroffen werden sollen, sind diese in der Leistungsbeschreibung eindeutig und im einzelnen anzugeben.*

0.3.2 *Abweichende Regelungen können insbesondere in Betracht kommen bei*

Abschnitt 2.1.2, wenn gelöster Boden oder Fels in das Eigentum des Auftragnehmers übergehen soll,

Abschnitt 3.1.1, wenn das Bauverfahren, der Bauablauf oder die Art und der Einsatz der Baugeräte dem Auftragnehmer vorgegeben werden sollen.

0.4 Einzelangaben zu Nebenleistungen und Besonderen Leistungen

Als Nebenleistungen, für die unter den Voraussetzungen der ATV DIN 18 299, Abschnitt 0.4.1, besondere Ordnungszahlen (Positionen) vorzusehen sind, kommen insbesondere in Betracht:
- *Liefern von Standsicherheitsnachweisen für Baubehelfe (siehe Abschnitt 4.1.4),*
- *Aufstellen, Vorhalten, Betreiben und Beseitigen von Einrichtungen zum Belüften und Entstauben.*

0.5 Abrechnungseinheiten

Im Leistungsverzeichnis sind die Abrechnungseinheiten wie folgt vorzusehen:
- *Vortriebsarbeiten nach Längenmaß (m), getrennt nach Arten und Nennweiten der Rohre sowie nach Boden- und Felsklassen,*
- *Überfahren bzw. Verdrängen bestehender Leitungen nach Längenmaß (m), getrennt nach Arten und Nennweiten der Rohre sowie nach Länge, Art und Nennweite jeder Leitung,*
- *Beseitigen von Hindernissen, z. B. Mauerresten, Schutt, Steinen, Baumstümpfen o. ä. unterirdisch nach Zeit (h), oberirdisch nach Raummaß (m^3) oder nach Anzahl (Stück) oder nach Zeit (h),*
- *Umsetzen der Vortriebseinrichtungen nach Anzahl (Stück), getrennt nach Umsetzen von Grube zu Grube und innerhalb einer Grube,*
- *Führen der Protokolle nach Anzahl (Stück) oder nach Leitungslänge (m),*
- *Umleitungsmaßnahmen für die Vorflut nach Stunden (h), gestaffelt nach Förderleistung (Förderstrom) der einzusetzenden Pumpen und nach Anzahl (Stück) der Einsatzorte der Pumpen,*
- *Reinigen bestehender Leitungen nach Längenmaß (m), getrennt nach Durchmesser sowie nach Grad und Art der Verschmutzung,*
- *Liefern von Feststoffen zur Herstellung von Einpreßgut nach Gewicht (kg) oder im eingebrachten Einpreßgut enthaltenen Mengen, getrennt nach Arten,*
- *Liefern von Emulsionen, Lösungen und flüssigen Zusätzen nach Raummaß (l) der im eingebrachten Einpreßgut enthaltenen Mengen, getrennt nach Arten.*

1 Geltungsbereich

1.1 Die ATV „Rohrvortriebsarbeiten" – DIN 18 319 – gilt für den unterirdischen Einbau von vorgefertigten Rohren beliebigen Profils durch Pressen, Rammen oder Ziehen.

1.2 Die ATV DIN 18 319 umfaßt auch das Lösen von Boden und Fels beim Vortrieb sowie das Fördern aus dem Rohr und dem unmittelbaren Arbeitsbereich.

Rohrvortriebsarbeiten DIN 18 319

1.3 Die ATV DIN 18 319 gilt auch für
- Rohrvortriebsarbeiten im Verdrängungsverfahren,
- das Überfahren bestehender Leitungen,
- das Verdrängen bestehender Rohrleitungen.

1.4 Die ATV DIN 18 319 gilt nicht für
- die bei der Herstellung der Baugruben auszuführenden Erdarbeiten sowie das Fördern von Boden und Fels außerhalb des unmittelbaren Arbeitsbereiches (siehe ATV DIN 18 300 „Erdarbeiten"),
- Bohrarbeiten (siehe ATV DIN 18 301 „Bohrarbeiten"),
- Verbauarbeiten (siehe ATV DIN 18 303 „Verbauarbeiten"),
- Wasserhaltungsarbeiten (siehe ATV DIN 18 305 „Wasserhaltungsarbeiten"),
- Entwässerungskanalarbeiten (siehe ATV DIN 18 306 „Entwässerungskanalarbeiten"),
- Druckrohrleitungsarbeiten im Erdreich (siehe ATV DIN 18 307 „Druckrohrleitungsarbeiten im Erdreich"),
- Einpreßarbeiten (siehe ATV DIN 18 309 „Einpreßarbeiten"),
- vorauseilende Ausbruch- und Sicherungsarbeiten (siehe ATV DIN 18 312 „Untertagebauarbeiten"),
- das Einbringen von Rohren in Vortriebsrohre oder bestehende Rohre.

1.5 Ergänzend gelten die Abschnitte 1 bis 5 der ATV DIN 18 299 „Allgemeine Regelungen für Bauarbeiten jeder Art". Bei Widersprüchen gehen die Regelungen der ATV DIN 18 319 vor.

2 Stoffe, Bauteile; Boden und Fels
Ergänzend zur ATV DIN 18 299, Abschnitt 2, gilt:

2.1 Allgemeines
2.1.1 Bei den Vortriebsrohren sind sowohl die Lastfälle der Bauzustände, z. B. des Vortriebs, als auch die der späteren Nutzung zu berücksichtigen.

2.1.2 Gelöster Boden und Fels gehen nicht in das Eigentum des Auftragnehmers über.

2.2 Einstufung von Boden und Fels
2.2.1 Für das Benennen und Beschreiben von Boden und Fels gelten:
DIN 1054   Baugrund; Zulässige Belastung des Baugrundes
DIN 4020   Geotechnische Untersuchungen für bautechnische Zwecke
DIN 4022 Teil 1 und Teil 2   Baugrund und Grundwasser; Benennen und Beschreiben von Boden und Fels;
DIN 18 196   Erd- und Grundbau; Bodenklassifikation für bautechnische Zwecke

2.2.2 Boden und Fels werden aufgrund ihrer Eigenschaften für Rohrvortriebsarbeiten wie folgt eingestuft:
- Nichtbindige Lockergesteine (Hauptbestandteile Sand, Kies) entsprechend ihrer Korngrößenverteilung und Lagerungsdichte (siehe Abschnitt 2.3.1.1),
- bindige Lockergesteine (Hauptbestandteile Schluff, Ton bzw. Sand, Kies, mit hohen Massenanteilen von Schluff, Ton) entsprechend ihrer Konsistenz (siehe Abschnitt 2.3.1.2),
- organische Böden (Torfe und Schlämme) (siehe Abschnitt 2.3.1.3),
- Lockergesteine mit Korngrößen größer als 63 mm (siehe Abschnitt 2.3.1.4),
- Festgesteine entsprechend ihrer einaxialen Druckfestigkeit (siehe Abschnitt 2.3.2).

2.3 Boden- und Felsklassen

2.3.1 Lockergesteine

2.3.1.1 Klassen der Lockergesteine nichtbindig (LN), Korngröße ≤ 63 mm

Lagerung	Lockergestein nichtbindig	
	eng gestuft	weit oder intermittierend gestuft
	Klasse	Klasse
Locker	LNE 1	LNW 1
Mitteldicht	LNE 2	LNW 2
Dicht	LNE 3	LNW 3

2.3.1.2 Klassen der Lockergesteine bindig (LB), Korngröße ≤ 63 mm

Konsistenz	Lockergestein bindig	
	mineralisch	organogen
	Klasse	Klasse
Breiig – weich	LBM 1	LBO 1
Steif – halbfest	LBM 2	LBO 2
Fest	LBM 3	LBO 3

2.3.1.3 Organische Böden (LO) werden nicht weiter unterteilt.

Rohrvortriebsarbeiten DIN 18 319

2.3.1.4 Zusatzklassen

Kommen in Lockergesteinen Steine (Korngrößen über 63 mm) vor, so wird in Abhängigkeit von Größe und Anteil der Steine bis 600 mm zusätzlich zu den Klassen gemäß Abschnitt 2.3.1.1 bis 2.3.1.3 klassifiziert; Steine größer als 600 mm werden hinsichtlich Größe und Anteil gesondert angegeben.

Massenanteil der Steine	Steingröße	
	bis 300 mm	bis 600 mm
	Klasse	Klasse
bis 30 %	S 1	S 3
über 30 %	S 2	S 4

2.3.2 Festgesteine
Klassen der Festgesteine (F)

Einaxiale Druckfestigkeit MN/m²	Festgestein	
	Trennflächenabstand im	
	Dezimeterbereich	Zentimeterbereich
	Klasse	Klasse
bis 5	FD 1	FZ 1
über 5 bis 50	FD 2	FZ 2
über 50 bis 100	FD 3	FZ 3
über 100	FD 4	FZ 4

3 Ausführung

Ergänzend zur ATV DIN 18 299, Abschnitt 3, gilt:

3.1 Allgemeines

3.1.1 Die Wahl des Bauverfahrens und -ablaufs sowie die Wahl und der Einsatz der Baugeräte sind Sache des Auftragnehmers.

3.1.2 Werden von der Leistungsbeschreibung abweichende Boden-, Fels- und Wasserverhältnisse angetroffen, so sind die erforderlichen Maßnahmen gemeinsam festzulegen; diese sind Besondere Leistungen (siehe Abschnitt 4.2.1).

3.1.3 Abweichungen von der vereinbarten Vortriebsachse oder von den vereinbarten Maßen sind dem Auftraggeber unverzüglich mitzuteilen. Die notwendigen Maßnahmen sind gemeinsam festzulegen.

3.1.4 Ergibt sich während der Ausführung die Gefahr von Verbrüchen, Ausfließen von Boden, Vortriebshebungen, Wassereinbrüchen, Schäden an Vortriebsrohren oder baulichen Anlagen und ähnliches, hat der Auftragnehmer unverzüglich die notwendigen Maßnahmen zur Verhütung von Schäden zu treffen und den Auftraggeber zu verständigen. Bereits eingetretene Schäden sind dem Auftraggeber unverzüglich anzuzeigen. Die weiteren Maßnahmen sind gemeinsam festzulegen. Soweit die Ursache nicht der Auftragnehmer zu vertreten hat, sind die getroffenen sowie die weiteren Maßnahmen Besondere Leistungen (siehe Abschnitt 4.2.1).

3.2 Hindernisse

3.2.1 Wenn die genaue Lage vorhandener Leitungen, Kabel, Dräne, Kanäle, Vermarkungen und sonstiger baulicher Anlagen nicht angegeben werden kann, ist diese zu erkunden. Solche Maßnahmen sind Besondere Leistungen (siehe Abschnitt 4.2.1).

3.2.2 Die Art der Beseitigung von Steinen, die im Hinblick auf den Vortriebsdurchmesser ein Hindernis darstellen, ist gemeinsam festzulegen. Die zu treffenden Maßnahmen sind Besondere Leistungen (siehe Abschnitt 4.2.1).

3.2.3 Werden unvermutete Hindernisse, z. B. nicht angegebene Leitungen, Kabel, Dräne, Vermarkungen, Bauwerksreste, Bauwerksteile, angetroffen, ist der Auftraggeber unverzüglich darüber zu unterrichten. Er bestimmt, wie das Hindernis beseitigt oder gesichert werden soll oder welche sonstigen Maßnahmen zu treffen sind. Die zu treffenden Maßnahmen sind Besondere Leistungen (siehe Abschnitt 4.2.1).

3.2.4 Gefährdete bauliche Anlagen sind zu sichern. Bei Schutz- und Sicherungsmaßnahmen sind die Vorschriften der Eigentümer oder anderer Weisungsberechtigter zu beachten. Solche Maßnahmen sind Besondere Leistungen (siehe Abschnitt 4.2.1).

3.2.5 Wenn im Boden oder Fels erkennbare Schadstoffe, z. B. kontaminierte Böden, giftige oder explosive Gase, angetroffen werden, so hat der Auftragnehmer die notwendigen Sicherungen zu treffen und dem Auftraggber das Vorkommen unverzüglich anzuzeigen. Die zu treffenden Maßnahmen sind gemeinsam festzulegen; die getroffenen Sicherungsmaßnahmen sowie die weiteren Maßnahmen sind Besondere Leistungen (siehe Abschnitt 4.2.1).

3.3 Wasserabfluß

Reichen die vereinbarten Maßnahmen für das Beseitigen von Grundwasser, Quellwasser, Sickerwasser u. ä. nicht aus, so sind die erforderlichen zusätzlichen Maßnahmen gemeinsam festzulegen; diese sind Besondere Leistungen (siehe Abschnitt 4.2.1).

4 Nebenleistungen, Besondere Leistungen

4.1 **Nebenleistungen** sind ergänzend zur ATV DIN 18 299, Abschnitt 4.1, insbesondere:

4.1.1 Feststellen des Zustands der Straßen, der Geländeoberfläche, der Vorfluter usw. nach B § 3 Nr 4.

4.1.2 Beseitigen des Brauchwassers.

4.1.3 Umstellen der Vortriebseinrichtung und Geräte von Baugrube zu Baugrube und innerhalb der Baugrube oder Umrüsten der Vortriebs- und Bodenabbaueinrichtungen, ausgenommen Leistungen nach Abschnitt 4.2.2.

4.1.4 Liefern statischer Berechnungen und Zeichnungen, soweit sie für Baubehelfe notwendig sind.

4.1.5 Das verfahrenstechnisch bedingte Verpressen des Ringraums, ausgenommen Leistungen nach Abschnitt 4.2.13.

4.2 Besondere Leistungen sind ergänzend zur ATV DIN 18 299, Abschnitt 4.2, z. B.:

4.2.1 Maßnahmen nach den Abschnitten 3.1.2, 3.1.4, 3.2.1, 3.2.2, 3.2.3, 3.2.4, 3.2.5 und 3.3.

4.2.2 Umstellen der Vortriebseinrichtung und Geräte von Baugrube zu Baugrube und innerhalb der Baugrube oder Umrüsten der Vortriebs- und Bodenabbaueinrichtungen aus Gründen, die nicht vom Auftragnehmer zu vertreten sind.

4.2.3 Herstellen, Vorhalten, Sichern und Verfüllen der Start- und Zielgruben.

4.2.4 Führen von Vortriebsprotokollen, die der Auftraggeber verlangt.

4.2.5 Aufstellen, Vorhalten und Beseitigen von Spritzschutzeinrichtungen.

4.2.6 Vom Auftraggeber verlangte Messungen und Prüfungen z. B. Wasserstandsmessungen in benachbarten Brunnen und Gewässern, Lärm- und Erschütterungsmessungen, Prüfungen auf Wasserdichtheit und Maßhaltigkeit.

4.2.7 Liefern von Standsicherheitsnachweisen.

4.2.8 Beim Überfahren oder Verdrängen bestehender Rohrleitungen Maßnahmen zur Erhaltung der Vorflut in der Leitung und den bestehenden Anschlußleitungen.

4.2.9 Beim Überfahren oder Verdrängen bestehender Rohrleitungen Vorbereitung der Leitungen, z. B. Reinigen oder Verfüllen.

4.2.10 Herstellen von Anschlüssen an das Vortriebsrohr.

4.2.11 Aufstellen, Vorhalten, Betreiben und Beseitigen von Notstromanlagen.

4.2.12 Einmessen der Leitungsteile, Anfertigen von Bestandszeichnungen, Liefern von Hinweisschildern und Kennzeichen der Leitungen.

4.2.13 Das über die Leistungen nach Abschnitt 4.1.5 hinausgehende Verpressen von Hohlräumen, soweit die Notwendigkeit solcher Leistungen nicht vom Auftragnehmer verursacht ist.

5 Abrechnung

Ergänzend zur ATV DIN 18 299, Abschnitt 5, gilt:

5.1 Bei Abrechnung nach Längenmaß wird die Achslänge der Leitung zwischen den Innenseiten Start- und Zielgrube zugrunde gelegt. Liegt keine Baugrube vor, gilt die vorgetriebene Leitungslänge zwischen planmäßigem Start- und Zielpunkt. Zwischenschächte werden übermessen.

5.2 Abgerechnet werden auch Leistungen für aufgegebene Vortriebsstrecken, es sei den, daß die Ursache der Auftragnehmer zu vertreten hat.

VOB Teil C:
Allgemeine Technische Vertragsbedingungen für Bauleistungen (ATV)
Landschaftsbauarbeiten — DIN 18 320
Ausgabe Dezember 1992

Inhalt

0 Hinweise für das Aufstellen der Leistungsbeschreibung
1 Geltungsbereich
2 Stoffe, Bauteile, Pflanzen und Pflanzenteile
3 Ausführung
4 Nebenleistungen, Besondere Leistungen
5 Abrechnung

0 Hinweise für das Aufstellen der Leistungsbeschreibung

Diese Hinweise ergänzen die ATV DIN 18 299 „Allgemeine Regelungen für Bauarbeiten jeder Art", Abschnitt 0. Die Beachtung dieser Hinweise ist Voraussetzung für eine ordnungsgemäße Leistungsbeschreibung gemäß A § 9.
Die Hinweise werden nicht Vertragsbestandteil.
In der Leistungsbeschreibung sind nach den Erfordernissen des Einzelfalls insbesondere anzugeben:

0.1 Angaben zur Baustelle

0.1.1 Ergebnisse der Voruntersuchungen, z. B. nach

DIN 18 035 Teil 2 Sportplätze; Bewässerung von Rasen- und Tennenflächen,
DIN 18 035 Teil 3 Sportplätze; Entwässerung,
DIN 18 035 Teil 4 Sportplätze; Rasenflächen,
DIN 18 035 Teil 5 Sportplätze; Tennenflächen,
DIN 18 035 Teil 6 Sportplätze; Kunststoffflächen,
DIN 18 915   Vegetationstechnik im Landschaftsbau; Bodenarbeiten.

0.1.2 Hauptwindrichtung, Einflugschneisen, Verschmutzung der Außenluft.

0.2 Angaben zur Ausführung

0.2.1 Art, Menge, Maße, Schichtdicken u. ä. der zu verwendenden Stoffe, Bauteile, Pflanzen und Pflanzenteile, gegebenenfalls ihre Kennzeichnung und/oder Sortierung.

0.2.2 Art und Anzahl der geforderten Proben.

0.2.3 Unter welchen Voraussetzungen Ergebnisse von Eigenüberwachungsprüfungen Kontrollprüfungen ersetzen können.

Landschaftsbauarbeiten   DIN 18 320

0.2.4   Zulässige Maßabweichungen, Umrechnungsfaktoren von Menge zu Rauminhalt.

0.2.5   Ausbildung der Anschlüsse an Bauwerke.

0.2.6   Art, Umfang und Zeitraum der Leistungen zur Fertigstellungspflege, gegebenenfalls unter Angabe von Zeitpunkt bzw. Abstand der Einzelleistungen.

0.2.7   Flächenneigungen gestaffelt, soweit die Neigung der zu bearbeitenden Flächen steiler als 1:4 ist.

0.2.8   Anzahl und Größe der Einzelflächen bei Unterhaltungsarbeiten.

0.3   Einzelangaben bei Abweichungen von den ATV

0.3.1   Wenn andere als die in dieser ATV vorgesehenen Regelungen getroffen werden sollen, sind diese in der Leistungsbeschreibung eindeutig und im einzelnen anzugeben.

0.3.2   Abweichende Regelungen können insbesondere in Betracht kommen bei

Abschnitt 2,   wenn Pflanzen und Pflanzenteile nicht aus Anzuchtbeständen stammen müssen, sondern z. B. aus Wildbeständen,

Abschnitt 5.1.1,   wenn Flächen bei der Ermittlung der Leistung nicht in der Abwicklung gemessen werden sollen, sondern z. B. in der Horizontalprojektion,

Abschnitt 5.1.3,   wenn Abtrag nicht an der Entnahmestelle ermittelt werden soll, sondern z. B. bei Bauschutt und Müll nach loser Menge in Transportgefäßen,

Abschnitt 5.1.5,   wenn Anschüttungen, Andeckungen, Einbau von Schichten nicht im fertigen Zustand an den Auftragstellen ermittelt werden sollen, sondern z. B. an der Entnahmestelle oder Abrechnung nach Transporteinheiten bei Schuttgütern,

Abschnitt 5.1.8,   wenn zu rodende Pflanzen entgegen der vorgesehenen Regelung ermittelt werden sollen, z. B. durch Aufmaß nach Fläche bei Angabe des vorhandenen Bestandsdurchschnittes.

0.4   Einzelangaben zu Nebenleistungen und Besonderen Leistungen

Keine ergänzende Regelung zur ATV DIN 18 299, Abschnitt 0.4.

0.5   Abrechnungseinheiten

Im Leistungsverzeichnis sind die Abrechnungseinheiten wie folgt vorzusehen:

0.5.1   Flächenmaß (m^2) für

— Säubern der Baustelle von störenden Stoffen,
— Aufnehmen von Bauwegen und Wegen,
— Aufnehmen von pflanzlichen Bodendecken,
— Sichern von Bodenflächen und Oberflächen von Bodenlagerungen,
— Einarbeiten von Dünger und Bodenverbesserungsstoffen,
— Rasen,
— Naß- und Trockensaaten,
— Deckbauweisen des Lebendverbaues,
— Bodenverbesserungen, z. B. Lockern, Ebnen, Verdichten,
— Herstellen von Filter-, Drän-, Trag- und Deckschichten,
— Pflegeleistungen, z. B. Rasenschnitt, Unkrautbeseitigung, Bodenlockerung, Bewässerung,
— Schnitt von Hecken,
— Schutzvorrichtungen für Pflanzflächen, Winterschutzmaßnahmen, Pflanzenschutz,
— Schnitt von Gehölzen bei Unterhaltungsarbeiten.

0.5.2 Raummaß (m³) für
- Auf- und Abtrag von Boden,
- Entfernen von ungeeigneten Bodenarten,
- Lagern von Boden, Kompost, Rundholz u. ä.,
- Ausbringen von Bodenverbesserungsstoffen,
- Bewässerung.

0.5.3 Längenmaß (m) für
- Faschinenverbau, Flechtwerke, Buschlagen, Heckenlagen, Pflanzgräben, Pflanzriefen,
- Einfriedungen, Einfassungen, Abgrenzungen, lineare Markierungen,
- Dränstränge, Rinnen, getrennt nach Art und Größe.

0.5.4 Anzahl (Stück) für
- Roden oder Herausnehmen von Gehölzen,
- Einschlagen von Pflanzen, Pflanzarbeit, Setzen von Steckhölzern und Setzstangen, Verankerungen von Gehölzen,
- Pflanzgruben,
- Bewässerung bei Pflegeleistungen, z. B. Pflanzkübel,
- Schutzvorrichtungen für Pflanzen,
- Ausstattungsgegenstände, z. B. Bänke, Tische, Abfallbehälter, Spiel- und Sportgeräte,
- Markierungszeichen, Punktmarkierungen,
- Einläufe, Regner, getrennt nach Art und Größe.

0.5.5 Gewicht (kg, t) für
- Naß- und Trockensaaten auf unebenen Fels- und Felstrümmerflächen,
- Ausbringen von Dünger.

1 Geltungsbereich

1.1 Die ATV „Landschaftsbauarbeiten" – DIN 18 320 – gilt nicht für
- Bodenarbeiten, die anderen als vegetationstechnischen Zwecken dienen (siehe ATV DIN 18 300 „Erdarbeiten") und
- Pflanz- und Saatarbeiten zur Sicherung an Gewässern, Deichen und Küstendünen (siehe ATV DIN 18 310 „Sicherungsarbeiten an Gewässern, Deichen und Küstendünen").

1.2 Ergänzend gelten die Abschnitte 1 bis 5 der ATV DIN 18 299 „Allgemeine Regelungen für Bauarbeiten jeder Art". Bei Widersprüchen gehen die Regelungen der ATV DIN 18 320 vor.

2 Stoffe, Bauteile, Pflanzen und Pflanzenteile

Ergänzend zur ATV DIN 18 299, Abschnitt 2, gilt:

Pflanzen und Pflanzenteile müssen aus Anzuchtbeständen stammen.

Für die gebräuchlichsten genormten Stoffe, Bauteile, Pflanzen und Pflanzenteile sind die DIN-Normen nachstehend aufgeführt.

DIN 18 035 Teil 4 Sportplätze; Rasenflächen
DIN 18 035 Teil 5 Sportplätze; Tennenflächen

DIN 18 035 Teil 6	Sportplätze; Kunststoffflächen
DIN 18 915	Vegetationstechnik im Landschaftsbau; Bodenarbeiten
DIN 18 916	Vegetationstechnik im Landschaftsbau; Pflanzen und Pflanzarbeiten
DIN 18 917	Vegetationstechnik im Landschaftsbau; Rasen- und Saatarbeiten
DIN 18 918	Vegetationstechnik im Landschaftsbau; Ingenieurbiologische Sicherungsbauweisen, Sicherung durch Ansaaten, Bepflanzungen; Bauweise mit lebenden und nicht lebenden Stoffen und Bauteilen, kombinierte Bauweisen
DIN 18 919	Vegetationstechnik im Landschaftsbau; Entwicklungs- und Unterhaltungspflege von Grünflächen

2.1 Prüfungen

2.1.1 Der Auftragnehmer hat sich vor Beginn der Ausführung zu vergewissern und dem Auftraggeber auf Verlangen nachzuweisen, daß die Stoffe, Bauteile, Pflanzen und Pflanzenteile für den vorgesehenen Verwendungszweck geeignet sind.

2.1.2 Der Auftragnehmer hat sich während der Ausführung zu vergewissern und dem Auftraggeber auf Verlangen nachzuweisen, daß die verwendeten Stoffe, Bauteile, Pflanzen und Pflanzenteile den vertraglichen Anforderungen entsprechen.

2.1.3 Die Verpflichtung des Auftragnehmers nach den Abschnitten 2.1.1 und 2.1.2 wird durch etwaige Kontrollprüfungen des Auftraggebers nicht eingeschränkt.

3 Ausführung

Ergänzend zur ATV DIN 18 299, Abschnitt 3, gilt:

3.1 Allgemeines

3.1.1 Bei Maßnahmen zum Schutz der Bauwerke, Leitungen, Kabel, Kanäle, Dräne, Wege, Gleisanlagen und dergleichen im Bereich des Baugeländes sind die Vorschriften der Eigentümer oder anderer Weisungsberechtigter zu beachten.

3.1.2 Bei Maßnahmen zum Schutz von Bäumen, Pflanzenbeständen und Vegetationsflächen im Baustellenbereich ist DIN 18 920 „Vegetationstechnik im Landschaftsbau; Schutz von Bäumen, Pflanzenbeständen und Vegetationsflächen bei Baumaßnahmen" zu beachten.

3.1.3 Wenn die Lage vorhandener Leitungen, Kabel, Dräne, Kanäle, Vermarkungen, Hindernisse und sonstiger baulicher Anlagen vor Ausführung der Arbeiten nicht angegeben werden kann, ist diese zu erkunden. Die zu treffenden Maßnahmen sind Besondere Leistungen (siehe Abschnitt 4.2.1).

3.1.4 Werden unvermutete Hindernisse, z. B. nicht angegebene Leitungen, Kabel, Dräne, Kanäle, Bauwerksreste, Vermarkungen, angetroffen, ist der Auftraggeber unverzüglich darüber zu unterrichten. Die zu treffenden Maßnahmen sind Besondere Leistungen (siehe Abschnitt 4.2.1).

3.1.5 Der Auftragnehmer hat bei seiner Prüfung Bedenken (siehe B § 4 Nr 3) insbesondere geltend zu machen bei

- Abweichung der Planunterlagen gegenüber tatsächlichem Bestand,
- störenden, gefährdenden oder gefährdeten Verkehrs- und Versorgungsanlagen,
- ungeeigneten Bauzeitplanungen, z. B. für Bodenarbeiten, für Saat- und Pflanzarbeiten,
- ungeeigneten Standortverhältnissen, z. B. Boden, Klima, Wasser und Immissionen,
- verunreinigtem Gelände, z. B. durch Chemikalien, Mineralöle, Bauschutt, Bauwerksreste,
- durch Baubetrieb gefährdeten Pflanzen und Flächen,
- zum Wiederverwenden nicht geeignetem Aufwuchs und Rasen,
- vorhandenen Dauerunkräutern in für vegetationstechnische Zwecke vorgesehenen Böden,
- unzureichend oder unzweckmäßig vorgeschriebener Düngung oder Bodenverbesserung,
- Mängeln an vom Auftraggeber beigestellten Pflanzen oder Pflanzenteilen,
- unzureichendem Umfang oder unzweckmäßiger Art der vorgeschriebenen Leistungen zur Fertigstellungspflege oder zu Unterhaltungsarbeiten.

3.2 Bodenarbeiten
Bodenarbeiten für vegetationstechnische Zwecke sind nach DIN 18 915 auszuführen.

3.3 Pflanzarbeiten
Pflanzarbeiten sind nach DIN 18 916 auszuführen.

3.4 Rasenarbeiten im Landschaftsbau
Rasen ist nach DIN 18 917 auszuführen.

3.5 Sicherungsarbeiten
Sicherungsarbeiten in der Landschaft zum Schutz gegen Erosion, Austrocknung u. ä. sind nach DIN 18 918 auszuführen.

3.6 Sportplatzbauarbeiten
Sportplatzbauarbeiten sind auszuführen nach:
DIN 18 035 Teil 4 Sportplätze; Rasenflächen
DIN 18 035 Teil 5 Sportplätze; Tennenflächen
DIN 18 035 Teil 6 Sportplätze; Kunststoffflächen
DIN 18 035 Teil 8 Sportplätze; Leichtathletikanlagen

3.7 Fertigstellungspflegearbeiten
Fertigstellungspflegearbeiten für die Leistungen nach den Abschnitten 3.3 bis 3.6 sind nach den dort genannten DIN-Normen auszuführen.

3.8 Unterhaltungsarbeiten

Unterhaltungsarbeiten sind nach DIN 18 919 und DIN 18 035 Teil 4 bis Teil 6 auszuführen.

3.9 Prüfungen

3.9.1 Eigenüberwachungsprüfungen sind nach den für die Ausführung geltenden DIN-Normen auszuführen.
Die Prüfergebnisse sind dem Auftraggeber auf Verlangen vorzulegen.

3.9.2 Die Verpflichtung des Auftragnehmers nach Abschnitt 3.9.1 wird durch Kontrollprüfungen des Auftraggebers nicht eingeschränkt.

4 Nebenleistungen, Besondere Leistungen

4.1 Nebenleistungen sind ergänzend zur ATV DIN 18 299, Abschnitt 4.1, insbesondere:

4.1.1 Feststellen des Zustandes der Straßen, der Geländeoberfläche, der Vorfluter usw. nach B § 3 Nr 4.

4.1.2 Beseitigen einzelner Sträucher bis 2 m Höhe und einzelner Bäume bis zu 10 cm Stammdurchmesser, gemessen 1 m über dem Erdboden, der dazugehörigen Baumstümpfe und Wurzeln. Bei mehrstämmigen Bäumen gilt als Durchmesser die Summe der Durchmesser der einzelnen Stämme.

4.1.3 Beseitigen von einzelnen Steinen und Mauerresten bis zu 0,01 m^3 Rauminhalt.*)

4.1.4 Herstellen der werkgerechten Anschlüsse an angrenzende Bauteile.

4.1.5 Herstellen des nötigen Gefälles bei der Oberflächenausbildung von Vegetationsflächen, Belägen und Sicherungsbauwerken zur Wasserableitung.

4.1.6 Eignungs- und Eigenüberwachungsprüfung einschließlich Probenahme nach Abschnitt 3.9.1, ausgenommen Leistungen nach den Abschnitten 4.2.6 und 4.2.7.

4.2 Besondere Leistungen sind ergänzend zur ATV DIN 18 299, Abschnitt 4.2, z. B.:

4.2.1 Maßnahmen nach den Abschnitten 3.1.3 und 3.1.4.

4.2.2 Boden-, Wasser- und Wasserstandsuntersuchungen sowie besondere Prüfverfahren, ausgenommen die Feststellungen nach Abschnitt 4.1.6.

4.2.3 Leistungen zum Einschlagen oder Aufschulen von Pflanzen und Pflanzenteilen, die vom Auftraggeber verlangt werden oder, wenn diese aus Gründen erforderlich werden, die der Auftragnehmer nicht zu vertreten hat.

4.2.4 Vorhalten von Aufenthalts- und Lagerräumen für Unterhaltungsarbeiten nach Abschnitt 3.8, wenn der Auftraggeber Räume, die leicht verschließbar gemacht werden können, nicht zur Verfügung stellt.

4.2.5 Liefern von Wasser bei Leistungen für Unterhaltungsarbeiten.

---

*) 0,01 m^3 Rauminhalt entspricht einer Kugel mit einem Durchmesser von $\approx$ 0,3 m.

4.2.6 Eignungsprüfungen einschließlich Probenahme von Stoffen, Bauteilen, Pflanzen und Pflanzenteilen, die vom Auftraggeber beigestellt werden oder deren Herkunft von ihm vorgeschrieben ist, nach Abschnitt 2.1.1.

4.2.7 Kontrollprüfungen einschließlich Probenahme.

4.2.8 Besondere Messungen über Abschnitt 4.1.3 der ATV DIN 18 299 hinaus, z. B. Messungen für Zeugnisse nach den Wettkampfbestimmungen der Sportfachverbände.

4.2.9 Herstellen von Bestandszeichnungen.

5 Abrechnung

Ergänzend zur ATV DIN 18 299, Abschnitt 5, gilt:

5.1 Allgemeines

5.1.1 Der Ermittlung der Leistung — gleichgültig, ob sie nach Zeichnungen oder nach Aufmaß erfolgt — sind die tatsächlichen Maße zugrunde zu legen; dabei werden Flächen bei der Ermittlung der Leistung in der Abwicklung gemessen.

5.1.2 Flächen werden getrennt nach Flächenneigungen abgerechnet, wenn ihre Neigung steiler als 1:4 ist.

5.1.3 Abtrag wird an der Entnahmestelle ermittelt.

5.1.4 Bodenlagerungen werden jeweils im einzelnen nach ihrer Fertigstellung ermittelt.

5.1.5 Anschüttungen, Andeckungen, Einbau von Schichten werden im fertigen Zustand an den Auftragstellen ermittelt.

5.1.6 Boden wird getrennt nach Bodengruppen nach DIN 18 915 und, soweit 50 m Förderweg überschritten werden, auch gestaffelt nach Länge der Förderwege abgerechnet.

5.1.7 Ist nach Gewicht abzurechnen, so ist die Menge durch Wägen, bei Schiffsladungen durch Schiffseiche festzustellen.

5.1.8 Zu rodende Pflanzen werden vor dem Roden ermittelt, dabei Sträucher getrennt nach Höhe, Bäume getrennt nach Stammdurchmesser, der in 1 m Höhe über dem Gelände ermittelt wird. Bei mehrstämmigen Bäumen gilt als Durchmesser die Summe der Durchmesser der einzelnen Stämme.

5.1.9 Schnitt von Hecken wird nach der bearbeiteten Fläche ermittelt.

5.2 Es werden abgezogen:

5.2.1 Bei der Abrechnung nach Flächenmaß (m^2)
- bei Naß- und Trockensaaten nach DIN 18 918 Aussparungen und Durchbindungen über 100 m^2 Einzelfläche, z. B. Felsflächen, Bauwerke,
- bei sonstigen Flächen Aussparungen über 2,5 m^2 Einzelfläche, z. B. Bäume, Baumscheiben, Stützen, Einläufe, Felsnasen, Schrittplatten.

5.2.2 Bei der Abrechnung nach Längenmaß (m)
Aussparungen und durchbindende Bauteile über 1 m Länge.

VOB Teil C:
Allgemeine Technische Vertragsbedingungen für Bauleistungen (ATV)
Gleisbauarbeiten — DIN 18 325
Ausgabe Dezember 1992

Inhalt

0 Hinweise für das Aufstellen der Leistungsbeschreibung
1 Geltungsbereich
2 Stoffe, Bauteile
3 Ausführung
4 Nebenleistungen, Besondere Leistungen
5 Abrechnung

0 Hinweise für das Aufstellen der Leistungsbeschreibung

Diese Hinweise ergänzen die ATV DIN 18 299 „Allgemeine Regelungen für Bauarbeiten jeder Art", Abschnitt 0. Die Beachtung dieser Hinweise ist Voraussetzung für eine ordnungsgemäße Leistungsbeschreibung gemäß A § 9.

Die Hinweise werden nicht Vertragsbestandteil.

In der Leistungsbeschreibung sind nach den Erfordernissen des Einzelfalls insbesondere anzugeben:

0.1 Angaben zur Baustelle

0.1.1 Lage des Bahnkörpers zum benachbarten Gelände (Einschnitt, Anschnitt, Damm), bestehende Anlagen sowie Bebauung.

0.1.2 Zugangsmöglichkeiten zu den Arbeitsstellen und vom Auftragnehmer zu schaffende Einrichtungen für den Zu- und Abgang.

0.1.3 Lage der dem Auftragnehmer für die Ausführung seiner Leistungen zur Benutzung oder Mitbenutzung überlassenen Gleisanlagen.

0.1.4 Gleisbelegung und Höchstgeschwindigkeiten für Arbeitsgleise und Nachbargleise.

0.1.5 Befahren von Gleisanlagen im Bauzustand, Art des Verkehrs und Geschwindigkeit.

0.1.6 Beigabe oder Auslage von Planunterlagen, z. B. Weichenverlegeplan.

0.1.7 Art und Beschaffenheit der Unterlage (Untergrund, Unterbau, Tragschicht, Tragwerk).

0.2 Angaben zur Ausführung

0.2.1 Umfang der vom Auftraggeber übernommenen Arbeitsstellenbeleuchtung.

0.2.2 Bestimmungen über die Zulassung und das Bewegen von gleisfahrbaren Baumaschinen des Auftragnehmers auf Gleisanlagen.

0.2.3 Art der Arbeiten, die in gesperrten Gleisanlagen auszuführen sind, Einschränkung des Bahnbetriebes durch dauernde oder zeitweilige Sperrung oder Stillegung von Gleisanlagen (mit Zeitangabe).

0.2.4 Art der Arbeiten, die in Zugpausen auszuführen sind, mit Angaben der Zugfolge.

0.2.5 Bei Gleisanlagen mit elektrischem Betrieb die Stromzuführung, z. B. Fahrleitung (Oberleitung, Stromschiene), die Fahrleitungsspannung, die Abschaltmöglichkeiten und Abschaltzeiten.

0.2.6 Art der Sicherungsmaßnahmen bei Arbeiten an oder neben befahrenen Gleisanlagen.

0.2.7 Art und Umfang des Schutzes der Bettung, von Schaltmitteln, Drahtzugleitungen, Kabelkanälen, Kabelverteilern usw.

0.2.8 Zeitspanne zwischen Anforderung und Übergabe für Stoffe, Bauteile und Transportmittel, die vom Auftraggeber beizustellen sind, sowie die Abrufstelle.

0.2.9 Vorschriften und Richtlinien des Auftraggebers für die Ausführung der Leistung.

0.2.10 Behandlung und Verbleib der Bettungsrückstände.

0.2.11 Beschaffenheit und Anforderung an die Höhengenauigkeit des Schotterplanums und der Planumsschutzschicht.

0.2.12 Art und Dicke der Bettung.

0.2.13 Art und Form des Oberbaus.

0.2.14 Technischer und zeitlicher Ablauf der Arbeiten und Abhängigkeiten von Leistungen anderer.

0.2.15 Ort und Anzahl der dem Auftragnehmer zur Verfügung gestellten Arbeitskräfte, Baumaschinen, Fahrzeuge, Geräte, Werkzeuge und Meßeinrichtungen.

0.2.16 Erstellen von Bauablaufplänen durch den Auftragnehmer und Zeitpunkt der Vorlage.

0.2.17 Beginn und Dauer der Arbeitszeit (siehe Abschnitt 5.4.3).

0.2.18 Zeitraum der dem Auftragnehmer obliegenden betriebssicheren Instandhaltung der Gleisanlagen nach der Inbetriebnahme.

0.3 Einzelangaben bei Abweichungen von den ATV

0.3.1 Wenn andere als die in dieser ATV vorgesehenen Regelungen getroffen werden sollen, sind diese in der Leistungsbeschreibung eindeutig und im einzelnen anzugeben.

0.3.2 Abweichende Regelungen können insbesondere in Betracht kommen bei

Abschnitt 2.1, wenn zu den Leistungen auch die Lieferung der dazugehörigen Stoffe und Bauteile gehören soll,

Abschnitt 2.2, wenn die vom Auftraggeber beigestellten Stoffe und Bauteile nicht frei Verwendungsstelle bereitgestellt werden,

Abschnitt 2.4, wenn die Lieferung der Stoffe und Bauteile durch den Auftragnehmer nicht das Abladen und Lagern auf der Baustelle einschließen soll,

Abschnitt 3.3, wenn die Sicherungsmaßnahmen der Auftragnehmer durchführen soll,

Abschnitt 3.4, wenn die Schutz- und Sicherungsmaßnahmen an der Arbeitsstelle gegen Gefahren aus dem Straßenverkehr dem Auftragnehmer nicht obliegen sollen.

0.4 Einzelangaben zu Nebenleistungen und Besonderen Leistungen

Keine ergänzende Regelung zur ATV DIN 18 299, Abschnitt 0.4.

0.5 Abrechnungseinheiten

Im Leistungsverzeichnis sind die Abrechnungseinheiten wie folgt vorzusehen:

0.5.1 Beim Auf- und Abladen:

— Bettungsstoffe und Bettungsrückstände nach Gewicht (t) oder Raummaß (m^3),

Gleisbauarbeiten DIN 18 325

- *Gleise nach Längenmaß (m),*
- *Schienen nach Längenmaß (m) oder nach Gewicht (t),*
- *Gleisschwellen nach Anzahl (Stück),*
- *Weichen, Kreuzungen und Kreuzungsweichen nach Anzahl (Stück) oder nach Gewicht (t),*
- *Gestänge von Weichen, Kreuzungen und Kreuzungsweichen nach Gewicht (t) oder Anzahl (Stück),*
- *Weichenschwellen nach Längenmaß (m), Weichenschwellensätze nach Anzahl (Stück),*
- *Loses Schienen-, Schwellen- und Weichenkleineisen sowie Kleinteile nach Gewicht (t) oder Anzahl (Stück),*
- *Weichenstellvorrichtungen und Schienenentwässerungskästen nach Anzahl (Stück),*
- *Kabelkanäle und Abdeckungen nach Anzahl (Stück) oder Längenmaß (m).*

0.5.2 Beim Ausführen von Gleisarbeiten:
- *Bettung nach Längenmaß (m), Flächenmaß (m^2) oder Raummaß (m^3),*
- *Gleise nach Längenmaß (m),*
- *Schienen nach Längenmaß (m),*
- *Gleisschwellen nach Anzahl (Stück),*
- *Weichen, Kreuzungen und Kreuzungsweichen nach Anzahl (Stück) oder Leistungslänge (m),*
- *Weichenschwellen nach Längenmaß (m),*
- *Schienen- und Schwellenkleineisen sowie Kleinteile und dergleichen nach Anzahl (Stück), Längenmaß des Gleises (m) oder Leistungslänge der Weichen (m),*
- *Weichenstellvorrichtungen und Schienenentwässerungskästen nach Anzahl (Stück),*
- *Kabelkanäle und Abdeckungen nach Längenmaß (m).*

1 Geltungsbereich

1.1 Die ATV „Gleisbauarbeiten" — DIN 18 325 — gilt für das Herstellen von Gleisanlagen und für Arbeiten an Gleisanlagen (Gleise, Weichen und Bettung).

1.2 Die ATV DIN 18 325 gilt nicht
- für die bei Gleisbauarbeiten auszuführenden Erdarbeiten (siehe ATV DIN 18 300 „Erdarbeiten") sowie Frostschutz- und Planumsschutzschichten (siehe ATV DIN 18 315 „Verkehrswegebauarbeiten; Oberbauschichten ohne Bindemittel"),
- für die Befestigung von Verkehrswegen (siehe ATV DIN 18 315 „Verkehrswegebauarbeiten; Oberbauschichten ohne Bindemittel", ATV DIN 18 316 „Verkehrswegebauarbeiten; Oberbauschichten mit hydraulischen Bindemitteln", ATV DIN 18 317 „Verkehrswegebauarbeiten; Oberbauschichten aus Asphalt", ATV DIN 18 318 „Verkehrswegebauarbeiten; Pflasterdecken, Plattenbeläge, Einfassungen").

1.3 Ergänzend gelten die Abschnitte 1 bis 5 der ATV DIN 18 299 „Allgemeine Regelungen für Bauarbeiten jeder Art". Bei Widersprüchen gehen die Regelungen der ATV DIN 18 325 vor.

2 Stoffe, Bauteile

Ergänzend zur ATV DIN 18 299, Abschnitt 2, gilt:

2.1 Zu den Leistungen gehört nicht die Lieferung der dazugehörigen Stoffe und Bauteile.

2.2 Die vom Auftraggeber beigestellten Stoffe und Bauteile werden frei Verwendungsstelle bereitgestellt.

2.3 Transportmittel, die der Auftraggeber zur Verfügung stellt, sind rechtzeitig beim Auftraggeber anzufordern.

2.4 Sind Stoffe und Bauteile vom Auftragnehmer zu liefern, so umfaßt die Lieferung auch das Abladen und Lagern auf der Baustelle.

3 Ausführung

Ergänzend zur ATV DIN 18 299, Abschnitt 3, gilt:

3.1 Wenn die Lage vorhandener Leitungen, Kabel, Dräne, Kanäle, Vermarkungen, Hindernisse und sonstiger baulicher Anlagen vor Ausführung der Arbeiten nicht angegeben werden kann, ist diese zu erkunden. Solche Maßnahmen sind Besondere Leistungen (siehe Abschnitt 4.2.1).

3.2 Schäden an baulichen Anlagen sind unverzüglich dem Auftraggeber und dem Eigentümer oder, wenn ein anderer weisungsberechtigt ist, diesem zu melden.

3.3 Arbeiten an oder neben befahrenen Gleisanlagen dürfen nur im Schutze der vom Auftraggeber festgelegten Sicherungsmaßnahmen gegen Gefahren aus dem Bahnbetrieb begonnen und ausgeführt werden. Die Sicherungsmaßnahmen führt der Auftraggeber durch.

3.4 Schutz- und Sicherungsmaßnahmen an der Arbeitsstelle gegen Gefahren aus dem Straßenverkehr, wie Stellen von Sicherungsposten, Warneinrichtungen und dergleichen, obliegen dem Auftragnehmer.

3.5 Soweit Sicherungsmaßnahmen vom Auftragnehmer durchzuführen sind, müssen die dafür gestellten Sicherungsposten vom Auftraggeber zugelassen sein.

3.6 Der Auftragnehmer hat bei seiner Prüfung der Unterlage Bedenken (siehe B § 4 Nr 3) insbesondere geltend zu machen bei
- offensichtlich unzureichender Tragfähigkeit,
- Abweichungen von der planmäßigen Höhenlage, Neigung oder Ebenheit,
- schädlichen Verschmutzungen,
- Fehlen notwendiger Entwässerungseinrichtungen.

3.7 Der Auftragnehmer hat Gleisanlagen, die im Bauzustand befahren werden sollen, für die vom Auftraggeber im Einzelfall angegebene Geschwindigkeit so sicher befahrbar herzustellen, daß der Bahnbetrieb nicht gefährdet ist und Stoffe und Bauteile nicht beschädigt werden.

3.8 Werden in Gleisanlagen elektrisch betriebener Bahnen Elektrogeräte eingesetzt, so sind die einschlägigen VDE-Bestimmungen zu beachten.

3.9 Gleisfahrbare Baufahrzeuge – insbesondere Kleinwagen und Transportachsen – sind in angemessener Weise gegen unbefugten Zugriff zu sichern.

3.10 Grenzsteine und Festpunkte dürfen nur mit Zustimmung des Auftraggebers beseitigt werden. Festpunkte des Auftraggebers hat der Auftragnehmer vor Beseitigung zu sichern.

3.11 Die Leistung ist so auszuführen, daß die Unterlage, z.B. Planum, Schotterplanum, nicht beschädigt wird.

3.12 Die Auf- und Anlageflächen der Gleisbauteile sind vor dem Zusammenbau grob zu reinigen.

4 Nebenleistungen, Besondere Leistungen

4.1 Nebenleistungen sind ergänzend zur ATV DIN 18 299, Abschnitt 4.1, insbesondere:

4.1.1 Feststellen des Zustands der Straßen, der Geländeoberfläche, der Vorfluter usw. nach B § 3 Nr 4.

4.1.2 Reinigen der vom Auftragnehmer ausgebauten Bauteile von losen Stoffen für das versandfertige Verladen.

4.1.3 Einweisen der Arbeitnehmer in Lage und Art der vom Auftraggeber gekennzeichneten Kontakte, Kabeleinführungen, Festpunkte und dergleichen.

4.1.4 Angemessenes Sichern von Baustoffen und Geräten vor unbefugtem Zugriff zum Freihalten des Lichtraumprofils.

4.1.5 Arbeitsstellenbeleuchtung durch Fahrzeugscheinwerfer bei Arbeiten mit Maschinen des Auftragnehmers.

4.1.6 Herrichten der Auslauframpen bei Arbeitsunterbrechungen zwischen Gleissperrungen.

4.1.7 Herstellen, Vorhalten und Beseitigen der zur Durchführung der Leistung erforderlichen Treppen oder Wege in den Böschungen.

4.1.8 Sammeln und Aufladen der vom Auftraggeber beigestellten Gebinde, Paletten, Ladebehelfe u.ä. auf Fahrzeuge des Auftraggebers.

4.1.9 Wiederherstellen des Schotterprofiles, ausgenommen Leistungen nach Abschnitt 4.2.8.

4.1.10 Umsetzen von Gleisbaumaschinen, soweit es für das Ausführen der Leistung erforderlich ist, nicht jedoch Leistungen nach Abschnitt 4.2.2.

4.2 Besondere Leistungen sind ergänzend zur ATV DIN 18 299, Abschnitt 4.2, z.B.:

4.2.1 Maßnahmen nach Abschnitt 3.1.

4.2.2 Umsetzen von Gleisbaumaschinen auf besondere Anordnung des Auftraggebers.

4.2.3 Aufbrechen und Wiederherstellen von befestigten Flächen.

4.2.4 Aufstellen, Vorhalten und Beseitigen von Hilfsbauwerken zur Aufrechterhaltung des öffentlichen und des Anlieger-Verkehrs, z.B. Brücken, Befestigungen von Umleitungen und Zufahrten.

4.2.5 Besondere Maßnahmen zum Feststellen des Zustands der baulichen Anlagen einschließlich Versorgungs- und Entsorgungsanlagen.

4.2.6 Besondere Maßnahmen zum Schutz von Fahrleitungs- und Gleisanlagen.

4.2.7 Abdecken der Bettung, von seitlichen Kanälen, Kabelbahnen, Kabelverteilern und dergleichen.

4.2.8 Beseitigen oder Einebnen von Bettungsrückständen.

4.2.9 Wiederherstellen des durch Stopf- und Richtarbeiten zerstörten Schotterprofils.

4.2.10 Vorbereiten der Unterlagen, z. B. Nachverdichten, Herstellen der planmäßigen Höhenlage, Reinigen, soweit solche Leistungen nicht vom Auftragnehmer zu vertreten sind.

4.2.11 Maßnahmen für die Unterhaltung und Kontrolle der Gleisanlagen im Bauzustand während der Unterbrechung der Arbeiten, soweit diese nicht vom Auftragnehmer zu vertreten ist.

4.2.12 Feststellen der Lage der Gleisanlagen vor Beginn der Arbeiten, Festlegen der herzustellenden Lage durch Berechnen und Übertragen der Korrekturmaße.

4.2.13 Arbeitsstellenbeleuchtung, ausgenommen Leistungen nach Abschnitt 4.1.5.

4.2.14 Wiegen von Baustoffen und Bauteilen, die der Auftraggeber beistellt.

4.2.15 Abladen von Baustoffen und Bauteilen, die der Auftraggeber beistellt.

4.2.16 Aufladen, Fördern und Abladen ausgebauter Stoffe und Bauteile.

4.2.17 Reinigen von verschmutzten Stoffen und Bauteilen, die der Auftraggeber beistellt, soweit die Verschmutzung nicht durch den Auftragnehmer verursacht wurde, und ausgenommen Leistungen nach den Abschnitten 3.12 und 4.1.2.

4.2.18 Aufbauen, Vorhalten, Betreiben und Abbauen von Lüftungsanlagen, z. B. im Tunnel.

5 Abrechnung

Ergänzend zur ATV DIN 18 299, Abschnitt 5, gilt:

5.1 Abrechnung nach Gewicht

5.1.1 Bei der Berechnung des Gewichtes ist bei deutschen genormten Stählen das Gewicht nach DIN-Normen (Nenngewicht), bei anderen Stählen das Gewicht nach dem Profilbuch des Herstellerwerkes zugrundezulegen.

5.1.2 Das Gewicht wird ermittelt bei
- Bettungsstoffen und Bettungsrückständen durch Wiegen,
- Schienen durch Berechnen,
- Weichen, Kreuzungen und Kreuzungsweichen, jeweils ohne Schwellen, durch Wiegen,
- Gestänge von Weichen, Kreuzungen und Kreuzungsweichen durch Berechnen,
- Kleineisen und Kleinteile durch Wiegen oder Berechnen.

5.2 Abrechnung nach Raummaß

Das Raummaß
- von Bettungsstoffen und Bettungsrückständen wird beim Auf- und Abladen in loser Menge,
- der eingebauten Bettung wird im verdichteten Zustand

ermittelt.

5.3 Abrechnung nach Längenmaß

Die Gleislänge wird in Gleisbögen im Außenstrang gemessen. Die Leistungslänge bei Weichen, Kreuzungen oder Kreuzungsweichen wird begrenzt durch Zungenstöße bzw., soweit vorhanden, durch äußere Herzstückstöße.

Bei Weichenschwellen wird deren Länge gemessen.

5.4 Abrechnung nach Einsatzzeit- und Mengenstaffel

5.4.1 Die Einsatzzeiten oder Mengen sind je Schicht zu ermitteln.

5.4.2 Die Einsatzzeit beginnt jeweils mit dem Abschluß des Rüstens an der Maschine an der Arbeitsstelle und endet mit der Aufforderung, die Gleisanlage zu räumen, oder mit der Erfüllung der Leistung in der Schicht.

5.4.3 Überschreitet die Arbeitszeit je Tag die Schichtzeit, so werden die Einsatzzeiten oder geleisteten Mengen je Tag mit dem Verhältnis der Schichtzeit zur Arbeitszeit multipliziert.

Als Schichtzeit gilt die tägliche Tarifarbeitszeit zuzüglich der Ruhepausen nach dem für die gewerblichen Arbeitnehmer des Auftragnehmers gültigen Tarifvertrag.

Die Arbeitszeit je Tag beginnt 30 Minuten vor der ersten vereinbarten Gleissperrung und endet 30 Minuten nach der letzten Gleissperrung.

5.4.4 Sind Leistungen in nicht gesperrten Gleisanlagen zwischen den Zugfahrten zu erbringen, so ist für die Zuordnungen der Leistungen im Leistungsverzeichnis die Zahl der arbeitsunterbrechenden Züge und Rangierfahrten (im Arbeits- und Nachbargleis) je Schicht zu ermitteln.

5.4.5 Werden Sperrungen der Gleisanlagen aus Gründen, die der Auftragnehmer zu vertreten hat, nicht genutzt, z. B. wegen Maschinenschäden, so werden die angefallenen Einsatzstunden und erbrachten Mengen mit dem Verhältnis der Schichtzeit zur geleisteten Arbeitszeit multipliziert. Die geleistete Arbeitszeit ergibt sich aus der Arbeitszeit, gekürzt um die Ausfallzeit. Die Ausfallzeit beginnt mit dem Stillstand der Maschine und endet mit der Betriebsbereitschaft der Maschine. Wird die Maschine erst nach Ende der Sperrung der Gleisanlage wieder betriebsbereit, so ist die Zeit bis zu 30 Minuten vor der nächsten vorgesehenen Sperrung der Gleisanlage der Ausfallzeit zuzurechnen.

5.4.6 Werden Sperrungen der Gleisanlage aus Gründen, die der Auftragnehmer nicht zu vertreten hat, z. B. fehlende Sicherungsposten, Nebel, Frost, hohe Schienenwärme, nicht gewährt, so werden bei der Berechnung der Einsatzzeit oder Mengen je Schicht nur die tatsächlich erreichten Einsatzzeiten oder Mengen angesetzt.

5.4.7 Werden verschiedenartige Arbeiten, z. B. Verdichtebegänge und Stabilisierungen nach Mengenstaffeln, von einer Maschine ausgeführt, so werden die jeweils erbrachten Leistungen in jeder Schicht zusammengezählt und damit die Vergütung bestimmt.

VOB Teil C:
Allgemeine Technische Vertragsbedingungen für Bauleistungen (ATV)
Mauerarbeiten — DIN 18 330
Ausgabe Dezember 1992

Inhalt

0 Hinweise für das Aufstellen der Leistungsbeschreibung
1 Geltungsbereich
2 Stoffe, Bauteile
3 Ausführung
4 Nebenleistungen, Besondere Leistungen
5 Abrechnung

0 Hinweise für das Aufstellen der Leistungsbeschreibung

Diese Hinweise ergänzen die ATV DIN 18 299 „Allgemeine Regelungen für Bauarbeiten jeder Art", Abschnitt 0. Die Beachtung dieser Hinweise ist Voraussetzung für eine ordnungsgemäße Leistungsbeschreibung gemäß A § 9.

Die Hinweise werden nicht Vertragsbestandteil.

In der Leistungsbeschreibung sind nach den Erfordernissen des Einzelfalls insbesondere anzugeben:

0.1 Angaben zur Baustelle

0.1.1 Hauptwindrichtung, Einflugschneisen.

0.2 Angaben zur Ausführung

0.2.1 Arten und Dicke des Mauerwerkes.

0.2.2 Ob und wie Mauerwerk sowie Anschlüsse zwischen Mauerwerk und anderen Bauteilen zu verfugen sind (siehe Abschnitt 3.2.5).

0.2.3 Art und Dicke von leichten Trennwänden.

0.2.4 Art, Maße und Zahl der Aussparungen (siehe Abschnitt 4.2.5).

0.2.5 Maßnahmen gegen Bodenfeuchtigkeit (siehe auch ATV DIN 18 336 „Abdichtungsarbeiten").

0.2.6 Verwendung von Zusatzmitteln (siehe Abschnitt 2.5.3).

0.2.7 Abrechnungsverfahren bei Schüttgütern, deren Mengen weder am Entnahme- noch am Auftragsort festgestellt werden können, z. B. bei losem Bauschutt nach Aufmaß der Menge in den Transportmitteln.

0.3 Einzelangaben bei Abweichungen von den ATV

0.3.1 Wenn andere als die in dieser ATV vorgesehenen Regelungen getroffen werden sollen, sind diese in der Leistungsbeschreibung eindeutig und im einzelnen anzugeben.

0.3.2 Abweichende Regelungen können insbesondere in Betracht kommen bei

Abschnitt 3.2.2, wenn das Verblendmauerwerk nicht mit dem Hintermauerwerk nach DIN 1053 Teil 1 im Verband ausgeführt werden soll,

Abschnitt 3.8, wenn für einzubauende Fertigteile und Fertigteilelemente nicht die Mörtelgruppe III verwendet werden soll.

0.4 Einzelangaben zu Nebenleistungen und Besonderen Leistungen

Als Nebenleistungen, für die unter den Voraussetzungen der ATV DIN 18 299, Abschnitt 0.4.1, besondere Ordnungszahlen (Positionen) vorzusehen sind, kommen insbesondere in Betracht:

- Auf-, Um- und Abbauen sowie Vorhalten der Arbeits- und Schutzgerüste, sowie der Traggerüste der Gruppe I nach DIN 4421 „Traggerüste; Berechnung, Konstruktion und Ausführung" (siehe Abschnitt 4.1.2),
- Auf-, Um- und Abbauen sowie Vorhalten von Traggerüsten der Gruppen II und III nach DIN 4421,
- Auf- und Abbauen sowie Vorhalten von Abdeckungen oder Umwehrungen,
- Anfertigen und Liefern von statischen Berechnungen und Plänen, soweit sie für Baubehelfe nötig sind (siehe Abschnitt 4.1.1).

0.5 Abrechnungseinheiten

Im Leistungsverzeichnis sind die Abrechnungseinheiten wie folgt vorzusehen:

0.5.1 Flächenmaß (m^2), getrennt nach Bauart und Maßen, für
- Mauerwerk bis 11,5 cm Dicke,
- Mauerwerk von mehr als 11,5 bis 40 cm Dicke,
- Fachwerkwände,
- Ausmauern von Stahlbetongerippen,
- Leichte Trennwände,
- Verblendmauerwerk,
- Ausfugen,
- Gewölbe,
- Fußbodenbeläge aus Flach- oder Rollschichten,
- Auffüllungen von Decken.

0.5.2 Raummaß (m^3), getrennt nach Bauart und Maßen, für
- Mauerwerk von mehr als 11,5 bis 40 cm Dicke,
- Mauerwerk über 40 cm Dicke,
- Ausmauern von Stahlbetongerippen,
- Pfeiler,
- Pfeilervorlagen gleicher Bauart wie das dahinterliegende Mauerwerk,
- Gemauerte Schornsteine für Rauch, Abgas und Lüftung, getrennt nach Anzahl und Querschnitt der Züge und Dicken der Wangen.

0.5.3 Längenmaß (m), getrennt nach Bauart und Maßen, für
- Gemauerte Sohlbänke und Gesimse einschließlich etwaiger Auskragungen,
- Pfeiler,
- Pfeilervorlagen,
- Gemauerte Schornsteine für Rauch, Abgas und Lüftung, getrennt nach Anzahl und Querschnitt der Züge und Dicke der Wangen,

- Schornsteine aus Formstücken, getrennt nach Anzahl und Querschnitt der Züge,
- Gemauerte Stufen,
- Ausmauern, Ummanteln oder Verblenden von Stahlträgern, Unterzügen, Stützen und dergleichen,
- Einsetzen von Treppengeländern und dergleichen,
- Herstellen von Schlitzen,
- Schließen von Schlitzen.

0.5.4 Anzahl (Stück), getrennt nach Bauart und Maßen, für
- Herstellen von Öffnungen über 1 m^2 Einzelgröße,
- Gemauerte Stürze, Überwölbungen und Entlastungsbögen über Öffnungen und Nischen,
- Gemauerte Sohlbänke und Gesimse einschließlich etwaiger Auskragungen,
- Pfeiler,
- Schornsteinköpfe, getrennt nach Anzahl und Querschnitt der Züge,
- Schornsteinreinigungsverschlüsse, Rohrmuffen, Übergangsstücke und dergleichen,
- Kellerlichtschächte, Sinkkästen, Fundamente für Öfen und dergleichen,
- Liefern und Einbauen von Ankern, Bolzen usw.,
- Liefern und Einbauen von Tür- und Fensterzargen, Überlagshölzern, Dübeln, Dübelsteinen und dergleichen,
- Herstellen von Öffnungen, Durchbrüchen usw.,
- Schließen von Öffnungen, Durchbrüchen usw.,
- Liefern und Einbauen von Stahlteilen,
- Liefern und Einbauen von Fertigbauteilen und Fertigteildecken.

0.5.5 Gewicht (kg) für
- Betonstahl (Liefern, Schneiden, Biegen, Verlegen),
- Liefern und Einbauen von Walzstahlprofilen usw.,
- Liefern und Einbauen von Ankern, Bolzen usw.

1 Geltungsbereich

1.1 Die ATV „Maurerarbeiten" – DIN 18 330 – gilt für Mauerwerk jeder Art aus natürlichen und künstlichen Steinen.

1.2 Die ATV 18 330 gilt nicht für
- Quadermauerwerk (siehe ATV DIN 18 332 „Naturwerksteinarbeiten" und
- Versetzen von Betonwerksteinen (siehe ATV DIN 18 333 „Betonwerksteinarbeiten").

1.3 Ergänzend gelten die Abschnitte 1 bis 5 der ATV DIN 18 299 „Allgemeine Regelungen für Bauarbeiten jeder Art". Bei Widersprüchen gehen die Regelungen der ATV DIN 18 330 vor.

2 Stoffe, Bauteile

Ergänzend zur ATV DIN 18 299, Abschnitt 2, gilt:
Für die gebräuchlichsten genormten Stoffe und Bauteile sind die DIN-Normen nachstehend aufgeführt.

Mauerarbeiten DIN 18 330

2.1 Natürliche Steine

Natürliche Steine müssen wetterbeständig, genügend druckfest und lagerhaft sein und dürfen keine Spalten, Risse, Brüche, Blätterungen, schieferige Absonderungen und dergleichen aufweisen.

Die Abmessungen und die Köpfe müssen derart sein, daß sich das vorgeschriebene Mauerwerk werkgerecht herstellen läßt.

2.2 Künstliche Steine

DIN 105 Teil 1 bis Teil 5	Mauerziegel
DIN 106 Teil 1	Kalksandsteine, Vollsteine, Lochsteine, Blocksteine, Hohlblocksteine
DIN 106 Teil 2	Kalksandsteine; Vormauersteine und Verblender
DIN 398	Hüttensteine; Vollsteine, Lochsteine, Hohlblocksteine
DIN 4165	Gasbeton-Blocksteine und Gasbeton-Plansteine
DIN 18 150 Teil 1	Baustoffe und Bauteile für Hausschornsteine; Formstücke aus Leichtbeton; Einschalige Schornsteine, Anforderungen
DIN 18 151	Hohlblöcke aus Leichtbeton
DIN 18 152	Vollsteine und Vollblöcke aus Leichtbeton
DIN 18 153	Mauersteine aus Beton (Normalbeton)

2.3 Bauplatten

DIN 278	Tonhohlplatten (Hourdis) und Hohlziegel, statisch beansprucht
DIN 1101	Holzwolle-Leichtbauplatten und Mehrschicht-Leichtbauplatten als Dämmstoffe für das Bauwesen; Anforderungen, Prüfung
DIN 4166	Gasbeton-Bauplatten und Gasbeton-Planbauplatten
DIN 18 162	Wandbauplatten aus Leichtbeton; unbewehrt
DIN 18 163	Wandbauplatten aus Gips; Eigenschaften, Anforderungen, Prüfung
DIN 18 180	Gipskartonplatten; Arten, Anforderungen, Prüfung
DIN 18 184	Gipskarton-Verbundplatten mit Polystyrol- oder Polyurethan-Hartschaum als Dämmstoff

2.4 Dämm- und Füllstoffe

DIN 1101	Holzwolle-Leichtbauplatten und Mehrschicht-Leichtbauplatten als Dämmstoffe für das Bauwesen; Anforderungen, Prüfung
DIN 18 159 Teil 1 und Teil 2	Schaumkunststoffe als Ortschäume im Bauwesen
DIN 18 161 Teil 1	Korkerzeugnisse als Dämmstoffe für das Bauwesen; Dämmstoffe für die Wärmedämmung
DIN 18 164 Teil 1 und Teil 2	Schaumkunststoffe als Dämmstoffe für das Bauwesen
DIN 18 165 Teil 1 und Teil 2	Faserdämmstoffe für das Bauwesen
DIN 18 174	Schaumglas als Dämmstoff für das Bauwesen; Dämmstoffe für die Wärmedämmung

2.5 Mörtel

2.5.1 Bindemittel

DIN 1060 Teil 1	Baukalk; Begriffe, Anforderungen, Lieferung, Überwachung
DIN 1164 Teil 1	Portland-, Eisenportland-, Hochofen- und Traßzement; Begriffe, Bestandteile, Anforderungen, Lieferung
DIN 1164 Teil 100	Zement; Portlandölschieferzement; Anforderungen, Prüfung, Überwachung
DIN 1168 Teil 1	Baugipse; Begriff, Sorten und Verwendung, Lieferung und Kennzeichnung

2.5.2 Zuschläge

Zuschläge für Mauermörtel müssen DIN 1053 Teil 1 „Mauerwerk; Rezeptmauerwerk; Berechnung und Ausführung" entsprechen.

2.5.3 Zusatzmittel

Zusatzmittel zur Verbesserung der Verarbeitbarkeit, der Wasserundurchlässigkeit oder der Widerstandsfähigkeit gegen chemische und mechanische Einflüsse oder gegen Frost usw. müssen ein gültiges Prüfzeichen besitzen.

2.5.4 Anmachwasser

Das Anmachwasser muß frei von schädlichen Bestandteilen sein.

2.6 Stahl

DIN 488 Teil 1	Betonstahl; Sorten, Eigenschaften, Kennzeichen
DIN 488 Teil 2	Betonstahl; Betonstabstahl; Maße und Gewichte
DIN 488 Teil 4	Betonstahl; Betonstahlmatten und Bewehrungsdraht; Aufbau, Maße und Gewichte

3 Ausführung

Ergänzend zur DIN 18 299, Abschnitt 3, gilt:

3.1 Allgemeines

3.1.1 Der Auftragnehmer hat bei seiner Prüfung Bedenken (siehe B § 4 Nr 3) insbesondere geltend zu machen bei
- ungeeigneter Beschaffenheit, vor allem ungenügender Tragfähigkeit des Baugrundes,
- ungünstigen Umständen.

3.1.2 Ausführung bei Frost bedarf der Zustimmung des Auftraggebers.

3.1.3 Zusatzmittel dürfen nur unter den im Prüfbescheid angegebenen Bedingungen verwendet werden.

3.1.4 Abweichungen von vorgeschriebenen Maßen sind in den durch

DIN 18 201	Toleranzen im Bauwesen; Begriffe, Grundsätze, Anwendung, Prüfung
DIN 18 202	Toleranzen im Hochbau; Bauwerke

bestimmten Grenzen zulässig.

3.2 Mauerwerk

3.2.1 Mauerwerk jeder Art aus natürlichen und künstlichen Steinen (auch Verblendmauerwerk, sowie Mauerwerk für Sohlbänke, Gesimse, Mauerabdeckungen und dergleichen) ist nach DIN 1053 Teil 1 auszuführen.

3.2.2 Wird Verblendmauerwerk nicht zugleich mit der Hintermauerung im Verband ausgeführt, so ist es mit nichtrostenden Drahtankern nach DIN 1053 Teil 1 mit der Hintermauerung zu verbinden.

3.2.3 Unterfangungsmauerwerk

Unterfangungsmauerwerk ist nach DIN 4123 „Gebäudesicherung im Bereich von Ausschachtungen, Gründungen und Unterfangungen" zu fertigen.

3.2.4 Bauteile aus Holz (Balkenköpfe und dergleichen), die ins Mauerwerk einbinden, sind zum Schutz gegen Feuchtigkeit trocken – ohne Mörtel – zu ummauern.

3.2.5 Ist Mauerwerk zu verfugen, so ist der Mauermörtel, solange er noch frisch ist, etwa 1,5 cm tief auszukratzen. Unmittelbar vor dem Verfugen sind die Ansichtsflächen gründlich zu nässen und mit Wasser zu reinigen. Dem Reinigungswasser darf – außer bei Natursteinen, Kalksandsteinen o. ä. – bis 2% Volumenanteile Salzsäure zugesetzt werden. Abgesäuerte Flächen sind gründlich nachzuspülen. Das Mauerwerk ist dann mit dem vorgeschriebenen Mörtel in verlangter Ausführungsart und Farbe zu verfugen.

3.3 Schornsteine

3.3.1 Hausschornsteine sind nach DIN 18 160 Teil 1 „Hausschornsteine; Anforderung, Planung und Ausführung", freistehende Schornsteine nach DIN 1056 „Freistehende Schornsteine in Massivbauart; Berechnung und Ausführung" herzustellen.

3.3.2 Der Auftragnehmer hat die Abnahmebescheinigungen des Schornsteinfegers beizubringen; die Gebühr für die Abnahmebescheinigung trägt der Auftraggeber.

3.4 Bogen und Gewölbe

Bogen und Gewölbe sind nach DIN 1053 Teil 1 auszuführen.

3.5 Leichte Trennwände

Leichte Trennwände sind nach DIN 4103 Teil 1 und Teil 2 „Nichttragende innere Trennwände" auszuführen.

3.6 Verarbeitung von Bauplatten

Für die Verarbeitung von Bauplatten gelten

DIN 1102	Holzwolle-Leichtbauplatten und Mehrschicht-Leichtbauplatten nach DIN 1101 als Dämmstoffe für das Bauwesen; Verwendung, Verarbeitung
DIN 18 181	Gipskartonplatten im Hochbau; Grundlagen für die Verarbeitung

3.7 Einbau von Stahlbauteilen

Einzumauernde Bauteile aus Stahl sind unter Verwendung von Mörtel der Mörtelgruppe III einzubauen und fest mit dem Mauerwerk zu verbinden.

DIN 18 330 VOB Teil C

3.8 Einbau von Fertigbauteilen und Fertigelementen
Einzubauende Fertigbauteile sind unter Verwendung von Mörtel der Mörtelgruppe III zu verlegen und einzumauern. Die statischen und konstruktiven Anforderungen sind zu beachten.

4 Nebenleistungen, Besondere Leistungen

4.1 Nebenleistungen sind ergänzend zur ATV DIN 18 299, Abschnitt 4.1, insbesondere:

4.1.1 Anfertigen und Liefern von statischen Berechnungen und Plänen, soweit sie für Baubehelfe nötig sind.

4.1.2 Auf-, Um- und Abbauen sowie Vorhalten der Arbeits- und Schutzgerüste, soweit diese für die eigene Leistung notwendig sind.

4.1.3 Vorhalten der Gerüste sowie der Abdeckungen und Umwehrungen von Öffnungen zum Mitbenutzen durch andere Unternehmer bis zu 3 Wochen über die eigene Benutzungsdauer hinaus. Der Abschluß der eigenen Benutzung ist dem Auftraggeber unverzüglich schriftlich mitzuteilen.

4.1.4 Aussparen und Vermauern aller Rüstlöcher und Auflager für Balken, Träger und Decken.

4.1.5 Aussparen von Reinigungsöffnungen und Rohröffnungen in gemauerten Schornsteinen.

4.1.6 Ummauern und Vergießen von Träger- und Balkenköpfen und anderen Konstruktionsgliedern, ausgenommen das Vergießen bei Stahlbauarbeiten.

4.1.7 Zubereiten des Mörtels und Vorhalten der hierzu erforderlichen Einrichtungen, auch wenn der Auftraggeber die Baustoffe beistellt.

4.2 Besondere Leistungen sind ergänzend zur ATV DIN 18 299, Abschnitt 4.2, z. B.:

4.2.1 Vorhalten von Aufenthalts- und Lagerräumen, wenn der Auftraggeber Räume, die leicht verschließbar gemacht werden können, nicht zur Verfügung stellt.

4.2.2 Vorhalten der Gerüste, der Abdeckungen und Umwehrungen länger als 3 Wochen über die eigene Benutzungsdauer hinaus für andere Unternehmer.

4.2.3 Umbau von Gerüsten und Vorhalten von Hebezeugen, Aufzügen, Aufenthalts- und Lagerräumen, Einrichtungen und dergleichen für Zwecke anderer Unternehmer.

4.2.4 Liefern statischer Berechnungen für den Nachweis der Standfestigkeit des Bauwerks und der für diesen Nachweis erforderlichen Zeichnungen.

4.2.5 Herstellen von Aussparungen und Schlitzen, die nach Art, Maßen und Anzahl in der Leistungsbeschreibung nicht angegeben sind.

4.2.6 Schließen von Löchern, Schlitzen, Durchbrüchen u. ä. in anderen Fällen als nach Abschnitt 4.1.4.

4.2.7 Liefern und Einsetzen von Dübeln, Dübelsteinen, Schornsteinreinigungstüren, Tür- und Fensterzargen und dergleichen.

4.2.8 Herstellen von Dehnungsfugen.

4.2.9 Überdeckungen von Öffnungen und Nischen durch gemauerte Stürze, Überwölbungen und Entlastungsbögen, wenn die Öffnung oder Nische größer als 1 m^2 bei Abrechnung nach Flächenmaß (m^2) oder größer als 0,25 m^3 bei Abrechnung nach Raummaß (m^3) ist.

4.2.10 Tür- und Fensterpfeiler im Wandmauerwerk, wenn sie schmaler als 49 cm sind und die beiderseits dieser Pfeiler liegenden Öffnungen nach Abschnitt 5.2.1 oder Abschnitt 5.2.2 abgezogen werden.

4.2.11 Gemauerte Sohlbänke und Gesimse einschließlich etwaiger Auskragungen.

5 Abrechnung

Ergänzend zur ATV DIN 18 299, Abschnitt 5, gilt:

5.1 Allgemeines

5.1.1 Der Ermittlung der Leistung — gleichgültig, ob sie nach Zeichnung oder nach Aufmaß erfolgt — sind zugrunde zu legen:

- Für Bauteile aus Mauerwerk deren Konstruktionsmaße,
- für Bodenbeläge die zu belegende Fläche bis zu den begrenzenden, ungeputzten bzw. unbekleideten Bauteilen,
- für Bodenbeläge ohne begrenzende Bauteile deren Maße.

5.1.2 Mauerwerk wird getrennt nach Bauart, Geschossen und, bei Abrechnung nach Flächenmaß, außerdem getrennt nach Dicken gerechnet.

5.1.3 Bruchsteinmauerwerk wird getrennt nach Mauerwerk in Gräben, einhäuptigem und mehrhäuptigem Mauerwerk gerechnet.

5.1.4 Bei Öffnungen und Nischen gelten die lichten Maße. Die Höhe bogenförmiger Öffnungen und Nischen ist um ⅓ der Stichhöhe zu verringern.

5.1.5 Bei Mauerwerk, das bis Oberfläche Rohdecke durchgeht, wird von Oberfläche Rohdecke (bei Kellergeschossen von Oberfläche Fundament) bis Oberfläche Rohdecke gerechnet, bei anderem Mauerwerk die tatsächliche Höhe.

5.1.6 Bei Abrechnung nach Flächenmaß wird die Höhe von Mauerwerk mit oben abgeschrägtem Querschnitt bis zur höchsten Kante gerechnet.

5.1.7 Bei Wanddurchdringungen wird nur eine Wand durchgehend berücksichtigt, bei Wänden ungleicher Dicke die dickere Wand.

5.1.8 Bei der Ermittlung der Länge von Wänden werden durchbindende, einbindende und einliegende, gemauerte Schornsteine nicht mitgemessen, dabei gilt als Wangendicke des Schornsteins die nach den bauaufsichtlichen Bestimmungen erforderliche Mindestdicke. Das dabei nicht mitgemessene Wandmauerwerk rechnet zum Schornstein.

5.1.9 Als ein Bauteil gilt bei den Abzügen nach Flächenmaß und Raummaß auch jedes aus Einzelteilen zusammengesetzte Bauteil, z.B. Fenster- und Türumrahmungen, Fenster- und Türstürze, Gesimse.

5.1.10 Bei Abrechnung von Fachwerkwänden nach Flächenmaß (m^2) werden Wand- und Bundbalken sowie Träger bei der Ermittlung der Höhe nicht berücksichtigt. Andere Holz- und Stahlteile der Fachwerkwände, wie Schwellen, Pfosten und Rahmen (Pfetten), werden nicht abgezogen.

5.1.11 Bei Abrechnung von Gewölben nach Flächenmaß (m^2) wird bei einer Stichhöhe unter einem Sechstel der Spannweite die überwölbte Grundfläche abgerechnet, bei größeren Stichhöhen die abgewickelte Untersicht.

5.1.12 Gemauerte Stürze, Überwölbungen und Entlastungsbögen werden gesondert gemessen, wenn die Öffnung oder Nische abgezogen wird.

5.1.13 Bei gemauerten Sohlbänken und Gesimsen einschließlich etwaiger Auskragungen wird das Längenmaß an der Vorderkante gesondert ermittelt.

5.1.14 Tür- und Fensterpfeiler im Wandmauerwerk werden, wenn sie schmaler als 49 cm sind und die beiderseits dieser Pfeiler liegenden Öffnungen abgezogen werden, gesondert gerechnet, andernfalls gelten sie als Wandmauerwerk.

5.1.15 Gemauerte Schornsteine werden in der Achse von Oberfläche Fundament bis Oberfläche Dachhaut gemessen.

Breite und Dicke von durchbindenden, einbindenden und einliegenden Schornsteinen werden nach Abschnitt 5.1.8 berücksichtigt. Züge, Reinigungsöffnungen, Rohröffnungen und dergleichen werden übermessen, Verwahrungen (Auskragungen) werden nicht mitgerechnet.

5.1.16 Bei Schornsteinen aus Formstücken wird das Längenmaß in der Achse bis Oberfläche Dachhaut gemessen.

5.1.17 Bei gemauerten Stufen wird das Längenmaß in der größten Länge jeder Stufe ermittelt.

5.1.18 Bei der Abrechnung von Auffüllungen von Decken wird die Fläche des jeweils darüberliegenden Raumes zugrunde gelegt, Balken oder Träger werden übermessen.

5.1.19 Bei Abrechnung von Betonstahl (Liefern, Schneiden, Biegen, Verlegen) ist das errechnete Gewicht maßgebend, bei deutschen genormten Stählen die Gewichte der DIN-Normen (Nenngewichte), bei anderen Stählen die Gewichte des Profilbuches des Herstellers.

5.1.20 Bei Abrechnung von Treppengeländern und dergleichen wird das Längenmaß in der Mittellinie nach der tatsächlichen Länge des Handlaufes gemessen.

5.1.21 Bei Abrechnung von Verblendmauerwerk nach Flächenmaß (m^2) werden Leibungen bis zu 13 cm Tiefe nicht berücksichtigt.

5.2 Es werden abgezogen:

5.2.1 Bei Abrechnung nach Flächenmaß (m^2):
- Öffnungen über 1 m^2 Einzelgröße,
- durchbindende Bauteile (Deckenplatten und dergleichen) über je 0,25 m^2 Einzelgröße,
- Nischen sowie Aussparungen für einbindende Bauteile, soweit für das dahinterliegende Mauerwerk besondere Ansätze in der Leistungsbeschreibung vorgesehen sind,
- bei Gewölben: Öffnungen, Aussparungen und durchbindende Bauteile über 1 m^2 Einzelgröße,
- bei Fußbodenbelägen aus Flach- oder Rollschichten: Aussparungen über 1 m^2 Einzelgröße,
- bei Auffüllungen von Decken: Aussparungen über 1 m^2 Einzelgröße.

5.2.2 Bei Abrechnung nach Raummaß (m^3):
- Öffnungen und Nischen über 0,25 m^3 Einzelgröße,
- einbindende, durchbindende und eingebaute Bauteile über 0,25 m^3 Einzelgröße,
- Schlitze für Rohrleitungen und dergleichen über je 0,1 m^2 Querschnitt,
- durchgehende Luftschichten im Mauerwerk, jedoch nur mit dem über 7 cm Dicke hinausgehenden Teil der Luftschichten.

5.2.3 Bei Ausmauern von Stahlbetonrippen die Stahlbetonbauteile.

VOB Teil C:
Allgemeine Technische Vertragsbedingungen für Bauleistungen (ATV)
Beton- und Stahlbetonarbeiten — DIN 18 331
Ausgabe Dezember 1992

Inhalt

0 Hinweise für das Aufstellen der Leistungsbeschreibung
1 Geltungsbereich
2 Stoffe, Bauteile
3 Ausführung
4 Nebenleistungen, Besondere Leistungen
5 Abrechnung

0 Hinweise für das Aufstellen der Leistungsbeschreibung

Diese Hinweise ergänzen die ATV DIN 18 299 „Allgemeine Regelungen für Bauarbeiten jeder Art", Abschnitt 0. Die Beachtung dieser Hinweise ist Voraussetzung für eine ordnungsgemäße Leistungsbeschreibung gemäß A § 9.

Die Hinweise werden nicht Vertragsbestandteil.

In der Leistungsbeschreibung sind nach den Erfordernissen des Einzelfalls insbesondere anzugeben:

0.1 Angaben zur Baustelle

0.1.1 Gründungstiefe, Gründungsarten, Ausbildung von Baugruben und Lasten benachbarter Bauwerke.

0.1.2 Art, Lage und konstruktive Ausbildung benachbarter Bauteile gegen die betoniert werden soll.

0.2 Angaben zur Ausführung

0.2.1 Für Beton und Fertigteile die Arten der Bauteile, des Betons und Stahlbetons, die geforderte Festigkeitsklasse, die Betongruppe und die Anforderungen an Beton mit besonderen Eigenschaften nach DIN 1045 „Beton- und Stahlbeton; Bemessung und Ausführung" sowie bei sichtbar bleibenden Betonflächen die Art der Oberfläche, z. B. glatt, Brettstruktur, getrennt nach:

— Beton oder Stahlbeton ohne Schalung,
— Beton oder Stahlbeton mit einseitiger oder mehrseitiger Schalung,
— Beton besonderer Fertigung, z. B. Vakuumbeton,
— Beton besonderer Zusammensetzung, z. B. Leichtbeton, Faserbeton, Beton mit Farbzusatz, Beton unter Verwendung von weißem Zement.

Beton- und Stahlbetonarbeiten DIN 18 331

0.2.2 Verwendung von Beton-Zusatzmitteln.

0.2.3 Besonderes Schalverfahren.

0.2.4 Neigung, Krümmung und Höhensprünge von Flächen.

0.2.5 Sorten, Mengen und Maße des Betonstahls.

0.2.6 Besonderheiten der Bewehrungsführung und von Bewehrungsstößen, z. B. Schweiß- und Schraubverbindungen.

0.2.7 Art, Lage, Größe und Anzahl von Aussparungen u.ä.

0.2.8 Art, Stoff, Anzahl, Maße und Gewichte von Einbauteilen.

0.2.9 Ausbildung von Bewegungsfugen und Anschlüssen an Bauwerke bzw. Bauteile.

0.2.10 Besondere Anforderungen an die Ausführung von Schalungsstößen sowie Arbeits- und Scheinfugen und deren Anordnung bei sichtbar bleibenden Betonflächen.

0.2.11 Art, Ausführung und Abmessungen von Schrägen (Vouten) an Decken, Wänden, Balken und Unterzügen sowie von Konsolen und aus der Fläche hervortretenden Profilierungen.

0.2.12 Erhöhte Betondeckung der Stahleinlagen, z. B. für werksteinmäßige Bearbeitung; besondere Anforderungen an Abstandshalter.

0.2.13 Art und Beschaffenheit des Untergrundes, z. B. Art, Dicke und Zusammendrückbarkeit von Dämm-, Trenn- und Schutzschichten, Feuchtigkeitsabdichtungen.

0.2.14 Besondere Ausbildung der Bauteile und Beschaffenheit der Oberfläche des Betons, z. B. für Abdichtungen, Beschichtungen, Tapezierungen.

0.2.15 Besondere Anforderungen hinsichtlich der Nachbehandlung des Betons sowie Besonderheiten u. a. bei der Verwendung von Trenn- sowie Nachbehandlungsmitteln.

0.2.16 Besondere Oberflächenbehandlung nicht geschalter Flächen, z. B. Maschinenglättung, Einstreuungen.

0.2.17 Anforderungen an den Schall-, Wärme- und Feuchteschutz.

0.2.18 Besondere Anforderungen an die Ausbildung von Pfahlfußverbreiterungen und Pfahlköpfen sowie deren Bewehrungen.

0.3 Einzelangaben bei Abweichungen von der ATV

0.3.1 Wenn andere als die in dieser ATV vorgesehenen Regelungen getroffen werden sollen, sind diese in der Leistungsbeschreibung eindeutig und im einzelnen anzugeben.

0.3.2 Abweichende Regelungen können insbesondere in Betracht kommen bei

Abschnitt 3.1.2,	wenn von den dort aufgeführten Maßtoleranzen abgewichen werden soll,
Abschnitt 3.2,	wenn zum Erreichen der geforderten Betongüte ein besonderes Zusammensetzen, Mischen, Verarbeiten und Nachbehandeln vereinbart werden soll,
Abschnitt 3.3,	wenn für die Schalung eine bestimmte Art oder ein bestimmter Stoff vereinbart werden soll, oder wenn an die Betonflächen besondere Anforderungen gestellt werden sollen, z. B. glatte Oberfläche, Waschbeton, werksteinmäßige Bearbeitung, gebrochene Kanten, Entgraten, besondere Maßnahmen für Putzhaftung und Werksteinverkleidungen (Aufrauhen, Einsetzen von Drahtschlaufen),
Abschnitt 4.1.4,	wenn als Arbeitsgerüste vollständige Fassadengerüste vereinbart werden sollen,
Abschnitt 5.3.1.3,	wenn Verschnitt bei der Ermittlung des Abrechnungsgewichts berücksichtigt werden soll.

0.4 Einzelangaben zu Nebenleistungen und Besonderen Leistungen

Als Nebenleistungen, für die unter den Voraussetzungen der ATV DIN 18 299, Abschnitt 0.4.1, besondere Ordnungszahlen (Positionen) vorzusehen sind, kommen insbesondere in Betracht:

— Auf-, Um- und Abbauen sowie Vorhalten der Arbeits- und Schutzgerüste sowie der Traggerüste der Gruppe I nach DIN 4421 „Traggerüste; Berechnung, Konstruktion und Ausführung" (siehe Abschnitt 4.1.4),

— Auf-, Um- und Abbauen sowie Vorhalten von Traggerüsten der Gruppe II und III nach DIN 4421,

— Auf-, Um- und Abbauen sowie Vorhalten von Abdeckungen oder Umwehrungen,

— Anfertigen und Liefern von statischen Verformungsberechnungen und Zeichnungen für Baubehelfe (siehe Abschnitt 4.1.5),

— Schutz des jungen Betons gegen Witterungseinflüsse bis zum genügenden Erhärten (siehe Abschnitt 4.1.2).

0.5 Abrechnungseinheiten

Im Leistungsverzeichnis sind die Abrechnungseinheiten wie folgt vorzusehen:

0.5.1 Raummaß (m^3), getrennt nach Bauart und Maßen, für

— Massige Bauteile, z. B. Fundamente, Stützmauern, Widerlager, Füll- und Mehrbeton,

— Brückenüberbauten, Pfeiler.

0.5.2 Flächenmaß (m^2), getrennt nach Bauart und Maßen, für

— Beton-Sauberkeitsschichten (Unterbeton),

— Wände, Silo- und Behälterwände, Fundament- und Bodenplatten, Decken,

— Fertigteile,

— Treppenlaufplatten mit oder ohne Stufen, Treppenpodestplatten,

— Herstellen von Aussparungen, z. B. Öffnungen, Nischen, Hohlräume, Schlitze, Kanäle, sowie von Profilierungen,

— Schließen von Aussparungen,

— Dämm-, Trenn- und Schutzschichten sowie gleichzustellende Maßnahmen,

— Abdeckungen,

— besondere Ausführungen von Betonflächen, z. B. Anforderungen an die Schalung, nachträgliche Bearbeitung oder sonstige Maßnahmen,

— Schalung.

0.5.3 Längenmaß (m), getrennt nach Bauart und Maßen, für

— Stützen, Pfeilervorlagen, Balken, Fenster- und Türstürze, Unterzüge,

— Fertigteile,

— Stufen,

— Herstellen von Schlitzen, Kanälen, Profilierungen,

— Schließen von Schlitzen und Kanälen,

— Herstellen von Fugen einschl. Liefern und Einbauen von Fugenbändern, Fugenblechen, Verpreßschläuchen, Fugenfüllungen,

— Betonpfähle,

— Umwehrungen,

— Schalung für Plattenränder, Schlitze, Kanäle, Profilierungen.

0.5.4 Anzahl (Stück), getrennt nach Bauart und Maßen, für

— Stützen, Pfeilervorlagen, Balken, Fenster- und Türstürze, Unterzüge,

— Fertigteile, Fertigteile mit Konsolen, Winkelungen u. ä.,

Beton- und Stahlbetonarbeiten DIN 18 331

- Stufen,
- Herstellen von Aussparungen, z. B. Öffnungen, Nischen, Hohlräume, Schlitze, Kanäle, sowie von Profilierungen,
- Schließen von Aussparungen,
- Herstellen von Vouten, Auflagerschrägen, Konsolen,
- Einbauen bzw. Liefern und Einsetzen von Einbauteilen, Bewehrungsanschlüssen, Dübelleisten, Ankerschienen, Verbindungselementen, ISO-Körben u. ä.,
- Betonpfähle, Herrichten der Pfahlköpfe, Fußverbreiterungen,
- Abdeckungen, Umwehrungen,
- Schalung für Aussparungen, Profilierungen, Vouten, Konsolen u. ä.,
- Vorkonfektionierte Formteile, z. B. Ecken und Knoten bei Fugenbändern u. ä.,
- Fertigteile mit besonders bearbeiteter oder strukturierter Oberfläche.

0.5.5 Gewicht (kg, t), getrennt nach Bauart und Maßen, für
- Liefern, Schneiden, Biegen und Verlegen von Bewehrungen und Unterstützungen,
- Einbauteile, Verbindungselemente, u. ä..

1 Geltungsbereich

1.1 Die ATV „Beton- und Stahlbetonarbeiten" – DIN 18 331 – gilt für das Herstellen von Bauteilen aus bewehrtem oder unbewehrtem Beton jeder Art.

1.2 Die ATV DIN 18 331 gilt nicht für
- Einpreßarbeiten (siehe ATV DIN 18 309 „Einpreßarbeiten"),
- Schlitzwandarbeiten (siehe ATV DIN 18 313 „Schlitzwandarbeiten"),
- Spritzbetonarbeiten (siehe ATV DIN 18 314 „Spritzbetonarbeiten"),
- Oberbauschichten mit hydraulischen Bindemitteln (siehe ATV DIN 18 316 „Verkehrswegebauarbeiten; Oberbauschichten mit hydraulischen Bindemitteln"),
- Betonwerksteinarbeiten (siehe ATV DIN 18 333 „Betonwerksteinarbeiten"),
- Betonerhaltungsarbeiten (siehe ATV DIN 18 349 „Betonerhaltungsarbeiten"),
- Estricharbeiten (siehe ATV DIN 18 353 „Estricharbeiten").

1.3 Ergänzend gelten die Abschnitte 1 bis 5 der ATV DIN 18 299 „Allgemeine Regelungen für Bauarbeiten jeder Art". Bei Widersprüchen gehen die Regelungen der ATV DIN 18 331 vor.

2 Stoffe, Bauteile

Ergänzend zur ATV DIN 18 299, Abschnitt 2, gilt:
Für die gebräuchlichsten genormten Stoffe und Bauteile sind die DIN-Normen nachstehend aufgeführt:

2.1 Beton

DIN 1045 Beton- und Stahlbeton; Bemessung und Ausführung
DIN 4219 Teil 1 und Teil 2 Leichtbeton und Stahlleichtbeton mit geschlossenem Gefüge
DIN V ENV 206 Beton; Eigenschaften, Herstellung, Verarbeitung und Gütenachweis

2.2 Bindemittel

Normen der Reihe DIN 1164   Portland-, Eisenportland-, Hochofen- und Traßzement
DIN 51 043   Traß; Anforderungen, Prüfung
Normen der Reihe DIN EN 196   Prüfverfahren für Zement
DIN EN 197 Teil 1 bis Teil 3   (z. Z. Entwürfe)   Zement

2.3 Betonzuschlag
DIN 4226 Teil 1 bis Teil 4   Zuschlag für Beton

2.4 Betonstahl
DIN 488 Teil 1 bis Teil 7   Betonstahl
DIN 4099   Schweißen von Betonstahl; Ausführung und Prüfung
DIN EN 10 080   (z. Z. Entwurf) Betonbewehrungsstahl; Schweißgeeigneter gerippter Betonstahl B 500; Technische Lieferbedingungen für Stäbe, Ringe und geschweißte Matten; Deutsche Fassung prEN 10 080 : 1991
DIN EN 10 138 Teil 1 bis Teil 5   (z. Z. Entwürfe) Spannstähle

2.5 Wand-, Dach- und Deckenplatten
DIN 4028   Stahlbetondielen aus Leichtbeton mit haufwerksporigem Gefüge; Anforderungen, Prüfung, Bemessung, Ausführung, Einbau
DIN 4166   Gasbeton-Bauplatten und Gasbeton-Planbauplatten
DIN 4223   Bewehrte Dach- und Deckenplatten aus dampfgehärtetem Gas- und Schaumbeton; Richtlinien für Bemessung, Herstellung, Verwendung und Prüfung

2.6 Zwischenbauteile für Decken, Deckenziegel, Betongläser und -fenster
DIN 4158   Zwischenbauteile aus Beton für Stahlbeton- und Spannbetondecken
DIN 4159   Ziegel für Decken und Wandtafeln; statisch mitwirkend
DIN 4160   Ziegel für Decken, statisch nicht mitwirkend
DIN 4243   Betongläser; Anforderungen, Prüfung
DIN 18 057   Betonfenster; Betonrahmenfenster, Betonfensterflächen; Bemessung, Anforderungen, Prüfung

3 Ausführung
Ergänzend zur ATV DIN 18 299, Abschnitt 3, gilt:

3.1 Allgemeines
3.1.1 Für die Ausführung gelten insbesondere:
DIN 1045   Beton und Stahlbeton; Bemessung und Ausführung
Normen der Reihe DIN 1048   Prüfverfahren für Beton

Beton- und Stahlbetonarbeiten — DIN 18 331

DIN 1075	Betonbrücken; Bemessung und Ausführung
DIN 1084 Teil 1 bis Teil 3	Überwachung (Güteüberwachung) im Beton- und Stahlbetonbau
DIN 4014	Bohrpfähle; Herstellung, Bemessung und Tragverhalten
DIN 4026	Rammpfähle; Herstellung, Bemessung und zulässige Belastung
DIN 4030 Teil 1 und Teil 2	Beurteilung betonangreifender Wässer, Böden und Gase
DIN 4099	Schweißen von Betonstahl; Ausführung und Prüfung
DIN 4128	Verpreßpfähle (Ortbeton- und Verbundpfähle) mit kleinem Durchmesser; Herstellung; Bemessungsgrad, zulässige Belastung
DIN 4164	Gas- und Schaumbeton; Herstellung, Verwendung und Prüfung; Richtlinien
DIN 4219 Teil 1 und Teil 2	Leichtbeton und Stahlleichtbeton mit geschlossenem Gefüge
DIN 4227 Teil 1 bis Teil 6	Spannbeton
DIN 4232	Wände aus Leichtbeton mit haufwerksporigem Gefüge; Bemessung und Ausführung
DIN V ENV 206	Beton; Eigenschaften, Herstellung, Verarbeitung und Gütenachweis

3.1.2 Abweichungen von vorgeschriebenen Maßen sind in den durch

DIN 18 201	Toleranzen im Bauwesen; Begriffe, Grundsätze, Anwendungen, Prüfung
DIN 18 202	Toleranzen im Hochbau; Bauwerke
DIN 18 203 Teil 1	Toleranzen im Hochbau; Vorgefertigte Teile aus Beton, Stahlbeton und Spannbeton

bestimmten Grenzen zulässig.

Werden an die Ebenheit von Flächen erhöhte Anforderungen gemäß DIN 18 202 gestellt, so sind die zu treffenden Maßnahmen Besondere Leistungen (siehe Abschnitt 4.2.1).

3.1.3 Der Auftragnehmer hat bei seiner Prüfung Bedenken (siehe B § 4 Nr 3) insbesondere geltend zu machen bei:
- unzureichenden Gründungsflächen, z. B: aufgelockerter Sohle, ungenügendem Arbeitsraum,
- abweichender Beschaffenheit des Baugrundes von den vom Auftraggeber zur Verfügung gestellten Unterlagen.

3.2 Herstellen des Betons

Es bleibt dem Auftragnehmer überlassen, wie er den Beton zur Erreichung der geforderten Güte zusammensetzt, mischt, verarbeitet und nachbehandelt.

3.3 Betonflächen

Die Wahl der Schalung nach Art und Stoffen bleibt dem Auftragnehmer überlassen. Geschalte Flächen des Betons sind schalungsrauh, d. h. unbearbeitet nach dem Ausschalen, nicht geschalte Flächen roh abgezogen herzustellen.

4 Nebenleistungen, Besondere Leistungen

4.1 Nebenleistungen sind ergänzend zur ATV DIN 18 299, Abschnitt 4.1, insbesondere:

4.1.1 Herstellen von Verbindungen beim Einbau von Betonfertigteilen mit Ausnahme der Fugendichtung, soweit der Einbau der Betonfertigteile zu den Leistungen des Auftragnehmers gehört.

4.1.2 Schutz des jungen Betons gegen Witterungseinflüsse bis zum genügenden Erhärten.

4.1.3 Leistungen zum Nachweis der Güte der Stoffe, Bauteile und des Betons nach den Bestimmungen des Deutschen Ausschusses für Stahlbeton.

4.1.4 Auf-, Um- und Abbauen sowie Vorhalten der Arbeits- und Schutzgerüste, soweit diese für die eigene Leistung notwendig sind.

4.1.5 Anfertigen und Liefern von statischen Verformungsberechnungen und Zeichnungen, soweit sie für Baubehelfe nötig sind.

4.1.6 Vorhalten der Gerüste sowie der Abdeckungen und Umwehrungen von Öffnungen zum Mitbenutzen durch andere Unternehmer bis zu drei Wochen über die eigene Benutzungsdauer hinaus. Der Abschluß der eigenen Benutzung ist dem Auftraggeber unverzüglich schriftlich mitzuteilen.

4.1.7 Liefern und Einbauen von Zubehör zur Spannbewehrung, z. B. Hüllrohre, Spannköpfe, Kupplungsstücke, Einpreßmörtel, sowie Spannen und Verpressen.

4.2 Besondere Leistungen sind ergänzend zur ATV DIN 18 299, Abschnitt 4.2, z. B.:

4.2.1 Maßnahmen nach Abschnitt 3.1.2.

4.2.2 Boden- und Wasseruntersuchungen.

4.2.3 Vorhalten der Gerüste, der Abdeckungen und Umwehrungen länger als drei Wochen über die eigene Benutzungsdauer hinaus für andere Unternehmer.

4.2.4 Umbau von Gerüsten und Vorhalten von Hebezeugen, Aufzügen, Aufenthalts- und Lagerräumen, Einrichtungen und dergleichen für Zwecke anderer Unternehmer.

4.2.5 Liefern bauphysikalischer Nachweise sowie statischer Berechnungen für den Nachweis der Standfestigkeit des Bauwerks und der für diese Nachweise erforderlichen Zeichnungen.

Beton- und Stahlbetonarbeiten DIN 18 331

4.2.6 Vorsorge- und Schutzmaßnahmen für das Betonieren unter +5 °C Lufttemperatur (siehe DIN 1045).

4.2.7 Herstellen von Aussparungen, z. B. Öffnungen, Nischen, Schlitze, Kanäle.

4.2.8 Herstellen von Profilierungen.

4.2.9 Schließen von Aussparungen und dergleichen.

4.2.10 Herstellen von Vouten, Auflagerschrägen und Konsolen.

4.2.11 Liefern und Einsetzen von Einbauteilen, z. B. Lager, Zargen, Anker, Verbindungselemente, Rohre, Dübel.

4.2.12 Herstellen von Bewegungs- und Scheinfugen sowie Fugendichtungen.

4.2.13 Zusätzliche Leistungen zum Nachweis der Güte der Stoffe, der Bauteile und des Betons über Abschnitt 4.1.3 hinaus.

4.2.14 Zusätzliche Schutzmaßnahmen gegen betonschädigende Einwirkungen und gegen Fremderschütterungen.

4.2.15 Zusätzliche Maßnahmen zum Erzielen einer bestimmten Betonoberfläche.

4.2.16 Abstemmen des erforderlichen Überbetons des Pfahlkopfes bis zur planmäßigen Höhe, einschließlich Herrichten der Anschlußbewehrung.

4.2.17 Maßnahmen zum Beseitigen überschüssigen Betons an den Pfahlschäften, z. B. Abstemmen, Abfräsen.

4.2.18 Maßnahmen zum Schutz gegen Feuchtigkeit und zur Wärme- und Schalldämmung.

5 Abrechnung

Ergänzend zur ATV DIN 18 299, Abschnitt 5, gilt:

5.1 Beton und Stahlbeton mit oder ohne Schalung

5.1.1 Allgemeines

5.1.1.1 Der Ermittlung der Leistung – gleichgültig, ob sie nach Zeichnung oder nach Aufmaß erfolgt – sind zugrunde zu legen:
- für Bauteile aus Beton oder Stahlbeton deren Maße,
- für Bauteile mit werksteinmäßiger Bearbeitung die Maße, die die Bauteile vor der Bearbeitung hatten,
- für besonders bearbeitete oder strukturierte Oberflächen die Maße der besonders bearbeiteten Fläche.

5.1.1.2 Durch die Bewehrung, z. B. Betonstabstähle, Profilstähle, Spannbetonbewehrungen mit Zubehör, Ankerschienen, verdrängte Betonmengen werden nicht abgezogen.
Einbetonierte Pfahlköpfe, Walzprofile und Spundwände werden nicht abgezogen.

5.1.1.3 Bauteile mit abgeschrägten bzw. profilierten Kopf- oder Stirnflächen, z. B. Bauteile mit Ausklinkungen, werden mit den größten Maßen gerechnet.

5.1.1.4 Schräge oder gekrümmte Bauteile, z. B. Decken, werden mit den größten Maßen gerechnet.

5.1.1.5 Decken werden zwischen den äußeren Begrenzungsflächen der Decke oder Auskragung gerechnet.

5.1.1.6 Sind Bauteile durch vorgegebene Betonfugen oder in anderer Weise baulich voneinander abgegrenzt, so wird jedes Bauteil mit seinen tatsächlichen Maßen abgerechnet.

5.1.1.7 Durchdringungen, Einbindungen

— Durchdringungen

Bei Wänden wird nur eine Wand durchgerechnet, bei ungleicher Dicke die dickere.

Bei Unterzügen und Balken wird nur ein Unterzug bzw. Balken durchgerechnet, bei ungleicher Höhe der höhere, bei gleicher Höhe der breitere.

— Einbindungen

Bei Wänden, Pfeilervorlagen und Stützen, die in Decken einbinden, wird die Höhe von Oberfläche Rohdecke bzw. Fundament bis Unterfläche Rohdecke gerechnet.

Bei Stürzen und Unterzügen wird die Höhe von deren Unterfläche bis Unterfläche Deckenplatte gerechnet.

Binden Stützen in Unterzüge oder Balken ein, werden die Unterzüge und Balken durchgemessen, wenn sie breiter als die Stützen sind. Die Stützen werden in diesem Fall bis Unterfläche Unterzug oder Balken gerechnet.

5.1.1.8 Bei Abrechnung von Bauteilen nach Flächenmaß werden Nischen, Schlitze, Kanäle, Fugen u. ä. nicht abgezogen.

5.1.1.9 Fugenbänder und -bleche u. ä. werden nach ihrer größten Länge (Schrägschnitte, Gehrungen) gerechnet, Formteile sowie vorkonfektionierte Knoten und Ecken werden dabei übermessen.

5.1.1.10 Betonpfähle werden von planmäßiger Oberseite Pfahlkopf (Ortbetonpfähle von der Oberseite nach Bearbeitung) bis zur vorgeschriebenen Unterseite Pfahlfuß bzw. Pfahlspitze gerechnet.

Bei Ortbetonpfählen bleiben Mehrmengen des Betons bis zu 10 % über die theoretische Menge hinaus unberücksichtigt.

5.1.2 Es werden abgezogen:

5.1.2.1 Bei Abrechnung nach Raummaß (m^3):

— Öffnungen, Nischen, Kassetten, Hohlkörper u. ä. über 0,5 m^3 Einzelgröße sowie Schlitze, Kanäle, Profilierungen u. ä. über 0,1 m^3 je m Länge.

— Durchdringungen und Einbindungen von Bauteilen, z. B. Einzelbalken, Balkenstege bei Plattenbalkendecken, Stützen, Einbauteile, Betonfertigteile, Stahl- oder Steinzeugrohre über 0,5 m^3 Einzelgröße, wenn sie durch vorgegebene Betonierfugen oder in anderer Weise baulich abgegrenzt sind; als ein Bauteil gilt dabei auch jedes aus Einzelteilen zusammengesetzte Bauteil, z. B. Fenster- und Türumrahmungen, Fenster- und Türstürze, Gesimse.

5.1.2.2 Bei Abrechnung nach Flächenmaß (m^2):

Öffnungen, Durchdringungen und Einbindungen über 2,5 m^2 Einzelgröße.

Beton- und Stahlbetonarbeiten DIN 18 331

5.2 Schalung

5.2.1 Allgemeines

5.2.1.1 Die Schalung von Bauteilen wird in der Abwicklung der geschalten Flächen gerechnet. Nischen, Schlitze, Kanäle, Fugen u. ä. werden übermessen.

5.2.1.2 Deckenschalung wird zwischen Wänden und Unterzügen oder Balken nach den geschalten Flächen der Deckenplatten gerechnet. Die Schalung von freiliegenden Begrenzungsseiten der Deckenplatte wird gesondert gerechnet.

5.2.1.3 Schalung für Aussparungen, z. B. für Öffnungen, Nischen, Hohlräume, Schlitze, Kanäle, sowie für Profilierungen wird bei der Abrechnung nach Flächenmaß in der Abwicklung der geschalten Betonfläche gerechnet.

5.2.2 Es werden abgezogen:

Öffnungen, Durchdringungen, Einbindungen, Anschlüsse von Bauteilen u. ä. über 2,5 m^2 Einzelgröße.

5.3 Bewehrung

5.3.1 Allgemeines

5.3.1.1 Das Gewicht der Bewehrung wird nach den Stahllisten abgerechnet. Zur Bewehrung gehören auch die Unterstützungen, z. B. Stahlböcke, Abstandhalter aus Stahl, sowie Spiralbewehrungen, Verspannungen, Auswechselungen, Montageeisen, nicht jedoch Zubehör zur Spannbewehrung gemäß Abschnitt 4.1.7.

5.3.1.2 Maßgebend ist das errechnete Gewicht, bei genormten Stählen die Gewichte der DIN-Normen (Nenngewichte), bei anderen Stählen die Gewichte des Profilbuchs des Herstellers.

5.3.1.3 Bindedraht, Walztoleranzen und Verschnitt werden bei der Ermittlung des Abrechnungsgewichtes nicht berücksichtigt.

VOB Teil C:
Allgemeine Technische Vertragsbedingungen für Bauleistungen (ATV)
Naturwerksteinarbeiten — DIN 18 332
Ausgabe Dezember 1992

Inhalt

0 Hinweise für das Aufstellen der Leistungsbeschreibung
1 Geltungsbereich
2 Stoffe, Bauteile
3 Ausführung
4 Nebenleistungen, Besondere Leistungen
5 Abrechnung

0 Hinweise für das Aufstellen der Leistungsbeschreibung

Diese Hinweise ergänzen die ATV DIN 18 299 „Allgemeine Regelungen für Bauarbeiten jeder Art", Abschnitt 0. Die Beachtung dieser Hinweise ist Voraussetzung für eine ordnungsgemäße Leistungsbeschreibung gemäß A § 9.
Die Hinweise werden nicht Vertragsbestandteil.
In der Leistungsbeschreibung sind nach den Erfordernissen des Einzelfalls insbesondere anzugeben:

0.1 Angaben zur Baustelle
Keine ergänzende Regelung zur ATV DIN 18 299, Abschnitt 0.1.

0.2 Angaben zur Ausführung

0.2.1 Steinart nach petrologischer und geographischer Herkunft, die erforderlichen technischen Werte und Farbe. Werden diese Angaben nicht gemacht, so sollen sie vom Bieter gefordert werden.

0.2.2 Querschnitt, Format und Profil.

0.2.3 Ob die Sichtfläche

— poliert,	— gesandelt,	— geriffelt,
— fein geschliffen,	— abgerieben,	— gezahnt,
— geschliffen,	— geschurt,	— gebeilt,
— grob geschliffen,	— sandgestrahlt,	— geflächt,
— naturrauh,	— jetgestrahlt,	— gekrönelt,
— naturrauh anpoliert,	— beflammt,	— gespitzt,
— naturrauh angeschliffen,	— scharriert,	— geprellt,
— diamantgesägt,	— frei von Hieb,	— gebosst,
— stahlsandgesägt,	— gestockt,	

sein soll und ob die Bearbeitung manuell oder maschinell erfolgen soll.

0.2.4 Ob Verlege- und/oder Versetzpläne vorzulegen sind und gegebenenfalls Angabe über deren Art und Umfang.

0.2.5 Ob für Instandhaltungsarbeiten vor und nach der Ausführung ein zeichnerischer Nachweis, eine Bauwerkskartierung oder Fotodokumentation vorzulegen ist.

0.2.6 Ob und in welchem Umfang bei Instandhaltungsarbeiten Beschädigungen verbleiben dürfen.

0.2.7 Ob eine statische Berechnung vorzulegen ist.

0.2.8 Ob höhere Verkehrslasten und zusätzliche Lasten, z. B. durch Transportgeräte, Reinigungsmaschinen, Stoßbeanspruchung berücksichtigt werden müssen.

0.2.9 Ob Maßnahmen gegen chemische Beanspruchungen zu treffen sind.

0.2.10 Ob Beläge oder Bekleidungen innerhalb oder außerhalb von Gebäuden im Mörtelbett oder Dünnbett verlegt werden sollen.

0.2.11 Ob Beläge und Bekleidungen auf geneigten oder gerundeten Flächen verlegt werden sollen.

0.2.12 Ob Bekleidungen der Untersichten von Stürzen, Decken, Deckengewölben und Deckenschrägen herzustellen sind.

0.2.13 Angabe der Einbauhöhen über Böden.

0.2.14 Ob Beläge und Wandbekleidungen in Räumen mit besonderen Installationen, z. B. in Bädern, Küchen, hergestellt werden sollen.

0.2.15 Ob besondere Bauteile, z. B. Theken, Säulen, Pfeiler, herzustellen sind.

0.2.16 Ob Beläge mit besonderer Verlegeart und Gestaltung, z. B. Diagonalverlegung, römischer Verband, Friese, Einlagen, Maßplatten für bestimmte Flächengrößen, durchlaufende Fugen, herzustellen sind.

0.2.17 Art und Ausbildung von Verblendmauerwerk.

0.2.18 Art, Beschaffenheit und Festigkeit des tragenden Untergrundes, z. B. Beton, Mauerwerk, Stahlkonstruktion.

0.2.19 Art und Schichtdicken des Konstruktionsaufbaues bei Bodenbelägen, z. B. Feuchtigkeitsabdichtungen, Wärme- und Trittschalldämmschichten, Estrich, Abdeckung, Art der Fußbodenheizung, Lage der Heizrohre bzw. Heizelemente, Lage und Ausführung von Bewegungsfugen.

0.2.20 Art und Konstruktionsaufbau, Verankerungsart und Unterkonstruktion bei Bekleidungen.

0.2.21 Art und Dicke des Unterputzes, Art der Bewehrung.

0.2.22 Art und Ausführung von Haftbrücken, Grundierungen, Spritzbewurf, Aufrauhen des Untergrundes.

0.2.23 Art und Ausführung von Ansetz- und Verlegeflächen für Dünnbettverfahren.

0.2.24 Ausbildung von Gefälle mit oder ohne Bodenablauf.

0.2.25 Art der Anschlüsse an andere Bauteile.

0.2.26 Art, Ausführung und Maße von Treppen, Stufen, Gleitschutz bei Stufen, Schwellen, Überständen und sichtbaren Köpfen.

0.2.27 Größe und Anzahl von Ausklinkungen, Aussparungen, Falzen, Nuten, Gehrungen, Bohrungen.

0.2.28 Art und Abmessungen von Sockelleisten und ob sie putzbündig oder vorstehend, mit oder ohne Sichtkanten, Köpfen oder Fasen und ob sie auf Lehren versetzt werden sollen.

0.2.29 Art und Abmessungen von Installations- und Einbauteilen.

0.2.30 Art und Breite der Fugen, Art und Farbe des Mörtels und der Fugendichtstoffe.

0.2.31 Schutz von eingebauten Bauteilen anderer Gewerke.

0.2.32 Besonderer Schutz der ausgeführten Leistung.

0.2.33 Profil, Format, Bearbeitung und Stückzahl der geforderten Musterstücke und des Restauriermörtels.

0.2.34 Art der Reinigung, z. B. Bürsten, Abschleifen, Dampfstrahlen.

0.3 Einzelangaben bei Abweichungen von den ATV

0.3.1 Wenn andere als die in dieser ATV vorgesehenen Regelungen getroffen werden sollen, sind diese in der Leistungsbeschreibung eindeutig und im einzelnen anzugeben.

0.3.2 Abweichende Regelungen können insbesondere in Betracht kommen bei

Abschnitt 2.1.2, wenn für Platten und Werkstücke andere Grenzabmaße gelten sollen, wenn für gespaltene und handbekantete Platten und Werkstücke bestimmte Grenzabmaße gelten sollen,

Abschnitt 2.1.3, wenn für Platten und Werkstücke mit geschliffener oder polierter Oberfläche andere Ebenheitstoleranzen gelten sollen,

Abschnitt 3.2.1, wenn Platten und Werkstücke abweichend von der vorgesehenen Regelung verlegt werden sollen,

Abschnitt 3.2.3, wenn andere Bindemittel, Mörtel und Klebstoffe verwendet werden sollen,

Abschnitt 3.2.4, wenn andere Mörtelbettdicken bei Bekleidungen und Belägen herzustellen sind,

Abschnitt 3.3.3, wenn Bekleidungen und Beläge mit anderen Fugenbreiten anzulegen sind,

Abschnitt 3.3.4, wenn für das Verfugen andere Stoffe als grauer Zementmörtel zu verwenden sind,

Abschnitt 3.3.5, wenn das Verfugen nicht durch Einschlämmen erfolgen soll,

Abschnitt 3.4.1, wenn bei Bodenbelägen bestimmte Fugenabstände für Bewegungsfugen angelegt werden sollen.

0.4 Einzelangaben zu Nebenleistungen und Besonderen Leistungen

Keine ergänzende Regelung zur ATV DIN 18 299, Abschnitt 0.4.

0.5 Abrechnungseinheiten

Im Leistungsverzeichnis sind die Abrechnungseinheiten wie folgt vorzusehen:

0.5.1 Flächenmaß (m^2), getrennt nach Bauart und Maßen, für

— Ausgleichsschichten,

— Bewehrungen, Trag- und Unterkonstruktionen,

— Bodenbeläge, Decken- und Wandbekleidungen,

— Dämmschichten, Trennschichten,

— Außenwandbekleidungen,

— Fensterbänke, Abdeckplatten,

— Bekleidungen an Säulen, Pfeilern und Lisenen,

— freistehende Wände,

Naturwerksteinarbeiten

- Unterböden mit und ohne Schüttungen,
- Verblendmauerwerk,
- Vorbehandeln des Untergrundes,
- Oberflächenbehandlung.

0.5.2 Raummaß (m^3), getrennt nach Bauart und Maßen, für
- mittragendes Verblendmauerwerk,
- Quadermauerwerk,
- Vierungen bei Instandhaltungsarbeiten,
- Werkstücke.

0.5.3 Längenmaß (m), getrennt nach Bauart und Maßen, für
- Abdeckplatten, sichtbare Stirnflächen, Wassernasen,
- Anschlag-, Trenn-, Eckschutz- und Verankerungsschienen,
- Bewegungs- und Anschlußfugen mit Fugendichtstoffen oder Profilen, Fugeninstandhaltung,
- Eckausbildungen bei Verblend- und Quadermauerwerk, abgedickte Sichtkanten,
- Eckausbildungen mit zweiseitigen Gehrungsschnitten,
- Eck- und Randplatten,
- Falze, Gehrungen, Nuten, Profile,
- Gesimse, Fensterbänke, Tür- und Fensterumrahmungen,
- Gleitschutzkanten, -profile,
- Schräg- und nichtwinkelige Schnitte,
- Sockelleisten,
- Stufen und Schwellen.

0.5.4 Anzahl (Stück), getrennt nach Bauart und Maßen, für
- Anarbeiten an gebogene, nicht rechtwinkelige sowie nicht lot- und fluchtrecht begrenzende Bauteile,
- Ankertaschen für verdeckt sitzende Anker,
- bearbeitete Seitenansichten (seitliche Köpfe), Profilwiederkehren, Verkröpfungen,
- Bohrungen, Ausklinkungen, Aussparungen, Ausnehmungen,
- Einbauen von Anschlag-, Trenn- und Eckschutzschienen, Mattenrahmen, Winkelrahmen, Roste und Tragkonstruktionen für andere Einbauteile,
- Werkstücke,
- Pfeiler, Säulen und Lisenen,
- Wasserrillen,
- Stufen, Schwellen, abgetreppte und schräge Sockelleisten,
- Vierungen und Ausbesserungen mit Restauriermörtel bei Instandhaltungsarbeiten,
- Installations- und Einbauteile.

1 Geltungsbereich

1.1 Die ATV „Naturwerksteinarbeiten" – DIN 18 332 – gilt auch für Verblend- und Quadermauerwerk aus Naturwerkstein.

1.2 Die ATV DIN 18 332 gilt nicht für
- Befestigen von Straßen, Wegen, Plätzen, Betriebsflächen und Bahnsteigen mit Naturwerkstein (siehe ATV DIN 18 318 „Verkehrswegebauarbeiten; Pflasterdecken, Plattenbeläge, Einfassungen"),
- Mauerwerk aus natürlichen Steinen (siehe ATV DIN 18 330 „Mauerarbeiten") und
- Ansetzen und Verlegen von Solnhofener Platten, Natursteinfliesen und Natursteinriemchen (siehe ATV DIN 18 352 „Fliesen- und Plattenarbeiten").

1.3 Ergänzend gelten die Abschnitte 1 bis 5 der ATV DIN 18 299 „Allgemeine Regelungen für Bauarbeiten jeder Art". Bei Widersprüchen gehen die Regelungen der ATV DIN 18 332 vor.

2 Stoffe, Bauteile

Ergänzend zur ATV DIN 18 299, Abschnitt 2, gilt:

Für die gebräuchlichsten genormten Stoffe und Bauteile sind die DIN-Normen nachstehend aufgeführt.

2.1 Naturstein

DIN 52 100	Prüfung von Naturstein; Richtlinien zur Prüfung und Auswahl von Naturstein
DIN 52 102	Prüfung von Naturstein und Gesteinskörnungen; Bestimmung von Dichte, Trockenrohdichte, Dichtigkeitsgrad und Gesamtporosität
DIN 52 103	Prüfung von Naturstein und Gesteinskörnungen; Bestimmung von Wasseraufnahme und Sättigungswert
DIN 52 104 Teil 1	Prüfung von Naturstein; Frost-Tau-Wechsel-Versuch; Verfahren A – Q
DIN 52 104 Teil 2	Prüfung von Naturstein; Frost-Tau-Wechsel-Versuch; Verfahren Z
DIN 52 105	Prüfung von Naturstein; Druckversuch
DIN 52 106	Prüfung von Naturstein; Beurteilungsgrundlagen für die Verwitterungsbeständigkeit
DIN 52 108	Prüfung anorganischer nichtmetallischer Werkstoffe; Verschleißprüfung mit der Schleifscheibe nach Böhme, Schleifscheiben-Verfahren
DIN 52 112	Prüfung von Naturstein; Biegeversuch

2.1.1 Plattendicken

Naturwerksteine mit Dicken bis 80 mm gelten als Platten, mit größeren Dicken als massive Werkstücke. Die Dicke der Platten richtet sich nach der Beanspruchung, der Materialfestigkeit, dem Plattenformat, der Verlegetechnik und dem Untergrund.

2.1.2 Grenzabmaße

Als Grenzabmaße für Platten und Werkstücke gelten:

für die Dicke
- bis zu einer Dicke von 30 mm ± 10 %,

Naturwerksteinarbeiten　　　　　　　　　　　　　　　　　　　　　　　　　　　　DIN 18 332

- bei einer Dicke von mehr als 30 mm ± 3 mm,
- bei einer Dicke von mehr als 80 mm ± 5 mm,
- bei zusammengesetzten Platten die sichtbare Dicke am Stoß ± 0,5 mm,
- bei zusammengesetzten Werkstücken die sichtbare Dicke am Stoß 1 mm,

für die Länge
- bei einer Länge bis zu 60 cm ± 1 mm,
- bei einer Länge von mehr als 60 cm ± 2 mm,
- bei einer Dicke von mehr als 80 mm ± 5 mm,

für den Winkel
- bei einem vorgegebenen Winkel, bezogen auf die Kantenlänge 0,2 % bis zu max. 2 mm.

Dies gilt nicht für gespaltene und handbekantete Platten und Werkstücke.

2.1.3 Ebenheitstoleranzen

Abweichungen von der Ebenheit der Oberfläche geschliffener oder polierter Platten dürfen nicht mehr als 0,2 % der größten Plattenlänge, maximal 2 mm, betragen. Dies gilt nicht für bruchrauhe und gespaltene Oberflächen.

2.1.4 Aussehen

Farb-, Struktur- und Texturschwankungen innerhalb desselben Vorkommens, z. B. gemäß Bandbreite der Bemusterung, sind zulässig.

2.1.5 Ausbesserungen

Beschädigte neue Werkstücke dürfen nur mit Zustimmung des Auftraggebers ausgebessert und eingebracht werden.

Bunter Marmor darf für Innenarbeiten sachgemäß gekittet und durch untergelegte feste Platten (Verdoppelung) oder Bewehrungsmatten aus Kunststoff, z. B. Glasvlies oder Kohlefaser, verstärkt werden. In buntem Marmor dürfen — im Einvernehmen mit dem Auftraggeber — Klammern, Schienen, Dübel und Vierungen eingesetzt werden.

Schließen von Gesteinsporen ist zulässig.

Bei massiven Stücken aus Sandstein oder Kalkstein mit einer abgewickelten Ansichtsfläche über 0,5 m^2 dürfen bei Nestern, Tongallen oder Kohleeinsprengungen Vierungsstücke aus gleichem Material bis 10 cm × 10 cm Ansichtsfläche eingesetzt und angepaßt werden. Benachbarte Vierungen müssen mindestens 2 m auseinanderliegen. Bei anderen Gesteinen ist die Zustimmung des Auftraggebers erforderlich.

2.2 Bindemittel, Zuschlagstoffe, Mörtel, Klebstoffe

DIN 1060 Teil 1	Baukalk; Begriffe, Anforderungen, Lieferung, Überwachung
DIN 1164 Teil 1	Portland-, Eisenportland-, Hochofen- und Traßzement; Begriffe, Bestandteile, Anforderungen, Lieferung
DIN 18 156 Teil 1	Stoffe für keramische Bekleidungen im Dünnbettverfahren; Begriffe und Grundlagen
DIN 18 156 Teil 2	Stoffe für keramische Bekleidungen im Dünnbettverfahren; Hydraulisch erhärtende Dünnbettmörtel

DIN 18 156 Teil 3 Stoffe für keramische Bekleidungen im Dünnbettverfahren; Dispersionsklebstoffe

DIN 18 156 Teil 4 Stoffe für keramische Bekleidungen im Dünnbettverfahren; Epoxidharzklebstoffe

DIN 18 557 Werkmörtel; Herstellung, Überwachung und Lieferung

DIN 51 043 Traß; Anforderungen, Prüfung

Zuschlagstoffe müssen gemischtkörnig und frei von schädigenden Bestandteilen sein.

2.3 Verfugungsstoffe

DIN 18 540 Abdichten von Außenwandfugen im Hochbau mit Fugendichtstoffen

Fugenfüllstoffe, Fugendichtstoffe und Fugenmörtel dürfen die Oberfläche des Belages bzw. der Bekleidung nicht verfärben.

2.4 Dämmstoffe

DIN 18 161 Teil 1 Korkerzeugnisse als Dämmstoffe für das Bauwesen; Dämmstoffe für die Wärmedämmung

DIN 18 164 Teil 1 Schaumkunststoffe als Dämmstoffe für das Bauwesen; Dämmstoffe für die Wärmedämmung

DIN 18 165 Teil 1 Faserdämmstoffe für das Bauwesen; Dämmstoffe für die Wärmedämmung

DIN 18 174 Schaumglas als Dämmstoff für das Bauwesen; Dämmstoffe für die Wärmedämmung

2.5 Befestigungsmittel

DIN 1053 Teil 1 Mauerwerk; Rezeptmauerwerk; Berechnung und Ausführung

DIN 18 516 Teil 1 Außenwandbekleidungen, hinterlüftet; Anforderungen, Prüfgrundsätze

DIN 18 516 Teil 3 Außenwandbekleidungen, hinterlüftet; Naturwerkstein; Anforderungen, Bemessung

2.6 Bewehrungen

DIN 488 Teil 4 Betonstahl; Betonstahlmatten und Bewehrungsdraht, Aufbau, Maße und Gewichte

Baustahlgitter müssen eine Maschenweite von 50 mm × 50 mm und einen Stabdurchmesser von 2 mm haben.

2.7 Chemische Einsatzstoffe zur Instandsetzung und Oberflächenbehandlung

2.7.1 Mineralische oder kunststoffgebundene Restauriermörtel müssen ein dem Naturstein angepaßtes Kapillarsystem aufweisen und dürfen beim Abbinden keine Schwindrisse bilden.

2.7.2 Mineralfarben dürfen keine organischen Bestandteile, z. B. Kunststoffdispersionen, enthalten und den Austausch von Wasserdampf nicht verhindern.

2.7.3 Saure oder alkalische Reinigungsstoffe, z. B. Fluide, Lösungsmittel, Fungizidlösungen, Abbeizmittel, müssen mit Wasser verdünnt bzw. durch Kombinationen mehrerer Wirkstoffe gesteinsschonend eingestellt sein.

2.7.4 Imprägniermittel, z. B. Kieselsäureester, Silane, Siloxane, müssen weitgehend alkalibeständig sein und dürfen auf den Steinflächen keinen glänzenden oder wasserdampfundurchlässigen Film bilden.

2.7.5 Kunststoffbeschichtungen auf waagerechten oder leicht geneigten Flächen müssen beständig gegen UV-Strahlen und im Regenwasser vorkommende aggressive Stoffe sein.

3 Ausführung

Ergänzend zur ATV DIN 18 299, Abschnitt 3, gilt:

3.1 Allgemeines

3.1.1 Der Auftragnehmer hat bei seiner Prüfung Bedenken (siehe B § 4 Nr. 3) insbesondere geltend zu machen bei
- ungeeigneter Beschaffenheit des Untergrundes, z. B. grobe Verunreinigungen, Ausblühungen, Risse, nichthaftfähige Flächen,
- größeren Unebenheiten, als nach DIN 18 202 zulässig,
- fehlenden Höhenbezugspunkten je Geschoß,
- fehlendem, ungenügendem oder von der Angabe in den Ausführungsunterlagen abweichendem Gefälle,
- nicht ausreichender Konstruktionshöhe,
- fehlendem Aufheizprotokoll bei beheizten Fußbodenkonstruktionen.

3.1.2 Abweichungen von vorgeschriebenen Maßen sind in den durch
DIN 18 201 Toleranzen im Bauwesen; Begriffe, Grundsätze, Anwendung, Prüfung
DIN 18 202 Toleranzen im Hochbau; Bauwerke
bestimmten Grenzen zulässig.
Werden an die Ebenheit von Flächen erhöhte Anforderungen nach DIN 18 202 gestellt, so sind die zu treffenden Maßnahmen Besondere Leistungen (siehe Abschnitt 4.2.1).

3.1.3 Bei der Ausführung der Leistungen dürfen die Temperaturen des Untergrundes, der verwendeten Stoffe und des Arbeitsbereiches nicht unter 5 °C liegen.

3.2 Versetzen und Verlegen

3.2.1 Platten und Werkstücke sind senkrecht, fluchtrecht und waagerecht oder mit dem erforderlichen Gefälle unter Berücksichtigung des angegebenen Höhenbezugspunktes zu versetzen oder zu verlegen.

3.2.2 Platten und Werkstücke, die an andere Bauteile, z. B. Türen, Fenster, Installationsobjekte, Anschlagschienen, angrenzen, sind nach dem Einbau dieser Bauteile oder nur aufgrund von Detailzeichnungen zu verlegen oder zu versetzen.

3.2.3 Bindemittel, Mörtel, Klebstoffe, Reinigungs- und Imprägniermittel sind auf den Anwendungsbereich und die Art des verwendeten Naturwerksteines abzustimmen. Für den Verlegemörtel von Plattenbelägen und zum Anmörteln von Wandbekleidungen ist Traßzement nach DIN 1164 Teil 1 oder für verfärbungsempfindliche Gesteine besonders geeigneter Spezial-Traßzement oder Schnellzement zu verwenden. Traßmehl darf zugesetzt werden. Das Mischungsverhältnis Zement zu Sand muß im Innenbereich 1 : 4, im Außenbereich 1 : 3 Raumteile betragen. Als Zuschlag ist Sand der Korngröße 0 bis 4 mm zu verwenden.

3.2.4 Bei Bekleidungen oder Belägen, die im Dickbett anzusetzen und zu verlegen sind, sind folgende Mörtelbettdicken herzustellen:
— Bei Wandbelägen 10 bis 20 mm,
— bei Bodenbelägen im Innenbereich 10 bis 20 mm,
— bei Bodenbelägen im Außenbereich 10 bis 30 mm.

3.2.5 Bei Auffüllungen ist Mörtel mit einer Korngröße von 0 bis 8 mm in steifer Konsistenz zu verwenden.

3.2.6 Hinterlüftete Außenwandbekleidungen sind nach DIN 18516 Teil 3 auszuführen. Die Verankerung von Außenwandbekleidungen erfolgt in zu bohrenden Ankerlöchern. Die Anker sind in Mörtel, Mörtelgruppe III, einzusetzen.

3.2.7 Angemörtelte Außenwandbekleidungen sind nach DIN 18515 Teil 1 auszuführen.

3.2.8 Für das Ansetzen und Verlegen im Dünnbett gilt:

DIN 18 157 Teil 1 Ausführung keramischer Bekleidungen im Dünnbettverfahren; Hydraulisch erhärtende Dünnbettmörtel

DIN 18 157 Teil 2 Ausführung keramischer Bekleidungen im Dünnbettverfahren; Dispersionsklebstoffe

DIN 18 157 Teil 3 Ausführung keramischer Bekleidungen im Dünnbettverfahren; Epoxidharzklebstoffe

Wandbekleidungen in Gebäuden, die verankert werden, sind aus mindestens 20 mm dicken Platten herzustellen.

3.2.9 Bodenbeläge im Freien, auf Kies oder Splitt verlegt, sind aus Platten $\geq 0{,}16\,m^2$ mit einer Mindestkantenlänge von 30 cm und einer Mindestdicke von 30 mm herzustellen.

3.2.10 Sohlbänke und Stürze sind hohlfugig und druckfrei einzubauen und zu versetzen. Schürzen, Blenden, Leibungsplatten können mit der Mutterplatte verbunden werden.

3.2.11 Quadermauerwerk ist nach DIN 1053 Teil 1 herzustellen.

3.3 Ausbildung von Fugen

3.3.1 Die Fugenbreiten richten sich nach Format und Art der Platten und Werkstücke, nach Zweck, Beanspruchung und der Art der Verfugung.

3.3.2 Die Fugen sind gleichmäßig breit anzulegen. Die Abmaße der Platten und Werkstücke nach Abschnitt 2.1.2 sind in den Fugen auszugleichen.

3.3.3 Die Breite der mineralischen Mörtelfuge soll bei Plattenformaten bis 60 cm Kantenlänge etwa 3 mm, bei größeren Kantenlängen etwa 5 mm betragen. Bei massiven Werkstücken, Quadern und Verblendmauerwerk müssen die Fugen mindestens 10 mm breit sein.

3.3.4 Für das Verfugen ist grauer Zementmörtel zu verwenden.

3.3.5 Mörtelfugen sind durch Einschlämmen zu schließen, ausgenommen sind Naturwerksteine mit rauhen Oberflächen.

3.3.6 Das Verfugen von Belägen und angemörtelten Bekleidungen darf erst nach Austrocknen des Versetz- bzw. Verlegemörtels vorgenommen werden.

3.3.7 Bei Werkstücken und Mauerwerk ist die Festigkeit des Fugenmörtels mit der Gesteinsfestigkeit und -porosität abzustimmen.

3.3.8 Bei Werkstücken und Mauerwerk darf das Verfugen gleichzeitig mit dem Versetzen durchgeführt werden. Die Fugen sind glatt und mit der Vorderkante bündig zu verstreichen.

3.4 Bewegungsfugen

3.4.1 Bei Bodenbelägen müssen Bewegungsfugen entsprechend den zu erwartenden Bewegungen angelegt werden.

3.4.2 Bauwerkstrennfugen müssen in ausreichender Breite und an gleicher Stelle im Belagsaufbau oder in der Bekleidung übernommen werden.

3.4.3 Bauwerkstrenn-, Bewegungs- und Anschlußfugen sind im Gebäude mit mindestens 5 mm, im Außenbereich mit mindestens 8 mm Breite anzulegen und mit Dichtstoffen oder Profilen zu schließen.

3.5 Dämmstoffe

Dämmstoffe sind dichtgestoßen einzubauen und bei Anbringung an aufgehenden Bauteilen und Decken mechanisch zu befestigen.

3.6 Instandhaltungsarbeiten

3.6.1 Bei Ausbesserungen ist schadhaftes Gestein durch gleiches und farbähnliches Gestein zu ersetzen.

3.6.2 Sind die Beschädigungen $< 100\ cm^2$, dürfen die Ausnehmungen auch mit Restauriermörtel gefüllt werden.

3.6.3 Ausnehmungen für Vierungen sind rechtwinkelig oder schwalbenschwanzförmig mindestens 4 cm tief, für Restauriermörtel auch gekurvt, 3 cm tief herzustellen.

3.6.4 Sollen restaurierte Steinflächen farblich behandelt werden, sind sie den vorhandenen Steinflächen anzupassen.

3.6.5 Werden Risse in Werkstücken verfüllt, ist dies mit Injektionsharzen auszuführen.

3.6.6 Bei gebrochenen Werkstücken sind nichtrostende Klammern, Stifte, Verankerungen und ähnliches zu verwenden und mit 4 cm Restauriermörtel zu überdecken.

3.6.7 Das vorhandene Fugenbild muß bei Ausbesserungen erhalten bleiben.

3.7 Oberflächenbehandlung

3.7.1 Bei Oberfächenbehandlung dürfen keine Mittel verwendet werden, die Gesteinsminerale verfärben sowie Festigkeit und Haltbarkeit beeinträchtigen.

Gesteins- und profilschädigende Verfahren, z. B. Sandstrahlen, dürfen nicht eingesetzt werden.

3.7.2 Vor dem Einsatz chemischer Mittel sind zum Nachweis der Tauglichkeit Proben durchzuführen.

3.7.3 Volltränkung von Platten und Werkstücken ist nur für freistehende Bauteile zulässig.

4 Nebenleistungen, Besondere Leistungen

4.1 Nebenleistungen sind ergänzend zur ATV DIN 18 299, Abschnitt 4.1, insbesondere:

4.1.1 Liefern der Befestigungsmittel, z. B. Klammern, Anker, ausgenommen Leistungen nach Abschnitt 4.2.10.

4.1.2 Auf- und Abbauen sowie Vorhalten der Gerüste, deren Arbeitsbühnen nicht höher als 2 m über Gelände oder Fußboden liegen.

4.1.3 Ausgleichen von Unebenheiten des Untergrundes innerhalb der nach DIN 18 202 zulässigen Toleranzen beim Ansetzen oder Verlegen von Platten im Mörtelbett.

4.1.4 Beseitigen kleiner Putzüberstände.

4.1.5 Herstellen von Löchern, die zum Befördern, Verankern, Verklammern und Verdübeln der Platten und Werkstücke erforderlich sind.

4.1.6 Herstellen der Anschlüsse an angrenzende, eingebaute Bauteile, wie Fenster, Türen, Schwellen, Anschlagschienen, ausgenommen Leistungen nach Abschnitt 4.2.14.

4.1.7 Schutz von Belägen und Treppen bis zur Begehbarkeit durch Absperren.

4.1.8 Liefern von Musterplatten, Größe bis 20 cm × 30 cm.

4.2 Besondere Leistungen sind ergänzend zur ATV DIN 18 299, Abschnitt 4.2, z. B.:

4.2.1 Maßnahmen nach Abschnitt 3.1.2.

4.2.2 Vorhalten von Aufenthalts- und Lagerräumen, wenn der Auftraggeber Räume, die leicht verschließbar gemacht werden können, nicht zur Verfügung stellt.

4.2.3 Auf- und Abbauen sowie Vorhalten der Gerüste, deren Arbeitsbühnen mehr als 2 m über Gelände oder Fußboden liegen.

4.2.4 Liefern statischer Berechnungen für den Nachweis der Standfestigkeit der ausgeführten Leistung und der für diese Nachweise erforderlichen Zeichnungen.

4.2.5 Versetzen und Verlegen von Mustern.

4.2.6 Reinigen des Untergrundes von grober Verschmutzung, z. B. Gipsreste, Mörtelreste, Öl, Farbreste, soweit diese von anderen Unternehmern herrührt.

4.2.7 Maßnahmen zum Schutz gegen Feuchtigkeit und zur Wärme- und Schalldämmung.

4.2.8 Vorbereiten des Untergrundes zur Erzielung eines guten Haftgrundes, z. B. Vorstreichen, maschinelles Bürsten oder Anschleifen und Absaugen.

4.2.9 Auffüllen des Untergrundes zur Herstellung der erforderlichen Höhe oder des nötigen Gefälles sowie das Herstellen von Unterputz zum Ausgleich unebener oder nicht lot- und fluchtrechter Wände in anderen Fällen als nach Abschnitt 4.1.3.

4.2.10 Herstellen von Gleitlagern oder Gleitschichten, Einbauen von Brückenankern.

4.2.11 Liefern und Einbauen von Konsolen, Anschlag-, Trenn- und Bewegungsschienen, Rahmen, im Bauwerk verbleibenden Gerüsthalterungen und dergleichen.

4.2.12 Herstellen von Ausklinkungen, Löchern, Ausnehmungen, Ankertaschen und dergleichen.

4.2.13 Einsetzen von Installations- und Einbauteilen.

4.2.14 Nachträgliches Anarbeiten an Einbauteile, soweit dies vom Auftraggeber zu vertreten ist.

4.2.15 Anarbeiten an gebogene, nicht rechtwinkelige sowie nicht lot- und fluchtrechte begrenzende Bauteile.

4.2.16 Herstellen von Gehrungen und Schrägschnitten.

4.2.17 Abschneiden des Überstandes von Randstreifen anderer Gewerke.

4.2.18 Bearbeiten nach dem Versetzen bzw. Verlegen, z. B. Abschleifen.

4.2.19 Anfertigen geforderter Verlege- oder Versetzpläne, Bestands-, Sanierungs- und Kartierungspläne.

5 Abrechnung

Ergänzend zur ATV DIN 18 299, Abschnitt 5, gilt:

5.1 Allgemeines

5.1.1 Der Ermittlung der Leistung – gleichgültig, ob sie nach Zeichnungen oder nach Aufmaß erfolgt – sind zugrunde zu legen:

5.1.1.1 Bei Innenbekleidungen, Bodenbelägen, Ausgleichsschichten, Trennschichten, Dämmschichten, Unterböden, Oberflächenbehandlungen, Bewehrungen, Trag- und Unterkonstruktionen

- auf Flächen mit begrenzenden Bauteilen die Maße der zu bekleidenden bzw. zu belegenden Flächen bis zu den begrenzenden, ungedämmten, ungeputzten bzw. unbekleideten Bauteilen,

— auf Flächen ohne begrenzende Bauteile die Maße der zu bekleidenden bzw. zu belegenden Flächen.

5.1.1.2 Bei Wandbekleidungen, die an Sockel anschließen, das Maß ab Oberseite Sockel, bei Wandbekleidungen, die unmittelbar auf den Bodenbelag aufsetzen, das Maß ab Oberseite Bodenbelag.

5.1.1.3 Bei Fassaden die Maße der Bekleidung.

5.1.2 Bei Abrechnung nach Längenmaß (m) wird die größte Bauteil-/Werkstücklänge gerechnet. Bei zusammengesetzten Werkstücken ergibt sich die Gesamtlänge aus der Summe der Längen der einzelnen Werkstücke einschließlich der Fugenbreiten.

Schräge Sockelplatten (Bischofsmützen) werden an der Oberkante, abgetreppte Sockelplatten abgewickelt gemessen.

5.1.3 Bei der Abrechnung nach Flächenmaß (m^2) werden Fugen übermessen, bearbeitete Leibungen und bearbeitete Stirnflächen hinzugerechnet.

Einzelstücke, z. B. Abdeckungen, Fensterbänke, mit einer Breite unter 20 cm, werden mit 20 cm Breite, mit einem Flächenmaß unter 0,25 m^2 mit 0,25 m^2 abgerechnet.

Bei nicht rechtwinkeligen und ausgeklinkten Flächen von Einzelstücken wird das kleinste umschriebene Rechteck gemessen. Aussparungen, Ausnehmungen und Öffnungen an Einzelplatten und Einzelwerkstücken werden übermessen.

5.1.4 Bei Abrechnung von zusammengesetzten Werkstücken und Mauerwerk nach Raummaß (m^3) werden Fugen übermessen. Bei zweihäuptigem Mauerwerk werden etwaige Zwischenschichten übermessen.

Bei Werkstücken wird der kleinste umschriebene rechtwinkelige Körper zugrunde gelegt, an welchem das Werkstück mit Rücksicht auf das natürliche Lager des Steines ausgeführt werden kann. Raummaße unter 0,03 m^3 werden mit 0,03 m^3 abgerechnet.

5.2 Es werden abgezogen:

5.2.1 Bei Abrechnung nach Flächenmaß (m^2):

Aussparungen und Öffnungen in Bekleidungen und Belägen über 0,1 m^2 Einzelgröße.

5.2.2 Bei Abrechnung nach Längenmaß (m):

Unterbrechungen über 1 m Einzellänge.

5.2.3 Bei Abrechnung nach Raummaß (m^3):

Aussparungen, Öffnungen und Nischen, einbindende, durchbindende und eingebaute Bauteile über 0,5 m^3 Einzelgröße, Schlitze für Rohrleitungen und dergleichen über je 0,1 m^2 Querschnittsfläche.

VOB Teil C:
Allgemeine Technische Vertragsbedingungen für Bauleistungen (ATV)
Betonwerksteinarbeiten — DIN 18 333
Ausgabe Dezember 1992

Inhalt

0 Hinweise für das Aufstellen der Leistungsbeschreibung
1 Geltungsbereich
2 Stoffe, Bauteile
3 Ausführung
4 Nebenleistungen, Besondere Leistungen
5 Abrechnung

0 Hinweise für das Aufstellen der Leistungsbeschreibung

Diese Hinweise ergänzen die ATV DIN 18 299 „Allgemeine Regelungen für Bauarbeiten jeder Art", Abschnitt 0. Die Beachtung dieser Hinweise ist Voraussetzung für eine ordnungsgemäße Leistungsbeschreibung gemäß A § 9.
Die Hinweise werden nicht Vertragsbestandteil.
In der Leistungsbeschreibung sind nach den Erfordernissen des Einzelfalls insbesondere anzugeben:

0.1 Angaben zur Baustelle
Keine ergänzende Regelung zur ATV DIN 18 299, Abschnitt 0.1.

0.2 Angaben zur Ausführung
0.2.1 Ausbildung der Anschlüsse an Bauwerke und Bauteile.

0.2.2 Art und Beschaffenheit des Belagaufbaues, notwendige Bewehrungen, Breite der Fugen, Ausführung, Art und Farbe der Verfugung, Lage und Ausführung von Bewegungsfugen, Art und Farbe der Verfüllung.

0.2.3 Maße der vorgefertigten Betonerzeugnisse, Art ihrer Bearbeitung bzw. Art ihrer Oberflächengestaltung, sonstige Anforderungen, z. B. Farbe und Art der Zuschläge.

0.2.4 Nachträgliche Oberflächenbehandlung, z. B. Fluatieren oder nachträglich vollflächiges Überschleifen.

0.2.5 Unterkonstruktion für den Einbau der vorgefertigten Betonerzeugnisse, die erforderlichen Auffüllungshöhen, Art der Einbindungen, Einbindetiefen, Art und Umfang von auszusparenden Schlitzen und Durchgängen für Rohrleitungen und dergleichen, einzubetonierende Bauteile (Winkelrahmen, Schutzschienen und dergleichen).

0.2.6 Art und Beschaffenheit des Untergrundes, z.B. Festigkeitsklasse des Betons und Mauerwerks, Stahl, Feuchtigkeitsabdichtungen, Wärme und Schalldämmung, Estrich, Fußbodenheizung, Estrichbindemittel.

0.2.7 Bei beheizten Bodenbelägen Art der Konstruktion, Art der Heizung, Dicke und Zusammendrückbarkeit der Dämmschichten, Art der Abdeckung, Lage der Heizrohre und Heizelemente, Dicke der Lastverteilungsschicht, Bewehrungen, Lage und Ausführung von Bewegungsfugen, Mörtelbettdicke.

0.2.8 Art, Dicke und Zusammendrückbarkeit von Wärmedämm- und Trittschalldämmschichten, Art und Dicke von Trennschichten und Dämmschichtabdeckungen.

0.2.9 Art der Verankerung von großformatigen Platten und vorgefertigten Elementen.

0.2.10 Art und Ausführung von Treppen, Stufen, (Winkelstufen, Trittstufen, Setzstufen) und Schwellen, Abmessungen, Überstände, sichtbare Köpfe.

0.2.11 Art und Abmessungen von Einbauteilen.

0.2.12 Besondere Beanspruchung von Belägen.

0.2.13 Art und Anzahl von geforderten Probestücken sowie Art und Ort der Anbringung.

0.2.14 Erforderliches Gefälle, Hinweise auf den Höhenriß.

0.2.15 Ob Verlege- und/oder Versetzpläne vorzulegen sind und gegebenenfalls Angabe über deren Art und Umfang.

0.3 Einzelangaben bei Abweichungen von den ATV

0.3.1 Wenn andere als die in dieser ATV vorgesehenen Regelungen getroffen werden sollen, sind diese in der Leistungsbeschreibung eindeutig und im einzelnen anzugeben.

0.3.2 Abweichende Regelungen können insbesondere in Betracht kommen bei

Abschnitt 3.1.2, wenn erhöhte Anforderungen an die Ebenheit vorgeschrieben werden sollen,

Abschnitt 3.1.3, wenn die Oberflächen von Betonwerksteinen nicht geschliffen hergestellt werden sollen, sondern z.B. feingeschliffen, d.h. geschliffen, gespachtelt, nachgeschliffen,

Abschnitt 3.3, wenn Platten mit Abmessungen von mehr als 50 cm × 75 cm nicht auf Mörtelstreifen verlegt werden sollen,

Abschnitt 3.4.3, wenn Platten für Wandbekleidungen nicht fluchtrecht und senkrecht verlegt werden sollen,

Abschnitt 3.5.2, wenn für Bodenbeläge und Stufen nicht Mörtelgruppe II verwendet werden soll,

Abschnitt 3.5.3, wenn das Mörtelbett für Bodenbeläge dünner als 15 mm oder dicker als 30 mm sein soll,

Abschnitt 3.6.2, wenn Beläge mit anderen Fugenbreiten angelegt werden sollen,

Abschnitt 3.6.3, wenn Lager- und Stoßfugen bei Bekleidungen, Treppenstufen und sonstigen Bauteilen andere Breiten haben sollen,

Abschnitt 3.6.4, wenn für das Verfugen nicht grauer Zementmörtel verwendet werden soll,

Abschnitt 3.6.5, wenn das Verfugen von Bodenbelägen nicht durch Einschlämmen erfolgen soll,

Abschnitt 3.6.6, wenn andere Abstände für Feldbegrenzungsfugen angelegt werden sollen,

Abschnitt 3.6.7, wenn Gebäudetrennfugen, Feldbegrenzungsfugen und Anschlußfugen nicht offen bleiben sollen.

0.4 Einzelangaben zu Nebenleistungen und Besonderen Leistungen
Keine ergänzende Regelung zur ATV DIN 18 299, Abschnitt 0.4.

Betonwerksteinarbeiten   DIN 18 333

0.5 Abrechnungseinheiten
Im Leistungsverzeichnis sind die Abrechnungseinheiten wie folgt vorzusehen:

0.5.1 Flächenmaß (m^2), getrennt nach Bauart und Maßen, für
− Werkstücke.

0.5.2 Raummaß (m^3), getrennt nach Bauart und Maßen, für
− Bodenbeläge,
− Wandbekleidungen,
− Werkstücke,
− nachträgliche Oberflächenbehandlung.

0.5.3 Längenmaß (m), getrennt nach Bauart und Maßen, für
− Gesimse,
− Profilbänder,
− Sockel,
− Kehlen,
− abgerundete Kanten,
− Treppenstufen und Treppenwangen,
− Fensterbänke,
− Mauerabdeckplatten,
− Einfassungen,
− Werkstücke,
− Schließen von Fugen,
− Schrägschnitte,
− bearbeitete Köpfe und Verkröpfungen.

0.5.4 Anzahl (Stück), getrennt nach Bauart und Maßen, für
− Werkstücke, z. B. Mülltonnenschränke,
− Fensterbänke (innen und außen),
− Treppenstufen und Treppenwangen,
− abgetreppte Sockel je Stufe,
− schräge Sockel (Bischofsmützen),
− bearbeitete Köpfe und Verkröpfungen,
− Fensterumrahmungen,
− Türumrahmungen,
− Säulen,
− Pfeiler und Pfeilervorlagen,
− Löcher und Aussparungen für Rohrdurchführungen,
− Dübel, Geländerpfosten, Bodeneinläufe und dergleichen,
− Gehrungen.

1 Geltungsbereich

1.1 Die ATV „Betonwerksteinarbeiten" − DIN 18 333 − gilt für das Einbauen, Verlegen und Versetzen von Betonwerkstein.

355

1.2 Die ATV DIN 18 333 gilt nicht für
- Beläge aus Gehwegplatten und Pflastersteinen aus Beton (siehe ATV DIN 18 318 „Verkehrswegebauarbeiten; Pflasterdecken, Plattenbeläge, Einfassungen"),
- das Herstellen von Bauteilen aus bewehrtem oder unbewehrtem Beton (siehe ATV DIN 18 331 „Beton- und Stahlbetonarbeiten").

1.3 Ergänzend gelten die Abschnitte 1 bis 5 der ATV DIN 18 299 „Allgemeine Regelungen für Bauarbeiten jeder Art". Bei Widersprüchen gehen die Regelungen der ATV DIN 18 333 vor.

2 Stoffe, Bauteile

Ergänzend zur ATV DIN 18 299, Abschnitt 2, gilt:

Für die gebräuchlichsten genormten Stoffe und Bauteile sind die DIN-Normen nachstehend aufgeführt.

2.1 Betonwerkstein

DIN 18 500   Betonwerkstein; Begriffe, Anforderungen, Prüfung, Überwachung

2.2 Mörtel und Befestigungsmittel

DIN 1053 Teil 1   Mauerwerk; Rezeptmauerwerk; Berechnung und Ausführung

DIN 18 515   Fassadenbekleidungen aus Naturwerkstein, Betonwerkstein und keramischen Baustoffen; Richtlinien für die Ausführung

2.3 Farb- und Strukturschwankungen

Farb- und Strukturschwankungen, die durch unterschiedliche Herstellungsverfahren, jedoch bei gleicher Betonzusammensetzung entstehen, sind zulässig. Hierzu gehören auch Farbschwankungen innerhalb des gleichen Zuschlages, die durch das naturbedingte Vorkommen gegeben sind.

3 Ausführung

Ergänzend zur ATV DIN 18 299, Abschnitt 3, gilt:

3.1 Allgemeines

3.1.1 Der Auftragnehmer hat bei seiner Prüfung Bedenken (siehe B § 4 Nr 3) insbesondere geltend zu machen bei
- ungeeigneter Beschaffenheit des Untergrundes, z. B. grobe Verunreinigungen, Ausblühungen, zu glatte, zu feuchte, veröIte oder gefrorene Flächen, Risse,
- größeren Unebenheiten, als nach Abschnitt 3.1.2 zulässig,
- fehlenden Höhenbezugspunkten je Geschoß,
- fehlendem, ungenügendem oder von der Angabe in den Ausführungsunterlagen abweichendem Gefälle,
- nicht ausreichender Konstruktionshöhe,
- unzureichender Bemessung der Werkstücke.

3.1.2 Abweichungen von vorgeschriebenen Maßen sind in den durch
DIN 18 201 Toleranzen im Bauwesen; Begriffe, Grundsätze, Anwendung, Prüfung
DIN 18 202 Toleranzen im Hochbau; Bauwerke
bestimmten Grenzen zulässig.
Bei Belägen sind zwischen benachbarten Platten Höhendifferenzen bis 1,5 mm zulässig.
Bei Streiflicht sichtbar werdende Unebenheiten in den Oberflächen von Bauteilen sind zulässig, wenn die Maßtoleranzen von DIN 18 202 eingehalten worden sind.

3.1.3 Die Oberflächen von Betonwerkstein sind geschliffen (nicht gespachtelt) herzustellen.

3.2 Treppen

3.2.1 Treppen sind nach DIN 18 065 „Gebäudetreppen; Hauptmaße" auszuführen. Tragbolzentreppen sind nach DIN 18 069 „Tragbolzentreppen für Wohngebäude; Bemessung und Ausführung" herzustellen.

3.2.2 Treppenstufen und Belagplatten auf betonierten Treppenläufen sind zwängungsfrei, z. B. auf Mörtelquerstreifen zu verlegen.

3.2.3 Trittschallgedämmte Treppenstufen und Belagplatten sind bei unmittelbar darunter angeordneter Dämmschicht vollflächig zu verlegen.

3.2.4 Trittplatten der Stufen müssen mindestens 40 mm dick sein.

3.2.5 Auskragende Treppenbeläge sind zu bewehren, wenn die Kraglänge mehr als die zweifache Dicke beträgt.

3.3 Verlegen von Bodenplatten

Platten mit Abmessungen bis 50 cm × 75 cm sind im Mörtelbett, größere Platten sind zwängungsfrei zu verlegen.

3.4 Versetzen von Bekleidungen

3.4.1 Fassadenbekleidungen sind nach DIN 18 515 auszuführen.

3.4.2 Wandbekleidungen in Gebäuden sind ebenfalls nach DIN 18 515 herzustellen, jedoch mit der Abweichung, daß zur Befestigung der Platten über 0,1 m^2 Einzelfläche korrosionsgeschützte Trag- und Halteanker zugelassen sind.

3.4.3 Platten für Wandbekleidungen sind fluchtrecht und senkrecht zu versetzen.

3.5 Mörtel

3.5.1 Verlegemörtel ist nach DIN 1053 Teil 1 herzustellen und zu verarbeiten. Seine Zusammensetzung ist der Verwendungsart und den Werkstücken anzupassen. Die Verwendung von Gips, Tonerdeschmelzzement und chloridhaltigen Binde- oder Zusatzmitteln ist unzulässig.

3.5.2 Für Bodenbeläge und Stufen im Freien ist Mörtelgruppe III nach DIN 1053 Teil 1 zu verwenden. Für Bodenbeläge und Stufen im Innern ist Mörtelgruppe II zu verwenden.

3.5.3 Das Mörtelbett für Bodenbeläge muß mindestens 15 mm dick sein. Es darf jedoch nicht dicker als 30 mm sein.

3.6 Fugen und Verfugen

3.6.1 Die Fugen sind gleichmäßig breit anzulegen.
Maßtoleranzen der Werkstücke sind in den Fugen auszugleichen.

3.6.2 Beläge sind mit folgenden Fugenbreiten anzulegen:
Betonwerksteinplatten im Mörtelbett
— bei Kantenlängen bis 60 cm: 3 mm
— bei Kantenlängen über 60 cm: 5 mm
Betonwerksteinplatten ohne Mörtelbett, z. B. auf Stelzlagern: 5 mm.

3.6.3 Lager- und Stoßfugen bei Bekleidungen, Treppenstufen und sonstigen Bauteilen sind innen 2 mm, außen 5 mm breit anzulegen.

3.6.4 Für das Verfugen ist grauer Zementmörtel zu verwenden.

3.6.5 Das Verfugen von Bodenbelägen muß durch Einschlämmen erfolgen.

3.6.6 Bei Bodenbelägen müssen Feldbegrenzungsfugen entsprechend der Kantenlänge der Platten im Abstand von ≈ 6 m angelegt werden.

3.6.7 Gebäudetrennfugen, Feldbegrenzungsfugen und Anschlußfugen bleiben offen.

3.6.8 Gebäudetrennfugen müssen an gleicher Stelle und in ausreichender Breite durchgehen. Es dürfen keine Überbrückungen, z. B. von Bewehrungen, entstehen.

4 Nebenleistungen, Besondere Leistungen

4.1 Nebenleistungen sind ergänzend zur ATV DIN 18 299, Abschnitt 4.1, insbesondere:

4.1.1 Auf- und Abbauen sowie Vorhalten der Gerüste, deren Arbeitsbühnen nicht höher als 2 m über Gelände oder Fußboden liegen.

4.1.2 Ausgleichen von Unebenheiten des Untergrundes, innerhalb der Toleranzen nach DIN 18 202.

4.1.3 Beseitigen kleiner Putzüberstände.

4.1.4 Herstellen aller Löcher, Falze, Anschläge, Ausklinkungen an den Werkstükken, die zum Befördern, Befestigen, Verankern, Verklammern und Verdübeln dieser Werkstücke erforderlich sind.

4.1.5 Anarbeiten von Belägen an angrenzende eingebaute Bauteile, z. B. an Zargen, Bekleidungen, Anschlagschienen, Schwellen, ausgenommen Leistungen nach Abschnitt 4.2.6.

4.1.6 Anarbeiten an Aussparungen im Belag, z. B. an Fundamentsockel, Pfeiler, Säulen bis 0,1 m^2 Einzelgröße.

4.1.7 Schutz von Belägen und Treppen bis zur Begehbarkeit durch Absperren.

4.1.8 Maßnahmen zum Schutz von Bauteilen, wie Türen, Fenster vor Verunreinigungen und Beschädigung durch die Betonwerksteinarbeiten einschließlich Liefern der erforderlichen Stoffe, ausgenommen Schutzmaßnahmen nach Abschnitt 4.2.4.

Betonwerksteinarbeiten DIN 18 333

4.2 Besondere Leistungen sind ergänzend zur ATV DIN 18 299, Abschnitt 4.2, z. B.:

4.2.1 Vorhalten von Aufenthalts- und Lagerräumen, wenn der Auftraggeber Räume, die leicht verschließbar gemacht werden können, nicht zur Verfügung stellt.

4.2.2 Auf- und Abbauen sowie Vorhalten der Gerüste, deren Arbeitsbühnen mehr als 2 m über Gelände oder Fußboden liegen.

4.2.3 Reinigen des Untergrundes von grober Verschmutzung, z. B. Gipsreste, Mörtelreste, Farbreste, Öl, soweit diese von anderen Unternehmern herrührt.

4.2.4 Besondere Maßnahmen zum Schutz von Bauteilen und Einrichtungsgegenständen, wie Abkleben von Fenstern und Türen, von eloxierten Teilen, Abdeckung von Belägen, staubdichte Abdeckung von empfindlichen Einrichtungen und technischen Geräten, Schutzabdeckungen, Schutzanstriche, Staubwände u. ä. einschließlich Lieferung der hierzu erforderlichen Stoffe.

4.2.5 Nachträgliches Anarbeiten an Einbauteile.

4.2.6 Anarbeiten der Beläge, z. B. an Waschtische, Spülbecken, Wannen, Brausewannen, Wannenuntertritte, schräge Wannenschürzen.

4.2.7 Anarbeiten an Aussparungen im Belag, z. B. an Fundamentsockel, Pfeiler, Säulen, von mehr als 0,1 m^2 Einzelgröße.

4.2.8 Herstellen von Trag- und Frostschutzschichten.

4.2.9 Herstellen von Gleitlagern oder Gleitschichten.

4.2.10 Auffüllen des Untergrundes mit einem Ausgleichmörtel zum Herstellen der erforderlichen Höhe, des nötigen Gefälles sowie zum Ausgleich unebener oder nicht lotrechter Wände in anderen Fällen als nach Abschnitt 4.1.2 einschließlich Bewehrungen.

4.2.11 Maßnahmen zum Schutz gegen Feuchtigkeit und zur Wärme- und Schalldämmung.

4.2.12 Ausbilden, Schließen und/oder Abdecken von Bewegungs- und Anschlußfugen.

4.2.13 Liefern und Einbauen von Konsolen, Anschlag-, Trenn- und Bewegungsschienen, Rahmen und dergleichen.

4.2.14 Ansetzen und Verlegen von Mustern.

4.2.15 Vom Auftraggeber geforderte Probestücke für die Ausführung, wenn diese nicht am Bau verwendet werden.

4.2.16 Erstellen von Verlegeplänen.

4.2.17 Liefern statischer und bauphysikalischer Nachweise.

4.2.18 Nachträgliche Oberflächenbehandlung.

4.2.19 Herstellen von Löchern und Aussparungen für Rohrdurchführungen, Dübel, Geländerpfosten, Bodeneinläufe und dergleichen.

4.2.20 Ausbilden von ausgerundeten Ecken, abgerundeten Kanten und Kehlen.

4.2.21 Herstellen von Gehrungen und Schrägschnitten.

5 Abrechnung

Ergänzend zur ATV DIN 18 299, Abschnitt 5, gilt:

5.1 Allgemeines

5.1.1 Der Ermittlung der Leistung — gleichgültig, ob sie nach Zeichnungen oder nach Aufmaß erfolgt — sind zugrunde zu legen:

5.1.1.1 Bei Innen-Wandbekleidungen und Bodenbelägen
- auf Flächen mit begrenzenden Bauteilen die Maße der zu bekleidenden bzw. zu belegenden Flächen, bis zu den begrenzenden, ungedämmten bzw. unbekleideten Bauteilen,
- auf Flächen ohne begrenzende Bauteile die Maße der zu bekleidenden bzw. zu belegenden Flächen,

5.1.1.2 bei Wandbekleidungen, die an Stehsockel, Kehlsockel, Kehlleisten oder ausgerundeten Ecken als Sockel anschließen oder unmittelbar auf den Bodenbelag aufsetzen, das Maß ab Oberseite Sockel oder Oberseite Bodenbelag,

5.1.1.3 bei Fassaden die Maße der Bekleidung.

5.1.2 Bei Abrechnung nach Längenmaß wird die größte Bauteil-/Werkstücklänge gerechnet. Bei zusammengesetzten Werkstücken ergibt sich die Gesamtlänge aus der Summe der Längen der einzelnen Werkstücke einschließlich der Fugenbreiten.

5.1.3 Bei Abrechnung nach Flächenmaß werden übermessen, bearbeitete Leibungen und bearbeitete sichtbare Stirnflächen hinzugerechnet. Bei Einzelwerkstücken wird die Fläche des kleinstumschriebenen Rechtecks gemessen. Bei Belägen und Bekleidungen werden Aussparungen, z. B. Öffnungen, Pfeilervorlagen, Rohrdurchführungen, bis zu 0,1 m² Einzelfläche nicht abgezogen.

5.1.4 Bei Abrechnung nach Raummaß gelten die Maße des kleinsten umschriebenen Quaders ohne Abzug etwaiger Dämmschichten, Aussparungen und Fugen.

5.2 Es werden abgezogen:

5.2.1 Bei Abrechnung nach Flächenmaß (m²)
Aussparungen und Öffnungen über 0,1 m² Einzelgröße.

5.2.2 Bei Abrechnung nach Längenmaß (m)
Unterbrechungen über 1 m Einzellänge.

VOB Teil C:
Allgemeine Technische Vertragsbedingungen für Bauleistungen (ATV)
Zimmer- und Holzbauarbeiten – DIN 18 334
Ausgabe Dezember 1992

Inhalt

0   Hinweise für das Aufstellen der Leistungsbeschreibung
1   Geltungsbereich
2   Stoffe, Bauteile
3   Ausführung
4   Nebenleistungen, Besondere Leistungen
5   Abrechnung

0 Hinweise für das Aufstellen der Leistungsbeschreibung

Diese Hinweise ergänzen die ATV DIN 18 299 „Allgemeine Regelungen für Bauarbeiten jeder Art", Abschnitt 0. Die Beachtung dieser Hinweise ist Voraussetzung für eine ordnungsgemäße Leistungsbeschreibung gemäß A § 9.
Die Hinweise werden nicht Vertragsbestandteil.
In der Leistungsbeschreibung sind nach den Erfordernissen des Einzelfalls insbesondere anzugeben:

0.1 Angaben zur Baustelle
Keine ergänzende Regelung zur ATV DIN 18 299, Abschnitt 0.1.

0.2 Angaben zur Ausführung

0.2.1   Art und Beschaffenheit der Unterkonstruktion (Unterlage, Unterbau, Tragschicht, Tragwerk).

0.2.2   Herstellen von Musterflächen, Musterkonstruktionen und Modellen.

0.2.3   Ob vom Auftragnehmer Konstruktionspläne, Verlegepläne und Stofflisten zu liefern sind.

0.2.4   Geforderte gestalterische Wirkung von Flächen, z. B. Teilung, Fugenausbildung, Struktur, Farbe, Oberflächenbehandlung sowie besondere Verlegeart.

0.2.5   Besonderer Schutz von Bauteilen und Einrichtungsgegenständen.

0.2.6   Besonderer Schutz der Leistungen, z. B. Verpackung, Kantenschutz und Abdeckungen.

0.2.7   Anforderungen an den Brand-, Schall-, Wärme-, Feuchteschutz sowie akustische und lüftungstechnische Anforderungen.

0.2.8   Besondere physikalische Eigenschaften der Stoffe.

0.2.9   Ob chemischer Holzschutz bei Holz und Holzwerkstoffen gefordert wird.

0.2.10 Ob bei chemischem Holzschutz besondere Anforderungen an das Holzschutzmittel bezüglich der Verwendung in Wohnräumen, Lagerräumen oder Ställen bestehen.

0.2.11 Art des Korrosionsschutzes.

0.2.12 Anforderungen an den Korrosionsschutz.

0.2.13 Besondere mechanische, chemische und thermische Beanspruchungen, denen Stoffe und Bauteile nach dem Einbau ausgesetzt sind.

0.2.14 Art der Bekleidungen, Dicke, Maße der Einzelteile sowie ihrer Befestigung, sichtbar oder nicht sichtbar, Ausbildung von Fugen, Ecken und Schrägschnitten.

0.2.15 Abstand der Bretter bei Sparschalung.

0.2.16 Art, Umfang und Ausbildung der Hinterlüftung sowie Abdeckung ihrer Öffnungen.

0.2.17 Art und Ausbildung der Befestigung der Bauteile, z. B. Dübel, Unterkonstruktionen, Verankerungen und dergleichen am oder im Mauerwerk, Beton, Stahlbeton, Stahl, Holz.

0.2.18 Art und Ausbildung der Holzverbindungen, z. B. Zapfen, Versatz, Verkämmungen, Verblattungen, besondere Knotenpunkte, Gelenke, Stützenfüße, Stahlblechverbindungen.

0.2.19 Vorgezogenes und nachträgliches Herstellen von Teilflächen, z. B. Flächen hinter Heizkörpern, Rohrleitungen und dergleichen.

0.2.20 Dachform sowie Bauart, Traufhöhe, Firsthöhe, Neigung (Gefälle) der Dächer.

0.2.21 Anzahl, Art, Ausbildung und Abmessung von Anschlüssen, Abschlüssen, Grat-, Kehl- und Schiftersparren, Durchdringungen, Dachaufbauten u. ä.

0.2.22 Art und Lage der Dachentwässerung.

0.2.23 Ob Leiterhaken, Schneefänge, Lüfter, Laufstege, Dachflächenfenster, Lichtkuppeln, Dachausstiege, Einschubtreppen u. ä. einzubauen sind.

0.2.24 Anforderungen an Treppen bei besonderen raumklimatischen Verhältnissen, z. B. geringe Luftfeuchte, hohe Temperaturen.

0.3 Einzelangaben bei Abweichungen von den ATV

0.3.1 Wenn andere als die in dieser ATV vorgesehenen Regelungen getroffen werden sollen, sind diese in der Leistungsbeschreibung eindeutig und im einzelnen anzugeben.

0.3.2 Abweichende Regelungen können insbesondere in Betracht kommen bei

Abschnitt 2.6,	wenn an Stahlteile, z. B. Anker und ähnliche Bauteile, andere Anforderungen gestellt werden sollen,
Abschnitt 3.1.2,	wenn erhöhte Anforderungen an Toleranzen vorgeschriebener Maße gestellt werden sollen,
Abschnitt 3.1.6,	wenn Bauschnittholz nicht sägerauh eingebaut werden soll, sondern z. B. gehobelt,
Abschnitt 3.1.7,	wenn bei gehobeltem Brettschichtholz rauhe Stellen, Hobelschläge und nicht ausgedübelte Äste nicht zugelassen werden,
Abschnitt 3.1.10,	wenn tragende Konstruktionen aus Bauschnittholz einer anderen Güteklasse und der höheren Schnittklasse ausgeführt werden sollen,
Abschnitt 3.1.11,	wenn tragende Konstruktionen aus Baurundholz einer anderen Güteklasse ausgeführt werden sollen,
Abschnitt 3.1.12,	wenn sonstige Konstruktionen aus Bauschnittholz der Sonderklasse und der höheren Schnittklasse ausgeführt werden sollen,
Abschnitt 3.1.13,	wenn sonstige Konstruktionen aus Baurundholz der Sonderklasse hergestellt werden sollen,

Zimmer- und Holzbauarbeiten DIN 18334

Abschnitt 3.2.3,	wenn Baurundholz entgegen der vorgesehenen Regelung geschnitten oder behauen sein soll,
Abschnitt 3.2.7,	wenn die Art der Holzverbindungen dem Auftragnehmer nicht überlassen bleiben soll,
Abschnitt 3.3.1,	wenn an Latten für Zwischenböden erhöhte Anforderungen an Güteklasse und Mindestquerschnitt gestellt werden,
Abschnitt 3.3.2,	wenn der Einschub für Zwischenböden entgegen der vorgesehenen Regelung hergestellt werden soll,
Abschnitt 3.4.1,	wenn Dachschalungen aus Holz entgegen der vorgesehenen Regelung hergestellt werden sollen,
Abschnitt 3.4.3,	wenn Unterdachschalungen entgegen der vorgesehenen Regelung hergestellt werden sollen,
Abschnitt 3.5.1,	wenn Wand- und Deckenschalungen entgegen der vorgesehenen Regelung hergestellt werden sollen,
Abschnitt 3.5.3,	wenn Sparschalungen entgegen der vorgesehenen Regelung hergestellt werden sollen,
Abschnitt 3.7,	wenn Dachlattung aus Latten einer anderen Güteklasse hergestellt werden soll,
Abschnitt 3.8.2,	wenn gehobelte oder ungehobelte Fußböden aus Brettern oder Bohlen einer anderen Güteklasse hergestellt werden sollen,
Abschnitt 3.8.3,	wenn Fußbodenbretter nicht quer zu den Balken oder Lagerhölzern verlegt werden sollen,
Abschnitt 3.9.1,	wenn Bauteile in Trockenbauweise unter Berücksichtigung von Anforderungen an den Brand-, Schall-, Wärme- und Strahlenschutz ausgeführt werden sollen,
Abschnitt 3.9.2.1,	wenn Randwinkel und Deckleisten entgegen der vorgesehenen Regelung verlegt werden sollen,
Abschnitt 3.9.2.2,	wenn Dämmstoffe entgegen der vorgesehenen Regelung eingebaut werden sollen,
Abschnitt 3.9.3,	wenn Vorsatzschalen nicht entsprechend dem Schalldämmaß nach DIN 4109 ausgeführt werden sollen,
Abschnitt 3.10,	wenn Holzschindeldeckung entgegen der vorgesehenen Regelung hergestellt werden soll,
Abschnitt 3.11.1,	wenn gezimmerte Türen und Tore entgegen der vorgesehenen Regelung hergestellt werden sollen,
Abschnitt 3.11.2,	wenn bei Türen und Toren aus Brettern oder Latten die Befestigung entgegen der vorgesehenen Regelung erfolgen soll, z.B. mittels Holzschrauben,
Abschnitt 3.12.1,	wenn Verschläge aus ungehobelten Brettern und Latten einer anderen Güteklasse hergestellt werden sollen,
Abschnitt 3.12.2,	wenn bei Bretterverschlägen die Bretter entgegen der vorgesehenen Regelung angeordnet und befestigt werden sollen,
Abschnitt 3.12.3,	wenn bei Lattenverschlägen die Latten entgegen der vorgesehenen Regelung angeordnet und befestigt werden sollen,
Abschnitt 3.13.1,	wenn bei Treppen Nadel- und Laubholz einer anderen Güteklasse entsprechen sollen,
Abschnitt 3.13.4,	wenn Trittstufen nicht aus verleimten Einzelteilen hergestellt werden sollen,
Abschnitt 3.13.8,	wenn Handläufe entgegen der vorgesehenen Regelung ausgebildet sein sollen,

DIN 18 334 VOB Teil C

Abschnitt 3.13.9, wenn die Oberfläche der Treppe entgegen der vorgesehenen Regelung behandelt sein soll,

Abschnitt 3.14.3, wenn das Verfahren der Verarbeitung der Holzschutzmittel dem Auftragnehmer nicht überlassen bleiben soll.

0.4 Einzelangaben zu Nebenleistungen und Besonderen Leistungen

Als Nebenleistungen, für die unter den Voraussetzungen der ATV DIN 18 299, Abschnitt 0.4.1, besondere Ordnungszahlen (Positionen) vorzusehen sind, kommen insbesondere in Betracht: Erstellen und Vorhalten von Baubehelfen, z. B. Hilfskonstruktionen, Traggerüste und deren Arbeitsbühnen, einschließlich Liefern der dafür erforderlichen statischen und rechnerischen Unterlagen.

0.5 Abrechnungseinheiten

Im Leistungsverzeichnis sind die Abrechnungseinheiten wie folgt vorzusehen:

0.5.1 Flächenmaß (m^2), getrennt nach Bauart und Maßen, für
- Wände, Böden, Verschläge,
- Bekleidungen, Schalungen, Lattungen, Unterkonstruktionen,
- vorgefertigte Flächenbauteile, Vorsatzschalen,
- Dämmungen, Dampf- und Windsperren,
- Holzschindeldeckungen,
- Füllungen in Treppengeländern,
- Oberflächenbearbeitungen, z. B. Hobeln, Schleifen,
- Holzschutz.

0.5.2 Raummaß (m^3), getrennt nach Bauart und Maßen, für
- Liefern von Hölzern und Brettschichtholz für Verzimmerungen, wie Kanthölzer, Balken, Bohlen, Baurundhölzer,
- Holzschutz.

0.5.3 Längenmaß (m), getrennt nach Bauart und Maßen, für
- Abbinden, Aufstellen oder Verlegen der Hölzer aus Abschnitt 0.5.1,
- Liefern, Abbinden und Aufstellen oder Verlegen von zusammengesetzten, vorgefertigten, parallelgurtigen Holzbauteilen, z. B. Brettschichthölzer, hölzerne I-Träger,
- Fasen und Profilieren von Holzkanten,
- Zuschnitte von Schalungen, Bekleidungen u. ä. an schrägen An- und Abschlüssen,
- Streifenschalungen und -bekleidungen an Firsten, Traufen, Kehlen, Ortgängen, Gesimsen, Attiken, Pfeilern, Stützen, Lisenen, Unterzügen, Rohrleitungen u. ä.,
- Streifendeckungen aus Holzschindeln an Firsten, Traufen, Ortgängen u. ä.,
- An- und Abschlüsse aus Profilhölzern oder Profilen anderer Werkstoffe,
- An- und Abschlüsse sowie Eckausbildungen bei Holzschindelbekleidungen,
- Fugenausbildungen und Fugenabdichtungen,
- Fuß- und Scheuerleisten, Verleistungen,
- Längenbauteile, z. B. Schwellen, Schienen, Leibungen,
- Sohlbänke, Umrahmungen, Überlagshölzer, Lagerhölzer,
- Abschottungen,
- Treppenbauteile, z. B. Wangen, Geländer, Handläufe,

- *Sperrschichten unter Hölzern, z. B. unter Schwellen, Balken,*
- *Windverbände,*
- *Einfriedungen,*
- *Holzschutz.*

0.5.4 Anzahl (Stück), getrennt nach Bauart und Maßen, für
- *Schiftersparrenschnitte,*
- *Erschwernis zum Abbinden und Aufstellen/Verlegen von Hölzern bei schwierigen Verzimmerungen, z. B. bei Türmen, Kuppeln, Dachgaupen, geschweiften Dachflächen, Grat- und Kehlsparren,*
- *Bearbeiten von Sparren-, Pfetten- und Balkenköpfen, z. B. Hobeln, Profilieren,*
- *Auswechselungen, z. B. an Kaminen, Treppen, Dachflächenfenstern, Dachausstiegen,*
- *Aufschieblinge, Keilhölzer und Gefälleteile,*
- *Vorgefertigte Holzkonstruktionen, z. B. genagelte, gedübelte, geleimte oder anders verbundene Binder, Rahmen, Stützen, Unterzüge, Träger,*
- *Verstärkungen an Bauteilen, z. B. im Bereich von Aussparungen, Ausklinkungen, angeschnittenen Kassetten,*
- *Herstellen und/oder Schließen von Öffnungen für Einbauteile, z. B. für Stützen, Türen, Fenster, Oberlichte, Leuchten, Gitter, Revisionsklappen, Installationseinrichtungen,*
- *Einsetzen von Einbauteilen, z. B. Dachflächenfenster, Dachausstiege, Einschubtreppen, Raumteiler, Lichtbänder, Fenster, Zargen, Installationseinrichtungen,*
- *Verschalungen und Bekleidungen an Schornsteinköpfen u. ä.*
- *Türen, Tore, Läden, Schwellen u. ä.,*
- *Treppen- und Treppenbauteile,*
- *Beläge und Schutzabdeckungen je Stufe,*
- *Dämmungen und Sperren an Balkenköpfen,*
- *Konstruktive Bauteile aus Stahl, z. B. Dübel, Bolzen, Verankerungen, Verbindungen, Abhänger, Abstandshalter, Konsolen,*
- *Holzschutz.*

0.5.5 Gewicht (kg), getrennt nach Bauart und Maßen, für
- *konstruktive Bauteile aus Stahl, z. B. Verbindungen, Verankerungen, Gelenke, Knotenplatten, Stützenfüße.*

1 Geltungsbereich

1.1 Die ATV „Zimmer- und Holzbauarbeiten" – DIN 18 334 – gilt für alle Konstruktionen des Holzbaues, des Ingenieurholzbaues und entsprechender trockener Bauweisen.

1.2 Die ATV DIN 18 334 gilt nicht für
- Schalungsarbeiten bei Beton und Stahlbetonarbeiten (siehe ATV DIN 18 331 „Beton- und Stahlbetonarbeiten"),
- Verbau bei Baugrubenarbeiten (siehe ATV DIN 18 303 „Verbauarbeiten"),
- Parkettarbeiten (siehe ATV DIN 18 356 „Parkettarbeiten") und
- gestemmte Türen und Tore (siehe ATV DIN 18 355 „Tischlerarbeiten").

1.3 Ergänzend gelten die Abschnitte 1 bis 5 der ATV DIN 18 299 „Allgemeine Regelungen für Bauarbeiten jeder Art". Bei Widersprüchen gehen die Regelungen der ATV DIN 18 334 vor.

2 Stoffe, Bauteile

Ergänzend zur ATV DIN 18 299, Abschnitt 2, gilt:
Für die gebräuchlichsten genormten Stoffe und Bauteile sind die DIN-Normen nachstehend aufgeführt.

2.1 Holz

DIN 4074 Teil 1	Sortierung von Nadelholz nach der Tragfähigkeit; Nadelschnittholz
DIN 4074 Teil 2	Bauholz für Holzbauteile; Gütebedingungen für Baurundholz (Nadelholz)
DIN 68 119	Holzschindeln
DIN 68 365	Bauholz für Zimmerarbeiten; Gütebedingungen
DIN 68 368	Laubschnittholz für Treppenbau; Gütebedingungen

2.2 Holzhaltige Werkstoffe

DIN 1101	Holzwolle-Leichtbauplatten und Mehrschicht-Leichtbauplatten als Dämmstoffe für das Bauwesen; Anforderungen, Prüfung
DIN 68 705 Teil 2	Sperrholz; Sperrholz für allgemeine Zwecke
DIN 68 705 Teil 3	Sperrholz; Bau-Furniersperrholz
DIN 68 705 Teil 4	Sperrholz; Bau-Stabsperrholz, Baustäbchensperrholz
DIN 68 705 Teil 5	Sperrholz; Bau-Furniersperrholz aus Buche
DIN 68 740 Teil 2	Paneele; Furnier-Decklagen auf Spanplatten
DIN 68 750	Holzfaserplatten; Poröse und harte Holzfaserplatten; Gütebedingungen
DIN 68 754 Teil 1	Harte und mittelharte Holzfaserplatten für das Bauwesen; Holzwerkstoffklasse 20
DIN 68 762	Spanplatten für Sonderzwecke im Bauwesen; Begriffe, Anforderungen, Prüfung
DIN 68 763	Spanplatten; Flachpreßplatten für das Bauwesen, Begriffe, Anforderungen, Prüfung, Überwachung
DIN 68 764 Teil 1	Spanplatten; Strangpreßplatten für das Bauwesen, Begriffe, Eigenschaften, Prüfung, Überwachung
DIN 68 764 Teil 2	Spanplatten; Strangpreßplatten für das Bauwesen, Beplankte Strangpreßplatten für die Tafelbauart

2.3 Nicht holzhaltige Stoffe

DIN 18 180	Gipskartonplatten; Arten, Anforderungen, Prüfung
DIN 18 184	Gipskarton-Verbundplatten mit Polystyrol- oder Polyurethan-Hartschaum als Dämmstoff

Zimmer- und Holzbauarbeiten   DIN 18 334

2.4 Dämmstoffe

DIN 18 161 Teil 1 Korkerzeugnisse als Dämmstoffe für das Bauwesen; Dämmstoffe für die Wärmedämmung

DIN 18 164 Teil 1 Schaumkunststoffe als Dämmstoffe für das Bauwesen; Dämmstoffe für die Wärmedämmung

DIN 18 164 Teil 2 Schaumkunststoffe als Dämmstoffe für das Bauwesen; Dämmstoffe für die Trittschalldämmung; Polystyrol-Partikelschaumstoffe

DIN 18 165 Teil 1 Faserdämmstoffe für das Bauwesen; Dämmstoffe für die Wärmedämmung

DIN 18 165 Teil 2 Faserdämmstoffe für das Bauwesen; Dämmstoffe für die Trittschalldämmung

2.5 Unterkonstruktion

DIN 18 168 Teil 2 Leichte Deckenbekleidungen und Unterdecken; Nachweis der Tragfähigkeit von Unterkonstruktionen und Abhängern aus Metall

2.6 Verbindungs- und Befestigungsmittel

DIN 96   Halbrund-Holzschrauben mit Schlitz
DIN 97   Senk-Holzschrauben mit Schlitz
DIN 571   Sechskant-Holzschrauben
DIN 1151   Drahtstifte, rund; Flachkopf, Senkkopf
DIN 1152   Drahtstifte, rund; Stauchkopf

Stahlteile, z.B. Anker, Laschen, Verbinder, Träger, Stützen und ähnliche Bauteile, müssen mindestens aus Stahl St 37-2 hergestellt sein.

3 Ausführung

Ergänzend zur ATV DIN 18 299, Abschnitt 3, gilt:

3.1 Allgemeines

3.1.1 Der Auftragnehmer hat bei seiner Prüfung Bedenken (siehe B § 4 Nr 3) insbesondere geltend zu machen bei

- fehlenden Voraussetzungen für die Verankerung und Befestigung,
- zu hoher Baufeuchte,
- fehlenden Aussparungen,
- fehlendem konstruktivem Holzschutz,
- unrichtiger Lage und Höhe von Fundamenten, Auflagern und sonstigen Unterkonstruktionen,
- fehlenden Höhenbezugspunkten je Geschoß.

3.1.2 Abweichungen von vorgeschriebenen Maßen sind in den durch

DIN 18 201   Toleranzen im Bauwesen; Begriffe, Grundsätze, Anwendung, Prüfung
DIN 18 202   Toleranzen im Hochbau; Bauwerke
DIN 18 203 Teil 3 Toleranzen im Hochbau; Bauteile aus Holz und Holzwerkstoffen

bestimmten Grenzen zulässig.

Bei Streiflicht sichtbar werdende Unebenheiten in den Oberflächen von Bauteilen sind zulässig, wenn die Maßtoleranzen von DIN 18 202 eingehalten worden sind.

3.1.3 Bewegungsfugen des Bauwerkes müssen an gleicher Stelle und mit gleicher Bewegungsmöglichkeit übernommen werden.

3.1.4 Deckenbekleidungen, Unterdecken, Wandbekleidungen, Vorsatzschalen und Trennwände aus Elementen, die ein regelmäßiges Raster ergeben, sind fluchtgerecht in den vorgegebenen Bezugsachsen herzustellen.

3.1.5 Die Hölzer sind in trockenem Zustand einzubauen. Kanthölzer (Balken) und Baurundhölzer dürfen jedoch beim Einbau halbtrocken sein, wenn sie auf den trockenen Zustand für dauernd zurückgehen können.

3.1.6 Bauschnittholz ist sägerauh einzubauen.

3.1.7 Brettschichtholz ist gehobelt einzubauen; rauhe Stellen, Hobelschläge und nicht ausgedübelte Äste sind zulässig.

3.1.8 Bei der Herstellung von Bauteilen sind Schwindrisse in Bauhölzern und Brettschichthölzern zulässig, wenn die Standsicherheit dadurch nicht beeinträchtigt wird.

3.1.9 Bei der Befestigung von Brettern, Bohlen, Latten oder Platten müssen Drahtstifte mindestens 2½mal so lang sein, wie die zu befestigenden Teile dick sind.

3.1.10 Tragende Konstruktionen aus Bauschnittholz sind aus Holz nach DIN 4074 Teil 1 der Güteklasse II und mindestens der Schnittklasse B auszuführen.

3.1.11 Tragende Konstruktionen aus Baurundholz sind aus Holz nach DIN 4074 Teil 2 der Güteklasse II auszuführen.

3.1.12 Sonstige Konstruktionen aus Bauschnittholz sind aus Holz nach DIN 68 365 der Normalklasse und mindestens der Schnittklasse B herzustellen.

3.1.13 Sonstige Konstruktionen aus Baurundholz sind aus Holz nach DIN 68 365 der Normalklasse herzustellen.

3.2 Verzimmerungen, Abbinden, Verlegen und Aufstellen

3.2.1 Tragende Konstruktionen sind nach DIN 1052 Teil 1 „Holzbauwerke; Berechnung und Ausführung" auszuführen. Bei der Herstellung von Dübelverbindungen ist ferner DIN 1052 Teil 2 „Holzbauwerke; Mechanische Verbindungen" zu beachten.

3.2.2 Bei Konstruktionen aus Bauschnittholz dürfen Baumkanten die Funktion der Verbindungsmittel nicht beeinträchtigen.

3.2.3 Baurundholz muß so geschnitten oder behauen sein, daß die Auflagerflächen an den Verbindungsstellen mindestens ⅔ des Rundholzdurchmessers breit sind.

3.2.4 Konstruktionen in Holzmastenbauart sind nach DIN 18 900 „Holzmastenbauart; Berechnung und Ausführung" auszuführen.

3.2.5 Holzbrücken sind nach DIN 1074 „Holzbrücken", Glockentürme nach DIN 4178 „Glockentürme; Berechnung und Ausführung" und fliegende Bauten nach DIN 4112 „Fliegende Bauten; Richtlinien für Bemessung und Ausführung" auszuführen.

3.2.6 Die Art der Holzverbindungen bleibt dem Auftragnehmer überlassen.

3.3 Latten und Einschub für Zwischenböden

3.3.1 Latten für Zwischenböden sind aus Holz nach DIN 68 365 mindestens der Güteklasse II und mit einem Mindestquerschnitt von 24 mm × 48 mm herzustellen. Die Latten sind parallel zu den Balkenkanten anzunageln. Der Abstand zwischen den Nägeln darf nicht größer als 30 cm sein.

3.3.2 Einschub (Fehlboden) ist aus besäumten, mindestens 18 mm dicken Brettern dicht verlegt herzustellen.

3.4 Dachschalungen

3.4.1 Dachschalungen aus Holz sind aus ungehobelten, besäumten Brettern oder Bohlen nach DIN 68 365, Güteklasse III, bei Rauhspund aus nach DIN 4072 „Gespundete Bretter aus Nadelholz" bearbeiteten Brettern oder Bohlen herzustellen.

Schalungen für Metalldachdeckungen müssen mindestens 24 mm dick sein, für sonstige Dachdeckungen, ungehobelt mindestens 20 mm und gehobelt mindestens 18 mm.

Die Bretter oder Bohlen dürfen keine Ausfalläste von mehr als 2 cm Durchmesser haben. Sie sind rechtwinkelig zu den Auflagern zu verlegen und auf jedem Auflager (z. B. Sparren, Pfetten) mit mindestens 2 Drahtstiften nach DIN 1151 oder mit gleichwertigen Verbindungsmitteln zu befestigen.

3.4.2 Dachschalungen aus Holzwerkstoffen sind nach den „Vorläufigen Richtlinien für die Bemessung und Ausführung von Dachschalungen aus Holzspanplatten oder Bau-Furnierplatten", herausgegeben vom Institut für Bautechnik, herzustellen.

Holzspanplatten müssen mindestens 19 mm dick sein und dem Plattentyp „V 100 G" nach DIN 68 763 entsprechen.

Bau-Furniersperrholz muß mindestens 15 mm dick sein und der Holzwerkstoffklasse 100 G nach DIN 68 800 Teil 2 „Holzschutz im Hochbau; vorbeugende bauliche Maßnahmen" entsprechen.

Bau- und Furniersperrholz muß DIN 68 705 Teil 3 und Bau-Furniersperrholz aus Buche DIN 68 705 Teil 5 entsprechen.

Dachschalungen aus Holzwerkstoffplatten sind mit mindestens 6 Drahtstiften nach DIN 1151 je m^2 Dachfläche oder gleichwertigen Verbindungsmitteln, z. B. Schraubnägeln, Klammern, zu befestigen. Bei Flachdächern sind im Randbereich mindestens 12, im Eckbereich mindestens 18 Drahtstifte nach DIN 1151 oder gleichwertige Verbindungsmittel je m^2 Dachrand- bzw. Eckfläche anzuordnen.

3.4.3 Unterdachschalungen sind aus ungehobelten, besäumten, mindestens 18 mm dicken Brettern nach DIN 68 365, Güteklasse III, herzustellen.

3.5 Nicht sichtbar bleibende Wand- und Deckenschalungen

3.5.1 Wand- und Deckenschalungen sind aus ungehobelten, besäumten Brettern nach DIN 68 365 der Güteklasse III herzustellen. Schalungen für Metallwandbekleidungen müssen mindestens 24 mm dick sein, für sonstige Wandbekleidungen mindestens 22 mm und innen mindestens 18 mm.

3.5.2 Deckenunterschalungen für Rohrputz sind aus mindestens 18 mm dicken, höchstens 12 cm breiten, besäumten, mindestens halbtrockenen Brettern der Güteklasse IV nach DIN 68 365 herzustellen.

3.5.3 Sparschalungen sind innen und außen aus mindestens 18 mm dicken und 7 bis 10 cm breiten Brettern der Güteklasse IV nach DIN 68 365 herzustellen.

3.5.4 Wandschalungen sind mit Drahtstiften nach DIN 1151 und Deckenschalungen mit Holzschrauben nach DIN 96 oder DIN 97 oder gleichwertigen Verbindungsmitteln rechtwinkelig zu den Auflagern zu befestigen. Bei Außenschalungen sind mindestens korrosionsgeschützte Holzverbindungsmittel zu verwenden.

3.6 Wand- und Deckenbekleidungen aus Brettern oder Bohlen

3.6.1 Ortgang-, Trauf- und Gesimsschalungen sind aus gespundeten, an der Sichtfläche gehobelten, gleichbreiten Brettern oder Bohlen der Güteklasse II nach DIN 68 365 herzustellen. Brettschalungen müssen mindestens 18 mm dick sein. Die Befestigung darf sichtbar sein und ist nach Abschnitt 3.5.4 auszuführen.

3.6.2 Außenwandbekleidungen sind aus ungehobelten, besäumten Brettern oder Bohlen der Güteklasse II nach DIN 68 365 herzustellen. Brettschalungen müssen mindestens 20 mm dick sein. Die Befestigung darf sichtbar sein und ist nach Abschnitt 3.5.4 auszuführen.

3.6.3 Innenwandbekleidungen sind aus gespundeten, an der Sichtfläche gehobelten, gleichbreiten Brettern oder Bohlen der Güteklasse II nach DIN 68 365 herzustellen. Die Befestigung ist verdeckt nach Abschnitt 3.5.4 auszuführen.

3.6.4 Bei Stülpschalungen aus nicht profilierten, besäumten Brettern muß die Überdeckung mindestens 12% der Brettbreite, jedoch mindestens 10 mm betragen. Die Mindestdicke muß innen und außen 18 mm betragen.

3.6.5 Bei Deckelschalungen an Wänden aus nicht profilierten, parallel besäumten Brettern muß die Überdeckung mindestens 20 mm betragen.

3.6.6 Sind Fugendeckleisten vorgeschrieben, so ist jede Leiste nur auf einem Brett oder in der Fuge zu befestigen.

3.7 Dachlattung

Dachlattung ist aus Latten der Güteklasse I nach DIN 68 365 herzustellen. Die Dachlatten sind geradlinig und im gleichen Abstand mit den erforderlichen Grat- und Kehllatten entsprechend der vorgesehenen Dachdeckung aufzubringen und auf jedem Sparren mit mindestens 1 Drahtstift nach DIN 1151 zu befestigen.

3.8 Lagerhölzer, Blindböden, Unterböden, Fußböden, Fußleisten

3.8.1 Lagerhölzer sind waagerecht zu verlegen, ihre Oberflächen müssen in einer Ebene liegen.

3.8.2 Gehobelte Fußböden und Fußleisten sind aus Brettern oder Bohlen der Güteklasse II, ungehobelte Fußböden aus Brettern oder Bohlen der Güteklasse III nach DIN 68 365 herzustellen.

3.8.3 Fußbodenbretter müssen quer zu den Balken oder Lagerhölzern verlegt werden. Für eine ausreichende Be- und Entlüftung von Hohlräumen unter den Brettern ist zu sorgen. Die Bretter sind auf jedem Lager zu befestigen. Nach dem Verlegen sind vorstehende Kanten an den Stößen und Fugen zu beseitigen.

Zimmer- und Holzbauarbeiten DIN 18334

3.8.4 Blindböden sind aus Brettern nach DIN 68 365, Güteklasse II, mindestens 22 mm dick, mit 15 mm Zwischenraum herzustellen.

3.8.5 Unterböden aus Holzspanplatten sind nach DIN 68 771 „Unterböden aus Holzspanplatten" mindestens 22 mm dick herzustellen.

3.8.6 Fußleisten (Scheuer- und Stableisten) müssen an Ecken und Stößen auf Gehrung geschnitten oder mit Profilanschnitt versehen sein; sie sind dauerhaft zu befestigen.

3.9 Trockenbau

3.9.1 Allgemeines
Bauteile, die in Trockenbauweise hergestellt werden, sind ohne Berücksichtigung von Anforderungen an den Brand-, Schall-, Wärme- und Strahlenschutz auszuführen, wenn nachstehend nichts vorgeschrieben ist.

3.9.2 Innenwandbekleidungen, Deckenbekleidungen, Unterdecken
3.9.2.1 Sichtbare Randwinkel, Deckleisten und Schattenfugen-Deckleisten sind an den Ecken und auf den Begrenzungsflächen stumpf zu stoßen, Randwinkel dem Wand- oder Deckenverlauf anzupassen.

3.9.2.2 Einzubauende Dämmstoffe sind über der gesamten Fläche dicht gestoßen zu verlegen und an begrenzende Bauteile anzuschließen.

3.9.2.3 Deckenbekleidungen und Unterdecken sind nach DIN 18 168 Teil 1 „Leichte Deckenbekleidungen und Unterdecken; Anforderungen für die Ausführung" herzustellen.

3.9.2.4 Bei Verwendung von Holzwolle- und Mehrschicht-Leichtbauplatten sind DIN 1102 „Holzwolle-Leichtbauplatten und Mehrschicht-Leichtbauplatten nach DIN 1101 als Dämmstoffe für das Bauwesen; Verwendung, Verarbeitung" zu beachten.

3.9.2.5 Gipskartonplatten sind nach DIN 18 181 „Gipskartonplatten im Hochbau; Grundlagen für die Verarbeitung" zu verarbeiten.

3.9.3 Schalldämmende Vorsatzschalen
Schalldämmende Vorsatzschalen sind entsprechend dem vorgeschriebenen Schalldämmaß nach DIN 4109 „Schallschutz im Hochbau; Anforderungen und Nachweise" auszuführen.

3.9.4 Nichttragende Trennwände
Nichttragende Trennwände sind nach DIN 4103 Teil 1 „Nichttragende innere Trennwände; Anforderungen, Nachweise" auszuführen. Bei Verwendung von Gipskartonplatten ist DIN 18 183 „Montagewände aus Gipskartonplatten; Ausführung von Metallständerwänden" und DIN 4103 Teil 4 „Nichttragende innere Trennwände; Unterkonstruktion in Holzbauart" zu beachten.

3.9.5 Außenwandbekleidungen
Hinterlüftete Außenwandbekleidungen sind nach DIN 18 516 Teil 1 „Außenwandbekleidungen, hinterlüftet; Anforderungen, Prüfgrundsätze" auszuführen. Bei der Verwendung von Faserzementplatten sind asbestfreie Produkte, die bauaufsichtlich zugelassen sind, zu verwenden.

3.10 Holzschindeldeckung

Außenwandbekleidungen mit Holzschindeln sind aus gesägten Schindeln mit Befestigungsmitteln aus nichtrostendem Stahl nach DIN 17 440, „Nichtrostende Stähle; Technische Lieferbedingungen für Blech, Warmband, Walzdraht, gezogenen Draht, Stabstahl, Schmiedestücke und Halbzeug", Werkstoffnummer 1.4301, auf Lattenunterkonstruktion in Doppeldeckung herzustellen. Anschlüsse sind mit Schindeln herzustellen, die den Erfordernissen entsprechend zugeschnitten sind.

3.11 Gezimmerte Türen und Tore

3.11.1 Gezimmerte Türen und Tore sind aus ungehobelten, besäumten Brettern und Bohlen der Güteklasse II und aus ungehobelten Latten der Güteklasse I nach DIN 68 365 herzustellen.

3.11.2 Bei Türen und Toren aus Brettern sind die Bretter mit mindestens je 2 Drahtstiften, bei Türen und Toren aus Latten die Latten mit mindestens je 1 Drahtstift auf den Quer- und Strebeleisten zu befestigen. Sind Fugendeckleisten vorgeschrieben, so ist jede Leiste nur auf einem Brett zu befestigen.

3.11.3 Bei aufgedoppelten Türen und Toren sind die Bretter so zu befestigen, daß sie nicht reißen können.

3.12 Verschläge

3.12.1 Verschläge sind aus ungehobelten Brettern und Latten der Güteklasse II nach DIN 68 365 herzustellen.

3.12.2 Bei Bretterverschlägen sind die Bretter dicht aneinander anzuordnen und auf jedem Riegel mit 2 Drahtstiften zu befestigen.

3.12.3 Lattenverschläge sind aus Latten mit einem Querschnitt von mindestens 24 mm × 48 mm herzustellen. Die Latten sind mit Zwischenräumen von höchstens 50 mm auf jedem Riegel mit 1 Drahtstift zu befestigen.

3.13 Treppen

3.13.1 Treppen sind nach DIN 18 065 „Gebäudetreppen; Hauptmaße" herzustellen. Nadelholz muß der Güteklasse I nach DIN 68 365, Laubholz der Güteklasse II nach DIN 68 368 entsprechen.

3.13.2 Treppenteile aus Holzwerkstoffen sind aus Holzspanplatten nach DIN 68 763 oder aus Sperrholz nach DIN 68 705 Teil 3 bis Teil 5 herzustellen.

3.13.3 Die Treppen müssen so zusammengearbeitet und aufgestellt werden, daß die Stufen beim Begehen nicht knarren.

3.13.4 Trittstufen dürfen aus verleimten Einzelteilen hergestellt werden.

3.13.5 Bei furnierten Trittstufen (Verbundstufen) muß die Dicke der Decklage auf den Trittflächen bei Verwendung von Hartholz mindetens 2,5 mm und bei Verwendung von Weichholz mindestens 5 mm betragen. An den Stoßkanten muß die Dicke der Decklage für beide Holzarten mindestens 6 mm betragen.

3.13.6 Wangenkrümmlinge sind unter sich und mit Wangen durch Kropfschrauben und Hartholzdübel zu verbinden, wenn aus konstruktiven Gründen nicht andere Verbindungen erforderlich sind. Werden Schraubenlöcher verdübelt, so sind die Dübel entsprechend der Holzart auszuwählen und in Faserrichtung einzupassen.

Zimmer- und Holzbauarbeiten DIN 18334

3.13.7 Handlaufkrümmlinge sind mindestens durch Dübel mit den anschließenden Handläufen zu verbinden.

3.13.8 Handläufe aus Holz sind griffgerecht auszubilden und müssen mindestens 48 mm Durchmesser bzw. einen Querschnitt von mindestens 40/60 mm haben.

3.13.9 Die sichtbar bleibenden Holzoberflächen der Treppen und Geländer sind zu schleifen. Bei nichtdeckenden Anstrichen ist die Oberfläche in Faserrichtung feinkörnig zu schleifen, alle sichtbar bleibenden Holzkanten sind zu brechen.

3.13.10 Farbunterschiede zwischen Längsholz- und Hirnholzflächen sowie zwischen Massivholz und furnierten Flächen sind zulässig.

3.13.11 Ist eine Versiegelung der Treppe vorgeschrieben, so sind nur die Tritt- und Stoßflächen zu versiegeln.

3.14 Konstruktiver und chemischer Holzschutz

3.14.1 Bei allen Holzbauarbeiten ist DIN 68 800 Teil 2 „Holzschutz im Hochbau; Vorbeugende bauliche Maßnahmen" zu beachten.

3.14.2 Der chemische Schutz von Bauholz ist nach DIN 68 800 Teil 3 „Holzschutz im Hochbau; Vorbeugender chemischer Holzschutz" und der chemische Schutz von Holzwerkstoffen nach DIN 68 800 Teil 5 „Holzschutz im Hochbau; Vorbeugender chemischer Schutz von Holzwerkstoffen" auszuführen.

3.14.3 Das Verfahren der Verarbeitung der Holzschutzmittel bleibt dem Auftragnehmer überlassen.

3.14.4 Die Holzschutzmittel sind so auszuwählen, daß sie mit den in Berührung kommenden anderen Baustoffen verträglich sind.

4 Nebenleistungen, Besondere Leistungen

4.1 Nebenleistungen sind ergänzend zur ATV DIN 18 299, Abschnitt 4.1, insbesondere:

4.1.1 Auf- und Abbauen sowie Vorhalten der Gerüste, deren Arbeitsbühnen nicht höher als 2 m über Gelände oder Fußboden liegen.

4.1.2 Vorlegen erforderlicher Muster.

4.1.3 Liefern von Drahtstiften und von Holzschrauben bis 6 mm Durchmesser.

4.1.4 Auffüttern bis zu 2 cm Dicke zur Herstellung einer ebenen Fläche, z. B. an Wänden, Böden und Decken.

4.2 Besondere Leistungen sind ergänzend zur ATV DIN 18 299, Abschnitt 4.2, z. B.:

4.2.1 Vorhalten von Aufenthalts- und Lagerräumen, wenn der Auftraggeber Räume, die leicht verschließbar gemacht werden können, nicht zur Verfügung stellt.

4.2.2 Auf- und Abbauen sowie Vorhalten der Gerüste, deren Arbeitsbühnen höher als 2 m über Gelände oder Fußboden liegen.

4.2.3 Reinigen des Untergrundes von grober Verschmutzung, z. B. Gipsreste, Mörtelreste, Farbreste, Öl, soweit diese von anderen Unternehmern herrührt.

4.2.4 Besondere Maßnahmen zum Schutz von Bauteilen und Einrichtungsgegenständen, z. B. Abkleben von Belägen und Treppen, staubdichtes Abdecken von empfindlichen Einrichtungen und technischen Geräten, Staubschutzwände, einschließlich Lieferung der hierzu erforderlichen Stoffe.

4.2.5 Liefern von statisch nachzuweisenden oder konstruktiv erforderlichen Verbindungs- und Befestigungsmitteln, ausgenommen solcher nach Abschnitt 4.1.3.

4.2.6 Liefern statischer und bauphysikalischer Nachweise für das Bauwerk oder für Bauteile.

4.2.7 Probebelastungen nach DIN 1074, wenn die vertragsmäßige Beschaffenheit der Leistung nicht auf andere Weise nachgewiesen werden kann.

4.2.8 Versuche zum Nachweis der Standsicherheit am Bauwerk, z. B. Dübelauszugsversuche, Schlagversuche u. ä.

4.2.9 Herstellen von im Bauwerk verbleibenden Verankerungsmöglichkeiten, z. B. für Gerüste.

4.2.10 Nachträgliches Herstellen und Schließen von Löchern im Mauerwerk und Beton für Auflager und Verankerungen.

4.2.11 Herstellen und Anlegen von Öffnungen, z. B. für Schalter, Rohrdurchführungen, Kabel, Pfeilervorlagen, soweit sie nicht im Zuge mit den übrigen Arbeiten durchgeführt werden können.

4.2.12 Herstellen von Musterflächen, Musterkonstruktionen und Modellen.

4.2.13 Ausbau und/oder Wiedereinbau von Bekleidungselementen für Leistungen anderer Unternehmer.

4.2.14 Bearbeiten von Oberflächen, z. B. durch Hobeln, Schleifen, sowie Fasen und Profilieren von Holzkanten.

4.2.15 Zuschnitte von Schalungen, Bekleidungen u. ä. an schrägen An- und Abschlüssen.

4.2.16 Herstellen von besonderen Fugen- und Eckausbildungen.

4.2.17 Herstellen von Bekleidungen der Leibungen.

4.2.18 Herstellen von Abschottungen, Schürzen und Scheinunterzügen bei Deckenbekleidungen, Unterdecken und Wandbekleidungen.

4.2.19 Herstellen von Schiftersparrenschnitten sowie Abbinden und Aufstellen/ Verlegen von Hölzern bei schwierigen Verzimmerungen, z. B. bei Türmen, Kuppeln, Dachgaupen, geschweiften Dachflächen, Grat- und Kehlsparren.

4.2.20 Hobeln und Profilieren von Sparren-, Pfetten- und Balkenköpfen.

4.2.21 Verstärken von Bauteilen, z. B. im Bereich von Aussparungen, Ausklinkungen, angeschnittenen Kassetten.

Zimmer- und Holzbauarbeiten   DIN 18 334

5 Abrechnung

Ergänzend zur ATV DIN 18 299, Abschnitt 5, gilt:

5.1 Allgemeines

5.1.1 Der Ermittlung der Leistung – gleichgültig, ob sie nach Zeichnungen oder nach Aufmaß erfolgt – sind zugrunde zu legen:

5.1.1.1 Für verzimmerte Hölzer und Brettschichthölzer bei der Ermittlung des Raummaßes (m^3)
- die größte Länge einschließlich der Zapfen und anderer Holzverbindungen,
- der volle Querschnitt ohne Abzug von Ausklinkungen, Aussparungen, Querschnittsschwächungen u. ä.,

5.1.1.2 für Bekleidungen, leichte Unterdecken, Dachschalungen und Unterdächer, Schalungen, Lattungen, Verschläge, Böden, Dämmungen, Sperren, Unterkonstruktionen, Vorsatzschalen, u. ä.
- auf Flächen ohne begrenzende Bauteile die Maße der zu schalenden, zu dämmenden, bzw. zu bekleidenden Flächen,
- auf Flächen mit begrenzenden Bauteilen die Maße der zu belegenden Flächen bis zu den sie begrenzenden, ungeputzten, ungedämmten bzw. nicht bekleideten Bauteilen,
- bei Fassaden die Maße der Bekleidung,

5.1.1.3 für nichttragende Trennwände deren Maße bis zu den sie begrenzenden ungeputzten, ungedämmten bzw. nicht bekleideten Bauteilen,

5.1.1.4 für verzimmerte Hölzer bei Abrechnung nach Längenmaß die größte Länge einschließlich der Holzverbindungen,

5.1.1.5 für sonstige Bauteile die größten, gegebenenfalls abgewickelten Bauteillängen, dabei werden Fugen übermessen,

5.1.1.6 für konstruktive Stahlteile bei Abrechnung nach Gewicht das nach Abschnitt 5 der ATV DIN 18 360 „Metallbauarbeiten, Schlosserarbeiten" durch Berechnung zu ermittelnde Gewicht.

5.1.2 Die Wandhöhen überwölbter Räume werden bis zum Gewölbeanschnitt, die Wandhöhe der Schildwände bis zu ⅔ des Gewölbestichs gerechnet.

5.1.3 Fußleisten und Konstruktionen bis 10 cm Höhe werden übermessen.

5.1.4 Bei der Flächenermittlung von gewölbten Decken mit einer Stichhöhe unter ⅙ der Spannweite wird die Fläche des überdeckten Raumes berechnet. Gewölbe mit größerer Stichhöhe werden nach der Fläche der abgewickelten Untersicht gerechnet.

5.1.5 In Decken, Wänden, Dächern, Schalungen, Wand- und Deckenbekleidungen, Vorsatzschalen, Dämmungen, Sperren sowie leichten Außenwandbekleidungen werden Öffnungen, Aussparungen und Nischen bis zu 2,5 m^2 Einzelgröße übermessen.

5.1.6 Ganz oder teilweise gedämmte oder bekleidete Leibungen von Öffnungen, Aussparungen und Nischen über 2,5 m^2 Einzelgröße werden gesondert gerechnet.

5.1.7 Öffnungen, Nischen und Aussparungen werden, auch falls sie unmittelbar zusammenhängen, getrennt gerechnet.

5.1.8 Rückflächen von Nischen werden unabhängig von ihrer Einzelgröße mit ihrem Maß gesondert gerechnet.

5.1.9 In Böden und den dazugehörigen Dämmungen, Schüttungen, Sperren, u. ä. werden Öffnungen und Aussparungen z. B. für Pfeilervorlagen, Kamine, Rohrdurchführungen u. ä. bis 0,5 m^2 Einzelgröße übermessen.

5.1.10 Bei Zwischenböden, Dämmungen, Schüttungen, Sperren, Schalungen, Bekleidungen u. ä. werden Rahmen, Riegel, Ständer und andere Fachwerksteile sowie Sparren, Lattungen, Unterkonstruktionen übermessen.

5.1.11 Bei Lattungen, Sparschalungen, Blindböden, Verschlägen und Bekleidungen aus Latten, Brettern, Paneelen, Lamellen u. ä. werden die Zwischenräume übermessen.

5.1.12 Bei Abrechnung nach Längenmaß (m) werden Unterbrechungen bis zu 1 m Einzellänge übermessen.

5.1.13 Herstellen von Aussparungen für Einzelleuchten, Lichtbänder, Lichtkuppeln, Lüftungsgitter, Luftauslässe, Revisionsöffnungen, Stützen, Pfeilervorlagen, Schalter, Steckdosen, Rohrdurchführungen, Kabel u. ä. werden getrennt nach Größe gesondert gerechnet.

5.2 Es werden abgezogen:

5.2.1 Bei Abrechnung nach Flächenmaß (m^2):

Öffnungen, Aussparungen und Nischen über 2,5 m Einzelgröße.

In Böden über 0,5 m^2 Einzelgröße.

5.2.2 Bei Abrechnung nach Längenmaß (m):

Unterbrechungen über 1 m Einzellänge.

VOB Teil C:
Allgemeine Technische Vertragsbedingungen für Bauleistungen (ATV) Stahlbauarbeiten — DIN 18 335
Ausgabe September 1988

Inhalt

0 Hinweise für das Aufstellen der Leistungsbeschreibung
1 Geltungsbereich
2 Stoffe, Bauteile
3 Ausführung
4 Nebenleistungen, Besondere Leistungen
5 Abrechnung

0 Hinweise für das Aufstellen der Leistungsbeschreibung

Diese Hinweise ergänzen die ATV DIN 18 299 „Allgemeine Regelungen für Bauarbeiten jeder Art", Abschnitt 0. Die Beachtung dieser Hinweise ist Voraussetzung für eine ordnungsgemäße Leistungsbeschreibung gemäß A § 9.
Die Hinweise werden nicht Vertragsbestandteil.
In der Leistungsbeschreibung sind nach den Erfordernissen des Einzelfalls insbesondere anzugeben:

0.1 Angaben zur Baustelle

0.1.1 Art und Beschaffenheit der Unterlage (Untergrund, Unterbau, Tragschicht, Tragwerk).

0.1.2 Gründungstiefen, Gründungsarten und Lasten benachbarter Bauwerke.

0.2 Angaben zur Ausführung

0.2.1 Art und Umfang etwaiger Bauteilprüfungen (siehe Abschnitt 2.2).

0.2.2 Weitere Prüfungen für Verbindungen über die Festlegungen nach Abschnitt 3.1 hinaus.

0.2.3 Ausbildung der Anschlüsse an Bauwerke.

0.2.4 Zulässige Fugenpressungen an Lagern und Stützenfüßen; Verlauf und Ausmaß von Setzungen.

0.2.5 Bereitstellen von Stoffen für Dichtheitsproben durch den Auftraggeber.

0.2.6 Berechnungen oder Zeichnungen, die der Auftraggeber zur Verfügung stellt.

0.2.7 Bei Probebelastungen: Liefern von Berechnungen, welche Formänderungsgrenzen maßgebend sein sollen, Beistellen von Stoffen und Gerät durch den Auftraggeber.

0.2.8 Liefern weiterer Konstruktionsunterlagen nach Abschnitt 3.2.2.

0.2.9 *Erfordernis von Schweißplänen.*

0.2.10 *Für welche Ausführungsunterlagen die Genehmigung des Auftraggebers erforderlich ist.*

0.2.11 *Besondere Einschränkungen der Formänderungen.*

0.2.12 *Erfordernis bestimmter Toleranzgrenzen für die Maße des Bauwerks und seiner Teile.*

0.2.13 *Art der Oberflächenvorbereitung und Grundbeschichtung oder Forderung an den Auftragnehmer, in seinem Angebot die von ihm gewählte Art anzugeben.*

0.2.14 *Wahl oder Ausschluß bestimmter Verbindungsarten (Schweißen, Schrauben, Nieten).*

0.2.15 *Erfordernis besonderer Bearbeitung der Schweißnähte.*

0.2.16 *Art, Größe, Lage und Anzahl der Aussparungen.*

0.3 Einzelangaben bei Abweichungen von den ATV

0.3.1 *Wenn andere als die in dieser ATV vorgesehenen Regelungen getroffen werden sollen, sind diese in der Leistungsbeschreibung eindeutig und im einzelnen anzugeben.*

0.3.2 *Abweichende Regelungen können insbesondere in Betracht kommen bei*

Abschnitt 2.1.1, wenn anstelle der Vorlage einer Werksbescheinigung die Vorlage von Werkszeugnissen oder Werksprüfzeugnissen bzw. Abnahmeprüfzeugnissen A, B oder C vereinbart werden soll,

Abschnitt 3.2.1, wenn der Auftragnehmer nicht die für die Baugenehmigung erforderlichen Zeichnungen und Festigkeitsberechnungen liefern soll,

Abschnitt 3.2.4, wenn für die Rückgabe der genehmigten Ausführungsunterlagen eine andere Frist vereinbart werden soll,

Abschnitt 3.4.1, wenn die Stahlbauleistung nicht die Oberflächenvorbereitung und das Aufbringen einer Grundbeschichtung umfassen soll,

Abschnitt 3.4.2, wenn der Auftragnehmer keine Korrosionsschutzarbeiten ausführen soll,

Abschnitt 5.1, wenn das Gewicht durch Wiegen ermittelt werden soll,

Abschnitt 5.2.2, wenn bei der Berechnung des Gewichtes Verbindungsmittel berücksichtigt werden sollen,

Abschnitt 5.2.3, wenn bei der Berechnung des Gewichtes Walztoleranz und Verschnitt berücksichtigt werden sollen,

Abschnitt 5.3, wenn auch alle gleichen Bauteile gewogen werden sollen.

0.4 Einzelangaben zu Nebenleistungen und Besonderen Leistungen

Als Nebenleistungen, für die unter den Voraussetzungen der ATV DIN 18 299, Abschnitt 0.4.1, besondere Ordnungszahlen (Positionen) vorzusehen sind, kommen insbesondere in Betracht:
— Vorhalten der Gerüste (siehe Abschnitt 4.1.6),
— Erstellen und Vorhalten von Baubehelfen (siehe Abschnitt 4.1.7),
— Dichtheitsprüfungen (siehe Abschnitt 4.1.8).

0.5 Abrechnungseinheiten

Im Leistungsverzeichnis sind die Abrechnungseinheiten wie folgt vorzusehen:

0.5.1 *Stahlbauteile nach Gewicht (kg, t), Längenmaß (m), Flächenmaß (m^2), Raummaß (m^3) oder Anzahl (Stück).*

0.5.2 *Verbundteile aus Stahl und Beton oder Stahlbeton nach Längenmaß (m), Flächenmaß (m^2), Raummaß (m^3), Anzahl (Stück), oder getrennt*
— Stahlbauteile nach Abschnitt 0.5.1,
— Beton- und Stahlbetonteile nach ATV DIN 18 331 „Beton- und Stahlbetonarbeiten".

Stahlbauarbeiten DIN 18335

0.5.3 Lagerkörper, Übergangskonstruktionen und andere besondere Bauteile nach Gewicht (kg, t), Längenmaß (m), Flächenmaß (m^2) oder Anzahl (Stück);
wenn sie mit der Hauptkonstruktion gewogen werden, nach Längenmaß (m), Flächenmaß (m^2) oder Anzahl (Stück) als Zulage zur Hauptkonstruktion.

1 Geltungsbereich

1.1 Die ATV „Stahlbauarbeiten" – DIN 18 335 – gilt für Stahlbauleistungen des konstruktiven Ingenieurbaues im Hoch- und Tiefbau einschließlich des Stahlverbundbaues.

1.2 Die ATV DIN 18 335 gilt nicht für Metallbau- und Schlosserarbeiten (siehe ATV DIN 18 360 „Metallbauarbeiten, Schlosserarbeiten").

1.3 Ergänzend gelten die Abschnitte 1 bis 5 der ATV DIN 18 299 „Allgemeine Regelungen für Bauarbeiten jeder Art". Bei Widersprüchen gehen die Regelungen der ATV DIN 18 335 vor.

2 Stoffe, Bauteile

Ergänzend zur ATV DIN 18 299, Abschnitt 2, gilt:

2.1 Werkstoffprüfungen

2.1.1 Der Auftragnehmer hat dem Auftraggeber eine Werksbescheinigung nach DIN 50 049 „Bescheinigungen über Materialprüfungen" vorzulegen.
Ist statt dessen
– vereinbart, daß Werkszeugnisse oder Werksprüfzeugnisse vorzulegen sind,
– unter Angabe von Umfang und abnehmender Stelle vereinbart, daß Abnahmeprüfzeugnisse A, B oder C vorzulegen sind,
so sind diese nach DIN 50 049 aufzustellen.
Werkszeugnisse, Werksprüfzeugnisse und Werksbescheinigungen müssen in der Regel vom herstellenden Werk, in begründeten Fällen dürfen sie vom verarbeitenden Werk ausgestellt sein.

2.1.2 Wenn Abnahmeprüfzeugnisse verlangt sind, hat der Auftragnehmer sicherzustellen,
– daß dem Auftraggeber rechtzeitig mitgeteilt wird, wann der Werkstoff zur Prüfung bereitsteht,
– daß der Prüfungsbeauftragte des Auftraggebers Zutritt zum herstellenden bzw. verarbeitenden Werk erhält, soweit es der Prüfungszweck erfordert, und
– daß die zur Durchführung der Prüfung erforderlichen Arbeitskräfte, Maschinen, Geräte usw. sowie die fertig bearbeiteten Probestücke gestellt werden.

2.1.3 Wenn Abnahmeprüfzeugnisse verlangt sind, dürfen für die Ausführung nur Werkstoffe verwendet werden, die vom Prüfungsbeauftragten des Auftraggebers mit einem Prüfzeichen versehen und damit zur Verwendung freigegeben sind.

2.2 Prüfung von Bauteilen
Wenn die Prüfung von Bauteilen vereinbart ist, gilt Abschnitt 2.1.2 entsprechend.

379

3 Ausführung

Ergänzend zur ATV DIN 18 299, Abschnitt 3, gilt:

3.1 Allgemeines

Für Stahlbauleistungen gilt DIN 18 800 Teil 7 „Stahlbauten; Herstellen, Eignungsnachweise zum Schweißen".

3.2 Ausführungsunterlagen

3.2.1 Der Auftragnehmer hat die für die Baugenehmigung erforderlichen Zeichnungen und Festigkeitsberechnungen, bei Verbundbauteilen auch für die in Verbundwirkung stehenden Beton- und Stahlbetonteile, in drei von ihm unterschriebenen Ausfertigungen dem Auftraggeber zu liefern.

3.2.2 Hat der Auftragnehmer zum Zwecke der Bestandsaufnahme weitere Konstruktionsunterlagen, z. B. Skizzen, Tabellen, maßstabs- und/oder mikrofilmgerechte Zeichnungen, zu liefern, so müssen daraus folgende Angaben ersichtlich sein:
- Maße,
- Werkstoffe,
- Verbindungen und Verbindungsmittel,
- Sonderbearbeitungen.

3.2.3 Vom Auftragnehmer zu liefernde Festigkeitsberechnungen müssen von ihm und vom Aufsteller mit vollem Namen unterschrieben sein. Schweißpläne müssen entsprechend vom Auftragnehmer und vom Schweißfachingenieur unterschrieben sein.

3.2.4 Der Auftraggeber hat die vom Auftragnehmer gelieferten Ausführungsunterlagen, soweit sie der Genehmigung des Auftraggebers bedürfen und nicht zu beanstanden sind, in einer Ausfertigung mit seinem Genehmigungsvermerk spätestens 3 Wochen nach der Vorlage zurückzugeben. Beanstandungen sind dem Auftragnehmer unverzüglich mitzuteilen.

3.2.5 Die Verantwortung und Haftung, die dem Auftragnehmer nach dem Vertrag obliegt, wird nicht dadurch eingeschränkt, daß der Auftraggeber Ausführungsunterlagen genehmigt.

Der Auftraggeber erklärt durch seine Genehmigung jedoch, daß die Ausführungsunterlagen seinen Forderungen entsprechen.

3.3 Herstellung

3.3.1 Der Auftraggeber hat dem Auftragnehmer die für die Aufnahme der Stahlkonstruktion hergerichteten Unterbauten in richtiger Lage und Höhe zur vereinbarten Zeit zur Verfügung zu stellen. Dabei hat er eine Höhenmarke, die Mittellinien des Bauwerks und die Widerlager-, Pfeiler- oder Säulenachsen zu kennzeichnen.

Der Auftragnehmer hat sich vor Beginn der Montage von der richtigen Lage und Kennzeichnung der Unterbauten zu überzeugen. Er hat dem Auftraggeber Bedenken unverzüglich mitzuteilen (siehe B § 4 Nr 3).

3.3.2 Der Auftragnehmer hat die Stahlbauten auszurichten und die Lager, Stützenfüße und Verankerungen zu unterstopfen oder zu verpressen.

Mit dem Unterstopfen oder Verpressen darf erst begonnen werden, nachdem Auftragnehmer und Auftraggeber gemeinsam die vertragsgemäße Lage der Lager, Stützenfüße und Verankerungen festgestellt haben. Die Feststellung ist in einer gemeinsamen Niederschrift zu erklären; sie gilt nicht als Abnahme.

Im Endausbau störende Hilfseinrichtungen zur Herstellung der planmäßigen Lage der Lager, Stützenfüße und Verankerungen während des Einbaues, z. B. Keile, hat der Auftragnehmer zu entfernen, sobald die Unterlage die erforderliche Festigkeit erreicht hat.

3.4 Korrosionsschutzarbeiten

3.4.1 Die Stahlbauleistungen umfassen auch die Oberflächenvorbereitung und das Aufbringen einer Grundbeschichtung; in diesem Fall sind die Abschnitte 1 bis 4 der ATV DIN 18 364 „Korrosionsschutzarbeiten an Stahl- und Aluminiumbauten" sinngemäß, Abschnitt 5 der ATV DIN 18 364 jedoch nicht anzuwenden.

3.4.2 Der Auftragnehmer hat die im Endzustand nicht von Beton berührten Oberflächen nach DIN 55 928 Teil 4 „Korrosionsschutz von Stahlbauten durch Beschichtungen und Überzüge; Vorbereitung und Prüfung der Oberflächen" vorzubereiten und eine Grundbeschichtung nach DIN 55 928 Teil 5 „Korrosionsschutz von Stahlbauten durch Beschichtungen und Überzüge; Beschichtungsstoffe und Schutzsysteme" und nach DIN 55 928 Teil 6 „Korrosionsschutz von Stahlbauten durch Beschichtungen und Überzüge; Ausführung und Überwachung der Korrosionsschutzarbeiten" aufzubringen.

Bei Berührungsflächen zu verbindender Stahlbauteile ist jedoch DIN 18 800 Teil 7 zu beachten.

4 Nebenleistungen, Besondere Leistungen

4.1 Nebenleistungen sind ergänzend zur ATV DIN 18 299, Abschnitt 4.1, insbesondere:

4.1.1 Feststellen des Zustands der Straßen, der Geländeoberfläche, der Vorfluter usw. nach B § 3 Nr 4.

4.1.2 Schutz der Unterbauten vor Verunreinigungen durch Arbeiten des Auftragnehmers bis zum Zeitpunkt der Abnahme.

4.1.3 Stellen der für die Prüfung während der Herstellung und für die Abnahme nach Fertigstellung der Stahlbauten erforderlichen Proben, Arbeitskräfte, Maschinen und Werkzeuge.

4.1.4 Wiegen der Stahlbauteile oder Liefern der Gewichtsberechnungen für die Abrechnung.

4.1.5 Vorhalten der Gerüste sowie der Abdeckungen und Umwehrungen von Öffnungen zum Mitbenutzen durch andere Unternehmer bis zu 3 Wochen über die eigene Benutzungsdauer hinaus. Der Abschluß der eigenen Benutzung ist dem Auftraggeber unverzüglich schriftlich mitzuteilen.

4.1.6 Vorhalten der Gerüste für die eigene Benutzung.

4.1.7 Erstellen und Vorhalten von Baubehelfen (z. B. Hilfskonstruktionen und Traggerüste) einschließlich Liefern der dafür erforderlichen statischen und zeichnerischen Unterlagen.

4.1.8 Dichtheitsprüfungen, soweit diese zum Nachweis der Funktionsfähigkeit notwendig sind.

4.2 Besondere Leistungen sind ergänzend zur ATV DIN 18 299, Abschnitt 4.2, z. B.:

4.2.1 Boden- und Wasseruntersuchungen.

4.2.2 Vorhalten der Gerüste länger als 3 Wochen über die eigene Benutzungsdauer hinaus für andere Unternehmer sowie das Vorhalten der Abdeckungen und Umwehrungen für diese Zeit.

4.2.3 Umbau von Gerüsten, Vorhalten von Hebezeugen, Aufzügen, Aufenthalts- und Lagerräumen, Einrichtungen und dergleichen für Zwecke anderer Unternehmer.

4.2.4 Reinigen der Unterbauten und Stahlbauteile von grober Verschmutzung durch Bauschutt, Gips, Mörtelreste, Farbreste u. ä., soweit sie nicht vom Auftragnehmer herrührt.

4.2.5 Liefern von Berechnungen und Zeichnungen über Abschnitt 3.2.1 und über B § 14 Nr 1 hinaus (z. B. Lieferung von Anstrichflächenberechnungen).

4.2.6 Leistungen zum Nachweis der Güte der Stoffe, Bauteile und Verbindungen, die über die nach den Abschnitten 2.1 und 3.1 geforderten Leistungen hinausgehen.

4.2.7 Leistungen des Prüfungsbeauftragten für die Abnahmeprüfzeugnisse (siehe Abschnitt 2.1.1) bzw. für die Prüfung von Bauteilen (siehe Abschnitt 2.2).

4.2.8 Liefern, Einbringen und Entfernen flüssiger Füllstoffe zur Dichtheitsprobe, wenn der Dichtheitsnachweis auch mit anderen Mitteln geführt werden kann.

4.2.9 Vom Auftraggeber verlangte Probebelastungen.

4.2.10 Herstellen von Aussparungen und Schlitzen, die nach Art, Maßen und Anzahl in der Leistungsbeschreibung nicht angegeben sind.

4.2.11 Schließen von Löchern, Schlitzen und Durchbrüchen.

4.2.12 Liefern und Einsetzen von Einbauteilen (Zargen, Ankerschienen, Rohren, Leitungen, Dübeln u. ä.).

4.2.13 Herstellen von Fugendichtungen.

4.2.14 Arbeiten zum Anschließen an vorhandene Konstruktionen.

4.2.15 Korrosionsschutzarbeiten über die Leistungen nach Abschnitt 3.4 hinaus.

5 Abrechnung

Ergänzend zur ATV DIN 18 299, Abschnitt 5, gilt:

5.1 Allgemeines

Bei Abrechnung nach Gewicht wird es durch Berechnen ermittelt. Das Gewicht von Formstücken, z. B. Guß- oder Schmiedeteilen, wird jedoch durch Wiegen ermittelt.

Stahlbauarbeiten DIN 18 335

5.2 Gewichtsermittlung durch Berechnen

5.2.1 Für die Ermittlung der Maße gelten:
- bei Flachstählen bis 180 mm Breite sowie bei Form- und Stabstählen die größte Länge,
- bei Flachstählen über 180 mm Breite und bei Blechen die Fläche des kleinsten umschriebenen, aus geraden oder nach außen gekrümmten Linien bestehenden Vielecks, bei hochkantig gebogenen Flachstählen jedoch anstatt der Sehne die nach innen gekrümmte Linie,
- bei angeschnittenen, ausgeklinkten oder beigezogenen Trägern der volle Querschnitt.

Ausschnitte und einspringende Ecken werden übermessen.

5.2.2 Bei der Berechnung des Gewichtes ist zugrunde zu legen:
- bei genormten Profilen das Gewicht nach DIN-Norm,
- bei anderen Profilen das Gewicht aus dem Profilbuch des Herstellers,
- bei Blechen, Breitflachstählen und Bandstählen das Gewicht von 7,85 kg je m^2 Fläche und mm Dicke,
- bei Formstücken aus Stahl die Dichte von 7,85 kg/dm^3 und bei solchen aus Gußeisen (Grauguß) die Dichte von 7,25 kg/dm^3.

Verbindungsmittel, z. B. Schrauben, Niete, Schweißnähte bleiben unberücksichtigt.

5.2.3 Walztoleranz und Verschnitt bleiben unberücksichtigt.

5.3 Gewichtsermittlung durch Wiegen

Sämtliche Bauteile sind zu wiegen. Von gleichen Bauteilen braucht nur eine angemessene Anzahl gewogen zu werden.

VOB Teil C:
Allgemeine Technische Vertragsbedingungen für Bauleistungen (ATV)
Abdichtungsarbeiten – DIN 18 336
Ausgabe Dezember 1992

Inhalt

0 Hinweise für das Aufstellen der Leistungsbeschreibung
1 Geltungsbereich
2 Stoffe, Bauteile
3 Ausführung
4 Nebenleistungen, Besondere Leistungen
5 Abrechnung

0 Hinweise für das Aufstellen der Leistungsbeschreibung

Diese Hinweise ergänzen die ATV DIN 18 299 „Allgemeine Regelungen für Bauarbeiten jeder Art", Abschnitt 0. Die Beachtung dieser Hinweise ist Voraussetzung für eine ordnungsgemäße Leistungsbeschreibung gemäß A § 9.
Die Hinweise werden nicht Vertragsbestandteil.
In der Leistungsbeschreibung sind nach den Erfordernissen des Einzelfalls insbesondere anzugeben:

0.1 Angaben zur Baustelle

0.1.1 Art, Beschaffenheit und Neigung des Abdichtungsuntergrundes.

0.1.2 Höchster, für die Abdichtung maßgebender Grundwasser- bzw. Hochwasserstand, größte Eintauchtiefe der Abdichtung.

0.2 Angaben zur Ausführung

0.2.1 Art, Lage, Anzahl und Größe der abzudichtenden Bauwerksteile.

0.2.2 Art der Abdichtung je nach der Wasserbeanspruchung (Bodenfeuchtigkeit, nichtdrückendes Wasser oder drückendes Wasser).

0.2.3 Bei Abdichtung gegen nichtdrückendes Wasser Art der Beanspruchung (hoch oder mäßig nach DIN 18 195 Teil 5) und Art der Stoffe.

0.2.4 Größe des auf die Abdichtung dauernd wirkenden Flächendrucks, zu erwartende Änderungen des Flächendrucks und die betroffenen Bereiche, jeweils für Sohl-, Decken- und Wandflächen unterteilt.

0.2.5 Lage der Abdichtung auf dem Wasser zugekehrten oder abgekehrten Seite des Bauwerks; Lage der Einbaustelle.

Abdichtungsarbeiten DIN 18 336

0.2.6 Lage der Abdichtung in Räumen oder auf Außenseiten des Bauwerks; Lage der Einbaustelle.

0.2.7 Voranstrich auf dem Abdichtungsuntergrund.

0.2.8 Besondere Anforderungen an die Widerstandsfähigkeit der Abdichtung gegen thermische, mechanische (statische und dynamische) und chemische Beanspruchungen.

0.2.9 Lage, Konstruktion und Längen der abzudichtenden Fugen, Art und Größe der Fugenbewegungen.

0.2.10 Lage, Art und Größe der Durchdringungen und die Art der Einbauteile für den Abdichtungsanschluß.

0.2.11 Lage, Art und Abmessungen der An- und Abschlüsse.

0.2.12 Lage, Größe und Anzahl zeitweiliger Aussparungen, z. B. für Rammträger oder Steifen, die erst zu einem späteren Zeitpunkt abgedichtet werden können.

0.2.13 Lage, Größe und Anzahl vorhandener Schrägflächen, getrennt nach Neigung bis 1:1 und über 1:1.

0.2.14 Leistung getrennt nach Sohlen-, Decken- und Wandflächen.

0.2.15 Höhe der abzudichtenden Wandflächen.

0.2.16 Art des Abdichtungseinbaus, z. B. innerer Einbau oder äußerer Einbau mit Arbeitsraum.

0.2.17 Art und Lage der konstruktiven Maßnahmen gegen schädliche Gleitbewegungen von Bauwerksteilen.

0.2.18 Art der vorgesehenen Schutzschichten.

0.2.19 Art des Überganges der Sohlen- zur Wandabdichtung.

0.2.20 Besondere Bedingungen des Auftraggebers für das Aufstellen von Schmelzkesseln oder für Arbeiten mit offener Flamme.

0.3 Einzelangaben bei Abweichungen von den ATV

0.3.1 Wenn andere als die in dieser ATV vorgesehenen Regelungen getroffen werden sollen, sind diese in der Leistungsbeschreibung eindeutig und im einzelnen anzugeben.

0.3.2 Abweichende Regelungen können insbesondere in Betracht kommen bei den Abschnitten 3.2 bis 3.6.

0.4 Einzelangaben zu Nebenleistungen und Besonderen Leistungen
Keine ergänzende Regelung zur ATV DIN 18 299, Abschnitt 0.4.

0.5 Abrechnungseinheiten
Im Leistungsverzeichnis sind die Abrechnungseinheiten wie folgt vorzusehen:

0.5.1 Nach Flächenmaß (m^2)
- Abdichtungen einschließlich der Flächen von rückläufigen Stößen, getrennt nach Arten und nach Neigungen bis 1:1 und über 1:1,
- Verstärkungen in der Fläche, getrennt nach Arten.

0.5.2 Nach Längenmaß (m)
- Abdichtungen über Bewegungsfugen, getrennt nach Arten und nach Neigungen der Flächen bis 1:1 und über 1:1,
- waagerechte Abdichtungen in Wänden gegen Bodenfeuchtigkeit, getrennt nach Arten und Wanddicken,

- Übergänge, Anschlüsse und Abschlüsse, getrennt nach Arten,
- Kehranschlüsse, getrennt nach Arten und Größen,
- rückläufige Stöße, getrennt nach Arten und Größen,
- Verstärkung an Kanten, Kehlen, Anschlüssen, Abschlüssen und Übergängen, getrennt nach Arten und Größen.

0.5.3 Nach Anzahl (Stück)
Anschlüsse der Abdichtung an Durchdringungen, getrennt nach Arten und Größen sowie nach Neigungen der Flächen bis 1:1 und über 1:1, in denen die Durchdringungen angeordnet sind.

1 Geltungsbereich

1.1 Die ATV „Abdichtungsarbeiten" — DIN 18 336 — gilt für Abdichtungen mit Bitumen, Bitumenwerkstoffen, Metallbändern und Kunststoff-Dichtungsbahnen gegen Bodenfeuchtigkeit, nichtdrückendes und drückendes Wasser.

1.2 Die ATV DIN 18 336 gilt nicht für

- wasserundurchlässigen Beton (siehe ATV DIN 18 331 „Beton- und Stahlbetonarbeiten"),
- Dachabdichtungen (siehe ATV DIN 18 338 „Dachdeckungs- und Dachabdichtungsarbeiten"),
- Abdichtungen der Fahrbahntafeln von Brücken, die zu öffentlichen Straßen gehören,
- Abdichtungen von Erdbauwerken.

1.3 Ergänzend gelten die Abschnitte 1 bis 5 der ATV DIN 18 299 „Allgemeine Regelungen für Bauarbeiten jeder Art". Bei Widersprüchen gehen die Regelungen der ATV DIN 18 336 vor.

2 Stoffe, Bauteile

Ergänzend zur ATV DIN 18 299, Abschnitt 2, gilt:

Die DIN-Normen für die gebräuchlichsten Stoffe und Bauteile sind die in DIN 18 195 Teil 2 „Bauwerksabdichtungen; Stoffe" genannten sowie

DIN 52 132 Polymerbitumen-Dachdichtungsbahnen; Begriffe, Bezeichnung, Anforderungen

DIN 52 133 Polymerbitumen-Schweißbahnen; Begriffe, Bezeichnung, Anforderungen

3 Ausführung

Ergänzend zur ATV DIN 18 299, Abschnitt 3, gilt:

3.1 Allgemeines

3.1.1 Für die Verarbeitung der Stoffe gilt DIN 18 195 Teil 3 „Bauwerksabdichtungen; Verarbeitung der Stoffe".

3.1.2 Der Auftragnehmer hat bei seiner Prüfung Bedenken (siehe B § 4 Nr 3) insbesondere geltend zu machen bei

Abdichtungsarbeiten DIN 18 336

- Mängeln des Abdichtungsuntergrundes durch
  - größere Unebenheiten,
  - ungenügende Festigkeit,
  - Spannungs- und Setzrisse, Löcher, Betonnester,
  - scharfe Schalungskanten und Grate,
  - fehlende Rundung von Ecken, Kanten und Kehlen,
  - zu rauhe, zu porige, zu glatte, zu feuchte, zu stark saugende, verölte Flächen,
- ungeeigneter Art oder Lage von durchdringenden Bauteilen oder von Bauwerksfugen,
- ungeeigneter Art oder Fehlen von Einbauteilen zum Anschluß der Abdichtung an Durchdringungen.

3.1.3 Auf Verlangen des Auftraggebers oder des Auftragnehmers ist die Abdichtung vor Ausführen der Nachfolgearbeiten gemeinsam erneut zu überprüfen; die dabei festgestellten Schäden hat der Auftragnehmer zu beseitigen. Solche Maßnahmen sind, soweit sie nicht der Auftragnehmer zu vertreten hat, Besondere Leistungen (siehe Abschnitt 4.2.1).

3.2 Abdichtung gegen Bodenfeuchtigkeit

3.2.1 Waagerechte Abdichtung in Wänden

Die Abdichtung ist einlagig mit lose verlegten Bitumen-Dachdichtungsbahnen G 200 DD nach DIN 52 130 „Bitumen-Dachdichtungsbahnen; Begriffe, Bezeichnung, Anforderungen" auszuführen.

3.2.2 Abdichtung von Außenwandflächen

Die Abdichtung ist einlagig mit Bitumen-Schweißbahnen V 60 S 4 nach DIN 52 131 „Bitumen-Schweißbahnen; Begriffe, Bezeichnung, Anforderungen" auszuführen. Auf die Fläche ist ein Voranstrich aus lösungsmittelhaltigem Bitumen-Voranstrichmittel aufzubringen.

3.2.3 Abdichtung von Fußbodenflächen

Die Abdichtung ist einlagig mit lose verlegten Bitumen-Schweißbahnen V 60 S 4 nach DIN 52 131 auszuführen.

3.2.4 Im übrigen gilt für das Herstellen und Bemessen der Abdichtung DIN 18 195 Teil 4 „Bauwerksabdichtungen; Abdichtungen gegen Bodenfeuchtigkeit; Bemessung und Ausführung".

3.3 Abdichtung gegen nichtdrückendes Wasser

3.3.1 Mäßige Beanspruchung

3.3.1.1 Bitumenbahnen

Die Abdichtung ist einlagig mit Bitumen-Schweißbahnen G 200 S 4 nach DIN 52 131 vollflächig verklebt auszuführen.

3.3.1.2 Kunststoff-Dichtungsbahnen

Die Abdichtung ist einlagig mit Kunststoff-Dichtungsbahnen PVC-P-NB nach DIN 16 938 „Kunststoff-Dichtungsbahnen aus weichmacherhaltigem Polyvinylchlorid (PVC-P), nicht bitumenverträglich; Anforderungen" mindestens 1,2 mm dick und mit einer Schutzlage aus mindestens 2 mm dicken und mindestens 300 g/m² schweren Bahnen aus synthetischem Vlies auszuführen.

3.3.2 Hohe Beanspruchung

3.3.2.1 Bitumenbahnen

Die Abdichtung ist zweilagig mit einer unteren Lage aus Bitumen-Dachdichtungsbahnen G 200 DD und einer oberen Lage aus Bitumen-Dachdichtungsbahnen PV 200 DD, jeweils nach DIN 52 130, vollflächig aufgeklebt mit Deckaufstrich auszuführen.

3.3.2.2 Kunststoff-Dichtungsbahnen

Die Abdichtung ist einlagig mit Kunststoff-Dichtungsbahnen PVC-P-NB nach DIN 16 938 mindestens 1,5 mm dick zwischen Schutzlagen aus mindestens 2 mm dicken und mindestens 300 g/m² schweren Bahnen aus synthetischem Vlies auszuführen.

3.3.3 Im übrigen gilt für das Herstellen und Bemessen der Abdichtung DIN 18 195 Teil 5 „Bauwerksabdichtungen; Abdichtungen gegen nichtdrückendes Wasser; Bemessung und Ausführung".

3.4 Abdichtung gegen von außen drückendes Wasser

3.4.1 Die Abdichtung ist mehrlagig aus mindestens 3 Lagen mit nackten Bitumenbahnen R 500 N nach DIN 52 129 „Nackte Bitumenbahnen; Begriff, Bezeichnung, Anforderungen" im Bürstenstreichverfahren auszuführen und mit einem heißflüssigen Bitumendeckaufstrich zu versehen.

Auf senkrechten und mehr als 1 : 1 geneigten Flächen ist ein Voranstrich aus einem lösungsmittelhaltigen Bitumenvoranstrichmittel aufzubringen.

3.4.2 Ist eine Abdichtung aus nackten Bitumenbahnen R 500 N nach DIN 52 129 mit Kupferriffelbändern vereinbart, sind die Kupferriffelbänder im Gieß- und Einwalzverfahren einzubauen.

3.4.3 Im übrigen gilt für das Herstellen und Bemessen der Abdichtung DIN 18 195 Teil 6 „Bauwerksabdichtungen; Abdichtungen gegen von außen drückendes Wasser; Bemessung und Ausführung".

3.5 Abdichtung über Bewegungsfugen

3.5.1 Bodenfeuchtigkeit

Die Flächenabdichtung ist über den Fugen durchzuführen und an der Ober- und Unterseite durch je eine Lage Polymerbitumen-Schweißbahnen PYE-PV 200 S 5 nach DIN 52 133 mindestens 30 cm breit zu verstärken.

3.5.2 Nichtdrückendes Wasser

3.5.2.1 Bitumenbahnen

Die Flächenabdichtung ist über den Fugen durchzuführen und an der Ober- und Unterseite durch je 1 Lage Polymerbitumen-Schweißbahnen PYE-PV 200 S 5 nach DIN 52 133 mindestens 30 cm breit zu verstärken.

Abdichtungsarbeiten DIN 18 336

3.5.2.2 Kunststoff-Dichtungsbahnen

Die Abdichtung ist über den Fugen durchzuführen. Vorher sind die Fugen mit einem einseitig befestigten PVC-Verbundblech mindestens 0,5 mm dick und mindestens 30 cm breit abzudecken.

3.5.3 Drückendes Wasser

Die Flächenabdichtung mit nackten Bitumenbahnen R 500 N nach DIN 52 129 ist über den Fugen durchzuführen und an ihren Außenseiten durch mindestens 2 Kupferriffelbänder 0,2 mm dick, mindestens 30 cm breit, zu verstärken.

Die Kupferriffelbänder sind über und unter der Flächenabdichtung anzuordnen und durch Zulagen aus nackten Bitumenbahnen R 500 N nach DIN 52 129, mindestens 50 cm breit, auf ihren Außenseiten zu schützen.

3.5.4 Im übrigen gilt für das Herstellen und Bemessen der Abdichtung über Bewegungsfugen DIN 18 195 Teil 8 „Bauwerksabdichtungen; Abdichtungen über Bewegungsfugen".

3.6 Durchdringungen, Übergänge, Abschlüsse

3.6.1 Bodenfeuchtigkeit

Die Anschlüsse von Abdichtungen an Durchdringungen und Übergänge sind mit Klebeflanschen auszuführen.

3.6.2 Nichtdrückendes Wasser

3.6.2.1 Bitumenbahnen

Die Anschlüsse der Abdichtung an Durchdringungen und Übergänge sind mit Klebeflanschen auszuführen.

Abschlüsse an aufgehenden Bauteilen sind mit Klemmschienen auszuführen.

3.6.2.2 Kunststoff-Dichtungsbahnen

Die Anschlüsse der Abdichtung an Durchdringungen und Übergänge sind mit Anschweißflanschen auszuführen.

Abschlüsse an aufgehenden Bauteilen sind mit Profilen aus PVC-Verbundblechen auszuführen.

3.6.3 Drückendes Wasser

Die Anschlüsse der Abdichtung an Durchdringungen und das Herstellen von Übergängen sind mit Los- und Festflanschkonstruktionen auszuführen; die Abdichtung ist gleichmäßig einzuspannen.

Abschlüsse der Abdichtung sind bei innerem Einbau der Abdichtung durch Umlegen der Abdichtungsendung auf die Wandschutzschicht herzustellen.

Beim äußeren Abdichtungseinbau ist die Abdichtungsendung in eine Nut zu ziehen.

3.6.4 Im übrigen gilt für das Ausführen von Durchdringungen, Übergängen und Abschlüssen DIN 18 195 Teil 9 „Bauwerksabdichtungen; Durchdringungen, Übergänge, Abschlüsse".

4 Nebenleistungen, Besondere Leistungen

4.1 Nebenleistungen sind ergänzend zur ATV DIN 18 299, Abschnitt 4.1, insbesondere:

4.1.1 Umbau von Gerüsten, deren Arbeitsbühnen bis zu 2 m über Gelände oder Fußboden liegen.

4.1.2 Reinigen des Abdichtungsuntergrundes, ausgenommen Leistungen nach Abschnitt 4.2.2.

4.2 Besondere Leistungen sind ergänzend zur ATV DIN 18 299, Abschnitt 4.2, z. B.:

4.2.1 Maßnahmen nach Abschnitt 3.1.3.

4.2.2 Reinigen des Untergrundes von grober Verschmutzung durch Bauschutt, Gips, Mörtelreste, Öl u. ä., soweit sie nicht vom Auftragnehmer herrührt.

4.2.3 Vorhalten von Aufenthalts- und Lagerräumen, wenn der Auftraggeber Räume, die leicht verschließbar gemacht werden können, nicht zur Verfügung stellt.

4.2.4 Auf- und Abbauen sowie Vorhalten von Gerüsten.

4.2.5 Umbau von Gerüsten, deren Arbeitsbühnen mehr als 2 m über Gelände oder Fußboden liegen.

4.2.6 Boden- und Wasseruntersuchungen.

4.2.7 Maßnahmen für die Weiterarbeit bei Witterungsverhältnissen, die sich nachteilig auf die Abdichtung auswirken können (siehe DIN 18 195 Teil 4, Teil 5 und Teil 6), z. B. Temperaturen unter + 5 °C, Niederschläge, Nässe, scharfer Wind.

4.2.8 Schutzmaßnahmen nach DIN 18 195 Teil 10 „Bauwerksabdichtungen; Schutzschichten und Schutzmaßnahmen".

4.2.9 Herstellen von Schutzschichten nach DIN 18 195 Teil 10.

4.2.10 Abdichtungen über Bauwerksfugen.

4.2.11 Verstärkungen der Abdichtung in der Fläche, an Kanten, Kehlen, Anschlüssen, Abschlüssen, Übergängen und Durchdringungen.

4.2.12 Abdichtung mittels Flanschen, Klemmschienen und Verbundblechen.

5 Abrechnung

Ergänzend zur ATV DIN 18 299, Abschnitt 5, gilt:

5.1 Der Ermittlung der Leistung — gleichgültig, ob sie nach Zeichnungen oder nach Aufmaß erfolgt — sind zugrunde zu legen

- bei Abdichtungen auf Flächen, die von Bauteilen begrenzt sind, die Fläche bis zu den begrenzenden, ungeputzten bzw. unbekleideten Bauteilen,
- bei Abdichtungen auf Flächen ohne begrenzende Bauteile die Maße der Abdichtung,
- für die Länge von Abdichtungen oder Abdichtungsverstärkungen über Fugen, an Übergängen, Anschlüssen, Abschlüssen, Kanten und Kehlen die größte Bauteillänge.

Abdichtungsarbeiten

5.2 Bei rückläufigen Stößen werden ihre Flächen, zusätzlich zu der Länge der Stöße, sowohl als Sohl- als auch als Wandabdichtung abgerechnet.

5.3 Es werden übermessen
- bei der Ermittlung des Flächenmaßes Aussparungen, z. B. für Öffnungen, Durchdringungen, bis zu einer Einzelgröße von 2,50 m² sowie Fugen,
- bei der Ermittlung des Längenmaßes Unterbrechungen bis zu einer Einzellänge von 1,00 m.

VOB Teil C:
Allgemeine Technische Vertragsbedingungen für Bauleistungen (ATV)
Dachdeckungs- und Dachabdichtungsarbeiten — DIN 18 338
Ausgabe Dezember 1992

Inhalt

0 Hinweise für das Aufstellen der Leistungsbeschreibung
1 Geltungsbereich
2 Stoffe, Bauteile
3 Ausführung
4 Nebenleistungen, Besondere Leistungen
5 Abrechnung

0 Hinweise für das Aufstellen der Leistungsbeschreibung

Diese Hinweise ergänzen die ATV DIN 18 299 „Allgemeine Regelungen für Bauarbeiten jeder Art", Abschnitt 0. Die Beachtung dieser Hinweise ist Voraussetzung für eine ordnungsgemäße Leistungsbeschreibung gemäß A § 9.
Die Hinweise werden nicht Vertragsbestandteil.
In der Leistungsbeschreibung sind nach den Erfordernissen des Einzelfalls insbesondere anzugeben:

0.1 Angaben zur Baustelle
Keine ergänzende Regelung zur ATV DIN 18 299, Abschnitt 0.1.

0.2 Angaben zur Ausführung

0.2.1 Besondere Anforderungen an Schutzgerüste.

0.2.2 Art und Beschaffenheit des Untergrundes (Unterlage, Unterbau, Tragschicht, Tragwerk).

0.2.3 Art und Anzahl der geforderten Musterflächen, Mustermontagen und Proben.

0.2.4 Zulässige Belastungen der Dachfläche oder Tragkonstruktion.

0.2.5 Dachform, Dachneigung, Traufhöhe sowie Anzahl, Lage und Größe der Einzelflächen.

0.2.6 Anzahl, Art, Ausbildung und Abmessungen von Anschlüssen, Abschlüssen, Durchdringungen u. ä.

0.2.7 Art der Dachdeckung und deren Befestigung sowie der Überdeckungen und Ausführungsarten.

0.2.8 Art des verlangten Deckungsmaterials nach Güte und Farbe.

0.2.9 Ausführungsart von provisorischen Abdeckungen und deren Beseitigung.

Dachdeckungs- und Dachabdichtungsarbeiten **DIN 18 338**

0.2.10 Maßnahmen zur Erfüllung erhöhter Anforderungen an die Dichtigkeit der Dachdeckung, z. B. gegen Eindringen von Staub, Flugschnee.

0.2.11 Ob Dachhaken, Schneefang, Lüfter, Laufstege, Dachfenster, Lichtkuppeln u. ä. einzubauen sind.

0.2.12 Art und Lage von Dachentwässerungen.

0.2.13 Besondere mechanische, chemische und thermische Beanspruchungen, denen Stoffe und Bauteile nach dem Einbau ausgesetzt sind.

0.2.14 Besondere Bedingungen des Auftraggebers für das Aufstellen von Schmelzkesseln.

0.2.15 Zusätzliche Maßnahmen gegen Abgleiten bei geneigten Dachabdichtungen.

0.2.16 Zusätzliche Maßnahmen zur Sturmsicherung.

0.2.17 Anforderungen an den Brand-, Schall-, Wärme- und Feuchteschutz sowie lüftungstechnische Anforderungen.

0.2.18 Zusätzlicher Korrosionsschutz, z. B. bei Trapezblechen.

0.2.19 Art des Korrosionsschutzes.

0.2.20 Ob chemischer Holzschutz gefordert wird.

0.2.21 Art und Durchführung der Befestigung der Bauteile.

0.2.22 Ob der Auftragnehmer Verlege- oder Montagepläne zu liefern hat.

0.2.23 Art, Umfang und Ausbildung der Hinterlüftung sowie Abdeckung ihrer Öffnungen.

0.2.24 Art, Umfang und Ausbildung der Belüftung des Dachraumes oder der Dachkonstruktion.

0.2.25 Geforderte gestalterische Wirkung von Flächen, z. B. Teilung, Fugenausbildung, Struktur, Farbe, Oberflächenbehandlung sowie besondere Verlegeart.

0.2.26 Art, Lage und Ausbildung von Bauwerksfugen.

0.2.27 Ob und wie Fugen abzudichten und abzudecken sind.

0.2.28 Art der Bekleidungen, Dicke, Maße der Einzelteile sowie ihre Befestigung, z. B. sichtbar oder nicht sichtbar.

0.2.29 Besonderer Schutz der Leistungen, z. B. Verpackung, Kantenschutz, Abdeckungen.

0.3 Einzelangaben bei Abweichungen von den ATV

0.3.1 Wenn andere als die in dieser ATV vorgesehenen Regelungen getroffen werden sollen, sind diese in der Leistungsbeschreibung eindeutig und im einzelnen anzugeben.

0.3.2 Abweichende Regelungen können insbesondere in Betracht kommen bei

Abschnitt 3.2, wenn Ziegel- und Betondachsteindeckung entgegen den vorgesehenen Regelungen ausgeführt werden sollen,

Abschnitt 3.3, wenn Schieferdeckung entgegen den vorgesehenen Regelungen ausgeführt werden soll,

Abschnitt 3.4, wenn Deckung mit Faserzementdachplatten entgegen den vorgesehenen Regelungen ausgeführt werden soll,

Abschnitt 3.5, wenn Deckung mit Metall entgegen den vorgesehenen Regelungen ausgeführt werden soll,

Abschnitt 3.6, wenn Schindeldeckungen entgegen den vorgesehenen Regelungen ausgeführt werden sollen,

Abschnitt 3.7, wenn Rohr- oder Strohdeckung entgegen den vorgesehenen Regelungen ausgeführt werden soll,

Abschnitt 3.8, wenn Dächer mit Abdichtungen entgegen den vorgesehenen Regelungen ausgeführt werden sollen,

0.4 Einzelangaben zu Nebenleistungen und Besonderen Leistungen
Keine ergänzende Regelung zur ATV DIN 18 299, Abschnitt 0.4.

0.5 Abrechnungseinheiten
Im Leistungsverzeichnis sind die Abrechnungseinheiten wie folgt vorzusehen:

0.5.1 Flächenmaß (m^2), getrennt nach Bauart und Maßen, für
- Dachdeckungen, z. B. mit Pappstreifen, Docken, Verstrich, Sturmklammern,
- Dachabdichtungen,
- Voranstriche, Trennschichten, Sperrschichten, Dämmschichten, Schutzschichten, Kiesschüttungen, Plattenbeläge.

0.5.2 Längenmaß (m), getrennt nach Bauart und Maßen, für
- Deckungen von Firsten, Graten, Kehlen, Ortgängen u. ä.,
- Deckung von Brandwänden,
- Anschlüsse, Profile, Abdeckungen, Dachkanten und Abschlüsse,
- Bohlen,
- Abdichtung über Bauwerksfugen,
- Verstärkungen der Abdichtung bei Anschlüssen an Metalleinfassungen, Mauerabdeckungen u. ä.,
- Leibungen von Fenstern.

0.5.3 Anzahl (Stück), getrennt nach Bauart und Maßen, für
- Anschlüsse an Öffnungen und Durchdringungen, z. B. Abläufe, Rohre, Schornsteine,
- Gaubenpfosten und Gauben,
- Lichtkuppeln, Dachfenster, Lichtplatten, Glasformstücke und dergleichen,
- Dachhaken, Laufbrettstützen, Lüfter und dergleichen,
- Einzelformziegel und -stücke, z. B. Lüfterziegel, Eckziegel.

1 Geltungsbereich

1.1 Die ATV „Dachdeckungs- und Dachabdichtungsarbeiten" – DIN 18 338 – gilt nicht für
- das Herstellen von am Bau zu fälzenden Metalldachdeckungen und Metallanschlüssen (siehe ATV DIN 18 339 „Klempnerarbeiten"),
- das Herstellen von Deckunterlagen aus Latten oder Schalung (siehe ATV DIN 18 334 „Zimmer- und Holzbauarbeiten"),
- Abdichtungen gegen drückendes Wasser (siehe ATV DIN 18 336 „Abdichtungsarbeiten"), sowie
- Metallbau- und Schlosserarbeiten (siehe ATV DIN 18 360 „Metallbauarbeiten, Schlosserarbeiten").

1.2 Ergänzend gelten die Abschnitte 1 bis 5 der ATV DIN 18 299 „Allgemeine Regelungen für Bauarbeiten jeder Art".
Bei Widersprüchen gehen die Regelungen der ATV DIN 18 338 vor.

Dachdeckungs- und Dachabdichtungsarbeiten   DIN 18 338

2 Stoffe, Bauteile

Ergänzend zur ATV DIN 18 299, Abschnitt 2, gilt:
Für die gebräuchlichsten genormten Stoffe und Bauteile sind die DIN-Normen nachstehend aufgeführt.

2.1 Stoffe für Dachdeckungen

DIN 456	Dachziegel; Anforderungen, Prüfung, Überwachung
DIN 1115	Dachsteine aus Beton; Anforderungen, Prüfung, Überwachung
DIN 59 231	Wellbleche, Pfannenbleche, verzinkt

2.2 Stoffe für Dachabdichtungen
2.2.1 Bitumenbahnen

DIN 52 130	Bitumen-Dachdichtungsbahnen; Begriffe, Bezeichnung, Anforderungen
DIN 52 131	Bitumen-Schweißbahnen; Begriffe, Bezeichnung, Anforderungen
DIN 52 132	Polymerbitumen-Dachdichtungsbahnen; Begriffe, Bezeichnung, Anforderungen
DIN 52 133	Polymerbitumen-Schweißbahnen; Begriffe, Bezeichnung, Anforderungen
DIN 52 143	Glasvlies-Bitumendachbahnen; Begriffe, Bezeichnung, Anforderungen

2.2.2 Hochpolymere Dachbahnen

DIN 7864 Teil 1	Elastomer-Bahnen für Abdichtungen; Anforderungen, Prüfung
DIN 16 729	Kunststoff-Dachbahnen und Kunststoff-Dichtungsbahnen aus Ethylencopolymerisat-Bitumen (ECB); Anforderungen
DIN 16 730	Kunststoff-Dachbahnen aus weichmacherhaltigem Polyvinylchlorid (PVC-P) nicht bitumenverträglich; Anforderungen
DIN 16 731	Kunststoff-Dachbahnen aus Polyisobutylen (PIB), einseitig kaschiert; Anforderungen
DIN 16 734	Kunststoff-Dachbahnen aus weichmacherhaltigem Polyvinylchlorid (PVC-P) mit Verstärkung aus synthetischen Fasern, nicht bitumenverträglich; Anforderungen

2.3 Dämmstoffe

DIN 18 161 Teil 1	Korkerzeugnisse als Dämmstoffe für das Bauwesen; Dämmstoffe für die Wärmedämmung
DIN 18 164 Teil 1	Schaumkunststoffe als Dämmstoffe für das Bauwesen; Dämmstoffe für die Wärmedämmung
DIN 18 165 Teil 1	Faserdämmstoffe für das Bauwesen; Dämmstoffe für die Wärmedämmung
DIN 18 174	Schaumglas als Dämmstoff für das Bauwesen; Dämmstoffe für die Wärmedämmung

2.4 Verzinkte Befestigungsmittel müssen DIN 50 976 „Korrosionsschutz; Feuerverzinken von Einzelteilen (Stückverzinken); Anforderungen und Prüfung" entsprechen und eine Zinkauflage von mindestens 50 µm haben.

2.5 Der Auftragnehmer hat auf Verlangen Stoffmuster zu liefern und den Hersteller zu benennen.

3 Ausführung

Ergänzend zur ATV DIN 18 299, Abschnitt 3, gilt:

3.1 Allgemeines

3.1.1 Der Auftragnehmer hat dem Auftraggeber die Maße für Dachlatten- oder Pfettenabstände, Gratleisten, Kehlschalungen, Traufen, Dübel usw. anzugeben, wenn er die Unterlage für seine Dachdeckung nicht selbst ausführt.

3.1.2 Die Leistungen dürfen bei Witterungsverhältnissen, die sich nachteilig auf die Leistung auswirken können, nur ausgeführt werden, wenn durch besondere Maßnahmen nachteilige Auswirkungen verhindert werden.

Solche Witterungsverhältnisse sind z. B. bei Klebearbeiten Temperaturen unter +5 °C, Feuchtigkeit und Nässe, Schnee und Eis, scharfer Wind; bei Arbeiten mit Mörtel Frost.

Die zu treffenden Maßnahmen sind Besondere Leistungen (siehe Abschnitt 4.2.1).

3.1.3 Die Dachdeckung muß regensicher, die Dachabdichtung wasserdicht ausgeführt werden.

3.1.4 Der Auftragnehmer hat bei seiner Prüfung Bedenken (siehe B § 4 Nr 3) insbesondere geltend zu machen bei fehlenden Höhenfestpunkten nach B § 3 Nr 2.

3.2 Ziegeldeckung, Betondachsteindeckung

3.2.1 Es sind zu verwenden:

Bei Ziegeldeckung Dachziegel der Sorte 1 nach DIN 456, bei Betondachsteindeckung Betondachsteine nach DIN 1115.

3.2.1.1 Ist eine Befestigung vorgeschrieben, ist jeder Ziegel bzw. Dachstein zu befestigen.

3.2.1.2 Ist die Unterspannung mit Bahnen vorgeschrieben, sind gewebeverstärkte Kunststoff-Unterspannbahnen zu verwenden.

3.2.1.3 Firste und Grate sind mit Firstziegeln oder -steinen in Mörtel verlegt zu decken.

3.2.2 Biberschwanzdeckung ist als Doppeldeckung in Trockendeckung auszuführen.

3.2.3 Hohlpfannendeckung ist als Aufschnittdeckung mit Innenverstrich auszuführen.

Der Endortgang ist mit Doppelwulstziegeln auszuführen.

3.2.4 Mönch-Nonnen-Deckung ist in Mörtel verlegt auszuführen.

Dachdeckungs- und Dachabdichtungsarbeiten DIN 18 338

3.2.5 Krempziegeldeckung ist mit Innenverstrich auszuführen.

3.2.6 Deckungen aus Falzziegeln, Reformpfannen, Falzpfannen, Flachdachpfannen, Flachkrempern u. ä. sind trocken verlegt auszuführen.
Der Endortgang ist mit Doppelwulstziegeln auszuführen.

3.2.7 Betondachsteindeckung ist mit Betondachsteinen mit hochliegendem Längsfalz und mehrfacher Fußverrippung, trocken verlegt und ohne Innenverstrich auszuführen. Die Dachkanten sind mit Ortgangsteinen zu decken.

3.3 Schieferdeckung

3.3.1 Bei Deckung auf Schalung ist auf Dachflächen eine einlagige Vordeckung aus Glasvlies-Bitumendachbahnen V 13 nach DIN 52 143, feinbesandet, aufzubringen.

3.3.2 Zur Befestigung sind feuerverzinkte Schiefernägel und -stifte zu verwenden. Sind Klammern oder Haken notwendig, müssen diese aus nichtrostendem Stahl nach DIN 17 440 „Nichtrostende Stähle; Technische Lieferbedingungen für Blech, Warmband, Walzdraht, gezogenen Draht, Stabstahl, Schmiedestücke und Halbzeug", Werkstoffnummer 1.4571 bestehen.

3.3.3 Firste sind entsprechend der Dachfläche in einfacher Deckung mit Überstand auszuführen.

3.3.4 Orte und Grate sind eingebunden mit Überstand zu decken.

3.3.5 Traufen sind eingebunden zu decken.

3.3.6 Die Deckung von Gaubenpfosten und Leibungen muß der Deckung der Dachflächen entsprechen.

3.4 Deckung mit Platten aus Faserzement
3.4.1 Deckung mit Faserzementdachplatten

3.4.1.1 Bei Deckung auf Schalung ist auf Dachflächen eine einlagige Vordeckung aus Glasvlies-Bitumendachbahn V 13 nach DIN 52 143, feinbesandet, aufzubringen.

3.4.1.2 Zur Befestigung sind feuerverzinkte Stifte zu verwenden. Sind Klammern oder Haken notwendig, müssen diese aus nichtrostendem Stahl nach DIN 17 440, Werkstoffnummer 1.4571, bestehen. Platten größer als 300 mm × 300 mm bzw. 200 mm × 400 mm sind zusätzlich zu verklammern.

3.4.1.3 Firste sind entsprechend der Dachfläche in einfacher Deckung mit Überstand auszuführen.

3.4.1.4 Orte und Grate sind mit aufgelegter Plattenreihe (Strackort), bei deutscher Deckung eingebunden, zu decken.

3.4.1.5 Traufen sind bei deutscher Deckung eingebunden, bei anderen Deckungsarten mit Traufgebinde zu decken.

3.4.1.6 Die Deckung von Gaubenpfosten und Leibungen muß der Deckung der Dachflächen entsprechen.

3.4.2 Deckung mit Faserzement-Wellplatten

3.4.2.1 Bei Deckungen an senkrechten Flächen ist jede Wellplatte, die länger als 1,60 m ist, zusätzlich mit einem Haken zu unterstützen. An Ecken sind die Wellen der Platten ineinander zu führen.

3.4.2.2 Deckungen mit Kurzwellplatten sind auf Lattung 40/60 mm auszuführen und mit Glockennägeln, in besonders beanspruchten Teilen, z. B. am Dachrand, mit verzinkten Schrauben zu befestigen.

3.4.2.3 Firste sind mit zweiteiligen Wellfirsthauben zu decken. Am Dachfuß, Ortgang, Grat, an Wandanschlüssen und für Dachdurchdringungen sind Standardformstücke zu verwenden.

3.5 Deckung mit vorgefertigten Dachdeckungsteilen aus Metall

3.5.1 Vorgefertigte Dachdeckungsteile aus Metall sind auf Holz oder Stahlunterkonstruktion mit korrosionsgeschützten Schrauben zu befestigen.

3.5.2 Besondere Dachteile wie Firste, Grate, Kehlen, Ortgang und Anschlüsse sind mit Formteilen aus gleichen Stoffen wie die Dacheindeckung herzustellen.

3.6 Schindeldeckung

3.6.1 Holzschindeldeckung

3.6.1.1 Zur Befestigung sind Schindelstifte aus nichtrostendem Stahl nach DIN 17 440, Werkstoffnummer 1.4301, zu verwenden.

3.6.1.2 Die Deckung der Firste ist mit zusätzlicher Firstreihe und einseitigem Überstand auszuführen.

3.6.1.3 An Graten sind die Schindeln wechselseitig zusammenzufügen.

3.6.1.4 Kehlen sind als eingebundene Kehlen auszuführen.

3.6.1.5 Die Deckung der Gauben, Pfosten und Leibungen muß der Deckung der Dachflächen entsprechen.

3.6.1.6 Anschlüsse sind mit Schindeln herzustellen, die den Erfordernissen entsprechend zugeschnitten sind.

3.6.2 Bitumendachschindeldeckung

3.6.2.1 Die Deckung ist auf Schalung mit einer einlagigen Vordeckung aus Glasvlies-Bitumendachbahnen V 13 nach DIN 52 143, fein besandet, auszuführen.

3.6.2.2 Jede Bitumendachschindel ist mit 4 verzinkten Breitkopfnägeln zu befestigen.

3.6.2.3 Firste, Grate und Traufen sind mit Teilstücken der Bitumendachschindeln zu decken.

3.6.2.4 Kehlen sind als eingebundene Kehlen mit Bitumendachschindeln auszuführen.

3.6.2.5 Dachkanten und Anschlüsse sind unter Verwendung von Dreieckleisten, mit einem Querschnitt von mindestens 30/30 mm, mit Bitumendachschindeln abzudecken.

3.7 Rohr- oder Strohdeckung

3.7.1 Die Deckung ist mit Rohr oder Stroh, beides der Sorte I, auszuführen. Sie muß in der Mitte der Dachfläche mindestens 30 cm dick sein.

3.7.2 Die Befestigung ist durch Nähen mit korrosionsgeschütztem Stahldraht, 1,4 mm dick, auszuführen.

Dachdeckungs- und Dachabdichtungsarbeiten DIN 18 338

3.7.3 Die Deckung gesonderter Dachteile, z. B. Gauben, Grate, Kehlen, ist ebenfalls mit Rohr oder Stroh auszuführen.

3.7.4 Firste sind mit Kehrband, beide Seiten umgeknickt, zu decken.

3.8 Dächer mit Abdichtungen
3.8.1 Allgemeines

3.8.1.1 Dächer mit Abdichtungen sind mit folgendem Aufbau von unten nach oben herzustellen:
Nicht durchlüftete Dächer:
— Dampfsperre,
— Wärmedämmung,
— Dampfdruck-Ausgleich,
— Dachabdichtung,
— Oberflächenschutz oder Belag.
Durchlüftete Dächer:
— Dampfdruck-Ausgleich,
— Dachabdichtung,
— Oberflächenschutz.

3.8.1.2 Die Dachabdichtungen mit den dazugehörigen Schichten sind auf dem Untergrund gegen Abheben und Abrutschen zu sichern.

3.8.1.3 Schwerer Oberflächenschutz aus Kies ist aus Kies der Körnung 16/32 mm, 5 cm dick, auf einer Trennlage aus Chemiefaservlies 250 g/m² herzustellen.

3.8.1.4 Schwerer Oberflächenschutz aus Plattenbelägen ist aus Betonplatten, 50 cm × 50 cm × 5 cm, auf einer Trennlage aus Chemiefaservlies 250 g/m² in 3 cm dickem Splittbett der Körnung 3/7 mm verlegt, herzustellen.

3.8.2 Dachabdichtungen mit Bitumenbahnen

3.8.2.1 Voranstrich als Haftbrücke, z. B. auf Beton oder Metall, ist mit Voranstrichmitteln auf Lösungsmittelbasis vollflächig aufzubringen.

3.8.2.2 Dampfsperren sind aus Glasvlies-Bitumendachbahnen V 13 nach DIN 52 143 herzustellen. Durch punkt- oder streifenweises Aufkleben ist die Ausgleichs- oder Trennschicht sicherzustellen.

3.8.2.3 Dämmschichten sind aus trittfesten und schwerentflammbaren Wärmedämmschichten mit einseitiger Kaschierung mit Kleberand, punktweise aufgeklebt, herzustellen.

3.8.2.4 Dampfdruckausgleich ist durch punkt- oder streifenweises Aufkleben der ersten Lage der Dachabdichtung sicherzustellen.

3.8.2.5 Die Dachabdichtung einschließlich Oberflächenschutz ist wie folgt herzustellen:
Bei Dachneigungen bis einschließlich 5° aus
— 1 Lage Bitumen-Schweißbahnen G 200 S 4 nach DIN 52 131 und
— 1 Lage Polymerbitumen-Dachdichtungsbahn PYE oder PYP-PV 200 DD, beschiefert, nach DIN 52 132, als Oberflächenschutz,

bei Dachneigungen über 5° aus
- 1 Lage Bitumen-Dachdichtungsbahnen PV 200 DD nach DIN 52 130 und
- 1 Lage Glasvlies-Bitumendachbahnen V 13, beschiefert, nach DIN 52 143, als Oberflächenschutz.

3.8.2.6 Anschlüsse an Randaufkantungen, Wände und andere Bauteile sind herzustellen mit
- Dämmstoffkeil, 50/50 mm,
- Bitumen-Dachdichtungsbahn G 200 DD nach DIN 52 130, 33 cm breit, und
- Polymerbitumen-Dachdichtungsbahn PYE oder PYP-PV 200 DD, beschiefert, nach DIN 52 132, 33 cm breit.

3.8.2.7 Anschlüsse an Blechverwahrungen oder an Lichtkuppeln sind zusätzlich mit einem Streifen aus Polymerbitumen-Schweißbahn PYE oder PYP-PV 200 S 5 nach DIN 52 133, 25 cm breit, einzukleben.

Bei Scherbeanspruchungen ist zusätzlich ein Trennstreifen, 10 cm breit, zu verlegen.

3.8.2.8 Bewegungsfugen sind herzustellen aus
- 2 Dämmstoffkeilen 250/50 mm zur Anhebung,
- Trennstreifen, 33 cm breit,
- Polymerbitumen-Schweißbahn PYE oder PYP-PV 200 S 5 nach DIN 52 133, 66 cm breit,
- Polymerbitumen-Schweißbahn PYE oder PYP-PV 200 S 5, beschiefert, nach DIN 52 133, 10 cm breit.

3.8.2.9 Auf den Auflagern der Tragkonstruktion sind bei Stoßfugen Abdeckstreifen aus Glasvlies-Bitumendachbahnen, V 13 nach DIN 52 143, mindestens 20 cm breit, lose aufzulegen und gegen Verschieben zu sichern.

3.8.3 Dachabdichtungen aus hochpolymeren Dachbahnen

3.8.3.1 Dampfsperren sind aus Polyethylen-Folie, 0,4 mm dick, auf einer Schutzlage nach Abschnitt 3.8.3.4 lose verlegt herzustellen.

3.8.3.2 Dämmschichten sind aus trittfesten und schwerentflammbaren Wärmedämmstoffen ohne Kaschierung, einlagig lose verlegt, herzustellen.

3.8.3.3 Dachabdichtungen sind aus hochpolymeren Dachbahnen nach Abschnitt 2.2.2, mindestens 1,2 mm dick, lose verlegt mit einer Auflast nach Abschnitt 3.8.1.3 herzustellen.

3.8.3.4 Trenn- und Schutzlagen sind aus Chemiefaservlies von mindestens 250 g/m^2 herzustellen.

3.8.3.5 Anschlüsse an Randaufkantungen, Wände und andere Bauteile sind mit hochpolymeren Dichtungsbahnen nach Abschnitt 2.2.2, min. 1,5 mm dick, 33 cm breit, mit Befestigung im Übergangsbereich zwischen Dachfläche und Wand sowie mit Verklebung an senkrechten Flächen herzustellen.

3.8.4 Einbau- und Befestigungsteile

3.8.4.1 Dachabläufe sind wärmegedämmt mit Kiesfang, bei wärmegedämmten Dachflächen zweiteilig, einzubauen.

3.8.4.2 Anschlüsse mit Dichtungsbahnen sind am oberen Rand mit Aluminiumflachband, 50/5 mm, nach DIN 1745 Teil 1 „Bleche und Bänder aus Aluminium und Aluminium-Knetlegierungen, mit Dicken über 0,35 mm; Eigenschaften" und mit SechskantHolzschrauben aus nichtrostendem Stahl, Durchmesser 6 mm, gedübelt in 20 cm Abstand, zu befestigen und zusätzlich abzudichten.

3.8.4.3 Randaufkantungen sind mit Abdeckungen auf Haltebügeln zu verwahren. Ecken und Übergänge sind mit Formstücken herzustellen.

3.8.4.4 Stütz- oder Hilfskonstruktionen für Anschlüsse sind aus Holz, Querschnitt 30/3 cm, geschützt mit einem geeigneten chemischen Holzschutzmittel nach DIN 68 800 Teil 3 „Holzschutz im Hochbau; Vorbeugender chemischer Holzschutz" sowie mit korrosionsgeschütztem Winkelstahl, 30/5 mm, nach DIN 1028 „Stabstahl; Warmgewalzter, gleichschenkliger, rundkantiger Winkelstahl, Maße, Gewichte, zulässige Abweichungen, statische Werte", St 33, in 60 cm Abständen befestigt, auszuführen.

3.8.4.5 Mechanische Befestigungen auf Profilblechen sind mit Tellerdübeln ohne Metallschaft (Kunststoff-Spezialdübel mit Halteteller) auszuführen.
Bei Gebäudehöhen bis 20 m sind in der Fläche 4 Stück/m², im Randbereich (⅛ der Gebäudebreite) 6 Stück/m² und im Eckbereich 8 Stück/m² vorzusehen.

3.8.4.6 Einzubauende Randhölzer sind mit einem geeigneten chemischen Holzschutzmittel nach DIN 68 800 Teil 3 zu schützen.

3.9 Außenwandbekleidungen
Hinterlüftete Außenwandbekleidungen sind nach DIN 18 516 Teil 1 „Außenwandbekleidungen, hinterlüftet; Anforderungen, Prüfgrundsätze" auszuführen. Bei der Verwendung von Faserzementplatten sind asbestfreie Produkte, die bauaufsichtlich zugelassen sind, zu verwenden.

4 Nebenleistungen, Besondere Leistungen

4.1 Nebenleistungen sind ergänzend zur ATV DIN 18 299, Abschnitt 4.1, insbesondere:

4.1.1 Auf- und Abbauen sowie Vorhalten der Gerüste, deren Arbeitsbühnen nicht höher als 2 m über Gelände oder Fußboden liegen.

4.1.2 Zubereiten des Mörtels und Vorhalten der hierzu erforderlichen Einrichtungen, auch wenn der Auftraggeber die Stoffe beistellt.

4.2 Besondere Leistungen sind ergänzend zur ATV DIN 18 299, Abschnitt 4.2, z.B.:

4.2.1 Zu vereinbarende Maßnahmen nach Abschnitt 3.1.2.

4.2.2 Vorhalten von Aufenthalts- und Lagerräumen, wenn der Auftraggeber Räume, die leicht verschließbar gemacht werden können, nicht zur Verfügung stellt.

4.2.3 Auf- und Abbauen sowie Vorhalten der Gerüste, deren Arbeitsbühnen höher als 2 m über Gelände oder Fußboden liegen.

4.2.4 Herstellen von im Bauwerk verbleibenden Verankerungsmöglichkeiten, z.B. für Gerüste.

4.2.5 Reinigen des Untergrundes von grober Verschmutzung, z. B. Gipsreste, Mörtelreste, Farbreste, Öl, soweit diese von anderen Unternehmern herrührt.

4.2.6 Ausgleich von größeren Unebenheiten, von mangelndem Gefälle oder unrichtiger Höhenlage des Untergrundes

4.2.7 Schaffen der notwendigen Höhenfestpunkte nach B § 3 Nr 2.

4.2.8 Zusätzliche Maßnahmen für die Weiterarbeit bei Temperaturen unter + 5 °C sowie bei Feuchtigkeit und Nässe, soweit sie dem Auftragnehmer nicht ohnehin obliegen.

4.2.9 Liefern statischer und bauphysikalischer Nachweise.

4.2.10 Auffüttern der Unterkonstruktion von mehr als 20 mm Dicke zur Herstellung ebener Flächen.

4.2.11 Erstellen von Montage- und Verlegeplänen.

4.2.12 Herstellen von Musterflächen, Musterkonstruktionen und Modellen, soweit sie nicht in die Leistung eingehen.

4.2.13 Nachträgliches Herstellen und Schließen von Löchern in Mauerwerk und Beton für Auflager und Verankerungen.

4.2.14 Einbauen und Eindecken bzw. Eindichten beigestellter Teile oder Gegenstände.

4.2.15 Ausbau und/oder Wiedereinbau von Bekleidungselementen für Leistungen anderer Unternehmer.

4.2.16 Nachträgliches Anarbeiten und/oder nachträglicher Einbau von Teilen.

4.2.17 Verstärken der Abdichtung bei Anschlüssen an aufgehendem Mauerwerk, Metalleinfassungen und dergleichen.

4.2.18 Bekleiden von Gaupenpfosten und Eindecken von Gaupen.

4.2.19 Einbauen von Glasformstücken, Dachhaken, Einzelformziegeln, Lüfterziegeln, Eckziegeln und dergleichen.

5 Abrechnung

Ergänzend zur ATV DIN 18 299, Abschnitt 5, gilt:

5.1 Allgemeines

5.1.1 Der Ermittlung der Leistung — gleichgültig, ob sie nach Zeichnung oder Aufmaß erfolgt — sind zugrunde zu legen:

5.1.1.1 Bei Dachdeckungen und Dachabdichtungen, Voranstrichen, Trennschichten, Sperrschichten, Schutzschichten, Kiesschüttungen, Plattenbelägen und dergleichen
- auf Flächen, die von Bauteilen, z. B. Attiken, Wänden, begrenzt sind, die Fläche bis zu den begrenzenden ungeputzten bzw. unbekleideten Bauteilen,
- auf Flächen ohne begrenzende Bauteile die Maße der Dachdeckung oder Dachabdichtung, der Voranstriche, Trennschichten, Sperrschichten, Schutzschichten, Kiesschüttungen, Plattenbeläge und dergleichen,

5.1.1.2 bei Dämmschichten die Maße der Dämmung. Bohlen, Sparren und dergleichen werden übermessen,

5.1.1.3 bei Fassaden die Maße der Bekleidung.

5.1.2 Schließen Dachdeckungen oder Dachabdichtungen an Firste, Grate und Kehlen an, wird bis Mitte First, Grat oder Kehle gerechnet.

5.1.3 Bei der Ermittlung des Längenmaßes wird die größte Bauteillänge gemessen.

5.1.4 Bei Deckungen von Firsten, Graten, Kehlen, Ortgängen und dergleichen wird die Länge in der Mittellinie gemessen.

5.1.5 Bei Abrechnung nach Flächenmaß (m^2) werden eingebaute Formstücke, z. B. Lüfterziegel, Einzelformziegel, Eckziegel, Glasformstücke, übermessen.

5.2 Es werden abgezogen:

5.2.1 Bei Abrechnung nach Flächenmaß (m^2):

Aussparungen und Öffnungen über 2,5 m^2 Einzelgröße für Schornsteine, Fenster, Oberlichter, Gauben und dergleichen.

5.2.2 Bei Abrechnung nach Längenmaß (m):
Unterbrechungen über 1 m Einzellänge.

VOB Teil C:
Allgemeine Technische Vertragsbedingungen für Bauleistungen (ATV)
Klempnerarbeiten – DIN 18 339
Ausgabe Dezember 1992

Inhalt

0 Hinweise für das Aufstellen der Leistungsbeschreibung
1 Geltungsbereich
2 Stoffe, Bauteile
3 Ausführung
4 Nebenleistungen, Besondere Leistungen
5 Abrechnung

0 Hinweise für das Aufstellen der Leistungsbeschreibung

Diese Hinweise ergänzen die ATV DIN 18 299 „Allgemeine Regelungen für Bauarbeiten jeder Art", Abschnitt 0. Die Beachtung dieser Hinweise ist Voraussetzung für eine ordnungsgemäße Leistungsbeschreibung gemäß A § 9.
Die Hinweise werden nicht Vertragsbestandteil.
In der Leistungsbeschreibung sind nach den Erfordernissen des Einzelfalls insbesondere anzugeben:

0.1 Angaben zur Baustelle
Keine ergänzende Regelung zur ATV DIN 18 299, Abschnitt 0.1.

0.2 Angaben zur Ausführung

0.2.1 Art und Beschaffenheit des Untergrundes (Unterlage, Unterbau, Tragschicht, Tragwerk).

0.2.2 Ausbildung der Anschlüsse an Bauwerke.

0.2.3 Art und Anzahl der geforderten Musterflächen, Mustermontagen und Proben.

0.2.4 Zulässige Belastungen der Dachfläche oder Tragkonstruktion.

0.2.5 Dachneigung und Dachform.

0.2.6 Ob gekrümmte Teil- oder Kleinflächen, Gaupen, Erker, Dachausbauten u.ä. auszuführen sind.

0.2.7 Anzahl, Art und Ausbildung von Dachdurchdringungen, Dachfenstern, Lichtkuppeln.

0.2.8 Ob Schornsteine mit einer Abdeckhaube versehen werden sollen.

0.2.9 Ob oberhalb von Durchdringungen zur Ableitung des Wassers Sättel bauseitig vorhanden sind.

0.2.10 Art und Lage von Dachentwäsaserungen.

Klempnerarbeiten DIN 18 339

0.2.11 Zuschnittsbreite oder Richtgröße der Dachrinnen, Anzahl, Art und Maße der Rinnenhalter, Regenfallrohre, Traufbleche und dergleichen in Zuschnitteilen und deren Dicke.

0.2.12 Ob die Rinnenhalter mit Spreizen (Spanneisen) herzustellen sind.

0.2.13 Ob Leiterhaken, Schneefanggitter oder Wasserabweiser anzubringen sind.

0.2.14 Ob Gefällestufen bauseitig vorgesehen sind.

0.2.15 Besondere mechanische, chemische und thermische Beanspruchungen, denen Stoffe und Bauteile nach dem Einbau ausgesetzt sind.

0.2.16 Zusätzliche Maßnahmen zur Sturmsicherung.

0.2.17 Anforderungen an den Brand-, Schall-, Wärme- und Feuchteschutz sowie lüftungstechnische Anforderungen.

0.2.18 Art und Dicke der Dämmschichten.

0.2.19 Art, Umfang und Ausbildung der Hinterlüftung sowie Abdeckung ihrer Öffnungen.

0.2.20 Geforderte gestalterische Wirkung von Flächen, z. B. Teilung, Fugenausbildung, Struktur, Farbe, Oberflächenbehandlung sowie besondere Verlegeart.

0.2.21 Ob und wie Fugen abzudichten und abzudecken sind.

0.2.22 Stoffe, die für die Dachdeckung und Wandbekleidung verwendet werden.

0.2.23 Art der Bekleidungen, Dicke, Maße der Einzelteile sowie ihre Befestigung, z. B. sichtbar oder nicht sichtbar.

0.2.24 Ob Trennschichten anzubringen sind und aus welchen Werkstoffen diese auszuführen sind.

0.2.25 Art und Farbe des Oberflächenschutzes oder der Beschichtung des zu verwendenden Stoffes.

0.2.26 Ob ein zusätzlicher Korrosionsschutz auszuführen ist.

0.2.27 Art des Korrosionsschutzes.

0.2.28 Ob chemischer Holzschutz gefordert wird.

0.2.29 Ob der Auftragnehmer Verlegepläne oder Montagepläne zu liefern hat.

0.2.30 Art und Durchführung der Befestigung der Bauteile.

0.2.31 Art und Anzahl der Dübel, Dübelleisten, Traufbohlen usw., die zur Befestigung bauseitig vorgesehen sind.

0.2.32 Ob zur Befestigung Schrauben oder Nägel verwendet werden sollen.

0.2.33 Art und Ausführung der Wandanschlüsse und ob Vorleistungen anderer Unternehmer vorliegen.

0.2.34 Dehnungsausgleicher nach Art oder Typ und Anzahl.

0.2.35 Art und Ausführung von provisorischen Abdeckungen bzw. Abdichtungen und deren Beseitigung.

0.2.36 Besonderer Schutz der Leistungen, z. B. Verpackung, Kantenschutz und Abdeckungen.

0.3 Einzelangaben bei Abweichungen von den ATV

0.3.1 Wenn andere als die in dieser ATV vorgesehenen Regelungen getroffen werden sollen, sind diese in der Leistungsbeschreibung eindeutig und im einzelnen anzugeben.

0.3.2 *Abweichende Regelungen können insbesondere in Betracht kommen bei*
Abschnitt 3.1.8,   wenn Durchdringungen entgegen der vorgesehenen Regelung eingefaßt
werden sollen,
Abschnitt 3.2.1,   wenn Metall-Dachdeckungen nicht aus Bändern hergestellt werden sollen,
sondern z. B. aus Tafeln,
Abschnitt 3.2.2,   wenn Metall-Wandbekleidungen nicht aus Bändern nach dem Doppelfalz-
system hergestellt werden sollen,
Abschnitt 3.2.3,   wenn bei Dachneigungen unter 5% (3°) die Längsfalze nicht zusätzlich
abgedichtet werden sollen,
Abschnitt 3.2.4,   wenn für Metall-Dachdeckungen keine Trennschicht aus Glasvlies-Bitumen-
dachbahn, fein besandet, eingebracht werden soll,
Abschnitt 3.2.5,   wenn Metallfalzdächer senkrecht zur Traufe nicht doppelte Stehfalze von
mindestens 23 mm Höhe haben müssen,
Abschnitt 3.2.6,   wenn Leistendächer nicht nach dem Deutschen Leistensystem ausgeführt
werden sollen, sondern z. B. nach dem Belgischen Leistensystem,
Abschnitt 3.2.9,   wenn Quernähte nicht nach Tabelle 3 ausgebildet werden sollen,
Abschnitt 3.2.10, wenn kein Gefällesprung mit mindestens 60 mm Höhe vorgesehen werden
soll, sondern z. B. Aufschiebling oder Schiebenaht.

0.4   Einzelangaben zu Nebenleistungen und Besonderen Leistungen
Keine ergänzende Regelung zur ATV DIN 18 299, Abschnitt 0.4.

0.5   Abrechnungseinheiten
Im Leistungsverzeichnis sind die Abrechnungseinheiten wie folgt vorzusehen:

0.5.1   Flächenmaß (m^2) für
— *Dachdeckungen, Wandbekleidungen und dergleichen, getrennt nach Art,*
— *Trenn- und Dämmschichten, getrennt nach Art und Dicke.*

0.5.2   Längenmaß (m) für
— *Geformte Bleche, Blechprofile, z. B. Firste, Grate, Traufen, Kehlen, An- und Abschlüsse,*
Einfassungen, Gefällestufen, Dehnungs- und Bewegungselemente von Dachdeckungen
und Wandbekleidungen, Abdeckungen für Gesimse, Ortgänge, Fensterbänke, Überhang-
streifen, getrennt nach Art, Dicke und Zuschnitt,
— *Schneefanggitter, einschließlich Stützen, getrennt nach Art und Größe,*
— *Rinnen und Traufblech, getrennt nach Art, Dicke, Zuschnitt oder Nennmaß,*
— *Wulstverstärkungen an Rinnen, getrennt nach Art und Größe,*
— *Regenfallrohre, getrennt nach Art, Dicke und Nennmaß,*
— *Strangpreßprofile, getrennt nach Art und Größe,*
— *in Streifen verlegte Trenn- und Dämmschichten, getrennt nach Art, Dicke und Breite.*

0.5.3   Anzahl (Stück) für
— *Ecken bei geformten Blechen und Blechprofilen sowie Formstücke bei Strangpreßprofilen,*
getrennt nach Art und Größe,
— *Leiterhaken, Laufbrettstützen, Dachlukendeckel, getrennt nach Art und Größe, Einfassun-*
gen für Durchdringungen, z. B. Lüftungshauben, Dachentlüfter, Rohre und Stützen für Gelän-
der, Laufbretter, Schneefanggitter, getrennt nach Art, Größe, Dicke und Zuschnitt,
— *Dehnungsausgleicher, z. B. an Dachrinnen, Traufblechen, An- und Abschlüssen, Gesims-*
und Mauerabdeckungen, getrennt nach Art, Dicke und Zuschnitt,

Klempnerarbeiten DIN 18 339

- Rinnenwinkel, Bodenstücke, Ablaufstutzen, Rinnenkessel, Gliederbogen, konische Rohre für Ablaufstutzen, Regenrohrklappen, Rohranschlüsse, Rohrbogen und -winkel, Standrohre und Abdeckplatten, Laub- und Schmutzfänger, Wasserspeier und dergleichen, getrennt nach Art, Dicke und Größe,
- Abdeckhauben an Schornsteinen, Schächten und dergleichen, getrennt nach Art, Dicke und Größe.

1 Geltungsbereich

1.1 ATV „Klempnerarbeiten" – DIN 18 339 – gilt nicht für

- Deckungen mit genormten Well-, Pfannen- und Trapezblechen (siehe ATV DIN 18 338 „Dachdeckungs- und Dachabdichtungsarbeiten"),
- Fassaden und Bekleidungen mit Metallbauteilen (siehe ATV DIN 18 360 „Metallbauarbeiten, Schlosserarbeiten") und
- Blecharbeiten bei Wärmedämmarbeiten (siehe ATV DIN 18 421 „Wärmedämmarbeiten an technischen Anlagen").

1.2 Ergänzend gelten die Abschnitte 1 bis 5 der ATV DIN 18 299 „Allgemeine Regelungen für Bauarbeiten jeder Art". Bei Widersprüchen gehen die Regelungen der ATV DIN 18 339 vor.

2 Stoffe, Bauteile

Ergänzend zur ATV DIN 18 299, Abschnitt 2, gilt:

Für die gebräuchlichsten genormten Stoffe und Bauteile sind die DIN-Normen nachstehend aufgeführt.

2.1 Dachrinnen und Regenfallrohre

DIN 18 461 Hängedachrinnen, Regenfallrohre außerhalb von Gebäuden und Zubehörteile aus Metall; Maße, Werkstoffe

DIN 18 469 Hängedachrinnen aus weichmacherfreiem Polyvinylchlorid; Anforderungen, Prüfung

2.2 Zinkbleche und Zinkbänder

DIN 17 770 Bänder und Bleche aus legiertem Zink für das Bauwesen; Technische Lieferbedingungen

2.3 Stahlbleche und Stahlbänder
2.3.1 Feuerverzinkte und beschichtete Stahlbleche und -bänder

DIN 17 162 Teil 2 Flachzeug aus Stahl; Feuerverzinktes Band und Blech; Technische Lieferbedingungen; Allgemeine Baustähle

DIN 59 232 Flachzeug aus Stahl; Feuerverzinktes Breitband und Blech aus weichen unlegierten Stählen und aus allgemeinen Baustählen; Maße, zulässige Maß- und Formabweichungen

DIN EN 10 142 Kontinuierlich feuerverzinktes Blech und Band aus weichen Stählen zum Kaltumformen; Technische Lieferbedingungen; Deutsche Fassung EN 10 142 : 1990

2.3.2 Nichtrostende Stahlbleche und Stahlbänder

DIN 17 441	Nichtrostende Stähle; Technische Lieferbedingungen für kaltgewalzte Bänder und Spaltbänder sowie daraus geschnittene Bleche
DIN 59 381	Flachzeug aus Stahl; Kaltgewalztes Band aus nichtrostenden und aus hitzebeständigen Stählen; Maße, zulässige Maß-, Form- und Gewichtsabweichungen
DIN 59 382	Flachzeug aus Stahl; Kaltgewalztes Breitband und Blech aus nichtrostenden Stählen; Maße, zulässige Maß- und Formabweichungen

2.4 Kupferbleche, Kupferbänder, Kupferprofile

Für Kupferbleche und Kupferbänder ist SF-Cu nach DIN 1787 „Kupfer; Halbzeug" zu verwenden.

Ferner gelten:

DIN 1751	Bleche und Blechstreifen aus Kupfer und Kupfer-Knetlegierungen, kaltgewalzt; Maße
DIN 1759	Rechteckstangen aus Kupfer- und Kupfer-Knetlegierungen, gezogen, mit scharfen Kanten; Maße, zulässige Abweichungen, statische Werte
DIN 1791	Bänder und Bandstreifen aus Kupfer und Kupfer-Knetlegierungen, kaltgewalzt; Maße
DIN 17 670 Teil 1	Bänder und Bleche aus Kupfer und Kupfer-Knetlegierungen; Eigenschaften
DIN 17 670 Teil 2	Bleche und Bänder aus Kupfer und Kupfer-Knetlegierungen; Technische Lieferbedingungen

2.5 Aluminium und Aluminiumlegierungen

DIN 1725 Teil 1	Aluminiumlegierungen; Knetlegierungen
DIN 1745 Teil 1	Bänder und Bleche aus Aluminium und Aluminium-Knetlegierungen mit Dicken über 0,35 mm; Eigenschaften
DIN 1745 Teil 2	Bänder und Bleche aus Aluminium und Aluminium-Knetlegierungen mit Dicken über 0,35 mm; Technische Lieferbedingungen
DIN 1747 Teil 1	Stangen aus Aluminium und Aluminium-Knetlegierungen; Eigenschaften
DIN 1783	Bänder und Bleche aus Aluminium und Aluminium-Knetlegierungen mit Dicken über 0,35 mm, kaltgewalzt; Maße
DIN 17 611	Anodisch oxidiertes Halbzeug aus Aluminium und Aluminium-Knetlegierungen mit Schichtdicken von mindestens 10 µm; Technische Lieferbedingungen

2.6 Bleche aus Blei und Bleilegierungen

DIN 17 640 Teil 1 bis Teil 3	Bleilegierungen
DIN 59 610	Bleche aus Blei; Maße

2.7 Feuerverzinkte und feuerverbleite Bauteile

DIN 50 976	Korrosionsschutz; Feuerverzinken von Einzelteilen (Stückverzinken); Anforderungen und Prüfung

Feuerverbleite Stahlteile müssen gut haftende und dichte Überzüge aufweisen.

2.8 Verbindungsstoffe (Schweiß- und Lötstoffe)

DIN 267 Teil 11	Mechanische Verbindungselemente; Technische Lieferbedingungen mit Ergänzungen zu ISO 3506, Teile aus rost- und säurebeständigen Stählen
DIN 1707	Weichlote; Zusammensetzung, Verwendung, Technische Lieferbedingungen
DIN 1732 Teil 1	Schweißzusätze für Aluminium und Aluminiumlegierungen; Zusammensetzung, Verwendung und Technische Lieferbedingungen
DIN 8511 Teil 1	Flußmittel zum Löten metallischer Werkstoffe; Flußmittel zum Hartlöten
DIN 8511 Teil 2	Flußmittel zum Löten metallischer Werkstoffe; Flußmittel zum Weichlöten
DIN 8513 Teil 1	Hartlote; Kupferbasislote, Zusammensetzung, Verwendung, Technische Lieferbedingungen
DIN 8513 Teil 2	Hartlote; Silberhaltige Lote mit weniger als 20 Gew.-% Silber, Zusammensetzung, Verwendung, Technische Lieferbedingungen
DIN 8513 Teil 3	Hartlote; Silberhaltige Lote mit mindestens 20% Silber, Zusammensetzung, Verwendung, Technische Lieferbedingungen
DIN 8513 Teil 4	Hartlote; Aluminiumbasislote, Zusammensetzung, Verwendung, Technische Lieferbedingungen
DIN 8556 Teil 1	Schweißzusatzwerkstoffe für das Schweißen nichtrostender und hitzebeständiger Stähle; Bezeichnung, Technische Lieferbedingungen

3 Ausführung

Ergänzend zur ATV DIN 18 299, Abschnitt 3, gilt:

3.1 Allgemeines

3.1.1 Der Auftragnehmer hat bei seiner Prüfung Bedenken
(siehe B § 4 Nr 3) insbesondere geltend zu machen bei
- ungeeigneter Beschaffenheit des Untergrundes, z.B. bei zu rauhen, zu porigen, feuchten, verschmutzten oder verölten Flächen,
- ungenügenden Schalungsdicken, zu scharfen Schalungskanten und Graten, Unebenheiten, fehlenden Abrundungen an Ecken und Kanten,
- fehlenden oder ungeeigneten Befestigungsmöglichkeiten, z.B. an Anschlüssen, Aussparungen, Durchdringungen,
- fehlender Be- und Entlüftung bei zu durchlüftenden Dächern und Wandbekleidungen,
- ungeeigneter Art und Lage von Durchdringungen, Entwässerungen, Anschlüssen, Schwellen und dergleichen,
- Abweichung von der Waagerechten oder dem Gefälle, das in der Leistungsbeschreibung vorgeschrieben oder nach Sachlage nötig ist,
- fehlenden Höhenbezugspunkten je Geschoß,

- fehlenden oder ungenügenden Ausdehnungsmöglichkeiten,
- fehlenden oder ungenügenden baulichen Vorraussetzungen für Sicherheitsüberläufe,
- fehlenden Sätteln an Dachdurchdringungen.

3.1.2 Bei Verwendung verschiedener Metalle müssen, auch wenn sie sich nicht berühren, schädigende Einwirkungen aufeinander ausgeschlossen sein; dies gilt insbesondere in Fließrichtung des Wassers.

3.1.3 Metalle sind gegen schädigende Einflüsse angrenzender Stoffe, z. B. Mörtel, Steine, Beton, Holzschutzmittel, durch eine geeignete Trennschicht z. B. aus Glasvlies-Bitumendachbahn zu schützen.

3.1.4 Verbindungen und Befestigungen sind so auszuführen, daß sich die Teile bei Temperaturänderungen schadlos ausdehnen, zusammenziehen oder verschieben können. Hierbei ist von einer Temperaturdifferenz von 100 K – im Bereich von – 20 °C bis + 80 °C – auszugehen.

Die Abstände von Dehnungsausgleichern sind abhängig von deren Ausführung und der Art und Anordnung der Bauteile zu wählen. Folgende Abstände der Ausgleicher untereinander dürfen nicht überschritten werden:
- in wasserführenden Ebenen für eingeklebte Einfassungen, Winkelanschlüsse, Rinneneinhänge und Shedrinnen 6 m,
- für Strangpreß-Profile 6 m,
- außerhalb wasserführender Ebenen für Mauerabdeckungen, Dachrandabschlüsse, nicht eingeklebte Dachrinnen mit Zuschnitt über 500 mm 8 m, bei Stahl 14 m,
- für Scharen von Dachdeckungen und Wandbekleidungen, bei innenliegenden, nicht eingeklebten Dachrinnen mit Zuschnitt unter 500 mm, Hängedachrinnen mit Zuschnitt über 500 mm 10 m, bei Stahl 14 m,
- für Hängedachrinnen bis 500 mm Zuschnitt 15 m.

Für die Abstände von Ecken oder Festpunkten gelten jeweils die halben Längen.

3.1.5 Gegen Abheben und Beschädigung durch Sturm sind geeignete Sicherungsmaßnahmen zu treffen.

Für Hafte und Befestigungsmittel gelten die Anforderungen gemäß Tabelle 1.

3.1.6 Halter für Dachrandeinfassungen und Verwahrungen im Deckbereich sind bündig einzulassen und versenkt zu verschrauben.

3.1.7 Anschlüsse an höhergeführte Bauwerksteile müssen mindestens 150 mm über die Oberkante des Dachbelages hochgeführt und regensicher verwahrt werden.

3.1.8 Durchdringungen von Dächern oder Bekleidungen sind regendicht mit der Deckung oder Bekleidung einzufassen oder zu verbinden, z. B. durch Falten, Falzen, Nieten, Löten oder Schweißen.

3.1.9 Alle einzuklebenden Metallanschlüsse müssen Klebeflansche von mindestens 120 mm Breite aufweisen. Verbindungen sind wasserdicht auszuführen. Bei Längen über 3 m ist die Befestigung indirekt auszuführen.

Klempnerarbeiten DIN 18 339

Tabelle 1. **Hafte und Befestigungsmittel; Anforderungen**

	Werkstoff[1]) der zu befestigenden Teile	Hafte		Befestigungsmittel[2])			
				gerauhte Nägel		Senkkopfschrauben	
		Werkstoff	Dicke mm	Werkstoff	Maße mm × mm	Werkstoff	Maße mm × mm
1	2	3	4	5	6	7	
1	Titanzink	Titanzink	$\geq 0{,}7$	feuerverzinkter Stahl	$\geq (2{,}8 \times 25)$	feuerverzinkter Stahl	$\geq (4 \times 25)$
		feuerverzinkter Stahl	$\geq 0{,}6$				
		Aluminium[3])	$\geq 0{,}8$				
2	feuerverzinkter Stahl	feuerverzinkter Stahl	$\geq 0{,}6$	feuerverzinkter Stahl	$\geq (2{,}8 \times 25)$	feuerverzinkter Stahl	$\geq (4 \times 25)$
		Aluminium[3])	$\geq 0{,}8$				
3	Aluminium	Aluminium[3])	$\geq 0{,}8$	Aluminium	$\geq (3{,}8 \times 25)$	feuerverzinkter Stahl	$\geq (4 \times 25)$
		Edelstahl	$\geq 0{,}4$	Edelstahl	$\geq (2{,}5 \times 25)$	Edelstahl	$\geq (4 \times 25)$
4	Kupfer	Kupfer	$\geq 0{,}6$	Kupfer	$\geq (2{,}8 \times 25)$	Kupfer-Zink-Legierung	$\geq (4 \times 25)$
						Edelstahl	$\geq (4 \times 25)$
						Kupfer	$\geq (4 \times 25)$
5	Edelstahl	Edelstahl	$\geq 0{,}4$	Kupfer	$\geq (2{,}8 \times 25)$	Kupfer-Zink-Legierung	$\geq (4 \times 25)$
				Edelstahl	$\geq (2{,}8 \times 25)$	Edelstahl	$\geq (4 \times 25)$
						Kupfer	$\geq (4 \times 25)$
6	Blei	Kupfer	$\geq 0{,}7$	Kupfer	$\geq (2{,}8 \times 25)$	Kupfer-Zink-Legierung	$\geq (4 \times 30)$
						Edelstahl	$\geq (4 \times 30)$
						Kupfer	$\geq (4 \times 30)$

[1]) Die erforderliche Schalungsdicke bei Dachdeckungen beträgt bei Blei mindestens 30 mm, bei allen anderen Werkstoffen mindestens 24 mm.
[2]) Je Haft mindestens 2 Stück mit einer Einbindetiefe von mindestens 20 mm.
[3]) Bei Schiebehaften ist das Unterteil mindestens 1 mm dick auszuführen.

Tabelle 2. **Metalldachdeckung: Breite und Länge der Scharen, Werkstoffdicken, Anzahl und Abstand der Hafte**

	Gebäudehöhe m		bis 8				über 8 bis 20			über 20 bis 100	
	1	2	3	4	5	6	7	8	9	10	11
1	Scharenbreite [1] in mm ≈		520	620	720	920	520	620	[2] 720	520	[2] 620
2	Werkstoff	Scharenlänge m				Mindestwerkstoffdicke mm					
3	Aluminium	≤ 10	0,7	0,8	0,8	–[3]	0,7	0,8	–[3]	0,7	–[3]
4	Kupfer	≤ 10	0,6	0,6	0,7	–[3]	0,6	0,6	–[3]	0,6	–[3]
5	Titanzink	≤ 10	0,7	0,7	0,8	–[3]	0,7	0,7	–[3]	0,7	–[3]
6	feuerverzinkter Stahl	≤ 14	0,6	0,6	0,6	0,7	0,6	0,6	0,6	0,6	0,6
7	Hafte, Anzahl und Abstand untereinander [4]										
8	Allgemeiner Dachbereich	Anzahl Stück/m²	4				5			6	
		Abstand mm	≤ 500	≤ 420	≤ 360	≤ 280	≤ 400	≤ 330	≤ 280	≤ 330	≤ 280
9	Dachrandbereich nach DIN 1055 T 4 (⅛ der Gebäudebreite)	Anzahl Stück/m²	4				6			8[5]	8
		Abstand mm	≤ 500	≤ 420	≤ 360	≤ 280	≤ 330	≤ 280	≤ 240	≤ 250	≤ 210

[1] Die Scharenbreiten errechnen sich aus den Band- bzw. Blechbreiten von 600, 700, 800 und 1000 mm abzüglich ≈ 80 mm bei Falzdächern. Für Leistendächer ergibt sich eine geringere Scharenbreite in Abhängigkeit vom Leistenquerschnitt.

[2] Größere Scharenbreite unzulässig.

[3] Unzulässig.

[4] Anforderungen an Hafte siehe Tabelle 1.

[5] Für Kupferdeckung statt Nägel auch Schrauben aus Kupfer-Zink-Legierung 4 × 25, 6 Stück/m² mit max. 380 mm Abstand.

Klempnerarbeiten DIN 18 339

3.2 Metall-Dachdeckungen (Falz- und Leistendächer), Metall-Wandbekleidungen

3.2.1 Metall-Dachdeckungen sind aus Bändern herzustellen.

3.2.2 Metall-Wandbekleidungen sind aus Bändern nach dem Doppelfalzsystem herzustellen.

3.2.3 Bei Dachneigungen unter 5% (3°) sind die Längsfalze zusätzlich abzudichten.

3.2.4 Für Metall-Dachdeckungen ist eine Trennschicht aus Glasvlies-Bitumendachbahnen, fein besandet, einzubauen.

3.2.5 Metallfalzdächer müssen senkrecht zur Traufe doppelte Stehfalze von mindestens 23 mm Höhe haben.

3.2.6 Leistendächer sind nach dem Deutschen Leistensystem auszuführen. Der Leistenquerschnitt muß mindestens 40 mm × 40 mm betragen.

3.2.7 Scharenlänge, Scharenbreite und Werkstoffdicke sowie Anzahl der Hafte sind Tabelle 2 zu entnehmen.

3.2.8 Zwischen den Unterkanten der Längsaufkantung der Scharen ist ein Abstand von 3 mm zur Aufnahme der Dehnung zwischen den Falzen vorzusehen.

3.2.9 Quernähte sind nach Tabelle 3 auszubilden.

Tabelle 3. **Quernähte**

	Dachneigung	Art der Quernähte
	1	2
1	58% (30°) und größer	Überlappung 100 mm
2	47% (25°) und größer	Einfacher Querfalz
3	18% (10°) und größer	Einfacher Querfalz mit Zusatzfalz
4	13% (7°) und größer	Doppelter Querfalz (ohne Dichtung)
5	kleiner als 13% (7°)	Wasserdichte Ausführung, je nach verwendetem Werkstoff gelötet, genietet oder doppelt gefalzt mit Dichtung

3.2.10 Ist der Abstand zwischen First und Traufe größer als die zulässige Scharenlänge nach Tabelle 2, ist ein Gefällesprung mit mindestens 60 mm Höhe vorzusehen.

3.2.11 Die Traufe ist so auszubilden, daß die Längenänderungen der Scharen und die Windsoglasten aufgenommen werden. Die Scharenenden müssen mittels Umschlag an dem als Haftstreifen ausgebildeten Traufblech befestigt sein.

3.2.12 Bei durchlüfteten Dächern (Kaltdächern) dürfen durch die Ausführung der Metalldeckung die Lüftungsquerschnitte nicht beeinträchtigt werden.

3.2.13 Bei Metall-Wandbekleidungen muß die Überdeckung in der Senkrechten bei glatten Stößen mindestens 50 mm betragen.

3.2.14 Hinterlüftete Außenwandbekleidungen sind nach DIN 18 516 Teil 1 „Außenwandbekleidungen, hinterlüftet; Anforderungen, Prüfgrundsätze" auszuführen. Bei der Verwendung von Faserzementplatten sind asbestfreie Produkte, die bauaufsichtlich zugelassen sind, zu verwenden.

3.3 Kehlen

3.3.1 Kehlen aus Metall sind auf beiden Seiten mit aufgebogenem Wasserfalz auszuführen.

3.3.2 Ungelötete Überdeckungen müssen mindestens 100 mm betragen. Bei Kehlneigungen unter 26% (15°) müssen Überdeckungen gelötet werden.

3.3.3 Metallkehlen müssen vollflächig aufliegen.

3.4 Dachrandabschlüsse, Mauerabdeckungen und Anschlüsse

3.4.1 Die erforderliche Werkstoffdicke ist in Abhängigkeit von der Größe, der Zuschnittsbreite, der Formgebung, der Befestigung, der Unterkonstruktion und dem verwendeten Werkstoff zu wählen, dabei ist die Mindestdicke für gekantete Dachrandabschlüsse, Mauerabdeckungen und Anschlüsse nach Tabelle 4 einzuhalten.

Die Mindestdicke für Strangpreßprofile muß 1,5 mm betragen; für auf Unterkonstruktion verlegte Metallteile gilt Tabelle 2

Tabelle 4. **Mindestwerkstoffdicken für gekantete Dachrandabschlüsse, Mauerabdeckungen und Anschlüsse**

	Werkstoff	Dachrandabschlüsse mindestens	gekantete Mauerabdeckungen mindestens	Anschlüsse mindestens
	1	2	3	4
1	Aluminium	1,2 mm	0,8 mm	0,8 mm
2	Kupfer (halbhart)	0,8 mm	0,7 mm	0,7 mm
3	Verzinkter Stahl	0,7 mm	0,7 mm	0,7 mm
4	Titanzink	0,8 mm	0,7 mm	0,7 mm
5	Edelstahl	0,7 mm	0,7 mm	0,7 mm

3.4.2 Dachrandabschlüsse, Mauerabdeckungen und Anschlüsse sind mit korrosionsgeschützten Befestigungselementen verdeckt anzubringen. Für den Dehnungsausgleich gilt Abschnitt 3.1.4.

3.4.3 Abdeckungen müssen eine Tropfkante mit mindestens 20 mm Abstand von den zu schützenden Bauwerksteilen aufweisen.

3.4.4 Alle Ecken sind je nach Werkstoff durch Falzen, Nieten, Weichlöten, Hartlöten oder Schweißen regendicht auszuführen.

3.4.5 Aufgesetzte Kappleisten sind mindestens alle 250 mm, Wandanschlußschienen mindestens alle 200 mm zu befestigen.

Klempnerarbeiten DIN 18 339

3.5 Dachrinnen, Rinnenhalter, Regenfallrohre

3.5.1 Dachrinnen, Regenfallrohre und Zubehör sind nach DIN 18 460 „Regenfalleitungen außerhalb von Gebäuden und Dachrinnen; Begriffe, Bemessungsgrundlagen" zu bemessen und nach DIN 18 461 auszuführen.

3.5.2 Querschnitte und Abstände der Rinnenhalter sind nach DIN 18 461 zu bemessen.

3.5.3 Bei Metalldächern und bei Dachabdichtungen aus Bahnen sind die Halter in die Schalung bündig einzulassen und versenkt zu befestigen.

3.5.4 Für die Abführung von Regenwasser während der Bauzeit sind Wasserabweiser vorzuhalten. Sie sind so anzubringen, daß sie mindestens 50 cm über das Gerüst hinausreichen.

4 Nebenleistungen, Besondere Leistungen

4.1 Nebenleistungen sind ergänzend zur ATV DIN 18 299, Abschnitt 4.1, insbesondere:

4.1.1 Auf- und Abbauen sowie Vorhalten der Gerüste, deren Arbeitsbühnen nicht höher als 2 m über Gelände oder Fußboden liegen.

4.1.2 Anzeichnen der Aussparungen, Schlitze und Durchbrüche am Bau.

4.1.3 Einlassen und Befestigen der Rinnenhalter, Laufbrettstützen, Dübel, Rohrschellen.

4.1.4 Liefern der Verbindungs- und Befestigungsmittel, z. B. Rinnenhalter, Spanneisen, Rohrschellen, Hafte, Schrauben, Nägel, Niete, Draht, Dübel, Lötzinn, Blei.

4.2 Besondere Leistungen sind ergänzend zur ATV DIN 18 299, Abschnitt 4.2, z. B.:

4.2.1 Vorhalten von Aufenthalts- und Lagerräumen, wenn der Auftraggeber Räume, die leicht verschließbar gemacht werden können, nicht zur Verfügung stellt.

4.2.2 Auf- und Abbauen sowie Vorhalten der Gerüste, deren Arbeitsbühnen höher als 2 m über Gelände oder Fußboden liegen.

4.2.3 Umbau von Gerüsten für Zwecke anderer Unternehmer.

4.2.4 Herstellen von im Bauwerk verbleibenden Verankerungsmöglichkeiten z. B. für Gerüste.

4.2.5 Erstellen von Montage- und Verlegeplänen.

4.2.6 Reinigen des Untergrundes von grober Verschmutzung, z. B. Gipsreste, Mörtelreste, Farbreste, Öl, soweit diese von anderen Unternehmern herrührt.

4.2.7 Schaffen der notwendigen Höhenfestpunkte nach B § 3 Nr 2.

4.2.8 Herstellen von Proben, Musterflächen, Musterkonstruktionen und Modellen.

4.2.9 Liefern statischer und bauphysikalischer Nachweise.

4.2.10 Anbringen, Vorhalten und Befestigen von Wasserabweisern, wenn Maßnahmen nach Abschnitt 3.5.4 nicht ausreichen.

4.2.11 Anbringen, Vorhalten und Befestigen von behelfsmäßigen Regenfallrohren und -ablaufstutzen.

4.2.12 Abnehmen und Wiederanbringen von Regenfallrohren, soweit es der Auftragnehmer nicht zu vertreten hat.

4.2.13 Liefern und Einbauen von Laub- und Schmutzfängen.

4.2.14 Herstellen von Schlitzen und Dübellöchern in Werkstein und von Schlitzen in Mauerwerk und Beton.

4.2.15 Schließen von Schlitzen.

4.2.16 Nachträgliches Herstellen und Schließen von Löchern im Mauerwerk und Beton für Auflager und Verankerungen.

4.2.17 Auf- und Zudecken des Daches, soweit es der Auftragnehmer nicht zu vertreten hat.

4.2.18 Ausbau und/oder Wiedereinbau von Bekleidungselementen für Leistungen anderer Unternehmer.

4.2.19 Nachträgliches Anarbeiten und/oder nachträglicher Einbau von Teilen.

4.2.20 Einbauen von Innen- und Außenecken an geformten Blechen und Blechprofilen.

4.2.21 Einbauen von Formstücken an Strangpreßprofilen.

4.2.22 Einbauen von Rinnenwinkeln, Bodenstücken, Ablaufstutzen, Rinnenkesseln, Rohrbogen und -winkeln, konischen Rohren und Wasserspeiern.

4.2.23 Einbauen von Dachhaken, Laufbrettstützen und Dachlukendeckel.

5 Abrechnung

Ergänzend zur ATV DIN 18 299, Abschnitt 5, gilt:

5.1 Allgemeines

5.1.1 Der Ermittlung der Leistung — gleichgültig, ob sie nach Zeichnung oder nach Aufmaß erfolgt — sind zugrunde zu legen:

Bei Dachdeckungen und Dachabdichtungen

- auf Flächen ohne begrenzende Bauteile die Maße der zu deckenden bzw. zu bekleidenden Flächen,
- auf Flächen mit begrenzenden Bauteilen die Maße der zu deckenden bzw. zu bekleidenden Flächen bis zu den begrenzenden, ungeputzten bzw. unbekleideten Bauteilen.

Bei Fassaden die Maße der Bekleidung.

5.1.2 Bei Trenn- und Dämmschichten werden Bohlen, Sparren und dergleichen übermessen.

5.1.3 Bei Schrägschnitten von Abkantungen und Profilen wird die jeweils größte Kantenlänge zugrunde gelegt.

Klempnerarbeiten DIN 18 339

5.1.4 Bei geformten Blechen und Blechprofilen werden Überdeckungen und Überfälzungen übermessen.

5.1.5 Rinnen und Traufbleche werden an den Vorderwulsten gemessen, Winkel und Dehnungsausgleicher werden übermessen.

5.1.6 Regenfallrohre werden in der Mittellinie gemessen, Winkel und Bogen werden übermessen.

5.1.7 Bei der Ermittlung des Längenmaßes wird die größte Bauteillänge gemessen.

5.2 Es werden abgezogen:

5.2.1 Bei Abrechnung nach Flächenmaß (m^2):
Aussparungen und Öffnungen über 2,5 m^2 Einzelgröße, z. B. für Schornsteine, Fenster, Oberlichter, Entlüftungen.

5.2.2 Bei Abrechnung nach Längenmaß (m):
Unterbrechungen von mehr als 1 m Länge.

VOB Teil C:
Allgemeine Technische Vertragsbedingungen für Bauleistungen (ATV)
Betonerhaltungsarbeiten — DIN 18 349
Ausgabe Dezember 1992

Inhalt

0 Hinweise für das Aufstellen der Leistungsbeschreibung
1 Geltungsbereich
2 Stoffe, Bauteile
3 Ausführung
4 Nebenleistungen, Besondere Leistungen
5 Abrechnung

0 Hinweise für das Aufstellen der Leistungsbeschreibung

Diese Hinweise ergänzen die ATV DIN 18 299 „Allgemeine Regelungen für Bauarbeiten jeder Art", Abschnitt 0. Die Beachtung dieser Hinweise ist Voraussetzung für eine ordnungsgemäße Leistungsbeschreibung gemäß A § 9.
Die Hinweise werden nicht Vertragsbestandteil.
In der Leistungsbeschreibung sind nach den Erfordernissen des Einzelfalls insbesondere anzugeben:

0.1 Angaben zur Baustelle
Keine ergänzende Regelung zur ATV DIN 18 299, Abschnitt 0.1.

0.2 Angaben zur Ausführung

0.2.1 Instandsetzungskonzept und vorgesehene Erhaltungsmaßnahmen.

0.2.1.1 Art und Beschaffenheit der zu bearbeitenden Flächen und Bauteile unter Berücksichtigung der Schadensdiagnose.

0.2.1.2 Art der Vorbereitung, z. B.:
— Heißwasserstrahlen,
— Niederdruckwasserstrahlen
  bis 100 bar ohne oder mit Strahlmitteln,
— Hochdruckwasserstrahlen
  bis 800 bar ohne oder mit Strahlmitteln,
— Höchstdruckwasserstrahlen
  über 800 bar ohne oder mit Strahlmitteln,
— Strahlen mit festen Strahlmitteln,
— Feuchtstrahlen mit festen Strahlmitteln,

Betonerhaltungsarbeiten   DIN 18 349

— Flammstrahlen und Nachbehandlung nach DVS 0302, „Flammstrahlen von Beton, Ausgabe Juli 1985"[1])
— Fräsen,
— Stemmen.

0.2.1.3 Angaben zur Bewehrung und zum geforderten Reinheitsgrad für die Bearbeitung der Bewehrung.

0.2.1.4 Welcher Korrosionsschutz für die Bewehrung gefordert wird, z. B.:
— Wiederherstellung des alkalischen Milieus,
— Beschichtung der Bewehrung mit reaktionshärtenden Systemen,
— Beschichtung der Bewehrung mit kunststoffmodifizierten Zementschlämmen,
— kathodischer Schutz.

0.2.1.5 Angaben zum geforderten Instandsetzungsverfahren mit Angabe der Mörtel und Betone, die für die Instandsetzung verwendet werden dürfen, z. B.:
— Zementmörtel nach DIN 18 550 Teil 1,
— Beton nach DIN 1045,
— Spritzbeton nach DIN 18 551,
— Zementmörtel/Beton mit Kunststoffzusatz (PCC),
— Reaktionsharzmörtel (PC),
— Spritzmörtel,
— Spritzbeton/Spritzmörtel mit Kunststoffzusatz (SPCC),
— Leichtbeton nach DIN 4119,
— Spritzleichtbeton nach DIN 18 551.

0.2.1.6 Angaben zur Rissebearbeitung, z. B.
— Rißursache,
— Rißbreite,
— Rißbreitenänderung während des Füllens und im gefüllten Zustand,
— Feuchtezustand der Risse und Rißufer,
— Angleichen an die Betonstruktur.

0.2.1.7 Verfüllen und Abdichten der Risse mit Angabe der Füllmenge je m, z. B. durch
— Tränken,
— Injizieren,
— kurzfristiges Abdichten wasserführender Risse,
— dehnfähiges Verbinden,
— kraftschlüssiges Verbinden.

0.2.1.8 Ob zum kraftschlüssigen Verbinden von Rißufern lösungsmittelfreies Epoxidharz oder Zementleim/Suspension verwendet werden soll.

0.2.2 Besonders zu schützende Bauteile, z. B. Fenster, Türen, Geländer, Fallrohre, technische Anlagen.

0.2.3 Art, Größe, Lage und Anzahl von Aussparungen und vorhandenen Einbauteilen.

0.2.4 Art und Anzahl von geforderten Musterflächen.

---
[1]) Herausgegeben vom Deutschen Verband für Schweißtechnik e.V., Postfach 10 19 65, W-4000 Düsseldorf 1

0.2.5 Angaben zur Wiederherstellung der Oberflächenstruktur.

0.2.6 Besondere Umweltbelastungen.

0.2.7 Schutzmaßnahmen für Grünanlagen.

0.3 Einzelangaben bei Abweichungen von der ATV

0.3.1 Wenn andere als die in dieser ATV vorgesehenen Regelungen getroffen werden sollen, sind diese in der Leistungsbeschreibung eindeutig und im einzelnen anzugeben.

0.3.2 Abweichende Regelungen können insbesondere in Betracht kommen bei

Abschnitt 3.1.2, wenn von den aufgeführten Maßtoleranzen abgewichen werden soll,

Abschnitt 3.2.1, wenn eine andere Art der Vorbereitung vereinbart werden soll (siehe Abschnitt 0.2.1.2),

Abschnitt 3.3.1, wenn zum systemgerechten Entrosten des freigelegten Betonstahls Hochdruckwasserstrahlen $\leq$ 800 bar mit dem Reinheitsgrad Sa 2 vereinbart werden soll, auch wenn das Bild den fotografischen Vergleichsmustern nach DIN 55 928 Teil 4 nicht entspricht,

Abschnitt 3.3.2, wenn eine Wiederherstellung des alkalischen Milieus vereinbart werden soll durch z. B.

- Beton,
- Spritzbeton/Mörtel,
- SPCC,
- kathodischen Schutz.

Abschnitt 3.4.1, wenn zum Aufbringen der Haftbrücke Reaktionsharzmörtel (PC) verwendet werden soll,

Abschnitt 3.4.2, wenn zum Ausbessern der Betonausbrüche und Schadstellen Reaktionsharzmörtel (PC) verwendet werden soll,

Abschnitt 3.4.3, wenn zum Schließen der Poren und Lunker Reaktionsharzmörtel (PC) oder Kunststoffdispersions-Spachtelmasse verwendet werden soll,

Abschnitt 3.4.4, wenn zur Beseitigung von Unebenheiten < 2 mm Reaktionsharzmörtel (PC) oder Kunststoffdispersions-Spachtelmasse verwendet werden soll,

Abschnitt 3.5.3, wenn zum kraftschlüssigen Verbinden von Rißufern Zementleim/Suspension verwendet werden soll.

0.4 Einzelangaben zu Nebenleistungen und Besonderen Leistungen

Keine ergänzende Regelung zur ATV DIN 18 299, Abschnitt 0.4.

0.5 Abrechnungseinheiten

Im Leistungsverzeichnis sind die Abrechnungseinheiten wie folgt vorzusehen:

0.5.1 Flächenmaß (m^2), getrennt nach Bauart und Maßen, für

- Wände, Decken, Fundamente, Bodenplatten, Treppenlaufplatten, Podeste,
- örtlich begrenzte Fehlstellen,
- Ausbrüche von mehr als 1 m^2 Einzelgröße, getrennt nach der jeweils größten Tiefe,
- Unterzüge, Überzüge, Stützen, Balken mit mehr als 1,6 m in der Abwicklung,
- Profilstahl mit mehr als 0,3 m Abwicklung,
- nachträgliche Bearbeitung von Oberflächen,
- Schalungen,
- flächige Abdeck- und Schutzmaßnahmen mit Folien, Platten und dergleichen,
- Einhausungen.

Betonerhaltungsarbeiten DIN 18 349

0.5.2 Längenmaß (m), getrennt nach Bauart und Maßen, für
- Überzüge, Unterzüge, Stützen, Balken, Vorlagen, Fenster- und Türstürze bis zu 1,6 m in der Abwicklung,
- Gesimse, Leibungen, Faschen,
- Fachwerke,
- Stufen und Treppenwangen,
- Ausbilden von Kanten, Tropfkanten, Abfasungen bei mehr als 1 m Einzellänge,
- örtlich begrenzte Fehlstellen, z. B. Ausbrüche bis 0,1 m Breite und über 1 m Einzellänge, getrennt nach der jeweils größten Tiefe,
- Schalung für Schlitze, Reprofilierungen und dergleichen,
- Freilegen von Betonstahl über 1 m Einzellänge, getrennt nach Durchmesser bis 16 mm und über 16 mm,
- Korrosionsschutz von Betonstahl über 1 m Einzellänge,
- Profilstahl,
- Herstellen von Fugen,
- Verfüllen von Rissen, getrennt nach Verfahren, Zweck und Verfüllmenge,
- Angleichen von Rissen,
- Abdichten der Fugen mit Fugenbändern, Verpreßschläuchen, Fugenprofilen, Fugenfüllungen und dergleichen,
- Dübelleisten.

0.5.3 Anzahl (Stück), getrennt nach Bauart und Maßen, für
- Konsolen,
- Ausbrüche über 0,1 m Breite, getrennt nach der jeweils größten Tiefe und Flächengröße
  bis zu 0,01 m^2,
  bis zu 0,10 m^2,
  bis zu 0,25 m^2,
  bis zu 0,50 m^2,
  bis zu 0,75 m^2,
  bis zu 1,00 m^2,
- Freilegen von Betonstahl bis 0,5 m Einzellänge,
- Freilegen von Betonstahl über 0,5 m bis 1 m Einzellänge,
- Korrosionsschutz von Betonstahl bis 1 m Einzellänge,
- Schalung für Reprofilierungen, Vouten, Konsolen bis 1 m Einzellänge,
- vorkonfektionierte Formteile, z. B. Ecken und Knoten bei Fugenbändern und -profilen,
- Kleben von Stahllamellen,
- Abdeckmaßnahmen an Türen, Fenstern, Zwischenwänden, Markisen, Geländern und dergleichen,
- Verfüllen von Aussparungen,
- Verankerungsdübel,
- Bauwerksuntersuchungen, Prüfungen, z. B. Prüfen der Oberflächenzugfestigkeit,
- Beseitigen von störenden Fremdkörpern, z. B. Bindedraht, Nägel, Kunststoffteile,
- Schalungen für Aussparungen,
- Einhausungen.

0.5.4 Gewicht (kg) für
- Verbrauch an Füllgut für Risse,

und, getrennt nach Bauart und Maßen, für
- Liefern, Schneiden, Biegen und Verlegen von Bewehrungen und Lagesicherungen,
- Einbauteile, Bewehrungsanschlüsse, Dübelleisten, Ankerschienen, Verbindungselemente und ähnliches.

1 Geltungsbereich

1.1 Die ATV „Betonerhaltungsarbeiten" – DIN 18 349 – gilt für Arbeiten zur Erhaltung und Instandsetzung von Bauteilen aus bewehrtem oder unbewehrtem Beton.

1.2 Die ATV DIN 18 349 gilt nicht für
- das Herstellen von Bauteilen aus Beton (siehe ATV DIN 18 331 „Beton- und Stahlbetonarbeiten"),
- die Oberflächenbehandlung von Bauten und Bauteilen (siehe ATV DIN 18 363 „Maler- und Lackierarbeiten") und
- das Herstellen von Bauteilen aus bewehrtem oder unbewehrtem Beton im Spritzverfahren (siehe ATV DIN 18 314 „Spritzbetonarbeiten").

1.3 Ergänzend gelten die Abschnitte 1 bis 5 der ATV DIN 18 299 „Allgemeine Regelungen für Bauarbeiten jeder Art". Bei Widersprüchen gehen die Regelungen der ATV DIN 18 349 vor.

2 Stoffe, Bauteile

Ergänzend zur ATV DIN 18 299, Abschnitt 2, gilt:

2.1 Für die gebräuchlichsten genormten Stoffe und Bauteile sind die DIN-Normen nachstehend aufgeführt:

Normen der Reihe DIN 488 Betonstahl

DIN 1045	Beton und Stahlbeton; Bemessung und Ausführung
DIN 4219 Teil 1 und Teil 2	Leichtbeton und Stahlleichtbeton mit geschlossenem Gefüge
DIN 4227 Teil 1	Spannbeton; Bauteile aus Normalbeton mit beschränkter oder voller Vorspannung
DIN 4227 Teil 2	Spannbeton; Bauteile mit teilweiser Vorspannung
DIN 4227 Teil 3	Spannbeton; Bauteile in Segmentbauart; Bemessung und Ausführung der Fugen
DIN 4227 Teil 6	Spannbeton; Bauteile mit Vorspannung ohne Verbund

Normen der Reihe DIN 8201 Feste Strahlmittel

DIN 18 540	Abdichten von Außenwandfugen im Hochbau mit Fugendichtstoffen
DIN 18 550 Teil 1	Putz; Begriffe und Anforderungen
DIN 18 551	Spritzbeton; Herstellung und Prüfung
DIN 18 557	Werkmörtel; Herstellung, Überwachung und Lieferung

Betonerhaltungsarbeiten   DIN 18 349

DIN 55 928 Teil 4   Korrosionsschutz von Stahlbauten durch Beschichtungen und Überzüge; Vorbereitung und Prüfung der Oberflächen, Photographische Beispiele für maschinelles Schleifen auf Teilbereichen (Normreinheitsgrad PMa)
DIN 55 928 Teil 5   Korrosionsschutz von Stahlbauten durch Beschichtungen und Überzüge; Beschichtungsstoffe und Schutzsysteme
DIN 55 945   Beschichtungsstoffe (Lacke, Anstrichstoffe und ähnliche Stoffe); Begriffe

2.2 Stoffe für die Betoninstandsetzung müssen alkalibeständig sein.

3 Ausführung

Ergänzend zur ATV DIN 18 299, Abschnitt 3, gilt:

3.1 Allgemeines

3.1.1 Für die Ausführung gelten insbesondere:

DIN 1045   Beton und Stahlbeton
DIN 4030 Teil 1 und Teil 2   Beurteilung betonangreifender Wässer, Böden und Gase
DIN 4099   Schweißen von Betonstahl; Ausführung und Prüfung
DIN 4219 Teil 1 und Teil 2   Leichtbeton und Stahlleichtbeton mit geschlossenem Gefüge
DIN 4227 Teil 1 bis Teil 6   Spannbeton
DIN 18 540   Abdichten von Außenwandfugen im Hochbau mit Fugendichtstoffen
DIN 18 550 Teil 2   Putz; Putze aus Mörteln mit mineralischen Bindemitteln; Ausführung
DIN 18 558   Kunstharzputze; Begriffe, Anforderungen, Ausführung
DIN 55 928 Teil 4   Korrosionsschutz von Stahlbauten durch Beschichtungen und Überzüge; Vorbereitung und Prüfung der Oberflächen
DIN 55 928 Teil 6   Korrosionsschutz von Stahlbauten durch Beschichtungen und Überzüge; Ausführung und Überwachung der Korrosionsschutzarbeiten.
Richtlinie für Schutz und Instandsetzung von Betonbauteilen (DAfStb) [2]).

3.1.2 Abweichungen von vorgeschriebenen Maßen sind in den durch
DIN 18 201   Toleranzen im Bauwesen; Begriffe, Grundsätze Anwendungen, Prüfung

---

[2]) Herausgegeben vom Deutschen Ausschuß für Stahlbeton (DAfStb) Fachbereich 07, des NABau im DIN, Deutsches Institut für Normung e. V., Bundesallee 216/218, W–1000 Berlin 15, Tel. (030) 2 12 63 67/368.

DIN 18 202 Toleranzen im Hochbau; Bauwerke
DIN 18 203 Teil 1 Toleranzen im Hochbau; Vorgefertigte Teile aus Beton, Stahlbeton und Spannbeton
bestimmten Grenzen zulässig.

Werden an die Ebenheit von Flächen erhöhte Anforderungen gemäß DIN 18 202 gestellt, so sind die zu treffenden Maßnahmen Besondere Leistungen (siehe Abschnitt 4.2.1).

3.1.3 Der Auftragnehmer hat bei seiner Prüfung Bedenken (siehe B § 4 Nr 3) insbesondere geltend zu machen bei
— erkennbarer Gefährdung der Standsicherheit,
— erkennbaren Mängeln des Instandsetzungskonzeptes,
— Abweichung des qualitativen Schadensumfanges von der Schadensbeschreibung,
— abweichender Beschaffenheit des Untergrundes von der Schadensdiagnose,
— ungeeignet vorgegebenem Vorbereitungsverfahren,
— unzureichender Festigkeit des Untergrundes,
— ungünstigen Witterungsbedingungen,
— ungeeigneten äußeren Bedingungen, z. B. thermische, chemische und mechanische Belastung.

3.2 Vorbereiten des Betonuntergrundes

3.2.1 Der Mittelwert der Oberflächenzugfestigkeit muß bei Festigkeitsklassen $\geq$ B 25 mindestens 1,5 N/mm^2 betragen, bei geringerer Nennfestigkeit darf sie 1,1 N/mm^2 nicht unterschreiten. In der Oberfläche nicht ausreichend fester oder schadhafter Beton ist ebenso, wie eine etwaig trennend wirkende Substanz durch Feuchtstrahlen mit festen Strahlmitteln zu entfernen. Werden vorgenannte Werte auch dann noch nicht erreicht, sind weitere, besonders zu vereinbarende Maßnahmen erforderlich.

3.2.2 Die Abmessungen und das Profil des Untergrundes dürfen durch die Vorbereitungsarbeiten nicht mehr als durch das Verfahren bedingt verändert werden. Jeder vorbereitete Untergrund ist vor Bewitterung, Staub und losen Teilen zu schützen und vor dem Aufbringen einer nachfolgenden Lage oder Schicht zu säubern.

3.3 Behandlung des Stahls im Beton

3.3.1 Freiliegender oder freigelegter Stahl ist systemgerecht zu entrosten. Es dürfen nur mechanische Verfahren angewendet werden. DIN 55 928 Teil 4 ist sinngemäß zu beachten. Der erforderliche Reinheitsgrad der bearbeiteten Bewehrung ist vom Instandsetzungsprinzip abhängig. An den Einbindungspunkten ist der Stahl mindestens 20 mm in seinem nicht korrodierten Bereich freizulegen.

Die Ausbruchufer sind schräg zwischen 30° und 60° herauszuarbeiten. Der Beton ist so weit abzutragen, wie er infolge Korrosion der Bewehrung gerissen bzw. gelockert ist. Dabei ist der Beton so weit zu entfernen, daß ein hohlstellenfreies Einbringen des Instandsetzungsmörtels oder Betons möglich ist. Freiliegende Stahleinlagen sind schwingungsfrei zu befestigen.

Betonerhaltungsarbeiten DIN 18 349

3.3.2 Metallflächen sind zu entfetten und unmittelbar danach mit einer dem Beschichtungsaufbau entsprechenden Grundbeschichtung zu versehen. In Feuchträumen ist eine weitere Grundbeschichtung aus Korrosionsschutz-Grundbeschichtungsstoff auszuführen. Für Außenflächen ist eine zweite Zwischenbeschichtung erforderlich.

Stahlflächen, die eine Grundbeschichtung aus Zinkstaub-Beschichtungsstoffen erhalten, sind nach DIN 55 928 Teil 4, Normreinheitsgrad Sa 2½, zu entrosten.

Betonstahl ist mit Epoxidharz(EP)-Beschichtungsstoffen zu beschichten und anschließend zu besanden.

3.4 Betoninstandsetzung

3.4.1 Haftbrücken sind, soweit sie systembedingt erforderlich sind, auf der Basis von Polymer Cement Concrete (PCC) aufzutragen.

3.4.2 Betonausbrüche, Schadstellen und Unebenheiten > 2 mm sind mit Zementmörtel mit Kunststoffzusatz (PCC) auszubessern.

3.4.3 Poren und Lunker sind mit Stoffen auf der Basis von PCC durch Kratzspachteln zu schließen.

3.4.4 Ist ein vollflächiges Spachteln (Ausgleichsspachtelung) zur Beseitigung von Unebenheiten ≤ 2 mm vorgesehen, ist dieses mit PCC durchzuführen.

3.4.5 Beschichtungen als Oberflächenschutzsystem müssen den Anforderungen für Beschichtungen für nicht begeh- oder befahrbare Oberflächen mit geringer Rißüberbrückung gemäß der „Richtlinie für Schutz und Instandsetzung von Betonbauteilen" genügen.

3.4.6 Der Hell-Bezugswert (Y-Wert) von Endbeschichtungen für Betonbauteile im Außenraum soll 35 nach DIN 5033 Teil 3 „Farbmessung; Farbmeßzahlen" nicht unterschreiten.

3.5 Füllen von Rissen

3.5.1 Werden Risse durch Tränken geschlossen, sind diese mit niedrigviskosem lösemittelfreiem Epoxidharz bis zu einer Tiefe von 5 mm bzw. 15facher Rißbreite zu füllen. Der größere Wert ist maßgebend. Es dürfen nur Risse in der Draufsicht getränkt werden.

3.5.2 Für das dehnfähige Verbinden von Rißufern mit Polyurethanharzen mit 5 % Dehnfähigkeit sind die Risse mit mindestens 80 % der Rißfläche zu füllen. Die Mindestrißbreiten müssen 0,3 mm betragen.

3.5.3 Kraftschlüssiges Verbinden von Rißufern ist mit lösungsmittelfreiem Epoxidharz herzustellen. Die Risse müssen trocken und frei von haftungsstörenden Verunreinigungen sein. Die Risse sind mit mindestens 80 % der Rißfläche zu füllen.

3.5.4 Rißbedingte Undichtigkeiten des Bauteils sind vor dem Verpressen mit Polyurethanharzschaum abzudichten.

3.6 Fugenabdichtungen mit elastischen Fugenbändern

3.6.1 Mit elastischen Fugenbändern abzudichtende Fugen sind mit Polysulfid-Bändern abzudichten. Eine dauerhafte Hinterlüftung ist sicherzustellen.

Entspricht die Ausbildung der Fugenflanken nicht den Angaben gemäß DIN 18 540, ist die Fuge entsprechend zu bearbeiten. Solche Maßnahmen sind Besondere Leistungen (siehe Abschnitt 4.2.20).

Ist die Oberflächenzugfestigkeit $< 1,5$ N/mm^2 sind besondere Maßnahmen erforderlich, z. B. Wahl eines breiteren Fugenbandes.

3.6.2 Zwischen den Fugenbändern und etwa in der Fuge verbleibenden Dichtstoffen oder Bändern sind Trennfolien einzulegen.

4 Nebenleistungen, Besondere Leistungen

4.1 Nebenleistungen sind ergänzend zur ATV DIN 18 299, Abschnitt 4.1, insbesondere:

4.1.1 Feststellen des Zustandes der Straßen der Geländeoberflächen, Grünanlagen, der Vorfluter usw. nach B § 3 Nr 4.

4.1.2 Auf- und Abbauen sowie Vorhalten der Gerüste, deren Arbeitsbühnen nicht höher als 2 m über Gelände oder Fußboden liegen.

4.1.3 Ansetzen von Musterflächen für die Schlußbeschichtung bis zu 2 % der zu beschichtenden Fläche, jedoch bis zu höchstens 3 Musterflächen mit max. 1,5 m^2 Einzelgröße.

4.1.4 Herstellen und Entfernen der Verdämmung von Rissen; Setzen und Entfernen von Packern.

4.1.5 Leistungen der Eigenüberwachung nach den Bestimmungen der Richtlinie DAfStb.

4.2 Besondere Leistungen sind ergänzend zur ATV DIN 18 299, Abschnitt 4.2, z. B.:

4.2.1 Maßnahmen nach den Abschnitten 3.1.2 und 3.6.1.

4.2.2 Besondere Maßnahmen zum Schutz von Vegetation.

4.2.3 Besondere Maßnahmen zum Schutz von Bauteilen, Geräten, Einrichtungsgegenständen und Personen, z. B. durch Planen, Schutzwände, Absauganlagen, Heizgeräte, Einhausungen, Einsatz von Filteranlagen, Schutzgeländer, Umleitung von Wasser (Leistungen, die über ATV DIN 18 299, Abschnitt 4.1.10, hinausgehen).

4.2.4 Vorhalten von Aufenthalts-, Sozial- und Lagerräumen, wenn der Auftraggeber Räume, die leicht verschließbar gemacht werden können, nicht zur Verfügung stellt.

4.2.5 Auf- und Abbauen sowie Vorhalten der Gerüste, deren Arbeitsbühnen mehr als 2 m über Gelände oder Fußboden liegen.

4.2.6 Vorsorge- und Schutzmaßnahmen für das Arbeiten unter ungeeigneten klimatischen Bedingungen, soweit der Auftraggeber die Weiterarbeit fordert.

4.2.7 Boden- und Wasseruntersuchungen, chemische Analysen.

4.2.8 Besondere Maßnahmen zum Feststellen des Zustandes der Vorfluter, z. B. mit elektronischer Untersuchung.

4.2.9 Erstellen der Schadensdiagnose und des Instandsetzungskonzeptes, Durchführung der Fremdüberwachung gemäß „Richtlinie für Schutz und Instandsetzung von Betonbauteilen", soweit vom Auftraggeber veranlaßt.

4.2.10 Liefern statischer Berechnungen für den Nachweis der Standsicherheit des Bauwerks und der für diesen Nachweis erforderlichen Zeichnungen.
Ingenieurleistungen für kathodischen Korrosionsschutz.

4.2.11 Zusätzliche Leistungen zum Nachweis der Güte der Stoffe und Bauteile, soweit sie der Auftraggeber über 4.1.5 hinaus verlangt.

4.2.12 Anfertigen von Schadensdokumentationen (Katastern).

4.2.13 Reinigen des Untergrundes von grober Verschmutzung, z. B. Gipsreste, Mörtelreste, Öl, Farbreste, soweit diese von anderen Unternehmern herrührt.

4.2.14 Beseitigen und Entsorgen verfahrensbedingter Vermischungen und Abfall aus dem Bereich des Auftraggebers, z. B. bei Strahlarbeiten.

4.2.15 Entfernen von störenden Fremdkörpern aus dem Beton, z. B. Bindedrähte, Nägel, Kunststoffteile.

4.2.16 Besondere Maßnahmen zum Trocknen von Bauteilen, z. B. durch Heizen.

4.2.17 Zusätzliche Maßnahmen der Untergrundvorbehandlung, z. B. Abschleifen nicht tragfähiger Betonschichten, Entfernen von Beschichtungen, Entfernen von Imprägnierungen, sowie Ausbessern von Kantenausbrüchen und Auffüttern von Waschbetonflächen.

4.2.18 Vorabdichten bei stark wasserführenden Rissen.

4.2.19 Vornässen von trockenen Rissen für die Ausbildung der Porenstruktur des Polyurethan(PUR)-Harzes.

4.2.20 Herstellen von Fugen und Fugenabdichtungen.

4.2.21 Ausbilden von Nuten, Kanten und Wassertropfkanten.

4.2.22 Zusätzliche Schutzmaßnahmen gegen schädigende Einflüsse, z. B. chemische Beanspruchung, Fremderschütterung sowie Ausführung von Nutzbeschichtungen für begehbare, befahrbare oder abdichtende Flächen.

4.2.23 Reinigungsarbeiten, soweit sie über Abschnitt 4.1.11 der ATV DIN 18 299 hinausgehen, z. B. Fensterputzen, Reinigen von Leichtmetallfassaden, Einbauten.

5 Abrechnung

Ergänzend zur ATV DIN 18 299, Abschnitt 5, gilt:

5.1 Allgemeines

5.1.1 Der Ermittlung der Leistung — gleichgültig, ob sie nach Zeichnung oder Aufmaß erfolgt — sind für Bauteile die Maße der behandelten Fläche zugrunde zu legen.

5.1.2 Die Wandhöhen überwölbter Räume werden bis zum Gewölbeanschnitt, die Wandhöhe der Schildwände bis zu 2/3 des Gewölbestiches gerechnet.

5.1.3 Bei der Flächenermittlung von gewölbten Decken mit einer Stichhöhe unter ⅙ der Spannweite wird die Fläche des überdeckten Raumes gerechnet. Gewölbe mit größerer Stichhöhe werden nach der Fläche der abgewickelten Untersicht gerechnet.

5.1.4 Bei Kreuzungen von Unterzügen oder Balken mit Stützen werden die Unterzüge und Balken durchgemessen, wenn sie breiter als die Stützen sind. Die Stützen werden in diesem Fall bis Unterseite Unterzug oder Balken gerechnet.

5.1.5 Ganz oder teilweise behandelte Leibungen von Öffnungen, von Aussparungen und von Nischen über 2,5 m^2 Einzelgröße werden gesondert gerechnet.

5.1.6 Bei ungleichmäßiger Dicke von Ausbrüchen und Schichten wird die größte Bearbeitungstiefe durch Profilvergleich vor und nach der Ausführung ermittelt.

5.1.7 Rückflächen von Nischen werden unabhängig von ihrer Einzelgröße mit ihrem Maß gesondert gerechnet.

5.1.8 Öffnungen, Nischen und Aussparungen werden auch, falls sie unmittelbar zusammenhängen, getrennt gerechnet.

5.1.9 In behandelten Flächen liegende Rahmen, Riegel, Ständer, Unterzüge und Vorlagen bis 0,3 m Einzelbreite werden übermessen, die behandelten Seiten gesondert gerechnet. Deren Beschichtung in anderer Technik oder anderem Farbton wird gesondert gerechnet.

5.1.10 Treppenwangen werden in ihrer größten Breite gerechnet.

5.1.11 Reprofilierungen von Kanten werden in der Abwicklung gesondert gerechnet.

5.1.12 Freilegen von Bewehrungsstahl, Ausbrüche sowie Wiederherstellen der Oberfläche werden nach den größten Maßen gerechnet.
Bei Abrechnung nach Flächenmaß (m^2) wird mit dem kleinsten umschriebenen Rechteck gerechnet.

5.1.13 Bei Abrechnung der Schalung nach Flächenmaß wird das kleinste umschriebene Rechteck gerechnet.

5.1.14 Schutzabdeckungen werden in ihrer Abwicklung gerechnet.

5.3 Bewehrungsstahl

5.3.1 Die Vorbehandlung und der Korrosionsschutz des Bewehrungsstahles werden jeweils gesondert gerechnet.

5.3.2 Liefern, Schneiden, Biegen und Einbauen von Bewehrungsstahl werden gesondert gerechnet. Maßgebend ist das errechnete Gewicht bei genormten Stählen nach den DIN-Normen (Nenngewichten), bei anderen Stählen nach Gewichten aus dem Profilbuch des Herstellers.

5.3.3 Bindedraht, Walztoleranzen und Verschnitt bleiben bei der Ermittlung des Abrechnungsgewichtes unberücksichtigt.

5.4 Fugenabdichtungen

Fugenbänder und Fugenprofile werden in ihrer größten Länge (Schrägschnitt, Gehrungen) gerechnet.

5.5 Füllen von Rissen

5.5.1 Mehr- oder Minderverbrauch von Füllgut wird gesondert gerechnet.

5.5.2 Angleichen der abgedichteten Risse an die Betonstruktur wird nach der Rißlänge gesondert gerechnet.

5.6 Es werden abgezogen:

5.6.1 Bei Abrechnung nach Flächenmaß (m^2):
Öffnungen, Aussparungen und Nischen über 2,5 m^2 Einzelgröße.

5.6.2 Bei Abrechnung nach Längenmaß (m):
Unterbrechungen über 1 m Einzellänge.

VOB Teil C:
Allgemeine Technische Vertragsbedingungen für Bauleistungen (ATV)
Putz- und Stuckarbeiten – DIN 18 350
Ausgabe Dezember 1992

Inhalt

0 Hinweise für das Aufstellen der Leistungsbeschreibung
1 Geltungsbereich
2 Stoffe, Bauteile
3 Ausführung
4 Nebenleistungen, Besondere Leistungen
5 Abrechnung

0 Hinweise für das Aufstellen der Leistungsbeschreibung

Diese Hinweise ergänzen die ATV DIN 18 299 „Allgemeine Regelungen für Bauarbeiten jeder Art", Abschnitt 0. Die Beachtung dieser Hinweise ist Voraussetzung für eine ordnungsgemäße Leistungsbeschreibung gemäß A § 9.
Die Hinweise werden nicht Vertragsbestandteil.
In der Leistungsbeschreibung sind nach den Erfordernissen des Einzelfalls insbesondere anzugeben:

0.1 Angaben zur Baustelle
Keine ergänzende Regelung zur ATV DIN 18 299, Abschnitt 0.1.

0.2 Angaben zur Ausführung

0.2.1 Art und Beschaffenheit des Untergrundes (Unterlage, Unterbau, Tragschicht, Tragwerk).

0.2.2 Ausbildung der Anschlüsse an Bauwerke.

0.2.3 Art und Anzahl von geforderten Oberflächen- und Farbmustern sowie von Proben, Musterflächen, Musterkonstruktionen und Modellen.

0.2.4 Ob der Auftragnehmer Verlege- oder Montagepläne zu liefern hat.

0.2.5 Geforderte gestalterische Wirkung von Flächen, z. B. Teilung, Fugenausbildung, Struktur, Farbe, Oberflächenbehandlung sowie besondere Verlegeart.

0.2.6 Besonderer Schutz von Bauteilen und Einrichtungsgegenständen.

0.2.7 Anforderungen an den Brand-, Schall-, Wärme- und Feuchteschutz sowie lüftungstechnische Anforderungen.

0.2.8 Art der Bekleidung, Dicke, Maße der Einzelteile sowie ihre Befestigung, sichtbar oder nicht sichtbar.

Putz- und Stuckarbeiten　　　　　　　　　　　　　　　　　　　　　　　　　　DIN 18 350

0.2.9 *Anforderungen an die besondere Stoßbelastung, z. B. Ballwurfsicherheit.*

0.2.10 *Art der Durchführung der Befestigung der Bauteile.*

0.2.11 *Ob und wie Fugen abzudichten und abzudecken sind.*

0.2.12 *Besondere physikalische Eigenschaften der Stoffe.*

0.2.13 *Art, Umfang und Ausbildung der Hinterlüftung sowie Abdeckung ihrer Öffnungen.*

0.2.14 *Ob chemischer Holzschutz gefordert wird.*

0.2.15 *Art des Korrosionsschutzes.*

0.2.16 *Anforderungen an den Korrosionsschutz.*

0.2.17 *Besondere mechanische, chemische und thermische Beanspruchungen, denen Stoffe und Bauteile nach dem Einbau ausgesetzt sind.*

0.2.18 *Art und Eigenschaft des Putzes.*

0.2.19 *Vorbehandlung des Putzgrundes durch einen Spritzbewurf oder das Auftragen einer Haftbrücke, Aufrauhen, Vorbehandlung stark saugender Putzgründe, Überspannen der Übergänge unterschiedlicher Stoffe und Bauteile.*

0.2.20 *Anbringen von Einputzschienen, Putztrennschienen, Eckschutzschienen, Leisten u. ä.*

0.2.21 *Vorgezogenes und nachträgliches Herstellen von Teilflächen, z. B. Flächen hinter Heizkörpern, Rohrleitungen und dergleichen.*

0.2.22 *Besonderer Schutz der Leistungen, z. B. Verpackung, Kantenschutz und Abdeckung.*

0.3 Einzelangaben bei Abweichungen von den ATV

0.3.1 Wenn andere als die in dieser ATV vorgesehenen Regelungen getroffen werden sollen, sind diese in der Leistungsbeschreibung eindeutig und im einzelnen anzugeben.

0.3.2 Abweichende Regelungen können insbesondere in Betracht kommen bei

Abschnitt 2.3,	wenn Nägel, Klammern u. ä. bei Verwendung in feuchten Räumen und für Arbeiten mit Gips aus nichtrostendem Material sein müssen,
Abschnitt 3.1.2,	wenn erhöhte Anforderungen an die Ebenheit gestellt werden sollen,
Abschnitt 3.2.3,	wenn Putze nicht als geriebene Putze ausgeführt werden sollen,
Abschnitt 3.4.1,	wenn geformte Stuckteile für Außenflächen nicht in Kalkzementmörtel ausgeführt werden sollen, sondern z. B. in Gips,
Abschnitt 3.4.3,	wenn Formstücke und Profile aus Stuckmarmor auf andere Art befestigt werden sollen,
Abschnitt 3.4.5,	wenn der für Antragarbeiten verwendete Stuckmörtel entgegen der vorgesehenen Regelung angetragen und geformt werden soll, z. B. unter Verwendung von langsam bindendem Gips bzw. Zement unter Beimischung von 2 Teilen Marmorgrieß bzw. Marmormehl,
Abschnitt 3.5.1,	wenn Bauteile in Trockenbauweise unter Berücksichtigung von Anforderungen an den Brand-, Schall-, Wärme- und Strahlenschutz ausgeführt werden sollen,
Abschnitt 3.5.2.1,	wenn sichtbare Randwinkel und Deckleisten abweichend von der vorgesehenen Regelung verlegt werden sollen,
Abschnitt 3.5.2.2,	wenn Dämmstoffe abweichend von der vorgesehenen Regelung eingebaut werden sollen,

Abschnitt 3.5.3, wenn Vorsatzschalen nicht entsprechend dem vorgeschriebenen Schalldämmaß nach DIN 4109 ausgeführt werden sollen,

Abschnitt 3.5.5, wenn Unterböden auf Trockenschüttung im Türbereich oder beim Anschluß an Massivböden abweichend von der vorgesehenen Regelung verlegt werden sollen, z. B. aufgrund von Schallschutzanforderungen.

0.4 Einzelangaben zu Nebenleistungen und Besonderen Leistungen
Keine ergänzende Regelung zur ATV DIN 18 299, Abschnitt 0.4.

0.5 Abrechnungseinheiten
Im Leistungsverzeichnis sind die Abrechnungseinheiten wie folgt vorzusehen:

0.5.1 Flächenmaß (m^2), getrennt nach Bauart und Maßen, für
- Wand- und Deckenputz innen und außen getrennt nach Art des Putzes,
- Drahtputzwände und -decken,
- flächige Bewehrungen und Putzträger,
- Stuckflächen,
- Deckenbekleidungen und Unterdecken,
- Dämmungen und Dämmplatten an Decken und Wänden,
- Wandbekleidungen,
- Vorsatzschalen,
- Nichttragende Trennwände,
- Unterböden,
- Dämmungen, Auffüllungen und Schüttungen unter Böden,
- Unterkonstruktionen,
- Folien, Pappen und Dampfsperren.

0.5.2 Längenmaß (m), getrennt nach Bauart und Maßen, für
- Leibungen von Öffnungen, Aussparungen und Nischen,
- Putz- und Bekleidungsarbeiten an Pfeilern, Lisenen, Stützen und Unterzügen,
- Zuschnitte von Bekleidungen an Schrägen, z. B. an Decken, Wänden und Böden,
- Putze an Gesimsen und Kehlen sowie Ausrunden,
- Putzanschlüsse und Putzabschlüsse,
- Stuckprofile,
- Sohlbänke, Fenster- und Türumrahmungen, Friese, Faschen, Putzbänder, Schattenfugen und dergleichen,
- Hilfskonstruktionen im Bereich von Decken und Wänden zur Aufnahme von Installationsteilen, Beleuchtungskörpern u. ä.,
- Richtwinkel an Kanten, Kantenschutzprofile, Einputzschienen, Sockelschienen, Randwinkel, Lüftungsprofile, Anschnittstücke, Abschlußprofile, Vorhangschienen u. ä.,
- Anschlüsse an andere Bauteile, Anschluß-, Bewegungs- und Gebäudetrennfugen, Fugenüberspannungen,
- Streifenbewehrungen und Streifenputzträger bis 1 m Breite,
- Abschottungen, Schürzen und Unterzüge in Deckenbekleidungen, Unterdecken und bei Wandbekleidungen,
- Dichtungsbänder, Dichtungsprofile, Ausspritzungen.

0.5.3 Anzahl (Stück), getrennt nach Bauart und Maßen, für
- Herstellen von Öffnungen für Türen, Fenster u. ä. bei Trockenbauweise,

Putz- und Stuckarbeiten DIN 18 350

- Herstellen von Aussparungen und Hilfskonstruktionen für Einzelleuchten, Lichtbänder, Lichtkuppeln, Lüftungsgitter, Luftauslässe, Revisionsöffnungen, Stützen, Pfeilervorlagen, Schalter, Steckdosen, Rohrdurchführungen, Kabel, Installationsteile u. ä.,
- Stuckarbeiten (Rosetten o. ä.),
- Ecken und Verkröpfungen von Stuckprofilen, Gesimsen und Kehlen,
- Putz- und Bekleidungsarbeiten an Schornsteinköpfen, Konsolen usw.,
- Einbau von Einzelleuchten, Lichtbändern, Lüftungsgittern, Luftauslässen, Gerüstverankerungen u. ä.,
- Schließen von Öffnungen und Durchbrüchen,
- Anarbeiten an Installationen bei Trockenbauweise.

1 Geltungsbereich

1.1 Die ATV „Putz- und Stuckarbeiten" – DIN 18 350 – gilt für nasse und trockene Bauweisen.

1.2 Ergänzend gelten die Abschnitte 1 bis 5 der ATV DIN 18 299 „Allgemeine Regelungen für Bauarbeiten jeder Art". Bei Widersprüchen gehen die Regelungen der ATV DIN 18 350 vor.

2 Stoffe, Bauteile

Ergänzend zur ATV DIN 18 299, Abschnitt 2, gilt:
Für die gebräuchlichsten genormten Stoffe und Bauteile sind die DIN-Normen nachstehend aufgeführt.

2.1 Putze

DIN 18 550 Teil 1 Putz; Begriffe und Anforderungen
DIN 18 558   Kunstharzputze; Begriffe, Anforderungen, Ausführung

2.2 Werkmörtel (Fertigmörtel)

DIN 18 557   Werkmörtel; Herstellung, Überwachung und Lieferung

2.3 Putzträger, Putzbewehrungen, Befestigungsmittel

DIN 488 Teil 4   Betonstahl; Betonstahlmatten und Bewehrungsdraht; Aufbau, Maße und Gewichte
DIN 1101   Holzwolle-Leichtbauplatten und Mehrschicht-Leichtbauplatten als Dämmstoffe für das Bauwesen; Anforderungen, Prüfung
DIN 18 182 Teil 1 Zubehör für die Verarbeitung von Gipskartonplatten; Profile aus Stahlblech
DIN 18 182 Teil 2 Zubehör für die Verarbeitung von Gipskartonplatten; Schnellbauschrauben

Drahtgeflechte, Rippenstreckmetall, Baustahlmatten u. ä. müssen frei von losem Rost sein. Textile Gewebe für den Außenbereich müssen alkalibeständig sein.
Nägel, Klammern und andere Befestigungsmittel müssen bei Verwendung in feuchten Räumen und für Arbeiten mit Gips rostgeschützt sein.

DIN 18 350 VOB Teil C

2.4 Decken- und Wandbauplatten

DIN 16 926	Dekorative Hochdruck-Schichtpreßstoffplatten (HPL); Einteilung und Anforderungen
DIN 18 163	Wandbauplatten aus Gips; Eigenschaften, Anforderungen, Prüfung
DIN 18 169	Deckenplatten aus Gips; Platten mit rückseitigem Randwulst
DIN 18 180	Gipskartonplatten; Arten, Anforderungen, Prüfung
DIN 18 184	Gipskarton-Verbundplatten mit Polystyrol- oder Polyurethan-Hartschaum als Dämmstoff

2.5 Dämmstoffe

DIN 18 164 Teil 1	Schaumkunststoffe als Dämmstoffe für das Bauwesen; Dämmstoffe für die Wärmedämmung
DIN 18 164 Teil 2	Schaumkunststoffe als Dämmstoffe für das Bauwesen; Dämmstoffe für die Trittschalldämmung
DIN 18 165 Teil 1	Faserdämmstoffe für das Bauwesen; Dämmstoffe für die Wärmedämmung
DIN 18 165 Teil 2	Faserdämmstoffe für das Bauwesen; Dämmstoffe für die Trittschalldämmung

2.6 Unterkonstruktionen und Holzschutz

Unterkonstruktionen aus Holz- und Holzwerkstoffen, Metall und anderen Baustoffen sowie Abhänger, Profile, Verbindungs- und Verankerungselemente und Holzschutz.

DIN 4073 Teil 1	Gehobelte Bretter und Bohlen aus Nadelholz; Maße
DIN 4074 Teil 1	Sortierung von Nadelholz nach der Tragfähigkeit; Nadelschnittholz
DIN 17 440	Nichtrostende Stähle; Technische Lieferbedingungen für Blech, Warmband, Walzdraht, gezogenen Draht, Stabstahl, Schmiedestücke und Halbzeug
DIN 18 168 Teil 1	Leichte Deckenbekleidungen und Unterdecken; Anforderungen für die Ausführung
DIN 18 168 Teil 2	Leichte Deckenbekleidungen und Unterdecken; Nachweis der Tragfähigkeit von Unterkonstruktionen und Abhängern aus Metall
DIN 18 182 Teil 1	Zubehör für die Verarbeitung von Gipskartonplatten; Profile aus Stahlblech
DIN 68 750	Holzfaserplatten; Poröse und harte Holzfaserplatten, Gütebedingungen
DIN 68 754 Teil 1	Harte und mittelharte Holzfaserplatten für das Bauwesen; Holzwerkstoffklasse 20
DIN 68 800 Teil 3	Holzschutz im Hochbau; Vorbeugender chemischer Holzschutz
DIN EN 10 025	Warmgewalzte Erzeugnisse aus unlegierten Baustählen; Technische Lieferbedingungen; Deutsche Fassung EN 10 025 : 1990

2.7 Schienen und Profile

Schienen und Profile wie Eckschutzschienen, Abschlußschienen, Dehnungsfugenprofile, Randwinkel und Einfaßprofile aus Metall müssen entsprechend dem Verwendungszweck verzinkt oder korrosionsresistent sein.

3 Ausführung

Ergänzend zur ATV DIN 18 299, Abschnitt 3, gilt:

3.1 Allgemeines

3.1.1 Der Auftragnehmer hat bei seiner Prüfung Bedenken (siehe B § 4 Nr 3) insbesondere geltend zu machen bei
- ungeeigneter Beschaffenheit des Untergrundes, z. B. grobe Verunreinigungen, Ausblühungen, zu glatte Flächen, verölte Flächen, ungleich saugende Flächen, gefrorene Flächen, verschiedenartige Stoffe des Untergrundes,
- zu hoher Baufeuchtigkeit,
- größeren Unebenheiten als nach DIN 18 202 zulässig,
- ungenügenden Verankerungsmöglichkeiten,
- fehlenden Höhenbezugspunkten je Geschoß.

3.1.2 Abweichungen von vorgeschriebenen Maßen sind in den durch
DIN 18 201   Toleranzen im Bauwesen; Begriffe, Grundsätze, Anwendung, Prüfung
DIN 18 202   Toleranzen im Hochbau; Bauwerke
bestimmten Grenzen zulässig.
Bei Streiflicht sichtbar werdende Unebenheiten in den Oberflächen von Bauteilen sind zulässig, wenn die Toleranzen von DIN 18 202 eingehalten worden sind.

3.1.3 Bewegungsfugen des Bauwerkes müssen an gleicher Stelle und mit gleicher Bewegungsmöglichkeit übernommen werden.

3.1.4 Deckenbekleidungen, Unterdecken, Wandbekleidungen, Vorsatzschalen und Trennwände aus Elementen, die ein regelmäßiges Raster ergeben, sind fluchtrecht in den vorgegebenen Bezugsachsen herzustellen.
Bei der Verwendung von Montagewänden aus Gipskartonplatten ist DIN 18 183 „Montagewände aus Gipsplatten; Richtlinien für die Ausführung von Metallständerwänden" zu beachten.

3.1.5 Der chemische Schutz von Bauholz ist nach DIN 68 800 Teil 3 „Holzschutz im Hochbau; Vorbeugender chemischer Holzschutz" und der chemische Schutz von Holzwerkstoffen nach DIN 68 800 Teil 5 „Holzschutz im Hochbau; Vorbeugender chemischer Schutz von Holzwerkstoffen" auszuführen.

3.2 Putze

3.2.1 Putze aus Mörtel mit mineralischen Bindemitteln mit oder ohne Zusätze sind nach DIN 18 550 Teil 2 „Putz; Putze aus Mörteln mit mineralischen Bindemitteln; Ausführung" herzustellen.

3.2.2 Kunstharzputze sind nach DIN 18 558 „Kunstharzputze; Begriffe, Anforderungen, Ausführung" herzustellen.

3.2.3 Putze sind als geriebene Putze auszuführen.

3.3 Bauteile aus Drahtputz

Bauteile aus Drahtputz sind nach DIN 4121 „Hängende Drahtputzdecken; Putzdecken mit Metallputzträgern, Rabitzdecken, Anforderungen für die Ausführung" herzustellen.

Für die Ausführung der Oberflächen gilt Abschnitt 3.2.3.

3.4 Stuck

3.4.1 Gezogener und vorgefertigter Stuck

Gezogene Profile mit einer Stuckdicke von mehr als 5 cm sind auf einer Drahtputzunterkonstruktion auszuführen.

Vorgefertigte Stuckteile sind mit Kleber und/oder mit Schrauben auf Dübeln oder mit verzinkten Drähten zu befestigen.

Geformte Stuckteile für Außenflächen sind in Kalkzementmörtel auszuführen.

3.4.2 Angetragener Stuckmarmor

Der trockene und sorgfältig gereinigte Untergrund ist anzunetzen und mit einem nicht zu dünnen, mit Leimwasser vermengten Spritzbewurf aus Gipsmörtel zu versehen. Der Untergrund (Marmorgrund) ist mit rauher Oberfläche 2 bis 3 cm dick aus dafür geeignetem Stuckgips unter Zusatz von Leimwasser (Abbindezeit 2 bis 3 Stunden) oder aus anderem, langsam bindendem Hartgips und reinem scharfem Sand herzustellen und nötigenfalls durch Abkämmen aufzurauhen. Der vollständig ausgetrocknete Marmorgrund ist mit Wasser anzunetzen. Der Stuckmarmor ist nach den Vorschriften der Hersteller der Stoffe aus feinstem Alabastergips oder Marmorgips unter Beimischung geeigneter licht- und kalkechter Farbpigmente herzustellen, aufzutragen, mehrmals im Wechsel zu spachteln und zu schleifen, bis die verlangte matte oder polierte geschlossene Oberfläche erzielt ist. Die Oberfläche ist nach dem völligen Austrocknen zu wachsen und muß in Struktur und Farbe dem nachzuahmenden Marmor entsprechen.

3.4.3 Geformter Stuckmarmor

Formstücke und Profile aus Stuckmarmor sind nach dem Freilegen aus der Negativform in ihren Verzierungen passend zu beschneiden, im Wechsel mehrmals zu spachteln und zu schleifen und in der vorgeschriebenen Form und Oberfläche, matt oder poliert, herzustellen. Notwendige Metalleinlagen müssen korrosionsgeschützt sein.

Formstücke und Profile sind mit Kleber und/oder mit korrosionsgeschützten Schrauben am Mauerwerk auf Dübeln oder mit Steinschrauben zu befestigen.

Die Oberfläche ist, soweit erforderlich, nachzuschleifen und nach völligem Austrocknen zu wachsen.

3.4.4 Stukkolustro

Auf vorbereitetem Untergrund ist ein 2 bis 3 cm dicker, rauher Unterputz aus lange gelagertem, fettem Sumpfkalk und grobkörnigem, reinem Sand aufzutragen. Bei gleichmäßig saugendem Untergrund darf dem Mörtel bis zu einem Anteil von 20% des Bindemittels Gips beigemengt werden. Zement darf nicht verarbeitet werden.

Bei ungleichmäßig saugendem Untergrund, z.B. Ziegelmauerwerk, ist reiner Kalkmörtel zu verwenden. Auf den vollständig trockenen Unterputz ist eine etwa 1 cm dicke Lage aus etwas feinerem Kalkmörtel aufzutragen und vollkommen glattzureiben.

Als dritte Lage ist eine Feinputzschicht aus feingesiebtem Kalk, Marmormehl und Farbstoff des vorgesehenen Grundtones aufzutragen und vollkommen glattzureiben. Sie ist mit einem noch etwas feineren Marmormörtel zu überreiben, durch Glätten ist ein vollkommen geschlossener, glatter Malgrund herzustellen. Abschließend ist die Stukkolustro-Farbe aufzutragen und mit gewärmtem Stahl zu bügeln und zu wachsen.

3.4.5 Stuckantragarbeiten

Der für Antragarbeiten verwendete Stuckmörtel ist aus sorgfältig gemischtem durchgeriebenem Kalk und Marmorgrieß bzw. Marmormehl herzustellen. Er ist mit einem geringen Gipszusatz anzutragen und zu formen.

Größere Formen sind mit Gipsmörtel im Mischungsverhältnis 1:1:3 oder durch Drahtputzkonstruktionen zu unterbauen.

3.5 Trockenbau

3.5.1 Allgemeines

Bauteile, die in Trockenbauweise hergestellt werden, sind ohne Berücksichtigung von Anforderungen an den Brand-, Schall-, Wärme- und Strahlenschutz auszuführen, wenn nachstehend nichts anderes beschrieben ist.

3.5.2 Innenwandbekleidungen, Deckenbekleidungen, Unterdecken

3.5.2.1 Sichtbare Randwinkel, Deckleisten und Schattenfugen-Deckleisten sind an den Ecken und auf den Begrenzungsflächen stumpf zu stoßen, Randwinkel dem Wand- oder Deckenverlauf anzupassen.

3.5.2.2 Einzubauende Dämmstoffe sind über der gesamten Fläche dicht gestoßen zu verlegen und an begrenzende Bauteile anzuschließen.

3.5.2.3 Deckenbekleidungen und Unterdecken sind nach DIN 18 168 Teil 1 herzustellen.

3.5.2.4 Bei Verwendung von Holzwolle- und Mehrschicht-Leichtbauplatten ist DIN 1102 „Holzwolle-Leichtbauplatten und Mehrschicht-Leichtbauplatten nach DIN 1101 als Dämmstoffe für das Bauwesen; Verwendung, Verarbeitung" zu beachten.

3.5.2.5 Gipskartonplatten sind nach DIN 18 181 „Gipskartonplatten im Hochbau; Grundlagen für die Verarbeitung" zu verarbeiten.

3.5.3 Schalldämmende Vorsatzschalen

Schalldämmende Vorsatzschalen sind entsprechend dem vorgeschriebenen Schalldämmaß nach DIN 4109 „Schallschutz im Hochbau; Anforderungen und Nachweise" auszuführen.

3.5.4 Nichttragende Trennwände

Nichttragende Trennwände sind nach DIN 4103 Teil 1 „Nichttragende innere Trennwände; Anforderungen, Nachweise" auszuführen. Für die Ausführung nichttragender Trennwände aus Gips-Wandbauplatten gilt DIN 4103 Teil 2 „Nichttragende innere Trennwände; Trennwände aus Gips-Wandbauplatten". Bei der Verarbeitung von Gipskartonplatten ist außerdem DIN 18 183 zu beachten.

3.5.5 Unterböden aus Gipskartonplatten oder Gipskarton-Verbundplatten

Unterböden aus Gipskartonplatten oder Gipskarton-Verbundplatten sind nach den Richtlinien der Hersteller auszuführen.

Unterböden aus Gipskartonplatten oder Gipskarton-Verbundplatten sind mit Fugenversatz zu verlegen.

Stöße sind zu verkleben und am Wandanschluß ist ein Mineralfaser-Randdämmstreifen einzulegen. Beim Verlegen auf Trockenschüttung sind im Türbereich oder beim Anschluß an Massivböden die Gipskartonplatten oder Gipskarton-Verbundplatten in Schutthöhe mit einem Brett oder einer Winkelschiene zu unterfangen.

3.5.6 Außenwandbekleidungen

Hinterlüftete Außenwandbekleidungen sind nach DIN 18 516 Teil 1 „Außenwandbekleidungen, hinterlüftet; Anforderungen, Prüfgrundsätze" auszuführen. Bei der Verwendung von Faserzementplatten sind asbestfreie Produkte, die bauaufsichtlich zugelassen sind, zu verwenden.

4 Nebenleistungen, Besondere Leistungen

4.1 Nebenleistungen sind ergänzend zur ATV DIN 18 299, Abschnitt 4.1, insbesondere:

4.1.1 Auf- und Abbauen sowie Vorhalten der Gerüste, deren Arbeitsbühnen nicht höher als 2 m über Gelände oder Fußboden liegen.

4.1.2 Liefern von Drahtstiften und Holzschrauben.

4.1.3 Säubern des Putzuntergrundes von Staub und losen Teilen.

4.1.4 Vornässen von stark saugendem Putzgrund und Feuchthalten der Putzflächen bis zum Abbinden.

4.1.5 Zubereiten des Mörtels und Vorhalten aller hierzu erforderlichen Einrichtungen, auch wenn der Auftraggeber die Stoffe beistellt.

4.1.6 Vorlage vorgefertigter Oberflächen- und Farbmuster.

4.1.7 Ein-, Zu- und Beiputzarbeiten, ausgenommen Arbeiten nach Abschnitt 4.2.6.

4.1.8 Maßnahmen zum Schutz von Bauteilen, z. B. Türen, Fenster vor Verunreinigungen und Beschädigung durch die Putzarbeiten, einschließlich der erforderlichen Stoffe, ausgenommen die Schutzmaßnahmen nach Abschnitt 4.2.7.

4.2 Besondere Leistungen sind ergänzend zur ATV DIN 18 299, Abschnitt 4.2, z. B.:

4.2.1 Vorhalten von Aufenthalts- und Lagerräumen, wenn der Auftraggeber Räume, die leicht verschließbar gemacht werden können, nicht zur Verfügung stellt.

4.2.2 Auf- und Abbauen sowie Vorhalten der Gerüste, deren Arbeitsbühnen höher als 2 m über Gelände oder Fußboden liegen.

4.2.3 Umbau von Gerüsten für Zwecke anderer Unternehmer.

4.2.4 Herstellen von im Bauwerk verbleibenden Verankerungen, z. B. für Gerüste.

4.2.5 Beseitigen der nach Abschnitt 3.1.1 geltend gemachten Mängel.

4.2.6 Ein-, Zu- und Beiputzarbeiten, soweit sie nicht im Zuge mit den übrigen Putzarbeiten, bei Innenputzarbeiten im selben Geschoß, ausgeführt werden können, sowie nachträgliches Schließen und Verputzen von Schlitzen und ausgesparten Öffnungen.

4.2.7 Besondere Maßnahmen zum Schutz von Bauteilen und Einrichtungsgegenständen, wie Abkleben von Fenstern und Türen, von eloxierten Teilen, Abdeckung von Belägen, staubdichte Abdeckung von empfindlichen Einrichtungen und technischen Geräten, Schutzabdeckungen, Schutzanstriche, Staubwände u.ä. einschließlich Lieferung der hierzu erforderlichen Stoffe.

4.2.8 Reinigen des Untergrundes von grober Verschmutzung, z.B. Gipsreste, Mörtelreste, Farbreste, Öl, soweit diese von anderen Unternehmern herrührt.

4.2.9 Herstellen von Proben, Musterflächen, Musterkonstruktionen und Modellen.

4.2.10 Liefern statischer und bauphysikalischer Nachweise.

4.2.11 Erstellen von Verlege- und Montageplänen.

4.2.12 Herstellen und/oder Anpassen von Aussparungen u.ä., soweit sie nicht im Zuge mit den übrigen Arbeiten ausgeführt werden können.

4.2.13 Nachträgliches Herstellen und Schließen von Löchern im Mauerwerk und Beton für Auflager und Verankerungen.

4.2.14 Ausbau und/oder Wiedereinbau von Bekleidungselementen für Leistungen anderer Unternehmer.

4.2.15 Nachträgliches Anarbeiten und/oder nachträglicher Einbau von Teilen.

4.2.16 Zuschnitte von Bekleidungen an Schrägen, z.B. an Decken, Wänden, Böden.

4.2.17 Herstellen von Hilfskonstruktionen im Bereich von Decken und Wänden zur Aufnahme von Installationsteilen, Beleuchtungskörpern u.ä.

4.2.18 Herstellen von Fugenüberspannungen, Streifenbewehrungen und Streifenputzträgern bis 1 m Breite.

4.2.19 Herstellen von Abschottungen, Schürzen und Scheinunterzügen bei Deckenbekleidungen, unter Decken und Wandbekleidungen.

4.2.20 Herstellen von Öffnungen für Türen, Fenster u.ä. bei Trockenbauweise.

4.2.21 Herstellen von Kehlen und Gesimsen.

4.2.22 Herstellen von Ecken und Verkröpfungen an Stuckprofilen, Kehlen und Gesimsen.

4.2.23 Herstellen von Sohlbänken, Fenster- und Türumrahmungen und Faschen.

4.2.24 Einbau von Einputzschienen, Putztrennschienen, Eckschutzschienen, Richtwinkeln an Kanten, Leisten u.ä.

4.2.25 Herstellen von Anschlüssen an andere Bauteile, Anschluß-, Bewegungs- und Gebäudetrennfugen.

4.2.26 Herstellen von Putzanschlüssen und Putzabschlüssen, nur soweit sie besondere Maßnahmen erfordern.

5 Abrechnung

Ergänzend zur ATV DIN 18 299, Abschnitt 5, gilt:

5.1 Allgemeines

5.1.1 Der Ermittlung der Leistung — gleichgültig, ob sie nach Zeichnungen oder nach Aufmaß erfolgt — sind zugrunde zu legen:

5.1.1.1 Für Putz, Stuck, Dämmungen, Auffüllungen, Schüttungen, Bekleidungen, Unterböden, Vorsatzschalen, Unterkonstruktionen, flächige Bewehrungen und Putzträger sowie Folien, Pappen und Dampfsperren

— auf Flächen ohne begrenzende Bauteile die Maße der zu putzenden, zu dämmenden, zu bekleidenden bzw. mit Stuck zu versehenden Flächen,

— auf Flächen mit begrenzenden Bauteilen die Maße der zu behandelnden Flächen bis zu den sie begrenzenden ungeputzten, ungedämmten bzw. nicht bekleideten Bauteilen,

— bei Fassaden die Maße der Bekleidung,

5.1.1.2 für nichttragende Trennwände deren Maße bis zu den sie begrenzenden ungeputzten, ungedämmten bzw. nicht bekleideten Bauteilen.

5.1.2 Bei der Ermittlung des Längenmaßes wird die größte, gegebenenfalls abgewickelte Bauteillänge gemessen. Fugen werden übermessen.

5.1.3 Die Wandhöhen überwölbter Räume werden bis zum Gewölbeanschnitt, die Wandhöhe der Schildwände bis zu 2/3 des Gewölbestichs gerechnet.

5.1.4 Fußleisten und Konstruktionen bis 10 cm Höhe werden übermessen.

5.1.5 Bei der Flächenermittlung von gewölbten Decken mit einer Stichhöhe unter 1/6 der Spannweite wird die Fläche des überdeckten Raumes berechnet. Gewölbe mit größerer Stichhöhe werden nach der Fläche der abgewickelten Untersicht gerechnet.

5.1.6 In Decken, Wänden, Dächern, Schalungen, Wand- und Deckenbekleidungen, Vorsatzschalen, Dämmungen, Sperren sowie leichten Außenwandbekleidungen werden Öffnungen, Aussparungen und Nischen bis zu 2,5 m² Einzelgröße übermessen.

5.1.7 In Böden und den dazugehörigen Dämmungen, Schüttungen, Sperren u.ä., werden Öffnungen und Aussparungen, z.B. für Pfeilervorlagen, Kamine, Rohrdurchführungen bis 0,5 m² Einzelgröße übermessen.

5.1.8 Ganz oder teilweise geputzte, gedämmte oder bekleidete Leibungen von Öffnungen, Aussparungen und Nischen über 2,5 m² Einzelgröße werden gesondert gerechnet.

5.1.9 Rückflächen von Nischen werden unabhängig von ihrer Einzelgröße mit ihrem Maß gesondert gerechnet.

5.1.10 Öffnungen, Nischen und Aussparungen werden, auch falls sie unmittelbar zusammenhängen, getrennt gerechnet.

5.1.11 Herstellen von Aussparungen für Einzelleuchten, Lichtbänder, Lichtkuppeln, Lüftungsgitter, Luftauslässe, Revisionsöffnungen, Stützen, Pfeilervorlagen, Schalter, Steckdosen, Rohrdurchführungen, Kabel u.ä. wird getrennt nach Größe gesondert gerechnet.

5.1.12 Bei gedämmten, bekleideten, beschichteten und geputzten Flächen werden Rahmen, Riegel, Ständer und andere Fachwerkwerkteile sowie Sparren, Lattungen und Unterkonstruktionen übermessen.

5.2 Es werden abgezogen:

5.2.1 Bei Abrechnung nach Flächenmaß (m^2):
Öffnungen, Aussparungen und Nischen über 2,5 m^2 Einzelgröße, in Böden über 0,5 m^2 Einzelgröße.

5.2.2 Bei Abrechnung nach Längenmaß (m):
Unterbrechungen über 1 m Einzellänge.

VOB Teil C:
Allgemeine Technische Vertragsbedingungen für Bauleistungen (ATV)
Fliesen- und Plattenarbeiten – DIN 18 352
Ausgabe Dezember 1992

Inhalt

0 Hinweise für das Aufstellen der Leistungsbeschreibung
1 Geltungsbereich
2 Stoffe, Bauteile
3 Ausführung
4 Nebenleistungen, Besondere Leistungen
5 Abrechnung

0 Hinweise für das Aufstellen der Leistungsbeschreibung

Diese Hinweise ergänzen die ATV DIN 18 299 „Allgemeine Regelungen für Bauarbeiten jeder Art", Abschnitt 0. Die Beachtung dieser Hinweise ist Voraussetzung für eine ordnungsgemäße Leistungsbeschreibung gemäß A § 9.
Die Hinweise werden nicht Vertragsbestandteil.
In der Leistungsbeschreibung sind nach den Erfordernissen des Einzelfalls insbesondere anzugeben:

0.1 Angaben zur Baustelle
Keine ergänzende Regelung zur ATV DIN 18 299, Abschnitt 0.1.

0.2 Angaben zur Ausführung
0.2.1 Ausbildung der Anschlüsse.

0.2.2 Ob nach bestimmten Zeichnungen ausgeführt werden soll.

0.2.3 Art und Beschaffenheit des Untergrundes, z. B. Beton, Mauerwerk, Abdichtungen.

0.2.4 Ob Beläge oder Bekleidungen innerhalb oder außerhalb von Gebäuden im Dickbett oder Dünnbett, auf Trennschicht oder Dämmschicht verlegt werden sollen.

0.2.5 Bei beheizten Bodenbelägen Art der Konstruktion, Art der Heizung, Dicke und Zusammendrückbarkeit der Dämmschichten, Art der Abdeckung, Lage der Heizrohre und Heizelemente, Dicke der Lastverteilungsschicht, Bewehrungen, Lage und Ausführung von Bewegungsfugen, Mörtelbettdicke.

0.2.6 Art, Dicke und Zusammendrückbarkeit von Wärmedämm- und Trittschalldämmschichten, Art und Dicke von Trennschichten und Dämmschichtabdeckungen.

0.2.7 Art und Ausführung von Haftbrücken, Grundierungen, Spritzbewurf, Aufrauhen des Untergrundes.

Fliesen- und Plattenarbeiten DIN 18 352

0.2.8 Art und Ausführung ebener Ansetz- und Verlegeflächen für Dünnbettverfahren, Spachtelschichten.

0.2.9 Art und Dicke des Unterputzes, bewehrt oder unbewehrt.

0.2.10 Art, Ausführung und Dicke von Auffüll- und Ausgleichsschichten, Unterböden in Trockenbauweise, Schüttungen.

0.2.11 Art, Ausführung und Maße von Tragkonstruktionen.

0.2.12 Beläge in Räumen mit besonderer Installation, z. B. Heizzentralen und Maschinenräume.

0.2.13 Art und Beschaffenheit von Fliesen, Platten, Formsteinen und Formstücken, ihre Maße, Dicke, Form, Oberflächenbeschaffenheit, Farbtönung, chemische und physikalische Beanspruchung, Verwendungszwecke. Bei Bodenbelägen Verschleißklasse der Glasur und rutschhemmende Eigenschaften.

0.2.14 Besondere Verlegeart, z. B. Diagonalverlegung.

0.2.15 Durchlaufender Fugenschnitt bei Wandbekleidung, Sockel und Bodenbelag.

0.2.16 Erforderliches Gefälle, Hinweise auf den Höhenbezugspunkt.

0.2.17 Winkliges Ansetzen von Wandbekleidungen zueinander.

0.2.18 Ausführung, Maße, und Beanspruchung von Bekleidungen besonderer Bauteile, z. B. Brunnen, Ladentische, Fundamentsockel, frei stehende Säulen und Pfeiler.

0.2.19 Art, Anzahl und Maße von kleinflächigen Belägen, z. B. Wandfliesenschilder, Heizkörpernischen, Kaminbekleidungen.

0.2.20 Art, Anzahl und Maße von Einmauerungen an Einbauwannen, Brausewannen, ein-, zwei- oder dreiseitig, mit oder ohne Untertritt, Wannenschrägen, seitliche Abdeckungen.

0.2.21 Ob Bekleidungen an Wannen, Brausewannen, Wannenuntertritte oder Wannenschrägen anzuarbeiten sind.

0.2.22 Art, Ausführung und Maße von Treppen, Stufen, Schwellen, Überständen und sichtbaren Köpfen.

0.2.23 Art, Ausführung und Maße von Kehlen und ausgerundeten Ecken.

0.2.24 Bei Schwimmbecken Art, Ausführung und Maße von Beckenköpfen sowie Art und Anordnung von Einbauteilen, z. B. Steigleiter, Scheinwerfer, Leinenhalter.

0.2.25 Art und Maße von Anschlagschienen, Trennschienen, Eckschutzschienen, Mattenrahmen, Winkelrahmen, Revisionsrahmen, Schachtabdeckungen.

0.2.26 Ausführung, Art und Farbe der Verfugung.

0.2.27 Lage, Querschnitt und Ausführung von Bewegungsfugen, Art und Farbe der Verfüllung.

0.2.28 Art der Verankerung von großformatigen Platten und vorgefertigten Elementen.

0.2.29 Art und Maße von Trennwänden, Anordnung von Öffnungen.

0.2.30 Art und Maße von Türzargen.

0.2.31 Art und Ausführung von nachträglichen Oberflächenbehandlungen.

0.3 Einzelangaben bei Abweichungen von den ATV
0.3.1 Wenn andere als die in dieser ATV vorgesehenen Regelungen getroffen werden sollen, sind diese in der Leistungsbeschreibung eindeutig und im einzelnen anzugeben.

0.3.2 Abweichende Regelungen können insbesondere in Betracht kommen bei

Abschnitt 2, wenn Fliesen, Platten und Mosaik nicht der ersten Güteklasse entsprechen sollen,

Abschnitt 2.2.2, wenn für Solnhofener Platten andere Dicken vorgeschrieben werden sollen,

Abschnitt 2.6, wenn Baustahlgitter eine andere Maschenweite als 50/50 mm und einen anderen Stabdurchmesser als 2 mm haben sollen,

Abschnitt 3.1.2, wenn erhöhte Anforderungen an die Ebenheit festgelegt werden sollen,

Abschnitt 3.2.1.1, wenn Fliesen, Platten und Mosaik abweichend von der vorgesehenen Regelung verlegt werden sollen,

Abschnitt 3.2.2.1, wenn andere Mörtelbettdicken bei Bekleidungen oder Belägen im Dickbett herzustellen sind,

Abschnitt 3.2.2.2, wenn andere Bindemittel verwendet werden sollen,

Abschnitt 3.5.2, wenn Bekleidungen oder Beläge mit anderen Fugenbreiten anzulegen sind,

Abschnitt 3.5.3, wenn das Verfugen nicht durch Einschlämmen erfolgen soll,

Abschnitt 3.5.4, wenn für das Verfugen andere Stoffe als grauer Zementmörtel zu verwenden sind, z. B. bei besonderer Beanspruchung.

0.4 Einzelangaben zu Nebenleistungen und Besonderen Leistungen

Keine ergänzende Regelung zur ATV DIN 18 299.

0.5 Abrechnungseinheiten

Im Leistungsverzeichnis sind die Abrechnungseinheiten wie folgt vorzusehen:

0.5.1 Nach Flächenmaß (m^2), getrennt nach Bauart und Maßen, für
- Vorbehandlung des Untergrundes,
- Ausgleichsschichten,
- Trennschichten,
- Dämmschichten,
- Unterböden,
- Decken-, Wand- und Bodenbeläge,
- Oberflächenbehandlung der Beläge,
- Bewehrungen, Trag- und Unterkonstruktionen,
- Wände.

0.5.2 Nach Längenmaß (m), getrennt nach Bauart und Maßen, für
- Stufen und Schwellen,
- Sockel und Kehlen,
- Gehrungen an Fliesen- und Plattenkanten,
- Schrägschnitte,
- Profile und Leisten aus Formstücken,
- Rinnen und Roste,
- Schienen,
- Ausbilden und Schließen von Bewegungsfugen.

0.5.3 Nach Anzahl (Stück), getrennt nach Bauart und Maßen, für
- Stufen und Schwellen,
- freie Stufenköpfe,
- Zwickel bei abgestuften Begrenzungen der Beläge, z. B. über Treppen,

Fliesen- und Plattenarbeiten   DIN 18 352

- *Bekleidungen besonderer Bauteile, z. B. Fundamentsockel, Säulen, Pfeiler,*
- *Einmauern von Einbauwannen und Brausewannen,*
- *Anarbeiten der Beläge an Waschtische, Spülbecken, Wannen, Brausewannen, Wannenuntertritte, schräge Wannenschürzen,*
- *Anarbeiten der Beläge an Aussparungen im Belag wie Öffnungen, Fundamentsockel, Rohrdurchführungen und dergleichen von mehr als 0,1 m^2 Einzelgröße,*
- *Einbauen von Einbauteilen und Schienen,*
- *Formteile, Zierplatten,*
- *Einsetzen von Schaltern, Steckdosen und Sinkkastenaufsätzen u. ä.,*
- *Herstellen von Löchern in Wand- und Bodenbelägen für Installationen und Einbauteile,*
- *elastische Fugenfüllung an Installationsdurchgängen, Bodenentwässerungen u. ä.,*
- *Türzargen,*
- *Gehrungen.*

1 Geltungsbereich

1.1 Die ATV „Fliesen- und Plattenarbeiten" – DIN 18 352 – gilt für das Ansetzen und Verlegen von
- Fliesen, Platten und Mosaik,
- Solnhofener Platten, Natursteinfliesen, Natursteinmosaik und Natursteinriemchen.

1.2 Die ATV DIN 18 352 gilt nicht für das Ansetzen und Verlegen von
- anderen Platten aus Naturwerksteinen (siehe ATV DIN 18 332 „Naturwerksteinarbeiten") und
- Platten aus Betonwerkstein (siehe ATV DIN 18 333 „Betonwerksteinarbeiten").

1.3 Ergänzend gelten die Abschnitte 1 bis 5 der ATV DIN 18 299 „Allgemeine Regelungen für Bauarbeiten jeder Art". Bei Widersprüchen gehen die Regelungen der ATV DIN 18 352 vor.

2 Stoffe, Bauteile

Ergänzend zur ATV DIN 18 299, Abschnitt 2, gilt:
Fliesen, Platten und Mosaik müssen der ersten Güteklasse entsprechen.
Für die gebräuchlichsten genormten Stoffe und Bauteile sind die DIN-Normen nachstehend aufgeführt.

2.1 Keramische Fliesen, Platten, keramisches Mosaik

DIN EN 121	Stranggepreßte keramische Fliesen und Platten mit niedriger Wasseraufnahme $E \leq 3\%$; Gruppe A I; Deutsche Fassung EN 121 : 1991
DIN EN 159	Trockengepreßte keramische Fliesen und Platten mit hoher Wasseraufnahme $E > 10\%$; Gruppe B III; Deutsche Fassung EN 159 : 1991
DIN EN 176	Trockengepreßte keramische Fliesen und Platten mit niedriger Wasseraufnahme $E \leq 3\%$; Gruppe B I; Deutsche Fassung EN 176 : 1991

DIN EN 177	Trockengepreßte keramische Fliesen und Platten mit einer Wasseraufnahme von 3% < E ≤ 6%; Gruppe B II a; Deutsche Fassung EN 177 : 1991
DIN EN 178	Trockengepreßte keramische Fliesen und Platten mit einer Wasseraufnahme von 6% < E ≤ 10%; Gruppe B II b; Deutsche Fassung EN 178 : 1991
DIN EN 186 Teil 1	Keramische Fliesen und Platten; Stranggepreßte keramische Fliesen und Platten mit einer Wasseraufnahme von 3% < E ≤ 6%; Gruppe A II a; Teil 1; Deutsche Fassung EN 186-1 : 1991
DIN EN 186 Teil 2	Keramische Fliesen und Platten; Stranggepreßte keramische Fliesen und Platten mit einer Wasseraufnahme von 3% < E ≤ 6%; Gruppe A II a; Teil 2; Deutsche Fassung EN 186-2 : 1991
DIN EN 187 Teil 1	Keramische Fliesen und Platten; Stranggepreßte keramische Fliesen und Platten mit einer Wasseraufnahme von 6% < E ≤ 10%; Gruppe A II b; Teil 1; Deutsche Fassung EN 187-1 : 1991
DIN EN 187 Teil 2	Keramische Fliesen und Platten; Stranggepreßte keramische Fliesen und Platten mit einer Wasseraufnahme von 6% < E ≤ 10%; Gruppe A II b; Teil 2; Deutsche Fassung EN 187-2 : 1991
DIN EN 188	Keramische Fliesen und Platten; Stranggepreßte keramische Fliesen und Platten mit einer Wasseraufnahme von E > 10%; Gruppe A III; Deutsche Fassung EN 188 : 1991
DIN 12 912	Laboreinrichtungen; Keramische Fliesen für Labortische (Labortischfliesen)
DIN 18 158	Bodenklinkerplatten

2.2 Solnhofener Platten, Natursteinfliesen, Natursteinmosaik, Natursteinriemchen

2.2.1 Aussehen

Farb- und Strukturschwankungen, Aderungen und Einschlüsse, bedingt durch das naturgebundene Vorkommen, sind zulässig.

2.2.2 Plattendicken

Solnhofener Platten müssen mindestens die nachstehend angegebenen Dicken haben:

Platten für Wandbekleidungen mit einer Seitenlänge	bis zu 30 cm:	7 mm
	über 30 bis 40 cm:	9 mm
Platten für Bodenbeläge mit einer Seitenlänge	bis zu 35 cm:	10 mm
	über 35 cm:	15 mm
Platten für Bodenbeläge im Dünnbettverfahren:		10 mm

Natursteinfliesen und Natursteinriemchen müssen mindestens die nachstehend angegebenen Dicken haben:

Natursteinfliesen mit einer Seitenlänge bis 40 cm:	7 mm
Natursteinriemchen:	10 mm

2.2.3 Maßabweichungen

Bei gesägten Platten und Natursteinfliesen sind in Länge und Breite Abweichungen vom Nennmaß bis ± 1 mm zulässig.

2.3 Bindemittel, Zuschlagstoffe, Mörtel, Klebstoffe

DIN 1060 Teil 1	Baukalk; Begriffe, Anforderungen, Lieferung, Überwachung
DIN 1164 Teil 1	Portland-, Eisenportland-, Hochofen- und Traßzement; Begriffe, Bestandteile, Anforderungen, Lieferung
DIN 18 156 Teil 1	Stoffe für keramische Bekleidungen im Dünnbettverfahren; Begriffe und Grundlagen
DIN 18 156 Teil 2	Stoffe für keramische Bekleidungen im Dünnbettverfahren; Hydraulisch erhärtende Dünnbettmörtel
DIN 18 156 Teil 3	Stoffe für keramische Bekleidungen im Dünnbettverfahren; Dispersionsklebstoffe
DIN 18 156 Teil 4	Stoffe für keramische Bekleidungen im Dünnbettverfahren; Epoxidharzklebstoffe

Zuschlagstoffe müssen gemischtkörnig und frei von schädigenden Bestandteilen sein.

2.4 Verfugungsstoffe

DIN 18 540   Abdichten von Außenwandfugen im Hochbau mit Fugendichtstoffen

Kitte, vorgemischte hydraulisch abbindende Fugenmörtel, Fugenmörtel auf Reaktionsharzbasis und Fugendichtungsmassen nach DIN 18 540 dürfen die Oberfläche des Belages nicht beeinträchtigen.

2.5 Dämmstoffe

DIN 18 161 Teil 1	Korkerzeugnisse als Dämmstoffe für das Bauwesen; Dämmstoffe für die Wärmedämmung
DIN 18 164 Teil 1	Schaumkunststoffe als Dämmstoffe für das Bauwesen; Dämmstoffe für die Wärmedämmung
DIN 18 164 Teil 2	Schaumkunststoffe als Dämmstoffe für das Bauwesen; Dämmstoffe für die Trittschalldämmung; Polystyrol-Partikelschaumstoffe
DIN 18 165 Teil 1	Faserdämmstoffe für das Bauwesen; Dämmstoffe für die Wärmedämmung
DIN 18 165 Teil 2	Faserdämmstoffe für das Bauwesen; Dämmstoffe für die Trittschalldämmung
DIN 18 174	Schaumglas als Dämmstoff für das Bauwesen; Dämmstoffe für die Wärmedämmung

2.6 Bewehrungen

DIN 488 Teil 4   Betonstahl; Betonstahlmatten und Bewehrungsdraht; Aufbau, Maße und Gewichte

Baustahlgitter müssen eine Maschenweite von 50/50 mm und einen Stabdurchmesser von 2 mm haben.

3 Ausführung

Ergänzend zur ATV DIN 18 299, Abschnitt 3, gilt:

3.1 Allgemeines

3.1.1 Der Auftragnehmer hat bei seiner Prüfung Bedenken (siehe B § 4 Nr 3) insbesondere geltend zu machen bei
- ungeeigneter Beschaffenheit des Untergrundes (Ansetz- oder Verlegefläche), z.B. grobe Verunreinigungen, Ausblühungen, zu glatte, zu feuchte, verölte oder gefrorene Flächen, Risse,
- größeren Unebenheiten als nach Abschnitt 3.1.2 zulässig,
- fehlenden Höhenbezugspunkten je Geschoß,
- fehlendem, ungenügendem oder von der Angabe in den Ausführungsunterlagen abweichendem Gefälle.

3.1.2 Abweichungen von vorgeschriebenen Maßen sind in den durch

DIN 18 201 Toleranzen im Bauwesen; Begriffe, Grundsätze, Anwendung, Prüfung

DIN 18 202 Toleranzen im Hochbau; Bauwerke

bestimmten Grenzen zulässig.

3.1.3 Fassadenbekleidungen sind nach DIN 18 515 „Fassadenbekleidungen aus Naturwerkstein, Betonwerkstein und keramischen Baustoffen; Richtlinien für die Ausführung" und Beiblatt zu DIN 18 515 „Fassadenbekleidungen aus Naturwerkstein, Betonwerkstein und keramischen Baustoffen; Richtlinien für die Ausführung, Erläuterungen" auszuführen.

3.2 Ansetzen und Verlegen

3.2.1 Allgemeines

3.2.1.1 Fliesen, Platten und Mosaik sind bei Innenarbeiten erst nach Anbringen von Fenster- und Türzargen, Anschlagschienen, Installationen und Putz anzusetzen oder zu verlegen.

3.2.1.2 Fliesen, Platten und Mosaik sind senkrecht, fluchtrecht und waagerecht oder mit dem angegebenen Gefälle unter Berücksichtigung des angegebenen Höhenbezugspunktes anzusetzen oder zu verlegen.

3.2.1.3 Dämmstoffe sind dichtgestoßen einzubauen.

3.2.2 Ansetzen und Verlegen im Dickbett

3.2.2.1 Bei Bekleidungen oder Belägen, die im Dickbett anzusetzen oder zu verlegen sind, sind folgende Mörtelbettdicken herzustellen:
- bei Wandbekleidungen   15 mm,
- bei Bodenbelägen   20 mm,
- bei Bodenbelägen auf Trennschicht innen   30 mm,
- bei Bodenbelägen auf Trennschicht außen   50 mm,
- bei Bodenbelägen auf Dämmschicht innen   45 mm,
- bei Bodenbelägen auf Dämmschicht außen   50 mm.

Fliesen- und Plattenarbeiten DIN 18 352

3.2.2.2 Bei keramischen Fliesen und Platten ist als Bindemittel Zement nach DIN 1164 Teil 1, bei Solnhofener Platten, Natursteinfliesen, Natursteinmosaik und Natursteinriemchen Traßzement zu verwenden.

3.2.3 Ansetzen und Verlegen im Dünnbett
Für das Ansetzen und Verlegen im Dünnbett gelten:

DIN 18 157 Teil 1 Ausführung keramischer Bekleidungen im Dünnbettverfahren; Hydraulisch erhärtende Dünnbettmörtel

DIN 18 157 Teil 2 Ausführung keramischer Bekleidungen im Dünnbettverfahren; Dispersionsklebstoffe

DIN 18 157 Teil 3 Ausführung keramischer Bekleidungen im Dünnbettverfahren; Epoxidharzklebstoffe

3.3 Befestigen auf Unterkonstruktionen
Bei Verwendung von klein- und großformatigen Fliesen und Platten, die nicht mit Mörtel oder Klebstoffen, sondern anderweitig befestigt werden, sowie bei Herstellung dafür erforderlicher Unterkonstruktionen, z.B. aus Holz, Metall, sind die Verarbeitungshinweise der Hersteller zu beachten.

3.4 Fliesentrennwände und Trennwände aus Zellenwandsteinen
Fliesentrennwände und Trennwände aus Zellenwandsteinen sind so zu bewehren, daß ihre Standfestigkeit gewährleistet ist. Die Bewehrung ist so einzubauen, daß keine Korrosionsschäden auftreten können.

3.5 Fugen
3.5.1 Die Fugen sind gleichmäßig breit anzulegen. Maßtoleranzen der Belagstoffe sind in den Fugen auszugleichen.

3.5.2 Bekleidungen und Beläge sind mit folgenden Fugenbreiten anzulegen:

- Trockengepreßte keramische Fliesen und Platten
  bis zu einer Seitenlänge von 10 cm: 1 bis 3 mm,
- Trockengepreßte keramische Fliesen und Platten
  mit einer Seitenlänge über 10 cm: 2 bis 8 mm,
- Stranggepreßte keramische Fliesen und Platten: 4 bis 10 mm,
- Stranggepreßte keramische Fliesen und Platten
  mit Kantenlängen über 30 cm: min. 10 mm,
- Bodenklinkerplatten nach DIN 18 158: 8 bis 15 mm,
- Solnhofener Platten, Natursteinfliesen: 2 bis 3 mm,
- Natursteinmosaik, Natursteinriemchen: 1 bis 3 mm.

3.5.3 Das Verfugen muß durch Einschlämmen erfolgen.

3.5.4 Für das Verfugen ist grauer Zementmörtel zu verwenden.

3.5.5 Bewegungsfugen, wie Gebäudetrennfugen, Feldbegrenzungsfugen, Rand- und Anschlußfugen, sind beim Ansetzen und Verlegen im Dünnbettverfahren entsprechend DIN 18 157 Teil 1 bis Teil 3 und bei Fassadenbekleidungen entsprechend DIN 18 515 anzuordnen und mit Fugendichtungsmassen oder Profilen zu schließen.

Bewegungsfugen im Dickbettverfahren sind ebenfalls mit Fugendichtungsmassen oder Profilen zu schließen.

3.5.6 Gebäudetrennfugen müssen an gleicher Stelle und in ausreichender Breite durchgehen. Es dürfen keine Überbrückungen, z. B. von Bewehrungen, entstehen.

4 Nebenleistungen, Besondere Leistungen

4.1 Nebenleistungen sind ergänzend zur ATV DIN 18 299, Abschnitt 4.1, insbesondere:

4.1.1 Auf- und Abbauen sowie Vorhalten der Gerüste, deren Arbeitsbühnen nicht höher als 2 m über Gelände oder Fußboden liegen.

4.1.2 Vorlegen erforderlicher Muster.

4.1.3 Schutz der Bodenbeläge durch Absperren der Räume bis zur Begehbarkeit und Abdecken der Beläge mit Sägespänen.

4.1.4 Reinigen des Untergrundes, ausgenommen Leistungen nach Abschnitt 4.2.5.

4.1.5 Ausgleichen von Unebenheiten des Untergrundes innerhalb der nach DIN 18 202 zulässigen Toleranzen beim Ansetzen oder Verlegen von Fliesen oder Platten im Dickbett.

4.1.6 Beseitigen kleiner Putzüberstände.

4.1.7 Anarbeiten von Belägen an angrenzende eingebaute Bauteile, z. B. an Zargen, Bekleidungen, Anschlagschienen, Schwellen, ausgenommen Leistungen nach Abschnitt 4.2.14.

4.1.8 Anarbeiten an Aussparungen im Belag, z. B. an Fundamentsockel, Pfeiler, Säulen bis 0,1 m^2 Einzelgröße.

4.1.9 Zubereiten des Mörtels und Vorhalten der hierzu erforderlichen Einrichtungen, auch wenn der Auftraggeber die Stoffe beistellt.

4.2 Besondere Leistungen sind ergänzend zur ATV DIN 18 299, Abschnitt 4.2, z. B.:

4.2.1 Vorhalten von Aufenthalts- und Lagerräumen, wenn der Auftraggeber Räume, die leicht verschließbar gemacht werden können, nicht zur Verfügung stellt.

4.2.2 Auf- und Abbauen sowie Vorhalten der Gerüste, deren Arbeitsbühnen mehr als 2 m über Gelände oder Fußboden liegen.

4.2.3 Erstellen von Ansetz- und Verlegeplänen.

4.2.4 Ansetzen und Verlegen von Mustern.

4.2.5 Reinigen des Untergrundes von grober Verschmutzung, z. B. Gipsreste, Mörtelreste, Farbreste, Öl, soweit diese von anderen Unternehmern herrührt.

4.2.6 Aufbringen von Haftbrücken.

4.2.7 Auffüllen des Untergrundes zur Herstellung der erforderlichen Höhe oder des nötigen Gefälles sowie das Herstellen von Unterputz zum Ausgleich unebener oder nicht lot- und fluchtrechter Wände in anderen Fällen als nach Abschnitt 4.1.5.

Fliesen- und Plattenarbeiten DIN 18 352

4.2.8 Ansetzen und Verlegen von Lehren aus Fliesen oder Platten zur Vorbereitung einer maßgenauen Installation.

4.2.9 Maßnahmen zum Schutz gegen Feuchtigkeit und zur Wärme- und Schalldämmung.

4.2.10 Herstellen von Löchern in Wand- und Bodenbelägen für Installationen und Einbauteile.

4.2.11 Stemmarbeiten für Installationen und Einbauteile.

4.2.12 Einsetzen von Installations- und Einbauteilen.

4.2.13 Nachträgliches Anarbeiten an Einbauteile.

4.2.14 Anarbeiten der Beläge, z.B. an Waschtische, Spülbecken, Wannen, Brausewannen, Wannenuntertritte, schräge Wannenschürzen.

4.2.15 Ausbilden, Schließen und/oder Abdecken von Bewegungs- und Anschlußfugen.

4.2.16 Vergießen und Verdübeln von Scheinfugen im Untergrund.

4.2.17 Abschneiden des Überstandes von Randstreifen anderer Unternehmer.

4.2.18 Liefern und Einsetzen von Profilleisten, Zierplatten und Formteilen, z.B. Seifenschalen.

4.2.19 Ausbilden freier Stufenköpfe.

4.2.20 Herstellen von Zwickeln bei abgestuften Begrenzungen der Beläge, z.B. über Treppen.

4.2.21 Anarbeiten der Beläge an Aussparungen im Belag, wie Öffnungen, Fundamentsockel, Rohrdurchführungen und dergleichen, von mehr als 0,1 m^2 Einzelgröße.

4.2.22 Herstellen von Gehrungen an Fliesen- und Plattenkanten.

5 Abrechnung
Ergänzend zur ATV DIN 18 299, Abschnitt 5, gilt:

5.1 Allgemeines
5.1.1 Der Ermittlung der Leistung — gleichgültig, ob sie nach Zeichnungen oder nach Aufmaß erfolgt — sind zugrunde zu legen:

5.1.1.1 Bei Innenwandbekleidungen, Deckenbekleidungen, Bodenbelägen, Ausgleichsschichten, Trennschichten, Dämmschichten, Unterböden, Oberflächenbehandlungen, Bewehrungen, Trag- und Unterkonstruktionen
- auf Flächen mit begrenzenden Bauteilen die Maße der zu bekleidenden bzw. zu belegenden Flächen bis zu den begrenzenden, ungeputzten, ungedämmten bzw. unbekleideten Bauteilen,
- auf Flächen ohne begrenzende Bauteile die Maße der zu bekleidenden bzw. zu belegenden Flächen,

5.1.1.2 bei Wandbekleidungen, die an Stehsockel, Kehlsockel, Kehlleisten oder ausgerundeten Ecken als Sockel anschließen oder unmittelbar auf den Bodenbelag aufsetzen, das Maß ab Oberseite Sockel oder Oberseite Bodenbelag,

5.1.1.3 bei Fassaden die Maße der Bekleidung,

5.1.1.4 bei Stufenbelägen, Schwellen, Sockeln, Kehlen, Gehrungen an Fliesen- und Plattenkanten, Schrägschnitten, Profilen, Leisten, Schienen und Beckenköpfen deren größte Maße.

5.1.2 Bestehen Wandbekleidungen aus Schichten, von denen eine nicht die volle, jedoch mehr als die halbe Schichthöhe hat, so wird diese Schicht mit der vollen Schichthöhe abgerechnet. Dies gilt nicht für Wandbekleidungen in Raumhöhe oder für Wandbekleidungen, deren Höhe in der Leistungsbeschreibung durch Maßangabe festgelegt ist oder deren Schichthöhen größer als 30 cm sind.

5.1.3 Binden Fliesentrennwände oder Wände aus Zellenwandsteinen in Beläge ein, so werden die Beläge durchgerechnet. Bei Fliesentrennwänden, die sich kreuzen oder ineinander einbinden, wird im Bereich der Verbindung nur eine Wand berücksichtigt.

5.1.4 Bei der Ermittlung des Längenmaßes wird die größte Bauteillänge gemessen.

5.1.5 Bei Abrechnung nach Flächenmaß (m^2) werden in die verlegte Bekleidung oder in den verlegten Belag eingesetzte Profilleisten, Zierplatten und Formteile, z. B. Seifenschalen, übermessen.

5.2 Es werden abgezogen:

5.2.1 Bei Abrechnung nach Flächenmaß (m^2)

Aussparungen und Öffnungen über 0,1 m^2 Einzelgröße.

5.2.2 Bei Abrechnung nach Längenmaß (m)

Unterbrechungen über 1 m Einzellänge.

VOB Teil C:
Allgemeine Technische Vertragsbedingungen für Bauleistungen (ATV) Estricharbeiten — DIN 18 353
Ausgabe Dezember 1992

Inhalt

0 Hinweise für das Aufstellen der Leistungsbeschreibung
1 Geltungsbereich
2 Stoffe, Bauteile
3 Ausführung
4 Nebenleistungen, Besondere Leistungen
5 Abrechnung

0 Hinweise für das Aufstellen der Leistungsbeschreibung

Diese Hinweise ergänzen die ATV DIN 18 299 „Allgemeine Regelungen für Bauarbeiten jeder Art", Abschnitt 0. Die Beachtung dieser Hinweise ist Voraussetzung für eine ordnungsgemäße Leistungsbeschreibung gemäß A § 9.
Die Hinweise werden nicht Vertragsbestandteil.
In der Leistungsbeschreibung sind nach den Erfordernissen des Einzelfalls insbesondere anzugeben:

0.1 Angaben zur Baustelle
Keine ergänzende Regelung zur ATV DIN 18 299, Abschnitt 0.1.

0.2 Angaben zur Ausführung

0.2.1 Ob nach bestimmten Zeichnungen ausgeführt werden soll.

0.2.2 Art und Beschaffenheit des Untergrundes.

0.2.3 Gefälle des Untergrundes.

0.2.4 Art der Haftbrücken.

0.2.5 Art und Dicke von Ausgleichestrichen, Ausgleichsschichten und Schüttungen.

0.2.6 Art, Dicke und Anzahl von Sperrschichten, Trennschichten, Gleitschichten, Folien und Pappen.

0.2.7 Art, Dicke und Anzahl von Wärme- und Trittschalldämmschichten, Art und Dicke von Dämmschichtabdeckungen.

0.2.8 Anforderungen an die Dämmstoffe hinsichtlich der dynamischen Steifigkeit, des Brandverhaltens und der Wärmeleitfähigkeit.

0.2.9 Estrich- und Konstruktionsart, Festigkeitsklasse und Nenndicke sowie Stoffe, z. B. Hartstoffgruppe.

0.2.10 Bewehrung von Estrichen.

0.2.11 Erforderliches Gefälle, Hinweise auf den Höhenbezugspunkt.

0.2.12 Bei Heizestrichen Art der Konstruktion, Art der Heizung, Dicke und Lage der Heizrohre und Heizelemente, Estrichdicke, Art der Beläge, Bewehrungen, Lage, Ausführung von Bewegungsfugen.

0.2.13 Etwa gewünschte Besonderheiten, z. B. Farbtönung, Flächenaufteilungen, Oberflächenbeschaffenheit, Aussparungen.

0.2.14 Art und Nutzung der Estriche sowie besondere Beanspruchungen mechanischer, chemischer, thermischer Art oder durch Nässe.

0.2.15 Anordnung und Ausbildung von Fugen.

0.2.16 Ausbildung der zu belegenden Treppenstufen und -sockel, wenn erforderlich unter Beifügung von Zeichnungen.

0.2.17 Art und Ausbildung von Abstufungen, Schwellen und dergleichen.

0.2.18 Anzahl, Art und Maße von Winkelrahmen, Anschlag- und Stoßschienen, Trennschienen, Fugenprofilen.

0.2.19 Art von Fugenfüllmassen und -profilen.

0.2.20 Art und Dicke von Belägen.

0.2.21 Art von Imprägnierungen, Versiegelungen, Beschichtungen und Kunstharz-, Nutz- und Schutzschichten.

0.2.22 Ob Fenster- und Türöffnungen provisorisch zu schließen sind.

0.3 Einzelangaben bei Abweichungen von den ATV

0.3.1 Wenn andere als die in dieser ATV vorgesehenen Regelungen getroffen werden sollen, sind diese in der Leistungsbeschreibung eindeutig und im einzelnen anzugeben.

0.3.2 Abweichende Regelungen können insbesondere in Betracht kommen bei

Abschnitt 2.5, wenn Baustahlgitter eine andere Maschenweite als 50/50 mm und einen anderen Stabdurchmesser als 2 mm haben sollen,

Abschnitt 3.1.3, wenn erhöhte Anforderungen an die Ebenheit vorgeschrieben werden sollen,

Abschnitt 3.2.1, wenn Anhydrit-, Magnesia- und Zementestriche mit niedrigeren als in der Tabelle aufgeführten Festigkeitsklassen ausgeführt werden sollen,

Abschnitt 3.2.2, wenn Anhydrit-, Magnesia- und Zementestriche auf Dämmschichten zur Aufnahme von Stein- und keramischen Belägen abweichend von der vorgesehenen Regelung ausgeführt werden sollen,

Abschnitt 3.2.5, wenn Heizestriche entgegen der vorgesehenen Regelung ausgeführt werden sollen,

Abschnitt 3.2.6, wenn die Oberfläche von Estrichen nicht abgerieben werden soll, sondern z. B. geglättet, geriffelt,

Abschnitt 3.2.7, wenn die Nenndicke von Kunstharz-, Nutz- und Schutzschichten auf Estrichen und Beton bis 1 mm an einzelnen Stellen und über 1 mm um mehr als 20 % unterschritten werden soll,

Abschnitt 3.3.1, wenn Terrazzoböden nicht zweischichtig hergestellt werden sollen,

Abschnitt 3.3.5, wenn Terrazzoböden nicht geschliffen, gespachtelt und feingeschliffen hergestellt werden sollen, sondern z. B. ausgewaschen.

Estricharbeiten DIN 18 353

0.4 Einzelangaben zu Nebenleistungen und Besonderen Leistungen
Keine ergänzende Regelung zur ATV DIN 18 299, Abschnitt 0.4.

0.5 Abrechnungseinheiten
Im Leistungsverzeichnis sind die Abrechnungseinheiten wie folgt vorzusehen:

0.5.1 Flächenmaß (m^2), getrennt nach Bauart und Maßen, für
- Vorbehandlung des Untergrundes,
- Haftbrücken,
- Ausgleichsschichten,
- Trennschichten,
- Dämmschichten, Schüttungen,
- Estriche, Terrazzoböden, Kunstharz-, Nutz- und Schutzschichten,
- Oberflächenbehandlung,
- Bewehrungen.

0.5.2 Längenmaß (m), getrennt nach Bauart und Maßen, für
- Abschneiden von Wand-Randstreifen,
- Leisten, Profile, Schienen,
- Kehlen, Sockel, Kanten,
- Ausbilden und Schließen von Fugen.

0.5.3 Anzahl (Stück), getrennt nach Bauart und Maßen, für
- Estriche auf Stufen und Schwellen,
- Schienen, Profile, Rahmen,
- Schließen von Aussparungen,
- Anarbeiten an Durchdringungen.

1 Geltungsbereich

1.1 Die ATV „Estricharbeiten" – DIN 18 353 – gilt für das Herstellen von Estrichen in nasser und trockener Bauweise.

1.2 Die ATV DIN 18 353 gilt nicht für das Herstellen von Asphaltestrichen im Heißeinbau (siehe ATV DIN 18 354 „Gußasphaltarbeiten").

1.3 Ergänzend gelten die Abschnitte 1 bis 5 der ATV DIN 18 299 „Allgemeine Regelungen für Bauarbeiten jeder Art". Bei Widersprüchen gehen die Regelungen der ATV DIN 18 353 vor.

2 Stoffe, Bauteile

Ergänzend zur ATV DIN 18 299, Abschnitt 2, gilt:
Für die gebräuchlichsten genormten Stoffe und Bauteile sind die DIN-Normen nachstehend aufgeführt.

2.1 Bindemittel

DIN 273 Teil 1   Ausgangsstoffe für Magnesiaestriche; Kaustische Magnesia
DIN 273 Teil 2   Ausgangsstoffe für Magnesiaestriche; Magnesiumchlorid

DIN 1164 Teil 1	Portland-, Eisenportland-, Hochofen- und Traßzement; Begriffe, Bestandteile, Anforderungen, Lieferung
DIN 4208	Anhydritbinder

2.2 Kunstharze

DIN 16 945	Reaktionsharze, Reaktionsmittel und Reaktionsharzmassen; Prüfverfahren

Kunstharze müssen alkalibeständig sein.

2.3 Zuschlag, Füllstoffe

DIN 1100	Hartstoffe für zementgebundene Hartstoffestriche
DIN 4226 Teil 1	Zuschlag für Beton; Zuschlag mit dichtem Gefüge; Begriffe, Bezeichnung und Anforderungen
DIN 4226 Teil 2	Zuschlag für Beton; Zuschlag mit porigem Gefüge (Leichtzuschlag); Begriffe, Bezeichnungen und Anforderungen

Als Zuschlag für geschliffene Terrazzoböden sind schleif- und polierfähige Körnungen möglichst gleicher Härte zu verwenden.

2.4 Dämmstoffe

DIN 1101	Holzwolle-Leichtbauplatten und Mehrschicht-Leichtbauplatten als Dämmstoffe für das Bauwesen; Anforderungen, Prüfung
DIN 18 161 Teil 1	Korkerzeugnisse als Dämmstoffe für das Bauwesen; Dämmstoffe für die Wärmedämmung
DIN 18 164 Teil 1	Schaumkunststoffe als Dämmstoffe für das Bauwesen; Dämmstoffe für die Wärmedämmung
DIN 18 164 Teil 2	Schaumkunststoffe als Dämmstoffe für das Bauwesen; Dämmstoffe für die Trittschalldämmung; Polystyrol-Partikelschaumstoffe
DIN 18 165 Teil 1	Faserdämmstoffe für das Bauwesen; Dämmstoffe für die Wärmedämmung
DIN 18 165 Teil 2	Faserdämmstoffe für das Bauwesen; Dämmstoffe für die Trittschalldämmung
DIN 18 174	Schaumglas als Dämmstoff für das Bauwesen; Dämmstoffe für die Wärmedämmung
DIN 68 750	Holzfaserplatten; Poröse und harte Holzfaserplatten, Gütebedingungen

Nicht genormte Dämmstoffe, z. B. gekörnte, geschäumte, geblähte Stoffe, dürfen nur verwendet werden, wenn sie struktur-, fäulnis-, ungeziefer-, form- und alterungsbeständig sind.

2.5 Bewehrungen

DIN 488 Teil 4	Betonstahl; Betonstahlmatten und Bewehrungsdraht, Aufbau, Maße und Gewicht

Baustahlgitter müssen eine Maschenweite von 50/50 mm und einen Stabdurchmesser von 2 mm haben.

3 Ausführung

Ergänzend zur ATV DIN 18 299, Abschnitt 3, gilt:

3.1 Allgemeines

3.1.1 Der Auftragnehmer hat bei seiner Prüfung Bedenken (siehe B § 4 Nr 3) insbesondere geltend zu machen bei
- ungeeigneter Beschaffenheit des Untergrundes, z.B. grobe Verunreinigungen, Ausblühungen, zu wenig feste, zu glatte oder zu rauhe, zu trockene oder zu feuchte, verölte oder gefrorene Flächen, Risse, ungeeignete oder mangelhaft ausgebildete Fugen,
- Unebenheiten, die mehr als 20% Mehrverbrauch für die Herstellung der Nenndicke bei Estrichen aus fließfähigen Massen verursachen,
- größeren Unebenheiten als nach Abschnitt 3.1.3 zulässig,
- fehlenden Höhenbezugspunkten je Geschoß,
- fehlendem, ungenügendem oder von der Angabe in den Ausführungsunterlagen abweichendem Gefälle,
- Rohrleitungen und dergleichen auf dem Untergrund, nicht vorhandenen oder ungeeigneten Putzanschlüssen, fehlenden Türzargen und Anschlagschienen,
- ungeeigneter Temperatur des Untergrundes, ungeeigneten Temperatur- und Luftverhältnissen im Raum, z.B. bei Zugluft im nicht geschlossenen Bauwerk,
- unzugänglichen, zu schützenden Metallbauteilen, z.B. bei Magnesiaestrichen.

3.1.2 Estriche dürfen nur ab einer Mindesttemperatur von + 5 °C hergestellt werden, wenn das Bindemittel keine anderen Temperaturen erfordert oder zuläßt.

3.1.3 Abweichungen von vorgeschriebenen Maßen sind in den durch
DIN 18 201   Toleranzen im Bauwesen; Begriffe, Grundsätze, Anwendung, Prüfung
DIN 18 202   Toleranzen im Hochbau; Bauwerke
bestimmten Grenzen zulässig.
Bei Streiflicht sichtbar werdende Unebenheiten in den Oberflächen von Bauteilen sind zulässig, wenn die Toleranzen von DIN 18 202 eingehalten worden sind.

3.1.4 Estriche sind, auch wenn sie im Gefälle ausgeführt werden, gleichmäßig dick und ebenflächig herzustellen.

3.1.5 Gebäudetrennfugen müssen an gleicher Stelle und in ausreichender Breite durchgehen. Sonstige Bewegungsfugen sind in Abstimmung mit dem Auftraggeber anzulegen.

3.1.6 Bei gefärbten Estrichen muß die Farbe gleichmäßig mit dem Mörtel vermischt sein, bei einschichtigem Estrich in der ganzen Dicke des Estrichs, bei mehrschichtigem Estrich in der ganzen Dicke der Nutzschicht.

3.1.7 Estriche sind gegen zu rasches und ungleichmäßiges Austrocknen zu schützen.

3.1.8 Durch Estrich gefährdete Metallbauteile sind durch Anstriche, Ummantelungen oder auf andere Weise zu schützen.

3.2 Estriche

3.2.1 Anhydrit-, Magnesia- und Zementestriche sind herzustellen nach
DIN 18 560 Teil 1   Estriche im Bauwesen; Begriffe, Allgemeine Anforderungen, Prüfung

DIN 18 560 Teil 2 Estriche im Bauwesen; Estriche und Heizestriche auf Dämmschichten (schwimmende Estriche)
DIN 18 560 Teil 3 Estriche im Bauwesen; Verbundestriche
DIN 18 560 Teil 4 Estriche im Bauwesen; Estriche auf Trennschicht
DIN 18 560 Teil 7 Estriche im Bauwesen; Hochbeanspruchbare Estriche (Industrieestriche)

Sie sind mindestens in den in nachfolgender Tabelle aufgeführten Festigkeitsklassen auszuführen.

Tabelle. **Festigkeitsklassen von Estrichen**

	Estrichart	Estriche auf Dämmschichten	Estriche auf Trennschichten		Verbundestriche	
			als Unterlage von Belägen	als Nutzestrich	als Unterlage von Belägen	als Nutzestrich
	1	2	3	4	5	6
1	Anhydritestrich	AE 20	AE 20	AE 20	AE 12	AE 20
2	Magnesiaestrich	ME 7	ME 7	ME 20	ME 5	ME 20
3	Zementestrich	ZE 20	ZE 20	ZE 20	ZE 12	ZE 20

Für Fließestriche gelten die in den Normen der Reihe DIN 18 560 für die vorgenannten Festigkeitsklassen angegebenen Werte bei der Bestätigungsprüfung.

3.2.2 Anhydrit-, Magnesia- und Zementestriche auf Dämmschichten zur Aufnahme von Stein- und keramischen Belägen müssen mindestens 45 mm dick, Zementestriche außerdem bewehrt sein.

3.2.3 Bitumenemulsions-Estriche sind aus einer stabilen Bitumenemulsion und Zement als Bindemittel, aus Füller, Sand, Kies und gegebenenfalls Splitt als Zuschläge herzustellen.

3.2.4 Fertigteilestriche aus vorgefertigten anhydrit-, magnesia- und zementgebundenen Platten sind auf Dämmschichten so zu verlegen, daß sie den Anforderungen nach DIN 18 560 Teil 2 entsprechen.

3.2.5 Heizestriche sind mit einer Nenndicke von mindestens 45 mm auszuführen. Sind die Heizrohre im unteren Bereich des Estrichs eingebettet, muß diese Nenndicke über der Oberkante der Heizrohre vorhanden sein.

3.2.6 Die Oberfläche von Estrichen ist abzureiben.

3.2.7 Kunstharzestriche sind mit Kunstharzen nach Abschnitt 2.2 und mit Zuschlägen nach Abschnitt 2.3 mit einer Nenndicke von mindestens 5 mm auszuführen.

Kunstharz-, Nutz- und Schutzschichten auf Estrichen und Beton sind mit Kunstharzen nach Abschnitt 2.2 und gegebenenfalls mit Zuschlägen nach Abschnitt 2.3 in folgenden Mindestnenndicken auszuführen:

— Kunstharzversiegelung mindestens 0,1 mm,
— Kunstharzbeschichtung mindestens 0,5 mm,
— Kunstharzbeläge mindestens 2 mm.

Dabei dürfen Nenndicken bis 1 mm an keiner Stelle, über 1 mm um höchstens 20% unterschritten werden.

3.3 Terrazzoböden

3.3.1 Terrazzoböden müssen zweischichtig hergestellt werden.

3.3.2 Die Vorsatzschicht bei Terrazzoböden muß mindestens 15 mm betragen.

3.3.3 Terrazzoböden, die im Verbund mit dem tragenden Untergrund hergestellt werden, müssen in Festigkeit und Schleifverschleiß DIN 18 500 „Betonwerkstein; Begriffe, Anforderungen, Prüfung, Überwachung" entsprechen.

3.3.4 Für Terrazzoboden als schwimmender Estrich gelten die Festlegungen für Zementestrich nach DIN 18 560 Teil 2. Der Schleifverschleiß von schwimmendem Terrazzoboden muß DIN 18 500 entsprechen.

3.3.5 Terrazzoböden sind nach ausreichender Erhärtung zu schleifen, zu spachteln und feinzuschleifen, so daß das Größtkorn voll sichtbar wird.

4 Nebenleistungen, Besondere Leistungen

4.1 Nebenleistungen sind ergänzend zur ATV DIN 18 299, Abschnitt 4.1, insbesondere:

4.1.1 Vorlegen erforderlicher Muster.

4.1.2 Reinigen des Untergrundes, ausgenommen Leistungen nach Abschnittt 4.2.3 und Abschnitt 4.2.4.

4.1.3 Ausgleichen von Unebenheiten des Untergrundes innerhalb der Toleranzen nach DIN 18 202/05.86, Tabelle 3, Zeilen 2 und 3, jedoch bei Estrichen aus fließfähigen Massen nur bis 20% der vorgeschriebenen Nenndicke.

4.1.4 Herstellen der Anschlüsse der Estriche an angrenzende eingebaute Bauteile wie Wände, Schwellen, Säulen, Rohrleitungen, Zargen, Bekleidungen, Anschlagschienen, Vorstoßschienen, Bodenabläufe u. ä.

4.1.5 Entfernen des Überstandes von Randstreifen, ausgenommen Leistungen nach Abschnitt 4.2.19.

4.2 Besondere Leistungen sind ergänzend zur ATV DIN 18 299, Abschnitt 4.2, z. B.:

4.2.1 Herstellen von Musterflächen.

4.2.2 Vorhalten von Aufenthalts- und Lagerräumen, wenn der Auftraggeber Räume, die leicht verschließbar gemacht werden können, nicht zur Verfügung stellt.

4.2.3 Reinigen des Untergrundes von grober Verschmutzung, z. B. Gipsreste, Mörtelreste, Farbreste, Öl, soweit diese von anderen Unternehmern herrührt.

4.2.4 Besonderes Reinigen des Untergrundes mittels Staubsaugers, Hochdruckreinigers u. ä.

4.2.5 Vorbereiten des Untergrundes mittels Fräsen, Stocken, Strahlen u. ä.

4.2.6 Aufbringen von Haftbrücken.

4.2.7 Ausgleich von Unebenheiten des Untergrundes, welche die Toleranzen nach DIN 18 202/05.86, Tabelle 3, überschreiten.

4.2.8 Ausgleich von Unebenheiten des Untergrundes bei Estrichen aus fließfähigen Massen, soweit diese Unebenheiten 20% der vorgeschriebenen Nenndicke des Estrichs überschreiten.

4.2.9 Maßnahmen zum Schutz gegen Feuchtigkeit, ausgenommen Leistungen nach ATV DIN 18 299, Abschnitt 4.1.10.

4.2.10 Maßnahmen zum Schutz gegen Zugluft innerhalb des Gebäudes.

4.2.11 Besondere Maßnahmen für das Herstellen von Estrichen im Freien, z. B. Zelte, Abdeckungen.

4.2.12 Nachträgliches Herstellen von Anschlüssen an angrenzende Bauteile, soweit dies vom Auftragnehmer nicht zu vertreten ist.

4.2.13 Einbauen von Anschlag-, Stoß- und Trennschienen, Mattenrahmen, Bewehrungen und dergleichen.

4.2.14 Ausbilden, Verfüllen, Schließen und Abdecken von Fugen mit Fugenmassen oder Fugenprofilen.

4.2.15 Herstellen von Kanten an Aussparungen von mehr als 0,1 m^2 Einzelgröße.

4.2.16 Schließen von Aussparungen.

4.2.17 Ausbilden von Kehlen und Sockeln, sowie Aufbringen von Estrich auf Stufen und Schwellen.

4.2.18 Beseitigen von Putzüberständen.

4.2.19 Entfernen des Überstandes von Randstreifen nach Verlegen der Bodenbeläge.

4.2.20 Besondere Oberflächenbehandlung von Estrichen, z. B. glätten.

5 Abrechnung

Ergänzend zur ATV DIN 18 299, Abschnitt 5, gilt:

5.1 Allgemeines

5.1.1 Der Ermittlung der Leistung — gleichgültig, ob sie nach Zeichnungen oder nach Aufmaß erfolgt — sind zugrunde zu legen:

5.1.1.1 Bei Estrichen, Kunstharz-, Nutz- und Schutzschichten, Terrazzoböden, Trennschichten, Dämmschichten, Schüttungen, Bewehrungen und Oberflächenbehandlung
— auf Flächen mit begrenzenden Bauteilen die Maße der zu belegenden Fläche bis zu den sie begrenzenden ungeputzten bzw. nicht bekleideten Bauteilen,
— auf Flächen ohne begrenzende Bauteile deren Maße,

5.1.1.2 für das Anarbeiten an Durchdringungen von mehr als 0,1 m^2 Einzelgröße die Maße der Abwicklung.

5.1.2 Bei der Ermittlung des Längenmaßes wird die größte Bauteillänge gemessen.

5.2 Es werden abgezogen:

5.2.1 Bei Abrechnung nach Flächenmaß (m^2):

Aussparungen z. B. für Öffnungen, Pfeiler, Pfeilervorlagen, Rohrdurchführungen über 0,1 m^2 Einzelgröße.

5.2.2 Bei Abrechnung nach Längenmaß (m):

Unterbrechungen über 1 m Einzellänge.

VOB Teil C:
Allgemeine Technische Vertragsbedingungen für Bauleistungen (ATV)
Gußasphaltarbeiten — 18 354
Ausgabe Dezember 1992

Inhalt

0 *Hinweise für das Aufstellen der Leistungsbeschreibung*
1 Geltungsbereich
2 Stoffe, Bauteile
3 Ausführung
4 Nebenleistungen, Besondere Leistungen
5 Abrechnung

0 Hinweise für das Aufstellen der Leistungsbeschreibung

Diese Hinweise ergänzen die ATV DIN 18 299 „Allgemeine Regelungen für Bauarbeiten jeder Art", Abschnitt 0. Die Beachtung dieser Hinweise ist Voraussetzung für eine ordnungsgemäße Leistungsbeschreibung gemäß A § 9.

Die Hinweise werden nicht Vertragsbestandteil.

In der Leistungsbeschreibung sind nach den Erfordernissen des Einzelfalls insbesondere anzugeben:

0.1 Angaben zur Baustelle

Keine ergänzende Regelung zur ATV DIN 18 299, Abschnitt 0.1.

0.2 Angaben zur Ausführung

0.2.1 Art, Beschaffenheit und Neigung des Untergrundes; zur Verfügung stehende Einbauhöhe.

0.2.2 Anzahl, Länge, Art, Lage und Ausbildung von Bewegungsfugen, Art und Größe der zu erwartenden Bewegungen der Bauwerksteile.

0.2.3 Ausbildung der An- und Abschlüsse an Bauwerke und Bauwerksteile.

0.2.4 Art und Anzahl der geforderten Proben.

0.2.5 Besondere Bedingungen des Auftraggebers für das Aufstellen von Rührwerkskesseln und Schmelzkesseln.

0.2.6 Leistungen getrennt nach Geschossen.

0.2.7 Art und Dicke des Estrichs bzw. des Belages.

0.2.8 Besondere Temperaturbeanspruchung in Innenräumen.

Gußasphaltarbeiten DIN 18 354

0.2.9 Besondere Anforderungen an die Widerstandsfähigkeit des Estrichs bzw. des Belages gegen Säuren, Laugen, Fette, Öle, Benzin und dergleichen.

0.2.10 Besondere mechanische Beanspruchung des Estrichs bzw. des Belages.

0.2.11 Anzahl, Art und Größe von Aussparungen.

0.2.12 Fläche und Dicke erforderlicher Auffüllungen des Untergrundes.

0.2.13 Art vorhandener Abdichtungen, Dämm- und Trennschichten.

0.2.14 Anzahl, Art und Ausbildung von Anschlüssen, Abschlüssen und Durchdringungen.

0.2.15 Besondere Anforderungen an Fugenfüllmassen, Fugen- und Abschlußprofile.

0.2.16 Ob Untergründe aus Stahl zu entrosten sind.

0.3 Einzelangaben bei Abweichungen von den ATV

0.3.1 Wenn andere als die in dieser ATV vorgesehenen Regelungen getroffen werden sollen, sind diese in der Leistungsbeschreibung eindeutig und im einzelnen anzugeben.

0.3.2 Abweichende Regelungen können insbesondere in Betracht kommen bei

Abschnitt 3.1.4, wenn Gußasphaltestriche und -beläge nicht waagerecht hergestellt werden sollen,

Abschnitt 3.1.8, wenn Oberflächen anders behandelt werden sollen, z. B. durch Einstreuen von bituminiertem Edelsplitt der Körnung 2/5 mm,

Abschnitt 3.2.2, wenn auf nicht unterkellerten Flächen die Wärmedämmschicht anders geschützt werden soll, z. B. durch eine Lage Asphaltmastix.

0.4 Einzelangaben zu Nebenleistungen und Besonderen Leistungen

Keine ergänzende Regelung zur ATV DIN 18 299, Abschnitt 0.4.

0.5 Abrechnungseinheiten

Im Leistungsverzeichnis sind die Abrechnungseinheiten wie folgt vorzusehen:

0.5.1 Flächenmaß (m^2) für
- Auffüllungen des Untergrundes, getrennt nach Art und Dicke,
- Dämmschichten, Trennschichten, Dichtungsschichten, Schutzschichten, getrennt nach Art und Dicke,
- Gußasphaltestriche, Gußasphaltbeläge, getrennt nach Art und Dicke,
- Einbau von Mattenrahmen u. ä., getrennt nach Art,
- Oberflächenbehandlungen, getrennt nach Art.

0.5.2 Raummaß (m^3) für
- Auffüllungen des Untergrundes, getrennt nach Art.

0.5.3 Längenmaß (m) für
- Stufenbeläge, getrennt nach Stufenbreite,
- Herstellen von Abdichtungen über Bewegungsfugen, getrennt nach Art,
- Aussparen von Fugen im Gußasphaltestrich und -belag,
- Einbau von Fugen- und Abschlußprofilen, Anschlag-, Stoß- und Trennschienen, getrennt nach Größe,
- Herstellen von freien Kanten an Aussparungen,
- Herstellen von Aufkantungen, getrennt nach Zuschnitt,
- Fugenfüllungen, getrennt nach Fugenquerschnitt.

0.5.4 *Anzahl (Stück) für*
- *Stufenbeläge, getrennt nach Stufengröße,*
- *Anschluß von Durchdringungen an Dichtungsschichten, getrennt nach Art und Größe,*
- *Herstellen von Eckausbildungen bei Fugen- und Abschlußprofilen, getrennt nach Art,*
- *Einbau von Mattenrahmen u. ä., getrennt nach Art und Größe,*
- *Herstellen von freien Kanten an Aussparungen, getrennt nach Größe der Aussparungen,*
- *Schließen von Aussparungen, getrennt nach Größe.*

0.5.5 *Gewicht (t) für*
- *Auffüllungen des Untergrundes,*
- *Gußasphaltestrich, Gußasphaltbelag.*

1 Geltungsbereich

1.1 Die ATV „Gußasphaltarbeiten" – DIN 18 354 – gilt für
- Estriche aus Gußasphalt nach den Normen der Reihe DIN 18 560 "Estriche im Bauwesen",
- Schutzschichten aus Gußasphalt auf Bauwerksabdichtungen nach DIN 18 195 Teil 10 „Bauwerksabdichtungen; Schutzschichten und Schutzmaßnahmen",
- wasserdichte Beläge aus Gußasphalt bzw. Gußasphalt- und Dichtungsschicht.

1.2 Die ATV DIN 18 354 gilt nicht für
- Gußasphaltdeckschichten im Straßenbau, für Gußasphaltdeckschichten auf Straßenbrücken (siehe ATV DIN 18 317 „Verkehrswegebauarbeiten, Oberbauschichten aus Asphalt") und
- Sicherungsarbeiten an Gewässern, Deichen und Küstendünen (siehe ATV DIN 18 310 „Sicherungsarbeiten an Gewässern, Deichen und Küstendünen").

1.3 Ergänzend gelten die Abschnitte 1 bis 5 der ATV DIN 18 299 „Allgemeine Regelungen für Bauarbeiten jeder Art". Bei Widersprüchen gehen die Regelungen der ATV DIN 18 354 vor.

2 Stoffe, Bauteile

Ergänzend zur ATV DIN 18 299, Abschnitt 2, gilt:
Für die gebräuchlichsten genormten Stoffe und Bauteile sind die DIN-Normen nachstehend aufgeführt.

2.1 Zuschlagstoffe, Füllstoffe
DIN 4226 Teil 1 bis Teil 4   Zuschlag für Beton

2.2 Bitumen
DIN 1995 Teil 1   Bitumen und Steinkohlenteerpech; Anforderungen an die Bindemittel; Straßenbaubitumen.
Für Hart-, Oxid- und polymermodifiziertes Bitumen gelten die Produktspezifikationen der Bitumenlieferanten.
DIN 55 946 Teil 1   Bitumen und Steinkohlenteerpech; Begriffe für Bitumen und Zubereitungen aus Bitumen

2.3 Mischgut

Bei der Zusammensetzung des Mischgutes müssen der vorgesehene Verwendungszweck und insbesondere die klimatischen und örtlichen Verhältnisse sowie die Verkehrslasten und Belastungsarten berücksichtigt werden. Unter diesen Voraussetzungen bleibt die Zusammensetzung dem Auftragnehmer überlassen.

Für die Zusammensetzung von Asphaltmastix gilt

DIN 18 195 Teil 2 Bauwerksabdichtungen; Stoffe.

Ausgebauter Asphalt darf mitverwendet werden, wenn seine Mineralstoffe den Anforderungen des Abschnitts 2.1 entsprechen.

Ein Zusatz von Naturasphalt ist zulässig.

2.4 Abdichtungsstoffe

Für die Anforderung an Metallbänder gilt

DIN 18 195 Teil 2 Bauwerksabdichtungen; Stoffe.

Schweißbahnen müssen

DIN 52 131	Bitumen-Schweißbahnen; Begriffe, Bezeichnung, Anforderungen
DIN 52 133	Polymerbitumen-Schweißbahnen; Begriffe, Bezeichnung, Anforderungen

entsprechen.

Abweichend davon dürfen, bei Ausführung nach Abschnitt 3.7.1, Schweißbahnen mit Metallbandkaschierung oder mit hochliegender Trägereinlage verwendet werden.

2.5 Dämmstoffe

DIN 1101	Holzwolle-Leichtbauplatten; Maße, Anforderungen, Prüfung
DIN 18 161 Teil 1	Korkerzeugnisse als Dämmstoffe für das Bauwesen; Dämmstoffe für die Wärmedämmung
DIN 18 164 Teil 1	Schaumkunststoffe als Dämmstoffe für das Bauwesen; Dämmstoffe für die Wärmedämmung
DIN 18 164 Teil 2	Schaumkunststoffe als Dämmstoffe für das Bauwesen; Dämmstoffe für die Trittschalldämmung
DIN 18 165 Teil 1	Faserdämmstoffe für das Bauwesen; Dämmstoffe für die Wärmedämmung
DIN 18 165 Teil 2	Faserdämmstoffe für das Bauwesen; Dämmstoffe für die Trittschalldämmung
DIN 18 174	Schaumglas als Dämmstoff für das Bauwesen; Dämmstoffe für die Wärmedämmung
DIN 68 750	Holzfaserplatten; Poröse und harte Holzfaserplatten; Gütebedingungen
DIN 68 752	Bitumen-Holzfaserplatten; Gütebedingungen

Ungenormte Dämmstoffe, z. B. Platten oder Schüttstoff aus gekörnten, geschäumten oder geblähten Mineralstoffen, müssen den Anforderungen nach DIN 18 165 Teil 2 entsprechen.

2.6 Abdeckungen, Trennschichten

Stoffe für Abdeckungen und Trennschichten müssen den Anforderungen nach
DIN 18 195 Teil 2   Bauwerksabdichtungen; Stoffe
DIN 18 560 Teil 2   Estriche im Bauwesen; Estriche auf Dämmschichten (schwimmende Estriche)
DIN 18 560 Teil 4   Estriche im Bauwesen; Estriche auf Trennschicht
entsprechen.

2.7 Voranstrichmittel und Bitumenklebemassen

Voranstrichmittel und Bitumenklebemassen müssen den Anforderungen nach DIN 18 195 Teil 2 entsprechen.

2.8 Stoffe für Grundierung, Versiegelung oder Kratzspachtelung

Stoffe für Grundierung, Versiegelung oder Kratzspachtelung müssen aus Epoxidharzen bestehen und niedrigviskos, lösemittelfrei und nach Aushärten hitzebeständig sein. Stoffe für Kratzspachtelungen müssen darüber hinaus Füllstoffe auf Quarzbasis enthalten.

2.9 Zusätze

Zusätze zum Gußasphalt, z. B. Haftmittel, Kunststoffe, Hartstoffe, dürfen die Eigenschaften des Gußasphaltestrichs oder -belages nicht ungünstig beeinflussen.

3 Ausführung

Ergänzend zur ATV DIN 18 299, Abschnitt 3, gilt:

3.1 Allgemeines

Der Auftragnehmer hat bei seiner Prüfung Bedenken (siehe B § 4 Nr 3) insbesondere geltend zu machen bei

- fehlenden Höhenbezugspunkten je Geschoß,
- Untergründen, die nicht den Erfordernissen von DIN 18 560 Teil 1, Teil 4 oder Teil 7 entsprechen,
- Untergründen mit
  - Abweichungen von der Waagerechten oder von dem Gefälle, das in der Leistungsbeschreibung vorgeschrieben oder nach der Sachlage notwendig ist,
  - falscher Höhenlage,
  - unzulässigen Unebenheiten,
  - Rissen und Löchern,
  - gefrorenen, feuchten, verölten oder verschmutzten Flächen,
  - Rückständen von Gips, Mörtel, Beton oder Farben,
- fehlenden Ausrundungen von Kanten, Kehlen und Ecken,
- ungeeigneter Art, Lage und Ausbildung von Bewegungsfugen und durchdringenden Bauteilen,
- fehlenden Entwässerungseinrichtungen.

3.1.2 Gußasphaltestriche und -beläge sowie Dichtungsschichten dürfen nur auf frostfreien Untergründen hergestellt werden.

3.1.3 Gußasphaltschichten mit Nenndicken ≥ 40 mm sind zweischichtig auszuführen.

3.1.4 Gußasphaltestriche und -beläge sind waagerecht herzustellen. Abweichungen von vorgeschriebenen Maßen sind in den durch
DIN 18 201 Toleranzen im Bauwesen; Begriffe, Grundsätze, Anwendung, Prüfung
DIN 18 202 Toleranzen im Hochbau, Bauwerke
bestimmten Grenzen zulässig.

3.1.5 Bei Gußasphaltestrichen und -belägen, die auf geneigten Flächen herzustellen sind, dürfen die Unebenheiten der Oberfläche innerhalb einer Meßstrecke von 4 m
— bei Neigungen bis 5% 1 cm und
— bei Neigungen über 5% 1,5 cm
nicht überschreiten.

3.1.6 Bewegungsfugen des Baukörpers müssen im Gußasphaltestrich oder -belag an gleicher Stelle übernommen werden.
Fugen in Gußasphaltestrichen, die mit Bodenbelägen versehen werden, bleiben unverfüllt.

3.1.7 Bei mehrschichtigen Gußasphaltestrichen und -belägen sind die Arbeitsnähte der einzelnen Schichten mindestens um das Zehnfache der Nenndicke der darauffolgenden Gußasphaltschicht zu versetzen.

3.1.8 Die Oberflächen von Gußasphaltestrichen und -belägen sind unmittelbar nach der Verlegung mit Sand abzureiben. Dabei ist so viel Sand zu verwenden, daß nach dem Erkalten des Gußasphaltes ein Überschuß von nicht gebundenem Material auf der Oberfläche verbleibt.

3.1.9 Gußasphaltbeläge, die besonderen Beanspruchungen durch Chemikalien, z. B. Säuren, Laugen, ausgesetzt sind, müssen mit Zuschlägen hergestellt werden, die gegen die jeweiligen Chemikalien widerstandsfähig sind, z. B. quarzhaltige Mineralstoffe.

3.1.10 Fugen in Gußasphaltschichten sind so zu füllen, daß keine bewegungshemmenden Fremdkörper eindringen können.

3.2 Gußasphaltestrich auf Dämmschicht (schwimmender Gußasphaltestrich)

3.2.1 Schwimmender Gußasphaltestrich ist nach DIN 18 560 Teil 2 bzw. Teil 7 auszuführen.

3.2.2 Auf nicht unterkellerten Flächen ist die Dämmschicht durch eine Lage Bitumen-Dachdichtungsbahn nach DIN 52 130 gegen Eigenfeuchtigkeit der Unterkonstruktion zu schützen. Die Bahnen sind mit 10 cm Überdeckung lose zu verlegen und an den Wänden bis zur Oberfläche des fertigen Bodenbelags hochzuziehen.

3.3 Gußasphaltestrich auf Trennschicht
Gußasphaltestrich auf Trennschicht ist nach DIN 18 560 Teil 4 bzw. Teil 7 auszuführen.

3.4 Gußasphalt-Verbundestrich

3.4.1 Gußasphalt-Verbundestrich ist nach DIN 18 560 Teil 3 „Estriche im Bauwesen; Verbundestriche" bzw. nach DIN 18 560 Teil 7 auszuführen.

3.4.2 Auf bitumengebundenen Untergründen ist der Verbundestrich unmittelbar aufzubringen; bei Untergründen aus Stahl ist vorher eine Haftbrücke aufzubringen.

3.5 Beheizte Gußasphaltbeläge im Freien

Bei beheizten Gußasphaltbelägen im Freien ist die Zusammensetzung des Gußasphaltes auf die zu erwartenden Temperaturen abzustimmen. An angrenzenden Bauteilen sind mindestens 10 mm breite Randfugen anzuordnen.

3.6 Schutzschichten aus Gußasphalt

Schutzschichten aus Gußasphalt auf Bauwerksabdichtungen sind nach DIN 18 195 Teil 10 auszuführen.

3.7 Wasserdichte Beläge aus Gußasphalt bzw. Gußasphalt- und Dichtungsschicht

3.7.1 Wasserdichte Beläge sind aus einer Dichtungsschicht aus metallkaschierten Bitumen-Schweißbahnen oder aus Bitumen-Schweißbahnen mit hochliegender Trägereinlage und einer Gußasphaltschutzschicht herzustellen; die Dichtungsschicht ist auf einer Haftbrücke einzubauen.

3.7.2 Die Dichtungsschicht ist im Schweißverfahren nach DIN 18 195 Teil 3 „Bauwerksabdichtungen; Verarbeitung der Stoffe" einzubauen.

3.7.3 Ist als Dichtungsschicht eine Lage Metallbänder vorgeschrieben, sind sie im Gieß- und Einwalzverfahren nach DIN 18 195 Teil 3 einzubauen.

3.7.4 Ist als Dichtungsschicht Asphaltmastix vorgeschrieben, so ist er im Mittel mindestens 10 mm, jedoch an keiner Stelle unter 7 oder über 15 mm dick einzubauen; der Asphaltmastix darf auch auf Trennschicht verlegt werden.

3.7.5 Ist als Dichtungsschicht Gußasphalt vorgeschrieben, so ist er mit Nenndicke 25 mm einzubauen; der Gußasphalt darf auch auf Trennschicht verlegt werden.

3.7.6 Die Gußasphaltschutzschicht ist einschichtig, im Mittel mindestens 25 mm, jedoch an keiner Stelle unter 15 mm dick, unmittelbar auf der Dichtungsschicht einzubauen.

3.7.7 Bewegungsfugen des Untergrundes sind in wasserdichten Belägen nach DIN 18 195 Teil 8 „Bauwerksabdichtungen; Abdichtungen über Bewegungsfugen" auszuführen.

3.7.8 Wird auf den wasserdichten Belag eine weitere Belagschicht aufgebracht, z. B. bei befahrenen Flächen eine zusätzliche Deckschicht, so ist diese bei Verwendung von Gußasphalt nach den vorstehenden Abschnitten, bei Verwendung einer Asphaltbeton- oder Splittmastixasphaltdeckschicht nach ATV DIN 18 317 auszuführen; bei Verwendung anderer Deckschichten, z. B. aus Steinpflaster, Beton oder Erdüberschüttung, ist zwischen dieser und dem wasserdichten Belag eine Trennschicht einzubauen.

4 Nebenleistungen, Besondere Leistungen

4.1 Nebenleistungen sind ergänzend zur ATV DIN 18 299, Abschnitt 4.1, insbesondere:

4.1.1 Vorlegen geforderter Muster.

4.1.2 Reinigen des Untergrundes, ausgenommen Leistungen nach Abschnitt 4.2.5.

4.1.3 Ausgleichen von Unebenheiten des Untergrundes innerhalb der Toleranzen nach DIN 18 202, Tabelle 3, Zeile 2.

4.1.4 Anarbeiten von Gußasphaltestrichen und -belägen sowie von Dichtungsschichten an angrenzende Bauteile und Durchdringungen, ausgenommen Leistungen nach Abschnitt 4.2.6.

4.1.5 Herstellen von freien Kanten an Aussparungen, soweit die Aussparungen nach Anzahl, Art und Größe in den Verdingungsunterlagen angegeben sind.

4.1.6 Entfernen des Überstandes von Randstreifen bei Gußasphaltestrichen, auf die kein Belag aufgebracht wird.

4.2 Besondere Leistungen sind ergänzend zur ATV DIN 18 299, Abschnitt 4.2, z. B.:

4.2.1 Maßnahmen für erhöhte Anforderungen nach DIN 18 202, Tabelle 3, Zeile 4.

4.2.2 Vorhalten von Aufenthalts- und Lagerräumen, wenn der Auftraggeber Räume, die leicht verschließbar gemacht werden können, nicht zur Verfügung stellt.

4.2.3 Vermessungs- und Planungsarbeiten für das Herstellen von Ausführungsplänen.

4.2.4 Auf- und Abbauen sowie Vorhalten von Gerüsten.

4.2.5 Reinigen des Untergrundes von grober Verschmutzung, z. B. Gipsreste, Mörtelreste, Öl, Farbreste, soweit diese von anderen Unternehmern herrührt.

4.2.6 Einbauen von Anschlag-, Stoß- und Trennschienen, Fugen- und Abschlußprofilen, Mattenrahmen und dergleichen.

4.2.7 Herstellen des Anschlusses von Dichtungsschichten an Durchdringungen.

4.2.8 Herstellen freier Kanten an Aussparungen in anderen Fällen als nach Abschnitt 4.1.5.

4.2.9 Nachträgliches Herstellen von Anschlüssen an angrenzende Bauteile, soweit dies nicht vom Auftragnehmer zu vertreten ist.

4.2.10 Ausgleichen größerer Unebenheiten als nach Abschnitt 4.1.3.

4.2.11 Beseitigen von Putzüberständen.

4.2.12 Entfernen des Überstandes von Randstreifen bei Gußasphaltestrichen mit Bodenbelag nach Verlegen des Bodenbelages.

4.2.13 Entfernen des nicht gebundenen Abreib- bzw. Abstreumaterials.

4.2.14 Besondere Behandlungen der Oberflächen.

4.2.15 Kontrollprüfungen einschließlich der Probenahmen und zugehörige Hilfsleistungen.

4.2.16 Prüfung der Haftzugfestigkeit der Betonunterlage.

5 Abrechnung

Ergänzend zur ATV DIN 18 299, Abschnitt 5, gilt:

5.1 Allgemeines

5.1.1 Der Ermittlung der Leistung — gleichgültig, ob sie nach Zeichnung oder nach Aufmaß erfolgt — sind zugrunde zu legen:
- bei Flächen ohne begrenzende Bauteile deren Maße,
- bei Flächen mit begrenzenden Bauteilen die Maße der zu belegenden Flächen bis zu den ungeputzten bzw. nicht bekleideten Bauteilen.

5.1.2 Bei der Abrechnung nach Raummaß werden Fugen, Leitungen und Einbauteile übermessen.

5.1.3 Bei der Abrechnung nach Flächenmaß werden Fugen und Einbauteile übermessen.

5.1.4 Bei der Abrechnung nach Gewicht ist nach Wiegescheinen abzurechnen.

5.2 Es werden abgezogen:

5.2.1 Bei Abrechnung nach Flächenmaß (m^2):

Aussparungen, z. B. für Öffnungen, Pfeiler, Pfeilervorlagen, Rohrdurchführungen, über 0,1 m^2 Einzelgröße.

5.2.2 Bei Abrechnung nach Längenmaß (m):
Unterbrechungen über 1 m Einzellänge.

VOB Teil C:
Allgemeine Technische Vertragsbedingungen für Bauleistungen (ATV)
Tischlerarbeiten — DIN 18 355
Ausgabe Dezember 1992

Inhalt

0 Hinweise für das Aufstellen der Leistungsbeschreibung
1 Geltungsbereich
2 Stoffe, Bauteile
3 Ausführung
4 Nebenleistungen, Besondere Leistungen
5 Abrechnung

0 Hinweise für das Aufstellen der Leistungsbeschreibung

Diese Hinweise ergänzen die ATV DIN 18 299 „Allgemeine Regelungen für Bauarbeiten jeder Art", Abschnitt 0. Die Beachtung dieser Hinweise ist Voraussetzung für eine ordnungsgemäße Leistungsbeschreibung gemäß A § 9.

Die Hinweise werden nicht Vertragsbestandteil.

In der Leistungsbeschreibung sind nach den Erfordernissen des Einzelfalls insbesondere anzugeben:

0.1 Angaben zur Baustelle
Keine ergänzende Regelung zur ATV DIN 18 299, Abschnitt 0.1.

0.2 Angaben zur Ausführung

0.2.1 Art und Beschaffenheit der Unterlage (Untergrund, Unterbau, Tragschicht, Tragwerk).

0.2.2 Ausbildung der Anschlüsse an Bauwerke.

0.2.3 Art und Beschaffenheit vorhandener Anschlüsse.

0.2.4 Art und Anzahl der geforderten Proben.

0.2.5 Welche Anschlagarten vorgesehen sind, z. B. stumpf, Außenanschlag, Innenanschlag.

0.2.6 Unterkonstruktion für Decken- und Wandbekleidungen.

0.2.7 Untergrund für das Befestigen der Bauteile, z. B. Art des Mauerwerks, Beton – verputzt und unverputzt –, Werkstein, Holz, Stahl.

0.2.8 Wie die Bauteile zu befestigen sind, z. B. an Dübeln, Bolzen u. a.

0.2.9 Ob und wie Fugen bei Anschluß an andere Bauteile abzudecken sind.

0.2.10 Ob und wie der Einbau von Rolläden zu berücksichtigen ist.

0.2.11 Ob Schwitzwasserrinnen und Schwitzwasserablaufröhrchen anzubringen sind.

0.2.12 Art der Oberflächenbehandlung (siehe Abschnitt 3.13).

0.2.13 Ob und für welche Bauteile chemischer Holzschutz nach den Normen der Reihe DIN 68 800 durchgeführt werden soll.

0.2.14 Ob bei Bauteilen, die dem Freiluftklima ausgesetzt sind, dunkle Anstriche verwendet werden sollen.

0.2.15 Ob Wetterschutzschienen, Wetterschenkel oder Falzdichtungen an Fenstern oder Türen anzubringen sind.

0.2.16 Anforderungen an die Fugendurchlässigkeit und Schlagregendichtheit nach DIN 18 055 „Fenster; Fugendurchlässigkeit, Schlagregendichtheit und mechanische Beanspruchung; Anforderungen und Prüfung".

0.2.17 Besondere Anforderungen an Baustoffe und Ausführung, die über die nachstehenden Allgemeinen Technischen Vertragsbedingungen hinausgehen, z. B. Widerstandsfähigkeit gegen außergewöhnliche klimatische Einflüsse, erhöhte Schalldämmung.

0.2.18 Wo (in welchen Geschossen) die Bauteile einzusetzen sind, welche Transportmöglichkeiten zur Verfügung stehen und ob an der Einbaustelle besondere Erschwernisse zu erwarten sind.

0.2.19 Ausbildung der Kanten von Sperrholz-, Span- und Verbundplatten mit Anleimern, Einleimern oder verdeckten Umleimern.

0.2.20 Vorgesehene Holzarten, wenn bei schichtverleimten Hölzern die Lagen aus unterschiedlichen Holzarten bestehen.

0.3 Einzelangaben bei Abweichungen von den ATV

0.3.1 Wenn andere als die in dieser ATV vorgesehenen Regelungen getroffen werden sollen, sind diese in der Leistungsbeschreibung eindeutig und im einzelnen anzugeben.

0.3.2 Abweichende Regelungen können insbesondere in Betracht kommen bei

Abschnitt 2.1.2,	wenn Holz anderer Güteeigenschaft verwendet werden soll,
Abschnitt 2.1.3,	wenn für die nach dem Einbau verdeckten Bauteile ein bestimmter Werkstoff verwendet werden soll,
Abschnitt 3.3.1,	wenn sichtbar bleibende Kantenflächen von Sperrholz, Span- und Verbundplatten nicht furniert werden sollen, sondern z. B. beschichtet,
Abschnitt 3.3.5,	wenn Möbeloberflächen anderen Beanspruchungsgruppen entsprechen sollen,
Abschnitt 3.5.3,	wenn die auf der Rauminnenseite verbleibenden Fugen zwischen Außenbauteilen und Baukörper anders oder nicht mit Dämmstoffen ausgefüllt werden sollen,
Abschnitt 3.5.4,	wenn Hohlräume zwischen Zargen und Baukörper bei Wohnungsabschlußtüren anders oder nicht mit Dämmstoffen ausgefüllt werden sollen,
Abschnitt 3.10,	wenn für Schwellen ein anderes Material als Hartholz verwendet werden soll,
Abschnitt 3.11.1,	wenn Bauteile in Trockenbauweise unter Berücksichtigung von Anforderungen an den Brand-, Schall-, Wärme- und Strahlenschutz ausgeführt werden sollen,
Abschnitt 3.11.2.1,	wenn sichtbare Randwinkel und Deckleisten abweichend von der vorgesehenen Regelung verlegt werden sollen,
Abschnitt 3.11.2.2,	wenn Dämmstoffe abweichend von der vorgesehenen Regelung eingebaut werden sollen,

Tischlerarbeiten DIN 18 355

Abschnitt 3.11.3, wenn Vorsatzschalen nicht entsprechend dem vorgeschriebenen Schalldämmaß nach DIN 4109 ausgeführt werden sollen,

Abschnitt 3.12.2, wenn für Rahmen-Sockelkonstruktionen und Böden von Schränken, Regalen und Schubkästen geringere Dicken genügen,

Abschnitt 3.13.3.2, wenn Außenbauteile vor dem Einbau und vor der Verglasung mit mehr als einem Grundanstrich und einem Zwischenanstrich versehen sein sollen.

0.4 Einzelangaben zu Nebenleistungen und Besonderen Leistungen

Als Nebenleistungen, für die unter den Voraussetzungen der ATV DIN 18 299, Abschnitt 0.4.1, besondere Ordnungszahlen (Positionen) vorzusehen sind, kommen insbesondere in Betracht: Liefern und Befestigen der für die Tischlerarbeiten erforderlichen Unterlagskeile und Ausfütterungen (siehe Abschnitt 4.1.1).

0.5 Abrechnungseinheiten

Im Leistungsverzeichnis sind die Abrechnungseinheiten wie folgt vorzusehen:

0.5.1 Flächenmaß (m^2), getrennt nach Bauart und Maßen, für
- Wand- und Deckenbekleidung,
- Oberflächenbehandlung.

0.5.2 Längenmaß (m), getrennt nach Bauart und Maßen, für
- Leisten,
- Blenden,
- An- und Abschlußprofile,
- Schattenfugen,
- Leibungsverkleidungen usw.

0.5.3 Anzahl (Stück), getrennt nach Bauart und Maßen, für
- Fenster,
- Türen,
- Einbauschränke,
- Fensterbänke u. ä.,
- Rolladendeckel,
- Fenster- und Türläden,
- Tore, Futter und Bekleidungen,
- Zargenrahmen,
- Oberflächenbehandlung,
- Aussparungen für Einzelleuchten, Lichtbänder, Lichtkuppeln, Lüftungsgitter, Luftauslässe, Revisionsöffnungen, Stützen, Pfeilervorlagen, Schalter, Steckdosen, Rohrdurchführungen, Kabel u. ä.

1 Geltungsbereich

1.1 Die ATV „Tischlerarbeiten" – DIN 18 355 – gilt für das Herstellen und Einbauen von Bauteilen aus Holz und Kunststoff, wie Türen, Tore, Fenster, Fensterelemente, Klappläden, Trennwände, Wand- und Deckenbekleidungen, Schrankwände, Innenausbauten, Einbaumöbel.
Sie gilt auch für Holz-Metallkonstruktionen.

1.2 Die ATV DIN 18 355 gilt nicht für
- Treppen, Holzfußböden, Fußleisten, gezimmerte Türen und Tore, Schalungen, zimmermannsmäßige Bekleidungen und Verschläge (siehe ATV DIN 18 334 „Zimmer- und Holzbauarbeiten"),
- Parkettarbeiten (siehe ATV DIN 18 356 „Parkettarbeiten"),
- Beschläge (siehe ATV DIN 18 357 „Beschlagarbeiten"),
- Maler- und Lackiererarbeiten (siehe ATV DIN 18 363 „Maler- und Lackierarbeiten"),
- Verglasungsarbeiten (siehe ATV DIN 18 361 „Verglasungsarbeiten") und
- Metallfenster (siehe ATV DIN 18 360 „Metallbauarbeiten, Schlosserarbeiten").

1.3 Ergänzend gelten die Abschnitte 1 bis 5 der ATV DIN 18 299 „Allgemeine Regelungen für Bauarbeiten jeder Art". Bei Widersprüchen gehen die Regelungen der ATV DIN 18 355 vor.

2 Stoffe, Bauteile

Ergänzend zur ATV DIN 18 299, Abschnitt 2, gilt:

Für die gebräuchlichsten genormten Stoffe und Bauteile sind die DIN-Normen nachstehend aufgeführt.

2.1 Holz (Vollholz)

2.1.1

DIN 4071 Teil 1	Ungehobelte Bretter und Bohlen aus Nadelholz; Maße
DIN 4072	Gespundete Bretter aus Nadelholz
DIN 4073 Teil 1	Gehobelte Bretter und Bohlen aus Nadelholz; Maße
DIN 68 120	Holzprofile; Grundformen
DIN 68 122	Fasebretter aus Nadelholz
DIN 68 123	Stülpschalungsbretter aus Nadelholz
DIN 68 126 Teil 1	Profilbretter mit Schattennut; Maße
DIN 68 126 Teil 3	Profilbretter mit Schattennut; Sortierung für Fichte, Tanne, Kiefer
DIN 68 127	Akustikbretter
DIN 68 360 Teil 1	Holz für Tischlerarbeiten; Gütebedingungen bei Außenanwendung
DIN 68 360 Teil 2	Holz für Tischlerarbeiten; Gütebedingungen bei Innenanwendung

2.1.2 Das Holz muß mindestens bei Außenanwendung die Anforderungen (AD) nach DIN 68 360 Teil 1, bei Innenanwendung die Anforderungen (ID) nach DIN 68 360 Teil 2 erfüllen.

2.1.3 Für die nach dem Einbau verdeckten Bauteile, z. B. bei Wandschränken oder Wandbekleidungen, ist nach Wahl des Auftragnehmers die für die nicht verdeckten Bauteile vorgeschriebene Holzart oder ein gleich geeigneter Werkstoff zu verwenden.

2.1.4 Das für die Einzelteile verwendete Holz muß so beschaffen sein, daß die an das Einzelteil oder das Bauteil gestellten funktionellen und optischen Anforderungen erfüllt werden.

2.1.5 Der Feuchtegehalt fertig zusammengebauter Teile aus Holz muß, wenn diese den Herstellerbetrieb verlassen, für Innenausbauteile, die nicht mit der Außenluft in Verbindung stehen, z. B. Einbaumöbel, Wand- und Deckenbekleidungen, Innentüren, Treppen und Böden, 6 bis 10%, für Bauteile, die ständig mit der Außenluft in Verbindung stehen 10 bis 15%, bezogen auf das Darrgewicht, betragen.
Dieser Feuchtegehalt muß auf Verlangen des Auftraggebers nachgewiesen werden.

2.2 Holzwerkstoffe

2.2.1 Sperrholz

DIN 68 705 Teil 2 Sperrholz; Sperrholz für allgemeine Zwecke
DIN 68 705 Teil 3 Sperrholz; Bau-Furniersperrholz
DIN 68 705 Teil 4 Sperrholz; Bau-Stabsperrholz, Bau-Stäbchensperrholz
DIN 68 705 Teil 5 Sperrholz; Bau-Furniersperrholz aus Buche

Die sichtbar bleibenden Flächen von Bauteilen aus Sperrholz müssen mindestens der Güteklasse 2 nach DIN 68 705 Teil 2 genügen.

2.2.2 Spanplatten

DIN 68 761 Teil 1 Spanplatten; Flachpreßplatten für allgemeine Zwecke; FPY-Platte
DIN 68 761 Teil 4 Spanplatten; Flachpreßplatten für allgemeine Zwecke; FPO-Platte
DIN 68 762 Spanplatten für Sonderzwecke im Bauwesen; Begriffe, Anforderungen, Prüfung
DIN 68 763 Spanplatten; Flachpreßplatten für das Bauwesen, Begriffe, Anforderungen, Prüfung, Überwachung
DIN 68 764 Teil 1 Spanplatten; Strangpreßplatten für das Bauwesen, Begriffe, Eigenschaften, Prüfung, Überwachung
DIN 68 764 Teil 2 Spanplatten; Strangpreßplatten für das Bauwesen; Beplankte Strangpreßplatten für die Tafelbauart
DIN 68 765 Spanplatten; Kunststoffbeschichtete dekorative Flachpreßplatten; Begriff, Anforderungen

Oberflächen von Spanplatten, die furniert werden sollen oder für die eine Oberflächenbehandlung vorgesehen ist, müssen ausreichend geschlossen sein.

2.2.3 Holzfaserplatten

DIN 68 750 Holzfaserplatten; Poröse und harte Holzfaserplatten, Gütebedingungen
DIN 68 751 Kunststoffbeschichtete dekorative Holzfaserplatten; Begriffe, Anforderungen
DIN 68 752 Bitumen-Holzfaserplatten; Gütebedingungen
DIN 68 754 Teil 1 Harte und mittelharte Holzfaserplatten für das Bauwesen; Holzwerkstoffklasse 20

2.3 Paneele

DIN 68 740 Teil 2 Paneele; Furnier-Decklagen auf Spanplatten

2.4 Furniere

DIN 4079 Furniere; Dicken

2.5 Nichtholzhaltige Stoffe

DIN 18 180   Gipskartonplatten; Arten, Anforderungen, Prüfung
DIN 18 184   Gipskarton-Verbundplatten mit Polystyrol- oder Polyurethan-Hartschaum als Dämmstoff

2.6 Dämmstoffe

DIN 18 161 Teil 1   Korkerzeugnisse als Dämmstoffe für das Bauwesen; Dämmstoffe für die Wärmedämmung
DIN 18 164 Teil 1   Schaumkunststoffe als Dämmstoffe für das Bauwesen; Dämmstoffe für die Wärmedämmung
DIN 18 164 Teil 2   Schaumkunststoffe als Dämmstoffe für das Bauwesen; Dämmstoffe für die Trittschalldämmung; Polystyrol-Partikelschaumstoffe
DIN 18 165 Teil 1   Faserdämmstoffe für das Bauwesen; Dämmstoffe für die Wärmedämmung
DIN 18 165 Teil 2   Faserdämmstoffe für das Bauwesen; Dämmstoffe für die Trittschalldämmung

2.7 Beschichtungsplatten und Beschichtungsfolien aus Kunststoff

Beschichtungsplatten und Beschichtungsfolien aus Kunststoff müssen dem Verwendungszweck sowie den Güte- und Prüfbestimmungen entsprechen, z. B.

DIN 16 926   Dekorative Hochdruck-Schichtpreßstoffplatten (HPL); Einteilung und Anforderungen

2.8 Klebstoffe (Leime)

DIN 4076 Teil 3   Benennungen und Kurzzeichen auf dem Holzgebiet; Klebstoffe, Verleimungsarten, Beanspruchungsgruppen für Holz-Leimverbindungen
DIN EN 204   Beurteilung von Klebstoffen für nichttragende Bauteile zur Verbindung von Holz und Holzwerkstoffen; Deutsche Fassung EN 204:1991

2.9 Dichtstoffe

DIN 18 545 Teil 2   Abdichten von Verglasungen mit Dichtstoffen; Dichtstoffe; Bezeichnung, Anforderungen, Prüfung

2.10 Verbindungs- und Befestigungsmittel

DIN 95   Linsensenk-Holzschrauben mit Schlitz
DIN 96   Halbrund-Holzschrauben mit Schlitz
DIN 97   Senk-Holzschrauben mit Schlitz
DIN 1151   Drahtstifte, rund; Flachkopf, Senkkopf
DIN 1152   Drahtstifte, rund; Stauchkopf
DIN 68 150 Teil 1   Holzdübel; Maße; Technische Lieferbedingungen

2.11 Holzbeizen

Holzbeizen müssen so beschaffen sein, daß sie den Farbton der Holzoberfläche verändern, die Struktur des Holzes aber erhalten bleibt bzw. hervorgehoben wird.

2.12 Holzschutzmittel und Grundanstriche
DIN 68 800 Teil 3 Holzschutz; Vorbeugender chemischer Holzschutz
Ist ein nachfolgender Anstrich der Hölzer vorgesehen, so muß das Holzschutzmittel anstrichverträglich und bei Innenanstrich geruchlos sein.

2.13 Fenster und Türen

DIN 1748 Teil 1	Strangpreßprofile aus Aluminium und Aluminium-Knetlegierungen; Eigenschaften
DIN 1748 Teil 2	Strangpreßprofile aus Aluminium und Aluminium-Knetlegierungen; Technische Lieferbedingungen
DIN 1748 Teil 3	Strangpreßprofile aus Aluminium (Reinstaluminium, Reinaluminium und Aluminium-Knetlegierungen); Gestaltung
DIN 1748 Teil 4	Strangpreßprofile aus Aluminium und Aluminium-Knetlegierungen; Zulässige Abweichungen
DIN 17 615 Teil 1	Präzisionsprofile aus AlMgSi0,5; Technische Lieferbedingungen
DIN 17 615 Teil 3	Präzisionsprofile aus AlMgSi0,5; Toleranzen
DIN 18 101	Türen; Türen für den Wohnungsbau; Türblattgrößen, Bandsitz und Schloßsitz; Gegenseitige Abhängigkeit der Maße
DIN 68 121 Teil 1	Holzprofile für Fenster und Fenstertüren; Maße, Qualitätsanforderungen
DIN 68 121 Teil 2	Holzprofile für Fenster und Fenstertüren; Allgemeine Grundsätze
DIN 68 706 Teil 1	Sperrtüren, Begriffe, Vorzugsmaße, Konstruktionsmerkmale für Innentüren

2.14 Möbelbeschläge

DIN 68 852	Möbelschlösser, Anforderungen, Prüfung
DIN 68 857	Möbelbeschläge; Topfscharniere und deren Montageplatten; Anforderungen, Prüfung
DIN 68 858	Möbelbeschläge; Auszugführungen; Anforderungen, Prüfung

3 Ausführung
Ergänzend zur ATV DIN 18 299, Abschnitt 3, gilt:

3.1 Allgemeines
3.1.1 Für genormte Bauteile entfällt das Maßnehmen am Bau. Für nicht genormte Bauteile hat der Auftragnehmer die Maße vor Beginn der Fertigung am Bau zu überprüfen.

3.1.2 Der Auftragnehmer hat bei seiner Prüfung Bedenken (B § 4 Nr 3) insbesondere geltend zu machen bei
- fehlenden Voraussetzungen für die Befestigung und Abdichtung der einzubauenden Bauteile zum Baukörper,
- fehlenden Aussparungen,
- fehlendem konstruktivem Holzschutz,

- unrichtiger Lage und Höhe von Auflagern und sonstigen Unterkonstruktionen,
- fehlenden Höhenbezugspunkten je Geschoß,
- fehlenden Möglichkeiten, vor Beginn der Fertigung die Maße am Bau zu prüfen,
- zu hoher Baufeuchte.

3.1.3 Abweichungen von vorgeschriebenen Maßen sind in den durch

DIN 18 201   Toleranzen im Bauwesen; Begriffe, Grundsätze, Anwendung, Prüfung

DIN 18 202   Toleranzen im Hochbau; Bauwerke

DIN 18 203 Teil 3 Toleranzen im Hochbau; Bauteile aus Holz und Holzwerkstoffen bestimmten Grenzen zulässig.

Bei Streiflicht sichtbar werdende Unebenheiten in den Oberflächen von Bauteilen sind zulässig, wenn die Toleranzen von DIN 18 202 eingehalten worden sind.

3.1.4 Die in den Verdingungsunterlagen angegebenen Holzabmessungen gelten für das fertig bearbeitete Holz.

3.1.5 Alle Bauteile sind so herzustellen, daß sie sich bei sachgemäßer Behandlung und Nutzung nicht verziehen und den Anforderungen nach DIN 68 360 Teil 1 und Teil 2 entsprechen.

3.2 Ausführung von Vollhölzern

3.2.1 Bei den Dicken der bearbeiteten, z. B. gehobelten, Hölzer sind Abweichungen nur nach DIN 4073 Teil 1 zulässig.

3.2.2 Vollhölzer müssen so miteinander verbunden werden, daß das Holz bei Schwankungen der Luftfeuchte quellen und schwinden kann ohne die Verbindung zu beeinträchtigen.

3.2.3 Vollholz darf auch schichtverleimt, z. B. lamelliert, verwendet werden, wenn die einzelnen Schichten aus der gleichen Holzart bestehen.

3.2.4 Bei nichtdeckendem Anstrich ist Keilzinkung nach DIN 68 140 „Keilzinkenverbindung von Holz" nur mit Zustimmung des Auftraggebers zulässig.

3.3 Absperren, Furnieren, Beschichten, Möbeloberflächen

3.3.1 Sichtbar bleibende Kantenflächen von Sperrholz, Span- und Verbundplatten — ausgenommen die Kantenflächen von Sperrtüren — müssen furniert werden. Naturbedingte Farbunterschiede zwischen furnierten Flächen und Kanten sind zulässig.

3.3.2 Bei abgesperrten furnierten und beschichteten Flächen dürfen sich Fugen und Unebenheiten des Untergrundes auch nach dem Abtrocknen nicht abzeichnen.

3.3.3 Deckfurniere oder Beschichtungen müssen in den Fugen dicht schließen und dürfen keine ungeleimten Stellen haben.

3.3.4 Maserfurniere sind gegen Reißen zu sichern. Haarrisse sind zulässig.

3.3.5 Möbeloberflächen müssen mindestens der niedrigsten Beanspruchungsgruppe der folgenden Normen entsprechen.

DIN 68 861 Teil 1 Möbeloberflächen; Verhalten bei chemischer Beanspruchung

DIN 68 861 Teil 4 Möbeloberflächen; Verhalten bei Kratzbeanspruchung

DIN 68 861 Teil 6 Möbeloberflächen; Verhalten bei Zigarettenglut

DIN 68 861 Teil 7 Möbeloberflächen; Verhalten bei trockener Hitze
DIN 68 861 Teil 8 Möbeloberflächen; Verhalten bei feuchter Hitze

3.4 Verleimen
Art und Festigkeit der Verleimung müssen nach DIN EN 204 dem Einbauort und dem Verwendungszweck des Bauteils entsprechen.

3.5 Einbau
3.5.1 Bauteile im Innenausbau, die nach dem Einbauen einen deckenden Anstrich erhalten, dürfen sichtbar, müssen dann aber versenkt befestigt werden.

Bauteile im Innenausbau, die keinen deckenden Anstrich erhalten oder vor der Montage endbehandelt sind, sind unsichtbar zu befestigen.

3.5.2 Befestigungsmittel müssen korrosionsgeschützt sein.

Nagelschrauben an Stelle von Holzschrauben sind nicht zulässig.

3.5.3 Die Abdichtung zwischen Außenbauteilen und Baukörper muß dauerhaft und schlagregendicht sein.

Die auf der Rauminnenseite verbleibenden Fugen zwischen Außenbauteilen und Baukörper sind mit Dämmstoffen vollständig auszufüllen.

3.5.4 Hohlräume zwischen Zargen und Baukörper bei Wohnungsabschlußtüren sind mit Dämmstoffen vollständig auszufüllen.

3.5.5 Aushängbare Bauteile und ihre Rahmen sind an unauffälliger Stelle als zusammengehörig dauerhaft zu kennzeichnen. Die Bezeichnung muß auch nach dem Anstrich noch sichtbar sein.

3.6 Fenster
3.6.1 Profile müssen so gestaltet sein, daß das Wasser abgeleitet wird. Für Holzfensterprofile gilt DIN 68 121 Teil 1 und Teil 2.

3.6.2 Falzdichtungen müssen auswechselbar, in einer Ebene umlaufend und in den Ecken dicht sein.

3.6.3 Bei Holz-Aluminium-Fenstern muß zwischen Holz und Aluminiumrahmen ein Luftraum vorhanden sein. Dieser Luftraum muß Öffnungen zum Dampfdruckausgleich mit der Außenluft aufweisen.

3.6.4 Rahmenverbindungen bei Holzfenstern sind mit Schlitz/Zapfen auszuführen. Futter- oder Zargenrahmen dürfen auch gezinkt werden. Die Verbindungen müssen vollflächig — auch an den Brüstungen — verleimt werden.

Aluminiumrahmen von Holz-Aluminiumfenstern sind an den Ecken mechanisch zu verbinden. Kunststoffenster sind zu verschweißen.

3.6.5 Äußere Schlagleisten sind mit dem Rahmenholz zu verleimen, innere Schlagleisten sind zu verschrauben.

Wetterschenkel müssen, wenn Wetterschenkel und unteres Flügelrahmenholz nicht aus einem Stück bestehen, mit dem Rahmenholz verleimt werden.

3.6.6 Sprossen aus Holz müssen untereinander und mit dem Rahmen fachgerecht verbunden sein, z.B. überblattet, verzapft, verdübelt.

3.6.7 Glashalteleisten aus Holz sind zu nageln, die aus Kunststoff einzurasten. Im übrigen gilt DIN 18 545 Teil 3 „Abdichten von Verglasungen mit Dichtstoffen; Verglasungssysteme".

3.6.8 Bogenförmige Rahmenhölzer sind je nach Größe der Bögen aus mehreren Stücken herzustellen, mit Keilzinken oder Zapfen zu verbinden.

3.7 Fensterbänke und Zwischenfutter
Fensterbänke, Futter und Zwischenfutter sind mit dem Rahmen durch konstruktive Maßnahmen so zu verbinden, daß ein Verziehen oder Verwerfen sowie Schäden am Baukörper durch materialbedingte Längenänderungen vermieden werden.

3.8 Fenster- und Türläden
Bei gestemmten Fenster- und Türläden müssen die oberen Rahmenhölzer durchgehen. Die senkrechten Rahmenhölzer sind in die oberen Rahmenhölzer verdeckt einzuzapfen. Die Verleimung bei Außenanwendung muß Beanspruchungsgruppe D 4 nach DIN EN 204 entsprechen.

3.9 Türen und Tore
3.9.1 Rahmentüren und Rahmentore
3.9.1.1 Rahmenhölzer dürfen ab 100 mm Breite verleimt werden.

3.9.1.2 Rahmenhölzer sind fachgerecht miteinander zu verbinden, z. B. durch Verzapfen, Verdübeln.

3.9.1.3 Füllungen müssen so befestigt sein, daß materialbedingte Maßänderungen keine Schäden verursachen können.

3.9.1.4 Für Schlagleisten und Wetterschenkel gilt Abschnitt 3.6.5.

3.9.2 Glatte Türen und glatte Tore
Für glatte Türblätter gilt DIN 68 706 Teil 1.
Für die Rahmenunterkonstruktion der glatten Tore gilt Abschnitt 3.9.1 sinngemäß.

3.10 Futter, Zargenrahmen, Bekleidungen
Die Bauteile sind an den Ecken fachgerecht miteinander zu verbinden, z. B. durch Verfälzen, Verdübeln, Verzinken, Verzapfen, verdecktes Schrauben. Für die Schwellen ist Hartholz zu verwenden.

3.11 Trockenbau
3.11.1 Allgemeines
Bauteile, die in Trockenbauweise hergestellt werden, sind ohne Berücksichtigung von Anforderungen an den Brand-, Schall-, Wärme- und Strahlenschutz auszuführen, wenn nachstehend nichts vorgeschrieben ist.

3.11.2 Innenwandbekleidungen, Deckenbekleidungen, Unterdecken
3.11.2.1 Sichtbare Randwinkel, Deckleisten und Schattenfugen-Deckleisten sind an den Ecken und auf den Begrenzungsflächen stumpf zu stoßen, Randwinkel dem Wand- oder Deckenverlauf anzupassen.

3.11.2.2 Einzubauende Dämmstoffe sind über der gesamten Fläche dicht gestoßen zu verlegen und an begrenzende Bauteile anzuschließen.

3.11.2.3 Deckenbekleidungen und Unterdecken sind nach DIN 18 168 Teil 1 „Leichte Deckenbekleidungen und Unterdecken; Anforderungen für die Ausführung" herzustellen.

3.11.2.4 Bei Verwendung von Holzwolle- und Mehrschicht-Leichtbauplatten ist DIN 1102 „Holzwolle-Leichtbauplatten und Mehrschicht-Leichtbauplatten nach DIN 1101 als Dämmstoffe für das Bauwesen; Verwendung, Verarbeitung" zu beachten.

3.11.2.5 Gipskartonplatten sind nach DIN 18 181 „Gipskartonplatten im Hochbau; Grundlagen für die Verarbeitung" zu verarbeiten.

3.11.3 Schalldämmende Vorsatzschalen
Schalldämmende Vorsatzschalen sind entsprechend dem vorgeschriebenen Schalldämmaß nach DIN 4109 „Schallschutz im Hochbau; Anforderungen und Nachweise" auszuführen.

3.11.4 Nichttragende Trennwände
Nichttragende Trennwände sind nach DIN 4103 Teil 1 „Nichttragende innere Trennwände; Anforderungen, Nachweise" auszuführen. Bei Verwendung von Gipskartonplatten ist DIN 18 183 „Montagewände aus Gipskartonplatten; Ausführung von Metallständerwänden" zu beachten.

3.11.5 Außenwandbekleidungen
Hinterlüftete Außenwandbekleidungen sind nach DIN 18 516 Teil 1 „Außenwandbekleidungen, hinterlüftet; Anforderungen, Prüfgrundsätze" auszuführen. Bei der Verwendung von Faserzementplatten sind asbestfreie Produkte, die bauaufsichtlich zugelassen sind, zu verwenden.

3.12 Einbauschränke
Für die Ausführung und den Einbau von Einbauschränken gelten:
– für Küchen DIN 68 930 „Küchenmöbel; Anforderungen, Prüfungen",
– für Einlegeböden DIN 68 874 Teil 1 „Möbel-Einlegeböden und -Bodenträger; Anforderungen und Prüfung im Möbel".

Einbauschränke vor Außenwänden und Wänden vor Feuchträumen sind so an den Baukörper anzuschließen, daß eine ausreichende Hinterlüftung sichergestellt ist.

3.12.1 Türen und Schubkästen müssen dicht schließen und leicht gangbar sein. Die Laufflächen der Schubkastenseiten müssen mit einem Laufstreifen aus Hartholz oder einem anderen geeigneten Stoff versehen sein. Tragleisten sind aus Hartholz oder einem anderen geeigneten Stoff herzustellen und anzuschrauben.

3.12.2 Rahmen-Sockelkonstruktionen und Böden von Schränken, Regalen und Schubkästen müssen so bemessen und angeordnet sein, daß sie der zu erwartenden Belastung entsprechen. Es gelten folgende Mindestdicken:
– für Rückwände, eingeschobene Böden, Kranzböden und Füllungen aus Sperrholz mindestens 6 mm, aus Holzspanplatten mindestens 8 mm,
– für Schubkästenböden über 0,25 m^2 Größe aus Sperrholz mindestens 6 mm.

3.12.3 Schiebetüren müssen in Führungen aus Hartholz laufen.

3.13 Oberflächenbehandlung
3.13.1 Allgemeines

3.13.1.1 Sichtbar bleibende Holzoberflächen sind zu putzen, z.B. durch Hobeln, Schleifen; Hobelschläge dürfen nicht erkennbar sein. Hölzer, z.B. Palisander, Makassar, sind, soweit ihre Inhaltsstoffe es erfordern, zu sperren und erst nach ausreichender Durchtrocknung fein zu schleifen. Der Schleifstaub ist durch Ausbürsten zu entfernen.

3.13.1.2 Bei Bekleidungen mit Brettern und Füllungen muß die vorgeschriebene Oberflächenbehandlung über die ganze Fläche vor dem Einbau durchgeführt werden.

3.13.2 Vorbehandlung der Holzoberfläche

Die Oberfläche des Holzes darf keine ausgerissenen Stellen und auch keine störenden Rückstände in Poren sowie keine sichtbaren Streifen von Querschleifen aufweisen.

Furnierte Flächen dürfen darüber hinaus keine durchgeputzten, durchgeschliffenen Stellen und keine sichtbaren Leimdurchschläge haben.

3.13.3 Oberflächenbehandlung von Außenbauteilen (Fenster, Türen usw.)

3.13.3.1 Der Schutz des Holzes von Außenbauteilen muß DIN 68 800 Teil 5 entsprechen.

3.13.3.2 Außenbauteile müssen vor dem Einbau und vor der Verglasung allseitig mindestens mit einem Grundanstrich und einem Zwischenanstrich versehen sein. Wetterschutzschienen, Beschläge, sonstige Metallteile und Dichtungen dürfen frühestens nach dem ersten Zwischenanstrich angebracht werden.

3.13.4 Oberflächenbehandlung von Innenbauteilen

3.13.4.1 Die Beize muß gleichmäßig ohne Streifen und Pinselansätze verteilt werden. Treiber, Wischer, helle Streifen, helle ungebeizte Poren oder Ölflecke dürfen nicht entstehen.

Holzarteigene Farbunterschiede zwischen Längsholz- und Hirnholzflächen sind zulässig.

3.13.4.2 Mattine oder Wachs muß gleichmäßig aufgetragen und fein verteilt werden. Die behandelte Fläche darf nicht rauh und nicht verschleiert sein. Die Poren der Oberfläche dürfen durch die Behandlung nicht geschlossen werden.

3.13.4.3 Beim Polieren ist eine dem verwendeten Poliermaterial und der Porosität des verarbeiteten Holzes entsprechende Trocknungszeit einzuhalten. Die Farbe der Porenfüller muß der Holzfarbe genau entsprechen. Die polierte Fläche darf nicht verschleiert und nicht wellig sein und darf keinen grauen Schimmer zeigen. Es dürfen keine Rückstände von Porenfüllern und Ölausschlag zurückbleiben.

Die Poren der Oberfläche müssen restlos geschlossen sein.

3.14 Konstruktiver und chemischer Holzschutz

3.14.1 Bei allen Holzbauarbeiten ist DIN 68 800 Teil 2 „Holzschutz im Hochbau; Vorbeugende bauliche Maßnahmen" zu beachten.

Tischlerarbeiten DIN 18 355

3.14.2 Der chemische Schutz von Bauholz ist nach DIN 68 800 Teil 3 „Holzschutz; Vorbeugender chemischer Holzschutz" und der chemische Schutz von Holzwerkstoffen nach DIN 68 800 Teil 5 „Holzschutz im Hochbau; Vorbeugender chemischer Schutz von Holzwerkstoffen" auszuführen.

3.14.3 Das Verfahren der Verarbeitung der Holzschutzmittel bleibt dem Auftragnehmer überlassen.

3.14.4 Die Holzschutzmittel sind so auszuwählen, daß sie mit den in Berührung kommenden anderen Baustoffen verträglich sind.

4 Nebenleistungen, Besondere Leistungen

4.1 Nebenleistungen sind ergänzend zur ATV DIN 18 299, Abschnitt 4.1, insbesondere:

4.1.1 Liefern und Befestigen der für die Tischlerarbeiten erforderlichen Unterlagskeile und Ausfütterungen.

4.1.2 Auf- und Abbauen sowie Vorhalten der Gerüste, deren Arbeitsbühnen nicht höher als 2 m über Gelände oder Fußboden liegen.

4.1.3 Herstellen von Löchern in Mauerwerk und Leichtbeton.

4.1.4 Liefern und Einbau von Dübeln, ausgenommen Leistungen nach Abschnitt 4.2.5.

4.1.5 Anbringen und Einlassen von Befestigungen in Holzteilen.

4.1.6 Liefern der erforderlichen Befestigungsmittel, z. B. Schrauben, Nägel, Bankstahl, Zargenanker.

4.1.7 Berücksichtigen von Abweichungen der Fertigmaße von den in der Leistungsbeschreibung oder Zeichnung angegebenen Breiten und Höhen der Fenster, Türen und Tore oder von entsprechenden Maßen anderer Bauteile bis zu 5 % jedes dieser Maße, höchstens jedoch bis 50 mm,
— wenn die Notwendigkeit der Abweichungen vor Beginn der Fertigung festgestellt wird oder vom Auftragnehmer hätte festgestellt werden müssen,
— wenn das Rahmenaußenmaß für die Gesamtmengen der einzelnen Positionen einheitlich abweicht,
— wenn die Abweichung eine Konstruktionsänderung aus statischen Gründen nicht notwendig macht.

4.2 Besondere Leistungen sind ergänzend zur ATV DIN 18 299, Abschnitt 4.2, z. B.:

4.2.1 Vorhalten von Aufenthalts- und Lagerräumen, wenn der Auftraggeber Räume, die leicht verschließbar gemacht werden können, nicht zur Verfügung stellt.

4.2.2 Auf- und Abbauen sowie Vorhalten der Gerüste, deren Arbeitsbühnen mehr als 2 m über Gelände oder Fußboden liegen.

4.2.3 Reinigen des Untergrundes von grober Verschmutzung, z. B. Gipsreste, Mörtelreste, Farbreste, Öl, soweit diese von anderen Unternehmern herrührt.

4.2.4 Herstellen oder Bohren von Löchern in Werkstein, Schwerbeton, Stahl u. ä.

483

4.2.5 Liefern und Einbauen von statisch nachzuweisenden oder konstruktiv erforderlichen Verbindungs- und Befestigungsmitteln, ausgenommen solcher nach Abschnitt 4.1.4 und 4.1.6.

4.2.6 Liefern und Befestigen von Deckleisten zum Anschließen an andere Bauteile.

4.2.7 Vom Auftraggeber geforderte Probestücke, wenn diese nicht am Bau verwendet werden.

4.2.8 Einbringen bauseitig gelieferten Dichtungsmaterials in Stahltür- und Stahlfensterzargen.

4.2.9 Entfernen und Wiedereinsetzen von Falzdichtungen.

4.2.10 Liefern statischer Berechnungen und der dafür erforderlichen Zeichnungen und Nachweise.

4.2.11 Berücksichtigen von Maßabweichungen, ausgenommen solcher nach Abschnitt 4.1.7.

5 Abrechnung

Ergänzend zur ATV DIN 18 299, Abschnitt 5, gilt:

5.1 Allgemeines

5.1.1 Der Ermittlung der Leistung – gleichgültig ob sie nach Zeichnungen oder nach Aufmaß erfolgt – sind zugrunde zu legen:

5.1.1.1 für Wand- und Deckenbekleidungen, Oberflächenbehandlungen, Vorsatzschalen, Unterdecken, Unterkonstruktionen, Dämmungen u. ä.
- auf Flächen ohne begrenzende Bauteile die Maße der zu bekleidenden Flächen,
- auf Flächen mit begrenzenden Bauteilen die Maße der zu bekleidenden Flächen bis zu den sie begrenzenden, ungeputzen, ungedämmten bzw. nicht bekleideten Bauteilen,
- bei Fassaden die Maße der Bekleidung,

5.1.1.2 für nichttragende Trennwände, Einbauschränke, Fenster und Türen deren Maße bis zu den sie begrenzenden ungeputzen, ungedämmten bzw. nicht bekleideten Bauteilen,

5.1.1.3 für sonstige Bauteile die größten, gegebenenfalls abgewickelten Bauteillängen; dabei werden Fugen übermessen.

5.1.2 Bei der Ermittlung des Längenmaßes wird die größte, gegebenenfalls abgewickelte Bauteillänge gemessen; Fugen werden übermessen.

5.1.3 Die Wandhöhen überwölbter Räume werden bis zum Gewölbeanschnitt, die Wandhöhe der Schildwände bis zu ⅔ des Gewölbestiches gerechnet.

5.1.4 Fußleisten und Konstruktionen bis 10 cm Höhe werden übermessen.

5.1.5 Bei der Flächenermittlung von gewölbten Decken mit einer Stichhöhe unter ⅙ der Spannweite wird die Fläche des überdeckten Raumes berechnet. Gewölbe mit größerer Stichhöhe werden nach der Fläche der abgewickelten Untersicht gerechnet.

5.1.6 In Decken- und Wandbekleidungen sowie leichten Außenwandbekleidungen werden Öffnungen, Aussparungen und Nischen bis 2,5 m² Einzelgröße übermessen.

5.1.7 Ganz oder teilweise bekleidete Leibungen von Öffnungen, Aussparungen und Nischen in Decken und Wänden über 2,5 m² Einzelgröße werden gesondert gerechnet.

5.1.8 Öffnungen, Nischen und Aussparungen werden, auch falls sie unmittelbar zusammenhängen, getrennt gerechnet.

5.1.9 Ganz oder teilweise bekleidete Rückflächen von Nischen werden unabhängig von ihrer Einzelgröße mit ihrem Maß gesondert gerechnet.

5.1.10 In Böden und den dazugehörigen Dämmungen, Schüttungen, Sperren, u. ä. werden Öffnungen und Aussparungen, z. B. für Pfeilervorlagen, Kamine, Rohrdurchführungen, bis 0,5 m² Einzelgröße übermessen.

5.1.11 Bei Bekleidungen u. ä. werden Rahmen, Riegel, Ständer und andere Fachwerksteile sowie Sparren, Lattungen, Unterkonstruktionen übermessen.

5.1.12 Bei Bekleidungen aus Latten, Brettern, Paneelen, Lamellen u. ä. werden die Zwischenräume übermessen.

5.1.13 Herstellen von Aussparungen für Einzelleuchten, Lichtbänder, Lichtkuppeln, Lüftungsgitter, Luftauslässe, Revisionsöffnungen, Stützen, Pfeilervorlagen, Schalter, Steckdosen, Rohrdurchführungen, Kabel u. ä. werden getrennt nach Größe gesondert gerechnet.

5.2 Es werden abgezogen:

5.2.1 Bei Abrechnung nach Flächenmaß (m²)
Öffnungen, Aussparungen und Nischen über 2,5 m² Einzelgröße, in Böden über 0,5 m² Einzelgröße.

5.2.2 Bei Abrechnung nach Längenmaß (m)
Unterbrechungen über 1 m Einzellänge.

VOB Teil C:
Allgemeine Technische Vertragsbedingungen für Bauleistungen (ATV)
Parkettarbeiten — DIN 18 356
Ausgabe Dezember 1992

Inhalt

0 Hinweise für das Aufstellen der Leistungsbeschreibung
1 Geltungsbereich
2 Stoffe, Bauteile
3 Ausführung
4 Nebenleistungen, Besondere Leistungen
5 Abrechnung

0 Hinweise für das Aufstellen der Leistungsbeschreibung

Diese Hinweise ergänzen die ATV DIN 18 299 „Allgemeine Regelungen für Bauarbeiten jeder Art", Abschnitt 0. Die Beachtung dieser Hinweise ist Voraussetzung für eine ordnungsgemäße Leistungsbeschreibung gemäß A § 9.
Die Hinweise werden nicht Vertragsbestandteil.
In der Leistungsbeschreibung sind nach den Erfordernissen des Einzelfalls insbesondere anzugeben:

0.1 Angaben zur Baustelle
Keine ergänzende Regelung zur ATV DIN 18 299, Abschnitt 0.1.

0.2 Angaben zur Ausführung

0.2.1 Art und Beschaffenheit des Untergrundes.

0.2.2 Art und Anzahl der geforderten Proben.

0.2.3 Abweichung des Untergrundes von der Waagerechten.

0.2.4 Holzart, Art des Parketts, Güte und Maße der Parketthölzer, Verlegeart und Parkett-Unterlagen (siehe Abschnitte 2.1 und 2.5).

0.2.5 Benutzung des Parketts unter außergewöhnlichen Feuchtigkeits- und Temperaturverhältnissen.

0.2.6 Außergewöhnliche Druckbeanspruchungen des Parketts.

0.2.7 Holzart und Breite von Wandfriesen und Zwischenfriesen.

0.2.8 Holzart, Abmessungen und Profil von Fußleisten und Deckleisten (siehe Abschnitt 2.2).

0.2.9 *Bei Versiegelung Verwendungszweck des Raumes oder vorgesehene Beanspruchung des versiegelten Parketts.*

0.2.10 *Aussparungen, mit denen der Bieter nach der Sachlage nicht ohne weiteres rechnen kann (siehe Abschnitte 4.1.3 und 4.2.6).*

0.2.11 *Vom Rechteck abweichende Form der zu belegenden Fläche.*

0.3 Einzelangaben bei Abweichungen von den ATV

0.3.1 Wenn andere als die in dieser ATV vorgesehenen Regelungen getroffen werden sollen, sind diese in der Leistungsbeschreibung eindeutig und im einzelnen anzugeben.

0.3.2 Abweichende Regelungen können insbesondere in Betracht kommen bei

Abschnitt 2.2, wenn für hölzerne Fußleisten und Deckleisten die Gütebestimmungen für die genormten Parketthölzer nicht gelten sollen,

Abschnitt 3.2.1.1, wenn das Parkett aus einer anderen Sortierung hergestellt werden soll,

Abschnitt 3.2.1.4, wenn Fugen an Vorstoß-, Trenn- und Deckungsschienen nicht mit elastischen Stoffen gefüllt werden sollen,

Abschnitt 3.2.1.5, wenn über Dehnungsfugen im Parkett und/oder in den Parkettunterlagen keine Fugen anzulegen sind,

Abschnitt 3.2.3, wenn Parkettstäbe, Parkettriemen und Tafelparkett nicht mit hartplastischem Klebstoff aufzukleben sind, sondern z. B. mit weichplastischem, bituminösem Klebstoff,

Abschnitt 3.2.5.1, wenn Parkett auf Parkettunterlage verlegt werden soll,

Abschnitt 3.2.5.2, wenn bei Mosaikparkett Parkettunterlagen aus Holzspanplatten nicht parallel verlegt werden sollen,

Abschnitt 3.2.5.4, wenn für das Verlegen von Parketthölzern auf Unterlagen eine besondere Verlegeart vorgesehen werden soll,

Abschnitt 3.2.6, wenn hölzerne Fußleisten nicht mit Stahlstiften befestigt werden sollen, sondern z. B. mit Schrauben,

Abschnitt 3.3, wenn Parkett nicht gewachst, sondern z. B. versiegelt werden soll, wenn Parkett mehrmals gewachst werden soll,

Abschnitt 3.4.2, wenn eine bestimmte Art der Versiegelung ausgeführt oder ein bestimmtes Mittel für die Versiegelung verwendet werden soll.

0.4 Einzelangaben zu Nebenleistungen und Besonderen Leistungen
Keine ergänzende Regelung zur ATV DIN 18 299, Abschnitt 0.4.

0.5 Abrechnungseinheiten
Im Leistungsverzeichnis sind die Abrechnungseinheiten wie folgt vorzusehen:

0.5.1 Flächenmaß (m^2) für
- Parkett, getrennt nach Parkettart, Art der Parkettunterlage, Holzart und Verlegeart,
- Versiegelung, getrennt nach Art.

0.5.2 Längenmaß (m) für
- Fußleisten und Deckleisten,
- Versiegelung, z. B. von Fußleisten, getrennt nach Art.

0.5.3 Anzahl (Stück) für
- Versiegelung, z. B. von Stufen, Türschwellen, getrennt nach Art.

1 Geltungsbereich

1.1 Die „ATV Parkettarbeiten" – DIN 18 356 – gilt nicht für das Verlegen von Lagerhölzern und Blindböden (siehe ATV DIN 18 334 „Zimmer- und Holzbauarbeiten").

1.2 Ergänzend gelten die Abschnitte 1 bis 5 der ATV DIN 18 299 „Allgemeine Regelungen für Bauarbeiten jeder Art". Bei Widersprüchen gehen die Regelungen der ATV DIN 18 356 vor.

2 Stoffe, Bauteile

Ergänzend zur ATV DIN 18 299, Abschnitt 2, gilt:
Für die gebräuchlichsten genormten Stoffe und Bauteile sind die DIN-Normen nachstehend aufgeführt.

2.1 Parketthölzer

DIN 280 Teil 1	Parkett; Parkettstäbe, Parkettriemen und Tafeln für Tafelparkett
DIN 280 Teil 2	Parkett; Mosaikparkettlamellen
DIN 280 Teil 4	Parkett; Parkettdielen, Parkettplatten
DIN 280 Teil 5	Parkett; Fertigparkett-Elemente

Parketthölzer dürfen auch bei der Anlieferung an der Verwendungsstelle keinen anderen als den nach den Normen der Reihe DIN 280 zulässigen Feuchtigkeitsgehalt haben.

2.2 Hölzerne Fußleisten und Deckleisten

Für hölzerne Fußleisten und Deckleisten gelten die Gütebestimmungen für genormte Parketthölzer sinngemäß.

2.3 Nägel

DIN 1151	Drahtstifte rund; Flachkopf, Senkkopf

2.4 Parkettklebstoffe

DIN 281	Parkettklebstoffe; Anforderungen, Prüfung

2.5 Parkettunterlagen und Dämmstoffe

Parkettunterlagen und Dämmstoffe müssen so beschaffen sein, daß sie die fachgerechte Verlegung gewährleisten und dem vorgesehenen Verwendungszweck entsprechen.

DIN 1101	Holzwolle-Leichtbauplatten und Mehrschicht-Leichtbauplatten als Dämmstoffe für das Bauwesen; Anforderungen, Prüfung
DIN 18 164 Teil 1	Schaumkunststoffe als Dämmstoffe für das Bauwesen; Dämmstoffe für die Wärmedämmung
DIN 18 164 Teil 2	Schaumkunststoffe als Dämmstoffe für das Bauwesen; Dämmstoffe für die Trittschalldämmung; Polystyrol-Partikelschaumstoffe
DIN 18 165 Teil 1	Faserdämmstoffe für das Bauwesen; Dämmstoffe für die Wärmedämmung
DIN 18 165 Teil 2	Faserdämmstoffe für das Bauwesen; Dämmstoffe für die Trittschalldämmung

Parkettarbeiten DIN 18 356

DIN 68 750	Holzfaserplatten; poröse und harte Holzfaserplatten, Gütebedingungen
DIN 68 752	Bitumen-Holzfaserplatten, Gütebedingungen
DIN 68 763	Spanplatten; Flachpreßplatten für das Bauwesen, Begriffe, Anforderungen, Prüfung, Überwachung
DIN 68 771	Unterböden aus Holzspanplatten

2.6 Fußbodenwachse
Fußbodenwachse für Parkett müssen so beschaffen sein, daß sie die Parketthölzer nur wenig verfärben, den verwendeten Klebstoff in den Stößen nicht an die Oberfläche ziehen und keinen aufdringlichen Geruch haben.

2.7 Parkett-Versiegelungsmittel
Parkett-Versiegelungsmittel müssen so beschaffen sein, daß durch die Versiegelung die Oberfläche des Parketts gegen das Eindringen von Schmutz und Flüssigkeiten geschützt ist. Das natürliche Aussehen des Parketts darf durch die Versiegelung und etwaige Nachversiegelungen mit dem gleichen Versiegelungsmittel nicht oder nur unwesentlich beeinträchtigt werden.

3 Ausführung
Ergänzend zur ATV DIN 18 299, Abschnitt 3, gilt:

3.1 Allgemeines
3.1.1 Der Auftragnehmer hat bei seiner Prüfung Bedenken (siehe B § 4 Nr 3) insbesondere geltend zu machen bei
- größeren Unebenheiten,
- Rissen im Untergrund,
- nicht genügend trockenem Untergrund,
- nicht genügend fester Oberfläche des Untergrundes,
- zu poröser und zu rauher Oberfläche des Untergrundes,
- gefordertem, kraftschlüssigem Schließen von Bewegungsfugen im Untergrund,
- verunreinigter Oberfläche des Untergrundes, z.B. durch Öl, Wachs, Lack, Farbreste,
- unrichtiger Höhenlage der Oberfläche des Untergrundes im Verhältnis zur Höhenlage anschließender Bauteile,
- ungeeigneter Temperatur des Untergrundes,
- ungeeigneten Temperatur- und Luftverhältnissen im Raum,
- fehlendem Aufheizprotokoll bei beheizten Fußbodenkonstruktionen.

3.1.2 Abweichungen von vorgeschriebenen Maßen sind in den durch

DIN 18 201	Toleranzen im Bauwesen; Begriffe, Grundsätze, Anwendung, Prüfung
DIN 18 202	Toleranzen im Hochbau; Bauwerke

bestimmten Grenzen zulässig.

Bei Streiflicht sichtbar werdende Unebenheiten in den Oberflächen von Bauteilen sind zulässig, wenn die Toleranzen von DIN 18 202 eingehalten worden sind. Werden an die Ebenheit von Flächen erhöhte Anforderungen nach DIN 18 202 gestellt, so sind die zu treffenden Maßnahmen Besondere Leistungen (siehe Abschnitt 4.2.1).

3.2 Verlegen von Parkett
3.2.1 Allgemeines

3.2.1.1 Das Parkett ist aus Parketthölzern nach DIN 280 Teil 1 bis Teil 5 herzustellen, und zwar bei Verlegung von

- Parkettstäben oder Parkettriemen aus Sortierung Natur nach DIN 280 Teil 1,
- Mosaikparkettlamellen aus Sortierung Natur nach DIN 280 Teil 2,
- Parkettdielen und Parkettplatten mit stabparkettartiger Oberseite aus Sortierung Natur nach DIN 280 Teil 1,
- Parkettdielen und Parkettplatten mit mosaikparkettartiger Oberseite aus Sortierung Natur nach DIN 280 Teil 2,
- Fertigparkett-Elementen aus Sortierung, z. B. Eiche EI-XXX, nach DIN 280 Teil 5.

Nicht deckend zu streichende Fuß- und Deckleisten müssen den obengenannten Sortierungen entsprechen.

3.2.1.2 Die Parketthölzer dürfen auch beim Verlegen keinen anderen als den nach den Normen der Reihe DIN 280 zulässigen Feuchtigkeitsgehalt haben.

3.2.1.3 Zwischen dem Parkett sowie gegebenenfalls den Parkettunterlagen und angrenzenden festen Bauteilen, z. B. Wänden, Pfeilern, Stützen, sind Fugen anzulegen. Ihre Breite ist nach der Holzart des Parketts, der Art der Parkettunterlagen und Verlegung sowie der Größe der Parkettflächen zu bestimmen.

3.2.1.4 An Vorstoß-, Trenn- und Dehnungsschienen sind, wenn es nach Holzart und Verlegeart nötig ist, Fugen anzulegen; diese Fugen sind mit einem geeigneten elastischen Stoff zu füllen.

3.2.1.5 Über Dehnungsfugen im Bauwerk sind im Parkett und gegebenenfalls auch in den Parkettunterlagen Fugen anzulegen.

3.2.1.6 Durch die Verwendung von Parkettstäben mit unterschiedlichen Maßen darf das Gesamtbild des Parketts nicht beeinträchtigt werden. Nebeneinander liegende Stäbe dürfen dabei nicht mehr als 50 mm in der Länge und nicht mehr als 10 mm in der Breite voneinander abweichen. Außerdem dürfen bei Parkettflächen bis zu 30 m^2 Stäbe in höchstens drei unterschiedlichen Maßen verwendet werden.

3.2.2 Parkett genagelt

Parkettstäbe (Nutstäbe) oder Parketttafeln sind durch Hirnholzfedern, Parkettriemen und Parkettdielen durch einseitig angehobelte Federn miteinander zu verbinden, dicht zu verlegen und verdeckt zu nageln. Bei Parkettstäben (Nutstäben) und Parketttafeln müssen die Hirnholzfedern auf der ganzen Länge der Nuten verteilt und fest eingeklemmt sein. Der Anteil der Hirnholzfedern muß mindestens ¾ der Länge der Nut betragen.

Parkettarbeiten   DIN 18 356

3.2.3 Stabparkett, Tafelparkett und Parkettriemen in Parkettklebstoffen

Parkettstäbe, Parkettriemen und Tafelparkett sind mit hartplastischem (schubfestem) Parkettklebstoff aufzukleben.

Der Parkettklebstoff ist vollflächig auf den Untergrund oder gegebenenfalls auf die Parkettunterlage aufzutragen. Die Parkettstäbe und Parkettafeln sind durch Hirnholzfedern, Parkettriemen durch angehobelte Federn, miteinander zu verbinden und dicht zu verlegen. Die Hirnholzfedern müssen auf der ganzen Länge der Nuten verteilt und fest eingeklemmt sein. Der Anteil der Hirnholzfedern muß mindestens ¾ der Länge der Nut betragen.

3.2.4 Mosaikparkett

Mosaikparkett ist mit hartplastischem (schubfestem) Parkettklebstoff aufzukleben. Der Parkettklebstoff ist ausreichend dick und vollflächig auf den Untergrund aufzutragen. Das Mosaikparkett ist in die Klebstoffschicht einzuschieben, einzudrücken und dicht zu verlegen.

3.2.5 Parkett und Parkettunterlage

3.2.5.1 Parkett ist ohne Parkettunterlage zu verlegen.

3.2.5.2 Wenn Parkettunterlagen auszuführen sind, sind sie versetzt und — wenn erforderlich — mit Dehnungsfugen zu verlegen, auch wenn sie aufgeklebt werden; ihre Fugen müssen versetzt zu den Fugen des Parketts liegen. Bei Mosaikparkett sind Unterlagsplatten diagonal zur Verlegerichtung des Parketts zu verlegen; Holzspanplatten, die mit Nut und Feder verbunden sind, sind parallel zu verlegen, Parkettunterlagen, die wegen ihrer Beschaffenheit aufgeklebt werden müssen, sind auf dem Untergrund vollflächig aufzukleben.

3.2.5.3 Die Dämmwirkung von Dämmstoffen darf durch die Parkettklebstoffe nicht wesentlich beeinträchtigt werden.

3.2.5.4 Die Parketthölzer sind auf den Unterlagen nach den Abschnitten 3.2.2, 3.2.3 oder 3.2.4 zu verlegen.

3.2.6 Fußleisten und Deckleisten

Hölzerne Fußleisten und Deckleisten müssen an Ecken und Stößen auf Gehrung geschnitten werden; Fußleisten sind in Abständen von weniger als 60 cm dauerhaft mit Stahlstiften an der Wand zu befestigen. Deckleisten sind mit Drahtstiften zu befestigen.

3.2.7 Abschleifen

Genageltes Parkett ist sofort nach dem Verlegen, geklebtes Parkett nach genügendem Abbinden des Parkettklebstoffes gleichmäßig abzuschleifen. Die Anzahl der Schleifgänge und die Feinheit des Abschleifens richten sich nach der vorgeschriebenen anschließenden Oberflächenbehandlung.

3.3 Wachsen

Das Parkett ist sofort nach dem Abschleifen einmal zu wachsen.

3.4 Versiegeln

3.4.1 Ist Versiegeln vereinbart worden, so muß das Parkett sofort nach dem Abschleifen versiegelt werden.

3.4.2 Der Auftragnehmer hat die Versiegelungsart und das Versiegelungsmittel entsprechend dem Verwendungszweck des Raumes und der vorgesehenen Beanspruchung auszuwählen.

3.4.3 Die Versiegelung ist so auszuführen, daß eine gleichmäßige Oberfläche entsteht.

3.4.4 Nach der Versiegelung hat der Auftragnehmer dem Auftraggeber schriftliche Pflegeanweisungen in der erforderlichen Anzahl zu übergeben. Diese sollen auch Hinweise auf das zweckmäßige Raumklima enthalten.

3.4.5 Die Schutzwirkung der Versiegelung muß bei Befolgung der Pflegeanweisung, die dem Auftraggeber auszuhändigen ist, mindestens zwei Jahre dauern. Durch die Pflegeanweisung kann das rechtzeitige Nachversiegeln stark beanspruchter Teilflächen vorgeschrieben sein.

4 Nebenleistungen, Besondere Leistungen

4.1 Nebenleistungen sind ergänzend zur ATV DIN 18 299, Abschnitt 4.1, insbesondere:

4.1.1 Reinigen des Untergrundes, ausgenommen Leistungen nach Abschnitt 4.2.3.

4.1.2 Liefern aller erforderlichen Hilfsstoffe.

4.1.3 Anschließen des Parketts an alle angrenzenden Bauteile, z.B. an Rohrleitungen, Zargen, Bekleidungen, Anschlagschienen, Vorstoßschienen, Säulen, Schwellen; ausgenommen Leistungen nach Abschnitt 4.2.6.

4.1.4 Auffüttern bis zu 1 cm Dicke auf Balken oder Lagerhölzern.

4.1.5 Absperrmaßnahmen bis zur Begehbarkeit des Parketts.

4.1.6 Vorlegen erforderlicher Muster.

4.2 Besondere Leistungen sind ergänzend zur ATV DIN 18 299, Abschnitt 4.2, z.B.:

4.2.1 Maßnahmen nach Abschnitt 3.1.2.

4.2.2 Vorhalten von Aufenthalts- und Lagerräumen, wenn der Auftraggeber Räume, die leicht verschließbar gemacht und zur Lagerung von Parketthölzern nötigenfalls beheizt werden können, nicht zur Verfügung stellt.

4.2.3 Reinigen des Untergrundes von grober Verschmutzung, z.B. Gipsreste, Mörtelreste, Farbreste, Öl, soweit diese von anderen Unternehmern herrührt.

4.2.4 Vorbereiten des Untergrundes zur Erzielung eines guten Haftgrundes, z.B. Vorstreichen, maschinelles Bürsten oder Anschleifen und Absaugen.

4.2.5 Beseitigen alter Beläge und Klebstoffschichten.

4.2.6 Herstellen von Aussparungen im Parkett für Rohrdurchführungen und dergleichen in Räumen mit besonderer Installation; Anarbeiten des Parketts an Einbauteile oder Einrichtungsgegenstände in solchen Räumen; Anschließen des Parketts an Einbauteile und Wände, für die keine Leistenabdeckung vorgesehen ist.

4.2.7 Einbau von Vorstoßschienen, Trennschienen, Dehnungsschienen, Dehnungsfugenfüllungen, Armaturen, Matten, Revisionsrahmen u.ä.

4.2.8 Ausgleichen von Unebenheiten des Untergrundes von mehr als 1 mm und ganzflächiges Spachteln.

4.2.9 Auffüttern von mehr als 1 cm Dicke auf Balken oder Lagerhölzern.

4.2.10 Schließen und/oder Abdecken von Fugen, z. B. Bewegungs-, Anschluß- und Scheinfugen.

4.2.11 Einbau von Dübeln für Fußleisten.

4.2.12 Voranstriche oder Vorbehandlung von Estrichen.

4.2.13 Abschneiden überstehender Wand-Randstreifen und deren Abdeckung.

4.2.14 Vom Auftraggeber verlangtes Anfertigen von Probeflächen, wenn diese weder am Bau noch anderweitig verwendet werden können.

5 Abrechnung

Ergänzend zur ATV DIN 18 299, Abschnitt 5, gilt:

5.1 Allgemeines

5.1.1 Der Ermittlung der Leistung — gleichgültig, ob sie nach Zeichnung oder Aufmaß erfolgt — sind zugrunde zu legen:
Bei Parkettböden, Parkettunterlagen, Oberflächenbehandlungen
- auf Flächen mit begrenzenden Bauteilen die Maße der zu belegenden Flächen bis zu den begrenzenden ungeputzten bzw. nicht bekleideten Bauteilen,
- auf Flächen ohne begrenzende Bauteile deren Maße,
- auf Flächen von Stufen und Schwellen deren größte Maße.

5.1.2 Bei der Ermittlung des Längenmaßes wird die größte Bauteillänge gemessen.

5.1.3 In Böden nachträglich eingearbeitete Teile werden übermessen, z. B. Intarsien, Markierungen.

5.2 Es werden abgezogen:

5.2.1 Bei Abrechnung nach Flächenmaß (m^2):
Aussparungen, z. B. für Öffnungen, Pfeiler, Pfeilervorlagen, Rohrdurchführungen, über 0,1 m^2 Einzelgröße.

5.2.2 Bei Abrechnung nach Längenmaß (m):
Unterbrechungen über 1 m Einzellänge.

VOB Teil C:
Allgemeine Technische Vertragsbedingungen für Bauleistungen (ATV)
Beschlagarbeiten – DIN 18 357
Ausgabe Dezember 1992

Inhalt

0 Hinweise für das Aufstellen der Leistungsbeschreibung
1 Geltungsbereich
2 Stoffe, Bauteile
3 Ausführung
4 Nebenleistungen, Besondere Leistungen
5 Abrechnung

0 Hinweise für das Aufstellen der Leistungsbeschreibung

Diese Hinweise ergänzen die ATV DIN 18 299 „Allgemeine Regelungen für Bauarbeiten jeder Art", Abschnitt 0. Die Beachtung dieser Hinweise ist Voraussetzung für eine ordnungsgemäße Leistungsbeschreibung gemäß A § 9.
Die Hinweise werden nicht Vertragsbestandteil.
In der Leistungsbeschreibung sind nach den Erfordernissen des Einzelfalls insbesondere anzugeben:

0.1 Angaben zur Baustelle
Keine ergänzende Regelung zur ATV DIN 18 299, Abschnitt 0.1.

0.2 Angaben zur Ausführung

0.2.1 Besondere Anforderungen, denen die Beschläge nach dem Einbau ausgesetzt sind, z. B. durch Windlasten, Temperaturen, chemische Einwirkung der Außenluft – Seeluft, Industrieluft – und dergleichen.

0.2.2 Abmessung und Gewicht der zu beschlagenden Bauelemente wie Fenster, Türen, Tore, Einbauschränke und dergleichen sowie deren Art, z. B. Glastüren, Kunststoffenster.

0.2.3 Werkstoff der Bauteile und der Bauelemente, an die Beschläge anzubringen sind, z. B. Holz, Aluminium, Kunststoff, Beton, Mauerwerk.

0.2.4 Ob die Beschläge aufzusetzen oder einzulassen sind.

0.2.5 Ob in den zu beschlagenden Bauelementen Ausnehmungen vorhanden sind, z. B. Schloßtaschen.

0.2.6 Ob die zu beschlagenden Türen gefälzt oder ungefälzt sind.

0.2.7 Art und Abmessungen von Falzen.

Beschlagarbeiten   DIN 18 357

0.2.8 Ob und in welcher Art zu beschlagende Bauteile oberflächenbehandelt sind oder werden.

0.2.9 Ob zu beschlagende Bauelemente mit Lebensmitteln in Berührung kommen.

0.2.10 Anzahl und Art der Beschläge oder Beschlagteile, z. B. Schlösser, Bänder, Getriebe, Treibriegel, Drücker, Feststeller und dergleichen. Bei Schlössern auch Art der Schloßausführung, z. B. Schließungsart, Schloß für Rohrrahmentür, Möbelschloß, gegebenenfalls Hinweis auf Muster.

0.2.11 Werkstoff und Oberflächenbehandlung der Beschläge, z. B. feuerverzinkt, galvanisch verzinkt und chromatiert, eloxiert, verchromt, kunststoffbeschichtet, einbrennlackiert — mit Angabe der Schichtdicke.

0.2.12 Anforderungen an Schließanlagen und den Schließplan nach Art, Anzahl und Schließfunktion der Schließzylinder, Anzahl und Benummerung der einzelnen Schlüssel, Anzahl, Art und Benummerung der übergeordneten Schlüssel (Gruppen-, Hauptgruppen-, Generalhauptschlüssel).

0.2.13 Ob die Bänder zu verstiften, zu verschrauben oder anzuschweißen sind.

0.2.14 Ob Drehflügeltore gegen unbeabsichtigtes Zuschlagen mit Torfeststellern ausgeführt werden sollen.

0.2.15 Farbton von sichtbaren Beschlagteilen wie Drückern, Türschildern, Oliven, Hebeln usw.

0.2.16 Besondere Anforderungen in bezug auf Dichtigkeit, Wärmeschutz, Schallschutz, Belüftung, Sicherheit gegen Einbruch.

0.2.17 Vorgesehene Schutzbehandlung von Beschlägen zur Vermeidung von Beschädigungen.

0.2.18 Außergewöhnliche Längen von Schlüsseln oder Zylindern.

0.2.19 Liefern von numerierten Schlössern und Schlüsseln.

0.2.20 Anpassen von Beschlagteilen wie Türschilder, Oliven, Rosetten und dergleichen, vor den Anstricharbeiten; Abnehmen und/oder Anbringen zur Fertigstellung der Anstricharbeiten.

0.3 Einzelangaben bei Abweichungen von den ATV

0.3.1 Wenn andere als die in dieser ATV vorgesehenen Regelungen getroffen werden sollen, sind diese in der Leistungsbeschreibung eindeutig und im einzelnen anzugeben.

0.3.2 Abweichende Regelungen können insbesondere in Betracht kommen bei

Abschnitt 2.1.1, wenn Beschläge, die Riegel, Fallen, Rollzapfen, Zungen oder andere Schließvorrichtungen haben, nicht mit den dazugehörenden passenden Beschlagteilen, z. B. mit Schließblechen, Schließkolben, in die Riegel eingreifen sollen, zu liefern sind,

Abschnitt 2.1.2, wenn für Kantenriegel Loch- oder Griffschieber nicht genügen, sondern z. B. Kantenriegel mit Hebel auszuführen sind,

Abschnitt 2.2.1.1, wenn Türbänder einen Öffnungswinkel von 90° oder weniger zulassen dürfen,

Abschnitt 2.2.1.2, wenn der Stift nicht aus Stahl bestehen muß,

Abschnitt 2.2.4.3, wenn die Angaben in der Tabelle nicht gelten sollen,

Abschnitt 2.6.1, wenn elektrische Türöffner nicht so wirken müssen, daß sie das Öffnen der Tür nur ermöglichen, während der Türöffner bedient wird,

Abschnitt 2.7.1, wenn sich Beschläge für Fenster und Fenstertüren im geschlossenen Zustand von außen öffnen lassen dürfen,

Abschnitt 2.7.3, wenn Oberlichtöffner bei Handbetrieb keinen Hebelantrieb haben sollen, sondern z. B. Kurbelantrieb,

495

Abschnitt 2.7.6, wenn bei Schwingflügelbeschlägen die Lager keine Drehung der Fensterflügel um 180° um ihre horizontale Achse ermöglichen und keine einstellbare und nachstellbare Bremse haben sollen,

Abschnitt 2.7.7, wenn bei Wendeflügelbeschlägen die Lager keine einstellbaren und nachstellbaren Bremsen haben sollen,

Abschnitt 2.7.8, wenn Beschläge für vertikale Schiebe- oder Versenkfenster das Gewicht nicht so ausgleichen müssen, daß das Fenster in jeder Lage stehenbleibt,

Abschnitt 3.1.4, wenn die Schlösser, ausgenommen Buntbart- und Möbelschlösser, nicht so unterschiedlich sein müssen, daß kein Schloß mit einem Schlüssel der anderen gelieferten Schlösser schließbar ist,

Abschnitt 3.2.3, wenn an den zu beschlagenden Bauteilen die für das Anbringen der Beschläge nötigen Ausnehmungen u. ä. nicht herzustellen sind,

Abschnitt 3.2.11, wenn sich Schwingflügelfenster nach Umschlagen um 180° nicht feststellen lassen sollen,

Abschnitt 3.2.14, wenn Falttüren und Harmonikatüren als Innenabschlüsse nicht mit Riegeln auszurüsten sind, die nur nach unten wirken,

Abschnitt 3.2.16, wenn Schiebetüren und Schiebetore mit oberem Laufwerk nicht eine untere, solche mit unterem Laufwerk nicht eine obere Führung erhalten sollen,

Abschnitt 3.2.17, wenn Falt- und Harmonikatüren und -tore, die aus mehr als 3 Flügeln bestehen, nicht mit einer unteren Führung ausgestattet sein sollen,

Abschnitt 3.2.18, wenn Zapfenbänder nicht so angebracht sein müssen, daß sich die Türen über den rechten Winkel hinaus öffnen lassen.

0.4 Einzelangaben zu Nebenleistungen und Besonderen Leistungen

Keine ergänzende Regelung zur ATV DIN 18 299, Abschnitt 0.4.

0.5 Abrechnungseinheiten

Im Leistungsverzeichnis sind die Abrechnungseinheiten wie folgt vorzusehen:

Anzahl (Stück), getrennt nach Art und Anzahl der Beschlagteile, nach Anzahl der Bauelemente, für

— *das Beschlagen von Bauelementen, wie Fenster, Türen, Tore, Einbaumöbel und dergleichen,*
— *das Anbringen einzelner Beschläge.*

1 Geltungsbereich

1.1 Die ATV „Beschlagarbeiten" — DIN 18 357 — gilt für das Anbringen von Beschlägen zum Öffnen und Schließen oder zum Feststellen von Türen, Fenstern, Toren und dergleichen.

1.2 Ergänzend gelten die Abschnitte 1 bis 5 der ATV DIN 18 299 „Allgemeine Regelungen für Bauarbeiten jeder Art". Bei Widersprüchen gehen die Regelungen der ATV DIN 18 357 vor.

2 Stoffe, Bauteile

Ergänzend zur ATV DIN 18 299, Abschnitt 2, gilt:

2.1 Allgemeine Anforderungen

2.1.1 Beschläge, die Riegel, Fallen, Rollzapfen, Zungen oder andere Schließvorrichtungen haben sind, sind mit den dazugehörenden passenden Beschlagteilen, z.B. mit Schließblechen, Schließkolben, in die die Riegel usw. eingreifen sollen, zu liefern.

2.1.2 Riegel müssen leicht beweglich sein, in den Endstellungen jedoch durch Einrasten feststehen oder sich selbst hemmen. Für Kantenriegel genügen Loch- oder Griffschieber.

2.1.3 Beschläge, die von Zeit zu Zeit der Schmierung bedürfen, müssen so beschaffen sein, daß sie nach dem Einbau leicht zu schmieren sind.

2.1.4 Schlösser und Beschläge an Außenfenstern, Außentüren und -toren sowie in Feuchträumen müssen für den jeweiligen Verwendungszweck ausreichend gegen Korrosion geschützt sein.

Für die gebräuchlichsten genormten Stoffe und Bauteile sind die DIN-Normen nachstehend aufgeführt.

2.2 Türbeschläge
2.2.1 Türbänder

2.2.1.1 Türbänder müssen einen Öffnungswinkel von mehr als 90° zulassen.

2.2.1.2 Der Stift muß aus Stahl bestehen, auch bei Türbändern aus Nicht-Eisenmetall und bei Bändern für Ganzglastüren.

2.2.2 Türdrücker und Türschilder

DIN 18 255 — Baubeschläge; Türdrücker, Türschilder und Türrosetten; Begriffe, Maße, Anforderungen

2.2.3 Türschlösser

2.2.3.1 DIN 18 250 Teil 1 — Schlösser; Einsteckschlösser für Feuerschutzabschlüsse, Einfallenschloß

DIN 18 251 — Schlösser; Einsteckschlösser für Türen

DIN 18 252 — Schließzylinder für Türschlösser; Begriffe, Benennungen

2.2.3.2 Bauart, Werkstoffe und Befestigungsart von Schlössern, Schließblechen, Schließkolben müssen den an die Tür jeweils zu stellenden Sicherheitsanforderungen hinsichtlich unbefugten Entsperrens und Gewaltangriffs entsprechen.

2.2.3.3 Schlüssel dürfen beim Schließvorgang unter der mit der Hand aufzubringenden Kraft sich weder verbiegen noch brechen. Für Werkstoff, Oberflächenbehandlung und Anzahl der Schlüssel sind die Angaben in der Tabelle maßgebend (siehe Folgeseite).

2.2.3.4 Schlösser in Rohrrahmentüren für höhere Sicherheitsanforderungen müssen einen wenigstens 15 mm in die Schließöffnung der Zarge eingreifenden Riegel besitzen.

2.2.3.5 Schlösser für Haustüren aus Holz müssen 2tourig sein oder einen Riegelausschluß von mindestens 20 mm haben.

2.2.3.6 Schlösser in Türen zu Transformatorenräumen müssen den Festlegungen nach DIN VDE 0101 „Errichten von Starkstromanlagen mit Nennspannungen über 1 kV" entsprechen.

2.2.3.7 Bei Schlössern in Türen zu Fluchtwegen (Panikschlössern) sind die öffentlich-rechtlichen Vorschriften, z. B. „Warenhausverordnung" und „Versammlungsstättenverordnung", maßgebend.

Tabelle

Schloßart	Werkstoff der Schlüssel	Oberflächenbehandlung der Schlüssel	Anzahl der mitzuliefernden Schlüssel
Bundbartschloß	Temperguß	galvanisiert	1
Zusatzschloß	Temperguß, Stahl	galvanisiert	2
Besatzungsschloß	Stahl	galvanisiert	2
Zylinderschloß	Stahl	galvanisiert	3
Zylinderschloß	Neusilber	–	3

2.3 Beschläge für Tore, Harmonika-, Falt- und Schiebetüren

2.3.1 Die Laufwerke müssen gegen Herausspringen aus der Lagerung (Laufschiene) gesichert sein.

2.3.2 Beschläge für Tore, die nur durch Heben (Hebetore) oder durch Heben und Kippen (Schwingtore) geöffnet werden, müssen so wirken, daß das Tor in voll geöffnetem Zustand stehenbleibt und in keiner Stellung von selbst zufällt.

2.3.3 Der Witterung ausgesetzte Laufwerke müssen gegen Witterungseinflüsse geschützt sein.

2.3.4 Schiebetüren, Harmonikatüren und Falttüren in Wohnräumen müssen sich geräuscharm bewegen lassen.

2.3.5 Stangenriegelverschlüsse müssen so beschaffen sein, daß ein selbständiges Öffnen und Schließen durch Erschütterungen ausgeschlossen ist.

2.4 Türschließer

2.4.1 DIN 18 263 Teil 1 Türschließer mit hydraulischer Dämpfung; Oben-Türschließer mit Kurbeltrieb und Spiralfeder

DIN 18 263 Teil 2 Türschließer mit hydraulischer Dämpfung; Oben-Türschließer mit Linearbetrieb

DIN 18 263 Teil 3 Türschließer mit hydraulischer Dämpfung; Boden-Türschließer

2.4.2 Die Schließbewegung von Türschließern muß gedämpft werden, sie muß einstellbar und nachstellbar sein (regulierbare Schließgeschwindigkeit).
Zum sicheren Eindrücken der Schloßfalle muß bei obenliegenden Türschließern die Dämpfung so einstellbar sein, daß sie kurz vor der Null-Stellung der Tür aufgehoben werden kann (Endschlag).
Hydraulische Türschließer, die Außentemperaturen ausgesetzt sind, müssen bezüglich der Schließgeschwindigkeit in ihrem Temperaturverhalten so ausgelegt sein, daß ein Nachregulieren bei üblichen Temperaturschwankungen nicht erforderlich ist. Der Stockpunkt der Hydraulikflüssigkeit darf nicht höher als $-40\,°C$ liegen.

2.4.3 Bodentürschließer müssen ein wasserdichtes Gehäuse haben.

Beschlagarbeiten   DIN 18 357

2.5 Federbänder

2.5.1 DIN 18 262 Einstellbares, nicht tragendes Federband für Feuerschutztüren
DIN 18 264 Baubeschläge; Türbänder mit Feder
DIN 18 265 Baubeschläge; Pendeltürbänder mit Feder

2.5.2 Federbänder müssen so beschaffen sein, daß sie die Tür völlig schließen; sie müssen einstellbar und nachstellbar sein.

2.6 Elektrische Türöffner

2.6.1 Elektrische Türöffner müssen so wirken, daß sie das Öffnen der Tür nur ermöglichen, während der Türöffner bedient wird.

2.6.2 Elektrische Öffner für Tore und Türen, die der Witterung ausgesetzt sind, müssen gegen Witterungseinflüsse geschützt sein.

2.7 Beschläge für Fenster und Fenstertüren

2.7.1 Beschläge für Fenster und Fenstertüren dürfen sich im geschlossenen Zustand von außen nicht öffnen lassen.

2.7.2 Bei Fensterfeststellern mit Bremse muß diese einstellbar und nachstellbar sein.

2.7.3 Oberlichtöffner müssen bei Handbedienung Hebelantrieb haben.

2.7.4 Bei Oberlichtöffnern müssen Hebelstangen und Querwellen so gelagert und geführt werden, daß sie sich bei Bedienung nicht bleibend verformen.

2.7.5 Scheren von Oberlichtöffnern müssen, soweit die Flügel nur vom Rauminneren zu reinigen sind, aushängbar sein.

2.7.6 Bei Schwingflügelbeschlägen müssen die Lager die Drehung der Fensterflügel um 180° um ihre horizontale Achse ermöglichen und dem Flügelgewicht entsprechend einstellbare und nachstellbare Bremsen haben.

2.7.7 Bei Wendeflügelbeschlägen müssen die Lager die Drehung der Fensterflügel um ihre vertikale Achse so weit ermöglichen, daß sich die Außenflächen der Fenster vom Raum aus gefahrlos reinigen lassen. Die Lager müssen ausreichend wirksame, einstellbare und nachstellbare Bremsen haben.

2.7.8 Beschläge für vertikale Schiebe- oder Versenkfenster müssen das Gewicht so ausgleichen, daß das Fenster in jeder Lage stehenbleibt.

2.7.9 Horizontale Schiebe- oder Hebeschiebe-Fenster oder Fenstertüren müssen sich geräuscharm betätigen lassen, die Laufrollen dürfen sich bei dynamischer und statischer Belastung nicht verformen.

2.8 Beschläge für Einbaumöbel

2.8.1 Schlösser und Verschlüsse sind entsprechend DIN 68 871 „Möbel-Bezeichnungen" zu verwenden.

2.8.2 Beschläge für Einbaumöbel müssen korrosionsgeschützt sein. Für Feuchträume müssen die Beschläge gegen die in Betracht kommenden aggressiven Einwirkungen widerstandsfähig sein.

2.8.3 Bänder für Einbaumöbel müssen verstellbar sein.

2.8.4 Schubführungen müssen das Ausheben der Schublade erlauben.

2.8.5 Bei Klappenhaltern mit Bremse muß diese ein- und nachstellbar sein.

2.8.6 Bei nach oben sich öffnenden Klappen mit einer Ausladung von über 30 cm müssen die Beschläge sicherstellen, daß die Klappe in Öffnungsstellung gehalten wird.

2.8.7 Bodensteller müssen einen Mindeststellbereich von 15 mm aufweisen.

3 Ausführung

Ergänzend zur ATV DIN 18 299, Abschnitt 3, gilt:

3.1 Allgemeines

3.1.1 Der Auftragnehmer hat bei seiner Prüfung Bedenken (siehe B § 4 Nr 3) insbesondere geltend zu machen bei
- ungeeigneter Beschaffenheit der vom Auftraggeber vorgeschriebenen Beschläge,
- fehlenden oder nicht ausreichenden Angaben der Abmessungen für die zu beschlagenden Bauteile,
- unzweckmäßiger Anbringung am Bauwerk,
- zu erwartender Überbeanspruchung.

3.1.2 Maßangaben, die in der Leistungsbeschreibung oder in den dazugehörigen Zeichnungen enthalten und für die auszuführende Beschlagarbeit von Bedeutung sind, hat der Auftragnehmer auf ihre Richtigkeit zu überprüfen.

3.1.3 Bei Beschlägen, für die Bedienungsvorschriften der Hersteller bestehen, ist die Bedienungsvorschrift dem Auftraggeber in der erforderlichen Anzahl zu übergeben.

3.1.4 Die Schlösser – ausgenommen Buntbart- und Möbelschlösser – müssen so unterschiedlich sein, daß kein Schloß mit einem Schlüssel der anderen gelieferten Schlösser schließbar ist.

3.1.5 Für Haustüren und Wohnungsabschlußtüren sind Schlösser mit Wechsel (Zylinderschlösser, Zuhaltungsschlösser) zu verwenden.

3.1.6 Bei zweiflügeligen Türen mit Panikverschlüssen müssen sich beide Flügel ohne Schlüssel in Fluchtrichtung öffnen lassen.

3.1.7 Buntbartschlösser dürfen nur für Türen mit geringer Sicherheitsanforderung verwendet werden, z. B. Wohnungsinnentüren.

3.1.8 Bei Schließanlagen ist ein Schließplan zu liefern. Aus ihm muß die Zuordnung der einzelnen Zylinder und Schlüssel zu den Türen sowie die Schließfunktion der Einzelschlüssel und der übergeordneten Schlüssel ersichtlich sein. Die Benummerung von Schlüsseln und Zylindern muß mit Hilfe von Schlagstempeln durchgeführt und gut lesbar sein. Die Schlüssel einer Schließanlage dürfen lediglich die im Schließplan angegebene Schließfunktion haben.

3.2 Anbringen von Beschlägen

3.2.1 Beschläge müssen so eingebaut werden, daß sie leicht und unfallsicher zu betätigen sind.

3.2.2 Beschlagteile, die einem Verschleiß unterliegen, müssen leicht auswechselbar sein. Stulpschrauben dürfen nicht verdeckt sein.

3.2.3 An den zu beschlagenden Bauteilen sind die für das Anbringen der Beschläge nötigen Ausnehmungen u. ä. herzustellen.

3.2.4 Bauteile dürfen durch das Anbringen von Beschlägen nicht mehr geschwächt werden als unbedingt nötig und ohne Gefährdung des zu beschlagenden Bauteiles möglich ist.

3.2.5 Beschläge und Schließeinrichtungen in Turn- und Sporthallen müssen versenkt eingelassen angeordnet werden.

3.2.6 Zum Befestigen der Beschläge an den Bauteilen sind Befestigungsmittel, z. B. Schrauben, zu verwenden, die in Art, Stoff und Abmessung den Anforderungen der Beschläge und der Bauteile entsprechen und sich nicht nachteilig beeinflussen.

3.2.7 Holzschrauben müssen in ihrer ganzen Länge eingeschraubt werden; sie müssen gratfrei bleiben.

Senkschrauben dürfen nicht vorstehen.

Nagelschrauben sind unzulässig.

3.2.8 Zum Befestigen von Beschlägen in Stein, Mauerwerk oder Beton dürfen keine Werkstoffe verwendet werden, die Metalle beschädigen.

3.2.9 Zu Beschlägen, die Riegel, Fallen, Zungen oder andere Schließvorrichtungen haben, sind für das Eingreifen der Riegel usw. entsprechende Beschlagteile anzubringen, z. B. Schließbleche, Schließkloben.

Bei Einbaumöbeln sind Griffe und Knöpfe, die innen verschraubt werden müssen, an den Innenseiten mit Deckhülsen zu versehen.

3.2.10 Türen, Fenster und Fenstertüren sind so zu beschlagen, daß sie sich leicht und unfallsicher öffnen sowie schließen lassen und die geschlossenen Flügel gut anliegen. Die Flügel dürfen auch nach dem Anstrich an keiner Stelle streifen. Vom Tischler eingesetzte Abstandshalter dürfen beim Beschlagen nicht entfernt werden.

3.2.11 Schwingflügelfenster müssen, wenn sie um 180° umgeschlagen sind, sich feststellen lassen.

3.2.12 Falttore sind zwischen je zwei Flügeln mit Riegeln zum Feststellen zu versehen, an den Hängepunkten sind die Riegel nur unten, an den anderen Punkten oben und unten anzubringen.

3.2.13 Harmonikatüren sind zwischen den Flügeln mit Riegeln zum Feststellen zu versehen. Die Riegel sind oben und unten anzubringen.

3.2.14 Falttüren und Harmonikatüren als Innenabschlüsse sind mit Riegeln auszurüsten, die nur nach unten wirken.

3.2.15 Bei Schiebetüren, Harmonikatüren und Falttüren muß die Bewegungsmechanik zugänglich sein.

3.2.16 Schiebetüren und Schiebetore mit oberem Laufwerk müssen eine untere, solche mit unterem Laufwerk eine obere Führung erhalten.

3.2.17 Falt- und Harmonikatüren und -tore, die aus mehr als 3 Flügeln bestehen, müssen mit einer unteren Führung ausgestattet sein.

3.2.18 Zapfenbänder müssen so angebracht sein, daß sich die Türen über den rechten Winkel hinaus öffnen lassen.

3.2.19 Zweiflügelige Pendeltüren sind so zu beschlagen, daß die Flügel sich nicht berühren können. Der Abstand der Flügel darf 5 mm nicht überschreiten und muß gleichmäßig sein. Dies gilt für einflügelige Pendeltüren sinngemäß.

3.2.20 Drehflügelläden müssen so beschlagen werden, daß sie durch Feststeller offengehalten werden können, ohne das Bauwerk zu berühren. Sie dürfen sich im geschlossenen Zustand nicht ausheben lassen. Die Beschläge dürfen sich bei geschlossenen Läden nicht von außen abnehmen lassen.

3.2.21 Klappen müssen bei mehr als 30 cm Ausladung zusätzliche Haltevorrichtungen haben, z. B. Scheren.

3.2.22 Nach dem Anbringen aller Beschlagteile sind die Beschläge zu reinigen, Schlösser, Getriebe, Bänder, Lager und dergleichen gangbar zu machen und, soweit technisch erforderlich, zu schmieren.

3.2.23 Bei gleitenden metallischen Beschlagteilen, die nach dem Einbau verdeckt liegen, sind vorher die Gleitflächen mit säurefreiem Fett einzufetten.

3.2.24 Einbaukästen für Bodentürschließer sind nach dem Einbau vor Verschmutzung zu sichern. Sind Bodentürschließer eindringendem Wasser ausgesetzt, z. B. Feuchträume oder Außentüren ohne Regenschutz, so ist der Raum zwischen Zementkasten und Türschließergehäuse mit einer geeigneten Vergußmasse auszufüllen.

3.2.25 Schlösser mit Falle und Riegel sind so anzubringen, daß der Riegel bei eingerasteter Falle sich vorschließen läßt, ohne an der Schließöffnung der Zarge zu reiben.

4 Nebenleistungen, Besondere Leistungen

4.1 Nebenleistungen sind ergänzend zur ATV DIN 18 299, Abschnitt 4.1, insbesondere:

4.1.1 Auf- und Abbauen sowie Vorhalten der Gerüste, deren Arbeitsbühnen nicht höher als 2 m über Gelände oder Fußboden liegen.

4.1.2 Bemusterung der Baubeschläge.

4.1.3 Liefern der Schrauben, Stifte, Nägel, Befestigungseisen und dergleichen.

4.1.4 Liefern der für die Beschlagarbeiten erforderlichen Ausführungszeichnungen.

4.2 Besondere Leistungen sind ergänzend zur ATV DIN 18 299, Abschnitt 4.2, z. B.:

4.2.1 Vorhalten von Aufenthalts- und Lagerräumen, wenn der Auftraggeber Räume, die leicht verschließbar gemacht werden können, nicht zur Verfügung stellt.

4.2.2 Anfertigen von Probestücken, wenn sie nicht am Bau verwendet werden.

4.2.3 Herstellen und Schließen von Löchern in Mauerwerk, Beton und dergleichen.

5 Abrechnung

Keine ergänzende Regelung zur ATV DIN 18 299, Abschnitt 5.

VOB Teil C:
Allgemeine Technische Vertragsbedingungen für Bauleistungen (ATV)
Rolladenarbeiten — DIN 18 358
Ausgabe September 1988

Inhalt

0 Hinweise für das Aufstellen der Leistungsbeschreibung
1 Geltungsbereich
2 Stoffe, Bauteile
3 Ausführung
4 Nebenleistungen, Besondere Leistungen
5 Abrechnung

0 Hinweise für das Aufstellen der Leistungsbeschreibung

Diese Hinweise ergänzen die ATV DIN 18 299 „Allgemeine Regelungen für Bauarbeiten jeder Art", Abschnitt 0. Die Beachtung dieser Hinweise ist Voraussetzung für eine ordnungsgemäße Leistungsbeschreibung gemäß A § 9.

Die Hinweise werden nicht Vertragsbestandteil.

In der Leistungsbeschreibung sind nach den Erfordernissen des Einzelfalls insbesondere anzugeben:

0.1 Angaben zur Baustelle

0.1.1 Hauptwindrichtung.

0.2 Angaben zur Ausführung

0.2.1 Art und Anzahl der geforderten Proben.

0.2.2 Art und Umfang verlangter Konstruktions- und Einbauzeichnungen.

0.2.3 Beschaffenheit und Konstruktion (gegebenenfalls durch Zeichnungen) des Befestigungsuntergrundes, z. B. Stürze und Leibungen sowie Angabe der Einbaumöglichkeit der Bedienungselemente.

0.2.4 Art vorhandener Führungsschienen oder Angaben über zu liefernde Führungsschienen.

0.2.5 Art, Maße und Form der Stäbe für Rolläden, der Profile für Rolltore, der Gitterteile für Rollgitter, der Lamellen für Jalousien und der Behänge für Außenrollos, Verdunkelungen und Markisen.

0.2.6 Besondere Anforderungen, z. B. Berücksichtigung ungewöhnlicher Belastungen, Einbruchssicherungen.

0.2.7 Ob die Markisen auch als Regenschutz verwendet werden sollen.

0.2.8 Ob eine Notbedienung bei elektrisch betriebenen Aufzugseinrichtungen erforderlich wird.

0.2.9 Ob eine lichtdichte Verdunkelungsanlage oder nur eine Abdunkelungsanlage ausgeführt werden soll.

0.2.10 Ob Rollkasten oder Rollkastenabschlüsse vorhanden sind, geliefert und/oder eingebaut werden sollen; bei eingebauten oder vorgesehenen Rollkästen und Rollkastenabschlüssen oder Aussparungen deren Art und Maße.

0.2.11 Maße des Rollraumes, des Raumes für das Jalousiepaket oder der Aussparung für die Verdunkelungs- oder Markisenanlage.

0.2.12 Maße der durch Rolläden, Rolltore, Rollgitter, Jalousien, Außenrollos, Verdunkelungen und Markisen zu schließenden und zu schützenden Öffnungen oder Flächen, bei vor der Öffnung hängenden Ausführungen auch die seitliche Überdeckung, nach den Regeln von DIN 18 073.

0.2.13 Art des Antriebes, bei elektrischem Antrieb auch Anschlußwerte und Angaben über erforderliche Sicherheitseinrichtungen.

0.2.14 Ob vom Auftraggeber Fach- oder Hilfskräfte für den Einbau von Bauteilen zur Verfügung gestellt werden.

0.3 Einzelangaben bei Abweichungen von den ATV

Keine ergänzende Regelung zur ATV DIN 18 299, Abschnitt 0.3.2.

0.4 Einzelangaben zu Nebenleistungen und Besonderen Leistungen

Keine ergänzende Regelung zur ATV DIN 18 299, Abschnitt 0.4.

0.5 Abrechnungseinheiten

Im Leistungsverzeichnis sind die Abrechnungseinheiten wie folgt vorzusehen:

Anzahl (Stück), getrennt nach Stoffart, Bauart und Maßen, für Rolläden, Rolltore, Rollgitter, Rolljalousien, Raffjalousien, Außenrollos, Verdunkelungen und Markisen.

1 Geltungsbereich

1.1 Die ATV „Rolladenarbeiten" — DIN 18 358 — gilt für das Herstellen und Einbauen von Rolläden, Rolltoren, Rollgittern, Jalousien, Außenrollos, Verdunkelungen und Markisen.

1.2 Ergänzend gelten die Abschnitte 1 bis 5 der ATV DIN 18 299 „Allgemeine Regelungen für Bauarbeiten jeder Art". Bei Widersprüchen gehen die Regelungen der ATV DIN 18 358 vor.

2 Stoffe, Bauteile

Ergänzend zur ATV DIN 18 299, Abschnitt 2, gilt:

Stoffe und Bauteile müssen den Anforderungen nach DIN 18 073 „Rollabschlüsse, Sonnenschutz- und Verdunkelungsanlagen im Bauwesen; Begriffe, Anforderungen" entsprechen.

3 Ausführung

Ergänzend zur ATV DIN 18 299, Abschnitt 3, gilt:

3.1 Der Auftragnehmer hat bei seiner Prüfung Bedenken (siehe B § 4 Nr 3) insbesondere geltend zu machen bei

- ungeeigneten oder fehlenden Auflagern oder Aussparungen für die zu befestigenden oder einzubauenden Teile,
- ungeeigneten eingebauten Teilen,
- fehlenden Möglichkeiten, vor Beginn der Fertigung die Maße am Bau zu prüfen.

3.2 Der Auftragnehmer hat die Maße rechtzeitig vor Beginn der Fertigung am Bau zu überprüfen.

3.3 Abweichungen von den in der Leistungsbeschreibung angegebenen Maßen bis zu 3 cm, bei angegebenen Fertigmaßen für Rolltore und Rollgitter bis zu 5 cm jedes Einzelmaßes, sind ohne Anspruch auf Änderung der Vergütung zu berücksichtigen, wenn die Notwendigkeit der Abweichung vor Beginn der Fertigung festgestellt wird oder vom Auftragnehmer vor Beginn der Fertigung hätte festgestellt werden müssen.

3.4 Wenn Flächen von Bauteilen eines Korrosionsschutzes bedürfen, nach dem Einbau jedoch nicht mehr zugänglich sind, hat sie der Auftragnehmer vorher mit einem dauerhaften Korrosionsschutz zu versehen.

3.5 Anschießen zur Befestigung von Bauteilen ist in geeigneten Fällen nur zulässig, wenn der Auftraggeber zustimmt.

3.6 Der Auftragnehmer hat für die von ihm einzubauenden elektrotechnischen Bauteile dem Auftraggeber zur Verlegung der elektrischen Leitungen einen verbindlichen Geräteplan, ein Schaltbild oder einen Stromlaufplan mit Klemmenplan zur Verfügung zu stellen und die Stromaufnahme (Anlaufstrom) anzugeben. Er hat während der Inbetriebnahme eine mit der Anlage vertrauten Fachkraft bei der Prüfung der elektrischen Leitungsanlage zur Verfügung zu stellen.

3.7 Im übrigen gilt für die Ausführung DIN 18 073. Die dort festgelegten Maßnahmen sind vom Auftragnehmer durchzuführen.

4 Nebenleistungen, Besondere Leistungen

4.1 Nebenleistungen sind ergänzend zur ATV DIN 18 299, Abschnitt 4.1, insbesondere:

4.1.1 Auf- und Abbauen sowie Vorhalten der Gerüste, deren Arbeitsbühnen nicht höher als 2 m über Gelände oder Fußboden liegen.

4.1.2 Vorlage von Plänen für Aussparungen, die zur Anbringung von Rolläden, Rolltoren, Rollgittern, Außenrollos, Jalousien, Verdunkelungen und Markisen nötig sind, oder das Anzeichnen der erforderlichen Aussparungen.

4.1.3 Eintragen der notwendigen Aussparungen in bauseits gestellte Baupläne oder Anzeichnen am Bau.

4.2 Besondere Leistungen sind ergänzend zur ATV DIN 18 299, Abschnitt 4.2, z. B.:

4.2.1 Vorhalten von Aufenthalts- und Lagerräumen, wenn der Auftraggeber Räume, die leicht verschließbar gemacht werden können, nicht zur Verfügung stellt.

4.2.2 Auf- und Abbauen sowie Vorhalten der Gerüste, deren Arbeitsbühnen mehr als 2 m über Gelände oder Fußboden liegen.

4.2.3 Reinigen des Untergrundes von grober Verschmutzung durch Bauschutt, Gips, Mörtelreste, Farbreste u. ä., soweit sie nicht vom Auftragnehmer herrührt.

4.2.4 Herstellen und Schließen von Löchern, Durchbrüchen, Schlitzen u. ä. in Mauerwerk, Beton, Stahlbeton, Werkstein u. a., Bohren oder Brennen von Löchern in Stahlbauteile vorhandener Konstruktionen.

4.2.5 Herstellen des Auflagers für die zu befestigenden Teile.

4.2.6 Liefern und Einbauen von Rollkästen und Rollkastenabschlüssen, Einbau von Mauerkästen.

4.2.7 Vom Auftraggeber verlangte Probestücke, wenn sie nicht am Bau verwendet werden.

5 Abrechnung

Keine ergänzende Regelung zur ATV DIN 18 299, Abschnitt 5.

VOB Teil C:
Allgemeine Technische Vertragsbedingungen für Bauleistungen (ATV)
Metallbauarbeiten, Schlosserarbeiten — DIN 18 360
Ausgabe Dezember 1992

Inhalt

0 Hinweise für das Aufstellen der Leistungsbeschreibung
1 Geltungsbereich
2 Stoffe, Bauteile
3 Ausführung
4 Nebenleistungen, Besondere Leistungen
5 Abrechnung

0 Hinweise für das Aufstellen der Leistungsbeschreibung

Diese Hinweise ergänzen die ATV DIN 18 299 „Allgemeine Regelungen für Bauarbeiten jeder Art", Abschnitt 0. Die Beachtung dieser Hinweise ist Voraussetzung für eine ordnungsgemäße Leistungsbeschreibung gemäß A § 9.

Die Hinweise werden nicht Vertragsbestandteil.

In der Leistungsbeschreibung sind nach den Erfordernissen des Einzelfalls insbesondere anzugeben:

0.1 Angaben zur Baustelle

0.1.1 Hauptwindrichtung.

0.1.2 Besondere Belastung aus Immissionen.

0.2 Angaben zur Ausführung

0.2.1 Ausbildung der Anschlüsse an Bauwerke.

0.2.2 Art und Anzahl der geforderten Proben.

0.2.3 Ob Konstruktionszeichnungen und statische Berechnungen vom Auftraggeber zur Verfügung gestellt werden.

0.2.4 Für welche Leistungen ein statischer Nachweis zu erbringen ist.

0.2.5 Art, Beschaffenheit, Gestaltung und Belastbarkeit der Bauwerksteile, in welche die Bauteile eingebaut werden sollen, z. B. bei Türen und Fenstern innerer oder äußerer Anschlag, glatte Leibung, Art des Sturzes, Putz.

0.2.6 Art der Abdichtung von Fugen zwischen Bauteilen und Bauwerken.

0.2.7 Lage der glatten Seiten einwandiger Türen und Tore.

0.2.8 Bei Fenstern die Flügelart.

0.2.9 Anforderungen an Wärmedämmung, Schalldämmung, Entdröhnung, Feuerwiderstandsfähigkeit und dergleichen.

0.2.10 Besondere Anforderungen, denen die Metallbauteile nach dem Einbau ausgesetzt sind, z. B. durch Windlasten, Temperaturen, chemische Einwirkung der Außenluft (Seeluft, Industrieluft u. ä.), Bewegungen und Schwingungen des Bauwerks oder einzelner Bauwerksteile (bedingt durch die Konstruktion des Tragwerks), Beschaffenheit des Baugrundes, starke Verkehrsbelastung und dergleichen.

0.2.11 Besondere Anforderungen an Kunststoffe, z. B. Schwerentflammbarkeit.

0.2.12 Stoff, Art und Form der Beschläge, z. B. Schlösser, Bänder, Riegel.

0.2.13 Art, Sorte und Dicke des Glases und Art des Einglasens, z. B. mit Dichtstoff, mit Falzleisten innen oder außen, bei zu verglasenden Metallbauteilen.

0.2.14 Oberflächenbehandlung, auch durch andere Unternehmer.

0.2.15 Ob Beschlagteile erst längere Zeit nach dem Einbau des Bauteiles anzubringen sind.

0.2.16 Ob Aussparungen für die Befestigungsanker oder ob andere Befestigungsarten, z. B. Schweißen, Bolzensetzen oder Dübeln, vorgesehen sind.

0.2.17 Bei Zargen die Bauform und Profilierung, die Dicke der vorgesehenen Türblätter, die notwendigen Bodeneinstände.

0.2.18 Ob und welche Dämpfungsmittel für Türblätter in den Zargen vorzusehen und wann und von wem sie einzubauen sind.

0.2.19 Ob die unteren Distanzschienen der Zargen nach dem Einbau entfernt werden sollen.

0.2.20 Ob bei Leichtbauwänden für die Zargen Wandaussteifungen erforderlich sind.

0.2.21 Besondere Anforderungen an den Schutz und den Umfang der Schutzmaßnahmen bei Zargen und Türblättern mit besonders behandelter Oberfläche.

0.2.22 Bei Türblättern mit dekorativer Ausstattung die Befestigungsart für diese Ausstattungen.

0.2.23 Wie Sonnenschutzanlagen zur Himmelsrichtung liegen und welche Beschattungszeiten verlangt werden.

0.2.24 Ob auskragende Sonnenschutzeinrichtungen begehbar sein sollen oder ob sonstige zusätzliche Lasten zu berücksichtigen sind.

0.2.25 Besonderer Korrosionsschutz der Verbindungsmittel.

0.3 Einzelangaben bei Abweichungen von den ATV

0.3.1 Wenn andere als die in dieser ATV vorgesehenen Regelungen getroffen werden sollen, sind diese in der Leistungsbeschreibung eindeutig und im einzelnen anzugeben.

0.3.2 Abweichende Regelungen können insbesondere in Betracht kommen bei

Abschnitt 3.1.14, wenn der Schutz von Bauteilen aus Stahl als Grundschutz mit einer Wirksamkeit von mehr als 3 Monaten vereinbart werden soll,

Abschnitt 3.1.20, wenn die Oberflächen in den Falzen von Bauteilen nicht glatt sein müssen,

Abschnitt 3.1.22, wenn an die Schichtdicke von Entdröhnungsstoffen höhere Anforderungen gestellt werden sollen,

Abschnitt 3.1.24, wenn überstehende Teile der Schweißnaht an sichtbar bleibenden Flächen nicht beseitigt werden sollen,

Abschnitt 3.1.26, wenn Gußteile mit Lunkerstellen eingebaut werden dürfen,

Abschnitt 3.1.28, wenn der Einbau der Bauteile nicht eben und fluchtrecht erfolgen soll,

Abschnitt 3.2.3.1, wenn die Scheiben bei Schaufenstern, Schaukästen und Vitrinen nicht hinterlüftet sein sollen,

Abschnitt 3.2.4.1, wenn an Metallfassaden und Metallfensterwänden höhere Anforderungen gestellt werden,

Abschnitt 3.2.5.1, wenn Bekleidungen, abgehängte Decken nicht ebenflächig sein müssen,

Abschnitt 3.2.6.1, wenn bei Trennwänden Anforderungen an Korrosionsschutz gestellt werden,

Abschnitt 3.2.6.2, wenn bei Trennwänden Anforderungen an den Brandschutz, Schallschutz und an klimatische Dämmung gestellt werden,

Abschnitt 3.3.1.1, wenn die Blechdicke von Zargen aus kaltgeformten Metallblechen nicht 1,5 mm betragen soll,

Abschnitt 3.3.2.3, wenn die Blechdicke von Türblättern aus Stahlblech bei einwandiger Ausführung weniger als 2 mm und bei doppelwandiger Ausführung ohne Füllstoff weniger als 1,5 mm betragen darf,

Abschnitt 3.3.3.2, wenn Flügel von Falttüren in geöffnetem Zustand nicht parallel aufeinanderliegen müssen,

Abschnitt 3.3.5.2, wenn der Stababstand in ausgefahrenem Zustand größer als 120 mm sein darf,

Abschnitt 3.3.7.1, wenn Treppen abweichend von der vorgesehenen Regelung ausgeführt werden sollen,

Abschnitt 3.3.8.2, wenn Handläufe eine größere horizontale Kraft als 500 N/m aufnehmen sollen,

Abschnitt 3.3.8.7, wenn der Abstand der Spanndrähte bei Einfriedungen mit Maschengeflecht größer als 700 mm sein soll.

0.4 Einzelangaben zu Nebenleistungen und Besonderen Leistungen
Keine ergänzende Regelung zur ATV DIN 18 299, Abschnitt 0.4.

0.5 Abrechnungseinheiten
Im Leistungsverzeichnis sind die Abrechnungseinheiten wie folgt vorzusehen:

0.5.1 Flächenmaß (m^2) für
- Schaufenster, Schaukästen, Vitrinen und dergleichen,
- Geländer, Gitter, Leitern, Roste, Abdeckungen,
- Profile, Bleche,
- Metallfassaden, Fensterwände, Bekleidungen, abgehängte Decken und dergleichen,
- Unterkonstruktionen.

0.5.2 Längenmaß (m) für
- Schaufenster, Schaukästen, Vitrinen und dergleichen,
- Geländer, Gitter, Leitern, Roste, Abdeckungen,
- Profile, Bleche,
- Metallfassaden, Fensterwände, Bekleidungen, abgehängte Decken und dergleichen,
- Unterkonstruktionen.

0.5.3 Anzahl (Stück) für
- Schaufenster, Schaukästen, Vitrinen und dergleichen,
- Geländer, Gitter, Leitern, Roste, Abdeckungen,
- Profile, Bleche,
- Metallfassaden, Fensterwände, Bekleidungen, abgehängte Decken und dergleichen,
- Unterkonstruktionen.

1 Geltungsbereich

1.1 Die ATV „Metallbauarbeiten, Schlosserarbeiten" – DIN 18 360 – gilt auch für Konstruktionen, bei denen Metallbauteile mit Kunststoff kombiniert sind.

1.2 Die ATV DIN 18 360 gilt nicht für
- Stahlbauarbeiten (siehe ATV DIN 18 335 „Stahlbauarbeiten"),
- Klempnerarbeiten (siehe ATV DIN 18 339 „Klempnerarbeiten"),
- Rolladen, Rolltore usw. aus Metall sowie Verdunkelungen und Markisen (siehe ATV DIN 18 358 „Rolladenarbeiten").

1.3 Ergänzend gelten die Abschnitte 1 bis 5 der ATV DIN 18 299 „Allgemeine Regelungen für Bauarbeiten jeder Art". Bei Widersprüchen gehen die Regelungen der ATV DIN 18 360 vor.

2 Stoffe, Bauteile

Ergänzend zur ATV DIN 18 299, Abschnitt 2, gilt:

Für die gebräuchlichsten genormten Stoffe und Bauteile sind die DIN-Normen nachstehend aufgeführt.

2.1 Stahl

DIN 1623 Teil 2	Flacherzeugnisse aus Stahl; Kaltgewalztes Band und Blech; Technische Lieferbedingungen; Allgemeine Baustähle
	Der Abschnitt „Beanstandungen" ist jedoch nicht anzuwenden.
DIN 1199	Drahtgeflecht mit viereckigen Maschen
DIN 1200	Drahtgeflecht mit sechseckigen Maschen
DIN EN 10 025	Warmgewalzte Erzeugnisse aus unlegierten Baustählen; Technische Lieferbedingungen; Deutsche Fassung EN 10 025 : 1990
DIN EN 10 130	Kaltgewalzte Flacherzeugnisse aus weichen Stählen zum Kaltumformen; Technische Lieferbedingungen; Deutsche Fassung EN 10 130 : 1991

2.2 Kupfer und Kupferlegierungen

DIN 1705	Kupfer-Zinn- und Kupfer-Zinn-Zink-Gußlegierungen (Guß-Zinnbronze und Rotguß); Gußstücke
DIN 1709	Kupfer-Zink-Gußlegierungen (Guß-Messing und Guß-Sondermessing); Gußstücke
DIN 1751	Bleche und Blechstreifen aus Kupfer und Kupfer-Knetlegierungen, kaltgewalzt; Maße
DIN 1787	Kupfer; Halbzeug
DIN 17 656	Kupfer-Gußlegierungen; Blockmetalle; Zusammensetzung
DIN 17 660	Kupfer-Knetlegierungen; Kupfer-Zink-Legierungen; (Messing) (Sondermessing); Zusammensetzung
DIN 17 662	Kupfer-Knetlegierungen; Kupfer-Zinn-Legierungen (Zinnbronze); Zusammensetzung

DIN 17 663	Kupfer-Knetlegierungen; Kupfer-Nickel-Zink-Legierungen (Neusilber); Zusammensetzung
DIN 17 664	Kupfer-Knetlegierungen; Kupfer-Nickel-Legierungen; Zusammensetzung
DIN 17 665	Kupfer-Knetlegierungen; Kupfer-Aluminium-Legierungen (Aluminiumbronze); Zusammensetzung
DIN 17 666	Niedriglegierte Kupfer-Knetlegierungen; Zusammensetzung

2.3 Blei
DIN 1719	Blei; Zusammensetzung

2.4 Zink
DIN 1706	Zink

2.5 Aluminium und Aluminiumlegierungen
DIN 1712 Teil 1	Aluminium; Masseln
DIN 1712 Teil 3	Aluminium; Halbzeug
DIN 1725 Teil 1	Aluminiumlegierungen; Knetlegierungen
DIN 1725 Teil 2	Aluminiumlegierungen; Gußlegierungen, Sandguß, Kokillenguß, Druckguß, Feinguß
DIN 1725 Teil 3	Aluminiumlegierungen; Vorlegierungen
DIN 17 611	Anodisch oxidiertes Halbzeug aus Aluminium und Aluminium-Knetlegierungen mit Schichtdicken von mindestens 10 µm; Technische Lieferbedingungen

2.6 Nichtrostende Stähle
DIN 17 440	Nichtrostende Stähle; Technische Lieferbedingungen für Blech, Warmband, Walzdraht, gezogenen Draht, Stabstahl, Schmiedestücke und Halbzeug

2.7 Kunststoffe
Kunststoffe müssen in ihrer Zusammensetzung, ihrer Festigkeit und Widerstandsfähigkeit dem Verwendungszweck entsprechen.

DIN 16 901	Kunststoff-Formteile; Toleranzen und Abnahmebedingungen für Längenmaße
DIN 16 927	Tafeln aus weichmacherfreiem Polyvinylchlorid; Technische Lieferbedingungen

2.8 Verbindungsmittel und Zusatzwerkstoffe
Verbindungsmittel, z.B. Schrauben, Niete, Klebstoffe und Zusatzwerkstoffe zum Schweißen und Löten müssen den Beanspruchungen genügen und auf die Verarbeitungsverfahren abgestimmt sein.

Normen der Reihe

DIN 267	Mechanische Verbindungselemente; Technische Lieferbedingungen
DIN EN 20 898 Teil 1	Mechanische Eigenschaften von Verbindungselementen; Teil 1: Schrauben (ISO 898-1:1988); Deutsche Fassung EN 20 898-1:1991

DIN ISO 898 Teil 2 Mechanische Eigenschaften von Verbindungselementen; Muttern mit festgelegten Prüfkräften

2.9 Dicht-, Trenn- und Beschichtungsstoffe
Dicht-, Trenn- und Beschichtungsstoffe müssen witterungs- und alterungsbeständig und je nach Beanspruchung plastisch bleibend oder elastisch bleibend sein und dürfen keine schädigenden Bestandteile enthalten.

2.10 Aluminiumhalbzeug, Bleche und Profile
DIN 1745 Teil 1	Bänder und Bleche aus Aluminium und Aluminium-Knetlegierungen mit Dicken über 0,35 mm; Eigenschaften
DIN 1745 Teil 2	Bänder und Bleche aus Aluminium und Aluminium-Knetlegierungen mit Dicken über 0,35 mm; Technische Lieferbedingungen
DIN 1746 Teil 1	Rohre aus Aluminium und Aluminium-Knetlegierungen; Eigenschaften
DIN 1746 Teil 2	Rohre aus Aluminium und Aluminium-Knetlegierungen; Technische Lieferbedingungen
DIN 1748 Teil 1	Strangpreßprofile aus Aluminium und Aluminium-Knetlegierungen; Eigenschaften
DIN 1748 Teil 2	Strangpreßprofile aus Aluminium und Aluminium-Knetlegierungen; Technische Lieferbedingungen
DIN 1748 Teil 3	Strangpreßprofile aus Aluminium; (Reinstaluminium, Reinaluminium und Aluminium-Knetlegierungen), Gestaltung
DIN 1748 Teil 4	Strangpreßprofile aus Aluminium und Aluminium-Knetlegierungen; Zulässige Abweichungen

2.11 Fenster und Türen
DIN 18 056	Fensterwände; Bemessung und Ausführung
DIN 18 082 Teil 1	Feuerschutzabschlüsse; Stahltüren T 30-1; Bauart A
DIN 18 082 Teil 3	Feuerschutzabschlüsse; Stahltüren T 30-1; Bauart B.

3 Ausführung
Ergänzend zur ATV DIN 18 299, Abschnitt 3, gilt:

3.1 Allgemeines
3.1.1 Der Auftragnehmer hat bei seiner Prüfung Bedenken (siehe B § 4 Nr 3) insbesondere geltend zu machen bei
- unzweckmäßiger Beschaffenheit der vorgeschriebenen Bauteile, z. B. in bezug auf Stoffart, Profil, Maße, Befestigungsmöglichkeit, statische Festigkeit der Bauteile im ganzen, auch im Hinblick auf einzusetzende Scheiben, Füllelemente und in bezug auf Dröhnen,
- unzweckmäßiger Verbindung mit dem Bauwerk, z. B. bei Verbindungselementen, Nichteignung von Bauwerksteilen für die Aufnahme der durch die Bauteile entsprechenden Belastungen,

Metallbauarbeiten, Schlosserarbeiten DIN 18 360

- fehlenden oder nicht ausreichenden Befestigungsmöglichkeiten am Bauwerk, dabei hat der Auftragnehmer die Eigengewichte seiner Bauteile und die zu übertragenden Windlasten anzugeben,
- fehlender Möglichkeit zu gefahrloser Reinigung und Bedienung im Gebrauch,
- Abweichungen der Öffnungen am Bau, die bei fachgerechten Fugen keine einheitlichen Rahmenaußenmaße zulassen,
- größeren Abweichungen, als in den nachstehend genannten Normen zugelassen sind:

  DIN 18 201 Toleranzen im Bauwesen; Begriffe, Grundsätze, Anwendung, Prüfung
  DIN 18 202 Toleranzen im Hochbau; Bauwerke
  DIN 18 203 Teil 1 Toleranzen im Hochbau; Vorgefertigte Teile aus Beton, Stahlbeton und Spannbeton.

3.1.2 Vom Auftragnehmer gelieferte, zeichnerische und beschreibende Darstellungen, aus denen Konstruktion, Maße, Einbau und Befestigung der Bauteile zu ersehen sind, bedürfen der Genehmigung des Auftraggebers.

3.1.3 Für Metallbauarbeiten nach Abschnitt 3.2 hat der Auftragnehmer rechtzeitig Konstruktionszeichnungen zu liefern.

3.1.4 Abweichungen der Fertigungsmaße von den in der Leistungsbeschreibung oder Zeichnung angegebenen Breiten und Höhen der Fenster, Türen und Tore oder von entsprechenden Maßen anderer Bauteile hat der Auftragnehmer bis zu 5% jedes dieser Maße, höchstens jedoch bis 50 mm, unter folgenden Voraussetzungen ohne Anspruch auf besondere Vergütung zu berücksichtigen:

- Die Notwendigkeit, die Abweichung zu berücksichtigen, wird vor Beginn der Fertigung festgestellt oder sie hätte vom Auftragnehmer vor Beginn der Fertigung festgestellt werden müssen;
- trotz Berücksichtigung der Abweichung bleibt das Rahmenaußenmaß innerhalb der einzelnen Positionen einheitlich;
- die Berücksichtigung der Abweichung macht eine Konstruktionsänderung aus statischen Gründen nicht notwendig.

3.1.5 Beim Zusammentreffen verschiedener Stoffe sowie bei Beanspruchung durch Bewitterung muß gesichert sein, daß schädigende Korrosion und andere ungünstige Beeinflussungen nicht entstehen können.

3.1.6 Beim Zusammenbau verschiedener Stoffe sind Verbindungsmittel aus korrosionsbeständigen Stoffen zu verwenden. Im Aluminiumbau können solche auch aus Aluminium sein, wenn diese den statischen Anforderungen genügen und den verwendeten Werkstoffen entsprechen.

3.1.7 Verbindungen und Befestigungen sind so auszuführen, daß sich die Bauglieder bei Temperaturänderungen ungehindert ausdehnen, zusammenziehen und verschieben können. Dabei müssen Stellen, die dicht sein müssen, dicht bleiben.

3.1.8 Wenn Flächen von Bauteilen eines Korrosionsschutzes bedürfen, nach dem Einbau jedoch nicht mehr zugänglich sind, hat sie der Auftragnehmer vorher mit einem dauerhaften Korrosionsschutz zu versehen.

3.1.9 Bei verzinkten und verbleiten Stahlblechen und Stahlteilen muß die Zink- oder Bleischicht ausreichend dick, gut deckend, gut haftend, porenfrei und ohne Blasen sein; die Zink- oder Bleischicht darf auch bei notwendigem Biegen nicht reißen oder abblättern. Bei abgekanteten Stahlteilen dürfen die Biegehalbmesser die Werte nach Beiblatt 2 zu DIN 6935 „Kaltbiegen von Flacherzeugnissen aus Stahl; gerechnete Ausgleichswerte v" nicht unterschreiten.

3.1.10 Auf flammspritzverzinkte Flächen hat der Auftragnehmer unmittelbar nach dem Flammspritzverzinken einen porenfüllenden, abdeckenden, quellfesten und gut haftenden Schutzanstrich aufzubringen, der sich mit der Metallschicht verträgt und auf den ein weiterer Anstrich aufgebracht werden kann. Der verwendete Schutzanstrich ist dem Auftraggeber auf Verlangen mitzuteilen.

3.1.11 Müssen verzinkte Teile geschweißt werden, so ist der Zink in der Schweißzone zu entfernen.

Die Güte der Schweißung muß sichergestellt sein.

Der geschweißte Bereich ist zu reinigen und zweimal gut deckend mit Zinkstaubfarbe zu streichen. Dabei sind die Verarbeitungsrichtlinien der Hersteller der Zinkstaubfarbe zu beachten.

3.1.12 Für das Phosphatieren gilt DIN 50 942 „Phosphatieren von Metallen; Verfahrensgrundsätze, Prüfverfahren".

3.1.13 Anodisches Oxidieren ist nach DIN 17 611 „Anodisch oxidiertes Halbzeug aus Aluminium und Aluminium-Knetlegierungen mit Schichtdicken von mindestens 10 µm; Technische Lieferbedingungen" auszuführen.

Abweichungen der Eloxalfarbtöne sind im Rahmen dieser DIN-Norm zulässig. Auf Wunsch sind Grenzmuster zu vereinbaren.

3.1.14 Bauteile aus Stahl sind an Flächen, die nach dem Einbau zugänglich bleiben, gegen Korrosion zu schützen. Dieser Schutz ist ein Grundschutz mit einer Wirksamkeit von mindestens drei Monaten ab vereinbartem Liefertermin.

3.1.15 Das Schaffen der erforderlichen Meterrisse und Meßpunkte sowie deren Erhaltung bis zur Abnahme der davon abhängigen Arbeiten ist Sache des Auftraggebers.

3.1.16 An Bauteilen, die als Raumabschluß dienen, z. B. Fenster, Fensterwände, Türen, sind in den Fugen zwischen Bauwerk und Bauteil Dichtstoffe einzubringen. Die Anschlußstellen zum Bauwerk müssen dicht sein. Für das Abdichten von Außenwandfugen sind die Bestimmungen nach DIN 18 540 „Abdichten von Außenwandfugen im Hochbau mit Fugendichtungsmassen" sinngemäß anzuwenden. Die Maßangaben der Tabelle dieser DIN-Norm sind zu beachten. Ist darauf eine Versiegelung anzubringen, so muß die verbleibende Restfuge für diese Versiegelung geeignet sein und sie voll aufnehmen können.

3.1.17 Zum Befestigen von Bauteilen in Stein, Mauerwerk oder Beton dürfen keine Stoffe, die Metalle schädigen können, verwendet werden.

3.1.18 Die Befestigung von Bauteilen am Baukörper durch Dübelsetzen oder Bolzensetzen ist zulässig, wenn dem keine anderen Vorschriften entgegenstehen. In geeigneten Fällen kann geklebt werden. In Feuchträumen sind nichtrostende Stoffe für die Befestigung zu verwenden.

3.1.19 Befestigungen durch Schweißen oder Schrauben an tragenden Bauteilen dürfen nur erfolgen, wenn der Auftraggeber zugestimmt hat.

3.1.20 Bauteile dürfen in den Falzen keine unebenen behindernden Stellen haben. Die Oberflächen müssen glatt sein.

3.1.21 Füllelemente, z.B. Glas, Platten, müssen sicher und dauerhaft befestigt werden. Beim Einbetten in aushärtende Dichtstoffe ist für festen Sitz bis zur Aushärtung zu sorgen.

3.1.22 Die Schichtdicke von Entdröhnungsstoffen muß mindestens die Hälfte der Materialdicke des zu entdröhnenden Bauteils betragen.

3.1.23 Biegungen und Kröpfungen müssen frei von Rissen und frei von nicht fachgerechten Querschnittsveränderungen sein.

3.1.24 Bei tragenden Bauteilen gelten:

DIN 4113 Teil 1	Aluminiumkonstruktionen unter vorwiegend ruhender Belastung; Berechnung und bauliche Durchbildung
DIN 18 801	Stahlhochbau; Bemessung, Konstruktion, Herstellung
DIN 18 808	Stahlbauten; Tragwerke aus Hohlprofilen unter vorwiegend ruhender Beanspruchung

Überstehende Teile von Schweißnähten müssen an sichtbar bleibenden Flächen beseitigt werden, wenn sie statisch nicht notwendig sind.
Bei Löt- und Klebverbindungen sind die Verarbeitungsrichtlinien der Hersteller der Hilfsstoffe zu beachten. Schlacken, Fluß- und Lösungsmittel sind zu beseitigen.

3.1.25 Für Schweißnahtvorbereitungen gelten:

DIN 8551 Teil 1	Schweißnahtvorbereitung; Fugenformen an Stahl; Gasschweißen, Lichtbogenhandschweißen und Schutzgasschweißen
DIN 8551 Teil 4	Schweißnahtvorbereitung; Fugenformen an Stahl; Unter-Pulver-Schweißen
DIN 8552 Teil 1	Schweißnahtvorbereitung; Fugenformen an Aluminium und AluminiumLegierungen; Gasschweißen und Schutzgasschweißen
DIN 8552 Teil 3	Schweißnahtvorbereitung; Fugenformen an Kupfer und Kupferlegierungen; Gasschmelzschweißen und Schutzgasschweißen

3.1.26 Gegossene Werkstücke müssen frei von Formsandrückständen und sauber entgratet sein. Gußteile mit Lunkerstellen dürfen nicht eingebaut werden.

3.1.27 Alle sichtbaren Schnittkanten sind sorgfältig zu entgraten.

3.1.28 Der Einbau der Bauteile muß eben und fluchtrecht erfolgen.

3.1.29 Der Einbau von Bauteilen darf erst erfolgen, wenn die Bauwerksteile belastbar sind.

3.1.30 Die Verankerungen der Bauteile im Baukörper sind so anzubringen, daß das sichere Übertragen der Kräfte in den Baukörper sichergestellt ist.

3.1.31 Rahmen müssen an jeder Seite mindestens zwei Verankerungsstellen haben, wenn ihre Seitenlänge 400 mm übersteigt; der Abstand der Anker voneinander darf 800 mm, ihr Abstand von den Ecken darf 200 mm nicht übersteigen.

3.1.32 Die Bauteile sind bis zum Abbinden der Bindemittel gegen Verrücken zu sichern.

3.1.33 Das Einbringen der Verglasung und anderer Füllelemente darf erst erfolgen, wenn die Bindemittel abgebunden haben oder wenn die Bauteile auf andere Art unverrückbar und belastbar am Baukörper befestigt sind.

3.1.34 Falze und Kammern, in die Niederschlagwasser eindringen kann oder in denen die Bildung von Kondenswasser möglich ist, sind zu entwässern.

3.2 Metallbauarbeiten
3.2.1 Fenster

3.2.1.1 Fensterflügel sind so einzupassen, daß sie dicht schließen und schon vor der Verglasung gut gangbar sind, später aufzubringende Anstriche sind dabei zu berücksichtigen.

3.2.1.2 Fenster müssen Vorrichtungen, z.B. Glashalter, Glasleisten, Stiftlöcher, haben, mit denen die Glasscheiben an allen Seiten sicher befestigt werden können.

Die Vorrichtungen müssen auf die vorgesehene Glasdicke und die Dicke des Dichtstoffbettes oder – bei Einglasung mit Dichtstreifen oder bei Druckverglasung – des Dichtstreifens oder des Druckverglasungsstreifens abgestellt sein.

3.2.1.3 Die Befestigungsstellen der Vorrichtungen müssen folgende Abstände haben:

Art der Vorrichtung	Abstand der Befestigungsstellen von den Ecken mm	Abstand zwischen den Befestigungsstellen der Vorrichtungen max. mm
Glashalter (Clips)	50 bis 100	200
Glashalteleisten	50 bis 100	350
Stiftslöcher	50 bis 100	200

3.2.1.4 Klemmleisten dürfen zur Halterung von Scheiben nur verwendet werden, wenn die Art der Konstruktion des Metallbauteils Gewähr bietet, daß der Halt der Scheibe trotz der Belastung des Metallbauteils durch die Scheibe nicht gefährdet ist. Bei großflächigen Scheiben dürfen Klemmleisten durch die Halterung der Scheiben nicht beansprucht werden.

3.2.1.5 Die Falze müssen der Verglasung entsprechend wie folgt bemessen sein:

größte Scheibenlänge mm	Mindestfalzhöhe mm
bis zu 1000	10
über 1000 bis zu 2500	12
über 2500 bis zu 4000	15
über 4000 bis zu 6000	17
über 6000	20

Metallbauarbeiten, Schlosserarbeiten DIN 18 360

Bei geraden Scheiben setzt sich die Mindestfalzbreite zusammen aus der Glasdicke und 2 mm × 3 mm für die Abdichtung. Für gebogene Scheiben sind der Glasdicke für den Falz mindestens 20 mm zuzuschlagen.

Bei Sonderverglasungen sind die Angaben der Scheibenhersteller zu berücksichtigen.

3.2.1.6 Für Anforderungen an Fenster gilt DIN 18 055 „Fenster; Fugendurchlässigkeit, Schlagregendichtheit und mechanische Beanspruchung; Anforderungen und Prüfung".

3.2.1.7 Fensterrahmen sind am Bauwerk ausreichend zu verankern. Bei Fenstern ohne bewegliche Flügel sind die Rahmen auch dort zu verankern, wo die Scheiben zu klotzen sind; bei Fenstern mit beweglichen Flügeln sind die Fensterrahmen auch dort zu verankern, wo die von den Bändern und Lagern ausgehenden Kräfte auf das Bauwerk technisch richtig übertragen werden.

3.2.1.8 Wird die Verglasung durch den Auftragnehmer entsprechend ATV DIN 18 361 „Verglasungsarbeiten" ausgeführt, so ist sie als in sich abgeschlossene Leistung durch den Auftraggeber abzunehmen.

3.2.1.9 Dreh-Kipp-Fenster müssen eine Fehlbedienungssperre haben. Schwingflügel müssen bei einer Drehung von 180° eine Feststellvorrichtung haben.

3.2.2 Türen und Fenstertüren

3.2.2.1 Türen und Fenstertüren müssen sich leicht öffnen und schließen lassen. Die vorgesehene weitere Oberflächenbehandlung ist zu berücksichtigen. Die geschlossenen Flügel müssen gut anliegen. Die Flügel dürfen an keiner Stelle streifen.

3.2.2.2 Treibriegel und Getriebe müssen auswechselbar sein, Schließstangen müssen in Führungen laufen.

3.2.2.3 Türen und Fenstertüren sind am Bauwerk mit Ankern zu befestigen, die der zu erwartenden Beanspruchung genügen.

3.2.2.4 Für Türen und Fenstertüren gelten die Bestimmungen des Abschnitts 3.2.1 sinngemäß.

3.2.3 Schaufenster, Schaukästen und Vitrinen

3.2.3.1 Bei Schaufenstern, Schaukästen und Vitrinen müssen die Scheiben hinterlüftet sein.

3.2.3.2 Schaufenster-, Schaukästen- und Vitrinenkonstruktionen sind so zu bemessen, daß sie alle auf sie einwirkenden Lasten zuverlässig und auf Dauer tragen können. Gewichte der Verglasung und Besonderheiten auskragender Konstruktionen sind entsprechend zu berücksichtigen.

3.2.3.3 Sind Scheiben durch senkrechte Sprossen verbunden, so müssen die Sprossen abnehmbare Deckleisten haben, wenn
— die Scheibenhöhe mehr als 2400 mm beträgt,
— die Größe der einzelnen Scheiben mehr als 5 m^2 beträgt oder
— mehr als vier Scheiben nebeneinander mit Sprossen verbunden sind.

Die Deckleisten müssen es ermöglichen, daß jede Scheibe für sich ausgewechselt werden kann.

3.2.3.4 Bei Schaufenstern mit einer Fläche von mindestens 9 m^2 und einer Seitenlänge von mehr als 2000 mm ist DIN 18 056 „Fensterwände; Bemessung und Ausführung" zu beachten.

3.2.3.5 Die Konstruktionen müssen eine fachgerechte Verklotzung der Scheiben ermöglichen. Dabei ist zu berücksichtigen, daß die Klotzhöhe ein Drittel der Falzhöhe beträgt.

3.2.3.6 Bei zusammengesetzten Profilen darf kein Niederschlagswasser durch die Fugen nach innen eindringen können. Dies gilt auch für angeschlossene Markisenkästen u. ä.

3.2.3.7 Bei Schaukästen und Vitrinen müssen die Verschlußeinrichtungen so beschaffen sein, daß die dafür notwendigen Ausnehmungen die Biege- und Verwindungssteifigkeit der Rahmen nicht in unzulässigem Maße beeinträchtigen.

3.2.4 Metallfassaden und Metallfensterwände

3.2.4.1 Metallfassaden und Metallfensterwände müssen die auf sie einwirkenden Kräfte aufnehmen und an die Tragwerke des Baukörpers abgeben können. Dies gilt auch für die Verbindungselemente. Windlasten sind nach DIN 1055 Teil 4 „Lastannahmen für Bauten; Verkehrslasten, Windlasten bei nicht schwingungsanfälligen Bauwerken" anzunehmen.

Für Verkehrslasten als Horizontallasten ist bei der Bemessung der Tragglieder eine von innen wirkende Horizontalkraft von 500 N/m auf die horizontalen Brüstungsriegel zu berücksichtigen, sofern diese dem öffentlichen Verkehr zugänglich sind.

Zusätzliche vertikale Verkehrslasten und besondere Belastungen, z.B. Sonnenschutzanlagen, Außenbefahranlagen, Gerüstanker und dergleichen, sind nicht zu berücksichtigen.

Die rechnerische Durchbiegung darf unter Berücksichtigung der angegebenen Werte 1/300 der Länge nicht überschreiten, sofern die Art der Konstruktion im Einzelfall keine größere Beschränkung der Durchbiegung erforderlich macht. Die Angaben der Isolierglashersteller sind zu beachten.

3.2.4.2 Fensterwände sind nach DIN 18 056 anzufertigen.

3.2.4.3 Mögliche Maßänderungen durch wechselnde Temperaturen sind zu berücksichtigen.

3.2.4.4 Die Ableitung von Niederschlagswasser und Kondenswasser nach außen muß sichergestellt sein. Dies gilt auch bei hinterlüfteten Fassaden.

3.2.4.5 Alle Stahlteile, die nach dem Einbau nicht mehr zugänglich sind, müssen feuerverzinkt oder flammspritzverzinkt sein, soweit sie nicht aus nichtrostendem Stahl bestehen.

3.2.4.5 Behördliche Vorschriften über die Verwendung brennbarer oder entflammbarer Werkstoffe sind zu beachten.

3.2.4.7 Ist Holz für die Unterkonstruktion zugelassen, so sind die fertigen Zuschnitte nach DIN 68 800 Teil 4 „Holzschutz im Hochbau; Bekämpfungsmaßnahmen gegen Pilz- und Insektenbefall" zu behandeln.

3.2.4.8 Bei Verwendung von Dämm- und Sandwichplatten sind die Angaben der Hersteller über Transport, Lagerung und Einbau zu beachten. Gleiches gilt für andere Füllstoffe und Glas.

Metallbauarbeiten, Schlosserarbeiten DIN 18 360

3.2.5 Bekleidungen, abgehängte Metalldecken

3.2.5.1 Bekleidungen, abgehängte Decken und dergleichen müssen ebenflächig sein. Gegebenenfalls sind Ausgleichsstücke zu verwenden, insbesondere bei abgehängten Decken.

3.2.5.2 Bekleidungen vor und abgehängte Decken unterhalb von Antriebseinheiten und von Bedienungselementen für Versorgungsleitungen müssen abnehmbar sein.

3.2.5.3 Bekleidungselemente, die durch Klemmvorrichtungen gehalten werden, dürfen nicht aus den Halterungen herausfallen.

3.2.5.4 Die Befestigungsmittel, Dübel, Abhängungen u. ä. müssen aus korrosionsbeständigem Metall bestehen und den auftretenden Belastungen entsprechend bemessen und befestigt sein.

3.2.6 Trennwände

3.2.6.1 Für Trennwände in Gebäuden gelten die Bestimmungen der anderen Abschnitte dieser Norm sinngemäß. Die Abschnitte über Korrosionsschutz werden nicht angewendet.

3.2.6.2 Bei Trennwänden finden Anforderungen in bezug auf Brandschutz, z. B. Rettungswege, auf Schallschutz, z. B. Beratungszimmer, und auf klimatische Dämmung, z. B. Computerräume, keine Berücksichtigung.

3.2.6.3 Für versetzbare Trennwände gelten nicht die Bestimmungen dieser Norm über Verankerungen am Bauwerk.

3.2.7 Überdachungen, Vordächer, feststehende Sonnenschutzkonstruktionen

3.2.7.1 Niederschlags- und Kondenswasser ist so abzuleiten, daß es nicht in die Konstruktion eindringen kann und nicht zum Durchfeuchten von Bauwerkswänden führt.

3.2.7.2 Für die Befestigungselemente darf nur nichtrostender Werkstoff verwendet werden.

3.2.7.3 Zur Verminderung einer Geräuschübertragung in das Bauwerk sind die Befestigungsstellen der einzelnen Konstruktionsteile mit geeigneten Stoffen zu unterlegen.

3.2.7.4 Bei Sonnenschutzkonstruktionen mit verstellbaren Teilen sind alle Lager und Gelenke leichtgängig herzustellen.

3.2.7.5 Um die Abstände der Kragarme untereinander zu fixieren, ist das Randprofil sicher mit den Kragarmen zu verbinden. Dehnungen des Randprofils dürfen den festen Sitz der Lamellen nicht gefährden. Dehnstöße sind nach Bedarf einzubauen.

3.3 Schlosserarbeiten

3.3.1 Zargen (Eckzargen, Umfassungszargen, Zargen für Leichtbauwände, zweischalige Zargen)

3.3.1.1 Die Blechdicke von Zargen aus kaltgeformten Metallblechen muß so gewählt sein, daß durch den Gebrauch keine Verformungen entstehen. Die Blechdicke muß 1,5 mm betragen. Die Stahlsorte muß mindestens der von FeP 01 nach DIN EN 10130 entsprechen. Die Oberfläche muß auch an Biegekanten rißfrei sein.

3.3.1.2 Die äußeren Abkantungen von Zargen aus kaltgeformten Blechen müssen rechtwinklig auf die Wand gerichtet sein.

3.3.1.3 Die Öffnungen für die Schließriegel müssen so abgedeckt sein, daß kein Baustoff, z. B. Mörtel, in die Schließschlitze eindringen kann.

3.3.1.4 Maueranker sind so zu setzen, daß die von Bändern und Verriegelungen einwirkenden Kräfte richtig auf den Baukörper übertragen werden.

3.3.1.5 Zargen, die wegen einer besonders behandelten Oberfläche eines Schutzes bis zur Abnahme bedürfen, sind mit diesem Schutz zu liefern und einzubauen.

3.3.1.6 Sind Zargen aus Halbzeugen, z. B. aus Aluminium- oder Kunststoff-Profilen herzustellen, so sind die Verarbeitungsangaben der Halbzeughersteller zu beachten.

3.3.1.7 Zargen mit geschoßhohen Stützprofilen für Leichtbauwände müssen Anschlußmöglichkeiten für diese Wände und justierbare Befestigungen zur Decke und zum Fußboden haben.

3.3.1.8 Zargen, die ohne untere Anschlagschiene anzufertigen sind, müssen zwei Distanzwinkelschienen erhalten. Die waagerechten Schenkel müssen zueinander zeigen und in der Mitte unterstützt werden. Zargen mit unterer Anschlagschiene müssen zusätzlich einen Distanzwinkel erhalten, sein waagerechter Schenkel muß zur Anschlagschiene zeigen. Die Distanzschienen müssen ohne sichtbare Rückstände demontierbar sein.

3.3.2 Türblätter

3.3.2.1 Türblätter müssen verwindungsfest sein.

3.3.2.2 Die Oberflächen von Türblättern müssen grat- und rißfrei sein, auch an Abkantungen.

3.3.2.3 Türblätter aus Stahlblech müssen mindestens aus der Stahlsorte FeP 01 nach DIN EN 10 130 gefertigt werden. Die Blechdicke muß bei einwandiger Ausführung mindestens 2 mm und bei doppelwandiger Ausführung ohne Füllstoff mindestens 1,5 mm betragen.

3.3.2.4 Kaltgeformte zweischalige Türblätter sind in den Verschluß- und Bandbereichen so auszubilden, daß die Kräfte sicher übertragen werden.

3.3.2.5 Zweischalige Türblätter sind so auszubilden, daß kein Spritz- oder Niederschlagswasser in den Zwischenraum eindringen kann.

3.3.2.6 Beschläge für Türblätter aus Aluminium, nichtrostendem Stahl u. ä. müssen aus korrosionsbeständigem Stoff bestehen.

3.3.2.7 Türblätter mit Aussparungen für Verglasungen u. ä. sind auszusteifen.

3.3.2.8 Werden Türblattteile aufgeklebt, sind Klebstoffe zu verwenden, die eine dauerhafte Verbindung gewährleisten.

3.3.3 Stahltore, Stahlabschlüsse, Klappen

3.3.3.1 Die Flügel von Stahltoren, Stahlabschlüssen und Klappen müssen in geschlossenem Zustand gut anliegen. Spätere Oberflächenbehandlung ist zu berücksichtigen. Die Flügel müssen ausreichend verwindungs- und biegesteif sein.

Metallbauarbeiten, Schlosserarbeiten · DIN 18 360

3.3.3.2 Verschlußstangen müssen die Flügel in geschlossenem Zustand oben und unten oder beidseitig verriegeln sowie in Führung laufen. Flügel von Falttoren müssen in geöffnetem Zustand parallel aufeinander liegen.

3.3.3.3 Für Sektional- und Gliedertore gelten die Bestimmungen von ATV DIN 18 358 „Rolladenarbeiten" sinngemäß.

3.3.3.4 Handbetätigte Rauchklappen müssen leichtgängig sein. Die Betätigungskraft soll nicht mehr als 300 N betragen.

3.3.4 Industrie- und Kellerfenster aus kalt- oder warmgeformten Profilen

3.3.4.1 Niederschlags- und Kondenswasser ist nach außen abzuleiten.

3.3.4.2 Fensterkonstruktionen müssen für die Bedienung der Beschläge ausreichenden Freiraum haben.

3.3.4.3 Bei kombinierten Glas- und Gitterflügeln muß der Gitterflügel für sich so verriegelbar sein, daß er von außen nicht geöffnet werden kann.

3.3.4.4 Bei geschweißten Fenstern müssen die Profile, z. B. Z-, L- und T-Profile, an den Stoßstellen mindestens auf einer Seite durchgehend geschweißt sein. Stöße müssen außen gratfrei sein. Der Glasfalz muß frei von Schweißperlen und Schlacken sein.

3.3.4.5 Wenn die Verglasung nicht mit Hilfe von Glasleisten erfolgen soll, sind Stiftlöcher oder Clips vorzusehen, dabei ist die Glasdicke zu berücksichtigen.

3.3.4.6 Erfolgt der Korrosionsschutz bei Fenstern durch Tauchen, z. B. Feuerverzinkung oder Kunststoff-Überzug, dann müssen Hohlprofile Öffnungen haben, so daß alle beim Tauchen verwendeten Stoffe in die Hohlräume ein- und auslaufen können.

3.3.4.7 Bei Fenstern aus Profilsystemen mit Dichtungsschnüren ist auf werkstoff- und fachgerechtes Verarbeiten dieses Zubehörmaterials zu achten (Eckausbildung und dergleichen).

3.3.4.8 Für den Einbau von Fenstern gilt Abschnitt 3.1.28 sinngemäß.

3.3.5 Scherengitter

3.3.5.1 Bei Scherengittern müssen die Hauptstäbe in aus- und eingefahrenem Zustand senkrecht stehen.

3.3.5.2 Der Stababstand darf in ausgefahrenem Zustand nicht größer als 120 mm sein.

3.3.5.3 Scherengitter müssen mit einer unteren und oberen Führung versehen werden. Bei hochklappbarer unterer Führung dürfen nach Öffnung im Gehwegbereich keine überstehenden Teile verbleiben.

3.3.5.4 Scherengitter müssen an der tragenden Führung mit Laufrollen ausgerüstet sein. Mindestens jeder sechste Stab muß eine Laufrolle erhalten.

3.3.5.5 Scherengitter bis zu 2400 mm Höhe sind mit zwei, höhere mit drei Scherenreihen auszurüsten.

3.3.6 Abdeckungen, Roste, Bühnen, Stege

3.3.6.1 Einlegbare Abdeckplatten und Roste in Zargen müssen bündig und verwindungsfrei einliegen.

3.3.6.2 Zargen an Schächten müssen an ihrer freitragenden Seite entsprechend der vorgesehenen Belastung bemessen oder verstärkt sein.

3.3.6.3 Griffe und Bänder eines klappbaren Teiles, die im Gehwegbereich liegen, müssen versenkt oder eingelassen sein.

3.3.6.4 Im Gehwegbereich sind Abdeckungen, Roste, Bühnen und Stege durch eine entsprechende Oberflächengestaltung rutschfest und trittsicher auszubilden.

3.3.7 Treppen, Leitertreppen und ortsfeste Leitern

3.3.7.1 Treppen sind nach

DIN 18 064   Treppen; Begriffe

DIN 18 065   Gebäudetreppen; Hauptmaße

auszuführen.

3.3.7.2 Trittstufen müssen rutschsicher sein und sind nach DIN 24 531 „Trittstufen aus Gitterrost für Treppen aus Stahl" auszuführen.

3.3.7.3 Festmontierte Leitertreppen und Leitern sind nach DIN 24 532 „Senkrechte ortsfeste Leitern aus Stahl" auszuführen.

3.3.7.4 Die obere Befestigung von Leitern an Schornsteinköpfen, Gesimsen u. ä. ist so auszuführen, daß die Haltbarkeit auf Dauer nicht durch Auswitterung gefährdet ist.

3.3.8 Handläufe, Geländer, Umwehrungen, Einfriedungen, Gitter

3.3.8.1 Handläufe sind allseitig zu entgraten und an geschweißten Stoßstellen bündig zu verschleifen. Handläufe dürfen an dem oberen Handlaufprofil nicht von oben verschraubt werden.

3.3.8.2 Handläufe an Geländern müssen eine horizontale Kraft von 500 N/m aufnehmen. Bei Rettungswegen ist der Gedrängedruck von DIN 18 056 zu beachten.

3.3.8.3 Füllstäbe von Geländern müssen bei verschraubter Konstruktion an jedem Stabende mit einem Mindest-Schraubendurchmesser von 6 mm verschraubt sein. Bei geschweißter Ausführung ist die Schweißnaht allseitig am Stab anzulegen.

3.3.8.4 Wenn bei Geländern Flächenfüllungen in Rahmen zu fassen sind, so sind diese Rahmen entsprechend Abschnitt 3.1.31 auszuführen. Die Flächenfüllungen sind mit Halteleisten zu befestigen.

3.3.8.5 Für Geländer in Betriebsanlagen, z. B. der Hüttenwerke, des Bergbaus, der chemischen Industrie, gilt DIN 24 533 „Geländer aus Stahl".

3.3.8.6 Gitter, die dem Einbruchschutz dienen, müssen einen umlaufenden Rahmen oder tragende Querstäbe haben; sie sind zu verschweißen und mit entsprechenden Ankern zu versehen.

3.3.8.7 Einfriedungen mit Maschengeflecht müssen mit Spanndrähten zur Anbringung des Geflechtes versehen sein, ihr Abstand darf 700 mm nicht übersteigen.

3.3.9 Ortsfeste Turn- und Spielgeräte, Teppichklopfstangen u. ä.

3.3.9.1 Ortsfeste Turn- und Spielgeräte u. ä. sind so herzustellen, daß bei deren Benutzung keine Verletzungen durch die Geräte entstehen.

3.3.9.2 Alle Schweißstellen sind sorgfältig und bündig zu verschleifen.

3.3.9.3 Verschraubungen müssen versenkt angeordnet werden.

Metallbauarbeiten, Schlosserarbeiten   DIN 18 360

3.3.9.4 Unvermeidbare herausstehende Gewinde müssen mit Hutmuttern u. ä. abgedeckt werden.

3.3.10 Bauteile aus Blech

3.3.10.1 Bleche im Rahmen müssen spannungsfrei eingesetzt werden.

3.3.10.2 Offen liegende Schnittkanten sind zu entgraten, bei Blechen unter 1 mm Dicke sind sie umzubördeln.

3.3.10.3 Niete sind so weit von den Materialkanten entfernt zu setzen, daß sich der Werkstoff beim Nieten nicht auswölbt. Nietlöcher sind vor dem Einziehen der Niete zu entgraten.

3.3.10.4 Einnietungen müssen gratfreie Schließköpfe haben.

3.3.10.5 Einsteck-, Einlege- und Einschiebeteile sind sicher zu befestigen.

3.3.10.6 Türen und Klappen mit verdeckt liegenden Bändern müssen mindestens um 90° zu öffnen sein.

3.3.11 Kleinteile (Anker, Ankerplatten, Konsolen, Steigeisen, Anschlag- und Eckschienen, Radabweiser, Mattenrahmen, Rolladenschutzschienen u. ä.)

3.3.11.1 Maueranker sind zu spreizen, zu kerben oder zu biegen. Sie dürfen nicht grundiert oder mit Farbe gestrichen sein.

3.3.11.2 Anker an Schienen dürfen von den Enden höchstens 200 mm, voneinander höchstens 800 mm entfernt sein.

3.3.11.3 Bei Verwendung von Schrauben und Dübeln als Befestigungsmittel gilt Abschnitt 3.3.11.2 sinngemäß.

3.3.11.4 In Feuchträumen ist hierfür nichtrostender Werkstoff zu verwenden.

3.3.12 Handgeschmiedete Teile müssen in allen Teilen handgeschmiedet oder von Hand getrieben und dürfen nicht maschinell oder mit der Feile bearbeitet sein.

4 Nebenleistungen, Besondere Leistungen

4.1 Nebenleistungen sind ergänzend zur ATV DIN 18 299, Abschnitt 4.1, insbesondere:

4.1.1 Auf- und Abbauen sowie Vorhalten der Gerüste, deren Arbeitsbühnen nicht höher als 2 m über Gelände oder Fußboden liegen.

4.1.2 Vorlage von Plänen für auszusparende Ankerlöcher zur Befestigung der Türen, Tore, Fenster und dergleichen, oder, wenn solche Pläne nicht vorhanden sind, das Anzeichnen der Ankerlöcher.

4.1.3 Anfertigen von einzelnen Probestücken, wenn sie bei der Ausführung des Auftrages mitverwendet werden können.

4.1.4 Liefern der Befestigungsmittel, z. B. Anker, Schrauben.

4.1.5 Einsetzen und Befestigen von Türen, Toren, Zargen, Fenster und dergleichen einschließlich der Anker, ausgenommen Leistungen nach Abschnitt 4.2.4.

4.2 Besondere Leistungen sind ergänzend zur ATV DIN 18 299, Abschnitt 4.2, z. B.:

4.2.1 Vorhalten von Aufenthalts- und Lagerräumen, wenn der Auftraggeber Räume, die leicht verschließbar gemacht werden können, nicht zur Verfügung stellt.

4.2.2 Auf- und Abbauen sowie Vorhalten der Gerüste, deren Arbeitsbühnen mehr als 2 m über Gelände oder Fußboden liegen.

4.2.3 Herstellen von Löchern im Mauerwerk, Beton und ähnlichem für die Befestigung von Türen, Toren, Fenstern, Zargen und dergleichen.

4.2.4 Vergießen von Ankern und Einputzen von Zargen und Blendrahmen.

4.2.5 Reinigen der Fassaden von Verschmutzungen, die nicht vom Auftragnehmer verursacht wurden.

4.2.6 Prüfung auf klimatische, chemische oder physikalische Eignung des zu verwendenden Materials und der Konstruktion bei Vorliegen besonderer Einflußfaktoren oder standortbedingter Belastung.

4.2.7 Liefern von Konstruktionszeichnungen über Abschnitt 3.1.3 hinaus.

5 Abrechnung

Ergänzend zur ATV DIN 18 299, Abschnitt 5, gilt:

5.1 Allgemeines

5.1.1 Der Ermittlung der Leistung — gleichgültig, ob sie nach Zeichnungen oder nach Aufmaß erfolgt — sind zugrunde zu legen für
- Metallbauteile deren Konstruktionsmaße,
- Wandbekleidungen die Konstruktionsmaße der zu bekleidenden Flächen,
- Deckenbekleidungen die zu bekleidenden Flächen bis zu den sie begrenzenden ungeputzten bzw. unbekleideten Bauteilen,
- Fenster, Türen usw. die Konstruktionsmaße der lichten Öffnungen.

5.1.2 Ist nach Gewicht abzurechnen, so ist es durch Wiegen festzustellen.

5.1.3 Können die Gewichte nicht durch Wiegen ermittelt werden, so sind sie nach folgenden Grundsätzen zu berechnen:

5.1.3.1 Für Stahlblech und Bandstahl 8 kg/m für jeden mm der Stoffdicke.

5.1.3.2 Für Formstahl sowie für Profile, die vom Großhandel nach Handelsgewicht verkauft werden, das Handelsgewicht (kg/m).

5.1.3.3 Für andere Profile das DIN-Gewicht mit einem Zuschlag von 2% für Walzwerktoleranzen.

5.1.3.4 Bei geschraubten, geschweißten oder genieteten Stahlkonstruktionen werden dem nach den Abschnitten 5.1.3.1 bis 5.1.3.3 ermittelten Gewicht 2% zugeschlagen.

5.1.3.5 Für verzinkte Bauteile oder verzinkte Konstruktionen werden den nach den zuvor genannten Grundsätzen ermittelten Gewichten 5% für die Verzinkung zugeschlagen.

5.1.4 Längen- und Flächenmaße werden wie folgt ermittelt:

5.1.4.1 Bei Abrechnung nach Längenmaß wird die größte Länge zugrunde gelegt, auch bei schräg geschnittenen und ausgeklinkten Profilen.

5.1.4.2 Bei gebogenen Profilen wird die äußere abgewickelte Länge zugrunde gelegt.

Metallbauarbeiten, Schlosserarbeiten   DIN 18 360

5.1.4.3 Bei ortsfesten Leitern wird die abgewickelte Länge der Holme vom Fußpunkt an gemessen. Bei ungleich langen Holmen wird das arithmetische Mittel aus beiden Holmlängen abgerechnet.

5.1.4.4 Zur Ermittlung von Maßen nach Fläche wird, auch bei trapezförmigen und unregelmäßig geformten Teilen, das kleinste umschriebene Rechteck zugrunde gelegt.

5.2 Es werden abgezogen:

5.2.1 Öffnungen und Aussparungen in Wänden oder Decken mit zur Leistung gehörenden Leibungen bis zu einer Tiefe von 200 mm werden bis zu einer Einzelgröße von 2,5 m² übermessen; dies gilt auch für Nischen, deren Rückwand jedoch hinzuzurechnen ist.

5.2.2 Öffnungen und Aussparungen ohne zur Leistung gehörende Leibungen werden bis zu einer Einzelgröße von 0,5 m² übermessen. Öffnungen und Aussparungen über 0,5 m² Einzelgröße werden mit ihrer ganzen Fläche abgezogen.

5.3 Zur Leistung gehörende Leibungen über 200 mm Tiefe und alle zur Leistung gehörenden Leibungen bei größeren Öffnungen und Aussparungen als 2,5 m² Einzelgröße werden gesondert abgerechnet.

VOB Teil C:
Allgemeine Technische Vertragsbedingungen für Bauleistungen (ATV)
Verglasungsarbeiten — DIN 18 361
Ausgabe Dezember 1992

Inhalt

0 Hinweise für das Aufstellen der Leistungsbeschreibung
1 Geltungsbereich
2 Stoffe, Bauteile
3 Ausführung
4 Nebenleistungen, Besondere Leistungen
5 Abrechnung

0 Hinweise für das Aufstellen der Leistungsbeschreibung

Diese Hinweise ergänzen die ATV DIN 18 299 „Allgemeine Regelungen für Bauarbeiten jeder Art", Abschnitt 0. Die Beachtung dieser Hinweise ist Voraussetzung für eine ordnungsgemäße Leistungsbeschreibung gemäß A § 9.
Die Hinweise werden nicht Vertragsbestandteil.
In der Leistungsbeschreibung sind nach den Erfordernissen des Einzelfalls insbesondere anzugeben:

0.1 Angaben zur Baustelle
Keine ergänzende Regelung zur ATV DIN 18 299, Abschnitt 0.1.

0.2 Angaben zur Ausführung

0.2.1 Die zu verglasenden Bauteile, getrennt nach Geschossen und Neigungswinkeln.

0.2.2 Art, Dicke (Nenndicke), Scheibengröße und vorgesehene Bearbeitung des Glases.

0.2.3 Art des Rahmenwerkstoffes, z. B. Holzart, Metallart, Kunststoffart, Betonart.

0.2.4 Die Beanspruchungsgruppe des Verglasungssystems nach DIN 18 545 Teil 3, die Dichtstoffgruppe nach DIN 18 545 Teil 2, die Farbe des Dichtstoffes und die eventuelle Nachbehandlung der Dichtstoffoberfläche.

0.2.5 Ob Dichtprofile zu liefern sind. Art, Ausführung und Farbton, sowie Art der Abdichtung von Profilstößen, z. B. Eckvulkanisierung.

0.2.6 Art der vorhandenen Holzschutzimprägnierung und/bzw. der Beschichtung von Fensterrahmen.

0.2.7 Art und Anzahl der geforderten Proben.

Verglasungsarbeiten DIN 18361

0.2.8 Art der Befestigung von Glashalteleisten.

0.2.9 Besondere Anforderungen an Wärmeschutz, Sonnenschutz, Schallschutz, Brandschutz, Objektschutz, Personenschutz.

0.3 Einzelangaben bei Abweichungen von den ATV

0.3.1 Wenn andere als die in dieser ATV vorgesehenen Regelungen getroffen werden sollen, sind diese in der Leistungsbeschreibung eindeutig und im einzelnen anzugeben.

0.3.2 Abweichende Regelungen können insbesondere in Betracht kommen bei

Abschnitt 3.5, wenn für das Verglasen von Dächern und Dachoberlichtern nicht Glas mit Drahtnetzeinlage verwendet werden soll, sondern z. B. Einscheiben- oder Verbund-Sicherheitsglas, oder für den Schutz gegen herabfallende Glasteile eine andere Maßnahme vorgeschrieben ist.

0.4 Einzelangaben zu Nebenleistungen und Besonderen Leistungen

Keine ergänzende Regelung zur ATV DIN 18299 Abschnitt 0.4.

0.5 Abrechnungseinheiten

Im Leistungsverzeichnis sind die Abrechnungseinheiten wie folgt vorzusehen:

0.5.1 Flächenmaß (m^2), getrennt nach Glaserzeugnissen, Glasdicken und Scheibengrößen, für
— Verglasungen von Fenstern, Türen und Fensterwänden,
— Dachoberlichter und Dächer,
— Ganzglaskonstruktionen,
— Blei-, Messing- und Leichtmetallverglasungen,
— Bearbeitung von Glasflächen,
— Spiegel.

0.5.2 Längenmaß (m), getrennt nach Glaserzeugnissen, Glasdicken und Scheibengrößen, für
— Bearbeitung von Glaskanten.

0.5.3 Anzahl (Stück), getrennt nach Glaserzeugnissen, Glasdicken, Scheibengrößen und Größe des verglasten Bauteils, für
— Verglasungen mit Mehrscheiben-Isolierglas,
— Verglasungen von Fenstern, Türen und Fensterwänden, Brüstungen und Umwehrungen,
— Dachoberlichter und Dächer,
— Ganzglaskonstruktionen,
— Blei-, Messing- und Leichtmetallverglasungen,
— Stabilisierungsstreifen aus Glas,
— Ausschnitte, Bohrungen und Eckabrundungen, getrennt nach Maßen,
— Spiegel,
— Aquarien, Vitrinen, Duschkabinen.

1 Geltungsbereich

1.1 Die ATV „Verglasungsarbeiten" — DIN 18361 — gilt für die Verglasung von Rahmenkonstruktionen, für Ganzglaskonstruktionen und für die Montage von lichtdurchlässigen Kunststoffplatten.

1.2 Die ATV DIN 18 361 gilt nicht für
- Beschlagarbeiten (siehe ATV DIN 18 357 „Beschlagarbeiten"),
- Verarbeiten von Glasbausteinen (siehe ATV DIN 18 330 „Mauerarbeiten"),
- Herstellen von Tragwerken aus Glasstahlbeton (siehe ATV DIN 18 331 „Beton- und Stahlbetonarbeiten"),
- Verlegen von Glasdachziegeln (siehe ATV DIN 18 338 „Dachdeckungs- und Dachabdichtungsarbeiten").

1.3 Ergänzend gelten die Abschnitte 1 bis 5 der ATV DIN 18 299 „Allgemeine Regelungen für Bauarbeiten jeder Art". Bei Widersprüchen gehen die Regelungen der ATV DIN 18 361 vor.

2 Stoffe, Bauteile

Ergänzend zur ATV DIN 18 299, Abschnitt 2, gilt:
Für die gebräuchlichsten genormten Stoffe und Bauteile sind die DIN-Normen nachstehend aufgeführt.

2.1 Glaserzeugnisse

DIN 1238	Spiegel aus silberbeschichtetem Spiegelglas; Begriffe, Merkmale, Anforderungen, Prüfung
DIN 1249 Teil 1	Flachglas im Bauwesen; Fensterglas; Begriff, Maße
DIN 1249 Teil 3	Flachglas im Bauwesen; Spiegelglas; Begriff, Maße
DIN 1249 Teil 4	Flachglas im Bauwesen; Gußglas; Begriff, Maße
DIN 1249 Teil 5	Flachglas im Bauwesen; Profilbauglas; Begriff, Maße
DIN 1249 Teil 12	Flachglas im Bauwesen; Einscheiben-Sicherheitsglas; Begriff, Maße, Bearbeitung, Anforderungen
DIN 1259 Teil 2	Glas; Begriffe für Glaserzeugnisse

Ferner gelten für Glaserzeugnisse die folgenden Anforderungen:
- Spiegelglas muß in seiner Oberfläche plan, klar, durchsichtig, klar reflektierend und verzerrungsfrei sein. Vereinzelte, nicht störende kleine Blasen und unauffällige Kratzer sind zulässig.
- Drahtspiegelglas muß beidseitig plangeschliffen, poliert und durchsichtig sein. Unauffällige Kratzer, kleine Blasen und Abweichungen in der Drahtnetzeinlage dürfen nur in handelsüblichem Ausmaß vorhanden sein. Drahtspiegelglas darf bei der Nenndicke von 7 mm eine zulässige Abweichung von ± 1 mm aufweisen.
- Bei Glas mit Drahtnetzeinlage muß die Einlage splitterbindend wirken.
- Bei Verbund-Sicherheitsglas müssen die einzelnen Schichten so dauerhaft verbunden sein, daß sich bei einem Bruch keine scharfkantigen Glassplitter ablösen können.

2.2 Lichtdurchlässige Platten aus Kunststoff

Lichtdurchlässige Platten aus Kunststoff müssen dauerhaft lichtdurchlässig und schlagfest sein.

2.3 Verglasungsdichtstoffe

DIN 18 545 Teil 2 Abdichten von Verglasungen mit Dichtstoffen; Dichtstoffe; Bezeichnung, Anforderungen, Prüfung

Erhärtende Verglasungsdichtstoffe müssen der Gruppe A, plastisch bleibende Dichtstoffe der Gruppe B und elastisch bleibende Dichtstoffe der Gruppe D nach DIN 18 545 Teil 2 entsprechen.

2.4 Verglasungsdichtprofile

DIN 7863 Nichtzellige Elastomer-Dichtprofile im Fenster und Fassadenbau; Technische Lieferbedingungen

2.5 Verglasungshilfsstoffe

Vorbehandlungsmittel (Reiniger, Haftreiniger, Primer, Sperrgrund), Vorlegebänder und Klötze müssen den Anforderungen nach DIN 18 545 Teil 3 „Abdichten von Verglasungen mit Dichtstoffen; Verglasungssysteme" entsprechen.

2.6 Chemische Verbindungsmittel für Glasstöße

Chemische Verbindungsmittel für Glasstöße müssen spätestens 2 Tage nach der Verarbeitung abgebunden haben. Danach müssen sie haften und dem jeweiligen Verwendungszweck entsprechend elastisch, wasserfest, aber mit Mitteln lösbar sein, die am Bau anwendbar sind. Soweit sie bei Einscheiben-Sicherheitsgläsern verwendet werden, müssen sie bei einer ausreichenden Fugenbreite so elastisch sein, daß der Bruch einer Scheibe nicht auf die mit ihr verbundene Scheibe übergreift.

3 Ausführung

Ergänzend zur ATV DIN 18 299, Abschnitt 3, gilt:

3.1 Allgemeines

3.1.1 Verglasungen in geneigten Konstruktionen müssen neben den Anforderungen nach DIN 18 056 „Fensterwände; Bemessung und Ausführung" den besonderen Anforderungen genügen, die sich aus der Neigung ergeben.

3.1.2 Außenverglasungen müssen regendicht sein und Windlasten nach DIN 1055 Teil 4 „Lastannahmen für Bauten; Verkehrslasten, Windlasten bei nicht schwingungsanfälligen Bauwerken" aufnehmen können.

3.1.3 Bei Rahmenkonstruktionen, bei denen die Glashalteleisten nicht unmittelbar nach Einbau der Verglasungseinheiten angebracht werden können, müssen die Verglasungseinheiten bis zum Anbringen der Glashalteleisten auf allen Seiten in Abständen von höchstens 800 mm durch jeweils mindestens 100 mm lange Leistenstücke mit elastischer Zwischenlage zum Glas gesichert werden.

3.1.4 Kantenbearbeitung

Die Glaskantenbearbeitung hat nach DIN 1249 Teil 11 „Flachglas im Bauwesen; Glaskanten; Begriff, Kantenformen und Ausführung" zu erfolgen.

3.1.5 Der Auftragnehmer hat bei seiner Prüfung Bedenken (siehe B § 4 Nr. 3), insbesondere geltend zu machen bei

- Verglasungen, die den gesetzlichen oder bauaufsichtlichen Bestimmungen nicht entsprechen,
- unzureichender Festigkeit von Rahmen, Pfosten, Riegeln, Sprossen und Beschlägen, vor allem im Verhältnis zum Gewicht der Scheiben und unter den Klotzungsstellen,
- ungenügender Befestigung von Rahmen,
- Unebenheiten der Glasauflageflächen,
- nicht abnehmbaren Glashalteleisten,
- Klemmleisten und Halterungen, die für eine sichere Befestigung der Scheiben nicht geeignet sind,
- Metall-, Beton- und Kunststoffrahmen ohne ausreichende Löcher für Stifte oder Schrauben zur Befestigung von Glashalteleisten,
- Rahmen und Glashalteleisten, an denen die erforderliche Vorbereitung für die Befestigung nicht durchgeführt ist oder die Befestigungsmittel fehlen,
- Rahmen, an denen die Glashalteleisten erst nachträglich angebracht werden können, und bei denen die notwendigen Halteelemente zur Scheibensicherung fehlen,
- ungenügender Dicke des vorgesehenen Glases,
- ungenügender Ausbildung, Bemessung und Vorbehandlung der Glasfalze und Glashalteleisten,
- Verglasungen mit gebogenen Scheiben, wenn die Glasfalzbreite nicht mindestens 20 mm größer als die Glasdicke ist,
- Verglasungssystemen ohne ausgefüllten Glasfalzraum, wenn Öffnungen zum Dampfdruckausgleich fehlen oder ungenügend bemessen sind.

3.2 Klotzung

3.2.1 Verglasungen müssen so geklotzt werden, daß schädliche Spannungen im Glas verhindert werden. Die Gangbarkeit der Fenster und Türflügel darf nicht beeinträchtigt werden. Die Scheibenkanten dürfen an keiner Stelle den Rahmen berühren. Es sind ausreichend vorbehandelte Klötze aus Hartholz oder aus anderen geeigneten Materialien einzusetzen. Die Klötze müssen mindestens 2 mm breiter sein als die Dicke der Verglasungseinheit.

3.2.2 Erfordert das Verglasungssystem einen Dampfdruckausgleich, so müssen gegebenenfalls Klotzbrücken verwendet werden.

3.2.3 Bei dichtstofffreiem Glasfalzraum sind die Klötze gegen Verschieben oder Abrutschen zu sichern.

3.3 Abdichtung von Verglasungssystemen

3.3.1 Für Verglasungssysteme mit Dichtstoffen gelten DIN 18 545 Teil 1 bis Teil 3 „Abdichten von Verglasungen mit Dichtstoffen".

3.3.2 Bei Verglasungen mit Dichtprofilen müssen im Falzraum Öffnungen zum Dampfdruckausgleich vorhanden sein. Profilstöße sind dicht auszuführen.

3.4 Fensterwände

Für das Verglasen von Fensterwänden gilt DIN 18 056.

3.5 Dächer und Dachoberlichter

Für das Verglasen von Dächern und Dachoberlichtern ist bei einer Einfachscheibe Glas mit Drahtnetzeinlage zu verwenden. Jede Scheibe ist gegen Abrutschen zu sichern, dabei ist eine Glas-Metall-Berührung zu vermeiden. Bei der Verglasung mit Mehrscheiben-Isolierglas müssen äußere und innere Scheibe die gesamte Belastung aus Wind, Schnee und Eigengewicht aufnehmen können.

3.6 Gewächshäuser

Für die Verglasung von Gewächshäusern gilt DIN 11 535 „Gewächshäuser; Grundsätze für Berechnung und Ausführung".

3.7 Ganzglaskonstruktionen aus nicht vorgespanntem Glas

Für die Einzelscheiben einer Ganzglaskonstruktion sind einheitliche Glasdicken zu wählen.

Plan oder im Winkel aneinanderstoßende Scheiben müssen an den Stoßflächen rechtwinkelig zur Scheibenfläche bzw. dem Gehrungswinkel entsprechend nach DIN 1249 Teil 11 maßgeschliffen werden. Die Glaskanten müssen geschliffene Fasen erhalten, die die Dicke nur unwesentlich verändern.

Bei freistehenden Glaskanten müssen die sichtbaren Glaskanten und Fasen zusätzlich poliert werden.

Die Fugen zwischen den Stoßflächen müssen, mit Ausnahme bei Verbindungen mit UV-härtenden Klebern, mindestens 2 mm, dürfen aber nicht mehr als 5 mm breit sein. Sie sind voll und gleichmäßig mit Glasverbindungsmitteln auf chemischer Basis auszufüllen und glatt abzustreichen. Metallstege und andere Einlagen aus glasfremden Stoffen dürfen nicht in die Fugen eingelassen werden. Stoßverbindungen dürfen nicht als statisch wirksam in Rechnung gestellt werden.

3.8 Ganzglastüranlagen aus vorgespanntem Glas

Befestigungsmittel und Beschlagteile dürfen keinen unmittelbaren Glas-Metall-Kontakt haben.

3.9 Profilbauglas

Profilbauglas ist so in Rahmenkonstruktionen einzubauen, daß Kräfte aus dem Baukörper nicht auf die Verglasung einwirken. Zur Vermeidung von Schäden an der Verglasung und am Baukörper ist die Ableitung von anfallendem Kondensat sicherzustellen.

3.10 Spritzschutzwände

Spritzschutzwände aus Glas sind aus Sicherheitsglas auszuführen. Die Befestigungs- und Beschlagteile dürfen nicht korrodieren.

3.11 Verglasen mit Blei-, Messing- und Leichtmetallprofilen

Bei Kunstverglasungen mit Blei-, Messing- und Leichtmetallprofilen müssen die Kreuzpunkte der Metallfassungen auf beiden Seiten bei Blei durch Verzinnen, bei Messing durch Verlöten, bei Leichtmetall durch Zwischenstücke verbunden sein. Die Scheiben sind in den Metallfassungen zu dichten. Die Bleifassungen sind nach dem Dichten an die Scheiben anzudrücken. Die in Feldern zusammengesetzten Scheiben sind standfest abzudichten. Bei Beanspruchung durch Windlasten sind Verstärkungen anzubringen.

Kunstverglasungen im Scheibenzwischenraum einer Mehrscheiben-Isolierverglasung dürfen nicht verkittet werden.

3.12 Lichtdurchlässige Platten aus Kunststoff

Lichtdurchlässige Platten aus Kunststoff sind so einzubauen und zu befestigen, daß ihre temperaturbedingten Längen-/Dickenänderungen in der Rahmenkonstruktion aufgenommen werden.

4 Nebenleistungen, Besondere Leistungen

4.1 Nebenleistungen sind ergänzend zur ATV DIN 18 299, Abschnitt 4.1, insbesondere:

4.1.1 Bei Reparaturverglasungen das Ausglasen von Scheiben oder Glasresten sowie das Säubern der Glasfalze.

4.1.2 Auf- und Abbauen sowie Vorhalten der Gerüste, deren Arbeitsbühnen nicht höher als 2 m über Gelände oder Fußboden liegen.

4.1.3 Liefern von Glasproben bis 0,05 m^2 Einzelgröße.

4.1.4 Liefern und Anbringen von Stahldrahteinlagen und Windeisen bei Bleiverglasungen sowie von Verstärkungseinlagen bei Leichtmetall- und Messingverglasungen, die dem jeweiligen Metall entsprechen.

4.1.5 Aus- und Einhängen von Fenster- und Türflügeln sowie Zusammenschließen der Verbundflügel.

4.1.6 Rückstandsfreies Entfernen der Klebestreifen, Etiketten, Distanzplättchen, o. ä., sowie der Rückstände von Dichtstoffen oder Glasverbindungsmitteln.

4.2 Besondere Leistungen sind ergänzend zur ATV DIN 18 299, Abschnitt 4.2, z. B.:

4.2.1 Vorhalten von Aufenthalts- und Lagerräumen, wenn der Auftraggeber Räume, die leicht verschließbar gemacht werden können, nicht zur Verfügung stellt.

4.2.2 Auf- und Abbau sowie Vorhalten der Gerüste, deren Arbeitsbühnen mehr als 2 m über Gelände oder Fußboden liegen.

4.2.3 Umbau von Gerüsten für Zwecke anderer Unternehmer.

4.2.4 Zusätzliche Leistungen, die wegen nachträglichen Anbringens von Glashalteleisten und Dichtprofilen erforderlich werden (siehe Abschnitt 3.1.5).

4.2.5 Zuschneiden, Einpassen und erforderlichenfalls Vorbohren von Glashalteleisten und Liefern von Befestigungsmaterial, ausgenommen Drahtstifte.

4.2.6 Liefern von Glasproben über Abschnitt 4.1.3 hinaus.

4.2.7 Liefern statischer Berechnungen und der dafür erforderlichen Zeichnungen und Nachweise.

4.2.8 Besondere Kenntlichmachungen von eingebauten Scheiben auf Anordnung des Auftraggebers und das Wiederentfernen.

5 Abrechnung
5.1 Allgemeines

5.1.1 Bei Abrechnung nach Flächenmaß (m^2) gilt:
Bei Ermittlung der ausgeführten Leistung werden die Scheiben einschließlich Glasfalzhöhe gemessen und auf Zentimeter aufgerundet, die durch 3 teilbar sind.
Scheiben $\leq$ 0,25 m^2 werden mit 0,25 m^2 gerechnet, ausgenommen Mehrscheiben-Isolierglas. Bei Mehrscheiben-Isolierglas werden Kantenlängen von mindestens 0,3 m zugrunde gelegt.
Bei Verglasungen mit Profilbauglas und Leichtplatten aus Kunststoff werden Sprossen und bewegliche Flügel übermessen.
Bei Verglasungen von Dachoberlichtern und Dächern werden Sprossen bis zu 50 mm Einzelbreite und Überdeckungen der Scheiben übermessen.
Bei Blei-, Messing- und Leichtmetallverglasungen werden die Metallfassungen übermessen.
Nicht rechteckige Scheiben werden nach den Maßen des kleinsten umschriebenen Rechtecks gerechnet.

5.1.2 Bei Abrechnung nach Anzahl (Stück) gilt:
Weicht die Größe der eingeglasten Scheiben von den in der Leistungsbeschreibung angegebenen Maßen für Breite und Höhe um weniger als 20 mm bei jedem dieser Maße ab, so werden die Abweichungen bei der Abrechnung nicht berücksichtigt.

VOB Teil C:
Allgemeine Technische Vertragsbedingungen für Bauleistungen (ATV)
Maler- und Lackierarbeiten — DIN 18 363
Ausgabe Dezember 1992

Inhalt

0 Hinweise für das Aufstellen der Leistungsbeschreibung
1 Geltungsbereich
2 Stoffe, Bauteile
3 Ausführung
4 Nebenleistungen, Besondere Leistungen
5 Abrechnung

0 Hinweise für das Aufstellen der Leistungsbeschreibung

Diese Hinweise ergänzen die ATV DIN 18 299 „Allgemeine Regelungen für Bauarbeiten jeder Art", Abschnitt 0. Die Beachtung dieser Hinweise ist Voraussetzung für eine ordnungsgemäße Leistungsbeschreibung gemäß A § 9.

Die Hinweise werden nicht Vertragsbestandteil.

In der Leistungsbeschreibung sind nach den Erfordernissen des Einzelfalls insbesondere anzugeben:

0.1 Angaben zur Baustelle
Keine ergänzende Regelung zur ATV DIN 18 299, Abschnitt 0.1.

0.2 Angaben zur Ausführung

0.2.1 Art und Beschaffenheit des Untergrundes.

0.2.2 Art und Beschaffenheit der zu behandelnden Oberflächen; ob und welches Frostschutzmittel, welche Dichtstoffe, Trennmittel und/oder welche Grundbeschichtungsstoffe bei Stahlbauteilen bzw. für den Holzschutz verwendet worden sind.

0.2.3 Ob die zu beschichtende Oberfläche zum Schutz vor Abrieb und/oder zur Verbesserung der Reinigungsfähigkeit behandelt werden soll, z. B. mit Dispersions- oder Lackfarbe.

0.2.4 Art und Anzahl der Beschichtungen entsprechend ihrer Beanspruchung durch Wasser, Laugen und Säuren.

0.2.5 Leistungen, die der Auftragnehmer in Werkstätten anderer Unternehmer ausführen soll, unter Bezeichnung der Lage dieser Werkstätten.

0.2.6 Wie und wann nach dem Einbau nicht mehr zugängliche Flächen vorher zu behandeln sind.

0.2.7 Art und Anzahl von geforderten Musterbeschichtungen.

Maler- und Lackierarbeiten DIN 18 363

0.2.8 Ob und wie Dichtstoffe zu behandeln sind.

0.2.9 Anforderungen an die Beschichtung in bezug auf Glätte, Oberflächeneffekt, Glanzgrad, z. B. hochglänzend, glänzend, seidenglänzend, seidenmatt, matt, bei Kunstharzputzen die Korngröße; Beanspruchungsgrad von Dispersionsfarben, z. B. wetterbeständig oder waschbeständig, scheuerbeständig nach DIN 53 778 Teil 2.

0.2.10 Anforderungen an Fahrbahnmarkierungen in bezug auf Oberflächenreflektion und Rutschfestigkeit, z. B. Einstreuen von Glasperlen oder Quarzsand.

0.2.11 Farbtöne hell, mittelgetönt oder Vollton; bei Mehrfarbigkeit die mit unterschiedlichen Farbtönen zu behandelnden Flächen; gegebenenfalls Farbangabe nach Farbregister RAL 840 HR oder DIN 6164 Teil 1.

0.2.12 Ob Spachtelungen, mehrere Spachtelungen oder Zwischenbeschichtungen auszuführen sind.

0.2.13 Bauart, Abmessungen und Anzahl der zu bearbeitenden Seiten an Fenstern, Türen und dergleichen.

0.2.14 Ob schaumschutzbildende Brandschutzbeschichtungen für Bauteile aus Holz nach DIN 4102 Teil 1 „schwer entflammbar" oder für Bauteile aus Stahl nach DIN 4102 Teil 2 „F 30" für innen oder außen gefordert werden.

0.2.15 Ob bei Überholungsbeschichtungen gut erhaltene Untergründe nur mit einer Schlußbeschichtung zu behandeln sind.

0.2.16 Wie Kassettendecken abzurechnen sind.

0.3 Einzelangaben bei Abweichungen von den ATV

0.3.1 Wenn andere als die in dieser ATV vorgesehenen Regelungen getroffen werden sollen, sind diese in der Leistungsbeschreibung eindeutig und im einzelnen anzugeben.

0.3.2 Abweichende Regelungen können insbesondere in Betracht kommen bei

Abschnitt 3.1.2,	wenn Beschichtungen nur mit der Hand oder nur maschinell ausgeführt werden dürfen,
Abschnitt 3.1.4,	wenn die Oberfläche entsprechend der Art des Beschichtungsstoffes und des angewendeten Verfahrens anders erscheinen muß, z. B. glatt, gekörnt,
Abschnitt 3.1.5,	wenn Beschichtungen mit Spachtelung, mittel- oder sattgetönt oder im Vollton ausgeführt werden sollen,
Abschnitt 3.1.6,	wenn Fleckspachtelung oder mehrmaliges Spachteln ausgeführt werden soll,
Abschnitt 3.1.7,	wenn Lackierungen, z. B. seidenglänzend, matt, ausgeführt werden sollen,
Abschnitt 3.1.11,	wenn der Auftragnehmer den Beschichtungsaufbau und die zu verarbeitenden Stoffe nicht festlegen soll,
Abschnitt 3.1.12,	wenn Beschichtungen nicht mehrschichtig ausgeführt werden sollen,
Abschnitt 3.2.1.2.6,	wenn bei Dispersionsfarbe auf Außenflächen eine Grundbeschichtung mit wasserverdünnbarem Grundbeschichtungsstoff ausgeführt werden soll; wenn die Innenbeschichtung mit Dispersionsfarbe scheuerbeständig nach DIN 53 778 Teil 2 ausgeführt werden soll,
Abschnitt 3.2.1.2.7,	wenn bei Dispersionslackfarbe die Grundbeschichtung mit lösemittelverdünnbarem Grundbeschichtungsstoff ausgeführt werden soll,
Abschnitt 3.2.1.2.8,	wenn bei Dispersionsfarbe mit Füllstoffen die Grundbeschichtung mit lösemittelverdünnbarem Grundbeschichtungsstoff ausgeführt werden soll,

Abschnitt 3.2.1.2.14, wenn bei Kunstharzlackfarbe eine weitere Zwischenbeschichtung ausgeführt werden soll,

Abschnitt 3.2.1.2.19, wenn bei Dispersionsfarbe auf Gasbeton-Außenflächen die Schlußbeschichtung nicht aus gefüllter Dispersionsfarbe erfolgen soll,

Abschnitt 3.2.2.1.3, wenn Beschichtungen auf Holz mit Spachtelung ausgeführt werden sollen,

Abschnitt 3.2.2.1.5, wenn vor der Verarbeitung von Dichtstoffen und vor dem Verglasen nur eine oder keine Beschichtung ausgeführt werden soll,

Abschnitt 3.2.2.1.7, wenn Kitte nicht mit einer Zwischen- und einer Schlußbeschichtung entsprechend dem sonstigen Beschichtungsaufbau versehen werden sollen.

0.4 Einzelangaben zu Nebenleistungen und Besonderen Leistungen
Keine ergänzende Regelung zur ATV DIN 18 299, Abschnitt 0.4.

0.5 Abrechnungseinheiten
Im Leistungsverzeichnis sind die Abrechnungseinheiten wie folgt vorzusehen:

0.5.1 Flächenmaß (m^2), getrennt nach Bauart und Maßen, für
- Decken, Wände, Leibungen, Vorlagen, Unterzüge,
- Treppenuntersichten,
- Fußböden,
- Trennwände,
- Türen, Tore, Futter und Bekleidungen,
- Fenster, Rolläden, Fensterläden,
- Stahlteile,
- Stahlprofile und Rohre von mehr als 30 cm Abwicklung,
- Dachuntersichten, Dachüberstände,
- Sparren,
- Holzschalungen,
- Heizkörper,
- Gitter, Geländer, Zäune, Einfriedungen, Roste,
- Trapezbleche, Wellbleche,
- Blechdächer und dergleichen.

0.5.2 Längenmaß (m), getrennt nach Bauart und Maßen, für
- Leibungen,
- Treppenwangen,
- Leisten, Fußleisten,
- Deckenbalken, Fachwerke und dergleichen aus Holz oder Beton,
- Stahlprofile und Rohre bis 30 cm Abwicklung,
- Eckschutzschienen,
- Rolladenführungsschienen, Ausstellgestänge, Anschlagschienen,
- Dachrinnen,
- Fallrohre,
- Kehlen, Schneefanggitter,
- Straßenmarkierungen mit Angabe der Breite und dergleichen.

0.5.3 Anzahl (Stück), getrennt nach Bauart und Maßen, für
- Türen, Futter und Bekleidung,

Maler- und Lackierarbeiten DIN 18 363

- *Fenster,*
- *Stahltürzargen,*
- *Gitter, Roste und Rahmen,*
- *Spülkasten,*
- *Heizkörperkonsolen und Halterungen,*
- *Sperrschieber, Flansche,*
- *Ventile,*
- *Motoren,*
- *Pumpen,*
- *Armaturen,*
- *Straßenmarkierungen, (z. B. Richtungspfeile, Buchstaben) und dergleichen.*

1 Geltungsbereich

1.1 Die ATV „Maler- und Lackierarbeiten" – DIN 18 363 – gilt für die Oberflächenbehandlung von Bauten und Bauteilen mit Stoffen nach DIN 55 945 „Beschichtungsstoffe (Lacke, Anstrichstoffe und ähnliche Stoffe); Begriffe" und mit anderen Stoffen.

1.2 Die ATV DIN 18 363 gilt nicht für
- das Beschichten und thermische Spritzen von Metallen an Konstruktionen aus Stahl oder Aluminium, die einer Festigkeitsberechnung oder bauaufsichtlichen Zulassung bedürfen (siehe ATV DIN 18 364 – „Korrosionsschutzarbeiten an Stahl- und Aluminiumbauten"),
- Beizen und Polieren von Holzteilen (siehe ATV DIN 18 355 „Tischlerarbeiten"),
- Versiegeln von Parkett (siehe ATV DIN 18 356 „Parkettarbeiten"),
- Versiegeln von Holzpflaster (siehe ATV DIN 18 367 „Holzpflasterarbeiten") und
- Beschichten von Estrichen (siehe ATV DIN 18 353 „Estricharbeiten").

1.3 Ergänzend gelten die Abschnitte 1 bis 5 der ATV DIN 18 299 „Allgemeine Regelungen für Bauarbeiten jeder Art". Bei Widersprüchen gehen die Regelungen der ATV DIN 18 363 vor.

2 Stoffe

Ergänzend zur ATV DIN 18 299, Abschnitt 2, gilt:
Für die gebräuchlichsten genormten Stoffe und Bauteile sind die DIN-Normen nachstehend aufgeführt.

2.1 Stoffe zur Untergrundvorbehandlung
2.1.1 Absperrmittel
Absperrmittel müssen das Einwirken von Stoffen aus dem Untergrund auf die Beschichtung oder umgekehrt von der Beschichtung auf den Untergrund oder zwischen einzelnen Schichten einer Beschichtung verhindern.
Folgende Stoffe sind für den jeweils genannten Zweck zu verwenden:

2.1.1.1 Absperrmittel auf der Grundlage von Kieselfluorwasserstoffsäure oder Lösungen ihrer Salze – Fluate – zur Verminderung der Alkalität für Kalk- und Zementoberflächen, jedoch nicht für Gips- oder Lehmoberflächen,

- zur Verringerung von Saugfähigkeit,
- zur Oberflächenfestigung von Kalk- und Zementputz,
- zur Verhinderung des Durchschlagens von Wasserflecken;

2.1.1.2 Absperrmittel auf der Grundlage von Aluminiumsalzen, z. B. Alaun, für Gips- und Lehmoberflächen,
- zur Oberflächenverfestigung und -Dichtung von stark oder ungleichmäßig saugenden Flächen,
- zur Verhinderung des Durchschlagens von Wasserflecken;

2.1.1.3 Absperrmittel auf der Grundlage von Kunststoffdispersionen, auf allen Untergründen für die Weiterbehandlung mit wasserverdünnbaren, hochdispersen Beschichtungsstoffen,
- zur Verhinderung des Durchschlagens von z. B. Bitumen, Teer, Rauch-, Nikotin-, Rost- und Wasserflecken,
- zur Verringerung der Saugfähigkeit mineralischer Untergründe für nachfolgendes Beschichten;

2.1.1.4 Absperrmittel auf der Grundlage von Bindemittellösungen, z. B. Polymerisatharzen, Nitro-Kombinationslacken, Spirituslacken, lösemittelverdünnbar, auf allen Untergründen für die Weiterbehandlung mit lösemittelhaltigen Beschichtungsstoffen,
- zur Verhinderung des Durchschlagens von z. B. Bitumen, Teer, Rauch-, Nikotin-, Rost- und Wasserflecken.

2.1.2 Anlaugestoffe
Zur Verbesserung der Haftfähigkeit für Überholungsbeschichtungen und zum Reinigen und Aufrauhen alter Öllack- und Lackfarbenanstriche ist verdünntes Ammoniumhydroxid (Salmiakgeist) zu verwenden.

Zur Vorbereitung von NE-Metallen und Metallüberzügen sind solche Stoffe in Verbindung mit Netzmittel als ammoniakalische Netzmittelwäsche zu verwenden.

2.1.3 Abbeizmittel nach DIN 55 945
Zum Entfernen von Dispersions-, Öllack- und Lackfarbenanstrichen sind folgende Stoffe zu verwenden:

2.1.3.1 Alkalische Stoffe (Alkalien), z. B. Natriumhydroxid (Ätznatron), auch mit Celluloseleim-Zusätzen, Natriumcarbonat (Soda), Ammoniumhydroxid (Salmiakgeist);

2.1.3.2 Abbeizfluide
Lösemittel mit Verdickungsmittel.

2.1.4 Entfettungs- und Reinigungsstoffe
Zum Entfetten von Untergründen sind neben heißem Wasser saure oder alkalische oder lösende Stoffe zu verwenden, z. B. Gemische aus Alkalien, Phosphaten und Netzmitteln oder Lösemitteln.

Zum Reinigen von Untergründen sind saure, alkalische Fassaden-, Stein- und Metallreiniger, zum Aufschließen von Kalksinterschichten sind Fluate in Verbindung mit Netzmitteln als Fluatschaumwäsche zu verwenden.

2.1.5 Imprägniermittel
Zum Tränken saugfähiger Untergründe sind nichtfilmbildende Stoffe zu verwenden:

Maler- und Lackierarbeiten　　　　　　　　　　　　　　　　　　DIN 18 363

- Holzschutzmittel für tragende Bauteile sowie für Fenster und Türen nach DIN 68 800 Teil 3 „Holzschutz; Vorbeugender chemischer Holzschutz";
- Wasserabweisende Stoffe, zum Hydrophobieren mineralischer Untergründe Silane, Siloxane, Siliconharze in Lösemitteln, Kieselsäure-Imprägniermittel für Beton, Ziegel- und Kalksandstein-Mauerwerk; die Imprägniermittel müssen alkalibeständig sein;
- Fungizidlösungen zum Beseitigen von Schimmelpilzen und Algenbefall.

2.2 Grundbeschichtungsstoffe
Zum Beschichten (Grundieren) des Untergrundes sind zu verwenden:

2.2.1 für mineralische Untergründe
- wasserverdünnbare Grundbeschichtungsstoffe, feindisperse Kunststoffdispersionen (Dispersion) mit geringem Festkörpergehalt, Emulsionen;
- hydraulisch abbindende Beschichtungsstoffe mit organischen Bindemittelzusätzen und Füllstoffen als Haftbrücke;
- lösemittelverdünnbare Grundbeschichtungsstoffe, z.B. auf Polymerisatharzbasis;
- eindringende Stoffe und andere Bindemittelkombinationen zur Egalisierung der Saugfähigkeit des Untergrundes;
- Grundbeschichtungsstoffe oder Haftbrücken auf Epoxidharzbasis.

2.2.2 für Holz und Holzwerkstoffe
- Grundbeschichtungsstoffe auf Basis von Alkydharz-Nitrocellulose-Kombination, schnelltrocknende Stoffe für innen;
- Grundbeschichtungsstoffe auf Basis von Lacken;
- Bläueschutz-Grundbeschichtungsstoffe nach DIN 68 800 Teil 3.

2.2.3 für Metalle
2.2.3.1 für Stahl
Korrosionsschutz-Grundbeschichtungsstoffe mit Bindemitteln, z.B. aus Alkydharzen, Bitumen-Öl-Kombinationen, Vinylchlorid-Copolymerisaten, Vinylchlorid-Copolymerisat-Dispersionen, Epoxidharz, Polyurethan, Chlorkautschuk und Pigmenten, z.B. Bleimennige, Eisenoxide, Zinkphosphaten, Zinkstaub-Grundbeschichtungsstoffen;

2.2.3.2 für Zink und verzinkten Stahl
Grundbeschichtungsstoffe auf Basis von Polymerisatharzen oder Zweikomponentenlackfarbe auf Basis von Epoxidharz;

2.2.3.3 für Aluminium
Grundbeschichtungsstoffe auf Basis von Polymerisatharzen oder Zweikomponentenlackfarbe auf Basis von Epoxidharz.

2.3 Spachtelmassen (Ausgleichsmassen)
Zum Glätten, Ausgleichen des Untergrundes und Füllen von Rissen, Löchern, Lunkern und sonstigen Beschädigungen sind hydraulisch abbindende oder organisch gebundene Spachtelmassen zu verwenden.

Spachtelmassen dürfen nach dem Trocknen keine Schwindrisse aufweisen.

2.3.1 für mineralische Untergründe

- Zement-Spachtelmasse,
  hydraulisch abbindend mit Füllstoffen, z. B. Quarzmehl, gegebenenfalls mit organischen Bindemittelzusätzen;
  nicht zu verwenden auf grundierten, beschichteten oder gipshaltigen Untergründen;
- Hydrat-Spachtelmasse (Gipsspachtelmasse),
  hydraulisch abbindend mit organischen Zusätzen, z. B. Celluloseleim oder Kunststoffdispersionen und Füllstoffen;
  nicht zu verwenden auf Außenflächen;
- Leim-Spachtelmasse,
  z. B. aus Zelluloseleim mit geringen Zusätzen von Kunststoffdispersionen, Pigmenten und Füllstoffen;
  nur zu verwenden bei Innenbeschichtungen mit Leimfarben;
- Dispersions-Spachtelmasse,
  Kunststoffdispersionen mit Pigmenten und Füllstoffen;
  nur zu verwenden auf grundierten oder beschichteten Untergründen als Spachtelung innen oder als Fleckspachtelung außen;
- Kunstharz-Spachtelmasse (Lackspachtel),
  auf der Basis von Alkydharz, Epoxidharz oder Polyurethan mit Pigmenten, Füllstoffen und gegebenenfalls Härter;
  nur zu verwenden auf trockenen, grundierten oder beschichteten Untergründen;

  Alkydharz-Spachtelmasse;
  nicht zu verwenden auf zementhaltigen Untergründen;

  Epoxidharz-Spachtelmasse (EP-Egalisierspachtel);
  nur zu verwenden auf Epoxidharz-Grundbeschichtungen;

  Polyurethan-Spachtelmasse (PUR-Spachtel);
  nur zu verwenden auf Untergründen mit Polyurethan-Grundbeschichtung.

2.3.2 für Holz und Holzwerkstoffe

- Kunstharz-Spachtelmasse (Lackspachtel),
  für grundierte oder beschichtete Untergründe ist Kunstharz-Spachtelmasse nach Abschnitt 2.3.1 zu verwenden, jedoch auf Außenflächen nur als Fleckspachtelung,
  für unbehandelte Untergründe ist Kunstharz-Spachtelmasse auf der Basis von Polyesterharzen mit Pigmenten, Polyurethanharzen oder Alkydharz/Nitrocellulose/Kombination mit Holzmehl (Holzspachtel) zu verwenden;
- Holzspachtel (Holzkitt),
  Holzspachtel ist nur zum Füllen von Rissen und Löchern zu verwenden; zum Füllen von Poren ist eine transparente Spachtelmasse aus Alkydharz/Nitrocellulose-Kombination mit Füllstoffen zu verwenden.

2.3.3 für Metalle

Für grundierte oder beschichtete Untergründe ist Kunstharz-Spachtelmasse auf der Basis von Alkydharz/Epoxidharz oder Polyurethan zu verwenden. Für entfettete und

Maler- und Lackierarbeiten DIN 18 363

korrosionsfreie Untergründe ist Polyester-Spachtelmasse (UP-Spachtel) zu verwenden.

2.4 Wasserverdünnbare Beschichtungsstoffe (Beschichtungssysteme)
Zu verwenden sind:

2.4.1 für mineralische Untergründe
— Kalkfarbe
aus Kalk nach DIN 1060 Teil 1 „Baukalk; Begriffe, Anforderungen, Lieferung, Überwachung" mit kalkbeständigen Pigmenten bis zu einem Massenanteil von 10%;
Kalkfarben sind nicht auf gipshaltigen Untergründen zu verwenden;
— Kalk-Weißzementfarbe
aus weißem Zement nach DIN 1164 Teil 1 „Portland-, Eisenportland, Hochofen- und Traßzement; Begriffe, Bestandteile, Anforderungen, Lieferung" und Kalk nach DIN 1060 Teil 1 mit zementbeständigen Pigmenten,
Kalk-Weißzementfarben sind nicht auf gipshaltigen Untergründen zu verwenden;
— Silikatfarbe
aus Kaliwasserglas (Fixativ) und kaliwasserglasbeständigen Pigmenten als Zweikomponentenfarbe; Silikatfarben dürfen keine organischen Bestandteile, z.B. Kunststoffdispersionen, enthalten.
Silikatfarben sind nicht auf gipshaltigen Untergründen zu verwenden;
— Dispersions-Silikatfarbe
aus Kaliwasserglas mit kaliwasserglasbeständigen Pigmenten, Zusätzen von Hydrophobierungsmitteln und maximal 5 % Massenanteil organische Bestandteile, bezogen auf die Gesamtmenge des Beschichtungsstoffes;
mit Quarz gefüllte Dispersions-Silikatfarben werden zu Strukturbeschichtungen verwendet;
Dispersions-Silikatfarben sind auf gipshaltigen Untergründen nur mit besonderer Grundbeschichtung zu verwenden;
— Leimfarbe
aus wasserlöslichen Bindemitteln (Leim) mit Pigmenten und gegebenenfalls Füllstoffen, z.B. Faserstoffen;
Leimfarben dürfen keine Zusätze von Kunststoffdispersion enthalten; sie sind nur auf Innenflächen zu verwenden;
— Kunststoffdispersion
nach DIN 55 945 für farblose Beschichtungen auf Innenflächen;
— Kunststoffdispersionsfarbe (Dispersionsfarbe)
aus Kunststoffdispersionen nach DIN 55 945 mit Pigmenten und Füllstoffen;
Dispersionsfarben können dünnflüssig, pastös oder gefüllt sein;
Kunstharzdispersionsfarben für Innenflächen müssen nach DIN 53 778 Teil 1 „Kunststoffdispersionsfarben für Innen; Mindestanforderungen" waschbeständig oder scheuerbeständig sein;
für Außenbeschichtungen sind nur wetterbeständige Dispersionsfarben zu verwenden; für das Überbrücken von Haarrissen sind plastoelastische Dispersionsfarben zu verwenden;

- Mehrfarbeneffektfarbe auf Dispersionsbasis aus unterschiedlich gefärbten Pigmentanreibungen, die sich nach dem Verarbeiten nicht vermischen, sondern einen Sprenkeleffekt bewirken;
- Siliconharzemulsionsfarbe
aus Siliconharzemulsionen mit Kunststoffdispersionen, Pigmenten, Füllstoffen und Hilfsstoffen; sie sind wasserabweisend (hydrophob);
- Dispersionslackfarbe
aus Kunststoffdispersionen mit wassermischbaren Lösemitteln sowie Pigmenten und Hilfsstoffen für Beschichtungen mit dem Aussehen von Lackierungen;
- Kunstharzputz nach DIN 18 558 „Kunstharzputze; Begriffe, Anforderungen, Ausführung".

2.4.2 für Holz und Holzwerkstoffe
- Kunststoffdispersion nach Abschnitt 2.4.1;
- Kunststoffdispersions-Lasurfarbe mit Lasurpigmenten zur lasierenden Behandlung von Innenflächen;
- Acryl-Lasurfarbe (Dickschichtlasur)
aus feindispergierter Kunststoffdispersion mit Lasurpigmenten, UV-Absorbern und anderen Zusätzen;
Acryl-Lasurfarbe ist wasserverdünnbar, wetterbeständig, wasserabweisend;
- Farbloser Dispersionslack
aus Kunststoffdispersionen für lackähnliche Beschichtung.

2.4.3 für Metalle
Kunststoffdispersionsfarbe nach Abschnitt 2.4.1 auf Zink und verzinktem Blech, z. B. für Regenfallrohre, Dachrinnen.

2.5 Lösemittelhaltige Beschichtungsstoffe (Beschichtungssysteme)
Zu verwenden sind:

2.5.1 Lacke (farblose Kunstharzlacke)
2.5.1.1 für mineralische Untergründe
- Polymerisatharzlacke
auf der Basis von Polymerisatharzlösungen zum Beschichten von Betonflächen;
- Epoxidharzlacke (EP-Lacke)
Zweikomponentenlacke auf der Basis von Epoxidharz aus Stammlack und Härter zum Beschichten von Beton, Asbestzement und Zementestrichen;
- Polyurethanlacke (PUR-Lacke)
auf der Basis von Polyisocyanaten zum Beschichten von Beton, Asbestzement und Zementestrichen.

2.5.1.2 für Holz- und Holzwerkstoffe
- Alkydharzlacke
aus langöligen Alkydharzen, Hilfsstoffen und Lösemitteln;
- Nitrocelluloselacke (Nitrolacke, Nitrokombinationslacke)
aus Nitrocellulose mit Weichmachern und Lösemitteln für Innenflächen;

Maler- und Lackierarbeiten DIN 18 363

- Säurehärtende Reaktionslacke (SH-Lacke) in Form von Einkomponentenlacken auf der Basis von Alkydharz/Melaminharz/Kombinationen oder Zweikomponentenlack auf der Basis von Alkydharz/Harnstoffharz/Kombinationen;
- Polyurethanlacke (PUR-Lacke) nach Abschnitt 2.5.1.1 für Innenflächen, z. B. Parkett.

2.5.1.3 für Metalle
- Polymerisatharzlacke nach Abschnitt 2.5.1.1 für lichtbeständige Beschichtungen auf Aluminium, Kupfer und Edelstahl;
- Polyurethanlacke (PUR-Lacke) nach Abschnitt 2.5.1.2;
- Epoxidharzlacke (EP-Lacke) nach Abschnitt 2.5.1.1;
- Nitrokombinationslacke nach Abschnitt 2.5.1.2;
- Acrylharzlacke.

2.5.2 Lasuren

2.5.2.1 für mineralische Untergründe
- Acryllasuren
aus Polymerisatharz mit Lasurpigmenten und Bindemittel; Lasurpigmente müssen alkalibeständig sein.

2.5.2.2 für Holzwerk und Holzwerkstoffe
- Imprägnier-Lasuren (Dünnschichtlasuren)
aus langöligen Alkydharzen oder aus Acrylharzen mit Lasurpigmenten, fungiziden Zusätzen u. a. Wirkstoffen;
- Lacklasuren (Dickschichtlasuren)
aus langöligen Alkydharzlacken mit UV-Absorber und Lasurpigmenten; sie müssen wetterbeständig und wasserabweisend sein.

2.5.3 Lackfarben (Kunstharzlackfarben)

2.5.3.1 für mineralische Untergründe
- Alkydharzlackfarben
aus mittel- bis langöligen Alkydharzen mit Pigmenten und Hilfsstoffen zum Beschichten von nicht mehr alkalisch reagierenden Untergründen;
- Polymerisatharzlackfarben
auf der Basis von Polymerisatharzlösungen mit Pigmenten und Hilfsstoffen;
- Kunstharzputze
nach DIN 18 558;
- Chlorkautschuklackfarben (RUC-Lackfarben)
aus chloriertem Polyisopren mit Pigmenten und Hilfsstoffen;
- Cyclokautschuklackfarben (RUI-Farben)
aus cyclisiertem Naturkautschuk mit Pigmenten;
auf Innenflächen, insbesondere bei Schwitzwasserbelastung;
- Polyurethanlackfarben (PUR-Lackfarben)
auf der Basis von Polyisocyanaten mit Pigmenten und Hilfsstoffen;
- Epoxidharzlackfarben (EP-Lackfarben)
auf der Basis von Epoxidharz mit Pigmenten und Hilfsstoffen; sie sind nur bedingt wetterbeständig;

- Teerpech-Kombinationslackfarben
auf der Basis von Steinkohlen-Teerpech-Epoxidharz-Kombination zur Beschichtung von Beton, z. B. im Abwasserbereich;
- Mehrfarbeneffektlackfarben
aus pastösen Lackfarben mit farblosen wässrigen Harzlösungen.

2.5.3.2 für Holz- und Holzwerkstoffe
- Alkydharzlackfarben nach Abschnitt 2.5.3.1;
- Polyurethanlackfarben (PUR-Lackfarben) nach Abschnitt 2.5.3.1;
- Mehrfarbeneffektlackfarben nach Abschnitt 2.5.3.1;
- Nitrocelluloselackfarben
aus Nitrocellulose mit Weichmacher und Pigmenten für Innenflächen.

2.5.3.3 für Metalle
- Alkydharzlackfarben nach Abschnitt 2.5.3.1
auf Korrosionsschutz-Grundbeschichtungen, ausgenommen auf Zink und verzinktem Stahl;
- Heizkörperlackfarben
aus hitzebeständigen Alkydharzkombinationen mit Pigmenten und Hilfsstoffen; für Grundbeschichtungsstoffe gilt DIN 55 900 Teil 1 „Beschichtungen für Raumheizkörper; Begriffe, Anforderungen, Prüfung, Grundbeschichtungsstoffe, Industriell hergestellte Grundbeschichtungen" (DIN 55 900 – G);
für Deckbeschichtungsstoffe gilt DIN 55 900 Teil 2 „Beschichtungen für Raumheizkörper; Begriffe, Anforderungen, Prüfung, Deckbeschichtungsstoffe, Industriell hergestellte Fertiglackierungen" (DIN 55 900 – F);
- Polymerisatharzlackfarben nach Abschnitt 2.5.3.1;
- Polymerisatharz – Dickschicht – Beschichtungsstoffe;
- Chlorkautschuklackfarben (RUC-Farben) nach Abschnitt 2.5.3.1;
- Cyclokautschuklackfarben (RUI-Lackfarben) nach Abschnitt 2.5.3.1;
- Siliconharzlackfarben
aus Siliconharzen mit Pigmenten und Hilfsstoffen für Beschichtungen auf Stahl, hochhitzebeständig bis 400 °C;
- Polyurethanlackfarben (PUR-Lackfarben) nach Abschnitt 2.5.3.1.1;
- Epoxidharzlackfarben (EP-Lackfarben) nach Abschnitt 2.5.3.1;
- Mehrfarbeneffektlackfarben nach Abschnitt 2.5.3.1;
- Bitumenlackfarben
auf der Basis von Naturasphalt und Standölen, gelöst in Lösemitteln mit Schuppen-Pigmenten zum Beschichten von zinkstaubgrundbeschichtetem Stahl, Zinkblech und verzinktem Stahl, z. B. zum Beschichten von Blechdächern;
- Bitumenlackfarben
auf der Basis von Bitumen der Erdöldestillation, gelöst in Lösemitteln, phenolfrei, mit Pigmenten, z. B. im Trinkwasserbereich;
- Teerpech-Kombinationslackfarben nach Abschnitt 2.5.3.1;
- Bronzelackfarben (Bronzen)
aus chemisch neutralen Lacken und feinpulvrigen Metallen oder Metall-Legierungen.

Maler- und Lackierarbeiten DIN 18 363

2.6 Armierungsstoffe

Zur Armierung von Beschichtungen und zum Überbrücken von Rissen, z. B. Netzrissen im Untergrund, sind zu verwenden:

- Armierungskleber
aus Kunststoffdispersionen nach DIN 55 945, gegebenenfalls mit Zuschlagstoffen (Einbettungsmasse) zum Einbetten von Geweben oder Vliesen;
- Armierungsgewebe
aus Kunstfaser oder Glasfaser zum Überbrücken gerissener Flächen oder Einzelrisse;
- Armierungsvliese
aus Glasfaser oder Kunststoffen.

2.7 Klebstoffe

Klebstoffe müssen so beschaffen sein, daß durch sie eine feste und dauerhafte Verbindung erreicht wird. Die Klebstoffe dürfen den Untergrund und die aufzuklebenden Stoffe nicht nachteilig beeinflussen und nach der Verarbeitung keine Belästigung durch Geruch hervorrufen.

2.8 Dampfsperren

Zu verwenden sind:
- Verbundfolien, z. B. Metallfolien mit Polystyrolhartschaum;
- Kunststoff-Folien mit und ohne Kaschierung;
- Metallfolien mit und ohne Kaschierung.

2.9 Stoffe für das Belegen von Flächen mit Blattmetall

Für metallische Überzüge wie Vergoldungen, Versilberungen und Überzüge mit anderen Blattmetallen sind zu verwenden:

- Mixtion
farbloser, langsam trocknender langöliger Alkydharzlack als Klebemittel, z. B. für Ölvergoldung (Mattvergoldung), Versilberung;
- Knochenleim oder Hautleim
zur Herstellung von Kreidegrund für Polimentvergoldung;
- Klebstoffe aus Gelatine
als Klebemittel z. B. für Glanzvergoldungen hinter Glas;
- Blattgold
aus reinem Gold geschlagen oder aus hochkarätigen Goldlegierungen (Gold-Silber-Kupferlegierungen);
- Kompositionsgold
Schlagmetall aus Kupfer-Zinn-Zink-Legierungen zur Goldimitation mit farbloser Lackierung;
- Blattsilber
Blattmetall aus reinem Silber zur Blattversilberung mit farbloser Lackierung;
- Blattaluminium
Blattmetall aus Aluminiumlegierungen zur Imitation von Blattversilberungen.

2.10 Dichtstoffe

DIN 18 540 Abdichten von Außenwandfugen im Hochbau mit Fugendichtstoffen

DIN 18 545 Teil 2 Abdichten von Verglasungen mit Dichtstoffen; Dichtstoffe; Bezeichnung, Anforderungen, Prüfung

2.11 Brandschutz-Beschichtungsstoffe

Zu verwenden sind:

Schaumschutzbildende Brandschutz-Beschichtungsstoffe zum Flammschutz von Holz, Holzwerkstoffen und Metall.

2.12 Fahrbahnmarkierungsstoffe

Zur Fahrbahnmarkierung sind Beschichtungsstoffe aus PVC-Mischpolymerisatlösungen, Acrylharz oder Alkydharz-Chlorkautschuk-Kombination mit Titandioxid und Zuschlagstoffen, z. B. Reflexkörper aus Glasperlen, Quarzmehl zu verwenden. Als Nachstreumittel sind Reflexperlen für die Oberflächenreflexion und Quarzsand zum Erzielen der Rutschfestigkeit zu verwenden.

3 Ausführung

Ergänzend zur ATV DIN 18 299, Abschnitt 3, gilt:

3.1 Allgemeines

3.1.1 Der Auftragnehmer hat bei seiner Prüfung Bedenken (siehe B § 4 Nr 3) insbesondere geltend zu machen bei:

- absandendem und kreidendem Putz,
- nicht genügend festem, gerissenem und feuchtem Untergrund (der Feuchtigkeitsgehalt des Holzes darf — an mehreren Stellen in mindestens 5 mm Tiefe gemessen — bei Nadelhölzern 15%, bei Laubhölzern 12% nicht überschreiten),
- Sinterschichten,
- Ausblühungen,
- Holz, das erkennbar von Bläue, Fäulnis oder Insekten befallen ist,
- nicht tragfähigen Grundbeschichtungen,
- korrodierten Metallbauteilen,
- ungeeigneten Witterungsbedingungen.

3.1.2 Beschichtungen dürfen mit der Hand oder maschinell ausgeführt werden.

3.1.3 Beschichtungen müssen fest haften.

3.1.4 Die Oberfläche muß entsprechend der Art des Beschichtungsstoffes und des angewendeten Verfahrens gleichmäßig ohne Ansätze und Streifen erscheinen.

3.1.5 Alle Beschichtungen sind ohne Spachtelung weiß oder hell getönt auszuführen.

3.1.6 Ist Spachtelung vorgeschrieben, sind die Flächen ganzflächig einmal mit Spachtelmasse zu überziehen und zu glätten.

3.1.7 Lackierungen sind glänzend auszuführen.

3.1.8 Bei mehrschichtigen Beschichtungen muß jede vorhergehende Beschichtung trocken sein, bevor die folgende Beschichtung aufgebracht wird. Dies gilt nicht für Naß-in-Naß-Techniken.

Maler- und Lackierarbeiten DIN 18 363

3.1.9 Alle Anschlüsse an Türen, Fenstern, Fußleisten, Sockeln u. ä. sind scharf und geradlinig zu begrenzen.

3.1.10 Die Leistungen dürfen bei Witterungsverhältnissen, die sich nachteilig auf die Leistung auswirken können, nur ausgeführt werden, wenn durch besondere Maßnahmen nachteilige Auswirkungen verhindert werden. Solche Witterungsverhältnisse sind z. B. Feuchtigkeit, Sonneneinwirkung, ungeeignete Temperaturen.

3.1.11 Der Auftragnehmer hat den Beschichtungsaufbau festzulegen und die zu verarbeitenden Stoffe auszuwählen. Bei Beschichtungssystemen müssen die Stoffe von demselben Hersteller stammen.

3.1.12 Beschichtungen sind mehrschichtig auszuführen.

3.1.13 Auf alkalischen Untergründen, z. B. auf Zementputz, Beton, Gasbeton, Asbestzement und Kalksandstein, sind nur alkalibeständige Beschichtungssysteme zu verwenden.

3.1.14 Auf Gasbeton-Untergründen für Außenflächen sind eine Zwischen- und eine Schlußbeschichtung mit zusammen mindestens 1800 g/m^2 aufzutragen.

3.2 Erstbeschichtungen

3.2.1 auf mineralischen Untergründen und Gipskartonplatten

3.2.1.1 Allgemeines

Bei schadhaften Untergründen ist eine Vorbehandlung notwendig. Die erforderlichen Maßnahmen sind besonders zu vereinbaren (siehe Abschnitt 4.2.1), z. B.:
- Putze der Mörtelgruppen P I – P III und Betonflächen sind zu fluatieren und nachzuwaschen, wenn
    - die Oberfläche zu starke Saugfähigkeit besitzt,
    - Ausblühungen und Pilzbefall zu beseitigen sind,
    - das Durchschlagen von abgetrockneten Wasserflecken zu verhindern ist.
- Sind Kalksinterschichten vorhanden, die zu Abplatzungen der auf ihnen ausgeführten Beschichtungen führen können, ist die Fläche mit einer Fluatschaumwäsche (Fluat mit Netzmittelzusatz) zu behandeln und nachzuwaschen.
- Schalölrückstände auf Sichtbeton sind durch Fluatschaumwäsche zu beseitigen.
- Nicht saugende Putze und Betonflächen sind bei Beschichtungen aus Silikatfarben vorzuätzen und nachzuwaschen.
- Bei stark saugendem Untergrund ist bei Beschichtungen mit Silikat- und Dispersionssilikatfarben eine zusätzliche Vorbehandlung mit Fixativ erforderlich.
- Gipshaltige Putze und Lehmputze sind mit Absperrmitteln zu behandeln, die Aluminiumsalze, z. B. Alaun enthalten, wenn die Fläche ungleichmäßig saugt, die Oberfläche gefestigt oder das Durchschlagen von Wasserflecken verhindert werden soll.
- Wenn Gipskartonplatten für Feuchträume nicht werkseits imprägniert sind, sind sie mit lösemittelhaltigen Grundbeschichtungsstoffen vorzubehandeln.

3.2.1.2 Deckende Beschichtungen

Sie sind bei Verwendung nachstehender Stoffe wie folgt auszuführen:

3.2.1.2.1 Kalkfarbe
- Annässen,

- eine Grundbeschichtung,
- eine Zwischenbeschichtung,
- eine Schlußbeschichtung;

3.2.1.2.2 Kalk-Weißzementfarbe
- Annässen,
- eine Grundbeschichtung,
- eine Schlußbeschichtung;

3.2.1.2.3 Silikatfarbe
- eine Grundbeschichtung aus verdünntem Fixativ,
- eine Zwischenbeschichtung aus Silikatfarbe,
- eine Schlußbeschichtung aus Silikatfarbe;

3.2.1.2.4 Dispersionssilikatfarbe
- eine Grundbeschichtung,
- eine Schlußbeschichtung;

3.2.1.2.5 Leimfarbe
- eine Grundbeschichtung,
- eine Schlußbeschichtung;

3.2.1.2.6 Dispersionsfarbe
- eine Grundbeschichtung auf Außenflächen aus lösemittelverdünnbarem Grundbeschichtungsstoff; bei stark saugendem Untergrund auf Innenflächen eine Grundbeschichtung aus lösemittelverdünnbarem Grundbeschichtungsstoff; ist dies im Vertrag nicht vorgesehen, ist dies besonders zu vereinbaren (siehe Abschnitt 4.2.1),
- eine Zwischenbeschichtung aus Dispersionsfarbe,
- eine Schlußbeschichtung aus Dispersionsfarbe;

Ausführung der Innenbeschichtung mit waschbeständiger Dispersionsfarbe nach DIN 53 778 Teil 1 und Teil 2;

3.2.1.2.7 Dispersionslackfarbe
- eine Grundbeschichtung aus wasserverdünnbarem Grundbeschichtungsstoff,
- eine Zwischenbeschichtung aus Dispersionslackfarbe;
- eine Schlußbeschichtung aus Dispersionslackfarbe;

3.2.1.2.8 Dispersionsfarbe mit Füllstoffen zur Oberflächengestaltung, z.B. Dispersionsplastikfarbe
- eine Grundbeschichtung aus wasserverdünnbarem Grundbeschichtungsstoff,
- eine Schlußbeschichtung aus plastischer Kunststoff-Dispersionsfarbe einschließlich Modellieren durch Stupfen, Rollen, Strukturieren und dergleichen;

3.2.1.2.9 Kunstharzputz nach DIN 18 558;

3.2.1.2.10 Polymerisatharzlackfarbe
- eine Grundbeschichtung,
- eine Zwischenbeschichtung,
- eine Schlußbeschichtung;

3.2.1.2.11 Siliconharz-Emulsionsfarbe
- eine Grundbeschichtung aus Siliconharz-Grundbeschichtungsstoff,
- eine Zwischenbeschichtung aus Siliconharz-Emulsionsfarbe,
- eine Schlußbeschichtung aus Siliconharz-Emulsionsfarbe;

3.2.1.2.12 plastoelastische Dispersionsfarbe zum Beschichten von Flächen mit Haarrissen
- eine Grundbeschichtung aus Grundbeschichtungsstoff,
- eine Zwischenbeschichtung aus plastoelastischer Dispersionsfarbe,
- eine Schlußbeschichtung aus plastoelastischer Dispersionsfarbe;

3.2.1.2.13 plastoelastische Dispersionsfarbe zum Beschichten von Flächen mit Einzelrissen
- eine Grundbeschichtung aus lösemittelhaltigem Grundbeschichtungsstoff,
- eine Zwischenbeschichtung aus plastoelastischer Dispersionsfarbe (Einbettungsmasse) und Einbetten des Armierungsgewebes,
- eine Schlußbeschichtung aus plastoelastischer Dispersionsfarbe;

3.2.1.2.14 Kunstharzlackfarbe
je nach der vorgesehenen Beanspruchung und der Oberflächenwirkung, z.B.:
- Alkydharzlackfarbe für Wand- und Sockelflächen,
- Chlorkautschuklackfarbe für Schwimmbeckenbeschichtungen, säure- und laugebeständige Beschichtungen in Laborräumen,
- Cyclokautschuklackfarbe für Innenräume, z.B. Brauereien, Textilbetriebe, Lederfabriken (Naßräume),
- Polyurethanlackfarbe für Sichtbetonflächen, Wände in Werkstatträumen, Tankstellen,
- Epoxidharzlackfarbe für säure- und laugenbeständige, lösemittelbeständige, mineralölbeständige und fettbeständige Beschichtungen,

jeweils
- eine Grundbeschichtung,
- eine Zwischenbeschichtung,
- eine Schlußbeschichtung;

3.2.1.2.15 Bitumenlackfarbe
- eine Grundbeschichtung aus Bitumenlackfarbe,
- eine Schlußbeschichtung aus Bitumenlackfarbe;

3.2.1.2.16 Teerpech-Kombinationslackfarbe gegen hohe Beanspruchung durch Wasser, Laugen und Säuren
- eine Grundbeschichtung aus Teerpech-Epoxidharzlackfarbe,
- eine Zwischenbeschichtung aus Teerpech-Epoxidharzlackfarbe,
- eine Schlußbeschichtung aus Teerpech-Epoxidharzlackfarbe;

3.2.1.2.17 Mehrfarbeneffektlackfarbe
- eine Grundbeschichtung aus lösemittelverdünnbarem Grundbeschichtungsstoff,

- eine Zwischenbeschichtung aus Dispersionsfarbe, getönt im Farbton der Mehrfarbeneffektlacke,
- eine Schlußbeschichtung aus Mehrfarbeneffektlackfarbe;

3.2.1.2.18 Dispersions-Silikatfarbe auf Gasbeton-Außenflächen
- eine Grundbeschichtung aus Grundbeschichtungsstoff,
- eine Zwischenbeschichtung aus Dispersions-Silikatfarbe,
- eine Schlußbeschichtung aus Dispersions-Silikatfarbe;

3.2.1.2.19 Dispersionsfarbe, wetterbeständig auf Gasbeton-Außenflächen
- eine Grundbeschichtung aus Grundbeschichtungsstoff, lösemittelverdünnbar,
- eine Zwischenbeschichtung aus gefüllter Dispersionsfarbe,
- eine Schlußbeschichtung aus gefüllter Dispersionsfarbe;

3.2.1.2.20 Kunstharzputz nach DIN 18 558 auf Gasbeton-Außenflächen
- eine Grundbeschichtung aus Grundbeschichtungsstoff, lösemittelverdünnbar,
- eine Zwischenbeschichtung mit gefüllter Dispersionsfarbe,
- eine Schlußbeschichtung aus Kunstharzputz.

3.2.1.3 Lasierende Beschichtungen
Sie sind bei Verwendung nachstehender Stoffe wie folgt auszuführen:

3.2.1.3.1 Dispersionssilikatlasur
- eine Grundbeschichtung aus verdünntem Fixativ oder verdünnter Dispersionssilikatlasur,
- eine Schlußbeschichtung aus Dispersionssilikatlasur;

3.2.1.3.2 Dispersionslasur
- eine Grundbeschichtung aus lösemittelverdünnbarem Grundbeschichtungsstoff,
- eine Schlußbeschichtung aus Dispersions-Lasur;

3.2.1.3.3 Polymerisatharzlasur
- eine Grundbeschichtung aus Polymerisatharzlösung,
- eine Schlußbeschichtung aus Polymerisatharzlasurfarbe.

3.2.1.4 Farblose Beschichtungen und Imprägnierungen
Sie sind bei Verwendung nachstehender Stoffe wie folgt auszuführen:

3.2.1.4.1 Silan-, Siloxan-, Silicon-Imprägniermittel, nichtpigmentiert
- Beschichtung bis zur vollständigen Sättigung des Untergrundes, gegebenenfalls in mehreren Arbeitsgängen, naß in naß zur farblosen Hydrophobierung poröser mineralischer Untergründe, z.B. Putz, Beton, Sichtmauerwerk;

3.2.1.4.2 Kieselsäureester-Imprägniermittel
- eine Grundbeschichtung,
- eine Zwischenbeschichtung,
- eine Schlußbeschichtung,

mit einer Auftragsmenge von zusammen 2000 g/m² im Flutverfahren oder naß in naß;

3.2.1.4.3 Polymerisatharzlösung
- eine Grundbeschichtung,
- eine Schlußbeschichtung;

Maler- und Lackierarbeiten DIN 18 363

3.2.1.4.4 Kunststoffdispersion
— eine Grundbeschichtung aus wasserverdünnbarem Grundbeschichtungsstoff,
— eine Schlußbeschichtung aus Kunststoffdispersion.

3.2.2 auf Holz und Holzwerkstoffen
3.2.2.1 Allgemeines

3.2.2.1.1 Bauteile aus Holz und Holzwerkstoff (im folgenden Holz genannt) sind vor dem Einbau allseitig mit einer Grundbeschichtung zu versehen.

3.2.2.1.2 Nadelhölzer, die eine Holzschutzimprägnierung erhalten haben, sind vor dem Einbau mit einer Grundbeschichtung zu versehen.

3.2.2.1.3 Beschichtungen auf Holz sind ohne Spachtelung auszuführen.

3.2.2.1.4 Fenster und Außentüren aus Holz sind vor dem Einbau und vor der Verglasung einschließlich aller Glasfalze und zugehörigen Leisten mit einer Grund- und einer Zwischenbeschichtung allseitig zu versehen.
Nur kleinere Schadstellen sind beizuspachteln, z. B. Nagellöcher. Fenster und Außentüren müssen auch innen mit Außenlackfarben beschichtet werden.

3.2.2.1.5 Vor der Verarbeitung von Dichtstoffen (Kitten oder elastischen Dichtstoffen) und vor dem Verglasen sind mindestens zwei Beschichtungen erforderlich.

3.2.2.1.6 Falze von Fenstern oder Türen sind im Farbton der zugehörigen Seite zu beschichten. Die nach außen gerichteten Falze gehören zur Außenbeschichtung, die nach innen gerichteten Falze zur Innenbeschichtung. Bei Verbundfenstern gehört nur die Außenseite zur Außenbeschichtung, die drei anderen Seiten gehören zur Innenbeschichtung.

3.2.2.1.7 Kitte sind entsprechend dem sonstigen Beschichtungsaufbau mit einer Zwischen- und einer Schlußbeschichtung zu versehen.

3.2.2.1.8 Plastische und elastische Dichtstoffe sind durch die angrenzende Beschichtung bis zu 1 mm Breite zu überdecken.

3.2.2.2 Deckende Beschichtungen
Sie sind bei Verwendung nachstehender Stoffe wie folgt auszuführen:

3.2.2.2.1 Alkydharzlackfarbe für Innen
— eine Grundbeschichtung aus Alkydharzlackfarbe,
— eine Zwischenbeschichtung aus Vorlackfarbe (Alkydharzlackfarbe),
— eine Schlußbeschichtung aus Alkydharzlackfarbe;

3.2.2.2.2 Alkydharzlackfarbe für Innen und Außen für Fenster und Außentüren
vor dem Einbau und Verglasen
— eine Grundbeschichtung aus Bläueschutz-Grundbeschichtungsstoff nach Abschnitt 2.2.2,
— eine Zwischenbeschichtung aus Alkydharzlackfarbe,
nach dem Einbau und Verglasen
— eine zweite Zwischenbeschichtung aus Alkydharzlackfarbe,
— eine Schlußbeschichtung aus Alkydharzlackfarbe;

3.2.2.2.3 Alkydharzlackfarbe für Außen
- eine Grundbeschichtung aus Bläueschutz-Grundbeschichtungsstoff,
- eine Zwischenbeschichtung aus Alkydharzlackfarbe,
- eine zweite Zwischenbeschichtung aus Alkydharzlackfarbe,
- eine Schlußbeschichtung aus Alkydharzlackfarbe;

3.2.2.2.4 Dispersionslackfarbe
- eine Grundbeschichtung aus Bläueschutz-Grundbeschichtungsstoff,
- eine Zwischenbeschichtung aus Dispersionslackfarbe,
- eine Schlußbeschichtung aus Dispersionslackfarbe.

3.2.2.3 Lasierende Beschichtungen
Sie sind bei Verwendung nachstehender Stoffe wie folgt auszuführen:

3.2.2.3.1 Dispersionslasur für Innen
- eine Grundbeschichtung,
- eine Zwischenbeschichtung aus Dispersionslasur,
- eine Schlußbeschichtung aus Dispersionslasur;

3.2.2.3.2 Imprägnier-Lasur, Dünnschichtlasur für Innen und Außen
- eine Grundbeschichtung aus Imprägnier-Lasurbeschichtungsstoff,
- eine Zwischenbeschichtung,
- eine Schlußbeschichtung;

3.2.2.3.3 Lacklasurfarben, Dickschichtlasuren für Innen und Außen
- eine Grundbeschichtung aus Imprägnier-Lasurbeschichtungsstoff,
- eine Zwischenbeschichtung aus Lack-Lasurbeschichtungsstoff,
- eine Schlußbeschichtung aus Lack-Lasurbeschichtungsstoff;

3.2.2.3.4 Imprägnier-/Lacklasur als kombinierter Beschichtungsaufbau für Innen und Außen bei Fenstern und Außentüren
vor dem Einbau und Verglasen
- eine Grundbeschichtung aus Imprägnier-Lasur,
- eine erste Zwischenbeschichtung,
nach dem Einbau und Verglasen
- eine zweite Zwischenbeschichtung aus Lacklasur,
- eine Schlußbeschichtung aus Lacklasur.

3.2.2.4 Farblose Innenbeschichtungen
Sie sind bei Verwendung nachstehender Stoffe wie folgt auszuführen:

3.2.2.4.1 Alkydharzlack
- eine Grundbeschichtung,
- eine Zwischenbeschichtung,
- eine Schlußbeschichtung;

3.2.2.4.2 Polyurethanlack
- eine Grundbeschichtung,

Maler- und Lackierarbeiten　　　　　　　　　　　　　　　　　　DIN 18 363

- eine Zwischenbeschichtung,
- eine Schlußbeschichtung;

3.2.2.4.3 Epoxidharzlack
- eine Grundbeschichtung,
- eine Zwischenbeschichtung,
- eine Schlußbeschichtung.

3.2.3 auf Metall

3.2.3.1 Allgemeines

3.2.3.1.1 Metallflächen sind zu entfetten. Rost und Oxidschichten sind zu entfernen und unmittelbar danach mit einer dem Beschichtungsaufbau entsprechenden Grundbeschichtung zu versehen. In Feuchträumen ist eine weitere Grundbeschichtung aus Korrosionsschutz-Grundbeschichtungsstoff auszuführen.

In der Leistungsbeschreibung vorgesehene Spachtelarbeiten sind nach der Grundbeschichtung auszuführen.

Für Außenflächen ist eine zweite Zwischenbeschichtung erforderlich.

Stahlflächen, die eine Grundbeschichtung aus Zinkstaub-Beschichtungsstoffen erhalten, sind nach DIN 55 928 Teil 4 „Korrosionsschutz von Stahlbauten durch Beschichtungen und Überzüge; Vorbereitung und Prüfung der Oberflächen" Norm-Reinheitsgrad Sa 2½ zu entrosten.

3.2.3.1.2 Zinkblech und verzinkter Stahl sind durch amoniakalische Netzmittelwäsche unter Verwendung von Korund-Kunststoffvlies vorzubehandeln und unmittelbar danach mit einem Grundbeschichtungsstoff eines für Zink empfohlenen Beschichtungssystems zu grundieren.

3.2.3.1.3 Aluminiumflächen sind zu reinigen. Werkseits nicht chemisch nachbehandelte Aluminiumflächen und korrodierte Stellen (Weißrost) sind mit Korund-Kunststoffvlies zu schleifen; Schleifrückstände sind zu entfernen.

Die gereinigten Flächen sind mit einem Grundbeschichtungsstoff für Aluminium zu grundieren.

3.2.3.2 Deckende Beschichtungen

Sie sind bei Verwendung nachstehender Stoffe wie folgt auszuführen:

3.2.3.2.1 auf Stahlteilen und Stahlblech

3.2.3.2.1.1 Alkydharzlackfarbe für Innen
- eine Grundbeschichtung aus Korrosionsschutz-Grundbeschichtungsstoff,
- eine Zwischenbeschichtung aus Alkydharzlackfarbe,
- eine Schlußbeschichtung aus Alkydharzlackfarbe;

3.2.3.2.1.2 Alkydharzlackfarbe für Außen
- eine Grundbeschichtung aus Korrosionsschutzgrund,
- eine erste Zwischenbeschichtung aus Alkydharzlackfarbe,
- eine zweite Zwischenbeschichtung aus Alkydharzlackfarbe,
- eine Schlußbeschichtung aus Alkydharzlackfarbe;

3.2.3.2.1.3 Polymerisatharz-Dickschichtsystem für Innen
— eine Grundbeschichtung aus Korrosionsschutz-Dickschicht-Grundbeschichtungsstoff,
— eine Schlußbeschichtung aus Polymerisatharz-Dickschicht-Beschichtungsstoff;

3.2.3.2.1.4 Polymerisatharz-Dickschichtsystem für Außen
— eine Grundbeschichtung aus Dickschicht-Grundbeschichtungsstoff,
— eine Zwischenbeschichtung aus Polymerisatharz-Dickschicht-Beschichtungsstoff,
— eine Schlußbeschichtung aus Polymerisatharz-Dickschicht-Beschichtungsstoff;

3.2.3.2.1.5 Heizkörperlackfarbe auf Heizflächen, die nicht grundiert sind, nach Entrosten
— eine Grundbeschichtung aus Beschichtungsstoff DIN 55 900 – G,
— eine Schlußbeschichtung aus Beschichtungsstoff DIN 55 900 – F,
in Feuchträumen eine Zwischenbeschichtung, DIN 55 900 – F;

3.2.3.2.1.6 Heizkörperlackfarbe auf Heizflächen, die mit einer Grundbeschichtung DIN 55 900 – GW versehen sind
— beschädigte Grundbeschichtung DIN 55 900 – G ausbessern,
— eine Schlußbeschichtung DIN 55 900 – F;
mit Pulverlacken grundbeschichtete (pulverbeschichtete) Heizkörper sind vor dem weiteren Beschichten gründlich aufzurauhen;

3.2.3.2.1.7 Chlorkautschuk-Lackfarbe für Innen
— eine Grundbeschichtung aus Zweikomponentenzinkstaubfarbe,
— eine Zwischenbeschichtung aus Chlorkautschuk-Lackfarbe,
— eine Schlußbeschichtung aus Chlorkautschuk-Lackfarbe;

3.2.3.2.1.8 Chlorkautschuk-Lackfarbe für Außen
— eine Grundbeschichtung aus Zweikomponentenzinkstaubfarbe,
— eine erste Zwischenbeschichtung aus Chlorkautschuk-Lackfarbe,
— eine zweite Zwischenbeschichtung aus Chlorkautschuk-Lackfarbe,
— eine Schlußbeschichtung aus Chlorkautschuk-Lackfarbe;

3.2.3.2.1.9 Cyclokautschuk-Lackfarbe für Innen, z. B. Filterkessel, Rohrleitungen
— eine Grundbeschichtung aus Korrosionsschutz-Grundbeschichtungsstoff,
— eine erste Zwischenbeschichtung aus Korrosionsschutz-Grundbeschichtungsstoff,
— eine zweite Zwischenbeschichtung aus Cyclokautschuk-Lackfarbe; gefüllt,
— eine Schlußbeschichtung aus Cyclokautschuk-Lackfarbe;

3.2.3.2.1.10 Reaktionslackfarbe für Innen
— eine Grundbeschichtung aus Grundbeschichtungsstoff,
— eine Zwischenbeschichtung,
— eine Schlußbeschichtung;

3.2.3.2.1.11 Reaktionslackfarbe für Außen
- eine Grundbeschichtung aus Grundbeschichtungsstoff,
- eine erste Zwischenbeschichtung,
- eine zweite Zwischenbeschichtung,
- eine Schlußbeschichtung;

3.2.3.2.1.12 Bitumenlackfarbe
- eine Grundbeschichtung,
- eine Zwischenbeschichtung,
- eine Schlußbeschichtung;

3.2.3.2.2 auf Zink und verzinktem Stahl

3.2.3.2.2.1 Zinkhaftfarbe, Kunstharz-Kombinationsfarbe
- eine Grundbeschichtung aus Zinkhaftfarbe,
- eine Schlußbeschichtung aus Zinkhaftfarbe;

3.2.3.2.2.2 Reaktionslackfarben auf Basis von Polyisocyanatharz oder Epoxidharz
- eine Grundbeschichtung,
- eine Schlußbeschichtung;

3.2.3.2.2.3 Polymerisatharzlackfarbe, Dickschichtsystem
- eine Grundbeschichtung,
- eine Schlußbeschichtung;

3.2.3.2.2.4 Dispersionsfarbe
- eine Grundbeschichtung,
- eine Schlußbeschichtung,
nur für helle Farbtöne geeignet;

3.2.3.2.2.5 Dispersionslackfarbe
- eine Grundbeschichtung aus Dispersionslackfarbe,
- eine Schlußbeschichtung aus Dispersionslackfarbe,
nur für helle Farbtöne geeignet.

3.2.3.2.3 auf Aluminium und Aluminiumlegierungen

3.2.3.2.3.1 Alkydharzlackfarbe
- eine Grundbeschichtung aus Haftgrundbeschichtungsstoff,
- eine Schlußbeschichtung aus Alkydharzlackfarbe;

3.2.3.2.3.2 Reaktionslackfarbe auf der Basis von Polyisocyanatharz oder Epoxidharz
- eine Grundbeschichtung,
- eine Schlußbeschichtung;

3.2.3.2.3.3 Polymerisatharzlackfarbe, Dickschichtsystem
- eine Grundbeschichtung aus Haftgrundbeschichtungsstoff,
- eine Schlußbeschichtung aus Polymerisatharzlackfarbe.

3.2.3.3 Farblose Beschichtung auf Edelstahl und Aluminium ist mit 2-Komponentenlack einschichtig auszuführen.

3.2.4 auf Kunststoff

3.2.4.1 Kunststoff-Flächen sind zu reinigen und mit feinem Schleifvlies anzurauhen.

3.2.4.2 Die gereinigten Flächen sind mit einem Grundbeschichtungsstoff und einem Schlußbeschichtungsstoff zu beschichten. Der Auftragnehmer hat die Beschichtungsstoffe mit dem Angebot dem Auftraggeber bekannt zu geben, wenn sie in der Leistungsbeschreibung nicht vorgesehen sind.

3.2.5 Besondere Beschichtungsverfahren

3.2.5.1 Belegen mit Blattmetallen

Überzüge aus Blattmetallen sind auf vorbehandelten Untergründen gleichmäßig deckend herzustellen. Fehlstellen sind nachzuarbeiten. Überzüge aus Blattsilber und Schlagmetall sind mit einem farblosen Lack gegen Korrosion zu schützen.

3.2.5.2 Bronzieren

Die zu bronzierenden Flächen sind zu entfetten und zu reinigen. Die mit Bronzetinktur oder Lacken angesetzten Bronzen sind gleichmäßig aufzutragen.

3.2.5.3 Herstellen von Metalleffektlackierungen

Metalleffektlackierungen sind im Spritzverfahren auszuführen.

3.2.5.4 Brandschutzbeschichtungen

Schaumschutzbildende Brandschutzbeschichtungen sind entsprechend den Anforderungen des Brandschutzes auszuführen. Die Beschichtungsstoffe hat der Auftragnehmer mit dem Angebot dem Auftraggeber bekanntzugeben, wenn sie in der Leistungsbeschreibung nicht vorgesehen sind.

Über die ordnungsgemäße Herstellung der Brandschutzbeschichtung und/oder eine Kennzeichnung der Brandschutzbeschichtung ist dem Auftraggeber eine Abnahmebescheinigung zu liefern.

Auf die Brandschutzbeschichtung dürfen weitere Beschichtungen nicht aufgebracht werden.

3.2.5.5 Fahrbahnmarkierungen

Fahrbahnmarkierungen sind wie folgt auszuführen:
- Reinigen der zu behandelnden Flächen,
- Beschichten mit Fahrbahnmarkierungsstoff.

3.3 Überholungsbeschichtungen

Sie sind wie folgt auszuführen:

3.3.1 auf mineralischen Untergründen

3.3.1.1 Allgemeines

3.3.1.1.1 Beschichtungen aus Kalk, Kalk-Weißzement, Silikatfarben, Dispersionssilikatfarben und Silikat-Lasurfarben sind nur auf mineralischem Untergrund oder auf Beschichtungen mit mineralischen Beschichtungsstoffen auszuführen.

3.3.1.1.2 Leimfarbenanstriche dürfen weder mit Leimfarben noch mit anderen Beschichtungsstoffen beschichtet werden. Vorhandene Leimfarbenanstriche sind durch Abwaschen zu entfernen.

Maler- und Lackierarbeiten   DIN 18 363

3.3.1.2 Vorbehandlung

3.3.1.2.1 Die vorhandene Beschichtung muß gut haften und tragfähig sein; sie ist zu reinigen, anzulaugen oder durch Schleifen aufzurauhen.
Gerissene und nicht festhaftende Beschichtungsteile und Tapeten sind zu entfernen. Der freigelegte Untergrund ist zu reinigen und gegebenenfalls aufzurauhen.

3.3.1.2.2 Bei schadhaftem Untergrund ist eine Vorbehandlung notwendig. Sind die erforderlichen Maßnahmen im Vertrag nicht vorgesehen, so sind sie besonders zu vereinbaren (siehe Abschnitt 4.2.1), z. B.:

- Putz

    Ausbessern schadhafter Putzstellen, Beispachteln der Übergänge, Fluatieren der ausgebesserten Stellen, Nachwaschen und Grundieren;

- Beton

    Ausbessern schadhafter Stellen in der Oberfläche, Grundieren nachgebesserter und nicht beschichteter Flächen;

- Gasbeton

    Ausbessern schadhafter Stellen in der Oberfläche, Grundieren nachgebesserter Stellen;

- Faserverstärkte Zementplatten

    Grundieren freigelegter Flächen, Beispachteln der Übergänge;

- Wärmedämmverbund-System, kunstharzbeschichtet

    Reinigen kunstharzbeschichteter Oberflächen mit Heißwasser-Hochdruckreiniger, Ausbessern schadhafter Stellen in der Oberfläche;

- Kunstharzputz nach DIN 18 558

    Grundieren ausgebesserter Stellen mit wasserverdünnbarem Grundbeschichtungsstoff;

- Kalksandsteinmauerwerk

    Ausbessern schadhafter Stellen in der Oberfläche, Grundieren ausgebesserter Stellen.

3.3.1.3 Deckende Beschichtungen

3.3.1.3.1 Putz

- eine Zwischenbeschichtung nach den Abschnitten 3.2.1.2.1 bis 3.2.1.2.9,
- eine Schlußbeschichtung nach den Abschnitten 3.2.1.2.1 bis 3.2.1.2.9;

3.3.1.3.2 Beton

- eine erste Zwischenbeschichtung aus Polymerisatharz-Elastikfarbe,
- eine zweite Zwischenbeschichtung aus Polymerisatharz-Elastikfarbe,
- eine Schlußbeschichtung aus Polymerisatharz-Elastikfarbe;

3.3.1.3.3 Gasbeton

- eine Zwischenbeschichtung aus Gasbetonbeschichtungsstoff nach den Abschnitten 3.2.1.2.18 und 3.2.1.2.19;
- eine Schlußbeschichtung aus Gasbetonbeschichtungsstoff nach den Abschnitten 2.2.1.2.18 und 3.2.1.2.19;

3.3.1.3.4 Faserverstärkte Zementplatten
— eine Zwischenbeschichtung nach den Abschnitten 3.2.1.2.3, 3.2.1.2.6 und 3.2.1.2.10,
— eine Schlußbeschichtung nach den Abschnitten 3.2.1.2.3, 3.2.1.2.4, 3.2.1.2.6 und 3.2.1.2.10;

3.3.1.3.5 Wärmedämmverbund-System, kunstharzbeschichtet
— eine Grundbeschichtung,
— eine Zwischenbeschichtung aus gefüllter Dispersionsfarbe,
— eine Schlußbeschichtung aus gefüllter Dispersionsfarbe;

3.3.1.3.6 Kunstharzputz nach DIN 18 558
— eine Zwischenbeschichtung aus gefüllter Dispersionsfarbe,
— eine Schlußbeschichtung aus gefüllter Dispersionsfarbe;

3.3.1.3.7 Kalksandsteinmauerwerk
— eine Zwischenbeschichtung nach den Abschnitten 3.2.1.2.6, 3.2.1.2.11,
— eine Schlußbeschichtung nach den Abschnitten 3.2.1.2.4, 3.2.1.2.6, 3.2.1.2.11.

3.3.1.4 Lasierende Beschichtungen
3.3.1.4.1 Beton
— eine Zwischenbeschichtung,
— eine Schlußbeschichtung nach den Abschnitten 3.2.1.3.1 bis 3.2.1.3.3.

3.3.2 auf Holz und Holzwerkstoffen
3.3.2.1 Vorbehandlung

3.3.2.1.1 Die vorhandene Beschichtung muß gut haften und tragfähig sein; sie ist zu reinigen, anzulaugen oder durch Schleifen aufzurauhen. Gerissene und nicht festhaftende Beschichtungsteile sind zu entfernen. Der freigelegte Untergrund ist zu reinigen und gegebenenfalls aufzurauhen.

3.3.2.1.2 Bei schadhaftem Untergrund ist eine Vorbehandlung notwendig. Sind die erforderlichen Maßnahmen im Vertrag nicht vorgesehen, so sind sie besonders zu vereinbaren (siehe Abschnitt 4.2.1), z. B.:
— Beischleifen der Übergänge zur Altbeschichtung,
— Grundieren mit Grundbeschichtungsstoffen von freigelegten und/oder abgewitterten Flächen, bei Nadelholz mit fungiziden, bläuepilzwidrigen Zusätzen,
— Ausspachteln von Fugen, Löchern und Rissen, ausgenommen Leistungen nach Abschnitt 4.1.7,
— Beispachteln der Übergänge,
— Entfernen von losem und schadhaftem Kitt der Kittfalze bei Fenstern und Außentüren, Grundieren freigelegter Teile und Ausbessern der Kittfalze.

3.3.2.2 Deckende Beschichtungen
— eine Zwischenbeschichtung nach den Abschnitten 3.2.2.2.1 bis 3.2.2.2.4,
— eine Schlußbeschichtung nach den Abschnitten 3.2.2.2.1 bis 3.2.2.2.4;

3.3.2.3 Lasierende Beschichtungen
— eine Zwischenbeschichtung nach den Abschnitten 3.2.2.3.1 bis 3.2.2.3.4,
— eine Schlußbeschichtung nach den Abschnitten 3.2.2.3.1 bis 3.2.2.3.4;

3.3.2.4 Farblose Innenbeschichtungen
— eine Zwischenbeschichtung nach den Abschnitten 3.2.2.4.1 bis 3.2.2.4.3,
— eine Schlußbeschichtung nach den Abschnitten 3.2.2.4.1 bis 3.2.2.4.3.

3.3.3 auf Metall
3.3.3.1 Vorbehandlung

3.3.3.1.1 Die vorhandene Beschichtung muß gut haften und tragfähig sein; sie ist zu reinigen, anzulaugen oder durch Schleifen aufzurauhen. Gerissene und nicht festhaftende Beschichtungsteile sind zu entfernen. Der freigelegte Untergrund ist zu reinigen, gegebenenfalls zu entrosten und aufzurauhen.

3.3.3.1.2 Bei schadhaftem Untergrund ist eine Vorbehandlung notwendig. Sind die erforderlichen Maßnahmen im Vertrag nicht vorgesehen, so sind sie besonders zu vereinbaren (siehe Abschnitt 4.2.1), z. B. bei:

— Stahl

Entfernen von Rost,
Grundieren freigelegter und entrosteter Stellen mit Korrosionsschutz-Grundbeschichtungsstoff,
Beispachteln von Unebenheiten;

— Zink und verzinktem Stahl

Entfernen von schlecht haftenden Teilen und von Korrosionsprodukten und Salzen,
Grundieren freigelegter und entrosteter Stellen, bei freiliegendem Stahl mit Korrosionsschutz-Grundbeschichtungsstoff,
Grundieren mit Grundbeschichtungsstoff für Zink;

— Aluminium und Aluminiumlegierungen

Entfernen von Korrosionsprodukten und Salzen,
Grundieren freigelegter Flächen mit Zweikomponenten-Grundbeschichtungsstoff.

3.3.3.2 Deckende Beschichtungen

3.3.3.2.1 Stahl
— eine Zwischenbeschichtung nach den Abschnitten 3.2.3.2.1.1 bis 3.2.3.2.1.12,
— eine Schlußbeschichtung nach den Abschnitten 3.2.3.2.1.1 bis 3.2.3.2.1.12;

3.3.3.2.2 Zink und verzinkter Stahl
— eine Zwischenbeschichtung,
— eine Schlußbeschichtung nach den Abschnitten 3.2.3.2.2.1 bis 3.2.3.2.2.5;

3.3.3.2.3 Aluminium und Aluminiumlegierungen
— eine Zwischenbeschichtung,
— eine Schlußbeschichtung nach den Abschnitten 3.2.3.2.3.1 bis 3.2.3.2.3.3.

3.3.4 auf Kunststoff
3.3.4.1 Vorbehandlung

3.3.4.1.1 Die vorhandene Beschichtung muß gut haften und tragfähig sein; sie ist zu reinigen und durch Schleifen aufzurauhen. Gerissene und nicht festhaftende Beschichtungsteile sind zu entfernen.
Übergänge zur Altbeschichtung sind beizuschleifen.

3.3.4.1.2 Bei schadhaftem Untergrund ist eine Vorbehandlung notwendig. Sind die erforderlichen Maßnahmen im Vertrag nicht vorgesehen, so sind sie besonders zu vereinbaren (siehe Abschnitt 4.2.1).

3.3.4.2 Deckende Beschichtungen
Die gereinigten Flächen sind mit einem Grundbeschichtungsstoff und einem Schlußbeschichtungsstoff zu beschichten.

Der Auftragnehmer hat die Beschichtungsstoffe mit dem Angebot dem Auftraggeber bekannt zu geben, wenn sie in der Leistungsbeschreibung nicht vorgesehen sind.

3.4 Erneuerungsbeschichtungen
Sie sind wie folgt auszuführen:

3.4.1 Die vorhandenen Beschichtungen sind vollständig zu entfernen. Bei schadhaften Untergründen ist eine Ausbesserung notwendig. Sind die erforderlichen Maßnahmen im Vertrag nicht vorgesehen, so sind sie besonders zu vereinbaren (siehe Abschnitt 4.2.1).

3.4.2 Deckende, lasierende und farblose Beschichtungen sind wie Erstbeschichtungen nach Abschnitt 3.2 systemgerecht auszuführen.

4 Nebenleistungen, Besondere Leistungen

4.1 Nebenleistungen sind ergänzend zur ATV DIN 18 299, Abschnitt 4.1, insbesondere:

4.1.1 Auf- und Abbauen sowie Vorhalten der Gerüste, deren Arbeitsbühnen nicht höher als 2 m über Gelände oder Fußboden liegen.

4.1.2 Maßnahmen zum Schutz von Bauteilen, z. B. von Fußböden, Treppen, Türen, Fenstern und Beschlägen, sowie von Einrichtungsgegenständen vor Verunreinigung und Beschädigung während der Arbeiten durch loses Abdecken, Abhängen oder Umwickeln einschließlich anschließender Beseitigung der Schutzmaßnahmen, ausgenommen Leistungen nach Abschnitt 4.2.5.

4.1.3 Aus- und Einhängen der Türen, Fenster, Fensterläden und dergleichen zur Bearbeitung sowie ihre Kennzeichnung zum Vermeiden von Verwechslungen.

4.1.4 Entfernen von Staub, Verschmutzungen und lose sitzenden Putz- und Betonteilen auf den zu behandelnden Untergründen, ausgenommen Leistungen nach Abschnitt 4.2.4.

4.1.5 Ausbessern einzelner kleiner Putz- und Untergrundbeschädigungen, ausgenommen Leistungen nach Abschnitt 4.2.1.

4.1.6 Schleifen von Holzflächen und – soweit erforderlich – von mineralischen Untergründen und Metallflächen zwischen den einzelnen Beschichtungen, sowie Feinsäubern der zu streichenden Flächen.

4.1.7 Verkitten einzelner kleiner Löcher und Risse, ausgenommen Leistungen nach Abschnitt 4.2.1.

4.1.8 Lüften der Räume, soweit und solange es für das Trocknen von Beschichtungen erforderlich ist.

4.1.9 Ansetzen von Musterflächen für die Schlußbeschichtung bis zu 2% der zu beschichtenden Fläche, jedoch höchstens bis zu 3 Musterflächen.

4.2 Besondere Leistungen sind ergänzend zur ATV DIN 18 299, Abschnitt 4.2, z. B.:

4.2.1 Zu vereinbarende Maßnahmen nach den Abschnitten 3.2.1.1, 3.2.1.2.6, 3.3.1.2.2, 3.3.2.1.2, 3.3.3.1.2, 3.3.4.1.2, 3.4.1.

4.2.2 Vorhalten von Aufenthalts- und Lagerräumen, wenn der Auftraggeber Räume, die leicht verschließbar gemacht werden können, nicht zur Verfügung stellt.

4.2.3 Auf- und Abbauen sowie Vorhalten der Gerüste, deren Arbeitsbühnen mehr als 2 m über Gelände oder Fußboden liegen.

4.2.4 Reinigen des Untergrundes von grober Verschmutzung, z. B. Gipsreste, Mörtelreste, Farbreste, Öl, soweit diese von anderen Unternehmern herrührt.

4.2.5 Besondere Maßnahmen zum Schutz von Bauteilen und Einrichtungsgegenständen, wie Abkleben von Fenstern und Türen, von eloxierten Teilen, Abdecken von Belägen, staubdichte Abdeckung von empfindlichen Einrichtungen und technischen Geräten, Schutzabdeckungen, Schutzanstriche, Staubwände u. ä. einschließlich Liefern der hierzu erforderlichen Stoffe.

4.2.6 Abkleben nicht entfernbarer Dichtungsprofile an Fenstern und Türzargen einschließlich der späteren Beseitigung des Schutzes.

4.2.7 Aus- und Einbauen von Dichtprofilen und Beschlagteilen an Fenstern, Türen, Zargen u. ä. auf besondere Anordnung des Auftraggebers.

4.2.8 Entfernen von Trennmittel-, Fett- oder Ölschichten.

4.2.9 Entfernen alter Anstrichschichten oder Tapezierungen.

4.2.10 Überbrücken von Putz- und Betonrissen mit Armierungsgewebe.

4.2.11 Verkitten von Fußbodenfugen.

4.2.12 Entrosten und Entfernen von Walzhaut und Zunder.

4.2.13 Ziehen von Abschlußstrichen, Schablonieren und Anbringen von Abschlußborten und dergleichen.

4.2.14 Absetzen von Beschlagteilen in einem besonderen Farbton an Türen, Fenstern, Fensterläden und dergleichen.

4.2.15 Mehrfarbiges Absetzen eines Bauteiles.

4.2.16 Reinigungsarbeiten, soweit sie über Abschnitt 4.1.11 der ATV DIN 18 299 hinausgehen, z. B. Feinreinigung zum Herstellen der Bezugsfertigkeit.

4.2.17 Aus- und Einräumen oder Zusammenstellen von Möbeln und dergleichen, Aufnehmen von Teppichen, Abnehmen von Vorhangschienen, Lampen und Gardinen.

4.2.18 Transport von Türen, Fensterflügeln, Läden, Heizkörpern u. ä. auf besondere Anordnung des Auftraggebers.

5 Abrechnung

Ergänzend zur ATV DIN 18 299, Abschnitt 5, gilt:

5.1 Allgemeines

5.1.1 Der Ermittlung der Leistung nach Zeichnungen sind zugrunde zu legen:
- auf Flächen ohne begrenzende Bauteile die Maße der ungeputzten, ungedämmten und nicht bekleideten Flächen,
- auf Flächen mit begrenzenden Bauteilen die Maße der zu behandelnden Flächen bis zu den sie begrenzenden, ungeputzten, ungedämmten beziehungsweise nicht bekleideten Bauteilen, z.B. Oberfläche einer aufgeständerten Fußbodenkonstruktion, Unterfläche einer abgehängten Decke,
- bei Fassaden die Maße der Bekleidung.

5.1.2 Der Ermittlung der Leistung nach Aufmaß sind die Maße des fertigen Bauteils, der fertigen Öffnung und Aussparung zugrunde zu legen.

5.1.3 Die Wandhöhen überwölbter Räume werden bis zum Gewölbeanschnitt, die Wandhöhe der Schildwände bis zu ⅔ des Gewölbestichs gerechnet.

5.1.4 Bei der Flächenermittlung von gewölbten Decken mit einer Stichhöhe unter ⅙ der Spannweite wird die Fläche des überdeckten Raumes berechnet.
Gewölbe mit größerer Stichhöhe werden nach der Fläche der abgewickelten Untersicht gerechnet.

5.1.5 In Decken, Wänden, Decken- und Wandbekleidungen, Vorsatzschalen, Dämmungen, Dächern und Außenwandbekleidungen werden Öffnungen, Aussparungen und Nischen bis zu 2,5 m^2 Einzelgröße übermessen.

5.1.6 Fußleisten, Sockelfliesen und dergleichen bis 10 cm Höhe werden übermessen.

5.1.7 Rückflächen von Nischen werden unabhängig von ihrer Einzelgröße mit ihrem Maß gesondert gerechnet.

5.1.8 Öffnungen, Nischen und Aussparungen werden, auch falls sie unmittelbar zusammenhängen, getrennt gerechnet.

5.1.9 Gesimse, Umrahmungen und Faschen von Füllungen oder Öffnungen werden beim Ermitteln der Fläche übermessen.
Gesimse und Umrahmungen werden unter Angabe der Höhe und Ausladung, bei Faschen der Abwicklung, zusätzlich gerechnet. Sie werden in ihrer größten Länge gemessen.

5.1.10 Ganz oder teilweise behandelte Leibungen von Öffnungen, Aussparungen und Nischen über 2,5 m^2 Einzelgröße werden gesondert gerechnet.
Leibungen, die bei bündig versetzten Fenstern, Türen und dergleichen durch Dämmplatten entstehen, werden ebenso gerechnet.

5.1.11 Rahmen, Riegel, Ständer, Deckenbalken, Vorlagen und Fachwerksteile aus Holz, Beton oder Metall bis 30 cm Einzelbreite werden übermessen; deren Beschichtung in anderem Farbton oder anderer Technik wird zusätzlich gerechnet.

5.1.12 Fenster, Türen, Trennwände, Bekleidungen und dergleichen werden je beschichtete Seite nach Fläche gerechnet; Glasfüllungen, kunststoffbeschichtete Füllungen oder Füllungen aus Naturholz und dergleichen werden übermessen.

Maler- und Lackierarbeiten DIN 18363

5.1.13 Bei Türen und Blockzargen über 60 mm Dicke sowie Futter und Bekleidungen von Türen und Fenstern, Stahltürzargen und dergleichen wird die abgewickelte Fläche gerechnet.

5.1.14 Treppenwangen werden in der größten Breite gerechnet.

5.1.15 Die Untersichten von Dächern und Dachüberständen mit sichtbaren Sparren werden in der Abwicklung gerechnet.

5.1.16 Fenstergitter, Scherengitter, Rollgitter, Roste, Zäune, Einfriedungen und Stabgeländer werden einseitig gerechnet.

5.1.17 Rohrgeländer werden nach Länge der Rohre und deren Durchmesser gerechnet.

5.1.18 Flächen von Profilen, Heizkörpern, Trapezblechen, Wellblechen und dergleichen werden, soweit Tabellen vorhanden sind, nach diesen gerechnet. Sind Tabellen nicht vorhanden, wird nach abgewickelter Fläche gerechnet.

5.1.19 Bei Rohrleitungen werden Schieber, Flansche und dergleichen übermessen.

5.1.20 Werden Türen, Fenster, Rolläden und dergleichen nach Anzahl (Stück) gerechnet, bleiben Abweichungen von den vorgeschriebenen Maßen bis jeweils 5 cm in der Höhe und Breite sowie bis 3 cm in der Tiefe unberücksichtigt.

5.1.21 Dachrinnen werden am Wulst, Fallrohre unabhängig von ihrer Abwicklung im Außenbogen gemessen.

5.2 Es werden abgezogen:

5.2.1 Bei Abrechnung nach Flächenmaß (m^2):

Öffnungen, Aussparungen und Nischen über 2,5 m^2 Einzelgröße, in Böden über 0,5 m^2 Einzelgröße.

5.2.2 Bei Abrechnung nach Längenmaß (m):

Unterbrechungen über 1 m Einzellänge.

VOB Teil C:
Allgemeine Technische Vertragsbedingungen für Bauleistungen (ATV)
Korrosionsschutzarbeiten an Stahl- und Aluminiumbauten
DIN 18 364
Ausgabe September 1988

Inhalt

0 Hinweise für das Aufstellen der Leistungsbeschreibung
1 Geltungsbereich
2 Stoffe, Bauteile
3 Ausführung
4 Nebenleistungen, Besondere Leistungen
5 Abrechnung

0 Hinweise für das Aufstellen der Leistungsbeschreibung

Diese Hinweise ergänzen die ATV DIN 18 299 „Allgemeine Regelungen für Bauarbeiten jeder Art", Abschnitt 0. Die Beachtung dieser Hinweise ist Voraussetzung für eine ordnungsgemäße Leistungsbeschreibung gemäß A § 9.
Die Hinweise werden nicht Vertragsbestandteil.
In der Leistungsbeschreibung sind nach den Erfordernissen des Einzelfalls insbesondere anzugeben:

0.1 Angaben zur Baustelle
Keine ergänzende Regelung zur ATV DIN 18 299, Abschnitt 0.1.

0.2 Angaben zur Ausführung

0.2.1 Besondere Anforderungen an die Gerüste.

0.2.2 Ob der Auftraggeber Geräte, z. B. zur Belüftung, Entlüftung, Beheizung, stellt.

0.2.3 Vorgesehene Ausführungstermine (Jahreszeit, Dauer und Tageszeit).

0.2.4 Konstruktion der Bauten und Bauteile, z. B. Vollwand- oder Fachwerkkonstruktion; tragende dünnwandige Konstruktionen; genietet, geschraubt oder geschweißt; Art und Umfang von Montageverbindungen; Spaltbreite bei Konstruktionen aus zusammengesetzten Profilen; Stahlgüte, soweit sie für die Oberflächenvorbereitung von Bedeutung ist.

0.2.5 Beschaffenheit der Oberfläche, z. B. bei Stahl und bei vorhandenen Beschichtungen oder Überzügen entsprechend DIN 55 928 Teil 4, bei Aluminium entsprechend DIN 4113 Teil 1.

0.2.6 Zu erwartende Beanspruchungen des Korrosionsschutzsystems, z. B. Art, Stärke und Dauer der mechanischen, thermischen, chemischen und/oder anderen Beanspruchungen während und nach der Ausführung.

Korrosionsschutzarbeiten an Stahl- und Aluminiumbauten DIN 18 364

0.2.7 Oberflächenvorbereitung, bei Stahl und bei vorhandenen Beschichtungen oder Überzügen Norm-Reinheitsgrade und/oder Reinigungsverfahren nach DIN 55 928 Teil 4.

0.2.8 Art der Vorbereitung und der Nachbearbeitung der Beschichtung der Verbindungsstellen, z. B. Schweiß-, Niet- und Schraubverbindungen.

0.2.9 Mengenmäßiger Anteil von schadhaften und nachzubearbeitenden Stellen, wie deren Untergrund vorzubereiten ist und wie sie ausgebessert (ausgefleckt) oder beschichtet werden sollen.

0.2.10 Korrosionsschutzsysteme einschließlich Kantenschutz, z. B. bei Stahl entsprechend DIN 55 928 Teil 5, bei Aluminium entsprechend DIN 4113 Teil 1.

0.2.11 Ob, wie und in welchem Umfang Prüfungen der nassen und der trockenen Schichten durchzuführen sind.

0.2.12 Anzahl und Größe der Kontrollflächen nach DIN 55 928 Teil 7.

0.2.13 Art und Anzahl geforderter Musterbeschichtungen, z. B. zur Festlegung des Farbtons.

0.2.14 Farben und Farbtöne sowie die unterschiedlich zu behandelnden Flächen.

0.2.15 Ob und nach welchen Tabellen bei nicht genormten und nicht standardisierten Bauteilen abgerechnet werden soll.

0.2.16 Das ungefähre Verhältnis der zu behandelnden Fläche (m^2) zum Gewicht (t) der zu behandelnden Konstruktion, wenn die Korrosionsschutzarbeiten nach Gewicht abgerechnet werden sollen.

0.3 Einzelangaben bei Abweichungen von den ATV

0.3.1 Wenn andere als die in dieser ATV vorgesehenen Regelungen getroffen werden sollen, sind diese in der Leistungsbeschreibung eindeutig und im einzelnen anzugeben.

0.3.2 Abweichende Regelungen können insbesondere in Betracht kommen bei

Abschnitt 2.1.1, wenn der Auftragnehmer die Stoffe nicht auswählen und den Beschichtungsaufbau nicht festlegen soll,

Abschnitt 3.1.2, wenn der Auftragnehmer die Verfahren zur Vorbereitung der Oberflächen und für die Applikation nicht auswählen soll,

Abschnitt 5.1.1, wenn die Leistung nicht durch örtliches Aufmaß ermittelt werden soll, sondern z. B. aus Zeichnungen, die der Auftraggeber zur Verfügung stellt, oder aus Stücklisten; wenn der Abrechnung nicht die Konstruktionsmaße zugrunde gelegt werden sollen, sondern z. B. das Fertigmaß.

0.4 Einzelangaben zu Nebenleistungen und Besonderen Leistungen

Keine ergänzende Regelung zur ATV DIN 18 299, Abschnitt 0.4.

0.5 Abrechnungseinheiten

Im Leistungsverzeichnis sind die Abrechnungseinheiten wie folgt vorzusehen:

0.5.1 Flächenmaß (m^2), getrennt nach Bauart und Maßen, für
- Vollwandkonstruktionen und Fachwerkkonstruktionen aus Profilen mit einer Abwicklung von mehr als 30 cm,
- Fenster, Türen, Tore und dergleichen,
- Rohre mit einer Abwicklung von mehr als 30 cm,
- Behälter, Spundwände und profilierte Bleche,
- Roste, Abdeckbleche und Gitter.

DIN 18 364 VOB Teil C

0.5.2 Längenmaß (m), getrennt nach Bauart und Maßen, für
- einzelne Profile und Teilflächen von Profilen mit einer Abwicklung bis 30 cm,
- einzelne Rohre mit einer Abwicklung bis 30 cm,
- Geländer,
- zusätzlichen Schutz der Kanten und Schweißnähte.

0.5.3 Anzahl (Stück), getrennt nach Bauart und Maßen, für
- Maschinen, Motoren und dergleichen sowie Behälter,
- Befestigungen, z. B. Unterstützungen, Rohrschellen, Abhängungen,
- Fenster, Türen, Tore und dergleichen,
- zusätzlichen Schutz der Verbindungsmittel, z. B. Schrauben,
- Armaturen einschließlich Flanschpaare, Flansche und dergleichen.

0.5.4 Gewicht (t) für
- Konstruktionen oder getrennt erfaßbare Konstruktionsteile.

1 Geltungsbereich

1.1 Die ATV „Korrosionsschutzarbeiten an Stahl- und Aluminiumbauten" – DIN 18 364 – gilt für das Beschichten und thermische Spritzen von Metallen an Konstruktionen aus Stahl oder Aluminium, die einer Festigkeitsberechnung oder bauaufsichtlichen Zulassung bedürfen.

Bei anderen Konstruktionen und Bauteilen aus Stahl und Aluminium gilt DIN 18 364 nur, wenn diese in der Leistungsbeschreibung vorgeschrieben ist.

1.2 Ergänzend gelten die Abschnitte 1 bis 5 der ATV DIN 18 299 „Allgemeine Regelungen für Bauarbeiten jeder Art".

Bei Widersprüchen gehen die Regelungen der ATV DIN 18 364 vor.

2 Stoffe

Ergänzend zur ATV DIN 18 299, Abschnitt 2, gilt:

2.1 Liefern

2.1.1 Allgemeines

Der Auftragnehmer hat die Stoffe auszuwählen und den Beschichtungsaufbau nach DIN 55 928 Teil 5 „Korrosionsschutz von Stahlbauten durch Beschichtungen und Überzüge; Beschichtungsstoffe und Schutzsysteme" festzulegen. Die Stoffe müssen so ausgewählt werden, daß sie dem Untergrund sowie den Arbeits- und Umweltbedingungen entsprechen und übereinanderliegende Schichten (auch in Brandschutzsystemen) sich nicht nachteilig beeinflussen.

2.1.2 Gebinde

Auf den Gebinden der Beschichtungsstoffe müssen folgende Angaben unverschlüsselt und haltbar angebracht sein:
- Hersteller,
- Beschichtungsstoff, eigenschaftsbestimmendes Bindemittel und Pigment,
- Farbton, Verdünnungsmittel,

- Härter und Mischungsverhältnis bei Mehrkomponenten-Beschichtungsstoffen,
- Verwendungszweck, z. B. für erste Grundbeschichtung,
- Nettogewicht,
- Chargen-Nummer,
- Jahr und Monat der Abfüllung.

3 Ausführung

Ergänzend zur ATV DIN 18 299, Abschnitt 3, gilt:

3.1 Allgemeines

3.1.1 Der Auftragnehmer hat bei einer Prüfung Bedenken (siehe B § 4 Nr 3) insbesondere geltend zu machen bei
- grober Verschmutzung der Oberfläche,
- nicht ausreichender Haftung vorhandener Beschichtungen,
- nicht ausreichender Durchhärtung vorhandener Beschichtungen,
- Rissen, Blasen u. ä. in vorhandenen Beschichtungen oder Überzügen.

3.1.2 Die Verfahren zur Vorbereitung der Oberfläche und für die Applikation hat der Auftragnehmer auszuwählen und dem Auftraggeber vor der Ausführung bekannt zu geben.

3.2 Korrosionsschutzarbeiten an Stahl

Korrosionsschutzarbeiten an Stahl sind nach

DIN 55 928 Teil 4 Korrosionsschutz von Stahlbauten durch Beschichtungen und Überzüge; Vorbereitung und Prüfung der Oberflächen,

DIN 55 928 Teil 6 Korrosionsschutz von Stahlbauten durch Beschichtungen und Überzüge; Ausführung und Überwachung der Korrosionsschutzarbeiten,

DIN 55 928 Teil 7 Korrosionsschutz von Stahlbauten durch Beschichtungen und Überzüge; Technische Regeln für Kontrollflächen

und das thermische Spritzen darüber hinaus nach

DIN 8565 Korrosionsschutz von Stahlbauten durch thermisches Spritzen von Zink und Aluminium; Allgemeine Grundsätze

und

DIN 8567 Vorbereitung von Oberflächen metallischer Werkstücke und Bauteile für das thermische Spritzen

auszuführen.

3.3 Korrosionsschutzarbeiten an Aluminium

Korrosionsschutzarbeiten an Aluminium sind nach

DIN 4113 Teil 1 Aluminiumkonstruktionen unter vorwiegend ruhender Belastung; Berechnung und bauliche Durchbildung

auszuführen.

3.4 Kontrollflächen

3.4.1 Sind nach der Leistungsbeschreibung Kontrollflächen anzulegen, so hat der Auftragnehmer deren Lage am Objekt und den Zeitpunkt des Anlegens mit dem Auftraggeber abzustimmen.

3.4.2 Der Auftragnehmer ist berechtigt, innerhalb seiner Leistung Kontrollflächen zur Klärung von Schadensursachen gegenüber dem Stofflieferanten gemeinsam mit diesem ohne Hinzuziehung des Auftraggebers anzulegen. Lage am Objekt und Zeitpunkt des Anlegens sind jedoch mit dem Auftraggeber abzustimmen.

3.4.3 Kontrollflächen auf Stahl sind nach DIN 55 928 Teil 7 anzulegen.

Bei Beschichtungen von Oberflächen, die vorher von Dritten mit Fertigungs- und/ oder Grund- und Deckbeschichtungen versehen wurden, sind Doppelkontrollflächen anzulegen.

4 Nebenleistungen, Besondere Leistungen

4.1 Nebenleistungen sind ergänzend zur ATV DIN 18 299, Abschnitt 4.1, insbesondere:

4.1.1 Feststellen des Zustandes der Straßen, der Geländeoberfläche, der Vorfluter usw. nach B § 3 Nr 4.

4.1.2 Auf- und Abbauen sowie Vorhalten der Gerüste, deren Arbeitsbühnen nicht höher als 2 m über Gelände oder Fußboden liegen.

4.1.3 Teilabdeckungen an Bauteilen und von Einrichtungsgegenständen zum Schutz vor Verunreinigungen und Beschädigungen durch die Arbeiten des Auftragnehmers einschließlich des Vorhaltens der erforderlichen Stoffe.

4.1.4 Entfernen von Staub und loser Verschmutzung auf den zu behandelnden Untergründen.

4.1.5 Anlegen von Kontrollflächen nach DIN 55 928 Teil 7.

4.1.6 Aufbringen von höchstens fünf Musterbeschichtungen, sofern Gerüstarbeiten außer nach Abschnitt 4.1.2 dafür nicht erforderlich sind, das einzelne Muster nicht mehr als 2 m^2, insgesamt jedoch höchstens 1% der zu beschichtenden Fläche beträgt.

4.1.7 Kennzeichnen der Beschichtung nach DIN 55 928 Teil 6.

4.2 Besondere Leistungen sind ergänzend zur ATV DIN 18 299, Abschnitt 4.2, z. B.:

4.2.1 Beseitigen von Sträuchern, Bäumen, Steinen und Mauerresten.

4.2.2 Reinigen des Untergrundes von grober Verschmutzung durch Bauschutt, Gips, Zementschlämme, Mörtelreste, Farbreste, Ruß u. ä., soweit sie von anderen Unternehmern herrührt.

4.2.3 Auf- und Abbauen sowie Vorhalten der Gerüste, deren Arbeitsbühnen höher als 2 m über Gelände oder Fußboden liegen.

4.2.4 Zusätzliche Maßnahmen für die Weiterarbeit auf Verlangen des Auftraggebers bei Witterungsbedingungen, die von den Angaben in der Verarbeitungsvorschrift des Herstellers abweichen, z. B. Abdecken, Einzelten, Erwärmen der Oberfläche, Trocknen der Luft.

4.2.5 Maßnahmen zum Schutz von Bauteilen und Einrichtungsgegenständen, die über Abschnitt 4.1.3 hinausgehen, z. B. Ganzabdeckungen.

4.2.6 Entfernen und Wiederaufbringen von Rosten, Belägen, Abdeckplatten und dergleichen.

4.2.7 Zusätzlicher Schutz der Kanten und Schweißnähte.

4.2.8 Zusätzlicher Schutz der Verbindungsmittel, z. B. Schrauben, Niete.

4.2.9 Beschichten von Armaturen einschließlich Flanschpaare, Flansche.

5 Abrechnung

Ergänzend zur ATV DIN 18 299, Abschnitt 5, gilt:

5.1 Allgemeines

5.1.1 Die Leistung ist – getrennt nach Korrosionsschutzsystemen – durch örtliches Aufmaß zu ermitteln.

Genormte oder standardisierte Bauteile dürfen nach Tabellen abgerechnet werden.

Bei Abrechnung nach Zeichnung sind der Ermittlung der Leistung die Konstruktionsmaße bis zu den begrenzenden, ungeputzten oder unbekleideten Bauteilen zugrunde zu legen.

5.1.2 Bei Abrechnung nach Längenmaß werden Kreuzungen, Überdeckungen, Durchdringungen u. ä. nicht abgezogen.

5.1.3 Längen, auch zur Flächenermittlung, werden in der jeweils größten ausgeführten Strecke ermittelt, z. B. bei Rohren im Außenbogen.

5.1.4 Geländer, Roste und Gitter werden einseitig gerechnet.

5.1.5 Verbindungsmittel, z. B. Schrauben, Niete, werden nicht gesondert gerechnet.

5.1.6 Bei Abrechnung von Rohrleitungen nach Längenmaß werden Armaturen, Flansche und dergleichen übermessen.

5.1.7 Bei Abrechnung nach Gewicht wird das Gewicht von Teilen, deren Flächen ganz oder teilweise nicht zu behandeln sind, nicht abgezogen, z. B. einbetonierte Stützenfüße.

5.1.8 Behälter, Spundwände und profilierte Bleche werden nach der abgewickelten Fläche gerechnet.

5.1.9 Roste, Abdeckbleche und Gitter werden nach der Grundfläche gerechnet.

5.1.10 Armaturen einschließlich Flanschpaare, Flansche werden gesondert gerechnet.

5.2 Es werden abgezogen:

Bei Abrechnung nach Flächenmaß (m^2):
Aussparungen, Überdeckungen, Öffnungen usw. über 0,1 m^2 Einzelgröße.

VOB Teil C:
Allgemeine Technische Vertragsbedingungen für Bauleistungen (ATV)
Bodenbelagarbeiten — DIN 18 365
Ausgabe Dezember 1992

Inhalt

0 Hinweise für das Aufstellen der Leistungsbeschreibung
1 Geltungsbereich
2 Stoffe, Bauteile
3 Ausführung
4 Nebenleistungen, Besondere Leistungen
5 Abrechnung

0 Hinweise für das Aufstellen der Leistungsbeschreibung

Diese Hinweise ergänzen die ATV DIN 18 299 „Allgemeine Regelungen für Bauarbeiten jeder Art", Abschnitt 0. Die Beachtung dieser Hinweise ist Voraussetzung für eine ordnungsgemäße Leistungsbeschreibung gemäß A § 9.
Die Hinweise werden nicht Vertragsbestandteil.
In der Leistungsbeschreibung sind nach den Erfordernissen des Einzelfalls insbesondere anzugeben:

0.1 Angaben zur Baustelle
Keine ergänzende Regelung zur ATV DIN 18 299, Abschnitt 0.1.

0.2 Angaben zur Ausführung

0.2.1 Art und Beschaffenheit des Untergrundes, Art und Dicke der einzelnen Schichten.

0.2.2 Besondere thermische Einflüsse und Feuchtigkeitseinwirkungen auf den Untergrund von unten nach oben sowie von außen nach innen.

0.2.3 Bei beheizten Fußbodenkonstruktionen Art der Heizung, Art und Dicke des Untergrundes, Lage der Heizrohre und Heizelemente, Ausführung von Bewegungsfugen.

0.2.4 Art und Vorbehandlung der Untergrundoberflächen, z. B. Bürsten, Schleifen, Saugen, Vorstreichen, ganzflächiges Spachteln.

0.2.5 Farbtönung, Flächenaufteilung, Oberflächenbeschaffenheit, Dicke, Verwendungszweck, besondere Eigenschaften der Bodenbeläge, z. B. Stuhlrolleneignung, Feuchtraumeignung, zusätzlich bei textilen Belägen Strapazierwert, Komfortwert, Treppeneignung.

0.2.6 Besondere Anforderungen an die Bodenbeläge, z. B. bei hoher mechanischer, thermischer und chemischer Einwirkung oder ob die Bodenbeläge elektrisch isolierend oder elek-

Bodenbelagarbeiten DIN 18 365

trisch leitfähig bzw. antistatisch oder permanent antistatisch ausgerüstet sein und dementsprechend verlegt werden sollen, ob auf Unterlage verlegt oder ob textile Beläge auf Nagelleisten verspannt sein sollen.

0.2.7 Art und Ausbildung der Anschlüsse an Bauwerke und Bauwerksteile.

0.2.8 Bewegungsfugen im Bauwerk.

0.2.9 Art und Anzahl der geforderten Probeflächen.

0.2.10 Ob Proben der Belagstoffe mit Angabe des Herstellers dem Angebot beizufügen sind.

0.2.11 Verlegemuster, z. B. Verlauf von Fugen, Platten und Bahnenware.

0.2.12 Art und Beschaffenheit vorhandener Einfassungen.

0.2.13 Vom Rechteck abweichende Form der zu belegenden Flächen, z. B. schiefwinklige Flächen, runde Flächen, Treppen und dergleichen.

0.2.14 Art der Treppen, Ausbildung der zu belegenden Stufen, der Treppensockel, wenn nötig unter Beifügung von Zeichnungen.

0.2.15 Angaben über vorhandenes Gefälle.

0.2.16 Anzahl, Maße und Art von Aussparungen, Rohrdurchführungen, Rahmen, Trenn- und Anschlagschienen u. ä.

0.2.17 Art einzubauender Leisten und anderer Bauprofile.

0.2.18 Lage von nicht erkennbaren Leitungen, Rohren usw. im Boden- und Wandbereich.

0.2.19 Ob Bestandspläne zu erstellen sind.

0.3 Einzelangaben bei Abweichungen von den ATV

0.3.1 Wenn andere als die in dieser ATV vorgesehenen Regelungen getroffen werden sollen, sind diese in der Leistungsbeschreibung eindeutig im einzelnen anzugeben.

0.3.2 Abweichende Regelungen können insbesondere in Betracht kommen bei

Abschnitt 3.2, wenn erhöhte Anforderungen an die Ebenheit vorgeschrieben werden sollen,

Abschnitt 3.4.1, wenn Bodenbeläge mit Unterlagen verlegt werden sollen,

Abschnitt 3.4.3, wenn Bodenbeläge nicht vollflächig geklebt werden sollen, sondern z. B. gespannt,

Abschnitt 3.4.4, wenn die Verlegerichtung der Bahnen dem Auftragnehmer nicht überlassen werden soll,

Abschnitt 3.4.6, wenn Bodenflächen von Türöffnungen, Nischen und dergleichen entgegen der vorgesehenen Regelung verlegt werden sollen,

Abschnitt 3.4.7, wenn Kunststoffbeläge verschweißt verlegt werden sollen,

Abschnitt 3.4.8, wenn Linoleum- und Gummibeläge verfugt verlegt werden sollen,

Abschnitt 3.4.9, wenn die Kanten von textilen Bodenbelägen in Bahnen nicht geschnitten werden sollen,

Abschnitt 3.5.2, wenn Treppenstoßkanten und andere Stoßkanten nicht durch Kleben befestigt werden sollen, sondern z. B. durch Schrauben.

0.4 Einzelangaben zu Nebenleistungen und Besonderen Leistungen
Keine ergänzende Regelung zur ATV DIN 18 299, Abschnitt 0.4.

0.5 Abrechnungseinheiten
Im Leistungsverzeichnis sind die Abrechnungseinheiten wie folgt vorzusehen:

DIN 18 365 VOB Teil C

0.5.1 Flächenmaß (m²), getrennt nach Bauart und Maßen, für
- Vorbereiten des Untergrundes, z. B. Reinigen, Spachteln, Schleifen,
- Unterlagen, Bodenbeläge und Schutzabdeckungen,
- Verschweißen und Verfugen.

0.5.2 Längenmaß (m), getrennt nach Bauart und Maßen, für
- Abschneiden von Wand-Randstreifen und Abdeckungen,
- Bodenbeläge von Stufen und Schwellen,
- Leisten, Profile, Kanten, Schienen,
- Friese, Kehlen, Beläge von Kehlen und Markierungslinien,
- Verschweißen und Verfugen,
- Anarbeiten der Bodenbeläge an Einbauteile und Einrichtungsgegenstände,
- Schließen von Fugen.

0.5.3 Anzahl (Stück), getrennt nach Bauart und Maßen, für
- Bodenbeläge von Stufen und Schwellen,
- seitliche Stufen-Profile,
- Intarsien und Einzelmarkierungen,
- Abschluß- und Trennschienen,
- vorgefertigte Innen- und Außenecken bei Sockelleisten,
- Anarbeiten von Bodenbelägen in Räumen mit besonderen Installationen, z. B. Rohrdurchführungen, Einbauteile, Einrichtungsgegenstände.

1 Geltungsbereich

1.1 Die ATV „Bodenbelagarbeiten" — DIN 18 365 — gilt für Bodenbeläge in Bahnen und Platten aus Linoleum, Kunststoff, Gummi und Textilien.

1.2 Die ATV DIN 18 365 gilt nicht für
- Naturwerksteinbeläge (siehe ATV DIN 18 332 „Naturwerksteinarbeiten"),
- Betonwerksteinbeläge (siehe ATV DIN 18 333 „Betonwerksteinarbeiten"),
- Fliesen- und Plattenbeläge (siehe ATV DIN 18 352 „Fliesen- und Plattenarbeiten"),
- Estriche (siehe ATV DIN 18 353 „Estricharbeiten"),
- Asphaltbeläge (siehe ATV DIN 18 354 „Gußasphaltarbeiten"),
- Parkettfußböden (siehe ATV DIN 18 356 „Parkettarbeiten") und
- Holzpflasterarbeiten (siehe ATV DIN 18 367 „Holzpflasterarbeiten").

1.3 Ergänzend gelten die Abschnitte 1 bis 5 der ATV DIN 18 299 „Allgemeine Regelungen für Bauarbeiten jeder Art". Bei Widersprüchen gehen die Regelungen der ATV DIN 18 365 vor.

2 Stoffe, Bauteile

Ergänzend zur ATV DIN 18 299, Abschnitt 2, gilt:
Für die gebräuchlichsten genormten Stoffe und Bauteile sind die DIN-Normen nachstehend aufgeführt.

Bodenbelagarbeiten   DIN 18 365

2.1 Bodenbeläge

DIN 16 850	Bodenbeläge; Homogene und heterogene Elastomer-Beläge, Anforderungen, Prüfung
DIN 16 851	Bodenbeläge; Elastomer-Beläge mit Unterschicht aus Schaumstoff; Anforderungen, Prüfung
DIN 16 852	Bodenbeläge; Elastomer-Beläge mit profilierter Oberfläche, Anforderungen, Prüfung
DIN 16 951	Bodenbeläge; Polyvinylchlorid (PVC)-Beläge ohne Träger, Anforderungen, Prüfung
DIN 16 952 Teil 1	Bodenbeläge; Polyvinylchlorid (PVC)-Beläge mit Träger, PVC-Beläge mit genadeltem Jutefilz als Träger, Anforderungen, Prüfung
DIN 16 952 Teil 2	Bodenbeläge; Polyvinylchlorid (PVC)-Beläge mit Träger, PVC-Beläge mit Korkment als Träger, Anforderungen, Prüfung
DIN 16 952 Teil 3	Bodenbeläge; Polyvinylchlorid (PVC)-Beläge mit Träger, PVC-Beläge mit Unterschicht aus PVC-Schaumstoff, Anforderungen, Prüfung
DIN 16 952 Teil 4	Bodenbeläge; Polyvinylchlorid (PVC)-Beläge mit Träger, PVC-Beläge mit Synthesefaser-Vliesstoff als Träger, Anforderungen, Prüfung
DIN 16 952 Teil 5	Bodenbeläge; Polyvinylchlorid (PVC)-Beläge mit Träger, PVC-Schaumbeläge mit strukturierter Oberfläche und heterogenem Aufbau, Anforderungen, Prüfung
DIN 18 171	Bodenbeläge; Linoleum, Anforderungen, Prüfung
DIN 18 173	Bodenbeläge; Linoleum-Verbundbelag, Anforderungen, Prüfung
DIN 66 095 Teil 1	Textile Bodenbeläge; Produktbeschreibung; Merkmale für die Produktbeschreibung
DIN 66 095 Teil 2	Textile Bodenbeläge; Produktbeschreibung; Strapazierwert und Komfortwert für Polteppiche; Einstufung, Prüfung, Kennzeichnung
DIN 66 095 Teil 3	Textile Bodenbeläge; Produktbeschreibung; Strapazierwert und Komfortwert für Nadelvlieserzeugnisse; Einstufung, Prüfung, Kennzeichnung
DIN 66 095 Teil 4	Textile Bodenbeläge; Produktbeschreibung; Zusatzeignungen; Einstufung, Prüfung, Kennzeichnung.

Farbabweichungen gegenüber Proben dürfen nur geringfügig sein.

2.2 Klebstoffe

Klebstoffe müssen so beschaffen sein, daß durch sie eine feste und dauerhafte Verbindung erreicht wird. Sie dürfen Bodenbelag, Unterlagen und Untergrund nicht nachteilig beeinflussen und nach der Verarbeitung keine Belästigung durch Geruch hervorrufen.

2.3 Unterlagen

Unterlagen, z. B. Korkfilzpappen, Korkment, Holzspanplatten, Schaumstoffe, Gummimatten müssen für die vorgesehenen Klebstoffe einen guten Haftgrund bilden. Sie dürfen nicht zerfallen, ihr Gefüge nicht verändern und nicht faulen. Sie dürfen Klebstoffe und den Untergrund nicht nachteilig beeinflussen.

2.4 Vorstriche, Spachtel- und Ausgleichsmassen

Vorstriche, Spachtel- und Ausgleichsmassen müssen sich fest und dauerhaft mit dem Untergrund verbinden, einen Haftgrund für den Klebstoff ergeben und so beschaffen sein, daß der Bodenbelag darauf ohne Formveränderungen liegt. Sie dürfen Untergrund, Unterlage, Klebstoff und Bodenbelag nicht nachteilig beeinflussen. Spachtel- und Ausgleichsmassen für spezielle Einsatzgebiete müssen für den jeweiligen Verwendungszweck, z. B. Stuhlrollen, Fußbodenheizung, geeignet und gegebenenfalls ableitfähig sein.

3 Ausführung

Ergänzend zur ATV DIN 18 299, Abschnitt 3, gilt:

3.1 Allgemeines

3.1.1 Der Auftragnehmer hat bei seiner Prüfung Bedenken (siehe B § 4 Nr 3) insbesondere geltend zu machen bei

- größeren Unebenheiten,
- Rissen im Untergrund,
- nicht genügend trockenem Untergrund,
- nicht genügend fester Oberfläche des Untergrundes,
- zu poröser und zu rauher Oberfläche des Untergrundes,
- gefordertem kraftschlüssigem Schließen von Bewegungsfugen im Untergrund,
- verunreinigter Oberfläche des Untergrundes, z. B. durch Öl, Wachs, Lacke, Farbreste,
- unrichtiger Höhenlage der Oberfläche des Untergrundes im Verhältnis zur Höhenlage anschließender Bauteile,
- ungeeigneter Temperatur des Untergrundes,
- ungeeigneten Temperatur- und Luftverhältnissen im Raum,
- fehlendem Aufheizprotokoll bei beheizten Fußbodenkonstruktionen.

3.1.2 Vor Verlegung der Bodenbeläge auf beheizten Fußbodenkonstruktionen müssen diese ausreichend lange aufgeheizt gewesen sein. Zur Vermeidung von Beschädigungen an der Heizungsinstallation dürfen Feuchtigkeitsmessungen nicht vorgenommen werden.

3.1.3 Bewegungsfugen im Untergrund dürfen nicht kraftschlüssig geschlossen oder sonst in ihrer Funktion beeinträchtigt werden.

3.1.4 Der Auftragnehmer hat dem Auftraggeber die schriftliche Pflegeanleitung für den Bodenbelag zu übergeben.

3.2 Maßtoleranzen

Abweichungen von vorgeschriebenen Maßen sind in den durch
DIN 18 201   Toleranzen im Bauwesen; Begriffe, Grundsätze, Anwendung, Prüfung
DIN 18 202   Toleranzen im Hochbau; Bauwerke
bestimmten Grenzen zulässig.

Bodenbelagarbeiten DIN 18 365

Bei Streiflicht sichtbar werdende Unebenheiten in den Oberflächen von Bauteilen sind zulässig, wenn die Maßtoleranzen von DIN 18 202 eingehalten worden sind.

3.3 Vorbereiten des Untergrundes

Der Untergrund für Beläge, die ohne Unterlagen verlegt werden, ist mit Spachtelmasse zu glätten; bei größeren Unebenheiten ist Ausgleichsmasse zu verwenden. Spachtelmasse oder Ausgleichsmasse ist so aufzubringen, daß sie sich fest und dauerhaft mit dem Untergrund verbindet, nicht reißt und ausreichend druckfest ist. Auf Estrichen, mit denen sich die Spachtelmasse oder Ausgleichsmasse ungenügend verbindet, ist ein Voranstrich aufzubringen, z. B. auf Magnesia- und Anhydritestrichen.

3.4 Verlegen der Bodenbeläge

3.4.1 Bodenbeläge sind ohne Unterlagen zu verlegen.

3.4.2 Sind Unterlagen auszuführen, so sind sie so zu verlegen, daß ihre Stöße und Nähte zu den Stößen und Nähten des Bodenbelages versetzt sind.

3.4.3 Unterlagen und Bodenbeläge sind vollflächig zu kleben. Klebstoffrückstände auf dem Bodenbelag sind sofort zu entfernen.

3.4.4 Die Verlegerichtung des Bodenbelages bleibt dem Auftragnehmer überlassen. Kopfnähte sind nur bei Bahnenlängen über 5 m zulässig.

3.4.5 Bahnen mit Rapport sind mustergleich zu verlegen.

3.4.6 Bahnen, die auf Türöffnungen, Nischen und dergleichen zulaufen, müssen so verlegt werden, daß diese Flächenbereiche überdeckt werden; solche Bodenflächen dürfen nicht mit Streifen belegt werden.

Bodenflächen von Türöffnungen, Nischen und dergleichen, auf die die Bahnen nicht zulaufen, dürfen mit Streifen belegt werden.

3.4.7 Kunststoffbeläge sind unverschweißt zu verlegen.

3.4.8 Linoleum- und Gummibeläge sind unverfugt zu verlegen.

3.4.9 Textile Bodenbeläge in Bahnen sind, soweit dafür geeignet, an den Kanten zu schneiden und stumpf zu stoßen.

3.4.10 Sind Bodenbeläge elektrisch ableitfähig zu verlegen, müssen die DIN VDE-Normen beachtet werden.

3.4.11 Bei Bodenbelägen in Sporthallen ist DIN 18 032 Teil 2 „Sporthallen; Hallen für Turnen und Spiele, Sportböden; Anforderungen, Prüfungen" zu beachten.

3.5 Anbringen von Leisten, Stoßkanten und Profilen

3.5.1 Sockel- und Deckleisten aus Holz, Metall und Hart-PVC sind materialentsprechend zu befestigen und an den Ecken und Stößen auf Gehrung zu schneiden. Andere Sockel- und Deckleisten aus flexiblem Material sind dauerhaft zu befestigen, den Ecken anzupassen und materialentsprechend zu stoßen.

3.5.2 Treppenstoßkanten und andere Stoßkanten sind durch Kleben zu befestigen. Treppenstoßkanten aus Kunststoff oder Gummi sind nur auf den Trittflächen der Stufen zu befestigen.

4 Nebenleistungen, Besondere Leistungen

4.1 Nebenleistungen sind ergänzend zur ATV DIN 18 299, Abschnitt 4.1 insbesondere:

4.1.1 Vorlegen der geforderten Muster.

4.1.2 Säubern des Untergrundes, ausgenommen Leistungen nach Abschnitt 4.2.2.

4.1.3 Ausgleichen von Unebenheiten des Untergrundes bis 1 mm.

4.1.4 Herstellen von Aussparungen in Bodenbelägen für Rohrdurchführungen und dergleichen sowie Anschließen der Bodenbeläge an Einbauteile, z. B. Zargen, Bekleidungen, Anschlagschienen, Vorstoßschienen, Säulen, Schwellen, ausgenommen Leistungen nach Abschnitt 4.2.7 und Abschnitt 4.2.11.

4.2 Besondere Leistungen sind ergänzend zur ATV DIN 18 299, Abschnitt 4.2, z. B.:

4.2.1 Vorhalten von Aufenthalts- und Lagerräumen, wenn der Auftraggeber Räume, die leicht verschließbar gemacht werden können, nicht zur Verfügung stellt.

4.2.2 Reinigen des Untergrundes von grober Verschmutzung, z. B. Gipsreste, Mörtelreste, Farbreste, Öl, soweit diese von anderen Unternehmern herrührt.

4.2.3 Vorbereiten des Untergrundes zur Erzielung eines guten Haftgrundes, z. B. Vorstreichen, maschinelles Bürsten oder Anschleifen und Absaugen.

4.2.4 Beseitigen alter Beläge und Klebstoffschichten.

4.2.5 Einbauen von Stoßkanten, seitlichen Stufenprofilen, Trennschienen, Dehnungsschienen, Armaturen, Matten- und Revisionsrahmen u. ä.

4.2.6 Einbauen von Dübeln.

4.2.7 Herstellen von Aussparungen in Bodenbelägen für Rohrdurchführungen und dergleichen in Räumen mit besonderer Installation; Anarbeiten der Bodenbeläge an Einbauteile oder Einrichtungsgegenstände in solchen Räumen; Anschließen der Bodenbeläge an Einbauteile und Wände, für die keine Leistenabdeckung vorgesehen ist.

4.2.8 Ausgleichen von Unebenheiten in anderen Fällen als nach Abschnitt 4.1.3 und ganzflächiges Spachteln.

4.2.9 Schließen und/oder Abdecken von Fugen, z. B. Bewegungs-, Anschluß- und Scheinfugen.

4.2.10 Zusätzliche Maßnahmen für die Weiterarbeit bei Raumtemperaturen, die die Leistung gefährden, soweit sie dem Auftragnehmer nicht ohnehin obliegen.

4.2.11 Nachträgliches Herstellen von Anschlüssen an angrenzende Bauteile.

4.2.12 Abschneiden überstehender Wand-Randstreifen und deren Abdeckung.

4.2.13 Thermisches Verschweißen von Kunststoffbelägen, Verfugen von Linoleum- und Gummibelägen.

4.2.14 Herstellen von Friesen, Kehlen, Markierungslinien und Belägen in Kehlen.

4.2.15 Einbauen vorgefertigter Innen- und Außenecken bei Sockelleisten.

Bodenbelagarbeiten DIN 18 365

5 Abrechnung

Ergänzend zur ATV DIN 18 299, Abschnitt 5, gilt:

5.1 Allgemeines

5.1.1 Der Ermittlung der Leistung — gleichgültig, ob sie nach Zeichnungen oder nach Aufmaß erfolgt — sind zugrunde zu legen:
Bei Bodenbelägen, Unterlagen, Schutzabdeckungen
- auf Flächen mit begrenzenden Bauteilen die Maße der zu belegenden Flächen bis zu den begrenzenden ungeputzten bzw. nicht bekleideten Bauteilen,
- auf Flächen ohne begrenzende Bauteile deren Maße,
- auf Flächen von Stufen und Schwellen deren größte Maße.

5.1.2 Bei der Ermittlung des Längenmaßes wird die größte Bauteillänge gemessen.

5.1.3 In Bodenbeläge nachträglich eingearbeitete Teile werden übermessen, z. B. Intarsien, Markierungen.

5.2 Es werden abgezogen:

5.2.1 Bei Abrechnung nach Flächenmaß (m^2):
Aussparungen über 0,1 m^2 Einzelgröße, z. B. für Öffnungen, Pfeiler, Pfeilervorlagen, Rohrdurchführungen.

5.2.2 Bei Abrechnung nach Längenmaß (m):
Unterbrechungen über 1 m Einzellänge.

VOB Teil C:
Allgemeine Technische Vertragsbedingungen für Bauleistungen (ATV)
Tapezierarbeiten — DIN 18 366
Ausgabe Dezember 1992

Inhalt

0 Hinweise für das Aufstellen der Leistungsbeschreibung
1 Geltungsbereich
2 Stoffe, Bauteile
3 Ausführung
4 Nebenleistungen, Besondere Leistungen
5 Abrechnung

0 Hinweise für das Aufstellen der Leistungsbeschreibung

Diese Hinweise ergänzen die ATV DIN 18 299 „Allgemeine Regelungen für Bauarbeiten jeder Art", Abschnitt 0. Die Beachtung dieser Hinweise ist Voraussetzung für eine ordnungsgemäße Leistungsbeschreibung gemäß A § 9.
Die Hinweise werden nicht Vertragsbestandteil.
In der Leistungsbeschreibung sind nach den Erfordernissen des Einzelfalls insbesondere anzugeben:

0.1 Angaben zur Baustelle
Keine ergänzende Regelung zur ATV DIN 18 299, Abschnitt 0.1.

0.2 Angaben zur Ausführung

0.2.1 Art und Beschaffenheit des Untergrundes.

0.2.2 Wie Kassettendecken abzurechnen sind.

0.2.3 Art und Qualität der Grundbeschichtungsstoffe und Unterlagsstoffe, z. B. wärme- und/oder schalldämmend.

0.2.4 Art und Qualität der zu liefernden oder bauseits bereitgestellten Decken- und Wandbekleidungen, Spannstoffe, Borten, Leisten und Kordeln sowie deren Breite, Länge der Rollen, Ansatz und Rapport des Musters und Besonderheiten der Verarbeitung, z. B. Doppelschnitt.

0.2.5 Höhe der zu bearbeitenden Wände, ob es sich um Treppenuntersichten oder Treppenpodeste, schräge Decken und Wände, schräge Treppenhauswände, Wände und Decken in gewölbten Räumen oder Decken beziehungsweise Wände mit besonderer Gliederung handelt.

0.2.6 Anzahl und Art der zu entfernenden Beschichtungen, Tapeten, Decken- und Wandbekleidungen, z. B. waschbeständig, Lacktapeten, sowie Art der Verklebung, z. B. Verklebung mit Dispersionsklebstoff, Tapete oder Tapetenunterlage mit Abzieheffekt, Tapetenwechselgrund.

Tapezierarbeiten DIN 18 366

0.2.7 *Ob Unterlagsstoffe mit Abzieheffekt verwendet werden sollen.*

0.2.8 *Bei Spachtelarbeiten die erforderlichen Arbeitsgänge, z. B. bei Streiflicht, und die zu verwendenden Stoffe.*

0.2.9 *Ob Deckel, z. B. von Verteilerdosen, gesondert zu tapezieren sind.*

0.3 Einzelangaben bei Abweichungen von den ATV

0.3.1 *Wenn andere als die in dieser ATV vorgesehenen Regelungen getroffen werden sollen, sind diese in der Leistungsbeschreibung eindeutig und im einzelnen anzugeben.*

0.3.2 *Abweichende Regelungen können insbesondere in Betracht kommen bei*

Abschnitt 2.8,	*wenn Tapeten und Tapetenunterlagen unlösbar auf dem Untergrund verklebt werden sollen, z. B. mit Spezialkleber,*
Abschnitt 3.1.3,	*wenn vor den Tapezierungen Spachtelungen ausgeführt werden sollen,*
Abschnitt 3.2.2.1,	*wenn auf leicht rauhem Putzuntergrund statt der streichbaren Tapetenunterlage z. B. ein Grundbeschichtungsstoff (wasser- oder lösemittelverdünnbar) oder Tapetenwechselgrund aufgebracht, Rohpapier oder ein anderer Unterlagsstoff tapeziert oder, bei rauhem Putz, gespachtelt werden soll.*
Abschnitt 3.2.3.4,	*wenn Tapeten nicht über schmale Naht, sondern auf Stoß tapeziert werden sollen,*
Abschnitt 3.2.3.5,	*wenn Tapetenbahnen in der Länge gestoßen werden dürfen,*
Abschnitt 3.2.3.9,	*wenn hinter Öfen und Heizkörpern tapeziert werden soll,*
Abschnitt 3.5.1,	*wenn Spannstoffe nicht unmittelbar auf dem Untergrund zu befestigen sind, sondern z. B. auf Spannrahmen, oder Unterlagsstoffe verwendet werden sollen,*
Abschnitt 3.5.4,	*wenn die Falten der Spannstoffe nicht gleichmäßig zu verteilen sind und/oder nicht lotrecht verlaufen sollen,*
Abschnitt 3.5.5,	*wenn bei sichtbar gehefteter, unterpolsterter Bespannung die Hefteinteilung nicht gleichmäßig sein soll.*

0.4 Einzelangaben zu Nebenleistungen und Besonderen Leistungen

Keine ergänzende Regelung zur ATV DIN 18 299, Abschnitt 0.4.

0.5 Abrechnungseinheiten

Im Leistungsverzeichnis sind die Abrechnungseinheiten wie folgt vorzusehen:

0.5.1 Flächenmaß (m^2), getrennt nach Bauart und Maßen, für
- Decken, Wände, Unterzüge, Vorlagen, Schrägen, Stützen,
- Treppenuntersichten,
- Trennwände und dergleichen,
- Wand- und Deckenbekleidungsstoffe und dergleichen.

0.5.2 Längenmaß (m), getrennt nach Bauart und Maßen, für
- Leibungen,
- Treppenwangen,
- Gesimse, Hohlkehlen unter Angabe von Höhe und Ausladung,
- Unterzüge, Umrahmungen, Faschen und dergleichen,
- Deckel für Rolladenkästen,
- Rahmen, Riegel, Ständer, Deckenbalken, Vorlagen, Fachwerksteile und dergleichen,
- Blenden, Gardinenleisten und dergleichen,
- Leisten, Kordeln, Borten, Profile und dergleichen,
- Kunststoff-Folie, Spannstoffe.

0.5.3 Anzahl (Stück), getrennt nach Bauart und Maßen, für
- *tapezierte, bespannte oder bekleidete Einzelflächen,*
- *Feldeinteilungen an Wänden, Türen und dergleichen,*
- *Einbaumöbel oder Möbel,*
- *Leisten, Gardinenleisten und dergleichen,*
- *Profile, Ornamente, z. B. Rosetten,*
- *Tapeten in Rollen, Spannstoffe in Ballen.*

1 Geltungsbereich

1.1 Die ATV „Tapezierarbeiten" – DIN 18 366 – gilt für das Tapezieren und Spannen von Wand- und Deckenbekleidungen einschließlich Kleben tapetenähnlicher Stoffe.

1.2 Die ATV DIN 18 366 gilt nicht für Fliesen- und Plattenarbeiten (siehe ATV DIN 18 352 „Fliesen- und Plattenarbeiten").

1.3 Ergänzend gelten die Abschnitte 1 bis 5 der ATV DIN 18 299 „Allgemeine Regelungen für Bauarbeiten jeder Art". Bei Widersprüchen gehen die Regelungen der ATV DIN 18 366 vor.

2 Stoffe, Bauteile

Ergänzend zur ATV DIN 18 299, Abschnitt 2, gilt:

Für die gebräuchlichsten genormten Stoffe und Bauteile sind die DIN-Normen nachstehend aufgeführt.

2.1 Stoffe zur Untergrundvorbereitung

2.1.1 Absperrmittel

Absperrmittel müssen das Einwirken von Stoffen aus dem Untergrund auf die Tapezierung verhindern.

Folgende Absperrmittel sind für den jeweils genannten Zweck zu verwenden:

2.1.1.1 Absperrmittel auf der Grundlage von Kieselfluorwasserstoffsäure oder Lösungen ihrer Salze (Fluate)
- zur Verminderung der Alkalität für Kalk- und Zementoberflächen, jedoch nicht für Gips- oder Lehmoberflächen,
- zur Verringerung von Saugfähigkeit,
- zur Oberflächenfestigung von Kalk- und Zementputz,
- zur Verhinderung des Durchschlagens von Wasserflecken,
- zum Aufschließen von Kalksinterschichten.

2.1.1.2 Absperrmittel auf der Grundlage von Kunststoffdispersionen auf allen Untergründen:
- zur Verhinderung des Durchschlagens von z. B. Bitumen, Teer, Rauch-, Nikotin- und Wasserflecken,
- zur Verringerung der Saugfähigkeit mineralischer Untergründe für nachfolgendes Tapezieren.

Tapezierarbeiten   DIN 18 366

2.1.1.3 Absperrmittel auf der Grundlage von Bindemittellösungen, z. B. Polymerisatharzen, Nitro-Kombinationslacken, Spirituslacken, lösemittelverdünnbar, auf allen Untergründen zur Verhinderung des Durchschlagens von z. B. Bitumen, Teer, Rauch-, Nikotin-, Rost- und Wasserflecken.

2.1.2 Anlaugstoffe
Zum Reinigen und Aufrauhen alter Lackfarbenbeschichtungen bei Überholungsarbeiten ist verdünntes Ammoniumhydroxid (Salmiakgeist) oder Anlaugpulver zu verwenden.

2.1.3 Abbeizmittel
Zum Entfernen von Dispersions-, Öllack- und Lackfarbenbeschichtungen sind folgende Stoffe zu verwenden:
- Alkalische Stoffe (Alkalien), z. B. Natriumhydroxid (Ätznatron), auch mit Zelluloseleim-Zusätzen, Natriumkarbonat (Soda), Ammoniumhydroxid (Salmiakgeist),
- Abbeizfluide, Lösemittel mit Verdickungsmittel.

2.1.4 Entfettungs- und Reinigungsstoffe
Zum Entfetten und Reinigen sind zu verwenden:
- Netzmittellösungen,
- Alkalische Stoffe, gegebenenfalls in Kombination mit Netzmitteln,
- Lösemittel,
- Fluate, gegebenenfalls in Kombination mit Netzmitteln.

2.1.5 Beseitigen von Schimmelpilzen
Zum Beseitigen von Schimmelpilzen sind fungizide Lösungen zu verwenden.

2.2 Grundbeschichtungsstoffe
Zum Beschichten (Grundieren) des Untergrundes sind zu verwenden:

2.2.1 Für mineralische Untergründe
- verdünnte Zelluloseleime und Tapetenkleister; sie müssen nach der Trocknung durch Wasser wieder löslich sein,
- flüssige Makulatur (auch spachtelfähig), pulverförmiges Gemisch von Kleistern und Füllstoffen, die mit Wasser entsprechend dem Untergrund angesetzt und verdünnt wird,
- wasserverdünnbare Grundbeschichtungsstoffe, feindisperse Kunststoffdispersionen mit geringem Festkörpergehalt, Emulsionen
- lösemittelverdünnbare Grundbeschichtungsstoffe, z. B. auf Polymerisatharzbasis,
- Tapetenwechselgrund.

2.2.2 Für Holz und Holzwerkstoffe
- Grundbeschichtungsstoffe auf Basis von Alkydharzbindemitteln, Nitrozellulosebindemittelkombinationen für innen,
- Grundbeschichtungsstoffe auf Basis von Lacken,

- wasserverdünnbare Grundbeschichtungsstoffe, feindisperse Kunststoffdispersionen mit geringem Festkörpergehalt, Emulsionen.

2.2.3 Für Metalle
- für Stahl Korrosionsschutz-Grundbeschichtungsstoffe mit Bindemitteln, z. B. aus Alkydharzen, Vinylchlorid-Copolymerisaten, Vinylchlorid-Copolymerisat-Dispersionen, Epoxidharz, Polyurethan, Chlorkautschuk und Pigmenten, z. B. Eisenoxiden, Zinkphosphaten,
- für Zink, verzinkten Stahl und Aluminium Grundbeschichtungsstoffe auf Basis von Polymerisatharzen oder Zweikomponentenlackfarbe auf Basis von Epoxidharz.

2.3 Spachtelmassen (Ausgleichsmassen)

Spachtelmassen dürfen nach dem Trocknen keine Schwindrisse aufweisen.

Zum Glätten, Ausgleichen des Untergrundes und Füllen von Rissen, Löchern, Lunkern und sonstigen Beschädigungen sind hydraulisch abbindende oder organisch gebundene Spachtelmassen zu verwenden.

2.3.1 Für mineralische Untergründe
- Hydrat-Spachtelmasse (Gipsspachtelmasse),
hydraulisch abbindend auch mit organischen Zusätzen. und Füllstoffen,
- Dispersions-Spachtelmasse,
Kunststoffdispersionen mit Pigmenten und Füllstoffen.

2.3.2 Für Holz und Holzwerkstoffe
- Kunstharz-Spachtelmasse (Lackspachtel),
auf der Basis von Alkydharzen mit Pigmenten und Füllstoffen. Nur zu verwenden auf trockenen, grundierten oder beschichteten Untergründen, jedoch nicht auf alkalischen Untergründen.

2.3.3 Für Metalle
- Kunstharz-Spachtelmasse auf der Basis von Alkydharz, Epoxidharz oder Polyurethan, für grundierte oder beschichtete Untergründe,
- Polyester-Spachtelmasse (UP-Spachtel) für entfettete und korrosionsfreie Untergründe.

2.4 Unterlagsstoffe

Rohpapier (Makulaturpapier) muß unbedruckt und saugfähig sein. Unterlagsstoffe mit Abzieheffekt müssen das Abziehen der aufgeklebten Tapeten in trockenem Zustand ermöglichen.

2.5 Armierungsstoffe

Zur Armierung von Beschichtungen und zum Überbrücken von Rissen, z. B. Netzrissen im Untergrund, sind zu verwenden:
- Armierungskleber,
aus Kunststoffdispersionen, gegebenenfalls mit Zuschlagstoffen (Einbettungsmasse) zum Einbetten von Geweben oder Vliesen,

- Armierungsgewebe, Gewirke
aus Kunstfaser oder Glasfaser zum Überbrücken gerissener Flächen oder Einzelrisse,
- Armierungsvliese
aus Glasfaser oder Kunststoffen zum Überbrücken gerissener Flächen.

2.6 Wandbekleidungen

DIN EN 233 Wandbekleidungen in Rollen, Festlegungen für fertige Papier-, Vinyl- und Kunststoffwandbekleidungen; Deutsche Fassung EN 233 : 1989

DIN EN 234 Wandbekleidungen in Rollen, Festlegungen für Wandbekleidungen für nachträgliche Behandlung; Deutsche Fassung EN 234 : 1989

DIN EN 235 Wandbekleidungen in Rollen, Begriffe und Symbole; Deutsche Fassung EN 235 : 1989

DIN EN 259 Wandbekleidungen in Rollen, Festlegungen für hochbeanspruchbare Wandbekleidungen; Deutsche Fassung EN 259 : 1991

DIN EN 266 Wandbekleidungen in Rollen, Festlegungen für Textilwandbekleidungen: Deutsche Fassung EN 266 : 1991

Wandbekleidungen einer Anfertigung müssen von gleichbleibender Beschaffenheit sein.

Wandbekleidungen verschiedener Anfertigung müssen jeweils eine andere Anfertigungsnummer tragen.

2.7 Spannstoffe

Spannstoffe müssen dem zum Spannen erforderlichen Zug standhalten und sich glatt spannen lassen.

Spannstoffe einer Lieferung müssen, auch wenn sie nicht aus einer Anfertigung zusammengestellt werden, qualitäts-, farbton- und mustergleich sein.

Spannstoffe aus mehreren Anfertigungen sind nach Fertigungsnummer zu sortieren.

2.8 Klebstoffe

Klebstoffe müssen so beschaffen sein, daß durch sie eine feste und dauerhafte Verbindung erreicht wird. Die Verklebung muß jedoch bei Tapeten und Tapetenunterlagen gelöst werden können, ohne daß der Untergrund beschädigt wird.

2.9 Leisten

Leisten müssen in Farbtönung, Oberflächenmodellierung und Querschnitt gleichmäßig sein; sie dürfen nicht reißen, sich nicht werfen und sich nicht verziehen.

2.10 Kordeln

Kordeln dürfen sich nicht durch Einwirkung von Luftfeuchte oder Wärme verändern.

2.11 Befestigungsmittel

Befestigungsmittel dürfen nicht korrodieren.

2.12 Borten

Borten müssen die gleichen Eigenschaften haben wie die entsprechenden Wandbekleidungen.

2.13 Profile, Ornamente

Profile und Ornamente müssen eine ebene Kontaktfläche haben, dürfen sich nicht verziehen und müssen in der Struktur gleichmäßig sein.

3 Ausführung

Ergänzend zur ATV DIN 18 299, Abschnitt 3, gilt:

3.1 Allgemeines

3.1.1 Der Auftragnehmer hat bei seiner Prüfung Bedenken (siehe B § 4 Nr. 3) insbesondere geltend zu machen bei:
- absandendem und kreidendem Putz,
- gerissenem, feuchtem und nicht genügend festem Untergrund,
- Unebenheiten,
- Wasserrändern,
- Ausblühungen,
- Schimmelbildung,
- Verunreinigungen durch Öle, Fette, Nikotin,
- klaffenden Fugen zwischen Putz und Einbauteilen,
- Putz- und Untergrundschäden, für die das Ausbessern nicht unter Abschnitt 4.1.4 fällt.

3.1.2 Bewegungsfugen des Bauwerkes dürfen nicht übertapeziert werden.

3.1.3 Tapezierungen sind ohne vorhergehende Spachtelung auszuführen.

3.2 Ersttapezierung

3.2.1 Vorbereitung des Untergrundes zum Tapezieren und Kleben

Bei schadhaften Untergründen ist eine Vorbehandlung notwendig. Die erforderlichen Maßnahmen sind besonders zu vereinbaren (siehe Abschnitt 4.2.1), z. B.:

- Putze der Mörtelgruppe P I – P III und Betonflächen sind zu fluatieren und nachzuwaschen, wenn
  - Ausblühungen zu beseitigen sind,
  - das Durchschlagen von abgetrockneten Wasserflecken zu verhindern ist.
- Sind Kalksinterschichten vorhanden, die zu Abplatzungen der Tapeten bzw. zum Aufplatzen der Tapetenstöße führen können, ist die Fläche zu schleifen.
- Entschalungsmittel auf Beton sind durch Fluatschaumwäsche zu beseitigen.
- Stark saugende Untergründe sind mit Grundbeschichtungsstoffen zu grundieren, um die Saugfähigkeit anzugleichen bzw. zu mindern.
- Putze der Mörtelgruppe P IV – P V sowie gipshaltige Putze sind vorzubehandeln, wenn die Fläche ungleichmäßig saugt, die Oberfläche gefestigt oder das Durchschlagen von Wasserflecken verhindert werden soll.
- Nicht werkseitig imprägnierte Gipskartonplatten sind mit Grundbeschichtungsstoffen vorzubehandeln.
- Holz und Holzwerkstoffe sind mit einer Grundbeschichtung zu versehen.

Tapezierarbeiten DIN 18 366

– Korrodierende Untergründe müssen mit einer Korrosionsschutzbeschichtung versehen werden.

3.2.2 Aufbringen von Unterlagsstoffen

3.2.2.1 Auf leicht rauhen Putzuntergründen ist eine streichbare Tapetenunterlage (flüssige Makulatur) aufzubringen.

3.2.2.2 Tapetenunterlagen aus Rohpapier und Unterlagspapier mit Abzieheffekt sind mit Spezialkleister auf Stoß zu tapezieren.

3.2.3 Tapezierung

3.2.3.1 Auf einer Wand- oder Deckenfläche sind nur Tapeten derselben Anfertigungsnummer zu tapezieren.

3.2.3.2 Beim Tapezieren von Tapeten auf Tapetenwechselgrund oder auf Unterlagspapier mit Abzieheffekt ist zur Erhaltung des Abzieheffektes Zellulosekleister zu verwenden.

3.2.3.3 Tapetenbahnen sind blasen- und faltenfrei zu tapezieren, an Wänden sind sie lotrecht anzubringen.

3.2.3.4 Tapeten sind über schmale Naht zu tapezieren, wenn Material, Dicke und Rapport es zulassen. Das Tapezieren hat von der Tageslichtquelle auszugehen.

3.2.3.5 Tapetenbahnen dürfen in der Länge nicht gestoßen werden.

3.2.3.6 Tapeten über Türen, an Aussparungen und dergleichen sind, wenn erforderlich, aus den anschließenden Bahnen auszuschneiden.

3.2.3.7 Tapeten an Ecken sind zu trennen und überlappt zu kleben.

3.2.3.8 Bei Anschlüssen an Türen, Fenstern, Fußleisten, Sockeln und anderen Bauteilen muß die Tapete an diese Bauteile anstoßen und scharf begrenzt sein.

3.2.3.9 Hinter Öfen und Heizkörpern ist nicht zu tapezieren.

3.2.3.10 Deckel von Verteilerdosen sind überzutapezieren.

3.3 Tapezierung auf tapezierten oder beschichteten Untergründen
3.3.1 Vorbehandlung des Untergrundes

3.3.1.1 Vorhandene Leimfarbenbeschichtungen sind zu entfernen.

3.3.1.2 Andere Beschichtungen müssen gut haften und tragfähig sein. Lose, blätternde, gerissene oder schlecht haftende Beschichtungen sind zu entfernen.

3.3.1.3 Öl- und Lackfarbenbeschichtungen und scheuerbeständige Dispersionsfarbenbeschichtungen sind aufzurauhen und mit einer Haftbrücke zu versehen.

3.3.1.4 Vorhandene Unterlagsstoffe und Tapezierung sind zu entfernen. Bei Tapeten mit abziehbarer Oberschicht muß der Träger als Unterlagsstoff erhalten bleiben, wenn dieser vollflächig haftet und ausreichend tragfähig ist. Fest haftende Glasgewebe sind zu erhalten.

3.3.1.5 Bei schadhaftem Untergrund ist eine Vorbehandlung notwendig. Die erforderlichen Maßnahmen sind besonders zu vereinbaren (siehe Abschnitt 4.2.1), z. B.:
- Putz
  - Ausbessern schadhafter Putzstellen,
  - Beispachteln von Übergängen,
  - Fluatieren und Nachwaschen,
  - Grundieren.
- Beton
  - Ausbessern schadhafter Stellen in der Oberfläche,
  - Fluatieren und Nachwaschen,
  - Grundieren.

3.3.2 Aufbringen von Unterlagsstoffen
Ausführung nach Abschnitt 3.2.2.

3.3.3 Tapezierung
Ausführung nach Abschnitt 3.2.3.

3.4 Anbringen von Tapetenabschlüssen und Feldeinteilungen

3.4.1 Leisten
Leisten sind an und in Ecken auf Gehrung zu schneiden und so zu befestigen, daß sie ständig fest anliegen. Befestigungsmittel sind nicht störend sichtbar anzubringen. Die Leisten sind am Stoß genau aneinanderzupassen.

3.4.2 Kordeln
Kordeln sind so zu setzen, daß sie ausreichend straff bleiben.

3.4.3 Borten
Borten sind gradlinig, blasen- und faltenfrei sowie mustergerecht anzubringen und dürfen nicht auf anschließende Bauwerksteile geklebt werden.

3.4.4 Profile, Ornamente
Profile und Ornamente sind mit Klebstoff oder mechanisch zu befestigen. Die Fugen sind mit Spachtelmassen bzw. Dichtstoffen zu verfüllen. Profile sind in Ecken auf Gehrung zu schneiden.

3.5 Anbringen von Spannstoffen

3.5.1 Spannstoffe sind unmittelbar auf dem Untergrund zu befestigen.

3.5.2 Spannzüge dürfen nicht sichtbar sein.

3.5.3 Die Stoffzugabe muß bei faltiger Bespannung dem vorgesehenen Faltenwurf angemessen sein und mindestens 100% betragen.

3.5.4 Die Falten müssen gleichmäßig verteilt sein und lotrecht verlaufen.

3.5.5 Bei sichtbar gehefteter, unterpolsterter Bespannung muß die Hefteinteilung gleichmäßig sein.

3.5.6 Muster und Struktur sind sorgfältig aneinanderzupassen, ausgehend vom Ansatz in Augenhöhe.

3.5.7 Bei zu spannenden Stoffen müssen die Nähte geradlinig verlaufen. Sie dürfen keine Querfalten verursachen.

3.5.8 Werden zusammengenähte Stoffe glatt auf dem Untergrund verspannt, sind die Nähte auf der Rückseite zu glätten.

4 Nebenleistungen, Besondere Leistungen

4.1 Nebenleistungen sind ergänzend zur ATV DIN 18 299, Abschnitt 4.1, insbesondere:

4.1.1 Auf- und Abbauen sowie Vorhalten der Gerüste, deren Arbeitsbühnen nicht höher als 2 m über Gelände oder Fußboden liegen.

4.1.2 Maßnahmen zum Schutz von Bauteilen, z. B. von Fußböden, Treppen, Türen, Fenstern und Beschlägen, Einrichtungsgegenständen, vor Verunreinigung und Beschädigung während der Arbeiten durch loses Abdecken, Abhängen oder Umwickeln einschließlich anschließender Beseitigung der Schutzmaßnahmen, ausgenommen Leistungen nach Abschnitt 4.2.6.

4.1.3 Entfernen von Staub, Verschmutzungen und lose sitzenden Putz- und Betonteilen auf den zu behandelnden Untergründen, ausgenommen Leistungen nach Abschnitt 4.2.4.

4.1.4 Ausbessern einzelner kleinerer Putz- und Untergrundbeschädigungen, ausgenommen Leistungen nach Abschnitt 4.2.7.

4.1.5 Lüften der Räume, soweit und solange es für das Trocknen von Tapezierungen erforderlich ist.

4.1.6 Aushändigen der Reste der Wandbekleidungen, die nach Abschnitt 5.1.14 als verbraucht gelten, sich aber noch für Instandsetzungen nutzen lassen, mit Bezeichnung der Verwendungsstelle, z. B. Gebäude, Stockwerk, Raumnummer.

4.1.7 Entfernen und Wiederanbringen von Schalter- und Steckdosenabdeckungen.

4.2 Besondere Leistungen sind ergänzend zur ATV DIN 18 299, Abschnitt 4.2, z. B.:

4.2.1 Maßnahmen nach den Abschnitten 3.2.1 und 3.3.1.5.

4.2.2 Vorhalten von Aufenthalts- und Lagerräumen, wenn der Auftraggeber Räume, die leicht verschließbar gemacht werden können, nicht zur Verfügung stellt.

4.2.3 Auf- und Abbauen sowie Vorhalten der Gerüste, deren Arbeitsbühnen mehr als 2 m über Gelände und Fußboden liegen.

4.2.4 Reinigen des Untergrundes von grober Verschmutzung, z. B. Gipsreste, Mörtelreste, Öl, Farbreste, soweit diese von anderen Unternehmern herrührt.

4.2.5 Aus- und Einräumen oder Zusammenstellen von Möbeln und dergleichen, Aufnehmen von Teppichen, Abnehmen von Vorhangschienen, Lampen und Gardinen.

4.2.6 Besondere Maßnahmen zum Schutz von Bauteilen und Einrichtungsgegenständen, wie Abkleben von Fenstern und Türen, von eloxierten Teilen, Abdecken von Belägen, staubdichte Abdeckung von empfindlichen Einrichtungen und technischen Geräten, Schutzabdeckungen, Staubwände u. ä. einschließlich Liefern der hierzu erforderlichen Stoffe.

4.2.7 Ausbessern umfangreicher Putz- und Untergrundschäden.

4.2.8 Überbrücken von Putz- und Betonrissen mit Armierungsgewebe.

4.2.9 Entfernen von Sinterschichten und anderen Bindemittelanreicherungen an der Putzoberfläche.

4.2.10 Entfernen von Entschalungsmittelrückständen.

4.2.11 Schleifen von Putzen, Schließen von Lunkern, Entfernen von Schalungsgraten.

4.2.12 Spachteln von Flächen.

4.2.13 Nachspachteln von Fugen, Stößen u. ä., z. B. bei Gipskartonplatten.

4.2.14 Schließen von Anschlußfugen bei Tür- und Fensterbekleidungen und dergleichen.

4.2.15 Behandeln mit Absperrmitteln, Grundbeschichtungsstoffen, Korrosionsschutzbeschichtungsstoffen u. ä.

4.2.16 Tapezieren von Gesimsen und Hohlkehlen im Zusammenhang mit Decke und Wand.

4.2.17 Entfernen und Wiederanbringen von Fußleisten und dergleichen.

4.2.18 Gesondertes Tapezieren von Deckeln, z. B. Verteilerdosen.

4.2.19 Reinigungsarbeiten, soweit sie über Abschnitt 4.1.11 der ATV DIN 18 299 hinausgehen, z. B. Feinreinigen zum Herstellen der Bezugsfertigkeit.

5 Abrechnung
Ergänzend zur ATV DIN 18 299, Abschnitt 5, gilt:

5.1 Allgemeines
5.1.1 Der Ermittlung der Leistung nach Zeichnungen sind zugrunde zu legen
- auf Flächen ohne begrenzende Bauteile die Maße der ungeputzten, ungedämmten und nicht bekleideten Flächen,
- auf Flächen mit begrenzenden Bauteilen die Maße der zu behandelnden Flächen bis zu den sie begrenzenden ungeputzten, ungedämmten beziehungsweise nicht bekleideten Bauteilen, z. B. Oberfläche einer aufgeständerten Fußbodenkonstruktion beziehungsweise Unterfläche einer abgehängten Decke.

5.1.2 Der Ermittlung der Leistung nach Aufmaß sind die Maße des fertigen Bauteils, der fertigen Öffnung und Aussparung zugrunde zu legen.

5.1.3 Die Wandhöhen überwölbter Räume werden bis zum Gewölbeanschnitt, die Wandhöhe der Schildwände bis zu $2/3$ des Gewölbestichs gerechnet.

5.1.4 Bei der Flächenermittlung von gewölbten Decken mit einer Stichhöhe unter ⅙ der Spannweite wird die Fläche des überdeckten Raumes gerechnet. Gewölbe mit größerer Stichhöhe werden nach der Fläche der abgewickelten Untersicht gerechnet.

5.1.5 In Decken, Wänden, Decken- und Wandbekleidungen werden Öffnungen, Aussparungen und Nischen bis zu 2,5 m² Einzelgröße übermessen.

5.1.6 Öffnungen, Nischen und Aussparungen werden auch, falls sie unmittelbar zusammenhängen, getrennt gerechnet.

5.1.7 Rückflächen von Nischen werden unabhängig von ihrer Einzelgröße mit ihrem Maß gesondert gerechnet.

5.1.8 Fußleisten, Sockelfliesen und dergleichen bis 10 cm Höhe werden übermessen.

5.1.9 Gesimse, Umrahmungen und Faschen von Füllungen oder Öffnungen werden beim Ermitteln der Fläche übermessen. Gesimse, Umrahmungen und Faschen werden zusätzlich in ihrer größten Länge gemessen.

5.1.10 Türen, Trennwände und dergleichen werden je tapezierte Seite nach Fläche gerechnet.

5.1.11 Ganz oder teilweise behandelte Leibungen von Öffnungen, Aussparungen und Nischen über 2,5 m² Einzelgröße werden gesondert gerechnet. Leibungen, die bei bündig versetzten Fenstern, Türen und dergleichen durch Dämmplatten entstehen, werden ebenso gesondert gerechnet.

5.1.12 Nicht mittapezierte Rahmen, Riegel, Ständer, Deckenbalken, Vorlagen und Fachwerksteile aus Holz, Beton oder Metall bis 30 cm Einzelbreite werden übermessen.

5.1.13 Treppenwangen werden in der größten Breite gerechnet.

5.1.14 Wird die Lieferung von Tapeten, Wand- und Deckenbekleidungen, Unterlagsstoffen, Untertapeten, Spannstoffen und dergleichen nach verbrauchter Menge abgerechnet, so ist die tatsächlich verbrauchte Menge bei wirtschaftlicher Ausnutzung der Stoffe zugrunde zu legen. Unvermeidbare Reste und Verschnitte sowie angeschnittene Rollen gelten als verbraucht.

5.2 Es werden abgezogen:

5.2.1 Bei Abrechnung nach Flächenmaß (m²):
Öffnungen, Aussparungen und Nischen über 2,5 m² Einzelgröße.

5.2.2 Bei Abrechnung nach Längenmaß (m):
Unterbrechungen über 1 m Einzellänge.

VOB Teil C:
Allgemeine Technische Vertragsbedingungen für Bauleistungen (ATV)
Holzpflasterarbeiten — DIN 18 367
Ausgabe Dezember 1992

Inhalt

0   Hinweise für das Aufstellen der Leistungsbeschreibung
1   Geltungsbereich
2   Stoffe, Bauteile
3   Ausführung
4   Nebenleistungen, Besondere Leistungen
5   Abrechnung

0   Hinweise für das Aufstellen der Leistungsbeschreibung

Diese Hinweise ergänzen die ATV DIN 18 299 „Allgemeine Regelungen für Bauarbeiten jeder Art", Abschnitt 0. Die Beachtung dieser Hinweise ist Voraussetzung für eine ordnungsgemäße Leistungsbeschreibung gemäß A § 9.
Die Hinweise werden nicht Vertragsbestandteil.
In der Leistungsbeschreibung sind nach den Erfordernissen des Einzelfalls insbesondere anzugeben:

0.1   Angaben zur Baustelle
Keine ergänzende Regelung zur ATV DIN 18 299, Abschnitt 0.1.

0.2   Angaben zur Ausführung

0.2.1   Art und Beschaffenheit des Untergrundes.

0.2.2   Art und Anzahl der geforderten Proben.

0.2.3   Art und Beschaffenheit von Abdichtungen des Untergrundes.

0.2.4   Gefälle des Holzpflasterbelages.

0.2.5   Dehnungsfugen im Untergrund.

0.2.6   Art des Heizungssystems.

0.2.7   Verwendungszweck der Räume; Druck- und Schubbeanspruchungen des Holzpflasters, z. B. Fahrverkehr.

0.2.8   Benutzung des Belages unter außergewöhnlichen Feuchtigkeits- und Temperaturverhältnissen.

0.2.9   Vom Rechteck abweichende Form der zu pflasternden Fläche.

Holzpflasterarbeiten DIN 18 367

0.2.10 Bei Holzpflaster GE nach DIN 68 701 Holzart und Höhe der Holzpflasterklötze, Art des Holzschutzes und der Verlegung.

0.2.11 Bei Holzpflaster RE nach DIN 68 702 Holzart und Höhe der Holzpflasterklötze, Art der Oberflächenbehandlung, z. B. Schleifen und Versiegeln.

0.2.12 Anzahl, Größe und Lage der Aussparungen für Kabelkanäle, Maschinenfundamente und dergleichen (siehe Abschnitt 4.1.2).

0.3 Einzelangaben bei Abweichungen von den ATV

0.3.1 Wenn andere als die in dieser ATV vorgesehenen Regelungen getroffen werden sollen, sind diese in der Leistungsbeschreibung eindeutig und im einzelnen anzugeben.

0.3.2 Abweichende Regelungen können insbesondere in Betracht kommen bei

Abschnitt 3.1.7, wenn Fugen über Dehnungsfugen des Bauwerkes nicht mit plastischen Stoffen gefüllt werden sollen,

Abschnitt 3.3.2, wenn eine bestimmte Art der Versiegelung ausgeführt oder ein bestimmtes Mittel für die Versiegelung verwendet werden soll.

0.4 Einzelangaben zu Nebenleistungen und Besonderen Leistungen

Keine ergänzende Regelung zur ATV DIN 18 299, Abschnitt 0.4.

0.5 Abrechnungseinheiten

Im Leistungsverzeichnis sind die Abrechnungseinheiten wie folgt vorzusehen:

0.5.1 Flächenmaß (m^2), getrennt nach Holzart, Klotzhöhe und Verlegeart, für
– Holzpflaster,
– Holzschutz,
– Oberflächenschutz.

0.5.2 Längenmaß (m), getrennt nach Bauart und Maßen, für
– Schließen von Fugen,
– Anarbeiten von Holzpflaster an Einbauteile und Einrichtungsgegenstände,
– Leisten, Profile, Kanten, Schienen.

0.5.3 Anzahl (Stück), getrennt nach Bauart und Maßen, für
– Holzpflaster auf Stufen und Schwellen,
– Abschluß- und Trennschienen,
– Anarbeiten von Holzpflaster in Räumen mit besonderer Installation.

1 Geltungsbereich

1.1 Die ATV „Holzpflasterarbeiten" – DIN 18 367 – gilt für Holzpflaster in Innenräumen.

1.1 Ergänzend gelten die Abschnitte 1 bis 5 der ATV DIN 18 299 „Allgemeine Regelungen für Bauarbeiten jeder Art". Bei Widersprüchen gehen die Regelungen der ATV DIN 18 367 vor.

2 Stoffe, Bauteile

Ergänzend zur ATV DIN 18 299, Abschnitt 2, gilt:

Für die gebräuchlichsten genormten Stoffe und Bauteile sind die DIN-Normen nachstehend aufgeführt.

DIN 68 701 Holzpflaster GE für gewerbliche Zwecke
DIN 68 702 Holzpflaster RE für Räume in Versammlungsstätten, Schulen, Wohnungen (RE-V), für Werkräume im Ausbildungsbereich (RE-W) und ähnliche Anwendungsbereiche

3 Ausführung

Ergänzend zur ATV DIN 18 299, Abschnitt 3, gilt:

3.1 Allgemeines

3.1.1 Für die Ausführung gelten:

DIN 68 701 Holzpflaster GE für gewerbliche und industrielle Zwecke
DIN 68 702 Holzpflaster RE für Räume in Versammlungsstätten, Schulen, Wohnungen (RE-V), für Werkräume im Ausbildungsbereich (RE-W) und ähnliche Anwendungsbereiche

3.1.2 Der Auftragnehmer hat bei seiner Prüfung Bedenken (siehe B § 4 Nr 3) insbesondere geltend zu machen bei
- größeren Abweichungen von der Ebenheit,
- Rissen im Untergrund,
- nicht genügend trockenem Untergrund,
- nicht genügend festen Oberflächen des Untergrundes,
- zu poröser und zu rauher Oberfläche des Untergrundes,
- gefordertem kraftschlüssigem Schließen von Bewegungsfugen im Untergrund,
- verunreinigten Oberflächen des Untergrundes, z. B. durch Öl, Wachs, Lacke, Farbreste,
- unrichtiger Höhenlage der Oberfläche des Untergrundes im Verhältnis zur Höhenlage anschließender Bauteile,
- ungeeigneter Temperatur des Untergrundes,
- ungeeigneten Temperatur- und Luftverhältnissen im Raum,
- fehlendem Aufheizprotokoll bei beheizter Fußbodenkonstruktion,
- Fehlen von Schienen, Schwellen und dergleichen als Anschlag für das Holzpflaster.

3.1.3 Abweichungen von vorgeschriebenen Maßen sind in den durch

DIN 18 201 Toleranzen im Bauwesen; Begriffe, Grundsätze, Anwendung, Prüfung
DIN 18 202 Toleranzen im Hochbau; Bauwerke

bestimmten Grenzen zulässig.

Bei Streiflicht sichtbar werdende Unebenheiten in den Oberflächen von Bauteilen sind zulässig, wenn die Maßtoleranzen von DIN 18 202 eingehalten worden sind.

Werden an die Ebenheit von Flächen erhöhte Anforderungen nach DIN 18 202 gestellt, so sind die zu treffenden Maßnahmen Besondere Leistungen (siehe Abschnitt 4.2.1).

Holzpflasterarbeiten DIN 18 367

3.1.4 Bei Verlegung auf Betonuntergrund ist ein Voranstrich aufzubringen.

3.1.5 Die Klötze sind im Verband mit geradlinig durchgehenden Längsfugen zu verlegen. Sie müssen parallel zur Schmalseite der zu pflasternden Fläche verlaufen.

3.1.6 Zwischen dem zu verlegenden Holzpflaster und angrenzenden Bauteilen sind Fugen anzulegen. An Schienen sind die Klötze unmittelbar anzuarbeiten.

3.1.7 Über Dehnungsfugen des Bauwerkes sind Fugen auch im Holzpflaster RE anzulegen. Diese Fugen sind mit plastischen Stoffen zu füllen.

3.1.8 Bewegungsfugen im Untergrund dürfen nicht kraftschlüssig geschlossen oder sonst in ihrer Funktion beeinträchtigt werden.

3.1.9 Vor Verlegung des Holzpflasters auf beheizten Fußbodenkonstruktionen müssen diese ausreichend lange aufgeheizt gewesen sein. Zur Vermeidung von Beschädigungen an der Heizungsinstallation dürfen Feuchtigkeitsmessungen nicht vorgenommen werden.

3.1.10 Der Auftragnehmer hat dem Auftraggeber die schriftliche Pflegeanleitung für das Holzpflaster zu übergeben. Diese soll auch Hinweise auf das zweckmäßige Raumklima enthalten.

3.2 Holzpflaster GE
Preßverlegtes Holzpflaster GE ohne Fugenleisten mit heißflüssiger Klebemasse ist auf Unterlagsbahnen auszuführen und mit Quarzsand abzukehren.

3.3 Holzpflaster RE-V
3.3.1 Holzpflaster RE-V ist sofort nach dem Abschleifen zu versiegeln.

3.3.2 Der Auftragnehmer hat die Versiegelungsart und das Versiegelungsmittel entsprechend dem Verwendungszweck des Raumes und der vorgesehenen Beanspruchung auszuwählen.

3.3.3 Die Versiegelung ist so auszuführen, daß eine gleichmäßige Oberfläche entsteht.

3.4 Holzpflaster RE-W
3.4.1 Holzpflaster RE-W ohne Oberflächenschutz ist nach dem Verlegen mit einem öligen, paraffinhaltigen Mittel, zur Verzögerung der Feuchteaufnahme, zu behandeln.

4 Nebenleistungen, Besondere Leistungen

4.1 Nebenleistungen sind ergänzend zur ATV DIN 18 299, Abschnitt 4.1, insbesondere:

4.1.1 Reinigen des Untergrundes, ausgenommen Leistungen nach Abschnitt 4.2.3.

4.1.2 Anpassen des Holzpflasters an die angrenzenden Bauwerksteile, z.B. an Wände, Pfeiler, Stützen, Schwellen, Maschinenfundamente, Rohrleitungen, Schienen aller Art, und Anschließen an diese Bauwerksteile in anderen Fällen als nach Abschnitt 4.2.4.

4.1.3 Absperrmaßnahmen bis zur Begehbarkeit des Holzpflasters.

4.2 Besondere Leistungen sind ergänzend zur ATV DIN 18 299, Abschnitt 4.2, z. B.:

4.2.1 Maßnahmen nach Abschnitt 3.1.3.

4.2.2 Vorhalten von Aufenthalts- und Lagerräumen, wenn der Auftraggeber Räume, die leicht verschließbar gemacht werden können, nicht zur Verfügung stellt.

4.2.3 Reinigen des Untergrundes von grober Verschmutzung, z. B. Gipsreste, Mörtelreste, Farbreste, Öl, soweit diese von anderen Unternehmern herrührt.

4.2.4 Herstellen von Aussparungen und Anschlüssen sowie Anpassung an schräg oder gekrümmt zum Fugenverlauf angrenzende Bauteile, mit denen der Auftragnehmer bei Abgabe des Angebotes nicht rechnen konnte.

4.2.5 Nachversiegeln stark beanspruchter Flächen innerhalb der Verjährungsfrist für Gewährleistung.

4.2.6 Schleifen von Holzpflaster RE-W.

5 Abrechnung

Ergänzend zur ATV DIN 18 299, Abschnitt 5, gilt:

5.1 Allgemeines

5.1.1 Der Ermittlung der Leistung — gleichgültig, ob sie nach Zeichnungen oder nach Aufmaß erfolgt — sind zugrunde zu legen:

Bei Holzpflaster

— auf Flächen mit begrenzenden Bauteilen die Maße der zu belegenden Flächen bis zu den begrenzenden ungeputzten bzw. nicht bekleideten Bauteilen,

— auf Flächen ohne begrenzende Bauteile deren Maße,

— auf Flächen von Stufen und Schwellen deren größte Maße.

5.1.2 Bei der Ermittlung des Längenmaßes wird die größte Bauteillänge gemessen.

5.1.3 In Holzpflaster nachträglich eingearbeitete Teile werden übermessen.

5.2 Es werden abgezogen:

5.2.1 Bei Abrechnung nach Flächenmaß (m^2):

Aussparungen, z. B. für Öffnungen, Pfeiler, Pfeilervorlagen, Rohrdurchführungen über 0,1 m^2 Einzelgröße.

5.2.2 Bei Abrechnung nach Längenmaß (m):

Unterbrechungen über 1 m Einzellänge.

VOB Teil C:
Allgemeine Technische Vertragsbedingungen für Bauleistungen (ATV)
Raumlufttechnische Anlagen — DIN 18 379
Ausgabe Dezember 1992

Inhalt

0   Hinweise für das Aufstellen der Leistungsbeschreibung
1   Geltungsbereich
2   Stoffe, Bauteile
3   Ausführung
4   Nebenleistungen, Besondere Leistungen
5   Abrechnung

0   Hinweise für das Aufstellen der Leistungsbeschreibung

Diese Hinweise ergänzen die ATV DIN 18 299 „Allgemeine Regelungen für Bauarbeiten jeder Art", Abschnitt 0. Die Beachtung dieser Hinweise ist Voraussetzung für eine ordnungsgemäße Leistungsbeschreibung gemäß A § 9.
Die Hinweise werden nicht Vertragsbestandteil.
In der Leistungsbeschreibung sind nach den Erfordernissen des Einzelfalls insbesondere anzugeben:

0.1   Angaben zur Baustelle

0.1.1   Angaben zur Begrenzung von Verkehrslasten.

0.1.2   Angaben über die Abdichtung von Bauwerken und Bauwerksteilen, z.B. Wannenausbildung von Kellern.

0.2   Angaben zur Ausführung

0.2.1   Hauptwindrichtung.

0.2.2   Besondere Belastungen aus Immissionen.

0.2.3   Bebauung der Umgebung.

0.2.4   Abgrenzung des Leistungsumfangs zwischen den beteiligten Auftragnehmern.

0.2.5   Umfang der vom Auftragnehmer vorzunehmenden Installation der anlageninternen elektrischen Leitungen einschließlich Auflegen auf die Klemmen.

0.2.6   Art und Kälteleistungsbedarf anderer, nicht zum Auftragsumfang des Auftragnehmers gehörender Kälteverbraucher.

0.2.7 Geforderte Druckstufen und Dichtheitsklassen für Luftleitungssysteme.

0.2.8 Für welche Anlagenteile im Angebot Muster, Darstellungen und Beschreibungen sowie Einzelheiten über Hersteller, Abmessungen, Gewichte und Ausführung verlangt werden.

0.2.9 Art und Umfang von Winterbaumaßnahmen.

0.2.10 Ob besondere Maßnahmen zum Schutz der Anlagenteile gegen Nässe vorzusehen sind.

0.2.11 Transportwege für alle größeren Anlagenteile auf der Baustelle und im Gebäude.

0.2.12 Art und Umfang besonderer Korrosionsschutzmaßnahmen (siehe Abschnitt 2.1).

0.2.13 Art, Abmessungen und Umfang der Wärme- und Schalldämmung, sowie Brandschutz.

0.2.14 Termine für die Lieferung der Angaben und Unterlagen nach Abschnitt 3.1.2 sowie für Beginn und Ende der vertraglichen Leistungen, ferner, ob und gegebenenfalls in welchem Umfang vom Auftragnehmer Terminpläne oder Beiträge dazu aufzustellen und zu liefern sind, z. B. für Netzpläne.

0.2.15 Art und Umfang von Provisorien, z. B. vorübergehende Versorgung aus Stadtwassernetz bis zur Fertigstellung der Kälteanlage.

0.2.16 Zeitpunkte der — gegebenenfalls stufenweisen — Inbetriebnahme.

0.2.17 Ob zu liefern sind:
— Bestandzeichnungen (Darstellung der ausgeführten Anlage in den Bauplänen),
— Stückliste, enthaltend alle Meß-, Steuerungs- und Regelgeräte (MSR),
— Stromlaufplan und gegebenenfalls Funktionsplan der Steuerung nach DIN 40 719 Teil 6 „Schaltungsunterlagen; Regeln und graphische Symbole für Funktionspläne",
— Funktionsbeschreibung unter Einbeziehung der Regelung mit Darstellung der Regeldiagramme,
— Protokolle über die im Rahmen der Einregulierungsarbeiten durchgeführten endgültigen Einstellungen und Messungen,
— Ersatzteilliste,
— Berechnung des Brennstoff- und Energiebedarfs,
— Diagramme und Kennlinienfelder, z. B. für Ventilatoren, Pumpen, Kühltürme, bei MSR-Anlagen in DDC-Technik
— Informationslisten (siehe VDI 3814),
— Programmliste.

0.2.18 Ob Funktionsmessungen durchzuführen sind (siehe Abschnitt 3.5).

0.2.19 Ob ein Wartungsvertrag mit angeboten werden soll.

0.2.20 Art und Umfang der dem Auftragnehmer für die Beurteilung und Ausführung der Anlage zu liefernden Planungsunterlagen und Berechnungen.

0.2.21 Art der Verbindung von Luftleitungen, z. B. geflanscht, gesteckt.

0.3 Einzelangaben bei Abweichungen von den ATV
0.3.1 Wenn andere als die in dieser ATV vorgesehenen Regelungen getroffen werden sollen, sind diese in der Leistungsbeschreibung eindeutig und im einzelnen anzugeben.

Raumlufttechnische Anlagen   DIN 18 379

0.3.2 Abweichende Regelungen können insbesondere in Betracht kommen bei

Abschnitt 2.1, wenn für Bauteile, bei denen mit Taupunktunterschreitung zu rechnen ist, keine Auffangvorrichtungen zur Wasserfortführung geliefert werden sollen, wenn kein oder wenn ein besonderer Korrosionsschutz erfolgen soll, wenn die Beschilderung an Bauteilen nicht in deutscher Sprache ausgeführt werden soll,

Abschnitt 2.4, wenn Luftfilter nicht mit Druckdifferenzmeßeinrichtungen, sondern mit einer anderen Überwachungseinrichtung ausgestattet werden sollen,

Abschnitt 3.2.8.1, wenn Stellorgane der Regelstrecken nur zu bemessen, jedoch nicht zu liefern sind,

Abschnitt 3.2.9, wenn für Schallschutzmaßnahmen andere Bestimmungen als VDI 2081 „Geräuscherzeugung und Lärmminderung in raumlufttechnischen Anlagen" zugrunde gelegt werden sollen,

Abschnitt 3.6, wenn die geforderten Unterlagen nicht 3fach schwarz/weiß oder Zeichnungen 1fach pausfähig geliefert werden sollen, sondern in größerer Stückzahl und/oder in anderer Form, z. B. Zeichnungen farbig angelegt, unter Glas.

0.4 Einzelangaben zu Nebenleistungen und Besonderen Leistungen
Keine ergänzende Regelung zur ATV DIN 18 299, Abschnitt 0.4.

0.5 Abrechnungseinheiten
Im Leistungsverzeichnis sind die Abrechnungseinheiten wie folgt vorzusehen:

0.5.1 Flächenmaß (m^2) für
— Kanäle, Kanalformstücke, Endböden, Abschlußdeckel, Trennbleche und Überlappungen, Paßstücke, Luftlenkeinrichtungen.
Für Kanäle und Kanalformstücke sind Abrechnungsgruppen nach Tabelle 1 vorzusehen.

Tabelle 1. **Abrechnungsgruppen**

Kanäle Abrechnungsgruppe	Formstücke	Größte Kantenlänge mm
K 1	F 1	bis 250
K 2	F 2	über 250 bis 1400
K 3	F 3	über 1400 bis 2500
K 4	F 4	über 2500

0.5.2 Längenmaß (m), getrennt nach Art, Nennweite und Wanddicke für
— Rohre,
— flexible Rohre.

0.5.3 Anzahl (Stück),
— getrennt nach Leistungsdaten und kennzeichnenden Merkmalen für
— Ventilatoren, Antriebsmotoren, Luftfilter, Luftbefeuchter, Warmlufterzeuger, Lufterwärmer, Luftkühler, Schalldämpfer und ähnliche Teile;

- *getrennt nach Art und Abmessung für*
  - *Absperrorgane, Regelorgane, Drosselklappen und ähnliche Geräte,*
  - *Luftdurchlässe, Reinigungsdeckel, Wand- und Deckenhülsen,*
  - *Befestigungen, z. B. geschweißte Konstruktionen, Aufhängungen,*
  - *Schwingelemente und sonstige Bauteile für körperschallgedämpfte Befestigungen,*
  - *Schiebestutzen, Luftdurchlaßstutzen und -kästen, Ausschnitte für Luftdurchlässe;*
- *getrennt nach Art, Maßen und Feuerwiderstandsklasse für*
  - *Absperreinrichtungen gegen Brandübertragung (Brandschutzklappen);*
- *getrennt nach Art, Nennweite, Wanddicke, Winkel und mittlerem Krümmungshalbmesser für*
  - *Bogen,*
  - *Form- und Verbindungsstücke für Rohre.*

0.5.4 *Gewicht (kg), getrennt nach Art und erforderlichenfalls auch nach Maßen für*
- *besondere Befestigungskonstruktionen, z. B. geschweißte Konstruktionen, Aufhängungen.*

1 Geltungsbereich

1.1 Die ATV „Raumlufttechnische Anlagen" (RLT-Anlagen) — DIN 18 379 — gilt für Raumlufttechnische Anlagen, bei denen Luft maschinell gefördert wird.

1.2 Die ATV DIN 18 379 gilt nicht für freie Lüftungssysteme und für Prozeßlufttechnische Anlagen, bei denen die Luft ausschließlich zur Durchführung eines technischen Prozesses innerhalb von Apparaten, Kabinen oder Maschinen gefördert wird.

1.3 Ergänzend gelten die Abschnitte 1 bis 5 der ATV DIN 18 299 „Allgemeine Regelungen für Bauarbeiten jeder Art". Bei Widersprüchen gehen die Regelungen der ATV DIN 18 379 vor.

2 Stoffe, Bauteile

Ergänzend zur ATV DIN 18 299, Abschnitt 2, gilt:

2.1 Allgemeines

Sofern es der Verwendungszweck erfordert, müssen Stoffe und Bauteile korrosionsgeschützt sein.

Bauteile, bei denen mit Tau- oder Überlaufwasser zu rechnen ist, sind mit Auffangvorrichtungen zur Wasserfortführung zu liefern.

Stoffe und Bauteile im Luftstrom von Raumlufttechnischen Anlagen, müssen geruchfrei und — ausgenommen Verschleißteile, wie Keilriemen, Kohlebürsten
— abriebfest sein. Maschinelle Bauteile und Wärmeaustauscher müssen mit Typ- und Leistungsschildern versehen sein. Beschilderungen an Bauteilen (Schilder, Skalen, Hinweise) müssen in deutscher Sprache und entsprechend dem „Gesetz über Einheiten im Meßwesen" ausgeführt sein.

Für die gebräuchlichsten genormten Stoffe und Bauteile sind die DIN-Normen und sonstigen Technischen Regeln nachstehend aufgeführt.

Raumlufttechnische Anlagen					DIN 18 379

2.2 Ventilatoren

DIN 24 163 Teil 1 Ventilatoren; Leistungsmessung, Normkennlinien
DIN 24 167 Teil 1 Ventilatoren; Berührungsschutz gegenüber Ventilatorlaufrädern; Sicherheitstechnische Anforderungen
VDMA 24 169 Teil 1 Lufttechnische Anlagen; Bauliche Explosionsschutzmaßnahmen an Ventilatoren; Richtlinien für Ventilatoren zur Förderung von brennbare Gase, Dämpfe oder Nebel enthaltender Atmosphäre

Werden Ventilatoren durch Drehstrommotoren der Bauform B 3 angetrieben, so müssen die Motoren DIN 42 673 Teil 1 „Oberflächengekühlte Drehstrommotoren mit Käfigläufer, Bauform IM B 3, mit Wälzlagern, Anbaumaße und Zuordnung der Leistungen" entsprechen.

2.3 Warmlufterzeuger, Lufterwärmer und Luftkühler

Für Warmlufterzeuger mit Feuerungen für feste, flüssige und gasförmige Brennstoffe

DIN 4794 Teil 1 Ortsfeste Warmlufterzeuger; mit und ohne Wärmeaustauscher; Allgemeine und lufttechnische Anforderungen, Prüfung
DIN 4794 Teil 2 Ortsfeste Warmlufterzeuger; Ölbefeuerte Warmlufterzeuger, Anforderung, Prüfung
DIN 4794 Teil 3 Ortsfeste Warmlufterzeuger; Gasbefeuerte Warmlufterzeuger mit Wärmeaustauscher, Anforderungen, Prüfung
DIN 4794 Teil 5 Ortsfeste Warmlufterzeuger; Allgemeine und sicherheitstechnische Anforderungen, Aufstellung, Betrieb
DIN 4794 Teil 7 Ortsfeste Warmlufterzeuger; Gasbefeuerte Warmlufterzeuger ohne Wärmeaustauscher, Sicherheitstechnische Anforderungen, Prüfung

Für Lufterwärmer und Luftkühler muß die Leistung VDI 2076 „Leistungsnachweis für Wärmeaustauscher mit zwei Massenströmen" entsprechen.

2.4 Luftfilter

DIN VDE 0105 Teil 8 Betrieb von Starkstromanlagen; Zusatzfestlegungen für Elektrofilteranlagen
DIN 24 184 Typprüfung von Schwebstoffiltern; Prüfung mit Paraffinölnebel als Prüfaerosol
DIN 24 185 Teil 1 und Teil 2 Prüfung von Luftfiltern für die allgemeine Raumlufttechnik

Luftfilter müssen mit Druckdifferenzmeßeinrichtungen ausgestattet sein.

2.5 Kammerzentralen, RLT-Geräte

2.5.1 Bauteile von Kammerzentralen und RLT-Geräten, z. B. Ventilatoren und Luftfilter, müssen den Anforderungen der Abschnitte 2.1 bis 2.3 entsprechen.

2.5.2 Die Antriebsmotoren müssen leicht ein- und ausbaubar sein. Es muß ausreichend Platz zum Nachspannen der Keilriemen vorhanden sein. Der elektrische Anschluß muß leicht zugänglich sein.

2.5.3 Die Gehäuse der Kammerzentralen und der RLT-Geräte müssen den Betriebsbedingungen entsprechend ausreichend steif sein; die Wände dürfen bei Betrieb nicht flattern.

2.5.4 Die Gehäuse der Kammerzentralen und der RLT-Geräte müssen ausreichend luftdicht sein. Zur Kabeleinführung müssen entsprechende Muffen vorhanden sein.

2.5.5 Für Kammerzentralen auf Dächern gilt VDMA 24 175 „Lufttechnische Geräte und Anlagen; Dach-Zentraleinheiten für die Raumlufttechnik, Anforderungen an das Gehäuse".

2.5.6 Bedienungstüren, Inspektions- und Wartungsöffnungen müssen in solcher Größe und Anzahl vorhanden sein, daß alle wichtigen Bauteile, insbesondere bewegliche, leicht und sicher instandgehalten werden können. Lufterwärmer und Luftkühler müssen zum Beseitigen etwaiger Undichtheiten ausbaubar sein. Bei Lagerschäden muß eine Instandsetzung möglich sein.

2.6 Luftleitungen mit Zubehör
2.6.1 Allgemeines
Luftleitungen müssen — soweit erforderlich — mit Luftlenkeinrichtungen versehen sein.

Absperrvorrichtungen in Luftleitungen gegen Feuer oder Rauch unterliegen der Prüfzeichenpflicht.

2.6.2 Luftleitungen aus metallischen Werkstoffen

DIN 24 145 Lufttechnische Anlagen; Wickelfalzrohre, Anschlußenden, Verbinder

DIN 24 146 Teil 1 Lufttechnische Anlagen; Flexible Rohre, Maße und Anforderungen

DIN 24 147 Teil 1 bis Teil 13 Lufttechnische Anlagen; Formstücke

DIN 24 151 Teil 1 Rohrbauteile für lufttechnische Anlagen; Blechrohre; Reihe 1, geschweißt

DIN 24 152 Rohrbauteile für lufttechnische Anlagen Blechrohre, längsgefalzt

DIN 24 190 Kanalbauteile für lufttechnische Anlagen; Blechkanäle gefalzt, geschweißt

DIN 24 191 Kanalbauteile für lufttechnische Anlagen; Blechkanalformstücke gefalzt, geschweißt

Für Luftleitungen aus Aluminium sind Werkstoffe nach DIN 1725 Teil 1 „Aluminiumlegierungen, Knetlegierungen" und für Luftleitungen aus nichtrostenden Stählen Werkstoffe nach DIN 17 440 „Nichtrostende Stähle, Technische Lieferbedingungen für Blech, Warmband, Walzdraht, gezogenen Draht, Stabstahl, Schmiedestücke und Halbzeug", zu verwenden.

Raumlufttechnische Anlagen   DIN 18 379

2.6.3 Luftleitungen aus Kunststoff

DIN 4740 Teil 1	Raumlufttechnische Anlagen; Rohre aus weichmacherfreiem Polyvinylchlorid (PVC-U); Berechnung der Mindestwanddicken
DIN 4740 Teil 2	Raumlufttechnische Anlagen; Lüftungsleitungen aus weichmacherfreiem Polyvinylchlorid (PVC-U); Formstücke für Rohre, Bögen; Mindestwanddicken
DIN 4740 Teil 5	Raumlufttechnische Anlagen; Lüftungsleitungen aus weichmacherfreiem Polyvinylchlorid (PVC-U); Kanäle unversteift; Mindestwanddicken
DIN 4741 Teil 1	Raumlufttechnische Anlagen; Rohre aus Polypropylen (PP); Berechnung der Mindestwanddicken
DIN 4741 Teil 2	Raumlufttechnische Anlagen; Lüftungsleitungen aus Polypropylen (PP), Typ 1; Formstücke für Rohre, Bögen; Mindestwanddicken
DIN 4741 Teil 5	Raumlufttechnische Anlagen; Lüftungsleitungen aus Polypropylen (PP), Typ 1; Kanäle unversteift; Mindestwanddicken

2.7 Meß-, Steuer- und Regeleinrichtungen, Gebäudeleittechnik

DIN 40 050   IP-Schutzarten; Berührungs-, Fremdkörper- und Wasserschutz für elektrische Betriebsmittel

Normen der Reihe
DIN EN 60 051   Direkt wirkende anzeigende Meßgeräte und ihr Zubehör

Schalttafeln müssen mindestens der Schutzart IP 43 entsprechen.
Elektrische Meßgeräte müssen der Klasse 1,5 nach den Normen der Reihe DIN EN 60 051 entsprechen.

2.8 Kälteanlagen

DIN 1947	Wärmetechnische Abnahmemessungen an Naßkühltürmen (VDI-Kühlturmregeln)
DIN 8960	Kältemittel; Anforderungen
DIN 8962	Kältemittel-Kurzzeichen
DIN 8975 Teil 2 bis Teil 9	Kälteanlagen; Sicherheitstechnische Grundsätze für Gestaltung, Ausrüstung und Aufstellung

2.9 Wärmepumpen

DIN 8900 Teil 2 bis Teil 4	Wärmepumpen; Anschlußfertige Heiz-Wärmepumpen mit elektrisch angetriebenen Verdichtern
DIN 8901	Wärmepumpen; Wärmepumpen mit halogenierten Kohlenwasserstoffen, Schutz von Erdreich, Grund- und Oberflächenwasser; Anforderungen und Prüfung
DIN EN 255 Teil 1	Wärmepumpen; Anschlußfertige Wärmepumpen mit elektrisch angetriebenen Verdichtern zum Heizen oder zum Heizen und Kühlen; Benennungen, Definitionen und Bezeichnungen; Deutsche Fassung EN 255-1 : 1988

2.10 Schalldämpfer

VDI 2567   Schallschutz durch Schalldämpfer

2.11 Wärmerückgewinner
VDI 2071 Blatt 1 Wärmerückgewinnung in Raumlufttechnischen Anlagen; Begriffe und technische Beschreibungen

3 Ausführung
Ergänzend zur ATV DIN 18 299, Abschnitt 3, gilt:

3.1 Allgemeines
3.1.1 Die Bauteile von Raumlufttechnischen Anlagen sind so aufeinander abzustimmen, daß die geforderte Leistung erbracht, die Betriebssicherheit gegeben und ein sparsamer und wirtschaftlicher Betrieb möglich ist sowie unvermeidbare Korrosionsvorgänge weitgehend eingeschränkt werden.
Der von Raumlufttechnischen Anlagen erzeugte bzw. übertragene Luft- und Körperschall darf die zulässigen oder vereinbarten Werte nicht überschreiten.

3.1.2 Der Auftragnehmer hat dem Auftraggeber vor Beginn der Montagearbeiten alle Angaben zu machen, die für den ungehinderten Einbau und ordnungsgemäßen Betrieb der Anlage notwendig sind.

Der Auftragnehmer hat nach den Planungsunterlagen und Berechnungen des Auftraggebers die für die Ausführung erforderliche Montage- und Werkstattplanung zu erbringen und soweit erforderlich mit dem Auftraggeber abzustimmen. Dazu gehören insbesondere
— Montagepläne,
— Werkstattzeichnungen,
— Stromlaufpläne,
— Fundamentpläne.

Der Auftragnehmer hat dem Auftraggeber rechtzeitig Angaben zu machen über die
— Gewichte der Einbauteile,
— Stromaufnahme und gegebenenfalls den Anlaufstrom der elektrischen Bauteile,
— sonstigen Erfordernisse für den Einbau.

3.1.3 Der Auftragnehmer hat bei der Prüfung der vom Auftraggeber gelieferten Planungsunterlagen und Berechnungen (siehe B § 3 Nr 3) u. a. hinsichtlich der Beschaffenheit und Funktion der Anlage insbesondere zu achten auf:
— den Wärmebedarf,
— die Kühllast,
— den Luftvolumenstrom,
— die Leitungsnetzberechnung,
— die Lufttemperaturen,
— die Luftfeuchten,
— die Meß-, Steuer- und Regeleinrichtungen,
— den Schallschutz,
— den Brandschutz.

Raumlufttechnische Anlagen DIN 18 379

3.1.4 Der Auftragnehmer hat bei seiner Prüfung Bedenken (siehe B § 4 Nr 3) insbesondere geltend zu machen bei:
— Unstimmigkeiten in den vom Auftraggeber gelieferten Planungsunterlagen und Berechnungen (siehe B § 3 Nr 3),
— erkennbar mangelhafter Ausführung oder nicht rechtzeitiger Fertigstellung bzw. dem Fehlen von
  — Fundamenten,
  — Schlitzen und Durchbrüchen sowie
  — Schall- und Wärmedämmungen,
— ungeeigneter Bauart und/oder ungeeignetem Querschnitt der Schornsteine, Zuluft- und Abluftschächte,
— unzureichender Anschlußleistung für die Betriebsmittel z.B. Brennstoffe, Energie,
— nicht ausreichendem Platz für die Bauteile,
— ihm bekanntgewordenen Änderungen von Voraussetzungen, die der Planung zugrunde gelegen haben.

3.1.5 Stemm-, Fräs- und Bohrarbeiten am Bauwerk dürfen nur im Einvernehmen mit dem Auftraggeber ausgeführt werden. Bei derartigen Arbeiten an Mauerwerk ist DIN 1053 Teil 1 „Mauerwerk; Rezeptmauerwerk; Berechnung und Ausführung" zu beachten.

3.1.6 Stoffe, die zerstörend auf Anlagenteile wirken können, z. B. Gips oder chloridhaltige Schnellbinder in Verbindung mit Stahl- und Gußteilen, dürfen nicht verwendet werden.

3.2 Anforderungen
3.2.1 Allgemeines
Für die Ausführung von Raumlufttechnischen Anlagen gelten:

DIN 1946 Teil 1	Raumlufttechnik; Terminologie und graphische Symbole (VDI-Lüftungsregeln)
DIN 1946 Teil 2	Raumlufttechnik; Gesundheitstechnische Anforderungen (VDI-Lüftungsregeln)
DIN 1946 Teil 4	Raumlufttechnik; Raumlufttechnische Anlagen in Krankenhäusern (VDI-Lüftungsregeln)
DIN 4701 Teil 1 bis Teil 3	Regeln für die Berechnung des Wärmebedarfs von Gebäuden
DIN 8900 Teil 2 bis Teil 4	Wärmepumpen; Anschlußfertige Heiz-Wärmepumpen mit elektrisch angetriebenen Verdichtern
DIN 8960	Kältemittel; Anforderungen
DIN 8975 Teil 1 bis Teil 8	Kälteanlagen
DIN 18 017 Teil 3	Lüftung von Bädern und Toilettenräumen ohne Außenfenster mit Ventilatoren
DIN 18 910	Klima in geschlossenen Ställen; Wasserdampf- und Wärmehaushalt im Winter, Lüftung, Beleuchtung

DIN 18 379 VOB Teil C

DIN EN 255 Teil 1	Wärmepumpen; Anschlußfertige Wärmepumpen mit elektrisch angetriebenen Verdichtern zum Heizen oder zum Heizen und Kühlen; Benennungen, Definitionen und Bezeichnungen; Deutsche Fassung EN 255-1 : 1988
VDI 2051	Raumlufttechnik in Laboratorien
VDI 2052	Raumlufttechnische Anlagen für Küchen
VDI 2053 Blatt 1	Raumlufttechnische Anlagen für Garagen und Tunnel; Garagen
VDI 2071 Blatt 1	Wärmerückgewinnung in Raumlufttechnischen Anlagen; Begriffe und technische Beschreibung
VDI 2078	Berechnung der Kühllast klimatisierter Räume (VDI-Kühllastregeln)
VDI 2081	Geräuscherzeugung und Lärmminderung in raumlufttechnischen Anlagen
VDI 2082	Raumlufttechnik für Geschäftshäuser und Verkaufsstätten
VDI 2083 Blatt 1	Reinraumtechnik; Grundlagen, Definitionen und Festlegung der Reinheitsklassen
VDI 2083 Blatt 2	Reinraumtechnik; Bau, Betrieb und Wartung
VDI 2085	Lüftung von großen Schutzräumen
VDI 2087	Luftkanäle; Bemessungsgrundlagen, Schalldämpfung, Temperaturabfall und Wärmeverluste
VDI 3803	Raumlufttechnische Anlagen; Bauliche und technische Anforderungen

3.2.2 Ventilatoren
Bestehen Ventilatorteile aus splitterfähigen Stoffen, so sind geeignete Maßnahmen vorzusehen, die beim Zerspringen dieser Teile einen ausreichenden Splitterschutz geben.

3.2.3 Lufterwärmer, Luftkühler, Warmlufterzeuger
3.2.3.1 Lufterwärmer und Luftkühler sind so einzubauen, daß eine einfache vollständige Entleerung und Entlüftung möglich ist.

3.2.3.2 Die Luftkühler sind so einzubauen, daß eine einwandfreie Tauwasserableitung möglich ist.

3.2.3.3 Das Eindringen von Wassertropfen in andere Anlagenteile ist durch geeignete Maßnahmen soweit wie möglich zu verhindern. Der nachfolgende Anlagenabschnitt ist erforderlichenfalls zu entwässern.

3.2.3.4 Elektro-Lufterwärmer sind mit Strömungs- und Übertemperatursicherungen auszurüsten.

3.2.4 Luftfilter
Luftfilter sind so einzubauen, daß auch im eingebauten Zustand die Güteklassen nach DIN 24 184 und DIN 24 185 Teil 1 und Teil 2 eingehalten werden; bei Elektro-Luftfiltern ist außerdem DIN VDE 0105 Teil 8 zu beachten.

Raumlufttechnische Anlagen DIN 18 379

3.2.5 Luftbefeuchtungseinrichtungen

3.2.5.1 Luftbefeuchtungseinrichtungen mit Wasser- oder Dampfanschluß sind mit den dafür notwendigen Absperr- und Reguliereinrichtungen zu versehen. Sie müssen leicht zu reinigen sein.

3.2.5.2 Luftbefeuchtungseinrichtungen mit Wasseranschluß sind so einzubauen, daß sie an das Wasserversorgungsnetz und, wenn erforderlich, auch an das Abwassernetz unter Beachtung von DIN 1988 Teil 1 bis 8 „Technische Regeln für Trinkwasser-Installationen (TRWI)" und DIN 1986 Teil 1 „Entwässerungsanlagen für Gebäude und Grundstücke; Technische Bestimmungen für den Bau" angeschlossen werden können.

3.2.5.3 Das Eindringen von Wassertropfen in andere Anlagenteile ist durch geeignete Maßnahmen soweit wie möglich zu verhindern. Der nachfolgende Anlagenabschnitt ist erforderlichenfalls zu entwässern.

3.2.6 Kammerzentralen, RLT-Geräte

3.2.6.1 Beim Einbau sind die Abschnitte 3.2.1 bis 3.2.5 zu beachten.

3.2.6.2 Bei innenliegendem Riementrieb ohne Berührungs- und Riemenschutzvorrichtung muß der Wartungsschalter der Kammerzentrale in unmittelbarer Nähe außerhalb der Kammerzentrale bzw. außerhalb des RLT-Gerätes vorhanden sein.

3.2.6.3 Anschlußleitungen sind so zu verlegen, daß keine Behinderungen an den Bedienungstüren, Inspektions- und Wartungsöffnungen entstehen.

3.2.7 Luftleitungen mit Zubehör

3.2.7.1 Alle Verbindungen von Luftleitungen müssen entsprechend den Betriebsbedingungen luftdicht und stabil sein.

3.2.7.2 Luftleitungen müssen, soweit erforderlich, mit verschließbaren Meßöffnungen versehen sein.

3.2.7.3 Luftdurchlässe müssen ohne Beschädigung des Bauwerks ausbaubar sein.

3.2.7.4 Die Lage von Einbauteilen in Luftleitungen, die für Inspektion und Wartungsarbeiten zugänglich sein müssen, muß erkennbar sein, erforderlichenfalls durch Schilder.

3.2.8 Meß-, Steuer- und Regeleinrichtungen, Gebäudeleittechnik

3.2.8.1 Stellorgane der Regelstrecken von Raumlufttechnischen Anlagen, die in Gewerke eingebaut werden, die nicht zum Auftragsumfang des Auftragnehmers gehören, sind vom Auftragnehmer zu bemessen und zu liefern. Die Bemessung der Stellorgane der Regelstrecken ist vom Auftragnehmer mit dem betreffenden Gewerk abzustimmen.

3.2.8.2 Meßwertaufnehmer sind an solchen Stellen und so einzubauen, daß der richtige Meßwert erfaßt wird.

3.2.8.3 Anzeigegeräte müssen gut ablesbar und zu betätigende Geräte müssen leicht zugängig und bedienbar sein.

3.2.8.4 Der Auftragnehmer hat bei der Prüfung der elektrischen Verkabelung und während der Inbetriebnahme eine mit der von ihm erstellten Steuer- und Regelanlage vertraute Fachkraft zur Verfügung zu stellen.

3.2.8.5 Grundplattenpumpen müssen mit Wartungsschaltern am Aufstellungsort ausgerüstet werden.

3.2.9 Schallschutz
Wenn Schallschutzmaßnahmen an der Anlage auszuführen sind, müssen sie den Anforderungen VDI 2081 entsprechen.

3.2.10 Dämmung und Brandschutz
Teile der Raumlufttechnischen Anlage, die eine Ummantelung erhalten sollen, sind so einzubauen, daß diese ordnungsgemäß ausgeführt werden kann.

3.3 Anzeige, Erlaubnis, Genehmigung und Prüfung
Die für die behördlich vorgeschriebenen Anzeigen oder Anträge notwendigen zeichnerischen und sonstigen Unterlagen sowie Bescheinigungen sind entsprechend der für die Anzeige-, Erlaubnis- bzw. Genehmigungspflicht vorgeschriebenen Anzahl vom Auftragnehmer dem Auftraggeber zur Verfügung zu stellen. Dies gilt nicht, wenn die Prüfvorschriften für Anlagenteile eine dauerhafte Kennzeichnung statt einer Bescheinigung zulassen.

3.4 Einstellung der Anlage
3.4.1 Der Auftragnehmer hat die Anlagenteile so einzustellen, daß die geforderten Funktionen und Leistungen erbracht und die gesetzlichen Bestimmungen erfüllt werden.

Der Abgleich der Luftvolumenströme ist den festgelegten Werten entsprechend vorzunehmen.

3.4.2 Das Bedienungs- und Wartungspersonal für die Anlage ist durch den Auftragnehmer einmal einzuweisen.

3.5 Abnahmeprüfung
Es ist eine Abnahmeprüfung nach VDI 2079 „Abnahmeprüfung an Raumlufttechnischen Anlagen" durchzuführen, die dabei vorgesehene Funktionsmessung jedoch nur nach besonderer Vereinbarung.

3.6 Mitzuliefernde Unterlagen
Der Auftragnehmer hat im Rahmen seines Leistungsumfanges aufzustellen und dem Auftraggeber spätestens bei der Abnahme zu übergeben:

— Anlagenschema,
— Elektrischer Übersichtsschaltplan nach DIN 40 719 Teil 1 „Schaltungsunterlagen; Begriffe, Einteilung",
— Anschlußplan nach DIN 40 719 Teil 9 „Schaltungsunterlagen; Ausführung von Anschlußplänen",
— Zusammenstellung der wichtigsten technischen Daten,
— Alle für einen sicheren und wirtschaftlichen Betrieb erforderlichen Betriebs- und Wartungsanleitungen nach DIN V 8418 „Benutzerinformation; Hinweise für die Erstellung"
— Protokoll über die Einweisung des Wartungs- und Bedienungspersonals.

Die Unterlagen sind in 3facher Ausfertigung schwarz/weiß, Zeichnungen nach Wahl des Auftraggebers stattdessen auch 1fach pausfähig, dem Auftraggeber auszuhändigen.

4 Nebenleistungen, Besondere Leistungen

4.1 Nebenleistungen sind ergänzend zur ATV DIN 18 299, Abschnitt 4.1, insbesondere:

4.1.1 Prüfen der Unterlagen des Auftraggebers nach Abschnitt 3.1.3 und Leistungen nach Abschnitt 3.1.4.

4.1.2 Auf- und Abbauen sowie Vorhalten der Gerüste, deren Arbeitsbühnen nicht höher als 2 m über Gelände oder Fußboden liegen.

4.1.3 Liefern und Anbringen der Typ- und Leistungsschilder, sowie gegebenenfalls Bedienungsanleitung.

4.1.4 Einbau von Verbindungs- und Befestigungsmaterial, z. B. Flanschen, Profilverbindungen, Schraubenverbindungen, Steckverbinder ohne besondere Anforderungen, Dichtungsmaterial, Versteifungen für Kanäle, Ausschnitte zum Reinigen oder zum Inspizieren oder Messen.

4.2 Besondere Leistungen sind ergänzend zur ATV DIN 18 299, Abschnitt 4.2, z. B.:

4.2.1 Planungsleistungen, wie Entwurfs-, Ausführungs-, Genehmigungsplanung und die Planung von Schlitzen und Durchbrüchen.

4.2.2 Besondere Maßnahmen zur Schalldämmung und Schwingungsdämpfung von Anlagenteilen gegen den Baukörper.

4.2.3 Vorhalten von Aufenthalts- und Lagerräumen, wenn der Auftraggeber Räume, die leicht verschließbar gemacht werden können, nicht zur Verfügung stellt.

4.2.4 Auf- und Abbauen sowie Vorhalten der Gerüste, deren Arbeitsbühnen mehr als 2 m über Gelände oder Fußboden liegen.

4.2.5 Stemm-, Bohr- und Fräsarbeiten für die Befestigung von Konsolen und Halterungen sowie das Herstellen von Schlitzen und Durchbrüchen.

4.2.6 Anpassen von Anlagenteilen an nicht maßgerecht ausgeführte Leistungen anderer Unternehmer.

4.2.7 Prüfen der elektrischen Verkabelung, der Steuer- und Regelanlage, wenn die Leistung nicht vom Auftragnehmer ausgeführt wurde.

4.2.8 Liefern und Einbauen besonderer Befestigungskonstruktionen, z. B. Konsolen, Stützgerüste.

4.2.9 Liefern und Befestigen der Funktions-, Bezeichnungs- und Hinweisschilder.

4.2.10 Liefern der für die Inbetriebnahme und den Probebetrieb nötigen Betriebsstoffe.

4.2.11 Provisorische Maßnahmen zum vorzeitigen Betreiben der Anlage oder von Anlagenteilen vor der Abnahme auf Anordnung des Auftraggebers.

4.2.12 Betreiben der Anlage oder von Anlagenteilen vor der Abnahme auf Anordnung des Auftraggebers.

4.2.13 Dichtheitsprüfungen von luftführenden Anlagenteilen.

4.2.14 Wasseranalyse und Gutachten, sofern diese ausnahmsweise vom Auftragnehmer vorgenommen werden sollen.

4.2.15 Gebühren für behördlich vorgeschriebene Abnahmeprüfungen.

4.2.16 Wiederholtes Einweisen des Bedienungs- und Wartungspersonals (siehe Abschnitt 3.4).

4.2.17 Funktionsmessung nach Abschnitt 3.5.

4.2.18 Erstellen von Bestands- und Revisionsplänen.

5 Abrechnung

Ergänzend zur ATV DIN 18 299, Abschnitt 5, gilt:

5.1 Der Ermittlung der Leistung — gleichgültig, ob sie nach Zeichnung oder nach Aufmaß erfolgt — sind die Maße der Anlagenteile zugrunde zu legen. Wird die Leistung aus Zeichnungen ermittelt, dürfen Stücklisten hinzugezogen werden.

5.2 Bei Abrechnung nach Flächenmaß (m²) werden Kanäle und Kanalformstücke nach äußerer Oberfläche, ermittelt aus dem größten Umfang (U_{max}) und der größten Länge (l_{max}), ohne Berücksichtigung der Wärmedämmung gerechnet. Ausschnitte für Luftdurchlässe und Stutzen werden nicht abgezogen, Übergänge (mit den Kurzzeichen US, UA, RS und RA) mit einer ermittelten Oberfläche von weniger als 1 m² werden mit 1 m² abgerechnet.

Zur Ermittlung von U_{max} und l_{max} sind die Formeln der Tabelle 2 anzuwenden.

5.3 Bei Abrechnung nach Längenmaß (m) werden runde und ovale Rohre einschließlich Bögen, Form- und Verbindungsstücke in der Mittelachse gemessen. Dabei werden Bögen bis zum Schnittpunkt der Mittelachse gemessen.

5.4 Bögen und sonstige Formstücke werden zusätzlich zum Rohrpreis abgerechnet.

5.5 Bei Abrechnung nach Gewicht (kg) ist das Gewicht nach folgenden Grundsätzen zu berechnen:

5.5.1 Es sind anzusetzen:
— für Stahlbleche und Bandstahl 8 kg/m² für jeden mm der Stoffdicke,
— für Formstahl und für Profile, die vom Großhandel nach Handelsgewicht verkauft werden, das Handelsgewicht (kg/m),
— für andere Profile das DIN-Gewicht mit einem Zuschlag von 2 % für Walzwerktoleranzen.

5.5.2 Bei geschraubten, geschweißten oder genieteten Stahlkonstruktionen werden zu dem nach Abschnitt 5.5.1 ermittelten Gewicht 2 % zugeschlagen.

5.5.3 Bei verzinkten Bauteilen oder verzinkten Konstruktionen werden zu den Gewichten, die nach den zuvor genannten Grundsätzen ermittelt wurden, 5 % für die Verzinkung zugeschlagen.

Raumlufttechnische Anlagen DIN 18 379

Tabelle 2. **Kanäle und Kanalformstücke, größte Umfänge, größte Längen, Flächen**

Maße in mm

Benennung Kurzzeichen Größe[1])	Darstellung, Maße	Größter Umfang U_{max}	Größte Länge l_{max}
Kanal K $l > 900$		$2(a+b)$	l bei Paßlängen: $l+200$
Trapez- kanal TK $f = f_{max}$		$a+c+\sqrt{b^2+f^2}$ $+\sqrt{(a-c-f)^2+b^2}$	l
Kanal- teil KT $l \leq 900$		$2(a+b)$	l
Übergangs- stutzen SU $l \leq 900$ $c = a$	Ausführung nach Wahl des Herstellers	$2(a+b)$	$\sqrt{l^2+(b-d)^2}$
Stutzen, rund SR $l \leq 500$		πd	l

[1]) Für Kanal K ($l > 900$) gelten die Abrechnungsgruppen K, für alle anderen Bauteile die Abrechnungsgruppen F.

Tabelle 2. (Fortsetzung)

Benennung Kurzzeichen Größe[1])	Darstellung, Maße	Größter Umfang U_{max}[2])	Größte Länge l_{max}[2])
Bogen, symmetrisch BS $e \leq 500$ $f \leq 500$		$2(a+b)$	$\dfrac{\alpha\pi(r+b)}{180}+e+f$
Bogenübergang BA $c = a$ $e \leq 500$ $f \leq 500$		Bedingung $b \geq d$: $2(a+b)$ Bedingung $b < d$: $2(c+d)$	$\dfrac{\alpha\pi(r+b)}{180}+e+f$ $\dfrac{\alpha\pi(r+d)}{180}+e+f$
Winkel (Knie), symmetrisch WS $r = 0$[3]) $e \leq 500$ $f \leq 500$		$2(a+b)$	$2b+e+f$

[1]) Siehe Seite 609
[2]) Sind für U_{max} und l_{max} mehrere Rechenformeln angegeben, so sind für die Berechnung der Oberfläche die Formeln anzuwenden, die die größten Maße für U und l ergeben.
[3]) Wenn nicht besonders angegeben.

Raumlufttechnische Anlagen — DIN 18 379

Tabelle 2. (Fortsetzung)

Benennung Kurzzeichen Größe[1])	Darstellung, Maße	Größter Umfang U_{max}[2])	Größte Länge l_{max}[2])
Winkelübergang (Knieübergang) WA $r = 0$[3]) $e \leq 500$ $f \leq 500$		Bedingung $b \geq d$: $2(a+b)$	$b+d+e+f$
		Bedingung $b < d$: $2(c+d)$	$b+d+e+f$
[4]) Übergang, symmetrisch US $e = \dfrac{b-d}{2}$ $f = \dfrac{a-c}{2}$		Bedingung $a+b \geq c+d$: $2(a+b)$	Bedingung $e \geq f$: $\sqrt{l^2+e^2}$
		Bedingung $a+b < c+d$: $2(c+d)$	Bedingung $e < f$: $\sqrt{l^2+f^2}$
[4]) Übergang, asymmetrisch UA		Bedingung $a+b \geq c+d$: $2(a+b)$	Bedingung $b-d+e \geq e$: $\sqrt{l^2+(b-d+e)^2}$
			Bedingung $b-d+e < e$: $\sqrt{l^2+e^2}$
		Bedingung $a+b < c+d$: $2(c+d)$	Bedingung $a-c+f \geq f$: $\sqrt{l^2+(a-c+f)^2}$
			Bedingung $a-c+f < f$: $\sqrt{l^2+f^2}$

[1]) Siehe Seite 609 [2]) und [3]) siehe Seite 610
[4]) Der Koordinatenmittelpunkt liegt immer in der rechten oberen Ecke des linken Querschnitts. Beim Ergebnis der Vergleichsbedingungen sind die errechneten Werte ohne Vorzeichen zu verwenden.

DIN 18 379   **VOB Teil C**

Tabelle 2. (Fortsetzung)

Benennung Kurzzeichen Größe[1])	Darstellung, Maße	Größter Umfang U_{max}[2])	Größte Länge l_{max}[2])
[4]) Rohrübergang, symmetrisch RS $e = \dfrac{b-d}{2}$ $f = \dfrac{a-d}{2}$	m nach DIN 24 145	Bedingung $a+b \geq \dfrac{\pi d}{2}$: $2(a+b)$	Bedingung $e \geq f$: $\sqrt{l^2 + e^2}$
		Bedingung $a+b < \dfrac{\pi d}{2}$: πd	Bedingung $e < f$: $\sqrt{l^2 + f^2}$
[4]) Rohrübergang, asymmetrisch RA		Bedingung $a+b \geq \dfrac{\pi d}{2}$: $2(a+b)$	Bedingung $b-d+e \geq e$: $\sqrt{l^2 + (b-d+e)^2}$
			Bedingung $b-d+e < e$: $\sqrt{l^2 + e^2}$
		Bedingung $a+b < \dfrac{\pi d}{2}$: πd	Bedingung $a-d+f \geq f$: $\sqrt{l^2 + (a-d+f)^2}$
	m nach DIN 24 145		Bedingung $a-d+f < f$: $\sqrt{l^2 + f^2}$
[4]) Etage, symmetrisch ES $f = 0$		$2(a+b)$	$\sqrt{l^2 + e^2}$

[1]) Siehe Seite 609
[2]) Siehe Seite 610
[4]) Siehe Seite 611

Raumlufttechnische Anlagen — DIN 18 379

Tabelle 2. (Fortsetzung)

Benennung Kurzzeichen Größe[1])	Darstellung, Maße	Größter Umfang U_{max}[2])	Größte Länge l_{max}[2])
[4]) Etagenübergang EA $c = a$ $f = 0$		Bedingung $b \geq d$: $2(a+b)$	Bedingung $b-d+e \geq e$: $\sqrt{l^2+(b-d+e)^2}$
		Bedingung $b < d$: $2(c+d)$	Bedingung $b-d+e < e$: $\sqrt{l^2+e^2}$
T-Stück, oben gerade TG $g = c = a$		a) durchgehendes Teil: Bedingung $a+b \geq c+d$: $2(a+b)$	l
		Bedingung $a+b < c+d$: $2(c+d)$	
		b) abzweigendes Teil: $2(g+h)$	Bedingung $d+m-b \geq m$: $d+m-b$
			Bedingung $d+m-b < m$: m
		Die Oberflächen aus a) und b) werden addiert.	

[1]) Siehe Seite 609
[2]) Siehe Seite 610
[4]) Siehe Seite 611

Tabelle 2. (Fortsetzung)

Benennung Kurzzeichen Größe[1])	Darstellung, Maße	Größter Umfang U_{max}[2])		Größte Länge l_{max}[2])
[4]) T-Stück, oben schräg TA $g = c = a$		a) durchgehendes Teil: Bedingung $b \geq d$: $2(a+b)$		$\sqrt{l^2+e^2}$
		Bedingung $b < d$: $2(c+d)$		
		b) abzweigendes Teil: $2(g+h)$	Bedingung $d+m-b-e \geq m$: $d+m-b-e$	
			Bedingung $d+m-b-e < m$: m	
		Die Oberflächen aus a) und b) werden addiert.		
[4]) Hosenstück HS $g = c = a$ $f = 0$ $m \geq 2 \cdot$ Flanschhöhe		Bedingung $b \geq d+m+h$: $2(a+b)$		Bedingung $b-h-m-d+e \geq e$: $\sqrt{l^2+(b-h-m-d-e)^2}$
		Bedingung $b < d+m+h$: $2(c+d+m+h)$		Bedingung $b-h-m-d+e < e$: $\sqrt{l^2+e^2}$

[1]) Siehe Seite 609
[2]) Siehe Seite 610
[4]) Siehe Seite 611

Raumlufttechnische Anlagen — DIN 18 379

Tabelle 2. (Fortsetzung)

Benennung Kurzzeichen Größe[1])	Darstellung, Maße	Flächenmaß A
Boden BO		$a \cdot b$
Trennblech TR		$b \cdot l$
		$a \cdot l$
Leitblech LB		$\dfrac{a \cdot \pi \cdot r}{180} \cdot a$ In die Abrechnung gehen nur die Leitbleche ein, deren Stückzahl höher liegt, als nachfolgend angegeben: Kantenlänge b mm | Leitbleche Anzahl 400 bis 1250 | 1 über 1250 bis 2000 | 2 über 2000 | 3
Kombi- stück KO	Kombination z. B. von Kanal und Formstück oder von Formstücken untereinander, werkseitig auf einem Rahmen montiert und als einzelnes Teil geliefert.	Die Oberfläche wird durch Addition der Oberflächen der zur Kombination gehörenden Teile ermittelt.
Sonder- Formstück SO	Formstücke, die sich aufgrund ihrer Bauform nicht in die Tabelle einreihen lassen.	Die Oberfläche ist in Anlehnung an vorstehende Formeln zu ermitteln.
	Schiebestutzen, Luftdurchlaßstutzen, Luftdurchlaßkästen, Ausschnitte für Luftdurchlässe	Die Abrechnung ist nach Anzahl (Stück) vorzunehmen.

[1]) Siehe Seite 609

VOB Teil C:
Allgemeine Technische Vertragsbedingungen für Bauleistungen (ATV)
Heizanlagen und zentrale Wassererwärmungsanlagen – DIN 18 380
Ausgabe Dezember 1992

Inhalt

0 Hinweise für das Aufstellen der Leistungsbeschreibung
1 Geltungsbereich
2 Stoffe, Bauteile
3 Ausführung
4 Nebenleistungen, Besondere Leistungen
5 Abrechnung

0 Hinweise für das Aufstellen der Leistungsbeschreibung

Diese Hinweise ergänzen die ATV DIN 18 299 „Allgemeine Regelungen für Bauarbeiten jeder Art", Abschnitt 0. Die Beachtung dieser Hinweise ist Voraussetzung für eine ordnungsgemäße Leistungsbeschreibung gemäß A § 9.
Die Hinweise werden nicht Vertragsbestandteil.
In der Leistungsbeschreibung sind nach den Erfordernissen des Einzelfalls insbesondere anzugeben:

0.1 Angaben zur Baustelle

0.1.1 Angaben zur Begrenzung von Verkehrslasten.

0.1.2 Angaben über die Abdichtung von Bauwerken und Bauwerksteilen, z.B. Wannenausbildung von Kellern.

0.2 Angaben zur Ausführung

0.2.1 Hauptwindrichtung.

0.2.2 Besondere Belastungen aus Immissionen.

0.2.3 Bebauung der Umgebung.

0.2.4 Abgrenzung des Leistungsumfangs zwischen den beteiligten Auftragnehmern.

0.2.5 Umfang der vom Auftragnehmer vorzunehmenden Installation der anlageninternen elektrischen Leitungen einschließlich Auflegen auf die Klemmen.

0.2.6 Art und Wärmeleistungsbedarf anderer, nicht zum Auftragsumfang des Auftragnehmers gehörender Wärmeverbraucher.

Heizanlagen und zentrale Wassererwärmungsanlagen   DIN 18 380

0.2.7 *Geforderte Druckstufen für Anlagenteile.*

0.2.8 *Forderung von Durchstrahlungsprüfungen bei Hochdruck- und schwer zugänglichen Leitungen.*

0.2.9 *Für welche Anlagenteile im Angebot Muster, Darstellungen und Beschreibungen sowie Einzelheiten über Hersteller, Abmessungen, Gewichte und Ausführung verlangt werden.*

0.2.10 *Art und Umfang von Winterbaumaßnahmen.*

0.2.11 *Ob besondere Maßnahmen zum Schutz der Anlagenteile gegen Nässe vorzusehen sind.*

0.2.12 *Transportwege für alle größeren Anlagenteile auf der Baustelle und im Gebäude.*

0.2.13 *Minderung der Wärmeleistung der Raumheizflächen durch Heizkörperverkleidungen oder sonstige Maßnahmen.*

0.2.14 *Besondere Anforderungen an Wand- und Deckendurchführungen (siehe Abschnitt 3.2.7).*

0.2.15 *Art und Umfang besonderer Korrosionsschutzmaßnahmen (siehe Abschnitte 2.1 und 3.1.1).*

0.2.16 *Art, Abmessungen und Umfang der Wärme- und Schalldämmung, sowie Brandschutz.*

0.2.17 *Kennzeichnung von Rohrleitungen.*

0.2.18 *Termine für die Lieferung der Angaben und Unterlagen nach Abschnitt 3.1.2 sowie für Beginn und Ende der vertraglichen Leistungen, ferner ob und gegebenenfalls in welchem Umfang vom Auftragnehmer Terminpläne oder Beiträge dazu aufzustellen und zu liefern sind, z.B. für Netzpläne.*

0.2.19 *Art und Umfang von Provisorien, z.B. vorübergehende Versorgung durch transportable Heizzentrale, Bereitstellung von Brennstoff, Bedienungspersonal.*

0.2.20 *Zeitpunkte der — gegebenenfalls stufenweisen — Inbetriebnahme.*

0.2.21 *Ob Funktionsmessungen durchzuführen sind (siehe Abschnitt 3.6).*

0.2.22 *Ob zu liefern sind:*
— *Strangschema zum Anlagenschema,*
— *Bestandszeichnungen (Darstellung der ausgeführten Anlage in den Bauplänen),*
— *Stückliste, enthaltend alle Meß-, Steuerungs- und Regelgeräte (MSR),*
— *Stromlaufplan und gegebenenfalls Funktionsplan der Steuerung nach DIN 40719 Teil 6 „Schaltungsunterlagen; Regeln für Funktionspläne"; IEC 848 modifiziert*
— *Funktionsbeschreibung unter Einbeziehung der Regelung mit Darstellung der Regeldiagramme,*
— *Protokolle über die im Rahmen der Einregulierungsarbeiten durchgeführten endgültigen Einstellungen und Messungen,*
— *Ersatzteilliste,*
— *Berechnung des Brennstoff- und Energiebedarfs,*
— *Diagramme und Kennlinienfelder, z.B. für Ventilatoren, Pumpen, Kühltürme,*

bei MSR-Anlagen in DDC-Technik
- Informationslisten (siehe VDI 3814),
- Programmodulliste.

0.2.23 Ob ein Wartungsvertrag mit angeboten werden soll.

0.2.24 Art und Umfang der dem Auftragnehmer für die Beurteilung und Ausführung der Anlage zu liefernden Planungsunterlagen und Berechnungen.

0.3 Einzelangaben bei Abweichungen von den ATV

0.3.1 Wenn andere als die in dieser ATV vorgesehenen Regelungen getroffen werden sollen, sind diese in der Leistungsbeschreibung eindeutig und im einzelnen anzugeben.

0.3.2 Abweichende Regelungen können insbesondere in Betracht kommen bei

Abschnitt 2.1,	wenn kein oder ein besonderer Korrosionsschutz erfolgen soll, wenn die Beschilderung an Bauteilen nicht in deutscher Sprache ausgeführt werden soll,
Abschnitt 3.2.7,	wenn die Verlegung von Rohrleitungen im Erdreich nicht in Anlehnung an DIN 4033, sondern auf andere Art erfolgen soll,
Abschnitt 3.2.8,	wenn Armaturen mit gleichen Funktionen nicht typengleich ausgeführt zu werden brauchen, sondern andere Kriterien für deren Auswahl maßgebend sein sollen,
Abschnitt 3.2.10.1,	wenn die Wärmeleistung der Raumheizflächen nicht auf den Wärmebedarf nach DIN 4701 Teil 1 ausgelegt werden soll, z. B. bei teilweise eingeschränkter Beheizung,
Abschnitt 3.7,	wenn die geforderten Unterlagen nicht 3fach schwarz/weiß oder Zeichnungen 1fach pausfähig geliefert werden sollen, sondern in größerer Stückzahl und/oder in anderer Form, z. B. Zeichnungen farbig angelegt, unter Glas.

0.4 Einzelangaben zu Nebenleistungen und Besonderen Leistungen
Keine ergänzende Regelung zur ATV DIN 18 299, Abschnitt 0.4.

0.5 Abrechnungseinheiten
Im Leistungsverzeichnis sind die Abrechnungseinheiten wie folgt vorzusehen:

0.5.1 Flächenmaß (m^2), getrennt nach Art, Aufbau und mittlerem Verlegeabstand für
- Flächenheizungen, z. B. Fußbodenheizungen.

0.5.2 Längenmaß (m) für
- Rohrleitungen, getrennt nach Art, Nennweite und Wanddicke, getrennt für Zentralen, Unterstationen größer 100 kW, für Leitungen im Gebäude und für Fernleitungen,
- Liefern von Heizkörpern, ausgenommen Gliederheizkörper, getrennt nach Art und Maßen,
- Befestigungsschienen, getrennt nach Art und Maßen.

0.5.3 Anzahl (Stück), getrennt nach Art und Maßen bzw. sonstigen Größenangaben für
- Bogen, Form- und Verbindungsstücke einschließlich Verbindungsmaterial für Rohrleitungen über DN 100,
- Wand- und Deckendurchführungen mit besonderen Anforderungen, z. B. gasdicht,

Heizanlagen und zentrale Wassererwärmungsanlagen   DIN 18 380

— besondere Befestigungskonstruktionen für Rohrleitungen, z.B. Tragkonstruktionen, Festpunkte,
— Verteiler, Sammler,
— Wärmeerzeuger und Wassererwärmer, jeweils mit Beheizung,
— Liefern, Aufstellen und Anschließen von Heizkörpern aller Art,
— Abnehmen, Wiederaufstellen und Wiederanschließen schon montierter Heizkörper,
— alle übrigen Teile, wie
  — Einrichtungen zur Regelung und Anzeige von Temperatur, Druck bzw. Wasserstand,
  — Sicherheitseinrichtungen für Temperatur, Druck bzw. Wasserstand,
  — Pumpen und Armaturen.

0.5.4 Gewicht (kg), getrennt nach Art und erforderlichenfalls auch nach Maßen für
— besondere Befestigungskonstruktionen, z.B. Tragkonstruktionen, Festpunkte.

0.5.5 Prozentsätze der Preise der Rohrleitungen unter DN 100 für
— Form- und Verbindungsstücke, Rohrschellen,
— Wand- und Deckendurchführungen ohne besondere Anforderungen,
— Schweiß- und Dichtungsmaterial.

1 Geltungsbereich

1.1 Die ATV „Heizanlagen und zentrale Wassererwärmungsanlagen" — DIN 18 380 — gilt für Heizanlagen mit zentraler Wärmeerzeugung sowie für zentrale Wassererwärmungsanlagen.

1.2 Ergänzend gelten die Abschnitte 1 bis 5 der ATV DIN 18 299 „Allgemeine Regelungen für Bauarbeiten jeder Art". Bei Widersprüchen gehen die Regelungen der ATV DIN 18 380 vor.

2 Stoffe, Bauteile

Ergänzend zur ATV DIN 18 299, Abschnitt 2, gilt:

2.1 Allgemeines

Sofern es der Verwendungszweck erfordert, müssen Stoffe und Bauteile korrosionsgeschützt sein.
Maschinelle Bauteile und Wärmeaustauscher müssen mit Typ- und Leistungsschildern versehen sein.
Beschilderungen an Bauteilen (Schilder, Skalen, Hinweise) müssen in deutscher Sprache und entsprechend dem „Gesetz über Einheiten im Meßwesen" ausgeführt sein.
Für die Verwendung von Stoffen und Bauteilen gelten insbesondere die folgenden Verordnungen und Technischen Regeln:
Heizungsanlagenverordnung (HeizAnlV)
Dampfkesselverordnung (DampfkV)
Druckbehälterverordnung (DruckbehV)

Technische Regeln für Dampfkessel (TRD), insbesondere
TRD 701 Dampfkesselanlagen mit Dampferzeugern der Gruppe II
TRD 702 Dampfkesselanlagen mit Heißwassererzeugern der Gruppe II
Technische Regeln für Druckbehälter (TRB)
TRD 413 Kohlenstaubfeuerungen an Dampfkesseln
TRD 414 Holzfeuerungen an Dampfkesseln
TRD 421 Sicherheitseinrichtungen gegen Drucküberschreitung; Sicherheitsventile für Dampfkessel der Gruppen I, III und IV
TRD 721 Sicherheitseinrichtungen gegen Drucküberschreitung; Sicherheitsventile für Dampfkessel der Gruppe II
Verordnungen über brennbare Flüssigkeiten (VBF)
Technische Regeln für brennbare Flüssigkeiten (TRbF)
TRD 401 Ausrüstung für Dampferzeuger der Gruppe IV
TRD 411 Ölfeuerungen an Dampfkesseln
Technische Regeln für Flüssiggas (TRF)
DVGW G 600 Technische Regeln für Gas-Installation (TRGI)
TRD 412 Gasfeuerungen an Dampfkesseln
TRD 431 Rauchgas-Wasservorwärmer für Dampfkessel der Gruppe IV
TRD 701 Dampfkesselanlagen mit Dampferzeugern der Gruppe II

Für die gebräuchlichsten genormten Stoffe und Bauteile sind die DIN-Normen und sonstigen Technischen Regeln nachstehend aufgeführt.

2.2 Wärmeerzeuger (Heizkessel, Wärmeaustauscher, Wärmepumpen)

DIN 4702 Teil 1 Heizkessel; Begriffe, Anforderungen, Prüfung, Kennzeichnung
DIN 4702 Teil 2 Heizkessel; Regeln für die heiztechnische Prüfung
DIN 4702 Teil 3 Heizkessel; Gas-Spezialheizkessel mit Brenner ohne Gebläse
DIN 4702 Teil 4 Heizkessel; Heizkessel für Holz, Stroh und ähnliche Brennstoffe; Begriffe, Anforderungen, Prüfungen
DIN 4702 Teil 6 Heizkessel; Brennwertkessel für gasförmige Brennstoffe
DIN 8900 Teil 2 bis Teil 4 Wärmepumpen; Anschlußfertige Heiz-Wärmepumpen mit elektrisch angetriebenen Verdichtern
DIN 8901 Wärmepumpen; Wärmepumpen mit halogenierten Kohlenwasserstoffen, Schutz von Erdreich, Grund- und Oberflächenwasser; Anforderungen und Prüfung
DIN EN 255 Teil 1 Wärmepumpen; Anschlußfertige Wärmepumpen mit elektrisch angetriebenen Verdichtern zum Heizen oder zum Heizen und Kühlen; Benennungen, Definitionen und Bezeichnungen; Deutsche Fassung EN 255-1 : 1988
VDI 2076 Leistungsnachweis für Wärmeaustauscher mit zwei Massenströmen

2.3 Wassererwärmer

DIN 3368 Teil 2 Gasgeräte; Umlauf-Wasserheizer, Kombi-Wasserheizer; Anforderungen, Prüfung

DIN 3368 Teil 4	Gasverbrauchseinrichtungen; Durchlauf-Wasserheizer mit selbsttätiger Anpassung der Wärmebelastung; Anforderungen und Prüfung
DIN 3368 Teil 5	Gasgeräte; Wasserheizer mit geschlossener Verbrennungskammer und mechanischer Verbrennungsluftzuführung oder mechanischer Abgasführung; Anforderungen, Prüfung
DIN 4753 Teil 7	Wassererwärmer und Wassererwärmungsanlagen für Trink- und Betriebswasser; Wasserseitiger Korrosionsschutz durch korrosionsbeständige metallische Werkstoffe; Anforderungen und Prüfung
DIN 4753 Teil 9	Wassererwärmer und Wassererwärmungsanlagen für Trink- und Betriebswasser; Wasserseitiger Korrosionsschutz durch thermoplastische Beschichtungsstoffe; Anforderungen und Prüfung
DIN 4800	Doppelwandige Wassererwärmer aus Stahl, mit zwei festen Böden, für stehende und liegende Verwendung
DIN 4801	Einwandige Wassererwärmer mit abschraubbarem Deckel, aus Stahl
DIN 4802	Einwandige Wassererwärmer mit Halsstutzen, aus Stahl
DIN 4803	Doppelwandige Wassererwärmer mit abschraubbarem Deckel, aus Stahl
DIN 4804	Doppelwandige Wassererwärmer mit Halsstutzen, aus Stahl
DIN 4805 Teil 1 und Teil 2	Anschlüsse für Heizeinsätze für Wassererwärmer in zentralen Heizungsanlagen
DIN 33 830 Teil 1 bis Teil 4	Wärmepumpen; Anschlußfertige Heiz-Absorptionswärmepumpen

2.4 Einrichtungen zur Beheizung der Wärmeerzeuger und Wassererwärmer einschließlich der Brennstoffzufuhr und -lagerung sowie Fernwärme

2.4.1 für flüssige Brennstoffe

DIN 4787 Teil 1	Ölzerstäubungsbrenner; Begriffe, Sicherheitstechnische Anforderungen, Prüfung, Kennzeichnung
DIN 6608 Teil 2	Liegende Behälter (Tanks) aus Stahl, doppelwandig, für die unterirdische Lagerung wassergefährdender, brennbarer und nichtbrennbarer Flüssigkeiten
DIN 6625 Teil 1 und Teil 2	Standortgefertigte Behälter (Tanks) aus Stahl, für die oberirdische Lagerung von wassergefährdenden, brennbaren Flüssigkeiten der Gefahrklasse A III und wassergefährdenden nichtbrennbaren Flüssigkeiten
DIN EN 230	Ölzerstäubungsbrenner in Monoblockausführung; Einrichtungen für die Sicherheit, die Überwachung und die Regelung sowie Sicherheitszeiten; Deutsche Fassung EN 230 : 1990

2.4.2 für gasförmige Brennstoffe
DIN 4788 Teil 1 und Teil 2 Gasbrenner

2.4.3 für elektrische Energie

DIN 40 050 IP-Schutzarten; Berührungs-, Fremdkörper- und Wasserschutz für elektrische Betriebsmittel

DIN VDE 0116 Elektrische Ausrüstung von Feuerungsanlagen

2.4.4 für Fernwärme

DIN EN 253 (z. Z. Entwurf) Werksmäßig gedämmte Verbundmaterialrohrsysteme für erdverlegte Fernwärmenetze; Verbund-Rohrsystem bestehend aus Stahl-Mediumrohr, Polyurethan-Wärmedämmung und Außenmantel aus Polyethylen hoher Rohdichte

2.5 Rohre, Form- und Verbindungsstücke

2.5.1 Rohre aus Stahl

DIN 1626 Geschweißte kreisförmige Rohre aus unlegierten Stählen für besondere Anforderungen; Technische Lieferbedingungen

DIN 1629 Nahtlose kreisförmige Rohre aus unlegierten Stählen für besondere Anforderungen; Technische Lieferbedingungen

DIN 2393 Teil 1 und Teil 2 Geschweißte Präzisionsstahlrohre mit besonderer Maßgenauigkeit

DIN 2394 Teil 1 und Teil 2 Geschweißte maßgewalzte Präzisionsstahlrohre

DIN 2440 Stahlrohre; Mittelschwere Gewinderohre

DIN 2448 Nahtlose Stahlrohre; Maße, längenbezogene Massen

DIN 2458 Geschweißte Stahlrohre; Maße, längenbezogene Massen

DIN 2950 Tempergußfittings

DIN 17 175 Nahtlose Rohre aus warmfesten Stählen; Technische Lieferbedingungen

2.5.2 Rohre aus Kupfer

DIN 1754 Teil 1 bis Teil 3 Rohre aus Kupfer, nahtlosgezogen

DIN 1786 Installationsrohre aus Kupfer, nahtlosgezogen

DIN 2856 Kapillarlötfittings; Anschlußmaße und Prüfungen

DIN 17 671 Teil 1 und Teil 2 Rohre aus Kupfer- und Kupfer-Knetlegierungen

DIN 59 753 Rohre aus Kupfer und Kupfer-Knetlegierungen für Kapillarlötverbindungen, nahtlosgezogen; Maße

Kupferrohre nach DIN 1786 und DIN 59 753 dürfen auch mit werkseitig aufgebrachter Wärmedämmung oder Kunststoffummantelung verwendet werden.

2.5.3 Rohre aus Kunststoff

DIN 4726 Rohrleitungen aus Kunststoffen für die Warmwasser-Fußbodenheizungen; Allgemeine Anforderungen

DIN 4727 Rohrleitungen aus Polybuten für Warmwasser-Fußbodenheizungen; Besondere Anforderungen und Prüfung

DIN 4728 Rohrleitungen aus Polypropylen Typ 2 für Warmwasser-Fußbodenheizungen; Besondere Anforderungen und Prüfung

DIN 4729 Rohrleitungen aus vernetztem Polyethylen für Warmwasser-Fußbodenheizungen; Besondere Anforderungen und Prüfung

2.6 Armaturen und Pumpen

2.6.1 Armaturen für Heizanlagen

DIN 3352 Teil 12 Schieber aus Kupferlegierungen mit Muffenanschluß
DIN 3841 Teil 1 Heizungsarmaturen; Heizkörperventile PN 10; Maße, Werkstoffe, Ausführung
DIN 3844 Heizungsarmaturen; Durchgangsventile PN 16 aus Kupferlegierung mit Muffenanschluß; Maße, Werkstoff
DIN EN 215 Teil 1 Thermostatische Heizkörperventile; Anforderungen und Prüfung

2.6.2 Armaturen und Pumpen für Brennstoffleitungen

DIN 4736 Teil 1 und Teil 2 Ölversorgungsanlagen für Ölbrenner
DIN 4755 Teil 2 Ölfeuerungsanlagen; Heizöl-Versorgung, Heizöl-Versorgungsanlagen; Sicherheitstechnische Anforderungen, Prüfung

2.7 Meß-, Steuer- und Regeleinrichtungen, Gebäudeleittechnik

DIN 3440 Temperaturregel- und -begrenzungseinrichtungen für Wärmeerzeugungsanlagen; Sicherheitstechnische Anforderungen und Prüfung
DIN 32 729 Regel- und Steuereinrichtungen für Heizungsanlagen; Witterungsgeführte Regler der Vorlauftemperatur
Normen der Reihe
DIN EN 60 051 Direkt wirkende anzeigende Meßgeräte und ihr Zubehör
DIN EN 215 Teil 1 Thermostatische Heizkörperventile; Anforderungen und Prüfung
VDI 2068 Meß-, Überwachungs- und Regelgeräte in heizungstechnischen Anlagen mit Wasser als Wärmeträger

Schalttafeln müssen mindestens der Schutzart IP 43 entsprechen. Elektrische Meßgeräte müssen der Klasse 1,5 nach DIN EN 60 051 Teil 1 entsprechen.

2.8 Raumheizflächen

DIN 4703 Teil 1 und Teil 3 Raumheizkörper
DIN 55 900 Teil 1 und Teil 2 Beschichtungen für Raumheizkörper

Die Wärmeleistungen von Raumheizkörpern müssen nach DIN 4704 Teil 1 „Prüfung von Raumheizkörpern; Prüfregeln" auf einem vom Normenausschuß Heiz- und Raumlufttechnik anerkannten Prüfstand ermittelt und registriert sein.

3 Ausführung

Ergänzend zur ATV DIN 18 299, Abschnitt 3, gilt:

3.1 Allgemeines

3.1.1 Die Bauteile von Heizanlagen und Wassererwärmungsanlagen sind so aufeinander abzustimmen, daß die geforderte Leistung erbracht, die Betriebssicherheit gegeben und ein sparsamer und wirtschaftlicher Betrieb möglich ist sowie unvermeidbare Korrosionsvorgänge weitgehend eingeschränkt werden. Das gilt insbesondere für Wärmeerzeuger, Beheizungseinrichtungen, Schornsteine, vorgesehene Brennstoffe oder Energiearten und die Eigenschaften des Wärmeträgers. Einflüsse durch Temperatur, Druck, Abgase und dergleichen sind zu berücksichtigen.

Umwälzpumpen, Armaturen und Rohrleitungen sind durch Berechnung so aufeinander abzustimmen, daß auch bei den zu erwartenden wechselnden Betriebsbedingungen eine ausreichende Wassermengenverteilung sichergestellt ist und die zulässigen Geräuschpegel nicht überschritten werden. Ist z.B. bei Schwachlastbetrieb ein übermäßiger Differenzdruck zu erwarten, so sind geeignete Gegenmaßnahmen zu treffen, z.B. Einbau differenzdruckregelnder Einrichtungen.

Bei thermostatischen Heizkörperventilen in Zweirohrheizungen ist Voraussetzung für den hydraulischen Abgleich, daß diese Ventile im Verhältnis zum maximal möglichen Differenzdruck an der Umwälzpumpe bzw. an der dem Anlagenabschnitt vorgeschalteten Differenzdruckbegrenzungseinrichtung einen entsprechenden hohen Widerstand aufweisen.

3.1.2 Der Auftragnehmer hat dem Auftraggeber vor Beginn der Montagearbeiten alle Angaben zu machen, die für den reibungslosen Einbau und ordnungsgemäßen Betrieb der Anlage notwendig sind.

Der Auftragnehmer hat nach Planungsunterlagen und Berechnungen des Auftraggebers die für die Ausführung erforderliche Montage- und Werkstattplanung zu erbringen und soweit erforderlich mit dem Auftraggeber abzustimmen. Dazu gehören insbesondere
— Montagepläne,
— Werkstattzeichnungen,
— Stromlaufpläne,
— Fundamentpläne.

Der Auftragnehmer hat dem Auftraggeber rechtzeitig Angaben zu machen über die
— Gewichte der Einbauteile,
— Stromaufnahme und gegebenenfalls den Anlaufstrom der elektrischen Bauteile und
— sonstigen Erfordernisse für den Einbau.

3.1.3 Der Auftragnehmer hat bei der Prüfung der vom Auftraggeber gelieferten Planungsunterlagen und Berechnungen (siehe B § 3 Nr 3) u.a. hinsichtlich der Beschaffenheit und Funktion der Anlage insbesondere zu achten auf:
— den Wärmebedarf,
— die Wärmeleistung der Wärmeerzeuger und Heizflächen,
— die Schornsteinquerschnitte und -ausführungen,
— die Sicherheitseinrichtungen,
— die Rohrleitungsquerschnitte, Pumpenauslegungen (Netzhydraulik),
— die Meß-, Steuer- und Regeleinrichtungen,
— den Schallschutz,
— den Brandschutz.

3.1.4 Der Auftragnehmer hat bei seiner Prüfung Bedenken (siehe B § 4 Nr 3) insbesondere geltend zu machen bei:
— Unstimmigkeiten in den vom Auftraggeber gelieferten Planungsunterlagen und Berechnungen (siehe B § 3 Nr. 3),
— erkennbar mangelhafter Ausführung oder nicht rechtzeitiger Fertigstellung bzw. dem Fehlen von
  — Fundamenten,
  — Schlitzen und Durchbrüchen sowie
  — Schall- und Wärmedämmungen,
— ungeeigneter Bauart und/oder ungeeignetem Querschnitt der Schornsteine, Zuluft- und Abluftschächte,
— unzureichender Anschlußleistung für die Betriebsmittel, z.B. Brennstoffe, Energie,
— nicht ausreichendem Platz für die Bauteile,
— ihm bekanntgewordenen Änderungen von Voraussetzungen, die der Planung zugrunde gelegen haben.

3.1.5 Stemm-, Fräs- und Bohrarbeiten am Bauwerk dürfen nur im Einvernehmen mit dem Auftraggeber ausgeführt werden. Bei derartigen Arbeiten an Mauerwerk ist DIN 1053 Teil 1 „Mauerwerk; Rezeptmauerwerk; Berechnung und Ausführung" zu beachten.

3.1.6 Stoffe, die zerstörend auf Anlageteile wirken können, z.B. Gips oder chloridhaltige Schnellbinder in Verbindung mit Stahl- und Gußteilen, dürfen nicht verwendet werden.

3.1.7 Reaktionskräfte aus Dehnungsausgleichern oder Schwingungsdämpfern sind durch Rohrleitungsfestpunkte aufzunehmen; sofern es die Einbauanweisungen für solche Bauteile vorschreiben, ist eine axiale Führung der Rohrleitung sicherzustellen.

3.1.8 Sofern die auftretenden Reaktionskräfte in das Bauwerk abgeleitet werden müssen, sind die Kräfte vom Auftragnehmer zu ermitteln und dem Auftraggeber vor Ausführung der Leistung bekanntzugeben.

3.2 Anforderungen
3.2.1 Allgemeines
Für die Ausführung gelten die im Abschnitt 2 aufgeführten Technischen Regeln sowie

DIN 4701 Teil 1 bis Teil 3   Regeln für die Berechnung des Wärmebedarfs von Gebäuden
DIN 4708 Teil 1 und Teil 2   Zentrale Wassererwärmungsanlagen
DIN 4757 Teil 1 bis Teil 4   Sonnenheizungsanlagen
VDI 2035   Verhütung von Schäden durch Korrosion und Steinbildung in Warmwasserheizungsanlagen

Bei der Ausführung bi- und trivalenter Anlagen ist besonders auf die gegenseitige Abstimmung der Heiz- und Regeleinrichtungen zu achten.

3.2.2 Wärmeerzeuger (Heizkessel, Wärmeaustauscher, Wärmepumpen)

Die Leistung von Wärmeerzeugern, die nicht unter die Bestimmungen der Heizungsanlagen-Verordnung fallen, muß auf den erforderlichen Gesamtwärmebedarf und die vorgesehenen Betriebsverhältnisse, zu denen auch die Gleichzeitigkeitsfaktoren gehören, abgestimmt sein.

3.2.3 Wassererwärmer

DIN 8947 Wärmepumpen; Anschlußfertige Wärmepumpen-Wassererwärmer mit elektrisch angetriebenen Verdichtern; Begriffe, Anforderungen, Prüfungen

DIN 4753 Teil 1 Wassererwärmer und Wassererwärmungsanlagen für Trink- und Betriebswasser; Anforderungen, Kennzeichnung, Ausrüstung und Prüfung

3.2.4 Sicherheitseinrichtungen

DIN 4750 Sicherheitstechnische Anforderungen an Niederdruckdampferzeuger

DIN 4751 Teil 1 bis Teil 4 Sicherheitstechnische Ausrüstung von Heizungsanlagen

DIN 4752 Heißwasserheizungsanlagen mit Vorlauftemperaturen von mehr als 110°C (Absicherung auf Drücke über 0,5 atü); Ausrüstung und Aufstellung[1]

DIN 4754 Wärmeübertragungsanlagen mit organischen Wärmeträgern; Sicherheitstechnische Anforderungen, Prüfung

3.2.5 Anlagen zur Beheizung, einschließlich Brennstoffzufuhr und Fernwärme

Technische Anschlußbedingungen der örtlichen Gasversorgungsunternehmen

Technische Anschlußbedingungen der örtlichen Elektrizitätsversorgungsunternehmen

Technische Anschlußbedingungen der örtlichen Fernwärmelieferer

DIN 4747 Teil 1 Fernwärmeanlagen; Sicherheitstechnische Ausführung von Hausstationen zum Anschluß an Heizwasser-Fernwärmenetze

3.2.6 Abgasanlagen

DIN 3388 Teil 2 Abgas-Absperrvorrichtung für Feuerstätten für flüssige oder gasförmige Brennstoffe — mechanisch betätigte Abgasklappen — Sicherheitstechnische Anforderungen und Prüfung

DIN 3388 Teil 4 Abgasklappen für Gasfeuerstätten, thermisch gesteuert, gerätegebunden, Anforderungen, Prüfung, Kennzeichnung

DIN 4705 Teil 1 bis Teil 3 Berechnung von Schornsteinabmessungen

DIN 4759 Teil 1 Wärmeerzeugungsanlagen für mehrere Energiearten; Eine Feststoffeuerung und eine Öl- oder Gasfeuerung und nur ein Schornstein; Sicherheitstechnische Anforderungen und Prüfungen

---

[1] 0,5 atü = 0,5 bar Überdruck

DIN 4795 Nebenluftvorrichtungen für Hausschornsteine; Begriffe, Sicherheitstechnische Anforderungen, Prüfung, Kennzeichnung

DIN 18 160 Teil 1 Hausschornsteine; Anforderungen, Planung und Ausführung

3.2.7 Rohrleitungen

Die Rohre sind so zu verlegen, daß sie sich, ohne Schäden zu verursachen, ausdehnen können. Neben- und übereinanderlaufende und sich kreuzende Rohre dürfen sich auch bei Dehnung nicht berühren.

Die Rohrleitungen sind ferner so zu verlegen, daß Bedienungstüren und Kontrollklappen frei zugänglich und zu betätigen sind.

Dichtungen sind auf das vorgesehene Durchflußmedium abzustimmen. Lösbare Verbindungen, deren Dichtheit nicht dauerhaft sichergestellt ist, müssen zugänglich sein.

Bei Leitungsdurchführungen durch Decken und Wände sind die Belange des Schall-, Wärme- und Brandschutzes sowie der Dichtheit zu berücksichtigen. Die zu treffenden Maßnahmen sind Besondere Leistungen (siehe Abschnitt 4.2).

Erdverlegte Rohrleitungen sind in Anlehnung an DIN 4033 „Entwässerungskanäle und -leitungen; Richlinien für die Ausführung" zu verlegen.

Vorisolierte Fernwärmerohre sind mit Meldeadern zu liefern. Die Meldeadern sind durchzuschleifen.

3.2.8 Armaturen und Pumpen

Armaturen mit gleichen Funktionen sollen typgleich ausgeführt werden.

Beim Einbau von Armaturen und Pumpen sind die Anwendungsgrenzen für die Verwendung von Gußeisen mit Lamellengraphit und Kugelgraphit entsprechend DIN 4752 zu beachten.

Bei Warmwasserheizungen müssen an jeder Raumheizfläche Möglichkeiten zur Begrenzung der Durchflußmenge vorhanden sein.

Kondensatableiter müssen selbsttätig wirksam und für die Wartung leicht zugänglich sein.

Umwälzpumpen sind in Heizanlagen so einzubauen, daß durch ihren Betrieb an keiner Stelle der Heizanlage ein Unterdruck entstehen kann und somit ein Ansaugen von Luft vermieden wird.

3.2.9 Meß-, Steuer- und Regeleinrichtungen, Gebäudeleittechnik

Meßwertaufnehmer sind an solchen Stellen und so einzubauen, daß der richtige Meßwert erfaßt wird.

Anzeigegeräte müssen gut ablesbar und zu betätigende Geräte müssen leicht zugänglich und bedienbar sein.

Der Auftragnehmer hat bei der Prüfung der elektrischen Verkabelung und während der Inbetriebnahme eine mit der von ihm erstellten Steuer- und Regelanlage vertraute Fachkraft zur Verfügung zu stellen.

3.2.10 Raumheizflächen

3.2.10.1 Die Wärmeleistung der Raumheizflächen ist auf den nach DIN 4701 Teil 1 bis Teil 3 ermittelten Wärmebedarf auszulegen.

3.2.10.2 Sind Heizkörperverkleidungen oder eine leistungsmindernde, z.B. metallhaltige Beschichtung vorgesehen, ist die Minderung der Wärmeleistung vom Auftraggeber rechtzeitig anzugeben und vom Auftragnehmer zu berücksichtigen (siehe DIN 4703 Teil 3). Bei Flächenheizungen gilt entsprechendes.

3.2.10.3 Für die Abstände der Heizkörper von den Bauteilen gilt DIN 4703 Teil 1 „Raumheizkörper; Maße, Norm-Wärmeleistungen". Bei Konvektoren sind die vom Hersteller angegebenen Einbaumaße einzuhalten. Bei der Aufstellung der Heizkörper vor transparenten Flächen sind die Festlegungen der Wärmeschutzverordnung zu beachten.

3.2.10.4 Heizkörper sind so mit den Rohrleitungen zu verbinden, daß sie leicht lösbar, entleerbar und abnehmbar sind. Heizkörper und ihre Armaturen müssen gut zugänglich sein.

3.2.10.5 Für Fußbodenheizung gelten

DIN 4725 Teil 1 bis Teil 4   Warmwasser-Fußbodenheizungen

DIN 44 576 Teil 1 bis Teil 4   Elektrische Raumheizung; Fußboden-Speicherheizung

3.2.11 Schallschutz

Die Anlagen sind unter Beachtung von VDI 2715 „Lärmminderumg an Warm- und Heißwasser-Heizungsanlagen" auszuführen.

3.2.12 Wärmedämmung

Teile der Heiz- und Wassererwärmungsanlagen, die eine Wärmedämmung erhalten sollen, sind so einzubauen, daß diese ordnungsgemäß angebracht werden kann.

3.3 Anzeige, Erlaubnis, Genehmigung und Prüfung

Die für die behördlich vorgeschriebenen Anzeigen oder Anträge notwendigen zeichnerischen und sonstigen Unterlagen sowie Bescheinigungen sind entsprechend der für die Anzeige-, Erlaubnis- bzw. Genehmigungspflicht vorgeschriebenen Anzahl vom Auftragnehmer dem Auftraggeber zur Verfügung zu stellen.

Dies gilt nicht, wenn die Prüfvorschriften für Anlageteile eine dauerhafte Kennzeichnung statt einer Bescheinigung zulassen.

3.4 Dichtheitsprüfung

3.4.1 Der Auftragnehmer hat die Anlage nach dem Einbau und vor dem Schließen der Mauerschlitze, Wand- und Deckendurchbrüche sowie gegebenenfalls dem Aufbringen des Estrichs oder einer anderen Überdeckung einer Dichtheitsprüfung zu unterziehen.

3.4.2 Wasserheizungen sind mit einem Druck zu prüfen, der das 1,3fache des Gesamtdruckes an jeder Stelle der Anlage, mindestens aber 1 bar Überdruck beträgt. Möglichst unmittelbar nach der Kaltwasserdruckprüfung ist durch Aufheizen auf die höchste der Berechnung zugrunde gelegten Heizwassertemperatur zu prüfen, ob die Anlage auch bei Höchsttemperatur dicht bleibt.

3.4.3 Dampfheizungen sind auf Dichtheit und unbehinderte Wärmeausdehnung durch vollkommenes Füllen der Anlagen mit Dampf zu prüfen. Der Dampf muß dabei den höchsten der Berechnung zugrunde gelegten Betriebsdruck haben. Unmittelbar danach ist für eine Abkühlung auf Raumtemperatur und Wiedererwärmung aller Anlageteile mittels Dampf von höchstem Betriebsdruck zu sorgen.
Diese Temperaturwechselprobe ist mindestens dreimal zu wiederholen. Durch Überschreiten des Betriebsdruckes ist das richtige Arbeiten der Sicherheitseinrichtungen festzustellen.

3.4.4 Die Wassererwärmungsanlage ist mit einem Kaltwasserdruck zu prüfen, der das 1,3fache des höchstzulässigen Betriebsdruckes des Wassererwärmers beträgt.

3.4.5 Über die Dichtheitsprüfungen sind Protokolle auszufertigen. Aus ihnen müssen hervorgehen:
— Datum der Prüfung,
— Anlagedaten, wie Aufstellungsort, höchstzulässiger Betriebsdruck bezogen auf den tiefsten Punkt der Anlage,
— Prüfdruck, bezogen auf den tiefsten Punkt der Anlage,
— Dauer der Belastung mit dem Prüfdruck,
— Bestätigung, daß die Anlage dicht ist und an keinem Bauteil eine bleibende Formänderung aufgetreten ist.

3.5 Einstellung der Anlage

3.5.1 Die Anlageteile sind so einzustellen, daß die geforderten Funktionen und Leistungen erbracht und die gesetzlichen Bestimmungen erfüllt werden. Der hydraulische Abgleich ist so vorzunehmen, daß bei bestimmungsgemäßem Betrieb, also z.B. auch nach Raumtemperaturabsenkung oder Betriebspausen der Heizanlage, alle Wärmeverbraucher entsprechend ihrem Wärmebedarf mit Heizwasser versorgt werden.

3.5.2 Die erste Einstellung ist zur Abnahme vorzunehmen. Die endgültige Einstellung ist in der ersten Heizperiode bei einer durch die Witterung vorgegebenen Belastung von mindestens 50 % der maximalen Belastung vorzunehmen. Voraussetzung für die endgültige Einstellung ist, daß das Gebäude fertiggestellt ist.

3.5.3 Das Bedienungs- und Wartungspersonal für die Anlage ist durch den Auftragnehmer einmal einzuweisen.

3.6 Abnahmeprüfung

Es ist eine Abnahmeprüfung durchzuführen, die dabei vorgesehene Funktionsmessung jedoch nur nach besonderer Vereinbarung.

3.6.1 Vollständigkeitsprüfung

Die Vollständigkeitsprüfung besteht aus folgenden Einzelprüfungen:
— Vergleich der Lieferung mit der Leistungsbeschreibung sowohl hinsichtlich des Umfanges als auch des Materials und gegebenenfalls der Eigenschaften und Ersatzteile,

DIN 18 380 VOB Teil C

— Prüfung auf Einhaltung technischer und behördlicher Vorschriften,
— Prüfung, ob alle für das Betreiben der Anlage notwendigen Unterlagen vorhanden sind.

3.6.2 Funktionsprüfung
Die Funktionsprüfung der Gesamtanlage ist im Rahmen eines Probebetriebes durchzuführen. Sie umfaßt
— die Sicherheitseinrichtungen,
— die Feuerungs- bzw. Beheizungseinrichtungen,
— die Regel- und Schalteinrichtungen,
— den hydraulischen Abgleich.
Schmutzfänger und Filter sind nach dem Probebetrieb zu reinigen.

3.7 Mitzuliefernde Unterlagen
Der Auftragnehmer hat im Rahmen seines Leistungsumfanges aufzustellen und dem Auftraggeber spätestens bei der Abnahme zu übergeben:
— Anlagenschema,
— Elektrischer Übersichtsschaltplan nach DIN 40 719 Teil 1 „Schaltungsunterlagen; Begriffe, Einteilung",
— Anschlußplan nach DIN 40 719 Teil 9 „Schaltungsunterlagen; Ausführung von Anschlußplänen",
— Zusammenstellung der wichtigsten technischen Daten,
— Alle für einen sicheren und wirtschaftlichen Betrieb erforderlichen Betriebs- und Wartungsanleitungen nach DIN V 8418 „Benutzerinformation; Hinweise für die Erstellung",
— Kopien vorgeschriebener Prüfbescheinigungen und Werksatteste,
— Protokolle über die Dichtheitsprüfung,
— Protokoll über die Einweisung des Wartungs- und Bedienungspersonals,
— Protokoll über Abgasmessung.

Die Unterlagen sind in 3facher Ausfertigung schwarz/weiß, Zeichnungen nach Wahl des Auftraggebers statt dessen auch 1fach pausfähig, dem Auftraggeber auszuhändigen.

4 Nebenleistungen, Besondere Leistungen

4.1 Nebenleistungen sind ergänzend zur ATV DIN 18 299, Abschnitt 4.1, insbesondere:

4.1.1 Anzeichnen der Schlitze und Durchbrüche für die Ausführung von Stemmarbeiten, auch wenn diese von einem anderen Unternehmer ausgeführt werden.

4.1.2 Prüfen der Unterlagen des Auftraggebers nach Abschnitt 3.1.3 und Leistungen nach Abschnitt 3.1.4.

4.1.3 Auf- und Abbauen sowie Vorhalten der Gerüste, deren Arbeitsbühnen nicht höher als 2 m über Gelände oder Fußboden liegen.

Heizanlagen und zentrale Wassererwärmungsanlagen · DIN 18 380

4.1.4 Liefern und Einbauen von Wand- und Deckendurchführungen ohne besondere Anforderungen, ausgenommen Leistungen nach Abschnitt 4.2.7.

4.2 Besondere Leistungen sind ergänzend zur ATV DIN 18 299, Abschnitt 4.2, z.B.:

4.2.1 Planungsleistungen, wie Entwurfs-, Ausführungs-, Genehmigungsplanung und die Planung von Schlitzen und Durchbrüchen.

4.2.2 Besondere Maßnahmen zur Schalldämmung und Schwingungsdämpfung von Anlageteilen gegen den Baukörper.

4.2.3 Vorhalten von Aufenthalts- und Lagerräumen, wenn der Auftraggeber Räume, die leicht verschließbar gemacht werden können, nicht zur Verfügung stellt.

4.2.4 Auf- und Abbauen sowie Vorhalten der Gerüste, deren Arbeitsbühnen mehr als 2 m über Gelände oder Fußboden liegen.

4.2.5 Stemm-, Bohr- und Fräsarbeiten für die Befestigung von Konsolen und Halterungen sowie das Herstellen von Schlitzen und Durchbrüchen.

4.2.6 Anpassen von Anlageteilen an nicht maßgerecht ausgeführte Leistungen anderer Unternehmer.

4.2.7 Wand- und Deckendurchführungen einschließlich Rosetten mit besonderen Anforderungen, z.B. gasdicht.

4.2.8 Liefern und Einbauen von besonderen Befestigungskonstruktionen, z.B. Widerlager, Rohrleitungsfestpunkte, schwere Rohrlager mit Gleit- oder Rollenschellen, Konsolen und Stützgerüste.

4.2.9 Liefern und Befestigen der Funktions-, Bezeichnungs- und Hinweisschilder.

4.2.10 Prüfen der elektrischen Verkabelung der Steuer- und Regelanlage, wenn die Leistung nicht vom Auftragnehmer ausgeführt wurde.

4.2.11 Liefern der für die Druckprobe, die Inbetriebnahme und den Probebetrieb nötigen Betriebsstoffe.

4.2.12 Provisorische Maßnahmen zum vorzeitigen Betreiben der Anlage oder von Anlageteilen vor der Abnahme auf Anordnung des Auftraggebers.

4.2.13 Betreiben der Anlage oder von Anlageteilen vor der Abnahme auf Anordnung des Auftraggebers.

4.2.14 Zusätzliche Druckproben sowie zusätzliches Füllen auch mit Frostschutz und Entleeren der Leitungen aus Gründen, die der Auftraggeber zu vertreten hat.

4.2.15 Wasseranalyse und Gutachten, sofern diese vom Auftragnehmer vorgenommen werden sollen.

4.2.16 Gebühren für behördlich vorgeschriebene Abnahmeprüfungen.

4.2.17 Wiederholtes Einweisen des Bedienungs- und Wartungspersonals siehe Abschnitt 3.5.

4.2.18 Funktionsmessung nach Abschnitt 3.6.

4.2.19 Erstellen von Bestands- und Revisionsplänen.

5 Abrechnung

Ergänzend zur ATV DIN 18 299, Abschnitt 5, gilt:

5.1. Der Ermittlung der Leistung — gleichgültig, ob sie nach Zeichnungen oder nach Aufmaß erfolgt — sind zugrunde zu legen:

für Flächenheizungen, z.B. Fußbodenheizung
— auf Flächen mit begrenzenden Bauteilen die Maße der zu belegenden Flächen bis zu den sie begrenzenden, ungeputzten, ungedämmten bzw. nicht bekleideten Bauteilen,
— auf Flächen ohne begrenzende Bauteile die Maße der zu belegenden Flächen.

5.2 Bei Abrechnung nach Längenmaß (m) werden Rohrleitungen einschließlich Rohrbogen, Form- und Verbindungsstücke in der Mittelachse gemessen. Dabei werden Rohrbogen bis zum Schnittpunkt der Mittelachsen gemessen. Armaturen werden übermessen.

5.3 Bei Abrechnung nach Gewicht (kg) ist das Gewicht nach folgenden Grundsätzen zu berechnen:

5.3.1 Es sind anzusetzen:

— für Stahlbleche und Bandstahl sind 8 kg/m^2 für jeden mm der Stoffdicke,
— für Formstahl und für Profile, die vom Großhandel nach Handelsgewicht verkauft werden, das Handelsgewicht (kg/m),
— für andere Profile das DIN-Gewicht mit einem Zuschlag von 2 % für Walzwerktoleranzen.

5.3.2 Bei geschraubten, geschweißten oder genieteten Stahlkonstruktionen werden zu dem nach Abschnitt 5.3.1 ermittelten Gewicht 2 % zugeschlagen.

5.3.3 Bei verzinkten Bauteilen oder verzinkten Konstruktionen werden zu den Gewichten, die nach den zuvor genannten Grundsätzen ermittelt wurden, 5 % für die Verzinkung zugeschlagen.

VOB Teil C:
Allgemeine Technische Vertragsbedingungen für Bauleistungen (ATV) Gas-, Wasser- und Abwasser-Installationsanlagen innerhalb von Gebäuden — DIN 18 381
Ausgabe Juli 1990

Inhalt

0 Hinweise für das Aufstellen der Leistungsbeschreibung
1 Geltungsbereich
2 Stoffe, Bauteile
3 Ausführung
4 Nebenleistungen, Besondere Leistungen
5 Abrechnung

0   Hinweise für das Aufstellen der Leistungsbeschreibung

Diese Hinweise ergänzen die ATV DIN 18 299 „Allgemeine Regelungen für Bauarbeiten jeder Art", Abschnitt 0. Die Beachtung dieser Hinweise ist Voraussetzung für eine ordnungsgemäße Leistungsbeschreibung gemäß A § 9.
Die Hinweise werden nicht Vertragsbestandteil.
In der Leistungsbeschreibung sind nach den Erfordernissen des Einzelfalls insbesondere anzugeben:

0.1   Angaben zur Baustelle

0.1.1   Angaben zur Begrenzung von Verkehrslasten.

0.1.2   Angaben über die Abdichtung von Bauwerken und Bauwerksteilen, z.B. Wannenausbildung von Kellern.

0.2   Angaben zur Ausführung

0.2.1   Hauptwindrichtung.

0.2.2   Besondere Belastungen aus Immissionen.

0.2.3   Bebauung der Umgebung.

0.2.4   Abgrenzung des Leistungsumfangs zwischen den beteiligten Auftragnehmern.

0.2.5   Umfang der vom Auftragnehmer vorzunehmenden Installation der anlageninternen elektrischen Leitungen einschließlich Auflegen auf die Klemmen.

0.2.6   Besondere Genehmigungen, Prüfungen und Abnahmen, z. B. Behälterprüfungen nach Druckbehälterverordnung (DruckbehV), Anlagen für radioaktive Abwässer.

DIN 18 381

VOB Teil C

0.2.7 Forderung von Durchstrahlungsprüfungen bei Hochdruckleitungen und schwer zugänglichen Leitungen.

0.2.8 Für welche Anlageteile im Angebot Muster, Darstellungen und Beschreibungen sowie Einzelheiten über Hersteller, Maße, Gewichte und Ausführung verlangt werden.

0.2.9 Art und Umfang von Winterbaumaßnahmen.

0.2.10 Transportwege für alle größeren Anlageteile auf der Baustelle und im Gebäude.

0.2.11 Besondere Anforderungen an Wand- und Deckendurchführungen.

0.2.12 Art und Umfang besonderer Korrosionsschutzmaßnahmen (siehe Abschnitt 3.1.1).

0.2.13 Ergebnisse der Wasseranalyse zur Beurteilung des korrosionschemischen Verhaltens nach DIN 50 930 Teil 1 bis Teil 5 „Korrosion der Metalle".

0.2.14 Art, Abmessungen und Umfang der Wärme- und Schalldämmung sowie Brandschutz.

0.2.15 Termine für die Lieferung der Angaben und Unterlagen nach Abschnitt 3.1.2 sowie für Beginn und Ende der vertraglichen Leistungen, ferner ob und gegebenenfalls in welchem Umfang vom Auftragnehmer Terminpläne oder Beiträge dazu aufzustellen und zu liefern sind, z. B. für Netzpläne.

0.2.16 Art und Umfang der Provisorien, z. B. für vorübergehende Ver- und Entsorgung.

0.2.17 Zeitpunkte der — gegebenenfalls stufenweisen — Inbetriebnahme.

0.2.18 Betriebsbedingungen von Einrichtungen und Apparaten, z. B. Einschaltdauer, Magnetventil.

0.2.19 Ob zu liefern sind:
— Strangschema zum Anlagenschema,
— Bestandszeichnungen (Darstellung der ausgeführten Anlage in den Bauplänen),
— Stückliste, enthaltend alle Meß-, Steuerungs- und Regelgeräte (MSR),
— Stromlaufplan und gegebenenfalls Funktionsplan der Steuerung nach DIN 40 719 Teil 6 „Schaltungsunterlagen; Regeln und graphische Symbole für Funktionspläne",
— Funktionsbeschreibung unter Einbeziehung der Regelung mit Darstellung der Regeldiagramme,
— Protokolle über die im Rahmen der Einregulierungsarbeiten durchgeführten endgültigen Einstellungen und Messungen,
— Ersatzteilliste,
— Berechnung des Brennstoff- und Energiebedarfs,
— Diagramme und Kennlinienfelder (z. B. für Ventilatoren, Pumpen, Kühltürme), bei MSR-Anlagen in DDC-Technik
— Informationslisten (siehe VDI 3814),
— Programmodulliste.

0.2.20 Art, Verfahren und Umfang vorzunehmender Druck- und Dichtheitsprüfungen für Rohrleitungen sowie Einzelheiten über auszubauende und wiedereinzubauende sowie abzudichtende Bauteile und Apparate.

0.2.21 Art, Verfahren und Umfang, wenn Rohrleitungen der Trinkwasserinstallation nach DIN 1988 Teil 2, Ausgabe Dezember 1988, Abschnitt 11.2, gespült werden müssen, insbesondere
— Länge (m) und Nennweite (DN) der Kellerverteilleitungen,
— Anzahl und Nennweite (DN) der Steigleitungen,

— Anzahl der Geschosse (Stockwerke),
— Anzahl der Entnahmestellen,
— Art der Entnahmestellen (Aufputz-, Unterputz-Armaturen, Unterputz-Spülkästen u. dergl.),
— Lage der Abwasserentsorgung.

0.2.22 Art, Verfahren und Umfang, wenn Abwasserleitungen oder Teile davon nach Abschnitt 4.2.17 gespült werden sollen, insbesondere
— Länge (m) und Nennweite (DN) der zu spülenden Leitungen,
— Möglichkeiten der Ableitung des Spülwassers.

0.2.23 Art, Verfahren und Umfang entsprechend Abschnitt 0.2.21, wenn Desinfektion und Nachspülung von in Betrieb genommenen Rohrleitungsanlagen nach Abschnitt 4.2.18 erfolgen sollen.

0.2.24 Ob ein Wartungsvertrag mit angeboten werden soll.

0.2.25 Art und Umfang der dem Auftragnehmer für die Beurteilung und Ausführung der Anlage zu liefernden Planungsunterlagen und Berechnungen.

0.2.26 Anfall und Einleitung aggressiver und kontaminierter Medien in die Abwasserleitungen.

0.2.27 Möglichkeiten zur Aufnahme von Kräften wandhängender Bauteile und Apparate, z. B. bei Trockenbauwänden.

0.2.28 Ob bei bestehenden Ver- und Entsorgungsleitungen eine Zustandsprüfung vorgenommen werden soll.

0.2.29 Vorgesehene Wandbeläge, z. B. keramische Fliesen, Marmor.

0.2.30 Anordnung der Anschlüsse, z. B. Armaturen, und der Abläufe im Fliesenraster, insbesondere Angaben über
— Höhe des Sockels,
— Verlegeart (Mörtel- oder Klebeverfahren),
— die Zulässigkeit der Bearbeitung (Schneiden) von Fliesenformaten,
— Fortsetzung des Fliesenrasters über mehrere Räume hinweg,
— verbindliche Bezugsachsen für die Festlegung des Fliesenrasters,
— Fliesenformat, Fugenbreite.

0.3 Einzelangaben bei Abweichungen von den ATV

0.3.1 Wenn andere als die in dieser ATV vorgesehenen Regelungen getroffen werden sollen, sind diese in der Leistungsbeschreibung eindeutig und im einzelnen anzugeben.

0.3.2 Abweichende Regelungen können insbesondere in Betracht kommen bei

Abschnitt 2.1, wenn kein oder wenn ein besonderer Korrosionsschutz erfolgen soll, wenn die Beschilderung an Bauteilen nicht in deutscher Sprache ausgeführt werden soll,

Abschnitt 3.5, wenn die geforderten Unterlagen nicht 3fach schwarz/weiß oder Zeichnungen 1fach pausfähig geliefert werden sollen, sondern in größerer Stückzahl und/oder in anderer Form, z. B. Zeichnungen farbig angelegt, unter Glas.

0.4 Einzelangaben zu Nebenleistungen und Besonderen Leistungen
Keine ergänzende Regelung zur ATV DIN 18 299, Abschnitt 0.4.

DIN 18 381

VOB Teil C

0.5 Abrechnungseinheiten
Im Leistungsverzeichnis sind die Abrechnungseinheiten wie folgt vorzusehen:

0.5.1 Längenmaß (m), getrennt nach Art, Werkstoff, Nennweite und sonstigen Größenangaben für
— Tragschalen,
— Rohrleitungen,
— Befestigungsschienen,
— Entwässerungsrinnen einschließlich ihrer Abdeckung,
— Verfüllen von Fugen,
— Spülen sowie Desinfizieren von Rohrleitungen,
— Besondere Druckprüfungen von Rohrleitungen,
— Dichtheitsprüfungen von Abwasserleitungen.

0.5.2 Anzahl (Stück), getrennt nach Art, Maßen und sonstigen Größenangaben für
— Formstücke, Verbindungs- und Befestigungselemente einschließlich Schweiß-, Löt- und Dichtungsmaterial in Rohrleitungen über DN 50,
— lose Verbindungselemente, z. B. Manschetten, Flanschverbindungen,
— Montageelemente und Rohrverlängerungen,
— Ausgleichs- und Verlängerungsstücke für Wandeinbauarmaturen,
— Rohrleitungsarmaturen, Sicherungs- und Sicherheitseinrichtungen, Meß- und Zählereinrichtungen sowie Dehnungsausgleicher und Isolierstücke,
— Anschlüsse an andere Rohrwerkstoffe, Anlageteile und Geräte,
— Prüfungen der Schweiß- und Lötnähte,
— Paßstücke bis zu einer Länge von 0,50 m in Entwässerungsleitungen,
— Entwässerungsgegenstände, z. B. Einläufe, Hebeanlagen, Abscheider,
— Entwässerungsrinnen einschließlich ihrer Abdeckung,
— Schächte und Abdeckungen,
— Wand- und Deckendurchführungen mit besonderen Anforderungen,
— Einzelbefestigungen von Rohrleitungen, Tragkonstruktionen, Festpunkte,
— Verteiler, Sammler,
— Anbohrungen,
— Vorgefertigte Installationselemente oder -einheiten, Traggerüste sowie andere Konstruktionen für Vorwand-Installationen,
— Sanitär-Einrichtungen, Armaturen, Gasgeräte, Pumpen, Regel- und Absperreinrichtungen, Revisionsrahmen sowie ähnliche Anlageteile,
— Funktions-, Bezeichnungs- und Hinweisschilder,
— Bauteile zur Körperschalldämmung,
— Spülen und Desinfizieren von Entnahmestellen,
— besondere Druckprüfungen von Apparaturen und Armaturen.

0.5.3 Gewicht (kg), getrennt nach Art und erforderlichenfalls nach Maßen für
— besondere Befestigungskonstruktionen, z. B. Tragkonstruktionen, Festpunkte.

0.5.4 Prozentsätze der Preise der Rohrleitungen unter DN 50 für
— Formstücke, Verbindungs- und Befestigungselemente einschließlich Schweiß-, Löt- und Dichtungsmaterial.

1 Geltungsbereich

1.1 Die ATV „Gas-, Wasser- und Abwasser-Installationsarbeiten innerhalb von Gebäuden" — DIN 18 381 gilt für Gas-, Wasser- und Abwasser-Installationsarbeiten innerhalb von Gebäuden und anderen Bauwerken.

1.2 Die ATV DIN 18 381 gilt nicht für
— Entwässerungskanalarbeiten (siehe ATV DIN 18 306 „Entwässerungskanalarbeiten") und
— Gas- und Wasserleitungsarbeiten im Erdreich (siehe ATV DIN 18 307 „Gas- und Wasserleitungsarbeiten im Erdreich").

1.3 Ergänzend gelten die Abschnitte 1 bis 5 der ATV DIN 18 299 „Allgemeine Regelungen für Bauarbeiten jeder Art". Bei Widersprüchen gehen die Regelungen der ATV DIN 18 381 vor.

2 Stoffe, Bauteile

Ergänzend zur ATV DIN 18 299, Abschnitt 2, gilt:

2.1 Allgemeines

Sofern es der Verwendungszweck erfordert, müssen Stoffe und Bauteile korrosionsgeschützt sein.

Beschilderungen an Bauteilen (Schilder, Skalen, Hinweise), müssen in deutscher Sprache und entsprechend dem „Gesetz über Einheiten im Meßwesen" ausgeführt sein.

Für die gebräuchlichsten Stoffe und Bauteile sind die DIN-Normen in den nachstehend genannten Regelwerken aufgeführt.

DIN 1986 Teil 1	Entwässerungsanlagen für Gebäude und Grundstücke; Technische Bestimmungen für den Bau
DIN 1986 Teil 4	Entwässerungsanlagen für Gebäude und Grundstücke; Verwendungsbereiche von Abwasserrohren und -formstücken verschiedener Werkstoffe
DIN 1988 Teil 2 Beiblatt 1	Technische Regeln für Trinkwasser-Installationen (TRWI); Zusammenstellung von Normen und anderen Technischen Regeln über Werkstoffe, Bauteile und Apparate; Technische Regel des DVGW

Technische Regeln für Gas-Installationen (DVGW-TRGI)
Technische Regeln Flüssiggas (TRF)

2.2 Meß-, Steuer und Regeleinrichtungen, Gebäudeleittechnik

DIN 40 050	IP-Schutzarten; Berührungs-, Fremdkörper- und Wasserschutz für elektrische Betriebsmittel
DIN 43 780	Elektrische Meßgeräte; Direkt wirkende anzeigende Meßgeräte und ihr Zubehör

Schalttafeln müssen mindestens der Schutzart IP 43 entsprechen. Elektrische Meßgeräte müssen der Klasse 1, 5 nach DIN 43 780 entsprechen.

3 Ausführung

Ergänzend zur ATV DIN 18 299, Abschnitt 3, gilt:

3.1 Allgemeines

3.1.1 Die Bauteile von Gas-, Wasser- und Abwasser-Installationsanlagen sind so aufeinander abzustimmen, daß die geforderte Leistung erbracht wird, die Betriebssicherheit vorhanden ist und Korrosionsvorgänge weitgehend eingeschränkt werden.

3.1.2 Der Auftragnehmer hat dem Auftraggeber vor Beginn der Montagearbeiten alle Angaben zu machen, die für den reibungslosen Einbau und ordnungsgemäßen Betrieb der Anlage notwendig sind. Der Auftragnehmer hat nach Planungsunterlagen und Berechnungen des Auftraggebers die für die Ausführung erforderliche Montage- und Werkstattplanung zu erbringen und, soweit erforderlich, mit dem Auftraggeber abzustimmen. Dazu gehören insbesondere

— Montagepläne,
— Werkstattzeichnungen,
— Stromlaufpläne,
— Fundamentpläne.

Der Auftragnehmer hat dem Auftraggeber rechtzeitig Angaben zu machen über die

— Gewichte der Einbauteile,
— Stromaufnahme und gegebenenfalls den Anlaufstrom der elektrischen Bauteile und
— sonstigen Erfordernisse für den Einbau

3.1.3 Der Auftragnehmer hat bei der Prüfung der vom Auftraggeber gelieferten Planungsunterlagen und Berechnungen (siehe B § 3 Nr 3) u. a. hinsichtlich der Beschaffenheit und Funktion der Anlage insbesondere zu achten auf:
— die Querschnitte und -ausführungen der Abgasschornsteine,
— ungeeignete Bauart und/oder unzureichenden Querschnitt der Zuluftöffnungen für die Verbrennungsluft bzw. den Verbrennungsluftverbund,
— die Sicherheitseinrichtungen,
— die Rohrleitungsquerschnitte, Pumpenauslegungen (Netzhydraulik),
— die Meß-, Steuer- und Regeleinrichtungen,
— den Schallschutz,
— den Brandschutz.

3.1.4 Der Auftragnehmer hat bei seiner Prüfung Bedenken (siehe B § 4 Nr 3) insbesondere geltend zu machen bei:
— Unstimmigkeiten in den vom Auftraggeber gelieferten Planungsunterlagen und Berechnungen (siehe B § 3 Nr 3),
— erkennbar mangelhafter Ausführung oder nicht rechtzeitiger Fertigstellung bzw. dem Fehlen von

- Fundamenten,
- Schlitzen und Durchbrüchen sowie
- Schall- und Wärmedämmungen,
- ungeeigneter Bauart und/oder ungeeignetem Querschnitt der Schornsteine, Zuluft- und Abluftschächte,
- unzureichender Anschlußleistung für die Betriebsmittel, z. B. Brennstoffe, Energie, Wasser,
- nicht ausreichendem Platz für die Bauteile,
- unzureichenden Voraussetzungen für die Aufnahme von Reaktionskräften,
- fehlenden Höhenbezugspunkten je Geschoß,
- ihm bekannt gewordenen Änderungen von Voraussetzungen, die der Planung zugrunde gelegen haben.

3.1.5 Wenn die Leitungsführung dem Auftragnehmer überlassen bleibt, hat er nach der Auftragserteilung den Ausführungsplan rechtzeitig aufzustellen und das Einverständnis des Auftraggebers einzuholen, damit die erforderlichen Fundament-, Schlitz-, Durchbruch- und Montagepläne erstellt werden können. Durch das Einverständnis des Auftraggebers wird die Verantwortung des Auftragnehmers nicht eingeschränkt.

3.1.6 Der Auftragnehmer hat die für die Ausführung erforderlichen Genehmigungen und Abnahmen zu veranlassen.

3.1.7 Die örtlichen Vorschriften für Anschlüsse an öffentliche Leitungen sind zu beachten.

3.1.8 Rohrleitungen mit nicht längskraftschlüssigen Verbindungen, z. B. Steckmuffen, Verbindungen muffenloser Rohre, in denen planmäßig Innendruck herrscht oder durch besondere Betriebszustände entstehen kann, sind, vor allem bei Richtungsänderungen, durch geeignete Maßnahmen gegen Auseinandergleiten bei der Druckprüfung und im Betrieb zu sichern.

3.1.9 Reaktionskräfte aus Dehnungsausgleichern oder Schwingungsdämpfern sind durch Rohrleitungsfestpunkte aufzunehmen. Sofern es die Einbauanweisungen für solche Bauteile vorschreiben, ist eine axiale Führung der Rohrleitung sicherzustellen.

3.1.10 Sofern die bei Maßnahmen nach Abschnitt 3.1.8 oder 3.1.9 auftretenden Reaktionskräfte in das Bauwerk abgeleitet werden müssen, sind die Kräfte vom Auftragnehmer zu ermitteln und dem Auftraggeber vor Ausführung der Leistung bekanntzugeben.

3.1.11 Sofern Leitungen jeglicher Art sich kreuzen, sind sie gegen Beschädigung oder Beeinflussung entsprechend der Art der Leistung zu schützen.

3.1.12 Wenn in der Leistungsbeschreibung vorgeschrieben ist, daß die Armaturen und Anschlüsse im Fugenschnitt von Fliesen oder anderen Belägen anzuordnen sind, so hat der Auftragnehmer rechtzeitig die dazu erforderlichen Angaben beim Auftraggeber anzufordern, z. B.

- Höhe des Sockels,
- Verlegeart (Mörtel- oder Klebeverfahren),
- Angaben über die Zulässigkeit der Bearbeitung (Schneiden) von Fliesenformaten,
- Festlegung des Fliesenrasters sowie verbindliche Bezugsachsen,
- Fortsetzung des Fliesenrasters über mehrere Wände bzw. Räume hinweg,
- Fliesenformat, Fugenbreite.

3.1.13 Bei Veränderungen an bestehenden Anlagen hat der Auftragnehmer den Auftraggeber oder den Beauftragten des Auftraggebers darauf hinzuweisen, daß durch einen zugelassenen Elektroinstallateur geprüft wird, ob durch die vorgesehenen Arbeiten die vorhandenen elektrischen Schutzmaßnahmen nicht beeinträchtigt werden (siehe Normen der Reihe DIN VDE 0100).

3.1.14 Stemm-, Fräs- und Bohrarbeiten am Bauwerk dürfen nur im Einvernehmen mit dem Auftraggeber ausgeführt werden. Bei derartigen Arbeiten am Mauerwerk ist DIN 1053 Teil 1 „Mauerwerk; Rezeptmauerwerk; Berechnung und Ausführung" zu beachten.

3.1.15 Stoffe, die zerstörend auf Anlagenteile wirken können, z. B. Gips oder chloridhaltige Schnellbinder in Verbindung mit Stahl- und Gußteilen, dürfen nicht verwendet werden.

3.2 Anforderungen
3.2.1 Allgemeines
Für die Ausführung gelten die nachstehend aufgeführten technischen Regeln mit den dort enthaltenen Anforderungen an Schallschutz, Brandschutz, Zulassung und Prüfung.

3.2.1.1 Gas-Installationen
DVGW-G 600 Technische Regeln für Gasinstallationen (DVGW-TRGI)
TRF Technische Regeln Flüssiggas

3.2.1.2 Trinkwasser-Installationen
DIN 1988 Teil 1 bis Teil 8   Technische Regeln für Trinkwasser-Installation (TRWI)
Im Leistungsumfang ist jedoch das Spülen der Trinkwasserleitungen oder von Teilen davon nach DIN 1988 Teil 2, Ausgabe Dezember 1988, Abschnitt 11.2, nicht enthalten.

3.2.1.3 Entwässerungsanlagen
DIN 1986 Teil 1 bis Teil 4 und Teil 30 bis Teil 32   Entwässerungsanlagen für Gebäude und Grundstücke
DIN 4033   Entwässerungskanäle und -leitungen; Richtlinien für die Ausführung

3.3 Meß-, Steuer- und Regeleinrichtungen, Gebäudeleittechnik
3.3.1 Stellorgane der Regelstrecken, die in Gewerke eingebaut werden, die nicht zum Auftragsumfang des Auftragnehmers gehören, sind vom Auftragnehmer zu bemessen und zu liefern. Die Bemessung der Stellorgane der Regelstrecken ist vom Auftragnehmer mit dem betreffenden Gewerk abzustimmen.

3.3.2 Meßwertaufnehmer sind an solchen Stellen und so einzubauen, daß der richtige Meßwert erfaßt wird.

3.3.3 Anzeigegeräte müssen gut ablesbar und zu betätigende Geräte müssen leicht zugängig und bedienbar sein.

3.4 Das Bedienungs- und Wartungspersonal für die Anlage ist durch den Auftragnehmer einmal einzuweisen.

3.5 Mitzuliefernde Unterlagen
Der Auftragnehmer hat im Rahmen seines Leistungsumfanges aufzustellen und dem Auftraggeber spätestens bei der Abnahme zu übergeben:
— Anlagenschema,
— Elektrischer Übersichtsschaltplan nach DIN 40 719 Teil 1 „Schaltungsunterlagen; Begriffe, Einteilung"
— Anschlußplan nach DIN 40 719 Teil 9 „Schaltungsunterlagen; Ausführung von Anschlußplänen",
— Zusammenstellung der wichtigsten technischen Daten,
— alle für einen sicheren und wirtschaftlichen Betrieb erforderlichen Betriebs- und Wartungsanleitungen,
— Kopien vorgeschriebener Prüfbescheinigungen und Werksatteste,
— Protokolle über die Dichtheitsprüfung,
— Protokoll über die Einweisung des Wartungs- und Bedienungspersonals.
Die Unterlagen sind in 3facher Ausfertigung schwarz/weiß, Zeichnungen nach Wahl des Auftraggebers statt dessen auch 1fach pausfähig, dem Auftraggeber auszuhändigen.

4 Nebenleistungen, Besondere Leistungen

4.1 Nebenleistungen sind ergänzend zur ATV DIN 18 299, Abschnitt 4.1, insbesondere:

4.1.1 Anzeichnen der Schlitze und Durchbrüche für die Ausführung von Stemmarbeiten, auch wenn diese von einem anderen Unternehmer ausgeführt werden.

4.1.2 Prüfen der Unterlagen des Auftraggebers nach Abschnitt 3.1.3 und Leistungen nach Abschnitt 3.1.4.

4.1.3 Auf- und Abbauen sowie Vorhalten der Gerüste, deren Arbeitsbühnen nicht höher als 2 m über Gelände oder Fußboden liegen.

4.1.4 Einstellen und Justieren der Anlage und von Anlageteilen sowie Funktionsprüfungen.

4.1.5 Liefern und Einbauen von Wand- und Deckendurchführungen ohne besondere Anforderungen, ausgenommen Leistungen nach Abschnitt 4.2.6.

4.2 Besondere Leistungen sind ergänzend zur ATV DIN 18 299, Abschnitt 4.2, z. B.:

4.2.1 Boden-, Wasser- und Wasserstandsuntersuchungen sowie besondere Prüfverfahren.

4.2.2 Vorhalten von Aufenthalts- und Lagerräumen, wenn der Auftraggeber Räume, die leicht verschließbar gemacht werden können, nicht zur Verfügung stellt.

4.2.3 Auf- und Abbauen sowie Vorhalten der Gerüste, deren Arbeitsbühnen mehr als 2 m über Gelände oder Fußboden liegen.

4.2.4 Besondere Maßnahmen zur Körperschalldämmung von Anlageteilen gegen den Baukörper.

4.2.5 Stemm-, Bohr- und Fräsarbeiten für die Befestigung von Konsolen und Halterungen sowie das Herstellen von Schlitzen und Durchbrüchen.

4.2.6 Wand- und Deckendurchführungen einschließlich Rosetten mit besonderen Anforderungen, z. B. gasdicht.

4.2.7 Liefern der für die Druckprobe, die Inbetriebnahme und den Probebetrieb nötigen Betriebsstoffe.

4.2.8 Liefern und Einbauen von besonderen Befestigungskonstruktionen, z. B. Widerlager, Rohrleitungsfestpunkte, schwere Rohrlager mit Gleit- oder Rollenschellen, Tragschalen, Konsolen und Stützgerüste.

4.2.9 Herstellen von Fundamenten für Pumpen, Behälter und sonstige Anlageteile.

4.2.10 Entrosten, Aufarbeiten und Ausbessern des Innen- und Außenschutzes der vom Auftraggeber beigestellten Stoffe und Bauteile.

4.2.11 Einbinden, Anschließen und Anbohren an bestehende Rohrleitungen, Schächte und Anlageteile.

4.2.12 Anpassen von Anlageteilen an nicht maßgerecht ausgeführte Leistungen anderer Unternehmer.

4.2.13 Liefern und Befestigen der Funktions-, Bezeichnungs- und Hinweisschilder.

4.2.14 Anschließen und Einbauen von bauseits gestellten Anlageteilen an Rohrleitungen.

4.2.15 Verfüllen der Fugen zwischen Sanitär-Einrichtungen und Wand- und Bodenbelägen mit elastischen Stoffen.

4.2.16 Provisorische Maßnahmen zum vorzeitigen Betreiben der Anlage oder von Anlageteilen vor der Abnahme auf Anordnung des Auftraggebers, z. B. Anbringen, Vorhalten und Befestigen von behelfsmäßigen Regenfallleitungen und -einläufen.

4.2.17 Spülen von Abwasserleitungen oder Teilen davon einschließlich der Gestellung der dazu erforderlichen Geräte und Betriebsstoffe.

4.2.18 Desinfizieren und Nachspülen von fertiggestellten Trinkwasserleitungen einschließlich der dazu notwendigen Betriebsstoffe und Reinigungsmittel sowie deren Beseitigung.

4.2.19 Gebühren für behördliche Genehmigungen und vorgeschriebene Abnahmeprüfungen.

4.2.20 Planungsleistungen, wie Entwurfs-, Ausführungs- und Genehmigungsplanung und die Planung von Schlitzen und Durchbrüchen.

4.2.21 Zusätzliche Druckprüfungen sowie zusätzliches Füllen und Entleeren der Leitungen aus Gründen, die der Auftraggeber zu vertreten hat.

4.2.22 Druck- und Dichtheitsprüfung von Entwässerungsleitungen.

4.2.23 Liefern von Vorgaben für Meß-, Steuer- und Regeleinrichtungen und zentraler Leittechnik, die nicht zum Auftragsumfang des Auftragnehmers gehören.

4.2.24 Herstellen von Mustereinrichtungen und -konstruktionen sowie von Modellen.

4.2.25 Betreiben der Anlage oder von Anlageteilen vor der Abnahme auf Anordnung des Auftraggebers.

4.2.26 Wiederholtes Einweisen des Bedienungs- und Wartungspersonals (siehe Abschnitt 3.4).

4.2.27 Herstellen von Bestands- und Revisionsplänen.

5 Abrechnung

Ergänzend zur ATV DIN 18 299, Abschnitt 5, gilt:

5.1 Der Ermittlung der Leistung — gleichgültig, ob sie nach Zeichnungen oder nach Aufmaß erfolgt — sind die Maße der Anlageteile zugrunde zu legen.

5.2 Bei Abrechnung nach Längenmaß (m) werden Rohrleitungen einschließlich Bogen, Form-, Paß- und Verbindungsstücke in der Mittelachse gemessen. Dabei werden Rohrbogen bis zum Schnittpunkt der Mittelachse gemessen. Armaturen werden übermessen.

5.3 Bei Abrechnung nach Gewicht (kg) ist das Gewicht nach folgenden Grundsätzen zu berechnen:

5.3.1 Es sind anzusetzen:
— für Stahlbleche und Bandstahl sind 8 kg/m² für jeden mm der Stoffdicke,
— für Formstahl und für Profile, die vom Großhandel nach Handelsgewicht verkauft werden, das Handelsgewicht (kg/m),
— für andere Profile das DIN-Gewicht mit einem Zuschlag von 2 % für Walzwerktoleranzen.

5.3.2 Bei geschraubten, geschweißten oder genieteten Stahlkonstruktionen werden zu dem nach Abschnitt 5.3.1 ermittelten Gewicht 2 % zugeschlagen.

5.3.3 Bei verzinkten Bauteilen oder verzinkten Konstruktionen werden zu den Gewichten, die nach den zuvor genannten Grundsätzen ermittelt wurden, 5 % für die Verzinkung zugeschlagen.

VOB Teil C:
Allgemeine Technische Vertragsbedingungen für Bauleistungen (ATV)
Elektrische Kabel- und Leitungsanlagen in Gebäuden – DIN 18 382
Ausgabe Dezember 1992

Inhalt

0 Hinweise für das Aufstellen der Leistungsbeschreibung
1 Geltungsbereich
2 Stoffe, Bauteile
3 Ausführung
4 Nebenleistungen, Besondere Leistungen
5 Abrechnung

0 Hinweise für das Aufstellen der Leistungsbeschreibung

Diese Hinweise ergänzen die ATV DIN 18 299 „Allgemeine Regelungen für Bauarbeiten jeder Art", Abschnitt 0. Die Beachtung dieser Hinweise ist Voraussetzung für eine ordnungsgemäße Leistungsbeschreibung gemäß A § 9.

Die Hinweise werden nicht Vertragsbestandteil.

In der Leistungsbeschreibung sind nach den Erfordernissen des Einzelfalls insbesondere anzugeben:

0.1 Angaben zur Baustelle
Keine ergänzende Regelung zur ATV DIN 18 299, Abschnitt 0.1.

0.2 Angaben zur Ausführung

0.2.1 Vorhalten besonders gearteter Geräte, z. B. fahrbare Leitern.

0.2.2 Art und Anzahl der geforderten Proben.

0.2.3 Stromart, Nennspannung und Frequenz des Netzes.

0.2.4 Anschlußstellen des Elektrizitäts-Versorgungs-Unternehmens (EVU) und der Deutschen Bundespost (DBP).

0.2.5 Bauart der Kabel, Leitungen, Rohre, Kanäle und die Art ihrer Verlegung.

0.2.6 Lage und Ausführung der Schalt- und Verteileranlagen.

0.2.7 Anschlußstellen für die elektrischen Verbrauchsmittel und deren Anschlußwerte; für Fernmeldeanlagen (auch Antennenanlagen) die zur Anlage gehörenden Einrichtungsgegenstände und der Platz hierfür.

Elektrische Kabel- und Leitungsanlagen in Gebäuden   DIN 18 382

0.2.8 *Betriebsstätten, Räume und Anlagen besonderer Art, für die zusätzliche Errichtungsbestimmungen nach DIN VDE 0100 bestehen.*

0.3 Einzelangaben bei Abweichungen von den ATV

0.3.1 *Wenn andere als die in dieser ATV vorgesehenen Regelungen getroffen werden sollen, sind diese in der Leistungsbeschreibung eindeutig und im einzelnen anzugeben.*

0.3.2 *Abweichende Regelungen können insbesondere in Betracht kommen bei*
Abschnitt 3.1.2, wenn darüber hinaus Bestandspläne gefordert werden sollen,
Abschnitt 3.2.2, wenn Leerrohre mit Zugdrähten verlegt werden sollen,
Abschnitt 5.1, wenn für die Ermittlung der Leistung nicht die Maße der Anlagenteile zugrunde gelegt werden sollen.

0.4 Einzelangaben zu Nebenleistungen und Besonderen Leistungen
Keine ergänzende Regelung zur ATV DIN 18 299, Abschnitt 0.4.

0.5 Abrechnungseinheiten
Im Leistungsverzeichnis sind die Abrechnungseinheiten wie folgt vorzusehen:

0.5.1 *Längenmaß (m), getrennt nach Querschnitt oder Durchmesser und Art der Ausführung, für*
- *Kabel, Leitungen, Drähte und Rohre.*

0.5.2 *Anzahl (Stück), getrennt nach Art und Größe, für*
- *Stromquellen, wie Batterien und Klingeltransformatoren,*
- *Verteiler, Abzweigdosen, Schalter, Läutewerke und dergleichen.*

1 Geltungsbereich

1.1 Die ATV „Elektrische Kabel- und Leitungsanlagen in Gebäuden" – DIN 18 382 – gilt auch für elektrische Kabel- und Leitungsanlagen, die als nichtselbständige Außenanlagen zu den Gebäuden gehören.

1.2 Für Stoffe, Bauteile und für die Ausführung gelten die DIN-VDE-, DIN-Normen und die Technischen Anschlußbedingungen (TAB) der Elektrizitäts-Versorgungsbereiche oder die vom Auftraggeber mit den Elektrizitäts-Versorgungsunternehmen (EVU) vereinbarten und in der Leistungsbeschreibung angegebenen besonderen Technischen Anschlußbedingungen.

Für Kabel- und Leitungsanlagen, die mit dem Fernmeldenetz der Deutschen Bundespost verbunden werden sollen, gelten die besonderen Vorschriften der Deutschen Bundespost.

Die gebräuchlichsten DIN-Normen sind:
Normen der Reihe
DIN VDE 0100   Errichten von Starkstromanlagen mit Nennspannungen bis 1000 V
DIN VDE 0101   Errichten von Starkstromanlagen mit Nennspannung über 1 kV
DIN VDE 0800 Teil 1   Fernmeldetechnik; Errichtung und Betrieb der Anlagen
DIN VDE 0800 Teil 2   Fernmeldetechnik; Erdung und Potentialausgleich
DIN VDE 0800 Teil 3   Fernmeldetechnik; Fernmeldeanlagen mit Fernspeisung

1.3 Ergänzend gelten die Abschnitte 1 bis 5 der ATV DIN 18 299 „Allgemeine Regelungen für Bauarbeiten jeder Art". Bei Widersprüchen gehen die Regelungen der ATV DIN 18 382 vor.

2 Stoffe, Bauteile

Keine ergänzende Regelung zur ATV DIN 18 299, Abschnitt 2.

3 Ausführung

Ergänzend zur ATV DIN 18 299, Abschnitt 3, gilt:

3.1 Allgemeines

3.1.1 Der Auftragnehmer hat bei seiner Prüfung Bedenken (siehe B § 4 Nr 3) insbesondere geltend zu machen bei
- unzureichenden Anbringungsflächen für Verteiler u. ä.,
- fehlenden oder falsch angelegten Schlitzen und Durchbrüchen,
- Unebenheiten der Rohdecke oder nicht ausreichender Konstruktionshöhe für Unterflurinstallationssysteme.

3.1.2 Der Auftragnehmer hat dem Auftraggeber alle für den sicheren und wirtschaftlichen Betrieb der Anlage erforderlichen Bedienungs- und Wartungsanweisungen sowie die Übersichtsschaltpläne nach DIN 40 719 Teil 1 „Schaltungsunterlagen; Begriffe, Einteilung" zu fertigen und zu übergeben.

3.1.3 Der Auftragnehmer hat das Bedienungspersonal in der Bedienung der Anlage zu unterweisen und die Anlage in Betrieb zu setzen.

3.1.4 Der Auftragnehmer hat, bevor die fertige Anlage in Betrieb genommen wird, eine Prüfung auf Betriebsfähigkeit und eine Prüfung nach den DIN-Normen, bei Leitungsanlagen für Fernsprechzwecke nach den Bestimmungen der Deutschen Bundespost, auszuführen oder ausführen zu lassen.

Über die Prüfungsergebnisse ist eine Niederschrift zu fertigen und eine Ausfertigung dem Auftraggeber auszuhändigen.

3.2 Errichtung von Kabel- und Leitungsanlagen

3.2.1 Die erforderlichen Längenzugaben für die ordnungsgemäßen Kabel- und Leitungsanschlüsse sind vorzusehen.

3.2.2 Leerrohre sind ohne Zugdrähte zu verlegen.

3.2.3 Gips darf als Befestigungsmittel für Kabel, Leitungen u. ä. in Verbindung mit zementhaltigem Mörtel sowie in Feuchträumen und im Freien nicht verwendet werden.

3.2.4 Stemm-, Bohr- und Fräsarbeiten für Durchbrüche und Schlitze sowie das Befestigen der Kabel und Leitungen am Bauwerk dürfen nur mit vorheriger Zustimmung des Auftraggebers durchgeführt werden.

4 Nebenleistungen, Besondere Leistungen

4.1 Nebenleistungen sind ergänzend zur ATV DIN 18 299, Abschnitt 4.1, insbesondere:

4.1.1 Auf- und Abbau sowie Vorhalten der Gerüste, deren Arbeitsbühnen nicht höher als 2 m über Gelände oder Fußboden liegen, und Leitern nicht höher als 4 m Höhe.

4.1.2 Stemm-, Bohr- und Fräsarbeiten für das Einsetzen von Dübeln, Steinschrauben und für den Einbau von Installationsmaterial.

4.1.3 Anzeichnen von Schlitzen und Durchbrüchen.

4.1.4 Einsetzen von Dübeln, Steinschrauben u. ä.

4.2 Besondere Leistungen sind ergänzend zur ATV DIN 18 299, Abschnitt 4.2, z. B.:

4.2.1 Vorhalten von Aufenthalts- und Lagerräumen, wenn der Auftraggeber Räume, die leicht verschließbar gemacht werden können, nicht zur Verfügung stellt.

4.2.2 Auf- und Abbauen sowie Vorhalten der Gerüste, deren Arbeitsbühnen höher als 2 m über Gelände oder Fußboden liegen.

4.2.3 Herstellen, Vorhalten und Beseitigen von Provisorien, z. B. zur vorzeitigen oder Teilinbetriebnahme der Anlage.

4.2.4 Herstellen und Schließen von Schlitzen und Durchbrüchen.

5 Abrechnung

Ergänzend zur ATV DIN 18 299, Abschnitt 5, gilt:

5.1 Der Ermittlung der Leistung – gleichgültig, ob sie nach Zeichnungen oder nach Aufmaß erfolgt – sind die Maße der Anlagenteile zugrunde zu legen, sofern nicht Pauschalvergütung für bestimmte Teile der Leistungen, z. B. Brennstellen, Steckdosen, vereinbart ist.

5.2 Kabel, Leitungen, Drähte und Rohre werden nach der tatsächlich verlegten Länge gerechnet. Verschnitt an Drähten, Rohren und dergleichen wird dabei nicht berücksichtigt.

VOB Teil C:
Allgemeine Technische Vertragsbedingungen für Bauleistungen (ATV)
Blitzschutzanlagen – DIN 18 384
Ausgabe Dezember 1992

Inhalt

0 Hinweise für das Aufstellen der Leistungsbeschreibung
1 Geltungsbereich
2 Stoffe, Bauteile
3 Ausführung
4 Nebenleistungen, Besondere Leistungen
5 Abrechnung

0 Hinweise für das Aufstellen der Leistungsbeschreibung

Diese Hinweise ergänzen die ATV DIN 18 299 „Allgemeine Regelungen für Bauarbeiten jeder Art", Abschnitt 0. Die Beachtung dieser Hinweise ist Voraussetzung für eine ordnungsgemäße Leistungsbeschreibung gemäß A § 9.

Die Hinweise werden nicht Vertragsbestandteil.

In der Leistungsbeschreibung sind nach den Erfordernissen des Einzelfalls insbesondere anzugeben:

0.1 Angaben zur Baustelle

Keine ergänzende Regelung zur ATV DIN 18 299, Abschnitt 0.1.

0.2 Angaben zur Ausführung

0.2.1 Auf- und Abbauen sowie Vorhalten von Gerüsten oder besonders gearteten Geräten, z. B. Feuerwehrleitern, falls der Auftragnehmer Gerüste oder solche Geräte ausnahmsweise selbst vorhalten soll.

0.2.2 Bauart des Gebäudes (Art der Wandbausteine, Holz, Stahl oder Stahlbetonskelett und dergleichen), Dicke der Außenwände und Decken.

0.2.3 Art und Beschaffenheit des Untergrundes, z. B. für die Befestigung der Leitungen.

0.2.4 Ausbildung der Anschlüsse an Bauwerke.

0.2.5 Art des Außenputzes.

0.2.6 Art der Dacheindeckung.

0.2.7 Lage größerer Metallteile am und im Gebäude, z. B. Abdeckungen, Oberlichte, Entlüfter, Regenrinnen und Regenrohre, Kehlbleche, Dachständer, Heizungs-, Gas- und Wasserleitungen und elektrische Leitungen im Dachgeschoß bzw. unmittelbar unter dem Dach mit Entfernungsangabe vom First, eiserne Dachkonstruktionen, Fahrstuhlgerüste, Gemeinschaftsantennenanlagen und dergleichen.

0.2.8 Tiefe und Verlauf der metallenen Wasser- und Gasrohre im Erdreich, wenn möglich unter Angabe der Art der Verbindung der einzelnen Rohrlängen, z. B. Verschweißung, Schraubmuffe, Bleimuffe, Gummimuffe u. a.

0.2.9 Lage vorhandener Starkstromanlagen auf oder über den Gebäuden unter Angabe von Stromart und Spannungen.

0.2.10 Lage vorhandener Blitzschutzanlagen, wenn möglich unter Angabe des verwendeten Werkstoffes.

0.2.11 Erdungsmöglichkeiten, z. B. Wasser- und Gasrohranschluß, Plattenerdungen, Rohrerdung, Oberflächenerdung.

0.2.12 Ob ein Prüfbuch anzulegen ist.

0.3 Einzelangaben bei Abweichungen von der ATV

0.3.1 Wenn andere als die in dieser ATV vorgesehenen Regelungen getroffen werden sollen, sind diese in der Leistungsbeschreibung eindeutig und im einzelnen anzugeben.

0.3.2 Abweichende Regelungen können insbesondere in Betracht kommen bei
Abschnitt 3.2, wenn der Auftragnehmer weder die Entwurfszeichnungen noch die sonstigen Unterlagen für die Genehmigungsanträge noch die Bestandspläne aufzustellen und zu liefern hat,
Abschnitt 5.1, wenn für die Ermittlung der Leistung nicht die Maße der Anlagenteile zugrunde gelegt werden sollen.

0.4 Einzelangaben zu Nebenleistungen und Besonderen Leistungen

Keine ergänzende Regelung zur ATV DIN 18 299, Abschnitt 0.4.

0.5 Abrechnungseinheiten

Im Leistungsverzeichnis sind die Abrechnungseinheiten wie folgt vorzusehen:

0.5.1 Längenmaß (m) für
oberirdische Leitungen und Erdleitungen, getrennt nach Stoffen, Durchmessern oder Querschnitten und Art der Ausführungen.

0.5.2 Anzahl (Stück) für
Auffangvorrichtungen, Leitungsstützen, Anschlüsse, Verbindungen, Trennstellen, Erdeinführungen und dergleichen, getrennt nach Art und Größe.

1 Geltungsbereich

1.1 Die ATV „Blitzschutzanlagen" – DIN 18 384 – gilt nicht für elektrische Kabel- und Leitungsanlagen (siehe ATV DIN 18 382 „Elektrische Kabel- und Leitungsanlagen in Gebäuden").

1.2 Ergänzend gelten die Abschnitte 1 bis 5 der ATV DIN 18 299 „Allgemeine Regelungen für Bauarbeiten jeder Art". Bei Widersprüchen gehen die Regelungen der ATV DIN 18 384 vor.

2 Stoffe, Bauteile

Ergänzend zur ATV DIN 18 299, Abschnitt 2, gilt:

Für die gebräuchlichsten genormten Stoffe und Bauteile sind die DIN-Normen nachstehend aufgeführt:

DIN VDE 0100 Teil 540   Errichten von Starkstromanlagen mit Nennspannungen bis 1000 V; Auswahl und Errichtung elektrischer Betriebsmittel; Erdung, Schutzleiter, Potentialausgleichsleiter

DIN VDE 0185 Teil 1   Blitzschutzanlage, Allgemeines für das Errichten

DIN VDE 0185 Teil 2   Blitzschutzanlage, Errichten besonderer Anlagen

3 Ausführung

3.1 Der Auftragnehmer hat bei seiner Prüfung Bedenken (siehe B § 4 Nr 3) insbesondere geltend zu machen bei ungeeignetem Zustand der Gebäude und Gebäudeteile.

3.2 Der Auftragnehmer hat aufzustellen und zu liefern:

– Die für die Ausführung nötigen Entwurfszeichnungen, aus denen die geforderten Angaben entsprechend DIN VDE 0185 Teil 1 und Teil 2 ersichtlich sind,

– die sonstigen Unterlagen für die vorgeschriebenen Genehmigungsanträge,

– die Zeichnungen über die ausgeführten Leistungen (Bestandspläne).

3.3 Der Auftragnehmer darf nur nach den vom Auftraggeber und erforderlichenfalls von der zuständigen Behörde genehmigten Zeichnungen arbeiten.

3.4 Prüfung

Der Auftragnehmer hat nach Fertigstellung der Blitzschutzanlage eine Abnahmeprüfung durchzuführen oder durchführen zu lassen und dem Auftraggeber einen schriftlichen Bericht über das Ergebnis der Prüfung zu liefern. Die Abnahmeprüfung ist nach DIN VDE 0185 Teil 1, Ausgabe November 1982, Abschnitt 7, durchzuführen.

In dem Bericht sind auch die Erdungswiderstände anzugeben.

4 Nebenleistungen, Besondere Leistungen

4.1 Nebenleistungen sind ergänzend zu ATV DIN 18 299, Abschnitt 4.1, insbesondere:

4.1.1 Auf- und Abbauen sowie Vorhalten der Gerüste, deren Arbeitsbühnen nicht höher als 2 m über Gelände oder Fußboden liegen.

4.1.2 Anfertigen und Liefern der Unterlagen nach Abschnitt 3.2.

4.1.3 Vorhalten der Leitern, Dachböcke, Dachleitern, Gurte, Leinen u. ä.

4.1.4 Einsetzen und Befestigen der Stützen und dergleichen einschließlich der hierfür nötigen Stemmarbeiten und Lieferung der Befestigungsmittel.

4.1.5 Korrosionsschutz, soweit er entsprechend DIN VDE 0185 auszuführen ist.

Blitzschutzanlagen DIN 18 384

4.2 Besondere Leistungen sind ergänzend zu ATV DIN 18 299, Abschnitt 4.2, z. B.:

4.2.1 Vorhalten von Aufenthalts- und Lagerräumen, wenn der Auftraggeber Räume, die leicht verschließbar gemacht werden können, nicht zur Verfügung stellt.

4.2.2 Auf- und Abbauen sowie Vorhalten der Gerüste, deren Arbeitsbühnen höher als 2 m über Gelände oder Fußboden liegen.

4.2.3 Auf- und Abbauen sowie Vorhalten von besonders gearteten Geräten, z. B. Feuerwehrleitern.

4.2.4 Stemmen und Schließen von Schlitzen und Durchbrüchen, ausgenommen Leistungen nach Abschnitt 4.1.4.

4.2.5 Korrosionsschutz der Blitzschutzanlagen, ausgenommen Leistungen nach Abschnitt 4.1.5.

4.2.6 Einbau von Auffangvorrichtungen, Leitungsstützen, Anschlüssen, Verbindungen, Trennstellen, Erdeinführungen und dergleichen.

5 Abrechnung

Ergänzend zu ATV DIN 18 299, Abschnitt 5, gilt:

5.1 Der Ermittlung der Leistung – gleichgültig, ob sie nach Zeichnungen oder nach Aufmaß erfolgt – sind die Maße der Anlagenteile zugrunde zu legen, sofern nicht Pauschalvergütungen für die Gesamtleistung oder Teile der Leistung vereinbart sind.

5.2 Leitungen, Erdleiter und Fangleiter werden nach der tatsächlich verlegten Länge gerechnet. Verschnitt wird dabei nicht berücksichtigt.

VOB Teil C:
Allgemeine Technische Vertragsbedingungen für Bauleistungen (ATV)
Dämmarbeiten an technischen Anlagen – DIN 18 421
Ausgabe Dezember 1992

Inhalt

0 Hinweise für das Aufstellen der Leistungsbeschreibung
1 Geltungsbereich
2 Stoffe, Bauteile
3 Ausführung
4 Nebenleistungen, Besondere Leistungen
5 Abrechnung

0 Hinweise für das Aufstellen der Leistungsbeschreibung

Diese Hinweise ergänzen die ATV DIN 18 299 „Allgemeine Regelungen für Bauarbeiten jeder Art", Abschnitt 0. Die Beachtung dieser Hinweise ist Voraussetzung für eine ordnungsgemäße Leistungsbeschreibung gemäß A § 9.
Die Hinweise werden nicht Vertragsbestandteil.
In der Leistungsbeschreibung sind nach den Erfordernissen des Einzelfalls insbesondere anzugeben:

0.1 Angaben zur Baustelle
Keine ergänzende Regelung zur ATV DIN 18 299, Abschnitt 0.1.

0.2 Angaben zur Ausführung
0.2.1 Die Lage der Objekte, an denen die Dämmung anzubringen ist, z. B. Höhe über Arbeitsboden, Geschosse, Bereiche mit Behinderungen und Erschwernissen.

0.2.2 Art, Stoffe, Stoffeigenschaften, gegebenenfalls mit Angabe der Dämmstoffkennziffer.

0.2.3 Die für die Berechnung von Dämmungen erforderlichen Angaben, soweit die Berechnungen durch den Auftragnehmer durchzuführen sind.

0.2.4 Anforderungen an die Ummantelung, insbesondere wegen des zu fordernden Schutzes der Dämmung gegen mechanische und andere äußere Einwirkungen.

0.2.5 Ob die Objekte mit Unterbrechungen betrieben werden, z. B. Betriebsrhythmus.

0.2.6 Ausführungsvorschriften des Auftraggebers.

0.2.7 Anforderungen an das Brandverhalten der fertigen Dämmung.

Dämmarbeiten an technischen Anlagen　　　　　　　　　　　　DIN 18 421

0.2.8 Besondere Angaben, die für die Beurteilung und Ausführung der Dämmung erforderlich sind, z.B. Betriebs- und Umgebungstemperatur.

0.2.9 Ob Mineralwolledämmstoffe hydrophobiert sein müssen.

0.3 Einzelangaben bei Abweichungen von den ATV

0.3.1 Wenn andere als die in dieser ATV vorgesehenen Regelungen getroffen werden sollen, sind diese in der Leistungsbeschreibung eindeutig und im einzelnen anzugeben.

0.3.2 Abweichende Regelungen können insbesondere in Betracht kommen bei

Abschnitt 2.2.1,	wenn das Drahtgeflecht und der Steppdraht bei Matten aus nichtrostendem Stahldraht bestehen soll,
Abschnitt 2.2.2,	wenn Drahtgeflecht und der Steppdraht bei Matratzen aus nichtrostendem Stahldraht bestehen soll, wenn bei Glasgewebematratzen die Versteppung mit nichtrostendem Stahldraht erfolgen soll,
Abschnitt 5.1.3.8,	wenn nicht über die größte Länge gemessen werden soll.

0.4 Einzelangaben zu Nebenleistungen und Besonderen Leistungen

Als Nebenleistungen für die unter den Voraussetzungen der ATV DIN 18 299, Abschnitt 0.4.1, besondere Ordnungszahlen (Positionen) vorzusehen sind, kommen insbesondere in Betracht:
Sichern der in Ausführung befindlichen und der ausgeführten Leistungen gegen Schäden durch Witterungseinflüsse (siehe Abschnitt 4.1.3).

0.5 Abrechnungseinheiten

Im Leistungsverzeichnis sind die Abrechnungseinheiten, getrennt nach Dämmstoffen, Dämmschichten und Arten der Ummantelung, wie folgt vorzusehen:

0.5.1 Flächenmaß (m^2) für
— Dämmungen an ebenen Flächen,
— Dämmungen an Rohrleitungen, mit einem äußerem Umfang der Dämmung von 1,5 m und mehr,
— Abschirmungen von Heiz- und Kühlzonen für Begleitleitungen oder für Kompensatoren,
— Bogen ohne Segmente und Bogen, deren Segmente nicht breiter als 250 mm sind,
— Ummantelungen mit weder kreisrundem noch eckigem Querschnitt,
— Dämmungen an Apparaten, Behältern und Kolonnen,
— Dämmungen mit Kappen (abnehmbar mittels Hebelverschlüssen) und Hauben (fest verschraubt),
— Dämmungen an Kanälen,
— Paßstücke bei Dämmungen an Kanälen,
— Dämmungen an Verteilern und Sammlern,
— Dämmungen an Stirnseiten,

0.5.2 Raummaß (m^3) für
— Schaum-, Schütt- oder Stopfdämmungen in Schlitzen, Schächten, Rohrführungskanälen, auch in Schlitzen an Apparaten, Behältern und Kolonnen,

0.5.3 Längenmaß (m), getrennt nach Umfang, Umfangsgruppen, Breitengruppen, für
- Dämmungen an Rohrleitungen mit einem äußeren Umfang der Dämmung unter 1,5 m,
- Abschirmungen von Heiz- und Kühlzonen für Begleitleitungen oder für Kompensatoren,
- Bogen ohne Segmente und Bogen, deren Segmente nicht breiter als 250 mm sind,
- Ummantelungen mit weder kreisrundem noch eckigem Querschnitt
- Regenabweiser über Gleitschienen,
- Regenabweiser gekrümmt oder gerade,

0.5.4 Anzahl (Stück), getrennt nach Längen, Längengruppen, Umfang, Umfanggruppen, Bogenradien, Bogenwinkeln sowie sonstigen den Leistungsaufwand beeinflussenden Faktoren, z. B. Breitengruppen, besondere Querschnittsformen von Anschlüssen oder Durchdringungen, unter verschiedenen Winkeln abgehende Stutzen, für
- Bogen ohne Segmente und Bogen, deren Segmente nicht breiter als 250 mm sind,
- Segmente über 250 mm Breite und Segmente für konische Rohrbogen,
- Knicke,
- Paßstücke, Hosenstücke,
- Abkantungen von Abflachungen,
- Endstellen,
- Stutzen,
- Durchdringungen,
- Blenden (Rosetten, Deckel),
- angeschweifte Regenabweiser über Kappen an lotrechten oder geneigten Rohren,
- Dämmung an Apparaten, Behältern, Kolonnen, Verteilern und Sammlern,
- Manteleinschnürungen, Kreisringe, Konusse, Einsätze,
- Ausschnitte,
- Tragkonstruktionen,
- Dämmungen mit Kappen (abnehmbar mittels Hebelverschlüssen) und Hauben (fest verschraubt),
- Kappenstützen,
- Trennungen des Mantels in Längsrichtung.

1 Geltungsbereich

1.1 Die ATV „Dämmarbeiten an technischen Anlagen" — DIN 18 421 — gilt für
- Dämmarbeiten an Produktions- und Verteilungsanlagen im Industriebau und in der Haus- und Betriebstechnik, z. B. Apparate, Behälter, Kolonnen, Tanks, Dampferzeuger, Rohrleitungen, Heizungs-, Lüftungs-, Klima-, Kaltwasseranlagen, Wassererwärmungsanlagen;
- Dämmarbeiten in Kühl- und Klimaräumen.

1.2 Die ATV DIN 18 421 gilt nicht für Dämmarbeiten
- an Gebäuden und Bauwerken,
- an werkseitig gedämmten Anlageteilen,
- im Kontrollbereich von Kernkraftwerken.

1.3 Ergänzend gelten die Abschnitte 1 bis 5 der ATV DIN 18 299 „Allgemeine Regelungen für Bauarbeiten jeder Art". Bei Widersprüchen gehen die Regelungen der ATV DIN 18 421 vor.

Dämmarbeiten an technischen Anlagen DIN 18 421

2 Stoffe, Bauteile

Ergänzend zur ATV DIN 18 299, Abschnitt 2, gilt:

2.1 Allgemeines

2.1.1 Stoffe und Bauteile müssen je nach Verwendungszweck struktur-, fäulnis- und ungezieferfest, gegebenenfalls auch nicht brennbar oder schwer entflammbar und unter dem Einfluß von Wärme, Kälte, Alterung und nach kurzzeitiger Durchfeuchtung genügend formbeständig und funktionsfähig sein. Sie dürfen den Untergrund, auf den sie aufzubringen sind, nicht mehr als unvermeidbar angreifen, z.B. Sulfideinwirkungen auf Stahl, Chlorideinwirkungen auf Stahl mit austenitischem Gefüge, Nitriteinwirkung auf Kupferwerkstoffe.

2.1.2 Die Wärmeleitfähigkeit mit Bezugstemperaturen (Mitteltemperaturen) und die Rohdichte der Dämmstoffe müssen auf Verlangen des Auftraggebers durch ein Prüfzeugnis einer amtlich anerkannten Prüfstelle nachgewiesen werden.

2.2 Dämmstoffe aus Mineralwolle

Mineralwolle muß eine gleichmäßige Struktur aufweisen. Sie darf keine groben Bestandteile enthalten. Sie muß bei sachgerechter Lagerung und nach fachgerechter Anwendung alterungs- und witterungsbeständig sein. Sie muß so beschaffen sein, daß sie im trockenen Zustand und bei kurzzeitiger Durchfeuchtung bei Metallen nicht zur Korrosion führt. Dies gilt nicht für Korrosionserscheinungen, die dadurch entstehen können, daß der Dämmstoff als Feuchtigkeitsträger und -speicher wirkt und gleichzeitig die Sauerstoffzufuhr durch die Feinverteilung des Wassers im Dämmstoff begünstigt.

Hydrophobierte Mineralwolle muß entsprechend gekennzeichnet sein.

Der Massenanteil an wasserlöslichen Chloriden darf bei Mineralwolle, die zum Dämmen von Anlageteilen aus Stählen mit austenitischem Gefüge verwendet wird, 6 ppm nicht überschreiten.

2.2.1 Matten

Matten müssen gleichmäßig dick und von gleichmäßiger Struktur sein. Auf Drahtgeflecht gesteppte Matten müssen eine Nennrohdichte von mindestens 70 kg/m^3 haben. Matten auf anderen Trägermaterialien dürfen eine geringere Nennrohdichte haben.

Die Versteppung muß mit mindestens 5 Nähten auf je 500 mm Mattenbreite in gleichmäßigem Abstand voneinander mit einer Stichlänge von nicht mehr als 90 mm ausgeführt sein.

Das Drahtgeflecht muß aus verzinkten Drähten mit einer Zinkauflage nach DIN 1548 „Zinküberzüge auf runden Stahldrähten" von mindestens 30 g/m^2 hergestellt sein. Die Maße des Geflechts müssen DIN 1200 „Drahtgeflecht mit sechseckigen Maschen" — 20 × 0,7 × 1000 entsprechen.

Lamellenmatten aus Plattenstreifen, die mit der Schnittfläche auf Trägermaterial, z.B. Aluminiumfolie, geklebt sind, müssen flexibel sein.

2.2.2 Matratzen

Die Mineralwollefüllung von Matratzen muß so eingebracht sein, daß die geforderte Dicke nach Montagen erhalten bleibt.

Bei *Drahtgeflechtmatratzen* ist als Hülle ein Drahtgeflecht aus verzinkten Drähten mit einer Zinkauflage nach DIN 1548 von mindestens 30 g/m² zu verwenden. Die Maße des Geflechtes müssen DIN 1200 — mit der Kurzbezeichnung 20 × 0,7 × 1000 entsprechen. Das Drahtgeflecht muß alle Seiten des Dämmstoffes umschließen und an den Nahtstellen mit Stahldraht von mindestens 0,5 mm Durchmesser und einer Verzinkung nach DIN 1548 zickzackförmig vernäht und in den Flächen mindestens alle 100 mm versteppt sein.

Bei *Glasgewebematratzen* muß die allseitige Umhüllung aus Glasgewebe mit Glasgarn vernäht und in der Fläche alle 100 mm versteppt sein.

2.2.3 Formstücke
Formstücke sind Schalen, Segmente und Platten, die mit Bindemitteln gebunden sind. Sie müssen unter den jeweiligen Betriebsbedingungen formbeständig bleiben.

2.2.4 Lose Wolle
Bei Einsatz von loser Wolle für Luftzerlegungsanlagen darf der Massenanteil an organischen Bestandteilen nicht mehr als 0,5 % betragen.

2.2.5 Zöpfe
Mineralwollezöpfe müssen engmaschig umklöppelt sein. Die Zöpfe dürfen beim Umwickeln des Objektes nicht reißen, die Füllung darf nicht herausfallen.

2.3 Dämmstoffe aus Kork
Kork mit Bitumen als Bindemittel muß bis 70 °C standfest sein. Bindemittelfreier Kork muß eine Mindestrohdichte von 80 kg/m³ haben und bis 100 °C standfest sein.

2.4 Dämmstoffe aus Schaumstoffen
Schaumstoffe müssen überwiegend geschlossene Zellen aufweisen und dürfen bei betriebsbedingten Temperaturen weder schrumpfen, erweichen, noch verspröden.

2.5 Dämmstoffe aus Schaumglas
Schaumglas muß gleichmäßig kleine, vollkommen geschlossene Zellen besitzen und Dauereinwirkungen bis 430 °C standhalten.

Dämmarbeiten an technischen Anlagen DIN 18 421

Tabelle 1. **Anforderungen an Hartschäume**

1	2	3	4	5	6	7	8	9
Anforderung	Einheit	Polystyrol (PS)-				Polyurethan (PUR)		Prüfverfahren
		Partikelschaum		Extruderschaum				
1 bei Temperatur	°C	über -30	unter -30	über -30	unter -30	über -30	unter -30	
2 Mindestrohdichte	kg/m³	20	30	20	30	40		DIN 52 275 T 2 DIN 53 420
3 Mindestdruckspannung bei 10 % Stauchung	N/mm²	0,10	0,15	0,15		0,15		DIN 53 421 DIN 18 164 T 1
4 Max. Dickenänderung bei Wärmeeinwirkung von 80 °C und Belastung von 0,02 N/mm²	%	5						DIN 18 164 T 1
5 Max. Dickenänderung bei Wärmeeinwirkung von 70 °C und erhöhter Belastung von 0,04 N/mm²	%	5						DIN 18 164 T 1
6 Max. Längen-, Breiten- und Dickenänderung bei Kälteeinwirkung	%	2						in Anlehnung an DIN 18 159 T 1
7 Max. zulässige irreversible Längenänderung	%	$^{+1,}_{-0,3}$						DIN 18 164 T 1

2.6 Dämmstoffe aus Polyurethan(PUR)-Ortschaum

Für Polyurethan (PUR)-Ortschaum gilt DIN 18 159 Teil 1 „Schaumkunststoffe als Ortschäume im Bauwesen; Polyurethan-Ortschaum für die Wärme- und Kältedämmung, Anwendung, Eigenschaften, Ausführung, Prüfung".

Tabelle 2. **Mindestrohdichten von PUR-Ortschaum in Abhängigkeit von der Betriebstemperatur**

Betriebstemperatur °C	Mindestrohdichte, frei geschäumt, ohne Berücksichtigung der Randzonenverdichtung kg/m^3
100 bis 0	40
0 bis -50	45
-50 bis -180	50

2.7 Dämmstoffe aus Schüttstoffen

Schüttdämmstoffe aus organischen und anorganischen Stoffen müssen temperaturbeständig sein. Beimengungen von Imprägnierungs- und Bindemitteln sind zulässig.

2.8 Dämmstoffe aus gebrannten Stoffen

Gebrannte Dämmstoffe, z.B. aus Kieselgur, müssen bis zu Temperaturen von 950 °C formbeständig sein.

3 Ausführung

Ergänzend zur ATV DIN 18 299, Abschnitt 3, gilt:

3.1 Allgemeines

3.1.1 Der Auftragnehmer hat bei seiner Prüfung Bedenken (siehe B § 4 Nr. 3) insbesondere geltend zu machen, wenn die Voraussetzungen nach DIN 4140 Teil 1 „Dämmen betriebstechnischer Anlagen; Wärmedämmung" oder DIN 4140 Teil 2 „Dämmen betriebstechnischer Anlagen; Kältedämmung", Abschnitt 3, nicht erfüllt sind.

3.1.2 Soweit in ATV DIN 18 421 nichts anderes vorgeschrieben ist, ist für Berechnungen, Meß- und Prüfverfahren, Gütesicherung und Lieferbedingungen die VDI-Richtlinie 2055 „Wärme- und Kälteschutz für betriebs- und haustechnische Anlagen; Berechnungen, Gewährleistungen, Meß- und Prüfverfahren, Gütesicherung, Lieferbedingungen" anzuwenden.

3.2 Dämmung

Wärmedämmarbeiten sind nach DIN 4140 Teil 1, Kältedämmarbeiten nach DIN 4140 Teil 2 auszuführen.

Filze dürfen nur für Wärmedämmungen im Niedertemperaturbereich und als Polsterlagen zum Schutz der Dampfbremse verwendet werden.

4 Nebenleistungen, Besondere Leistungen

4.1 Nebenleistungen sind ergänzend zur ATV DIN 18 299, Abschnitt 4.1, insbesondere:

4.1.1 Auf- und Abbauen sowie Vorhalten der Gerüste, deren Arbeitsbühnen nicht höher als 2 m über Gelände oder Fußboden liegen.

4.1.2 Beseitigen geringfügiger Verunreinigungen des Untergrundes.

4.1.3 Sichern der in Ausführung befindlichen und der ausgeführten Leistungen gegen Schäden durch Witterungseinflüsse.

4.2 Besondere Leistungen sind ergänzend zur ATV DIN 18 299, Abschnitt 4.2, z.B.:

4.2.1 Boden- und Wasseruntersuchungen.

4.2.2 Vorhalten von Aufenthalts- und Lagerräumen, wenn der Auftraggeber Räume, die leicht verschließbar gemacht werden können, nicht zur Verfügung stellt.

4.2.3 Auf- und Abbauen sowie Vorhalten der Gerüste, deren Arbeitsbühnen höher als 2 m über Gelände oder Fußboden liegen.

4.2.4 Beheizen der Anlage während der Ausführung der Dämmarbeiten.

4.2.5 Herstellen von Befestigungsmöglichkeiten für Tragkonstruktionen.

4.2.6 Nachträgliches Aufbringen von Teilen der Dämmung, z.B. über Schweißnähten, an provisorischen Aufhängungen, an Auflagern, soweit es nicht vom Auftragnehmer zu vertreten ist.

4.2.7 Herstellen von Ummantelungen mit weder kreisrundem noch eckigem Querschnitt.

4.2.8 Herstellen von Ausschnitten und Blenden, unabhängig von der Anzahl der angeschnittenen Bleche, ausgenommen solcher nach Abschnitt 4.2.9.

4.2.9 Herstellen von Ausschnitten an Kappen und Hauben, bei Flansch- und Formkappen des dritten und der weiteren, bei Stutzenkappen des vierten und der weiteren.

4.2.10 Herstellen von Einsätzen, getrennt nach rechteckigem, rundem oder ovalem Querschnitt.

4.2.11 Herstellen von Bögen und Knicken (auf Gehrung geschnittene Ummantelung).

4.2.12 Herstellen von angeschweißten Regenabweisern über Kappen an lotrechten oder geneigten Rohren.

4.2.13 Herstellen von Übergangsstücken mit unterschiedlichen Querschnittsformen.

4.2.14 Herstellen von Trennungen, soweit sie aus technischen Gründen erforderlich sind, z.B. bei Durchdringungen oder Einbauschwernissen.

4.2.15 Herstellen von trichterförmigen Ausbildungen des oberen Kreisringes einschließlich der Nähte (Doppelfalz oder Zahnradwellprofil).

4.2.16 Herstellen von Kappenstützen.

4.2.17 Herstellen von Paßstücken zwischen Bögen, Dämmungsendstellen, Einbauten, Flanschen, Konussen und Kombinationen davon.

4.2.18 Herstellen von Abkantungen, Manteleinschnürungen, Konussen, Hosenstücken und Kreisringen.

4.2.19 Herstellen von Endstellen.

4.2.20 Herstellen von Stutzen (Anpassen des abzweigenden Mantels und Herstellen des Ausschnittes im durchgehenden Mantel).

5 Abrechnung

Ergänzend zur ATV DIN 18 299, Abschnitt 5, gilt:

5.1 Allgemeines

5.1.1 Der Ermittlung der Leistung — gleichgültig, ob sie nach Zeichnungen oder nach Aufmaß erfolgt — sind zugrunde zu legen:

5.1.2 Abrechnung nach Längenmaß (m)

5.1.2.1 Längen sind in Achsrichtung zu messen.

5.1.2.2 Längen, auch zur Flächenermittlung, werden in der jeweils größten ausgeführten Strecke, z.B. bei Rohrleitungen, runden und eckigen Kanälen über den Außenbogen ermittelt.

5.1.2.3 Flanschverbindungen werden übermessen. Bei Dämmungsendstellen an Flanschen wird die Länge bis zur Mitte des Flanschenpaares, bei geschweißten Einbauten bis zur Schweißstelle gemessen.

5.1.2.4 Bei Dämmungen an konischen Rohren wird die halbe Länge jeweils den Maßen und Dämmdicken der anschließenden Rohre zugeordnet.

5.1.2.5 Bei Dämmungen an Rohrleitungen werden Bogen, Paßstücke zwischen Bogen, Dämmungsendstellen, Flansche, Konusse und Kombinationen davon, Abkantungen von Abflachungen, Endstellen an Abflachungen und Endstellenausbildung von Mänteln und Stutzen übermessen.

5.1.2.6 Bei Dämmungen an Apparaten, Behältern und Kolonnen werden Paßstücke (Länge der Ummantelung kleiner als 500 mm nach dem Einbau) Manteleinschnürungen, Kreisringe, Konusse, Übergangsstücke, Abkantungen von Abflachungen, Endstellen an Abflachungen, Apparatestutzen, zusätzliche Trennungen des Mantels und Endstellenausbildungen von Ummantelungen (Stoßkanten und ähnliches) übermessen.

5.1.2.7 Bei Dämmungen mit Kappen und Hauben werden Trennungen (unabhängig von Kappenlängen und Kappenumfang) und trichterförmige Ausbildungen des obersten Kreisringes einschließlich der Nähte übermessen.

5.1.3 Abrechnung nach Flächenmaß (m^2)

5.1.3.1 Flächen werden bei Außendämmungen nach der größten Oberfläche der fertigen Ummantelung, bei Innendämmungen nach der Fläche vor Aufbringen der Dämmung ermittelt.

Dämmarbeiten an technischen Anlagen   DIN 18 421

5.1.3.2 Ausschnitte, die erst bei oder nach der Montage ausgearbeitet werden können, werden unabhängig von ihrer Größe übermessen.

5.1.3.3 Die Flächen kreisrunder Stirnseiten werden wie folgt ermittelt:
Ebene Stirnseite: $A = 0{,}0796\ U^2$
Stirnseite in Trichterform ($h: d_a \leq 1:10$): $A = 0{,}082\ U^2$
Flachgewölbte Stirnseite in Kalottenform
($d_a \leq 10\,000$ mm): $A = 0{,}082\ U^2$
Flachgewölbte Stirnseite in Kalottenform
($d_a > 10\,000$ mm): $A = 0{,}0796\ U^2 + 3{,}14\ h^2$
Hochgewölbte Stirnseite in Zeppelinform: $A = 0{,}109\ U^2$
Dabei bedeuten:
d_a = äußerer Durchmesser der Stirnseite
U = äußerer Umfang der Stirnseite
h = Höhe des Trichters oder der Kalotte

5.1.3.4 Bei Dämmungen an konischen Rohren wird die halbe Fläche jeweils den Maßen und Dämmdicken der anschließenden Rohre zugeordnet.

5.1.3.5 Bei Rohrbündeln, deren Rohre einzeln gedämmt sind, wird die Dämmung jedes einzelnen Rohres, die gemeinsame Ummantelung nach der ausgeführten Fläche gerechnet.

5.1.3.6 Bei Dämmungen an Verteilern und Sammlern ist der Länge des Verteilers oder Sammlers die Dicke der Dämmung der Stirnseiten zuzurechnen. Abzweigstutzen gelten nicht als Paßstücke.

5.1.3.7 Bei Dämmungen mit Kappen und Hauben wird die Fläche aus Länge und Umfang einschließlich der Stutzen, aber ohne Berücksichtigung der Stirn- und Deckelflächen, ermittelt. Gedämmte Stirn- und Deckelflächen für Kappen und Hauben, Deckel und Blindflansche an Mannlöchern, Gegenstromapparaten, Wasserboilern, Verteilern und Sammlern werden berechnet.

5.1.3.8 Dämmungen an Kanälen werden nach äußerer Oberfläche abgerechnet. Die Oberfläche der Dämmung von Kanalbogen, Kanalsprüngen, Übergangs- und Formstücken wird aus dem größten Umfang und der größten Länge ermittelt.

5.1.4 Abrechnung nach Rauminhalt (m³)
5.1.4.1 Rauminhalte werden nach dem verfüllten Raum ermittelt.

5.2 Es werden abgezogen
5.2.1 Bei Abrechnung nach Flächenmaß (m²):
Aussparungen und Ausschnitte über 0,5 m² Einzelfläche[*], ausgenommen Ausschnitte nach Abschnitt 5.1.3.2.

---

[*] 0,5 m² Einzelfläche entspricht einem Kreis mit einem Durchmesser von 800 mm.

5.2.2 Bei Abrechnung nach Längenmaß (m):
Unterbrechungen der Dämmung durch Wände, Decken und andere Konstruktionsteile von mehr als 240 mm und Längen von zwei oder mehreren hintereinander liegenden Einbauten mit Gewinde- oder Flanschverbindungen.

5.2.3 Bei Abrechnung nach Rauminhalt (m^3):
Das Volumen von Rohren mit einem äußeren Durchmesser von mehr als 120 mm und rechteckigen Querschnitten von mehr als 125 cm^2.

VOB Teil C:
Allgemeine Technische Vertragsbedingungen für Bauleistungen (ATV)
Gerüstarbeiten — DIN 18451
Ausgabe Dezember 1992

Inhalt

0 Hinweise für das Aufstellen der Leistungsbeschreibung
1 Geltungsbereich
2 Stoffe, Bauteile
3 Ausführung
4 Nebenleistungen, Besondere Leistungen
5 Abrechnung

0 Hinweise für das Aufstellen der Leistungsbeschreibung

Diese Hinweise ergänzen die ATV DIN 18 299 „Allgemeine Regelungen für Bauarbeiten jeder Art", Abschnitt 0. Die Beachtung dieser Hinweise ist Voraussetzung für eine ordnungsgemäße Leistungsbeschreibung gemäß A § 9.
Die Hinweise werden nicht Vertragsbestandteil.
In der Leistungsbeschreibung sind nach den Erfordernissen des Einzelfalls insbesondere anzugeben:

0.1 Angaben zur Baustelle

0.1.1 Art und Beschaffenheit der Standfläche.

0.2 Angaben zur Ausführung

0.2.1 Art und Beschaffenheit des Verankerungsgrundes.

0.2.2 Art und Verwendungszweck der Gerüste, z.B. Arbeitsgerüste, Schutzgerüste, Traggerüste.

0.2.3 Bei Arbeits- und Schutzgerüsten die Gerüstgruppe.

0.2.4 Bei Traggerüsten die Belastung.

0.2.5 Bauart der Gerüste, z.B. Stahlrohrgerüst, Leitergerüst, Stangengerüst.

0.2.6 Sonderlasten und besondere Anforderungen, z.B. aus Einzellasten, Aufzügen, Bekleidungen.

0.2.7 Einrichtungen für das Befördern von Stoffen und Bauteilen, z.B. Aufzugsausleger, Absetzbühnen.

0.2.8 Bei Fanggerüsten und Schutzdächern die Höhenlage, Ausladung und Ausbildung.

0.2.9 Gerüste für besondere Bauwerksteile, z. B. Schornsteine, Dachaufbauten, Maschinenanlagen.

0.2.10 Erschwerende Umstände, z. B. Überbrückungen, Aufstellen auf Dächern und Treppen, Transportbehinderungen.

0.2.11 Besondere Verankerungsart.

0.2.12 Beginn und voraussichtliche Dauer der Gebrauchsüberlassung.

0.2.13 Ob die Gerüste im ganzen oder abschnittsweise zum Gebrauch zu überlassen sind.

0.2.14 Ob und welche Veränderungen an den Gerüsten während der Gebrauchsüberlassung vom Auftragnehmer vorzunehmen sind.

0.2.15 Art und Umfang des Ersatzes von abhandengekommenen und/oder beschädigten Gerüstteilen (siehe Abschnitt 3.7).

0.2.16 Art und Umfang des geforderten Korrosionsschutzes für Gerüstbauteile aus Stahl, die in das Bauwerk eingehen (siehe Abschnitt 2.2).

0.3 Einzelangaben bei Abweichungen von den ATV

0.3.1 Wenn andere als die in dieser ATV vorgesehenen Regelungen getroffen werden sollen, sind diese in der Leistungsbeschreibung eindeutig und im einzelnen anzugeben.

0.3.2 Abweichende Regelungen können insbesondere in Betracht kommen bei

Abschnitt 3.4, wenn bei Arbeits- und Schutzgerüsten als Fassadengerüste nicht alle Arbeitslagen, bei Raumgerüsten mehr als eine Arbeitslage mit Gerüstbelägen auszustatten sind,

Abschnitt 3.5, wenn Traggerüste nicht vom Auftragnehmer abgesenkt werden sollen,

Abschnitt 3.8, wenn Verankerungsmittel aus dem einzurüstenden Bauwerk nach dem Abbau des Gerüstes zu entfernen sind,

Abschnitt 5.1.4, wenn eine andere Regelung für das Ende der Gebrauchsüberlassung vorgesehen werden soll,

Abschnitt 5.1.5, wenn für die Dauer der Gebrauchsüberlassung eine andere Regelung vorgesehen werden soll.

0.4 Einzelangaben zu Nebenleistungen und Besonderen Leistungen
Keine ergänzende Regelung zur ATV DIN 18 299, Abschnitt 0.4.

0.5 Abrechnungseinheiten

Im Leistungsverzeichnis sind die Abrechnungseinheiten getrennt nach Bauart, Maßen und Verwendungszweck wie folgt vorzusehen:

— Stahlrohr- und Leichtmetallgerüste, Stangengerüste sowie Leitergerüste nach Flächenmaß (m^2), Längenmaß (m) oder Anzahl (Stück),
— Bockgerüste, Auslegergerüste, Dachfanggerüste, Bügelgerüste, Konsolgerüste und Konsolgerüste für den Schornsteinbau nach Längenmaß (m) oder Anzahl (Stück),
— Schutzdächer, Fanggerüste, Hängegerüste und Trägergerüste nach ihrer Grundfläche (m^2) nach Längenmaß (m) oder Anzahl (Stück),
— Raumgerüste nach Raummaß (m^3) oder Anzahl (Stück),
— Fahrbare Gerüste und Gerüst-Sonderkonstruktionen nach Anzahl (Stück),
— Traggerüste nach Längenmaß (m), überbauter Grundfläche (m^2), Raummaß (m^3) oder Anzahl (Stück).

1 Geltungsbereich

1.1 Die ATV „Gerüstarbeiten" — DIN 18 451 — gilt für das Auf-, Um- und Abbauen sowie für die Gebrauchsüberlassung der Gerüste, die als Baubehelf für die Ausführung von Bauarbeiten jeder Art benötigt werden.

Gerüstarbeiten DIN 18 451

1.2 Ergänzend gelten die Abschnitte 1 bis 5 der ATV DIN 18 299 „Allgemeine Regelung für Bauarbeiten jeder Art". Bei Widersprüchen gehen die Regelungen der ATV DIN 18 451 vor.

2 Stoffe, Bauteile

Ergänzend zur ATV DIN 18 299, Abschnitt 2, gilt:

2.1 Allgemeines

Stoffe und Gerüstbauteile für Arbeits- und Schutzgerüste müssen den Anforderungen von DIN 4420 Teil 1 bis Teil 3 „Arbeits- und Schutzgerüste", für Traggerüste den Anforderungen von DIN 4421 „Traggerüste; Berechnung, Konstruktion und Ausführung" entsprechen.

Die Leistung umfaßt auch das Vorhalten der zugehörigen Stoffe und Bauteile einschließlich Antransport, Abladen, Lagern auf der Baustelle, Wiederaufladen und Abtransport.

2.2 Korrosionsschutz

Gerüstbauteile und Verankerungsmittel aus Stahl, die in das einzurüstende Bauwerk eingehen, müssen korrosionsgeschützt sein.

3 Ausführung und Gebrauchsüberlassung

Ergänzend zur ATV DIN 18 299, Abschnitt 3, gilt:

3.1 Für das Auf-, Um- und Abbauen gelten bei Arbeits- und Schutzgerüsten DIN 4420 Teil 1 bis Teil 3, bei Traggerüsten DIN 4421.

3.2 Der Auftragnehmer hat den Untergrund (Standfläche, Verankerungsgrund) darauf zu überprüfen, ob er mit den Angaben des Auftraggebers übereinstimmt und für die Durchführung seiner Leistung geeignet ist.

3.3 Der Auftragnehmer hat bei seiner Prüfung Bedenken (siehe B § 4 Nr 3) insbesondere geltend zu machen bei:
– größeren Unebenheiten des Untergrundes,
– nicht tragfähigem oder gefrorenem Untergrund,
– unzureichender Verankerungsmöglichkeit,
– fehlendem Einnivellieren und Einplanieren des Untergrundes für Traggerüste.

3.4 Bei Arbeits- und Schutzgerüsten als Fassadengerüste sind alle Arbeitslagen, bei Raumgerüsten ist eine Arbeitslage mit Gerüstbelägen auszustatten.

3.5 Das Absenken der Traggerüste ist Sache des Auftragnehmers.

3.6 Die Gerüste sind in einem zu dem vertragsmäßigen Gebrauch geeigneten Zustand zu überlassen. Sie sind während der Vertragsdauer in diesem Zustand zu erhalten.

3.7 Wenn während der Zeit der Gebrauchsüberlassung Gerüstteile beschädigt werden oder abhanden kommen, hat der Auftragnehmer dies unverzüglich, spätestens vor dem Abbauen der Gerüste, dem Auftraggeber schriftlich mitzuteilen.

3.8 Verankerungsmittel, z. B. Dübel, die in das einzurüstende Bauwerk eingebaut werden, sind nach dem Abbau der Gerüste dort zu belassen.

4 Nebenleistungen, Besondere Leistungen

4.1 Nebenleistungen sind ergänzend zur ATV DIN 18 299, Abschnitt 4.1, insbesondere:

4.1.1 Gebrauchsüberlassung der Arbeits- und Schutzgerüste bis zu 4 Wochen (Grundeinsatzzeit).

4.1.2 Maßnahmen zum Schutz gegen Beschädigungen von Bauwerken, Gebäudeteilen, Anlagen und deren Zugänge beim Auf-, Um- und Abbau der Gerüste.

4.1.3 Liefern von Typengenehmigungen oder allgemeinen bauaufsichtlichen Zulassungsbescheiden.

4.1.4 Fußplatten und Unterlagsbohlen unter den Gerüstfußpunkten bei Arbeits- und Schutzgerüsten.

4.1.5 Ein Leitergang je Gerüst bis 50 m Länge; je weitere angefangene 50 m Gerüstlänge ein zusätzlicher Leitergang.

4.1.6 Einbau und Ausbau der zur Befestigung der Gerüste benötigten Verankerungsmittel.

4.1.7 Liefern der im einzurüstenden Bauwerk verbleibenden Verankerungsmittel.

4.2 Besondere Leistungen sind ergänzend zur ATV DIN 18 299, Abschnitt 4.2, z. B.:

4.2.1 Beleuchten der Gerüste zur Sicherung des öffentlichen Verkehrs während der Zeit der Gebrauchsüberlassung.

4.2.2 Aufwendungen für die Inanspruchnahme fremder Grundstücke.

4.2.3 Herbeiführen der erforderlichen öffentlich-rechtlichen Genehmigungen und Erlaubnisse, z. B. nach dem Baurecht, dem Straßenverkehrsrecht, dem Wasserrecht, dem Gewerberecht.

4.2.4 Abstecken der Hauptachsen der baulichen Anlagen, sowie der Grenzen des Geländes, das dem Auftragnehmer zur Verfügung gestellt wird, und Schaffen der notwendigen Höhenfestpunkte in unmittelbarer Nähe der baulichen Anlagen.

4.2.5 Aufstellen statischer Berechnungen und Anfertigen der dazugehörenden Zeichnungen, ausgenommen Leistungen nach Abschnitt 4.1.3.

4.2.6 Gebühren für die bauaufsichtliche Genehmigung und Abnahme der Gerüste.

4.2.7 Beseitigen von Mängeln der Untergründe (siehe Abschnitt 3.2).

4.2.8 Maßnahmen zum Schutz gegen Beschädigung von Bauwerken, Gebäudeteilen, Anlagen und deren Zugänge beim Gebrauch der Gerüste.

4.2.9 Vom Auftraggeber verlangte Änderungen vertragsgemäß ausgeführter Gerüste.

Gerüstarbeiten DIN 18 451

4.2.10 Die über die Grundeinsatzzeit der Arbeits- und Schutzgerüste hinausgehende Gebrauchsüberlassung (siehe Abschnitt 4.1.1).

4.2.11 Herstellen und Entfernen von Hilfsgründungen, Schließen, Verputzen und Spachteln von Aussparungen, Ankerlöchern o.ä.

4.2.12 Reinigen und Abräumen der Gerüste von grober Verschmutzung, Abfällen und Rückständen jeder Art, soweit der Abbau und die Wiederverwendung ohne diese Vorleistungen nicht möglich sind.

5 Abrechnung

Ergänzend zur ATV DIN 18 299, Abschnitt 5, gilt:

5.1 Allgemeines

5.1.1 Bei Abrechnung nach Flächenmaß (m^2) werden die eingerüsteten Flächen gerechnet. Die Länge wird horizontal in der größten Abwicklung der eingerüsteten Fläche gerechnet; Vorsprünge und Rücksprünge der Flächen, die die wandseitige Gerüstflucht (Belagkante) nicht unterbrechen, werden nicht berücksichtigt.

Die Höhe wird von der Standfläche der Gerüste bis zur Oberkante der eingerüsteten Fläche gerechnet.

Bei Einrüstung von Teilflächen werden Aufmaßlänge und Aufmaßhöhe durch die zu bearbeitende Fläche bestimmt; dabei wird die Aufmaßhöhe von der Standfläche der Gerüste gerechnet.

Werden die Gerüste der Höhe nach abschnittsweise auf- oder abgebaut, wird die Höhe je Abschnitt von der Standfläche der Gerüste bis zum jeweils obersten Gerüstbelag zuzüglich 2 m, jedoch nicht höher als bis zur Oberkante der einzurüstenden Fläche gerechnet.

5.1.2 Bei Abrechnung nach Raummaß (m^3) wird das Volumen des eingerüsteten Raumes gerechnet.

Werden Teile von Innenräumen eingerüstet, sind Aufmaßlänge und Aufmaßbreite an freien Gerüstkanten bis zur Belagkante zu rechnen, soweit die Ausmaße der Gerüste durch ihre Zweckbestimmung bedingt sind.

Die Aufmaßhöhe wird von der Standfläche des Gerüstes bis zur obersten, vom Gerüst zu bearbeitenden Fläche oder Kante gerechnet.

Werden Gerüste der Höhe nach abschnittsweise auf- oder abgebaut, wird die Höhe von der Standfläche des Gerüstes bis 2 m über den jeweils obersten Gerüstbelag, jedoch nicht höher als bis zur obersten vom Gerüst zu bearbeitenden Fläche oder Kante gerechnet.

Bei der Abrechnung nach Raummaß im Freien werden Aufmaßlänge und -breite durch die Außenkanten der Belagebenen bestimmt, soweit die Ausmaße der Gerüste durch ihre Zweckbestimmung bedingt sind. Die Höhe wird von der Standfläche der Gerüste bis zur obersten, vom Gerüst zu bearbeitenden Fläche oder Kante gerechnet.

5.1.3 Bei Traggerüsten werden die Aufmaßlänge und -breite sinngemäß nach Abschnitt 5.1.2 gerechnet; als Belagfläche gelten in diesen Fällen auch Schalungsflächen.

Bei Traggerüsten für Brücken werden die Aufmaßbreite zwischen den Außenkanten des Überbaus und die Aufmaßlänge als lichtes Maß zwischen den Widerlagern ohne Abzug von Zwischenpfeilern und Stützen gerechnet.

Die Höhe wird von der Standfläche des Gerüstes bis zur Oberkante der Trägerlage gerechnet.

5.1.4 Werden Gerüste ganz oder abschnittsweise vor dem vereinbarten Tag genutzt, so wird die Gebrauchsüberlassung für das Gerüst oder die benutzten Abschnitte vom 1. Tag der Benutzung gerechnet.

Die Gebrauchsüberlassung endet mit der Freigabe durch den Auftraggeber zum Abbau, jedoch frühestens 3 Werktage nach Zugehen der Mitteilung über die Freigabe.

5.1.5 Bei Arbeits- und Schutzgerüsten rechnet die Dauer der Gebrauchsüberlassung je angefangene Woche.

5.1.6 Bei Traggerüsten werden die Dauer der Gebrauchsüberlassung sowie der zu vereinbarende Zeitraum der Vorhaltung während des Auf- und Abbaus nach Kalendertagen gerechnet.

Alphabetisches Sachverzeichnis

a) Das Sachverzeichnis erfaßt nur die Teile A und B der VOB. Für Teil C, Allgemeine Technische Vertragsbedingungen für Bauleistungen (ATV), erübrigt sich ein Sachverzeichnis, da diese nach abgeschlossen behandelten Leistungsbereichen aufgegliedert sind. Allen ATV liegt folgendes System zugrunde:

Abschnitt 0 Hinweise für das Aufstellen der Leistungsbeschreibung
Abschnitt 1 Geltungsbereich
Abschnitt 2 Stoffe, Bauteile
Abschnitt 3 Ausführung
Abschnitt 4 Nebenleistungen, Besondere Leistungen
Abschnitt 5 Abrechnung

b) Die Stichworte sind durch Fettdruck hervorgehoben.
c) Wiederholungen sind durch Gedankenstriche dargestellt. Steht der Gedankenstrich nicht am Anfang der Zeile, ist dies durch * gekennzeichnet.

A

Abbrucharbeiten A § 9 Nr. 12
Aberkennung der Qualifikation A § 8b Nr. 10; § 5 SKR Nr. 10
Abgabe,
* unentgeltliche – von Unterlagen A § 20 Nr. 1
* Zahlung von Steuern und – n A § 8 Nr. 5; § 5 SKR Nr. 2; § 25 Nr. 1

Abgebotsverfahren, Auf- und – A § 6 Nr. 2
Abgeltung im Preis B § 2 Nr. 1
Abgeschlossene Teile der Leistung A § 11 Nr. 2; B § 16 Nr. 4
Abgrenzung der Leistung, bei Selbst kostenerstattungsvertrag A § 5 Nr. 3
Abhilfepflicht bei unzureichenden Arbeitsmitteln B § 5 Nr. 3
Ablauf
– der Angebotsfrist A § 10 Nr. 5; § 17 Nr. 1; § 17b Nr. 6; § 8 SKR Nr. 6; § 18 Nrn. 2 u. 3; § 9 SKR
– der Bewerbungsfrist A § 17 Nr. 2; § 9 SKR Nrn. 2 u. 3
– der Zuschlagsfrist A § 19 Nr. 3; § 28 Nr. 1

Ablehnung
– des Angebots A § 27 Nr. 4
– weiterer Zahlungen B § 16 Nr. 3

Ablieferung eines Fundes B § 4 Nr. 9

Abnahme
– auf Verlangen B § 12 Nr. 1
– der Leistung A § 10 Nr. 4
– der Mängelbeseitigung B § 13 Nr. 5
– durch Benutzung B § 12 Nr. 5
– nach Mitteilung über Fertigstellung B § 25 Nr. 5
– pflicht B § 12 Nrn. 1 u. 2
– von Teilen der Leistung B § 12 Nr. 2; § 13 Nr. 4
* förmliche – B § 12 Nr. 4
* Frist für – B § 12 Nr. 4
* Gefahrübergang nach – B § 7; § 12 Nr. 6
* Gewährleistung nach – A § 13 Nr. 1
* keine – durch Abschlagszahlung B § 16 Nr. 1
* Mitteilung über Ergebnis der – B § 16 Nr. 4
* Mitwirkung von Sachverständigen bei – B § 12 Nr. 4
* Niederschrift über – B § 12 Nr. 4
* stillschweigende – B § 12 Nr. 5
* Teil- B § 12 Nr. 2; § 13 Nr. 4
* Verweigerung der – B § 12 Nr. 3

Abrechnung
– bei Stundenlohnarbeiten B § 15 Nr. 5
– bei vorzeitiger Kündigung B § 6 Nrn. 5 u. 7

669

Abrechnung
- der ausgeführten Leistungen B § 8 Nr. 2
- mit dem Dritten B § 8 Nr. 3
- nach Vertragspreisen B § 6 Nr. 5
* Aufstellung der Rechnung bei — B § 14 Nrn. 1 u. 4
* Feststellung der ausgeführten Leistungen bei — B § 12 Nr. 2
* getrennte — B § 14 Nr. 1
* prüfbare — B § 14 Nr. 1

Abrechnungsart A § 10 Nr. 4

Abrechnungsbestimmungen B § 14 Nr. 2

Abrede über Wettbewerbsbeschränkung A § 25 Nr. 1; B § 8 Nr. 4

Abschlagszahlung
- für Umsatzsteuer B § 16 Nr. 1
* Kürzung der — bei Sicherheit B § 17 Nr. 6

Abschluß des Vertrages A § 21 Nr. 4; § 28 Nr. 2

Abschrift des Leistungsverzeichnisses A § 21 Nr. 1

Absendung
- der Aufforderung zur Angebotsabgabe A § 17 Nr. 2; § 17b Nr. 2
- der Bekanntmachung A § 17a Nrn. 2 u. 3; § 17b Nr. 4; § 8 SKR Nr. 4; § 18a Nr. 2; § 18b Nr. 1; § 9 SKR Nr. 4
- der Vorinformation A § 17a Nr. 3

Abstecken von Hauptachsen, Grenzen usw. B § 3 Nr. 2

Absteckungen, Maßgeblichkeit, Überprüfungen B § 3 Nr. 3

Abwägung aller Umstände A § 13 Nr. 2

Abweichung
- der Leistung bei Pauschalsumme B § 2 Nr. 7
- en der ausgeführten Mengen B § 2 Nr. 3
- en von der Probe B § 13 Nr. 2
- en vom Vertrage B § 2 Nr. 8
- von vorgesehenen Spezifikationen A § 9 Nr. 4; § 9a; § 9b Nr. 2; § 6 SKR Nr. 2; § 30a Nr. 1; § 12 SKR Nr. 1

Änderung
- en an den Eintragungen des Bieters A § 21 Nr. 1; § 25 Nr. 1

Allgemeine
- en an den Verdingungsunterlagen A § 21 Nr. 1
- en der Angebote A § 24 Nr. 3; § 28 Nr. 2
- der Auftragsbedingungen A § 1b Nr. 2; § 1 SKR Nr. 3
- des Bauentwurfs B § 1 Nr. 3; § 2 Nr. 5
- der baulichen Anlage A § 1; § 1 SKR Nr. 1; B § 13 Nr. 7
- des Einheitspreises B § 2 Nr. 3
- der Grundlagen der Ausschreibung A § 26 Nr. 1
- der Grundlagen des Preises A § 15; B § 2 Nr. 5
- der Pauschalsumme B § 2 Nr. 3
- der Vergütung A § 15
- des Vertrages B § 14 Nr. 1
- der Vertragspreise A § 10 Nr. 4; § 15
* Ergänzungen und — der Leistungsbeschreibung A § 10 Nr. 3
* grundlegende — der Verdingungsunterlagen A § 3a Nrn. 4 u. 5; § 3b Nr. 3; § 3 SKR Nr. 3
* Preis- A § 15; § 24 Nr. 3
* technische — geringen Umfangs A § 24 Nr. 3

Änderungsvorschläge
* Änderungen von —n A § 24 Nr. 3
* Ausschluß von —n A § 25 Nr. 1
* Bekanntgabe von —n A § 22 Nrn. 3 u. 7
* Einreichung von —n A § 21 Nr. 2
* Mindestanforderungen an — A § 10 Nr. 4; § 10b Nr. 1; § 7 SKR Nr. 2; § 25b Nr. 3; § 10 SKR Nr. 4
* Verhandlungen über — A § 24 Nr. 1
* Wertung von —n A § 25 Nr. 5; § 25b Nr. 3; § 10 SKR Nr. 4
* Zulassen von —n A § 10 Nr. 5; § 10b Nr. 1; § 7 SKR Nr. 2; § 17 Nrn. 1 u. 2

Allgemeine
- Geschäftskosten B § 2 Nr. 3
- Merkmale der baulichen Anlage A § 17 Nrn. 1 u. 2
- Rechtsgrundsätze A § 28 Nr. 2
- Technische Vertragsbedingungen A § 9 Nr. 3; § 10 Nrn. 1, 3 u. 5; B § 1 Nrn. 1 u. 2; § 2 Nr. 1

Allgemeine

- Versicherungsbedingungen B § 13 Nr. 7
- Vertragsbedingungen A § 10 Nrn. 1 u. 2; § 13 Nr. 2; B § 1 Nr. 2

Allgemeines Unternehmerwagnis B § 15 Nr. 1

Altertumswert, Gegenstände von – usw. B § 4 Nr. 9

Amt für amtl. Veröffentlichungen der EG A § 17 Nrn. 1 u. 2; § 17a Nr. 2; § 17b Nrn. 2 u. 4; § 8 SKR Nrn. 2 u. 4; § 26a Nr. 3; § 28a Nr. 2

Amtsblatt der Europäischen Gemeinschaften A § 8b Nr. 11; § 5 SKR Nr. 11; § 17a Nrn. 2 u. 3; § 17b Nr. 1; § 8 SKR Nrn. 1 u. 2; § 28b Nr. 2; § 11 SKR Nr. 2

Amtssprachen der Gemeinschaften A § 17a Nr. 2; § 17b Nrn. 1 u. 4; § 8 SKR Nr. 4

Anforderung der Verdingungsunterlagen A § 17 Nr. 1; § 17a Nr. 5; § 17b Nr. 5 § 8 SKR Nr. 5

Anforderungen an die fertige Leistung A § 9 Nr. 11; § 6 SKR Nr. 1

Angabe
- n aus dem Vergabevermerk A § 30 Nr. 1
- der Aufhebungsgründe A § 26 Nr. 2
- n im Angebot A § 10 Nr. 5; § 7 SKR Nr. 1
* den Preis betreffende –n A § 22 Nr. 3
* empfindliche –n A § 28b Nr. 2; § 11 SKR Nr. 2
* Mengen- – und Preis- –n A § 9 Nr. 12
* Mindest- – der Bekanntmachung A § 17 Nrn. 1 u. 2
* Verweigerung von –n A § 24 Nr. 2
* Vollständigkeit der – des Bieters A § 9 Nr 12

Angebot
* Ablehnung des –s A § 27 Nr. 4; § 10 SKR Nr. 2
* Änderungen des –s A § 24 Nr. 3; § 28 Nr. 2
* Anforderungen an das – A § 25b Nr. 3; § 10 SKR Nr. 4
- auf Grund staatlicher Beihilfen A § 25b Nr. 2; § 10 SKR Nr. 2

Angebot

* Anlagen zu den –en A § 21 Nr. 3; § 22 Nr. 8
* annehmbares – A § 3a Nrn. 4 u. 5; § 3b Nr. 2; § 3 SKR Nr. 3; § 25 Nr. 3; § 10 SKR Nr. 1
* Aufschrift der –e A § 10 Nr. 5
* Ausschluß von –en A § 25 Nr. 1; § 25b Nr. 2; § 10 SKR Nr. 2; § 27 Nr. 1; § 27a
* Bearbeitung der –e A § 10 Nr. 5; § 18 Nr. 1; § 18a Nr. 1; § 18b Nr. 3; § 9 SKR Nr. 3; § 20 Nr. 2
* Bindung an das – A § 19 Nr. 3
* Eingangszeiten der –e A § 22 Nr. 5
* Einreichung von –en A § 3 Nr. 1; § 3 SKR Nr. 1; § 17 Nr. 1; § 7 SKR Nr. 2; § 9 SKR Nr. 1
* Einschränkungen des –s A § 28 Nr. 2
* Endbeträge der –e A § 22 Nrn. 3 u. 6; § 23 Nr. 4
* Eröffnung der –e A § 22
* Erweiterungen der –e A § 28 Nr. 2
* Frist für Bearbeitung u. Einreichung der –e A § 17 Nr. 1; § 17a Nr. 6; § 9 SKR; § 18 Nr. 1; § 18a; § 32a
* Geheimhaltung der –e A § 22 Nr. 8
* Haupt – A § 10 Nr. 5; § 25 Nr. 4; § 10 SKR Nr. 3
* in die engere Wahl kommende –e A § 25 Nr. 3
* Inhalt der –e A § 9 Nr. 12; § 21; § 22 Nrn. 3 u. 5
* Kennzeichnung der –e A § 22 Nrn. 1 u. 3
* Neben – A § 10 Nr. 5; § 10b Nr. 1; § 7 SKR Nr. 2; § 17 Nrn. 1 u. 2; § 21 Nr. 3; § 22 Nrn. 3 u. 7; § 24 Nrn. 1 u. 3; § 25 Nrn. 1 u. 5; § 25a; § 25b Nr. 3; § 10 SKR Nr. 4
* nicht berücksichtigt –e A § 27; § 27a
* nicht in die engere Wahl kommende –e A § 27 Nr. 1
* Öffnung der –e A § 18 Nr. 2; § 22 Nrn. 1 u. 3; § 24 Nr. 1
* Prüfung der –e A § 19 Nr. 2; § 20 Nr. 3; § 23; § 10 SKR Nr. 2
* rechnerische Umstimmigkeiten bei –n A § 23 Nr. 3
* Umschlag der –e A § 22 Nrn. 1 u. 5
* Verlesung der –e A § 22 Nrn. 1 u. 3

671

Angebot

* Verschluß der —e A § 22 Nrn. 1, 3 u. 6
* Verwahrung der —e A § 22 Nr. 8
* Wertung der —e A § 19 Nr. 2; § 20 Nr. 3; § 25; § 25a; § 25b; § 10 SKR
* Zulassung der —e zur Eröffnung A § 22 Nrn. 2 u. 6
* Zurückziehung von —n A § 18 Nr. 3
* Sprache der —e A § 17 Nr. 1; § 10a; § 10b Nr. 1; § 7 SKR Nr. 2

Angebots-
— abgabe
* Aufforderung zur — A § 3 Nr. 1; § 3 SKR Nr. 2; § 8 Nrn. 2, 3 u. 4; § 8a Nrn. 2 u. 3; § 10 Nrn. 4 u. 5; § 10a; § 7 SKR Nrn. 1 u. 2; § 17 Nr. 1; § 17b Nr. 2; § 8 SKR Nr. 2; § 25 Nr. 2
* Zeitpunkt der — A § 9 Nr. 12

Angebots-
— änderung A § 24 Nr. 3
— bearbeitung A § 18 Nr. 1; § 18a Nr. 4; § 18b Nr. 3; § 9 SKR Nr. 3; § 20 Nr. 2
— endsummen A § 23 Nr. 4; § 22 Nrn. 3 u. 7
— frist A § 17 Nr. 1; § 17a Nr. 6; § 17b Nr. 6; § 8 SKR Nr. 6; § 18; § 18a; § 18b Nrn. 1 u. 2; § 9 SKR; § 10 Nr. 5; § 7 SKR Nr. 2; § 32a
— preis A § 10a; § 10b Nr. 1; § 7 SKR Nr. 2; § 25 Nr. 3
— unterlagen A § 10 Nr. 4; § 7 SKR Nr. 2; § 20 Nr. 3; § 29 Nr. 1
— verfahren A § 6

angemessene
— Frist zur Beseitigung B § 2 Nr. 8
— Preise A § 2 Nr. 1; § 24 Nr. 1; § 25 Nr. 3

angrenzende Grundstücke, Betreten oder Beschädigen B § 10 Nr. 3

Ankündigen des Anspruchs auf besondere Vergütung B § 2 Nr. 6

Anlagen
— zu den Angeboten A § 21 Nr. 3; § 22 Nr. 8
* maschinelle—, Kosten B § 15 Nr. 1
* maschinelle—, Vorhaltung B § 15 Nr. 3

Annahme
* vorbehaltlose — der Schlußzahlung B § 16 Nr. 3

Arbeiten

— erklärung bei verspätetem Zuschlag A § 28 Nr. 2
— verzug des Auftraggebers, Kündigung durch den Auftragnehmer B § 9 Nr. 1

Anordnungen des Auftraggebers B § 2 Nr. 5; § 4 Nrn. 1 u. 3; § 13 Nr. 3

Anrufung der unmittelbar vorgesetzten Stelle B § 18 Nr. 2

Anschlüsse
— für Energie A § 10 Nr. 4; B § 4 Nr. 4
— für Wasser A § 10 Nr. 4; B § 4 Nr. 4

Anschluß
— auftrag A § 3a Nr. 5; § 3b Nr. 2; § 3 SKR Nr. 2
— gleise A § 10 Nr. 4; B § 4 Nr. 4

Anschreiben A § 10 Nrn. 1, 4 u. 5; § 10a; § 10b Nr. 1; § 7 SKR Nr. 1

Ansprüche bei Kündigung B § 8 Nr. 3; § 9 Nr. 3

Anspruch
— auf Berücksichtigung hindernder Umstände B § 6 Nr. 1
— auf Mängelbeseitigung B § 13 Nr. 5
— auf Vergütung nach Ankündigung B § 2 Nr. 6

Antrag
— auf Teilnahme A § 17 Nrn. 2 u. 3; § 17a Nr. 2; § 17b Nr. 2; § 8 SKR Nrn. 2 u. 9; § 18 Nr. 4; § 18a Nr. 2; § 18b Nr. 2; § 9 SKR Nr. 2; § 32a Nr. 2
— auf Auskunft A § 17a Nr. 6; § 17b Nr. 6; § 8 SKR Nr. 6

Anwendungsverpflichtung A § 1a; § 1b; § 1 SKR; § 12 SKR Nr. 1; § 30b

Anzahl, der Bewerber A § 8 Nrn. 2 u. 3; § 8a; § 8b Nr. 3; § 5 SKR Nr. 3

Anzeige
— des Auftragnehmers B § 2 Nr. 8
— des Beginns der Ausführung B § 5 Nr. 2
— eines Fundes B § 4 Nr. 9
— pflicht bei Behinderung nach Unterbrechung B § 6 Nr. 1
—— bei Stundenlohnarbeiten B § 15 Nr. 3

Arbeiten
— an einem Grundstück B § 13 Nr. 4

Arbeiten

- im eigenen Betrieb A § 8b Nr. 4;
  § 5 SKR Nr. 4; § 25 Nr. 6; B § 4 Nr. 8
* Ausführung der – durch bestimmte
  Unternehmer A § 3 Nrn. 3 u. 4; § 3a
  Nr. 5; § 3b Nr. 2; § 3 SKR Nr. 3
* Beginn der – B § 3 Nr. 4
* Einstellung der – B § 16 Nr. 5; § 18
  Nr. 4
* Weiterführung der – nach Auftragsentziehung B § 8 Nr. 3
* Weiterführung der – nach Unterbrechung B § 6 Nr. 3
* Wiederaufnahme der – B § 6 Nrn. 3 u. 4
* Wiederholung gleichartiger – A § 3a Nr. 5; § 3b Nr. 2; § 3 SKR Nr. 3
* zusätzliche – A § 3a Nr. 5; § 3b Nr. 2; § 3 SKR Nr. 3

Arbeitnehmer, Fürsorgepflicht des Auftragnehmers B § 4 Nr. 2

Arbeits-
- einstellung, keine – – bei Streitfällen B § 18 Nr. 4
- kräfte A § 3 Nr. 3; § 5 SKR Nr. 1; § 8 Nr. 3; B § 5 Nr. 3
- plätze A § 10 Nr. 4; B § 4 Nrn. 1 u. 4
- stelle, Ordnung auf der – – B § 4 Nr. 2
- zeit B § 15 Nr. 5

Art
- der Ausführung A § 5 Nr. 1; § 9 Nr. 5
- der Durchführung A § 24 Nr. 1
- und Umfang der Leistung A § 3 Nr. 4; § 3a Nr. 4; § 5 Nr. 1; § 9 Nr. 5; § 10 Nr. 5; § 17 Nrn. 1 u. 2; § 17b Nr. 2; § 8 SKR Nr. 2; S 30a Nr. 1
* Vertrags- A § 5; § 10 Nr. 4

Arten der Vergabe A § 3; § 3a; § 3b; § 3 SKR; § 4; § 10 Nr. 5; § 17 Nrn. 1 u. 2

Aufbewahrung
- der Angebotsunterlagen A § 22 Nrn. 1, 5 u. 8
- sfristen A § 30b Nr. 1; § 12 SKR Nr. 1
- spflichten A § 30b; § 12 SKR

Aufforderung
- zur Angebotsabgabe A § 3 Nr. 1; § 3 SKR Nr. 2; § 8 Nrn. 2 – 4; § 8a Nrn. 2 u. 3; § 10 Nrn. 4 u. 5; § 10a; § 7 SKR Nrn. 1 u. 2; § 17 Nr. 1; § 17b Nr. 2; § 8 SKR Nr. 2; § 25 Nr. 2

- der Unternehmer zur Teilnahme am Wettbewerb A § 8 Nr. 2; § 8a; § 17 Nr. 2; § 17a Nr. 2; § 17b Nr. 1; § 8 SKR Nr. 1
- zum Arbeitsbeginn A § 11 Nr. 1; B § 5 Nr. 2
- zur Mängelbeseitigung B § 13 Nr. 5
- zur Beschaffung von Unterlagen B § 3 Nr. 5

Auf- und **Abgebotsverfahren** A § 6 Nr. 2

Aufhebung
- der Ausschreibung A § 3 Nr. 4; § 26; § 26a
- des Vertrags B § 8 Nr. 1

Aufklärung
- des Angebotsinhalts A § 24; § 10 SKR Nr. 1
- über die Ermittlung der Preise A § 25 Nr. 3
- zur geforderten Leistung A § 17 Nr. 7

Auflagerung von Boden B § 10 Nr. 3

Aufmaß B § 8 Nr. 6

Aufrechterhaltung
- der allgemeinen Ordnung B § 4 Nr. 1
- des Vertrags B § 5 Nr. 4

Aufruf zum Wettbewerb A § 3b Nrn. 1 u. 2; § 3 SKR Nrn. 1 u. 3; § 4 SKR Nr. 2; § 5b Nr. 2; § 17b; § 8 SKR

Aufruhr, Verteilung der Gefahr B § 7

Aufschrift der Angebote A § 10 Nr. 5

Aufsichtsperson für Stundenlohnarbeiten B § 15 Nr. 2

Aufträge
* Erteilung der – A § 2 Nr. 2
* vergebene – A Anhang E; Anhang F/ SKR § 28a Nr. 1; § 28b Nr. 1; § 11 SKR Nr. 1

Auftrag
* Anschluß- A § 3a Nr. 5; § 3b Nr. 2; § 3 SKR Nr. 2
- auf Grund von Rahmenvereinbarungen A § 3b Nr. 2; § 3 SKR Nr. 3; § 4 SKR Nr. 1; § 5b
* Einzel- A § 5b Nr. 2; § 4 SKR Nrn. 1 u. 2
* Erhalt des ersten –s A § 3a Nr. 5; § 3b Nr. 2; § 3 SKR Nr. 3
* Entziehung des –s B § 8 Nr. 3

Auftrag

* Haupt- A § 3a Nr. 5; § 3b Nr. 2; § 3 SKR Nr. 3
* ohne — ausgeführte Leistungen B § 2 Nr. 8

Auftraggeber
— die ständig Bauleistungen vergeben A § 10 Nrn. 2 u. 5
* Geschäftssitz des —s A § 17 Nr. 5
* Kündigung durch den — B § 8
* Name, Anschrift des —s A § 30a Nr. 1; § 17 Nrn. 1 u. 2; Anhang A–E u. G; Anhang A/SKR-F/SKR
* Nichtzahlung durch den — B § 16 Nr. 5
* öffentliche — A § 32a Nr. 1; B § 17 Nr. 6

Auftragnehmer
* Gläubiger des —s B § 16 Nr. 6
* hinreichend bekannter — A § 14 Nr. 1
* Konkurs des —s, Kündigung B § 8 Nr. 2
* Kündigung durch den — B § 9
* Nachfristsetzung durch den — B § 16 Nr. 5
* Vergleichsverfahren des —s B § 8 Nr. 2
* Wahlrecht des —s der Art der Sicherheit B § 17 Nr. 3
* Zahlungseinstellung des —s, Kündigung B § 8 Nr. 2
* Zahlungsverzug des —s gegenüber Dritten B § 16 Nr. 6

Auftragsbedingungen, ursprüngliche A § 3a Nr. 4; § 3b Nr. 2; § 3 SKR Nr. 3; § 5b Nr. 1; § 4 SKR Nr. 1

Auftrags-
— entziehung B § 4 Nr. 7; § 5 Nr. 4; § 8 Nrn. 3 u. 4
— erteilung, Bekanntmachung der — A § 28a, § 28b; § 11 SKR; Anhang E u. F/SKR
— inhalt, Verhandlung über den — A § 3a Nr. 1; § 3b Nr. 1; § 3 SKR Nr. 2
— summe (bei Sicherheit) A § 14 Nr. 2
— vergabe durch Baukonzessionär A § 32a Nr. 2; Anhang H
— wert A § 1a Nrn. 1 u. 3; § 1b Nr. 1; § 1 SKR Nr. 2; § 17a Nr. 1; § 30a Nr. 1

Aufwand
* besonderer — A § 8 Nr. 2; § 8b Nr. 3; § 5 SKR Nr. 3

ausgeführte Leistungen

* unverhältnismäßiger — A § 3 Nr. 3; B § 13 Nr. 6
* wirtschaftlich vertretbarer — B § 15 Nr. 5

Aufwendungen des Auftragnehmers, Vergütung B § 15 Nr. 1

Ausbildungsstätten A § 8 Nr. 6

Ausführung
— der Leistung, des Auftrags A § 3 Nr. 3; § 3a Nr. 5; § 3b Nr. 2; § 3 SKR Nr. 2; § 4 Nr. 1; § 7 Nr. 1; § 8 Nr. 3; § 8b Nr. 3; § 5 SKR Nr. 3; § 9 Nrn. 3 u. 12; § 10 Nrn. 2 u. 5; B § 2 Nr. 6; § 4 Nrn. 2, 8 u. 9; § 6 Nr. 1
— durch bestimmte Unternehmer A § 3a Nr. 5; § 3b Nr. 2; § 3 SKR Nr. 3
— durch einen Dritten A § 1a Nr. 6; B § 8 Nr. 3
— im eigenen Betrieb A § 8b Nr. 4; § 5 SKR Nr. 4; § 25 Nr. 6; B § 4 Nr. 8
— nach Aufforderung A § 11 Nr. 1; B § 5 Nr. 2
* Beginn der — B § 5 Nrn. 1, 2 u. 4
* Behinderung der — B § 6
* Darstellung der Bau — A § 9 Nr. 12
* einheitliche — A § 4 Nr. 1
* einwandfreie — A § 25 Nr. 3
* Förderung der — B § 5 Nr. 1
* fristgemäße — B § 5 Nr. 1
* Leitung der — B § 4 Nr. 1
* Unterbrechung der — B § 6
* vertragsgemäße — der Leistung A § 7 Nr. 1; B § 4 Nr. 1
* Verzicht auf die weitere — B § 8 Nr. 3
* Vollendung der — B § 5 Nrn. 1 u. 4

Ausführungs-
— art A § 5 Nr. 1; § 9 Nr. 5
— bedingungen A § 25 Nr. 3
— frist A § 10 Nrn. 4 u. 5; § 10a Nr. 4; § 10b Nr. 1; § 7 SKR Nr. 2; § 11; § 17 Nrn. 1 u. 2; B § 12 Nr. 1; § 14 Nr. 3
— fristen B § 5; § 6 Nr. 2
— ort A § 10 Nr. 5; § 17 Nrn. 1, 2 u. 5
— unterlagen B § 3; § 4 Nr. 1
— zeit A § 10 Nr. 5; § 17 Nrn. 1 u. 2

ausgeführte
— Leistungen B § 2 Nr. 2; § 6 Nr. 5; § 8 Nr. 2

ausgeführte

- Menge der Leistung B § 2 Nr. 3
- Teile der Leistung B § 7

Ausgleich
* Bemessung des –s B § 2 Nr. 7
- bei anderen Positionen oder in anderer Weise B § 2 Nr. 3
- bei Schaden Dritter B § 10 Nrn. 2–5

Aushubarbeiten A § 9 Nr. 12

Auskünfte A § 17 Nr. 7; § 17a Nr. 6; § 17b Nr. 6; § 8 SKR Nr. 6; B § 4 Nr. 1
- großen Umfangs A § 18a Nr. 1

Auskunftspflicht des Auftragnehmers B § 4 Nr. 1; § 5 Nr. 2

Ausrüstung, technische – A § 8 Nr. 3; § 5 SKR Nr. 1

Ausschließlichkeitsrechte, Schutz von –n A § 3a Nr. 5; § 3b Nr. 2; § 3 SKR Nr. 3

Ausschließungsgründe A § 8b Nr. 2; § 5 SKR Nr. 2; § 8 Nr. 5

Ausschluß
- des ordentlichen Rechtsweges A § 10 Nr. 6
- früher gestellter Forderungen B § 16 Nr. 3
- von Angeboten A § 25 Nr. 1; § 27 Nr. 1; § 27a
- von Bewerbern oder Bietern A § 8 Nr. 5; § 8b Nr. 2; § 5 SKR Nr. 2; § 30a Nr. 1
- von Nebenangeboten u. Änderungsvorschlägen A § 10 Nr. 5; § 10b Nr. 1; § 7 SKR Nr. 2; § 17 Nrn. 1 u. 2
- von Teilnahme am Wettbewerb A § 8 Nr. 5; § 5 SKR Nr. 2

Ausschlußfrist für Einspruch B § 18 Nr. 2

Ausschreibung
* Aufhebung der – A § 3 Nr. 4; § 26; § 26a
- des ersten Bauabschnitts A § 3a Nr. 5; § 3b Nr. 2; § 3 SKR Nr. 3
- für vergabefremde Zwecke A § 16 Nr. 2
* Bekanntmachung der Beschränkten – A § 17 Nr. 2
* Bekanntmachung der Öffentlichen – A § 17 Nr. 1
* Beschränkte – A § 3 Nrn. 1, 3 u. 4; § 3a Nr. 1; § 3b Nr. 2; § 8 Nrn. 2, 3 u. 4; § 17 Nrn. 2 u. 4; § 18 Nr. 4; § 20 Nr. 1; § 25 Nr. 2

Baustelle

* Grundsätze der – A § 16
* Öffentliche – A § 3 Nrn. 1–4; § 3a Nr. 1; § 3b Nr. 1; § 8 Nrn. 2 u. 3; § 17 Nr. 1; § 20 Nr. 1; § 25 Nr. 2

Ausschreibungsbedingungen A § 26 Nr. 1

Aussperrung B § 6 Nr. 2

Auswahl
- der Angebote der Bieter A § 25 Nr. 2
- Bewerber A § 8 Nr. 4; § 5 SKR Nr. 1; § 8 SKR Nr. 2; § 12 SKR Nr. 1

Auswahlkriterien A § 8 Nr. 3; § 8b Nr. 1; § 5 SKR Nr. 1–3

B

Bauarbeiten (siehe Arbeiten)

Bauauftrag (siehe Auftrag)

Bauausführung, Preisermittlung während der – A § 5 Nr. 3

Bauentwurf, Änderung des –s B § 1 Nr. 3; § 2 Nr. 5

Bauhilfsstoffe B § 2 Nr. 4

Baukonzessionär A § 32 Nr. 1; § 32a Nrn. 2 u. 3; Anhang H

Baukonzessionen A § 32 Nrn. 1 u. 2; § 32a Nr. 1; Anhang G

Bauleistungen (siehe auch Leistung)
* Definition der – A § 1; § 1 SKR Nr. 1
* Wert oder Tauglichkeit der – B § 13 Nr. 1

baulichen Anlage
* Abstecken der –– B § 3 Nrn. 2 u. 4
* Änderung einer –– A § 1; § 1 SKR
* Aufteilung einer –– A § 1a Nr. 4; § 1b Nr. 2; § 1 SKR Nr. 2; § 17 Nrn. 1 u. 2
* Beseitigung einer –– A § 1; § 1 SKR Nr. 1
* Herstellung einer –– A § 1; § 1 SKR Nr. 1
* Instandhaltung einer –– A § 1; § 1 SKR Nr. 1
* Merkmale der –– A § 17 Nrn. 1 u. 2; § 17a Nr. 1; § 17b Nr. 2; § 8 SKR Nr. 2
* Recht auf Nutzung der –– A § 32

Baurecht B § 4 Nr. 1

Baustelle
* allgemeine Ordnung auf der – B § 4 Nr 1

675

Baustelle

- einrichtungskosten B § 2 Nr. 3
- gemeinkosten B § 2 Nr. 3
- räumung B § 6 Nr. 7
* Besichtigung der − A § 18 Nr. 1; § 9 SKR Nr. 3
* Kosten der − B § 15 Nr. 1
* Verhältnisse der − A § 9 Nr. 3

Bautätigkeit, ganzjährige − A § 2 Nr. 2

Bauteile, Stoffe und/oder −
* angelieferte − − − B § 8 Nr. 3; § 16 Nr. 1
* beigestellte − − − A § 1a Nr. 1; § 1b Nr. 1; § 1 SKR Nr. 2
* eigens angefertigte und bereitgestellte − B § 16 Nr. 1
* Eigenschaft von −n − −n B § 18 Nr. 3
* vom Auftraggeber gelieferte oder vorgeschriebene − − − B § 13 Nr. 3
* Kompatibilität der − A § 9 Nr. 4; § 6 SKR Nr. 2
* unzureichende − − − B § 5 Nr. 3
* Ursprungsorte und Bezugsquellen der − A § 9 Nr. 5; § 24 Nr. 1

Bauträgervertrag A § 1a Nr. 6

Bauverfahren, Wirtschaftlichkeit des −s A § 25 Nr. 3; § 10 SKR Nr. 2

Bauvorbereitung A § 11 Nr. 1

Bauzeitplan A § 11 Nr. 2; B § 5 Nr. 1

Bedenken des Auftragnehmers B § 4 Nrn. 1 u. 3

Beeinträchtigung
- des Wettbewerbs A § 28a Nr. 1
* erhebliche − der Gebrauchsfähigkeit B § 13 Nr. 7

Beginn
- der Arbeiten B § 3 Nr. 4
- der Ausführung B § 2 Nr. 6; § 5 Nrn. 1, 2 u. 4

Beglaubigung einer Unterschrift A § 29 Nr. 2

Begründung der Entscheidungen A § 30 Nr. 1; § 30b Nr. 1; § 12 SKR Nr. 1

Begutachtung der Ausführung A § 7 Nr. 1

Behalten von Unterlagen B § 3 Nr. 6

Behinderung
- der Ausführung B § 6
- des Gesetzesvollzugs A § 28 Nr. 1

Belege

Behörden, Verträge mit − B § 18 Nr. 2

behördliche
- Bestimmungen B § 4 Nrn. 1 u. 2
- Verpflichtungen B § 4 Nr. 2

Beihilfen, staatliche A § 25b Nr. 2; § 10 SKR Nr. 2

Beiträge zur Sozialversicherung A § 8 Nr. 5; § 25 Nr. 1

Bekanntmachung
* Angabe der Nachprüfstelle in der − A § 10 Nr. 5; § 17 Nrn. 1 u. 2; § 31; § 13 SKR
- als Vorinformation A § 17a Nr. 1; Anhang A
- beabsichtigter Vergaben des Baukonzessionärs A § 32a Nr. 3; Anhang H
- beabsichtigter Vergabe einer Baukonzession A § 32; § 32a Nrn. 1 u. 2, Anhang G
- der Auftragserteilung A § 28a; § 28b; § 11 SKR; Anhänge E u. F/SKR
- des Prüfsystems A § 8b Nrn. 5 u. 11; § 5 SKR Nr. 11; § 17b Nrn. 1 u. 3; § 8 SKR Nr. 3; Anhang D/SKR
- eines Nichtoffenen Verfahrens A § 10a; § 17a Nr. 2−4; § 17b Nr. 1; § 8 SKR Nr. 1; Anhänge C u. B/SKR
- eines Offenen Verfahrens A § 17a Nrn. 2−4; § 17b Nr. 1; § 8 SKR Nr. 1; Anhänge B u. H/SKR
- eines Verhandlungsverfahrens A § 10a; § 17a Nrn. 1, 3 u. 4; § 17b Nrn. 1 u. 2; § 8 SKR Nrn. 1 u. 2; Anhänge D u. C/SKR
* Inhalt der − A § 17 Nrn. 1 u. 2; § 17a Nr. 3; § 17b Nr. 2; § 8 SKR Nrn. 2 u. 4
* regelmäßige − A § 9b Nr. 5; § 6 SKR Nr. 8; § 17b Nrn. 2 u. 3; § 8 SKR Nrn. 2 u. 3; § 18b Nr. 1; § 9 SKR Nr. 1
* Tag der Absendung der − A § 17a Nrn. 2 u. 3; § 17b Nr. 4; § 8 SKR Nr. 4; § 18a Nr. 2; § 18b Nr. 1; § 9 SKR Nr. 4
* Veröffentlichung der − A § 10b Nr. 1; § 7 SKR Nr. 2; § 17a Nr. 2; § 17b Nrn. 1 u. 4; § 8 SKR Nr. 1

Bekanntmachungsmuster A § 17a Nr. 4; § 17b Nrn. 1 u. 2; § 8 SKR Nr. 1; Anhänge A−D und A/SKR−F/SKR

Belege B § 14 Nr. 1

Bemessung
- des Ausgleichs B § 2 Nr. 7
- des Gewinns bei Selbstkostenerstattung A § 5 Nr. 3
- der Sicherheit A § 14 Nr. 2
- der Verjährungsfristen A § 13 Nr. 2; B § 13 Nr. 2

Benachrichtigung
- über Aufhebung der Ausschreibung A § 26 Nr. 2
- durch Geldinstitut von Einzahlung des Sicherheitsbetrags B § 17 Nr. 6

Benachrichtigungspflicht des Auftragnehmers bei Wiederaufnahme unterbrochener Arbeiten B § 6 Nr. 3

Benutzung
- von Anschlüssen für Wasser und Energie A § 10 Nr. 4; B § 4 Nr. 4
- von Lager- und Arbeitsplätzen A § 10 Nr. 4; B § 4 Nr. 4
- der Leistung, Abnahme B § 12 Nr. 5
- von Teilen zur Weiterführung der Arbeiten B § 12 Nr. 5
- von Unterlagen B § 3 Nr. 6
- von Zufahrtswegen und Anschlußgleisen A § 10 Nr. 4; B § 4 Nr. 4

Berechnungsart der Vergütung B § 2 Nr. 2

Berichtspflichten A § 30a; § 30b; § 12 SKR; Anhänge F u. F/SKR

Berücksichtigung
- der hindernden Umstände B § 6 Nr. 1
- der Mehr- oder Minderkosten B § 2 Nrn. 3, 5 u. 7

Berufs-
- genossenschaft A § 8 Nr. 5; § 5 SKR Nr. 2
- genossenschaftliche Verpflichtungen B § 4 Nr. 2
- gruppen der Arbeitskräfte A § 8 Nr. 3; § 5 SKR Nr. 1
- register A § 8 Nr. 3; § 5 SKR Nr. 1
- vertretungen, Vorschlag von Sachverständigen durch — — A § 7 Nrn. 1 u. 2

Beschädigung
- angrenzender Grundstücke B § 10 Nr. 3
- der Leistung B § 7

* Schutz vor – und Diebstahl B § 4 Nr. 5

Beschaffenheit
- der Leistung A § 10 Nr. 5; § 13 Nr. 1
* technische – A § 9 Nr. 9

Bescheinigungen der zuständigen Stellen A § 8 Nrn. 3 u. 5

Beschleunigtes Verfahren A § 17a Nrn. 2 u. 3

Beschleunigungspflicht bei Zahlungen B § 16 Nr. 5

Beschleunigungsvergütungen A § 10 Nr. 4; § 12 Nr. 2

Beschränkte Ausschreibung A § 3 Nrn. 1, 3 u. 4; § 3a Nr. 1; § 3b Nr. 2; § 8 Nrn. 2–4; § 17 Nr. 2; § 18 Nr. 4; § 20 Nr. 1; § 25 Nr. 2

beschränkte Zahl von Unternehmern A § 3 Nr. 1; § 3 SKR Nr. 2; § 8 Nr. 2; § 5 SKR Nr. 3

Beschränkung
- der Kündigung auf Teil der Leistung B § 8 Nr. 3
* unzulässige – des Wettbewerbs B § 8 Nr. 1

Beschreibung
- der Leistung (s. auch Leistungsbeschreibung) § 3a Nr. 4; § 9; § 9a; § 9b; § 6 SKR

Beseitigen von Leistungen B § 2 Nr. 8

Beseitigung von Mängeln A § 14 Nr. 1; B § 4 Nr. 7; § 12 Nr. 3; § 13 Nrn. 5 u. 6

Besichtigung von Baustellen A § 18 Nr. 1; § 9 SKR Nr. 3

besonderer Versicherungsschutz B § 13 Nr. 7

Bestandteile des Vertrages A § 10 Nr. 1; B § 14 Nrn. 1 u. 2

Bestimmungen, gesetzliche und behördliche – B § 4 Nrn. 1 u. 2

Betreten oder Beschädigen angrenzender Grundstücke B § 10 Nr. 3

Betrieb des Auftragnehmers B § 1 Nr. 4; § 4 Nr. 8; § 6 Nr. 2

Betriebe der öffentlichen Hand A § 8 Nr. 6

Betriebs-
- führung, wirtschaftliche — — B § 15 Nr. 1
- kosten A § 10a; § 10b Nr. 1; § 7 SKR Nr. 2

- stoffe, Lieferung der   B § 2 Nr. 4
Bevollmächtigte
- der Bieter   A § 22 Nrn. 1, 4–6
- Mitglieder von Bietergemeinschaften   A § 21 Nr. 3
Beweismittel   A § 22 Nr. 5
Bewerber
* Ausschluß von –n   A § 8 Nr. 5; § 8b Nr. 2; § 5 SKR Nr. 2
* ausgeschlossene –   A § 30a Nr. 1
* berücksichtigte –   A § 30a Nr. 1
* Eignung der –   A § 8 Nrn. 3 u. 4; § 8a Nr. 2; § 8b Nr. 1; § 5 SKR Nr. 1; § 10 Nr. 5; § 17 Nr. 1; § 25 Nr. 2
* Geheimhaltung der Namen der –   A § 17 Nr. 6
* Zahl der –   A § 8 Nr. 2; § 8a Nrn. 2 u. 3; § 8b Nr. 3; § 5 SKR Nr. 3
Bewerbungen, nicht berücksichtigte –   A § 27; § 27a
Bewerbungs-bedingungen   A § 10 Nrn. 1 u. 5; § 10a
- frist   A § 17 Nr. 2; § 18 Nr. 4; § 18a Nr. 2; § 18b Nr. 2; § 9 SKR Nr. 2
Bezahlung in sich abgeschlossener Teile der Leistung   B § 16 Nr. 4
Bezeichnungen
- allgemeinverständliche –   A § 9 Nr. 5
- für bestimmte Erzeugnisse oder Verfahren   A § 9 Nr. 5
- in den Vertragsbestandteilen   B § 14 Nr. 1
- verkehrsübliche –   A § 9 Nr. 4
Bezugsquellen   A § 9 Nr. 5; § 24 Nr. 1
Bieter
* Auswahl der –   A § 8 SKR Nrn. 2 u. 3
* ausgeschlossene –   A § 27 Nr. 1; § 30a Nr. 1
* Benachrichtigung der – bei Aufhebung der Ausschreibung   A § 26 Nr. 2
* Eignung der –   A § 8 Nrn. 3 u. 4; § 8a Nr. 2; § 10 Nr. 5; § 17 Nr. 1
* Einzel –   A § 25 Nr. 6; § 5 SKR Nr. 4
* Name der –   A § 22 Nr. 3; § 30a Nr. 1
* Verhandlungen mit –n   A § 24
* verschiedene –   A § 10 Nr. 5; § 17 Nrn. 1 u. 2

* Verständigung der – bei Zuschlagserteilung   A § 27 Nr. 1; § 27a
Bietergemeinschaft,
* Bevollmächtigte der –   A § 21 Nr. 4
* Gleichsetzung von –   A § 25 Nr. 6; § 5 SKR Nr. 4
* Rechtsform der –   A § 17 Nrn. 1 u. 2; § 5 SKR Nr. 4; § 8b Nr. 4
Bindefrist   A § 10 Nr. 5; § 17 Nr. 1; § 19
Boden, Entnahme und Auflagerung von –   B § 10 Nr. 3
Boden- und Wasserverhältnisse   A § 9 Nr. 3
Bürgschaft als Sicherheit   B § 17 Nrn. 2 u. 4
Bundesanzeiger   A § 1b Nr. 6; § 1 SKR Nr. 7
Bundesbank, Deutsche –, Lombardsatz   B § 16 Nrn. 2 u. 5
Bundesregierung   A § 30b Nr. 2; § 12 SKR Nr. 2

D

Darstellung,
* allgemeine – der Bauaufgaben   A § 9 Nr. 6
- der Bauausführung   A § 9 Nr. 12
- der Leistung   A § 9 Nr. 7
Deckung des Schadens durch Versicherung   B § 13 Nr. 7
Deutsche
- Bundesbank, Lombardsatz   B § 16 Nrn. 2 u. 5
- Sprache   A § 10a; § 17 Nrn. 1 u. 2
Diebstahl, Schutz vor Beschädigung und –   B § 4 Nr. 5
Dienstvertrag Dritter mit Auftragnehmer   B § 16 Nr. 6
Diskriminierungsverbot   A § 2b; § 2 SKR
Dringlichkeit   A § 3 Nrn. 3 u. 4; § 3a Nr. 5; § 3b Nr. 2; § 3 SKR Nr.3; § 17a Nrn. 3 u. 6
* Fristverkürzung bei –   § 11 Nr. 1; § 18 Nr. 1; § 18a Nrn. 2 u. 3
Dritte
* Abrechnung mit einem –n   B § 8 Nr. 3
* Ausführung durch einen –n   A § 1a Nr. 6;   B § 8 Nr. 7

* Schaden eines —n B § 10 Nrn. 2, 3 u. 6
* Vergabe an — A § 32a Nr. 2
Drittschaden B § 10 Nrn. 2 u. 6
Durchführung
* Art der — A § 24 Nr. 1
— des Vertrages A § 21 Nr. 3
Durchschnittspreis A § 9 Nr. 9

E

ECU (Europäische Währungseinheit)
A § 1a Nrn. 1, 2 u. 5; § 1b Nr. 1; § 1 SKR Nr. 2; § 17a Nr. 1
* Gegenwert des — A § 1a Nr. 5; § 1b Nr. 5; § 1 SKR Nr. 7

EG (siehe auch Europäische Gemeinschaften)
— Kommission A § 9a; § 9b Nr. 3; § 6 SKR Nr. 4; § 25 Nr. 2; § 10 SKR Nr. 2; § 28b Nr. 2; § 11 SKR Nr. 1; § 30a Nr. 1
— statistik A § 30a Nr. 2; Anhang F; § 28b Nr. 3; § 11 SKR Nr. 3

Eigenschaft von Stoffen und Bauteilen B § 18 Nr.3

Eigenschaften, vertraglich zugesicherte — B § 13 Nrn. 1, 2 u. 7

Eigentumsübertragung, Wahlrecht: — oder Sicherheit B § 16 Nr. 1

Eignung, Beurteilung der — der Bewerber/Bieter A § 8 Nrn. 3 u. 4; § 8a Nr. 2; § 8b Nr. 1; § 5 SKR Nr. 1; § 10 Nr. 5; § 17 Nr. 1; § 25 Nr. 2

Einbehalt
— von Gegenforderungen B § 16 Nr. 1
— von Geld als Sicherheit B § 17 Nrn. 2, 5–7
* Sicherheits — B § 17 Nr. 7

Eingangszeiten der Angebote A § 22 Nr. 5

einheitliche Vergabe A § 4

Einheitspreis
* Änderung des —es B § 2 Nr. 3
* Angabe des — A § 23 Nr. 3
* Erhöhung des —es B § 2 Nr. 3
— bei Mengenänderungen B § 2 Nr. 3
* Vergaben zu —en A § 5 Nr. 1
* vertragliche — B § 2 Nr. 2
Einheitspreisvertrag A § 5 Nr. 1

Einleitung
— eines neuen Vergabeverfahrens A § 26 Nr. 2
— des ersten Vergabeverfahrens A § 1a Nr. 3; § 1b Nr. 5; § 1 SKR Nr. 6
Einrede der Vorausklage B § 17 Nr. 4
Einrichtungen
— auf der Baustelle B § 8 Nr. 3
* Kosten der — B § 15 Nr. 1
* Vorhaltung von — B § 15 Nrn. 3 u. 5
— der Jugendhilfe A § 8 Nr. 6
Einschränkungen des Angebots A § 28 Nr. 2
Einsichtnahme
— in Niederschrift des Eröffnungstermins A § 22 Nr. 7
— in die Preisermittlung (Kalkulation) A § 24 Nr. 1
— in Verdingungsunterlagen A § 10 Nr. 5; § 17 Nr. 1; § 18a Nr. 4
Einspruch gegen Bescheid d. vorgesetzten Stelle B § 18 Nr. 2
Einstellung
— der Arbeiten B § 16 Nr. 5; § 18 Nr. 4
— der Zahlungen des Auftragnehmers, Kündigung B § 8 Nr. 2
— des Verhandlungsverfahrens A § 26a Nrn. 2 u. 3
Einwendungen
— und Vorbehalte bei Abnahme B § 12 Nr. 4
— gegen die Niederschrift des Eröffnungstermins A § 22 Nr. 4
— bei Stundenlohnarbeiten B § 15 Nr. 3
Einzelauftrag A § 5b Nr. 2; § 4 SKR Nrn. 1 u. 2
Einzelbieter A § 25 Nr. 6; § 5 SKR Nr. 4
Einzelfristen A § 11 Nr. 2; § 5 Nr. 1
Eis A § 10 Nr. 4
Eisbeseitigung, Schnee- und — B § 4 Nr. 5
Endbeträge der Angebote A § 22 Nrn. 3 u. 6; § 23 Nr. 4
Energie, Anschlüsse für Wasser und — A § 10 Nr. 4; B § 4 Nr. 4
Entdeckerrechte B § 4 Nr. 9
entdeckte Mängel B § 3 Nr. 3

679

Entfernung von Stoffen oder Bauteilen B § 4 Nr. 6
entgangener Gewinn bei Unterbrechung B § 6 Nr. 6
Entnahme von Boden usw. B § 10 Nr. 3
Entschädigung
— für Angebotsbearbeitung A § 20 Nr. 2
— für Entwürfe, Pläne, Zeichnungen usw. A § 20 Nr. 2
— für die Verdingungsunterlagen A § 10 Nr. 5; § 17 Nr. 1; § 20 Nr. 1
Entscheidungen zur Vergabe A § 30 Nr. 1; § 30b Nr. 1; § 12 SKR Nr. 1
Entwicklungszwecke, Bauvorhaben nur zu —n A § 3a Nr. 4; § 3b Nr. 2; § 3 SKR Nr. 3
Entwurfsbearbeitung A § 9 Nrn. 10–12
Entziehung
— des Auftrags B § 4 Nr. 7; § 5 Nr. 4; § 8 Nrn. 3 u. 4
— von Leistungen B § 12 Nr. 2
Ereignis, unvorhergesehenes A § 3a Nr. 5; § 3b Nr. 2; § 3 SKR Nr. 3
Erfüllung
— der gesetzlichen usw. Verpflichtungen B § 4 Nr. 2
* für die — d. Vertrages notwendige Leistungen B § 2 Nr. 8
* ordnungsgemäße — des Vertrages B § 3 Nr. 3
Erfüllungsgehilfe, Haftung für Verschulden des —n B § 10 Nrn. 1 u. 5; § 13 Nr. 7
Ergänzungen
— u. Änderungen in der Leistungsbeschreibung A § 10 Nr. 3
— des Vertrages B § 14 Nr. 1
Ergebnisse von Güteprüfungen B § 4 Nr. 1
Erhöhung
— des Einheitspreises B § 2 Nr. 3
— der Mengen B § 2 Nr. 3
Erklärung der Zuschlagserteilung A § 28 Nr. 1
Erklärungen, unzutreffende — A § 8 Nr. 5; § 5 SKR Nr. 2
Erlaubnisse, öffentlich-rechtliche Genehmigungen und — B § 4 Nr. 1
Erneuerung von gelieferten Waren A § 3a Nr. 5

Eröffnung der Angebote A § 22 Nrn. 1, 2 u. 5
Eröffnungstermin
* Ablauf der Angebotsfrist mit — A § 18 Nr. 2
* Beginn der Zuschlagsfrist mit — A § 19 Nr. 1
* Niederschrift über — A § 22 Nr. 4; § 23 Nr. 4
* Ort und Zeit des —s A § 10 Nr. 5; § 17 Nr. 1
* Vorlage von Angeboten zum — A § 23 Nr. 1
* zum — zugelassene Personen A § 10 Nr. 5; § 17 Nr. 1; § 22 Nr. 1
Ersatz einer Sicherheit durch eine andere B § 17 Nr. 3
Erschwerung, ungerechtfertige — B § 4 Nr. 1
Ersparungen des Auftragnehmers bei Kündigung durch den Auftraggeber B § 8 Nr. 1
Ertragsberechnungen A § 16 Nr. 2
Erweiterungen
— des Angebots A § 28 Nr. 2
— von Lieferungen A § 3a Nr. 5
Europäische Gemeinschaften A § 17a Nrn. 1 u. 2; § 17b Nr. 1; § 8 SKR Nr. 1; § 28b Nr. 1; § 11 SKR Nr. 2 B § 17 Nr. 2
* Amt für amtliche Veröffentlichungen der —n — A § 17 Nrn. 1 u. 2; § 17a Nrn. 1 u. 2; § 17b Nrn. 2 u. 4; § 8 SKR Nrn. 2 u. 4; § 26a Nr. 3; § 28a Nr. 2
* Amtssprachen der —n — A § 17b Nr. 4; § 8 SKR Nr. 4

F

Fachgebiete
* Vergabe nach —n A § 4 Nr. 3
* Gliederung in — A § 8b Nr. 9; § 5 SKR Nr. 9
Fachkunde A § 8 Nrn. 3 u. 4; § 8b Nr. 1; § 5 SKR Nr. 1; § 17 Nr. 2; § 25 Nrn. 1 u. 2
Fachlose A § 4 Nr. 3
Fachzeitschriften, Veröffentlichung in — A § 17 Nrn. 1 u. 2; § 17a Nrn. 1 u. 2

Fahrlässigkeit, grobe – B § 6 Nr. 6; § 10 Nr. 5; § 13 Nr. 7
Fehlen einer vertraglich zugesicherten Eigenschaft B § 13 Nr. 7
Fehler der Leistung B § 13 Nr. 1
Fernschreiben
* Übermittlung der Bekanntmachung per – A § 17a Nr. 2; § 17b Nr. 4; § 8 SKR Nr. 4
* Teilnahmeantrag per – A § 17 Nr. 3; § 8 SKR Nr. 9
fernschriftliche Zurückziehung von Angeboten A § 18 Nr. 4
Fertigstellung
– der Leistung B § 12 Nrn. 1 u. 5; § 14 Nr. 3
– der Verdingungsunterlagen vor Ausschreibung A § 16 Nr. 1
Festhalten an der Pauschalsumme B § 2 Nr. 7
Festlegung
– der Leistung A § 3 Nr. 4
* urkundliche – des Vertrages A § 28 Nr. 1
Feststellung
– in sich abgeschlossener Teile der Leistung B § 16 Nr. 4
– der ausgeführten Leistungen B § 9 Nr. 3; § 14 Nr. 2
* Entziehung der Leistung der Prüfung und – B § 12 Nr. 2
– der Schlußrechnung B § 16 Nr. 3
Feuerungsanlagen, vom Feuer berührte Teile von – B § 13 Nr. 4
Förderung
– der Ausführung B § 5 Nr. 1
– der ganzjährigen Bautätigkeit A § 2 Nr. 3
förmliche Abnahme B § 12 Nr. 4
Forschungszwecke, Bauvorhaben nur zu – A § 3a Nr. 4; § 3b Nr. 2; § 3 SKR Nr. 3
Fortbildungsstätten A § 8 Nr. 6
Fortsetzung der Bauarbeiten A § 3a Nr. 5; § 3b Nr. 2; § 3 SKR Nr. 3
Frachten B § 15 Nrn. 3 u. 5
Frachtkosten B § 15 Nr. 1
Freihändige Vergabe A § 3 Nr. 1; § 3a Nr. 1; § 3b Nr. 1

* Ausschluß von Angeboten bei – A § 25 Nr. 2
* Entschädigung für Angebotsbearbeitung bei – A § 20 Nr. 2
* Prüfung der Angebote bei – A § 23 Nr. 3
* Verwahrung der Angebote bei – A § 22 Nr. 8
* Wahl der Teilnehmer bei – A § 8 Nrn. 2 u. 4
* Wertung von Angeboten bei – A § 25 Nr. 7
* Zulässigkeit der – A § 3 Nr. 4
* Zuschlagsfrist bei – A § 19 Nr. 4

Frist/Fristen
* Angebots- A § 10 Nr. 5; § 7 SKR Nr. 2; § 17 Nr. 1; § 17a Nr. 6; § 17b Nr. 6; § 8 SKR Nr. 6; § 18; § 18a; § 18b; § 9 SKR; § 32a Nr. 2
* angemessene – zur Beseitigung B § 2 Nr. 8; § 4 Nr. 7
* angemessene – zur Vertragserfüllung B § 5 Nr. 4; § 9 Nr. 2
* Aufbewahrungs- A § 30b Nr. 1; § 12 SKR Nr. 1
* Ausführungs- A § 10 Nr. 4; § 10a Nr. 4; § 10b Nr. 1; § 7 SKR Nr. 2; § 11; § 17 Nrn. 1 u. 2; B § 5 Nr. 3; § 6 Nr. 3; § 12 Nr. 1; § 14 Nr. 3
* Bewerbungs- A § 17 Nr. 2; § 18 Nr. 4; § 18a Nr. 2; § 18b; § 9 SKR
* Binde– A § 10 Nr. 5; § 17 Nr. 1; § 19
* Einzel– A § 11 Nr. 2; B § 5 Nr. 1
– der Aufforderung zum Ausführungsbeginn A § 11 Nr. 2
– der Auskunftserteilung zu Vergabeunterlagen A § 17 Nr. 6; § 8 SKR Nr. 6
– der Bekanntmachung der Auftragserteilung A § 28a Nr. 2
– der Einladung zur Abnahme B § 12 Nr. 4
– der Zusendung der Vergabeunterlagen A § 17 Nr. 5; § 8 SKR Nr. 5
– für Abnahme nach Mitteilung über Fertigstellung B § 12 Nr. 5
– für Beginn der Ausführung B § 5 Nr. 2
– für Eingang der Bewerbungen für Baukonzessionen A § 32a Nrn. 1 u. 2

- für Einreichung der Schlußrechnung B § 14 Nrn. 3 u. 4
- für Einreichung von Teilnahmeanträgen A § 18 Nr. 4; § 18a Nr. 2; § 18b Nr. 2; § 9 SKR Nr. 2
- für Entscheidung zur Qualifikation A § 8b Nr. 7; § 5 SKR Nr. 7
- für Herausgabe von Entwürfen usw. A § 27 Nr. 4
- für Kündigung bei Verzug des Auftraggebers B § 9 Nr. 2
- für Kündigung bei wettbewerbsbeschränkender Abrede B § 8 Nr. 4
- für Mitteilung der Gründe der Nichtberücksichtigung A § 27 Nr. 2
- für Veröffentlichung der Bekanntmachung A § 17b Nr. 4; § 8 SKR Nr. 4; § 9 SKR Nr. 2
- zur Erklärung des Auftragnehmers zu Forderungen Dritter B § 16 Nr. 6
- zur Geltendmachung von Vorbehalten B § 12 Nr. 5
- zur Mängelbeseitigung B § 4 Nr. 7; § 13 Nr. 5
* verbindliche – B § 5 Nr. 1
* Verjährungs – A § 13 Nr. 2; B § 13 Nrn. 4, 5 u. 7
* Vertrags – A § 11 Nr. 2; § 12; B § 5 Nr. 1
* vorgeschriebene – A § 3a Nr. 5; § 3b Nr. 2; § 3 SKR Nr. 3
* zumutbare – A § 11 Nr. 1
* Zuschlags – A § 10 Nr. 5; § 17 Nr. 1; § 19; § 28 Nr. 1

Frist-
- ablauf, fruchtloser B § 8 Nr. 3; § 9 Nr. 2
- verkürzung bei Vorinformation A § 18a Nr. 1; § 18b Nr. 1; § 9 SKR Nr. 1
- verlängerung für Ausführungsfrist B § 6 Nrn. 2 u. 4
- bei Auskünften großen Umfangs A § 18a Nr. 1; § 18b Nr. 3; § 9 SKR Nr. 3

Fuhr-
- kosten B § 15 Nr. 1
- leistungen B § 15 Nrn. 3 u. 5

Fund B § 4 Nr. 9

G

ganzjährige Bautätigkeit A § 2 Nr. 2
Gebrauch, gewöhnlicher oder nach dem Vertrag vorausgesetzter – B § 13 Nr. 1
Gebrauchsfähigkeit, erhebliche Beeinträchtigung der – B § 13 Nr. 7
Gefahr
- im Verzuge B § 4 Nr. 1
* Hinweis auf –, Haftung B § 10 Nr. 2
* Übergang der – bei Abnahme B § 12 Nr. 6
* Verteilung der – A § 10 Nr. 4; B § 7

Gegenforderungen, Einbehalt von – B § 16 Nr. 1
Gegenleistung für die Bauarbeiten A § 32
Gegenwert der Europäischen Währungseinheit (ECU) A § 1a Nr. 5; § 1b Nr. 6; § 1 SKR Nr. 7
Gehaltskosten, Lohn- u. – der Baustelle B § 15 Nr. 1
Gehaltsnebenkosten A § 10 Nr. 4; B § 15 Nr. 1
Geheimhaltung
* aus Gründen der – A § 3 Nrn. 3 u. 4
- der Angebote A § 22 Nr. 8
- der Namen der Bewerber A § 17 Nr. 6
- der Verhandlungsergebnisse A § 24 Nr. 1

Gelände
* Grenzen des –s B § 3 Nr. 2
- aufnahmen, Maßgeblichkeit, Überprüfung B § 3 Nr. 3
- oberfläche, Zustand der –– B § 3 Nr. 4

Geld
* Einbehalt von – als Sicherheit B § 17 Nrn. 2 u. 6
- institut für Hinterlegung B § 17 Nr. 5
* Hinterlegung von – als Sicherheit B § 17 Nrn. 2 u. 5

Gemeinkosten A § 5 Nr. 3; B § 15 Nr. 1
gemeinsame Feststellungen, für die Abrechnung notwendige – B § 14 Nr. 2
gemeinschaftsrechtliche technische Spezifikationen A § 9 Nr. 4; § 9a; § 9b Nrn. 1 u. 2; § 6 SKR Nrn. 1–5; § 17a

gemeinschaftsrechtliche   Gleise

Nr. 3; § 30 Nr. 1; § 30a Nr. 1; § 30b Nr. 1; § 12 SKR Nr. 1; Anhang TS Pkt. 1.5, 2.1–2.3
Genehmigung des Urhebers B § 3 Nr. 6
Genehmigungen, öffentlich-rechtliche – B § 4 Nr. 1
Geräte
* Kosten der – B § 15 Nr. 1
* unzureichende – B § 5 Nr. 3
* Vorhaltung der – A § 5 Nr. 3; B § 15 Nrn. 3 u. 5
Gerichtsstand A § 10 Nr. 4; B § 18 Nr. 1
Gerüste B § 5 Nr. 3; § 8 Nr. 3
Gesamtauftragswert A § 1a Nrn. 1 u. 3; § 1b Nrn. 1 u. 5; § 1 SKR Nr. 2; § 3a Nr. 5; § 3b Nr. 2; § 3 SKR Nr. 3; § 17a Nr. 1; § 17b Nr. 2; § 8 SKR Nr. 2
* Zeitpunkt für die Schätzung des –es A § 1a Nr. 3; § 1b Nr. 5; § 1 SKR Nr. 6
Gesamtbetrag einer Ordnungszahl (Position) A § 23 Nr. 3
Geschäfts-
– führung ohne Auftrag B § 2 Nr. 8
– geheimnisse B § 4 Nr. 1
– interesse öffentlicher oder privater Unternehmer A § 28a Nr. 1
– kosten, allgemeine B § 2 Nr. 3
– sitz des Auftraggebers A § 17 Nr. 5
gesetzliche
– Bestimmungen B § 4 Nrn. 1 u. 2; § 10 Nr. 2
– Haftpflicht, Versicherung B § 10 Nr. 2; § 13 Nr. 7
– Sozialversicherung A § 8 Nr. 5
– Verjährungsfristen B § 13 Nr. 7
– Verpflichtungen gegenüber Arbeitnehmern B § 4 Nr. 2
– Vertreter, Haftung für Verschulden B § 10 Nrn. 1 u. 5
Gesetzesvollzug, Behinderung des –es A § 28a Nr. 1
Gewähr des Auftragnehmers B § 13 Nr. 1
Gewährleistung
* Anspruch auf Schadenersatz bei – B § 13 Nr. 7
* besondere Vereinbarungen über – A § 10 Nr. 4; B § 13 Nr. 4
* Einschränkung der – B § 13 Nr. 3

– anerkannter Regeln der Technik B § 13 Nr. 1
– bei Arbeiten an einem Grundstück B § 13 Nr. 4
– bei gewöhnlichem Gebrauch B § 13 Nr. 1
– bei Holzerkrankungen B § 13 Nr. 4
– bei Leistungen nach Probe B § 13 Nr. 2
– bei Mängelbeseitigung B § 13 Nrn. 5 u. 6
– der Tauglichkeit und des Werts der Leistung B § 13 Nr. 1
– für Bauwerke B § 13 Nr. 4
– für Feuerungsanlagen B § 13 Nr. 4
– über Abnahme hinaus A § 13 Nr. 1
* Minderung der Vergütung bei – B § 13 Nr. 4
* Sicherstellung der – B § 17 Nr. 1
* Verjährungsfrist bei – A § 13 Nr. 2; B § 13 Nr. 4
Gewerberecht B § 4 Nr. 1
Gewerbezweige A § 4 Nr. 3
gewerbliche
– Schutzrechte, Verletzung B § 10 Nr. 4
– Unternehmer A § 8 Nr. 6
– Verkehrssitte A § 9 Nr. 8; B § 2 Nrn. 1 u. 9; § 3 Nr. 5
gewerbsmäßig A § 8 Nr. 2
Gewinn
* Bemessung des –s bei Selbstkostenerstattungsvertrag A § 5 Nr. 3
* entgangener – B § 6 Nr. 6
* erzielung A § 3b Nr. 2; § 3 SKR Nr. 3
* Zuschläge für Gemeinkosten und – B § 15 Nr. 1
gewöhnlicher Gebrauch der Bauleistung B § 13 Nr. 1
Gläubiger des Auftragnehmers B § 16 Nr. 6
Gleichartige Bauleistungen A § 3a Nr. 5; § 3b Nr. 2; § 3 SKR Nr. 3
Gleichbehandlung der Bewerber A § 8 Nr. 1; § 5 SKR Nr. 6
Gleichwertigkeit der Leistung A § 21 Nr. 2; § 6 SKR Nr. 7
Gleise, Anschluß – A § 10 Nr. 4

683

Grenzen des Geländes B § 3 Nr. 2
grobe Fahrlässigkeit B § 6 Nr. 6; § 10 Nr. 5; § 13 Nr. 7
Gründe
- der Ausnahme für die Anwendung gemeinsch.-rechtl. Spezifikationen A § 9a; § 9b Nr. 3; § 6 SKR Nr. 4; § 17a Nr. 3; § 30a Nr. 1; § 30b Nr. 1; § 12 SKR Nr. 1
- für die Ablehnung der Bewerber oder Bieter A § 8 Nr. 5; § 5 SKR Nr. 2; § 30a Nr. 1
- für die Auswahl der Bewerber oder Bieter A § 30a Nr. 1; § 30b Nr. 1; § 12 SKR Nr. 1
- für die Nichtberücksichtigung von Bewerbungen A § 27a Nr. 2
- für die Wahl des Verhandlungsverfahrens A § 30a Nr. 1
- schwerwiegende zur Aufhebung der Ausschreibung A § 26 Nr. 1
* Mitteilung der – für Nichtqualifizierung A § 8b Nr. 8; § 5 SKR Nr. 8

Grundlagen
- des Preises, Änderung der – – – B § 2 Nr. 5
- der Preisermittlung A § 17 Nr. 7; B § 2 Nr. 6

Grundsätze
- der Ausschreibung A § 16
- der Vergabe A § 2

Grundstück
* Arbeiten an einem – B § 13 Nr. 4
* Fund auf einem – B § 4 Nr. 9

Grundwasser A § 10 Nr. 4 B § 4 Nr. 5
Güte der gelieferten Stoffe und Bauteile B § 4 Nr. 3
Güteprüfungen, Ergebnisse von – B § 4 Nr. 1
Guthaben, unbestrittenes – B § 16 Nr. 3

H

Haftpflicht, Versicherung der gesetzlichen – B § 10 Nr. 2; § 13 Nr. 7
Haftpflichtbestimmungen B § 10 Nr. 2
Haftung
* Einschränkung oder Erweiterung der – B § 13 Nr. 7
- des Auftragnehmers bei Abschlagszahlungen B § 16 Nr. 1
- für hindernde Umstände B § 6 Nr. 6
- für Schäden aus eigenmächtiger Abweichung vom Vertrag B § 2 Nr. 8
- für Schäden durch vertragswidrige Leistung B § 4 Nr. 7
- der Vertragsparteien A § 10 Nr. 4; B § 10

Haftungsausgleich B § 10 Nr. 2
Handwerkszweige A § 4 Nr. 3
Hauptachsen, Abstecken der – B § 3 Nr. 2
- angebot, A § 10 Nr. 5; § 10b Nr. 1; § 7 SKR Nr. 2; § 25 Nr. 4; § 10 SKR Nr. 3
- auftrag, A § 3a Nr. 5; § 3b Nr. 2; § 3 SKR Nr. 3

Herausgabe von Entwürfen, Ausarbeitungen, Mustern und Proben A § 27 Nr. 4
Herstellung der baulichen Anlage A § 1; § 1 SKR Nr. 1 B § 13 Nr. 7
hindernde Umstände B § 6 Nrn. 1, 3 u. 6
Hinterlegung von Geld als Sicherheit B § 17 Nrn. 2 u. 5
Hinweis
- auf Ausschlußfrist für Einspruch B § 18 Nr. 2
- auf Gefahr, Haftung B § 10 Nr. 2
- auf geleistete Zahlung B § 16 Nr. 3

Hochwasser A § 10 Nr. 4
Höhe der Entschädigung für Unterlagenübersendung A § 17 Nr. 1; A § 20 Nr. 1
Höhenfestpunkte B § 3 Nr. 2
höhere Gewalt B § 6 Nr. 2; § 7
Holzerkrankungen B § 13 Nr. 4

I

Inhalt
- der Angebote A § 21; § 22 Nr. 3
- des Auftrags A § 3a Nr. 1; § 3b Nr. 1; § 3 SKR Nr. 2
- des Vergabevermerks A § 30 Nr. 1
- des Vertrags A § 29 Nr. 1

inländische Veröffentlichungen A § 17a Nr. 2; § 17b Nr. 4; § 8 SKR Nr. 4
Inland B § 13 Nr. 7

innerstaatliche Norm A § 9 Nr. 4; § 6 SKR Nr. 1; Anhang TS Nr. 2.3
Instandhaltung der baulichen Anlage A § 1; § 1 SKR Nr. 1; B § 13 Nr. 7
internationale Normen Anhang TS Nr. 2.3
Interesse, öffentliches — A § 28a Nr. 1

J

Jahreszeit A § 11 Nr. 1; B § 6 Nr. 4
Justizvollzugsanstalten A § 8 Nr. 6

K

Kalendertage A § 17a Nrn. 5 u. 6; § 17b Nrn. 5 u. 8; § 8 SKR Nrn. 5 u. 6; § 18 Nr. 1; § 18a Nrn. 1 u. 2; § 18b Nrn. 1 u. 2; § 9 SKR Nrn. 1 u. 2; § 19 Nr. 2; § 27 Nrn. 2 u. 4; § 28a Nr. 2; § 32a Nrn. 1 u. 2
Kalkulation, Einsichtnahme in die — A § 24 Nr. 1
Kennzeichnung der Schlußzahlung B § 16 Nr. 3
Kompatibilität der Anlagen A § 9 Nr. 4; § 6 SKR Nr. 2
Konkurs des Auftragnehmers, Kündigung B § 8 Nr. 2
Konkursverfahren A § 8 Nr. 5; § 5 SKR Nr. 2; § 25 Nr. 1
Kosten,
* Allgemeine Geschäfts— B § 2 Nr. 3
* Baustelleneinrichtungs— B § 2 Nr. 3
* Baustellengemein— B § 2 Nr. 3
* Bauunterhaltungs— A § 10a
* Fracht—, Fuhr— u. Lade— B § 15 Nr. 1
* Gemein— A § 5 Nr. 3; B § 15 Nr. 1
— der Aufstellung der Schlußrechnung durch den Auftraggeber B § 14 Nr. 4
— der Baustellenberäumung B § 6 Nr. 7
— der Bekanntmachung A § 17b Nrn. 1 u. 4; § 17a Nr. 2; § 8 SKR Nr. 1
— der Einrichtungen, Geräte usw. B § 15 Nr. 1
— der Mängelbeseitigung B § 13 Nr. 5
— der Materialpüfung B § 18 Nr. 3
— für Nachprüfung techn. Berechnungen B § 2 Nr. 9

* keine — für Sachverständige A § 7 Nr. 2
* Lohn— A § 5 Nr. 2; B § 15 Nr. 1
* Lohnneben— A § 10 Nr. 4; B § 15 Nr. 1
* Mehr— oder Minder— B § 2 Nrn. 3, 5 u. 7
* Selbst— A § 5 Nr. 3; § 20 Nr. 1; B § 2 Nr. 2
* Sonder— B § 15 Nrn. 1, 3 u. 5
* Stoff— der Baustelle B § 15 Nr. 1
* Vergütung von — A § 5 Nr. 3
Kostenersparnis bei vorzeitiger Kündigung B § 8 Nr. 1
Kreditinstitut, Bürgschaft durch — B § 17 Nr. 2
Kreditversicherer, Bürgschaft durch — B § 17 Nr. 2
Krieg, Verteilung der Gefahr B § 7
Kündigung
* Beschränkung der — auf Teil der Leistung B § 8 Nr. 3
— durch den Auftraggeber B § 8
— durch den Auftragnehmer B § 9
— bei Behinderung und Unterbrechung der Ausführung B § 6 Nr. 7
* Schriftform der — B § 8 Nr. 5
Kunstwert, Gegenstände von — B § 4 Nr. 9

L

Lade—
— kosten B § 15 Nr. 1
— leistungen B § 15 Nrn. 3 u. 5
Lager- und Arbeitsplätze A § 10 Nr. 4; B § 4 Nr. 4
Lagerräume, Zutritt zu den —n B § 4 Nr. 1
Lagerung von Stoffen und Bauteilen B § 4 Nr. 1
Leistung
* Abnahme der — B § 12
* Abrechnung der — bei Unterbrechung der Ausführung B § 6 Nr. 5
* Abrechnung der — bei Kündigung durch den Auftraggeber B § 8 Nr. 3
* Abrechnung der — bei Kündigung durch den Auftragnehmer B § 9 Nr. 3
* ähnliche — A § 9 Nr. 7

Leistung

* Art und Umfang der — A § 3 Nr. 4;
  § 3a Nr. 4; § 5 Nr. 1; § 9 Nr. 5; § 10
  Nr. 5; § 17 Nrn. 1 u. 2; § 17b Nr. 2;
  § 8 SKR Nr. 2; § 30a Nr. 1
* Aufgliederung der — A § 9 Nr. 9
* Aufklärungen über die geforderte —
  A § 17 Nr. 7
* Aufmaß und Abnahme der — B § 8
  Nr. 6
* Ausführung der — A § 3 Nr. 3; § 4
  Nr. 1; § 7 Nr. 1; § 8 Nrn. 2 u. 3; § 9
  Nr. 12; § 10 Nrn. 2 u. 5; B § 4 Nrn, 1, 2,
  3, 8 u. 9; § 6 Nr. 1
* Ausführung der — im eigenen Betrieb
  des Auftragnehmers B § 4 Nr. 8
* Ausführungspflicht des Auftragnehmers
  zur — B § 4 Nr. 2
* ausgeführte — B § 2 Nrn. 2 u. 7; § 6
  Nr. 5; § 8 Nrn. 2 u. 6
* Beanspruchung der — A § 9 Nr. 3
* Beanstandung der — A § 14 Nr. 3
* Beschädigung oder Zerstörung der —
  B § 7
* Beschaffenheit der — A § 10 Nr. 5
* Beschreibung der — A § 3a Nr. 4; § 9;
  § 9a; § 9b; § 6 SKR
* betriebsfremde — B § 1 Nr. 4
* Dringlichkeit der — A § 3a Nr. 5; § 3b
  Nr. 2; § 3 SKR Nr. 3
* Eigenart der — A § 3 Nrn. 2 u. 4; § 10
  Nr. 2; § 13 Nr. 2
* Entwurf für die — und Bauausführung
  (Leistungsprogramm) A § 9 Nr. 10
* für die Erfüllung des Vertrags notwendige — B § 2 Nr. 8
* Gleichwertigkeit der — A § 21 Nr. 2;
  § 6 SKR Nr. 7
* gleichartige — A § 3a Nr. 5; § 3b Nr. 2;
  § 3 SKR Nr. 3; § 9 Nr. 8
* im Hauptauftrag beschriebene —
  A § 3a Nr. 5; § 3b Nr. 2; § 3 SKR Nr. 3
* im Vertrag nicht vorgesehene — B § 2
  Nr. 6
* in sich abgeschlossene Teile der —
  A § 11 Nr. 2; B § 12 Nr. 2; § 16 Nr. 4
* — anderer Unternehmer B § 4 Nr. 3
* — Dritter A § 1a Nr. 6; B § 4 Nr. 8
* — nach Probe B § 13 Nr. 2
* — ohne Auftrag B § 2 Nr. 8

Leistungsbeschreibung

* mangelhafte oder vertragswidrige —
  B § 4 Nr. 7
* Mängel der — A § 14 Nr. 1
* Menge der — B § 2 Nr. 3
* nachträglich anerkannte — B § 2 Nr. 8
* Nachweis der — B § 16 Nr. 1
* nicht im Vertrag enthaltene — A § 3a
  Nr. 5; § 3b Nr. 2; § 3 SKR Nr. 3
* nicht vereinbarte — B § 1 Nr. 4
* noch nicht veränderter Teil der —
  B § 8 Nr. 3
* Teile der — A § 9 Nr. 12; § 11 Nr. 2;
  B § 2 Nr. 7; § 6 Nr. 5; § 7; § 8 Nr. 2; § 12
  Nr. 2; § 16 Nr. 3
* Übernahme von —en durch den Auftraggeber B § 2 Nr. 4
* Umfang der — A § 3 Nr. 4; § 3a Nr. 4;
  § 5; § 10 Nr. 5; § 17 Nr. 1; § 30a Nr. 1
* ungleichartige —en A § 9 Nr. 9
* unter einem Einheitspreis erfaßte —
  B § 2 Nr.3
* Vergabe der — an Nachunternehmer
  A § 10 Nrn. 4 u. 5; § 7 SKR Nr. 3
* Vergütung der — A § 3a Nr. 5; B § 2
  Nr. 7
* Vergütung nach — A § 5 Nr. 1
* Vergütung zusätzlicher — B § 2 Nrn. 6
  u. 8
* vertragliche — B § 1 Nr. 4; § 2 Nrn. 1
  u. 6; § 4 Nrn. 1 u. 2; § 8 Nr. 3
* vertraglich vorgesehene — B § 2 Nr. 7
* vertragsgemäße Ausführung der —
  A § 7 Nr. 1; B § 4 Nr. 1; § 17 Nr. 1
* vertragsgemäße — A § 14 Nr. 1; B § 4
  Nr. 1; § 16 Nr. 1
* zeichnerische Darstellung der — oder
  durch Probestücke A § 9 Nr. 7
* zusätzliche — A § 3a Nr. 5; § 3b Nr. 2;
  § 3 SKR Nr. 3; B § 1 Nr. 4; § 2 Nrn. 6
  u. 8; § 6
* Zweck der fertigen — A § 9 Nr. 11

Leistungsbeschreibung (s. auch
Beschreibung der Leistung) A § 9;
§ 9a; § 9b; § 6 SKR; B § 1 Nr. 2;
§ 2 Nr. 1; § 13 Nr. 2

* Änderungen in der — A § 10 Nr. 3
* Allgemeines zur — A § 9 Nrn. 1–5
* Entschädigung für — A § 20 Nr. 1

Leistungsbeschreibung

* Ergänzungen in der – A § 10 Nr. 3
  – als Bestandteil der Vergabeunterlagen A § 17 Nr. 5
  – mit Leistungsprogramm A § 9 Nrn. 10–12
  – mit Leistungsverzeichnis A § 9 Nrn. 6–9
* in – eingesetzte Preise A § 6 Nr. 1

Leistungsfähigkeit A § 3 Nr. 3; § 8 Nrn. 3–5; § 8b Nr. 1; § 5 SKR Nr. 1; § 17 Nr. 2; § 24 Nr. 1; § 25 Nrn. 1 u. 2

* unzutreffende Erklärungen über – A § 8 Nr. 5; § 8b Nr. 1; § 5 SKR Nr. 1; § 25 Nr. 1

Leistungspflicht B § 1 Nr. 4; § 4 Nr. 1

* verstärkte – des Auftragnehmers B § 6 Nr. 3

Leistungsprogramm A § 9 Nrn. 10–12; § 24 Nr. 3

* Leistungsbeschreibung mit – A § 9 Nrn. 10–12

Leistungsstörungen B § 6

* Anzeigepflichten bei – B § 6 Nrn. 1 u. 3
* Kündigung des Vertrags bei – B § 6 Nr. 7
* Leistungsabrechnung bei – B § 6 Nrn. 5 u. 6
* Schadensersatzpflicht bei – B § 6 Nr. 6
* Schriftform der Anzeige bei – B § 6 Nr. 1
* Verlängerung der Ausführungsfristen bei – B § 6 Nrn. 2 u. 4

Leistungsvertrag A § 5 Nrn. 1 u. 3

Leistungsverzeichnis

* Abschrift oder Kurzfassung des –ses A § 21 Nr. 1
* in Teilleistungen gegliedertes – A § 9 Nr. 6
* Leistungsbeschreibung mit – A § 9 Nrn. 6–9
* Muster- A § 9 Nr. 11
* Verbindlichkeit der Urschrift des –ses A § 21 Nr. 1
* vom Auftraggeber verfaßter Wortlaut des –ses A § 21 Nr. 1

Leitung
– der Ausführung B § 4 Nrn. 1 u. 2

Mängel

– und Aufsicht A § 8 Nr. 3

Lieferleistungen A § 1b Nr. 3; § 1 SKR Nr. 4

Lieferung/Lieferungen

* Erweiterung von – A § 3a Nr. 5
* von Bauhilfs- und Betriebsstoffen B § 2 Nr. 4
* von Stoffen und Bauteilen A § 17a Nr. 1
* nicht zur Ausführung erforderliche – A § 1b Nr. 3; § 1 SKR Nr. 4
* Überwiegen der – A § 1a Nr. 2
* Verantwortlichkeit für – B § 4 Nr. 3
* Zur Leistung gehörige – A § 4 Nr. 1

Liquidation A § 8 Nr. 5; § 5 SKR Nr. 2; § 25 Nr. 1

Löhne, Vergütung der – A § 5 Nr. 3

Lohnkosten A § 5 Nr. 2

Lohn- und Gehaltskosten der Baustelle B § 15 Nr. 1

Lohn- und Gehaltsnebenkosten A § 10 Nr. 4; B § 15 Nr. 1

Lombardsatz der Deutschen Bundesbank B § 16 Nrn. 2 u. 5

Lose,

* Fach – A § 4 Nr. 3
* Teilung in – A § 4 Nrn. 2 u. 3; § 10 Nr. 5; § 17 Nrn. 1 u. 2
* Vergabe nach –n A § 1a Nr. 1; § 1b Nr. 1; § 1 SKR Nr. 2; § 4 Nrn. 2 u. 3; § 17 Nrn. 1 u. 2

M

Mängel

* bekannte –; Vorbehalte bei Abnahme B § 12 Nrn. 4 u. 5
* Beseitigung von –n A § 14 Nr. 1
* entdeckte oder vermutete – B § 3 Nr. 1
* Rechtsbehelfe des Auftraggebers B § 13
* wesentliche – bei der Abnahme B § 12 Nr. 3
* zu befürchtende – B § 4 Nr. 3; § 13 Nr. 3
* zu erwartende – A § 13 Nrn. 1 u. 2; § 14 Nr. 1

687

Mängelbeseitigung

Mängel-
- beseitigung B § 4 Nr. 7; § 13 Nrn. 5 u. 6
- ursachen A § 13 Nr. 2

Mangel B § 4 Nr. 7; § 13 Nrn. 3 u. 7

mangelhafte Leistungen, Beseitigung B § 4 Nr. 7

Markennamen A § 9 Nr. 5; § 6 SKR Nr. 5

maschinelle Anlagen B § 15 Nrn. 1, 3 u. 5

Maschinen B § 15 Nrn. 1, 3 u. 5

Materialprüfung, Kosten der — B § 18 Nr. 3

Materialprüfungsstelle B § 18 Nr. 3

materialtechnische Untersuchung B § 18 Nr. 3

Mehrkosten B § 4 Nr. 1; § 8 Nr. 3

Mehr- oder Minderkosten B § 2 Nrn. 3, 5 u. 7

Meinungsverschiedenheiten
- über Eigenschaften B § 18 Nr. 3
- bei Verträgen mit Behörden B § 18 Nr. 2

Melde- und Berichtspflichten A § 30a; § 30b Nr. 2; § 12 SKR Nr. 2, Anhang F/SKR

Menge
- der tatsächlich ausgeführten Leistung B § 2 Nr. 3
- der Teilleistung B § 2 Nr. 3

Mengen-
- abweichungen B § 2 Nr. 3
- angaben A § 9 Nrn. 11 u. 12
- ansatz, Überschreitung des —es B § 2 Nr. 3

Minderkosten, Mehr- oder — B § 2 Nrn. 3, 5 u. 7

Minderung der Vergütung B § 13 Nr. 6

Mitteilungspflicht der für die Prozeßvertretung des Auftraggebers zuständigen Stellen B § 18 Nr. 1

Mitwirkung von Sachverständigen A § 7

Muster und Proben A § 21 Nr. 1; § 22 Nr. 3; § 27 Nr. 4

Musterleistungsverzeichnis A § 9 Nr. 11

mutmaßlicher Wille des Auftraggebers B § 2 Nr. 8

N

Nachfrist bei Zahlungsverzug des Auftraggebers B § 16 Nr. 5; § 17 Nr. 6

Nachprüfung
- behaupteter Verstöße A § 10 Nr. 5; § 31; § 13 SKR
- von Berechnungen B § 2 Nr. 9; § 3 Nr. 5

Nachprüfungsstelle, Angabe der — A § 17 Nrn. 1 u. 2; § 31; § 13 SKR; Anhänge A–E, G u. H; A/SKR–C/SKR u. E/SKR

nachträglich anerkannte Leistungen B § 2 Nr. 8

Nachtrag zur Niederschrift über Eröffnungstermin A § 22 Nrn. 5, 6 u. 7

Nachunternehmer A § 10 Nrn. 4 u. 5; § 7 SKR Nr. 3; B § 4 Nr. 8

Nachunternehmerleistungen A § 30a Nr. 1

Nachweis
- des Tages der Absendung der Bekanntmachung A § 17a Nr. 2; § 17b Nr. 4; § 8 SKR Nr. 4
- des Nichtvorliegens von Ausschlußgründen A § 8 Nr. 5; § 25 Nr. 2
- der Fachkunde usw. A § 8 Nr. 3; § 8b Nr. 6; § 5 SKR Nr. 1
- der Gleichwertigkeit der Leistung A § 21 Nr. 2; § 6 SKR Nr. 7
- der Leistung B § 14 Nr. 1; § 16 Nr. 1
- der Mängelursachen A § 13 Nr. 2
- der Eignung der Bieter A § 8 Nr. 3; § 8b Nrn. 1 u. 6; § 5 SKR Nrn. 1 u. 6; § 17 Nr. 1
- eines geringeren Schadens A § 11 Nr. 4
* mit dem Teilnahmeantrag verlangte —e A § 17 Nr. 2
* Verzicht auf — A § 30 Nr. 2

Name
- des Auftraggebers A § 17 Nrn. 1 u. 2; § 30a Nr. 1, Anhänge A–E u. G.; A/SKR–F/SKR
- des Auftragnehmers A § 27 Nr. 2; § 30a Nr. 1; Anhang E
- der Bewerber oder Bieter A § 22 Nrn. 3 u. 6; § 30a Nr. 1
* Geheimhaltung der ——— A § 17 Nr. 6

Nebenangebote

Nebenangebote
* Änderung von – A § 24 Nr. 3
* Einreichung von – A § 21 Nr. 3; § 22 Nrn. 3 u. 7; § 24 Nr. 1
* Mindestanforderung an – A § 10 Nr. 4; § 10b Nr. 1; § 7 SKR Nr. 2; § 25b Nr. 3; § 10 SKR Nr. 4
* Nichtzulassung von –n A § 17 Nrn. 1 u. 2; § 10 Nr. 5; § 10b Nr. 1; § 7 SKR Nr. 2
– ohne Hauptangebote A § 10 Nr. 5
* Wertung von –n A § 25 Nrn. 1 u. 5; § 25a Nr. 1; § 25b Nr. 3; § 10 SKR Nr. 4

Nebenkosten, Lohn- u. Gehalts- A § 10 Nr. 4; B § 15 Nr. 1

Nichtberücksichtigte Bewerbungen A § 27; § 27a

Nichterfüllung, Schadenersatz wegen – B § 8 Nr. 3

Nichterteilung des Zuschlags A § 25 Nr. 3

Nichtoffenes Verfahren A § 3a Nr. 1; § 3b Nr. 1; § 3 SKR Nr. 2
* Angebotsfrist beim –– A § 18a Nr. 2; § 18b Nr. 2; § 9 SKR Nr. 2
* Aufhebung eines –– A § 26a Nrn. 1 u. 3
* Bekanntmachung des –– A § 17a Nrn. 3 u. 4; § 17b Nr. 1; § 8 SKR Nr. 1, Anhang C u. B/SKR
* Bewerber beim –– A § 8a Nr. 2; § 8b Nr. 1; § 8 SKR Nr. 3
* Bewerbungsfrist beim –– A § 18a Nr. 2; § 18b Nr. 2; § 9 SKR Nr. 2
* Versand der Unterlagen beim –– A § 17b Nr. 7; § 8 SKR Nr. 8
* Zulässigkeit des –– A § 3a Nrn. 3–5

Nichtzahlung bei Fälligkeit B § 16 Nr. 5

Niederschrift
– über Abnahmeverhandlung bei förmlicher Abnahme B § 12 Nr. 4
– über Eröffnungstermin A § 22 Nrn. 4–7; § 23 Nr. 4
– über Zustand im Baubereich B § 3 Nr. 4

Nutzungsdauer A § 10a; § 10b Nr. 1; § 7 SKR Nr. 2

Normen
* europäische – A § 6 SKR Nr. 1; § 9b Nr. 1; § 9 Nr. 4, Anhang TS Nrn. 1.3 u. 2

Ordnungszahl

* innerstaatliche – A § 9 Nr. 4; § 6 SKR Nr. 1, Anhang TS Nr. 2.3

O

öffentliche
– Ausschreibung A § 3 Nrn. 1, 3 u. 4; § 3a Nr. 1; § 3b Nr. 1; § 8 Nrn. 2 u. 3; § 17 Nr. 1; § 20 Nr. 1; § 25 Nr. 2
– Bekanntmachung A § 17a Nr. 2
– Hand, Betriebe der –n – A § 8 Nr. 6
– Vergabebekanntmachung A § 3a Nrn. 1, 4 u. 5

öffentlich-rechtliche Genehmigung und Erlaubnisse B § 4 Nr. 1

öffentlicher Auftraggeber A § 32a Nr. 1 B § 17 Nr. 6
– Unternehmer A § 28a Nr. 1
– Teilnahmewettbewerb A § 3 Nrn. 1 u. 3; § 3a Nr. 1; § 3b Nr. 1; § 8 Nr. 3; § 17 Nrn. 2 u. 4; § 18 Nr. 4

öffentliches Interesse A § 28a Nr. 1

Öffnung der Angebote A § 18 Nr. 2; § 22 Nrn. 1–3 u. 5; § 23 Nr. 1; § 24 Nr. 1; § 25 Nr. 1

Offenlassung von Mengenangaben A § 9 Nr. 11

Offenes Verfahren A § 3a Nr. 1; § 3b Nr. 1; § 3 SKR Nr. 2
* Angebotsfrist beim –– A § 18a Nr. 1; § 18b Nr. 1; § 9 SKR Nr. 1
* Anwendung des –– A § 3a Nr. 2
* Aufhebung eines –– A § 26a Nrn. 1 u. 3
* Bekanntmachung des –– A § 17a Nrn. 2 u. 4; § 17b Nr. 1
* Bewerber beim –– A § 8a Nr. 1
* Versand der Unterlagen beim –– A § 17a Nr. 5; § 17b Nr. 5

ordentlicher Rechtsweg, Ausschluß A § 10 Nr. 6

Ordnung
– allgemeine – auf der Baustelle B § 4 Nr. 1
– auf der Arbeitsstelle B § 4 Nr. 2

ordnungsgemäße Vertragserfüllung B § 3 Nr. 3

Ordnungszahl (Position) A § 9 Nr. 9; § 21 Nr. 1; § 23 Nr. 3; B § 3

689

Originalsprache, verbindliche — A § 17a Nr. 2; § 17b Nr. 4; § 8 SKR Nr. 4
Ort
— Ausführungs— A § 10 Nr. 5; § 17 Nrn. 1, 2 u. 5
— des Eröffnungstermins A § 10 Nr. 5; § 17 Nr. 1
Ortsbesichtigung, Erstellung von Angeboten nach — A § 10 Nr. 5; § 18a Nr. 4
ortsübliche Vergütung B § 15 Nr. 1

P
Patente A § 9 Nr. 5; § 6 SKR Nr. 5
Patentschutz A § 3 Nr. 4
Pauschalsumme B § 2 Nrn. 2, 3 u. 7
* Vergabe für — A § 5 Nr. 1; § 23 Nr. 3
Pauschalvertrag A § 5 Nr. 1
Personal für Leitung und Aufsicht A § 8 Nr. 3; § 5 SKR Nr. 1
Personen, zum Eröffnungstermin zugelassene — A § 17 Nr. 1; § 22 Nr. 1
Planungsleistungen A § 17 Nrn. 1 u. 2
Polier B § 15 Nr. 2
Position (Ordnungszahl) A § 9 Nr. 9; § 21 Nr. 1; § 23 Nr. 3; B § 3
Prämien (Beschleunigungsvergütungen) A § 10 Nr. 4; § 12 Nr. 2
Präqualifikationsverfahren A § 8b Nrn. 5–10; § 5 SKR Nr. 5
Prämienzuschläge, tarifmäßige Versicherungs— B § 13 Nr. 7
Preis/Preise
* Änderung der Grundlagen des —es B § 2 Nr. 5
* Änderung der Vertrags— A § 10 Nr. 4
* Angebots— A § 10a; § 10b Nr. 1; § 7 SKR Nr. 2; § 25 Nr. 3
* Angemessenheit der — A § 2 Nr. 1; § 24 Nr. 1; § 25 Nr. 3
* Berechnung der — A § 9 Nrn. 1 u. 3
* Beurteilung der — A § 7 Nr. 1
* den — betreffende Angaben A § 22 Nr. 3
* geforderte — A § 7 Nr. 1
* in Leistungsbeschreibungen eingesetzte — A § 6 Nr. 1
— änderungen A § 15; § 24 Nr. 3

— angaben A § 9 Nr. 12
— bildung A § 9 Nr. 9
* vereinbarte — A § 5b Nr. 1; § 4 SKR Nr. 1; B § 2 Nr. 1
* vertragliche Einheits- B § 2 Nr. 2
* Vertrags- A § 10 Nr. 4; B § 6 Nr. 5
* Wirkung der Gewährleistung auf — A § 13 Nr. 2
Preisermittlung
* Einsichtnahme in die — A § 24 Nr. 1
* einwandfreie — A § 3a Nr. 4; § 5 Nr. 3; § 9 Nr. 3
* für die — wesentliche Unterlagen A § 17 Nr. 5
* Grundlagen der — A § 15; § 17 Nr. 7; B § 2 Nrn. 6 u. 7
— zwecks Vereinbarung einer festen Vergütung A § 3a Nr. 4
* Unterlagen über die — A § 25 Nr. 3
Private Unternehmer A § 28a Nr. 1
Probe, Leistungen nach — B § 13 Nr. 2
Proben A § 9 Nr. 7; § 21 Nr. 1; § 22 Nr. 3; § 27 Nr. 4
Probestücke. Darstellung der Leistung durch — A § 9 Nr. 5
prüfbare
— Abrechnung B § 14 Nr. 1
— Aufstellung B § 16 Nr. 1
— Rechnung B § 8 Nr. 6; § 14 Nr. 4; § 16 Nr. 3
Prüfsystem A § 8b Nrn. 5 u. 11; § 5 SKR Nrn. 5 u. 11; § 8 SKR Nr. 3; § 17b Nr. 3
Prüfung
* Entziehung der — und Feststellung B § 12 Nr. 2
— der Angebote A § 19 Nr. 2; § 20 Nr. 3; § 23; § 10 SKR Nr. 2
— der Eignung der Bewerber A § 8 Nr. 4; § 8a Nr. 2; § 8b Nr. 5; § 5 SKR Nr. 5; § 10 Nr. 5; § 25 Nr. 2
— der Schlußrechnung B § 16 Nr. 3
— von Stoffen und Bauteilen B § 18 Nr. 3
Prüfungskriterien A § 8b Nr. 6; § 5 SKR Nr. 6
Prüfungsverfahren, allgemein gültige B § 18 Nr. 3

Q

Qualifikation
* Aberkennung der – A § 8b Nr. 10; § 5 SKR Nr. 10
* Entscheidung zur – A § 8b Nrn. 7 u. 8; § 5 SKR Nrn. 7 u. 8
– sregeln A § 8b Nr. 5; § 5 SKR Nr. 5
– sstufen A § 8b Nr. 5; § 5 SKR Nr. 5

Qualifizierungssystem einer anderen Ein richtung A § 8b Nr. 5; § 5 SKR Nr. 5

R

Rahmenvereinbarung A § 3b Nr. 2; § 3 SKR Nr. 3; § 5b; § 4 SKR
* Wert der – A § 1b Nr. 4; § 1 SKR Nr. 5

Rechnung (s. auch Schlußrechnung)
* Prüfbarkeit B § 14 Nr. 1
* prüfbare – B § 8 Nr. 6; § 14 Nr. 4; § 16 Nr. 3

Rechnungen, Stundenlohn B § 15 Nr. 4

Recht auf Nutzung der baulichen Anlagen A § 32 Nr. 1

rechtsverbindliche Unterschrift A § 21 Nr. 1; § 25 Nr. 1

Rechtsweg, Ausschluß des ordentlichen –s A § 10 Nr. 6

regelmäßig wiederkehrende Unterhaltungsarbeiten A § 6 Nr. 2

regelmäßige Bekanntmachung A § 9b Nr. 5; § 6 SKR Nr. 8; § 17b Nrn. 2 u. 3; § 8 SKR Nrn. 2 u. 3; § 18b Nr. 1; § 9 SKR Nr. 1, Anhang E/SKR

Regeln
* anerkannte – der Technik B § 4 Nr. 2; § 13 Nrn. 1 u. 7
* Qualifizierungs- A § 8b Nrn. 5 u. 6; § 5 SKR Nr. 5

Rentabilität, Bauvorhaben die nicht die – zum Ziel haben A § 3a Nr. 4

Rückgabe der Sicherheit A § 14 Nr. 2; B § 17 Nr. 8

S

sachdienliche zusätzliche Auskünfte A § 17 Nr. 7

Sachverständige, Mitwirkung von –n A § 7; § 23 Nr. 2; B § 12 Nr. 4

Sammelposition (Ordnungszahl) A § 9 Nr. 9

Schaden
* Bewahrung vor – A § 14 Nr. 2
– an der baulichen Anlage B § 13 Nr. 7
– eines Dritten B § 10 Nr. 2
– Verzugs- A § 11 Nr. 4; B § 16 Nr. 5

Schadenersatz
– bei Aufrechterhaltung des Vertrags B § 5 Nr. 4
– bei Beschädigung oder Zerstörung B § 7
– bei mangelhaften Leistungen B § 4 Nr. 7; § 13 Nr. 7
– bei Nichterfüllung B § 8 Nrn. 2 u. 3
– bei Unterbrechung der Ausführung B § 6 Nr. 6
– bei Deckung durch Versicherung B § 13 Nr. 7
– bei vertragswidrigen Leistungen B § 4 Nr. 7
– gegenüber einem Dritten B § 10 Nr. 3

Schäden
* Haftung für – B § 2 Nr. 8
* Verteilung der Gefahr bei – A § 10 Nr. 4; B § 7 Nr. 1

Schlußrechnung B § 14 Nr. 3; § 16 Nr. 3
* Aufstellung der – durch den Auftraggeber B § 14 Nr. 4

Schlußzahlung B § 16 Nr. 3

Schnee A § 10 Nr. 4; B § 4 Nr. 5

Schriftform
– der Abnahmeverhandlung B § 12 Nr. 4
– der Anzeige bei Behinderung B § 6 Nr. 1
– des Bescheides der vorgesetzten Stelle B § 18 Nr. 2
– des Einspruchs gegen Bescheid der vorgesetzten Stelle B § 18 Nr. 2
– der Mitteilung über Fertigstellung der Leistung zwecks Abnahme B § 12 Nr. 5
– der Kündigung B § 6 Nr. 7; § 8 Nrn. 5 u. 6; § 9 Nr. 2
– der Zustimmung zur Weitervergabe von Leistungen B § 4 Nr. 8
– für Verlangen der Mängelbeseitigung B § 13 Nr. 5

Schriftform

- für Einwendungen bei Stundenlohnarbeiten B § 15 Nr. 3
- für Ablehnung weiterer Zahlungen B § 16 Nr. 3

schriftliche
- Aufklärung über die Ermittlung der Preise A § 25 Nr. 3
- Mitteilung von Bedenken B § 4 Nr. 3
- Niederlegung von Verhandlungsergebnissen A § 24 Nr. 1
- Zurückziehung von Angeboten A § 18 Nr. 3

Schuldnerverzug des Auftraggebers B § 9 Nr. 1

Schutz
- der Bauleistung vor Beschädigung und Diebstahl B § 4 Nr. 5
- der Vertraulichkeit A § 2b; § 2 SKR
- von Ausschließlichkeitsrechten A § 3a Nr. 5; § 3b Nr. 2; § 3 SKR Nr. 3
- vor Winterschäden u. Grundwasser B § 4 Nr. 5

Schutzniveau A § 21 Nr. 2

Schutzrechte, Verletzung gewerblicher – B § 10 Nr. 4

Schwellenwert A § 1a Nrn. 1, 2 u. 4; § 1b Nrn. 1–3; § 1 SKR Nr. 3; § 3a Nr. 5; § 30b Nr. 2; § 12 SKR Nr. 2

schwerwiegende Gründe für Aufhebung der Ausschreibung A § 26 Nr. 1

Schwierigkeiten, unverhältnismäßige, technische, bei Gebrauch, Betrieb oder Wartung A § 3a Nr. 5

Selbstkosten A § 5 Nr. 3; § 20 Nr. 1; B § 2 Nr. 2

Selbstkostenerstattungsvertrag A § 5 Nr. 3

Sicherheit
* Arten der – B § 17 Nrn. 2 u. 3
* geforderte – A § 10 Nr. 5; § 17 Nrn. 1 u. 2
* Ersatz einer – durch eine andere B § 17 Nr. 3
* Höhe der – A § 10 Nr. 5; § 14 Nr. 2
* Rückgabe der – A § 14 Nrn. 2 u. 3; B § 17 Nr. 8
- für die Erfüllung der vertraglichen Pflichten A § 8 Nr. 4; § 14 Nr. 2; § 25 Nr. 2

Statistik

* Wahl der – B § 17 Nr. 3
* Zweck der – B § 17 Nr. 1

Sicherheitseinbehalt B § 17 Nr. 7

Sicherheitsleistung
* Arten der – B § 17 Nr. 2
* Frist für – B § 17 Nr. 7
* Höhe der – A § 10 Nr. 5; § 17 Nrn. 1 u. 2
- bei Abschlagszahlungen B § 16 Nr. 1
- bei Vorauszahlungen B § 16 Nr. 2
- durch Bürgschaft B § 17 Nrn. 2 u. 4
- durch Einbehalt von Geld B § 17 Nrn. 2 u. 6
- durch Hinterlegung B § 17 Nrn. 2 u. 5
* Verzicht auf – A § 14 Nr. 1

Sicherstellung des echten Wettbewerbs A § 8a Nr. 2

Sitz, Geschäfts- des Auftraggebers A § 17 Nr. 5

Skontoabzüge B § 16 Nr. 5

Sonderkosten B § 15 Nrn. 1, 3 u. 5

Sozialkassenbeiträge B § 15 Nr. 1

Sozialversicherung, Beiträge zur gesetzlichen – A § 8 Nr. 5; § 5 SKR Nr. 2

Sperrkonto für Hinterlegung B § 17 Nrn. 5 u. 6

Spezifikation
* einzelstaatliche – Anhang TS Nrn. 2.1 u. 2.2
* gemeinsame – Anhang TS Nrn. 1.5–2
* gemeinschaftsrechtliche – A § 9 Nr. 4; § 9a; § 9b Nrn. 1–3; § 6 SKR Nrn. 2–4; § 17a Nr. 3; § 30a Nr. 1; § 30b Nr. 1; § 12 SKR Nr. 1
* technische – A § 9b Nrn. 5 u. 6; § 6 SKR Nrn. 7 u. 8; Anhang TS Nrn. 1.1, 1.2, 2.1–2.3

Sprache
* Amts – A § 17a Nr. 2; § 17b Nr. 4; § 8 SKR Nr. 4
* deutsche – A § 10a; § 10b Nr. 1; § 7 SKR Nr. 2
* Original – A § 17a Nr. 2; § 17b Nr. 4; § 7 SKR Nr. 4
- der Angebote A § 17 Nrn. 1 u. 2

statische Berechnungen A § 9 Nr. 7; § 20 Nr. 2

Statistik, EG – – A § 30a Nr. 2

Stelle zur Nachprüfung von Vergabever
stößen A § 10 Nr. 5; § 17 Nrn. 1 u. 2;
§ 31; Anhänge A–E, G u. H
Steuern, Zahlung von – und Abgaben
A § 8 Nr. 5; § 5 SKR Nr. 2; § 25 Nr. 1
Stoffe (s. auch Bauteile)
* Vergütung der – A § 5 Nr. 3 B § 15 Nrn. 3 u. 5
Stoffkosten der Baustelle B § 15 Nr. 1
Strafe, Vertrags– A § 10 Nr. 4; § 12; B § 8 Nr. 7; § 11; § 12 Nrn. 4 u. 5
Straßen, Zustand der – B § 3 Nr. 4
Straßenverkehrsrecht B § 4 Nr. 1
Streik B § 6 Nr. 2
Streitfälle. keine Arbeitseinstellung bei –n B § 18 Nr. 4
Streitigkeiten A § 10 Nr. 6; B § 18
Stundenlohn A § 5 Nr. 2
Stundenlohnarbeiten
* Anzeigepflicht bei – B § 15 Nr. 3
* Beaufsichtigung von – B § 15 Nr. 2
* Vereinbarung über – A § 10 Nr. 4
* Vergütung von – A § 7 Nr. 1; B § 2 Nr. 10
Stundenlohn-
– leistungen B § 15 Nr. 5
– rechnungen B § 15 Nr. 4
– sätze B § 2 Nr. 2
– vertrag A § 5 Nr. 2
– zettel B § 15 Nrn. 3 u. 5
– zuschläge A § 7 Nr. 1
Sturmfluten A § 10 Nr. 4

T

Tag der Absendung der
– Aufforderung zur Angebotsabgabe A § 17 Nr. 2
– der Bekanntmachung A § 17a Nr. 2 u. 3; § 17b Nr. 4; § 8 SKR Nr. 2; § 18a Nrn. 1 u. 2; § 18b Nr. 1; § 9 SKR Nr. 2
– der Vorinformation A § 17a Nr. 3
– von Teilnahmeanträgen A § 18 Nr. 2
Tage
* Kalender– A § 17a Nrn. 5 u. 6; § 17b Nrn. 5 u. 6; § 8 SKR Nrn. 5 u. 6; § 18 Nr. 1; § 18a Nrn. 1 u. 2; § 18b Nr. 1; § 9 SKR Nrn. 1 u. 2; § 19 Nr. 2; § 27

Nrn. 2 u. 4; § 28a Nr. 2; § 32a Nrn. 1 u. 2
* Werk– B § 11 Nr. 3; § 16 Nr. 1
Tageszeitungen A § 17 Nrn. 1 u. 2; § 17a Nrn. 1 u. 2
tatsächlich
– ausgeführte Leistungen B § 2 Nr. 2
– ausgeführte Menge der Leistung B § 2 Nr. 3
– ausgeführte Menge der Teilleistung B § 2 Nr. 3
Tauglichkeit
* Wert und – der Bauleistung B § 13 Nr. 1
– des Bürgen B § 17 Nr. 4
Technik, anerkannte Regeln der – B § 4 Nr. 2; § 13 Nrn. 1 u. 7
Teilabnahme B § 12 Nr. 2; § 13 Nr. 4; § 16 Nr. 4
Teile der Leistung A § 9 Nr. 12; § 11 Nr. 2; B § 2 Nr. 7; § 6 Nr. 5; § 7; § 8 Nr. 2; § 12 Nr. 2
* Keine Abnahme von –n – – durch Abschlagszahlung B § 16 Nr. 1
* in sich abgeschlossene – – –; Abnahme B § 12 Nr. 2; § 16 Nr. 4
– der vertraglichen Leistung B § 4 Nr. 1; § 8 Nr. 3
Teilleistung
* Fristen für –en A § 11 Nr. 2
* noch nicht bestimmbare – A § 9 Nr. 12
* im Einheitspreis erfaßte – B § 2 Nr. 3
* in – gegliedertes Leistungsverzeichnis A § 9 Nr. 6
* technisch und wirtschaftlich einheit liche – A § 5 Nr. 1
Teilnahme am Wettbewerb A § 8 Nr. 5; § 17 Nr. 2; § 17a Nr. 2
Teilnahmeanträge
* Einreichung von –n A § 3 Nr. 1; § 17a Nr. 2
* Frist für die Einsendung von –n A § 17 Nr. 2; § 18 Nr. 4; § 18a Nr. 2; § 18b Nr. 2; § 9 SKR Nr. 2
* mit den –n zu liefernde Nachweise A § 8 Nr. 3; § 8a Nr. 3; § 17 Nr. 2
* Übermittlung von –n A § 17 Nr. 3; § 8 SKR Nr. 9

Teilnahmewettbewerb, öffentlicher –
A § 3 Nrn. 1 u. 3; § 3a Nr. 1; § 3b Nr. 1;
§ 8 Nr. 3; § 17 Nr. 2; § 17a Nr. 2; § 18
Nr. 4
Teilnehmer am Wettbewerb A § 8; § 8a;
§ 8b; § 5 SKR
Telegrammübermittlung
– der Bekanntmachung A § 17a Nr. 2
– des Teilnehmeantrages A § 17 Nr. 3;
§ 8 SKR Nr. 9
telegrafische Zurückziehung von
Angeboten A § 18 Nr. 3
Trennung von Leistungen vom Hauptauftrag A § 3 Nr. 4; § 3 SKR Nr. 3

U
Übergabe von Zeichnungen und Unterlagen A § 11 Nr. 3
Übermittlung
– der Vergabeunterlagen A § 17 Nr. 4
– von Anträgen auf Teilnahme A § 17 Nr. 3; § 8 SKR Nr. 9
– von Bekanntmachungen A § 17a Nr. 1; § 17b Nr. 4; § 8 SKR Nr. 4
Übernahme von Leistungen durch Auftraggeber B § 2 Nr. 4
Überschreitung
– des Mengenansatzes B § 2 Nr. 3
– von Vertragsfristen A § 12 Nr. 1
Überwachung der vertragsmäßigen Ausführung B § 4 Nr. 1
Umsatz des Unternehmers A § 8 Nr. 3; § 5 SKR Nr. 1
Umsatzsteuer
* Abschlagszahlung für – B § 16 Nr. 1
* Vergütung der – B § 2 Nr. 3; § 15 Nr. 1
* Wert ohne – A § 1a Nrn. 1 u. 2; § 1b Nr. 1; § 1 SKR Nr. 2
Umschlag der Angebote, Aufbewahrung A § 22 Nrn. 1 u. 5
Umstände
* für den Auftragnehmer unabwendbare – B § 6 Nr. 2; § 7
* hindernde – B § 6 Nrn. 1, 3 u. 6
* unabwendbare – B § 6 Nr. 2; § 7
* vom Auftraggeber zu vertretende – B § 6 Nr. 2

unangemessen niedriger Angebotspreis A § 25 Nr. 3
unberechtigte Anordnung des Auftraggebers B § 4 Nr. 1
unbestrittenes Guthaben B § 16 Nr. 3
Unfall-
– gefahren, Sicherung gegen – B § 4 Nr. 3
– verhütungsvorschriften B § 15 Nr. 2
ungerechtfertigte Erschwerung B § 4 Nr. 1
ungewöhnliches Wagnis A § 9 Nr. 2
Unmöglichkeit der Mängelbeseitigung B § 13 Nr. 6
Unterbrechung der Ausführung B § 6
Unterhaltungsarbeiten, regelmäßig wiederkehrende – A § 6 Nr. 2
Unterhaltungskosten als Wertungskriterium A § 10a
Unterlagen (s. auch Vergabe-, Verdingungs-)
* Abgabe von – A § 20 Nr. 1
* Angebots– A § 10 Nr. 4; § 7 SKR Nr. 2; § 20 Nr. 3; § 29 Nr. 1
* Aufbewahrung von – A § 30b Nr. 1; § 12 SKR Nr. 1
* Behalten von – B § 3 Nr. 6
* Beschaffung von – für Angebotsbearbeitung A § 18 Nr. 1
* für die Preisermittlung wesentliche – A § 17 Nr. 5
– für die Ausführung B § 3 Nr. 6
– über die Preisermittlung A § 25 Nr. 3
* Vergütung für Beschaffung von – B § 2 Nr. 9
* vertrauliche Behandlung von – B § 4 Nr. 1
* Verzicht auf Vorlage von – A § 30 Nr. 2
* Vorlage von – B § 3 Nrn. 5 u. 6; § 4 Nr. 1
* zusätzliche – A § 17a Nr. 5; § 18a Nr. 1
Unternehmer
* Aufforderung der – zum Teilnahmewettbewerb A § 17a Nr. 2
* Aufforderung der – zur Angebotsabgabe A § 3 Nr. 1; § 3 SKR Nr. 2

Unternehmer

* Auswahl der – beim Verhandlungsverfahren A § 3a Nr. 1; § 3b Nr. 2; § 3 SKR Nr. 2
* Interessen öffentlicher oder privater – A § 28a Nr. 1
* Prüfung der – A § 2b Nr. 2; § 2 SKR Nr. 2
* Verhandlungen mit – A § 3a Nr. 1, § 3b Nr. 1; § 3 SKR Nr. 1
* Zusammenwirken mehrerer – B § 4 Nr. 1

Unternehmerwagnis, allgemeines – § 15 Nr. 1

Unterrichtung der Bieter nach Aufhebung der Ausschreibung A § 26 Nr. 2

Unterschreitung des Mengenansatzes B § 2 Nr. 3

Unterschrift
* Beglaubigung einer – A § 29 Nr. 2
* rechtsverbindliche – A § 21 Nr. 1; § 25 Nr. 1

Untersuchung, materialtechnische – B § 18 Nr. 3

Untrennbarkeit von Leistungen A § 3 Nr. 4; § 3a Nr. 5; § 3b Nr. 2; § 3 SKR Nr. 2

Unvereinbarkeit technische A § 3a Nr. 5

unverzügliche Anzeige des Auftragnehmers B § 2 Nr. 8
– Vorlage der Rechnung B § 8 Nr. 6
– Rückgabe der Stundenlohnzettel B § 15 Nr. 3
– Wiederaufnahme der Arbeiten B § 6 Nr. 3

unzureichende Arbeitskräfte, Geräte usw. B § 5 Nr. 3

unzutreffende Erklärungen A § 8 Nr. 5; § 5 SKR Nr. 2

unzweckmäßige Anordnungen des Auftraggebers B § 4 Nr. 1

Urheber, Genehmigung des –s B § 3 Nr. 6

Urkunde
* besondere – für Schiedsvertrag A § 10 Nr. 6
* Vertrags- A § 29

urkundliche Festlegung des Vertrages A § 28 Nr. 2

ursprüngliche
– Auftragsbedingungen A § 3a Nrn. 4 u. 5; § 3b Nr. 2; § 3 SKR Nr. 3
–r Auftragnehmer A § 3a Nr. 5; § 3b Nr. 2; § 3 SKR Nr. 2

Ursprungsorte A § 9 Nr. 5; § 24 Nr. 1

Urschrift des Leistungsverzeichnisses A § 21 Nr. 1

V

Veräußerung von Stoffen und Bauteilen B § 4 Nr. 6

Verantwortung
– des Auftraggebers B § 4 Nr. 3
– des Auftragnehmers B § 4 Nr. 2

Verbrauch von Stoffen B § 15 Nrn. 3 u. 5

Verdingungsordnung für Bauleistungen bei Weitervergabe B § 4 Nr. 8

Verdingungsunterlagen
* Änderungen an den – A § 21 Nr. 1
* Änderung der – A § 3a Nr. 4; § 26 Nr. 1
* Angabe der Nachprüfungsstelle in den – A § 31
* Angaben in den – A § 9 Nrn. 4 u. 12; § 6 SKR Nr. 1; § 10 Nrn. 1 u. 5; § 7 SKR Nr. 1
* Anschreiben zu den – A § 10 Nrn. 1 u. 5; § 7 SKR Nrn. 1 u. 2
* Fertigstellung der – vor Ausschreibung A § 16 Nr. 1
* Versendung der – A § 10 Nr. 5; § 7 SKR Nr. 2
* Vorbereitung der – A § 7 Nr. 1

vereinbart
* nicht –e Leistungen B § 1 Nr. 4
–e Preise B § 2 Nr. 1
–er Zweck B § 3 Nr. 6

Vereinbarung
– von Sicherheitsleistung A § 14; B § 17 Nr. 1
– der Abrechnung von Stundenlohnarbeiten B § 15 Nr. 1
– von Stundenlohnarbeiten B § 2 Nr. 10
– besonderen Versicherungsschutzes B § 13 Nr. 7
– zur Nutzung von Angebotsunterlagen A § 20 Nr. 3

695

Verfahren (s. auch Vergabeverfahren)
* Angebots – A § 6
* Auf- und Abgebots – A § 6 Nr. 2
* beschleunigtes – A § 17a Nrn. 2 u. 3
* bestimmte – A § 9 Nr. 5; § 6 SKR Nr. 5
* förmliches – A § 3 Nr. 1
* Konkurs – A § 8 Nr. 5; § 5 SKR Nr. 2
* nicht offenes – A § 3a Nrn. 1 u. 3–5; § 3b Nrn. 1 u. 2; § 3 SKR Nr. 2; § 8a Nr. 2; § 10a; § 17a Nrn. 3 u. 4; § 17b Nr. 7; § 8 SKR Nr. 8; § 18a Nr. 2; § 18b Nr. 2; § 9 SKR Nr. 2; § 26a Nrn. 1 u. 2
* offenes – A § 3a Nrn. 1, 2, 4 u. 5; § 3b Nrn. 1 u. 2; § 3 SKR Nr. 2; § 8a Nr. 1; § 17a Nrn. 1 u. 5; § 17b Nrn. 1 u. 5; § 8 SKR Nr. 5; § 18a Nr. 1; § 18b Nr. 1; § 9 SKR Nr. 1; § 26a Nrn. 1 u. 3
* Präqualifikations – A § 8b Nr. 5; § 5 SKR Nr. 5
* schiedsrichterliches – A § 10 Nr. 6
* Stufen des –s A § 30 Nr. 1
– mit vorherigem Aufruf A § 3b Nr. 2; § 3 SKR Nrn. 1 u. 3
– ohne vorherigen Aufruf A § 3b Nr. 2; § 3 SKR Nr. 3
* Vergleichs – A § 8 Nr. 5; § 5 SKR Nr. 2; B § 8 Nr. 2
* Verhandlungs – A § 3a Nrn. 1, 3 u. 5; § 3b Nrn. 1 u. 2; § 3 SKR Nrn. 2 u. 3; § 8a Nrn. 3 u. 4; § 8b Nr. 1; § 10a; § 17b Nrn. 2 u. 7; § 8 SKR Nrn. 2 u. 8; § 18a Nr. 3; § 18b Nr. 2; § 9 SKR Nr. 2; § 26a Nr. 2; § 27a; § 30a Nr. 1
* vorgeschriebenes – A § 3 Nr. 1
* Wahl des –s A § 3 Nrn. 2–4; § 3a Nrn. 2–5; § 3b Nr. 5; § 3 SKR Nr. 1

Verfehlungen A § 8 Nr. 5; § 5 SKR Nr. 2

Vergabe
* Arten der – A § 3; § 3a; § 3b; § 3 SKR; § 4; § 10 Nr. 5; § 17 Nrn. 1 u. 2
* einheitliche – A § 4 Nr. 1
* Freihändige – A § 3 Nrn. 1 u. 4; § 3a Nr. 1; § 3b Nr. 1; § 8 Nrn. 2 u. 4; § 19 Nr. 4; § 20 Nr. 2; § 22 Nr. 8; § 23 Nr. 3; § 25 Nrn. 2 u. 7
* Grundsätze der – A § 2
* neue – A § 26 Nr. 2; § 27 Nr. 3
– an Dritte A § 1a Nr. 6; § 32a Nr. 3

– für Pauschalsumme A § 5 Nr. 1; § 23 Nr. 3
– nach Losen A § 1a Nr. 1; § 1b Nr. 1; § 1 SKR Nr. 2; § 4 Nrn. 2 u. 3; § 10 Nr. 5; § 17 Nrn. 1 u. 2
– von Baukonzessionen A § 32 Nr. 2; § 32a Nr. 1
– von zusätzlichen Leistungen A § 3a Nr. 5; § 3b Nr. 2; § 3 SKR Nr. 3
* Vorbereitung der – A § 7 Nr. 1
* Weiter – A § 10 Nr. 4; B § 4 Nr. 8
* Zusammen – A § 4 Nr. 3

Vergabebekanntmachung
* Öffentliche – A § 3a Nrn. 1, 4 u. 5
* Verhandlungsverfahren mit – A § 8a Nr. 3; § 17a Nr. 2; § 18a Nr. 3; § 26a Nr. 2; § 27a

Vergabebestimmungen, Verstöße gegen – A § 10 Nr. 5; § 17 Nrn. 1 u. 2; § 31; § 13 SKR

Vergabefremde Zwecke A § 16 Nr. 2

Vergabeprüfstelle A § 10 Nr. 5; § 17 Nrn. 1 u. 2; § 31; § 13 SKR

Vergabestatistik A § 30a Nr. 2

Vergabestelle A § 17 Nrn. 1 u. 2

Vergabeunterlagen A § 9a; § 10 Nr. 1; § 10a; § 10b; § 7 SKR; § 17a Nr. 5; § 17b Nr. 5; § 8 SKR Nr. 5

Vergabevermerk A § 9a; § 30 Nrn. 1 u. 2; § 30a Nr. 1

Vergabeverfahren
* Einleitung des ersten –s A § 1a Nr. 3; § 1b Nr. 5; § 1 SKR Nr. 6
* Einleitung eines neuen –s nach Aufhebung A § 26 Nr. 2
* gewähltes – A § 17 Nrn. 1 u. 2; § 26 Nr. 2

Vergleichsverfahren A § 8 Nr. 5; § 5 SKR Nr. 2; B § 8 Nr. 2

Vergütung A § 3 Nr. 4; § 5 Nrn. 1 u. 3; § 15; B § 2; § 4 Nr. 9; § 6 Nrn. 5 u. 7; § 8 Nrn. 1 u. 3; § 13 Nr. 6; § 15 Nrn. 1 u. 5
* Änderung der – A § 15
* angemessene – für Geräte, Gerüste, Stoffe und Bauteile B § 8 Nr. 3
* besondere – B § 2 Nr. 6
* feste – A § 3a Nr. 4

Vergütung

* geschätzte – A § 3a Nr. 5
* Minderung der – B § 13 Nr. 6
* ortsübliche – B § 15 Nr. 1
- der Kosten der Baustellenräumung B § 6 Nr. 7
- der Leistung B § 2 Nr. 7
- der Löhne, Stoffe, Gerätevorhaltung usw. A § 5 Nr. 3
- nach Leistung A § 5 Nr. 1
- nachträglich anerkannter Leistungen B § 2 Nr. 8
- von Mehrkosten B § 2 Nr. 6; § 4 Nr. 9
- von Stundenlohnarbeiten B § 2 Nr. 10; § 15 Nrn. 1 u. 5

Vergütungspflicht des Auftraggebers bei Kündigung B § 8 Nr. 1

Verhältnisse, außergewöhnliche – B § 13 Nr. 7

Verhandlung
- über den Auftragsinhalt A § 3a Nr. 1; § 3b Nr. 1; § 3 SKR Nr. 2
- mit Bietern A § 24

Verhandlungsergebnisse, Geheimhaltung A § 24 Nr. 1

Verhandlungsleiter A § 18 Nr. 2; § 22 Nrn. 2–4; § 23 Nr. 1; § 25 Nr. 1

Verhandlungsverfahren A § 3a Nr. 1; § 3b Nr. 1; § 3 SKR Nrn. 2 u. 3
* Angebotsfrist beim – A § 18a Nrn. 2 u. 3; § 18b Nr. 2; § 9 SKR Nr. 2
* Bekanntmachung des –s A § 10a; § 17a Nr. 4; § 17b Nr. 2; § 8 SKR Nr. 2
* Bewerber beim – A § 8a Nrn. 3–5; § 8b Nr. 1; § 5 SKR Nr. 1
* Bewerbungsfrist beim – A § 18a Nrn. 2 u. 3; § 18b Nr. 2; § 9 SKR Nr. 2
* Einstellung des –s A § 26a Nr. 2 u. 3
* nicht berücksichtigte Bewerbungen beim – A § 27a
- nach öffentlicher Vergabebekanntmachung A § 3a Nr. 4; § 8a Nr. 3; § 18a Nr. 3; § 26a Nrn. 2 u. 3; § 27a
- ohne öffentliche Vergabebekanntmachung A § 3a Nr. 5
* Versand der Unterlagen beim – A § 17b Nr. 7; § 8 SKR Nr. 8
* Wahl des –s A § 30a Nr. 1
* Zulässigkeit des – A § 3a Nrn. 4 u. 5

Veröffentlichung

Verjährung des Anspruchs auf Beseitigung gerügter Mängel B § 13 Nr. 5

Verjährungsfristen
* Bemessung der – A § 13 Nr. 2
* gesetzliche – B § 13 Nr. 7
- für Gewährleistung B § 13 Nrn. 4 u. 5

Verkehrssitte, gewerbliche – A § 3 Nr. 5; § 9 Nr. 8; B § 2 Nrn. 1 u. 9

Verkürzung
- der Angebotsfrist bei Vorinformation/ regelmäßiger Bekanntmachung A § 18a Nrn. 1 u. 2; § 18b Nr. 1; § 9 SKR Nr. 1
- der Bewerbungsfrist bei Dringlichkeit A § 18a Nr. 2; § 18b Nr. 2; § 9 SKR Nr. 2

Verlängerung
- der Angebotsfristen A § 18a Nr. 1 u. 4; § 18b Nr. 3; § 9 SKR Nr. 3
- der Ausführungsfristen B § 6 Nr. 2 u. 4

Verlangen
* auf – B § 2 Nrn. 7 u. 8; § 3 Nr. 6
* auf besonderes – B § 3 Nr. 5
- auf Rückgabe von Entwürfen, usw. A § 27 Nr. 4
- auf Mitteilung der Gründe für die Nichtberücksichtigung des Angebots A § 27 Nr. 2
- der EG-Kommission A § 30a Nr. 1; § 30b Nr. 1; § 12 SKR Nr. 1
- des Bieters auf Mitteilung des Namens des Auftragnehmers A § 27 Nr. 2
- nach Richtigstellung der Schlußrechnung B § 16 Nr. 3

Verlegen und Anbringen A § 1a Nr. 2

Verlesung der Angebote A § 22 Nrn. 1 u. 3

Vermerk über die Vergabe A § 30 Nrn. 1 u. 2; § 30a Nr. 1

vermutete Mängel B § 3 Nr. 3

Veröffentlichung
* inländische –en A § 17a Nr. 2; § 17b Nr. 4; § 8 SKR Nr. 4
* Kosten der – A § 17a Nr. 2; § 17b Nr. 1; § 8 SKR Nr. 1
* Tag der – A § 17a Nr. 3
* Verbot der – A § 22 Nr. 7

Veröffentlichung

- einer Bekanntmachung A § 10b Nr. 1; § 7 SKR Nr. 2; § 17 Nr. 1; § 17a Nr. 2; § 17b Nr. 1; § 8 SKR Nr. 1
- einer Bekanntmachung über Bestehen eines Prüfsystems A § 17b Nr. 1 u. 3; § 8 SKR Nrn. 1 u. 3
- einer regelmäßigen Bekanntmachung A § 17b Nr. 1; § 8 SKR Nrn. 1 u. 2
- im Amtblatt A § 8b Nr. 11; § 5 SKR Nr. 11; § 17a Nr. 2; § 17b Nr. 4; § 28b Nrn. 2 u. 3; § 11 SKR Nrn. 2 u. 3
- in Tageszeitungen u. a. A § 17 Nrn. 1 u. 2; § 17a Nrn. 1 u. 2

Veröffentlichungsblätter, amtliche – A § 17 Nrn. 1 u. 2; § 17a Nrn. 1 u. 2

Verrechnungssätze A § 7 Nr. 1

Verschluß der Angebote A § 22 Nrn. 1, 3 u. 6

Verschulden
- des Auftragnehmers B § 13 Nr. 7
* Haftung für – B § 10 Nr. 1

Versicherer B § 13 Nr. 7

Versicherung der gesetzlichen Haftpflicht B § 10 Nr. 2; § 13 Nr. 7

Versicherungsaufsichtsbehörde B § 13 Nr. 7

Versicherungsbedingungen, Allgemeine – B § 13 Nr. 7

Versicherungsschutz, besonderer – B § 13 Nr. 7

verspätete Zuschlagserteilung A § 28 Nr. 2

Versperrung von Wegen und Wasserläufen B § 10 Nr. 3

Verstöße gegen Vergabebestimmungen A § 10 Nr. 5; § 17 Nrn. 1 u. 2; § 31; § 13 SKR

Verstoß gegen anerkannte Regeln der Technik B § 13 Nr. 7

Versuchszwecke, Bauvorhaben nur zu – n A § 3a Nr. 4; § 3b Nr. 2; § 3 SKR Nr. 3

Verteilung der Gefahr A § 10 Nr. 4; B § 7

Verträge, Meinungsverschiedenheiten bei –n mit Behörden B § 18 Nr. 2

Vertrag A § 3a Nr. 5; § 10 Nr. 1; § 21 Nr. 3; § 28 Nr. 2; B § 1 Nr. 2; § 5 Nr. 4; § 8; § 9; § 14 Nr. 1
* Abschluß des –s A § 21 Nr. 3; § 28 Nr. 2

Vertragsbedingungen

* Änderungen des –s B § 14 Nr. 1
* Aufrechterhaltung des –s B § 5 Nr. 4
* Bestandteile des –es A § 10 Nr. 1; B § 14 Nrn. 1 u. 2
* dem – zugrunde liegender Entwurf A § 3a Nr. 5
* Einheitspreis – A § 5 Nr. 1
* Ergänzungen des –s B § 14 Nr. 1
* Kündigung des –s durch Auftraggeber B § 8
* Kündigung des –s durch Auftragnehmer B § 9
* Leistungs– A § 5 Nr. 1
* Pauschal– A § 5 Nr. 1
* Selbstkostenerstattungs- A § 5 Nr. 3
* Streitigkeiten aus dem – A § 10 Nr. 5
* Stundenlohn– A § 5 Nr. 2
- mit Dritten A § 1a Nr. 6
* Widersprüche im – B § 1 Nr. 2

vertraglich
–e Einheitspreise B § 2 Nr. 2
–e Leistung B § 1 Nr. 4; § 2 Nrn. 1 u. 6; § 4 Nrn. 1 u. 2; § 8 Nr. 3
–e Vereinbarungen B § 15 Nr. 1
- zugesicherte Eigenschaften B § 13 Nrn. 1 u. 7

Vertrags-
- art A § 10 Nr. 4
- bestandteile A § 10 Nr. 1; B § 14 Nr. 1
- erfüllung, ordnungsgemäße – B § 3 Nr. 3
- fristen A § 11 Nr. 2; § 12; B § 5 Nr. 1
- gemäße Ausführung der Leistung A § 7 Nr. 1; § 13 Nr. 1; § 14 Nr. 1; B § 4 Nr. 1; § 16 Nr. 1; § 17 Nr. 1
- inhalt A § 29 Nr. 1
- preis A § 10 Nr. 4; B § 6 Nr. 5; § 9 Nr. 3
- strafe A § 10 Nr. 4; § 12 Nr. 1; B § 8 Nr. 7; § 11; § 12 Nrn. 4 u. 5
- Urkunde, Ausfertigung der – A § 29 Nr. 2
- widrige Leistungen B § 4 Nr. 7; § 13 Nr. 5

Vertragsbedingungen
* Allgemeine – A § 10 Nrn. 1 u. 2; § 13 Nr. 2

Vertragsbedingungen

* Allgemeine Technische — A § 10 Nrn. 1, 3 u. 5; § 9 Nr. 3; B § 1 Nrn. 1 u. 2; § 2 Nr. 1
* Besondere — A § 10 Nrn. 2 u. 4
* Technische — A § 9 Nr. 8; B § 2 Nr. 9; § 3 Nr. 5; § 14 Nr. 2
* Zusätzliche — A § 10 Nrn. 1, 2 u. 4; B § 1 Nr. 2; § 2 Nr. 1
* Zusätzliche Technische — A § 10 Nrn. 1, 3 u. 4; B § 1 Nr. 2; § 2 Nr. 1

Vertraulichkeit, Schutz der — A § 2b; § 2 SKR

Vertreten von hindernden Umständen B § 6 Nrn. 6 u. 7

Vertreter
* bevollmächtigte — A § 21 Nr. 4
* gesetzlicher —; Haftung für Verschulden B § 10 Nrn. 1 u. 5
— des Auftragnehmers zur Leitung der Ausführung B § 4 Nr. 1

Vervielfältigung von Unterlagen A § 17 Nr. 5; § 20 Nr. 1; B § 3 Nr. 6

Verwahrgeldkonto bei öffentlichen Auftraggebern B § 17 Nr. 6

Verwaltungen im Wettbewerb mit gewerblichen Unternehmern A § 8 Nr. 6

Verweigerung
— der Abnahme B § 12 Nr. 3
— von Aufklärungen und Angaben A § 24 Nr. 2
— der Mängelbeseitigung B § 13 Nr. 6

Verzeichnis der Unternehmer A § 8b Nr. 9; § 5 SKR Nr. 9

Verzicht
— auf Vorlage von Unterlagen und Nachweisen A § 30 Nr. 2
— auf weitere Ausführung B § 8 Nr. 3
— auf Einrede der Vorausklage B § 17 Nr. 4
— auf Sicherheitsleistung A § 14 Nr. 1

Verzinsung von Vorauszahlungen B § 16 Nr. 2

Verzögerung der Ausführung B § 5 Nr. 4

Verzug B § 5 Nr. 4; § 8 Nr. 7; § 9 Nr. 1; § 11 Nr. 2

Verzugsschaden B § 16 Nr. 5
* Pauschalierung des — A § 11 Nr. 4

Wasseranschlüsse

Vollendung der Ausführung B § 5 Nrn. 1 u. 4

Vollständigkeit der Angaben des Bieters A § 9 Nr. 12

Vorarbeiten der Bewerber A § 8 Nr. 2; § 9 Nr. 1

Vorausklage, Einrede der — B § 17 Nr. 4

Vorauszahlungen, Anrechnung von — B § 16 Nr. 2

Vorbehalt
* Frist zur Geltendmachung von —en B § 12 Nr. 5
— der Vertragsstrafe bei Abnahme B § 11 Nr. 4; § 12 Nr. 4
— wegen bekannter Mängel B § 12 Nr. 4

vorbehaltlose Annahme der Schlußzahlung B § 16 Nr. 3

Vorfluter, Zustand der — B § 3 Nr. 4

Vorflutleitungen, Zustand der — B § 3 Nr. 4

vorgeschriebenes Verfahren bei Ausschreibung A § 3 Nr. 1; § 3 SKR Nr. 2

Vorhaltung von Einrichtungen usw. B § 15 Nrn. 3 u. 5

Vorinformation
* Bekanntmachung der — A § 17a Nr. 1, Anhang A
* Verkürzung der Angebotsfrist bei — A § 18a Nrn. 1 u. 2

Vorleistung, Beschaffenheit der — B § 13 Nr. 3

Vorsatz B § 6 Nr. 6; § 10 Nr. 5; § 13 Nr. 7

Vorschriften, technische A § 9b Nr. 4; § 6 SKR Nr. 6

W

Wagnis
* allgemeines Unternehmer — B § 15 Nr. 1
* ungewöhnliches — A § 9 Nr. 2

Wahlrecht
— des Auftraggebers, Eigentum oder Sicherheit B § 16 Nr. 1
— des Auftragnehmers der Art der Sicherheit B § 17 Nr. 3

Warenzeichen A § 9 Nr. 5

Wasser-
— anschlüsse A § 10 Nr. 4; B § 4 Nr. 4

- haltungsarbeiten A § 9 Nr. 12
* Hoch- und Grund– A § 10 Nr. 4
- läufe, Versperrung von – –n B § 10 Nr. 3
- recht B § 4 Nr. 1
- verhältnisse, Boden– und – – A § 9 Nr. 5

Wechsel
- des Unternehmers A § 3a Nr. 5
- unter den Bewerbern A § 8 Nr. 2

Wege
* Versperrung von –n B § 10 Nr. 3
* Zufahrts- A § 10 Nr. 4; B § 4 Nr. 4

Weiterführung der Arbeiten nach Auftragsentziehung B § 8 Nr. 3
- – – nach Unterbrechung B § 6 Nr. 3

Weitervergabe an Nachunternehmer A § 10 Nrn. 4 u. 5; § 7 SKR Nr. 3; B § 4 Nr. 8

Werkstätten, Zutritt zu den – B § 4 Nr. 1

werktägliche Listen (Stundenlohnzettel) B § 15 Nr. 3

Werktage B § 11 Nr. 3; § 16 Nr. 1

Werkvertrag Dritter mit Auftragnehmer B § 16 Nr. 6

Werkzeichnungen B § 4 Nr. 1

Wert
* Gesamtauftrags – A § 1a Nr. 1; § 1b Nr. 1; § 1 SKR Nr. 2, § 17b Nr. 2; § 8 SKR Nr. 2
- der beigestellten Stoffe A § 1a Nr. 1; § 1b Nr. 1; § 1 SKR Nr. 2
- der Leistungen A § 3 Nr. 3; B § 16 Nr. 1
- der Rahmenvereinbarung A § 1b Nr. 4; § 1 SKR Nr. 5
- der zu liefernden Stoffe A § 17a
- des Auftrags A § 30a Nr. 1
- und Tauglichkeit der Leistung B § 13 Nr. 1

Wertung
- der Angebote A § 19 Nr. 2; § 20 Nr. 3; § 25; § 25a; § 25b; § 10 SKR
- von Änderungsvorschlägen und Nebenangeboten A § 25 Nrn. 1 u. 5; § 25b Nr. 3; § 10 SKR Nr. 4

Wertungskriterien, maßgebende – A § 25 Nrn. 3–5; § 25a; § 25b Nr. 1; § 10 SKR Nr. 1; § 10a; § 10b Nr. 1

Wettbewerb,
* Anträge auf Teilnahme am – A § 17 Nr. 2; § 17a Nr. 2
* Aufruf zum – A § 3b Nrn. 1 u. 2; § 3 SKR Nrn. 1 u. 3; § 5b Nr. 2; § 4 SKR Nr. 2; § 17b; § 8 SKR
* Ausschluß von Teilnahme am – A § 8 Nrn. 5 u. 6; § 5 SKR Nr. 2
* Einschränkung des –s A § 5b Nr. 3; § 4 SKR Nr. 3
* Leistungsprogramm i. V. mit – A § 9 Nrn. 10 u. 11
* Öffentliche Teilnahme am – A § 3 Nrn. 1 u. 3; § 3a Nrn. 1–3; § 3b Nr. 1; § 3 SKR Nr. 1; § 17 Nrn. 2 u. 4; § 18 Nr. 4
* Teilnehmer am – A § 8; § 8a; § 8b; § 5 SKR
* ungesunde Begleiterscheinungen des –s A § 2 Nr. 1
- bei Rahmenvereinbarungen A § 5b Nr. 3; § 4 SKR Nr. 3

wettbewerbsbeeinträchtigende Angaben i. d. Bekanntmachung A § 28a Nr. 1

wettbewerbsbeschränkende Verhaltensweisen A § 2 Nr. 1; § 25 Nr. 1

Wettbewerbsbeschränkung, Abrede über – A § 5b Nr. 3; § 4 SKR Nr. 3; B § 8 Nr. 4

Widersprüche im Vertrag B § 1 Nr. 2

Wiederaufnahme der Arbeiten nach Unterbrechung B § 6 Nrn. 3 u. 4

Wiederholung gleichartiger Bauleistungen A § 3a Nr. 5; § 3b Nr. 2; § 3 SKR Nr. 3

wiederkehrende Unterhaltungsarbeiten A § 6 Nr. 2

Wille, mutmaßlicher – des Auftraggebers B § 2 Nr. 8

Wind A § 10 Nr. 4

Winterschäden, Schutz vor – B § 4 Nr. 5

wirtschaftlich
- vertretbarer Aufwand B § 15 Nr. 5
- und technisch einheitliche Teilleistungen A § 5 Nr. 1

wirtschaftliche
- Betriebsführung B § 15 Nr. 1
- Leistungsfähigkeit A § 24 Nr. 1
- Mittel, ausreichende A § 25 Nr. 2

Wirtschaftlichkeit
— als Wertungskriterium A § 10a
— des Bauverfahrens A § 25 Nr. 3; § 10 SKR
Wirtschaftsführung, sparsame — A § 25 Nr. 3
wissenschaftlicher Wert, Gegenstände von —m — B § 4 Nr. 9
Witterungseinflüsse B § 6 Nr. 2
wöchentliche Listen (Stundenlohnzettel) B § 15 Nr. 3
Wohnort der Bieter A § 22 Nr. 3
Wortangaben beim Einheitspreis A § 23 Nr. 3

Z
Zahl
* Ordnungs — A § 9 Nr. 9
— der Änderungsvorschläge und Nebenangebote A § 22 Nr. 6
— der aufgeforderten Bewerber A § 8 Nr. 2; § 8a Nrn. 2 u. 3; § 8b Nr. 3; § 5 SKR Nr. 3
— der beschäftigten Arbeitskräfte A § 8 Nr. 3; § 5 SKR Nr. 1
— der aufgeforderten Unternehmer A § 3 SKR Nr. 2
Zahlung
* Abschlags — B § 16 Nr. 1; § 17 Nr. 6
* Beschleunigungspflicht bei — B § 16 Nr. 5
* Schluß — B § 16 Nr. 3
* Voraus — A § 10 Nr. 4; B § 16 Nr. 2
— an Gläubiger des Auftragnehmers B § 8 Nr. 2
— von Steuern und Abgaben A § 8 Nr. 5; § 5 SKR Nr. 2
— von Stundenlohnrechnungen B § 15 Nr. 4
Zahlungs-
— bedingungen A § 17 Nrn. 1 u. 2
— einstellung des Auftragnehmers B § 8 Nr. 2
— verzug des Auftraggebers B § 9 Nr. 1
— verzug des Auftragnehmers B § 16 Nr. 6
Zeichnungen A § 9 Nr. 7; § 11 Nr. 3; § 20 Nr. 2; B § 2 Nr. 9; § 3 Nr. 5; § 14 Nr. 1

* Vergütung von — B § 2 Nr. 9
* Vorlage von — B § 3 Nr. 5
Zeit
* Ausführungs— A § 10 Nr. 5; § 17 Nrn. 1 u. 2
* nach — bemessene Vertragsstrafe B § 8 Nr. 7
Zerstörung der Leistung B § 7
Ziffernangaben bei Einheitspreis A § 23 Nr. 3
Zinsen bei hinterlegtem Geld B § 17 Nr. 5
Zinssatz bei Vorauszahlungen B § 16 Nr. 2
Zufahrtswege A § 10 Nr. 4; B § 4 Nr. 4
zugesicherte Eigenschaften B § 13 Nrn. 1, 2 u. 7
Zumutbarkeit am Festhalten an Pauschalsumme B § 2 Nr. 7
Zurückziehung von Angeboten A § 18 Nr. 3
zusätzliche
— Auskünfte A § 17 Nr. 7; § 8 SKR Nrn. 5 u. 6
— Bestimmungen aufgrund der BKR A § 1a
— Bestimmungen aufgrund der SKR A § 1b; § 1 SKR
— Leistungen A § 3a Nr. 5; § 3b Nr. 2; § 3 SKR Nr. 3
— Unterlagen A § 17 Nr. 1; § 17a Nr. 5; § 18a Nr. 1; § 30 Nr. 2
— Vertragsbedingungen A § 10 Nrn. 1, 2 u. 4; B § 1 Nr. 2; § 2 Nr. 1
Zusammenwirken mehrerer Unternehmer B § 4 Nr. 1
Zuschlag
* den — erteilende Stelle A § 10 Nr. 5; § 17 Nr. 1
* Prämien — B § 13 Nr. 7
* Stundenlohn — A § 7 Nr. 1
— für Gemeinkosten und Gewinn B § 15 Nr. 1
Zuschlags-
— erteilung A § 21 Nr. 3; § 24 Nr. 1; § 25 Nr. 3; § 27 Nr. 1; § 28; § 30a Nr. 1
— frist A § 10 Nr. 5; § 17 Nr. 1; § 19; § 28 Nr. 1
— schreiben A § 29 Nr. 1

Zustimmung
– des Auftragnehmers zur Ausführung nicht vereinbarter, anderer Leistung B § 1 Nr. 4
– der Bieter zur anderweitigen Verwendung ihrer Angebote und Ausarbeitungen A § 27 Nr. 3

Zutrittsrecht zu Arbeitsplätzen usw. B § 4 Nr. 1

Zuverlässigkeit der Bewerber oder Bieter A § 3 Nr. 3; § 8 Nrn. 4 u. 5; § 8b Nr. 1; § 5 SKR Nr. 1; § 17 Nr. 2; § 25 Nrn. 1 u. 2

Zuwiderlaufen, dem öffentlichen Interesse
– A § 28a Nr. 1

Zweck
– der fertigen Leistung A § 9 Nrn. 3 u. 11
– des Bauwerks A § 17 Nrn. 1 u. 2; § 8 SKR Nr. 2
* vereinbarter – B § 3 Nr. 6

Zweifel an der Eignung des Bieters A § 8 Nr. 4; § 25 Nr. 2; § 10 SKR Nr. 2

Für Notizen

Für Notizen

Für Notizen

Für Notizen